陆钟武　院士

陆钟武（左一）指导热工试验（1954 年）　　在美国访问和考察企业（1980 年）

陆钟武（前排左三）在乌克兰·特涅伯彼得洛夫斯基大学留影（1989 年）

在美国耶鲁大学做学术报告（2006 年）

为学生做"工业生态学"讲座（2011年）

陆钟武院士与夫人和子女合影（2011年）

陆钟武一行与母校重庆南开中学校领导在张伯苓校长塑像前合影（2013年）

陆钟武院士接受《中国战略新兴产业》记者采访

中国工程院 院士文集

Collections from Members of the
Chinese Academy of Engineering

陆钟武文集

A Collection from Lu Zhongwu

北　京
冶金工业出版社
2023

内 容 提 要

为弘扬和传承陆钟武院士的学术思想和创新精神,纪念其对我国科学及教育事业的卓越贡献,本书选编了陆钟武历年来发表或未曾公开发表的 80 余篇文章和报告,结集成《中国工程院院士文集:陆钟武文集》,以供学术交流和参考。文集按照研究领域划分编排,内容包括冶金热能工程、系统节能、工业生态学和高等教育四个方面,展现了一位科学家、教育家的学术奋斗历程,也反映出陆钟武院士作为科学家的宽广视野和创新精神,以及作为教育家的家国情怀和责任担当。

本书可供从事冶金热能工程、系统节能、工业生态学及碳中和等领域科学研究和教育教学工作的科技工作者、工业企业工程技术人员、大专院校和科研院所广大师生学习和使用,具有重要的参考价值。

图书在版编目(CIP)数据

陆钟武文集/陆钟武著 . —北京:冶金工业出版社,2023.9
(中国工程院院士文集)
ISBN 978-7-5024-9589-3

Ⅰ.①陆… Ⅱ.①陆… Ⅲ.①冶金工业—文集 Ⅳ.①TF-53

中国国家版本馆 CIP 数据核字(2023)第 140192 号

陆钟武文集

出版发行	冶金工业出版社	电 话	(010)64027926
地 址	北京市东城区嵩祝院北巷 39 号	邮 编	100009
网 址	www.mip1953.com	电子信箱	service@mip1953.com

责任编辑 夏小雪 美术编辑 彭子赫 版式设计 郑小利
责任校对 石 静 李 娜 责任印制 窦 唯
北京捷迅佳彩印刷有限公司印刷
2023 年 9 月第 1 版,2023 年 9 月第 1 次印刷
787mm×1092mm 1/16;52.5 印张;2 彩页;1281 千字;830 页
定价 288.00 元

投稿电话 (010)64027932 投稿信箱 tougao@cnmip.com.cn
营销中心电话 (010)64044283
冶金工业出版社天猫旗舰店 yjgycbs.tmall.com
(本书如有印装质量问题,本社营销中心负责退换)

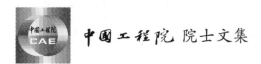

中国工程院 院士文集

《中国工程院院士文集》 总序

　　2012 年暮秋，中国工程院开始组织并陆续出版《中国工程院院士文集》系列丛书。《中国工程院院士文集》收录了院士的传略、学术论著、中外论文及其目录、讲话文稿与科普作品等。其中，既有院士们早年初涉工程科技领域的学术论文，亦有其成为学科领军人物后，学术观点日趋成熟的思想硕果。卷卷文集在手，众多院士数十载辛勤耕耘的学术人生跃然纸上，透过严谨的工程科技论文，院士笑谈宏论的生动形象历历在目。

　　中国工程院是中国工程科学技术界的最高荣誉性、咨询性学术机构，由院士组成，致力于促进工程科学技术事业的发展。作为工程科学技术方面的领军人物，院士们在各自的研究领域具有极高的学术造诣，为我国工程科技事业发展做出了重大的、创造性的成就和贡献。《中国工程院院士文集》既是院士们一生事业成果的凝炼，也是他们高尚人格情操的写照。工程院出版史上能够留下这样丰富深刻的一笔，余有荣焉。

　　我向来认为，为中国工程院院士们组织出版院士文集之意义，贵在"真、善、美"三字。他们脚踏实地，放眼未来，自朴实的工程技术升华至引领学术前沿的至高境界，此谓其"真"；他们热爱祖国，提携后进，具有坚定的理想信念和高尚的人格魅力，此谓其"善"；他们治学严谨，著作等身，求真务实，科学创新，此谓其"美"。《中国工程院院士文集》集真、善、美于一体，辩而不华，质而不俚，既有"居高声自远"之澹泊意蕴，又有"大济于苍生"之战略胸怀，斯人斯事，斯情斯志，令人阅后难忘。

　　读一本文集，犹如阅读一段院士的"攀登"高峰的人生。让我们翻开《中国工程院院士文集》，进入院士们的学术世界。愿后之览者，亦有感于斯文，体味院士们的学术历程。

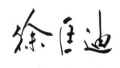

2012 年 7 月

前　言

　　中国工程院院士陆钟武是我国冶金炉热工、系统节能和工业生态学的开拓者和奠基人，在国内外冶金热能工程和工业生态学领域享有盛誉。陆钟武先生出身南方世家，1946年考入南京国立中央大学，1949年转学到上海大同大学化学工程系，1950年7月毕业时，中华人民共和国刚刚成立不到一～～百废待兴，而东北是新中国工业重地，毕业不到一个月他便告别家人和～上海，只身一人来到东北，相继在哈尔滨工业大学和东北工学院（现东北大学）攻读研究生，1953年毕业后留在东北工学院任教，从此一生扎根东北、奉献学术，倾尽心力埋头于研究和教书育人。六十余载潜心科研成果卓著，献身教育建树颇丰。

　　编写本书时陆钟武先生已离开我们五年多，查阅、整理和重读一篇篇文章和书稿，先生的音容笑貌宛如眼前，他高瞻远瞩的战略胸怀和学术思想跃然纸上，好像先生又回到了我们中间，他卓有成就的一生值得我们永远怀念和敬仰！"行止无愧天地"是先生几十年恪守不变的座右铭，也是他60多年学术生涯的真实写照。"责任、信心、胆识、拼搏"是先生对我们的谆谆教诲和勉励，也是他对我们的殷殷嘱托和希望。为弘扬和传承陆钟武先生的学术创新精神，纪念陆钟武先生为我国科学和教育事业做出的卓越贡献，我们按照研究领域划分编排，将先生的部分中文、英文论文结集成《陆钟武文集》出版，以供学术交流和参考，也与大家共勉。

　　文集以"院士传略"开篇，主要内容分为四大部分：

　　第一部分：冶金热能工程。以冶金炉为研究对象，从理论分析和试验研究等多个角度，深入研究了冶金炉热工特性和热工行为，包括：炉内传热特性试验与计算，竖炉散料层内气体流动特性，高炉炉身静压分析，火焰炉热工基本方程式，加热炉供热最优控制和节能，燃烧污染及其防治等。该部分主要内容后来编入陆钟武主编的《冶金炉理论基础》《冶金炉热工及构造》等著作，奠定了我国工业炉热工理论基础。

　　第二部分：系统节能。研究对象从冶金炉等单体热工设备扩展到工序、企业、行业层面，以钢铁工业为切入点，研究和剖析了工业企业节能问题，包括："载能体"等系统节能基本概念、基础理论和分析方法，系统节能数学模型与应用，钢铁工业吨钢能耗 e-p 剖析，冶金工业节能方向、途径和技术等。该部分主要内容后来编入陆钟武主编的《冶金工业的能源利用》《系统节能理论基础》等著作，创立了系统节能理论和技术。

第三部分：工业生态学。研究对象从工业系统节能扩展到工业、国民经济与生态环境协调发展上，以工业生态学"中国化"为目标，研究了工业发展、经济发展与资源消耗、能源消耗、废物排放之间的定量关系和规律，包括：工业物质"大、中、小"循环，物质流"跟踪分析法"，产品生命周期分析，经济增长与环境负荷之间的定量关系，IGTX 方程，资源消耗、废物排放与经济增长的"脱钩指数"，钢铁工业废钢资源分析等。该部分主要内容后来编入陆钟武主编的《穿越"环境高山"——工业生态学研究》《工业生态学基础》等著作，开创和建立了"中国化"工业生态学理论体系。

第四部分：高等教育。该部分视角明显区别于前几部分，如果说前几部分展示的是陆钟武先生作为科学家的一面，那么这部分展示的就是先生作为教育家的另一面。主要内容有：他作为专业课教师，对课程教学大纲的撰写总结，对课程教学质量的详尽分析。作为专业和学科的学术带头人，对本学科任务和研究对象的思考，对学术方向的感悟和把关。特别是作为校长，提出的端正学校办学思想，"开放办学""开门办学"、实行开放式教学等办学理念；坚持教学和科研"两个中心"、"既为冶金工业服务，又为地方经济服务"等办学方针。他30多年前对影响大学生质量的各种因素剖析，提出的注重培养学生创新能力和综合素质、全面提升大学生质量的举措，与今天的德智体美劳"五育并举"不谋而合。

本书适合从事热能工程、系统节能、工业生态学等相关领域科学研究和教育教学工作的科技工作者、工业企业工程技术人员、大专院校和科研院所广大师生学习和参考，也可作为文献索引进行深度阅读和研究。

本书由陆钟武先生的学生，东北大学国家环境保护生态工业重点实验室、工业生态学与节能减排研究所杜涛教授、岳强教授、高成康教授、王鹤鸣教授等整理编写，部分博士生、硕士生参与了文献查阅和文集校对等工作，书中文章完成时曾得到国内外和校内外各位领导、专家、同事、同行等的关心和支持，在此一并向大家致以衷心的感谢！

衷心感谢中国工程院、东北大学对本书编写和出版的大力支持！

文中疏漏之处，敬请指正！

编　者
2023 年 7 月

中国工程院 院士文集

目　录

工业生态学

中文学术论文

英文学术论文

高 等 教 育

附　录

院士传略

● 陆钟武简介

陆钟武（1929.10.02—2017.11.27），男，汉族，上海人。冶金炉热工、系统节能和工业生态学专家、学者和教育家。1941～1946年就读于重庆南开中学，1946年考入南京国立中央大学，1949年转学到上海大同大学，1950年毕业于大同大学化学工程系，相继在哈尔滨工业大学和东北工学院（现东北大学）攻读研究生，1953年毕业后在东北工学院任教。同年领导组建了新中国第一个冶金炉专业和冶金炉教研室，并担任首任教研室主任。1982年晋升为教授，1986年组织获批冶金热能工程博士点，晋升为博士生导师，1984～1991年任东北工学院院长，1997年当选中国工程院院士。曾兼任国务院学位委员会学科评议组委员、中国金属学会副理事长、中国环境咨询委员会委员、辽宁省环境科学学会理事长、《Journal of Industrial Ecology》和《Resources，Conservation and Recycling》等国际期刊编委。

陆钟武开创和建立了工业炉热工基础理论体系。他率先参照势流理论研究竖炉气体力学，导出的气体折射定理比德国耶夏教授早10年。利用高炉炉身静压，成功地判断了炉内气体和炉料行为的变迁。《竖炉散料层内的气体流动》一文的大部分内容被国内炼铁学教科书引用。建立了火焰炉热工基本方程式，成功地用于全国加热炉节能改造，改造后的加热炉热效率达到国际先进水平。由他主编的《冶金炉理论基础》《冶金炉热工及构造》等专著和教科书，被全国工科高校相关专业普遍选用，成为冶金炉热工的经典教材，奠定了我国工业炉热工理论基础，是我国冶金炉学科的创始者和领军人。

陆钟武创立了系统节能理论和技术。他创新提出了"载能体"概念、"e-p分析法""基准物流图分析法"等，阐明了节能工作既要关注能源，也要关注非能源，将系统工程方法应用于冶金工业节能，创立了冶金工业系统节能理论和技术。被原冶金工业部确认为深挖节能潜力的主要方向，并将此作为中国冶金工业节能指导方针。他带领团队在国内若干冶金企业开展了系统节能研究和实践，企业均取得巨大经济效益。由他主编的《冶金工业的能源利用》《系统节能理论基础》等著作至今仍在指导冶金工业节能减排和绿色低碳发展。

陆钟武开创和引领了工业生态学在中国的发展。他率先将工业生态学引入国内，是我国最早开始工业生态学研究的学者之一，被誉为"中国工业生态学之父"。领导设立了国内第一个工业生态学交叉学科博士点和硕士点，并成立工业生态学研究所，任名誉所长。以这门新学科的"中国化"和"数学化"为目标，进行了大量基础性研究，奠定了中国工业生态学的理论和方法体系，得到国内外广泛认同和应用。2000 年时，他率先指出我国钢铁工业废钢资源严重短缺的主要原因是钢产量持续高速增长，当时不可盲目提倡建设电炉钢厂的论点，得到国内钢铁界专家和同行的认同，研究方法和结论时至今日仍有明确的借鉴意义。他提出穿越"环境高山"、工业物质"大、中、小循环"理论及物质流分析"跟踪观察法"，明确了经济增长与环境负荷之间的定量关系，给出了资源消耗、废物排放与经济增长的"脱钩指数"和"脱钩曲线图"。他将整体论和还原论相结合，提出了"基础材料行业的宏观调控网络图"，建立了基础材料（钢铁、水泥、有色金属等）行业宏观调控的理论和方法，阐明了我国基础材料行业产量高、能耗高、物耗高、排放高问题的症结，提出了今后调控工作的方向、目标和具体措施，给出了宏观调控的关键参数和基本原则，为我国基础材料行业宏观调控工作提供了重要参考。由他主编的《工业生态学基础》《穿越"环境高山"——工业生态学研究》等著作引领了中国工业生态学教学和科研。

他出版中文著作 18 部，俄文《火焰炉理论》（与乌克兰古宾斯基教授合著）1 部，发表论文 240 余篇。曾获国家科技进步奖二等奖、光华工程科技奖、冶金科技终身成就奖、乌克兰雅罗斯拉夫智慧奖等科技和学术奖项，以及全国模范教师、辽宁省优秀专家等荣誉称号。

他在任东北工学院（现东北大学）院长期间，贯彻教学、科研"两个中心"的办学思想，提出办学"六大要素"的理念，获批试办国内第一批研究生院。确立当时隶属于冶金工业部的东北工学院"既为冶金工业服务，又为地方经济服务"的方针，积极融入和支持辽宁省和沈阳市的地方经济建设。积极推进国际学术交流，借鉴和学习国内外院校办学经验。提出创办南湖科技开发区和建设"大学科学园"的建议，被沈阳市政府采纳实施，并取得成功。

● 陆钟武传略

有为三千桃李树，无愧一世天地人

——记冶金节能及工业生态学开拓者、教育家陆钟武院士

陆钟武（1929.10.02—2017.11.27），出生于天津市，原籍上海市川沙县，冶金炉热工、系统节能及工业生态学专家、学者和教育家。我国冶金炉专业和冶金热能工程学科的奠基人，中国工业生态学的开拓者。1953年毕业于东北大学研究生班，1984年担任东北工学院（现东北大学）院长，1997年当选为中国工程院院士。

20世纪40年代末，陆钟武就读南京中央大学化工系，毕业后相继在哈尔滨工业大学、东北大学冶金系攻读研究生。1953年组建新中国第一个冶金炉专业，首任冶金炉教研室主任。他应用地下水动力学研究火焰炉热工理论，参照势流理论探讨竖炉气体力学，依据检测的高炉炉身静压数据成功地判断了炉内气体和物料行为的变迁，奠定了我国冶金炉专业传热学和气体力学的理论基础。

20世纪60~70年代，他建立了火焰炉热工基本方程式，指导全国几百座加热炉的节能改造，改建后的加热炉热效率达到国际先进水平。参加了炼钢平炉热工问题的实地考察，查明我国普通平炉改为内倾式平炉后指标下降的原因，纠正了内倾式平炉在结构改造过程中曾出现的重大失误。

20世纪80~90年代，他把节能视野从冶金炉窑扩大到工序、企业乃至整个钢铁行业，从节约能源扩展到非能源，提出了"载能体"概念，创立了钢铁工业系统节能理论和技术，引领了全国钢铁工业的节能工作。

自20世纪末，他把研究对象从钢铁行业拓展到工业系统节能、国民经济发展、生态环境保护领域及其相互关系上面，开辟了中国工业生态学新领域。以工业生态学"中国化"为目标，提出了穿越"环境高山"构想、工业物质"大、中、小循环理论"及物质流分析"跟踪观察法"，研究了改革开放以来我国经济增长与环境负荷之间的定量关系，确定了经济增长过程中环境负荷年下降率的临界值以及环境负荷与经济增长"脱钩"的条件式，指明"控制钢产量是我国钢铁行业节能减排的首选对策"，为我国钢铁工业节能和工业生态化建设做出重要贡献。

陆钟武不仅是一位不辱使命、出类拔萃的工业生态学专家，还是一位

与时俱进、卓尔不群的学者，更是一位在当今中国不多见的名副其实的教育家。他从大学的普通教师做起，担任过基层教研室主任、系主任和大学校长。承受过最底层的煎熬，有过从"士兵到将军"的历练，这些经历使得他无论做学问、当专家还是办教育都能得心应手、游刃有余。他曾兼任全国青年联合会副主席（1965～1978 年）、中国金属学会副理事长（1991～2001 年）、乌克兰国家冶金大学名誉教授（1993～2017 年）、中国环境与发展国际合作委员会委员（2006～2010 年）。还曾获得国家科技进步奖二等奖（1985 年），乌克兰高校科学院雅罗斯拉夫（Ярослав）智慧奖（1999 年），光华工程科技奖（2004 年），以及全国模范教师等称号（2001 年）。

"行止无愧天地"的醒目条幅，镶挂在他家的正厅里。这刚柔相济、入木三分的六个大字是陆钟武的墨宝，也是刻在他心目中几十年恪守不变的座右铭，更是对他 60 年科教生涯的人生写照：传道解惑有为三千桃李树，节能减排无愧一代天地人。

1 天生好奇想，大难铸栋梁

构成陆钟武学者品格和大家风范的第一个因素——先天因素，是他的家学濡染和遗传基因。陆钟武出生在一个书香世家，老一辈多有饱学之士。祖父陆舜卿、曾祖父陆雪香等祖上数代从事教育工作，我国近代职业教育的创始人黄炎培即出自陆雪香老先生门下；外祖父马润生是我国著名的石粉经销、机械制造的民族工业家；父亲陆绍云是早年留学日本的纺织实业家，是"我国纺织行业中从事机器纺纱业历史最早、功业贡献卓著、桃李栽培遍南北的资深纺织专家"。据上海市政协静安区文史资料载文介绍，"陆绍云先生毕生尽瘁纺织事业，德高望重；余事丹青，多才多艺，著书立说；主要专著有《纺织工作法》《日用纺纱手册》《职工教科书》等。"其父少年读书时受校长黄炎培教育思想熏陶，十六岁时考入上海龙门师范，毕业后由县长、黄炎培校长和同学资助，于 1915 年赴日本留学。为兴业救国，实现"用机械代替手工纺纱"的夙愿，他考取了日本东京工业大学（现东京大学的一部分），专攻纺纱专业。1921 年，他学成回国后，立志发展中国的纺织工业，先后主持办厂近十所，相继在沪、津宝成（1921～1931 年）、济南鲁丰（1931 年）、常州大成（1932～1937 年）和重庆维昌（1937～1945 年）等纺纱厂，以及上海国棉七厂（1946～1956 年）担任厂长、总工程师。他勇于探索，厉行改革，富于首创的精神和治厂有方的经验影响至深，至今为我国纺织界所称诵。例如，首倡国内纺纱厂 8 小时工作制；首倡对工人进行文化识字教育；主张采用新技术和新装备，不能跟在别人后面爬行；坚持实业要"实"，不能弄虚作假等。他业务精湛渊博逾众，用手测原棉时能在 1 分钟内分辨含水、含杂质、纤维长短等；

为人正派，自奉俭朴，一生"不烟、不酒、不赌、不忧、不怒、不骄"，赢得了我国纺织界几代人的仰慕。

鲁迅说过："读书人家的子弟熟悉笔墨，木匠的孩子会弄凿斧，没有这样的环境和遗产，是中国文学青年的先天不幸（源自《不应该那么写》）。"陆钟武有幸生在这样的家庭，得到了这样的环境和遗产。他不仅接受了中国传统文化的洗礼，也享受了来自家庭文化的熏陶。这两种"文化"成为陆钟武学术思想的重要源头，奠定了他事业的基石。陆钟武这样介绍父母对他的影响，"父母对我的教育是无形的、潜移默化的，没有人给我灌注过什么，也没有人让我执意做什么，是父亲对兴业救国的自信、对纺织事业的执着和刻苦学习的劲头，让我受益一辈子。"

1931年，陆钟武的父亲因工作地点变动，携全家从天津搬进济南，没住上一年，又举家搬迁到常州。1935~1937年，陆钟武在常州的琢初桥小学上一年级，读完一年后跳级进入三年级学习。不久，抗日战争爆发后，他们举家西迁，先到汉口，陆钟武在一所教会小学插班借读，不到一个月日军逼近武汉，陆家又逃难去重庆。1937年7月~1938年5月，陆钟武来到重庆市内巴蜀小学住读。5月4日、5日两天，日寇飞机开始大轰炸，整个市区硝烟弥漫，死伤无数，工厂停工了，校区严重受损，学校停课。当时，陆家住在市郊化龙桥对岸的猫儿石山脚下。1938年6月~1940年7月，父母和住在旁边的外公、大舅家一起，请来一位老师（曹叔雅），在离家不远的山坡上教七八个无处上学的小孩读书，直至小学毕业。

陆钟武从小聪明好学，爱动脑筋想问题，有强烈的好奇心，啥事都要闹个明明白白。我们曾三次采访陆钟武院士，聆听他娓娓道来的求学故事、科研成就和治学方略，每一次他都从"好奇心"谈起。他如数家珍地告诉我们："我对世界的认识是从好奇开始的，并非父母及他人的耳提面授。父亲的书架上书不多，而且多半是纺织方面的，我在家时，连《三国演义》《水浒传》《红楼梦》《西游记》等名著都没看过，更不用说现代文学家张恨水的小说《啼笑因缘》了。"他接着说："孩童时我家住在重庆猫儿石山脚下，很想知道猫儿石山背后是什么样子。"到了他读初中的时候，重庆市区常有空袭警报，当日本飞机离得较远时，可以出防空洞到外面去玩。"我闲来无事，望天上的月亮、星星，总想知道月亮的阴阳圆缺是咋回事。"读高中时，他观察到轮船顺江而下若要靠岸停船，则必须转弯掉头180°才能抛锚靠拢码头，"为什么逆江而上时轮船则无需掉头呢？"后来终于明白了其中的道理。"华罗庚在去美国的船上玩火柴棍游戏，为什么一定能赢？"于是他就到图书馆查书，不仅弄懂了其中的道理，而且还得知其中的奥秘就是数学的"二进制"法。

科学家培根曾经说过，"好奇心是幼儿智慧的嫩芽"。儿时的好奇心激发了陆钟武强烈的求知欲，直至开启学术之门，好奇心是他学术思想形成的原动力。陆钟武的好奇心不是老师教的，也不是爹妈给的，而是与生俱来的。让陆钟武记忆犹新的是童年时期称作"由近及远"的游戏，内容是从看到的一件事物开始连续说到很远很远，一直追溯到它的尽头。他觉得这套想法非常好玩，而且以为别人也会很感兴趣。所以，一次偶然的机会，便把这一套奇思妙想讲给母亲听。他指着眼前的一只兔子问妈妈："兔子肚子里的水是从哪里来的？"妈妈不解。于是，他就一口气地从兔子吃萝卜说到很远很远的水，"萝卜里的水是从菜地里冒出来的，菜地里的水是种菜的伯伯从河里挑来的，河里的水是从很远的高山上流下来的……"。妈妈听后完全不以为然，只说了一句话："瞎七搭八，乱说一气"，陆钟武回忆说，"我虽然没反驳，但心里很不是滋味"。

毋庸置疑，这些由近及远的"推理"，在成年人看来是多么的幼稚可笑、不可捉摸，但对一个六、七岁的孩子来说，其想象力又是何等地丰富多彩。"由近及远"的游戏，让我们采访者仿佛听到了蒙学中的孩子与大自然的心灵对话，感觉到游戏里所凸显出的童心之美。童心无忌，陆钟武的童心没有被大人们视而不见、听而不闻、司空见惯所湮没，她像出土的新芽，顶着阳光生长。陆钟武喜欢寻根求源，他长大后在事业上的建树也颇受益于此。往往容易擦肩而过的现象，在他那里没有失之交臂，而是被他及时捕捉，深入挖掘。他常常好几天都在思考同一问题，千思万想，一有新的灵感就随时记录下来。在他的床前，一直放着一个小本子，一支铅笔。清晨，他抓住出现灵感的最佳时机，主动把涌现的思维火花记录在小本子上。他经常把貌似无关的事物联系在一起，把"由近及远"、追根究底的分析方法用于治学和治校。童年的好奇心和想象力，为成长中的陆钟武催生了一双飞翔的翅膀。

少年时，山寨里的环境和野外学习更加激发了陆钟武对大自然的好奇，激励着他对每一件事都要提出质问，去探寻最基本的真理。1938年夏天的一个傍晚，陆钟武和几个小朋友到山上的广阔天地去"探险"，直到快天黑的时候才沿着当地人踩出来的山间小路往回走。由于路不熟，心又急，陆钟武不小心一脚踩空跌落悬崖，失去了知觉，生死未卜。悬崖直上直下，足有四五丈高，家人费尽九牛二虎之力才把他救了上来。大夫说："这孩子重度昏迷，内脏多处破裂，腹腔胸腔大量出血，伤势非常严重，能否抢救过来还很难说……"几经抢救，奇迹真的发生了，昏迷了三天三夜的陆钟武居然醒了过来，不久又上学了。不过他身体很弱，面黄肌瘦，而且经常发低烧，但他毕竟活了下来。有人说："这孩子大难不死，必有后福。"不料，这话一语成真：1940年陆钟武继姐姐陆婉珍之后，果真以全优的成绩考入我国著名中学——重庆南开中学，后来姐弟俩又分别成为中国科学院院士和中国工程院院士。

重庆南开中学是我国近代教育家张伯苓校长创办的一所名校，抗日战争十年间该校所培养的学生中当选两院院士的就有33人，陆婉珍、陆钟武姐弟俩名列其中。重庆南开中学给陆钟武的人生留下深刻印记，在他往后的治学、做事乃至人生追求等方面，无不体现出南开人的文化性格。每每提起重庆南开中学，陆钟武总是开宗明义地先抛出这句话："重庆南开中学是我最喜欢的学校，'允公允能'校训和'四十字镜箴'格言培养了我积极向上的仪容举止，坚定了我德智体美全面发展的人生信念。"那时的南开，一进校门就有一面一人高的穿衣镜，镜额上刻有40字《容止格言》："面必净，发必理，衣必整，纽必结，头容正，肩容平，胸容宽，背容直。"陆钟武不仅一丝不苟地做到了，而且"面必净，发必理，衣必整"伴随了他的一生。

重庆南开中学的学生很讲姿态、仪容与神气，在任何场合都如鹤立鸡群，让人一看就知道那是"重庆南开的"。重庆南开中学更讲体育。老校长张伯苓经常给全校学生做关于体育问题的报告，"当讲到怎样做才能腰不弯、背不驼时，年近古稀的张伯苓校长居然能在讲台上给学生们做示范动作"。几十年以后，陆钟武也当了校长，他学习张伯苓老校长的样子，给当今的大学生做关于德智体全面发展问题的报告。陆钟武介绍说："重庆南开中学规定每天下午三点半以后，教室通通关闭，全校学生必须都到操场上参加体育活动或文艺活动，打球的，跑步的，练单、双杆的……每个同学都在生龙活虎地做各种活动，唯有我体弱多病，什么项目也参加不了，只好在操场上'卖呆儿'、做看客。"面对人小体弱多病，陆钟武没有气馁，他暗下决心，一定要把身体练好！于是，每天晚自习以后，他都坚持一定时间的体育锻炼，在单杠上吊，在双杆上撑，在操场上跑……功夫不负有心人，经过好几年的锻炼和发育，陆钟武康复了，面色红润了，再也不生病了，长成了个子高大、体魄健壮的小伙子。1946年10月，陆钟武如愿以偿地考取了南京中央大学化工系。

当然，陪伴他长大的，还有那颗不变的"童心"。因为有童心做伴，所以陆钟武做起学问来不守旧、不盲从，不迷信权威、不看别人的眼色行事，也不计较个人的得失。他是一个从童话里走出来的人。4~5岁时，他由于好奇曾在荒地上抓住一条蛇的尾巴狂跑，吓得身旁的一群小孩子们惊慌失措。读书时，他对课堂之外的事物尤其感兴趣，脑海中时常提出"是什么"和"为什么"的问题。长大以后，那颗无拘无束的童心依旧，好奇心不减童年。一路风尘仆仆不染初心，任凭风吹浪打不失童真。童年在他的心灵深处留下了不可磨灭的印记，童心是他取之不尽的宝库、永葆青春的源头。

2 兴邦承父志，创业赴他乡

构成陆钟武学者品格和大家风范的第二个因素——后天因素，是生命的历练。陆钟武生于20世纪20年代，这个时期出生的大多知识分子是中国社会中经历最坎坷、最复杂，因此也是最受历练的一个群体。陆钟武是这个群体的佼佼者，也是中国近现代史诸多重大历史事件的经历者、参与者和承载者。仅是他的童年和少年时期，其命运就丰富得不得了，苦辣酸甜涩，五味杂陈。8 岁那年，他从悬崖上掉下去大难不死，是他生命的第一次历练。他回顾这段起死回生的经历时说："男儿当自强，我从切身的痛苦经历中逐渐体会到健康的重要性，从此养成了坚持运动的好习惯，尝到了锻炼身体的甜头。"中学时，他在重庆南开中学读书，接受的是"允公允能"教育。其中，"公"就是公德教育，"允公"就是大公；"能"就是能力教育，"允能"就是最能。他把接受这样的教育看成是对自己生命的洗礼，"我不仅学到了一些知识和技能，而且懂得了人生的真谛和做人的尊严"。重庆南开的师生很讲"公能"，"公能教育"培养了陆钟武报效祖国、服务人民的崇高理想，自强不息、勇于担当的事业心和社会责任感。

抗日战争时期，陆钟武在重庆长大成人。当时的重庆几乎天天有空袭警报，"我见过几次空战，心里总有一个问题，那就是为什么小小的日本能够吞下中国的半壁江山？为什么偌大的中国如此无能，任人宰割？日本飞机飞得不算高，为什么中国的高射炮就是打不到它？"小时候他不懂"落后就要挨打""多难兴邦"的道理，认为中国内忧外患的主要原因是工业落后。耳闻目睹，知彼知己，"我产生了不服输的劲头，相信中国有朝一日一定能翻过身来，强大起来！"于是，他立志像父亲那样"兴业救国"，为中华崛起而努力读书。1946 年 10 月，陆钟武考入南京国立中央大学化工系。1948 年 11 月，解放战争逼近南京，学校停课。1949 年 2 月，陆钟武转学到上海大同大学化工系。1950 年 7 月大学毕业。

陆钟武毕业之时，正当新中国建立之际，全国人民为新中国的建立而欢呼鼓舞，为建设崭新的国家而努力工作，一些有志青年争先恐后纷纷投身到祖国的建设中去。八十多岁高龄的陆钟武每当回忆起当年的情景，依旧历历在目、激动不已。他说："平生对我思想影响最大的就是在解放初期聆听华东区几位部长级领导为上海大学生所做的几次精彩报告，那真是对我人生的一次洗礼，让我茅塞顿开，受益匪浅。从那时起，我就下定决心，听共产党的话，跟共产党走，为新中国的建设建功立业，奋斗终生！"

多难兴邦承父志，建功立业赴他乡。大学毕业后不到一个月，陆钟武便告别家人和舒适的上海，只身一人去了东北，坐了四天四夜的火车来到陌生的城市——哈尔滨，开始了他求学深造、工业兴国之路。他抱着"中国人民站起来了"的解放感，参加到新中国的建设事业。他恨不得生出一千双手从事新工作。在哈尔滨工业大学，陆钟武就读冶金炉专业的研究生，师从苏联炼铁专家马汉尼克（Маханек）教授、冶金炉专家米特卡林（Миткаленный）教授，学习钢铁冶金学、热工仪表和冶金炉。他回忆说，"从南方到北方，从学化工到搞钢铁，是我人生中最重要的抉择，这同父亲主张的'实业兴国'及其言传身教给我的东西有相通之处，稍有不同的是父亲从事轻工（纺织），而我从事重工（钢铁）。"

陆钟武从上海初到哈尔滨时，一切都在预料之中：那里吃高粱米饭、玉米面饼，天气很冷很冷。记得 1950 年冬，抗美援朝期间，他和同学们顶风冒雪，在约 $-40°C$ 的天气下排着队伍走到飞机场去建造飞机的"掩体墙"。冬天的飞机场寒风凛冽，滴水成冰，呵气成霜，人站在那儿一会儿就像个雪人了。这样寒冷的天气他都能挺住，还有什么挺不住的呢！他年轻，很快习惯了吃粗粮。倒是星期天吃两顿饭，觉得不习惯，他只好到宿舍旁边的煎饼铺去买玉米面煎饼吃，或者上街去打"牙祭"。在艰难和困苦面前，经过生命历练的陆钟武没有被击倒，他把个人的学习和工作与祖国的建设和繁荣联系在一起，表现得无比刚强。强烈的责任心和使命感以及对未来幸福生活的憧憬，使他很快适应了北方的生活环境，顺利地进行俄语培训和研究生学习，他的学习成绩总是名列前茅。

1952 年夏，教育部依据国家发展的总体规划对全国高等院校进行了一次大规模的院系调整，相继新建了钢铁、地质、航空、矿业、水利等专门院校和专业。在这次调整中，陆钟武等 21 名研究生和 4 名苏联专家一起调到东北工学院（现东北大学）。1953 年 7 月，陆钟武于东北工学院冶金炉专业研究生毕业，后留在东北工学院任教。从此，他在东北大学 60 年的学术征程正式开启。

陆钟武经历的第一次重要实践是中华人民共和国成立后创建第一个冶金炉专业，成为我国冶金炉学科的主要开创者和奠基人之一。他的第二次重要实践是组建冶金热能工程学科，创立系统节能理论。20 世纪 80 年代初，陆钟武根据国际上刚刚爆发的能源危机和我国钢铁工业能耗过高的现状，组建了冶金热能工程学科和热能工程系，他首任热能工程系主任。从冶金炉到冶金热能工程学科，不是学科名称的简单更换，而是冶金炉专业面向国家重大需求和国际学科前沿的一次历史性跨越。他把热能工程专业的服务对象和学科视野，从过去的单体设备（冶金炉）及其部件，扩展到生产工序（厂）、联合企业乃至整个冶金工业，是陆钟武学术思想第一次飞跃。他把学科方向同国家需求紧密联系起来，旗帜鲜明地指出："冶金热能工程学科的主要任务是全面研究冶金工业的能源利用理论和技术，现阶段要为冶金工业现代化服务。"

他的第三次重要实践是开拓工业生态学研究的新领域。进入 20 世纪末，陆钟武为了研究和处理好工业生产、经济发展与生态环境破坏之间的尖锐矛盾，他集中精力投身于工业生态学的研究。他把研究视野从工业生产过程拓展到产品加工制造、包装运输、使用，直到产品使用终了报废后的回收利用，即产品的整个"生命周期"，是陆钟武学术思想的第二次飞跃。他分析了近百年来发达国家的经济发展与环境负荷的关系，提出穿越"环境高山"

的设想和理论；他研究了改革开放以来我国经济增长与环境负荷之间的定量关系，给出了环境负荷与经济增长"脱钩"的临界条件。2008年和2010年，他的两本新作《穿越"环境高山"——工业生态学研究》和《工业生态学基础》由科学出版社出版，他的学术思想令读者耳目一新，在同行中产生深远影响。

3 缓缓地下水，熊熊火焰炉

构成陆钟武学者品格和大家风范的第三个因素，是"综合＋分析"的思维模式。这种思维方法，决定了陆钟武的学术思想始终沿着时间及空间两个维度拓展，形成了他从冶金炉专业到冶金热能工程学科再到工业生态学的学术路线。正像浪漫主义作家雨果所说的那样，有了"时间"和"空间"这双翅膀，"脚步不能达到的地方，他的眼光可以到达；眼光不能到达的地方，他的精神可以飞到"。把相关事物结合在一起，溯本求源、融会贯通，是陆钟武做学问的精髓和诀窍所在，也是他的过人之处。

1953年，是我国发展国民经济第一个五年计划的开局之年。面对"实现社会主义工业化、优先发展重工业"的国民经济发展总方针，东北工学院组建了新中国成立后的第一个冶金炉专业和冶金炉教研室。1954年春，苏联著名冶金炉专家、新西伯利亚大学副校长那扎洛夫（Назаров）应聘来东北工学院，一面给教师和研究生上课，一面指导冶金炉专业建设。为了充分利用苏联专家"坐镇"教学的优势，以便培养出更多专业教师支援国内各兄弟院校，作为教研室主任和胸怀抱负的陆钟武，比同龄人想得更多、看得更远。他除了要处理教研室的日常事务和培养年轻教师以外，还要全程陪同苏联专家，将苏联经验中国化。那时，东北工学院的教学条件很差，为了培养专业教师，陆钟武只好先当学生倾听苏联专家讲课，再当先生一遍遍地讲授给专业的师生们。没有专业教材，他便组织教研室的同事们一本本地翻译冶金炉专业的俄文教科书；没有实验室，他一边建设实验室，一边组织师生一次次地下厂调查研究，积累教学和科研经验。1956年，他撰写的调研报告"关于我国冶金炉学科的任务和今后发展问题的意见"在全国热工讨论会上发表。1959年，他领衔主编的我国冶金炉学科第一部专业用教科书《冶金炉理论基础》正式出版。1963年和1979年，陆钟武的两篇学术论文《火焰炉热工的一般分析》和《火焰炉热工特性的实验研究和分析讨论》相继在专业期刊上发表。1982年，在陆钟武的倡导下，冶金炉学科扩建为冶金热能工程学科。

在冶金炉热工方面，陆钟武研究的第一个问题是关于炉内热电偶的热点温度，他修正了苏联专家那扎洛夫关于热电偶指示温度的计算式。有一天，陆钟武在为那扎洛夫担任课堂翻译时，发现那扎洛夫讲授的炉内热电偶指示温度的计算公式是错误的。回去后，他反复研究了那个公式的错误之处，重新推导出一个新公式，画出了一条条新曲线。但一想到去找那扎洛夫教授理论时，陆钟武就忐忑不安起来。他想："那扎洛夫是苏联著名的冶金炉热工专家，又是国家高教部特聘的院长顾问，而自己还是一个毛头小伙子，研究生毕业仅两年，怎能当着苏联专家的面指出公式的错误呢？弄不好会被扣上'反对苏联专家'的帽子。"想来想去，陆钟武没有被这些顾虑所左右，一向求真、不服输的他坚信自己是对的。几天后，他大胆地敲开了那扎洛夫的办公室，当屋子里只有他们两个人时，他就一板一眼地讲述自己对热电偶指示温度的意见，同时拿出自己推导的新公式和相应曲线。果不其然，陆钟武的意见遭到了苏联专家那扎洛夫的强烈反对。回来后，他不但没有放弃，反而亲手制作了一个炉子，通过多次实验，进一步验证了自己推导的公式和画出的曲线是正确的，于是他冒着"反对苏联专家"的危险，再次果断地敲开了那扎洛夫教授的房门……那扎洛夫终于接受了陆钟武的实验数据和研究结果。在苏联专家回国前，那扎洛夫组织了一场学术报告会，会上陆钟武作了关于炉内热电偶热点温度的专题报告。那扎洛夫教授坐在最前面倾听着陆钟武的讲演，情不自禁地举起双手为台上这位年轻学子、中国未来冶金炉学科的掌门人鼓掌祝贺。

在科研工作中，陆钟武产生的第一个兴趣是高炉内的气体是怎样流动的？当时，因为高炉是密闭高温设备不便于进行直接的观察和测量，所以人们对竖炉内气体流动问题的认识还停留在极不全面的阶段。对有些具体问题，业内看法不一，甚至争论不休。相反，关于地下水动力学这门学科却发展得很迅速。陆钟武认为，如果正确地运用地下水动力学方面的知识，结合竖炉散料层的特点，就可以为解决竖炉内气体流动问题找到一条捷径。这是陆钟武经过长期思考以后突然产生的思想火花，他凭借一颗无拘无束的童心和异想天开的好奇心，源于对竖炉问题的潜心研究和知识的积累，巧妙地把"地下水"和"炉中火"联系在一起。两者一个在炉中，一个在地下，一冷一热，一水一火，一缓一急，在常人看来是风马牛不相关的事，但在陆钟武看来，"尽管水在地下沙石层中的流动与气体在炉内散料层中的流动是有区别的，但是从本质上看它们都属于同种现象——散料层中流体的流动"。"他山之石，可以攻玉"，陆钟武在地下水动力学与高炉气体力学之间，找到了流体流动的共同点。

于是，除了必要的讲课和会议外，他整天坐在图书馆里翻书，下班前还借两本书刊带回家晚上再看，一弄就是大半夜。他翻阅了英美和苏联的大量文献资料，结合自己掌握的对竖炉内气体状态的定性描述，参照地下水动力学解析了高炉内气体流经几种透气性不同的散料层时流向的改变过程，推断出气流经过交界面后一定产生折射现象，并用数理方法推导出气体折射定理，还从理论上解释了高炉炉身静压与炉料结构、气流分布之间的关系。作为工程应用，陆钟武以本钢高炉炉身静压计指示数为依据，准确地判断了高炉内物料的运行状态，成功地预示了高炉内悬料、崩料、偏料或管道等现象的发生。1960 年，他的学术论文《关于高炉炉身静压分析》在《东工钢铁》上发表，《竖炉散料层内的气体流动》一文的大部分内容多次被国内炼铁教科书引用。这些研究成果，虽说曾得到叶渚沛、靳树梁两位院士的极大关注和赏识，但在行业内也曾遭到一些学者的反对，甚至有人嘲讽"自古水火不相容，没见过用地下水解释炉中火的道理！"为此，有人给他戴上"理论脱离实际"的帽子。直到 20 世纪 70 年代后期，在我国改革开放的初期，西方学术杂志进入中国，有人才发现德国（Jeschar）教授的研究成果与陆钟武的公式、曲线竟然一模一样，不同的只是西方学者的研究工作比他晚了整整 10 年。

缓缓地下水，熊熊火焰炉。陆钟武作为学者，其内心深处对于科学研究本质的理解达到了"融会贯通"的境界。他说："自然界的万事万物都有一个相生相克的问题，有人只知道'水火不容'，却忘记了地下水和炉中火只是表象不同罢了，它们在散料层中的流动规律是相通的。"

20 世纪 60 年代初，我国参照国外先进经验，曾将普通炼钢平炉改造成为内倾式平炉，但效果极不理想。1964 年春，陆钟武在参加冶金部组织的为期两个半月的全国平炉热工考察过程中发现，导致上钢一厂、上钢三厂、大冶钢厂、太原钢厂等内倾式平炉产量下降、能耗上升的主要原因，是改造过程中在炉子结构方面出现了若干重大失误，例如，熔池面积缩小，炉顶上的水冷梁大面积暴露等。最后，他对内倾式平炉的结构操作参数、热工过程参数、生产指标三者之间的相互关系作了全面的分析和精辟论述，从而澄清了平炉热工的某些模糊认识，统一了各学派之间的不同看法。那些钢厂陆续接受陆钟武的观点和建议，有的进行重新改造，有的恢复原有炉型，均收到了预期结果。

运用同样的分析方法，陆钟武还系统地研究了火焰炉的结构操作参数、热工过程参数、生产指标三者之间的普遍规律，建立了火焰炉热工特性的基本方程式，完成了多项科研工作：用解析法导出了火焰炉热工行为的基本方程式；用经验法建立了炉子热负荷（Q）与生产率（P）之间的关系式，提出了火焰炉合理供热经验公式（即 Q-P 方程），用于指导全国的轧钢加热炉节能改造；参与了以"压下式炉头"为结构特征的新型加热炉的研究，获国家科技进步奖二等奖，这种炉型后来在全国推广近百座；改建了高效率线材加热炉，其平均热效率成为时下全国线材加热炉节能之冠。1985 年，他的学术论文《火焰炉热工行为的研究》在《金属学报》上发表，并获李薰优秀论文奖。

国际冶金炉专家乌克兰 Губинский 教授评价说："我们给学生讲炉子热工特性只是定性的，陆教授把它定量化了。"陆钟武同 Губинский 教授合著的《Теория Пламенных Печей》一书，以及他主持并参与编写的《冶金炉理论基础》《冶金炉热工及构造》《火焰炉》《火焰炉理论》（中文版）等，都是冶金炉学科成立以来主要的专著和教科书，为全国高等工科院校相关专业普遍选用。这些研究成果已经成为冶金炉学科新的理论基础和技术体系，得到了国内外业内人士的普遍公认。陆钟武做学问不为利益所动、不为时间所逼、不为权威所限，他独到的眼光、大道至简的论述和博大精深的学术思想，赢得了冶金炉和冶金热能工程学科几代人的尊敬和爱戴。他为我国冶金炉专业的从无到有、从小到大、从弱变强做出了重要贡献，是我国冶金炉学科的创始者和领军人。

4　立说载能体，节能绘宏图

在1978年以前，陆钟武以炼铁高炉、炼钢平炉、轧钢均热炉和加热炉等冶金炉窑为对象，在单体设备层面着手研究钢铁厂的节能问题。进入20世纪80年代，钢铁厂的节能工作由单体设备节能扩展到生产工序，节能初见成效，但与世界先进水平相比仍有很大差距，1980年我国钢铁工业生产每吨钢的综合能耗高达2.04吨标煤，比正常情况下的2倍还多。为了降低钢铁工业的能源消耗，陆钟武深入工厂调查研究，寻找节约能源的突破口。起初，受专业界限的束缚，只是孤立地分析近些年来钢铁厂年节能率下降的原因，结果百思不得其解。后来，他在鞍钢住了下来，连续多日和现场工人、工程师、车间负责人反复查找原因，同时任冶金部鞍山热能研究院总工程师的周大刚竟日交谈，反复思考。最终厘清了头绪，首次提出了钢铁工业系统节能的思想和方法，他与周大刚合写了有关系统节能理论的第一篇论文《钢铁工业的节能方向和途径》，并于1982年10月在《钢铁》杂志上发表。

在这篇论文里，他用"整体论"的思维方法，把钢铁工业节能划分为"五个层次"，即钢铁工业、联合企业、生产车间（厂）、单体设备和设备部件。系统节能的研究对象是这五个层次上的节能问题及其相互关系。为此，他创造性地提出了"载能体"概念，定义"凡是制备过程中消耗了能量的物体，以及本身产生能量的物体都是载能体"。这样看来，不仅煤、油、电、气是载能体，各种原材料、中间产品、辅助原材料以及各种消耗品等非能源物质，都是载能体。因此，节能工作必须两手一起抓，只有一手抓节约能源，一手抓节约非能源，才能收到更好的节能效果。在建立了"载能体"概念以后，他把节能的视野从一座炉窑扩大到生产工序、联合企业，乃至整个工业部门，从节约能源扩展到既要节约能源又要节约非能源。为了突出节约非能源物资的重要性，他还特意建立了"钢比系数"的概念，它是统计期内各工序的实物产量与钢产量之比。由此看来，节约非能源，就是调整生产结构，降低钢比系数。

陆钟武的系统节能理论，从建立到应用并非是一帆风顺的。他的系统节能思想最初曾遇到一些人的不理解甚至反对，寄给报刊的文章也曾多次受阻，迟迟不予发表。这是因为陆钟武做起学问来，总是把相关事物融合在一起，研究视野越扩越大，乃至超越了那个年代人们对冶金热能学科界限所能想象的范围。20 世纪 80 年代初期，当陆钟武主张既要节约能源（节能），又要降低非能源消耗（降耗）的时候，"节能"活动在我国才刚刚开始，一些普通科技和管理人员无论如何也想象不到"降低钢铁料、铁合金、耐火材料、轧辊等非能源消耗"，而在多少年以后竟被列为钢铁工业节能的范畴。直到 80 年代末期，冶金部把"节能降耗"确定为我国钢铁工业节能的两大任务时，人们才被陆钟武远见卓识的学术思想所折服。

1987 年，全国冶金节能工作会议在吉林省召开，冶金部充分肯定了陆钟武教授的研究成果，时任冶金部副部长的周传典在作大会总结时，引用了陆钟武的大段文章，"不仅要研究单体设备节能，还要研究生产车间（全工序）、联合企业（全流程）乃至冶金工业（全行业）的节能"。最后，周副部长指示，"系统节能是深挖企业节能潜力的新途径，是我国'八五''九五'乃至今后更长时期冶金工业节能的指导方针。"从那以后，"系统节能""载能体""钢比系数"便成为我国冶金节能领域耳熟能详的专业术语，为广大节能工作者所公认。如今，系统节能理论和技术已经成熟，在我国钢铁企业节能工作中得到了普及。

1993 年，陆钟武的系统节能代表作《系统节能基础》由科学出版社出版。1996 年，他的《再论我国钢铁工业节能方向和途径》在《钢铁》杂志上发表，2000 年，他的《钢铁生产流程的物流对能耗的影响》在《金属学报》杂志上发表，2010 年，他的《系统节能基础》经修订后再次出版发行。30 年来，他主动为本科生开设系统节能课程，多次组织系统节能理论培训班，培养一批系统节能方向的硕士、博士研究生和博士后以及青年学术带头人。陆钟武不愧是冶金工业系统节能理论及技术的先行者和创建人，为推动我国钢铁工业节能降耗做出历史性贡献。

5 穿越环境山，引领生态路

工业生态学（Industrial Ecology），又称产业生态学，是 20 世纪 90 年代在西方兴起的一门为可持续发展服务的新学科，传入我国的时间是 90 年代后期。这门学科研究的中心问题是：在经济增长、技术进步的情况下，如何使资源能源消耗量和污染物排放量保持在人们所希望的水平上。陆钟武是我国最早从事工业生态学研究的学者之一。早在 20 世纪 90 年代初，工业生态学伴随人类可持续发展观的形成在欧美国家悄然兴起的时候，他就开始关注工业生态学了。90 年代中期，耶鲁大学的 Graedel 撰写了一部《工业生态学》专著，陆钟武得知后立即让他在美国的家人购买了一本寄给他。1997年 12 月，《参考消息》以"工业生态学值得称道"为题，介绍了这门学科的兴起和发展。到了 90 年代末，陆钟武凭借对科技前沿的敏感和人生责任感，一心扑在教育科技事业上，心无旁骛地研究工业生态学，为我国的可持续发展服务。

从研究一座炉窑的节能，到工业系统的节能降耗，再到工业生态学领域和整个国家的可持续发展，是他对我国工业生态化建设矢志不渝的追求，也是他十几年倡导从"系统"和"源头"治理工业污染问题学术思想的水到渠成。陆钟武研究工业生态学，从不照搬西方学者的思维模式和研究方法，旨在形成具有中国特色的工业生态学理论和实践体系。他为中国工业生态学进行的一系列基础性研究和所取得的成就及影响，令同事和学生们感到无上光荣，"不管到国内外的什么地方，只要一提起我们的老师——中国工业生态学派中的陆钟武，凡熟悉他的人都会竖起大拇指"，大家自豪地说。难怪，2012年10月在清华大学召开的工业生态学国际会议，大会执行主席介绍时称陆钟武为"中国工业生态学之父"，原来他早就名副其实了。

2000年以后，陆钟武重点研究在经济增长、技术进步的情况下，如何使资源能源消耗量和污染物排放量保持在人们所希望的水平上，这对持续高速增长的中国钢铁工业至关重要。为了弄清楚物质循环对资源效率、能源效率和环境负荷的影响，陆钟武别具匠心地把时间因素引入传统的生命周期评价方法，建立了具有时间概念的产品生命周期物流图及其物质流分析模型，率先提出工业物质的分类及其在三个层面上的大、中、小循环，建立了有关工业物质大循环方面的基本物流公式，发现工业产品产量的变化对资源效率和环境负荷有重大影响。

"是否要大力发展电炉钢"是当时我国钢铁界争论多年的热点问题，管理层和钢铁企业老总们一直存在分歧：电炉派主张中国应该大力发展电炉炼钢（以废钢铁为原料），转炉派认为中国应该大力发展转炉炼钢（以铁矿石为原料）。陆钟武则认为，我国钢铁工业废钢资源相对短缺的根本原因是钢产量持续高速增长，他用综合思维的方法，即小时候那套"由近及远"的说辞，道出了其中的缘由。他从2000年我国的钢产量（1.2亿吨）说起，追溯到15年前1985年的钢铁生产，那时候我国的钢产量只有0.4亿吨，待这些钢铁产品使用终了报废后用于电炉炼钢的原料，2000年可得废钢量为0.22亿吨，只占2000年钢产量的18%。陆钟武断言，"中国的电炉钢比（电炉钢产量与总产量之比）不可能太高，只有在钢产量增速减缓后我国的废钢资源逐渐充足了，电炉钢产量所占的比重才有可能提高。是否发展电炉钢，是一个国家钢铁工业发展的客观规律决定的，不以人的意志为转移。"陆钟武的上述论断，被学生们称为"废钢学说"，在2002年召开的中国金属学会学术年会上报告时，得到了与会代表的一致认同，钢铁企业的老总和专家们不时拍案叫绝，甚至有人发出这样的赞叹，"陆先生的废钢学说，大道至简，平息了钢铁界十年的争论，化'干戈'为玉帛"。会后，陆钟武"笑谈废钢铁，一语化干戈"的故事，一时在钢铁界传为佳话。

为了强调经济发展与生态环境之间的关系，陆钟武把描绘发达国家在工业化进程中的环境负荷曲线，形象地比喻为一座"环境高山"，发展经济就是一次翻山活动。为了定量地研究经济增长过程中资源能源消耗量和废物排放量问题，他对工业生态学主方程（IPAT方程）中的变量进行了重新定义，使之成为严格的数学公式，并进一步提出了国内生产总值与废物排放量之间的关系式（IGTX方程）。导出了单位GDP环境负荷年下降率的临界值公式，以及环境负荷与经济增长"脱钩"的条件公式，绘制了资源消耗、废物排放与经济增长脱钩的曲线图，为科学地制定区域环境规划提供了理论依据。2003年，陆钟武发表了"穿越环境高山"论文，并多次做演讲，CCTV教育频道全文直播。穿越"环境高山"的构想和理论，得到了我国环保领域的普遍认同，陆钟武从此蜚声国内工业生态学界。

此外，他还针对我国经济持续高速增长的实际，建立了物质流分析新方法——跟踪观察法，调查了铁、铝、铜、铅等典型金属物质在开采、生产、使用、排放、回收等环节的回收利用状况，揭示了在我国经济高速增长情况下金属物质代谢的特殊规律。他联系我国工业生产实际，指导他的研究生编制了"中国1999年铅酸电池系统的铅流图""中国2001年铁流图""中国2002年铜流图""中国2007年锌流图"，弄清了我国这几种金属元素流的基本特点和存在的问题，并提出了相关的政策建议。

2010年以后，陆钟武依照工业生态学的思路，结合中国实际，着手研究钢铁行业层面的节能、降耗、减排等战略问题。他运用"综合+分析"思维方法，解析了我国钢产量的增长机制，分析了我国2000~2007年钢产量增长过快的原因。在一次中国工程院组织的学术讨论会上，陆钟武毫无顾忌、痛快淋漓地道出了我国钢产量持续过剩的缘由："在役钢提前退役（如楼房拆迁、豆腐渣工程、烂尾工程等）、无效的在役钢增多（如形象工程、政绩工程、空置房屋、超标建筑等）以及大量粗钢出口等，是近些年我国单位GDP的钢产量过大、钢产量增长过快的主要原因。因为钢产量增长过快，所以钢铁工业的能耗、物耗、污染物排放量以及投资等都随之过快增长。"所以，他断言："控制钢产量是我国钢铁行业节能减排的首选对策，今后必须对有关经济社会活动进行有效的科学管理，实现在钢产量保持稳定或基本稳定的情况下，保证GDP平稳较快增长。"报告的矛头直指奢侈浪费之风，其观点和立论受到大家的普遍认同，原中国工程院院长徐匡迪院士听后说："陆先生，我为你鼓掌！"不久，陆钟武这方面的两篇力作——《钢产量增长机制的解析及2000~2007年我国钢产量增长过快原因的探索》《论单位生产总值钢产量及钢产量、钢铁行业的能耗、物耗和排放》相继在《中国工程科学》上发表。

2001年10月在陆钟武的倡导下，东北大学主持召开了国内首届"工业生态学国际研讨会"。2002年11月，国家环境保护部批准东北大学、中国环境科学研究院、清华大学联合成立"国家环境保护生态工业重点实验室"。2011年，东北大学成立"工业生态学研究所"。为了宣传普及工业生态学，他时常去企业作报告，宣传绿色经济、循环经济、保护环境、可持续发展问题。他为我国改革开放以来取得的成就欢欣鼓舞，对存在的环境问题痛心疾首。2005年，陆钟武出席沈阳市"建设生态城市规划"评审会议，他在该规划的讨论稿中发现，有一个县计划建设一个年产量56万吨、年产值112亿元的不锈钢项目。陆钟武直言无忌，立即提出反对意见，并被市政府采纳。第二天，《沈阳日报》头版头条通栏刊出"为建设生态城市陆钟武院士叫停上百亿规划项目"。

凡熟悉陆钟武的人都这样评述他，"陆钟武不仅仅是专家，更是一位有思想的学问家。中国要走向国富民强，实现中华民族的伟大复兴，非常需要像陆老师这样的学术大家"。陆钟武以工业生态学"中国化"为目标，关注和研究的大都是带根本性的、关系全局的、影响整个社会的大问题。他研究能源问题，创立冶金工业系统节能理论是这样；他关注国民经济可持续发展，提出穿越"环境高山"构想，建立物质流分析新方法是这样；他构建生态化钢铁工业，倡导以控制资源消耗量为突破口的环保工作基本思路等，都是一位学术大家所为。毫无疑问，这些工作必将成为中国工业生态学研究进程的重要节点；将这些节点，串接起来，发展下去，就是一条建设生态化工业、实现工业与环境友好的必由之路。

回眸陆钟武六十年的学术生涯，他因工业兴国而始，为工业污染而忧。为了工业生态学的"中国化"和中国工业的生态化，他勇敢地坚守着、积淀着、追寻着……"路漫漫其修远兮，吾将上下而求索。"他付出得太多太多，岂止是"衣带渐宽终不悔，为伊消得人憔悴"，真可谓，"先工业之忧而忧，后工业之乐而乐矣"。

6 紧握大学舵，开放纳江流

陆钟武不仅学术造诣颇深，令国内外同行称道，还是一位有思想、不可多得的教育家。他有独到的办学思想和德智体美全面发展的教育理念，在担任东北工学院院长期间，这方面才能得到了充分的发挥。

1984年，陆钟武从教学科研第一线走上校长岗位，老师们觉得"他懂教育、有思想，尊敬教师，善待学生，是一位有使命感和责任心真正在行的校长，一位很快被教职工接纳、被学生接纳的校长"。他上任伊始，就发表了《谈开放办学》一文，提出了"开放办学"思想，以及坚持教学和科研"两个中心"、坚持为冶金工业和地方经济"全面服务"等办学方针。他在《谈开放办学》一文中明确阐述："实行开放办学，就是把大学、系、教研室、课题组都办成开放的系统。在校内，要提倡跨系、跨室、跨组的学术交流，提倡理工结合、文理结合；在校外，要提倡学校与工厂企业、科研院所、兄弟院校相互联系、相互学习，提倡与国外大学和有关单位广泛交往。"他说，"要建设一流的大学，必须打破封闭式的办学方式。因为大学培养人才的起点在中学，学生入学经过校内教育，还要回到社会实践中去，通过实践检验教育的成果。因此，大学不能只管校内这一段，不能关起门来培养学生，把学生送走了事。"

在"开放办学"思想的指导下，东北大学这所人们心目中的"高宅深院"，第一次对外敞开了"四扇"大门。陆钟武决定：第一，"向媒体开放"，邀请驻沈记者来校园采访三天，食宿由学校全包。第二，"向中学生开放"，把中学生及他们的老师请到学校来。当时一些青年学生受西方思想影响，认为实体工业不吃香了，报考东北大学没有前途。陆钟武便到高中生中去讲演，帮助青年学子转变认识。他还亲自撰文《基础工业不是夕阳工业，而是方兴未艾》。第三，"向企业开放"，同全国数十个大企业建立联系，实行厂校挂钩，创办教学基地和科研基地，同时把科研成果辐射到全国。陆钟武主张"大学教授要当半个经理，对外科研活动要讲究经济效益"。几年后，学校每年在企业争取到的科研经费比国家下拨的还多，科研经费总额几乎比原来翻了一番，进入全国前十所大学的行列。第四，"向国外开放"，陆钟武认为，"要办一流大学，没有高水平的教师队伍不行，不打开国际渠道就不能了解当代科技发展的最新成就，教师就不能站在学科前沿"。因此，两年来学校往国外大学派出大批留学生和进修生，出国的和请进的人数比东北大学过去三十年之和还要多。

为了实行开放式教学，陆钟武在全国高校中率先实行图书馆书库向全校师生开放，体育场馆向全校师生开放。他顶着被上级质疑"超前消费"的压力，建造了七个网球场地，受到师生的极大欢迎；拨款建设健身房，成立东北大学健美协会，他自任会长；加强外语教学，成立英语俱乐部、俄语俱乐部，他亲自到会并用外语发表长篇讲话。陆钟武通过巡视发现，现有的阶梯教室容易给考试舞弊者提供抄袭的条件，今后考试应在平面教室里进行。考虑学校的现状，他决定学校投资20万元，把闲置的原图书馆书库改建成平面考场，并配备了全新的桌椅。在陆钟武校长的督促下，1987年底一个能容纳468名考生的"东北大学中心考场"正式投入使用。宽敞的中心考场为平面结构，各专业主干课程的考试都将在这里举行，考试时不同班级或不同科目的考生错列落座。中心考场设立以后，考场环境和考试条件改善了，同学们自我约束意识增强了，破坏考试纪律的现象减少了，学习成绩真实了。许多学生临毕业的时候，还要到有"东北大学中心考场"字样的横额门前留影纪念。同学们触景生情地说，"东北大学中心考场是提高学生思想素质和专业水平的检验场，只有通过它的检验本领才过得硬。"校友们反映，"凡是在中心考场考试的科目，学生们通常都学得比较好。"多年来，国内许多高校慕名来东北大学中心考场考察，学习东北大学规范化、现代化的考试管理经验。

陆钟武坚持为冶金工业和地方经济"全面服务"的办学方针，于1984年成立东北大学辽宁分院，为辽宁地区培养了大批应用型人才。1987年，陆钟武代表学校领导班子，接收冶金部秦皇岛冶金地质职工大学，创办了东北大学秦皇岛分校。在2005年12月召开的东北大学第六届教代会一次会议上，时任党委书记李文宪感同身受地回顾了分校成立的始末，并动情地说，"没有18年前陆钟武校长的远见卓识、没有他力排众议的胆略和克服重重困难的勇气，就没有今天分校的辉煌"。20多年来，遵照老校长"不办则已，要办就办好"的建校方针，东北大学秦皇岛分校从无到有、从弱到强，如今已发展成为拥有教职工795人，在校生近万人的普通高等学校。毕业生一次就业率连年居河北省前茅，分布在深圳、上海、北京等地，深受用人单位欢迎。

陆钟武校长非常重视大学生质量的提高，他说："学校培养出来的学生，不仅要有较高的政治觉悟、良好的学风和品德修养，扎实的基础和专业知识、健壮的体魄，而且还要有较强的开拓和创新精神。"为了教育学生"德智体美"全面发展，他写了十几篇文章，如《要注重能力的培养》《要努力拓宽知识面》《影响大学生质量的各种因素》《给大学生的若干提示——谈利用图书馆问题》《我对学术方向的感悟》等，陆续在《东北大学学报》上发表。为了提高大学生的培养质量，特别是人生观、世界观的培养，他以"提高素质、努力成才"为题，连续到一些院系乃至被请到其他大学，给在读的或刚入学的学生们作报告，每次一两个小时，少则几十人，多则上千人。他不讲空话套话，没有枯燥的说教和生硬的灌输，而是用自己的亲身经历与学生平等对话，开诚布公地回答学生们提出的各种问题。他把大学生质量问题整理成"非智力因素"和"智力因素"两方面共十个问题，前者包括基本觉悟、事业心、品德修养、作风与学风、身体健康；后者包括基础和专业、知识面、能力、中文和外语。他告诫学生们："一个人的成长，无非靠智力和非智力两个方面，非智力因素远比智力因素重要得多。一个人要想做番事业，就必须艰苦奋斗，否则什么事也做不好。"例如，"十几年前，东北大学以博士生为首的一批学生正式提出'艰苦奋斗口号过时论'，理由就是现在条件好了，用不着再艰苦奋斗了"，不少同学支持这个观点。后来，陆钟武在给学生作报告时，多次强调："学生中的这种错误思潮必须扭转过来，艰苦奋斗的优良传统和作风，必须坚守，永不过时！"

陆钟武校长不仅重视大学的体育教育，而且还是体育精神和体育活动的倡导者和实践者。一有机会，他就要畅谈自己对体育一往情深的渊源，讲起他小时候由于好奇差点丢了性命而与体育结缘的故事。1938年，陆钟武从悬崖跌落，九死一生，害得他心不在其位，肾一大一小；1960年，他染上肝炎，身体极度虚弱；1971年，患十二指肠溃疡、肝炎严重复发，又差点要了他的命。陆钟武硬是凭着坚持不懈的体育锻炼，配合医疗，自学医学知识，坚持自我按摩，战胜了疾病。陆钟武从切身的痛苦经历中逐渐体会到健康的重要性，当他看到校内许多学生一副"白面书生"的样子，深感目前大学体育教育问题的严重性和体育锻炼的重要性。于是，他一面组织开展丰富多彩的体育活动，一面号召学生们积极参加每天一小时的体育运动，"以校正其体型，强壮其筋骨，焕发其精神，开阔其胸怀"。为了激发学生的体育热忱，他曾经和二十几名学生掰腕子，每上来一个掰倒一个。这些弱冠之年的学子们，在老当益壮的校长面前输得心服口服。

陆钟武从上中学和大学起，就养成了游泳、健美等坚持运动的好习惯；另外，他还自学了中医、保健、号脉等医学知识。在他的房间里始终存放着哑铃等体育器械，张贴着施瓦辛格早期的健美宣传画，仍然保持在家里练健美。一家体育类的报刊专门采访过他，面对他浑身上下隆起的肌肉，曾赋予他"健美校长"的美誉。陆钟武看到大学体育教育的现状，忧心忡忡，这些缺少锻炼、文弱书生的孩子们，"怎么可能有充沛的精力去面对当前艰苦的学习任务，去面对将来繁重的工作"。为此，1984 年他撰写了一篇短文《每人都要掌握一两项终生受益的体育项目》，号召全校的学生"每人都能熟练地掌握它，产生兴趣，经常锻炼，养成习惯，变为嗜好"。从那以后，"每个人都要掌握一两项终身受益的体育项目"便成为全校师生耳熟能详的标语口号，悬挂在学校的操场上。2012 年 10 月 22 日，国发办〔2012〕53 号文件《关于进一步加强高校体育工作的若干意见》中，明确规定"每个学生学会至少两项终身受益的体育锻炼项目"。这句话与 28 年前陆钟武校长倡导的"每个人都要掌握一两项终身受益的体育项目"如出一辙，再次体现了陆钟武作为一名大学校长的智慧和远见卓识。

1991 年，陆钟武从校长职位上退下来，那时他已经 62 岁了。不过，人们在意的不是他的年龄，而是他挺拔高大、童颜鹤发、飘然欲仙的学者风度，以及他教书育人、锲而不舍、谦虚平和的教育家风范。了解他的同事说，"陆钟武教授任校长七年继往开来，发挥了承前启后的开拓作用，留下了好多可圈可点、可以传承的东西。"如"开放办学"的办学思想、"两个中心"的教学方针，以及"学术方向""学生质量"和"思维模式"等，都是东北大学在那个时期得以发展并影响未来走向的重要因素。《辽宁日报》为此撰文《握住起飞的操纵杆》，用头版头条报道了陆钟武上任以来东北大学实施开放办学取得的辉煌成就。东北大学从此厚积薄发，引航起飞，恰是诗人曾公亮所云，"要看银山拍天浪，开窗放入大江来"。如今，东北大学已经由部属院校发展成为教育部直属"211 工程"和"985 工程"国家重点大学、中国新型工业化进程的引领者；依据陆钟武和康荣平当时的提议，中国第一个大学科学园在东北大学比邻的沈阳市三好街落成，现已成为国内最著名的电子科技一条街；中国第一个大学科技园——东软集团早已在东北大学孵化成功，现在是中国最大的 IT 解决方案与服务供应商。

只有那些有思想的学问家，才有其学术思想可言；只有那些有思想的教育家，才有教育思想可言，才是时代呼唤的教育家。陆钟武不愧是这样一位有学问、有思想的大学校长，做学问和当校长都能达到顶级水平，尤为难得。

7 桃李名师树，江山才人出

至 2013 年，陆钟武院士已经在教育和科技战线上辛勤耕耘、上下求索了 60 个年头。他回顾说："头 30 年，从 50 年代初到 70 年代末，在教育界的老师一般被称为'资产阶级知识分子'，只能教书不敢育人。在这一点上，我一直很是警惕，很少与学生谈及具体知识以外的事，其中包括治学之道。不过，有时也会流露出我确信是对的、重要的道理。例如，我说'重要的教科书要从头至尾读三遍'，竟被认为这是在引导学生走'白专道路'。于是，我更加小心了；后 30 年，从 80 年代初到现在，情况变了，我的那些顾虑没有了。尤其是当东北工学院院长以后，我与学生、青年教师谈得更多的是业务之外的事，我把它叫做非智力因素，如观点、看法、修养、学风、健康等。"

陆钟武认为，"决定一个人将来是否有贡献的诸多因素中，非智力因素远远比智力因素重要得多。"所以，他经常告诫东大学子们："要对国家充满信心，对母校充满信心，对你所学的专业充满信心"；在辽宁省老教授协会庆祝中国共产党 90 华诞座谈会上，他对我国的现状和未来的看法也讲了三句话："成就非常巨大，问题非常多，前途非常光明。"学生们听习惯了，就给老师的这段话起了个名字，叫"三个信心"和"三个非常"，从中坚定了学生们为中华民族伟大复兴而刻苦读书的决心。

陆钟武平时最喜欢谈论与师生有关的问题，有时是三言两语，有时是长篇大套。在 2006 年东大召开的"青年教师成才"座谈会上，他花费两个小时讲了"基本觉悟、事业心、道德修养、作风学风、……"等十几个问题，《东北大学学报》连续刊登了四期才登完。在 2011 年教师节座谈会上，他又用两个多小时讲了八个字："责任、信心、胆识、拼搏"，期望每位老师都要有责任心、有信心，有胆有识，有拼搏精神。事后，这八个字被命名为东北大学材料与冶金学院的院风，由陆钟武亲笔题字，写在学院大楼的门厅里，彰显在师生们的行动中。

陆钟武还非常喜欢"宁静致远"四个字，特意请人写了一幅"宁静致远"挂在他家里，又亲笔写了一幅"宁静致远"挂在研究所的正厅上。这些年，他面对学术界尤其是年轻人中出现的"浮躁、浮夸、急功近利"等不良风气，讲得最多的也是这四个字。他说："我曾有个博士生，入学前曾在一所院校任教多年，原来是学冶金的，后来因读博士转为工业生态学方向。刚入学不久，他就来问我写篇什么论文为好？"陆钟武毫不客气地指出："你还没入门呢，写什么文章啊！做学问，心里不能长草，不能浮躁。要静下心来，要宁静致远！否则你是什么也学不下去的，更不用说写论文了。"后来，这个学生进步很快，成为某大学的教授、副院长。还有一位年轻副教授，为35岁没提上教授而苦恼，陆钟武就用自己53岁才提教授的实例说服年轻人，用江泽民在北大100周年校庆大会上的讲话"要坚持实现自我价值与服务祖国和人民的统一"激励青年们。他语重心长地说："大家都想实现自我价值，但是有些人把服务祖国、服务人民给忘了。留了一半，丢了一半，没能把二者统一起来"，陆老师以身示教，深深地打动了年轻人的心，这位副教授也很快转变了思想，几年后升了教授、博士生导师，现在是某学科的学术带头人。

韩愈曰，"师者，传道授业解惑也。"陆钟武似乎并不满足师者的这些传统职责，他更加注重对学生综合能力的培养。他说，"综合能力包括自学能力、思维能力、表达能力、实践能力、创新能力、组织领导能力等。一个人如果仅仅有知识，即使很渊博，若是缺乏怀疑、好奇、冒险和创新精神，也难以给社会创造出新东西来。"为了获取这些能力，他经常教导研究生和青年教师"必须亲自去实践、去干，而不可能靠来自外界的灌输"。为了激发创新能力和思维能力，他时常让学生把名人格言印成小卡片，发给每位研究生，放在他们的桌子上。如诸葛亮的"非淡泊无以明志，非宁静无以致远"；国学大师王国维的"学问三境界"；齐白石先生的"学我者生，似我者死"；著名画家许麟庐先生的"寻门而入，破门而出"；钱学森的"科学总是从猜想开始，然后才是科学论证"；李政道的"要创新，需学问，只学答，非学问，问愈透，创更新"；等等。

陆钟武看到不少本科生、硕士生和博士生的中文写作能力太差，非常着急，写个通知、打个报告都不像样子，更不用说写论文或译文了。为了提高学生的写作能力，他要求无论写什么东西，都要逐段、逐句、逐字地推敲，达不到娴熟的驾驭文字能力和要求，绝不放行；更不能怕学生不会"走路"就"抱着走"。因此，"对于学生交来的文稿，我不再像以前那样动手改得较多了，而是只提意见。这里不通，打个'?'；那里错误，画个'×'；有问题，画个'——'；在稿纸的背面再写一些评语。"有的博士生，研究工作做得不错，就是博士论文写不好，逻辑不对，话语不通，第一稿被他退了回去，第二稿、第三稿还不行，又被他退了回去。这样的例子比比皆是，"有一位博士生，拿到我退回的稿子后，居然三个季度没有来找我，到了第四个季度论文拿出来了，令我刮目相看，论文一下子过关了，我问他怎么提高得这么快？他回答，还不是您逼的！"其实，凡是达到老师要求的文稿，有哪一篇不是陆老师逼的结果！有的改了又改，有的撕掉重写。果真像陆老师写文章那样："大约写一页文稿要废掉三四张稿纸，而且每张纸都反复改写得不能再改为止。"还有一个博士生，准备到国际会议上作英文报告，"我要求他反复修改文稿，并两次在课题组试讲。当学生经不起压力要打退堂鼓时，我严肃地说，不去作报告就退学！"学生被"逼"得没有退路，只好积极地修改论文、试讲，结果受到了这次国际会议主席的好评。蔡九菊教授是陆钟武培养的第一个博士生，在读博士课程《技术哲学》期间，曾写一篇有关技术哲学的论文《论系统节能技术》，文章写好后便兴冲冲地交给老师审阅。没想到，陆老师不但没有表扬，反而在文稿上画了很多"×"和"?"，退回重写。从那以后，蔡九菊养成了"文章达不到要求，撕掉重写"的习惯。不久，蔡九菊的第一篇哲学文章经过陆老师的耳提面命，以及任课教师著名技术哲学家陈昌曙先生的推荐，由《自然辩证法研究》杂志公开发表。而且，蔡九菊的博士论文第一次交给导师陆钟武审阅，竟一字没改地通过了。

陆钟武多次强调的另一个话题，就是关于思维模式问题。他说："人的思维模式有两种：一种是分析思维模式，或叫'还原论'；另一种是综合思维模式，或叫'整体论'。"他判断，"我国绝大多数的大学生，包括已经毕业的，都是分析的思维模式，还原论已经深深地扎在脑海里。因为所有从中学到大学的课程都是还原论的，是从西方移植过来的。"所以，他时常告诉青年人："中国要想超过西方，科技工作者必须同时掌握这两种思维模式。这种思维模式既可用于治学，也可用于治身（养生），还可用于处理人与天地万物的关系。"陆钟武把采矿、选矿、烧结、焦化、炼铁、炼钢和轧钢等专业都当作一个整体来看待，而不是把它们分门别类。由表及里、由此及彼，从已知推出新知，融会贯通是陆钟武做学问的最高境界。就像他总结的那样，"系统节能，那是我硬摸索出来的，苦恼了很长时间，起初并没有意识到这就是整体论。系统节能理论、工业生态学思想，都是基于综合思维的，所以我一接触到它，就感到它非常重要。"

桃李不言名师树，江山无限才人出。陆钟武从教60年，精心培育了数以千计的栋梁之才，都已成为各自领域的中坚力量，有院士、校长、企业家、教授和学者，如原东北大学校长赫冀成教授，沈阳航空航天大学常务副校长陈保东教授等。数十年来，学生们念念不忘的是老师谦逊的人品、严谨的学风和执着的敬业精神。他传授给学生的不仅是知识的直接给予，而且还有他鲜活的学术思想、研究方法、思维方式等。他把最有效的和先进的知识及时地传授给学生，把他丰富的学术思想融通在教学科研之中，通过与学生的互动，让知识的闪光点和思想的创新点被学生主动地吸收，成为学生自己的东西，受益一辈子。其中，有些学问的传授都是在不经意间完成的。陆钟武的很多见解既高屋建瓴，又有原创性，学子们浸润其间，耳濡目染。如他传奇的考试方式——"口试"，在20世纪80~90年代的研究生入学考试中，陆钟武是当时唯一不采用笔试而用口试的老师。1980年，东北大学钢冶系从77和78两级学生中挑选出40人组织了一个英语特别班，陆钟武为任课教师，讲《新概念英语》。他发明了读（Reading）、听写（Dictation）、中译英（Translation），即RDT教学法，学生们至今记忆犹新，记住一辈子。2010

年，材料与冶金学院为 10 名本硕博连读的研究生开设《工业生态学》课程，81 岁高龄的陆钟武院士亲自担任授课教师。在教学中，他以学生满意为标准，精心组织教案，上好每一节课。依据这门课程的特点，他创造了"学生自学—课堂报告—老师与学生座谈"的特殊授课模式，深受学生欢迎。学生们在与他亲切相处的过程中，深深地体察到陆钟武院士不仅是传道解惑、值得称道的老师，还是惺惺相惜、值得信赖的朋友。

陆钟武家学渊源，从小受父亲熏陶，非常喜欢书法，几十年来写得一手好文章，练就一笔好字，神清气爽，赏心悦目。陆钟武没有任何海外留学背景，却说得一口流利的英语和俄语。1953 年，东北工学院组织全校教职员俄语考试，陆钟武是第一名（俄语教研室主任第二），获得了提高工资额百分之二十的奖励。对此，《东北日报》有详细报道。他还精心收藏了斯大林、列宁、林肯、马丁·路德金等名人的演讲稿，一有空闲便拿出来朗读，许多段落都能背诵下来。陆钟武每天要看几种报纸杂志，并把他认为有用的文章用剪刀剪下来，分门别类地收藏好。在他的书房里，我们见到了他积攒了 6 卷零 3 个文件夹的剪报：第一卷教育学术与保健，第二卷历史国学与文化，第三卷创新科学与文化发展，第四卷工业生态学，第五卷科学时报评论员剪辑，第六卷环境保护……还有一打工工整整的读书笔记。陆钟武常说："写出来的东西要经得起推敲，即使 20 年后再看，每一字每一句还都应该是闪闪发光的。"

说起来，这些年唯一让陆钟武觉得愧疚的就是对自己的老伴王春梅。结婚前，就把婚房扔给妻子一个人收拾；妻子要生产，陆钟武又奔赴全国平炉热工调研，一走就是两个半月，孩子出生时他不在，妻子产后大流血时他也不在跟前……数十年来，无论是顺境还是逆境，王春梅总是陪伴在丈夫身边，宠辱不惊，一起分享快乐、共同分担痛苦。在陆钟武几次病重期间，夫人更是以开朗乐观的态度与丈夫一起面对，他们互相照顾、互相扶持、相濡以沫。在不同场合，陆钟武曾多次说道："我写的几百篇论文，有一半功劳属于我的老伴王春梅。"陆钟武夫妇的生活非常简朴，当环境不如人意的时候，他们总是因势利导，随遇而安。陆钟武年轻的时候曾有两次出国留学的机会，一次是 1956 年去苏联，另一次是 1962 年去英国，所有的考试都通过了，不知什么原因，硬是没有去成。有人担心他年纪轻轻，经不住失掉两次出国机会的打击，没想到他坦然面对、泰然处之，老伴更是无怨无悔。

陆钟武院士以自己特有的人品、学品和师品，演绎了一位教授、学者、教育家的精彩人生！

蔡九菊　姜宇飞

冶金热能工程

用热电高温计测量炉内温度及
辐射热流的试验研究 *

前言

大多数情况下，是在炉子里插入一些高温计的测量元件（如热电偶）去测量炉内的温度；依靠其指示温度，人们对炉子的热工工作做出判断，加以调节。因此，正确地理解热电高温计的指示温度以及它与其他各因素之间的关系，是完全必要的。

以前从理论上探讨过用热电高温计测量炉内温度及辐射热流的问题。已经明确了热电偶热点温度是炉内各物体之间的均衡温度；其中任一物体（炉气、炉壁、被加热物）的温度有所变化时，这个均衡温度即随之而变；在其他条件一定时，只要移动热点的位置，由于它所处的热交换条件的变化，这均衡温度也随之而变；炉内被加热物所得之辐射热量与这均衡温度之间有一定的关系存在。

这里将是实验性的研究，大部分情况下都把实验结果与理论进行对照，在本文的附录中列出了以前导出的理论公式。

研究的内容没有包括竖炉及低温炉的温度测量问题，没有涉及测量仪器本身所能造成的误差问题。

首先是在电热马弗炉中的实验，它虽与生产用炉的形状相差很大，但是用它做些系统的实验是比较方便的；其次是在半工业性的煤气炉中的实验；最后是几个现场问题的观察与分析，它们只作为实际应用的举例。

1　马弗炉内的试验

1.1　实验设备及方法

实验所用设备如图 1 所示。其中最主要的是管状马弗电炉，它由炉身、炉盖、炉底三部分组成。炉身部分的电阻丝分两部分，各自的温度可单独调节；炉盖上另有电阻丝，亦单成线路。炉盖的圆心处有一个垂直的小孔，热电偶可在此孔中上下移动，以测出各高度上的炉内温度。炉底是用铁板焊成的一个扁圆柱形水箱，其中通以冷却水，利用水罐使水压保持恒定。水箱底部有一层石棉夹层，起绝热作用。进水及出水的温度均用刻度如 1/10℃ 的水银温度计测量，水量用体积法确定。炉底水箱的吸热量可由水量及水的温升求出。

实验包括的内容为：

（1）保持炉底温度（t_2）为 20℃ 左右，垂直移动热电偶 6，每隔 10~20mm 停留一次，记录此热电偶指示温度。实验时炉壁温度各处均匀一致（上下相差不超过 5~10℃），并保持不变。这样便可得知热电偶热点温度与位置的关系。

---

* 本文原发表于《东北工学院学报》，1955。

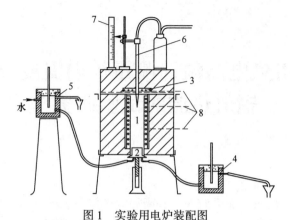

图 1 实验用电炉装配图

1—炉身；2—扁圆柱形水箱；3—顶盖；4，5—水罐；6，8—热电偶；7—标尺

（2）测量炉底水箱中的进出水量及温度，由此求得炉底的吸热量，以便探讨它与热电偶热点温度等参数之间的关系。

（3）在炉底水箱上加一块扁圆形耐火砖，在它下部有一圈电热丝可通电加热。在热电偶 6 的位置固定的情况下，读出其指示温度随此砖表面温度之变化。这样可得出热电偶热点温度与被加热物表面温度之间的关系。

（4）待此砖块已呈热稳定状态后，再移动垂直热电偶 6，逐步读出指示温度的变化，这项工作的内容与第（1）项相同，只是炉底温度较高而已。

1.2 实验结果及讨论

炉内热电偶热点温度与其位置之间的关系如图 2 所示。图中横坐标为热点与炉底表面之间的距离（H），纵坐标为热电偶热点温度（t_4）。图上一共描出了三种炉壁温度（t_a）下的实验结果。各次实验时的炉底温度均为 20℃ 左右。虚线是按附录中第 1 式计算的结果，理论线与实验点的变化规律基本一致，但由于炉下部空气的自然对流作用而降低了热电偶热点的温度。

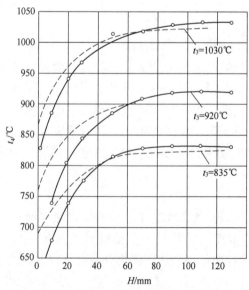

图 2 在炉底温度 $t_2=20℃$ 情况下热电偶热点温度与其位置的关系图

由图 2 可见，在炉壁温度均匀一致的情况下，热电偶热点温度与其位置有很大的关系：热点越接近炉底（冷物体），其温度越低。在短短 120mm 的距离里，热点温度变化了大约 2000℃。这样巨大的变化的确值得我们十分注意，在生产操作中，热电偶的位置必须始终保持不变，否则即使其他条件没有变化，热电偶指示温度也会变动的。

在炉底温度（t_2）较高的情况下，热点温度与其位置之关系如图 3 所示。此时，由于炉底温度与炉壁温度比较接近，所以在热点移动 120mm 的过程中，它的温度变化较少，约 70℃。图 3 中虚线亦是按附录中第 1 式求得的。

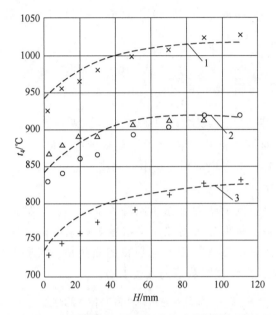

图 3　热电偶指示温度与其热点位置关系图

1—$t_3 = 1020℃$，$t_2 = 790℃$；2—$t_3 = 930℃$，$t_2 = 650℃$；3—$t_3 = 830℃$，$t_2 = 550℃$

在其他条件不变的情况下，炉底被加热物表面温度 t_2 对于热电偶指示温度 t_4 的影响如图 4 所示。图中纵坐标为热电偶指示温度，横坐标为炉底温度。实验时的热点位

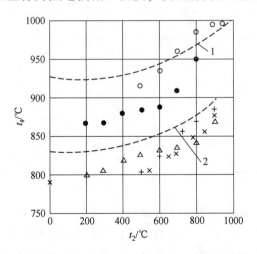

图 4　热电偶指示温度与"炉底"温度之间关系图

（$t_4 = f(t_2)$；$H = 20mm$，即 $\varphi_{42} = 0.09$）

1—热电偶指示温度随炉底温度的变化；2—加入冷料后热电偶指示温度随炉底温度的变化

置和炉壁温度固定不变，由图可见，热电偶指示温度随炉底温度的上升而增加，尤其是在后者到达较高温度后这种关系更加显著。这一实验也证明了另一个观点，那就是在炉内加入冷料后，即使炉壁温度不变（实际上是要变的）热电偶指示温度也会因此而下降。加入冷料后热电偶指示温度的下降实质上包括两部分：一是炉内给热体温度的下降，二是测量装置所造成的"假象"。

马弗电炉中实验的最后一部分，是炉内被加热物所得的净热量与热电偶指示温度之间的关系。

大家都知道，马弗炉内被加热物所得之辐射热量可用下式计算：

$$Q_2 = \frac{4.96}{\frac{1}{C_2} + \frac{F_2}{F_3}\left(\frac{1}{C_3} - \frac{1}{4.96}\right)}\left[\left(\frac{T_3}{100}\right)^4 - \left(\frac{T_2}{100}\right)^4\right]F_2 \quad \text{kcal/h}$$

式中，F_2、C_2、T_2 为被加热体表面之面积（m²）、辐射能力、绝对温度（K）；F_3、C_3、T_3 为炉壁表面之面积（m²）、辐射能力、绝对温度（K）。

但是根据理论推导，可以根据炉内热电偶的指示温度求得 Q_2 值，为此只需将有关数值代入附录第 2 式中。

这样，我们在 6 种不同的炉况下做了实验验证工作。在实验时，炉内被加热物所得之总热量用水量求得；所得之辐射热量又根据炉壁温度按上述公式求得；最后还根据热电偶指示温度按附录第 2 式算出被加热物的吸热量。实验时的热点高度均为 $H = 50\text{mm}$，为此便于比较，兹将这些数值列入表 1 中。

表 1　向马弗电炉"炉底"传入的热量　　　　　　　　（kcal/h）

1	2	3	4	5	6	7
炉底温度 t_2/℃	炉壁温度 t_3/℃	用水量法测定的总热量 Q_Σ	辐射传热量		第 3，5 栏之差数	
			按 t_3 及 t_2 计算之 Q_2	按附录第 2 式计算之 Q_2	$Q_\Sigma - Q_2$	%
约 20	745	157	126	132	25	15.9
	835	201	177	178	23	11.5
	870	210	201	170	45	20.8
	885	229	212	197	32	14.0
	930	308	246	234	74	24.0
	980	330	290	260	70	21.2

注：1kcal = 4.1868kJ。

由表 1 中可见，按热电偶热点温度计算出来的传热量（第 5 栏）与马弗炉中的辐射传热量（第 4 栏）是接近的，但是由于炉内自然对流的缘故使它与总热量（第 3 栏）之间的差别较大，差额的百分数在 11%~24% 之间，应该说明的是实验中水温的测定方面有不少困难，而造成了这些误差。

这些实验证明：炉内被加热物所得的热量与热电偶温度之间是有一定关系的（见

附录第 2 式）；在正确理解热电偶指示温度的情况下，它的确可以反映出炉内热工工作的状况。

2 煤气室状炉内的实验

2.1 实验设备及方法

实验所用的主要设备是一座煤气室状炉（见图 5），炉膛尺寸为 0.72mm×0.69mm×0.44mm，在炉子两侧有两个扁平开口式的燃烧器，所用燃料为沈阳城市煤气，发热量为 3200~3300kcal/m²。炉上有一换热器，以预热空气。此外，为了满足实验的要求，制造了一个所谓"被加热体"，它类似于前述电炉中的水箱，表面积为 400mm×400mm。水冷箱水平放在炉底上，它向上的表面温度必然保持一定，水箱的吸热量可由水的流量及水的温升求得。

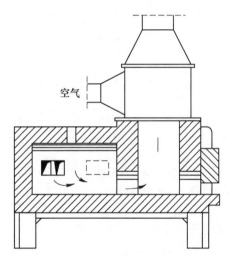

图 5　煤气室状加热炉简图

实验的内容为：

（1）在炉况一定时，测量炉壁内表面温度 t_a，与此同时，移动炉顶热电偶，测出它在不同的高度上所指示的温度。这样可以验证火焰炉内热电偶热点温度与其位置之间的关系。在实验的时候，热电偶中心始终对准炉底上安放着的水冷箱的中心。

（2）测量炉内水冷箱中的水流量及进出水的温度，与此同时，用热电偶在一定的位置上测量炉内的温度。这样可以验证热电偶热点温度与被加热物所得热量之间的关系。

2.2 实验结果及讨论

煤气炉内热电偶指示温度与其热点位置之关系如图 6 所示，纵坐标为热电偶指示温度 t_4，横坐标为热点与水冷箱表面之间的距离 H。图上描出了 6 种不同情况下所得实验结果。由此可明显看到，在其他条件不变的情况下，热电偶指示温度与其插入深度有很大的关系。在本实验条件下，热电偶放在水冷箱附近与放在炉顶附近，指示温度之差达到 100~150℃，炉内中心线上气体温度可以认为是上下一致的，因为所采用的燃烧器及其布置方法保证了这一点。在炉顶和炉底附近热电偶指示温度的差别，完全是由于其位置的关系。在不同的高度上，热电偶热点所处的热交换条件不同。热点越靠近温度较低的被加热体，它的温度越低。

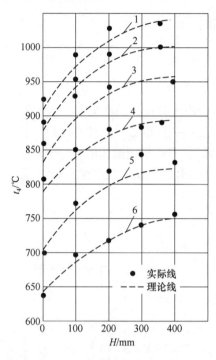

图 6　煤气炉内热电偶指示温度与其热点位置之关系图
（被加热物温度 $t_2 = 20℃$）

为了把实验结果与理论值进行比较，图 6 中给出了与各次实验有关的理论线（按附录第 3 式计算）。各实验点与理论线的变化规律是符合的。有些点跳出，这种现象在煤气炉中是可能发生的，它与炉内气体温度的变动有关。

在进行理论计算时，公式中所需代入的炉气温度 t_1，是根据炉壁温度和被加热体温度等参数，按通常所见的公式推算出来的。

在几种炉况下测定了水冷箱的吸热量。根据理论的推导，这项热量与热电偶热点温度之间有着一定的联系（见附录第 4 式）。因此，有必要把下列两项数值比较一下：（1）根据高温计的指示温度按附录第 4 式计算出来的热量。（2）根据水冷箱中水流量和水的温升计算出来的传热量。这两项热量之间是有差别的，因为前者不能全部包括对流传热量，而后者包括对流在内。

兹将有关的数值列于表中：

曲线号	$t_1/℃$	$t_2/℃$
1	1165	1040
2	1123	1000
3	1068	950
4	1005	890
5	938	830
6	838	740

表 2 中第 2 栏内所列的数值是根据水冷箱中水流量及水的温升计算而得的，第 3 栏内的数字是根据热电偶在 $H=200\text{mm}$ 时的指示温度按附表第 4 式计算得来的。它们的差别在 $\pm 10\%$ 以内（个别例外）。误差主要是在测量进出水的温度时引起的。

由这些实验看来，热电偶指示温度的确能够代表炉内热工作的情况，不过对于用热电偶测出的温度需要有正确的理解。

表 2　向煤气炉内水冷箱中传入的热量　　　　　　　　　（kcal/h）

1	2	3	4	5
热电偶 热点温度/℃	测定的 总传热量	按附录第 4 式 计算的传热量	2、3 两栏之差	
			差数	%
760	9400	9700	−300	−3.1
705	10700	8300	2400	22.3
850	12650	13600	−950	−7.6
825	13700	12500	1200	9.8
930	15000	17500	−2500	−14.0
880	15300	15100	200	1.4
880	15400	15100	300	1.9
940	20300	18500	1800	8.8
990	20600	21700	−1100	−5.3
1030	202000	25200	1000	4.0

3　圆钢坯加热炉中高温计示数的记录与分析

这是一座三段连续式斜底加热炉。圆坯由炉尾分批地滚入炉内。但管坯的温度升高后，即不能在斜炉底上自由滚动，为了使管坯向出料口前进，就须依次地打开炉门，每隔一定时间往下拨一次料，也就是说，管坯在炉内的运动是不连续的。这座炉子加热段及均热段的温度均用辐射高温计通过瓷管测量；这两段各具有一套完整的自动调节装置。在操作中，均热段温度是自动调节的，而加热段情况则不然，厂里习惯使用半自动调节（遥控），否则煤气流量的波动经常超出极限范围。

为了搞清产生这现象的原因，我们观察了管坯在炉内和移动对于高温计示数的影响。在观察中发现每当加热工人在加热段内往下拨料时，炉顶上的辐射高温计所指示的温度必然发生波动，拨下的料越多，温度波动也越大。图 7 为记录中的一部分，其中横坐标为时间，纵坐标为加热段高温计示数。半小时内共拨料三次（煤气量未变），每次拨料后高温计示数均有下降，下降的数值与拨下圆坯根数有关，大约在 10~25℃ 之间。

每次拨料后高温计示数之所以下降，显然是因为拨下来的这批料的温度较低的缘故；炉内被加热物的温度影响了"热电偶"的温度。

在这个炉子的操作情况下，加热段高温计示数的变化是必然的。如果温度自动调节器不能适应这个变化，那么在使用自动调节系统时，煤气量就会发生过大的波动。

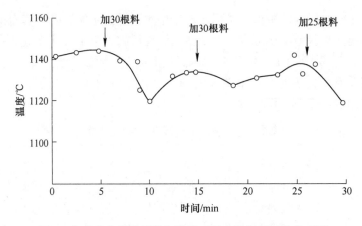

图 7　加热段高温计示数与该段时间内拨料情况的关系图

我们相信，只要适当地调整调节器的性能以后，它的工作即可正常，可由"半自动"变为"自动"。

这个工业用连续加热炉的有效长度为 13.5m，宽为 1.68m，炉膛平均高度为 0.8m。在出料口的一端有燃烧室，距出料口 0.5m 处有下加热的第二燃烧室。两个燃烧室都用机械螺纹送煤机送入一定粒度的引煤。

进行实验时炉内所加热的钢种是碳素结构钢，钢坯尺寸为 130mm × 130mm × 780mm。在钢坯的一端钻三个深孔，以便插入热电偶，分别测量上下表面和中心温度。但因靠边的两孔未能与钢坯表皮十分接近（还有 25mm），所以测得之温度不能认为是表面温度。

这根钢坯与其他钢坯排在一起，放入炉坯内部温度分布曲线（见图 8a）。将钢坯上表面及中心温度移到图 8b 中放在相应的位置上，则得到温度变化曲线，炉内热电偶测得之温度亦描上后，即以 10min 为一时间间隔，分别求出（1）钢坯吸热量和（2）按附录第 4 式算出的热交换量。图中虚折线为钢坯吸热量，实折线为算出之热交换量，它们之间的差别主要是钢的结晶转变所需的热，此外还有实验误差。本实验中烟气的黑度仍设为 0.40。

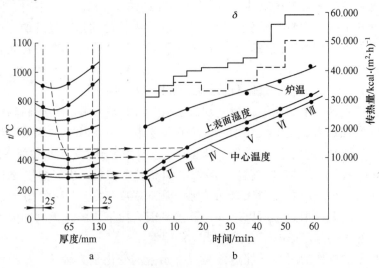

图 8　连续加热炉中试验结果

这个实验的实际意义，在于它能表明如何根据钢坯应有的加热曲线，确定炉内各处（或同一热电偶在不同的时刻）热电偶应达到的指示温度。这一工作在制订钢坯加热制度时显然是很重要的。

附录

第 1 式　马弗炉内热电偶热点温度与其他各因素之间的关系式

$$T_4^4 = (T_3^4 \varphi_{48} + T_2^4 \varphi_{42}) + \frac{\varepsilon_3(1 - \varepsilon_2)\varphi_{42} - \varepsilon_2(1 - \varepsilon_3)\varphi_{43}\dfrac{F_2}{F_3}}{\varepsilon_2\varepsilon_3 + \varepsilon_3(1 - \varepsilon_2) + \varepsilon_2(1 - \varepsilon_3)\dfrac{F_2}{F_3}}(T_3^4 - T_2^4) \qquad (1)$$

在本实验电炉的条件下，上式简化为：

$$T_4^4 = (0.995T_3^4 + 0.005T_2^4) - 0.898(T_3^4 - T_2^4)\varphi_{42} \qquad (2)$$

式中，T_2、T_3、T_4 各为被加热物、炉壁及热电偶热点温度，K；ε_2、ε_3 各为被加热物、炉壁及表面的黑度；φ_{42}、φ_{43} 各为热点对被加热物及炉壁的角度系数，$\varphi_{42} + \varphi_{43} = 1$；$F_2$、$F_3$ 各为被加热物及炉壁参加热交换的表面积。

关于角度系数 φ_{42} 等的求法见于《东北工学报》1956 年第 3 期。

第 2 式　马弗炉内被加热物吸热量（kcal/h）与热电偶热点温度等因素之间的关系式

$$Q_2 = \frac{4.96}{\dfrac{1}{\varepsilon} - \varphi_{42}}\left[\left(\frac{T_4}{100}\right)^4 - \left(\frac{T_2}{100}\right)^4\right]F_2 \qquad (3)$$

第 3 式　火焰炉内热电偶热点温度与其他各因素之间的关系式

$$T_4^4 = [T_1^4 \varepsilon_\Gamma - T_2^4 + T_3^4(1 - \varepsilon_\Gamma)] \times (1 - \varepsilon_2)\varphi_{42} + (T_1^4 \varphi_{41} + T_2^4 \varphi_{42} + T_3^4 \varphi_{43}) \qquad (4)$$

式中除以上所见各种符号外，尚有 T_1 为炉气温度，K；ε_Γ 为炉气黑度；φ_{41} 为热点对烟气之角度系数，即等于烟气之黑度。

第 4 式　火焰炉内被加热物吸热量（kcal/h）与热电偶热温度等因素之间的关系式

$$Q_2 = \frac{4.96}{\dfrac{1}{\varepsilon} - \varphi_{42}\dfrac{1}{1 + \dfrac{F_2}{F_3}(1 - \varepsilon_\Gamma)}}\left[\left(\frac{T_4}{100}\right)^4 - \left(\frac{T_2}{100}\right)^4\right]F_2 \qquad (5)$$

用热电高温计测量炉内温度
及辐射热流的计算问题 *

1 序言

炉内温度是我们掌握炉况的一个主要根据。工厂和实验室用得最多的温度测量仪，有辐射式高温计和热电高温计两种。除去高温炉（如平炉）及一部分轧钢用炉以外，在测量炉内温度方面，热电高温计占了绝大多数。所以，我们要能正确地理解和尽可能地利用热电高温计测出炉内温度。这里讨论的温度测量不涉及竖炉中的问题。

热电高温计的感温部分——热电偶——插入炉内后，测量部分——例如毫伏计——所指示的温度并不是炉内某一个物体的温度，而是介乎炉内各物体（炉墙，炉气，被加热物）温度之间的某个温度。热电偶热点在炉内位置具有很重要的意义。在其他条件不变的情况下，它的位置决定了它的温度。热电偶热点位置改变以后，毫伏计所指示的温度就有改变。往往有这样的情形：炉子的一切条件都没有改变，但是高温计所指示的温度下降了几十摄氏度，使人们错误地认为炉子的工作突然变坏了。其实完全不是如此，只是因为热电偶插入的深度变了，热点的温度发生了变化。因此，明确热电偶热点位置在测量炉内温度时的重要性，并探讨这个规律是十分必要的，这是本文内容之一。

热电偶热点温度亦可用来计算炉子对被加热物体的辐射传热量。

冶金炉设计中计算这个传热量的根据是气体温度（T_Γ），计算公式为：

$$Q = C_{\Gamma KM}\left[\left(\frac{T_\Gamma}{100}\right)^4 - \left(\frac{T_M}{100}\right)^4\right] \quad \text{kcal}/(\text{m}^2 \cdot \text{h})$$

式中，$C_{\Gamma KM}$ 为炉气、炉壁及金属间的导来辐射系数；T_Γ、T_M 为炉气及金属之温度，K。

当我们利用热电偶热点温度（即指示温度）计算炉内传热量时，不必知道炉内气体真正温度或炉壁内表面温度。这一点对于计算炉子在工作时的传热量是很方便的。所以在这方面也进行了研究。这是本文内容之二。

所推出之公式均尚未经过实验之证明，所以这只是些初步结果。

2 有关材料的介绍

上述第一个问题在苏联文献中可找到一些有关材料，例如，依凡竹夫提出，对于炉子热工作来说，重要的不是炉气温度，也不是炉墙炉温，而是具有特殊定义"炉温"[1]。如将热电偶放在金属表面附近，并有隔热板将它与金属隔开，让热电偶热点"面向"炉壁和炉气，则其指示温度叫做"炉温"。

---

* 本文原发表于《东北工学院学报》，1956。

布德林建议当热电偶的热点用隔热板与金属隔开则测得之炉温可用下式计算[2]：

$$\left(\frac{T_\Pi}{100}\right)^4 \approx \varepsilon_\Gamma \left(\frac{T_\Gamma}{100}\right)^4 + (1 - \varepsilon_\Gamma)\left(\frac{T_K}{100}\right)^4 \qquad (1)$$

式中，T_Π 为炉温，K；T_Γ、T_K 为炉气及炉壁内表面温度，K；ε_Γ 为炉气黑度。

关于热电偶热点的位置对其温度的影响问题，那扎洛夫在本院给研究生的讲课笔记[3]中有了较详细的说明，并且提出了当热电偶热点位于炉高 75% 处时，高温计指示温度的计算公式。

在马弗炉中：

$$\left(\frac{T_\Gamma}{100}\right)^4 = \frac{\varepsilon_K\left(\dfrac{T_K}{100}\right)^4 + \varepsilon_M\left(\dfrac{T_M}{100}\right)^4 \dfrac{F_M}{F_K}}{\varepsilon_K + \varepsilon_M \dfrac{F_M}{F_K}} \qquad (2)$$

在火焰炉中：

$$\left(\frac{T_\Gamma}{100}\right)^4 = \frac{\varepsilon_\Gamma\left(\dfrac{T_\Gamma}{100}\right)^4\left(1 + \dfrac{F_M}{F_K}\right) + \varepsilon_K\left(\dfrac{T_K}{100}\right)^4 + \varepsilon_M\left(\dfrac{T_M}{100}\right)^4 \dfrac{F_M}{F_K}}{\varepsilon_K + \varepsilon_M \dfrac{F_M}{F_x}} \qquad (3)$$

式中，T_Γ 为热电偶指示温度，K；T_K、T_M、T_Γ 各为炉壁、金属及炉气之温度，K；ε_K、ε_M、ε_Γ 各为炉壁、金属及炉气之黑度。

那扎洛夫并指出，按照依凡竹夫的炉温定义，测量炉温是不实际的，最好统一地用热电偶在炉膛高度 75% 处测量炉温，以便得到统一的可以互相交换和了解的炉温。

根据特涅伯彼得洛夫斯基工学院冶金炉教研组和 НИТИ 科学研究所研究结果，他们认为热电偶热点放在离炉顶 1/3 处测量温度较为合适（也就是说，放在炉膛高度的 66% 处）。

由于不易找到很多有关文献，所以未能得到更多的材料，但是从上述各点看来，炉子热工工作者对这个问题是十分重视的，并且已经有了一定的研究结果。

对于这些材料的分析将分别在以下各节中进行。

3 差额热量法的概述

本文中是采用"差额热量法"来分析辐射交换过程的，这方法主要部分是伯亮克（Поляк）首先提出的[4]，有些地方是布德林加以补充和发展的[5]。布德林曾经用这种方法推导了炉内辐射热交换公式，其结果与用其他方法推导出来的雷同。

设有几个物体组成一物系，图 1 所示为物系中任一个物体。其本身辐射热量为 $Q_{\text{соб}}$（kcal/h），外界投来者为 $Q_{\text{пад}}$（kcal/h），其中部分 $Q_{\text{отр}}$ 被反射，部分 $Q_{\text{по}}$ 被吸收，最终差额为 Q，其值可正可负。

物体本身辐射与反射热量之和称为有效辐射热 $Q_{\text{эфф}}$，其所以称为有效辐射热，是因为它向外射出后是去参加物系中的热交换的。

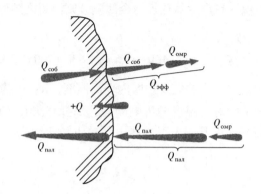

图 1 解释 "差额热量法简图"

不难求得[4-5]

$$Q_{эфф} = \left(\frac{1}{\varepsilon} - 1\right)Q + 4.96\left(\frac{T}{100}\right)^4 F \quad \text{kcal/h} \tag{4}$$

式中，ε 为物体之黑度；T 为物体温度，K；F 为物体面积，m^2。

令 $R = \dfrac{1}{\varepsilon} - 1 = \dfrac{1-\varepsilon}{\varepsilon}$，及 $E = 4.96\left(\dfrac{T}{100}\right)^4$，则：

$$Q_{эфф} = RQ + EF \tag{5}$$

这项有效辐射热，如果是物系中第 1 个物体发出的，那么以后使用 $Q_{1эфф}$ 代表之（即在 $Q_{эфф}$ 字样前加上物体号数）。第（5）式右边各项右下角亦标以同样号数，好比 Q_1 即物体 1 的 "差额热量"。

有效辐射热射出以后，分别投到其余各物体上。其分配比例当然是决定于各物体间的角度系数（φ）。例如，物体 1 发出之有效辐射热投到物体 2 之热量即为 $Q_{12} = Q_{1эфф} \cdot \varphi_{12}$，余类推。

每个物体上的 "差额热量"，无疑地，是等于物系中其他各物体射来的热量减去该物体向其他各物体投去的热量。例如，

$$Q_1 = Q_{21} + Q_{31} + \cdots - (Q_{12} + Q_{13} + \cdots) \tag{6}$$

这样我们利用有效辐射热及 "差额热量" 等概念，对物系中每个物体列出热平衡方程式后，可得到一组联立方程式，由此就可以解出未知各项。这便是这篇文章分析辐射传热的方法。

如果物系中有气体存在，则为了能将气体当作一个物体，以便利用上述的分析法，布德林认为[5]可以利用一定形状的绝对黑体代换气体，其方法有以下两种。

3.1 用网状绝对黑体来代换气体

炉膛中的气体可以用网状绝对黑体来代替（见图 2 和图 6），网的总面积（内+外）为：

$$F_1 = 2(F_2 + F_3)\left(1 - \sqrt{1 - \varepsilon_\Gamma}\right)$$

式中，ε_Γ 为气体黑度；F_2 为金属吸热面积，m^2；F_3 为炉壁内表面面积，m^2。

网状物孔隙面积为：

$$F_{\text{OMB}} = (F_2 + F_3)(\sqrt{1 - \varepsilon_\Gamma})$$

网状物的透过率为：

$$f = \frac{F_{\text{OMB}}}{\frac{1}{2}F_1 + F_{\text{OMB}}} = \frac{(F_2 + F_3)(\sqrt{1 - \varepsilon_\Gamma})}{F_2 + F_3} = \sqrt{1 - \varepsilon_\Gamma}$$

F_2 或 F_3 上任何一点射出之热量，必须两次通过网状物后才能到达另一表面，设此热流原为 $Q(\text{kcal/h})$，则第一次通过网状物后减少到 $Q\sqrt{1 - \varepsilon_\Gamma}$，第二次通过后变为 $Q(1 - \varepsilon_\Gamma)$，亦即两层网状物共吸收了 $Q \times \varepsilon_\Gamma$ 的热量。这与通过一层黑度为 ε_Γ 之气体时被吸收的热量完全相等。

这种网状物之辐射能力，亦与原有气体完全一致，这可用同样的方法加以证明，在此略去。

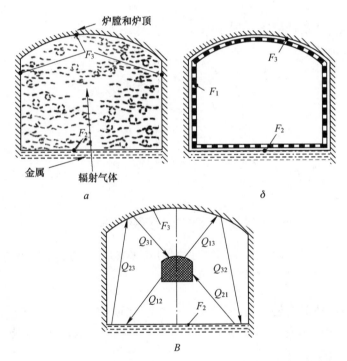

图2 用网状绝对黑体及块状绝对黑体的辐射代替气体的辐射图
a—空膛中为气体；δ—空膛中为网状绝对黑体；B—空膛中为块状绝对黑体

3.2 用块状绝对黑体代换气体

炉膛中之气体可以用一块绝对黑体来代换，其外形与炉膛相似，其位置应在炉膛之中部（见图$2B$）。

这样代换以后，并不改变辐射热交换的条件，其证明部分从略。

应该指出，组成封闭空膛之物体表面可以是任意的形状。

为了了解以下各个解题过程方便起见所必须阐明的问题就是这些。

4 炉内热电偶指示温度的计算问题

4.1 将热电偶热点放在金属表面附近，并用隔热板将它与金属隔开

图 3 中炉膛四周为炉壁 3，炉底上放有被加热物 2，设炉内气体各处均匀分布，并且其温度各处一致。在解题时，用一块形状与炉膛空间相似的绝对黑体代替炉内气体。

炉内热电偶 4 的位置如图 3 所示。热电偶与金属之间不会发生热交换。隔板向上表面的温度必等于热电偶温度，因此它们之间亦可认为没有热交换。

为求得热电偶热点温度的公式，兹列出其热平衡方程式。

热电偶热点受到炉围内壁和气体投来之辐射热，同时热点亦向这两物体发出热量，这两者之差即为热点上的"差额热量"。所以，像式（6）一样，可写出：

$$Q_4 = Q_{14} + Q_{34} - (Q_{41} + Q_{43}) \tag{7}$$

式中　$Q_{14} = Q_{1\text{эфф}} \cdot \varphi_{14}$；

　　　$Q_{41} = Q_{4\text{эфф}} \cdot \varphi_{41}$；

　　　$Q_{34} = Q_{3\text{эфф}} \cdot \varphi_{34}$；

　　　$Q_{43} = Q_{4\text{эфф}} \cdot \varphi_{43}$。

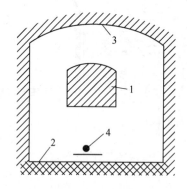

图 3　将热电偶热点放在金属附近，并用隔热板将它与金属隔开的情况

1—绝对黑体；2—被加热物；3—炉壁；4—热电偶

如果炉内各物体温度是稳定不变的话，热电偶插入炉内经过一定时间后，其温度即保持不变（即热焓不变）。又因热电偶向外传导热极少，故可认为，热电偶上的"差额热量"是等于零的，即：

$$Q_4 = 0 \tag{8}$$

此外，有效辐射热 $Q_{\text{эфф}}$ 可用"差额热量" Q 来表示（见式（5）），故：

$$(R_1 Q_1 + E_1 F_1)\varphi_{14} + (R_3 Q_3 + E_3 F_3)\varphi_{34} - (R_4 Q_4 + E_4 F_4)(\varphi_{41} + \varphi_{43}) = 0$$

在火焰炉内，根据基莫菲亦夫的实验可知 $Q_3 = 0$ [4]。

对绝对黑体 1 而言，$R_1 = \dfrac{1 - \varepsilon_1}{\varepsilon_1} = 0$。

热电偶热点射出之热量必全部到达物体 3 及 1，故 $\varphi_{41} + \varphi_{43} = 1$。

此外，再估计到"互变原理" $F_1 \varphi_{14} = F_4 \varphi_{41}$，则上式可最后整理为：

$$E_4 = E_3 \varphi_{43} + E_1 \varphi_{41}$$

将 $E = 4.96\left(\dfrac{T}{100}\right)^4$ 这一关系式代入上式，并将等号两边都除以 $4.96\left(\dfrac{T}{100}\right)^4$，则得：

$$T_4^4 = T_3^4 \varphi_{43} + T_1^4 \varphi_{41} \tag{9}$$

式中，T_4、T_3、T_1 各为热电偶热点、炉围内表面和炉气的温度，℃。

这便是在图 3 这种情况下，热电偶热点温度的公式。

式 (9) 等号右端虽有四个变量，但实际上 φ_{43} 是决定于 φ_{41} 之值的（ $\varphi_{43} + \varphi_{41} = 1$），所以亦可以写成下列形式：

$$T_4^4 = T_3^4(1 - \varphi_{41}) + T_1^4 \varphi_{41} \tag{10}$$

φ_{41} 的具体求法留在后面（7. 角度系数）再加讨论，这里我们只说明它的物理意义。φ_{41} 的物理意义是：热电偶热点射出之辐射射线通过整个气体层后被吸收的成数，以小数表示。可见，它的意义是与气体黑度完全相同的。在工程计算中，都认为炉内各点气体之黑度是相等的，都等于 ε_Γ。

这时，式 (10) 与布德林公式（已见于式 (1)）完全一致。

根据式 (9)，作出曲线图（见图 4）。其中包括 $\varphi_{41} = 0.1$，0.2，0.3 等三个部分，因为一般来说 φ_{41} 多半在此范围内变化。图中气体温度的变化范围为 $800 \sim 1400$℃，炉围内表面温度的变化范围为 $400 \sim 1400$℃。图中纵坐标为热电偶热点温度 t_4，制图时任何情况下都假设 $t_1 > t_3$，即炉内有加热负荷的情况。

由此图中可以清楚看到，在一定的气体温度下，热点温度 t_4 是随着炉围内表面温度下降的，而且下降规律几乎成一直线。

φ_{41} 越大，即气体黑度越大，则 t_4 越高，这是因为热点上受到炉气温度的影响较大的缘故。例如，当 $t_1 = 1400$℃，$t_3 = 800$℃ 时，若 $\varphi_{41} = 0.1$，则 $t_4 = 900$℃。

若 $\varphi_{41} = 0.2$，则 $t_4 = 1000$℃；而 $\varphi_{41} = 0.3$ 时，$t_4 = 1040$℃。热点温度的差别达到了 130℃ 之多。

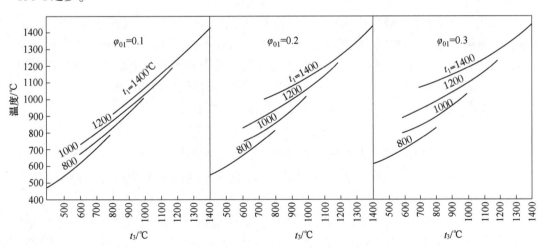

图 4 火焰炉内热电偶指示温度（如图 3 所示）与其他变量之关系图

还应该指出，式 (9) 中并无热电偶及炉围内表面的黑度出现，也就是说，在推导公式的条件下，t_4 与这两个黑度是无关的。t_4 之所以与热电偶黑度无关，是因为热电偶上的"差额热量"等于零的缘故，不论热电偶黑度的大小如何，反正它从外界吸收进来的热都被它在同一时间放射了出去。由此可见，热电偶套管的表面状况对其测得的结果是无关的，好比说，它可以是粗糙的，也可以是镀镍的。

凡炉内物体之温度保持不变，并且向外传导传热很微小，或可略去不计，那么它的黑度均不会在这类公式中出现，亦就是这种物体之黑度不会成为影响传热的一个因素。公式中之所以没有炉围内表面之黑度也是这个原因。

4.2 火焰炉内热电偶测得之炉内温度的计算问题

用热电偶测量炉内温度最常见的方法是将热电偶从炉墙上或炉顶上插入（见图5），这时热电偶的热点不仅与炉气1、炉围3发生热交换，同时还与炉底上之被加热物体2发生热交换。

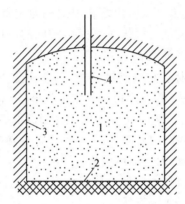

图 5　热电偶插入火焰炉内的示意图
1—气体；2—被加热物；3—炉围；4—热电偶尖端

被加热物体的温度总是比较低的，所以根据常识，也能判断出来，热点离开物体2越近，则其温度越低。本小节中即要讨论此种规律性。

在热工分析方面，我们应该把插有热电偶的炉膛看作是由四个物体组成的封闭体系。热电偶（第四个物体）与其他三物体相比是极微小的，所以在研究炉膛内热交换时，当然不必考虑到它的存在，炉膛内热交换的分析中只考虑三个物体。但是在本节中要研究热电偶热点的温度，所以应该解出四个物体间的辐射传热问题。

为解题便利起见，将炉气换成网状绝对黑体。其面积为：

$$F_1 = 2(F_2 + F_3)(1 - \sqrt{1 - \varepsilon_\Gamma})$$

式中，F_2、F_3 各为被加热物及炉围之总面积；ε_Γ 为气体黑度。

解题所用的方法仍旧是"差额热量法"。首先分别列出四个物体上"差额热量"的公式，即：

对物体 1 而言　　$Q_1 = Q_{21} + Q_{31} + Q_{41} - (Q_{12} + Q_{13} + Q_{14})$ 　　　(11a)

对物体 2 而言　　$Q_2 = Q_{12} + Q_{32} + Q_{42} - (Q_{21} + Q_{23} + Q_{24})$ 　　　(11b)

对物体 3 而言　　$Q_3 = Q_{13} + Q_{23} + Q_{43} - (Q_{31} + Q_{32} + Q_{34})$ 　　　(11c)

对物体 4 而言　　$Q_4 = Q_{14} + Q_{24} + Q_{34} - (Q_{41} + Q_{42} + Q_{43})$ 　　　(11d)

式中，各代表符号意义与前述者相同。例如，Q_{21} 即代表物体2之有效辐射热到达物体1的一部分热量。它可写成下列形式：

$$Q_{21} = Q_{2\text{эфф}} \cdot \varphi_{21} = (R_2 Q_2 + E_2 F_2)\varphi_{21}$$

其他各热量均可如此表示，故式（11）各式可变为如下形式：

$$Q_1 = (R_2 Q_2 + E_2 F_2)\varphi_{21} + (R_3 Q_3 + E_3 F_3)\varphi_{31} + (R_4 Q_4 + E_4 F_4)\varphi_{41} -$$
$$(R_1 Q_1 + E_1 F_1)(\varphi_{12} + \varphi_{13} + \varphi_{14}) \tag{12a}$$

$$Q_2 = (R_1 Q_1 + E_1 F_1)\varphi_{12} + (R_3 Q_3 + E_3 F_3)\varphi_{32} + (R_4 Q_4 + E_4 F_4)\varphi_{42} -$$
$$(R_2 Q_2 + E_2 F_2)(\varphi_{12} + \varphi_{23} + \varphi_{24}) \tag{12b}$$

$$Q_3 = (R_1 Q_1 + E_1 F_1)\varphi_{13} + (R_2 Q_2 + E_2 F_2)\varphi_{23} + (R_4 Q_4 + E_4 F_4)\varphi_{43} -$$
$$(R_3 Q_3 + E_3 F_3)(\varphi_{31} + \varphi_{32} + \varphi_{34}) \tag{12c}$$

$$Q_4 = (R_1 Q_1 + E_1 F_1)\varphi_{14} + (R_2 Q_2 + E_2 F_2)\varphi_{24} + (R_4 Q_4 + E_4 F_4)\varphi_{34} -$$
$$(R_4 Q_4 + E_4 F_4)(\varphi_{41} + \varphi_{42} + \varphi_{43}) \tag{12d}$$

封闭体系中热交换的另一特点，便是各物体上的"差额热量"总和等于零。否则就与能量不灭定理矛盾。因此：

$$Q_1 + Q_2 + Q_3 + Q_4 = 0 \tag{13}$$

这便是四物封闭体系中辐射热交换的数学描述。

把这五个方程式联立起来一般地求解是较繁杂的，以下我们只针对火焰炉内热电偶指示温度与其他各变量的关系这一问题来解出答案。

火焰炉达到热的稳定态后，它的炉围温度不变，热焓不变，并根据基莫菲亦夫的实际数据证明炉围上的"差额热量" Q_3 是等于零的（$Q_3 = 0$）。

热电偶在工作情况下，设其温度保持不变，并且由于它向外传热很少，故可认为 $Q_4 \approx 0$。

因此，式（13）简化为：

$$Q_1 = - Q_2 \tag{14}$$

式（12）各式中，在角度系数方面还有以下各特点：由于金属面为平的，热电偶热点表面是凸出的，所以：

$$\left. \begin{array}{l} \varphi_{41} + \varphi_{42} + \varphi_{43} = 1 \\ \varphi_{21} + \varphi_{23} + \varphi_{24} = 1 \end{array} \right\} \tag{15}$$

将式（15）及 $R_1 = 0$，$Q_3 \approx 0$，$Q_4 \approx 0$ 等关系代入式（12）各式中，则可得：

$$Q_1 = (R_2 Q_2 + E_2 F_2)\varphi_{21} + E_3 F_3 \varphi_{31} + E_4 F_4 \varphi_{41} -$$
$$E_1 F_1 (\varphi_{12} + \varphi_{13} + \varphi_{14}) \tag{16a}$$

$$Q_2 = E_1 F_1 \varphi_{12} + E_3 F_3 \varphi_{32} + E_4 F_4 \varphi_{42} -$$
$$(R_2 Q_2 + E_2 F_2) \tag{16b}$$

$$Q_3 = E_1 F_1 \varphi_{13} + (R_2 Q_2 + E_2 F_2)\varphi_{23} + E_4 F_4 \varphi_{43} -$$
$$E_3 F_3 (\varphi_{31} + \varphi_{32} + \varphi_{34}) \tag{16c}$$

$$Q_4 = E_1 F_1 \varphi_{14} + (R_2 Q_2 + E_2 F_2)\varphi_{24} + E_4 F_4 \varphi_{34} -$$
$$E_4 F_4 \tag{16d}$$

在式（16）各式中，可以任意指定四个以下的未知数，然后选择求解时最方便的一组方程式，联立求解。未知数数目应与选定的方程式数目相等。

为方便起见选择式（16b）和式（16d）两式联立求解，以 E_4、Q_2 两项为未知数，最后目的是求得 $E = 4.96\left(\dfrac{T_4}{100}\right)^4$ 与 E_1、E_2、E_3 及其他有关角度系数之间关系式。

由式（16b）和式（16d）分别得到：

$$Q_2(1 + R_2) - E_4 F_4 \varphi_{42} = E_1 F_1 \varphi_{12} - E_2 F_2 + E_3 F_3 \varphi_{32}$$
$$Q_2(R_2 \varphi_{24}) - E_4 F_4 = -E_1 F_1 \varphi_{14} - E_2 F_2 \varphi_{24} - E_3 F_3 \varphi_{34}$$

第一式乘以 $R_2 \varphi_{24}$，减去第二式乘以 $(1 + R_2)$ 并估计到：

$$R_2 \varphi_{24} = R_2 \frac{F_4}{F_2} \varphi_{42}$$

则得：

$$E_4 = \frac{(E_1 \varphi_{21} - E_2 + E_3 \varphi_{23}) R_2 \varphi_{42} + (E_1 \varphi_{41} + E_2 \varphi_{42} + E_3 \varphi_{43})(1 + R_2)}{1 + R_2 - R_2(\varphi_{24} \cdot \varphi_{42})}$$

式中，φ_{21} 实际上即等于气体黑度 ε_Γ；φ_{23} 即表示物体 2 发出之辐射热能够到达物体 3 的百分率（以小数表示），显然 $\varphi_{23} = (1 - \varepsilon_\Gamma)$。此外，式中 $R_2 \cdot \varphi_{24} \cdot \varphi_{42}$ 一项极其微小，可略而不计，从而经整理后上式变为：

$$E_4 = [E_1 \varepsilon_\Gamma - E_2 + E_3(1 - \varepsilon_\Gamma)](1 - \varepsilon_2)\varphi_{42} + (E_1 \varphi_{41} + E_2 \varphi_{42} + E_3 \varphi_{43})$$

等号两端除以 $4.96\left(\dfrac{1}{100}\right)^4$，则得：

$$T_4^4 = [T_1^4 \varepsilon_\Gamma - T_2^4 + T_3^4(1 - \varepsilon_\Gamma)](1 - \varepsilon_2)\varphi_{42} + (T_1^4 \varphi_{41} + T_2^4 \varphi_{42} + T_3^4 \varphi_{43}) \quad (17)$$

式（17）是火焰炉内热电偶热点温度的基本公式。

从这公式中可以看到以下几点：

首先，热电偶热点的温度直接决定于炉内其余三个物体的温度，提高其中任何一个温度都会使热点温度上升。如果炉内三物体的温度都相等，$T_1 = T_2 = T_3 = T_4$，则 T_4 亦等于 T。

其次，在炉内各物体温度及黑度一定的条件下，热电偶热点的温度完全取决于三个角度系数 φ_{41}、φ_{42}、φ_{43}，亦即完全取决于热点的位置，当它接近温度较高的物体时（例如物体 3），则其温度也较高，反之热点温度降低。

为了更明确起见，在图 6 中绘制了两种情况下 t_4 与各角度系数之间关系曲线。图 6a 是在 $t_1 = 1000\,℃$，$t_2 = 540\,℃$，$t_3 = 920\,℃$；$\varepsilon_\Gamma = 0.22$，$\varepsilon_2 = 0.8$ 条件下，t_4 与 φ_{42}、φ_{41} 的关系曲线（$\varphi_{43} = 1 - \varphi_{41} - \varphi_{42}$）。图 6δ 的炉内情况是：$t_1 = 1420\,℃$，$t_2 = 1000\,℃$，$t_3 = 1240\,℃$，$\varepsilon_\Gamma = 0.2$。由这两个图可见，不论在 φ_{41} 等于多大的条件下，t_4 都随着 φ_{42} 的增加而降低。亦即，随着热点与金属间距离之缩短而降低。这里我们看得很明显，热电偶测量出的温度是决定于很多因素的。它既不是炉内气体的温度，也不是炉墙或金属的温度。

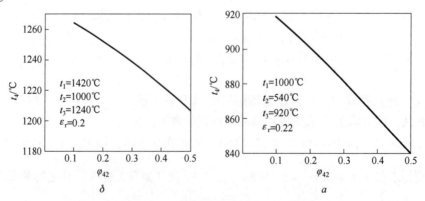

图 6　火焰炉内热电偶指示温度与其位置之关系图例

即使在上列各温度为一定数值时，只要热电偶插入深度有了变化，那其指示温度就有变化。生产上为了掌握炉况起见，虽然不一定要知道物体的绝对温度，但是绝不能在整个过程中任意改变热电偶热点的位置，否则对炉子工作的判断就容易发生错误。

在生产术语中，把热电偶测得之温度，叫做"炉温"。因此，我们有必要把热电偶安放的位置做出统一规定，否则同样的炉况而各炉的"炉温"就不同，这是有碍于互相理解的。

4.3 马弗炉内热电偶测得温度的计算问题

凡是热能以传导方式通过炉壁或通过给热体传入炉膛内的各种炉子都属于本节所谈论之范围。

这种情况下，为求得热电偶测得之温度与其位置的关系，乍一看来似乎只需令式（17）中 $\varepsilon_\Gamma = 0$，$\varphi_{41} = 0$ 即可。其实这样做是不对的。马弗炉与火焰炉的区别，在于后者之热能供给者为气体，而前者之热能供给者是炉壁。在推导第 4 节中各公式时已假设炉墙上的"差额热量"等于零，而马弗炉中则完全不是这情况。因此，上面提到的算法是不能用到马弗炉中的。

为解决本节标题中所提出的问题，可以用"差额热量法"对炉中三物体（炉壁，被热物，热电偶）列出热平衡方程式。

这类炉中短缺物体 1，只有物体 2、3、4。

故：

$$Q_2 = Q_{32} + Q_{42} - (Q_{23} + Q_{24}) \tag{18a}$$
$$Q_3 = Q_{23} + Q_{43} - (Q_{32} + Q_{34}) \tag{18b}$$
$$Q_4 = Q_{24} + Q_{34} - (Q_{43} + Q_{43}) \tag{18c}$$

此外：

$$Q_2 = - Q_3 \tag{19}$$

设 Q_2、Q_3、Q_4 为未知数，则可由式（4）与式（5）联立求解。求解过程如下：

选择式（18a）和式（18b），首先将 $Q_{32} = (R_3 Q_3 + E_3 F_3)\varphi_{32}$ 等关系代入其中，则得：

$$Q_2 = (R_3 Q_3 + E_3 F_3)\varphi_{32} + (R_4 Q_4 + E_4 F_4)\varphi_{42} - (R_2 Q_2 + E_2 F_2)(\varphi_{23} + \varphi_{24})$$
$$Q_4 = (R_2 Q_2 + E_2 F_2)\varphi_{24} + (R_3 Q_3 + E_3 F_3)\varphi_{34} - (R_4 Q_4 + E_4 F_4)(\varphi_{43} + \varphi_{42})$$

但因 $Q_4 = 0$，$Q_2 = - Q_3$，$\varphi_{43} + \varphi_{42} = 1$，物体 2 如为无凹入处时还有：

$$\varphi_{23} + \varphi_{24} = 1$$

故：

$$Q_2 = (1 + R_2 + R_3\varphi_{32}) - E_4 F_4\varphi_{32} - E_2 F_2 \tag{20a}$$
$$Q_2 = (R\varphi_{24} + R_3\varphi_{34}) - E_4 F_4 = - E_3 F_3\varphi_{34} - E_2 F_2\varphi_{24} \tag{20b}$$

将式（20a）乘以 $(R\varphi_{24} + R_3\varphi_{34})$，减去式（20b）乘以 $(1 + R_2 + R_3\varphi_{32})$ 则可消去 Q_2。将结果整理及代换其中个别符号后，则得：

$$E_4 = (E_3\varphi_{34} + E_2\varphi_{42}) + \cfrac{R_2\varphi_{42} - R_3\varphi_{43}\dfrac{F_2}{F_3}}{1 + R_2 + R_3\dfrac{F_2}{F_3}}(E_3 - E_2)$$

但 $R = \dfrac{1-\varepsilon}{\varepsilon}$，$E = 4.96\left(\dfrac{T}{100}\right)^4$，故最后得到：

$$T_4^4 = (T_3^4 \varphi_{43} + T_2^4 \varphi_{42}) + \frac{\varepsilon_3(1-\varepsilon_2) - \varepsilon_2(1-\varepsilon_3)\varphi_{43}\dfrac{F_2}{F_3}}{1 + \varepsilon_3(1-\varepsilon_2) - \varepsilon_2(1-\varepsilon_3)\dfrac{F_2}{F_3}}(T_3^4 - T_2^4) \quad ℃ \quad (21)$$

式（21）即为本标题中问题的解答。由此可见，炉内其他各变量为常数时，热电偶热点温度决定于 φ_{43} 及 φ_{42} 两项，亦即决定于其位置。如果 $t_3 = t_2 = t$，则 $t_4 = t$，各物温度完全一致。

式中等号右边第一项为主要项，其绝对值超过第二项很多，故可认为第二项为校正项。

式（21）中，如 $\varphi_{43} = 0$，则 F_2 必等于零，这时 $t_4 = t_a$。换言之，即马弗炉中无被加热物体时，热电偶温度当然等于炉壁温度。$\varphi_{42} = 0$ 而 F_2 不等于零的情况是不存在的。

工业计算中可认为 $\varepsilon_3 = 0.8$，黑色金属氧化表面黑度 $\varepsilon_2 = 0.8$，再设 $\dfrac{F_2}{F_3} = 0.3$ 则式（21）变为：

$$T_4^4 = (0.956T_3^4 + 0.04T_2^4) - 0.824(T_3^4 - T_2^4)\varphi_{42} \quad (22)$$

如果炉内的"面积比值"$\left(\text{即}\dfrac{F_2}{F_3}\right)$ 有变化时，亦可用同样方法求得简化了的公式。

5 炉内对流传热对于热电偶热点温度的影响

热电偶插入炉内后受到其外界的加热作用可分为辐射与对流两种方式。以上各节都只考虑辐射传热一种方式。虽然在较高温度的炉内，肯定以辐射产热为主，但是明确对流传热对于热点温度的影响也是完全必要的。

这里我们可以把炉内各物体看成是一个统一体，作为热电偶周围的环境。它在单位时间内以辐射方式交给热电偶热点的热量为 $q_л$。

热电偶热点温度，在未估计对流传热时都用 t_4 代表。如果估计对流传热后，则其温度为 t_4'。炉内气体温度仍为 t_1，令此气体与热电偶之间之对流给热系数为 a_K。

在只估计辐射热交换而计算热点温度的情况下，一方面热点接受了 $q_л$ 热量，另一方面，在此同时间内又放出了这些热量。放出的热量可表示为 $C_4\left(\dfrac{T_4}{100}\right)^4 F_4$（kcal/h），故：

$$q_л = C_4\left(\frac{T_4}{100}\right)^4 F_4 \quad \text{kcal/h} \quad (23)$$

式中，C_4 为辐射系数。

在同时估计辐射及对流两种传热方式而计算热点温度的情况下，应认为，热点除接受 $q_л$ 热量外，还接受了以对流方式传来的热量 $a_к$：

$$q_к + a_к(t_1 - t_4')F_4 = C_4\left(\frac{t_4'}{100}\right)^4 F_4 \quad \text{kcal/h} \quad (24)$$

式（24）减去式（23），则得：

$$C_4 \left[\left(\frac{t'_4}{100} \right)^4 - \left(\frac{T_4}{100} \right)^4 \right] = a_K(t_1 - t'_4)$$

或 $$\left(\frac{t'_4}{100} \right)^4 - \left(\frac{T_4}{100} \right)^4 = \frac{a_K}{C_4}(t_1 - t'_4) \tag{25}$$

根据式（25）即可计算对流传热对于热点温度的影响，$\Delta t = t'_4 - t_4$。工业炉内对流给热系数 a_K 变化正在 $10 \sim 20 \mathrm{kcal}/(\mathrm{m}^2 \cdot \mathrm{h} \cdot \text{℃})$ 之间，$t_1 - t'_4$ 变化范围较大，但多半在 100℃上下。式中系数 C_4 在 $3 \sim 3.9$ 之间。

令 $q_K = a_K(t_1 - t'_4)$，然后按式（25），在 $\frac{a_K}{C_4}$ 值可能变化的范围内（对冶金炉而言），制作了曲线（见图 7）。图 7 中纵坐标为（$t'_4 - t_4$）刻度，即估计对流及不估计对流两种情况下的差别。横坐标上为热点温度 t'_4。由图中可见，在气体流速不太大的炉内，对流传热对于热点温度的影响是极小的。

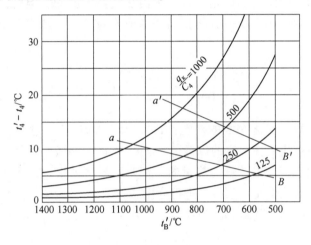

图 7   对流传热对炉内热电偶指示温度的影响

在 t'_4 高于 900℃时，绝大多数情况下，因不估计对流而产生之误差都在 1% 以下，及 aB 线左下方各点的误差均小于 1%。图中 $a'B'$ 线左下方各点的误差都不大于 2%。

对流给热系数越大，同时，热电偶热点的温度与气体温度的相差越大，则误差越大。而热点与被加热物体越接近，则热点温度越低，因而与气体温度差越大。具体核对个别计算中的这项误差可参考图 7。炉气流速较大（例如：$W_0 > 6 \sim 7\mathrm{m/s}$）的情况下，必须考虑到对流传热对热点温度的影响。

由式（25）可见，C_4 值越大则对流的影响越小。在一般情况下（即指用热电偶插入炉内的情况），对流的影响本来就不大，所以热电偶黑度 C_4 有些变化，也影响甚微。

此外还应指出，热电偶的黑度对测量之最后结果，不是在任何情况下都没有影响的。例如在抽气热电偶工作情况下，应该考虑热电偶的黑度，往往希望热电偶黑度很小。这是因为他要测量的指示气体温度，而不是除气体之外的其他物体的温度，所以希望对流传热占绝对优势，以此免除其他物体对热电偶的辐射。

例：设某炉内气体温度 $t_1 = 800$℃，对流给热系数为 $20 \mathrm{kcal}/(\mathrm{m}^2 \cdot \mathrm{h} \cdot \text{℃})$，热电偶热点温度为 $t'_4 = 700$℃，试求估计对流传热与不估计对流传热两种情况下热点温度的差

$\Delta t'_4 = t'_4 - t_4$。

解：将题中各值代入式（25），得：

$$\left(\frac{T'_4}{100}\right)^4 - \left(\frac{T_4}{100}\right)^4 = \frac{20}{3.97} \times (800 - 700) = 505$$

利用温度四次值表格可知，在 $t'_4 = 700℃$ 时，此项结果相当于 $\Delta t_4 = t'_4 - t_4 = 15℃$，误差百分率为 $\frac{15}{700} \times 100\% = 2\%$。

6 用热电高温计测量炉内辐射热交换的计算问题

用热电高温计测量炉内温度的目的本来就是要想了解炉内热工工作进行的情况。热电高温计指示温度高，一般都认为热交换好，反之则认为炉子的温度下降了，热交换变得较差了。

热电高温计指示的温度的确是能代表炉内热交换情况的，但是，绝不像上述这样简单。在这方面目前为止文献中只能找到个别经验的公式，其中经验系数代替了有关因素。例如：

$$Q = K\left[\left(\frac{T_л}{100}\right)^4 - \left(\frac{T_M}{100}\right)^4\right]F_M \quad \text{kcal/h} \tag{26}$$

式中，K 为经验系数，变化在 3 的左右；$T_л$ 即所谓"炉温"，它即是热电偶测出之温度，不过热电偶热点应该在一定的位置上（见第四节）。秦依芝所著《钢的加热工艺》一书中，都是采用这种公式计算传热量的，正如纳扎洛夫指出这个公式的计算结果是不够正确的。需要对其中每一项数字进行分析。

在冶金炉设计中，用的最多的公式是：

$$Q = C_{ГКМТ}\left[\left(\frac{T_Г}{100}\right)^4 - \left(\frac{T_M}{100}\right)^4\right]F_M \tag{27}$$

式中，气体平均问题 $T_Г$ 用几何平均值。而气体温度的测量是十分困难的，$C_{ГКМТ}$ 乃根据一系列因素算出，其值一般小于 3。

虽然用式（27）可较准确地计算炉内传热量，但是，利用热电偶测出其温度来计算炉内传热量还是很必要的。因为这温度是直接测得的结果，是生产中能掌握的直接数据，炉子操作者希望根据它来随时控制炉子。因此，如果能用这个数据来计算炉内的传热量当然很有好处。

此外，本段中亦将提供马弗炉内热电偶指示温度与炉内传热量的关系式。对马弗炉而言虽然没有测量气体温度的问题，但是，传热量的求得都要利用炉墙内表面温度，而在生产中是不测量它的，生产中所说的炉温多半是热电偶指示的温度。

6.1 火焰炉内热电偶测量辐射热流的计算问题

在推导这个公式时，可以将式（16a）、式（16b）、式（16c）三式联立求解。其中，E_3、E_1、Q_2 三项认为是未知数，消去 E_3 及 E_1 后即可得到 Q_2 的公式。

联立求解的过程与上一节相似，故不再加以说明，仅写下解出之结果如下：

$$Q_2 = \frac{E_4\dfrac{F_8}{F_1}\varphi_{41}(\varphi_{12}\cdot\varphi_{28}\cdot\varphi_{18}\cdot\varphi_{82}) + F_2\dfrac{1}{F_1}\left[\dfrac{F_1F_2}{F_1}\varphi_{41}^2(\varphi_{8\eta}-\varphi_{28}) + F_2\varphi_{41}\cdot\varphi_{48}(\varphi_{1\eta}+\varphi_{28}\cdot\varphi_{12}) + F_8\varphi_{42}\cdot\varphi_{41}(\varphi_{82}\cdot\varphi_{18}+\varphi_{22}\cdot\varphi_{18})\right]}{\varphi_{41}^2\dfrac{F_8}{F_2^2}[\varphi_{8\eta}(1+R_2)-R_2\cdot\varphi_{\eta2}\cdot\varphi_{28}] + \dfrac{1}{F_1}\varphi_{41}\cdot\varphi_{48}[(1+R_2)\cdot\varphi_{12}+R_2\cdot\varphi_{12}\cdot\varphi_{v8}] + \dfrac{R_2F_8}{F_1F_v}\varphi_{42}\cdot\varphi_{41}(\varphi_{\eta8}\cdot\varphi_{12}+\varphi_{28}\cdot\varphi_{82})}$$

$$(28)$$

式中，需要带环的角度系数与上节中不同。

φ_{12}、φ_{13}、φ_{23} 三个角度系数很明显，它们各为[5]：

$$\varphi_{12} = \frac{F_2\varphi_\Gamma}{F_1}; \quad \varphi_{13} = \frac{F_3\varepsilon_\Gamma}{F_1}; \quad \varphi_{23} = 1-\varepsilon_\Gamma$$

此外，$\varphi_{32} = \dfrac{F_2}{F_3}(1-\varepsilon_\Gamma) = \dfrac{1-\varepsilon_\Gamma}{\omega}$。

$$\varphi_{32} = 1-\varphi_{31}-\varphi_{32} = 1-\varepsilon_\Gamma-\frac{F_2}{F_3}(1-\varepsilon_\Gamma) = \left(1-\frac{F_2}{F_3}\right)(1-\varepsilon_\Gamma) = \frac{(\omega-1)(1-\varepsilon_\Gamma)}{\omega}$$

把这些角度系数代入式（28），并估计到 $E = 4.96\left(\dfrac{T}{100}\right)^4$ 及 $\omega = \dfrac{F_3}{F_2}$，经整理后即得出下式：

$$Q_2 = C_{\Gamma KMT}\left[\left(\frac{T_4}{100}\right)^4 - \left(\frac{T_2}{100}\right)^4\phi\right]F_2 \quad \text{kcal/h} \tag{29}$$

式中，$C_{\Gamma KMT} = \dfrac{4.96\varepsilon_1\varepsilon_2(1-\varepsilon_\Gamma)(2\omega-1)}{(1-\varepsilon_\Gamma)[(\omega-1)-(1-\varepsilon_\Gamma)(1-\varepsilon_2)]\varphi_{41} + \varepsilon_\Gamma[\omega+(1-\varepsilon_2)(1-\varepsilon_\Gamma)]\varphi_{43} + \varepsilon_\Gamma(1-\varepsilon_\Gamma)(1-\varepsilon_2)(2\omega-1)\varphi_{42}}$,

$\phi = \dfrac{(1-\varepsilon_\Gamma)[(\omega-1)-(1-\varepsilon_\Gamma)]\varphi_{41} + \varepsilon_\Gamma[\omega+(1-\varepsilon_\Gamma)]\varphi_{43} + \varepsilon_\Gamma(1-\varepsilon_\Gamma)(2\omega-1)\varphi_{42}}{\varepsilon_\Gamma(1-\varepsilon_\Gamma)(2\omega-1)}$。

这便是利用热电偶指示温度求得火焰炉内被加热物体上传热量的关系式。式中数 $C_{\Gamma KMT}$ 称为"炉气—炉壁—金属—热电偶之间的辐射热交换系数"；它的单位就是绝对黑体辐射系数的单位。

这两个系数中，都没有包括热电偶黑度，炉墙黑度，其理由同以前各节所说相同。

式（29）与式（26）相比，显然有较大的区别。前者包括了各种影响因素，而后者只是用一个经验系数概括起来。即使经验公式中的 $T_\text{д}$ 是指热电偶热点放在一定温度时测出的温度（例如在炉高75%处），然而这样还不能认为 $C_{\Gamma KMT}$ 及 ϕ 两个系数中各项变量都是不一定的；其次，炉子截面的形状、气体黑度也都是变数。

对于式（29），应该说明一点，即是无论热电偶热点位置何在，炉内传热量是不会变的，也就是说不论 φ_{41}、φ_{42}、φ_{43} 等于什么数值，只要代入与其相应的热电偶热点温度，那么传热量 Q_2 的计算结果是不会变的。

式（29）中两个系数可以初步简化如下。

这两个系数中包括了较多的变量：

$$C_{\Gamma KMT} = f'(\varepsilon_\Gamma,\ \varepsilon_2,\ \omega,\ \varphi_{41},\ \varphi_{42},\ \varphi_{43})$$

$$\phi = f''(\varepsilon_\Gamma, \ \omega, \ \varphi_{41}, \ \varphi_{42}, \ \varphi_{43})$$

但是 $\varphi_{43} = 1 - \varphi_{41} - \varphi_{42}$，以及黑色金属表面的黑度 $\varepsilon_2 = 0.8$，所以：

$$C_{\Gamma KMT} = f'(\varepsilon_\Gamma, \ \omega, \ \varphi_{41}, \ \varphi_{42})$$

$$\phi = f''(\varepsilon_\Gamma, \ \omega, \ \varphi_{41}, \ \varphi_{42})$$

在 $\varepsilon_2 = 0.8$ 的情况下，用各种 ε_Γ 及 ω 的数值代入 $C_{\Gamma KMT}$ 及 ϕ 这两系数里去，得：

$$C_{\Gamma KMT} = \frac{c}{1 + a\varphi_{31} - b\varphi_{42}} \tag{30a}$$

$$\phi = d(1 - \varphi_{42}) + e\varphi_{41} + \varphi_{42} \tag{30b}$$

式中，a、b、c、d、e 的数值可见于表 1 中。这样大大地简化了运算的手续。

表 1   在 $\varepsilon_\Gamma = 0.8$ 时，a、b、c、d、e 等系数的数值

ω 及 ε_Γ		a	b	c	d	e
$\omega = 2.5$	$\varepsilon_\Gamma = 0.15$	1.82	−0.745	5.05	0.985	0.095
	$\varepsilon_\Gamma = 0.2$	1.015	−0.76	4.78	1.030	−0.155
	$\varepsilon_\Gamma = 0.3$	0.202	−0.786	4.20	1.140	−0.473
	$\varepsilon_\Gamma = 0.4$	−0.210	−0.816	3.62	1.290	−0.728
$\omega = 3$	$\varepsilon_\Gamma = 0.15$	2.28	−0.732	5.32	0.906	0.626
	$\varepsilon_\Gamma = 0.2$	1.325	−0.747	5.02	0.950	0.250
	$\varepsilon_\Gamma = 0.3$	0.383	−0.776	4.44	1.057	−0.190
	$\varepsilon_\Gamma = 0.4$	−0.270	−0.800	3.18	1.200	−0.500
$\omega = 3.5$	$\varepsilon_\Gamma = 0.15$	2.61	−0.720	5.52	0.852	0.980
	$\varepsilon_\Gamma = 0.2$	1.51	−0.736	5.20	0.896	0.521
	$\varepsilon_\Gamma = 0.3$	0.514	−0.770	4.59	1.00	0.00
	$\varepsilon_\Gamma = 0.4$	−0.012	−0.800	3.94	1.14	−0.350

由此可见，$C_{\Gamma KMT}$ 及 ϕ 等两系数都是随着一系列因素而变化的。即使炉内情况为一定时，它们还随着 φ_{42}（与热电偶位置有关）变化。

在实际情况下，$C_{\Gamma KMT}$ 变化在 4~7 之间。作者正在制作此系数的计算曲线以便进一步简化之。

由以上的一些讨论中，无论如何已经看到，第二节中提到的经验公式是太粗略了。其中每项数值的系数均未得到展开，未得到分析。它只能适用于极个别的情况。

这里想初步地把热电偶与测热器两种不同的测炉内热流的方法加以比较。用测热器测量炉内热流[7]有一系列优点，例如它能在高温炉内进行测量，不需要复杂的计算，同时测出了辐射及对流两种方式的传热量。测热器的缺点是：它的水管安装等比较复杂，同时不是永久性装置。热电偶则在上述诸方面几乎都能与测热器相反。它是工厂里最常用最简单的测热仪器，如果它能用来测量热量，那么它就起着双重作用。其实用热电偶测量温度，也是为了判断炉内传热情况，这里我们不过是得到了根据其指示温度计算传热量的方法而已。

式（29）只能用于火焰炉内而不能用于电热炉内，因为在公式的推导过程中，我们即假设气体为热能之来源，如设 $\varepsilon_\Gamma = 0$，则传热量即等于零，完全失去意义。火焰炉内热交换的各公式都是不能稍加改变后就用于电热炉上的。

6.2 用热电偶测量马弗炉中辐射传热量的计算

凡是热能以传导方式通过炉壁，然后传入炉膛内的各种炉子都属于本节所讨论的范围。

为解决本节标题中所提出的问题，可以用"差额热量法"对炉中三物体（炉壁，被热体，热电偶）列出热平衡方程式（式（18）各式）。

但设 Q_2、E_3、Q_3 为未知数，这样则可由第（18）各式中任选两式，与式（19）各式联立求解。求解之过程较短，故将其全部列出如下：

首先，将 $Q_{32} = (R_3 Q_3 + E_3 F_3)\varphi_{32}$ 等关系代入式(18a)、式(18b)中，得到：

$$Q_2 = (R_3 Q_3 + E_3 F_3)\varphi_{32} + (R_4 Q_4 + E_4 F_4)\varphi_{42} - (R_2 Q_2 + E_2 F_2)(\varphi_{23} + \varphi_{24})$$

及

$$Q_4 = (R_2 Q_2 + E_2 F_2)\varphi_{24} + (R_3 Q_3 + E_3 F_3)\varphi_{34} - (R_4 Q_4 + E_4 F_4)(\varphi_{43} + \varphi_{42})$$

但因 $Q_4 = 0$，$\varphi_{23} + \varphi_{24} = 1$，$\varphi_{43} + \varphi_{42} = 1$，以及 $Q_2 = -Q_2$，故：

$$Q_2(1 + R_2 + R_3\varphi_{32}) - E_3 F_3\varphi_{32} = E_4 F_4\varphi_{42} - E_2 F_2 \tag{31a}$$

$$Q_2(R_2\varphi_{24} - R_3\varphi_{34}) - E_3 F_3\varphi_{34} = E_4 F_4 - E_2 F_2\varphi_{24} \tag{31b}$$

为消去 E_3 期间，将式（31a）乘以 φ_{34}，加上式（31b）乘以 φ_{42}，而得：

$$Q_2\big[(1 + R_2 + R_3\varphi_{32}) \cdot \varphi_{32} + (R_4\varphi_{34} - R_3\varphi_{34})\varphi_{34}\big]$$
$$= E_4 F_4(\varphi_{42} \cdot \varphi_{34} + \varphi_{32}) - E_2 F_2(\varphi_{34} + \varphi_{24} \cdot \varphi_{32})$$

由于 $\varphi_{34} = \dfrac{F_4}{F_3} - \varphi_{43}$，$\varphi_{24} = \dfrac{F_4}{F_2} - \varphi_{42}$，故上式变为：

$$Q_2\left[(1 + R_2)\frac{F_4}{F} - \varphi_{43} + R_2\frac{F_4}{F_2}\varphi_{42} \cdot \varphi_{32}\right]$$
$$= E_4 F_4\left(\varphi_{42}\frac{F_4}{F_3} - \varphi_{42} + \varphi_{43}\right) - E_2 F_2\left(\frac{F_4}{F_3} - \varphi_{43} + \frac{F_4}{F_2} - \varphi_{42} \cdot \varphi_{32}\right)$$

等号两边乘以 $\dfrac{F_4}{F_3}$，则：

$$Q_2\left[(1 + R_2)\varphi_{43} + \left(R_2\frac{F_3}{F_2}\varphi_{42}\right)\varphi_{32}\right]$$
$$= E_4(\varphi_{42} F_4\varphi_{43} + F_3\varphi_{32}) - E_2 F_2\left(\varphi_{43} + \varphi_{42}\frac{F_3}{F_2}\varphi_{32}\right)$$

式中，$\varphi_{42}F_4\varphi_{43}$ 一项与其他各项比起来近于 0，$\varphi_{32} = \dfrac{F_2}{F_3}$，以及 $R = \dfrac{1 - \varepsilon}{\varepsilon}$，故：

$$Q_2\left[\left(1 + \frac{1 - \varepsilon_2}{\varepsilon_2}\right)\varphi_{43} + \frac{1 - \varepsilon_2}{\varepsilon_2} \cdot \varphi_{42}\right] = 4.96\left[\left(\frac{T_4}{100}\right)^4 - \left(\frac{T_2}{100}\right)^4\right]F_2$$

最后

$$Q_2 = \frac{4.96\varepsilon_2}{1 - \varepsilon_2\varphi_{42}}\left[\left(\frac{T_4}{100}\right)^4 - \left(\frac{T_2}{100}\right)^4\right]F_2 \quad \text{kcal/h} \tag{32}$$

这便是马弗炉内热电偶指示温度与炉内辐射传热量的关系。首先引起注意的是公式中并不包括 $\dfrac{F_2}{F_3}$ 及 ε_2 等项。这有两个原因：第一，t_4 一项中已包含了这些因素；第二，式中两个角度系数受 $\dfrac{F_2}{F_3}$ 的影响。

由本节 1、2 两段中可以肯定，根据热电偶指示温度是可以算出炉内传热量的。式 (29) 是比较复杂的，而式（32）则较简单。一般地假设这些情况下辐射总系数是不妥当的，因为它究竟是随着很多因素在变化。即使与炉内各物体有关之变量是一定的时候，热电偶的位置还是起着很大的作用。某些公式的简化还是有待于进一步的研究与实验。

7 角度系数

这篇文章里各公式中的角度系数不外乎是以下三个：

φ_{41}——由热电偶热点投向炉气的角度系数；

φ_{42}——由热电偶热点投向被加热体的角度系数；

φ_{43}——由热电偶热点投向炉围的角度系数。

当炉内没有辐射性气体时，问题只涉及 φ_{42} 及 φ_{43} 两个角度系数。它们之间的关系是 $\varphi_{42} + \varphi_{43} = 1$，只要求出其中一个，就可以算得第二个。

热电偶热点可以看成是一点，它向四周空间均匀地射出射线。这不同于一个微分平面向外辐射的情形，因为微分平面上各方向的射线密度是不同的。因此，我们不能把这方面的参考材料（见米海亦夫著《传热学基础》）搬来用以计算热电偶投向其他物体的角度系数。

文献中都没有找到合适的参考。这样，当然有两条出路：第一是做实验来确定所需要的角度系数，第二是进行理论的推导。

实验方法大致可以这样来考虑。在马弗炉里，用热电偶测量温度（t_4）。同时测量炉壁温度（t_3）及被加热体表面温度（t_2）。将这些数字代回式（22）中。在不同各点测量后，即可求得各位置上的角度系数 φ_{42}。

在探讨这些问题的过程中，进行了理论的推导。我们认为热电偶热点投向炉内各物体的角度系数可以用相应的空间角之比来表示。大家都知道，一点四周空间角为 4π，如果此点投向某一物体之空间角等于 ω，那么，当此点均匀地向四周放出射线时，必有 $\dfrac{\omega}{4\pi}$ 这样一部分是投到这物体上的。

很明显，$\dfrac{\omega}{4\pi}$ 即是我们所说的角度系数。

设有一点 O，位于长方形 A 一角的正上方，点 O 与明面的垂直距离为 H，长方形平面的长为 b，宽为 l（见图 8），则根据数学推导的结果，可知由此点 O 向长方形平面 A 张开之空间角为：

$$\omega = \sin^{-1} \frac{bl}{\sqrt{(H^2 + b^2)(H^2 + l^2)}} \tag{33}$$

因此，点 O 投向此长方形的角度系数为：

$$\varphi_{OA} = \frac{\omega}{4\pi} \tag{34}$$

根据式（33）及式（34），做出了图 8 中各曲线。图 8 横坐标上为 $\dfrac{H}{b}$，纵坐标上为 φ_{OA}；图中每一曲线代表一个 $\dfrac{l}{b}$ 值。由于几何形状相似的情况下，空间角均相等，所以在纵横坐标上均非绝对长度，而为长度之比。

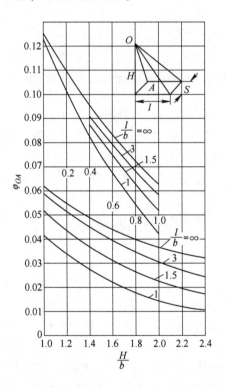

图 8　辐射点 O 对于长方形 A 的角度系数图
（由点 O 向长方形 A 所作垂线通过其一角）

如果通过点 O 长方形平面作之垂线不通过该平面之某一顶角，而是与平面交于另一点（设为 C），那么为了利用这个曲线图找到角度系数 φ_{OA}，可以把长方形 A 分成四块（通过点 C 在长方形面上作两根互相垂直的线，使它们分别地平行于长方形的各边）分别查出四个空间角，然后把它们加起来，即得到角度系数 φ_{OA}。

由图 8 中可见，即使热电偶热点非常接近被加热物面时，其间之角度系数也只能等于 0.5（即 4×0.125）。这就是说，即使热电偶与被加热物非常接近，但它测出来的还远不是被加热物的表面温度。

角度系数 φ_{42} 不可能大于 0.5，因此以前各曲线图中都没有画出 $\varphi_{42} < 0.5$ 的部分。

图 8 中 $\dfrac{l}{b} = \infty$ 这一根曲线所代表的情形与连续式加热炉中相近。

由此可见，运用式（33）和式（34），或直接用图 9 中曲线，即可求得马弗炉中之角度系数 φ_{42}，以及 $\varphi_{43}(\varphi_{43} = 1 - \varphi_{42})$。

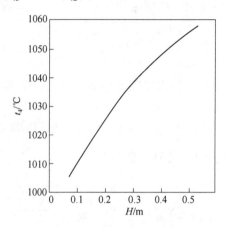

图 9   热电偶指示温度与其热点位置关系图例

如果炉内有辐射性气体，则必须估计到锥形体积（以热电偶热点为顶点，被加热物面为地面的锥形）中气体对辐射射线的吸收作用。设锥形体积重气体黑度为 ε'，则热点投向被加热物面的角度系数为 $\varphi_{42}\varepsilon'$。但目前还未最终地推导出锥形体积重气体对于其顶点的平均射线长度。故本文中火焰炉方面各公式之应用目前尚有困难。

角度系数 φ_{41} 可认为是不随热点位置而变化的。它始终等于炉内气体黑度。

8   例题

在这些研究的基础上，已有可能进行实际运算，并且已能用具体例子来说明本文中所导出的一部分公式之正确性。以下是在马弗炉方面的两个例题。

例 1   马弗炉炉底面积为 1m×1m，炉底上放满 800℃ 之被加热物体；其表面到炉顶之距离为 0.582m，炉围内表面温度为 1100℃。试求热电偶热点在炉子中心线上移动时所测出的各点温度。（计算中可设炉围及被加热物之黑度均为 0.8）

解：兹以热点位于炉高 75% 处为例做出计算，并将其结果与按式（2）计算结果进行比较。

（1）按式（2）进行计算：

被加热物体受热表面积与炉内表面积之比为：

$$\frac{F_{\mathrm{M}}}{F_{\mathrm{K}}} = \frac{1 \times 1}{0.582 \times 1 \times 4 + 1 \times 1} = 0.3$$

设热点位于炉高 75% 处时，热电偶指示温度为 t_{Γ}℃（或 T_{Γ} K），则：

$$\left(\frac{T_\Gamma}{100}\right)^4 = \frac{\varepsilon_K\left(\frac{T_K}{100}\right)^4 + \varepsilon_M\left(\frac{T_M}{100}\right)^4\frac{F_M}{F_K}}{\varepsilon_K + \varepsilon_M\left(\frac{F_M}{F_K}\right)}$$

$$= \frac{0.8 \times 35537 + 0.8 \times 13256 \times 0.3}{0.8 + 0.8 \times 0.3} = 30600$$

故 $t_\Gamma = 1049℃$ （即 t_4）。

（2）按式（22）进行计算：

设热点位于炉高75%处，则：

$$H = 0.582 \times 0.75 = 0.436m$$

此外，1m×1m 被加热物表面应等分为四块，每块边长为：

$$l = b = 1 \times \frac{1}{2} = 0.5m$$

故：$\frac{l}{b} = \frac{0.5}{0.5} = 1$，$\frac{H}{b} = \frac{0.436}{0.5} = 0.87$。

由图 8 查出 $\varphi_{OA} = 0.0485$，因此 $\varphi_{42} = 0.4 \times \varphi_{OA} = 4 \times 0.0485 = 0.194$。

将各已知数据代入式（22），即得：

$$T_4^4 = T_3^4(0.956 - 0.824\varphi_{42}) + T_2^4(0.824\varphi_{42} + 0.044)$$
$$= 34437(0.956 - 0.824 \times 0.194) + 13256(0.824 \times 0.194 + 0.044)$$
$$= 30129$$

故 $t_4 = 1051℃$。

由此可见，当热电偶热点位于炉高75%时，按两种不同公式计算的结果是相互符合的，应该指出，当热点在其他各处时，则式（2）不能应用。图 9 中的曲线是按式（22）计算结果绘成的。

例 2　在例 1 的条件下，利用热电偶在各高度上之指示温度算出被加热物体表面上之辐射热流，并将其结果与一般计算法比较。

解：（1）马弗炉内辐射热交换量可按下式计算：

$$Q_2 = \frac{1}{\frac{1}{C_2} + \frac{F_2}{F_3}\left(\frac{1}{C_3} - \frac{1}{4.96}\right)}\left[\left(\frac{T_3}{100}\right)^4 - \left(\frac{T_2}{100}\right)^4\right]F_2 \quad \text{kcal/h}$$

式中，T_3、T_2 各为炉围及被加热物表面温度，℃；C_3、C_2 各为炉围及被加热物的辐射系数，kcal/(m²·h·(℃)⁴)；F_3、F_2 各为炉围及被加热物的表面积，m²。

设炉围及被加热物表面之黑度为 0.8，则：

$$C_3 = C_2 = 4.96 \times 0.8 = 3.97$$

故：

$$Q = \frac{1}{\frac{1}{3.97} + \frac{1}{3.33} + \left(\frac{1}{3.97} - \frac{1}{4.96}\right)} \times \left[\left(\frac{1100 + 273}{100}\right)^4 - \left(\frac{800 + 273}{100}\right)^4\right] \times 1$$

$$= 83.400\text{kcal/h}$$

（2）此项辐射热量亦可用热电偶测得之温度计算得到，这时应该用本文中式（32）：

$$Q_2 = \frac{4.96 \times \varepsilon_2}{1 - \varepsilon_2 \varphi_{42}} \left[\left(\frac{T_4}{100} \right)^4 - \left(\frac{T_2}{100} \right)^4 \right] F_2 \quad \text{kcal/h}$$

设热电偶位于炉膛空间 75% 高度处，则 $t_4 = 1051℃$，$\varphi_{42} = 0.196$（见例1）。故：

$$Q_2 = \frac{4.96 \times 0.8}{1 - 0.8 \times 0.194} \times \left[\left(\frac{1051 + 273}{100} \right)^4 - \left(\frac{800 + 273}{100} \right)^4 \right] \times 1$$
$$= 83000 \text{kcal/h}$$

此处值与用前法计算结果没有区别。当热电偶热点位于其他高度时计算结果亦相同。可见，本文所导出之式（32）是正确的。

9 结论

这篇文章只是这方面研究工作的理论部分，文中所导出之公式均尚未用实验证明，因此有些方面还不能下什么结论。但是就几个以及比较明确的问题做出归纳性意见还是可以的。

（1）用热电偶测量炉内温度是掌握炉况的普遍方法之一。然而我们对热电偶指示温度应有正确的理解。热电偶指示温度介乎炉内物体温度之间。在炉况一定时，它的数值决定于热点的位置。角度系数能普遍地表示热点位置。这里提供了火焰炉及马弗炉中热电偶指示温度的计算公式。

生产上为了利用热电偶掌握炉温，应该把热电偶始终放在同一位置，同一高度。生产上既然已经把热电偶温度叫做炉温，那么就希望能合理地统一规定热电偶热点应该安放的位置，以便得到统一的可以相互交换和了解的炉温。

对于依凡竹夫提出之炉温测量方法，这里未加肯定或否定，只是推导出了这种情况下热电偶温度的计算方式，它符合于布德林提出者。通过个别例题，证明了当热电偶热点位于炉高75%时那扎洛夫的热电偶温度公式是合用的，但它不能用于其他位置。

应该注意到，火焰炉内各种辐射传热公式是不能稍加改变后就用到马弗炉上去的。因为它们的传热机构不同。

对流传热对于冶金炉内热电偶指示温度的影响是极小的，可以忽略不计。这种影响的百分数，远远小于该炉中对流传热量中的百分数。炉内对流传热若占 10%～20% 的比重，那么对流传热对热电偶温度之影响只有 1%～2%。

（2）利用热电偶指示温度求得炉内被加热物上之辐射热量的问题在本文中得到了初步解决。这是测热计的另一种形式，它的构造及操作均十分简单（只是普通热点高温计），而且是经常使用的测量仪器。其缺点在于不能在高温的冶金炉中（如平炉）测量热流，计算较繁，不能测定对流传热量。

（3）差额热量法是分析多个物体间辐射热交换时有效的数学工具。运用这方法时最重要的是角度系数的概念及其具体数字的求得。所涉及的各个角度系数问题已得到了初步的解决。

致谢

作者在研究这问题的经过中得到了 И. С. 那扎洛夫教授、梁宁元副教授及冶金炉教研组其他同志的指导，在角度系数的数学推导方面得到本校数学教研组潘德惠讲师的协助，在此表示深切的感谢。

参 考 文 献

[1] 依凡佐夫．钢材加热 [M]．1948．

[2] 塔依茨．钢加热学 [M]．1950．

[3] 那扎洛夫．工业炉设计原则和金属加热讲稿．

[4] 格林科夫，等．冶金炉 [M]．1951．

[5] Вубрин расчёт лучистого ъ теплообмена "труды уни" [M]．1945．

[6] 米海依夫．传热学基础 [M]．1952．

[7] Кавадеровн А В，等．Тепловые рокимы мартеновских печй [M]．1953．

竖炉散料层内的气体流动*

竖炉内的气体流动问题，人们早就开始注意了。但是由于这问题很复杂，同时也不便于进行直接的观察和测量，所以直到现在为止，人们对于这一问题的认识还停留在极不全面和很不深刻的阶段。有些具体问题，各人看法不一，甚至争论不下。例如，现在还存在着这样一种争论：有些人认为高炉上部同一横截面上，压力大的地方，气流速度一定大；而另外有些人认为同一截面上，压力小的地方，气流速度一定大。这两种意见是完全相反的，不过他们都有实验结果作依据，因而意见不统一。

关于散料中气体的流动问题，一般说来，作为一门独立的科学已经有了许多比较成熟的研究结果。如近 20 年来地下水动力学这门学科已经发展起来了。我们初步认为：如果正确地运用地下水动力学方面的知识，结合竖炉散料的特点，就可以使竖炉内气体力学的发展找到一条捷径。

当然，地下水在地层中的流动与气体在散料中的流动是有区别的。地下水多半是层流，流动时温度不变（或改变极少），水位对地下水流动有很大影响。而散料中气体的流动多半是紊流（指生产条件下），流动时有温度改变，气体的位能对流动影响较小。此外，在炉子中，炉料是运动的，气体的重度随压力而变，气体流动还伴随着化学反应等。然而，更主要的是它们两者的共同点：从本质上来看它们是属于同种现象——散料中流体的流动。本文只讨论些最基本的问题，而没有涉及气体温度，重度的变化以及化学反应等。

这里要着重解释的是通过散料气体运动的基本概念和基本规律。

散料层本身的结构复杂，寻求散料层中气体流动的规律有许多困难。我们认为应该把散料中气体流动问题区分为两个方面：一方面是反映各个具体细节的"微观"问题，另一方面是反映总体的一般的"宏观"问题。这样有便于问题的讨论。对于散料层说来，一般的"宏观"规律反倒具有较重要的意义。以下说明区分两个方面问题的几个基本概念。

首先是关于散料中气体的流线和流向问题。流线上各点流体的运动方面，与通过该点的切线是重合一致的。在散料层中的流线，因受料块的形状及堆置情况的限制，总是曲折的，而且是十分复杂的。在研究散料层的每一料块周围的气体流动时，则必须注意到实际流线的形状及其特征。然而，把散料层当作一个整体来研究的时候，为了获得气体流动的总规律，则可就散料中一定区域内的气体流向作为研究对象。这就像研究管内气体流动一样，有时可以不考虑每一个气体分子本身的杂乱无章的运动，而可以就其总的流向作为研究的项目。

因此，散料中的流线虽然是曲折复杂的，但是在以后各节中都采用直线（或曲线）来表示其中的气体流动。这样非但无碍于对问题的理解，反而带来许多方便。

---

* 本文原发表于《冶金炉理论基础附篇》，1959。

表示气流方向的线叫做流向线。在以后各节里，作流向线图形的时候，还让流向线代表更多的含义，以便于作图。

其次，是关于散料中气体的实际流速，平均实际流速和假定流速问题。料块之间的空隙内气体的流速叫做实际流速。由于孔隙的"直径"相差很多（即使散料的各料块都是规则的圆球，也是如此），所以各点的实际流速亦相差很多。虽然只有实际流速才能代表实际情况，但是在研究散料的过程中，无法实际测定。

实际流速的平均值叫做平均实际流速。设气体的每秒体积流量为 V，散料的截面积（与流向垂直）为 F，孔隙度为 ε，平均实际流速为 $\overline{W}_\text{实}$，那么：

$$V = F\varepsilon\overline{W}_\text{实} \quad \text{或} \quad \overline{W}_\text{实} = \frac{V}{F\varepsilon} \quad \text{m/s} \tag{1}$$

此外，单位时间内的体积流量亦等于散料截面积 F 乘假定流速 W，即：

$$V = FW \quad \text{或} \quad W = \frac{V}{F} \quad \text{m/s} \tag{2}$$

可见，假定流速即为单位时间内通过散料单位截面积的气体量。散料中同一截面（与流向垂直）上的假定流速可以是各处不等的。

由式（1）和式（2）可见，假定流速 W 等于平均实际流速 $\overline{W}_\text{实}$ 与孔隙度 ε 的乘积：

$$W = \overline{W}_\text{实}\,\varepsilon \tag{3}$$

因 $\varepsilon<1$，所以假定流速必小于平均实际流速。

本文中讨论各问题时，都将尽量利用假定流速这一概念，代表符号是字母 W。

最后，是关于散料中气体的压力分布问题。散料中的压力分布也是十分复杂的。当气体流过一个料块的时候，在它的周围造成复杂的压力分布。但是在研究散料里气体流动的一般规律时，没有必要把料块周围的压力分布估计在内；尤其是当散料中压力的绝对值较大的情况下，完全可以把它忽略不计。

在以后各节里，都只讨论散料中气体压力变化的总的规律，而不去研究料块周围的压力分布。

总之，这里将讨论的问题都是一般的"宏观"规律。

1 气体通过散料时的阻力损失以及散料的透气性

散料的阻力对于气体流动过程起着重要的作用。气体通过散料时的阻力损失，与气体的动头和位头比较起来，是十分巨大的。可以认为竖炉散料中气体的流动是在压力差的影响下产生的。

散料中压力相等各点（几何点）的联线（面）叫做等压线（面）。由于同一点上不能同时具有两个不同的压力，所以不同的等压线（面）不可能互相交叉。

与等压线相交的方向上有压力的改变（见图1），而且在等压线的法线方向上，压力的改变最大。等压线的法线方向上，两等压线之间压力的改变与等压线之间距离之比的极限值，叫做压力梯度。

压力梯度是个向量。凡压力渐增加的方向作为正，渐减的方向为负。

气体通过散料时的压力梯度与其假定流速的 n 次方成正比：

$$\frac{\mathrm{d}p}{\mathrm{d}H} = -kW^n \tag{4}$$

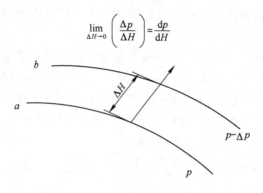

$$\lim_{\Delta H \to 0} \left(\frac{\Delta p}{\Delta H} \right) = \frac{dp}{dH}$$

图 1　压力梯度的解释图

这是表示散料中阻力损失的基本数学式，其中 n 值决定于流动性质，变化在 $1 \sim 2$ 之间，k 为比例常数。

将式（4）分离变量，积分：

$$\int_{p_1}^{p_2} dp = - kW^n \int_0^H dH$$

得：

$$p_2 - p_1 = - kW^n H$$

或

$$\Delta p = p_1 - p_2 = kW^n H \tag{5}$$

早在 1852 年水力学家达尔西在研究液体通过散料的阻力损失时，即得出层流情况下的关系式：

$$\Delta p = kWH$$

由这公式可知，在层流情况下，阻力损失与假定流速之间是一次方的正比关系，所以这公式被称为直线定理。

关于气体通过散料时的阻力损失，有各种实验式，本文从略。但纵观各实验式，其中所包括的物理量可分为三类：第一类表征气体性质（γ, ν），第二类是气体流速，第三类表征散料透气性。

凡能全面地表征散料透气性的表示式称作透气性指标 $\phi(D, \varepsilon,$ 形状系数$)$。

在流动性质为一定时，ϕ 与气体的性质、流速等均无关，它只说明散料的透气性；并认为，ϕ 越大，透气性越好。例如，由上面分析可看出 $\phi = D_{孔}^{1.2} \varepsilon^{1.8}$。

在以后对于若干问题的讨论过程中，都会遇到透气性指标这个综合物理量。利用这个指标，对于许多问题的说明均有很大方便。

下面我们将进而讨论几种情况下气体通过散料的流动。最简单的情况是各个区域内透气性指标都相同的散料。这种散料我们把它叫做透气性均一的散料。其次是比较复杂的情况，散料层中各个区域的透气性指标不相同，这种复杂的散料可以看成是透气性均一散料的联合或者是串联，或者是并联等。

2　透气均一的散料层

各部分透气性都相同的散料层称为透气性均一的散料层。这种散料可由一种粒度的料块组成，亦可由各种粒度不同的料块组成。例如，通常工业所用的散料中各个料块大小并不相同，但是，如果它们掺和得很均匀，那么整个散料层的透气性是均一的。以下把透气性均一散料简称为均一散料。

散料中的气体流动有稳定流和不稳定流两种，实际上许多情况下，散料中的气流速度是随时间而变的。不过，如果这种变动比较缓慢，那么仍然可以把它看作是稳定流。以下各小节仅以稳定流为探讨对象。关于散料层中不稳定流的问题，从略。

2.1 等高等截面垂直的均一散料

图 2 中均一散料层的横截面面积为 F，上下相等，通过散料层的气体流量恒为 V m^3/s。根据连续性方程式可知，此散料层各高度上的气体假定流速均相等。

此外，设此散料层的高度为 H，其底面和顶面上的压力分布均匀（各为 p_1 及 p_2），两端压差为：$\Delta p = p_1 - p_2$。气体正是在这压差的作用下产生流动。对于层中任何一个与流向平行的散料柱而言，其中的假定流速都是相等的。因为（见式（5）)：

$$W = \left(\frac{\Delta p}{kH}\right)^{\frac{1}{n}}$$

式中，Δp、H 以及 k、n 等值，对于图 2 中各个与流向平行的散料柱而言，都是相同的。

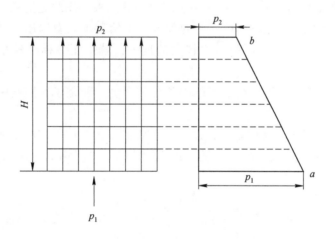

图 2 等高等截面垂直的均一散料

由此可见，散料底面顶面上压力分布均匀（各为 p_1 及 p_2）时，等高等截面的均一散料层横截面上的流速是均匀一致的。

为了用图形表示散料中各处气体假定流速的大小，我们让每一根流向线不仅表示流动的方向，而且让它代表一定的流量。比如散料中某截面上每秒通过 $10m^3$ 气体，而每根流向线代表 $2m^3/s$ 的流量，那么在此截面上应有 5 根流向线通过。每根流向线所代表的流量乃视作图的方便而定，只是同一张图上必须取得一致。这样，流向线图即可表示散料中假定流速的分布；凡流向线较密集的地方，便是假定流速较大的地方，反之亦然。

在图 2 的散料中，流向线都与底顶两面垂直，而且相邻两流向线的距离相等。

气体通过散料层时，所造成的压差等于：

$$\Delta p = kW^n H$$

或者写成：

$$\frac{\mathrm{d}p}{\mathrm{d}H} = -kW^n$$

当气体及流动性质一定时，式中 k 为定值。换句话说，这时压力梯度仅决定于流速 W 一项。

由以上讨论可知，图 2 所表示的散料里，气体在其流动方向上的假定流速保持不变。由此可见，在这种散料层中 $\frac{\mathrm{d}p}{\mathrm{d}H}$ 值在各个高度上都是相同的。图 2 中之 a-b 线即说明此散料层中沿气流方向（即高度）的压力变化情况。

其次，因在该散料层中与流向平行的各个散料柱里气体的假定流速是一致的，所以无论对于哪一个散料柱而言，其中的压力改变都可用 a-b 线表示。由此可见，在上述条件下，散料中同一横截面（与流向线垂直）上的压力必相等。

压力相等的各个几何点的联线（或面）叫做等压线（面）。图 2 描出了等压线（面），它们都是与流向线垂直的。

这里要顺便提到等压线（面）的作图方法。在等压线图上，每根等压线都代表一定的压力，而且必须使相邻两根等压线之间的压差为一定值。好比在作图时选定相邻两等压线的压差为 1mm 水银柱，那么整个图上相邻两根等压线之间的压差都应保持这一数值。这样，由图上等压线的稀或密的程度，当然就可以看出压力梯度的大小。同一张等压线图上，等压线之间的距离较大的地方，就是压力梯度较小的地方，反之亦然。

在图 2 中，相邻两根等压线之间的距离是相等的，就是说这散料中的压力梯度是保持一定的（各处相等）。

等压线（面）必定和流向垂直，这是很重要的一条规律。它的证明很简单。设通过 M 点的等压线为 MN，在 M 点上气体的流速为 W，它与等压线 MN 之交角为 θ，则根据等压线的定义可知：

$$W\cos\theta = 0$$

因为在等压线上不能有压力降落，由此可知 $\theta = 90°$，也就是说流向线必定和等压线（面）垂直。

把等压线图与流向线图两者重叠起来，即组成网状的气流图形（流网）。这种图形是分析散料中气体流动的基本工具。

2.2 等高不等截面的均匀散料❶

图 3 所示为等高不等截面的均一散料。其顶底两面上的压力分布均匀，两端压差为 $\Delta p = p_1 - p_2$。在从底面到顶面的各条流向线上气体所流过的距离不同，因而所受之阻力不同。这样，同一截面上气体的假定流速就不等，因此，在流向线图上流向线疏密程度也就不一，两侧比较疏，越向中心则越密。另外，由于顶底两面都是等压面，所以流向线通过这平面时与它们垂直。但是，在整个散料中的流向线却不是些垂直于

---

❶ 这种散料内的气体流动，就其本质说来，属于放射形（或收敛形）气流，可以放在本章最后去讨论，为了讲解上的方便才提前的。

顶底的线。散料顶小底大，根据连续性方程式可知，气体的假定流速是顺流动方向而逐渐增加的。在等压线图上，越靠近顶面，等压线越密集。而且由于等压线与流向垂直，故等压线（面）呈凹形。

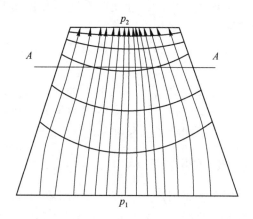

图 3 等高不等截面的均一散料

同一水平横截面（如图中 A—A 截面）上压力分布可根据等压线图来决定。在图 3 所示之情况下，同一水平横截面上两端压力较高，中间较低。

2.3 不等高的均一散料量

不等高均一散料左侧高为 H_1，右侧为 H_2（$H_1 < H_2$），气体由下部通入，散料底部压力为 p_1，上部斜面上压力为 p_2（见图 4）。

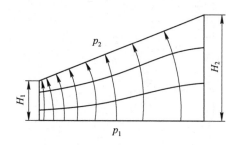

图 4 不等高均一散料

在其他条件一定的情况下，气流速度决定于散料层的高度：料层高度越小，假定流速最大，反之亦然。在图 4 的情况下，可以明显地知道，左侧气体的假定流速最大，逐步向右侧递减；也就是说，流向线的排列是越到左侧越密集。

然而，底面与顶面之间的压差是一定的（$\Delta p = p_1 - p_2$），所以如果画出等压线图，那么相邻两等压线之间距离，在左右两侧是不等的。

根据等压线与流向相互垂直的原理，可见，在这种情况下散料中的流向线是弯曲的。在进入散料时，流向线垂直于 $p = p_1$ 的等压线（即散料底），在离开散料时，流向线垂直于 $p = p_2$ 的等压线（即散料顶）。

这一规律可较普遍地叙述如下：如散料顶面与等压面重合，则气体流出时的方向，

65

冶金热能工程

必与顶面垂直。料层顶面与等压面重合的情况是很普遍的，例如，在竖炉的料面以上是一个空间，其中各点的压力可认为相差不大的。即使散料底面的压力分布不是均匀的，但散料顶面的压力分布却常常是均匀的。

关于这一现象的数学描述十分困难，即使假设底面和顶面上压力分布均匀，也不便于用数学工具求得解答[1]。

对于这种情况说来，在同一水平截面上，压力高处，假定流速小；压力小处，流速大[2]。

应该特别注意，这个结论不是在每一种情况下都适用的，后面我们就会见到，还有与此完全相反的情况。在根据竖炉上同一横截面的压力判断气流分布时，须特别慎重，必须根据具体情况做出分析和判断，否则容易发生错误。

2.4 散料层中的空腔对于气流的影响

竖炉中炉料运行不顺的时候，料层中可能产生局部的空腔。它的位置形状和大小完全取决于炉料的运行情况（见图 5 中的空腔，其形状规整，实际上可以是任意形状，不过问题的本质不变）。这些空腔，对于炉内气流具有十分巨大的影响。

如前所述，等高等截面的均一散料两端的压力如各自分布均匀（p_1 及 p_2），则气流的假定速度在同一截面上是分布均匀的。但是，一旦在这散料中出现一个空腔，气流的分布将发生变化。

图 5 即表示该散料中有了空腔以后的情况，原有的散料分裂为两块均一散料（1，2），它们之间有任意形状的倾斜的扁平空腔。散料两端的压差仍为 $\Delta p = p_1 - p_2$。

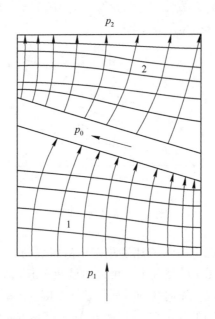

图 5 散料中的空腔对气流流动的影响

---

   [1] 在水力学中可以找到图解法，本书从略。

   [2] 在任何情况下，为了比较同一水平截面上压力的高低都只须在等压线图上画一条水平线；根据它与各等压线的交点来确定各处的压力。

气体在空腔中流动时的阻力损失，和在散料中流动时比起来，是小得多的，可以把它忽略不计。空腔中各处的压力可认为都是相等的。因此，空腔上下两表面都可认为是等压面，压力为 p。

可以把图 5 中的情况看成是两个不等高散料的联合，不过这时在它们之间留了个空腔。

首先，讨论这两堆散料里气流分布问题。在散料 1 里，阻力最小的地方是右侧；在散料 2 里，阻力最小的地方是左侧。显然，在散料 1 里，右侧假定流速最大，流向线最密；散料 2 里与此相反。两散料之间的空腔变成了一个通道，其中气体总的流向是自右向左。气体的流向线，如前所述，是弯曲的。流向线的具体形状，取决于空腔表面的形状和位置，只是应该记住，流向线必定与空腔表面（等压面）垂直。

其次，讨论这散料中的压力分布问题。图 5 中已画出了各等压线的大致位置。从等压线和流向线交织成的流网可清楚地见到，在散料 1 里，同一截面上压力较低处，假定流速较大；在散料 2 里，则与此相反。可见，散料里同一截面上压力的分布与假定流速之间的关系是随情况而定的。

根据目前有些竖炉操作情况看来，料层中产生这样或那样的空腔是个比较经常的现象。在产生空腔后，炉内气流分布发生变化，甚至于造成某处局部气流过分发展的现象。在操作中尽量防止或及早发现空腔的生成，必然对生产带来好处。

2.5　器壁对散料层中气体流动的影响

容器的墙壁对散料层中气流分布的影响，往往是不能忽略的。其他各节中我们没有把墙壁的影响考虑在内，这样可以避免混淆。在散料堆里气体所经过之道路，是曲折的。然而靠近器壁的地方却是曲折较少的通道，因此，在器壁附近气体流动时所受阻力较小；靠近器壁附近气流总比较发展。尤其在收缩形的容器里，这种现象更为明显。在扩张形容器里，散料中同一截面上的流速比较均匀。直筒形容器器壁的影响介乎两者之间。在器壁呈收缩形的情况下，原来不是靠近器壁的气体，在向上流动时也流到了器壁附近，这样使得边缘的气体比较发达。在器壁呈扩张形的情况下，器壁附近并不聚集气体，所以边缘气流不是很多。

一般情况下，竖炉炉壁附近气流比较发展（叫做边缘气流），其原因虽然是多方面的，但是炉型本身的影响也是原因之一。

3　透气性不均一的散料层

如在一容器中（比如竖炉）可以区分出一些透气性不同的区域，那么这样的散料层即称为透气性不均一的散料层。实际上许多竖炉里的散料层中各个区域的透气性是不同的。在此分别阐明以下几个问题：

（1）均一散料层的串联；

（2）均一散料层的并联；

（3）气体的折射；

（4）开始段的特殊影响。

透气性不均一的散料简称为不均一的散料。

3.1 均一散料的串联

图 6 中两层散料的高度各为 H_a 及 H_b，它们的交界面与流向垂直。该串联散料两端之压力各为 p_1 及 p_2。根据连续性方程式可知：在这两层散料中的气体假定流速是相等的。

在与流向平行的各散料柱（假想的散料柱）中，气体的假定流速相等。因此，在图 6 中的情况下，散料横截面上的假定流速是相同的。

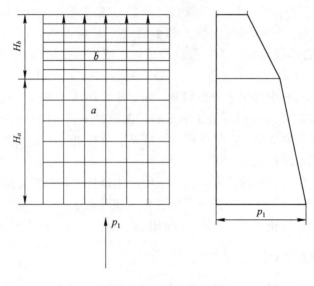

图 6　均一散料的串联

均一散料串联以后，压力的分布情况与均一散料没有什么巨大的差别。设 a、b 两散料层的透气性指标为 ϕ_a 及 ϕ_b，则可知：

$$\frac{\Delta p_a}{\Delta p_b} = \frac{\phi_b H_a}{\phi_a H_b} \tag{6}$$

上式可写成：

$$\frac{\Delta p_a/H_a}{\Delta p_b/H_b} = \frac{\phi_b}{\phi_a}$$

即：

$$\left(\frac{\mathrm{d}p}{\mathrm{d}H}\right)_a : \left(\frac{\mathrm{d}p}{\mathrm{d}H}\right)_b = \frac{\phi_b}{\phi_a} \tag{7}$$

式中，$\left(\dfrac{\mathrm{d}p}{\mathrm{d}H}\right)_a$、$\left(\dfrac{\mathrm{d}p}{\mathrm{d}H}\right)_b$ 分别为气体在散料 a、b 中的压力梯度。

由此可见，单位距离内的阻力损失与透气性指标成反比。在图 6 中所画出的 $p = f(H)$ 线是一根折线。

同一横截面上的压力是相等的。同一层散料中各相邻两等压线间的距离也是均匀一致的。

3.2 均一散料的并联

图 7 中所示为两种均一散料（a, b）的并联。它们的透气性指标分别为 ϕ_a 及 ϕ_b，而且 $\phi_a < \phi_b$。并联的两散料层高度均为 H。其下部及上部之压力各为 p_1 及 p_2。

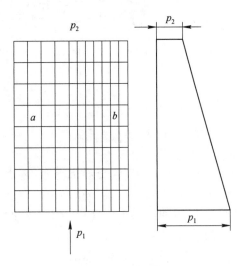

图 7 均一散料的并联

设 a、b 两散料中的气体假定流速分别为 W_a、W_b，则由于散料层两端的压力差均为 $\Delta p = p_1 - p_2$，故由阻力损失公式可知：

$$\frac{W_a}{W_b} = \left(\frac{\phi_a}{\phi_b}\right)^{\frac{1}{n}} \tag{8}$$

式中，n 在紊流情况下为 1.8~2.0。

可见，在其他条件相同的情况下，并联散料中的气体假定流速与 $\phi^{\frac{1}{1.8}} \sim \phi^{\frac{1}{2}}$ 成正比。这一现象的物理概念是很明显的，凡是炉内某一部分的料比较疏松时，其中的气流速度必然大些。例如，在炉料运动的过程中，它的透气性比静止时大些。

无论在哪一列散料中的压力都是均匀地由 p_1 降到 p_2，所以，在同一横截面上，并联散料中各点的压力是相等的。并联情况下，等压面通过散料的交界面时，并无任何突然弯曲的情况。

由以上讨论可知，在等高均一散料并联时，如顶底两面上压力都分布均匀，则两料柱中同一截面上压力相同，但气体假定流速不等。

3.3 气体的折射

设 $\overline{ab}$ 称为两种均一散料（Ⅰ，Ⅱ）的交界面，气体由散料Ⅰ流入散料Ⅱ，当气流与交界面相遇前的假定流速为 W_1，其流向与此交界面的法线 $n\text{-}n$ 的交角为 α_1；流过交界面以后，假定流速为 W_2，流向与法线 $n\text{-}n$ 之交角为 α_2（见图 8）。对散料Ⅱ而言，α_1 为入射角，α_2 为折射角。根据以下的证明，在两种散料的透气性不同时，入射角不等于折射角，即 $\alpha_1 \neq \alpha_2$。

图 8 中 W_1 和 W_2 都可分解为与交界面垂直的和平行的两个分速度。其中与交界面

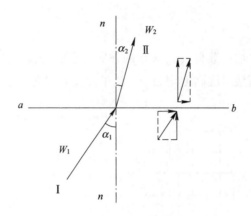

图 8　气体的折射

垂直的分速度各为 $W_1\cos\alpha_1$ 和 $W_2\cos\alpha_2$；与交界面平行的分速度则分别为 $W_1\sin\alpha_1$ 及 $W_2\sin\alpha_2$。

对于垂直的分速度而言，这两种散料 I、II 相当于串联的情况。根据连续性方程式，这两个分速度应相等，故：

$$W_1\cos\alpha_1 = W_2\cos\alpha_2 \tag{a}$$

对于水平面的分速度而言，此两散料 I、II 相当于并联情况。在交界面的两侧及靠近的地方并无压力梯度的差别，也就是说 $W_1\sin\alpha_1$ 及 $W_2\sin\alpha_2$ 所造成的压力梯度是相等的，即：

$$\left(\frac{\mathrm{d}p}{\mathrm{d}H}\right)_{W_1\sin\alpha_1} = \left(\frac{\mathrm{d}p}{\mathrm{d}H}\right)_{W_2\sin\alpha_2} \tag{b}$$

按阻力损失公式，将式（b）写成如下形式：

$$\frac{(W_1\sin\alpha_1)^n}{\phi_{\mathrm{I}}} = \frac{(W_2\sin\alpha_2)^n}{\phi_{\mathrm{II}}}$$

即：

$$\frac{W_1\sin\alpha_1}{\phi_{\mathrm{I}}^{\frac{1}{n}}} = \frac{W_2\sin\alpha_2}{\phi_{\mathrm{II}}^{\frac{1}{n}}} \tag{c}$$

将式（a）、式（b）两式相除，并稍加整理则得到：

$$\frac{\tan\alpha_1}{\tan\alpha_2} = \left(\frac{\phi_{\mathrm{I}}}{\phi_{\mathrm{II}}}\right)^{\frac{1}{n}} \tag{9}$$

可见，在交界面两侧散料的透气性指标不同时，气流经过交界面后的流向发生改变。在入射角 α_1 为一定的情况下，折射角 α_2 的数值决定于两散料透气性指标之比值。例如气体由透气性较好的散料流入透气性较差的散料时，那么入射角必大于折射角。

在下面两种情况下折射现象是不存在的：（1）流向与散料层交界面平行；（2）流向与散料层交界面垂直。

关于折射现象的物理概念，可以借助于等压线图来加以说明。

图 9 中粗线表示流向，细线表示等压线，且它们均与流向相互垂直。图中 B 点和 A 点在同一等压线上，两点上的压力相等。气体由 B 点继续向前流动时，即进入散料 II，其中透气性较差，压力梯度较大，气体由 A 点向前流动时仍在散料 I 内，其中透气性

较好，压力梯度较小。因此，在散料 II 中相邻两等压线之间的距离 *BD* 必然小于在散料 I 中两相邻等压线间之距离 *AC*。这样，在作等压线图形时，就可以看出：两散料中等压线的方向不同，疏密不一。也就是说，两散料中的压力梯度这一向量的数值和方向都不同了。

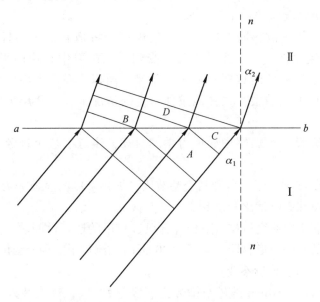

图 9　气体折射物理概念的解释

如果气体连续通过几个倾斜的交界面，那么它将连续发生折射现象。

3.4　开始数层的特殊影响

在等高等截面的均一散料里，沿气流流动方向的压力梯度本来应该是各处相等。但是，有一个情况必须在这里说明：在气体进入料层后的开始数层里，压力梯度比其余各层大些，气体流过此开始数层后，压力梯度才维持不变。这种情况的出现，是由于开始数层料块对气体流动的特殊影响。

保里尚斯基曾用直径为 15.6mm 的圆球作实验，证实了这种现象。在一截面为 145mm×145mm 的方筒中，将圆球按一定方式排列，使孔隙度 $\varepsilon = 0.27$。空气由下部通入，每隔一定距离测量层中压力，这样得到了沿高度方向上的压力变化曲线（见图 10）。

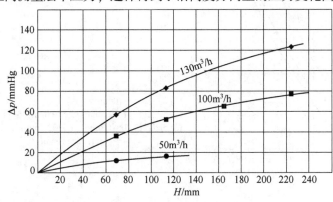

图 10　$\Delta p = f(H)$

由图中明显地可以看到，在散料开始数层（3～5层）中，压力的变化较大。

开始数层产生特殊影响，是因为在这几层里气体流动的情况与其余各层不同的缘故。在气流与第一层料块相遇的时候，流动情况发生很大的变化（原来的整股气流进入料块之间的通道局部阻力很大）。以后数层里气体的流动情况仍较特殊，须要经过一段距离之后，气流情况才"稳定"下来。

在两种不同的均一散料联接的时候，气体由一种散料流出后即进入另一散料。在前一散料中已经"稳定"下来的气流，受到后一散料中料块的影响而发生变化，它又需要经过几层以后才能重新"稳定"下来。所以，在交界面以后的数层料块也可以看成是散料中的开始层；在其他条件一定的情况下，这几层里的压力梯度特别大些。

马尔金在研究发生炉煤层中气体力学的时候，注意了这个现象，并且把它称为"边界效应"。

有些竖炉（如高炉）里，各种料交替装入，炉料可以明显地分为许多层。这种情况下，开始层的特殊影响就比较重要了。

东工炼铁教研室曾研究过矿石筛分（分级）以后的透气性问题。实验结果如图 11 所示。实验时用的是圆筒形容器（直径为 200mm），测量了三种分级情况下的阻力损失与风量的关系（矿石总重量不变）。

由图可见，把 1～10mm 的矿石筛分为三级（线 2），比混装好些，阻力损失小些。但是，如把这些矿石分为五级并分层装入后，阻力损失反而加大了（见图 11 中线 3）。这说明由于开始层的加多所增加的阻力损失已超过了分级而减少的阻力损失。

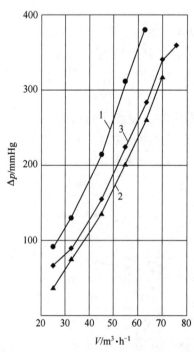

(1) 混装：1～10mm
(2) 分三级：1～2.5mm；2.5～5mm；5～10mm
(3) 分五级：1～1.7mm；1.7～2.5mm；2.5～4mm；
4～5mm；5～10mm

图 11　开始数层料块的特殊影响

4 气流对于散料的"支撑力"

炉料的下降是依靠其重力。由于炉料中燃料的燃烧，气化及部分炉料熔化，其体积因而缩小。这样上部的炉料即是靠其本身之重力向下移动。在竖炉中气体与炉料相向运动的情况下，后者受到气流的"支撑"作用。关于这问题在文献里就有许多探讨。这里不准备重复各种观点。

为分析散料层的受力情况，设图 12 所示之散料截面为 $1m^2$。气体在进入高为 ΔH 这一层散料时的压力为 $p+\Delta p$。经过该层散料时压降为 Δp，因此作用在散料顶部的力为 p。这便是气流对于散料仅有的两个作用力。由此可见，气流对于散料的"支撑力"是：

$$(p + \Delta p) - p = \Delta p \quad \mathrm{kg/m^2} \tag{10}$$

也就是气体通过这层散料的阻力损失。

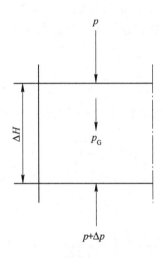

图 12　气体对于散料的"支撑力"的解释

如果气体的"支撑力"（Δp）小于散料层 ΔH 的有效重量❶，则散料可以向下移动；否则散料就不能向下移动。气流对于散料的"支撑力"问题的重要意义也就在这里。在强化竖炉工作过程中，应该考虑到气流的"支撑力"。不过，除此之外还应该说明，竖炉中发生悬料的原因是复杂的，绝不单独取决于气流的"支撑力"。比如炉料中许多料块之间可能互相"咬住"使料不能下降，这也是产生悬料的原因。至于产生悬料的各种原因的分析，那是个复杂的问题，它也超出了本文的范围。

马汉尼克用高炉的模型作了散料的有效重量实验。根据其实验结果，模型中装满料后"炉底"上的有效重量仅为总重量的 10%~20%。

根据文献记载，在一座 239.5m³ 的高炉开炉前称出的有效重量为炉料总重的 18%。在散料运动过程中，有效重量的数值与此稍有差别。

---

❶　炉内散料由于相互之间的以及与炉壁之间的摩擦作用，它大部分重量支撑在四周炉壁上，"炉底"所承受的重量仅为散料总重量的一部分，这一部分被称为散料的有效重量。

5　散料中的送风空洞和放射形气流

以上各节所讨论的都属于平行气流这一类。如果气体来自散料中的一个空洞，那么就形成放射形气流。它的方向是向四周散开的。

对于竖炉而言，往往是气体在炉子的侧面用管嘴（风口）吹进去的。由于气体的冲击作用，在散料层里被"吹出"一个疏松的区域或者是个空洞，气体首先进入这个空洞，然后才向散料深处推进，形成类似于放射形的气流。虽然气体从管嘴喷出时的速度可能较大，但是可认为气体从空洞的边缘继续向前流动时，仍然是依靠压力差的推进作用。

为了明确放射形气流的特征，首先说明一种简单情况下的放射形气流。

图 13 所示为均一球形散料堆，周围的压力各处相同（均为 p_2），在散料中心处有一小空洞（与散料堆同心），其中压力为 p_1，且 $p_1 > p_2$。为了研究问题方便起见，我们姑且让这个空洞是个极微小的气泡，这样，它的形状对于气流的分布之影响可以不加考虑。这个空洞不断地有压力为 p_1 的气体输入（比如用管道输入）。那么这气体必向四周散开而形成放射形气体。在此情况下，气体的可通截面积与半径平方成正比，气体的假定流速此时为：

$$W = \frac{V}{F} = \frac{V}{4\pi r^2} \tag{11}$$

式中，V 为单位时间通过面积为 F 的气体体积流量；F 为半径为 r 的球面面积。

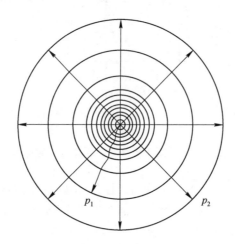

图 13　球形放射气流

由此可见，球形放射气流的假定流速是沿径向逐渐减小的。而压力梯度则等于

$$\frac{\mathrm{d}p}{\mathrm{d}r} = kW^n = k\left(\frac{V}{4\pi r^2}\right)^n \tag{12}$$

所以，在空洞的附近压力梯度的数值很大，离空洞越远，压力梯度越小。

如果在通过球心的某一剖面上作出等压线图（相邻两等压线之间的压差相等），那么越是靠近空洞的地方，等压线越密集。

如果散料的形状不是球形，那么情况就会有所变化。竖炉中由送气空洞发出的放射形气流，就属于这种情况。

竖炉里送气空洞所造成的发射形气流：设散料的某纵剖面的一角上有一送气空洞（压力为 p_1），散料是均一的，等高等截面的，它的顶面是一个等压面（压力为 p_2）。

　　在这种情况下，空洞中送出气流的分布将如图 14 所示。气流离开散料时，其流向必与此等压的顶面垂直。在左侧，气流由空洞到散料顶面所经过的距离较小，因此流量较大（即假定流速较大），右侧流量较小。图中用流向线的疏密不同，表示了这个现象。除流向线图外，还画出了等压线图，在送气空洞的附近等压线最密集，它沿着流动方向逐渐稀疏起来。可见，在空洞附近的压力梯度最大，压力的改变与距离（或高度）不成正比。

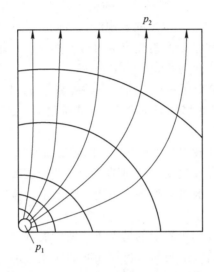

图 14　单一送空气洞造成的放射形气流

75

　　在竖炉上多半是从炉子的两侧，或者从它的四周通过好些风口向炉里送风，每个风口前形成个空洞（不论大小如何空洞一定是有的），这些空洞所送出的气流之间发生互相的干扰，使气流情况与上述很不相同，为了说明这问题的本质起见，研究一下同一剖面上两个对称的送气空洞的情况。图 15 上，散料的同一剖面上有两个相同、对称的送气空洞，而且两者同时送气。

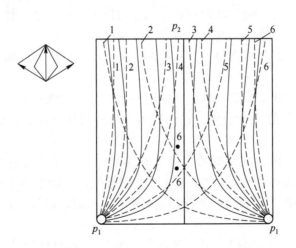

图 15　两个送空气洞所形成的放射形气流

同理，在两个送气空洞同时工作时，也可以首先分别画出每一个空洞单独工作时的气流图形（虚线）。这图上的许多流向线都是相交的。在这些交点上气体流动的实际流向决定于两者相互干扰的结果，根据平行四边形的原理，在每个交点上找到气流的速度向量，就可知道这交点上的气流方向和速度（当然，由于未用定量的数学关系式其绝对值不能找到，但是在此原理的基础上，后面还要说明实际的作图方法）。把各交点上表示气流速度向量的箭头贯穿起来，就可得到两个送气空洞同时工作时的实际流向线图。

为了作图方便起见，这里还介绍另一种方法（关于这方法，在水力学里有说明和证明）。把同一空洞引出的各虚线都按一定的旋转方向，如顺时针方向，顺序地标上号码（1 2 3 …），而且两个空洞中引出的各虚线都按同一旋转方向标数。把组成每一个交点的两根虚线的号数加起来，作为交点的号数。然后，再把号数相同的各点联接起来，这样便得到表示实际流向的各线（图中实线）。

例如，5 号线与 1 号线交在一点，这交点的号数是 6；另外 4 号线与 2 号线相交，这交点的号数也是 6。把号数都属于 6 的各交点联接起来，最后再与送气空洞的圆心联起来，便成一条表示流向的线。

这样作图的结果，便能看出两个送气空洞同时工作的气流分布。

在作图时，虚线的根数，决定于流量的多少，每根虚线代表一定的流量，所以单位截面上流量越多，虚线的根数也越多。在同一张图上，流向线越多的地方，就是流量（假定流速）越大的地方。

在送气空洞位于散料两侧边界上的情况下，两侧的气体流量是比较大的。在其他条件一定的情况下，增加送气空洞与散料顶面间的压差（p_1-p_2），可以增加流量，而且不仅是增加两侧的流量，同时也能使中心部分的流量有所增加。

送气空洞虽然位于散料的边界上，但是气体仍然向散料中心推进，这不是因为空洞中气体所具有的动能所造成的，相反地，它完全是由于压力的作用而造成的。即使气体在空洞中具有一定的动能，那么它也将完全消耗在空洞边缘附近的料块阻力上。至于加大风口中气流的速度，对于散料中气体分布的影响，那完全是由于送气空洞的形状和大小改变了的缘故。这一点我们在后面还要提到。

气体流出送气空洞以后的一段距离内，气体的截面是逐渐扩大的，假定流速是逐渐减少的，因此压力梯度也是在逐渐减小的。与以上所见到的一样，在空洞附近的压力梯度最大，压力的改变与距离（或高度）不成正比。

如果两个送气空洞的工作并不是对称的，那也还是可以利用相同的道理进行分析探讨。

如果送气空洞不能认为是一个微小的点源，那么情况就更加复杂，因为空洞表面上每一点都将被认为是一个点源，它向四周发出放射性气流，这样当然问题就更复杂了。

可以想象，如果散料层底部的送气空洞逐渐扩大，直到占满了整个的料层截面（底部），那么在这极端情况下，可以认为，放射形气流已经变成了平行气流（就像从炉栅下送入气体一样）。实际上，送气空洞的扩大是由放射形气流趋向于平行气流的变化过程。

图 16 中画出了送气空洞扩大以后的情况。由于空洞向里伸展，气流就较容易到达散料层的中心。空洞的表面积增大了，所以在它附近的流向线，与点源情况比起来，

要疏散一些，压力梯度的变化也缓和些。所有这些都是送气空洞的大小和形状改变时所带来的结果。

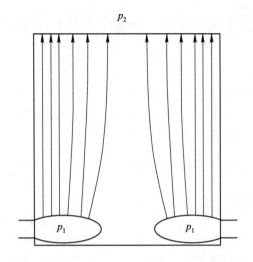

图 16　送气空洞扩大后对气体分布的影响

　　至于竖炉风口前送气空洞的大小和形状究竟决定于哪些因素，那么应该说，这又是个没有弄清的问题。有的书籍里介绍了一些实验研究资料，然而还缺少理论上的分析，对于这问题有兴趣的读者可参阅有关书籍。

　　最后，还有几点申明：

　　（1）我们并没有全面地涉及问题的各个方面，例如，没有讨论高压下的气体流动，散料中有液体存在时气流的特征等，在其他书籍里读者可以找到参考材料。

　　（2）我们并没有更多地涉及实际竖炉的操作，因为还没有来得及收集和整理许多实际材料。

　　（3）竖炉气体力学方面有许多问题的解释和观点是分歧的，这里几乎并没有提到它们。

关于高炉炉身静压的分析 *

几年来，有的炼铁厂在利用炉身静压计（即压力计）掌握炉况的工作中获得了不少经验。实践证明，炉身静压计能够很灵敏地反映炉况。需要弄清楚的问题是：怎样理解静压计的示数，怎样参考静压计的示数判断情况。

1 静压计示数与炉内气流分布的关系

先说明几个基本问题：

（1）散料层中气体流动的轨迹总是曲折的，而且总是十分复杂的。然而，把散料层作为一个整体来看的时候，可以说散料中的实际流量是曲折复杂的，但是可采用直线（或曲线）表示其中的气体流动，这些线我们叫它流向线。作流向线图的原则是：让同一张图上任何两根相邻的流向线之间通过的流量相等。因此，凡是假定流速大的地方，流向线就较密集，反之亦然。

（2）散料中静压相等的几何点的联线（面）叫做等压线（面）。由等压线组成的图形叫做等压线图。等压线图，每相邻两等压线上的静压差均相等。因此，凡静压梯度较大的地方，等压线就较密集，反之亦然。

等压线有一个十分重要的性质，那就是它一定与流向线垂直，因为在等压线上各点的静压差均相等。等压线与流向线的综合称作流网。

（3）气体在某一料块周围流过时所造成的静压分布是复杂的，不过在高炉的情况下，一个料块周围各点的静压差与气体的静压绝对值比较起来是很小的，可以忽略不计。重要的是散料中静压变化的总规律。

（4）生产中虽然只能测量炉身边缘上少数几点的静压，但是它们却能反映炉内的静压分布。这是因为整个炉膛空间内各点静压之间有着密切的联系，不同情况下的静压分布具有不同的规律。

静压分布与气体运动，两者密切关联；测得静压后即可判断气体流动的状况。

高炉炉料在向下运动的过程中，经常发生极不规则的变化（透气性、排列情况、软化、熔化等）。这些变化对于炉子的工作是个极活跃的影响因素，它严重影响气体运动和静压分布。

以下用几个基本情况来说明静压计示数与炉内气流的关系。

图1所示为垂直的等高等截面均一散料（即透气性均一），其顶底两面上的静压分布均匀（各为 P_b 及 P_a），两端压差为 $\Delta P = P_a - P_b$。这种情况下，各流向线平行；除器壁附近流速较大外，其他各处假定流速相等——流向线之间距离相等；各等压面平行于顶底两面，并分布均匀；容器东西两侧，在同一水平面上测得静压相等：

$$P_{1东} = P_{1西} \qquad P_{2东} = P_{2西}$$

由底至顶东西两侧静压改变如图1直线所示。

---

* 本文原发表于《东北工学院学报》，1960。

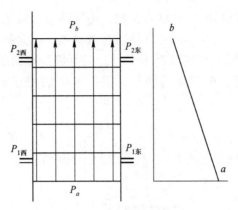

图 1　垂直的等高等截面均一散料顶底两面上的静压分布

图 2 所示为两种均一散料的并联，其中散料甲透气性较好。料层顶底两面上静压分布同上。在此情况下，各流向线平行；散料甲中流向线较密集；容器边缘流速亦较大；各等压面平行于顶底两面，并分布均匀；此外，$P_{1东}=P_{1西}$，$P_{2东}=P_{2西}$。由底至顶东西两侧静压的改变如图 2 中 ab 线所示。

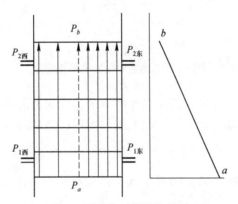

图 2　两种均一散料的并联

图 3 所示为两种散料的串联，其中散料甲的透气性较好。在此情况下，每个流向线相互平行，只是边缘附近较密集；各等压线与顶底两面平行，并在同一散料中分布均匀；由底至顶东西两侧静压改变如图 3 中折线所示；此外，$P_{1东}=P_{1西}$，$P_{2东}=P_{2西}$。

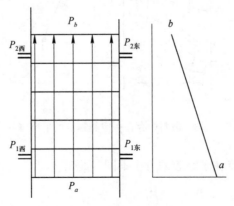

图 3　两种散料的串联

图4所示是甲乙两散料的特殊堆置情况，透气性较差的散料乙占据了容器上部的部分空间。在此情况下，只有小部分气体通过散料乙，而大部分从另一部分散料中通过，该处流线密集。散料上部流线基本平行，但下部是弯曲的。等压线如图4所示。上部静压梯度大于下部，东侧更为明显。同一水平面上东西两侧所测得之静压不等，如：

$$P_{1东} > P_{1西} \qquad P_{2东} \approx P_{2西}$$

由底至顶的静压改变在东侧为 aeb 线，西侧为 adb 线。

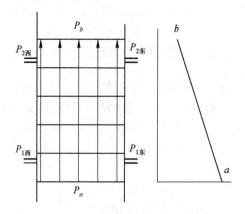

图4　甲乙两散料的特殊堆置情况

图5是在均一散料中存在一空腔裂纹的情况。在此情况下，将炉膛内表面认为是等压面；在空腔以下西侧气流多，空腔以上，中部气流较多；同一水平面上有：

$$P_{1东} > P_{1西} \qquad P_{2东} \approx P_{2西}$$

空腔所占的位置在斜率最大的等压线上；散料中由底至顶，东侧静压改变如 aeb 线，西侧如 adb 线。

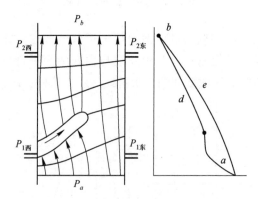

图5　均一散料中存在一空腔裂纹的情况（一）

图6与图5的差别仅在于空腔的大小不同。此时：

$$P_{1东} > P_{1西} \qquad P_{2东} > P_{2西}$$

并且 $P_{1西}$ 与 $P_{2东}$ 十分接近。如果这两个测压口都与空腔直接相通，那么 $P_{1西} = P_{2东}$。甚至，如果空腔斜角比图6中更大一些，那么出现的现象是 $P_{1西} < P_{2东}$，即第一层的静压（西）低于第二层的静压（东）。看来似乎是奇怪的事，其实完全可能发生。图6中，顶面上东侧气流远远超过西侧。

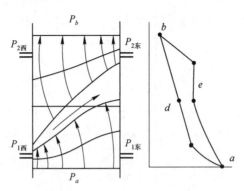

图6　均一散料中存在一空腔裂纹的情况（二）

图7与图1的差别仅仅是顶面变斜了。这时东侧静压由底至顶如 acb 线，并有：

$$P_{1东} \approx P_{1西} \qquad P_{2东} > P_{2西}$$

由以上所举各种情况可见：炉内静压分布随炉内料堆置情况而定；静压计示数随炉内静压分布及气流分布而定。生产中虽仅测定炉身边缘上少数几点的静压，但它是判断情况的一个重要参考。

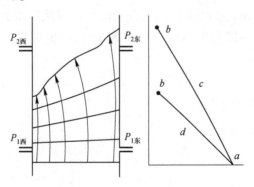

图7　均一散料顶底两面上的静压分布

2　根据炉身静压判断情况

这里着重阐明根据炉静压判断的正确方法，并不广泛地涉及对于高炉操作问题的分析。

先以本溪某一铁厂一号炉为例。一号炉炉身部分有三层（一、二、三）静压测量管（见图8），每层四个，分别位于东、南、西、北四个方向。

在高炉顺行时，同一层的四个静压相差不多，在两次装料的时间间隔内波动很均匀。这时由炉喉煤气分析可见，炉中心和边缘的煤气都比较发展，"煤气曲线"正常，风压风量均比较稳定。

在炉况不顺时，静压计示数即发生剧烈变化。详细地研究其变化，便能判断炉内煤气运动、物料运动等过程中发生的重大的变迁。以下举例说明之。

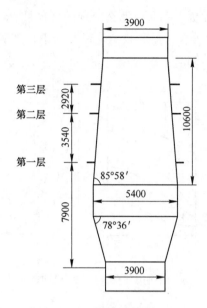

图 8　三层静压测量管

（1）1956 年 3 月 22 日丙班 18：00 开始至 20：55 炉身静压的变化如图 9 所示。这一段时间内炉况的变化是：在 18：00 以前第一层东、北两方面的静压即已升高；由 18：20 起，第二层东面静压开始上升，接着北面的也开始上升。与此同时风压降低；东北方面炉顶煤气中 CO_2 含量降低，这表明该处煤气流量增加，一般称为东北方面发生"管道"。20：00 后即发生崩料，总尺 2.3m；炉顶煤气分布重新恢复正常（见表 1）。

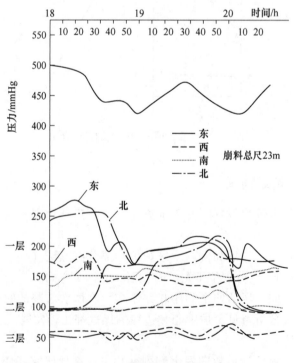

图 9　炉身静压的变化

表1 炉顶边缘煤气中 CO_2 含量的变化 （%）

时　间	东	西	南	北
16:46	8.0	10.6	11.6	10.8
18:24	6.8	9.2	10.0	7.2
19:13	6.4	10.4	7.6	7.0
20:02	2.8	12.0	7.2	4.2
21:07	8.0	10.8	10.8	8.0

要弄清这些变化的本质，必须研究各个不同时刻的煤气流网（主要是等压线），根据流网再判断路料堆置情况的变化。为此先分别画出 18:00 时，东西和南北静压沿炉身的变化曲线（见图10a 和 b）。图中纵坐标为高度（m），横坐标为静压（mmHg）。由于整个高度上有三层静压计，所以做出十分准确的静压变化图是很困难的。如果静压梯度变化不大，则在作图时直接用直线连接各点，但是在静压梯度有显著变化的地方，用曲线代替折线，才能与事实接近。这样，得到了东、西、南、北四个方面边缘上炉内静压的变化线：aeb（东）；adb（西）；anb（北）；amb（南）。图中 a 点的静压等于风压的 95%。得出这四条线以后，便以此为据，分别在高炉（上半部）的东—西和北—南剖面上画出等压线的图形。其作图法如图 10a 中的箭头所示。这里的等压线都用直线代表，实际上当然是曲线；图中每相邻两等压线之间的压差为 20mmHg。

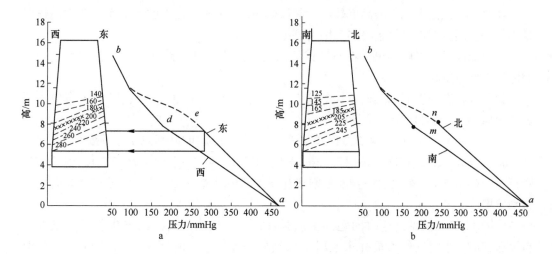

图 10　东西和南北静压沿炉身的变化曲线

a—东西静压；b—南北静压

在高炉剖面上画出等压线图后，应考虑造成这种静压分布的原因。把煤气分析结果（见表1）与等压线图对照以后，很明显，这一定是由于炉内发生了上下不连接的裂纹（悬料空腔），其位置应与斜率最大的一根等压线重合。在当时情况下，此空腔的高度并不大（静压测量点之间距离过大，无法精确判断），图中在东—西和北—南两剖面上分别用××表示了它的位置。

这一空腔一直在发生变化。图11a和b中用同样的方法画出18:40时炉内局部的等压线图。这时在东—西剖面上的东侧一、二两层静压已相差无几：静压为195mmHg和175mmHg的两等压线相距达3m以上。很明显，这里的空腔高度已经很大。事实证明，最后崩料总尺为2.3m。

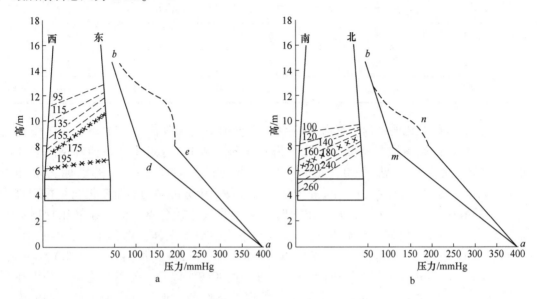

图11　炉内局部等压线图

a—东—西剖面；b—北—南剖面

在北—南剖面上，空腔高度较小，斜倾约30°。因此，在空腔以上东、北方面煤气量均较多，而且东部煤气量最多，因为该处空腔顶部最高。

但与此同时，可以看出，在空腔以下煤气流最先发展的应该是南面，因为这是空腔底部最低点所在处。

如果说在空腔以上东北面有"管道"，那么在空腔以下也有"管道"；前者应该叫做"上管道"，后者叫做"下管道"。

（2）1956年3月15日乙班11:20炉身静压如图12a和b中 aeb 线，adb 线，anb 线和 amb 线所示。在此期间炉顶煤气分析表明：东、北两方向上边缘煤气 CO_2 含量下降，降至3.5%~4.5%；东北边炉身温度剧烈升高，四边相差达180℃。可见东北方向煤气特别发展。

由图12显而易见，这时问题的实质是在一、二层测压管之间产生了极严重的悬料。据记载，当时操作人员并未及时采取措施，致使悬料时间长达3h以上。在此期间，东北边煤气始终甚为发展。

（3）1956年4月20日休风两个多小时后，于14:00开始复风。复风后风压很高，风量较少。各层静压均低于正常状况，如图14中 afb 线所示（东南西北四边的静压差不多，故只以一根 afb 线表示）。

风压与第二层静压之间的差值过大；根据当时料尺的探测结果说明已在下部产生悬料。经三次坐料后坐料总尺达2.35m（见图13）。遗憾的是，在风口与第一层静压之间无法安设静压计，无法判断下部悬料的具体位置、大小和方向。高炉下部悬料时，各层静压都下降的原因是此种悬料造成的。由于熔融体的部分冻结，冻结后透气性大大变坏。

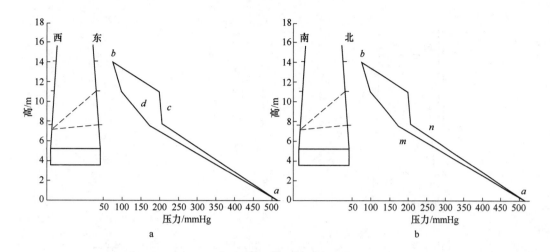

图 12　炉身静压

a—东—西剖面；b—北—南剖面

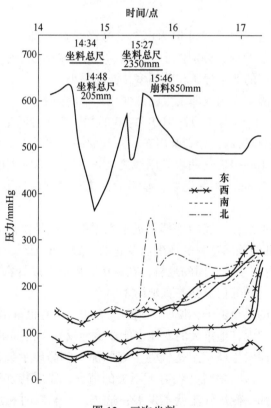

图 13　三次坐料

（1mmHg＝133Pa）

在第三次坐料以后，上部炉料猛然下落。在此过程中，又在北侧第一层静压计以下产生了局部悬料，故北侧第一层静压又急剧上升；图 14 中 $a'n'b$ 及 $a'm'b$ 即为当时（15:40）北侧及南侧的静压线。由北南剖面上的等压线图可见到这次悬料的具体位置是在炉腰上下。

事后，又经过崩料（15:46），炉况才好转，三层静压才正常起来。

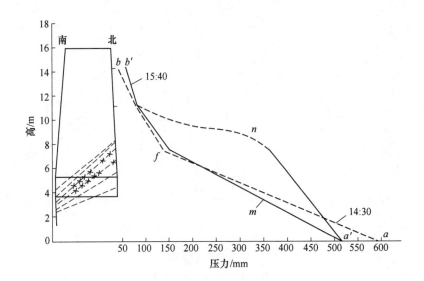

图 14　南—北剖面上的等静压图

其次，再以本溪这一铁厂二号炉为例。二号高炉炉身部分有四层（一、二、三、四）静压测量管，每层四个，分别位于东、南、西、北四个方向。

在顺行时，同一层的四个静压相差不多，波动很小。

在炉况不顺时，静压计示数即发生剧烈变化，举例如下。

（4）二号炉 1969 年 10 月 18 日 1:00~3:00 的静压变化特征是第一层西南侧静压远远低于东侧。兹以 2:00 为例，分别画出东—西和北—南两垂直剖面上的静压分布。在静压为 230mmHg 和 210mmHg 这两根等压线之间炉内已形成巨大的空腔。2:04 时，拉风坐料，坐料总尺达 2.9m。根据记录，坐料后并未彻底解决问题；2:40 又一次坐料，总尺达 3.0m。

这一次悬料的特点是：空腔的顶部是近乎水平的（应是拱形）。所以在此情况下：1）无法从炉顶煤气曲线判断悬料的产生以及它的位置；据记载，炉顶煤气曲线与正常情况并无差别。2）这属于较顽固的悬料，在炉壁四周都形成悬料基地，一两次坐料不解决问题；据记载，这样的情况会一直延续 3~4 天。

以上是关于悬料的几个例子，说明了判断的方法，同时也举出了几种悬料的典型。

炉身静压计对于炉内其他重大的变迁也能灵敏地反映。例如炉内某侧透气性变坏，另一侧煤气发展时，即发生状况。透气性不好的那一侧静压示数升高；煤气发展的那一侧静压计示数下降。这时炉料并没有下不去的情况。需要特别注意的是：这种情况下，哪一侧静压高，那一侧煤气流就不发展；这正好与悬料时相反。所以绝不能孤立地武断地根据静压高低来判断，而要与炉尺、风口状况等结合起来。可以这样记住：有悬料时，哪一侧静压高，那一侧气流发展；没有悬料时，静压高的那一侧气流反而不发展。

用静压计判断严重的偏料和边缘发展与否的道理是十分明显的，如图 7 所示。

有许多人利用伯努利公式，形成了："同一截面上压力高，流速小"的错误概念，这是十分有害的。一般形式的伯努利公式所讨论的根本不是实际流体在同一截面上的压力与速度的关系。

3 总结

（1）炉内空间各个点的静压是相互联系的，服从一定的规律，用炉身静压计测得的边缘上少数几点的静压可以大体上反映出炉料运行过程中所发生的特殊变化。

1）高炉正常顺行时，同一层静压基本上相等，各层静压波动均匀；

2）根据炉身静压计判断炉内状况的方法是首先分别画出东西和北南各方向上炉身边缘静压曲线，然后分别向炉身剖面图上投影，画出等压线（以直线代替）；

3）通常情况下（拱形悬料例外），一号炉第二层静压计示数剧烈升高的方向上，炉喉煤气中 CO_2 含量必然降低，其实是悬料造成的；

4）在没有悬料的情况下，静压低的方向上煤气流发展；

5）静压计集中在炉身部分，便于比较清楚地判断高炉上部情况；炉腰以下则无法具体判断；

6）静压计并不能反映煤气分布方面所有的问题，有些情况难以察觉；但炉身静压计是能及时反映许多炉况变化的很灵敏的工具。

（2）悬料时必然发生"管道"（平拱形悬料例外），用布料的方法堵死"管道"并不能消除悬料，只有坐料或发生崩料以后才有可能彻底解决"管道"。平拱形悬料是一种顽固悬料。

（3）发生悬料时，同一时间内有"上管道"和"下管道"之分。炉喉煤气分析只能说明炉喉附近的气流分布（"上管道"），它不能说明整个炉内的气流分布。例如根据炉喉煤气分析，如果认为"管道"在东侧，但可能西侧的几个送风口送入风量最大。在研究以炉身静压等参数为依据自动调节炉况时必须注意所有这些特点。

（4）高炉上部发生悬料时，在悬料区附近的静压计示数不是全部都有变化的，更不是像一般所说的那样，悬料区造成巨大的静压差。

火焰炉热工的一般分析 *

摘　要　在联立热交换和热平衡方程式的基础上，一般性地讨论了室状火焰炉的热工行为，所用热交换方程式中采用受热物体表面附近的辐射温度，而避免采用炉气温度。

在火焰炉热工的分析方面，可以参考两类文献。第一类是锅炉热工方面的文献[1-3,7]，其中只着重讨论锅炉燃烧室废气温度与各参数的关系，并且忽略炉体的热损失。这时锅炉的炉体热损失少（±5%）；操作连续稳定；对于锅炉燃烧室的废气温度有严格的规定范围（如废气中灰尘熔化则锅炉的低温部分易堵塞）。

第二类是炉子热工方面的文献[4-6,9]，其中讨论有效热及炉子的热效率，一般均将炉膛热损失估计在内。

这里准备在现有文献的基础上，一般性地分析室状火焰炉的热工行为。

1　物体的辐射差额热流

通常文献中都采用下列辐射热交换公式：

$$Q = \sigma_B (T_\Gamma^4 - T_S^4) F$$

式中，σ_B 为导来辐射系数；T_Γ 为炉气温度；T_S 为被加热物表面温度；F 为被加热物受热面积。

在炉内气体温度、黑度分布均匀等假定条件下，也就是在均匀制度下这便是基莫菲耶夫公式。但是，在不均匀制度下，至今没有广泛合适的推导结果。因此，本文参照文献［3，10］避免采用这个公式。

所采用的辐射差额热流的公式是 1951 年文献［9］导出的一般式。鉴于中文书籍中不常见到，故将与该公式直接有关的基本概念均一并介绍。

1.1　辐射亮度

取一面积元 dF，并在任一方向，取一立体角 $d\omega$。通过 dF 面在 $d\omega$ 角范围内的辐射热流 $dE_{dF, d\omega}$ 除以 dF 和 $d\omega$，即得在该方向上通过 dF 的辐射强度，即：

$$I_\varphi = \frac{dE_{dF,\ d\omega}}{dF d\omega} \tag{1}$$

在法线方向上的辐射强度叫做辐射亮度 B。对于图 1 中阴影面而言，辐射亮度等于：

$$B_\varphi = \frac{dE_{dF,\ d\omega}}{(dF\cos\varphi)\,d\omega} \tag{2}$$

由式（1）、式（2）可得到：

---

*　本文原发表于《东北工学院学报》，1963。

$$I_\varphi = B_\varphi \cos\varphi \tag{3}$$

如果物体辐射时，各方向上辐射亮度相等，皆等于 B，这种辐射称为扩散辐射。辐射热流在各方向上的分布服从余弦定律。此时，不难求得：

$$B = \frac{E}{\varphi} \tag{4}$$

即半球辐射 E 为法线方向上辐射强度（即辐射亮度）的 n 倍。

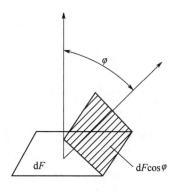

图 1 阴影面

1.2 辐射能的体积密度

空间单位体积内的辐射能量称为辐射能的体积密度（简称辐射密度）。

过某点的任一方向 τ 上，取一立体角 $d\omega$，令 dF 与 τ 方向垂直（见图 2），该方向上辐射亮度为 B。在 $d\tau$ 时间内，通过 dF 的辐射能为：

$$dE_{dFd\omega d\tau} = BdFd\omega d\tau$$

这些辐射能分布在以 dF 为底，$dl = Cd\tau$ 为高的体积中，故单位体积中的辐射密度 dU（单向的）为：

$$dU = \frac{BdFd\omega d\tau}{dFdl}$$

但因 $dl = Cd\tau$，其中 C 为光速，故：

$$dU = \frac{BdFd\omega d\tau}{dFdl} = \frac{Bdw}{C}$$

将各方向上的辐射能加起来，即：

$$U = \frac{1}{C}\int_{4p} Bdw \tag{5}$$

如果各方向上辐射亮度相等，则：

$$U = \frac{4\pi B}{C} \quad CU = 4\pi B \tag{6}$$

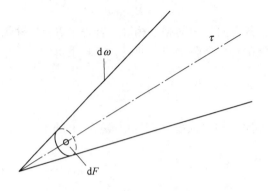

图 2 dF 与 τ 方向垂直

1.3 辐射温度

据记载，辐射温度概念是在 1893 年 Б. Б. Голицын 提出的。

一空心黑体，如其内壁各处温变 T 均匀一致，其中辐射密度为 U，则：

$$U = \frac{4\pi B}{C} = \frac{4E}{C} \tag{7}$$

由史蒂芬-玻尔兹曼定理知 $E = \sigma_0 T^4$，故：

$$U = \frac{4\pi B}{C} = \frac{4\sigma_0 T^4}{C} \tag{8}$$

将此表达式与式（5）比较后可知：

$$T_{\Pi} = \sqrt[4]{\frac{\int_{4\pi} B d\omega}{4\sigma_0}} \tag{9}$$

T_{Π} 即称为辐射温度。可见，辐射温度之由来是用空心黑体内的辐射密度等量地置换空间的辐射密度所产生的概念。

在空间有分子介质时，必须明确区分辐射温度和分子温度两个概念。只有在平衡时这两个温度才是相等的。

在辐射热交换体系中，凡差额热量为零的物体表面温度与该处的辐射温度相等。这是因为物体的有效辐射 $E_{\ni\Phi}$ 等于：

$$E_{\ni\Phi} = \frac{\varepsilon}{A} 4.96 \left(\frac{T_S}{100}\right)^4 - \left(\frac{1}{A} - 1\right) q$$

（如物体受热，则两式相加）

式中，ε 为物体之黑度；A 为物体之吸收率；T_S 为物体表面温度，K；q 为差额热流。

当差额热流为 $q = 0$，且 $\varepsilon = A$ 时：

$$E_{\ni\Phi} = 4.96 \left(\frac{T_S}{100}\right)^4 = \sigma_0 T_S^4$$

这与黑体辐射公式（$E = \sigma_0 T^4$）一样。如此，像推导式（9）一样，可得：

$$T_S = \sqrt[4]{\frac{\int_{4\pi} B d\omega}{4\sigma_0}} \tag{10}$$

可见，$T_Л = T_S$。

同理可以说明，在辐射差额热流为零的空间各点，分子温度与辐射温度相等。

1.4 物体的辐射差额热流

在辐射热交换系中，受冷却的物体表面上的热交换条件决定于下列三式：

(1) $q = E_{ЭФ} - E_{пад}$ (a)

(2) $E_{ЭФ} = \dfrac{\varepsilon}{A} 4.96 \left(\dfrac{T_S}{100} \right)^4 - \left(\dfrac{1}{A} - 1 \right) q$ (b)

(3) 物体表面附近之辐射密度为 U。为求得物体表面附近的辐射密度，引入平均辐射亮度：

$$\overline{B}_{ЭФ} = \frac{E_{ЭФ}}{\pi}, \quad \overline{B}_{пад} = \frac{E_{пад}}{\pi}$$

故：

$$CU = \int_{2\pi} \overline{B}_{ЭФ} d\omega + \int_{2\pi} \overline{B}_{пад} d\omega = 2E_{пад} + 2E_{пад} \quad (c)$$

由式（a）~式（c）三式消去 $E_{ЭФ}$ 及 $E_{пад}$ 两未知量后，得：

$$q = \frac{\dfrac{\varepsilon}{A} 4.96 \left(\dfrac{T_S}{100} \right)^4 - \dfrac{1}{4} CU}{\dfrac{1}{A} - \dfrac{1}{2}} \quad (11)$$

如前所见（式（8））有：

$$CU = 4\sigma_0 T_Л^4$$

此外，再设 $\varepsilon = A$，则式（11）变为：

$$q = \frac{\sigma_0}{\dfrac{1}{A} - \dfrac{1}{2}} (T_S^4 - T_Л^4) \quad (12)$$

在物体受热情况下：

$$q = \frac{\sigma_0}{\dfrac{1}{A} - \dfrac{1}{2}} (T_Л^4 - T_S^4) \quad (12')$$

这便是物体的辐射差额热流公式，其中 $T_Л$ 为物体表面附近的辐射温度（℃），T_S 为物体表面温度（℃）。物体表面附近与物体表面相距极近。但是在有差额热流的情况下，两者之间有温度的突"跃"。

2 炉膛热工作的基本方程式

无论火焰炉炉膛内温度分布如何复杂，总可以在燃料入口与其后另一截面之间，例如在燃料入口与炉膛废气出口两截面间，写出积分形式的热交换和热平衡方程式。

2.1 热平衡方程式

通入炉膛的热量可写为：

$$BVc_T t_T$$

式中，B 为燃料消耗量，m^3/h（标态，煤气），kg/h（固、液体）；V 为燃烧产物体积，m^3/m^3（标态，煤气），m^3/kg（标态，固、液体）；t_T 为燃料的理论燃烧温度，℃；c_T 为在 $0 \sim t_T$ ℃之间燃烧产物的平均比热，$kcal/m^3$（标态）。

这些热量消耗于加热金属（或其他被加热物）之有效热 Q_a，出炉膛热损失 Q_b，以及通过炉体热损失 Q_c 有：

$$BVc_T t_T = Q_a + Q_b + Q_c \tag{13}$$

如炉膛内气体无漏损或吸入，则可改写为：

$$Q_a = B(c_T t_T - c_y t_y) - Q_c$$

令

$$c_T t_T - c_y t_y = v\bar{c}(T_t - T_y)$$

则上式又变为：

$$Q_a = Bv\bar{c}(T_T - T_y) - Q_c \tag{13'}$$

式中，T_y、t_y 为炉膛废气出口温度，℃；c_y 为在 $0 \sim t_y$ ℃之间炉膛废气的平均比热，$kcal/m^3$（标态）；T_T 为燃料的理论燃烧温度，°K。

式（13）、式（13'）都是炉膛的热平衡方程式。

2.2 热交换方程式

炉内被加热物体表面温度及其附近的辐射温度各处不等，故式（12'）写成：

$$Q_a = qF = \frac{\sigma_0}{\dfrac{1}{A} - \dfrac{1}{2}}(\overline{T_Л^4} - \overline{T_S^4})F \tag{14}$$

式中，F 为被加热物体的受热面积；$\overline{T_Л^4}$ 为物体表面附近辐射温度四次方的平均值；$\overline{T_S^4}$ 为物体表面温度四次方的平均值。

这是金属在炉内获得的辐射传热量部分，此外还有对流传热量部分，后者暂略去不计。

由炉膛热平衡及热交换方程式的联立求解中，可找到炉膛热工作的一般规律及计算公式，对操作及设计均有指导意义。

在联立炉膛热平衡及热交换两方程式时，首先需确立 $\overline{T_Л^4}$ 和 $\overline{T_y^4}$ 之间的关系。

被加热物体表面附近的辐射温度及其分布受许多因素的影响，从理论分析难以确定各种情况下 $\overline{T_Л^4}$ 和 $\overline{T_y^4}$ 之间的关系。但是，总可将此关系表示为下列级数的形式：

$$\frac{\overline{T_Л^4}}{\overline{T_T^4}} = \sum_i m_i \left(\frac{T_y}{T_T}\right)^{4n_i} \tag{15}$$

式中，m_i、n_i 为级数中的系数及指数。

近似的可以认为，仅取级数的第一项就足够准确，于是有：

$$\frac{\overline{T_Л^4}}{\overline{T_T^4}} = m\left(\frac{T_y}{T_T}\right)^{4n} \tag{16}$$

П. К. Конаков 等[3] 根据锅炉的实验材料及理论分析认为 T_y 和 $T_Л$ 成正比，写成：

$$a = \frac{T_Л}{T_y}$$

比例常数在 0.7~0.9 之间，随燃料种类而异。在燃料用量变化时，$\dfrac{T_\Pi}{T_y}$ 值的变化十分微小。

这一关系的确立只能认为是初步的结果。考虑到这一点，本文仍用较一般的形式表示 T_Π^4 和 T_y^4 之间的关系。燃料用量在一定范围内变化时，m 和 n 值可认为是常数，在另一范围内，可能需要代之以另一对数值。下文的讨论中将假设 m、n 不随燃料用量（负荷）而变。由以上关于 $a = \dfrac{T_\Pi}{T_y}$ 值测定结果的介绍，可见这一假设不至于歪曲火焰炉的一般热工特性。

2.3　炉子热工作方程式之一（炉子的热效率）

联立式（13′）和式（14），消去炉膛废气出口温度 T_y，即可求得炉子热效率公式。

由式（13′）：

$$T_T - \frac{Q_a}{Bv\bar{c}} - \frac{Q_c}{Bv\bar{c}} = T_y$$

或

$$T_T\left(1 - \frac{Q_a}{Bv\bar{c}T_T} - \frac{Q_c}{Bv\bar{c}T_T}\right) = T_y$$

因炉子热效率为有效热 Q_a 与炉子热负荷 BQ_H^P 之比，即：

$$\eta = \frac{Q_a}{BQ_H^P}$$

并知[10]：

$$Bo = \frac{Bv\bar{c}}{\sigma_0 F T_T^8}$$

称为玻尔兹曼常数。故上式变为：

$$T_T\left(1 - \eta\frac{BQ_H^P}{Bv\bar{c}T_T} - \frac{Q_c}{\sigma_0 F T_T^4} \times \frac{1}{Bo}\right) = T_y \qquad (17)$$

等号左侧括号中第二项的分式代表燃料和空气的预热程度，故可称为：预热准数 $K_S = \dfrac{BQ_H^P}{Bv\bar{c}T_T}$。

在燃料及空气均不预热时，K_S 接近于 1（如分母中为 T_T，则等于 1），预热温度越高，预热准数 K_S 越小。括号中第三项的分式是炉膛热损失的相对值，其分母（$\sigma_0 F T_T^4$）为最大可能之热交换量。故将 $K_C = \dfrac{Q_c}{\sigma_0 F T_T^4}$ 称为热损失准数。这样得炉膛平衡方程式：

$$T_T\left(1 - \eta K_S - \frac{K_C}{Bo}\right) = T_y \qquad (\text{a})$$

此外由式（16）知：

$$\overline{T_\text{Л}^4} = m T_T^{4(1-n)} T_y^{4n}$$

代入式（14）得：

$$Q_a = \frac{\sigma_0}{\dfrac{1}{A} - \dfrac{1}{2}} (m T_T^{4(1-n)} T_y^{4n} - \overline{T_S^4}) F$$

或

$$T_y^{4n} = \frac{Q_a\left(\dfrac{1}{A} - \dfrac{1}{2}\right) + \sigma_0 F \overline{T_S^4}}{\sigma_0 m T_T^{4(1-n)} F} \qquad (b)$$

由式（a）、式（b）知：

$$\frac{Q_a\left(\dfrac{1}{A} - \dfrac{1}{2}\right) + \sigma_0 F \overline{T_S^4}}{\sigma_0 m T_T^{4(1-n)} F} = T_T^{4n}\left(1 - \eta K_S - \frac{K_C}{Bo}\right)^{4n}$$

整理后，得：

$$\frac{\dfrac{1}{A} - \dfrac{1}{2}}{m} \cdot \frac{Q_a}{BQ_H^P} \cdot \frac{BQ_H^P}{Bv\bar{c}T_T} \cdot \frac{Bv\bar{c}}{\sigma_0 F T_T^3} = \left(1 - \eta K_S - \frac{K_C}{Bo}\right)^{4n}$$

即

$$\frac{\dfrac{1}{A} - \dfrac{1}{2}}{m} \cdot \eta\, K_S Bo + \frac{\overline{T_S^4}}{m T_T^4} = \left(1 - \eta K_S - \frac{K_C}{Bo}\right)^{4n} \qquad (18)$$

式（18）以隐函数的形式表达了炉子热效率与 Bo、K_S、K_C、A、T_C、T_T 等参数之间的关系。按式（18）用试算的方法求得各情况下炉子的热效率。

令 $\dfrac{Q_a}{\sigma_0 F T_T^4}$ 为相对有效热，则知：

$$\frac{Q_a}{\sigma_0 F T_T^4} = \eta \cdot K_S \cdot Bo \qquad (19)$$

式（19）是相对有效热的表达式。

由式（18）知，当炉子热效率 $\eta = 0$ 时，有：

$$1 - \frac{K_C}{(Bo)_{\eta=0}} = \left(\frac{\overline{T_S^4}}{m T_T^4}\right)^{\frac{1}{4n}}$$

解出 $(Bo)_{\eta=0}$，得：

$$(Bo)_{\eta=0} = \frac{K_C}{1 - \left(\dfrac{\overline{T_S^4}}{m T_T^4}\right)^{\frac{1}{4n}}} \qquad (20)$$

这便是炉子 $\eta=0$ 时 Bo 准数的表达式。例如在炉子保温（或空烧）时，炉子热效率即为零。

为了求得炉子热效率为极大值时的 Bo 值，对式（18）求 $\dfrac{\partial \eta}{\partial (Bo)}$，并令其等于零。

由 $\dfrac{\partial \eta}{\partial (Bo)}=0$ 求得：

$$\eta = 4nm\,\frac{K_C}{K_S\,Bo^2\left(\dfrac{1}{A}-\dfrac{1}{2}\right)}\left(1-\eta\,K_S-\frac{K_C}{Bo}\right)^{4n-1} \tag{21}$$

当 η 为极大值时，式（18）、式（21）两式同时成立。在一般情况下，由式（18）、式（21）不可能消去 η 求出它为极大值时的 Bo 值（$(Bo)_{\eta=\max}$），而必须用作圆法确定 η 之极大值以及与其对应的 Bo 值。但在 $\dfrac{\overline{T_S^4}}{T_T^4}$ 等于零时，可以从式（18）、式（21）中消去 η，求得 $(Bo)_{\eta=\max}$ 的表达式：

$$Bo-\frac{m}{\dfrac{1}{A}-\dfrac{1}{2}}\left(\frac{4nK_C}{Bo}\right)^{4n}-4nK_C-K_C=0 \tag{21'}$$

如已知 K_a、K_C、A、m、n 时，按式（21'）即可求得 η 为极大值时的 Bo 值。

式（18）一般性地说明了炉膛热工作特征的一个方面——炉子热效率。

现设 $m=1$、$n=1$，按式（18）作图说明各主要因素对于炉子热效率的影响（除有特殊说明外，计算式均假设 $\dfrac{1}{A}-\dfrac{1}{2}=0.75$，$K_C=0.9$）。作图时，纵坐标为 η 及相对有效热，而横坐标为 Bo。在 T_T 及 $v\overline{c}$ 为一定时，Bo 即代表燃料用量与受热面之比。如受热面 F 亦为一定，则 Bo 之增减即为燃料用量之增减。

在 $\dfrac{\overline{T_S^4}}{T_T^4}=0$ 时，按式（18）、式（21'）计算之炉子热效率以及按式（19）计算之相对有效热与 Bo 之间的关系，如图3所示。其中一共包括 $K_C=0$，0.1，0.2，0.4 四种情况。由图3可见，在 Bo 增加的过程中，炉子的相对有效热 $\left(\dfrac{Q_a}{\sigma_0 F T_T^4}\right)$ 沿着一条渐变的曲线上升，而炉子热效率的变化曲线则有一最高点。以炉子空烧保温为起点，随着 Bo 的增加，炉子的有效热迅速增大，η 亦随之升高。炉子热效率的极大值是按式（21'）求得的。在极大值的右侧炉子热效率曲线下降；有效热虽仍继续上升，但也逐渐缓慢下来。

同一 Bo 值时，炉子的热损失准数越大，炉子的热效率越低，尤其在 Bo 值较小的范围内，这种差别更大。热损失准数越大，$\eta=f(Bo)$ 曲线的最高点越向 Bo 增大的方向偏移。

图4是在受热物体表面与理论燃烧温度之比值 $\dfrac{T_S}{T_T}$ 为 0.6 时，炉子的相对有效热和热效率与 Bo 之间的关系（图中包括 $K_C=0.1$，0.2，0.4 三种情况）。炉子热效率曲线的最高点仍按式（21）和式（18）两式用作圆法确定的。

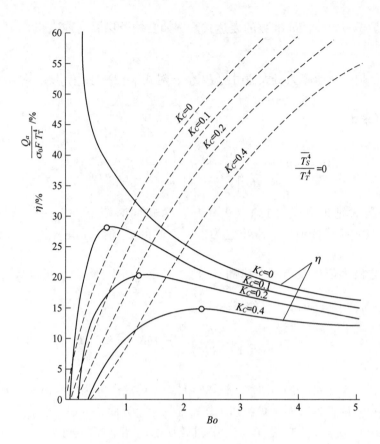

图 3　相对有效热与 Bo 之间的关系

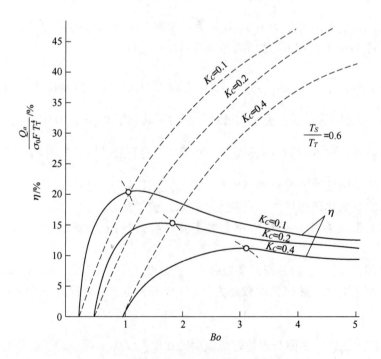

图 4　炉子的相对有效热和热效率与 Bo 之间的关系

将图 4 与图 3 比较后可见，Bo 值一定时，受热物体表面温度较高的情况下炉子热效率和有效热均较低；热效率最高点的位置更向 Bo 值升高的方向偏移。

利用炉膛排出之废热预热空气和煤气，可提高炉子的热效率。图 5a 和 b 分别表示了（按式（18））$\dfrac{\overline{T_S^4}}{T_T^4}=0$ 及 $\dfrac{T_S}{T_T}=0.6$ 两种情况下，预热准数为 0.9、0.7、0.5 时炉子热效率与 Bo 之间的关系。由图 5 可见，如果预热温度不随 Bo 值而变(图中各曲线都是在此假定条件下制成的)，那么煤气的预热并不改变对应于最高热效率的 Bo 值；受热物体表面的温度较低时，提高预热温度，能够较多的提高炉子的热效率。

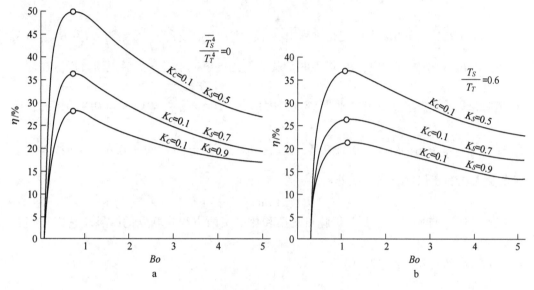

图 5　炉子热效率与 Bo 之间的关系

$$a\text{——}\frac{\overline{T_S^4}}{T_T^4}=0;\quad b\text{——}\frac{T_S}{T_T}=0.6$$

2.4　炉膛热工作方程式之二（炉膛废气出口温度）

联立式（13'）和式（14），消去有效热 Q_a，即求得炉膛废气出口温度公式：

$$\frac{\sigma_0}{\dfrac{1}{A}-\dfrac{1}{2}}(\overline{T_{Jl}^4}-\overline{T_S^4})F=Bv\bar{c}(T_T-T_y)-Q_c$$

此式左右两侧均除以 T_T，整理后得：

$$\frac{1}{\dfrac{1}{A}-\dfrac{1}{2}}\cdot\frac{\sigma_0 F T_T^8}{Bv\bar{c}}\left(\frac{\overline{T_{Jl}^4}}{T_T^4}-\frac{T_S^4}{T_T^4}\right)=\frac{T_T}{T_T}-\frac{T_y}{T_T}-\frac{Q_c}{Bv\bar{c}\,T_T}$$

又因：

$$\frac{\overline{T_{Jl}^4}}{T_T^4}=m\left(\frac{T_y}{T_T}\right)^{4n}$$

故得：

$$\frac{m}{\dfrac{1}{A}-\dfrac{1}{2}}\cdot\frac{1}{Bo}\left[\left(\frac{T_y}{T_T}\right)^{4n}-\frac{T_S^4}{mT_T^4}\right]+\frac{T_y}{T_T}+\frac{K_C}{Bo}-1=0 \tag{22}$$

式（22）便是炉膛废气出口温度与 Bo、T_T、T_S、K_C、A 等参数之间的关系式。

Bo 与预热温度之间的关系是火焰炉热工中的重要问题，在此暂作这一假定以便初步讨论预热空气及煤气的作用。

设 $m=1$，$n=1$，令

$$\overline{\frac{T_S^4}{T_T^4}}=0 \quad \text{及} \quad \frac{T_S}{T_T}=0.6$$

按式（22）计算 Bo 准数变化过程中 $\dfrac{T_y}{T_T}$ 值。图中纵坐标为 $\dfrac{T_y}{T_T}$，横坐标为 Bo。由图可见，在 Bo 较小的范围内，Bo 增大时炉膛废气温度急剧上升，然后逐渐缓慢。在同一 Bo 值时，炉子的热损失越小，炉膛废气温度越高。图5a 是 $\overline{\dfrac{T_S^4}{T_T^4}}=0$，$K_S=0.9$ 的情况；而图5b 表示 $\dfrac{T_S}{T_T}=0.6$，$K_S=0.9$ 的情况。在后一情况下最低的 $\dfrac{T_y}{T_T}$ 等于 0.6。各曲线与横坐标的交点相当于保温空烧，此处：

$$Bo=(Bo)_{\eta=0}$$

式（18）与式（22）都是炉膛热交换和热平衡两方程式联立的结果。它们是相互联系的。

炉膛热平衡方程式可写作：

$$\frac{T_y}{T_T}=1-\eta K_S-\frac{K_C}{Bo} \tag{23}$$

将 $\dfrac{T_y}{T_T}$ 值代入式（22），整理后即得：

$$\frac{\dfrac{1}{A}-\dfrac{1}{2}}{m}\eta K_S Bo+\overline{\frac{T_S^4}{mT_T^4}}=\left(1-\eta K_S-\frac{K_C}{Bo}\right)^{4n}$$

此式与式（18）完全相同。可见式（18）和式（22）是一致的，它们都表明炉膛热工作的一般规律。

炉膛热平衡式：

$$1=\frac{Q_a}{Bvc_T t_T}+\frac{Bvc_y t_y}{Bvc_T t_T}+\frac{Q_c}{Bvc_T t_T}$$

等号右侧三项分别为有效热、废气热和热损失占炉膛热收入的份额。在 Bo 值变化时，它们三者都在变化，但三者之和必须为 100%。

如前所设：

$$\bar{c}=\frac{c_T t_T-c_y t_y}{T_T-T_y}$$

则上式变为：

$$1 = \frac{Q_a}{Bv\bar{c}\,T_T} + \frac{Bv\bar{c}\,T_y}{Bv\bar{c}\,T_T} + \frac{Q_c}{Bv\bar{c}\,T_T}$$

为计算方便起见，用此式代替上列热平衡式。式中比值 $\dfrac{Q_a}{Bv\bar{c}\,T_T} = \eta\,K_S$，在无预热时

K_S 接近于 1，此时 $\dfrac{Q_a}{Bv\bar{c}\,T_T}$ 接近于 η。

现举一例，说明 Bo 准数变化过程中炉膛三项热支出各自所占的份额的变化。

在 $\dfrac{T_S}{T_T}$ = 0.6、无预热的情况下（K_S = 0.9），K_C = 0.2。炉膛热损失一项的绝对

值 Q_c 并不随 Bo 而变，但 $\dfrac{Q_c}{Bv\bar{c}\,T_T}$ 则随之而变。在 Bo 较小的时候，它占较大的比重；

而 Bo 增加时，它则随之降低。最后，热损失的相对值所占比重就很小了，而且变化也不大了。

以保温空烧为起点，Bo 增大时，有效热显著增大，其相对值 $\dfrac{Q_a}{Bv\bar{c}\,T_T}$ 也增大。但 Bo 过分增大时，炉气温度水平并不能因此进一步大幅度提高。有效热虽仍有增加，但已经缓慢，$\dfrac{Q_a}{Bv\bar{c}\,T_T}$ 反而下降。

炉膛废气带出的热量是随 Bo 值共同增长的，当 Bo 值较小时，$\dfrac{Q_b}{Bv\bar{c}\,T_T}$ 的变化更显著些。

具体情况下 $\dfrac{Q_a}{Bv\bar{c}\,T_T}$、$\dfrac{Q_b}{Bv\bar{c}\,T_T}$、$\dfrac{Q_c}{Bv\bar{c}\,T_T}$ 三者的变化见表 1。

表 1　$\dfrac{Q_a}{Bv\bar{c}\,T_T}$、$\dfrac{Q_b}{Bv\bar{c}\,T_T}$、$\dfrac{Q_c}{Bv\bar{c}\,T_T}$ 三者的变化

Bo	0.5	1	2	4	5
$\dfrac{Q_a}{Bv\bar{c}\,T_T}$	0	0.12	0.14	0.12	0.11
$\dfrac{Q_b}{Bv\bar{c}\,T_T}$	0.6	0.68	0.76	0.83	0.85
$\dfrac{Q_c}{Bv\bar{c}\,T_T}$	0.4	0.20	0.10	0.05	0.04

由表 1 清楚地看到式（18）与式（22）所说明的问题之间的联系。

3　结语

炉子的有效热和热效率均直接与炉子的主要生产指标有关。在其他条件一定时，前者与炉子生产率成正比，后者与单位燃耗成反比。有经验的炉子工作者，深知炉膛废气出口温度更是判断炉况的一个重要标志，它既影响产量和燃耗，又影响炉体的使

用寿命。因此，从理论上分析若干操作参数和结构参数对于炉子有效热、热效率和炉膛废气出口温度的影响，是有重要意义的，对于分析现场实践的经验，必有所裨益。

参 考 文 献

［1］Поляк Г Л，Шорин С Н．"О теории теплообмена в топках"изв. АН СССР ОТН，1949：12.

［2］Гурвиq А М，Влох А Г．"О расqете теплообмена в топках"，Вопросы аэродн-намики и теплопередаqи в котельно-топоqных прцесах，1958.

［3］Конаков П К，Филимонов С С，Хрусталев В А. Теплообмен，в каменрах сгора-ния паровых котлов，1960.

［4］Каваделов А В. Тепловая работа пламенных пеqей，1956.

［5］Hottel H C. Radiativ⊖ Transfer in Combustion Chambers ［J］. J. Inst. Fuel，1961，N6.

［6］Thring M W，Reber J W. The Effect on the Thermal Efficiency of Heating Appliances ［J］. J. Inst. Fuel，1954，N10.

［7］Невский А С. Еплообмен излучением в металлургнческпх печах и топках котлов，1958.

［8］Кавадеров А В. Тепловые реимы мартеновеиих печей，1952.

［9］Шорин С Н．"Лучинстый теплообмен в поглошаюп: ей среде"изв. АН СССР ОТН，1951，N3.

［10］Гурвич А М．"Подобие явлений в топочных устройствах"изв. АН СССР ОТН，1943，N1-2.

火焰炉热工实验研究（之一）*

关于火焰炉各类变量之间的关系，我们曾经在前人的基础上进行过理论探讨[1]。后来又在实验室进行了实验研究，其主要内容是探索炉子的生产率随着热负荷和空气系数变化的规律，同时，对于炉膛废气温度也进行了相应的研究。

在分析实验结果的过程中，得到了能够表达火焰炉热负荷与生产率之间相互关系的经验公式。而且，在此基础上发现有个别规律是人们所没有注意到的。这些情况对于进一步研究炉子热工理论可能有所启发，对于实际工作（设计、生产、定额、自动控制）可能有所帮助，尤其对于节约燃料这个十分重要的问题，关系更加密切。

国外在探讨炉子自动控制时，虽然常用经验公式作为炉子的数学模型[2]，但是从未见到不包括炉子热工过程参数在内的经验公式。此外，这类公式的提出者都止于提出公式，而未能就此进一步对炉子的工作提供更多规律性的东西，因此，它们对于炉子热工特点的研究工作参考价值不大。

本文将首先讨论热负荷与生产率之间的一般关系式，然后介绍实验和数据整理以及讨论由此引申出来的问题。在实验部分，只介绍了当时实验工作的一部分，凡是与本文的经验公式无关的实验内容，均不述及。

1 热负荷与生产率之间的关系

热负荷虽然是影响生产率的重要因素，但不是唯一因素。所以在讨论热负荷与生产率的关系时，我们始终假设其他各种条件都保持不变，而且把炉子当作单纯的热工设备来对待，工艺因素完全未考虑在内。附带提一下，在这样的热工设备中，生产率和有效热是完全一致的，两者可以互相代替。

大家都知道，在这些假设条件下，热负荷与生产率之间并不是直线关系。理论和实践均表明，两者之间的关系如图 1 所示，图中以热负荷 Q 为纵坐标，以生产率 P 为横坐标，热负荷随生产率的变化在图上是一条向上翘起的曲线。

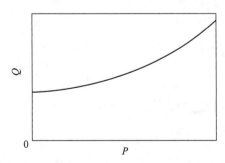

图 1　热负荷和生产率的关系

---

* 本文合作者：李成之、李遇时、朱殿刚、方崇堂。原发表于《工业炉通讯》，1979。

现在的问题是要给这条曲线配以恰当的函数关系式。经过比较和鉴别，我们确定用指数方程：

$$Q = Q_0 e^{KP} \tag{1}$$

式中，Q 为热负荷；P 为生产率；e 为自然对数的底，e = 2.7183；Q_0 为系数，$P = 0$ 时，$Q = Q_0$；K 为常数。

这种类型的关系式纯属经验式，看来难以从热工理论上加以证明。但是它与实验数据之间吻合程度是容易检验的，因为式（1）等号两侧取对数即化为直线式：

$$\ln Q = \ln Q_0 + KP$$

利用回归分析法，既能针对具体情况确定式中的 Q_0 及 K 值，又能判定公式与数据之间的吻合程度。本文实验部分将具体涉及这两个方面。

现在来说明一下 K 值。显然，K 值是热负荷的单位增长率，即 $\left(\dfrac{\mathrm{d}Q}{\mathrm{d}P}\right)\Big/Q$，这是因为

$$\frac{\dfrac{\mathrm{d}Q}{\mathrm{d}P}}{Q} = \frac{\dfrac{\mathrm{d}(Q_0 e^{KP})}{\mathrm{d}P}}{Q_0 e^{KP}} = \frac{Q_0 K e^{KP}}{Q_0 e^{KP}} = K \tag{2}$$

K 值随炉而异，也随一些操作参数而异。但是，只要其他条件保持恒定，K 值是不随热负荷的增减（一定范围内）而变化的。

实际上，式（1）就是在 K 值保持常数的条件下导来的，其推导过程如下。

设生产率每增加一个单位，热负荷须增加 K 成，或生产率每增加 $1/n$ 个单位，热负荷增加 K/n 成，则生产率从 $P = 0$ 增至 $P = 1/n$ 个单位时，热负荷需从 Q_0 增至 $Q_0(1 + K/n)$，生产率再增加 $1/n$ 个单位，热负荷需增至 $Q_0(1 + K/n)^2$。生产率增至 $n/n = 1$ 个单位，热负荷需增至 $Q_0(1 + K/n)^n$；依次类推，生产率增加 P 个单位时，热负荷应为：

$$Q = Q_0\left(1 + \frac{K}{n}\right)^{np} \tag{a}$$

式中，n 值越大，计算结果越接近实际，因此，令 $n \to \infty$，并求下列极限：

$$Q = Q_0 \lim_{n \to \infty}\left[\left(1 + \frac{K}{n}\right)^n\right]^p \tag{b}$$

但因：

$$Q = \lim_{n \to \infty}\left(1 + \frac{K}{n}\right)^n = \lim_{n \to \infty}\left[\left(1 + \frac{1}{m}\right)^n\right]^K = \left[\lim_{n \to \infty}\left(1 + \frac{1}{m}\right)^n\right]^K = e^K \tag{c}$$

其中，设 $\dfrac{1}{m} = \dfrac{K}{n}$。将式（c）代入式（b），得：

$$Q = Q_0 e^{KP}$$

这便是上述的式（1）。可见，式（1）就是在假定热负荷的单位增长率等于常数 K 这样一个条件下得到的。

如果在热负荷变化的过程中，K 值分段保持常数，那么，就得对于每一段热负荷范围确定一个 K 值和一个 Q_0 值。

2 实验及数据整理

（1）实验炉是一座用轻质黏土砖砌成的室式加热炉（见图2），炉底面积为 $0.49m^2$（$0.7m \times 0.7m$）。炉膛两侧各安一个扁平式煤气烧嘴，互相错开。煤气发热量约为 $12560kJ/m^3$（城市煤气）。在炉膛排烟道的顶上是一个空气换热器。离心式风机供给的冷空气分成两路：一路经换热器变成热空气后送到烧嘴前，另一路直接送到烧嘴前与热空气汇合。汇合后的空气温度用水银温度计测量。煤气、冷热空气的流量分别用标准孔板进行测量，并用阀门调节。炉顶上有测压孔，可测量炉膛压力。在炉顶上以及炉膛废气道中均插入热电偶，分别测量炉子温度及废气道温度。

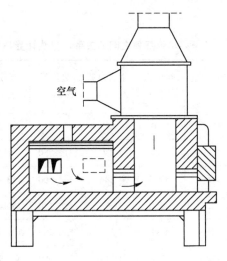

空气

图 2　实验炉简图

103

在实验过程中，用水流式量热计代替受热体（被加热物体），其构造与一般的水冷箱差不多（见图3）。每次实验开始时，量热计由炉门送入，放在炉底上。为了隔绝它与炉底之间的传热，在量热计底部放了一层厚石棉板。实验期间，先后用过两个量热计，它们的受热面积分别为 $0.09m^2$ 和 $0.06m^2$。量热计中的水流量是用重量法测定的，而水的温升是用两支反接的铜-康铜热电偶测量的。量热计的吸热量就是实验炉的有效热。由于有效热是代表炉子生产率的，所以在下文中有时直接称为生产率。

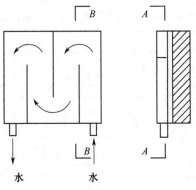

图 3　水流式量热计简图

在热负荷对于有效热的影响方面，一共做了四组正式实验，每组包括 5～10 次实验，一般是开一次炉做一组实验。先在较低的热负荷水平上使炉子升温，同时注意使炉压、空气系数、空气温度等参数保持恒定。等到炉子温度（以炉内及废气道内热电偶示数为准）稳定后，即开始测量所需的各项数据（即一次实验）。然后适当增大热负荷，并注意使炉压、空气系数、空气温度尽可能地仍保持原值。炉子温度在新的条件下重新达到稳定后即可做下一次实验。这样在热负荷一步一步升高的过程中完成一组实验。热负荷所能达到的最高值取决于空、煤气管路或炉子排气系统的输送能力。

（2）在量热计受热面积为 0.09m² 条件下，热负荷与生产率和单位热耗之间的关系见表 1。

表 1　热负荷与生产率和单位热耗之间的关系（量热计受热面积为 0.09m²）

实验组序	次序	时间/min	炉膛温度/℃	废气道温度/℃	混合风温/℃	热负荷/MJ·h⁻¹	有效热/MJ·h⁻¹	单位热耗/kJ·kJ⁻¹	其他条件
第一组	1	9～30	1040	700	225	270.050	54.220	4.981	空气系数：$n=1.15$；炉膛压力：$p=10.9$Pa
	2	10～30	1080	770	230	312.750	76.240	4.102	
	3	11～30	1150	1050	283	443.800	113.460	3.911	
	4	12～30	1220	1100	263	496.140	130.050	3.786	
	5	13～00	1250	1170	253	520.000	131.460	3.955	
第二组	1	12～00	890	740	213	270.050	63.560	4.249	空气系数：$n=1.15$；炉膛压力：$p=14.1$Pa
	2	12～45	1010	930	210	312.750	74.320	4.209	
	3	13～40	1110	1000	250	384.770	100.900	3.813	
	4	14～25	1170	1140	278	443.800	113.460	3.911	
	5	15～55	1210	1055	248	496.140	119.320	4.158	
	6	16～15	1230	1080	243	554.280	123.510	4.407	

在受热面积为 0.06m² 的条件下，热负荷与生产率和单位热耗之间的关系见表 2。

表 2　热负荷与生产率和单位热耗之间的关系（量热计受热面积为 0.06m²）

实验组序	次序	时间/min	炉膛温度/℃	废气道温度/℃	混合风温/℃	热负荷/MJ·h⁻¹	有效热/MJ·h⁻¹	单位热耗/kJ·kJ⁻¹	其他条件
第三组	1	10～40	1030	870	250	312.750	53.590	5.836	空气系数：$n=1.15$；炉膛压力：$p=13.0$Pa
	2	11～25	1100	910	268	350.850	66.280	5.294	
	3	12～40	1180	950	278	384.770	80.600	4.774	
	4	13～25	1200	1000	280	417.000	91.690	4.548	
	5	14～00	1270	1150	318	443.800	100.480	4.417	

实验组序	次序	时间/min	炉膛温度/℃	废气道温度/℃	混合风温/℃	热负荷/MJ·h⁻¹	有效热/MJ·h⁻¹	单位热耗/kJ·kJ⁻¹	其他条件
第四组	1	8~40	850	690	210	270.050	36.220	7.457	
	2	9~30	990	840	213	312.750	53.300	5.868	
	3	10~35	1110	1010	258	384.770	81.430	4.725	空气系数：$n=1.15$；炉膛压力：$p=13.0$Pa
	4	11~10	1190	1040	288	417.000	91.270	4.569	
	5	12~35	1230	—	315	443.800	101.740	4.362	
	6	13~10	1255	—	305	471.020	105.930	4.447	
	7	14~00	1280	—	300	496.140	103.580	4.790	
	8	14~20	1295	—	290	520.000	112.620	4.617	

（3）前面已经说过，在实验过程中应使炉压、空气系数、空气温度保持恒定，实际上，前两个参数的恒定值保持较好，而空气温度有波动，各次实验是如此，各组的平均值也如此（见表3）。

表3　各组实验的空气平均温度

实验组序	1	2	3	4
空气平均温度/℃	257	243	261	272

考虑到空气带入的热量只占炉膛热收入的5%~10%，它的波动对炉膛工作的影响更小，所以没有必要对数据进行分组整理，而可以把量热计受热面积相同的各次实验数据合起来，一并整理。

如前所述，在其他条件不变的情况下，热负荷与生产率之间并不呈直线关系。我们在整理数据时，用的是单对数坐标，其中纵坐标是热负荷的对数（$\lg Q$），横坐标是生产率（P）。各实验点在此坐标系中有明显的线性趋势。

按回归分析法计算，得到热负荷 Q 与生产率 P 之间的回归方程：

1）受热面积为 0.09m² 时，有：

$$Q = 156170\exp(9.294 \times 10^{-6}P) \tag{3}$$

相关系数 $\gamma = 0.985$。

2）受热面积为 0.06m² 时，有：

$$Q = 201220\exp(8.123 \times 10^{-6}P) \tag{4}$$

相关系数 $\gamma = 0.990$。

式（3）、式（4）在单对数坐标系中各成一条直线，如图4所示。

以上数据整理结果表明：在热负荷变化幅度很大的情况下，K 值保持恒定，实验点与指数曲线之间的拟合程度很高。

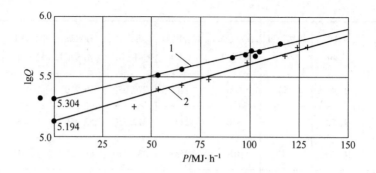

图 4　热负荷 Q 对生产率 P 的回归
1—受热面积为 0.09m²；2—受热面积为 0.06m²

3　单位热耗与生产率之间的关系

（1）单位热耗 b 等于热负荷除以生产率，即：

$$b = \frac{Q}{P}$$

将式（1）代入上式，得：

$$b = \frac{Q_0}{P}\mathrm{e}^{KP} \tag{5}$$

这便是单位热耗与生产率之间的关系式。

为了在各具体情况下确定 b、P 两者之间的关系。只需已知炉子在该情况下的 K 和 Q_0 值。在上述实验中，量热计受热面积为 0.09m² 时，有：

$$b = 156170 \frac{1}{P}\exp(9.924 \times 10^{-6}P) \tag{6}$$

量热计受热面积为 0.096m² 时，有：

$$b = 201220 \frac{1}{P}\exp(80123 \times 10^{-6}P) \tag{7}$$

图 5 的两条 $b = f(P)$ 曲线是分别按式（6）、式（7）计算得到的（纵坐标为单位热耗，见图右侧），清楚地反映了大家所熟知的单位热耗的变化规律。

为了便于对照，图 5 中还画出了按式（3）、式（4）计算得到的 $Q = f(P)$ 曲线（以热负荷为纵坐标，见图左侧）。图中还标明了单位热耗最低点 J 以及与其相对应的单位热耗值（b_j）、生产率值（P_j）、热负荷值（Q_j）。

（2）炉子在点 J 工作时，热耗最低，从节约燃料的角度看来，此点可称为炉子工作的经济点。为了求得此经济点的坐标，将式（5）对 P 求导数：

$$\frac{\mathrm{d}b}{\mathrm{d}P} = \frac{\mathrm{d}\left(\dfrac{Q_0}{P}\mathrm{e}^{KP}\right)}{\mathrm{d}P} = Q_0\left[\frac{1}{P}\frac{\mathrm{d}\mathrm{e}^{KP}}{\mathrm{d}P} + \mathrm{e}^{KP}\frac{\mathrm{d}\left(\dfrac{1}{P}\right)}{\mathrm{d}P}\right]$$

$$= Q_0\left[\frac{K\mathrm{e}^{KP}}{P} + \mathrm{e}^{KP}\left(\frac{-1}{P^2}\right)\right] = \frac{Q_0\mathrm{e}^{KP}}{P}\left(K - \frac{1}{P}\right)$$

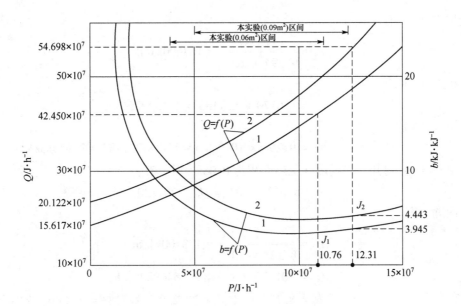

图5　热负荷 Q、单位热耗 b 与生产率 P 间的回归
1—受热面积为 $0.09m^2$；2—受热面积为 $0.06m^2$

并令 $\dfrac{\mathrm{d}b}{\mathrm{d}P} = 0$，故得：

$$K - \frac{1}{P} = 0$$

又因炉子在 J 点工作时，$P=P_j$；故解得：

$$P_j = \frac{1}{K} \qquad\qquad (8)$$

即炉子在经济点上工作时，生产率 P_j 等于 K 的倒数。为了求得经济点的热负荷，将式（8）代入式（1），同时令 $P=P_j$，则得：

$$Q_j = Q_0\mathrm{e} \qquad\qquad (9)$$

即炉子在经济点上工作时，其热负荷等于 Q_0 的 e 倍。

经济点上的单位热耗：

$$b_j = \frac{Q_j}{P_j}$$

将式（8），式（9）代入上式，得：

$$b_j = KQ_0\mathrm{e} \qquad\qquad (10)$$

即炉子在经济点上工作时，其单位热耗等于 KQ_0 的 e 倍。

以上三式完全规定了经济点 J 在图5中的坐标位置。只要已知 K 值和 Q_0 值，就可确定 b_j、Q_j、P_j 三个数值。

以上推导过程表明：确立式（8）、式（9）、式（10）三式的主要依据是热负荷与生产率之间存在着指数关系式。

现在我们用上述实验数据来验证这些关系式。

由式（3）得知，当量热计受热面积为 $0.09m^2$ 时，有：

$$K = 9.294 \times 10^{-6}, \quad Q_0 = 156170$$

按式（8）有：

$$P_j = \frac{1}{9.294 \times 10^{-6}} = 107600 \text{kJ/h}$$

按式（9）有：

$$Q_j = 156170 \times 2.7183 = 424500 \text{kJ/h}$$

按式（10）有：

$$b_j = 9.294 \times 10^{-6} \times 156170 \times 2.7183 = 3.945 \text{kJ/kJ}$$

由式（4）得知，当量热计受热面积为 0.06m^2 时，有：

$$K = 8.123 \times 10^{-6}, \quad Q_0 = 201220$$

同理，有：

$$P_j = \frac{1}{8.123 \times 10^{-6}} = 123100 \text{kJ/h}$$

$$Q_j = 201220 \times 2.7183 = 546980 \text{kJ/h}$$

$$b_j = 8.123 \times 10^{-6} \times 201220 \times 2.7183 = 4.443 \text{kJ/kJ}$$

以上计算结果与图 5 完全一致。

4 相对热负荷与相对生产率之间的关系（以及相对单位热耗与相对生产率之间的关系）

由式（8）、式（9）知：

$$K = \frac{1}{P_j} \quad 及 \quad Q_0 = \frac{Q_j}{\text{e}}$$

将它们代入式（1），稍加整理，得：

$$Q = Q_j \exp\left(\frac{P}{P_j} - 1\right) \tag{11}$$

或

$$\frac{Q}{Q_j} = \exp\left(\frac{P}{P_j} - 1\right) \tag{11'}$$

这是热负荷与生产率之间的又一关系式。它说明，火焰炉的相对热负荷 Q/Q_j 与相对生产率 P/P_j 之间的关系不随炉子而异。按式（11'）作图，得图 6 中的 $Q/Q_j = f(P/P_j)$ 曲线。上述第一、二组实验（受热面积为 0.09m^2）及第三、四组实验（受热面积为 0.06m^2）的各实验点均落在图中 Q/Q_j 线的附近（图中未标出）。

由图 5、图 6 或式（11'）得：

当 $\dfrac{P}{P_j} = 0$ 时，$\dfrac{Q_0}{Q_j} = \dfrac{1}{\text{e}} = 0.368$；

当 $\dfrac{P}{P_j} = 1$ 时，$\dfrac{Q_j}{Q_j} = 1$；

当 $\dfrac{P}{P_j} = 2$ 时，$\dfrac{Q_{p=2pj}}{Q_j} = \text{e}$。

可见 $Q_{p=2pj} = eQ_j = e^2 Q_0$。

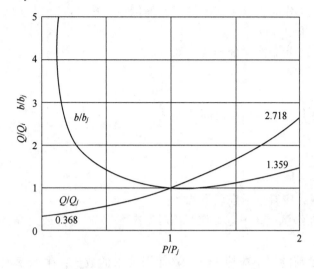

图 6   相对热负荷与相对生产率之间的关系

此外，式（11）两侧同除以 P，则得：

$$b = \frac{Q_j}{P}\exp\left(\frac{P}{P_j} - 1\right)$$

又因：

$$Q_j = b_j P_j$$

故得：

$$b = b_j \frac{P_j}{P}\exp\left(\frac{P}{P_j} - 1\right) \tag{12}$$

或

$$\frac{b}{b_j} = \frac{P_j}{P} = \exp\left(\frac{P}{P_j} - 1\right) \tag{12'}$$

这是单位热耗与生产率之间的又一关系式。它说明，火焰炉的相对单位热耗 b/b_j 与相对生产率 P/P_j 之间的关系不随炉子而异。

按式（12'）作图，得图 6 中 $b/b_j = f(P/P_j)$ 曲线。上述第一、二组及第三、四组实验的实验点均落在图 6 中 b/b_j 线附近（图上未标出）。

由图 6 及式（12'）可见：

当 $\dfrac{P}{P_j} = 0$ 时，$\dfrac{b}{b_j} \to \infty$；

当 $\dfrac{P}{P_j} = 1$ 时，$\dfrac{b}{b_j} = 1$；

当 $\dfrac{P}{P_j} = 2$ 时，$\dfrac{b}{b_j} = \dfrac{e}{2} = 1.359$。

5   结论

在其他条件一定的情况下，火焰炉热负荷与生产率之间呈指数关系：

$$Q = Q_0 \exp(KP)$$

炉子在经济点工作时，其生产率等于 K 的倒数，其热负荷等于 Q_0 的 e 倍，其单位热耗等于 KQ_0 的 e 倍。

相对热负荷与相对生产率的关系式如下：

$$\frac{Q}{Q_j} = \exp\left(\frac{P}{P_j} - 1\right)$$

以及相对单位热耗与相对生产率之间的关系式：

$$\frac{b}{b_j} = \frac{P_j}{P} \exp\left(\frac{P}{P_j} - 1\right)$$

均不随炉子而异。

为了节约燃料，应着重考虑以下几点：

（1）炉子应在经济点 J 附近工作，相对生产率 P/P_j 过低或过高都浪费燃料，但其中前者尤为严重。

（2）炉子热负荷的大小应等于该生产率所要求的数值；生产率波动时，热负荷应随之波动。

（3）应从构造和操作等方面入手，尽量降低炉子热负荷单位增长率 K 的数值。

参 考 文 献

［1］陆钟武. 火焰炉热工的一般分析［J］. 东北工学院学报，1963（6）：41-52.

［2］Мэсибоу Ф К. Регулировнне Работы прямоточнопротивотчной Нагревателъной печи. Нагрев слябов，1977.

火焰炉热工实验研究 (之二)*

1 前言

热工操作水平的高低,对于火焰炉生产指标有很大影响。同一座炉子,由于操作上的差异,生产率和热效率会有很大不同。所以,研究火焰炉热工操作十分重要。

一座炉子的操作参数较多,而且其具体项目随情况而异。但一般说来,热工操作方面的基本参数是热负荷、空气系数、炉膛压力和预热温度等。本文研究的是这些参数与炉子生产率、热效率(或单位热耗)之间的关系,以及这些参数(尤其是热负荷)与炉膛废气温度之间的关系。必须说明,炉膛废气温度并不是生产指标,但它对炉前操作人员掌握炉况有重要的参考价值,因为在操作变化的过程中,炉膛废气温度总是灵敏地随着升降。

本文的部分作者,曾对热负荷与生产率、单位热耗之间的关系进行过实验研究,并且已确定了它们之间的一般关系式[1,2]。至于预热温度、空气系数和炉膛压力等,前人曾做过若干研究,其中包括试验研究[3]。但工作很不系统,而且很少与炉膛废气温度以及热损失等问题联系起来。有的文献提供的资料只是现场的生产数据,带有较大的特殊性。

2 一般分析

2.1 热负荷与生产率、单位热耗之间的关系[1]

在讨论热负荷与生产率、单位热耗之间的关系时,我们始终假设其他各种条件保持不变,而且把炉子当作纯粹的热工设备来看待,工艺因素完全未考虑在内。

在这样的假设条件下,热负荷与生产率之间的关系(Q-P 方程)是:

$$Q = Q_0 e^{KP} \tag{1}$$

式中,Q 为热负荷,kJ/h;P 为生产率,kJ/h;Q_0 为常数,$P=0$ 时,$Q=Q_0$;K 为系数;e = 2.7183。

单位热耗与生产率之间的关系(b-P 方程)是:

$$b = \frac{Q}{P} = \frac{Q_0}{P} e^{KP} \tag{2}$$

从式(2)可知,当炉子生产率 $P=0$ 时,单位热耗 $b \to \infty$,在 P 值增大的过程中,b 值降低,但生产率达到某一数值后,如继续增大生产率,则单位热耗将回升。在单位热耗连续变化的过程中,它有一个最低点(J 点)。从节约燃料的角度看,此点可称为炉子工作的"经济点"。在"经济点"上的生产率 P_j,热负荷 Q 和单位热耗 b_j,分别为:

---

*本文合作者:杨宗山、赵渭国、边华、杨鸿儒。原发表于《冶金能源》,1982。

$$P_j = \frac{1}{K} \tag{3}$$

$$Q_j = Q_0 \mathrm{e} \tag{4}$$

$$b_j = KQ_0 \mathrm{e} \tag{5}$$

2.2 炉膛废气温度与生产率之间的关系

在热负荷变化过程中，炉子的生产率和炉膛废气温度都随着变化。

在空气及燃料均不预热的情况下，炉膛热平衡式可写成下列形式：

$$Q = \frac{Q}{Q_D} V_y \bar{c}_y t_y + P + Q_C \tag{6}$$

式中，Q_C 为炉膛热损失，kJ/h；Q_D 为燃料的低发热量，kJ/m^3 或 kJ/kg；V_y 为单位燃料燃烧时生成的废气量，m^3/m^3 或 m^3/kg；t_y 为炉膛废气温度，℃；$\bar{c}_y$ 为在 0℃ 和 t_y℃ 之间炉膛废气的平均比热容，kJ/（m^3 · ℃）。

将式（1）代入式（6），经整理后得：

$$t_y = t\left(1 - \frac{Q_C + P}{Q_0} \mathrm{e}^{-KP}\right) \tag{7}$$

式中，$t = \dfrac{Q_D}{V_y \bar{c}_y}$。

即理论燃烧温度，其值决定于燃料种类和空气系数。但需注意，在生产情况下，炉体的气密性和炉膛压力等条件对 V_y 及 $\bar{c}_y$ 值均有较大影响。

式（7）中的 Q_C 值，通常被称为固定热损失。在炉子生产率大幅度波动过程中，其值变化不大，故可称为固定值。

式（7）便是炉膛废气温度与生产率之间的一般关系式，或称 t_y-P 方程。附带指出，当 $P=0$ 时，则式（7）变为：

$$(t_y)_{P=0} = t\left(1 - \frac{Q_C}{Q_0}\right) \tag{8}$$

当炉子在 J 点工作时，因：

$$P = P_j = 1/K$$

则式（7）变为：

$$(t_y)_j = t\left(1 - \frac{Q_C + 1/K}{Q_0 \mathrm{e}}\right) \tag{9}$$

2.3 炉膛废气温度与热负荷之间的关系

这是与上一小节平行的内容。为此对式（1）等号两边取对数，稍加整理，得：

$$P = \frac{1}{K}\ln\frac{Q}{Q_0} \tag{10}$$

将式（10）代入炉膛热平衡式（6），化简后得：

$$t_y = t\left[1 - \frac{1}{Q}\left(\frac{1}{K}\ln\frac{Q}{Q_0} + Q_C\right)\right]$$

这便是在燃料及空气均不预热情况下，炉膛废气温度与热负荷之间的关系式。附带指出，当生产率 $P=0$ 时，因 $Q=Q_0$，故：

$$t_y = t\left(1 - \frac{Q_C}{Q_0}\right)$$

此式与式（8）相同。

当生产率 $P=0$ 时，因 $Q=Q_0\mathrm{e}$，故：

$$t_y = 1 - \frac{1}{Q}\left(\frac{1}{K}\ln\frac{Q}{Q_0} + Q_C\right) \tag{11}$$

此式与式（9）相同。

同理，在预热空气（燃料）的情况下，式（11）变为：

$$t_y = t\left[1 - \frac{1}{Q}\left(\frac{1}{K}\ln\frac{Q}{Q_0} + Q_C - Q_b\right)\right] \tag{11'}$$

式中，Q_b 为空气（燃料）的物理热，kJ/h。

2.4　预热温度与生产率之间的关系

利用炉膛废气对燃料或助燃空气进行预热，是节约燃料和提高产量的重要措施。以往的文献只讨论预热温度与节约燃料的关系，而且讨论问题的前提是炉子的生产率维持不变，炉膛热损失和排出的废气温度不变。在此前提下，燃料的相对节约量为：

$$\Delta B = \frac{B - B'}{B} = \frac{Q_b}{Q + Q_b - Q_y} \tag{12}$$

式中，B、B' 分别为空气（燃料）不预热和预热时的燃料用量，m³/h 或 kg/h；Q_b 为空气（燃料）带入炉膛的热量，kJ/h；Q_y 为炉膛废气的热量，kJ/h。

利用式（12）绘制的预热温度与燃料节约量之间的关系图表是大家所熟知的。

现在讨论预热温度与生产率之间的关系，前提是热负荷维持不变，炉膛热损失认为固定不变。

设不预热情况下的生产率和炉膛废热分别为 P 及 Q_y，而预热情况下分别为 P' 及 Q_y'，则可写出以下两式：

$$P = Q - Q_y - Q_C \tag{a}$$

及

$$P' = Q + Q_b - Q_y' - Q_C \tag{b}$$

由式（a）、式（b）可知，预热后炉子生产率的相对提高量为：

$$\Delta P = \frac{P' - P}{P} = \frac{Q_b - (Q_y' - Q_y)}{Q - Q_y - Q_C}$$

或写作：

$$\Delta P = \frac{Q_b - \dfrac{Q}{Q_D}V_y(\bar{c}_y' t_y - \bar{c}_y t_y)}{Q - \dfrac{Q}{Q_D}V_y\bar{c}_y t_y(- Q_C)} \tag{13}$$

只要已知空气预热温度以及 Q、Q_D 和燃料种类及空气系数等数据，按式（13）即可求得 ΔP 值。

但若已知该炉在预热和不预热两种情况下各自的 $Q\text{-}P$ 方程，即：

在不预热时：

$$Q = Q_0 e^{KP}$$

在预热时（某一固定预热温度）：

$$Q = Q_0' e^{K'P'}$$

则将以上两式写成式（10）的形式，在此基础上可直接写出，即：

$$\Delta P = \frac{P'}{P} - 1 = \frac{\frac{1}{K'}\ln\frac{Q}{Q_0'}}{\frac{1}{K}\ln\frac{Q}{Q_0}} - 1 \tag{14}$$

不难看出，若将炉膛废气温度公式，式（11）及式（11′）代入式（13）亦可得式（14）。

在热负荷不变的情况下，生产率提高了，当然燃料就节约了，这是无须解释的。

2.5 空气系数及炉膛压力与生产率之间的关系

在保证燃料完全燃烧的条件下，尽量降低空气系数，以及保持合适的炉膛压力，是热工操作人员所重视的操作原则。

在讨论这些问题时，可用与上一小节类似的方法，写出与式（13）、式（14）相仿的公式，不必在此重复。

3 试验设备和试验方法

3.1 试验设备

试验炉是一座用轻质高铝砖砌成的直通式加热炉，如图1所示。炉底面积为 2.43（长）×0.348（宽）= 0.846m² 。以城市煤气为燃料，在炉子的端头用一个扁平式煤气烧嘴供热。炉子采用尾部上排烟，在炉尾的上部装有预热空气的辐射式换热器。用离心式风机供风，冷空气分成两路：一路经换热器变成热空气后送到烧嘴前，另一路直接

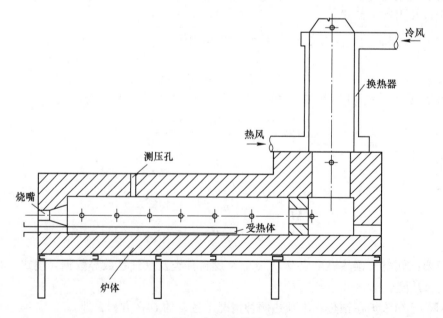

图1 试验炉简图

送到烧嘴前，也可与热空气汇合。受热体（被加热物体）为管状水流式量热计。其构造是套管式的，内管进水，环缝回水，长度为 1.59m，试验时从炉子端墙烧嘴的下部插入炉内，最多可同时插入三根。为了与炉底之间保持一定的间隙，用砖块垫起。在各种管道、炉膛和烟道上均设有相应的调节阀和温度、压力、流量、成分测试装置（炉膛废气温度用 CH-1 型抽气热电偶测量）。炉膛压力和水量的调节使用电动执行机构。

3.2 试验方法

在试验工作中，当研究某一被调参数对炉子生产率、单位热耗或废气温度的影响时，其他参数均尽可能地保持恒定。

每次开炉，先进行烘炉，然后将被调参数固定在事先规定的数值上，待炉子温度（以炉内热电偶示数为准）基本稳定后，开始测量所需的各项数据（即一次试验）。然后改变被调参数值，待炉子温度在新的条件下重新达到稳定后，即开始下一次试验，这样逐次完成一组试验。

燃料燃烧所需要的空气量和生成的废气量是按燃烧计算确定的，并通过废气分析进行校核。

炉膛热损失值是用计算方法确定的，即：

$$热负荷 + 空气物理热 - 有效热(生产率) - 炉膛废气热 = 炉膛热损失$$

4 试验结果和分析

4.1 炉膛废气温度的影响

在炉膛废气温度与炉子生产率（热负荷）之间的关系方面共做了两组试验，见表 1。

<table>
<tr><th>组别</th><th>受热面积
/m²</th><th>煤气低发热量
/kJ·m⁻³</th><th>空气系数</th><th>空气、煤气温度
/℃</th><th>炉膛压力
/Pa</th></tr>
<tr><td>1</td><td>0.2904</td><td>19345</td><td>1.15</td><td>室温</td><td>5</td></tr>
<tr><td>2</td><td>0.1819</td><td>20034</td><td>1.15</td><td>室温</td><td>5~8</td></tr>
</table>

对两组试验数据分别进行回归计算，得到的 Q_0、K 值及 $Q\text{-}P$、$b\text{-}P$ 方程等列于表 2 中。

表 2 炉膛废气温度影响的试验结果

实验组序	Q_0	K	$Q\text{-}P$ 方程	$b\text{-}P$ 方程	P_j 方程 /kJ·h⁻¹	Q_j 方程 /kJ·h⁻¹	η_j 方程 /%	b_j 方程 /kJ·kJ⁻¹	相关系数
第一组	107200	1.1988×10^{-5}	$Q=107200\times\exp$ $(1.1988\times10^{-5}P)$	$b=107200P\times\exp$ $(1.1988\times10^{-5}P)$	83418	291400	28.6	3.4932	0.996
第二组	168260	8.3458×10^{-6}	$Q=168260\times\exp$ $(8.3458\times10^{-5}P)$	$b=168260P\times\exp$ $(8.3458\times10^{-5}P)$	119800	457300	26.2	3.8172	0.999

表 1 炉膛废气温度影响的试验条件

用表 2 中的 Q_0、K 值以及有关试验数据，按式（7）和式（11）计算各次试验的炉膛废气温度（t_y），其结果见表 3。

表 3　计算与实测的炉膛废气温度

项　目	第一组							第二组			
	1	2	3	4	5	6	7	1	2	3	4
按式（7）计算的炉膛废气温度 t_{y1}/℃	814	921	947	971	1000	1041	1053	927	984	1095	1206
按式（11）计算的炉膛废气温度 t_{y2}/℃	830	908	940	977	1003	1043	1063	919	993	1106	1196
用抽气热电偶实测的炉膛废气温度 t'_y/℃	855	895	935	980	1005	1045	1068	910	1000	1115	1190
误差 1[①]/%	-4.1	2.9	1.3	-0.9	-0.5	-0.4	-1.4	1.9	-1.6	-1.8	1.4
误差 2[②]/%	-3.0	1.3	0.5	-0.3	-0.2	-0.2	-0.4	0.9	-0.7	-0.8	0.5

①按 $(t_{y1} - t'_{y1})/t'_y \times 100\%$ 计算；

②按 $(t_{y2} - t'_{y2})/t'_y \times 100\%$ 计算。

由表 3 可见，按式（7）计算的与用抽气热电偶实测的废气温度之间的误差很小，第一组试验为 0.4% ~ 4.1%；第二组试验为 1.4% ~ 1.9%。按式（11）计算的数值与实测值之间的误差更小，第一组试验最大误差只有 3%，第二组试验最大误差为 0.9%。

如果每次试验的炉膛热损失按一组试验的平均热损失计算，理论燃烧温度按定值计算，即：

第一组：平均热损失 $\overline{Q_C} = 93446\text{kJ/h}$，理论燃烧温度为：

$$t = \frac{Q_D}{V_y \bar{c}_y} = \frac{19345}{6.28 \times 1.529} = 2014.66℃$$

第二组：平均热损失 $\overline{Q_C} = 143178\text{kJ/h}$，理论燃烧温度为：

$$t = \frac{Q_D}{V_y \bar{c}_y} = \frac{20034}{5.367 \times 1.545} = 2416.06℃$$

则每组的 $t_y = f(P)$ 具体关系式为：

第一组：

$$t_y = 2014.66\left[1 - \frac{93446 + P}{107200}\exp(-1.198 \times 10^{-5}P) \right] \tag{15}$$

第二组：

$$t_y = 2416.06\left[1 - \frac{143178 + P}{168260}\exp(-8.3458 \times 10^{-6}P) \right] \tag{16}$$

按式（15）和式（16）作图，则两组试验的 $t_y = f(P)$ 关系如图 2 和图 3 所示。图内各点分别为 t_y、Q、η、b 的实测值。图中的曲线表明，废气温度的实测值与按式（15）和式（16）的计算曲线相比较，两者的吻合程度也比较好。由此可见，在计算废气温度时，把某一热负荷区间的炉膛平均热损失代入废气温度计算公式，也可以得到比较准确的计算结果。当然，同代入各热负荷下的实际热损失值相比，其准确程度要差些。具体应用时，应根据可能及精度要求，选定计算方法。

在图2及图3中，除了废气温度曲线之外，还描出了 $Q = f(P)$、$b = f(P)$ 以及热效率 $\eta = f(P)$ 等曲线。这是为了直观地把废气温度与炉子生产指标联系在一起。从中还可看到，废气温度与炉子生产指标密切相关。因此，它是炉子操作者必须掌握的一个重要参数。

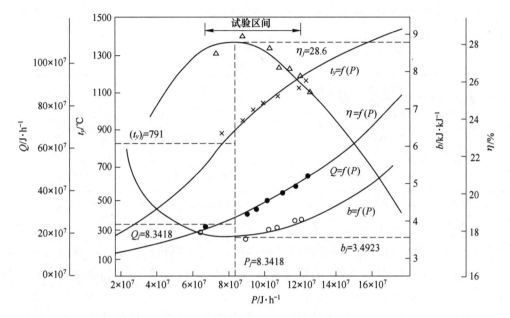

图2　废气温度(t_y)、热负荷(Q)、热效率(η)和单位热耗(b)
随生产率(P)的变化关系(第一组试验)

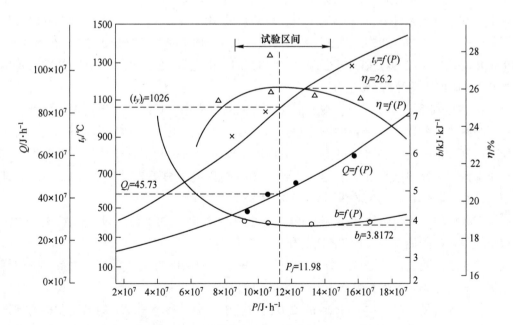

图3　废气温度(t_y)、热负荷(Q)、热效率(η)和单位热耗(b)
随生产率(P)的变化关系（第二组试验）

117

由图还可见，$t_y = f(P)$ 曲线的中段，在相当宽的一个区间，很接近于直线。难怪有些作者曾提出，废气温度与生产率之间是线性关系[4]。但是，必须指出，这只是大体上适用于中等生产率的情况。此外，这条直线的斜率以及它在纵坐标上的截距是随许多条件变化的，而一些作者对此未给予足够的重视。

4.2 空气系数的影响

在空气系数与炉子生产率、热效率以及废气温度等参数之间的关系方面，共做了两组试验，见表4。

表4 空气系数影响的试验条件

组别	煤气量 /m³·h⁻¹	煤气低发热量 /kJ·m⁻³	热负荷 /MJ·h⁻¹	炉膛压力 /Pa	空气温度 /℃
1	22	16730	368	10~8	-2~0
2	22	15160	333	10	-1~0

注：本研究所涉及的体积单位，均指标准状态下（压力为101325Pa，温度为0℃）的气体体积。

以试验结果以及试验条件为原始数据，计算各次试验的废气热量（区分物理热和化学热）、热损失量以及它们在炉膛热平衡中各自所占的百分数，则可得图4（由于热负荷为定值，所以图中生产率 P、炉膛废热 Q_y、热损失 Q_C 等项相对值的变化规律，同绝对值是完全一样的）。

图4清楚地表明了在空气系数变化的过程中 P、Q_y、Q_C 三项热量相互消长的关系：

（1）空气系数 $n>1$ 时：在 n 值逐步增大的过程中，炉膛废气温度逐步降低，但由于废气体积增大得很快，所以废气带走的热量逐步增加。与此同时，炉子生产率逐步降低。在本试验条件下，当 $n=1.1$ 时，炉子热效率为34%~35%，而当 $n=2.0$ 时，炉子热效率降至21%~22%，即空气系数每增大0.1，炉子热效率降低1.5%。在此区间，单位热耗从 2.8~2.9kJ/kJ 上升到 4.4~4.7kJ/kJ，即上升36%~37%，或空气系数每增加0.1，单位热耗升高4%左右。

（2）空气系数 $n<1.1$ 时：在 n 值逐步降低的过程中，炉膛废气温度逐步降低，体积逐步减小，所以废气带走的物理热逐步减少。但是，废气中的可燃成分增加很快，所以废气带走的化学热增加很快。化学热和物理热两项之和仍逐步增加，所以生产率逐步降低。本试验条件下，在 $n=1.0$ 到 $n=0.8$ 范围内，炉子热效率降低4%~6%，即空气系数每降低0.1，热效率下降1.5%~2%。

在此区间，单位热耗从 2.8~2.9kJ/kJ 上升到 3.5~3.3kJ/kJ，即上升13%~23%，或空气系数每降低0.1，单位热耗上升4%~7%。

图5表示两组试验沿炉长方向上炉子内壁各点的温度与空气系数的关系。图中横坐标的6个号码表示炉长方向上6个测温点的位置。

由图5可见，在 $n=1.0$ 升到 $n=2.0$ 的过程中，炉子整个长度上的温度在均匀地逐步降低。由 $n=1.0$ 下降的过程中，炉壁温度也在降低。而炉温的升降是生产率高低的主要原因。

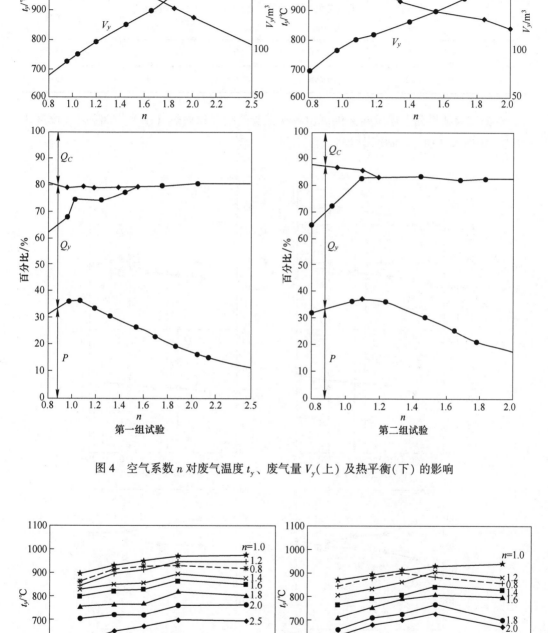

图 4　空气系数 n 对废气温度 t_y、废气量 V_y(上) 及热平衡(下) 的影响

图 5　炉子内壁各点温度与空气系数的关系

第一组试验

第二组试验

4.3 预热温度的影响

在预热温度方面也做了两组试验，见表5。

表5 预热温度影响的试验条件

组别	煤气量 /m³·h⁻¹	煤气低发热量 /kJ·m⁻³	热负荷 /MJ·h⁻¹	炉膛压力 /Pa	空气系数
1	22	19200	456	10	1.15
2	22	19890	437.5	10	1.15

根据试验结果和上述试验条件算出各次试验的空气物理热（Q_b）、炉膛废气物理热（Q_y）、热损失（Q_C），制成图6。

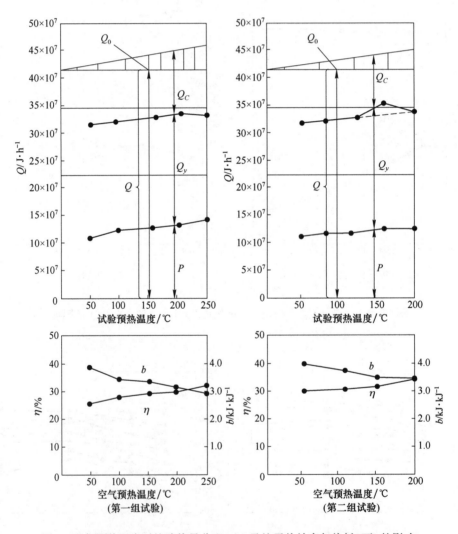

图6 空气预热温度对炉膛热量分配(上)及炉子热效率与热耗(下)的影响

由图6可见，在提高空气预热温度的过程中，炉子生产率随着提高。但因炉膛废气带走的热量也在增加，所以生产率的增量小于空气物理热的增量。以第一组试验为例，将空气物理热和生产率二者各自的增量列于表6。

表6 空气物理热和生产率的影响

空气温度始末 /℃	56→112	112→160	160→204	204→254
空气物理热增量 /kJ·h^{-1}	8415	7159	6573	7461
生产率增量 /kJ·h^{-1}	22	19890	437.5	4229

由始至末，空气温度升高198℃左右，空气物理热增加29608kJ/h，但生产率只增加16706kJ/h，生产率的相对增长率为14.4%左右。与此同时，炉子热效率从27.4%提高到31.4%，单位热耗从3.65kJ/kJ降到3.19kJ/kJ，即降低2.6%。

不难理解，上述结果就是按式（13）计算的结果。

由于没有在各预热温度下进行生产率与热负荷的系统试验。所以不可能得出各预热温度下的 Q-P 方程，当然也就不能用式（14）对试验结果进行验算。

图7表示炉长方向上炉子内壁各点温度与空气预热温度之间的关系（以第二组试验为例）。由图可见，在提高预热温度的过程中，炉子整个长度上的温度在不断上升。正因为如此，炉子生产率不断增高。

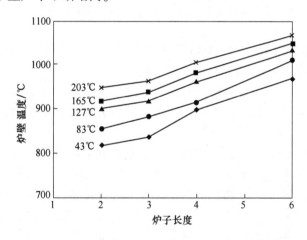

图7 炉子内壁各点温度与空气预热温度的关系进行验算

4.4 炉膛压力的影响

炉膛压力对于炉子生产指标影响的试验条件见表7。

表7 炉膛压力影响的试验条件

组别	煤气量 /m³·h^{-1}	煤气低发热量 /kJ·m^{-3}	热负荷 /MJ·h^{-1}	空气系数	空气温度 /℃
1	22	18309	402.8	1.15	5

组别	煤气量 /m³·h⁻¹	煤气低发热量 /kJ·m⁻³	热负荷 /MJ·h⁻¹	空气系数	空气温度 /℃
2	22	19200	422.4	1.15	5

图 8 是根据试验数据描出的炉子生产率变化曲线。由图可见，在炉膛压力由-20Pa升到+30Pa 的过程中，炉子生产率和热效率有较大增长：第一组试验，生产率增大 13.9%，热效率从 26.8%上升到 30.6%；第二组试验，生产率增长 23%，热效率从 21.1%上升到 24.8%（在热负荷大体相同的情况下，两组试验的结果差别较大，其主要原因是热损失差别较大）。

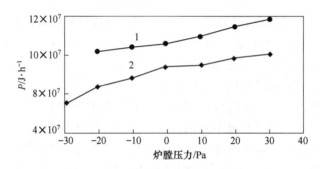

图 8　炉子生产率与炉膛压力的关系

1—$\overline{Q}_C = 8.8×10^7$J/h（第二组试验）；2—$\overline{Q}_C = 9.6×10^7$J/h

在此区间，单位热耗从 3.73kJ/kJ 下降到 3.27kJ/kJ，即下降 12%（第一组试验），或从 4.97kJ/kJ 下降到 4.04kJ/kJ，即下降 19%。

在本试验条件下，炉子热效率与炉膛压力之间关系曲线并未出现峰值。试验炉炉体的气密性是相当好的，在这样的炉子上，炉膛压力尚且有如此明显的影响，何况一般生产用炉。

在炉膛压力增大的过程中，炉膛废气带走的热量必相应地减少，但是，在研究炉膛压力时，很难计算炉膛废热量，因为：（1）在负压情况下，通过炉体吸入冷空气，使炉膛出口断面上的废气温度和成分都不均匀，所以在某一点上测得的气体成分和温度没有足够的代表性；（2）在炉子正压较大时，一部分气体穿过炉墙的缝隙外逸，其余的从废气口排出，不同部位的气体具有不同的温度，所以测得的炉膛废气温度并不能代表全炉排出（逸出）气体的温度。

这样，试验表明在增大炉膛压力的过程中，废气出口温度逐步升高，但与此同时，废气中的氧含量逐步降低，也即废气量在逐步减少。

5　结论

（1）为了描述火焰炉炉膛热工作，要建立两个方程式：

1）热负荷与生产率之间的关系式；

2）废气温度与生产率（或热负荷）之间的关系式。

就经验公式而言，文献提出了上述第一个方程式，而本文提出了第二个方程式。所以，在此意义上，本文是文献的补充。

（2）在经验公式中，不可能包罗众多的变量，因此，为了全面地研究火焰炉的热工操作，必须单独研究其他参数。本文研究了预热温度、空气系数和炉膛压力三者。在研究这些参数时，都以热负荷保持不变为前提条件，着重研究它们与炉子生产指标之间的关系。与此同时，研究了这些参数变化过程中热平衡中各项热量相应的变化以及炉子温度的变化。

（3）废气温度随着炉子生产率（或热负荷）灵敏地变化着，生产上应充分利用这一点，把废气温度作为判断炉况、进行合理操作的重要参考。从节约燃料的观点出发，炉膛废气温度应控制在炉子工作的经济区域。

空气系数和炉膛压力对单位热耗的影响极大。只要恰当地控制这些参数，就能节约燃料，而且并不像安装换热器那样要投入许多资金。生产上应首先注意这些效果大、投资少的节能方法。

参 考 文 献

［1］陆钟武，李成之. 火焰炉热工特性的实验研究和分析讨论［J］. 工业炉通讯，1979（3）：21-31.

［2］陆钟武，杨宗山. 加热炉单位燃耗的分析——火焰炉热工特性的应用［J］. 东北工学院学报，1980（1）：92-107.

［3］Кавацеров А В. Тепловая Работа пламенных печей［M］. Металлургиэдат，Свердловск，1956.

［4］林切夫斯基. 加热炉［M］. 北京：冶金工业出版社，1957.

加热炉单位燃耗的分析[*]
——火焰炉热工特性的应用

摘　要　在研究火焰炉热工特性的基础上，研究了四座轧钢厂的加热炉。按照以往提出的热负荷 Q（以及单位燃耗 b）与生产率 P 之间的一般关系式，确定了这几座炉子的 Q-P 方程及 b-P 方程以及经济点的位置。对比同一座炉子加热不同坯料和炉体局部改造的前后情况等，分析了结构和操作等参数对单位燃耗的影响。从炉子实际工作点（区间）与经济点的对比中判断了炉子强化后可能节约的燃料量。确定了现行措施（水管包扎、出料端的改造）的效果，指出了进一步降低单位燃耗的可能性和应该采取的措施（提高炉底利用率、炉底强度和作业率等）。

1　引言

我国冶金工业的燃耗指标，与世界先进水平相比，差距较大。降低各工序的燃耗，其中包括加热炉的燃耗，是今后一段时间内必须解决的问题。

为了降低加热炉的燃耗，可以从各个不同的角度去探讨，其中包括技术和管理、工艺和热工、操作和构造等。我们对这个问题的研究，是在以前研究火焰炉热工的基础上进行的。以前，侧重于理论研究和实验研究[1,2]；近来，与工厂协作，具体地分析了几座加热炉。一方面是分析它们的现状，从中探讨节约燃料的可能性；另一方面是确定已经实施了的措施的效果，也就是进行前后的对比。对比的方法是确定措施实施前后的热工特性。这样当然比一般求平均值的对比方法深入些，因为这是在生产率变动的过程中研究措施的效果，不仅可见到炉子现有工作区间的措施效果，而且能预见到这区间以外的效果。

通过对这几座加热炉的分析，初步地摸索到了一种定量地剖析炉子性能和工作状况的方法。这种方法，不要求有专门的测试工具，只要求有日常生产中积累起来的记录。因此，它是比较容易办到的。用这种方法得到的研究结果（经验公式等），包括本文将要介绍的结果，对于加热炉的设计、操作、燃料定额和自动化等工作都有一定参考价值，与节约燃料的工作当然更是密切相关。

本文将首先叙述火焰炉热工特性的概念和公式，然后介绍它们在加热炉上的具体应用，最后概括地说明降低燃耗的几项措施。

2　概念和公式[2]

大家都知道，火焰炉的生产指标（生产率、单位燃耗等）是随其操作参数和结构参数而变化的。这里所说的操作主要是指热工操作方面的各个参数，如热负荷、空气量等；而结构参数是指炉子各部分的结构及几何尺寸。

---

　　* 　本文合作者：杨宗山。原发表于《东北工学院学报》，1980。

显然，炉子的结构和操作之所以对生产指标有影响，是因为它们直接影响着炉内热工过程（气体运动、燃烧、传热），而通过热工过程间接地影响着生产指标：

$$\left.\begin{array}{r}\text{结构参数}\\\text{操作参数}\end{array}\right\}\longrightarrow\text{热工过程参数}\longrightarrow\text{生产指标}$$
　　　　　　　　（1）　　　　　　　　（2）　　　　　　　（3）

也就是说，与炉子热工作有关的变量，可以划分为（1）（2）（3）三类。

　　如果要对火焰炉热工进行理论研究，那么必须综合地研究上述三类变量之间的关系。在这方面，不少作者曾发表过专门著作（见文献［1］所列参考书目）。这些专著中提出的理论公式都是（1）（2）（3）三类变量之间的关系式。这类公式说明问题比较全面深入，但是包含的变量很多，不便于应用。

　　近来，我们研究的重点是：直接在（1）（3）两类变量之间建立联系，希望找到较为简单的一般关系式，它既能定量地说明问题，又便于实际应用。要做到这一点，当然只能采用经验法。例如，为了直接在某一操作参数和某一生产指标之间建立联系，就得首先按照火焰炉热工的共同特点，确定这两个变量之间的函数类型，然后以该函数式为依据，针对各座炉子确定具体的经验式。

　　1976 年前后，用这种方法，确定了热负荷与生产率之间的一般关系式，并在此基础上导出了单位燃耗与生产率之间的一般关系式，找到了炉子工作"经济点"坐标位置的确定方法。以这些一般关系式为依据，整理我们自己的实验结果和文献中的实验数据，都得到了满意的结果。

2.1　热负荷与生产率之间的关系

　　热负荷是火焰炉的主要操作参数，生产率又是它的主要生产指标，所以，确定这二者之间的关系，具有特殊的重要性。

　　当然，热负荷并不是影响生产率的唯一因素，除热负荷之外，还有许多影响因素。所以，在讨论热负荷与生产率之间的关系时，我们始终假设其他各种条件都保持不变。而且，把炉子当作纯粹的热工设备来看待，工艺因素完全未考虑在内。

　　在这些假设条件下，热负荷与生产率之间并不是直线关系。理论和实践均表明，它们二者之间关系如图 1 所示，图中以热负荷 Q 为纵坐标，以生产率 P 为横坐标。热负荷随生产率的变化在图上是一条向上翘起的曲线。这种变化规律，人们是熟悉的，不必加以解释。

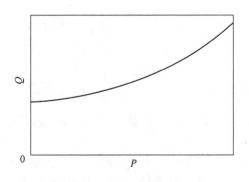

图 1　热负荷和生产率的关系

问题是要给这条曲线配以恰当的函数关系式。经过比较和鉴别，我们确定用下列指数方程：

$$Q = Q_0 e^{KP} \tag{1}$$

式中，Q 为热负荷；P 为生产率；Q_0 为系数，$P=0$ 时，$Q=Q_0$；K 为常数；$e=2.7183$。

这便是火焰炉热负荷与生产率之间的一般关系式，或称 $Q\text{-}P$ 方程。

显然，K 值是热负荷的单位增长率，即 $\dfrac{\dfrac{dQ}{dP}}{Q}$，这是因为：

$$\frac{\dfrac{dQ}{dP}}{Q} = \frac{\dfrac{d(Q_0 e^{KP})}{dP}}{Q_0 e} = \frac{Q_0 K e^{KP}}{Q_0 e^{KP}} = K$$

K 值随炉而异，也随一些操作参数而异。但是，只要其他条件保持恒定，K 值是不随热负荷的增减而变化的。

由式（1）得直线式：

$$\ln Q = \ln Q_0 + KP \tag{2}$$

在单对数坐标纸上（以 $\ln Q$ 为纵坐标，P 为横坐标），式（2）是一条斜线，见图 2。这条斜线在纵坐标上的截距为 $\ln Q_0$，它的斜率 $\tan\alpha = K$。

这样，利用回归分析法，既能针对具体情况确定式中的 Q_0 及 K 值，又能判定公式及数据之间的吻合程度。

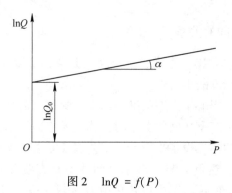

图 2　$\ln Q = f(P)$

2.2 单位热耗与生产率之间的关系式

单位热耗 b 等于热负荷除以生产率，即 $b = \dfrac{Q}{P}$。将式（1）代入上式有：

$$b = \frac{Q}{P} = \frac{Q_0}{P} e^{KP} \tag{3}$$

这便是单位热耗与生产率之间的一般关系式，或称 $b\text{-}P$ 方程。

为了在各具体情况下，确定 b、P 二者之间的关系，只需已知炉子在该情况下的 K 和 Q_0 值。

由式（3）不难看出，炉子生产率 $P=0$ 时，单位热耗 $q = \infty$；在 P 值增大的过程中，b 值降低；但生产率达到某一数值后，如继续增大生产率，则单位热耗将回升，如图 3 所示。图中还标明了单位热耗的最低点 J 以及与其相对应的单位热耗值（b_j）、生产率值(P_j)、热负荷值(Q_j)。为了便于对照，图 3 中还画出了 $Q = f(P)$ 曲线（以热负荷为纵坐标，见图左侧）。

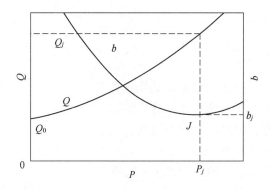

图 3　$Q = f(P)$ 和 $b = f(P)$

炉子在点 J 工作时，热耗最低。从节约燃料的角度来看，此点可称为炉子工作的经济点。为了求得此经济点的坐标，将式（3）对 P 求导数：

$$\frac{\mathrm{d}b}{\mathrm{d}P} = \frac{\mathrm{d}\left(\dfrac{Q_0}{P}\mathrm{e}^{KP}\right)}{\mathrm{d}P} = \frac{Q_0\mathrm{e}^{KP}}{P}\left(K - \frac{1}{P}\right)$$

并令：

$$\frac{\mathrm{d}b}{\mathrm{d}P} = 0$$

故得：

$$K - \frac{1}{P} = 0$$

又因炉子在 J 点工作时，$P = P_j$，故得：

$$P_j = \frac{1}{K} \tag{4}$$

即炉子在经济点上工作时，生产率 P_j 等于 K 的倒数。

为了求得经济点上的热负荷，将式（4）代入式（1），同时令 $P = P_j$，则得：

$$Q_j = Q_0\mathrm{e} \tag{5}$$

将式（4）和式（5）代入，得：

$$b_j = KQ_0\mathrm{e} \tag{6}$$

即炉子在经济点上工作时，单位热耗等于 KQ_0 的 e 倍。

以上三式完全规定了经济点 J 在图 3 中的坐标位置。只要已知 K 值和 Q_0 值，就可以确定 P_j、Q_j、b_j 三个数值。

以上推导过程表明，确立式（4）、式（5）、式（6）三式的主要依据是热负荷与生产率之间存在着指数关系式。

热负荷与生产率之间的关系（Q-P 方程），单位热耗与生产率之间的关系（b-P 方程），是火焰炉热工特性的主要内容。此外，炉子热效率 η，也随生产率（及热负荷）而变，η-P 方程也是炉子热工特性的内容之一，但因 $\eta = \dfrac{\Delta I}{b}$，所以只要说明了 b-P 方程，就不必再去说明 η-P 方程了。

3 生产记录和数据处理

只要有较完整的生产记录，就可以运用上述概念和公式，分析轧钢厂加热炉的燃耗问题。一般工厂的生产记录都能满足这个要求，因为其中记录了每个班所用的坯料规格和钢种、成品规格、班产量、班燃（油）耗、班停轧时间等项。各次修炉（炉子改造）的时间和内容一般也有记录。这些记录是分析炉子燃耗问题的原始资料。

一般情况下，一个班只加热一种钢坯。例外情况不多。

每班停轧的次数、原因和时间长短都有记载。班停轧时间是指班内各次停轧时间的累计值。

在开轧时间内，轧机和炉子的生产率上下波动很大，而且变动很频繁。一般并无小时产量的记录。班产量是每班 8h 内产量的总和。通常，班产量是按成品重量计算的，很少有钢坯重量的记载。

在产量波动的过程中，炉子的热负荷（或供油量，t/h）也在变动，但很少有按小时的记录。停轧时炉子的热负荷值，决定于停轧时间的长短。如果是短时间停轧，热负荷调低不多；停轧时间较长时，则只向炉内供入保温用的燃料量。生产记录中只有每班 8h 内燃料的总消耗量，例如班油耗。从记录上无法区分停轧和开轧时所用的燃料量。

从上述实际情况出发，在处理数据时，采取了以下做法：

（1）对于不同钢种、不同规格坯料的数据，分别处理；

（2）炉子改造前后的数据，分别处理；

（3）按班停轧时间的长短，将数据分成若干组，分别处理；

（4）按下式把班产量和班燃（油）耗进行换算：

$$班平均小时产量 = \frac{班产量}{8h}$$

$$班平均小时油耗 = \frac{班油耗}{8h}$$

以便与习惯上沿用的单位取得一致。

数据经分组和换算后，即运用火焰炉热工特性的概念和公式，按回归分析法处理数据。

每座加热炉加热的钢坯可以是各种不同的规格，但是，我们只选择其中一两种主要的进行计算。在停轧时间不同的各组数据中，也只选择其中有代表性的一组数据。这样可节省许多时间。

例 在分析沈阳轧钢厂二车间加热炉的燃耗问题时，处理的数据中有这样一组，其情况和计算过程如下。

数据条件：

加热钢种——普碳钢。

钢坯规格——60mm×60mm×1900mm。

成品规格——φ12mm、φ14mm，圆钢。

班停轧时间——0~30min。

生产期间——1978 年 6~11 月。

数据表：见附表 1。

按回归分析法计算，得到 Q-P 方程：

$$Q = 0.3044e^{4.50 \times 10^{-2}P} \tag{7}$$

相关系数为 0.8111。

单位燃耗 b 与班平均小时产量 P 之间的关系为：

$$b = \frac{0.3044}{P}e^{4.50 \times 10^{-2}P} \tag{8}$$

故按式（4），求得经济点的生产率为：

$$P_j = \frac{1}{4.50 \times 10^{-2}} = 22.12t/h$$

按式（5）求得经济点的油耗量为：

$$Q_j = 0.3044 \times 2.7183 = 0.8275t/h$$

按式（6）求得经济点的单位燃耗为：

$$b_j = 4.50 \times 10^{-2} \times 0.3044 \times 2.7183 = 0.0374t/t$$

即 37.4kg/t。

4　结果和讨论

按上述方法，分析计算了沈阳轧钢厂二车间（沈轧）、沈阳线材厂（沈线）、营口中板厂（营板）、天津轧钢一厂热带车间（津带）的四座加热炉[3-6]。这些炉子的简图及简介见表 1。

表 1　四座加热炉的简图及简介

厂名	沈轧			沈线		营板			津带		
炉型结构											
炉内有效尺寸 /mm×mm	21000×2400			21200×3828		23084×3796			22500×3060		
喷嘴型号、数量及配置	端上	端下	腰上	上端	下端	侧上	侧下	端上	端下	腰下	
	R150×3	R150×2	R150×2	R150×4	R150×4	R150×2×2	R150×4×2	C4″×4	R100×2	R150×2×2	
燃料种类	重油			重油		重、原混合油			重油 50%，原合油 20%，原油 30%		
钢坯尺寸 /mm×mm×mm	60×60×(1300~2000) 90×90×(1450~1960)			90×90× (2200~3400)		(100~200) × (600~1500) × (1050~1600)			(23~25) × (90~110) × (2000~2400)		

4.1 计算结果

表2和图4是这四座加热炉在现行现役期内部分生产数据的整理结果。表中列出了数据条件、生产期间和计算结果，其中包括 $Q\text{-}P$ 方程以及经济点的单位燃耗 b_j 和生产率 P_j。此外，还标明了每组数据的个数和每次回归计算中的相关系数。图4分上下两部分：上半部分是按表2中各式制成的一束 $\ln Q = f(P)$ 的斜线，线上的序号与表中相同；下半部分是单位燃耗随生产率变化的一些曲线，即 $Q\text{-}P$ 线。前面已经说过，$Q\text{-}P$ 方程等号两侧除以 P 即得 $b\text{-}P$ 方程。

表2 四座加热炉在现行现役期内部分生产数据的整理结果

厂名	序号	生产期间	原始数据条件			计算结果				统计数据组数	相关系数	备注
			钢种	钢坯尺寸 /mm×mm×mm	班停轧时间 /min	$\theta = f(P)$ 回归方程	b_j /kg·t^{-1}	P_j /kg·t^{-1}	钢压低强 /kg·(m²·h)$^{-1}$			
沈轧	1	1978年6月~ 1978年11月	普碳	60×60×1900	0~30	$Q = 0.3044e^{4.5\times10^{-8}P}$	37.40	22.12	554	37	0.811	单面加热
沈线	2	1978年11月~ 1979年3月	65y	90×90×2420	0~60	$Q = 0.724e^{2.21\times10^{-2}P}$	43.55	45.19	932	12	0.942	双面加热
	3	1978年11月~ 1979年3月	B3F	90×90×3060	0~60	$Q = 0.6634e^{2.24\times10^{-2}P}$	40.30	44.64	874	20	0.976	双面加热
营板	4	1979年2月~ 1979年5月	A1F- A3F	120×1050	0~180	$Q = 0.967e^{2.93\times10^{-2}P}$	76.90	34.18	705	23	0.73	双排料 双面加热
	5	1979年2月~ 1979年5月	A1F- A3F	120×1250	0~180	$Q = 1.023e^{2.41\times10^{-2}P}$	67.04	41.49	720	28	0.78	双排料 双面加热
津带	6	1978年6月~ 1978年10月	普碳	(23~25)×90× (2000~2400)	0~60	$Q = 0.5323e^{8.01\times10^{-2}P}$	43.85	33.22	492	25	0.66	双面加热 水管双层包扎
	7	1978年6月~ 1978年10月	普碳	(23~25)×110× (2000~2400)	0~60	$Q = 0.5323e^{8.01\times10^{-2}P}$	44.84	29.41	436	30	0.27	双面加热 水管双层包扎

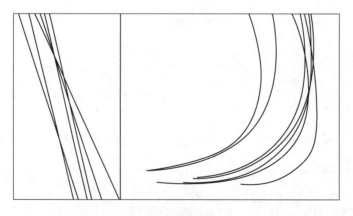

图4 四座加热炉加热七种钢坯时的 $\ln Q = f(P)$ 及 $b = f(P)$

表3是沈线和津带两厂加热炉在修炉前后的对比，表中除数据条件和计算结果外，还标明了修炉的时间和改造内容。图5是按表3中的公式制成的曲线图，它更形象地表明了修炉前后的变化。

表3　沈线和津带两厂加热炉在修炉前后的对比

厂名	序号	修炉时间	炉体变化	原始数据条件			计算结果			备注
				钢种	钢坯尺寸 /mm×mm×mm	班停轧时间 /min	$\theta = f(P)$ 回归方程	b_j /kg·t^{-1}	P_j /kg·t^{-1}	
沈线	1	1978年10月	炉底水管无包扎	65y	90×90×2420	0~60	$Q = 0.884e^{2.33\times10^{-2}P}$	56.1	42.88	
	2		单层包扎	65y	90×90×2420	0~60	$Q = 0.724e^{22.21\times10^{-2}P}$	43.55	45.19	见表2
津带	3	1978年5月	炉底水管单层包扎	普碳	(23~25)×90× (2000~2400)	0~60	$Q = 0.5521e^{3.31\times10^{-2}P}$	49.68	30.21	
	4		水冷管双层包扎	普碳	(23~25)×90× (2000~2400)	0~60	$Q = 0.5323e^{3.01\times10^{-2}P}$	43.85	33.32	见表2

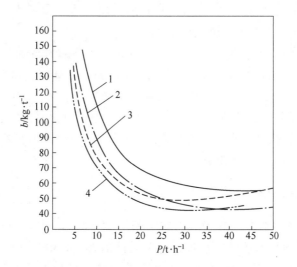

图5　沈线和津带两厂加热炉前后的对比

1，2—沈线，水管包扎前后；3，4—津带，水管单层包扎及双层包扎

以上计算结果表明：指数方程式（1）能很好地表达加热炉热负荷（或燃料量，t/h）与生产率之间的关系，各组数据与回归直线之间的拟合程度都很高，相关系数都远远大于该情况下的临界值。

以前我们用实验数据验证了这个关系式的正确性，现在又在生产条件下证实了这一点。当然，对于从生产数据回归出来的方程式要注意下面这样一个问题，那就是：如果在生产上有什么经常性的偏差或一般性的倾向，那么在回归出来的经验式中就不可避免地会有所反映。例如，如果在产量较高时，钢坯加热温度（及平均温度）经常出现偏低的情况，那么在 Q-P 方程中就会有所反映，即 K 值偏低，Q_0 值偏高。我们在上述计算工作中，虽然注意到了这类问题，但从生产记录中无法获得更多的数据资料，所以不可能具体地考虑 K 和 Q_0 的修正问题。在今后的研究工作中要尽量设法妥善地解决这类问题。

4.2　讨论

从火焰炉热工特性的理论和公式得知，一座炉子单位燃耗的高低主要取决于式（1）中的 Q_0 和 K 这两个数值以及炉子的工作点与该炉经济点之间的距离。现在，通过几座加热炉的计算更进一步看到了炉子的结构、坯料的规格以及操作等因素对于 Q_0 及 K 值有多大的影响。此外，也看到了加热炉在经济点附近工作究竟有多大好处。

沈线和津带两厂加热炉炉底水管的包扎问题，可以用来说明结构的影响（参见表 3 及图 5）。沈线厂加热炉的炉底水管，以前不绝热，1978 年 10 月修炉对其进行了单层可塑料包扎。这一项措施使 Q_0 从 0.884 降到 0.724，同时使 K 从 2.33×10^{-2} 降到 2.21×10^{-2}。由于这两个数值的降低，经济点的单位燃耗大幅度下降，从 56.1kg/t 降到 43.55kg/t，节约 12.55kg/t（22.5%）。津带厂是从水管单层绝热改为双层绝热，它起的作用也是使 Q_0 及 K 值同时降低，效果也很显著。

营板厂加热两种板坯的对比，可以用来说明坯料规格的影响（参见表 2 及图 4）。两种板坯的材质和厚度均相同，只是长度不同。一种板坯长 1050mm，另一种长 1250mm。两种情况下 Q_0 值略有差别，但 K 值差别较大：短料为 2.93×10^{-2}，长料为 2.41×10^{-2}，结果使经济点单位燃耗相差 9.1kg/t。

沈轧厂加热炉的工作状况，可以用来说明炉子生产率的高低对于单位燃耗的影响（参见表 2 及图 4）。该炉加热 60mm×60mm×1900mm 钢坯时，经济点的生产率 P_j 为 22.12t/h，单位燃耗为 37.4t/h，而炉子目前的平均生产率只有 13t/h，平均单位燃耗为 42.6kg/t。如果使平均生产率提高到经济点附近，则单位燃耗可降低 4kg/t 以上。

总之，以上计算结果表明：炉子的结构和操作对 Q_0 及 K 值影响很大；炉子在经济点附近工作对节约燃料有很大好处。

5　降低单位燃耗的几项措施

改进炉子的结构和操作，使 Q_0 及 K 值降低，并使炉子在经济点附近工作，这是降低加热炉单位燃耗的基本途径。它包括许多具体措施，其中当然也包括一些节约燃料的新技术。这里不可能逐个地罗列。下面要提到的是在分析研究沈轧、沈线、营板、津带四厂的加热炉时所涉及的几个措施，它们也许有一定的普遍意义。

5.1　使炉子在经济点附近工作

前面已经说过，在其他条件一定的情况下，单位燃耗的高低是随炉子的生产率（和热负荷）变化的。按加热炉强化程度的不同，它的工作可分为下列三种情况：

（1）在经济点附近工作。这时单位燃耗最低，而且生产率的波动对单耗的影响很小。上述四座加热炉中，沈线厂的炉子基本上属于这一类。该炉与轧机的能力匹配较好。为了进一步降低单位燃耗，必须在炉子结构（及操作）上采取措施。

（2）在经济点左侧工作。这时单位燃耗比上一种情况高。上述四座炉子中，三座属于这种情况（参见图4）。炉子并未满负荷运行，尤其是生产小规格产品（轧制道次较多）时更是如此。为了降低单位燃耗，原则上有两个办法：或者适当提高轧机的生产能力；或者适当缩小炉子。具体做法随情况而异。本文第四部分，以沈轧厂为例，指出了提高轧机能力后在节约燃料方面可能收到的效果。

（3）在经济点右侧工作。这时的单位燃耗也较高。有些强化程度较高的加热炉，属于这种情况。为了在保持原产量的条件下节约燃料，往往采取延长连续加热炉长度的办法[7]。炉子延长后，使炉子的工作点落在新炉的经济点附近。

5.2 按炉子热工特性的规律进行操作

随着炉子生产率的变化，热负荷应按该炉热工特性进行及时调整。各座炉子都应该制定合适的热工制度，并在日常生产中严格执行。否则，不是造成燃料浪费，就是使加热质量变坏。

沈线厂加热炉由于实现了炉温等自动控制，在生产过程中，热负荷能进行及时调整。因此，不仅降低了单位燃耗，而且加热质量亦较好。而目前我国许多加热炉没有安装热工自动控制装置，为了及时调整，不得不靠人工进行三勤操作。但也有不少炉子，热负荷很少调整，或基本上不进行调整。这也是造成单位燃耗高的一个重要原因。

5.3 提高炉底利用率

炉底利用率的高低，对单位燃耗有很大影响。本文第四部分，以营板厂为例，对比了长度不同的两种板坯的加热。它们的单位燃耗有很大差别。很清楚，这就是由于炉底利用率不同而引起的。炉底利用率越高，燃料越省。上述四座加热炉的炉底利用率见表4。

表 4　上述四座加热炉的炉底利用率　　　　　　　　　　　（%）

炉底利用率	厂　名			
	沈　轧	沈　线	营　板	津　带
生产实际	50~79.1	57.3~80.1	52.8~65.9	66.7~80.0
按设计要求	83.3	88.9	84.2	86.8

从表中可以看出，它们的炉底利用率都远未达到设计要求，最低的只有50%。这种"大炉小用"的情况，必须解决。

解决的办法有两个：或者加大钢坯的长度，或者减小炉膛宽度。如果一座加热炉加热的各种钢坯都差不多长，那么实现后一种办法是比较方便的。其他情况下，需根据具体情况确定解决的办法。坯料的改尺，往往涉及坯料的来源或轧钢车间冷床的长度等平面布置问题。而缩小炉膛宽度，又往往涉及坯料长短不一，必须全面照顾等问题。但是，应该充分看到，提高炉底利用率是一项节约燃料的有效措施，必须努力寻求解决问题的具体办法。

5.4 寻求合理的炉型结构

炉型结构与生产指标之间的关系，是炉子热工的一个重要内容。结构的变动往往给炉子的工作带来较大的影响。

营板厂端出料的两段加热炉出料端的改造，是一个很好的例子。改造时，缩短了上加热端墙到出钢口的距离，端烧嘴改为侧烧嘴，靠近出料端的第一个烧嘴略带反向，最远处的两个烧嘴向炉尾方向倾斜。改造前后的炉型结构如图 6 所示。这样改造的好处是可以避免或减少炉端冷空气的大量吸入，消除了端烧嘴根部的低温气流循环区，减少炉端的散热损失。因此，在热负荷不变的条件下，可提高端墙内表面温度和炉膛温度，强化炉内热交换。回归分析计算表明，改造的效果是：在经济点处的单位燃耗从 105.6kg/t 降到 76.9kg/t，相差 28.7kg/t，燃料节约 27%。由此可见，寻求炉型的最佳化，是节约燃料的有力措施。

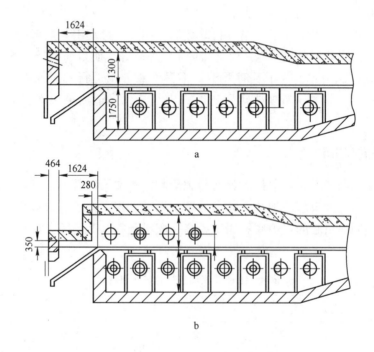

图 6　炉型改造前后出料端结构（单位：mm）

a—改造前；b—改造后

炉底水管绝热包扎，也是改进炉子结构降低燃耗的一个具体措施。它的效果也较显著，见表 3。沈轧、沈线、营板、津带四座加热炉的水管都有绝热包扎。现在的问题是：有些加热炉水管的绝热层在使用一段时间后就逐渐破损脱落，使单位燃耗又回升起来。例如，沈轧厂水管包扎后，平均单耗由 58.1kg/t（六个月平均）降到 46.5kg/t（包扎后三个月平均），但是后来又回升到 55.1kg/t（包扎后第四、五、六月三个月平均）。问题主要是加热段水管绝热层容易脱落破损。这个问题值得注意。

此外，减少水冷管面积、炉体密封绝热、减少各种热损失等结构方面的措施，对于节约燃料也都有不同程度的效果。

5.5 提高轧机作业率

轧机作业率低，是我国目前轧钢厂特别是中小型工厂具有普遍性的一个问题。不难理解，因作业率低，炉子忽停忽用，必然有许多燃料浪费在空烧或烘炉上，使单位燃耗升高。

根据营板厂，1979年2~5月的全部生产数据，进行统计计算而得到的作业率与平均单位燃耗的关系如图7所示。由图7可见：作业率越低，平均单耗越高，而且这种规律在作业率低的范围内更加显著。该厂目前班平均作业率约为60%，如能提高到70%（即班平均生产时间为5.6h），则平均单耗可降低10kg/t以上。因此，加强企业技术管理，减少各种事故，提高轧机作业率是降低单位燃耗的重要措施。

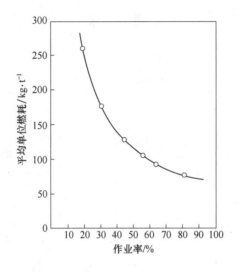

图7 平均单位燃耗与作业率的关系

以上五项措施，对于我们所研究的四座炉子来说，具有普遍性。围绕这几项措施，我们做了一些定量的分析，以供讨论。这并不是说其他措施不重要。有的措施很重要，例如安装换热器、实行喷流预热、改进燃烧、提高成品率等，但是我们没有针对这些措施做什么工作，所以未提及。

6 结论

（1）以生产记录作为原始数据，运用火焰炉热工特性的概念和公式，可对加热炉热工状况进行比较深入的分析研究，从而有助于探讨节约燃料的途径，确定各种措施节约燃料的效果。用这种方法分析炉子时，今后要注意大量生产数据中是否存在倾向性的偏差以及如何排除其影响的问题。

（2）炉底水管绝热，使炉子在经济点上工作时的单位燃耗下降20%~23%，是一项有效的节约措施。营口中板厂加热炉出料端的改造，使经济点上的单位燃耗下降27%，也是一项重要的节约措施。

炉底强度（kg/(m² · h)）低、炉底利用率低、作业率低、热负荷调节不当，是加热炉单位燃耗高的几个重要原因。解决这些问题必能大量节约燃料。

（3）式（1）中的 Q_0 和 K 值是炉子结构参数和一些操作参数的数函。为了确定各类炉子的这些函数式，必须系统地研究结构参数和操作参数对炉子生产指标的影响。

参 考 文 献

[1] 陆钟武. 火焰炉热工的一般分析 [J]. 东北工学院学报（钢铁冶金专刊），1963, 3.
[2] 陆钟武，李成之. 火焰炉热工特性的实验研究和分析讨论 [J]. 工业炉通讯，1979, 3: 21-31.
[3] 杨宗山，赵渭国，等. 沈阳轧钢厂加热炉燃耗的分析 [R]. 研究报告，1979.
[4] 杨宗山，边华，等. 沈阳线材厂加热炉燃耗的分析 [R]. 研究报告，1979.
[5] 杨宗山，赵渭国，等. 营口中板厂加热炉燃耗的分析 [R]. 研究报告，1979.
[6] 于汇泉，童晓钟，等. 天津市轧钢一厂热带车间加热炉燃耗的分析 [R]. 研究报告，1979.
[7] 佐田哲男. 铁钢用加热炉改良的实际 [J]. 化学工场，1977 (21): 37-41.

附　　录

沈轧厂数据见附表1。

附表 1　沈轧厂数据

序号	生产率		油量		序号	生产率		油量	
	t/班	t/h	t/班	t/h		t/班	t/h	t/班	t/h
1	109	13.625	4.0	0.5	20	114	14.25	4.5	0.5625
2	101	12.625	4.2	0.525	21	118	14.75	4.3	0.5375
3	109	13.625	4.6	0.575	22	91	11.375	3.9	0.4875
4	98	12.25	4.3	0.5375	23	140	17.5	4.9	0.6125
5	102	12.75	4.3	0.5375	24	120	15.0	4.3	0.5375
6	112	14.0	4.3	0.5375	25	113	14.125	4.8	0.60
7	112	14.0	4.7	0.5875	26	143	17.875	5.9	0.7375
8	96	12.0	4.3	0.5375	27	145	18.125	6.3	0.7875
9	117	14.625	4.5	0.5625	28	146	18.25	5.9	0.7375
10	100	12.5	4.1	0.5125	29	147	18.375	6.0	0.75
11	107	13.375	4.4	0.55	30	129	16.125	5.6	0.70
12	113	14.125	4.9	0.6125	31	142	17.75	5.4	0.675
13	108	13.5	4.6	0.575	32	129	16.125	5.7	0.7125
14	102	12.75	4.8	0.60	33	164	20.5	5.9	0.7375
15	114	14.25	4.7	0.5875	34	133	16.625	5.2	0.65

序号	生产率		油量		序号	生产率		油量	
	t/班	t/h	t/班	t/h		t/班	t/h	t/班	t/h
16	119	14.875	5.0	0.625	35	146	18.25	4.9	0.6125
17	99	14.375	4.6	0.575	36	135	16.875	4.6	0.575
18	119	14.75	5.2	0.65	37	135	16.875	5.0	0.625
19	122	15.25	4.5	0.5625					

营口中板厂加热炉改造节能经验的分析*

论述了营口中板厂加热炉结构改造和操作改进的基本内容和效果。以实际生产数据为依据，确定了炉子改造前后的热工特性，分析了炉子改造对单位油耗的影响。用炉子热工基本理论解释了炉子结构和操作改进后取得成效的原因。指出炉子结构与操作二者之间相互适应的重要性，"无闲区"炉头是解决端出料推钢式加热炉炉头吸风的有效方法之一，它对节能和改善加热质量具有明显效果。

1 前言

营口中板厂加热炉为端出料双排推钢式二段连续加热炉，炉底有效面积为 23.084（长）× 3.796（宽）= 87.63m²。以重油为燃料，用 B 型低压烧嘴供热，上下加热的供热量分别为 34% 和 66%，加热的钢种为普碳钢，钢坯尺寸为（100～200）mm×（600～1500）mm×（1050～1600）mm，钢坯加热温度为 1200 ～1250℃。炉子设计生产能力为 30～35t/h。

1978 年以来，该厂曾先后对加热炉进行了两次较大的改造（结构变化如图 1 所示），取得了显著的节油效果。单位油耗由 115.5kg/t 降为 41.7kg/t（单位热耗由 $4.65×10^6$kJ/t 降为 $1.67×10^6$kJ/t），燃料节约率达 63.9%。

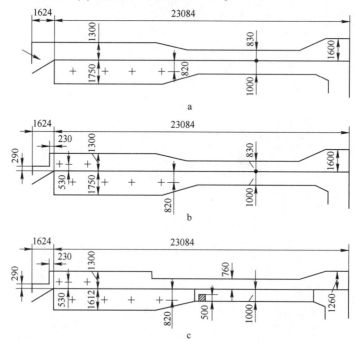

图 1　炉型结构变化简图

a—改造前；b—第一次改造后；c—第二次改造后

---

*　本文合作者：范循厚，杨宗山，赵渭国。原发表于《钢铁》，1982。

图 2 表明了这两次改造前后单位油耗的变化过程。

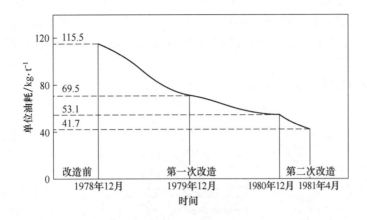

图 2　加热炉单位油耗的变化

炉子改造后，单位油耗大幅度降低。但是，由图 2 可以看出，上述节约燃料的效果，并不是在炉子改造以后就立刻取得的。每次改造后，往往要经过一段时间的摸索，才取得应有的效果。营口中板厂的经验表明，这个摸索过程主要是逐步地使炉子操作去适应改造后的炉子结构。有时也涉及局部地调整炉子结构的问题，这些情况，在炉子改造过程中，可能带有一定的普遍性。

因此，本文一方面将论述营口中板厂两次改造的基本内容；另一方面还将说明炉子改造后，该厂如何充分发挥潜力的问题。

2　改造内容

2.1　第一次改造

这次改造主要解决端出料加热炉出料端吸冷风和热损失过大等问题。其内容包括：（1）去掉了上加热端墙与出料下滑点之间的"空闲区"，使端墙内表面距下滑点之间的距离由 1624mm 变为 230mm，端墙的下缘距滑道面的距离为 290mm，端墙是用耐热混凝土预制块筑成的，不过用水冷钢管代替一般的钢筋。（2）取消了上部端烧嘴，在上加热段每侧各装 2 个烧嘴，两侧烧嘴呈水平交叉布置。烧嘴轴线距滑道面为 530mm。靠出料端第一个烧嘴略带反向，最后两个烧嘴向炉尾方向倾斜。上述内容构成了所谓"无闲区端出料加热炉"的新炉型。改造前后的炉型结构及有关尺寸的变化如图 1 中 a 和 b 所示。

2.2　第二次改造

这次改造主要着眼于缩小炉膛容积以及减少炉子的热损失。具体内容是：（1）缩小炉膛容积。整个上部炉膛高度压低了 70mm，加热段炉底抬高 150mm。下部炉膛宽度，加热段和预热段分别缩小了 232mm 和 464mm，并在预热段中间沿炉长方向增设了一道厚度为 464mm 的纵隔墙。（2）上加热段与预热段之间炉顶由斜顶压下改为直角压下，在下加热段与预热段之间增设了一道高度为 500mm 的横隔墙。在加热段与预热段之间构成一种"扼流式"结构。（3）改变了炉底水管结构。将横水管间距由 1160mm

改为 2320mm，并由 $\phi 114mm \times 12mm$ 的单根水管改为 $\phi 76mm \times 10mm / \phi 114mm \times 20mm$ 的复合异径的两根水管；横水管的支柱由龙门结构改为双管复合支柱；加热段纵水管上的耐热滑块的高度由原来的 50mm 改为 80mm，其他部分由原 $\phi 25mm$ 的圆钢改为高度为 40mm 的扁钢半热滑轨。水管结构的上述改造，使水管面积与炉底面积之比由 70.6% 降为 60.2%。

第二次改造后的炉型结构如图 1 中 c 和图 3 所示。

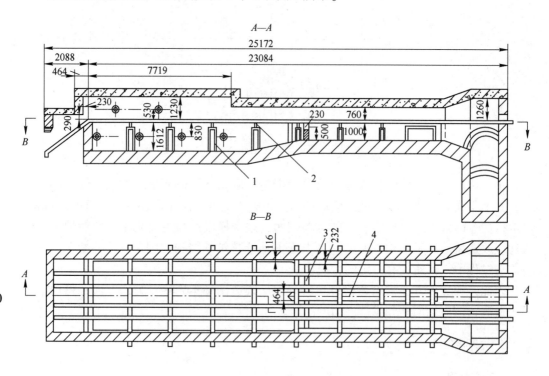

图 3　炉子第二次改造后的炉型结构

3　改造效果

为了研究炉子改造的节能效果，对炉子的两次改造前后的生产数据，进行了回归统计分析，所得到的炉子热负荷、单位油耗和生产率之间的关系，以及炉子"经济点"的指标[1-2]如表 1 和图 4 所示。

表 1　炉子改造前后热负荷(Q)与生产率(P)之间的关系式和经济点指标

项　目		改造前	第一次改造后	第二次改造后
原始条件	钢　种	A1F~A3F	A1F~A3F	A1F~A3F
	钢坯尺寸/mm×mm	140(厚)×1050(宽)	120(厚)×1050(宽)	120(厚)×1050(宽)
	轧制时间/h	5~7	6~7	6~7
	数据组数	18	22	25
	回归经验式	$Q = 1.392e^{2.70 \times 10^{-2}P}$	$Q = 0.712e^{2.90 \times 10^{-2}P}$	$Q = 0.497e^{3.14 \times 10^{-2}P}$
	相关系数	0.772	0.866	0.868

项　目		改造前	第一次改造后	第二次改造后
经济点 指标	生产率/t·h⁻¹	35.84	33.44	31.82
	热负荷/t·h⁻¹	3.784	1.935	1.350
	单位油耗/kg·t⁻¹	105.6	57.9①	42.4①
	钢压炉底强度/kg·(m²·h)⁻¹	735	690	650
	炉子热效率②/%	20.7	37.8	51.8

①因回归计算中所用的小时产量和油耗的数据，是按8h平均计算的，而不是按实际轧制时间计算的，所以此
　处数值高于图2中生产的实际数值。
②钢坯平均温度均按1230℃计算的。

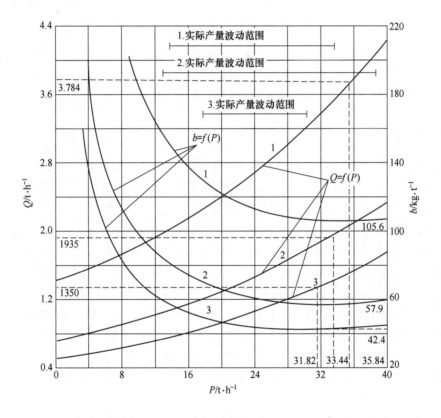

图4　炉子热负荷（Q）、单位油耗（b）与生产率（P）之间的关系
1—改造前；2—第一次改造后；3—第二次改造后

　　从图4中可以看出，随着炉子结构和操作的变化，炉子的热工特性发生了很大变化，单位油耗（b）随生产率（P）的变化曲线逐次下落变平。在生产率一定的情况下，单位油耗大幅度降低。以炉子"经济点"指标为准（见表1），第一次改造后单位油耗由105.6kg/t下降到57.9kg/t，热效率提高了17.8%，燃料节约率为45.1%；第二次改造后单位油耗又降到42.4kg/t，热效率提高14%，燃料节约率为26.8%。从图4亦可看出，随着炉子的改造，产量的波动对单位油耗的影响越来越小。根据计算，当炉子产量波动在16~40t/h时，产量每变化1t，其单位油耗的平均变化值，第一次改造

前为 1.242kg/t，第二次改造后为 0.317kg/t。而炉子实际工作点与"经济点"之间的距离逐渐缩小（见表 2），即炉子"经济点"的位置逐渐地向生产率小的方向移动，这说明炉子与轧机匹配越来越好。

表 2　炉子改造前后实际生产率与"经济点"生产率之间差值的变化

时　间	"经济点"处生产率/t·h⁻¹	平均实际生产率/t·h⁻¹	差值/t·h⁻¹
改造前	35.84	29.7	6.14
第一次改造后	33.44	29.3	4.14
第二次改造后	31.82	29.2	2.62

4　讨论

炉子结构和操作的改进之所以能导致燃料消耗的降低，是因为炉子结构和操作的变化改善了炉内的燃烧、气体流动和传热过程，进而影响到炉子的燃料消耗。现将炉子结构两次改造的主要内容和操作的变化对热工过程的影响分析讨论如下。

4.1　"无闲区"炉头

这种结构的合理性在于：从气体流动方面看，（1）由于取消了端烧嘴，完全消除了端烧嘴火焰流股的喷射作用及其根部的低温气流循环区；（2）两侧烧嘴的火焰流股与炉气流动方向呈直角，增加了炉气向后流动的阻力；（3）出料口高度变小，增加了冷风进入炉内的阻力。这三方面作用的结果，改变了炉内的压力分布，与改造前炉型相比，提高了出料端部位的炉膛压力，从而可以比较好地解决端出料加热炉端头吸冷风的问题。从燃烧、传热方面看，（1）由于去掉了热损失较大的低温"死闲区"，端墙挡住了高温炉膛对"死闲区"的辐射热损失，提高了端墙内表面温度，根据光学高温计测定，改前端墙内表面温度为 900℃，改后则提高到 1380℃，这就使在出料口附近的钢坯与端部的热交换，由过去的失热过程变为现在的加热过程。（2）改善了由于大量吸冷风给炉内燃烧和传热过程带来一系列的不利因素，诸如空气系数不好控制、降低燃烧温度、增加废气热损失、在钢坯表面上形成冷气层和增加钢坯氧化以及冷却出料钢坯等。

但是必须注意，炉子结构与操作是密切相关的，尽管炉型结构先进、合理，如果操作方法不相适应，炉型结构的优越性也难于发挥出来。在炉子改成"无闲区"炉头后，该厂曾发生过炉子无法驾驭的问题，当时的情况是：如果还按改前的热负荷操作，那么炉温就过高，而产生"化钢"现象；如果降低热负荷，那么又出现了火焰充不满炉膛的现象，炉膛压力过低，重现炉端吸冷风的问题。与此同时，在预热段下部炉膛出现了炉气"短路"的现象，使上下炉膛炉气分布不均，预热段上部炉膛"走火"太少，因而造成了炉子产量的下降。后来发现，关键在于烟道闸板的合理开启度。为此，采取了降低烟道闸板减小热负荷的操作方法。使出料口始终保持微正压。这样，既防止了"化钢"现象，又避免了炉头吸冷风。由于这种操作适应了炉型的新特点，使上述问题得到了解决。

由于"无闲区"炉头与传统的出料端相比，可以改善炉内压力分布，减少炉口吸冷风和辐射热损失，因此改后的炉子热效率比原炉高得多，在保持产量不变的条件下，改后的炉子热负荷比原炉低得多。这在图 4 上表示得很清楚。所以改后的炉子热惰性较小，具有保温好、升温快等优点，炉内温度水平对热负荷的变化有较大的敏感性。因此，在操作上随着产量的波动，必须及时而准确地进行热负荷的调正，这可大量地节约保温油耗。在轧机作业率较低的情况下，炉子仍可以实现节能。

因此，改后的炉子单位油耗大幅度降低，氧化烧损减少了约 75%，麻点废品率下降了 1.03%。

4.2 缩小炉膛容积

从热工方面，炉膛容积的大小主要应考虑以下三个因素：（1）在燃烧方面，要保证有足够的燃烧空间；（2）从炉气流动方面，要使火焰充满炉膛或贴附于钢坯表面；（3）在传热方面，应有利于增加对钢坯的辐射传热。营口中板厂加热炉，由于几经改造之后，单位油耗大幅度下降，在生产率基本不变的情况下，炉子的热负荷只是原来的 1/3 左右，炉膛容积的大小几乎一直没有变化。这就产生了燃烧产物量过小而炉膛容积过大这样一个新矛盾，出现了炉膛"太空"和火焰充不满炉膛、炉膛压力下降等现象，尽管采取了降低烟道闸板的措施，也无法避免在炉膛内出现局部的炉气低温滞留区（炉气不能及时更新），而且因高温炉气上浮，在上部炉膛的火焰与钢坯之间形成低温气层；在下部炉膛使火焰与炉底之间"冷气层"增厚。前者由于低温气层的"隔热"作用，而削弱了高温炉气对钢坯的加热作用；后者降低了炉底温度，减少了炉底对钢坯的辐射传热量。因此，缩小炉膛容积，改善火焰不充满炉膛的状况，就可以强化炉内的热交换过程，提高炉子的热效率。

4.3 "扼流式"结构

考虑到拱钢事故和氧化铁皮堆积等的具体问题，预热段上下炉膛高度难于进一步缩小。为了解决预热段高度仍偏高的问题，在加热段与预热段之间采用了"扼流式"结构。这种结构的作用是：（1）由于在加热段与预热段之间增设了"扼流式"结构，加热段炉气向预热段的流动阻力有所增加，所以解决了炉子改造前烟道闸门不敢开大的问题。新炉型由于"扼流"作用，在烟道闸门开启度比较大的情况下，仍能保持住炉内正压。因而减少了经炉尾装料口的逸气量，可以使更多的废气进入烟道经换热器从烟囱排出，使空气预热温度较前提高了 60~70℃。（2）由于预热段入口的横水管后设置了横隔墙（见图 3），所以既增加了下部炉膛炉气向后流动的阻力，又可使下部炉膛的部分炉气流向上部预热段，因而强化了对钢坯上表面的加热。（3）由于炉顶直角压下和下部横隔墙的遮蔽作用，减少了加热段向预热段的直接热辐射，在热负荷相同的条件下，与改造前相比，可以提高加热段温度。因而强化了炉内的辐射热交换，降低了出炉废气温度，提高了炉子的燃料利用系数。

4.4 水管结构改革

这次改革减少了水冷管面积，特别是横水管改用了上小下大的复合异径的两根水管，龙门支柱改为双管复合支柱。这种结构，不仅使水管易于包扎，而且可以延长水管的包扎层寿命。因而使水冷热损失显著降低。与此同时，由于横水管间距拉大，滑道高度增大，这就减少了水管对钢坯辐射传热的遮蔽作用和水管从钢坯直接吸收的热量。从而改善了下部炉膛内热交换，减少了水管黑印。

5 结论

（1）营口中板厂加热炉节能的实践表明，不断地寻求炉子结构和操作的最优化，并使两者相适应，是实现加热炉节能的根本途径。

（2）营口中板厂加热炉出料端炉型结构的改革是成功的。在降低燃料消耗，减少金属烧损和改善加热质量等方面都取得了良好的效果。特别是在轧机作业率比较低的情况下，炉子仍可以实现节能。

（3）随着炉子燃料消耗量的降低，缩小炉膛容积，在加热段与预热段之间采用"扼流"措施，适当地增加炉气向后流动的阻力等，对改善炉内热交换，提高炉子热效率是有益的。

参加讨论工作的还有边华、马恩甲、张天勇等。

参 考 文 献

［1］陆钟武，杨宗山．加热炉单位燃耗的分析——火焰炉热工特性的应用［J］．东北工学院学报，1980（1）：92-107．

［2］中国科学院数学研究所数理统计组．回归分析方法［M］．北京：科学出版社，1974：10-12．

多点供热连续式火焰炉热工特性的研究 *

摘 要 以一座多点供热连续式火焰加热炉的模型为对象，以节约燃料为目标，研究供热量在炉长方向上的分配与产量之间的配合问题。研究的方法是先建立该炉热工过程的简化数学模型，然后用电子计算机求解。研究结果表明，使供热量分配与产量恰当地配合起来，可以做到在产量大幅度变动的情况下，不使单位热耗发生大的波动，特别是在低产时，热耗不至于升高。文中还举出两座加热炉在这方面的操作经验，用以说明本研究工作的现实意义。

1 前言

火焰炉热工特性方面的文献[1-5]，几乎都是以炉长方向上供热量分配固定不变为前提条件的。所谓供热量分配固定不变，就是供热点的位置、个数和各点的供热份额等都不随产量（或热负荷）的增减而变化。凡是只有一个供热点或基本上只有一个供热点的连续炉，必定属于这种情况。这种炉子，在产量波动时，炉子的热效率波动较大。

多点供热连续式炉的供热量分配是可变的，操作者可以按照产量的大小来调整供热量分配。这样，在炉子产量波动时，炉子热效率的波动可以小得多，从而达到节约燃料的目的。

但是，供热量分配可变情况下火焰炉热工特性方面的文献不多[6]，而且多半止于一般的论述。在实际生产中，人们对此问题也注意不够。因此，有必要进一步对此问题做深入的研究。

本文以一座多点供热连续式火焰加热炉的模型为对象，以节约燃料为目标，研究供热量分配与产量之间的配合问题。研究的方法是先建立该炉热工过程的数学模型，然后用电子计算机求解。此外，还将举出两座加热炉的操作经验，作为例子来说明本研究工作的现实意义。

2 炉子模型及其简化的数学模型

（1）炉子模型。假想的连续炉模型如图 1 所示。烟道位于炉子左端。被加热物料是"薄材"，炉内料宽 1m。物料入炉后在水冷滑道上运行，其方向与炉气相反。炉子的一些主要尺寸如图 1 所示。

必须说明，这个模型并不代表任何一座实际炉子，但是可以用它来研究多点供热连续式炉热工方面的一般规律。

为了用数模方法研究供热量分配可变情况下的炉子热工问题，必须将炉子划分为若干小段。一般说来，划分的段数多些，研究结果可以精确些，但为了不使计算工作

---

* 本文合作者：王景文。原发表于《东北工学院学报》，1982。

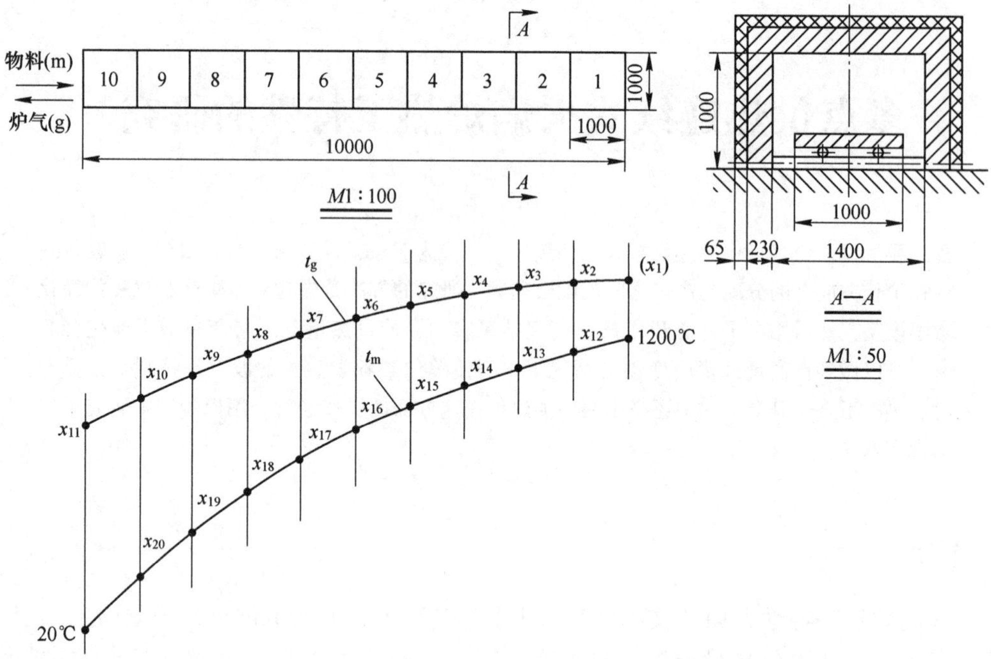

图 1　炉子模型及温度分布

量过于庞大，决定将炉子等分为 10 段，每段长 1m。每段都有供热点，燃料采用焦炉煤气。

（2）数学模型。在多点供热的连续炉上，供热量分配可随产量（或热负荷）而变，具体做法可以有很大差别，但归纳起来，主要是以下两类：

1）在各供热段均匀供热（非供热段不在内）的条件下，改变供热量和供热段的数目——均匀供热；

2）在保证前段为最大允许供热量的条件下，改变本段（即各供热段中的最末一段）的供热量——非均匀供热。

对应于这两类供热方式，我们将建立两种数学模型。

在建立炉子数模时，为了减少计算工作量，同时又不至于歪曲问题的本质，我们设定下列简化条件：

（1）各段相互之间的辐射传热忽略不计；

（2）炉气与物料之间的对流传热忽略不计；

（3）各段供入的燃料均在该段内燃烧完毕；

（4）热交换计算所用的各段炉气温度均用该段两端炉气温度的算术平均值来代表。

2.1　数模 I

这是"均匀供热"的炉子数模。

为了全面地研究这种供热方式，本应列出一段供热至十段供热的十种供热量分配的数学模型。但为简明起见，我们只列出了两段、四段、六段、八段、十段五种情况下的数模。现以十段均匀供热为例，说明建立其数模的方法（由炉头至炉尾依次为第 1 至第 10 段）。

（1）热平衡方程式。

在下列热平衡方程式即式（1）~式（10）中，等号左侧第一项为供入该段的热量，第二项为上一段炉气带入该段的热量，第三项为该段炉气带往下一段的热量，第四项为该段内物料升温所需的热量，第五项为该段的热损失。

第1段：

$$\frac{1}{10}QbP + 0 - \frac{1}{10}bPVc_g x_2 - c_m P(1200 - x_{12}) - Q_1 = 0 \tag{1}$$

第2段：

$$\frac{1}{10}QbP + \frac{1}{10}bPVc_g x_2 - \frac{2}{10}bPVc_g x_3 - c_m P(x_{12} - x_{13}) - Q_2 = 0 \tag{2}$$

$$\vdots$$

第10段：

$$\frac{1}{10}QbP + \frac{9}{10}bPVc_g x_{10} - \frac{10}{10}bPVc_g x_{11} - c_m P(x_{20} - 20) - Q_{10} = 0 \tag{10}$$

（2）热交换方程式。

第1段：

$$C\left(\frac{x_1 + x_2}{2} + 273\right)^4 \cdot 10^{-8} - C\left(\frac{1200 + x_{12}}{2} + 273\right)^4 \cdot 10^{-8} - c_m P(1200 - x_{12}) = 0$$

$$\tag{11}$$

第2段：

$$C\left(\frac{x_2 + x_3}{2} + 273\right)^4 \cdot 10^{-8} - C\left(\frac{x_{12} + x_{13}}{2} + 273\right)^4 \cdot 10^{-8} - c_m P(x_{12} - x_{13}) = 0$$

$$\tag{12}$$

$$\vdots$$

第10段：

$$C\left(\frac{x_{10} + x_{11}}{2} + 273\right)^4 \cdot 10^{-8} - C\left(\frac{x_{20} + 20}{2} + 273\right)^4 \cdot 10^{-8} - c_m P(x_{10} - 20) = 0$$

$$\tag{20}$$

以上各式中，Q 为燃料的发热量，kcal/m³（标态）；V 为燃烧生成物体积，m³/m³（标态）；c_g 为燃烧生成物的平均比热，kcal/(m³·℃)（标态）；c_m 为被加热物料的平均比热，kcal/(kg·℃)（标态）；C 为炉膛辐射热交换的导来辐射系数，kcal/(m²·K⁴·h)（标态）；Q_1、Q_2、…为第1、第2、…等段的炉子热损失，kcal/h；b 为单位燃耗，m³/kg（标态）；P 为炉子的生产率，kg/h（标态）；x_1、x_2、…、x_{10} 为炉气温度，见图1；x_{11}、x_{12}、…、x_{20} 为物料温度，见图1。

上述方程组联立求解时，以 b，x_2，x_3，…，x_{20} 作为未知数，共 20 个，与方程式的个数相等。必须加以说明的是 x_1，它并未出现在 20 个未知数之中。这是因为近似地认为

$$x_1 - x_2 = x_2 - x_3$$

即

$$x_1 = 2x_2 - x_3$$

故在解上述方程组时，就用 $(2x_2 - x_3)$ 代替了各式中的 x_1。

如果是八段供热，则只需将上述式（1）~式（10）各式中的 $\frac{1}{10}$ 改为 $\frac{1}{8}$，并将式（9）、式（10）两式第一项改为零。

供热段数更少时，也可同理类推。这样列出了五种供热方式的五组方程，每组 20 个方程式。

这些方程组都是非线性的，求解方法、程序框图以及必要的数据均见本文附录。

在计算时，炉子产量是给定的，在每一供热量分配情况下的产量，都由 2100kg/h 逐步增至 15400kg/h，计算步长为全程的 1/19，即 700kg/h。

2.2 数模 Ⅱ

这是"非均匀供热"的炉子数模。

令各段的最大允许煤气量均为 Y m³/h（标态），实际煤气量为 nY m³/h（标态）（$0 \leqslant n \leqslant 1$），得各段的热平衡方程式：

第 1 段：

$$n_1 YQ + 0 - n_1 YVc_g x_2 - c_m P(1200 - x_{12}) - Q_1 = 0 \tag{21}$$

第 2 段：

$$n_2 YQ + n_1 YVc_g x_2 - (n_1 + n_2)YVc_g x_3 - c_m P(x_{12} - x_{13}) - Q_2 = 0 \tag{22}$$

$$\vdots$$

第 10 段：

$$n_{10} YQ + (n_1 + n_2 + \cdots + n_9)YVc_g x_{10} - (n_1 + n_2 + \cdots + n_{10})YVc_g x_{11} - \\ c_m P(x_{20} - 20) - Q_{10} = 0 \tag{30}$$

至于各段的热交换方程式，则与数模 Ⅰ 相同，即式（11）~式（20）。

以上各式中 n_1、n_2、…、n_{10} 分别为第 1 段、第 2 段、…、第 10 段的实际供热量等级数。计算中，各段的 n 值都分 5 个等级，即 $n=0$，0.25，0.5，0.75，1.0。

求解时，给定 Y 值及各供热段的 n 值。未知数是 P，x_2，x_3，…，x_{20}，共 20 个。求解方法以及必要的数据均见附录。

3 计算结果及讨论

3.1 数模 Ⅰ

共完成了前述五种情况下的计算工作。每种情况下的产量变化 20 次，故由计算共取得 5×20×20＝2000 个数据。求解时，最后两次迭代解的误差不大于千分之五。每组数据在 TQ-16 计算机上的运算时间为 15min。用这些数据可以讨论炉子热工中的许多问题。但因篇幅所限，这里着重讨论以下三点（有关结果均以图表示，图中曲线上的标号为供热段数目）。

（1）单位热耗。在上述五种供热情况下，单位热耗（kcal/kg）与炉子产量之间的关系如图 2 中的五条曲线所示。

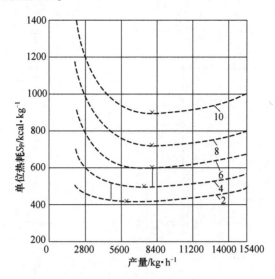

图 2　均匀供热（数模 I）时单位热耗量与产量的关系

这些曲线是熟知的。总的规律仍是：低产时单耗高，随着产量的增加，单耗下降，降到最低点后又回升。

这五条曲线在图上的位置很清楚地表明：供热段数目的多少对单耗影响很大。在同一产量下，供热段数越多，单位热耗越高。为节约燃料，应在其他条件允许的情况下，尽量减少供热段的数目。

在本例中，产量较低时应采用两段供热（曲线 2：如果把一段供热也包括在上述的数模中，那么低产时首先应是一段供热）单耗较低。只有当炉子产量高到两段供热不能满足要求时，才改为四段供热（曲线 4）；产量更高时，四段供热也将不能满足要求，则须改为六段供热（曲线 6）……。总之，较合理的供热量分配反映在图上是一条"跃迁式"的折线（图中粗线）。这样可以做到在炉子产量大幅度变动的情况下，单耗不发生很大的变化，特别是在产量显著降低时，单耗不至于急剧上升。

但是，产量增大（或减小）到什么程度，才由一种供热分配过渡到另一种供热分配呢？这完全取决于具体的炉子生产条件。一般说来，应考虑到热工、工艺和炉子结构三方面的因素。

在本例具体条件下，考虑到上述三方面的因素，我们将每段的实际最大供热能力定为 $250m^3/h$（标态）。这样，根据计算，从两段供热过渡到四段供热的产量为 4760kg/h，从四段供热过渡到六段的产量为 8040kg/h。然后，沿曲线 6 操作，直到产量为 10000kg/h。此时，该炉有效炉底强度已高达 $1000kg/(m^2 \cdot h)$，一般情况下已没有必要继续增大产量。如继续增大产量，单位热耗的上升也是很可观的，因此也是不经济的。

按图中这条粗折线操作可以做到炉子产量从 2100kg/h 增至 10000kg/h，但单位热耗的波动并不大（波动在 400~600kcal/kg 之间）。这样的单位热耗线可称为经济的单位热耗操作线。

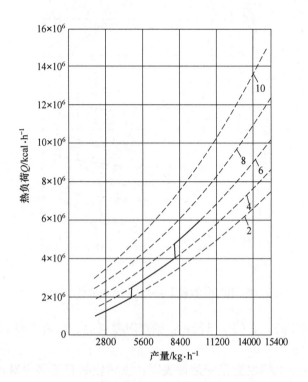

（2）热负荷。在上述五种情况下，求得的热负荷与炉子产量间的关系如图 3 所示。

图 3　均匀供热（数模Ⅰ）时热负荷与产量的关系

与图 2 单耗的经济操作线相对应，在图 3 中画出了热负荷的操作线（粗折线）。它表明：产量在 2100~4760kg/h 区间，采用两段均匀供热，热负荷从 1.1×10^6kcal/h 逐步升到 2.0×10^6kcal/h；产量在 4760~8040kg/h 区间，采用四段均匀供热，热负荷由 2.4×10^6kcal/h 逐步升到 3.9×10^6kcal/h；产量在 8040~10000kg/h 区间，采用六段均匀供热，热负荷由 4.7×10^6kcal/h 升到 6.0×10^6kcal/h。

（3）温度制度。连续炉的温度制度是指炉气和物料等的温度沿炉长的分布。在其他条件一定时，供热量的分配和热负荷是影响炉子温度制度的两大因素。

现以炉子产量为 4900kg/h 的情况为例，一般地说明这种影响。在此产量下，五种情况的热负荷及其分配见表 1。

表 1　产量固定时五种情况的热负荷及其分配

供热段数	2	4	6	8	10
热负荷 Q/kcal·h^{-1}	2045000	2534000	3110500	3809800	4705800
每段热负荷 Q/kcal·h^{-1}	1022500	633500	518400	476200	470600

由表 1 可见，为达到同一产量，因供热段的数目不同，故所需的总热负荷差别极大。供热段数越多，所需总热负荷越大。但就每段炉子而言，则相反，即供热段数越多，每段的热负荷越小（因是均匀供热）。

这种情况在温度上的反映如图 4 所示。图中纵坐标为温度，横坐标为距离（物料入口处为原点）。很清楚，供热段数越多，炉气温度的分布越趋于均匀。炉尾废气温度的差别最大，十段供热与四段供热相比，废气温度竟相差 430℃ 左右。

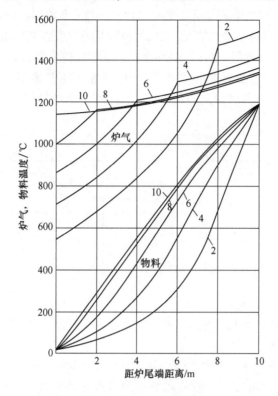

图 4　均匀供热(数模Ⅰ)时炉气和物料沿炉长的温度分布

由于供热段数目增多，使得炉气温度趋于均匀，所以相对地减弱了炉头部分的物料加热，同时相对地加强了炉尾部分的传热。其结果是物料升温过程提前。例如，十段供热时，离炉尾 5m 处的物料温度比四段供热时竟高出 300℃ 左右。

以上情况也表明，供热量分配和热负荷的变动会很灵敏地反映到炉子温度制度上来。所以，在生产上把炉子的温度制度（或某些定点上的温度）作为控制热负荷和调整供热量分配的标志，确是一种有效的方法。

以上数模Ⅰ的计算结果都是在水冷滑轨不绝热情况下得到的。对于绝热情况，我们也作了计算。计算结果不必在此列出，只是指出，类似于图 2 中的五条单耗曲线都下降了，同时它们之间的距离也变小了。这说明在炉子构造方面采取措施可使经济的单耗操作曲线随产量的波动变得更小些。

3.2　数模Ⅱ

共完成了以下 21 种供热情况的计算：

（1）$n_1 = 1$，$n_2 = n_3 = \cdots = n_{10} = 0$；

（2）$n_1 = 1$，$n_2 = 0.25$，$n_3 = n_4 = \cdots = n_{10} = 0$；

（3）$n_1 = 1$，$n_2 = 0.50$，$n_3 = n_4 = \cdots = n_{10} = 0$；

$\vdots$

（20）$n_1 = n_2 = \cdots = n_5 = 1$，$n_6 = 0.75$，$n_7 = n_8 = \cdots = n_{10} = 0$；

（21）$n_1 = n_2 = \cdots = n_6 = 1$，$n_7 = n_8 = n_9 = n_{10} = 0$。

$Y = 250\mathrm{m}^3/\mathrm{h}$（标态），适用于以上各种情况。

每一种情况下解出 20 个未知数，共得 $20 \times 21 = 420$ 个数据。计算精度与数模 I 同。数模 II 的结果都为水冷滑轨不绝热情况。第 21 种情况的炉底强度已高达 $974\mathrm{kg}/(\mathrm{m}^2 \cdot \mathrm{h})$，已无继续提高之必要，故可作为计算的终点。以下用这些数据讨论三个问题。

（1）单位热耗。单位热耗与生产率之间的关系（在上述不均匀供热情况下）如图 5 所示。图中的单耗操作线，是一条折线。每一线段上的号码是供热段数目。

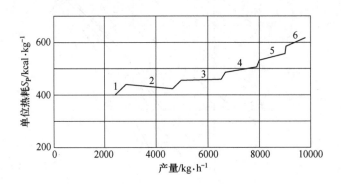

图 5　非均匀供热（数模 II）时单位热耗量与产量的关系

由图 5 可见，产量变化在 $2457 \sim 9743\mathrm{kg}/\mathrm{h}$ 之间（曲线两端间，变化 3.96 倍），单耗变化在 $404 \sim 612\mathrm{kcal}/\mathrm{kg}$ 之间。若有效炉底强度经常变化在 $300 \sim 700\mathrm{kg}/(\mathrm{m}^2 \cdot \mathrm{h})$ 之间，则单耗在 $438 \sim 490\mathrm{kcal}/\mathrm{kg}$ 间波动，差值仅 $52\mathrm{kcal}/\mathrm{kg}$。可见，炉子低产时，单耗过高的问题完全可以通过改善操作而解决，当然产量不能过低，否则单耗仍会很高。

（2）热负荷。与上述单耗操作线相对应，在图 6 上画出了热负荷的操作线，它总的趋势是向上翘起的。在热负荷增大、供热段数增多的过程中，热量利用的效率逐步降低。

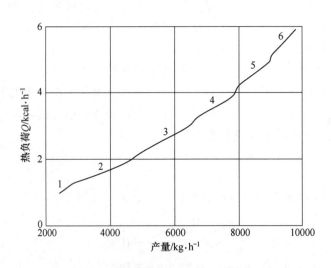

图 6　非均匀供热（数模 II）时热负荷与产量的关系

（3）温度制度。以第7和第12两种情况为例，说明非均匀供热时产量与温度之间的关系。第7种情况是：$n_1 = n_2 = 1$，$n_3 = 0.5$，$n_4 = n_5 = \cdots = n_{10} = 0$，$P = 5450 \text{kg/h}$，热负荷为$2.48 \times 10^6 \text{kcal/h}$。第12种情况是：$n_1 = n_2 = n_3 = 1$，$n_4 = 0.75$，$n_5 = n_6 = \cdots = n_{10} = 0$，$P = 7460 \text{kg/h}$，热负荷为$3.73 \times 10^6 \text{kcal/h}$。

这两种情况下的温度制度如图7所示。图中曲线上的号码是供热情况的序号。

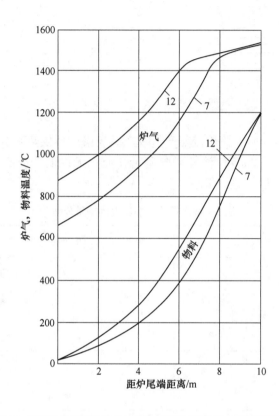

图7　非均匀供热（数模Ⅱ）时炉气和物料沿炉长的温度分布

比较曲线7和12可见：在高温区，两种情况下的温度相近；但在低温区，情况12的炉气温度高得多。在炉尾处这一温度相差约220℃。由于这个缘故，所以情况12下物料的升温提前了。在距炉尾5m处，两种情况下的物料温度相差约120℃（炉子产量相差约2000kg/h）。

由此亦可见到，为适应产量的变化利用温度监控热负荷和供热量分配，确实是一个可行的方法。

从均匀供热（数模Ⅰ）和非均匀供热（数模Ⅱ）两种情况的对比可见：采取非均匀供热更为合理，它能节约更多燃料。

4　生产经验举例

有的工厂对于多点供热连续式炉的特点掌握得较好，并相应地采取了必要措施，获得了较好的效果。现举两座加热炉为例。

4.1 唐钢小型厂加热炉

这是一座侧出料的连续加热炉（见图8），以重油为燃料。上加热有5个端烧嘴，下加热有2个端烧嘴。此外，下加热的每侧还有3个侧烧嘴。加热坯料规格主要是50mm×50mm，60mm×60mm，65mm×65mm的普碳钢方坯。

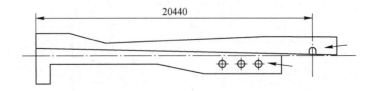

图8 唐钢小型厂加热炉简图

从1980年5月份开始，该炉按照产量及产品规格调整供热量分配，具体做法见表2。采取这个措施后，平均单位油耗明显降低，而且无论低产或高产（产量相差近三倍），单位油耗值均较低，波动很小（见表3）。

表2 按产量及产品调整供热量分配

产品规格 /mm	机时产量 /t·h^{-1}	点燃的烧嘴个数				
		上加热区 端烧嘴	下加热区 端烧嘴	侧烧嘴		
				第一对	第二对	第三对
ϕ12	18.5	3	1	0	0	0
ϕ14	24.5	3	2	0	0	0
ϕ16	33	3	2	1	0	0
ϕ18 ϕ19 ϕ20	41 42 45	3	2	1	1	0
ϕ22 ϕ24 ϕ25	54 54 56	3	2	1	1	1

注：侧烧嘴由炉头到炉尾依次编号。

表3 产量变化时的单位产品油耗

产品规格/mm	ϕ12	ϕ14	ϕ16	ϕ18	ϕ19	ϕ20	ϕ22	ϕ24	ϕ25
机时产量/t·h^{-1}	19.53	—	36.49	45.95	47.86	51.74	59.57	—	59.76
单位油耗/kg·t^{-1}	42	—	43	40	44	44	48	—	46

注：空格表示该规格产品没有生产。

4.2 首钢小型厂加热炉

这也是一座侧出料的连续加热炉（见图9）。均热段用焦炉煤气，有14个烧嘴，加热段用重油，上、下加热分别有14个和13个烧嘴，加热的坯料是普碳方钢。

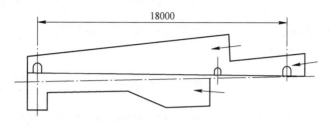

图 9　首钢小型厂加热炉简图

从1978年下半年开始，该厂制定了新的操作制度，具体做法见表4。值得特别提到的是表中不仅规定了供热操作，而且规定了各机时产量下料坯进入均热段时的表面温度。新的操作制度实施后，单位燃耗见表5（1980年上半年统计）。由表可见，炉子产量虽然上下变动三倍多，但单位燃耗（折算为重油）的波动却很小。生产统计亦表明，全年平均单位燃耗与以往一些年的一般情况相比，降低约25kg/t。

表 4　新操作制度参数

产品规格 /mm	坯面断面尺寸 /mm×mm	机时产量 /t·h⁻¹	坯料进入均热段时表面温度 /℃	加热段点燃烧嘴个数	
				上加热	下加热
$\phi18 \sim \phi25$	100×100	100~110	1200±50	5~8	4~5
$\phi14 \sim \phi16$	100×100	60~80	900~1000	3~4	2~3
$\phi12$	85×85	40	800±50	0	0
$\phi10$	85×85	30	700±50	0	0

注：均热段烧嘴基本全开（正常生产时）。

表 5　实施新操作制度后的单位燃耗

产品规格/mm	$\phi10$	$\phi12$	$\phi14$	$\phi16$	$\phi18$	$\phi19$	$\phi20$	$\phi22$	$\phi25$
机时产量/t·h⁻¹	30	40	60	80	110	110	110	100	100
单位油耗/kg·t⁻¹	56.84	46.19	44.85	42.49	40.84	39.21	41.88	42.38	42.61

以上两例表明，生产中的连续式炉在不同程度上都可看成是多点供热的炉子。对于这些炉子，在产量和热负荷变动的过程中，相应地调整供热量的分配，必能收到节约燃料的效果。

5　一般结论

（1）在多点供热连续式加热炉上，必须使供热量在炉长方向上的分配与产量之间

155

恰当地配合起来。这样可在产量大幅度变动的情况下，不使单位热耗发生大的波动；特别是可在低产时，不使热耗过高。

（2）在实际生产中，依靠经验和必要的测定工作，可摸索到各具体情况下较合理的热负荷和供热量分配（即较合理的供热制度）以及与之对应的温度制度，从而确定较为经济的单位热耗操作线。

（3）本文提出的研究连续式火焰炉热工特性的数学模型方法，为进一步研究这方面的问题提供了一定的基础。

参 考 文 献

［1］ THRING M W. Science of flames and furnaces［J］. Chapman & Hall Ltd., London，1952：395.

［2］ HOTTEL H C. J. Inst. of Fuel, 1961，34（6）：220-234.

［3］ КАВАДЕРОВ А В. Тепловая работа пламеных печей［M］. Металлургиздат，Свердповск，1956：230.

［4］ 陆钟武. 火焰炉热工的一般分析［J］. 东北工学院学报，1963（6）：41-52.

［5］ 陆钟武，李成之. 火焰炉热工特性的实验研究和分析讨论［J］. 工业炉通讯，1979（3）：21-32.

［6］ HOVIS J E. Iron and Steel Engr, 1974，51（8）：53-57.

附　　录

1　有关数据

为计算数模Ⅰ，假设供热段炉气、炉墙温度分别为 1325℃、1250℃；不供热段分别为 975℃、800℃，附表 1、附表 2 为数模Ⅰ的参数。附表 3 为数模Ⅱ的参数。

附表 1

Q /kcal·m^{-3}（标态）	V /m^3·m^{-3}（标态）	c_g /kcal·(m^3·℃)$^{-1}$（标态）	c_m /kcal·(kg·℃)$^{-1}$	过剩空气系统
3975	4.92	0.3668	0.164	1.05

附表 2

C/kcal·(m^2·h·℃)$^{-1}$		热损失 Q/kcal·h^{-1}	
供热段	不供热段	供热段	不供热段
2.59	2.95	129757	39850

附表 3

供热等级数 n	100%	75%	50%	25%	0%
炉气温度/℃	1350	1325	1300	1275	975
炉墙温度/℃	1300	1275	1250	1225	800

供热等级数 n	100%	75%	50%	25%	0%
导来辐射系数 $C/\text{kcal} \cdot (\text{m}^2 \cdot \text{h} \cdot \text{K}^4)^{-1}$	2.575	2.59	2.619	2.643	2.95
热损失 $Q/\text{kcal} \cdot \text{h}^{-1}$	139587	129900	120716	112038	39850

2　方程组求解方法

本文的数学模型是非线性方程组，它有唯一的一组非零的实数解。求解时采用 Newton-Raphson 法，其要点如下。

对于非线性方程组

$$F_n(x_1, x_2, \cdots, x_n) = 0 \tag{1}$$

若 x_1^η, x_2^η, $\cdots$, x_n^η 是经过 η 次迭代而求出的近似解，则有

$$x_i^{\eta+1} = x_i^\eta + \xi_i^\eta \quad (i = 1, 2, \cdots, n) \tag{2}$$

$x_i^{\eta+1}$ 是经过 $(\eta+1)$ 次迭代求出的较 x_i^η 精确的解，ξ_i^η 是第 i 个未知数 η 次与 $(\eta+1)$ 次迭代解之间的误差。

将式（2）代入式（1），则得：

$$F_n(x_1^\eta + \xi_1^\eta, x_2^\eta + \xi_2^\eta, \cdots, x_n^\eta + \xi_n^\eta) = 0 \tag{3}$$

把式（3）展开为泰勒级数，并认为略去二次幂及二次幂以上的那些项便已足够精确，于是：

$$F_n(x_1^\eta, x_2^\eta, \cdots, x_n^\eta) + \left(\xi_1^\eta \frac{\partial}{\partial x_1} + \xi_2^\eta \frac{\partial}{\partial x_2} + \cdots + \xi_n^\eta \frac{\partial}{\partial x_n} \right) \cdot F_n(x_1^\eta, x_2^\eta, \cdots, x_n^\eta) = 0$$

把上式改写为矩阵形式

$$F_n + \begin{pmatrix} \dfrac{\partial F_1}{\partial x_1} & \dfrac{\partial F_1}{\partial x_2} & \cdots & \dfrac{\partial F_1}{\partial x_n} \\[2mm] \dfrac{\partial F_2}{\partial x_1} & \dfrac{\partial F_2}{\partial x_2} & \cdots & \dfrac{\partial F_2}{\partial x_n} \\[2mm] \vdots & \vdots & \ddots & \vdots \\[2mm] \dfrac{\partial F_n}{\partial x_1} & \dfrac{\partial F_n}{\partial x_2} & \cdots & \dfrac{\partial F_n}{\partial x_n} \end{pmatrix} \cdot \begin{pmatrix} \xi_1^\eta \\[1mm] \xi_2^\eta \\[1mm] \vdots \\[1mm] \xi_n^\eta \end{pmatrix} = 0$$

以 R 表示 F_n 的一阶偏导数矩阵，整理上式，得：

$$\xi_i^\eta = - [R]^{-1} \cdot F_n$$

由此可知，第 i 个未知数迭代误差为 F_n 的一阶导数矩阵的逆矩阵的第 i 行与 F_n 这一列矩阵的乘积。

将上式代入式（2），得：

$$x_i^{\eta+1} = x_i^\eta - [R]^{-1} \cdot F_n$$

该式便为迭代求解公式。

3 程序框图

求解过程的程序框图如附图 1 所示。

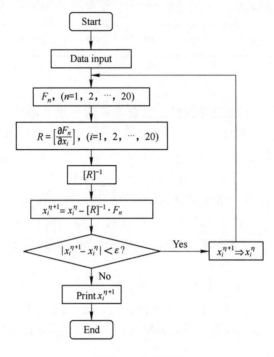

附图 1　程序框图

火焰炉炉膛热工作的基本方程式 *

研究火焰炉热工的中心课题是弄清三类变量之间的相互关系[1]：

（1）结构参数，操作参数；

（2）热工过程参数；

（3）生产指标。

其中尤其重要的是要弄清（1）（3）两类变量之间的关系。这是因为人们所能直接规定或操纵的因素，既不是热工过程参数（如黑度、温度等），更不是生产指标，而是结构和操作参数（如受热面积、热负荷、空气用量等）。合理选取这些参数是提高炉子生产率、热效率，延长炉子使用寿命的重要手段。

在一座炉子上，具体地探索提高生产指标的措施，固然很重要，但是一般性地确立火焰炉上述三类变量之间的关系，则更具有普遍指导意义。

在这方面，重要的工作是建立火焰炉炉膛热工作的基本方程式，即（1）炉子热效率（或有效热）方程式，（2）炉膛废气出口温度方程式。前者说明炉子的生产率、单位热耗与结构、操作之间的关系；后者说明炉子系统中热交换终点温度，它与炉子的工作状况和使用寿命有关。

这种方程式，或为经验式，或为解析式。经验式丝毫不涉及热工过程参数，仅以实测数据为依据，确立（1）（3）两类变量之间的关系[2-3]。有些经验式是以堆数方程式的形式出现的[4]。经验式的适用面虽较小，但简单明了，比较实用。解析式是在联立炉膛热平衡和热交换方程式的过程中得出的。它能较深入地揭示问题的本质，具有较大的普遍性。然而，为了建立炉膛热工作的解析式，必须假设一些简化条件。在现有的文献[5-8]中，有的正是由于假设条件过于简化而使得出的公式只能定性说明问题，有的虽然导出了较完整的公式，但未给出其中一些系数的确定方法，因而未能得到实际应用。

本文将在现有文献的基础上，导出火焰炉炉膛热工作的基本方程式，给出其中系数和指数的确定方法，并应用这些方程式具体地分析火焰炉的热工行为。

必须指出，本文所研究的对象只限于炉长方向上供热量分配不随热负荷变化的火焰炉。至于供热量分配可变的多点供热的连续式炉，则情况大不相同[9]。

附带指出，锅炉热工方面的文献[10-13]对于火焰炉热工是有重要参考价值的，只是在参考这类文献时要注意锅炉与炉子的区别。

1 公式推导

1.1 炉膛热平衡和热交换方程式

进入炉膛的热量，必等于加热物料的有效热 Q_a、炉膛废气带出的热 Q_b，以及通过

---

　　* 本文合作者：方崇堂。原发表于《钢铁》，1983。

炉体的热损失 Q_c 三者之和

$$BVC_Tt_T = Q_a + Q_b + Q_c \tag{1}$$

式中，B 为燃料用量，m^3/h（标态）或 kg/h；V 为燃料产物体积，m^3/m^3（煤气）（标态）或 m^3/kg（固体，液体）（标态）；t_T 为燃料的理论燃烧温度，℃；C_T 为在 0℃ 到 t_T℃ 之间燃烧产物的平均比热，$kcal/(m^3 \cdot ℃)$（标态）。

如设燃料在炉膛内完全燃烧，气体无漏损或吸入，则式（1）可改写为

$$Q_a = B(VC_Tt_T - VC_Yt_Y) - Q_c$$

或

$$Q_a = BV\overline{C}(T_T - T_Y) - Q_c \tag{1'}$$

式中，$\overline{C} = (C_Tt_T - C_Yt_Y)/(T_T - T_Y)$；$T_Y$、$t_Y$ 为炉膛废气出口温度，K（℃）；C_Y 为在 0℃ 到 t_Y℃ 之间炉膛废气的平均比热，$kcal/(m^3 \cdot ℃)$（标态）；T_T 为燃料的理论燃烧温度，K。

式（1）、式（1'）都是炉膛的热平衡方程式。

С. Н. Шорин[14] 导出的辐射差额热流公式为

$$q = \sigma_0(T_L^4 - T_S^4)/(1/A - 1/2) \tag{2}$$

式中，q 为辐射差额热流，$kcal/(m^2 \cdot h)$；σ_0 为绝对黑体辐射系数；A 被加热物体的吸收率（设与黑度相等）；T_L 为被加热物体表面附近的辐射温度，K；T_S 为被加热物体表面温度，K。

物体表面附近与表面相距极近，但在有差额热流的情况下，两者之间有温度的"突跃"。

考虑到炉内被加热物体表面温度及其附近的辐射温度各处不等，故将上式写成

$$Q = \sigma_0 F(\overline{T_L^4} - \overline{T_S^4})/(1/A - 1/2) \tag{3}$$

式中，F 为被加热物体的受热面积，m^2；$\overline{T_L^4}$ 为被加热物体表面附近辐射温度四次方的平均值；$\overline{T_S^4}$ 被加热物体表面温度四次方的平均值；Q 为被加热物体在炉内获得的辐射热量。此外，还有对流传热量，在此暂略不计。

式（3）既适用于均匀制度，也适用于非均匀制度。因此，本文用式（3）作为炉膛热交换公式，而不用一般文献中所见的只适用于均匀制度的炉膛热交换公式。

在建立炉膛热工作方程式时，重要的问题是确立 $\overline{T_L^4}$ 与 $\overline{T_Y^4}$ 之间的关系。由于影响因素很多，所以很难从理论上确立各种情况下的这一关系式。但是总可将此关系表示为下列级数的形式

$$\overline{T_L^4}/T_Y^4 = \sum_i m_i(T_Y/T_T)^{4n_i} \tag{4}$$

式中，m_i、n_i 为级数中的系数及指数。

近似地可以认为，仅取级数的第一项就足够准确，于是

$$\overline{T_L^4}/T_Y^4 = m(T_Y/T_T)^{4n} \tag{5}$$

很明显 m 和 n 值决定于炉子的结构和操作等条件。但实验结果表明，在其他条件保持不变的情况下，燃料用量变化时，m 和 n 值均保持不变。

1.2 炉膛热工作方程式之一（炉子热效率）

联立式（1）和式（1'），消去 T_Y，即可求得炉子热效率公式。

式 (1′) 可写作

$$T_T(1 - Q_a/BV\bar{C}T_T - Q_c/BV\bar{C}T) = T_Y$$

因炉子热效率 η 为有效热 Q_a 与炉子热负荷 BQ_D 之比，即

$$\eta = Q_a/BQ_D$$

式中，Q_D 为燃料的低发热值，kcal/kg 或 kcal/m³（标态）。

并知 $Bo = BV\bar{C}/\sigma_0 FT_T^3$，称为玻尔兹曼准数；再令 $K_S = BQ_D/BV\bar{C}T_T$，称为预热准数；以及 $K_C = Q_c/\sigma_0 FT_T^4$，称为热损失准数；故炉膛热平衡式变为

$$T_T(1 - \eta K_S - K_C/Bo) = T_T \tag{a}$$

此外，由式 (5) 知

$$\overline{T_L^4} = mT_T^{4(1-n)} T_Y^{4n}$$

代入式 (3)，整理后得

$$T_Y^{4n} = \frac{Q_a(1/A - 1/2) + \sigma_0 F \overline{T_S^4}}{\sigma_0 m T_T^{4(1-n)} F} \tag{b}$$

联立式 (a)、式 (b)，整理后得

$$(1/A - 1/2)\eta K_S Bo + \overline{T_S^4}/T_T^4 = m(1 - \eta K_S - K_C/Bo)^{4n} \tag{6}$$

式 (6) 以隐函数的形式表达了炉子热效率与 Bo、K_S、K_C、A、T_S、T_T 等参数之间的关系。按式 (6) 用试算的方法，即可求得各情况下炉子的热效率。

令 $Q_a/\sigma_0 FT_T^4$ 为相对有效热，或称为生产率准数 Po，则知

$$Po = Q_a/\sigma FT_T^4 = \eta K_S Bo \tag{7}$$

按式 (7) 即可求得相对有效热。

由式 (6) 知，当炉子热效率 $\eta = 0$（保温空烧）时，

$$(Bo)_{\eta=0} = \frac{K_C}{1 - \left(\dfrac{\overline{T_S^4}}{mT_T^4}\right)^{1/4n}} \tag{8}$$

为了求得炉子热效率为极大值时的 Bo 值，对式 (8) 求 $\partial\eta/\partial(Bo)$，并令其等于零。求得

$$\eta = 4nm\frac{K_C}{K_S(Bo)^2(1/A - 1/2)}\left(1 - K_S\eta - \frac{K_C}{Bo}\right)^{4n-1} \tag{9}$$

当 η 为极大值时，式 (6)、式 (9) 两式同时成立。在一般情况下，由这两式不可能消去 η 求出它为极大值时的 Bo 值（即 $(Bo)_{\eta=\max}$），而必须用作图法确定 η 之极大值以及与其对应的 Bo 值。但在 $\overline{T_S^4}/T_T^4 = 0$ 时，可以从式 (6)、式 (9) 中消去 η，求得 $(Bo)_{\eta=\max}$ 的表达式

$$Bo = \frac{m}{1/A - 1/2}\left(\frac{4nK_C}{Bo}\right)^{4n} - 4nK_C - K_C = 0 \tag{9'}$$

如已知 K_C、A、m、n，按照式 (9′) 即可求得 $(Bo)_{\eta=\max}$。

1.3 炉膛热工作方程之二（炉膛废气出口温度）

联立式（1'）和式（3），消去有效热 Q_a，并注意到式（5），则得

$$\frac{m}{1/A - 1/2}\frac{1}{Bo}\left[\left(\frac{T_Y}{T_T}\right)^{4n} - \frac{\overline{T_S^4}}{mT_T^4}\right] + \frac{T_Y}{T_T} + \frac{K_C}{Bo} - 1 = 0 \tag{10}$$

这便是炉膛废气出口温度与 Bo、T_T、T_S、K_C、A 等参数之间的关系式。

这两式都是炉膛热交换和热平衡方程式联立的结果，它们是互相联系着的。

事实上，炉膛热平衡方程式可写作

$$T_Y/T_T = 1 - \eta K_S - K_C/Bo \tag{11}$$

将此式代入式（10），整理后即得式（6）。

可见，式（6）和式（10）是一致的，它们都表明炉膛热工作的一般规律。

2 m、n 值的确定方法

m、n 值是在建立 $\overline{T_L^4}$ 与 T_Y^4 之间的关系式时引入的系数和指数，其数值决定于炉子的结构和操作等条件。目前尚无法从理论上推算具体炉子的 m、n 值。但依靠实测数据，用下述方法可确定之。

将式（7）及式（11）代入式（6），得

$$(1/A - 1/2)Po + \overline{T_S^4}/T_T^4 = m(T_Y/T_T)^{4n} \tag{12}$$

162

如果被加热物体表面温度远低于理论燃烧温度，可令 $\overline{T_S^4}/T_T^4 = 0$，则上式简化为

$$(1/A - 1/2)Po = m(T_Y/T_T)^{4n} \tag{12'}$$

式（12）或式（12'）是确定 m、n 值时所用的关系式。

在各具体情况下，上两式中的 A、T_T 及 T_S 可认为是固定不变的，而且是已知的。所以只要在其他条件保持不变的情况下，变动热负荷，测得 Po 与 T_Y 之间一一对应的若干组数据，分别代入式（12）或式（12'），用回归分析法即可把 m、n 值确定下来。

以式（12'）为例，对等号两侧求对数，得

$$\ln[(1/A - 1/2)Po] = \ln m + 4n\ln(T_Y/T_T) \tag{13}$$

当生产率准数 Po 在某一范围内变动时，如果 m、n 值不发生变化，则式（13）在坐标纸上（$Y = \ln[(1/A - 1/2)Po]$，$X = \ln(T_Y/T_T)$）代表一条斜线。它的斜率等于 $4n$，它在纵坐标轴上的截距等于 $\ln m$。

当然，直接以式（6）为依据，也可以用类似的方法确定 m、n 值。不过，为此需要测定和计算较多的参数（η、K_S、Bo、K_C）。

3 应用举例

现以文献［3］中记载的实验数据为例，说明以上诸公式的应用。该实验的特点是数据比较完整，有炉膛废气温度（用抽气热电偶测量）的记录。

实验是在一座炉底面积为 $2.43 \times 0.348 = 0.846\text{m}^2$ 的试验炉上进行的。用城市煤气为燃料。只有一个烧嘴。空、煤气流量、炉膛压力等均可准确控制。将管式水流量热计作为被加热物体。量热计的受热面积 $F = 0.2904\text{m}^2$，煤气低发热值 $Q_a = 4642\text{kcal/m}^3$（标态）。

实验数据列于表1中。

表 1　文献［3］的实验数据

序号	煤气量 /m³·h⁻¹（标态）	空气量 /m³·h⁻¹（标态）	热负荷 /kcal·h⁻¹	有效热 /kcal·h⁻¹	炉膛废气温度 /℃	炉膛热损失 /kcal·h⁻¹
1	14	78.12	64988	18000	855	19733
2	16	89.28	74272	21672	895	19944
3	18	100.24	83556	23789	935	20994
4	20	111.60	92840	25474	980	22150
5	22	122.80	102124	27450	1005	23417
6	24	134.00	111408	29250	1045	24432
7	26	145.00	120692	30600	1068	25759

3.1　数据整理与结果

因量热计是水冷的，其表面温度低，故取 $\overline{T_S^4}/T_T^4 = 0$。量热计钢管表面有氧化层，故 $A = 0.85$。在此条件下，按式（12′）用回归分析方法确定的 m、n 值为

$$m = 0.2666, \quad n = 0.7195$$

相关系数 $r = 0.9867$。

按实验数据算得该实验中的 $K_S = 1$，$K_C = 0.050$，故式（6）将具体化为如下形式

$$(1/0.85 - 1/2)\eta K_S Bo = 0.2666(1 - \eta - 0.050/Bo)^{4 \times 0.7195} \tag{14}$$

按式（14）用试算的方法计算的炉子热效率 η 与玻尔兹曼准数 Bo 之间的关系如图 1 中的曲线 1 所示。由图可见，这条曲线有一最高点。按式（9′）算得对应于此最高点的玻尔兹曼准数，其值等于

$$(Bo)_{\eta = \max} = 0.260$$

炉子热效率的极大值等于

$$\eta_{\max} = 0.278$$

按式（7）计算的生产率准数 Po 与玻尔兹曼准数 Bo 之间的关系如图 1 中曲线 2 所示。

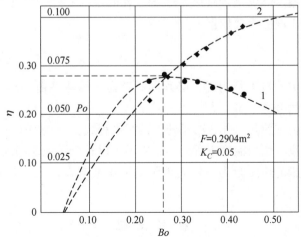

图 1　炉子热效率 η 与玻尔兹曼准数 Bo 之间的关系

163

同理，式（10）具体化为

$$\frac{0.2666}{1/0.85 - 1/2} \frac{1}{Bo} \left(\frac{T_Y}{T_T}\right)^{4\times 0.7195} + \frac{T_Y}{T_T} + \frac{0.050}{Bo} - 1 = 0 \qquad (15)$$

按式（15）计算 Bo 准数变化过程中的 (T_Y/T_T) 值，其结果如图 2 所示。与热效率最大值对应的 (T_Y/T_T) 值等于

$$(T_Y/T_T)_{\eta = \max} = 0.544$$

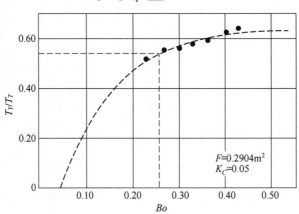

图 2　Bo 准数变化过程中 T_Y/T_T 值

3.2　讨论

实验表明：在其他条件一定的情况下，在增加热负荷的过程中，炉子的有效热沿着一条渐衰的曲线上升，而炉子热效率曲线则有一最高点。以炉子空烧为起点，随着热负荷的增大，炉子有效热迅速增加，η 值亦随之升高。炉子热效率达到极大值后，继续增加热负荷，有效热虽仍继续缓慢上升，但 η 值则下降。

为了节约燃料，炉子应在 η 极大值附近工作。即使为了照顾高产要求，也不宜过分增大热负荷，以免 η 值降低过多。当然，更应避免炉子低负荷运行。在供热制度不变的情况下，炉子低负荷运行的结果必定是低 η 值。

炉膛废气出口温度能灵敏地反映炉子的工作状况。有经验的操作者都把炉膛废气温度作为判断炉子工况的重要依据。

4　结语

在分析火焰炉炉膛热工行为时，必须同时考虑炉膛热平衡和热交换两个方面，否则不可能得到全面的概念。

为了分析火焰炉炉膛热工作，必须建立两个方程式：一是炉子热效率（或有效热）方程式；二是炉膛废气出口温度方程式，否则不足以较全面地说明问题。

分析火焰炉炉膛的热工行为，建立炉膛热工作基本方程式，对于炉子设计和操作人员都会有所启示。

参 考 文 献

[1] 东北工学院冶金炉教研室．关于我国冶金炉学科的任务和今后发展问题的意见．全国第二次冶

金炉热工报告会资料，1965.

[2] 陆钟武，李成之. 火焰炉热工特性的实验研究和分析讨论 [J]. 工业炉通讯，1979 (3)：21-31.

[3] 陆钟武，等. 火焰炉热工操作的试验研究 [J]. 冶金能源，1982 (1)：18-27.

[4] 方崇堂. 火焰炉热工基本特性准数方程及应用 [J]. 上海冶金，1981 (1)：13-15.

[5] Thring M W, Reber J W. J. Inst. Fuel, 1954 (10)：12-18.

[6] Hottel H C. J. Inst. Fuel, 1961 (6)：220-234.

[7] Кавадеров А В. Тепловая работа пламеных печей [M]. Металлургиздат, Свердповск, 1956.

[8] 陆钟武. 火焰炉热工的一般分析 [J]. 东北工学院学报，1963 (6)：41-52.

[9] 王景文，陆钟武. 多点供热连续式火焰炉热工特性的研究 [J]. 东北工学院学报，1982 (3)：1-16.

[10] Лоляк Г Л, Шорин С Н. Иэв. АН СССР ОТН, 1949：132-1847.

[11] Конаков, Идр Л К. Теплообмен в камерах сгорания паровых котлов, 1958.

[12] Невский А С. Теплообмен иэлугением в металлургичесих печах и топках котлов, 1958.

[13] Шорин С Н. Теплопередача. 1964.

[14] Шорин С Н. Иэв. АН, СССР ОТН, 1951：389-406.

中国大百科全书——冶金炉 *

冶金炉是指冶金生产过程中对各种物料或工件进行热工处理的工业炉。热工处理是以物料或工件的升温为重要特征的处理过程，例如焙烧、熔炼、加热、热处理、干燥等。钢铁冶金和有色冶金的大部分生产环节都离不开炉子。历史上，许多生产环节的革新，产品的产量和质量的提高，都同旧冶金炉的改革和新冶金炉的应用紧密相关。冶金工业的能源消耗，在很大程度上取决于各种冶金炉的能耗。

1 冶金炉简史

堆火是炉子的前身，用于烧制食物或取暖，也用于烧制陶器。后来，用掘地生火或堆石砌灶方法，筑成最原始的炉子。更后，出现了坑式炉（原始的竖炉）和坩埚炉。皮囊鼓风方法的出现，扩大了炉子尺寸，并提高了炉温，为青铜的冶炼和铸造创造了条件。中国商代的坑式炉直径已达 1m，可冶炼大型青铜器。中国在战国初期，已开始用竖炉冶炼生铁，铸造工具。东汉时，开始使用"水排"，即水力驱动的皮风囊。北宋使用悬扇式鼓风器，明代使用活塞式木风箱，其风量、风压均显著提高，有力地强化了冶炼过程。燃料方面，最初用木材或木炭，公元 10 世纪以后，中国冶铁业已应用煤炭（比欧洲早数百年）。明代，掌握了炼焦技术，冶铁炉改用焦炭做燃料，进一步提高了产量。

18 世纪以来，西方国家随着航海业、机械工业、贸易的发展，冶金业的发展十分迅速，改进了各种熔炼炉、加热炉和热处理炉，出现了多种多样的炉型。20 世纪以来，冶金炉朝着大容量、高产量和高热效率的方向发展。以轧钢连续加热炉为例，先是把室状炉延长一段，以便利用废气余热，继而把炉子改进成两段式。后来，由于轧机能力不断增大，加热炉朝着大容量、高产量的方向发展。30 年代出现了三段式炉，炉子产量最高达每小时 150t，单位炉底面积产量为 $500\sim600kg/(m^2 \cdot h)$。50 年代末，开始采用五段式炉，在提高炉尾烟气温度（达 1000~1200℃）的同时，采用高温换热设备回收余热，炉子产量提高到每小时 150~250t，单位炉底面积产量达 $800\sim1000kg/(m^2 \cdot h)$。70 年代中期，主要工业国出现石油危机以来，降低燃料消耗已成为炉子设计的中心问题。延长不供热的预热段的长度和降低烟气排出温度，是这个时期加热炉炉型和热工工艺改变的主要趋势。

2 冶金炉种类

现代冶金工业用炉，按热源不同，可分为燃料炉、电炉、自热炉三大类。此外，以新能源（如太阳能、原子能）为热源的冶金炉正处于研制阶段。

---

* 本文合作者：倪学梓。原发表于《中国大百科全书》矿冶卷，1984。

2.1 燃料炉

以燃料的燃烧热为热源,冶金工业中使用最为广泛。由于炉内的热工特征不同,燃料炉又可分为火焰炉、竖炉、流态化炉和浴炉等四类。

(1) 火焰炉。特征是火焰或燃烧产物占据炉膛的一部分空间,物料或工件占据另一部分空间。一般情况下,火焰与物料直接接触;但在有些情况下,例如为防止工件的氧化,将火焰与工件隔开,火焰的热量通过隔墙传给物料。

(2) 竖炉。特征是炉身直立,大部分空间堆满块状物料,炉气通过料层的孔隙向上流动,与炉料间呈逆流换热。

(3) 流态化炉。特征是炉内为细颗粒物料的流态化床,气体由下部通入,使物料"沸腾"成流态化。

(4) 浴炉。特征是炉内盛液体介质(熔盐类或熔融金属)。将工件浸入此介质中进行加热,主要用于热处理。浴炉热源可用燃料,也可用电。

2.2 电炉

特征是以电为热源。由于电热转换方法不同,又分为电阻炉、感应炉、电弧炉三种。

2.3 自热炉

特征是靠炉料自身产生的热量维持炉子的正常工作,除炉料的预热或预熔化外,炉内不需要或基本上不需要外加热量。例如炼钢转炉,铜、镍吹炼转炉和铝热法冶炼炉。硫化矿的焙烧炉也往往是自热炉。

冶金炉还有间歇式炉和连续式炉的区别。间歇式炉的特征是分批装料、出料,炉子温度在生产过程中呈周期性变化。连续式炉特征是物料或工件连续穿炉运行,按工艺要求控制炉内各部分的温度,并保持稳定。连续式炉在产量、质量、燃料消耗、机械化、自动化等方面都比间歇式炉优越。此外,还有按装料和出料方法、装料和出料机械、炉体形状、附属设备如空气预热器的名称、温度高低等称呼炉子的。冶金工业各主要生产环节常用炉子的名称和简单说明在表1中给出。

表1 冶金工业主要用炉

生产车间	生产环节	炉子名称	说　明
选矿	铁矿石磁化焙烧	焙烧竖炉	竖炉,长方形截面,用煤气做燃料
炼铁	球团矿焙烧	焙烧竖炉	竖炉,长方形截面,用煤气做燃料
	生铁冶炼	高炉	竖炉,圆形截面,以焦炭为燃料,用热风
	铁矿石直接还原	回转炉	连续式火焰炉,圆筒形,卧式,炉体匀速转动
		还原竖炉	竖炉,向炉内通入高温还原气

生产车间	生产环节	炉子名称	说　明
炼钢	炼钢	平炉	间歇式火焰炉，用蓄热室预热空气和煤气
		转炉	立式，氧气顶吹或底吹，自热炉
		电弧炉	用石墨电极
	重熔精炼	电渣炉	电弧炉，用钢锭（坯）做电极，重熔成锭
铁合金冶炼	冶炼	电炉	还原（矿热、埋弧）电炉，精炼电炉
		铝热法炉	自热炉
有色金属冶炼	精矿焙烧	沸腾焙烧炉	流态化炉，依靠硫化精矿氧化发热，无须外加燃料
		回转窑	连续式火焰炉，用煤粉或重油做燃料
		多膛焙烧炉	需外加燃料，用于钼精矿等焙烧
	挥发回收金属	烟化炉	长方形截面，以煤粉做燃料，用于锌、锡、锗等有价金属的回收
	熔炼	鼓风炉	竖炉，长方形截面，用焦炭做燃料
		反射炉	单向火焰炉，用煤粉或重油做燃料
		矿热电炉	埋弧电炉
		闪速炉	精矿粉、热风从反应塔顶部喷下，反应后落入沉淀池
		锌蒸馏炉	竖式蒸馏罐，间接加热
		漩涡炉	精矿粉和热风沿切线方向喷入漩涡室
	铜、镍吹炼	卧式转炉	自热炉
塑性加工	金属塑性加工	均热炉	坑式火焰炉
		连续式加热炉	连续式火焰炉，如推料式炉、步进炉、环形炉、分室式炉等；连续式电阻炉，用于有色金属的加热
热处理	金属热处理	室状热处理	间歇式燃料炉或电阻炉，如炉底固定式、车底式、罩式（马弗）、坑式、井式炉等
		连续式热处理炉	连续式燃料炉或连续式电阻炉，如推料式、链式、辊底式、震底式、牵引式炉等
		浴炉	以熔盐或熔融金属为传热介质
铸造	生铁重熔	冲天炉	竖炉，圆形截面，以焦炭为燃料
焦化		炼焦炉	火焰炉，间接加热，以煤气为燃料
耐火材料	煅烧生料	煅烧炉	竖炉，圆筒形，以焦炭为燃料
	制造干燥	干燥炉	低温火焰炉，或用热空气、其他炉子的废气作为干燥介质，室状炉或连续式炉
	制品烧成	烧成窑	火焰炉，间歇式（倒焰窑、多室窑、轮窑）或连续式（隧道窑）

3 冶金炉生产设备

一般由炉子热工工艺系统、装出料系统和热工检测控制系统等三部分组成。

3.1 冶金炉的热工工艺系统

冶金炉的热工工艺系统包括炉子的工作室（炉膛）、燃料的燃烧装置或电热转换装置、空气和（或）煤气的预热器，以及风机、管道、烟道、余热锅炉和烟囱等。工作室是炉子的核心。主要的热工和工艺过程都在工作室内完成。其他部分的任务是为工作室内的热工工艺过程提供有利条件。

3.2 冶金炉装出料系统和热工检测控制系统

这是现代化冶金炉不可缺少的两个工作系统。前者包括：炉前炉后的装料、出料机械和炉内的运料机械。后者包括：热工参数的测量仪表、显示仪表或记录仪表、过程控制仪表，计算机和执行机构等。配备这两个系统，可以实现炉子的自动化操作，从而提高炉子的生产指标。

4 对冶金炉的基本要求

对炉子的基本要求为：能满足产品的质量和产量要求；燃料和其他能源的消耗量低；建炉投资和运行费用低；耐用，劳动条件好，污染物的排放量符合环境保护要求。

一座好的炉子应同时满足上述要求。为了使产品质量好，应控制炉内温度和气氛，选择适宜的筑炉材料。炉子的生产能力必须与生产过程所要求的产量相适应。为了节约燃料，在炉子的设计和操作中，必须重视热量在炉膛内充分利用，并充分利用余热。为了降低建炉投资和运行费用，应提高炉子单位容积（或炉底面积）的生产能力，简化炉子结构。炉子的废气、废水、废渣中往往含有污染物质，必须采取措施，使各种污染物的排放量不超过国家或地区的规定值。

炉子大型化、连续化、机械化和自动化，是全面满足上述要求的重要途径。目前，高炉的最大容积超过 $5000m^3$，氧气转炉的最大炉容量超过 300t。有些炉子已采用计算机控制，自动化程度很高。

5 冶金炉理论

格口迈洛（Г. Гржимайло）1911 年提出炉子的水力学原理，把一座正在工作的炉子，看成是一条倒置的河床，提出了炉子设计方面的若干重要原则。对当时炉子的单位产量不高，炉内气体呈自然流动的情况是适用的，在生产上也发挥了作用。后来，为使炉子不断提高产量，逐步采用液体和气体燃料的燃烧装置，炉内气体变成强制流动，这一理论就不适用了。50 年代初，思林（M. W. Thring）、格林科夫（M. A. Глинков）等人，较全面地研究了炉内的燃烧、气体流动、传热等热工过程。1959 年，格林科夫提出炉子的一般原理。他把炉子的工作制度分为三类：辐射制度、对流制度和层状制度。在讨论每一种工作制度时，都从热交换出发，对燃料的选择、燃烧过程、气流的组织等提出相应的要求。

近年来，冶金炉热工理论发展的主要特点是：在进一步明确研究对象的前提下，对炉子设计和操作（包括过程控制）的最优化问题进行了更深入的研究；利用计算机和现代实验技术及模拟技术对炉内的燃烧、气体运动、传热等热工过程进行全面的分析和研究。

冶金炉热工的研究对象是：在考虑到冶金生产工艺要求的前提下，研究下列（1）、（2）、（3）三类变量之间相互的关系：

$$\left.\begin{array}{c}炉子结构参数\\热工过程参数\end{array}\right\}\longrightarrow 热工过程参数\longrightarrow 炉子的生产指标$$

     （1）   （2）   （3）

炉子结构（几何形状、尺寸、筑炉材料的种类等）和热工操作（燃料量、空气量、闸门开启度等）的变动，会影响到炉内的热工过程（传热、燃烧、气体运动）。而热工过程的变动又会影响到炉子的生产指标（单位生产率、单位热耗、炉子使用寿命等）。人们的目的是提高生产指标，但人们所能直接规定或操纵的因素，既不是热工过程参数，也不是生产指标，而是结构和操作参数。所以重要的是，要在研究热工过程的基础上，弄清（1）、（3）两类变量之间的关系。炉子的结构和操作之间，必须互相适应；各个热工过程之间也必须互相配合。同样，各生产指标之间也互相关联。在炉子热工理论的研究工作中，要十分重视同一类变量之间的相互关系。在其他条件不变的情况下，炉子的生产率的变动将引起炉子热效率的变动。为了提高炉子热效率，炉子生产率的波动必须限制在某一合理范围内。

研究冶金炉的最优化问题，不应孤立地着眼于炉子本身，还应包括炉子前后的冶金设备，因为它们在生产流程中是互相关联的。如研究轧钢厂的加热炉，应该与轧机联系起来考虑。降低钢坯的加热温度，一方面能减少加热炉的燃耗，另一方面则会增加轧机的电耗。如降低加热温度并维持在合理范围之内，可使加热炉和轧机的总能耗下降；如加热温度过低，就会使总能耗增加。所以应权衡得失，寻求最优方案。

170

中国大百科全书——火焰炉 *

以燃料燃烧的火焰为热源的各种工业用炉，统称为火焰炉。火焰炉炉膛内的火焰通常与物料直接接触，火焰直接加热物料。火焰炉内壁既辐射热量，也部分地反射投射来的热量，在热交换过程中起重要作用。有时为防止物料（工件）的氧化，将火焰与物料隔开，火焰的热量通过隔墙间接传给物料。火焰炉既可用来加热物料，也可用来熔化物料。

火焰炉按工作室的形状可分为膛式火焰炉和回转炉两类。

1 膛式火焰炉

它的工作室叫做炉膛，由炉底、炉墙和炉顶组成。用作加热炉或热处理炉时，炉底的结构有多种形式，并可按炉底结构称为车底炉、推料式炉、步进炉、辊底炉、链式炉、环形炉等。熔炼用火焰炉（如平炉、炼铜反射炉）的炉底是凹下的熔池，用以存放熔融金属。熔池形状，呈长方形、圆形或椭圆形。熔池底部有液体金属的排出口。炉墙上有炉门、窥视孔、出渣口等。炉顶结构有拱顶和吊顶两种，前者用于宽度较小的炉子，后者用于较宽的炉子。

在高温火焰炉上，火焰直接进入炉膛。如以块煤为燃料，则需单独设置固体燃料的燃烧室，火焰翻过火口进入炉膛。如以粉煤、煤气或燃料油为燃料，则需用燃烧器。当煤气和（或）空气预热温度很高时，如平炉，则用耐火砖砌成炉头，与炉膛连成一体。火焰炉的炉膛废气温度较高，常用换热器或蓄热室回收废气热量。预热空气和煤气是为了提高燃烧温度和降低能耗。空气不预热时，重油炉的温度可略高于1500℃，粉煤炉的温度可略高于1450℃。如空气预热到1000℃，则炉内温度可达1700℃以上。

蓄热室是周期性的交替轮换进行工作，所以蓄热式炉必须进行换向操作，即每隔一定时间（例如半小时）必须变更一次炉内火焰的流动方向。每次换向都会使炉子温度发生波动。由于要换向，所以炉膛的火焰入口和废气出口在结构上必须相同；换向前的火焰入口，就是换向后的废气出口。

在中温火焰炉上，进入炉内的不是正在燃烧的火焰，而是具有一定温度的燃烧产物。燃料的燃烧过程，不在炉膛中进行，而是在与炉膛隔开的燃烧室中进行。这种燃烧室，通常布置在炉底以下，有时布置在炉膛侧面或顶部（见图1）。这种结构与炉气循环结合，既可使燃料完全燃烧，又可使炉温保持均匀。在炉墙上均匀地设置若干小型无焰燃烧器，采用高速烧嘴以及用耐热风机使炉气循环，也是使炉温均匀的有效方法。低温火焰炉，燃烧过程必须在炉膛外（燃烧室内）完成，炉气循环也十分重要。

火焰炉热工操作方面的主要参数有：热负荷、空气消耗系数、预热温度、炉膛压

---

　　* 本文原发表于《中国大百科全书》矿冶卷，1984。

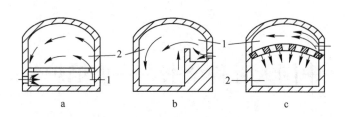

图 1 热处理炉的燃烧室布置
a—下部燃烧室；b—侧面燃烧室；c—顶部燃烧室
1—燃烧室；2—加热室

力等。对于蓄热式炉子，还有换向时间间隔；对于使用混合燃料的炉子，还应考虑燃料发热值的调节（即两种或两种以上燃料的流量配比）。这些参数对于炉子的生产率、热效率以及炉子寿命都有直接影响。制定火焰炉的热工制度，就是要正确地掌握这些参数的数值。在间歇式炉上要掌握这些参数随时间的变化；在连续式炉上，要掌握它们沿炉子长度的变化。

2 回转炉

回转炉或称回转窑，在冶金工业中用于铁矿石的直接还原、氧化铝矿物的焙烧、黏土矿物的焙烧，以及各种散状原料的焙烧挥发、离析和干燥作业。

回转炉的炉体呈圆筒形，用厚钢板制成，筒内衬以耐火材料。炉体横架在支座的滚轮上，稍倾斜（4%~6%）。炉体长度与直径之比在 12∶1 到 30∶1 之间。操作时炉体匀速转功。由于炉体的倾斜和转动，炉料由高处逐渐移向低处。炉料在运动过程中逐渐升温，并依次发生物理、化学变化。回转炉的温度一般控制在炉料熔点以下。

炉气的运动方向通常与炉料相反。燃烧器（使用粉煤、重油或煤气）位于出料端，安装在固定的"炉头"端墙上。

废气从装料端排出，经垂直的烟道进入收尘系统和排烟系统。回转炉炉体的两端分别伸到垂直烟道和固定"炉头"之中。

为了冷却出炉散料，并利用其余热，可采用冷却筒。它的结构与回转炉相仿，但不供给燃料。为了强化冷却过程，可向冷却筒中鼓入冷空气，并在预热后用作回转炉的助燃空气。

我国冶金热能工程学科的任务和研究对象 *

　　我国冶金热能工程学科，是在冶金工业近几年来提倡节约能源的过程中，在冶金炉学科的基础上，逐步形成的。几年来，许多单位在此学科领域内开展了不少工作，而且取得了一定成绩。但是，迄今为止，对于这个学科的全貌还缺乏认真的讨论，它的轮廓还没有清楚地被勾画出来。这种情况对于这个学科的发展是不利的，对于冶金工业的发展也是不利的。因此，尽快地明确这个学科的任务和研究对象等主要问题，不仅是学科发展的需要，而且也是我国"四化"建设的需要。本文准备就这些问题提出一些初步看法，供读者参考。

　　大约二十年前，围绕冶金炉学科的性质和任务问题，曾经展开过较深入的讨论，并在讨论的基础上加深和统一了对该学科的认识[1]。今天如能围绕冶金热能工程学科进行必要的讨论，那么也一定能加深对这个学科的认识，并取得一致的意见。

1　冶金热能工程学科的任务

　　冶金热能工程学科的主要任务是全面地研究冶金工业的能源利用理论和技术，为冶金工业的节能工作服务。现阶段它要为实现我国冶金工业规划中所规定的节能任务服务。将来，随着科学技术的发展，要使冶金工业的能源利用达到更高的水平。

　　以前，我国冶金工业不注重考核能耗指标，能源的浪费极大。近年来，这种情况逐步好转，能耗逐步降低。然而，我国冶金工业的能耗指标，与国外相比，仍有较大差距。这种状况必须尽快扭转，否则对我国的"四化"建设极为不利。冶金热能工程学科必须扭转这种状况，为赶上世界先进水平做出贡献。

　　此外，还应说明，除能耗指标外，冶金工业的有些技术经济指标（如产品的产量、质量、品种、污染物的排放量、企业的利润）也与本学科密切相关，因为这些指标往往在一定程度上取决于能源利用和热工工作的合理程度。所以，从能源利用和热工的角度去改善冶金工业的这些指标，也是本学科的任务。

2　冶金热能工程学科的研究对象

　　学科的研究对象必须体现学科的基本任务。那么，怎样规定冶金热能工程学科的研究对象，才能充分体现该学科的上述基本任务呢？通过几年来的实践和参阅国内外文献，初步认为关于这个学科的研究对象问题可作如下讨论。

　　为了研究冶金工业的节能问题，无疑地必须研究炉窑、工业锅炉、热交换装置、燃料转换装置和能量转换装置等各种耗能设备的节能理论和技术。这是冶金热能工程学科的重要研究内容之一。事实上，这些年来在这方面进行的工作对于冶金工厂的节能起了积极的作用。

　　但是，为了节能，只研究单体的耗能设备是不够的。大家都知道，从矿石到金属

---

　　* 本文原发表于《钢铁》，1985。

产品，要经过多道生产工序，每道工序又包括多台设备。各道工序之间，各台设备之间，都在物料、能源等方面彼此联系，彼此制约。这样构成了冶金生产的全过程。所以，为了研究节能问题，不仅要研究单体设备，而且还要研究由若干台单体设备组成的生产车间或厂（生产工序），以及由若干个生产车间或厂组成的联合企业（全流程）等。联合企业、生产车间（厂）和单体设备，是相互联系的三个不同层次。比联合企业更高的层次是整个冶金工业，而比单体设备更低的层次是设备部件。

因此，冶金热能工程学科的主要研究对象是图 1 中五个不同层次的节能理论和技术，以及它们之间的相互关系。

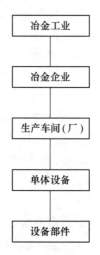

图 1　冶金热能工程学科的主要研究对象

文献［2］概略地说明了研究冶金节能问题所需的载能体概念。不仅能源是载能体，而且许多非能源物资（如原材料、辅助原材料、中间产品、零部件和各种消耗品等）也都是载能体，因为它们在制取的过程中都消耗了能量。单位重量（体积）物体的载能量，叫做该物体的能值。为了节能，不仅要节约能源，而且要节约非能源物资。在研究冶金厂节能问题时，要在了解生产情况的基础上，分析与能耗有关的各生产因素，寻求节能途径和措施，并估计它们的节能效果。

研究冶金厂节能问题，还要树立"系统"的概念，熟悉系统工程的基本原理和方法[3]。冶金企业是由若干生产车间（厂）组成的系统。它的功能是以矿石为主要原料，生产合格的金属材料。在生产中要尽可能节约原材料和能源，减少污染，提高经济效益。各生产车间（厂）都要服从于这个总目标，不能另立目标。

为了深入地研究冶金企业的节能问题，要在收集数据的基础上分别建立企业的能源和非能源物资的平衡表，掌握各耗能设备的工作性能。用累加法[4]、投入产出法[5]或其他方法计算产品能值。对各种节能措施做出评价，或对某些生产问题进行优化处理。

生产同一种产品，往往有几种不同的工艺流程。对它们进行全面的能耗比较，是件重要的工作[6]。这类研究工作，就其层次而言，通常属于"冶金企业"这一层。

在节能工作中，不仅要从能的数量上考虑问题，而且要考虑能的质量，所以㶲的概念很重要[7]，有些研究工作就是以此为基础的。

生产车间（厂）是联合企业这个系统中的子系统。研究某个生产车间（厂），实际上就是研究全流程中的某个生产工序。这个层次上的节能问题，通常也叫做"工序节能"。工序的划分，决定于研究者的意图和着眼点。可以把一台加热炉加上一台轧机作为一个工序，也可以把从钢锭起一直到成材为止看作是一个工序。同样的，可以把炼铁看成是一个工序，也可以把焦化、烧结、炼铁合在一起看成是一个工序。但要注意，由于工序划分不同，得出的结论可能也不同。

70年代中期，格林果夫等提出[8]，研究炉子要与其前后设备联系起来考虑，以求得综合的最佳效果。这种理论被称为炉子的泛函理论。它比原来的炉子一般原理更广泛了，对于工序节能问题的研究有一定参考价值。

在各生产工序的范围内，有一些需要优化的问题，例如炼铁工序中的焦炭灰分问题、高炉入炉品位问题等。可惜这方面的研究工作在文献中还很少见到。

单体耗能设备的研究工作，以往进行得较多。一般而言，研究单体设备主要是在考虑生产工艺要求的前提下研究下式中（1）（2）（3）三类变量以及它们之间的相互关系：

炉子的结构和热工操作直接影响炉内的热工过程，通过热工过程间接地影响炉子的生产指标。人们的目的是改进生产指标，但人们所能直接规定或操纵的，既不是热工过程，更不是生产指标，而是结构和操作。所以，尤其重要的是弄清（1）（3）两类变量之间的关系。

炉子的结构和操作之间要互相适应；各热工过程之间要互相配合；各生产指标之间又相互关联。所以，在研究工作中要重视同一类变量之间的相互关系。

为了从理论上研究炉窑，要对以上三类变量进行综合的研究。由于问题的复杂性以及缺乏必要的已知数据，一般是在某些简化条件下进行研究的。从理论上研究火焰炉，现在有三种方法[9]。

（1）以简化的炉子模型为对象进行分析研究；

（2）用区域法（又称为段法）进行分析研究；

（3）用流法进行分析研究。

用第1种方法导出的公式，能清楚地说明炉子若干变量之间的关系，但因炉子模型过于简化，所以不能用于实际炉子的计算。后两种方法，计算结果中包括温度场、热流场，但工作量较大，而且必须已知炉内的流动场和析热场。

采用经验法直接在（1）（3）两类变量之间建立联系，是研究火焰炉的另一种方法[10]。用这种方法得出的具体经验式适用面窄，但颇为实用。

前面已经提到，最高层次是整个冶金工业，最低层次是设备部件。这两个层次的研究内容也很多。本文限于篇幅，不再多述。

3 关于冶金热能工程学科发展成长问题的几点意见

3.1 要针对本学科的任务和研究对象等主要问题进行充分讨论

通过讨论，以求得全面的认识。参加讨论的人员，应包括科研、教学、生产和行政领导等方面的有关专家。在这个意义上，本文就是作者参加这个讨论的发言稿。

3.2 要修订大学本科生和研究生的教学计划

现在，在冶金热能工程方面，大学本科生和研究生的专业和学科设置情况是：

（1）在国务院学位评定委员会确定的学位授予学科一览表中，冶金热能工程学科是冶金学科下属的一个二级学科。从 1982 年起，东北工学院、北京钢铁学院两校已开始按此学科名称授予硕士学位。有的研究院所也正在培养这个学科的硕士生。

（2）原来大学本科的冶金炉专业，已于 1982 年改名为"热能工程"专业。当时，更改这个专业名称的目的是希望扩大专业的业务面，使毕业生能更好地为工业节能工作服务（不限于冶金工业）。

现在的问题是怎样才能做到名副其实，使研究生、本科生的教学内容符合专业、学科的名称和实际需要。前几年，虽然各院所在这方面做了许多工作，修订了教学计划，但是由于当时冶金热能工程学科的轮廓还没有勾画清楚，所以很难比较全面地考虑与此有关的问题，其中包括修改教学计划问题。因此，有必要在条件成熟时，再修改一次教学计划。

必须说明，学科与专业二者的口径，并不在所有的情况下都相同。但无论如何它们二者之间有一定联系，所以明确冶金热能工程学科的研究对象对于有关专业教学计划的修订工作会有所帮助。

3.3 要继续加强单体设备的研究工作

冶金热能工程学科的业务面虽然比冶金炉学科扩大了，但是研究冶金炉等单体设备仍是主要内容之一。

以往，对于炉窑等设备，注重其产量，不大注重能源消耗，更谈不上防治污染、实现操作自动化和应用电子计算机等。现在这些方面的要求提高了，而且可以肯定，将来的要求更高。

现有的炉型，基本上是在以往不注重降低能源消耗、防治污染等历史条件下形成的。所以它们并不符合当前和将来的要求。将来炉窑的热效率估计会比现在高得多，污染问题也会比现在好得多。

以往，在研究炉子问题时，往往只注重其中的热工问题，基本上不考虑其中的冶金反应过程。这种情况，对于扩大研究工作的领域和提高研究工作的水平都是不利的。今后要逐步扭转这种倾向。在这方面，若能借鉴于冶金反应工程学科近年来的研究成果，可能有所裨益。

3.4 要在冶金工业节能理论和技术方面做好基础性的业务建设工作

以往，关于单体设备以上各层次的节能问题，没有引起人们足够的注意，基础较薄弱，所以要做好这方面的业务建设工作。

为此，要从相邻学科中吸取有用的内容，经过加工改制，把它们移植过来。例如前面提到的投入产出法本来是经济学中的内容，把它移植过来，就很有必要。从相邻学科吸收一定数量的科技人员，改行从事本学科的工作，可能也是有效的办法。

这样的相邻学科较多，但比较主要的有：金属冶炼工艺、加工工艺、能源系统工程、能源经济等。

为了把有用的内容移植过来，必须对有关的学科有较多的了解。这是从事冶金节能理论和技术方面业务建设工作中的主要困难。

3.5 要逐步开展较高层次节能问题的研究工作

以往，在制订冶金节能科研计划时，几乎都是单体设备的研究课题。这显然是不全面的。今后应逐步开展较高层次上的研究工作。这些层次上的研究课题，在数量上或许不会像单体设备和设备部件方面那么多，但是节能效果估计会较大。

这类研究工作，可深可浅，有的可以是定量的，有的可以是半定量的，甚至是定性的。文献［2］中提出的节能途径分析表，可以作为冶金企业节能问题分析研究的重要参考。以后，工作逐步深入后，要进行更多的定量研究，甚至要建立数据库之类现代化的手段。

4 结论

冶金热能工程学科的形成，反映了我国冶金工业节能工作的需要。为了发展这个学科，必须明确其任务和研究对象等主要问题。本文提出的初步看法是：

（1）冶金热能工程学科的主要任务是全面研究冶金工业的能源利用理论和技术，为冶金工业服务；在现阶段要为实现我国冶金工业的规划目标做出贡献。

（2）这个学科的研究对象主要是冶金工业各层次（冶金工业、冶金企业、生产车间、单体设备、设备部件）的节能理论和技术，以及它们之间的相互关系。

（3）在这个学科的发展过程中要注意专门人才的培养，要继续加强单体设备的研究工作，要从相邻学科吸取"营养"，要逐步开展较高层次的研究工作。

参 考 文 献

［1］东北工学院冶金炉教研室. 关于我国冶金炉学科的任务和今后发展问题的意见. 第二次全国工业炉热工讨论会资料，1956.

［2］陆钟武，周大刚. 钢铁工业的节能方向和途径［J］. 钢铁，1981（10）：63-66.

［3］寺野寿郎. 系统工程学［M］. 张宏文，译. 北京：机械工业出版社，1980.

［4］Kellogg H H. J. of Metals, 1974 (6)：25-29.

［5］李乘全. 能源投入产出模型［J］. 技术经济，1982（2）：16-30.

［6］International Iron and Steel Institute. A Technological Study on Energy in the Steel Industry［M］. International Iron and Steel Institute，1976.

［7］Szarcut J. Energy, 1980：709-118.

［8］Бутковский А Г，Глииков М А，и др. Изв. Вуз.，иер. мет.，1974（5-11）；1975（1）.

［9］Beér J M. J. Inst. of Fuel, 1972 (7)：370-380.

［10］陆钟武，杨宗山. 加热炉单位燃耗的分析——火焰炉热工特性的应用［J］. 东北工学院学报，1980（1）：92-107.

火焰炉热工行为的研究[*]

1　前言

关于火焰炉热工行为，一般是在某些简化条件下进行研究的。在这方面，现在有三种方法，即解析法[1-3]、区域法[4]、流法[5-6]。解析法可以对简化的炉子模型进行分析研究，导出炉子热效率、生产率等与若干变量之间的关系。后两种方法，计算结果中包括温度场、热流场，但必须已知炉内的流动场和析热场。

此外，研究火焰炉热工行为，还可采用经验法。这种方法丝毫不涉及热工过程参数，而以实测数据为依据，直接确定炉子结构和操作参数与炉子生产指标之间的关系。

近些年来，本文作者和东北工学院热能工程系李成之、杨宗山、于汇泉、贾蕴愚、赵渭国、边华以及上海冶金设计院方崇堂等，在研究火焰炉热工行为的过程中，采用了两种方法，即解析法[7-8]和经验法[9-10]，而且在经验法的基础上对一些生产性炉子进行了分析研究[11]。

本文将扼要地介绍这些研究结果。必须指出，本文所讨论的对象只限于炉长方向上供热量分配不随热负荷变化的火焰炉。至于供热量分配可变的多点供热的连续式炉，情况则大不相同[12]。

2　解析法[7-8]

用解析法研究火焰炉热工行为的主要内容是：导出炉子热效率（或有效热）方程式和炉膛废气出口温度方程式。前者说明炉子的生产率、单位热耗与结构、操作之间的关系；后者说明炉膛系统中热交换终点温度与炉子工作状况之间的关系。

火焰炉热工行为的解析式是在联立炉膛热平衡和热交换方程式的过程中得到的。

2.1　炉膛热平衡和热交换方程式

进入炉膛的热量，必等于加热物料的有效热 Q_a、炉膛废气带出的热 Q_b，以及通过炉体的热损失 Q_c 三者之和

$$BVC_T t_T = Q_a + Q_b + Q_c \tag{1}$$

式中，B 为燃料用量，m^3/h 或 kg/h；V 燃烧产物体积，m^3/m^3（煤气）或 m^3/kg（固体，液体）；t_T 为燃料的理论燃烧温度，℃；C_T 为在 0℃ 到 t_T℃ 之间燃料产物的平均比热容，$kJ/(m^3 \cdot ℃)$。

本文中的燃料及燃烧产物的体积，均指标准状态下的体积。

如设燃料在炉膛内完全燃烧，气体无漏损或吸入，则式（1）可改写为

$$Q_a = B(VC_T t_T - VC_Y t_Y) - Q_c$$

---

　　*　本文原发表于《金属学报》，1985。

或

$$Q_a = BV\overline{C}(T_T - T_Y) - Q_c \tag{1'}$$

$$\overline{C} = (C_T t_T - C_Y t_Y)/(T_T - T_Y)$$

式中，T_Y、t_Y 为炉膛废气出口温度，$K(\mathbb{C})$；C_Y 为在 $0\mathbb{C}$ 到 $t_Y\mathbb{C}$ 之间炉膛废气的平均比热容，$kJ/(m^3 \cdot \mathbb{C})$；$T_T$ 为燃料的理论燃烧温度，K。

式（1）、式（1'）都是炉膛的热平衡方程式。

Щорин[13] 导出的辐射差额热流公式为

$$q = \sigma_0(T_L^4 - T_S^4)/(1/A - 1/2) \tag{2}$$

式中，q 为辐射差额热流，$kJ/(m^2 \cdot h)$；σ_0 为绝对黑体的辐射系数；A 为被加热物体的吸收率（设与黑度相等）；T_L 为被加热物体表面附近的辐射温度，K；T_S 为被加热物体表面温度，K。

物体表面附近与表面相距极近，但在有差额热流的情况下，两者之间有温度的"突跃"。

考虑到炉内被加热物体表面温度及其附近的辐射温度各处不等，故将上式写成

$$Q = \sigma_0 F(\overline{T_L^4} - \overline{T_S^4})/(1/A - 1/2) \quad kJ/h \tag{3}$$

式中，F 为被加热物体的受热面积，m^2；$\overline{T_L^4}$ 为被加热物体表面附近辐射温度四次方的平均值；$\overline{T_S^4}$ 为被加热物体表面温度四次方的平均值；Q 为被加热物体在炉内获得的辐射热量。此外，还有对流传热量，在此暂略去不计。

式（3）既适用于均匀制度，也适用于非均匀制度。因此，本文用式（3）作为炉膛热交换公式，而不用一般文献中所见的只适用于均匀制度的炉膛热交换公式。

在建立炉膛热工作方程式时，重要的问题是确立 $\overline{T_L^4}$ 与 $\overline{T_Y^4}$ 之间的关系。由于影响因素很多，所以很难从理论上确立各种情况下的这一关系式。但是总可将此关系表示为下列级数的形式

$$\overline{T_L^4}/\overline{T_Y^4} = \sum_i m_i (T_Y/T_T)^{4n_i} \tag{4}$$

式中，m_i、n_i 分别为级数中的系数及指数。

近似地可以认为，仅取级数的第一项就够准确，于是

$$\overline{T_L^4}/\overline{T_Y^4} = m(T_Y/T_T)^{4n} \tag{5}$$

很明显，m 和 n 值决定于炉子的结构和操作等条件。但实验结果表明，在其他条件保持不变的情况下，燃料用量变化时，m 和 n 值均保持不变。

2.2 炉膛热工作方程式之一（炉子热效率）

联立式（1'）和式（3），消去 T_Y，即可求得炉子热效率公式。

式（1'）可写做

$$T_T(1 - Q_a/BV\overline{C}T_T - Q_c/BV\overline{C}T_T) = T_Y$$

因炉子热效率 η 为有效 Q_a 与炉子热负荷 BQ_D 之比，即

$$\eta = Q_a/(BQ_D)$$

式中，Q_D 为燃料的低发热值，kJ/kg 或 kJ/m^3。

并知 $Bo = BV\overline{C}/\sigma_0 FT_T^3$，称为 Boltzmann 准数；再令 $K_S = BQ_D/BV\overline{C}T_T$，称为预热准

数；以及 $K_c = Q_C/\sigma_0 F T_T^4$，称为热损失准数；故炉膛热平衡式变为

$$T_T(1 - \eta K_S - K_C/Bo) = T_y^3 \tag{a}$$

此外，由式（5）知

$$\overline{T_L^4} = m T_T^{4(1-n)} \cdot T_Y^{4n}$$

代入式（3），整理后得

$$T_Y^{4n} = \frac{Q_a(1/A - 1/2) + \sigma_0 F \overline{T_S^4}}{\sigma_0 m T_T^{4(1-n)} F} \tag{b}$$

联立以上两式，整理后得

$$(1/A - 1/2)\eta K_S Bo + \overline{T_S^4}/T_T^4 = m(1 - \eta K_S - K_C/Bo)^{4n} \tag{6}$$

式（6）以隐函数的形式表达了炉子热效率与 Bo、K_S、K_C、A、T_T、T_S 等参数之间的关系。按式（6）用试算的方法，即可求得各情况下炉子的热效率。

令 $Q_a/\sigma_0 F T_T^4$ 为生产率准数 Po，则知

$$Po = Q_a/\sigma_0 F T_T^4 = \eta K_S Bo \tag{7}$$

按式（7）即可求得生产率准数。

由式（8）知，当炉子热效率 $\eta = 0$（保温空烧）时，

$$(Bo)_{\eta=0} = \frac{K_C}{1 - (\overline{T_S^4}/m T_T^4)^{1/4n}} \tag{8}$$

为了求得炉子热效率为极大值时的 Bo 值，对式（6）求 $\partial\eta/\partial(Bo)$，并令其等于零。求得

$$\eta = 4nm \frac{K_C}{K_S(Bo)^2(1/A - 1/2)}\left(1 - K_S\eta - \frac{K_C}{Bo}\right)^{4n-1} \tag{9}$$

当 η 为极大值时，式（6）、式（9）两式同时成立。在一般情况下，不可能由这两式消去 η 求出它为极大值时的 Bo 值（即 $(Bo)_{\eta=\max}$），而必须用作图法确定 η 之极大值以及与其对应的 Bo 值。但在 $\overline{T_S^4}/T_T^4 = 0$ 时，可以从式（6）、式（9）中消去 η，求得 $(Bo)_{\eta=\max}$ 的表示式

$$Bo - \frac{m}{1/A - 1/2}\left(\frac{4nK_C}{Bo}\right)^{4n} - 4nK_C - K_C = 0 \tag{9'}$$

如已知 K_C、A、m、n，按照式（9'）即可求得 $(Bo)_{\eta=\max}$。

式（6）一般性地说明了炉膛热工行为的一个方面——炉子热效率。

现设 $m = 1$，$n = 1$，按式（6）作图说明各主要因素对于炉子热效率的影响。作图时，纵坐标为 η 及生产率准数 Po，而横坐标为 Bo。在 T_T 及 $V\overline{C}$ 为一定时，Bo 即代表燃料用量与受热面积之比。如受热面 F 为一定，则 Bo 之增减即为燃料之增减。

在 $\overline{T_S^4}/T_T^4 = 0$ 时，按式（6）计算炉子热效率以及按式（7）计算生产率准数 Po 与 Bo 之间的关系，如图 1a 所示。其中，包括 $K_C = 0$、0.1、0.2、0.4 四种情况。由图可见，在 Bo 增加的过程中，炉子的 Po 沿着一条渐衰的曲线上升，而炉子热效率的变化

曲线则有一最高点。以炉子空烧保温为起点，随着 Bo 的增加，炉子有效热迅速增大，η 亦随之升高。炉子热效率的极大值是按式（9′）求得的。在极大值的右侧，炉子热效率下降；有效热虽仍继续上升，但也逐渐缓慢下来。

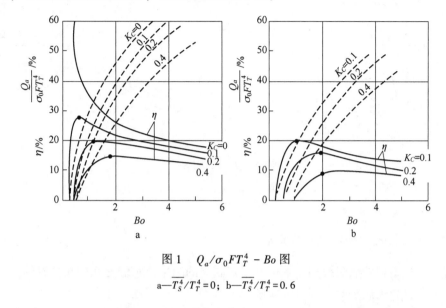

图 1　$Q_a/\sigma_0 F T_T^4 - Bo$ 图

a—$\overline{T_S^4}/T_T^4 = 0$；b—$\overline{T_S^4}/T_T^4 = 0.6$

当 Bo 值一定时，炉子的热损失准数越大，炉子的热效率越低。尤其在 Bo 值较小的范围内，这种差别更大。热损失准数越大，$\eta = f(Bo)$ 曲线的最高点越向 Bo 增大的方向偏移。

图 1b 是在受热体表面温度与理论燃烧温度之比 T_S^4/T_T^4 等于 0.6 时，炉子的生产率准数和热效率与 Bo 之间的关系（图中包括 $K_C = 0.1$、0.2、0.4 三种情况）。炉子热效率曲线的最高点是按式（9）、式（6）两式用作图法确定的。

将图 1b 与图 1a 比较后可见，Bo 值一定时，在受热物体表面温度较高的情况下，炉子热效率和有效热均较低；热效率最高点的位置更偏向 Bo 值升高的方向。

2.3　炉膛热工作方程式之二（炉膛废气出口温度）

联立式（1′）、式（3），消去有效热 Q_a，并注意到式（5），则得

$$\frac{m}{1/A - 1/2} - \frac{1}{Bo}\left[\left(\frac{T_Y}{T_T}\right)^{4n} - \frac{\overline{T_S^4}}{mT_T^4}\right] + \frac{T_Y}{T_T} + \frac{K_C}{Bo} - 1 = 0 \tag{10}$$

这便是炉膛废气出口温度与 Bo、T_T、T_S、K_C、A 等参数之间的关系式。

设 $m = 1$、$n = 1$，并令

$$\frac{\overline{T_S^4}}{T_T^4} = 0 \quad 及 \quad \frac{T_S}{T_T} = 0.6$$

按式（10）计算 Bo 准数变化过程中的 T_Y/T_T 值，其结果如图 2 中 a、b 所示。由图可见，在 Bo 较小的范围内，Bo 增大时炉膛废气温度急剧上升，然后逐渐缓慢。在同一 Bo 值时，炉子的热损失越小，炉膛废气温度越高。图 2a 是 $\overline{T_S^4}/T_T^4 = 0$、$K_S = 0.9$ 的情况；而图 2b 是 $\overline{T_S^4}/T_T^4 = 0.6$、$K_S = 0.9$ 的情况。

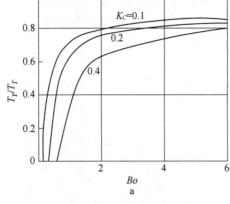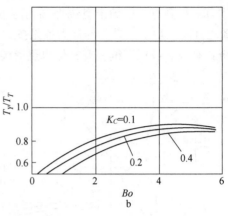

图 2　T_Y/T_T-Bo 图

a— $\overline{T_S^4}/T_T^4 = 0$；　b— $T_S/T_T = 0.6$

2.4　式（6）与式（10）之间的关系

这两式都是炉膛热交换和热平衡方程式联立的结果，它们是互相联系着的。

事实上，炉膛热平衡方程式可写做

$$T_Y/T_T = 1 - K_S\eta - K_C Bo \tag{11}$$

将此式代入式（10），整理后即得式（6）。

可见，式（6）、式（10）是一致的，它们都表明炉膛热工作的一般规律。

2.5　m 与 n 值的确定方法

m、n 值是在建立 $\overline{T_Y^4}$ 与 T_Y^4 之间的关系式时引入的系数和指数，其数值决定于炉子的结构和操作条件。目前尚无法从理论上推算具体炉子的 m、n 值。但依靠实测数据，用下述方法可确定之。

将式（4）及式（11）代入式（6），得

$$\left(\frac{1}{4} - \frac{1}{2}\right)Po + \frac{\overline{T_S^4}}{T_T^4} = m\left(\frac{T_Y}{T_T}\right)^{4n} \tag{12}$$

如果被加热物体表面温度远低于理论燃烧温度，可令 $\overline{T_S^4}/T_T^4 = 0$，则上式简化为

$$\left(\frac{1}{A} - \frac{1}{2}\right)Po = m\left(\frac{T_Y}{T_T}\right)^{4n}$$

式（12）或式（12′）是确定 m、n 值时所用的关系式。

以式（12′）为例，对等号两侧求对数，得

$$\ln\left[\left(\frac{1}{A} - \frac{1}{2}\right)Po\right] = \ln m + 4n\ln\left(\frac{T_Y}{T_T}\right) \tag{13}$$

当生产率准数 Po 在某一范围内变动时，m、n 值不发生变化，则式（13）在坐标纸上 $\left(Y = \ln\left[\left(\frac{1}{A} - \frac{1}{2}\right)Po\right],\ X = \ln\left(\frac{T_Y}{T_T}\right)\right)$ 代表一条斜线。它的斜率等于 $4n$，它在纵坐标轴上的截距等于 $\ln m$。

当然，以式（12）为依据，也可以用类似的方法确定 m、n 值。不过，为此需要测定和计算较多的参数（K_C、Bo、K_S、η）。

3　经验法[9-10]

在整理实验数据的基础上，我们确立了几个经验公式，其中包括热负荷、单位热耗、炉膛废气温度等变量与生产率之间的关系。

3.1　热负荷与生产率之间的关系

热负荷是影响生产率的重要因素，但不是唯一的因素；除它之外，还有许多因素。所以，在讨论热负荷与生产率之间的关系时，我们始终假设其他各因素都保持不变。而且，把炉子当作单纯的热工设备来对待，工艺因素完全未考虑在内。生产率和有效热是完全一致的，两者可互相代替。

在这些假设条件下，炉子热负荷与生产率之间的关系如图 3 中曲线 1 所示。这种变化规律，人们是熟悉的，不必多加解释。在整理实验数据的基础上，经过仔细研究，确定用下列指数方程表示热负荷与生产率之间的关系：

$$Q = Q_0 e^{KP} \tag{14}$$

式中，Q 为热负荷；P 为生产率；Q_0 为常数；K 为系数。当 $P = 0$ 时，$Q = Q_0$。式（14）可称作 Q-P 方程。

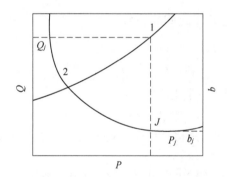

图 3　$Q = f(P)$ 与 $b = f(P)$

不难看出，

$$K = \frac{\mathrm{d}Q}{\mathrm{d}P} \Big/ Q$$

故可称之为"热负荷单位增长率"。K 值随炉而异，亦随一些操作参数而异。但是，实验表明，只要其他条件保持恒定，K 值是不随热负荷的增减而变化的。Q_0 实际上就是炉子空烧保温时的热负荷。

式（14）等号两侧取对数，即化为直线式：

$$\ln Q = \ln Q_0 + KP$$

利用回归分析法，既能针对具体情况确定式中的 Q_0 及 K 值，又能判定公式与数据之间的吻合程度。

3.2　单位热耗与生产率之间的关系

单位热耗 b 等于热负荷除以生产率：

$$b = Q/P$$

将式（14）代入上式，得

$$b = \frac{Q_0}{P}e^{KP} \qquad (15)$$

这便是单位热耗与生产率之间的一般关系式，可称为 b-P 方程。图 3 中曲线 2 示意地表明了单位热耗 b 与生产率 P 之间的关系。图中还标明了单位热耗最低点 J 以及与其相对应的单位热耗值（b_j）、生产率值（P_j）、热负荷值（Q_j）。

炉子在 J 点工作时，热耗最低，从节约燃料的角度看来，这点可称为炉子工作的经济点。将式（15）对 P 求导数，并令 db/dP=0，则得

$$K - \frac{1}{P} = 0$$

又因炉子在 J 点工作时，$P=P_j$，故解得

$$P_j = \frac{1}{K} \qquad (16)$$

将式（16）代入式（14），并令 $P=P_j$，则得

$$Q_j = Q_0 e \qquad (17)$$

由式（16）、式（17）得知

$$b_j = KQ_0 e \qquad (18)$$

3.3　相对热负荷与相对生产率之间的关系

由式（16）、式（17）知

$$K = 1/P_j \quad 及 \quad Q_0 = Q_j/e$$

将此二式代入式（14），稍加整理，得

$$Q/Q_j = \exp(P/P_j - 1) \qquad (19)$$

式（19）说明，火焰炉的相对热负荷 Q/Q_j 与相对生产率 P/P_j 之间的关系不随炉子而异。

此外，式（16）两侧同除以 P，考虑到 $Q_j = b_j P_j$，则得

$$b/b_j = (P/P_j)\exp(P/P_j) - 1 \qquad (20)$$

式（20）说明，火焰炉的相对单位热耗 b/b_j 与相对生产率 P/P_j 之间的关系也不随炉子而异。

为了得到定量的概念，按式（19）、式（20）计算，其结果列于表 1。表中所列的关系是不随炉子而异的。

表 1　相对热负荷、相对单位热耗与相对生产率之间的关系

P/P_j	0	0.3	0.5	1.0	1.5	2.0
Q/Q_j	1/e=0.368	0.4966	0.606	1.0	1.649	e=2.7183
b/b_j	∞	1.655	1.099	1.0	1.099	e/2=1.359

3.4　炉膛废气温度与生产率之间的关系

在热负荷变化的过程中，炉子的生产率和炉膛废气温度都随之变化。

在空气及燃料均不预热的情况下，炉膛热平衡式可写成下列形式：

$$Q = \frac{Q}{Q_D} B V_Y \overline{C}_Y t_Y + P + Q_c \qquad (21)$$

式中，Q_c 为炉膛热损失，kJ/h；V_Y 为燃料燃烧生成的废气量，m³/m³ 或 m³/kg；t_Y 为炉膛废气温度，℃；$\overline{C}_Y$ 为在 0℃到 t_Y℃之间，炉膛废气的平均比热容，kJ/（m³·℃）。

将式（14）代入式（21），经整理后得

$$t_Y = t \left(1 - \frac{Q_c + P}{Q_0} e^{-KP} \right) \qquad (22)$$

式中，$t = \dfrac{Q_D}{V_Y \overline{C}_Y}$ 即理论燃烧温度，其值决定于燃料种类和空气系数。但须注意，在生产条件下，炉体的气密性和炉膛压力等条件对 V_Y 及 $\overline{C}_Y$ 值均有较大影响。

式（22）便是炉膛废气温度与生产率之间的一般关系式，或称 t_Y-P 方程。

附带指出，当 $P = 0$ 时，则式（22）变为

$$(t_Y)_{P=0} = t \left(1 - \frac{Q_c}{Q_0} \right)$$

当炉子在 j 点工作时，因 $P = P_j = 1/K$，故式（22）变为

$$(t_Y)_j = t \left(1 - \frac{Q_c + 1/K}{Q_0 e} \right)$$

4 经验式的应用[11]

4.1 应用实例

我们曾用上述经验公式，分析了若干座轧钢加热炉。一方面是分析它们的现状，从中探讨节约燃料的可能性，另一方面是确定已经实施了的措施的效果。

数据来自工厂的班组记录。这些数据是分析炉子工作状况的原始资料。但在用这些资料做回归计算之前，需预先分组，使同一组数据的生产条件相同。我们的做法是：对于不同钢种、不同规格坯料的数据，分别处理；或按班停轧时间的长短，将数据分为若干组，分别处理。下面举两个例子，说明分析的结果。

例1 有一座两段式连续加热炉，以重油为燃料，在加热 60mm×60mm×190mm 普碳钢方坯时，班停轧时间为 0~30 min，班平均生产率波动在 9~17t/h 之间。生产率和供油量的数据，共取 39 对；将这些数据进行回归计算后得该炉的 Q-P 方程。

$$Q = 0.3044 \exp(4.5 \times 10^{-2} P) \quad \text{t/h}$$

b-P 方程

$$b = (0.3033/P) \exp(4.5 \times 10^{-2} P) \quad \text{t/t(坯)}$$

相关系数为 0.8111。

按式（16）得经济点的生产率

$$P_j = 1/4.5 \times 10^{-2} = 22.12 \text{t/h}$$

按式（17）得经济点的油耗量

$$Q_j = 0.3044 \times 2.7183 = 0.8275 \text{t/h}$$

按式（18）得经济点的单位油耗为

$$b_j = 4.5 \times 10^{-2} \times 0.3044 \times 2.7183 = 0.0372t/t$$

即 37.2kg/t（坯）。

该炉实际的平均单位油耗为 42.6kg/t（坯）。可见，若使该炉平均生产率提高到经济点附近，则单位油耗可降低 4kg/t（坯）以上。

例2 有一座两段式中板坯加热炉，以重油为燃料。1978 年以来，进行了两次较大的改造，取得了显著的节油效果。为了研究炉子工作性能的变化，对两次改造前后的生产数据进行了统计分析，其结果如下：

原炉　　　　　　$Q_0 = 1.397$，$K = 2.79 \times 10^{-2}$；

第一次改造后　　$Q_0 = 0.712$，$K = 2.99 \times 10^{-2}$；

第二次改造后　　$Q_0 = 0.497$，$K = 3.24 \times 10^{-2}$。

按此结果制得图 4。由图可见，炉子的每次改造，都使炉子的 b-P 曲线明显地向下移动。经济点的单位油耗，原来是 105.6kg/t（坯），第一次改造后降为 57.9kg/t（坯），第二次改造后又降为 42.4kg/t（坯）。此线的形状也有变化，经济点的生产率由原来的 35.84t/h 变为 31.82t/h。在该炉实际工作区间，生产率的波动对单位油耗的影响，越来越小。原来产量每变动 1t，单位油耗变化 1.242kg/t（坯），而第二次改造后，只变化 0.3172kg/t（坯）。由于这些变化，总的结果是吨坯的实际油耗大幅度降低。

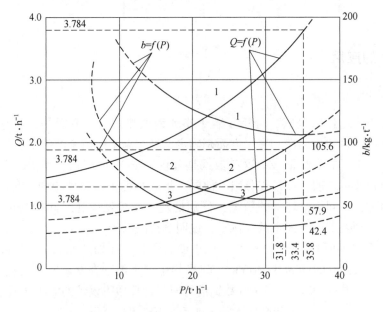

图 4　中板坯加热炉两次改造前后的 Q-P 及 b-P 曲线

1—厚炉；2，3—第一次和第二次改造后

4.2　一般讨论

降低炉子作业过程中单位燃料的途径有两个，即：（1）使炉子的实际工作点向经济点靠拢，如图 5 中箭头 1 所示；（2）使炉子的 b-P 曲线向下移，如图 5 中箭头 2 所示。前文已提到，炉子的负荷过低或过高，都浪费燃料。由表 1 可见，与经济点相比，实际生产率为其 30% 和 50% 时，单位燃料分别高出 65.5% 和 21.3%；实际生产率为其 150% 时，单位燃耗高出 9.9%。可见，使炉子的工作点移向经济点，有明显的节约燃料的效果。

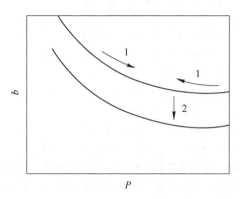

图 5　降低单位燃料的途径

中国多数轧钢加热炉，工作点位于经济点的左侧，即低负荷运行。有些轧钢厂在生产大规格钢材时，炉子的负荷就不满；用同样的钢坯生产小规格钢材时（轧制道次多），工作点就更远离经济点。造成这种情况的原因是在炉子设计工作中过分宽打窄用，在生产组织工作（如产品计划的制定）中，缺乏全面考虑。如能合理组织生产，使炉子的生产能力与实际产量相符，必能节约燃料。当然，如果炉子工作点经常远离经济点，那么改变炉子的大小，就势在必行了。

使炉子的 b-P 曲线下移，主要靠改进炉子的结构和操作。反映在上述经验公式上，则主要是 Q_0 和 K 值的变化。Q_0 值越小，b-P 曲线落得越低。K 值的变化会使经济点的位置移动（因 $P_j = 1/K$，而 $b_j = KQ_0e$），从而使曲线的形状也相应地发生变化。

目前，我国有些炉子的构造不尽合理，有待改进，但更严重的问题是许多炉子的操作水平太低，操作人员不注意热负荷、空气量、炉膛压力等参数的合理调整，使炉子往往在极不合理的情况下工作。扭转这种情况，必能使炉子的 b-P 曲线向下移动，从而节约大量燃料。

降低炉子保温过程中燃耗的途径也有两个，即：（1）合理确定保温时的热负荷；（2）提高炉子的实际作业率。本文提到的 Q_0 是炉子生产率等于零（$P = 0$）时的热负荷，相当于现场炉子长时间保温所需的热负荷。它与经济点热负荷之间的关系是

$$Q_0 = 0.368Q_j$$

工厂可参照本文介绍的 Q_0 值的确定方法，结合实际情况，恰当地确定在各种情况下所需的保温热负荷。

我国许多轧钢厂，设备维护不好，事故频繁，使得炉子的实际作业率偏低，因此浪费了不少燃料。在节约燃料方面，设备维修人员也是可以大有作为的。

5　结语

在研究火焰炉热工行为时，用解析法可以深入地揭示问题的本质；用经验法可以得到简单明了的关系式。

本文所介绍的火焰炉热工行为的经验公式，以现场的生产数据为依据，不必使用专门的测试工具，所以简单易行，现正在我国逐步推广使用。

参 考 文 献

[1] Thring M W, Reber J W. J. Inst. Fuel, 1954 (10): 12-18.

[2] Кавадеров А В. Тепловая работа пламеных печей [M]. Металлургиздат, Свердповск, 1956.

[3] Hottel H C. J. Inst. Fuel, 1961 (6): 220-234.

[4] Fitzgerald F, Sheridan A T. J. Inst. Fuel, 1974 (390): 21-27.

[5] Selcuk N J. Inst. Fuel, 1976 (399): 122-130.

[6] Siddal R G, Selcuk N. J. Inst. Fuel, 1976 (398): 10-16.

[7] 陆钟武. 火焰炉热工的一般分析 [J]. 东北工学院学报, 1963 (6): 41-52.

[8] 陆钟武, 方崇堂. 火焰炉炉膛热工作的基本方程式 [J]. 钢铁, 1983 (3): 65-69.

[9] 陆钟武, 李成之. 火焰炉热工特性的实验研究和分析讨论 [J]. 工业炉通讯, 1979 (3): 21-31.

[10] 陆钟武. 火焰炉热工操作的试验研究 [J]. 冶金能源, 1982 (1): 18-27.

[11] 陆钟武, 杨宗山. 加热炉单位燃耗的分析——火焰炉热工特性的应用 [J]. 东北工学院学报, 1980 (1): 92-107.

[12] 王景文, 陆钟武. 多点供热连续式火焰炉热工特性的研究 [J]. 东北工学院学报, 1982 (3): 1-16.

[13] Шорин С Н. Иэв АН СССР ОТН, 1951 (3): 389.

大气污染及其防治[*]

防治大气污染，是保护环境的一个重要方面。工厂排放的废气、废水、废渣（统称"三废"），往往含有各种有害物质。它们对于环境（其中包括大气、土地、河流、湖泊及海洋等）有污染作用，不仅危害人民健康，而且有碍农、林、牧、副、渔业的发展。保护环境，就是要防治工业"三废"对环境的污染。

说"三废"中含有"有害物质"，是相对的。实际上，这些物质，放之则为害，收之则为宝。把"废物"回收起来，加以利用，即可使它成为有用物资。所以，防治污染和综合利用，是一个问题的两个方面。

我国环境保护的总方针是"全面规划，合理布局，综合利用，化害为利，依靠群众，大家动手，保护环境，造福人民"。我们要在这个方针的指引下，努力防治环境的污染，造福于人民。

由于专业的特点，我们不准备全面地论述"三废"对环境的污染和防治问题，而把重点放在防治废气对大气的污染这一个方面。废气中的烟尘和各种有害气体是污染大气的两类污染物。下面我们分别介绍这两类污染物的来源、危害、防治、回收以及取样分析方法等问题。

1 烟尘

烟尘是大气的重要污染物。在部署防治大气污染的工作中，工业区首先要解决的，一般都是消烟除尘问题。

我国党和政府对于城市的消烟除尘工作十分重视。解放以来取得了巨大成绩。例如沈阳市，曾对全市部分炉（窑）进行过改造，城市环境有了很大改善。这些炉（窑）改造后，不仅净化了空气，改善了环境，而且节约了燃料，改善了劳动条件。

1.1 来源

烟尘有两个主要来源：（1）燃料在燃烧过程中产生的烟尘；（2）各种生产性粉尘（和烟雾）。

燃烧过程产生烟尘，包括以下几种情况。第一，含碳的燃料在不完全燃烧时，冒黑烟，其中有碳的微粒。在显微镜下观察，每一个微粒是由一些多孔的小球聚集成的。一般情况下，它并不是纯的碳粒。除了碳之外，还含有一些碳氢化合物。第二，煤和燃料油在燃烧时，其灰分随废气排出（层状燃烧例外，绝大部分灰分留在燃烧室内）。第三，在烧煤时，往往还有煤的挥发物进入废气。它是液体微粒，呈黄褐色。

生产性粉尘的种类，完全决定于生产过程。破碎、磨粉、烧结、冶炼以及装卸等

---

[*] 本文原发表于《冶金热能工程导论》，1990。

过程都可能产生粉尘。它们的化学成分完全决定于生产过程。例如，转炉的生产性粉尘，主要是氧化铁，呈黄红色。此外，有的生产过程，产生各种类型的挥发物，也是污染大气的重要物质，如浓硫酸的烟雾、汞蒸气等。

无论烟尘的来源如何，凡是颗粒直径很小的（直径小于 $10\mu m$），都能长时间在空中漂浮，所以这种烟尘又叫做"飘尘"，其中包括固体和液体两类微粒。而颗粒直径较大的（大于 $10\mu m$），则从排气筒排出后，能较快地落地，成为"落尘"，或称"降尘"。

在不采取消烟除尘措施的情况下，向大气中排放烟尘的数量是十分惊人的。据统计，世界太空中的烟尘总重量是以亿吨计算的。美国每年向空中排放烟尘 2000 万吨，英国 1000 万吨，苏联 2000 万吨，西德鲁尔一个地区 34 万吨，日本东京一个市 15 万吨。这种烟尘往往造成巨大的灾难（见后）。

1.2 危害

飘尘对人体危害很大。主要的是引起呼吸道疾病。飘尘 24h 平均浓度在 $100mg/m^3$ 时，慢性支气管炎等非传染性呼吸道疾病增加，幼儿呼吸道不畅，呼吸紧张。24h 平均浓度在 $150mg/m^3$ 时，病患者、体弱者、老人死亡增加。飘尘还往往含有各种有毒金属和使人致癌的物质。

此外，飘尘使大气透明度降低，浓度在 $1.1mg/m^3$ 时，大气透明度就降低为 48% 左右，紫外线强度降低 $2\sim3$ 倍。浓度在 $150mg/m^3$ 时，视程不到 8km，飞行有困难。

我国规定的飘尘最高容许浓度为：24h 平均值 $0.15mg/m^3$，短时间内 $0.5mg/m^3$。

在历史上，飘尘曾在英、美、日等三国造成多次大的灾难。如英国伦敦，曾多次发生烟尘事件（1873 年、1880 年、1882 年、1891 年、1892 年、1952 年、1956 年、1957 年、1962 年、……）。最严重的一次有 4000 人死亡（1952 年）。东京大田区烟尘过浓，致使百分之十婴儿发育不正常。

资本主义国家的这类材料，可以帮助我们加深对消烟除尘工作重要性的认识。

1.3 消烟除尘方法

消烟除尘有两个途径：（1）改进燃烧过程使燃料充分燃烧，把黑烟消灭在燃烧过程中；（2）安装除尘设备，使烟尘与废气分离。有的工厂，在综合利用的原则下，更进一步将收集起来的烟尘加以利用。

1.3.1 改进燃烧过程

改进燃烧过程，不仅可解决烟尘问题，而且可节约燃料，提高产量。凡是燃烧情况不好的炉子，都应该首先从这里去着手解决烟尘问题。

前面讲述了燃烧过程各方面的问题。这里仅从避免冒黑烟的角度再做些归纳。概括起来，为了使燃烧过程不冒黑烟，需要特别注意以下几点。

1.3.1.1 足量的空气

空气不足是炉子烟囱冒黑烟的重要原因。这种情况在有些工厂可以见到。操作者的出发点是为了提高产量，把油门开大，但是没有相应地增大风量。这样不仅浪费了燃料，而且冒黑烟，污染大气。所以，重要的是要供给足量的空气。用肉眼观察，火焰应呈淡橙色，略透明（空气不足时，火焰呈暗红色，炉内暗浊）。

人工烧煤的炉子，则由于投煤操作的间断性，而使彻底解决冒黑烟问题比较困难。在每次投煤以后的一段时间内，煤层中逸出大量挥发物，空气量显得十分不足，结果大量冒黑烟。为了在一定程度上解决这个问题，操作工人积累了宝贵的经验，如勤投、少投以及分区交替投煤等。交替投煤的要点是将炉箅面积分成几部分，轮流投煤。投煤后发生的挥发物靠其他未投煤部分的过剩空气使之燃烧。这样，可以改善投煤后空气量不足的现象。但是，较彻底的方法是将普通燃烧室改成简易煤气发生室。

1.3.1.2　合理的热强度

在一定时间内，为了烧尽一定量的燃料，必需有足够的空间。燃烧室必须有足够的大小。如果燃烧室体积过小，或燃料量相对过大，就会引起不完全燃烧，发生黑烟（这种情况往往发生在炉子超产时）。所以，燃烧室的热强度应在合理范围内。

图1表示了重油燃烧时的烟尘量与热强度及空气过剩量的关系。在空气过剩6%时，在热强度较小的情况下，烟尘的唯一来源是重油灰分。热强度超过一定限度后，烟尘中即包含不完全燃烧的碳粒。供空气不足时（过剩1%）这种情况更严重。

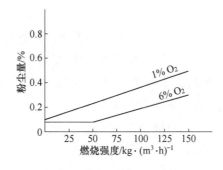

图1　热强度与粉尘量

与此相反的情况也值得提到。有些低温炉，在负荷很小时，由于燃烧室温度上不去，燃烧也不易完全，这种情况也需避免。

1.3.1.3　与空气充分混合

燃料与空气混合的情况，对燃烧过程影响很大。如果燃料本身是极细的颗粒或呈分子状态存在（气体燃烧），那么火焰的长度就等于"混合长度"——燃料流股与足量空气混合所需的长度。混合过程越强烈，火焰越短。反之，如混合过程过缓，燃料在炉内（高温区）来不及燃烧，那么最终将造成不完全燃烧。

对于重油和粉煤，需考虑到燃料颗粒的大小问题。如果重油雾化不好，油颗粒过大，那么即使与空气混合"很好"，也是不容易在一定空间内完全燃烧的。例如，图2是转杯式喷嘴的烟尘量与转速之间的关系。由图可见，转速越大，油雾化越好，烟尘量越小。现厂有些烧油炉子烟囱冒黑烟，正是由于雾化不好的缘故。

1.3.1.4　必要的温度条件

燃烧过程需要一定的温度。前面已经提到，燃烧室温度过低，会造成不完全燃烧。同样的道理，在燃料燃烧的过程中，如果遇到冷的物体（如水冷却的元件或温度很低的物体），那么，燃烧过程将因此受到障碍，甚至基本停止进行，造成不完全燃烧。最

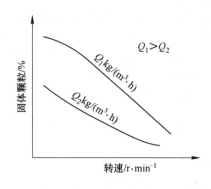

图 2　转杯速度与固体颗粒量

明显的例子是锅炉，如果火焰一直喷到水管表面，那么燃烧就不完全。有的工厂，为了避免火焰与冷表面接触，在烧重油的锅炉里，砌个燃烧室，重油在其中燃烧，收到了良好的效果。

至于空气预热对燃烧过程的影响，以前已经提过了。这里只是强调指出，预热空气对于改善燃烧过程是有很大帮助的。

以上虽然指出了改善燃烧过程的几个主要问题，但是具体情况是复杂的，必须在实践中加强调查研究，尽可能全面地估计到各种因素，以便降低烟尘量。

现在我们来举一个实例，说明燃煤炉的消灭烟尘问题。

沈阳冶金工矿备件制造厂，多年来对于消烟除尘工作十分重视，取得了经验。1960 年，该厂锻造车间工人在党的总路线光辉照耀下，发扬自力更生、艰苦奋斗、破除迷信、解放思想的革命精神，对锻造车间原有的烧煤加热炉进行了改建。改建的重点是：把原来人工投煤的燃烧室改为半煤气发生室。此外，加设余热锅炉，利用炉膛的废气产生蒸汽，供汽锤使用，收到了良好的效果，不仅不冒烟，而且节约大量燃料和电力。十多年来，在实践中不断总结提高，积累了丰富的经验。

改建后的这座加热炉如图 3 所示。它由三个部分组成，即半煤气发生室、加热室、余热锅炉。半煤气发生室中装煤厚度（灰层在内）为 900mm 左右，一次风从活动炉条下鼓入，鼓风压力为 3000mmHg，生成的半煤气与二次风相遇，进入加热室。从加热室排出的废气通过烟道，分几路进入余热锅炉炉筒以下的空间。

实践表明，在这座锻造炉上：（1）基本上消除了黑烟，废气含尘量约为 0.035g/m³；（2）煤铁比（耗煤量与锻坯重量之比）由原来的 1∶0.6 下降到 1∶2.6 左右；（3）加热速度提高 30%；（4）用余热锅炉的蒸汽带动汽锤，节省大量电力。

1.3.2　除尘方法

在许多情况下，只改进燃烧方法，还不能做到消烟除尘。这些情况是：（1）烧油和烧粉煤时，即使燃烧完全，也还有灰分随废气排出；（2）为了使生产性粉尘沉降下来，必须采用除尘设备。

在具体介绍除尘方法以前，我们先来概略地说明一下除尘器的效率问题。一般，把下列比值叫做除尘总效率：

$$\frac{\text{被除尘器捕捉的烟尘总质量}}{\text{除尘器入口处烟尘总质量}} \times 100\%$$

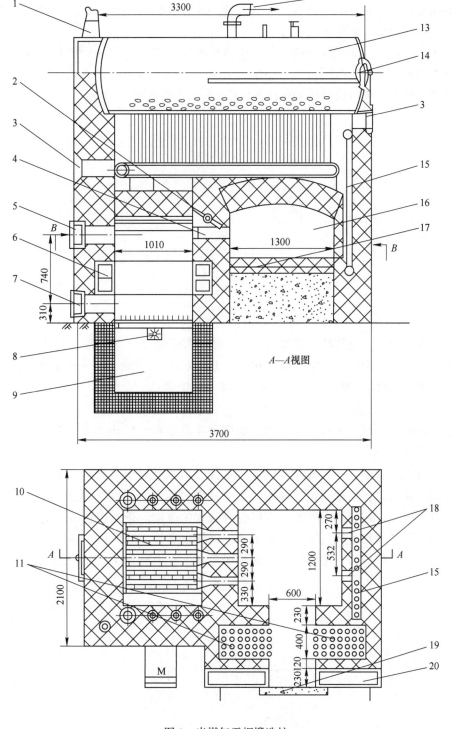

A—A视图

图 3　半煤气无烟锻造炉

1—排烟口；2—二次风管；3—锅炉清灰孔；4—煤气孔道；5—装煤炉门；6—方形水套；
7—清灰炉门；8—活动炉条拉杆；9—沉灰池；10—活动炉条；11—炉门烟道排管；
12—水蒸气出口；13—余热锅炉；14—锅炉入孔；15—加热室烟道排管；16—加热室；
17—坑面子；18—加热室烟道；19—装料炉门；20—水炉门框

例如，$1m^3$ 气体中含烟尘 10g，而通过除尘器后能除去 9g，则除尘器的总效率为 90%。

必须指出，在总效率的计算中，是不管烟尘颗粒的大小的，所以，它不能说明除尘器对大小不同的各颗粒的除尘效率。

为了表明粒度与除尘效率的关系，应由实验测定除尘器的除尘效率曲线。图 4 是一条典型的效率曲线。由图可见，除尘器对于大颗粒的除尘效率高些，对于小颗粒的除尘效率低些。这类曲线是用来对比各种除尘器性能的重要参考。

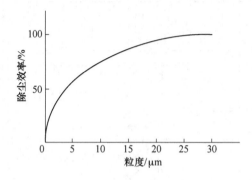

图 4　粒度与除尘效率

气体除尘方法，按其精细程度的不同，可以大致划分为三大类：（1）粗除尘——用这种方法，气体最终含尘量为每立方米 1~6g；（2）半精除尘——气体最终含尘量每立方米 0.1~1g；（3）精除尘——每立方米 0.01~0.03g。

1.3.2.1　粗除尘

进行粗除尘，可采用两种除尘器，即重力除尘器和旋风除尘器。在生产上它们都得到了广泛的应用。

（1）重力除尘器。这种除尘器的简图如图 5 所示。对于温度较高的气体，重力除尘器是用砖砌的。容器截面比气体入口 1 的截面大得多，所以气体进入容器后，流速显著降低。此外，在容器内气流的方向也有较大的改变。正是由于流速的降低和气流方向的改变，所以粉尘从气体中分离出来，沉降在底部。气体由出口 2 排出。除尘器下部有灰斗和出灰口，可定时出灰。这种构造在工业上得到了广泛的应用，具体构造因地制宜。

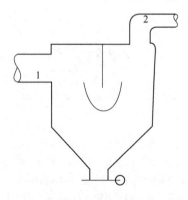

图 5　重力除尘器

（2）旋风除尘器。一般是用钢板制成的圆筒形容器（参见表1的附图）。气体从切线方向流入圆筒形本体，其中气体呈螺旋形流动。在此过程中固体颗粒在离心力作用下，贴着容器壁面在重力作用下沉降到底部。净化后气体从容器中心管引出。

同重力除尘器一样，近些年来我国许多工厂改进了旋风除尘器的结构，在不同程度上获得了良好的效果。例如，为了解决锅炉烟囱冒黑烟的问题，有的工厂采用了湿式旋风除尘器。除尘器四周自上而下有几个喷水嘴，顺烟气流方向喷冷水，使筒壁上形成水膜，把灰粒带入下部的水封灰斗中，这样可以提高除尘效率。有的除尘器用花岗岩砌成，可以耐磨、耐酸浸、耐一定程度的高温，在烟气含 SO_2 的情况下，使用多年来未被腐蚀。

设计旋风除尘器时，其结构参数可参考表1及其附图。气体入口速度为 6~20m/s，一般取 15m/s。

表1 旋风除尘器的设计数据

项　目	类　型		
	一般	高产量的	高效率的
圆筒直径 D	D	D	D
圆筒高度 L_1	$2D$	$1.5D$	$1.5D$
锥体高度 L_2	$2D$	$2.5D$	$2.5D$
总高度 L	$4D$	$4D$	$4D$
出气管长度 $L_出$	$0.675D$	$0.875D$	$0.5D$
入口高度 $L_入$	$0.5D$	$0.75D$	$0.5D$
入口宽度 $B_入$	$0.25D$	$0.375D$	$0.2D$
出气管直径 $D_出$	$0.5D$	$0.75D$	$0.5D$

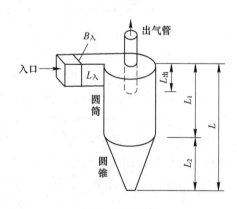

（3）多管式旋风除尘器。这种除尘器是在普通的旋风除尘器基础上发展起来的。如图6所示，许多个小旋风管集合成一个除尘器。每根管内都设置了旋转气流的导向叶片，使轴向导入的含尘气体在管内呈旋转运动（见图7）。由于每根管的直径都较小，所以尘粒从气流中分离出来到达管壁的距离较小。这有利于提高除尘效率，几微

米的烟尘也能捕集，除尘效率可达 70%~95%。这是小直径旋风管的优点。它的成本和运转费用，像普通的旋风除尘器一样，也是很低的。

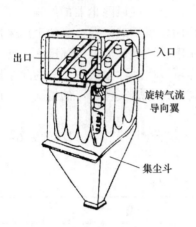

图 6　多管式旋风除尘器

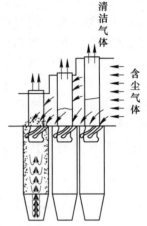

图 7　多管式旋风除尘器入口部分

1.3.2.2　半精除尘

文氏管和洗涤塔是半精除尘的两种主要设备。

（1）文氏管。文氏管的构造如图 8 所示，其中包括一个收缩管和一个扩张管，最细的喉部截面约为入口处的 1/4，喉部的长度为入口处直径的 1/4 到 1/2。

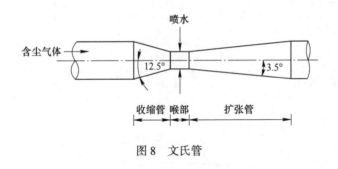

图 8　文氏管

气体进入文氏管后，逐步加速，直到喉部时，速度达到 50~180m/s。正是在这个部位，向管内通入水流。水被高速气流雾化。气体的烟尘颗粒与水的雾滴碰撞，起到收尘作用。水的用量大致为 1~6L/m³（气体）。水在垂直方向喷入比较有效。最重要的是要使整个管子横截面上水滴均匀地分布。水喷头直径与喉部直径之比，一般为 1∶9。

通过文氏管后，烟尘颗粒与气体分离而进入水中。

文氏管对于直径 1.5μm 以上的颗粒，除尘效率几乎达到 100%。所以，它是一种很有效的除尘设备。

（2）洗涤塔。如图 9 所示，洗涤塔的横截面呈圆形或四边形，高度较大，其中充满填料（如磁环、焦炭、木材等）。塔顶有一个淋水的喷头。水在填料的缝隙中向下流，气体由塔底送入。气体中的粉尘被下降过程中的水润湿，裹入水流而与气体分离。污水流到塔底后排出，送去沉淀处理。此外，粉尘附着于填料的湿表面，这也是使粉尘与气体分离的原因。

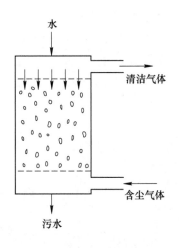

図 9 洗涤塔简图

我们知道气体在一定温度下所含的水汽量是一定的。温度降低后，气体中的水汽就冷凝出来，变成水滴。因此，洗涤塔不仅可以除尘，而且还可以使温度较高的气体进行脱水。但是，问题的另一方面是：气体通过洗涤塔时，还会夹杂一些水珠，它与气体之间是机械的混合。如果要除去这部分机械混合的水，那么，除尘后的气体还要再通过一个脱水塔。它的构造与洗涤塔相仿，也充满填料，只是不从塔顶淋水。含水的气体在通过这样的脱水塔之后，就能将机械混合水基本上脱除。

1.3.2.3 精除尘

如果生产上要求气体含尘量极少，则须进行精除尘。目前精除尘有三种方法：洗涤机除尘、布袋除尘和电除尘。

（1）洗涤机。洗涤机构造如图 10 所示，其中机壳上有许多筋条，旋转盘上也有许多叶片。旋转盘以高速转动。运转过程中向机内注水，使气体和水充分混合，并甩到机壳内表面上。这样固体颗粒被润湿，并在机壳内表面上沉降下来。

这种除尘设备的优点是能够使气体获得 100~300mm H_2O 的升压，但是动力消耗很大。此外，对于腐蚀性严重的气体，这种洗涤机是不适用的。

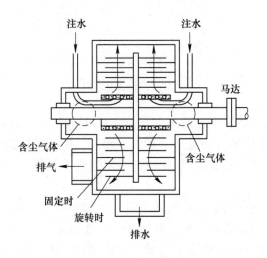

图 10 洗涤机示意图

（2）袋式除尘器。这是用多种纤维（如棉花、尼龙、玻璃棉等）的纺织品做成的过滤式除尘器，其工作原理如图 11 所示。运转开始时，烟尘附着于滤布表面，形成"初层"。在这个阶段，除尘效率不高，但是，一旦形成初层（形成时间很短，几秒或几分钟）以后，除尘效率就显著提高（可达 99%）。这是因为附着在滤布上的初层起着捕集微小烟尘的作用。

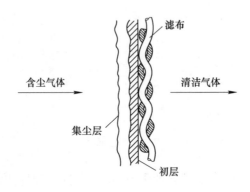

图 11　过滤除尘原理

袋式除尘器的一般构造是：在过滤室内，把直径为 15~50cm、长度为 1~5m 的圆筒形集尘袋，底朝上地并排悬挂着，气体从下面送进去（见图 12）。烟尘附着在袋表面上。依靠烟尘坠落机构使烟尘从集尘袋的表面上落下来。烟尘的坠落机构，有以下三种类型。

198

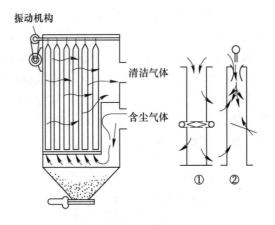

图 12　袋式除尘器

1）机械式：用机械的方法振动集尘袋，使烟尘从滤布上坠落下来，如图 12 所示。那样，在集尘袋上端施振的方法是常采用的。此外，还有利用弹簧使集尘袋上下振动的，以及不仅上下方向振动，而且在集尘袋中部增设水平振动的。机械坠落方式的缺点是滤布损伤严重。

2）反向喷射式：在滤布的反向吹高压空气（即与含尘气体的流向相反），使烟尘坠落。如图 12 所示，由环管的各喷嘴中吹出 $0.1~0.2$kg/cm^2 的空气，使滤布上的烟尘坠落。运转过程中环管沿集尘袋上下移动，这样可以在不切断含尘气流的情况下，有效地利用全部过滤面积。

3）脉冲空气式：用这种方法坠落烟尘时，含尘气体的流向是由袋的外面流入袋内的（与上述一般情况相反）。在袋顶安一个喷嘴，每隔一定时间喷一次高压空气（3~6kg/cm²），使烟尘坠落（见图12）。每次喷高压空气的时间很短。

上述1）、3）两种坠落方法，在操作时必需停止集尘运转。

气流通过集尘袋的阻力损失，包括滤布和集尘层的阻力，所以，在坠落操作刚进行完毕时，压力损失是小的，随着集尘层的堆积，阻力损失逐渐增加。正常情况是在阻力损失为100~200mmH₂O之间运转。袋式除尘器中气体的流速是很小的，否则除尘率低，一般气流速度在3~5cm/s以下。由上述各点可见，袋式除尘器的效率是高的，但设备费是昂贵的（仅低于静电除尘器）。

（3）电除尘。这是较常用的精除尘方法。

我们知道，如果气体在高压直流电的两极之间流过，则气体被离子化。所产生的离子，在电场作用下，向相反的电极移动，使电极之间形成电流的通路。气体中所悬浮的固体颗粒，在此条件下，也带有一定电荷，也向电荷相反的电极移动，失去其电荷后，即沉积在此电极上。带电的颗粒，在途中遇到不带电的颗粒时，即向此靠拢，聚合成较大的颗粒。这些较大的颗粒，在重力作用下，亦将与气体分离。

电除尘器有两种基本形式：管式和板式（见图13）。

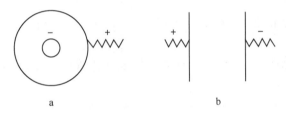

图13　电除尘器的电极形式
a—管式；b—板式

电除尘器采用高压直流电，电压高达 $4\times10^4 \sim 8\times10^4\,V$。实践表明，含尘气体通过电除尘器时，在正极上沉降的粉尘较多。

管式除尘器（见图14）的正极1呈管状，管径为200~300mm，长3~4m；负极在管中心是一根导体2，穿过绝缘体5悬挂着，导体下面有一重锤3，使导体保持垂直悬挂，不与正极接触。用电线8向负极供电，正极接地。气体由管6从下部通入，粉尘沉积在正极上，并下滑到灰斗4中。除尘净化后的气体通过管7在上部引出。

为了处理大量的气体，可安装许多根这样的管子，气体同时通过各除尘管。

板式除尘器由许多平板组成，作为集尘板。每一对平板之间有高压负极悬丝。气体在除尘器中的流动方向，可以是水平的，也可以是垂直的。图15是气体水平流动的除尘器简图。

以上分别介绍了三种不同精度的除尘方法。实际上，往往需要联合使用。特别是粒度分布幅度宽的烟尘，不可能用一个除尘器完全捕集。因此，当需要进行较彻底的除尘时，常常采用两种除尘器的组合形式。例如：1）旋风除尘器——文氏管除尘器；2）多管式旋风除尘器——电除尘器；3）旋风除尘器——喷雾塔。

对于组合方式的选择，应考虑到烟尘的性质、除尘器的性能，以及除尘要求等条件。

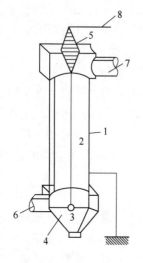

图 14 管式电除尘器

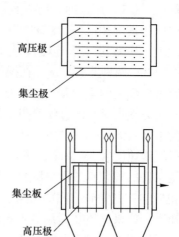

图 15 板式电除尘器简图

1.4 排放标准

制订烟尘排放标准是为了限制排出口处烟尘的最大排放量，从而达到改善环境的目的。

根据我国国家标准 GBJ 4—73，烟尘的排放（或浓度）不得超过下列数值（见下表）。

有害物质名称	排放有害物企业[①]	排 放 标 准		
		排气筒高度 /m	排放量[②] /kg·h⁻¹	排放浓度 /mg·m⁻³
烟尘及 生产性烟尘	电站（煤粉）	30	82	
		45	170	
		60	310	
		80	650	
		100	1200	
		120	1700	
		150	2400	
	工业及采暖锅炉			200
	炼钢电炉			200
	炼钢转炉			
	（小于 12t）			200
	（大于 12t）			150

有害物质名称	排放有害物企业①	排 放 标 准		
		排气筒高度 /m	排放量② /kg·h⁻¹	排放浓度 /mg·m⁻³
烟尘及 生产性烟尘	水泥			150
	生产性粉尘③			
	（第一类）			100
	（第二类）			150

①表中未列入的企业，其有害物质的排放量可参照本表类似企业。

②表中所列数据按平原地区，大气为中性状态，点源连续排放制订。间断排放者，若每天多次排放，其排放
量按表中规定，若每天排放一次而又小于1h，则排放量可为表中规定量的3倍。

③系指局部通风除尘后所允许的排放浓度。第一类指：含10%以上的游离二氧化硅或石棉的粉尘、玻璃棉和
矿渣棉粉尘、铝化物粉尘等。第二类指：含10%以下的游离二氧化硅的煤尘及其他粉尘。

由表可见，在此标准中，有两种不同的规定。一种是规定排放值（kg/h），而且与
排气筒高度相联系。排气筒越矮，最高允许排放量越小。这是因为排气筒越矮，烟尘
越不容易扩散开，对于周围地区的环境污染越严重。较高的烟囱可以把烟尘等送到高
空，以利于扩散和大气对烟尘的稀释。另一种是规定排放物的浓度（mg/m³）。这多半
是对于不设立高大烟囱的设备而作的规定。

国家标准中规定的数字，是设计工作的依据。按照这些数字，以及具体生产过程
的烟尘量，就可以着手考虑对除尘设备的要求。

1.5 烟尘的回收利用

前面已经说过，"废"和"宝"是对立的统一。大气污染物放之为害，收之则
为宝。

在这一小节中，我们将一般地说明烟尘综合利用的方向，而不具体涉及综合利用
时所采用的工艺流程，因为那又是一些专门的课题了。

那么回收粉尘有哪些用途呢？

目前，主要是利用粉尘制造水泥和砖瓦等建筑材料。此外，有的烧煤的工厂，在
回收的烟尘中含有较多的可燃成分，用它做成煤渣砖，可以当作厂内生活用煤。

但冶金厂烟尘的综合利用绝不仅限于制砖和水泥，因为随各厂具体条件的不同，
烟尘中还含有各种不同的有用元素。回收这些元素将是烟尘综合利用的主要方向。

我国不少工厂，在这方面已取得了很大成果。例如上海，每年从烟尘中回收大量
化工原料和金属原料，其中包括金、银等贵金属。

据资料介绍，烧重油的烟尘中，含有镍、钒等有用元素。镍含量为百分之二，钒
含量为百分之三到百分之五。因此，各国均较重视粉尘提镍提钒技术的研究（请注意：
由于燃料的燃烧过程而使镍和钒大量地富集在烟尘中，含量超过一般富矿）。其主要方
法是，先把重油粉尘投入适量的硫酸溶液中，加热溶解之后，经氧化分解即可回收钒，
再把遗留液体通过硫化氢气体，镍则成为硫化物沉淀而回收。这种方法，比常规冶炼
镍的方法都经济。

此外，据报道，某些钢铁厂的高炉、平炉、电炉中冒出大量的白烟中含有锌（含量达 20%~25%）、铁（15%~30%）、铝（3%~5%）以及银、锡等元素，可加以回收利用。

应该指出，粉尘的综合利用历史还比较短，情况又比较复杂，问题还没有全面展开。所以，目前的任务是对各工厂烟尘进行全面的元素分析，以确定综合利用的方案。

以上我们只提到了钢铁厂烟尘的利用问题，至于有色金属冶炼厂的烟尘，则含有更丰富的资源，值得深入的研究。有些工厂已开始注意回收利用。

1.6 烟尘的测定

本小节将介绍炉子废气中烟尘浓度的测定问题。测定的目的一般是：（1）为了查明炉子烟尘排放量是否合乎国家标准的规定；（2）为了研究燃烧过程中未燃碳粒的数量；（3）为了测定除尘器的效率；（4）为了确定烟尘综合利用的方案。

烟尘测定的方法大致分为以下三种：

（1）将烟尘浓度与"浓度规格表"进行比较的方法——比较法；

（2）分离一定量烟气中的烟尘，直接称其重量（及其他性质）——称重法；

（3）测定固定光源通过烟气后光度的变化从而确定含尘量——光度法。

下面我们主要介绍第（2）种方法，其他两种方法也将概略提到。

1.6.1 比较法

这种方法是将烟尘浓度与"标准浓度表"进行比较的方法。各国通用的"标准浓度表"叫做林格曼煤烟浓度表。

如图 16 所示，该标准表一般是在 14cm×20cm 的白纸上画上各种宽度的方格黑线条，这样组成 0、1、2、3、4、5 度。在白纸上，黑色线条所占的面积百分数大致分别为 0、20%、40%、60%、80%、100%。

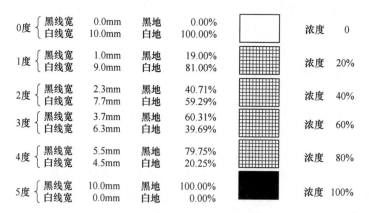

图 16 林格曼煤烟浓度表

测定时将标准图一并竖立在与观测者眼睛大致相同的高度上，然后在离图 16m 处观测烟囱出口附近的烟气浓度。烟囱与观测者的距离取为 40m。将烟气浓度与标准图进行比较（不是比较烟色，而是光的吸收率），从而确定其浓"度"。

这种方法，显然是不那么严格的，只能作为一种参考。不过据文献介绍，用这种方法进行煤烟管理的国家还不少。

1.6.2 称重法

1.6.2.1 取样点位置的选择

取样点位置的选择是测尘工作的关键之一。如选择不当，将会影响测尘效果。取样点的选择条件是：（1）烟尘集中通过的要路；（2）烟气流速比较均匀的部位。一般选择在支烟道上。取样点前的支烟道段的长度，为烟道截面换算直径的 5 倍。取样点后的支烟道段的长度，为烟道截面换算直径的 3 倍。并把取样头尽量放置在烟道的中心线上进行取样。

1.6.2.2 取样速度的确定

由于烟尘本身运动的惯性作用，当烟气流速大于取样速度（即烟气进入取样管的速度）时，处于取样管头部边缘的一些大的（大于 $5\mu m$ 以上）烟尘便不能进入取样管。若烟气流速小于取样速度，则情况正相反。为测定准确和计算方便起见，一般均采用等速取样，即烟气流速与取样速度相等（具体做法见后）。

1.6.2.3 测尘器的安装

测尘器的安装如图 17~图 19 所示。吸尘器（或真空泵）的规格依排烟量而定；设置过滤器的目的在于吸收烟气中的水分，一般采用 $CaCO_3$ 为过滤剂。

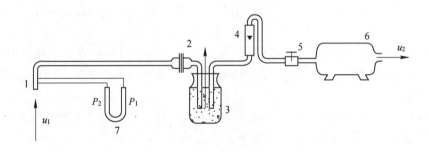

图 17　测尘装置示意图

1—取样头；2—烟尘捕集器；3—过滤器；4—转子流量计；
5—调速开关；6—吸尘器；7—U 型压力计

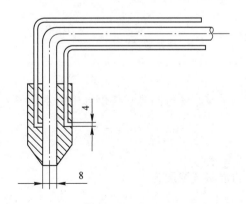

图 18　取样头

1.6.2.4 测试方法

将高温滤膜放在恒温干燥箱内，升温 100℃以上，约 1h。再取出放在干燥器内。

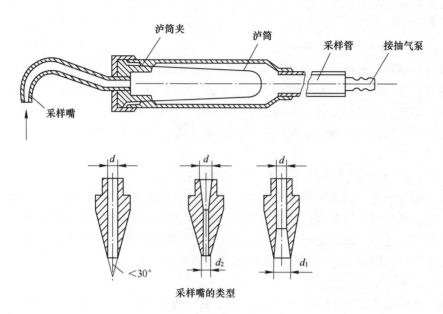

图 19　烟尘捕集器

使用前用天平称重，得 K_1 值，并登记编号，再逐一放置在烟尘捕集器中，进行烟尘测定。

严格检查测尘设备的密封程度，严防漏气。迅速调整调速开关 5，使 U 型压力计 7 两根管中的水柱一样高：$P_1 = P_2$，此时测尘设备内烟气的流速和烟道内取样点上的烟气流速相等。

取样 10min（依烟尘浓度的大小确定取样时间的长短）。取样后将滤膜取出，装入袋中保存，然后称重，得 K_3 值。加热脱水后再称重，得 K_2 值。

1.6.2.5　测试结果的计算

$$C_{尘} = \frac{(K_2 - K_1) \times 1000}{Q_m}$$

换算成标准状态下的烟尘浓度为

$$C_{尘、标} = \frac{(K_2 - K_1) \times 1000}{Q_m \dfrac{t_0}{t_1}}$$

用这种方法测定烟尘量时，还可同时求得烟气中的水蒸气浓度

$$C_{水} = \frac{K_3 - K_2}{Q_m}$$

换算成标准状态下的水蒸气浓度为

$$C_{水、标} = \frac{K_3 - K_2}{Q_m \dfrac{t_0}{t_1}}$$

式中，$C_{尘、标}$ 为标准状态下烟尘的浓度，g/m^3；$C_{尘}$ 为烟尘浓度，g/m^3；K_1 为滤膜重量，

g；K_2 为滤膜、烟尘重量，g；K_3 为膜、烟尘、水分总重量，g；Q_m 为 m 时刻的排烟量，L/min；t_0 为标准状态下的绝对温度，℃；t_1 为通过测尘设备的烟气温度，℃；$C_{水,标}$ 为标准状态下水蒸气的浓度，g/m^3；$C_水$ 为水蒸气浓度，g/m^3。

1.6.3 光度法

这种方法的工作原理是在烟道的一侧安置一个亮度恒定的光源（普通钨丝灯泡），另一侧用光电管（或热电堆）感受此光线的强弱。由于光线在通过烟气时，部分地被烟尘（及水汽）吸收，所以当烟尘含量较多时，光电管示以较弱的信号，反之，信号较强。信号放大后，可用于警报或自动调节燃烧过程。

用光度法可以连续指示和记录烟尘浓度，这是它的优点，但问题是感光器的示数与烟尘绝对量（g/m^3）之间的关系比较难于确立。我们知道，影响此二者之间关系的因素是很多的，例如：烟气的成分、温度及其分布、烟尘颗粒的直径分布及其性质、光线的射程等。所以，在实际工作中，只能借助于"称重法"来确立感光器示数与烟尘量之间的关系。

我国有的工厂，在自力更生的方针指引下，已创造了这类仪表，并用于检测燃烧过程。

2 各种气体

污染大气的气体种类很多，其中最主要的是二氧化硫、一氧化碳、氮氧化物以及碳氢化物。此外，有些工厂所排放的污染物是卤族元素及其化合物（主要是氯、氟化氢），危害也很大。

2.1 二氧化硫（SO_2）

2.1.1 来源

除木材以外，几乎所有的燃料都含有一定量的硫。这些燃料在燃烧时产生二氧化硫。煤炭所含的有机硫（约占总硫量的 80%），以及燃料油和煤气所含的硫的全部，在燃烧时，变成二氧化硫。煤炭中的无机硫，在燃烧过程中，一般进入灰分。燃烧产物中二氧化硫含量，一般波动在 0.05%~0.25% 之间，有时可高达 0.4%。

燃烧产物中的 SO_2 在氧化条件下，也能被氧化成 SO_3。三氧化硫与水汽相遇，便生成硫酸（H_2SO_4），有极大的腐蚀性。二氧化硫的氧化与许多因素有关，如燃烧温度、过剩空气量、在高温下的停留时间等。据测定，在锅炉及冶金炉中，SO_2 被氧化成 SO_3 的转化率，只有 0.5%~5%。但是在砖窑中，SO_2 的转化率可高达 20% 左右。这是因为砖窑的单位体积中有较大的砖表面面积，它对上述转化起着催化作用。此外，窑的温度、气氛等条件也都较适宜。

二氧化硫的另一个来源，是冶金过程，尤其是硫化矿的冶炼。例如，在冶炼铜、锌等金属的硫化矿过程中，废气中 SO_2 含量高达 5%~10%。

此外，制造或使用硫酸的化工厂，也向大气中排放 SO_2。

2.1.2 危害

大气中二氧化硫的浓度在 0.28~2.85mg/m^3 时，对植物、器具已有损伤和腐蚀作用。在 2.85~14.25mg/m^3 时，人开始闻到臭味，并出现呼吸道阻力增加等生理变化。在 57mg/m^3 时，人有明显的刺激感，引起咳嗽，眼受刺激流泪。在 285mg/m^3 时，每天吸入 8h，对支气管和肺部有显著刺激症状，因而出现咽喉疼痛、胸痛、呼吸困难等症状。在 $1140 \sim 1425 mg/m^3$ 时，迅速窒息死亡。

含硫烟雾，对人体、生物、材料的危害则更大，毒性比二氧化硫大得多。

我国规定大气中 SO_2 最高允许浓度，一次为 $0.5 mg/m^3$，日平均为 $0.15 mg/m^3$。

2.1.3　防治及回收方法

用什么方法处理含 SO_2 的气体，要看气体中 SO_2 的浓度多大，才能做出合理的选择。

如果二氧化硫浓度在 $5\% \sim 10\%$ 左右（有些冶炼厂的废气），二氧化硫的回收是比较方便的，通常只需按一般工艺，利用这种气体制造硫酸。

如果二氧化硫浓度较高，而又不便制造硫酸，也可以用硫化氢与二氧化硫化合，生成元素硫（$2SO_2 + 4H_2S \rightarrow 4H_2O + 3S_2$）。

争论较多的，是在二氧化硫浓度低而气体流量很大的情况下，究竟用什么方法防治或回收二氧化硫。高硫油或煤的燃烧产物、有些冶炼厂的废气，就属于这种情况。围绕这个问题，国内外进行了许多研究工作。虽然有些工艺流程已投入半工业生产或试生产，但仍缺乏比较一致的看法。

这里没有可能去全面地介绍这个问题，所以只是选择两三种主要方法作些说明。

（1）抛弃法。将石灰石粉喷入锅炉，使其分解（$CaCO_3 \rightarrow CaO + CO_2$），并与一部分二氧化硫化合，然后随同锅炉废气引入洗涤塔，其中用石灰水喷淋。这样又可使一部分 SO_2 变成 $CaSO_4$ 或 $CaSO_3$，总脱硫率可达到 $83\% \sim 99\%$。生成的硫酸钙和亚硫酸钙作为废物抛弃。这种方法的缺点是洗涤塔中污垢较多，锅炉也容易生垢，而且硫不能回收。不过，这种方法的投资较低。

（2）催化回收法。这种方法的要点是用催化剂使 SO_2 氧化成 SO_3，然后用它来生产硫酸。

含硫废气经过电除尘器脱除烟尘。净化后的气体（含 SO_2 $2\% \sim 3\%$），在一定温度下流经五氧化二钒（V_2O_5）催化剂，使 90% 的 SO_2 转变为 SO_3。然后进入吸收塔，其中用一定浓度的硫酸吸收 SO_3，使其变成 H_2SO_4。从吸收塔排出的废气，再经过一个消雾塔，以减少尾气中硫酸雾滴的含量。在这一套设备中应充分考虑热量的利用，以降低生产费用。此外，防止催化剂的"中毒"（由于废气中某些元素，如砷、硒等的存在而引起的）也是个重要问题。

（3）氨洗回收法。用氨水吸收废气中 SO_2，生成亚硫酸铵（$(NH_4)_2SO_3$）和亚硫酸氢铵（NH_4HSO_3），然后用空气或氧气氧化，使之变为硫酸铵（$(NH_4)_2SO_4$），作为农用肥料。

我国有的工厂已按上述方案安装了设备并投入试生产或正式生产。

需要强调一下，以上第二、第三两种方法，不仅能防治大气污染，而且可以回收废气中的硫，使其成为有用的产品，而第一种方法，只是单纯地为了防治大气污染。

此外，有些国家，正在开展关于燃料脱硫方法的研究，尤其是重油的脱硫方法。这也是防治大气污染的一个途径。

2.1.4　排放标准

我国国家标准 GBJ 4—73 规定二氧化硫排出口处的排放量（或浓度）不得超过以下标准。

有害物质名称	排放有害物企业[①]	排 放 标 准		
		排气筒高度/m	排放量[②]/kg·h⁻¹	排放浓度/mg·m⁻³
二氧化硫	电站	30	82	
		45	170	
		60	310	
		80	650	
		100	1200	
		120	1700	
		150	2400	
	冶金	30	52	
		45	91	
		60	140	
		80	230	
		100	450	
		120	670	
	化工	30	34	
		45	66	
		60	110	
		80	190	
		100	280	

①表中未列入的企业，其有害物质的排放量可参照本表类似企业。

②表中所列数据按平原地区，大气为中性状态，点源连续排放制订。间断排放者，若每天多次排放，其排放量按表中规定；若每天排放一次而又小于 1h，则排放量可为表中规定量的 3 倍。

2.1.5 测定方法

测定 SO_2，目前我国普遍采用碘滴定法。取样时，以氨基磺酸氨和硫酸氨溶液为吸收剂。取样结束后，在吸收剂中注入少量淀粉溶液。然后用碘溶液滴定。滴定末了吸收剂溶液中有少量的过剩碘，同时，因有淀粉存在，故呈青色。根据碘溶液用量即可计算 SO_2 量。具体方法见文献 [1]。

当共存硫化氢、甲醛等还原性气体时，测定值受影响。而共存二氧化碳时，无影响。

2.2 氮氧化物（NO$_x$）

理论上，大气中存在七种氮的氧化物（N_2O、NO、NO_2、NO_3、N_2O_3、N_2O_4、N_2O_5，统称 NO_x）和两种氮氧化物的水化物（HNO_2、HNO_3）。但是，主要的是二氧化氮和一氧化氮。

2.2.1 来源

大气中氮氧化物主要来源于燃料的燃烧。利用空气作为氧化剂组织燃烧时，空气中少部分氮与氧化合，形成一氧化氮（NO）。进一步氧化后，生成二氧化氮（NO_2）。

据研究，燃料中所含的氮，也能在燃烧时与空气中的氧化合，生成 NO 和 NO_2。所以，凡是含氮较多的燃料，在同样条件下燃烧，废气中含氮氧化物的总量较高。

当然，制造或使用硝酸的工厂，排放 NO_x 的量也很大。

2.2.2 危害

二氧化氮对动物和人体有强烈刺激作用。不过，从吸入到出现症状有几小时到几周的潜伏期。

二氧化氮嗅觉范围是 $0.18 \sim 0.72 mg/m^3$。浓度到 $1.0 mg/m^3$ 时，连续 4h 暴露，肺细胞组织发生变化，连续 $3 \sim 12$ 个月，在患支气管炎的部位有肺气肿出现，抵抗力大为减弱。当浓度在 $100 mg/m^3$ 时，1min 之内，人的呼吸开始异常，鼻受刺激。浓度为 $200 \sim 300 mg/m^3$ 时，人在 30min 至多 1h 内就会因肺水肿而死亡，$400 mg/m^3$ 时，人瞬间死亡。

二氧化氮对植物危害很大。在 $5 mg/m^3$ 时，超过 7h，豆类、西红柿等作物叶子变为白色。

按规定，大气中 NO_2 的最高允许浓度，一次为 $0.15 mg/m^3$。

2.2.3 防治方法

二氧化氮在水中的溶解度很大。所以化工厂回收氮氧化物的通用方法，是用洗涤塔或文氏管，使其溶解于水。如有 NO 存在，则须将其进一步氧化，使其变成 NO_2，才能顺利地溶解。

我国许多工厂，为了在锅炉及工业炉上实现消烟除尘，采用湿式重力除尘器，或湿式旋风除尘器。在对于减少烟气中 NO_x 的排放量，估计也有很大作用。

近些年来，人们逐步认识到 NO_x 在污染大气方面的重要性，而开展了大量的研究工作，以便探明减少 NO_x 排放量的途径。下面扼要地介绍一下有关的研究结果，着重说明怎样从炉子的构造和操作方面着手去减少 NO_x 的排放量。不过到目前为止，这些研究工作多半是侧重在锅炉和内燃机方面。对于各种工业炉，只能作参考。

（1）火焰温度的影响。烟气中 NO 的生成量，与火焰温度密切相关。图 20 是 NO 的生成量与温度之间的关系。由图可见，温度越高，NO 的生成量越大。为了减少 NO

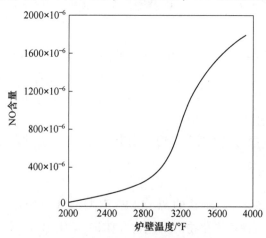

图 20　NO 生成量与某炉炉壁温度之间的关系

的污染，应该降低火焰温度。我们知道同一火焰中的温度分布是不均匀的。很明显，重要的是降低高温区的温度。

不过，降低火焰温度是与提高炉子的产量和热效率等都是互相矛盾的。所以，降低火焰温度这个措施，只能在一定限度内采用。

（2）空气系数的影响。降低空气系数，可减少 NO_x 的生成量。因为可燃混合物中氮的浓度降低了。这也是减轻 NO_x 污染大气的一个途径。

不过，这个措施在有些情况下，也是与提高炉子的产量和热效率相矛盾的。例如，在烧煤时，为了维持较高的热效率，空气过剩量一般应达到 15%~20%，而为了减少 NO_x 的排放量，需将空气过剩量降到 2%~5%，这时炉子的热效率等也下降了。烧油的炉子，也同样存在这个矛盾。

（3）冷却速度的影响。氮的氧化反应是可逆的，而且它的规律是：高温气体缓慢冷却时，可使 NO_x 重新分解为氮和氧，废气中 NO_x 含量大为降低。而在快速冷却时，则其中 NO_x 含量保持不变，废气中 NO_x 含量必然较高。

所以，在高温区内，应使气体缓慢冷却，否则 NO_x 含量将较高。

各种内燃机的燃烧产物冷却得都很快（即在短时间内从高温降到低温），所以 NO_x 的排放浓度很大。正是由于这个原因，汽车尾气往往是造成城市大气中 NO_x 污染的重要来源。

由于人们认识了以上几个相互关系，所以，为了降低 NO_x 的生成量，在锅炉、透平机、内燃机（以及工业炉）上采取的做法是：（1）两段燃烧法；（2）废气循环法；（3）喷水法等。两段燃烧法是在油嘴或煤气喷嘴出口处只供给理论空气量的 90%~95%。其余的空气在较远处供入。这样可使火焰的最高温度降低些，并且防止局部地区有过多的空气与燃料接触。据报道，这种方法可使氮氧化物减少 50%。

烟气循环法，是使烟气部分地返回火焰根部，与新鲜的燃烧产物混合。这样能降低高温区的火焰温度以及氧浓度，使 NO_x 的生成量减少。

向火焰根部喷水或低温蒸汽，也是降低火焰温度和氧浓度的方法。

目前，这些方法已在一些锅炉、工业炉及透平机上使用。

图 21 是低 NO_x 烧嘴的一例，是两段燃烧式，可用于大型钢材加热炉。据报道，在炉温为 1350℃，供热能力为 $200×10^4 kcal/h$，空气预热温度 400℃ 的条件下，废气中 NO_x 含量的降低率如下：在烧液化石油气时降低 75%~85%，烧重油时降低 40%~50%，烧灯油时降低 50%~55%。

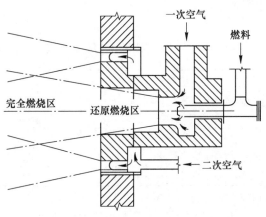

图 21 FH 型低 NO_x 烧嘴

2.2.4 排放标准

我国国家标准 GBJ 4—73 规定氮氧化物排出口处的排放量不得超过以下数值。

有害物质名称	排放有害物企业①	排 放 标 准		
		排气筒高度 /m	排放量② /kg·h⁻¹	排放浓度 /mg·m⁻³
氮氧化物（换算成 NO_2）	化工	20	12	
		40	37	
		60	86	
		80	160	
		100	230	

①表中未列入的企业，其有害物质的排放量可参照本表类似企业。

②表中所列数据按平原地区，大气为中性状态，点源连续排放制订。间断排放者，若每天多次排放，其排放量按表中规定；若每天排放一次而又小于 1h，则排放量可为表中规定量的 3 倍。

2.2.5 测定方法

取样后用 72 型光电分光光度计进行测定。

2.3 一氧化碳（CO）

2.3.1 来源

一氧化碳主要来自燃料的不完全燃烧。钢铁工业中的高炉、转炉、电炉更是大量排放一氧化碳的工艺设备。一氧化碳的排放量，大约占污染大气的各种毒气量的三分之一。

2.3.2 危害

一氧化碳，无色无臭，毒性很大。它很容易与血球中的红色素化合。如大气中一氧化碳浓度达 37.5mg/m³，则经过数小时，人的感光机能即变得迟钝起来，严重影响人体内氧的输送。有慢性心肺病的患者，受影响最大，一氧化碳浓度超过 62mg/m³ 时，严重心脏病人就会死亡。

大气中一氧化碳的最高允许浓度：一次为 3mg/m³，日平均为 1mg/m³。

2.3.3 防治

为了减少一氧化碳的排放量，最主要的是改进燃烧过程，以达到完全燃烧。对于某些大量产生一氧化碳的工艺设备，如高炉、转炉、炼钢电炉等，则应安设气体清洗系统，气体净化后作为燃料使用。

2.3.4 排放标准

我国国家标准 GBJ 4—73 规定一氧化碳排出口处的排放量不得超过以下数据。

有害物质名称	排放有害物企业①	排 放 标 准		
		排气筒高度 /m	排放量② /kg·h⁻¹	排放浓度 /mg·m⁻³
一氧化碳	化工、冶金	30	160	
		60	620	
		100	1700	

①表中未列入的企业，其有害物质的排放量可参照本表类似企业。

②表中所列数据按平原地区，大气为中性状态，点源连续排放制订。间断排放者，若每天多次排放，其排放量按表中规定；若每天排放一次而又小于 1h，则排放量可为表中规定量的 3 倍。

2.3.5 测定方法

取样后用奥氏气体分析器或全分析气体分析器进行测定。此外，常用"比长式CO检定管"进行快速测定。用这种方法的测定范围是0.002%~0.1%，使用方法是：把检定管两端打开，用检定器（可用医用注射器代用）抽取50mL气样，在100s内以匀速，将气样从装有黑色物质的一端通过检定管，CO即与指示胶起反应，产生一个变色环。

由色环上端所指示的高度可直接从检定管上读出CO的百分含量。检定管上"1"即代表0.01%，"2"即代表0.02%，依次类推，一大格又分五小格，一小格即是0.002%。

注意事项：（1）检定管打开不要放置时间太久，以防影响测定结果。（2）检定管应放在暗凉处，不要碰坏两端。（3）如被测气体中，CO浓度大于0.1%，可稀释后再测，将检定管上实际读数乘以稀释倍数，即是实际CO的百分含量。

2.4 光化学烟雾

在阳光的照射下，大气中的碳氢化合物与氮氧化物相互作用，形成烟雾。这种烟雾，叫光化学烟雾。

2.4.1 危害

光化学烟雾中包含乙醛、臭氧和一些毒性的有机化合物。乙醛可使人眼睛红肿，臭氧可使人视力减退、作物蔫萎和慢性中毒。烟雾中所含的毒性有机化合物可使人患头痛、胸痛、全身麻痹、急性肺水肿等病，并能加速细胞的新陈代谢。

臭氧等光化学烟雾浓度为 $0.02mg/m^3$ 时，经过5h，会使烟草等作物落叶、落花、落果，叶子有各色斑点。在 $0.04mg/m^3$ 时，5min内，人即能感觉到。在 $0.06mg/m^3$ 时，8h内，灵敏度高的作物、树木就受损害。在 $10\sim20mg/m^3$ 时，人全身疼痛，开始出现麻痹症状，并得肺水肿。$100mg/m^3$ 时，人在1h内就可死亡。

2.4.2 形成机理

光化学烟雾生成的机理大致如下：NO_2 吸收紫外光，成为高能量的 NO_2 然后分解为NO和原子氧。原子氧很快地就与分子氧结合，生成臭氧（O_3）。在有第三者（M）存在的情况下，生成的臭氧是稳定的。臭氧又与NO化合，形成 NO_2 和分子氧。这些反应式是：

$$NO_2 \text{ 紫外线照射} \longrightarrow NO_2^* \tag{1}$$

$$NO_2^* \longrightarrow NO + O \tag{2}$$

$$O + O_2 + M \longrightarrow O_3 + M \tag{3}$$

$$O_3 + NO \longrightarrow NO_2 + O_2 \tag{4}$$

请注意，如果大气中只发生这些反应，那么它们是没有什么最终结果的。因为两个反应物（NO_2 和 O_2）到头来又重新生成了。

不过，在有碳氢化合物存在的条件下，还有另外一些反应发生，即一部分原子氧、臭氧、氧化氮又与碳氢化合物相互作用，生成各种化合物。其中已确定的有：醛、过氧化物、一氧化碳，以及一些有毒的有机化合物。这些化合物中，有些将变成多分子的聚合物，飘浮在空中，这便是光化学烟雾的形成过程。

西方资本主义国家各大城市，在不同程度上都受到光化学烟雾的威胁，其中以汽车数量多的亚热带城市，在大气层停滞的情况下最为严重。最严重的是美国洛杉矶市及其郊区，每年夏秋两季的白天，经常产生极浓的光化学烟雾，居民难以忍受。

2.4.3 防治

防治光化学烟雾的途径，是降低 NO_x 和碳氢化合物对大气的污染。关于降低 NO_x 的排放量问题上面已经说过。现在再来说一下碳氢化合物问题。

大气中碳氢化合物的主要来源是石油和天然气（及其各种产品）在加工、制造、运输、储存、燃烧等过程中挥发进入大气的。所以，凡是与此有关的各环节上都应注意采取措施。这包括两个方面：（1）减少碳氢化合物的排气量或设法回收；（2）使碳氢化合物充分燃烧，变成二氧化碳和水汽。

2.5 氟化物

污染大气的含氟气体，主要是氟化氢（HF）这一种。

2.5.1 来源

含氟矿石冶炼和陶瓷焙烧是氟化氢气体和含氟粉尘的主要来源，电解铝厂在使用冰晶石的情况下，也产生 HF。平炉的烟气中也含有少量的氟化物。

2.5.2 危害

氟及其化合物毒性较大。当浓度为 $0.004mg/m^3$ 时，经 7～10 天葡萄等作物即受害。氟含量为 $0.02～0.05mg/m^3$ 时，对动物有显著的不良影响。

氟化氢易溶于水，不仅对人体骨质、牙齿等危害极大，而且对机器设备的腐蚀亦很严重。

2.5.3 防治

防治方法与含氟气体和含氟粉尘的成分有关。

氟化氢或水溶性氟化物的特点是在水中的溶解度很大，所以，用水洗注（各类湿式除尘器）处理最为有效。水洗效率高达 97%～99%。

如果有气体氟存在，则可用 NaOH 溶液处理。

对于氟化钙等不溶于水的氟化物，也可使用第二节中介绍的各类除尘器。

2.5.4 排放标准

我国国家标准 GBJ 4—73 规定氟化物排放口处的排放量不得超过以下数值。

有害物质名称	排放有害物企业[①]	排 放 标 准		
		排气筒高度 /m	排放量[②] /kg·h⁻¹	排放浓度 /mg·m⁻³
氟化物	化工	30	1.8	
		50	4.1	
	冶金	120	24	

①表中未列入的企业，其有害物质的排放量可参照本表类似企业。

②表中所列数据按平原地区，大气为中性状态，点源连续排放制订。间断排放者，若每天多次排放，其排放量按表中规定；若每天排放一次而又小于 1h，则排放量可为表中规定量的 3 倍。

2.6 其他

以上我们介绍的是几种比较普遍的气体污染物。除此之外，还有一些有害物质，在我国国家标准中也制订了排放标准，现列表如下。

有害物质名称	排放有害物企业[①]	排放标准		
		排气筒高度 /m	排放量[②] /kg·h⁻¹	排放浓度 /mg·m⁻³
二硫化碳	轻工	20	5.1	
		40	15	
		60	30	
		80	51	
		100	76	
		120	110	
硫化氢	化工、轻工	20	1.3	
		40	3.8	
		60	7.6	
		80	13	
		100	19	
		120	27	
氯	化工、冶金	20	2.8	
		30	5.1	
		50	12	
		80	27	
		100	41	
氯化氢	化工、冶金	20	1.4	
		30	2.5	
		50	5.9	
		80	14	
		100	20	
硫酸（雾）	化工	30~45		260
		60~80		600
铅	冶金	100		34
		120		47

续表

有害物质名称	排放有害物企业①	排放标准		
		排气筒高度 /m	排放量② /kg·h⁻¹	排放浓度 /mg·m⁻³
汞	轻工	20		0.01
		30		0.02
铍化物（换算成 Be）		45~80		0.015

①表中未列入的企业，其有害物质的排放量可参照本表类似企业。

②表中所列数据按平原地区，大气为中性状态，点源连续排放制订。间断排放者，若每天多次排放，其排放量按表中规定；若每天排放一次而又小于 1h，则排放量可为表中规定量的 3 倍。

参 考 文 献

［1］ 中国医学科学院卫生研究所卫生防护研究室．烟气测试技术 ［M］. 北京：人民卫生出版社，1982.

连续加热炉供热最优控制 *

本文为改变轧切加热炉传统的按炉温控制供热的方法，创造按轧机产量直接在线控制供热的新方法，开发了最优 *Q-P* 供热制度模型。该模型经在邯郸钢铁总厂 650 加热炉上应用表明：能在轧机产量频繁波动的过程中，达到合理供热，以及实现了提高产量 16.7%，节能 11.6%，减少金属烧损 0.586 个百分点。

1 前言

目前国内外轧钢加热炉的在线数学模型的建立，传统的方法是根据炉温、产量等可测参数来计算确定最优的炉温制度模型，它以最优炉温设定值为模型的输出量，间接地控制炉子。

本文改变了传统的炉温设定值的控制方法，直接建立了炉子热负荷 *Q* 与生产率 *P* 之间的数学描述式，即最优 *Q-P* 供热制度模型，它以最优热负荷设定值为模型的输出量，实现了用轧机产量为信号直接控制炉子供热的新方法。该模型经在邯郸钢铁总厂 650 加热炉上实践表明，完全适于加热炉微机在线控制，在轧机产量频繁变化的过程中，能够合理供热，既可保证加热质量，又能节约燃料。

2 加热炉的最优供热

加热炉热工特性的主要内容是炉子热负荷与生产率和热效率（单位热耗）之间的关系。所以，炉子热工行为的核心问题是研究炉子的最优供热问题。

因加热炉沿炉长方向上供热量分配是否变化对炉子热工行为有重要影响，所以在研究加热炉优化供热问题时，通常是按炉子结构和供热制度的不同，将炉子分为两类：

第一类，沿炉长方向上的供热量分配是固定不变的，即供热点的位置、个数和各点供热量的比例等不随热负荷（产量）的增减而变化。

第二类，沿炉长方向上的供热量分配是可变的，即操作者可以按产量的大小随意改变供热点的位置及其供热量分配。

文献［1］中用理论法和经验法两种方法研究了第一类加热炉合理供热问题，并给出了下列热负荷、单位热耗与生产率之间的特性方程（经验式）：

$$Q = Q_0 e^{KP}$$

$$b = \frac{Q_0}{P} e^{KP}$$

式中，*Q* 为热负荷；*b* 为单位热耗；*P* 为生产率；Q_0 为系数（炉子空烧保温热负荷）；*K* 为常数。

从两个特性方程不难看出：（1）炉子热负荷与生产率之间关系符合指数方程；（2）炉子单位热耗随生产率的变化过程中有最小值（经济点）存在；（3）方程中的 Q_0 和 *K* 值将随炉而异。

215

* 本文合作者：杨宗山、赵渭国、蔡九菊、王霁。原发表于《冶金能源》，1992。

冶金热能工程

文献［2］中研究了第二类加热炉合理供热问题。研究结果表明：随着炉子产量的增加，在保证前一个供热点为最大允许供热量的条件下，由炉头（出料端）向炉尾（装料端）方向逐渐增多供热点和供热量；当产量降低时，由炉尾向炉头方向应逐渐减少供热点和供热量。这种供热制度是最节能的。

3 最优 *Q-P* 供热模型的建立

为研究加热炉在生产率变化时最优供热模型问题，需首先建立以下几个子模型。

3.1 炉温分布模型

按炉内有限的几点炉温测量值，可通过近似的方法构造一个炉温分布函数 $t_f(u, K)$，即已知钢坯在炉内任一位置 u 以及炉子各段炉温（热电偶温度）在 K 时刻的动态响应 $(t_{f1}, t_{f2}, \cdots, t_{fj})$ 确定其炉温分布：

$$t_f(u, K) = (t_{f1}, t_{f2}, \cdots, t_{fj}, K)$$

其中 j 为测炉温热电偶个数。

3.2 钢坯温度分布模型

设钢坯内部传热为一维的，则

$$\frac{\partial T(x, \tau)}{\partial \tau} = \frac{1}{c(\overline{T})\rho(\overline{T})} \frac{\partial}{\partial x}\left[\lambda(\overline{T}) \frac{\partial T(x, \tau)}{\partial x}\right]$$
$$0 \leq x \leq L, \ 0 \leq \tau \leq R$$

式中，$T(x, \tau)$ 为钢坯温度分布函数，x 为钢坯厚度，T 为钢坯在炉内的停留时间；c、ρ、λ 为钢坯的比热、密度和导热系数，它们均为钢坯平均温度 (t) 的函数；$\overline{T}$ 为钢坯平均温度，$\overline{T} = 1/L \int_0^L T(x, \tau)\mathrm{d}x$；$L$、$R$ 为钢坯厚度和钢坯沿炉长方向移动所需的时间。

钢坯加热的初始条件：

$$T(x, \tau)\big|_{\tau=0} = T_0$$

钢坯加热的边界条件：

$$\lambda(\overline{T}) \frac{\partial T(x, \tau)}{\partial x}\bigg|_{x=0} = q_a$$

$$\lambda(\overline{T}) \frac{\partial T(x, \tau)}{\partial x}\bigg|_{x=L} = q_b$$

$$q_a = \sigma_0 \varphi_a (T_f^4 - T_a^4)$$

$$q_b = \sigma_0 \varphi_b (T_f^4 - T_b^4)$$

式中，T_a、T_b 为钢坯上、下表面温度；φ_a、φ_b 为钢坯上、下表面的总括热吸收率；σ_0 为斯蒂芬-玻尔兹曼常数；q_a、q_b 为钢坯上、下表面的单位热流；T_0、T_f 为钢坯初始温度和炉膛温度。

3.3 加热炉区域热平衡模型

建立炉子各区域热平衡模型的目的，是为了确定与炉子产量相对应的炉子及其各段的供热量，以便在计算机上仿效炉子的实际操作。在大范围内研究炉子产量与热负荷之间的关系，确定最优 *Q-P* 供热模型。

假设炉子为三段连续式加热炉，且忽略各段之间的热辐射时，则各段的热平衡为：

均热段： $Q_{H3} + Q_{r3} + r_3 + Q_{w3} - Q_{f3} - H_3 - Q_3 = 0$

加热段： $Q_{H2} + Q_{r2} + r_2 + Q_{w2} - Q_{f3} - Q_{f2} - H_2 - Q_2 = 0$

预热段： $Q_{f2} - Q_{f1} - H_1 - Q_1 = 0$

式中，Q_{Hi} 为供入各段的燃料化学热（$i = 3, 2$）；Q_{ri} 为燃料带入的物理热（$i = 3, 2$）；r_i 为空气带入的物理热（$i = 3, 2$）；Q_{wi} 为雾化剂带入的物理热（$i = 3, 2$）；Q_{fi} 为燃烧产物带入（带出）的热量（$i = 3, 2, 1$）；H_i 为钢坯经过各段时的热焓增量（$i = 3, 2, 1$）；Q_i 为各段的热损失，包括汽化冷却和水冷却带走热、炉体散热等，它们均是炉温的函数（$i = 3, 2, 1$）；$i = 3, 2, 1$ 为角标，分别代表均热段、加热段和预热段。

对一座具体炉子而言，在炉子产量一定，且满足轧钢工艺要求的情况下，供入炉子各段的热量（热负荷）将决定炉子各段的温度及整个炉子的温度水平；反之，整个炉子的温度水平越高，说明供入炉内的热负荷量越多。所以，将炉子各段炉温波动的极限范围（区域：$t_{fmin} \sim t_{fmax}$）等分成若干个温度间隔 Δt_{fi}（i 为炉子段数），进行炉温分布组合，采用逐步搜索法找出所有满足钢坯出炉温度和温差的炉温分布，再通过求解炉子区域热平衡模型，即可找到该产量 P 下的最小热负荷 Q（所对应的炉温分布）。

在炉子产量 P 频繁变化的过程中，如果与炉子各种产量 P_v（$P_{min} < P_v < P_{max}$）所对应的炉子总热负荷 Q_y 为最小，则热负荷 Q 与生产率 P 之间的函数关系式 $Q = f(P)$ 以及 Q 在炉子各段的分配关系 $Q = f(P)$ 便构成了加热炉最优 Q-P 供热模型。

加热炉最优 Q-P 供热模型建模计算框图如图 1 所示。

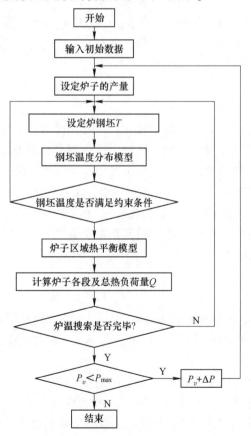

图 1　建立 Q-P 供热模型计算框图

4 最优 Q-P 供热模型的在线控制

尽管最优 Q-P 供热模型可以保证在产量 P 波动时不向炉内供给多余的热量，但由于工况（如燃料热值等）的变化可引起供热量偏离最优值，进而导致实际钢温值偏离工艺要求的出钢温度值。因此，进行最优值动态补偿是实现加热炉供热数学模型在线优化控制的重要策略。其基本原理就是根据实际钢温值与最优钢温值（要求的钢温值）的偏差 Δt，由区域热平衡模型计算出炉子各段应补偿的热负荷量，使 Δt 值总是波动在允许的范围 δ 内。

4.1 钢温分布模型的在线校正

经过工业实验验证的钢温分布模型在实际运行中会受热电偶的影响（如插入深度不准等）而发生偏差。为保证钢温分布模型的准确性，在炉内钢坯出炉位置处设置一台"屏蔽火焰式炉内钢温检测装置"，直接检测钢坯出炉温度，用以校正钢温分布模型。方法如下：

（1）将直接检测的钢坯出炉温度（检测周期的平均值）作为校正炉内各段热电偶温度的标准温度，利用钢温预报模型求出与炉内各段热电偶位置相对应的炉温计算值 i_{fj}。

（2）确定炉温（热电偶温度）校正系数 η_j。

$$\eta_j = i_{fj}/t_{fj}$$

式中，η_j 为炉温校正系数；i_{fj} 为炉温计算值；t_{fj} 为热电偶测量值。

热电偶温度经校正后，便与实际的炉温曲线相一致，进而保证了钢温在线预报的准确。

4.2 热负荷动态补偿

（1）动态补偿检测点的位置。因钢坯在炉内的位置及温度分布是随时间而变化的，所以动态补偿是针对某一区域而言的。区域可按区域热平衡的方法来划分，但只取有供热（烧嘴）的区域，动态补偿检测点的位置为补偿区域的两个端点。

（2）动态补偿量的确定。假设某时刻钢坯经过某补偿区 $[a, b]$ 的温度曲线如图 2 所示。图 2 中实线为某产量下钢坯最优升温曲线（以平均钢温表示），虚线为补偿后钢坯实际升温曲线。为使钢坯在出补偿区时其钢温分布为该产量下的最优值，需向该补偿区补偿的热负荷量 ΔQ 为

$$\Delta Q = \xi P c \frac{\Delta t}{2}/\eta$$

式中，P 为炉子生产率；c 为钢坯平均比热；Δt 为钢坯进入补偿区时钢温的最优值与实际值的温度差；η 为炉子热效率，是生产率 P 的函数；ξ 为系数，与动态补偿周期等因素有关。

必须说明，加热炉生产是个动态过程，随着生产率的变化，位于动态补偿区两端点的最优钢温值也是波动的，而实际钢温值的波动将会更大。一般地说，在正常生产的情况下，允许的 Δt 偏差为 δ（δ 的取值大小取决于模型要求的控制精度），当 $|\Delta t| < \delta$ 时不予补偿。

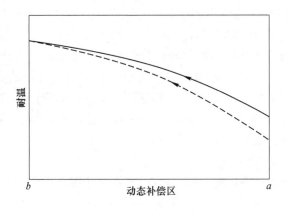

图 2　钢坯经补偿区的温度曲线

（3）动态补偿周期的确定。热负荷补偿量 ΔQ 需在一个合适的补偿周期（τ_b）内供入炉内，才能保证燃料燃烧充分以及能及时、准确地控制钢温。τ_b 的大小与炉子几何尺寸及出钢速率有关，热惯性大的炉子，补偿周期相对长些。

4.3　出钢速率 P 的计算方法

在加热炉最优 Q-P 供热模型中，炉子生产率 P（即出钢速率）是模型的输入量，炉子的最小热负荷 Q 及其供热分配是模型的输出量。因此，出钢速率的检测方法和检测周期 τ_0 的选择是非常重要的。对轧钢连续加热炉来说，炉子生产率就是单位时间内出炉钢坯（锭）的重量：

$$P = mG60/\tau_0 \quad t/h$$

式中，m 为 τ_0 周期内出炉钢坯（锭）的根数；G 为钢坯（锭）的单重，t/根；τ_0 为检测周期，min。

检测周期 τ_0 越小，出钢速率波动越大；反之，控制越不灵敏。由此可见，出钢速率自动检测是加热炉实现最优 Q-P 供热模型在线控制的重要条件之一。如果检测周期选择得当，加热炉实施 Q-P 控制以后，可在相当长的一段时间内稳定运行。这是因为严重影响加热炉稳定工况的因素炉子生产率 P 已经包括在最优 Q-P 供热模型之中的缘故。再加上燃烧控制和炉压控制等措施，可使加热炉的控制过程更加稳定运行。

5　待轧策略的建立

在轧钢生产中，由于各种原因（如换辊、断辊和夹辊等各种事故），加热炉待轧是不可避免的。待轧策略是指加热炉在待轧期间炉子热负荷随时间的调节规律：$Q = f(\tau)$。一般包括炉子的保温、降温和升温过程的控制。如果控制不当，不是造成钢温偏低，满足不了轧钢工艺的要求；就是造成钢温偏高，浪费燃料，增加钢的氧化烧损。所以，研究和建立合理的待轧策略，对提高钢的加热质量和降低燃料消耗有重要的实际意义。

待轧策略对人工操作的炉子，由于无法知道炉内钢温的变化情况，通常是凭着工人各自的操作经验进行调节，为了能保证待轧后及时出钢，多采用以保温为主的操作方法，造成燃料浪费和氧化烧损增加。近年来随着计算机在加热炉上的应用，通过仿真计算等提高了待轧策略的水平，但控制变量仍为炉温。本文则是以热负荷为控制变量，以钢温分布模型为工具，在现场实验的基础上建立待轧策略，采用"温-时"控制法控制炉内钢坯（锭）温度。避免了炉温的滞后性，提高了待轧的控制水平，节能效果显著。

由于待轧策略与炉子结构参数和操作参数是密切相关的。文中提出的待轧策略是针对邯郸钢铁总厂 650 加热炉而建立的。为使所制定的待轧策略能够符合生产实际，在 650 加热炉上进行了炉子热惯性实验和待轧状态下钢的降温和升温实验。目的在于确定炉子降温和升温时炉温和钢温随时间的变化规律。在分析实验结果的基础上，进行了大量的仿真计算，建立待轧策略如下：

（1）待轧时间：$\tau \leqslant 30\text{min}$。

按 $Q=Q_0$（空烧保温热负荷，kg 油/h）供热，其均热段和加热段的供热分配由供热模型计算给出。

（2）待轧时间：$30\text{min}<\tau<4\text{h}$。

1）降温阶段（τ_1）供热：

$$Q_均 = 450, \ Q_加 = 0$$

2）升温阶段（τ_2）供热：

$$Q_均 = 450 + 450[1 - 1/\exp(\tau_2/2)]$$
$$Q_加 = 720 + 650[1 - 1/\exp(\tau_2/3)]$$

（3）待轧时间：$\tau \geqslant 4\text{h}$。

1）降温阶段（τ_1）供热：

$$Q_均 = 200, \ Q_加 = 0$$

2）升温阶段（τ_2）供热：

$$Q_均 = 200 + 700[1 - 1/\exp(\tau_2/6)]$$
$$Q_加 = 1370[1 - 1/\exp(\tau_2/8)]$$

式中，τ_1、τ_2 分别为降温时间和升温时间，通过"温-时"计算法确定，min；$Q_均$、$Q_加$ 分别为向均热段和加热段的供热，kg 油/h。

优化待轧策略经在邯郸钢铁总厂 650 加热炉上应用，较人工手动经验操作可节能 24%。

6 结语

本文开发了轧钢加热炉最优 Q-P 供热模型，改变了传统的按炉温控制供热的方法，实现了按照轧机产量直接在线控制供热的新方法。该模型经生产实践证明，在轧机产量频繁波动过程中，能够向炉内合理供热，既能保证加热质量，又可降低燃耗。根据生产统计数据，邯郸钢铁总厂 650 加热炉实施最优 Q-P 供热计算机控制系统之后，提高产量 16.7%，节能 11.6%，减少金属烧损 0.586 个百分点。

按轧机产量直接控制炉子热负荷，避免了按炉温控制时热电偶温度的滞后性及影响因素，以及在线寻优计算复杂和周期长等问题。它具有简单可靠、响应快、灵敏度高等特点，以及操作方便、直观、模型修改容易，投资少等优点。

参 考 文 献

[1] 陆钟武. 火焰炉热工行为的研究 [J]. 金属学报，1985（6）：303-314.

[2] 王景文，陆钟武. 多点供热连续式火焰炉热工特性的研究 [J]. 东北工学院学报，1982（3）：1-16.

[3] 王霏. 加热炉最优 Q-P 供热控制模型的研究 [D]. 沈阳：东北工学院，1990.

系统节能

钢铁工业的节能方向和途径[*]

为了更好地完成钢铁工业的节能任务，必须明确其节能的方向和途径。然而，钢铁工业工序多、过程复杂、范围广大，不易把握其全貌。而且，现在从事节能工作的人员来自各个不同的专业，各人从不同的角度出发，不易求得全面统一的认识。所以，从总体上讨论一下节能问题更显得重要。

围绕这个问题，有些文章已经提出了很好的意见。本文拟从载能体的概念谈起，就节能的方向和途径以及节能工作中的最优化问题提一些看法。

1 概念

（1）凡是在制取过程中消耗了能量的物体，以及本身能产生能量的物体，都叫载能体。钢铁工业的一次能源如煤、油、天然气、电等是载能体，因为它们能产生能量。二次能源如各种煤气、水、压缩空气、蒸汽、氧、氮等也是载能体。钢铁工业的各种原材料，如矿石、烧结矿、球团矿、石灰石、铁合金、耐火材料、轧辊、钢锭模等，同样是载能体，因为它们在制取过程中都消耗了能量。

地下未开采的天然矿石的载能量等于零。散在废钢的载能量一般也取为零。

单位重量（体积）物体的载能量，称为该物体的能值，也有称为当量能的[1]。

钢铁工业中的载能体可划分为两类：

第一类载能体，包括各种原材料以及水、压缩空气、蒸汽、氧、氮、电等。这类物体的载能量等于它们在制备过程中所消耗的各种原材料、动力和燃料的载能量的总和。

第二类载能体，是各种燃料。燃料的能值等于其发热值加上它在开采和人工精制（改制）过程中所花费的能量。

不同国家、不同作者提供的钢铁厂常用的各种原材料和燃料的能值数据[2-3]是不同的，因为物体的能值是随生产条件和技术水平而变化的。

（2）在钢铁联合企业内部，有许多生产单位，它们在能量方面形成错综复杂的关系。为研究和计算能耗问题，这些关系可简化如图1所示。

图中只标明了选矿、烧结、炼铁、炼钢、轧钢这五个环节组成的主流程。至于其他各生产单位，则一律看作是主流程所需各种原材料、燃料和动力的来源。主流程中的上一道工序当然也给下一道工序提供原料。这些原材料、燃料和动力都载有一定的能量，图中的实线箭头表明了这些载能量的流向。

生产过程中从某一环节回收的燃料或其他物体不一定用于该环节本身，许多情况下这些物体将进入全厂的物料流通中去。图中用虚线箭头表示了这些物体载能量的流向。

223

---

* 本文合作者：周大刚。原发表于《钢铁》，1981。

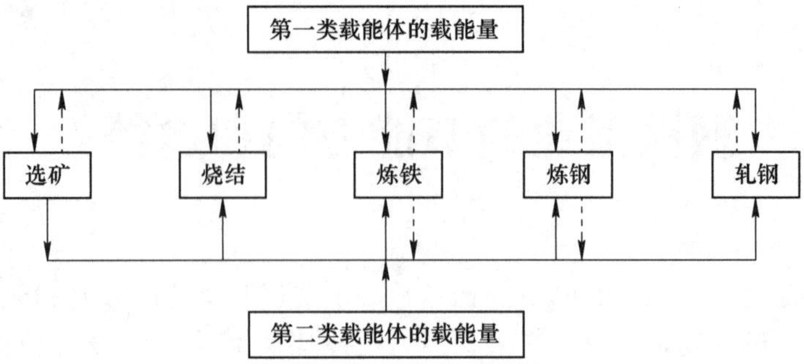

图 1 　能量关系

由图可知，对于某一生产环节而言：

〔产品的载能量〕=〔投入的总载能量〕-〔回收的载能量〕

产品的载能量除以产品的重量，就是单位重量产品的能耗（kcal/t）。

2 　节能方向

由上述概念可知，钢铁工业节能的方向有三个：降低各生产环节中第一类载能体的单耗；降低各生产环节中第二类载能体的单耗；回收各生产环节散失的载能体和各种能量。

（1）降低第一类载能体的单耗，在一定意义上，是节能的前提。在各种原材料之中，尤其要注意那些能值高的原材料。在这方面，铁水占有特别突出的地位。我国每吨钢的铁水耗量过大，整个钢铁工业的铁钢比过大（1979 年为 1.065，远大于西方各国）。只此一项，我国每年多耗能源即达 1000 万吨标煤。

耐火材料、铁合金、石灰石、钢锭模、轧辊等的单耗都偏高，而许多工序的成品率、合格率又偏低。这些都是影响吨钢能耗的重要因素。

钢铁工业的动力消耗在吨钢能耗中占的比重也很大。为了降低吨钢能耗，对此必须给予足够的重视。

原材料和动力消耗的高低，与钢铁工业生产结构、工艺操作和管理水平等密切相关。本文第 3 节中的"节能途径分析表"将提供进一步的说明。

（2）降低各生产环节的燃料（第二类载能体）单耗，是钢铁工业节能的重要方向。当前的问题是许多生产环节的燃耗过高。主要原因是：炉窑热效率低、钢铁工业布局不合理、转炉钢比低、连铸比低、原燃料条件较差。

炉窑热效率低是因为：作业率低、"大马拉小车"、炉体绝热差、冷却件太多、燃烧不好、热负荷调节不当以及空气不预热或预热温度低等问题还普遍存在。

钢铁工业布局不合理，主要指有些工厂或有铁无钢，或有钢无铁，或有钢无材，以致铁水铸成块经长途运输再化铁炼钢，钢锭、钢坯长途运输再加热轧制，浪费许多燃料。

我国的转炉钢比（1979 年为 0.375、连铸比 0.04），都远低于西方各国。这对吨钢能耗的影响很大。

精料问题，不仅对炼铁工序很重要，而且对其他许多工序都很重要。可惜至今尚未普遍地引起重视。

（3）回收生产过程中散失的载能体和各种能量，是节能工作中不可缺少的组成部分。当前更有必要强调这个节能方向，因为我国钢铁企业的煤气放散问题还很严重，各种余热的利用程度还很低，废旧物资的回收工作还未引起重视，炉渣、废水、废气、乏汽等的综合利用工作还未普遍开展起来。

3 节能的途径与措施

沿上述节能方向，分析生产的现状，即分析与能耗有关的各生产因素，就可进一步找到节能的途径和措施，分析节能的潜力。

3.1 节能途径分析表

一般情况下，与能耗有关的生产因素，可大致归纳为以下几个方面：（1）生产布局；（2）外部条件；（3）原燃材料条件；（4）工艺流程；（5）工艺设备；（6）辅助设备；（7）工艺操作；（8）热工操作；（9）产品结构；（10）副产品；（11）废弃品及废能的处理。

钢铁工业节能途径分析表见表1。

表1 钢铁工业节能途径分析表

与能耗有关的生产因素	降低第一类载能体单耗（Ⅰ）	降低第二类载能体单耗（Ⅱ）	回收散失的载能体及废能（Ⅲ）
1. 生产布局	（Ⅰ、1）	（1）解决铁、钢、材不配套的问题； （2）联合企业内部合理布局 （Ⅱ、1）	（Ⅲ、1）
2. 外部条件	（1）降低空载系数； （2）降低发电、供水能耗； （3）降低供电能耗 （Ⅰ、2）	降低运输燃耗 （Ⅱ、2）	（Ⅲ、2）
3. 原燃材料条件	（1）提高炼钢废钢比； （2）提高高炉熟料比； （3）采用合成渣料； （4）采用活性石灰石； （5）提高铁合金质量 （Ⅰ、3）	（1）提高和稳定原燃料质量； （2）提高入炉铁水、钢锭等的温度； （3）多用散状耐火材料 （Ⅱ、3）	（Ⅲ、3）
4. 工艺流程	（1）提高电炉钢比例（在电力、废钢充足条件下）； （2）提高连铸、连轧收得率 （Ⅰ、4）	（1）提高转炉钢比例； （2）提高连铸比； （3）以球团代烧结； （4）直接还原 （Ⅱ、4）	（Ⅲ、4）

与能耗有关的生产因素	降低第一类载能体单耗（Ⅰ）	降低第二类载能体单耗（Ⅱ）	回收散失的载能体及废能（Ⅲ）
5. 工艺设备	（1）逢修必改，挖潜改进； （2）更新换代，引用新设备，设备大型化 （Ⅰ、5）	（1）延长寿命，合理检修，提高作业率； （2）生产配套，解决"大马拉小车"等问题； （3）采用蓄热、换热等方法，提高风温； （4）加强炉体绝热和密封，减少水冷件； （5）改进燃烧器 （Ⅱ、5）	（Ⅲ、5）
6. 辅助设备	（1）用高效率机电设备（风机、泵等）； （2）动力设备能力配套； （3）液力耦合器等节电部件及技术 （Ⅰ、6）	（1）延长寿命，合理检修，杜绝事故； （2）指示、控制仪表齐全，正常运转 （Ⅱ、6）	（Ⅲ、6）
7. 工艺操作	（1）提高成品率、合格率、收得率； （2）降低原材料、辅助材料、工具和动力单耗 （Ⅰ、7）	提高成品率、合格率、收得率 （Ⅱ、7）	（Ⅲ、7）
8. 热工操作	延长炉窑寿命，降低耐火材料及炉子部件消耗 （Ⅰ、8）	（1）改进热工制度与操作（热负荷、空燃比等）； （2）提高燃烧技术 （Ⅱ、8）	（Ⅲ、8）
9. 产品结构	（1）降低铁钢比，以钢代铁； （2）提高耗能少产品的比例； （3）产品与工艺流程、设备对路 （Ⅰ、9）	（1）企业内部的均衡生产； （2）冷热轧产品比例 （Ⅱ、9）	（Ⅲ、9）
10. 副产品	（Ⅰ、10）	（Ⅱ、10）	回收焦炉、高炉、转炉煤气并综合利用 （Ⅲ、10）

与能耗有关的生产因素	降低第一类载能体单耗（Ⅰ）	降低第二类载能体单耗（Ⅱ）	回收散失的载能体及废能（Ⅲ）
11. 废弃品及废能	（Ⅰ、11）	（Ⅱ、11）	（1）废弃品（渣、砖、边角料）的回收，综合利用； （2）废气、氮、稀有气体的回收、综合利用； （3）废能（如高炉余压）的利用，蒸汽多级使用； （4）减少煤气、动力漏损、放散 （Ⅲ、11）

从这些方面去考虑降低第一、二类载能体的单耗，回收散失的载能体（及废能）等问题，就能弄清楚节能的各种途径。为便于进行分析，现制定节能途径分析表。该表从纵向分为三列（Ⅰ、Ⅱ、Ⅲ），各代表一个节能方向；横向分为十一行（1，2，3，…，11），各代表一组生产因素；表中共 3×11 = 33 个方格，是一个方阵。每一个方格均按其所在的行和列进行编号，如（Ⅰ、3），（Ⅱ、5）等。方格中填写节能途径。作为例子，我们在上述表格中已填写了一些节能的途径。每一个节能途径既属于某一节能方向，同时又属于某一组生产因素。这种分析方法适用范围较广，可大到整个钢铁工业，小到一个生产车间。

3.2 节能潜力及其分析

在使用上述方法时，不仅应逐个地研究全部方格，相应地填入节能途径或措施，而且应估算各项节能措施的效果。估算工作的难易随情况而异，有时只能依靠生产经验作出粗略的估计。

针对具体情况，可以人为地给各项因素规定一个基准值（零值）。若实际数值高于（或低于）该基准值，即说明有潜力。这样节能途径分析表就可以看成一幅立体图像，如沙盘，峰起谷落，明显地看到节能潜力的大小和"位置"。

必须指出，在估算各种节能途径的效果时，一定要全面，切不可顾此失彼。实际上，许多节能措施在某一方面带来节能效果的同时，在另一方面却增加了能量消耗。二者的差值，才是真正的节能效果。

4 节能工作中的最优化方法

最优化方法已逐步在各技术领域得到应用。如炉子热工方面最优化方法已引起学者们的注意[4-5]。在钢铁工业的节能工作中也应充分重视这个方法。在许多情况下，只有利用这种方法才能得到最大的节能效果。

用最优化方法研究能耗问题时，应以待定参数为变量建立能耗的数学表达式，把它作为目标函数，然后求函数的极小值，从而确定待定参数的数值。必须指出，在建立目标函数时，应把两类载能体所载的能量都考虑在内。此外，还须注意，从省能的角度得到的合理参数，不一定在经济上是最合算的，因为在分析经济上的合理性时，不仅考虑能源问题，还要考虑其他许多因素。在分析节能措施时应讲究经济效果，进行可行性研究，估计其回收年限等。解决实际问题，最好将二者结合起来考虑。

本文经冶金部规划设计院朱志学和徐德锐、北京钢铁设计总院温作汀和沈昌炽、首钢郭廷杰和鞍山热能研究所孙鸿铮等同志提供了宝贵意见后修改写成，谨致谢意。

参 考 文 献

[1] 增子升, 炼铁所におきぬ省能中省能の理论.

[2] 藤井隆ら. 炼钢过程的节能. 钢铁工业节能译文集. 1980 年 4 月.

[3] FROST P D, HALE R W, MCLEER T J. Energy consumption in the primary production of metals [J]. Iron and Steel Engineer, 1979, 56 (4): 50-56.

[4] Глинков М А. идр, Сталь, 1975 (2): 176.

[5] Вутковский, идр А Г. ИЗВ. ВУЗ. ЧЕР. Мет. 1974 (5-11); 1975 (1).

228

沈阳线材厂轧钢工序能耗分析 *

近年来，我国许多轧钢厂在加热炉节约燃料方面作了不少工作，取得了较大成绩。然而，加热炉的燃耗只是轧钢工序能耗中的一部分。此外，还有轧机和炉子的电力消耗等项。如果把间接能耗也包括进去，则还有金属氧化烧损、切头切尾、轧辊、工业水、筑炉材料等项[1]。所以，只注重加热炉的燃耗是不够的。从钢铁厂的全局出发，为了有效地节能，必须既抓各工序的直接能耗，又抓间接能耗。

在科学研究工作方面，人们曾在加热炉节约燃料方面进行过大量的工作。但是，人们很少在研究能耗问题时，把燃耗、电耗、氧化烧损等项综合起来考虑[2-3]。研究工作中的这种片面性也有待克服，否则不可能为轧钢厂指出明确的节能方向。

本文所说的轧钢工序能耗，只包括加热炉燃耗、轧机电耗和金属氧化烧损三个主要项目。研究工作的重点是这三项消耗与生产率之间的关系。单位燃耗、单位电耗与生产率之间的关系是用统计方法确定的。原始数据取自车间的生产记录。单位金属氧化量与生产率之间的关系是通过实测确定的。对这三项消耗进行综合分析，得出了综合消耗为最低的生产率区间。在研究工作中，对这三项消耗均分别按其能值，把实物折算成热量进行分析。

1 生产概况

沈阳线材厂有粗轧机 $\phi420mm\times5mm/400mm\times2mm$，中轧机 $\phi300mm\times6mm$，精轧机 $\phi275mm\times8mm$，共 21 架。与轧机相匹配的有侧出料三段式连续加热炉一座，如图 1 所示。以重油为燃料，重油的发热量为 9600kcal/kg。炉底有效面积为 $23.4\times3.828m^2$。总产量中，普碳钢占 60% 以上。钢坯断面尺寸均为 90mm×90mm，长度为 2500～3200mm。成品为 $\phi6.5mm$ 线材。

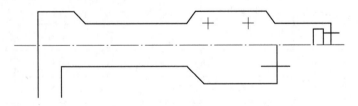

图 1 炉型简图

在炉子各段供热量的分配方面，有如下特点：

（1）当产量较低时，关闭侧烧嘴。若产量有波动，就用油压来调节油量，而均热段和下加热的供热比例基本不变。

（2）当产量较高时，将侧烧嘴打开两个或四个。产量再有波动时，仍用油压来调节油量，各部分供热比例基本不变。

* 本文合作者：李春元、边华、马守俭。原发表于《钢铁》，1983。

2 数据统计

如上所述，单位燃耗和单位电耗与生产率之间的关系是用统计法确定的。原始数据取自工厂的"班组核算进度台账"，其中记载了生产日期、班次、钢种、成品规格、班成品量、班实轧时间、班单位电耗、班单位燃耗等项。所确定的统计期间是 1981 年7~9 月三个月，而且只统计普碳钢的数据。为了排除生产不正常情况，只选用班实轧时间在 7h 以上（轧机作业率在 85% 以上）各班的数据，并令炉子的生产率（t/h）等于班成品量除以班实轧时间。统计的方法是最小二乘法和多项式回归法[4]。原始数据见表 1，统计结果如下。

表 1 沈阳线材厂生产记录摘录

班	月	日	成品产量 /t	实开时间 /h	单位燃耗 /kg·t⁻¹	单位电耗 /kW·h·t⁻¹
甲	7	14	303.740	7.33	34.9	106.0
		17	315.930	7.50	33.2	107.0
	8	1	278.610	7.33	33.8	108.5
		4	303.780	7.25	32.8	111.3
		9	279.760	7.42	34.6	
		21	271.060	7.17	35.6	115.8
		22	326.830	7.50	34.3	105.9
		23	293.550	7.08	34.8	109.7
		24	277.120	7.33	36.2	109.5
		28	303.380	7.17	34.1	106.1
		29	284.940	7.00	36.1	110.2
	9	22	320.060	7.42	34.1	103.0
		23	298.170	7.25	34.7	103.0
		25	328.460	7.50	35.1	105.4
乙	7	15	280.040	7.00	35.2	103.6
		22	311.710	7.25	33.3	100.7
	8	2	328.340	7.33	34.6	101.7
		22	296.220	7.33	34.6	106.0
		24	285.710	7.08	37.1	107.1
		25	272.970	7.17	36.2	112.1
		26	288.200	7.25	36.9	111.7
	9	21	286.040	7.17	36.7	109.8

班	月	日	成品产量 /t	实开时间 /h	单位燃耗 /kg·t⁻¹	单位电耗 /kW·h·t⁻¹
丙	7	4	281.900	7.67	37.4	104.2
		6	281.100	7.00	33.7	106.0
		16	287.380	7.08	34.3	106.5
		17	296.810	7.33	34.9	108.5
	8	3	242.540	7.00	35.5	119.6
		6	244.130	7.00		115.5
		9	277.850	7.08	34.6	107.3
		23	232.410	7.25	34.7	109.5
		28	305.930	7.25	36.3	105.3
	9	1	248.590	7.17	40.3	
		24	345.150	7.33	35.5	104.8

注：钢种为普碳钢，1981年。

2.1 单位电耗与生产率之间的关系

经过分析可知，单位电耗与生产率之间的关系，在正常生产范围内，近似为一条直线。因此，设

$$b_1 = \alpha_0 + \alpha_1 P \tag{1}$$

式中，b_1 为单位电耗，$\times 10^3$ kcal/t；P 为生产率，t/h；α_0、α_1 为常数。

用表1中的数据进行回归，即可确定上式中的 α_0、α_1。但须说明，电耗是按电的能值折算成热量（1kW·h=2940kcal）后再进行回归的。这样得出：

$$b_1 = 430 - 2.77P \tag{2}$$

相关系数等于0.624。这条直线和31个统计点均如图2所示。

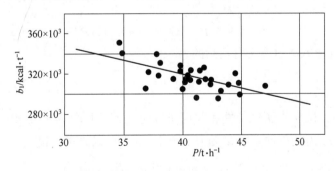

图2 单位电耗与生产率之间的关系

由式（2）可见，生产率每增加 1t/h，b_1 值降低 2.77×10^3 kcal/t，相当于电能 0.94kW·h。

2.2 单位热耗与生产率之间的关系

根据实际情况分析，单位热耗与生产率之间的关系近似为一条抛物线。设

$$b_2 = \alpha_0' + \alpha_1' P + \alpha_2' P^2 \tag{3}$$

式中，b_2 为单位热耗；P 为生产率；α_0'、α_1'、α_2' 为常数。

根据表 1 中的数据，将单位热耗对生产率进行回归，得

$$b_2 = 1147 - 37.8P + 0.437P^2 \tag{4}$$

回归方程显著性检验：对于水平 $\alpha = 0.01$，自由度为（2，45），查表 $F_\alpha = 5.52$，方差分析计算 $F = 14.5$，$F > F_\alpha = 5.52$，可见回归方程是高度显著的。式（4）所代表的曲线以及 32 个统计点如图 3 所示。求 b_2 对 P 的导数，并令

$$\frac{\mathrm{d}b_2}{\mathrm{d}P} = 0 \tag{5}$$

得

$$P_{2j} = 43.2$$

由此可知，在生产率为 43.2t/h 时，单位热耗为极小值，此点称为"经济点"。将 $P_{2j} = 43.2$ 代入式（4）中，得

$$b_{2j} = 330 \times 10^3 \mathrm{kcal/t}$$

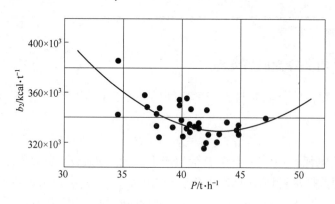

图 3　单位热耗与生产率之间的关系

热负荷与生产率之间的关系为：

$$Q_2 = 1147P - 37.8P^2 + 0.437P^3 \tag{6}$$

Q_2 是单调增加的函数，这是符合实际的。

3　实验研究

由于实验中，试样的受热条件和几何条件与生产实际情况不尽相同，氧化情况因而有差异。因此，需用条件系数 K_α 和比面积系数 K_β 加以修正。设

$$K_\alpha = \frac{\text{实际平均单位面积氧化量}}{\text{试样平均单位面积氧化量}}$$

$$K_\beta = \frac{\text{实际比面积}}{\text{试样比面积}}$$

其中，平均单位面积氧化量＝二氧化量/表面积，比面积＝表面积/重量。

为确定 K_α、K_β 数值，又进行了三组对比试验，即取生产用钢坯与试样各三根，酸洗后，在与上述炉况相同的条件下，重复做上述试验，其结果列于表 2。用表 2 中的数据，计算求得 $K_\alpha = 0.51$、$K_\beta = 0.91$。设实际氧化率为 β，试样氧化率为 β_e，则

$$\beta = K_\alpha K_\beta \beta_e \tag{7}$$

表 2 炉内氧化对比实验结果

组序	生产用钢坯			试样		
	原料重/kg	表面积/cm²	氧化量/g	原料重/kg	表面积/cm²	氧化量/g
1	121.1	6793	900	24.7	1510	400
2	121.9	6827	1300	24.6	1507	600
3	152.3	8485	1800	24.3	1490	600

根据氧化量与时间的关系 $M = \alpha \sqrt{\tau}$，其中，M 为氧化量，τ 为受热时间，α 为常数。并依 "载能体"[1] 概念，每吨原料钢按能值 7.5×10^6 kcal 计[5]，将表 3 中的氧化率用 K_α、K_β 修正后，再折算成能值，则得炉内氧化单耗与生产率之间的关系

$$b_{31} = \frac{425}{\sqrt{P}} \tag{8}$$

式中，b_{31} 为炉内氧化单耗，$\times 10^3$ kcal/t；P 为生产率，t/h。

二次氧化的测定试验做了两组，其平均氧化率为 1.76%。平均氧化单耗为 132×10^3 kcal/t。

轧钢过程中的氧化为一次氧化与二次氧化之和，以 b_3 表示工序氧化单耗，则它与生产率之间的关系为

$$b_3 = 132 + \frac{425}{\sqrt{P}} \tag{9}$$

如上所述，钢坯的氧化量与生产率之间的关系，是通过实测确定的。为此，不仅测定了钢坯在炉内加热过程中的氧化率，而且测定了钢坯出炉后在轧制过程中的氧化率。现将它们的测定方法分述如下：

（1）一次氧化率的测定。钢坯在炉内加热过程中的氧化率称为一次氧化率。测定的方法是：试样入炉前先进行酸洗称重，加热后立即水冷，然后再酸洗称重。两次酸洗后称得的重量差就是炉内氧化量。这种测定需进行多次方能得到炉内氧化率与生产率之间的关系。所以，用整根的生产用钢坯（$90^2 \times 2500$mm）作为试样是不经济的。为此，专门准备了若干根较短的试样 [$90^2 \times (350 \sim 450)$mm]。

实验时，先进行酸洗称重，然后将此试样搁在炉尾即将入炉的钢坯上。从试样入炉起，开始记录时间、钢坯出炉根数，每隔 20min 测一次钢坯出炉温度、分析一次炉气成分。此外，注意控制炉温、炉压，使炉况尽可能保持稳定。

（2）二次氧化率的测定。在轧制过程中的氧化称为二次氧化。测定的方法是：将入炉前酸洗的两根坯料并排放在炉中加热，其中一根出炉后立即水冷，酸洗后求得炉

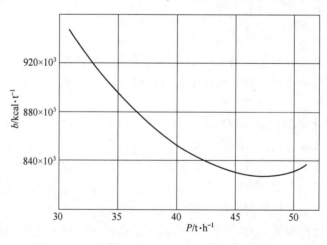

内氧化率，另一根轧制成材后酸洗，求得工序氧化率。工序氧化率减去炉内氧化率便得二次氧化率。

一次氧化率的测定，是在（1110±20）℃的出炉温度下进行的，测得结果列于表3。

表3　一次氧化试验结果

生产率/$t \cdot h^{-1}$	31.6	37.3	45.1	36.3	40.2	42.6	40.8
氧化率/%	2.02	2.47	1.62	1.69	1.64	2.12	1.90

注：1. 应工厂要求测定了：（1）钢坯进厂时的原料氧化率，测定的结果是0.87%；（2）钢坯在炉内的平均氧化率，测定结果是1.12%。

2. 设试样氧化量、原料重量、表面积分别为 g_e、G_e、S_e，生产实际为 g、G、S_0，则

$$\beta = \frac{g}{G} \times 100\% = \frac{(K_\alpha \cdot g_e / S_e) \cdot S}{G} \times 100\%$$

$$= K_\alpha \cdot \frac{g_e}{G} \cdot \frac{S}{S_e} \cdot \frac{G_e}{G_e} \times 100\%$$

$$= K_\alpha \cdot \frac{g_e}{G_e} \cdot \frac{S/G}{S_e/G_e} \times 100\%$$

$$= K_\alpha \cdot \beta_e \cdot K_\beta \times 100\%$$

4　讨论

（1）将电耗、热耗、氧化单耗综合加以分析，三者之和为

$$b = 1709 - 40.57P + 0.437P^2 + \frac{425}{\sqrt{P}} \tag{10}$$

令

$$\frac{\mathrm{d}b}{\mathrm{d}P} = 0$$

得"经济点"，且 $47 < P_j < 47.5$，即三者综合经济点的生产率在 $47 \sim 47.5 t/h$ 之间，当生产率为 $47 t/h$ 时，综合单耗为 $829 \times 10^3 kcal/t$，叠加后的曲线如图4所示。

图4　综合单耗与生产率之间的关系

（2）轧钢过程中，按能值计算的氧化单耗、电耗和热耗各占三者总耗的百分比列于表4。

234

表 4 氧化单耗、电耗和热耗各占三者总耗的百分比

项　目	能值/kcal·t^{-1}	所占比例/%
电耗	317×10^3	36.4
热耗	338×10^3	38.8
氧化单耗	216×10^3	24.8

从表 4 可以看出，电耗和热耗的数值相近，说明节约燃料和节电具有同等的重要性。本试验炉的热耗并不高，而电耗占有相当的比例，因此，应切实加强节电方面的研究。提高生产率就是节电的一条有效途径。另外，迄今为止，人们一直对氧化所造成的损失重视不够，本次实验表明，氧化问题对于节约能源，其重要作用不可忽视。

5 结论

（1）轧钢工序中，在轧机工作能力范围内，提高生产率可节省电能，减少氧化。在炉子工作能力范围内，单位热耗与生产率之间存在"经济点"，在"经济点"附近的经济区工作，可节省燃料。

综合考虑电耗、热耗和氧化单耗三者，可得到最佳生产率，在不采取其他技术措施的情况下，只要将生产率维持在最佳区域内就可节能。

（2）将轧钢工序中的氧化作为能量消耗处理，占工序总能耗的 24.8%，应引起重视。在做氧化实验时，要注意到两个修正系数，即加热条件系数和比面积系数，否则会与实际生产情况产生较大误差。

综上所述，在轧钢工序中，不仅要重视加热所用的燃料消耗，同时还应重视电耗和氧化烧损，树立起全面节能的观点。

参加讨论工作的还有杨宗山、谢树生、赵卫国等同志，借此谨致谢意。

参 考 文 献

［1］陆钟武，周大刚．钢铁工业的节能方向和途径［J］．钢铁，1981（10）：63-66.

［2］Бутковский А Г，Глииков М А. идр，Изв. ВУЗ，чер. мет.，1974（5）：163-165；1974（11）：170~174；1975（1）：163-165.

［3］Гинков М А. Сталь，1975（2）：176-179.

［4］中国科学院数学研究所．回归分析方法［M］．北京：科学出版社，1974.

［5］蒋仲乐，李名俊．转炉炼钢的节能方向［J］．冶金能源，1982（2）：6-9.

工业节能的若干问题 *

摘 要 解释了产品能耗和载能体等基本概念，介绍了产品能值的两种计算方法：累加法和逆矩阵法。以载能体概念为基础，指出了生产过程中节约能源的方向和途径。说明了在节能工作中应用优化方法的重要性。强调了工艺流程能耗评价的必要性和进行这类评价时的基本立足点。引用国际钢铁协会的研究结果，说明了生产流程对吨钢能耗的影响。

关键词 产品能耗 直接能耗 间接能耗 完全能耗 载能体 能值计算 节能方向和途径

1 基本概念

1.1 产品能耗

从根本上说，任何人造物品，都是以天然资源为最初原料，经过若干道工序，才最后制成的。各道工序都要消耗能源和非能源。

图1是用来说明产品能耗概念的。图中最下方的波浪线代表各种天然资源，最上方的实心圆代表某种产品。它的生产过程包括若干道工序。图中央的垂线穿过中间产品1，2，3，…，最后到达该产品。每一道工序都消耗能源（空心圆）和非能源（实心圆）。

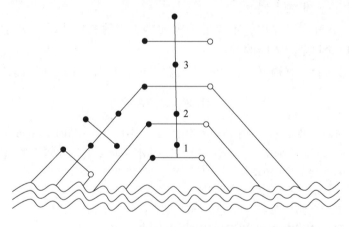

图1 产品能耗概念

各道工序所消耗的能源和非能源，又都是以某种天然资源为最初原料，经过若干道工序，消耗若干能源和非能源，才最终制成的。图中只是示意地在每一个圆与波浪线之间画了一根连线。照理，每一根这样的连线，也得像中央垂线一样，穿过若干中间产品，才到达各个圆；连线上还得标明每一道工序所消耗的能源和非能源。而这些能源和非能源，又是以某些天然资源为原料制造出来的。

这样追根究底，将形成一个很复杂的图形。对此，图1只稍稍作了些表示。

---

* 本文原发表于《东北工学院学报》，1984。

以钢材为例，它的能耗可说明如下。首先，钢材乃由钢坯轧成。在轧钢车间，不仅消耗燃料和电力，而且还消耗轧辊、轧机部件及筑炉材料等非能源物资。

其次，钢坯乃由钢锭轧成，或由钢水连铸而成。从钢到钢坯，无论是初轧或连铸，都得消耗能源和非能源。

再次，钢的主要原料是生铁。炼钢过程中所消耗的辅助原材料有铁合金、耐火材料等。与此同时，炼钢过程还得消耗能源。

这样，逐次追溯下去，一直到尽头——天然资源，情况十分复杂。

以天然资源为原料，制造某产品时所消耗的能量，划分成直接能耗和间接能耗两类。

（1）直接能耗。在生产某种产品的工序中，直接消耗的能源，叫做该产品的直接能耗。

钢材是轧钢工序的产品，故在轧钢工序中生产钢材所直接消耗的能源量，就叫做钢材这种产品的直接能耗。

（2）间接能耗。在以天然资源为起点生产某种产品的过程中，除最后一道工序的直接能耗外，其他各项能耗都是生产该产品的间接能耗。

（3）完全能耗。在以天然资源为起点生产某种产品时，所消耗的全部能源量，叫做该产品的完全能耗，它等于

$$〔完全能耗〕=〔直接能耗〕+〔各次间接能耗〕$$

完全能耗是产品生产过程中全社会所花费的能源总量。

1.2　载能体

在能源工作者的眼里，能源与非能源物资之间只有一个差别，那就是：能源是能产生能量的资源，而非能源物资是花费了能源所制成的物资。也就是说，能源所包含的是"活"的能量，而非能源物资所包含的是"物化了"的能量。

由此产生一个新的概念——载能体。

能源和非能源都载有能量。它们都是载能体。或者说，凡是在制备过程中消耗了能量的物体，以及本身能产生能量的物体，都是载能体。

企业的购入能源，如各种煤、重油、天然气、电等都是载能体。

企业的自产能源，如各种煤气、水、压缩空气、蒸气、氧气等也是载能体。

企业的各种原材料、中间产品、产品、辅助原材料、零部件以及许多消耗品，如矿石、烧结矿、球团矿、石灰、铁合金、耐火材料、轧辊、钢锭模等，同样是载能体。

地下未开采的天然矿物的载能量等于零。散在的"废料"，例如废钢、废铁、氧化铁皮、瓦斯泥等的载能量，一般也取为零。

单位重量（体积）物体的载能量，叫做该物体的能值。

很清楚，产品的能值在数量上与单位该产品的完全能耗相等。

生产过程中的载能体可划分为两类：

第一类载能体，包括各种原材料、辅助原材料、中间产品、零部件和其他消耗品（简称原材料），以及水、蒸气、压缩空气、氧、电等（简称动力）。这类载能体的能值，等于它们在制备过程中所消耗的各种原材料、动力的总载能量。

第二类载能体，是各种燃料。燃料的能值，取决于它的发热值和它在开采、人工精制及改制过程中所花费的能量。

钢铁厂常用的各种原材料和燃料的能值数据，文献中略有记载。表1摘自文献[4]。不同国家、不同作者提供的数据是不同的。

表 1　钢铁生产原材料的能值

品　名	单　位	kcal/单位
铁矿	t	180180
球团矿	t	660020
烧结	t	622440
石灰（炼钢用）	t	1373400
高炉铁水	t	5826240
废钢	t	0
萤石	kg	400
锰铁	kg	12600
矽铁	kg	31000
铝	kg	63060
耐火材料	kg	6940
石墨电极	kg	444000
硝酸氨	kg	16670
盐酸	kg	2330
电	kW·h	2696
蒸汽（余压锅炉）	kg	556
蒸汽（100psi）	kg	778

因为物体的能值是随生产条件和技术水平而变化的，这种表中的数据只能作为参考。

在钢铁联合企业内部，有许多生产单位，它们之间在能量方面形成了错综复杂的关系。但是，有了载能体的概念，这些关系可简化如图2所示。

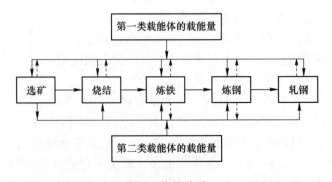

图 2　能量关系

图中只标明了选矿、烧结、炼铁、炼钢、轧钢这五个环节组成的主流程，至于其他各生产单位，则一律都看作是主流程所需各种原材料、燃料和动力的来源。主流程中的上一道工序当然也给下一道工序提供原料。这些原材料、燃料和动力都载有一定的能量，图中的实线箭头表明了这些载能量的流向。

生产过程中从某一环节回收的燃料或其他物体，不一定用于该环节本身，许多情况下这些物体将进入企业的物料流通中去，图中用虚线箭头表示了这些物体载能量的流向。

1.3 产品能值的计算

计算产品能值，主要有两种方法，即累加法和逆矩阵法，现分述如下。

1.3.1 累加法

以天然资源为原料，要经过若干道工序，最后才能制成产品。所以，为了计算产品的能值，首先要以天然资源为起点，计算第一道工序的产品的能值。这道工序的主要原料是天然资源，它的载能量等于零。所以，这道工序产品的能值就等于单位产品所消耗的燃料、动力和辅助原材料的载能量的总和。

然后，再计算第二道工序产品的能值。它等于第二道工序单位产品所耗燃料、动力和辅助原材料的载能量加上这道工序主要原料（即第一道工序的产品）的载能量。

用同样的方法计算第三道工序。这样一道一道工序往下算，直到算得产品最后的能值为止。这种方法叫做累加法。

Kellogg 把某道工序单位产品所耗辅助原材料、燃料和动力的总载能量叫做该道工序的燃料当量，用 PFE（process fuel equivalent）代表并给出其定义式：

$$PFE = F + E + S - B \tag{1}$$

式中，PFE 为工序的燃料当量，kcal/单位产品；F 为工序所耗燃料的载能量，kcal/单位产品；E 为工序所耗动力的载能量，kcal/单位产品；S 为工序所耗各种辅助原材料的载能量，kcal/单位产品；B 为工序向外提供副产煤气或蒸气的载能量，kcal/单位产品。

某道工序产品的能值，等于该工序的燃料当量加上主要原料的载能量。Kellogg 把产品的能值叫做产品的燃料当量（material fuel equivalent），用 MFE 代表并给出其定义式：

$$MFE = PFE + R \tag{2}$$

式中，MFE 为工序产品的燃料当量即能值，kcal/单位产品；R 为工序单位产品所用原料的载能量，kcal/单位产品。

1.3.2 逆矩阵法

假设某联合企业（见图 3）有 k 个车间（1，2，3，…，k），每个车间只有一种产品。

各车间都用外购能源及原材料，它们的编号是 $k+1$，$k+2$，…，n，它们的能值分别为 q_{k+1}，q_{k+2}，…，q_n 均为已知数。

各车间使用外购能源及原材料的单位消耗也是已知的。例如第 1 车间的单耗为：

$$\alpha_{k+1,1}, \quad \alpha_{k+2,1}, \quad \cdots, \quad \alpha_{n,1}$$

此外，各车间都使用本车间和其他车间的产品作为原材料或能源。单耗也是已知

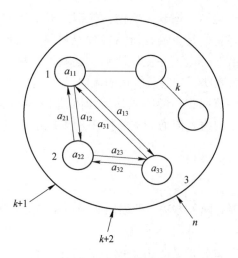

图 3 有 k 个车间的联合企业

的，即第 1 车间单位产品消耗本车间的产品量为 α_{11}，消耗第 2 车间产品量为 α_{21}，$\cdots$，*。

第 2 车间单位产品消耗第 1 车间产品量为 α_{12}，消耗本车间产品量为 α_{22}，消耗第 3 车间产品量为 α_{32}，$\cdots$。

求上述已知条件下各车间产品的能值 E_1，E_2，$\cdots$，E_k。

为此，分别列出各车间产品能值的方程：

$$E_1 = \alpha_{11} E_1 + \alpha_{21} E_2 + \cdots + \alpha_{k1} E_k + \alpha_{k+1,1} q_{k+1} + \alpha_{k+2,1} q_{k+2} + \cdots + \alpha_{n1} q_n$$
$$E_2 = \alpha_{12} E_1 + \alpha_{22} E_2 + \cdots + \alpha_{k2} E_k + \alpha_{k+1,2} q_{k+1} + \alpha_{k+2,2} q_{k+2} + \cdots + \alpha_{n2} q_n$$
$$\vdots$$
$$E_k = \alpha_{1k} E_1 + \alpha_{2k} E_2 + \cdots + \alpha_{kk} E_k + \alpha_{k+1,k} q_{k+1} + \alpha_{k+2,k} q_{k+2} + \cdots + \alpha_{nk} q_n$$

共 k 个线性方程。

写成矩阵时，把它切成两个子阵，即

$$\begin{pmatrix} E_1 \\ E_2 \\ \vdots \\ E_k \end{pmatrix} = \begin{pmatrix} \alpha_{11} & \alpha_{21} & \cdots & \alpha_{k1} \\ \alpha_{12} & \alpha_{22} & \cdots & \alpha_{k2} \\ \vdots & \vdots & \ddots & \vdots \\ \alpha_{1k} & \alpha_{2k} & \cdots & \alpha_{kk} \end{pmatrix} \begin{pmatrix} E_1 \\ E_2 \\ \vdots \\ E_k \end{pmatrix} + \begin{pmatrix} \alpha_{k+1,1} & \cdots & \alpha_{n1} \\ \alpha_{k+1,2} & \cdots & \alpha_{n2} \\ \vdots & \ddots & \vdots \\ \alpha_{k+1,k} & \cdots & \alpha_{nk} \end{pmatrix} \begin{pmatrix} q_{k+1} \\ q_{k+2} \\ \vdots \\ q_n \end{pmatrix}$$

或写成

$$E = A_1 E + A_2 Q$$

整理后得

$$(I - A_1) E = A_2 Q$$

故

$$E = (I - A_1)^{-1} A_2 Q \tag{3}$$

按此式即可求得各车间产品的能值 E_1，E_2，$\cdots$，E_k。

计算过程中包括了逆矩阵，故称为逆矩阵法。

各车间如有副产煤气供全企业使用，则作为负消耗处理。

理论上，为了计算产品能值，必须追溯到制造它的天然资源，只有这样，才能做到"完全"，而无所遗漏。但是，实际上这几乎是办不到的，因为这样势必涉及许多产品品种。

所以，实际上的做法是划定一个有限的范围，只考虑有限的若干种物资。在此范围以外的各种物资的能值都忽略不计，或给定一个数值。这样得到的计算结果，当然不能很"完全"。然而，只有这种方法才是现实可行的。

2 钢铁工业的节能方向和途径

2.1 节能方向

由载能体的概念可知，钢铁工业的节能方向有3个，即：（1）降低各生产环节中第一类载能体的单耗及其载能量；（2）降低各生产环节中第二类载能体的单耗及其载能量；（3）回收各生产环节散失的载能体和各种能量。现分别说明如下。

2.1.1　降低第一类载能体（原材料和动力）的单耗及其载能量

在一定意义上，这是节约能源的前提。如果钢铁工业的原材料和动力单耗降不下来，那么大幅度降低吨钢能耗的任务是很难完成的。在各种原材料之中，尤其要注意那些能值高的原材料的单耗。在这方面，铁水占有特别突出的地位，因为铁水是炼钢的主要原料，而且它的能值又很高。我国每吨钢的铁水耗量过大，炼钢原料中废钢比过低，这是吨钢能耗高的重要原因之一。全国的铁钢比过高（1981 年为 0.906，比西方各国高得多）。只此一项，我国多耗的能源每年就达数百万吨标准煤。

耐火材料、铁合金、石灰、钢锭模、轧辊等的单耗都偏高，而许多工序的成品率，合格率又偏低。这些都是影响吨钢能耗的重要因素。钢铁工业的动力消耗在吨钢能耗中占的比重也很大。为了降低吨钢能耗，对此必须给予足够的重视。

原材料和动力消耗的高低，与钢铁工业生产结构、工艺操作和管理水平等密切相关。表 2 将提供进一步的说明。

2.1.2　降低各生产环节的燃料（第二类载能体）的单耗及其载能量

当前的问题是许多生产环节的燃耗过高，主要原因是：炉窑热效率低、钢铁工业布局不合理，转炉钢比低，连铸比低，原燃料条件较差。

炉窑热效率低是因为作业率低，"大马拉小车"，炉体绝热差，冷却件太多，燃烧不好，热负荷调节不当以及空气不预热或预热温度低等问题。

钢铁工业布局不合理，主要指有些工厂或有铁无钢，或有钢无铁，或有钢无材，以致铁水铸成块经长途运输再化铁炼钢，钢锭、钢坯长途运输再加热轧制，浪费许多燃料。

我国的转炉钢比、连铸比，都远低于西方各国。这对吨钢能耗的影响很大。

精料问题，不仅对炼铁工序很重要，而且对其他许多工序也很重要。可惜至今尚未普遍地引起重视。

2.1.3　回收生产过程中散失的载能体和各种能量

当前更有必要强调这个节能方向，因为我国钢铁企业的煤气放散问题还很严重，各种余热的利用程度还很低，废旧物资的回收工作还未引起重视，炉渣、废气、乏汽等的综合利用工作还未普遍开展起来。

2.2 节能的途径与措施

沿上述节能方向，分析生产的现状，即分析与能耗有关的各生产因素，就可进一步找到节能的途径和措施，分析节能的潜力。

2.2.1 节能途径分析表

一般情况下，与能耗有关的生产因素，可大致归纳为以下几个方面：

(1) 生产布局；

(2) 外部条件；

(3) 原燃材料条件；

(4) 工艺流程；

(5) 工艺设备；

(6) 辅助设备；

(7) 工艺操作；

(8) 热工操作；

(9) 产品结构；

(10) 副产品；

(11) 废弃品及废能的处理。

从这些方面去考虑降低第一、二两类载能体的单耗，回收散失的载能体（及能）等问题，就能弄清楚节能的各种途径。为便于进行分析，现制定节能途径分析表（见表2）。该表从纵向分为三列（Ⅰ、Ⅱ、Ⅲ），各代表一个节能方向，横向分为十一行（1，2，3，…，11），各代表一组生产因素，表中共 $3 \times 11 = 33$ 个方格，是一个方阵。每一个方格均按其所在的行和列进行编号，如（Ⅰ、3）、（Ⅱ、5）等，方格中填写节能途径。作为例子，在上述表格中已填写了一些节能的途径。每一个节能途径既属于某一节能方向，同时又属于某一组生产因素。这种分析方法适用范围较广，可大到整个钢铁工业，小到一个生产车间。

表2 钢铁工业节能途径分析表

钢铁工业节能途径	降低第一类载能体单耗及其载能量（Ⅰ）	降低第二类载能体单耗及其载能量（Ⅱ）	回收散失的载能体及废能（Ⅲ）
1. 生产布局	（Ⅰ、1）	(1) 解决铁、钢、材不配套的问题； (2) 联合企业内部合理布局 （Ⅱ、1）	（Ⅲ、1）
2. 外部条件	(1) 降低空载系数； (2) 降低发电、供水能耗； (3) 降低供电能耗 （Ⅰ、2）	降低运输燃耗 （Ⅱ、2）	（Ⅲ、2）

钢铁工业 节能途径	降低第一类载能体单耗 及其载能量（Ⅰ）	降低第二类载能体单耗 及其载能量（Ⅱ）	回收散失的载能体 及废能（Ⅲ）
3. 原燃材料条件	（1）提高炼钢废钢比； （2）提高高炉熟料比； （3）采用合成渣料； （4）采用活性石灰石； （5）提高铁合金质量 （Ⅰ、3）	（1）提高和稳定燃料质量； （2）提高入炉铁水温度； （3）多用散状耐火材料 （Ⅱ、3）	（Ⅲ、3）
4. 工艺流程	（1）提高电炉钢比例（在电力、废钢充足条件下）； （2）提高连铸、连轧收得率 （Ⅰ、4）	（1）提高转炉钢比例； （2）提高连铸比； （3）以球团代烧结矿； （4）直接还原 （Ⅱ、4）	（Ⅲ、4）
5. 工艺设备	（1）逢修必改，挖潜改进； （2）更新换代，引用新设备，设备大型化 （Ⅰ、5）	（1）延长寿命，合理检修，提高作业率； （2）生产配套，解决"大马拉小车"等问题； （3）采用蓄热、换热等方法，提高风温； （4）加强炉体绝热和密封，减少水冷件； （5）改进燃烧器 （Ⅱ、5）	（Ⅲ、5）
6. 辅助设备	（1）高效机电设备（风机、泵等）； （2）动力设备能力配套； （3）液力耦合器等节电部件及技术 （Ⅰ、6）	（1）延长寿命，合理检修，杜绝事故； （2）指示、控制仪表齐全，正常运转 （Ⅱ、6）	（Ⅲ、6）
7. 工艺操作	（1）提高成品率、合格率、收得率； （2）降低原材料、辅助材料、工具和动力单耗 （Ⅰ、7）	提高成品率、合格率、收得率 （Ⅱ、7）	（Ⅲ、7）

钢铁工业 节能途径	降低第一类载能体单耗 及其载能量（Ⅰ）	降低第二类载能体单耗 及其载能量（Ⅱ）	回收散失的载能体 及废能（Ⅲ）
8. 热工操作	延长炉窑寿命，降低耐火材料及炉子部件消耗 （Ⅰ、8）	（1）改进热工制度与操作（热负荷、空燃比等）； （2）提高燃烧技术 （Ⅱ、8）	（Ⅲ、8）
9. 产品结构	（1）降低铁钢比，以钢代铁； （2）提高耗能少产品的比例； （3）产品与工艺流程、设备对路 （Ⅰ、9）	（1）企业内的均衡生产； （2）冷热轧产品比例 （Ⅱ、9）	（Ⅲ、9）
10. 副产品	（Ⅰ、10）	（Ⅱ、10）	回收焦炉、高炉、转炉煤气并综合利用 （Ⅲ、10）
11. 废弃品及废能	（Ⅰ、11）	（Ⅱ、11）	（1）废弃品（渣、砖、边角料）的回收、综合利用； （2）废气、氮、稀有气体的回收、综合利用； （3）废能（如高炉余压）的利用，蒸汽多级使用； （4）减少煤气、动力漏损、放散 （Ⅲ、11）

2.2.2 节能潜力及其分析

在使用上述方法时，不仅应逐个地研究全部方格，相应地填入节能途径或措施，而且应估算各项节能措施的效果。估算工作的难易随情况而异，有时只能依靠生产经验作出粗略的估计。

针对具体情况，可以人为地给各项因素规定一个基准值（零值）。若实际数值高于（或低于）该基准值，即说明有潜力。这样，节能途径分析表就可以看成一幅立体图像，如沙盘，峰起谷落，明显地看到节约潜力的大小和"位置"。

必须指出，在估算各种节能途径的效果时，一定要全面，切不可顾此失彼。实际上，许多节能措施在某一方面带来节能效果的同时，在另一个方面却增加了能量消耗。二者的差值，才是真正的节能效果。

2.3 优化方法在节能工作中的应用

在工业、农业以及交通运输业中，优化方法的应用日益广泛。

在节能工作中，也应用这种方法，因为只有用优化方法，才能获得最大的节能效果。

待定参数与其他因素共同组成目标函数，对目标函数求极小值，即可确定该待定参数。

必须指出，在优化过程中，必须同时估计到两类载能体的载能量。

此外，还应指出，从节能的角度出发求得的最佳参数，不一定是经济上的最佳参数。适当地考虑到这两个方面，可能才是最好的答复。

3 工艺流程的能耗评价

工艺流程是影响产品能耗的一个重要因素。同一种产品，只要工艺流程不同，单位产品的载能量就不同。所以，在选择现有流程和研究新流程的过程中，都必须进行工艺流程的能耗评价。

对工艺流程进行能耗评价，原则上应立足于全社会，考查整个生产过程中全社会所消耗的能源量。但是，正如第一节所述，这实际上几乎是不可能做到的。因此，具体的做法是：划定一个有限的范围，只考虑这个范围内各种物资的载能量，而把这个范围以外的各种物资都看成是不载能的（或给定一个数值）。在这个范围内计算产品的能值，并以此作为评价工艺流程在能源利用方面优劣的标准。

如果需要，也可以立足于直接生产该产品的企业，仅仅考查该企业的能源消耗，即令外购非能源物资的能值等于零，然后计算产品的能值。

当然，由于立足点不同，分析研究的结果也可能不同。

近几年来，为了节约能源，冶金界逐渐重视了工艺流程的能耗评价工作。例如，H. H. Kellogg计算分析了几种炼铜工艺流程的能耗。又例如，国际钢铁协会的专门委员会详细对比了三个模型工厂的吨钢能耗。此外，还有些作者在这方面也作了有益的工作。但这些工作在计算方法等方面都不尽一致，阅读参考时务必注意。

为了说明工艺流程对于能耗的影响，下面介绍一下国际钢铁协会所做的模型工厂的研究。

该研究工作选择了三个模型工厂

（1）模型工厂A。800万吨的钢铁联合企业，生产流程如图4所示。

在高炉操作方面：

1）烧结矿与球团矿之比70：30；

2）焦比400kg/t铁；

3）油比65kg/t铁。

在氧气转炉方面：

1）铁水比75%；

2）连铸与模铸之比70：30。

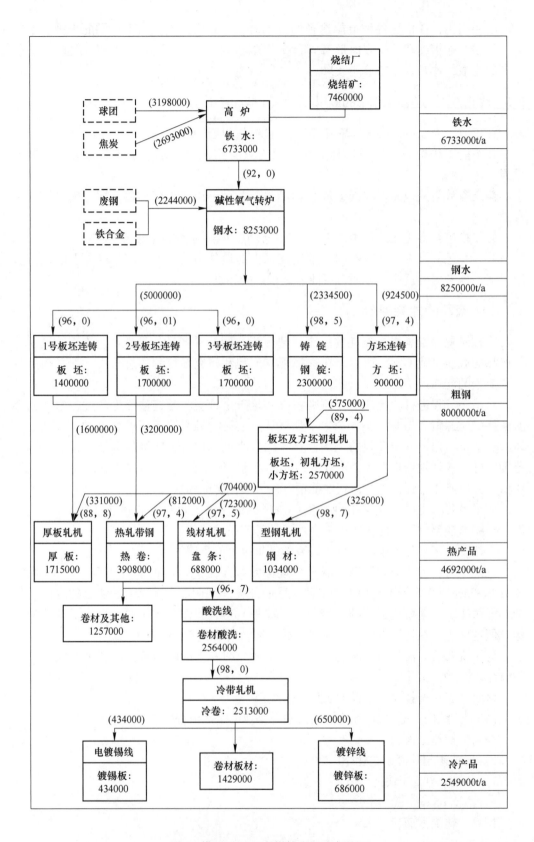

图 4 模型工厂 A 中物料流程及产品组

（2）模型工厂 B_1。100 万吨的小型钢厂，生产流程为全废钢电弧炉—连铸—轧钢，如图 5 所示。

在炼钢方面：

1）耗氧量：每吨钢水耗氧 $17m^3$（标态）；

2）耗电量：每吨钢水耗电 460kW·h。

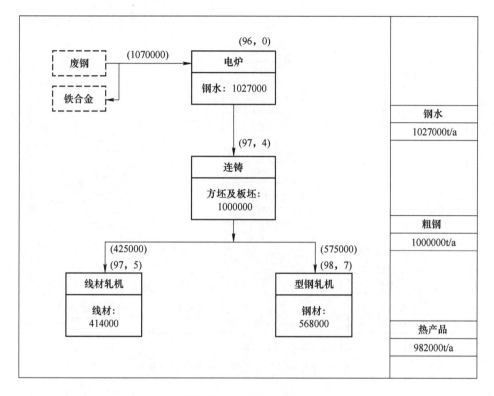

图 5　模型工厂 B_1 物料流程及产品组合

（3）模型工厂 B_2。100 万吨小型钢厂，生产流程为直接还原—电弧炉—连铸—轧钢，如图 6 所示。

废钢及铁合金总装入量为每吨钢水 269kg。

吨钢能耗的计算结果如下：

（1）模型工厂 A：$4.939×10^6$kcal/t 粗钢；

（2）模型工厂 B_1：$2.061×10^6$kcal/t 粗钢；

（3）模型工厂 B_2：$5.487×10^6$kcal/t 粗钢。

图 7 是计算结果的图示。

模型工厂 A 的吨钢能耗为 $4.94×10^6$kcal，或 706kg 标煤。这个数字与实际工厂的统计数字之间比较接近。

在模型工厂的研究中，选矿所需的能耗未估计在内。

必须指出，在模型工厂的基础上进一步降低吨钢能耗的可能性仍很大，因为前面已经提过，在模型工厂中并未采用先进的节能技术。

模型工厂 B_1 的吨钢能耗是 $2.061×10^6$kcal，相当于 285kg 标煤。这种工厂的能耗低，是因为用废钢为原料，而废钢的能值等于零。

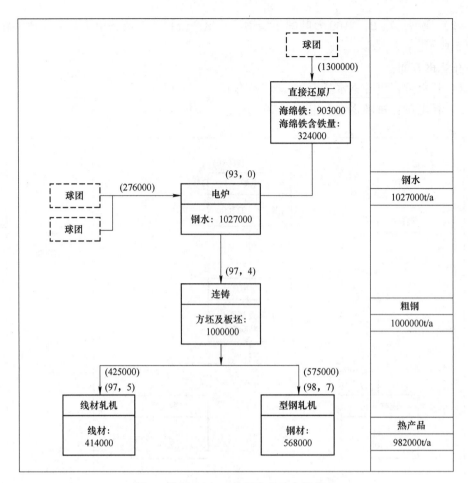

图6 模型工厂 B₂ 物料流程及产品组合

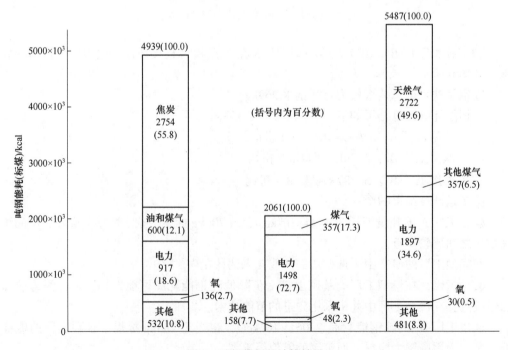

图7 吨钢能耗的计算结果

模型工厂 B_2 的吨钢能耗是 $5.487×10^6$ kcal，相当于 784kg 标煤，远高于模型工厂 A。但考虑到这个厂的后部工序不同，所以最好再对比一下钢锭以前的部分流程的能耗。A 厂的这个数字每吨钢等于 $3.8×10^6$ kcal（设连铸为 100%），而 B_2 厂每吨钢等于 $4.8×10^6$ kcal。可见，模型工厂 B_2 的能耗仍比模型工厂 A 高出 26%。

直接还原技术，目前尚处于发展初期的阶段。将来，这种技术进一步成熟以后，它的吨钢能耗值一定会降下来的。

参 考 文 献

［1］ KELLOGG H H, HENDERSON J M. Energy use in sulfide smelting of copper ［J］. Extractive Metallurgy of Copper, 1975, 1.

［2］ International Iron and Steel Institute. A Technological Study on Energy in the Steel Industry ［M］. International Iron and Steel Institute, 1976.

［3］ KELLOGG H H. Energy efficiency in the age of scarcity ［J］. Journal of Metals, 1974 (6): 25-28.

［4］ FROST P D, et al. Energy consumption in the primary production of metals ［J］. Iron & Steel Engr, 1979 (4): 50-56.

［5］ 陆钟武. 冶金节能初论. 东北工学院讲义, 1983.

［6］ 陆钟武, 周大刚. 钢铁工业的节能方向和途径 ［J］. 钢铁, 1981 (10): 63-66.

系统节能

论冶金工业的节能方针*

——全行业、全工序、全过程的节能降耗

全行业、全工序、全过程的节能降耗是冶金工业部的节能方针。本文在论述它的重要性和科学性以后，着重阐明在贯彻全行业、全工序、全过程节能降耗方针中应注意六个方面的问题。

1986年1月，冶金工业部部长戚元靖同志提出：冶金工业的节能方针是推行全行业、全工序、全过程的节能降耗，"七五"期间，冶金工业增产所需的能源，一半要靠节约。

根据这一方针，要求全国冶金企业、矿山和工厂、各工序、各生产过程不仅注意节约能源，而且要注意节约原材料等物资消耗，目标是"七五"期间增产所需能源，有一半要靠节约。我们认为这是冶金企业降低生产成本、提高企业素质、增加经济效益的正确道路；也只有这样，才能使冶金工业的能源消耗大幅度地降下来。

本文主要从节能工业的角度，论述这一方针的有关问题。

1 全行业、全工序、全过程节能降耗方针的重要性

自1979年冶金工业部开始抓节能工作以来，大体经历了三个阶段。1979~1982年为第一阶段。这是宣传、动员和认识转变的阶段，由抓产量、不计消耗，转变到以节能求增产、求发展上来。主要通过加强管理、杜绝浪费，达到降低能源消耗。1983~1984年为第二阶段。在此期间，随着钢铁生产的发展，能源供应紧张，冶金工业部向企业提出以能定产的要求，企业必须将节能作为生产发展的经营方针来抓。

1985年开始进入第三阶段。钢铁工业处于新的发展时期，能源供需的矛盾更加突出，要求加快节能步伐，探索新的节能道路，否则就不能适应生产发展的要求。全行业、全工序、全过程的节能降耗方针就是在这种情况下提出来的。

经过一、二两个阶段以后，钢铁工业的节能工作取得了丰硕成果：吨钢综合能耗由1980年的2.04t下降到1984年的1.78t标煤[1]。

但必须看到，我国目前的吨钢综合能耗与国外先进水平比，还有很大差距；而且随着节能工作的开展，年节能率正在逐年下降[1]：1979年为10%，1984年下降为3%，1985年只有2.08%。说明沿用过去的办法去抓节能工作，潜力越来越小。

在新的条件下，必须提出新的、更加全面的节能方针，才能使"七五"期间的节能工作维持较高的水平，这方针就是全行业、全工序、全过程节能降耗。

2 全行业、全工序、全过程节能降耗方针的科学性

推行全行业、全工序、全过程节能降耗是符合实际的，也是完全正确的，这是因为：

---

*　本文合作者：池桂兴，陈星。原发表于《钢铁能源》，1987。

（1）能源和非能源物质都是载能体。从根本上讲，任何人造物品都是以天然资源为最初原料，花费了各种能源和非能源物质才能制造出来的。因此，无论是能源还是非能源都载有能量，它们都是载能体。

企业购入的能源，如各种煤、油、天然气和电等是载能体。

企业自产的能源，如各种煤气、水、压缩空气、蒸汽、氧气等也是载能体。

企业在生产中使用的各种原材料、中间产品、产品、辅助材料、零部件以及各种消耗，如矿石、烧结矿、球团矿、石灰、铁合金、耐火材料、轧辊、钢锭等，同样也都是载能体。

浪费了载能体，就是浪费了能源。要想节能，不但要节约能源物资，而且还要降低各种物资消耗。

（2）间接能耗不容忽视。生产过程中，能源消耗有两种，即直接能耗和间接能耗，加起来就是产品的完全能耗。

节能工作中必须对间接能耗给予充分的注意，因为在所论工序中，间接能耗是看不见的，但它却是十分重要的。

据1984年的统计[3]，全国4000多个重点企业，完成净产值的直接能耗为3000多万吨标煤，亿元净产值能耗为2.98万吨标煤。若考虑到原材料等物资间接消耗的能源量，则每亿元净产值的完全能耗为7.07万吨标煤，比直接能耗高约1.4倍。

再以鞍钢几个主要生产工序为例[4]，它们的直接能耗和完全能耗占公司总能耗的数值见表1。完全能耗与直接能耗之差就是间接能耗。由表1可见，随着生产工序的增加，完全能耗和间接能耗是逐步增加的。这是因为后道工序的产品，不但消耗本工序的直接能耗，还"积累"了前道工序所消耗的原材料、辅助材料"转移"过来的间接能耗。

表1　鞍钢主要生产工序的直接能耗和完全能耗占公司的总能耗　　　　（%）

项　目	烧结	炼铁	炼钢	轧钢
直接能耗	8.3	36.7	11.0	14.4
完全能耗	12.1	60.9	71.9	86.3

（3）既要抓能源物资，又要抓非能源物资。在节能工作中不但要抓能源物资，更应注意非能源物资的节约。尤其在我国，这个问题就更为重要，因为我国冶金工业的原材料消耗历来比较高。如炼钢工序[8]，1980年我国每吨钢的钢铁料消耗为1126kg，国外80年代初的先进水平为1033kg（日本）；铁合金消耗，我国为28.7kg，美国为17kg；耐火材料消耗，我国为70.8kg，美国只有29.9kg。这些原材料都是消耗了大量能源才能创造出来的，完全能耗很高。高炉铁水的完全能耗（即能值）高达24.4GJ/t，耐火材料为28.9GJ/t[2]。

如果不注意这些非能源物资的节约，要大幅度降低吨钢能耗是不可能的。

降低非能源物资的消耗，其节能效果往往是很显著的。例如，1981年我国的钢铁比只比1980年降低0.055（从0.961下降到0.906），就收到了节约147万吨标煤的效果[5]。

（4）方针是符合系统节能思想的。由于冶金工厂在从矿石到金属产品的生产过程中，要经过多道生产工序，而每道工序又包括多台设备，各工序之间、各台设备之间，都是在物料和能源等方面互相联系、彼此制约的。因此，将整个冶金企业作为一个"系统"是十分必要的。全行业、全工序、全过程的节能降耗正是符合"系统"思想的。

作为"系统"，大可以是全国的或省范围的冶金行业，小可以是一个生产车间或一个工序，无论是冶金行业还是生产工序内部，都有一个协调发展的问题，用数学术语来说就是"优化"的问题。这方面的例子很多，如选矿和炼铁之间的矿石品位问题，加热炉和轧机之间的钢坯加热温度问题等，目的都是到何种程度方能使能源消耗和经济效益达到最佳。

既然是"系统"，就可以应用系统工程的方法和理论来研究冶金能源的节约问题。由于这种研究工作往往着眼于较大的范围，所以其效果也是十分显著的。如以鞍钢 12 个轧钢厂的产品，在一定条件下作优化处理，当能源耗量保持不变时，可使公司利润增加 0.1%；当利润不变时，可使能耗降低 7.9%，效益是十分可观的[7]。

所以，无论从载能体还是"系统"的观点来分析，全行业、全工序、全过程节能降耗方针是科学的，完全正确的。贯彻这一方针是会取得成效的。

3　贯彻全行业、全工序、全过程节能降耗方针应注意的问题

（1）广泛宣传，不断提高认识。节能是一项长期的战略任务，其重要意义已逐渐被认识。目前影响搞好节能工作的主要障碍是：有的企业认为只要产量增加了，利润和效益就都有了，至于燃料和物资消耗如何，则听之任之。

增产固然可以提高效益和增加利润，但是必须注意到若不重视能源和物资消耗的节约，就不能促进企业素质的提高，企业就会缺乏自我发展能力和市场竞争的能力。多数钢铁企业能源在成本中的比例达 30% 以上，如在提高产量的同时，能注意降低能源和其他物资的消耗，自然就可以提高企业的效益和利润。所以节能降耗和效益是同步的，不矛盾的。

宣传节能降耗意义，要着重使大家认识到无论能源还是非能源物资都是载能体，节能和节物是一致的；还应树立完全能耗的观念，重视间接节能。由于节能降耗工作是综合性的，所以应树立全局观念和"系统"的思想，必须从头至尾注意全过程，使节能降耗贯彻到各工序和所有生产环节，甚至全行业中去。

（2）节能降耗必须保证产品质量。产品的完全能耗不但决定于生产过程中消耗的直接和间接能耗，而且还与该产品的合格率也就是质量有密切关系。

钢铁生产中，产品的合格品率低、质量差，不但使直接能耗增加，而且还使前道工序"累计"和"转移"过来的间接能耗成为无效。这种情况，越到成品工序表现得就越明显。所以节能工作中重视产品质量，如提高生铁的合格率、钢锭的良锭率、钢坯的成材率以及降低加热过程中的烧损等，都是至关重要的。

有的钢厂，炼钢工序能耗只有 40kg[6]，比同类企业平均水平低 54kg，他们的主要经验之一，就是采取各种措施，提高钢锭的合格率，达到了先进的工序能耗水平。

（3）要更多地依靠技术进步节约能源。前几年的钢铁工业节能约有 80% 是靠加强管理、改进操作和调整产品结构取得的，今后的节能工作，在继续重视管理节能的同时，应更多地依靠技术进步。

（4）充分重视软科学的作用。万里同志在全国软科学研究座谈会上指出："人类社会发展到今天，正在向知识和信息的社会发展，'软件'是'硬件'的先导，'软件'指导着'硬件'的发展。软科学研究的巨大价值，正是在于它通过知识和信息的综合，能够在很大程度上预见和再现各种宏观和微观的过程，使我们在较小的范围内，以较低的代价，预测出事物的变化和发展"。可见，他是很重视软科学的。

我们感到，对软科学的作用还是刚刚开始认识或不认识。有的科研领导部门，不久前还是不同意软科学研究立题的；即使同意立题，在科研经费方面与"硬科学"研究相比，相差也是十分悬殊的。所以对软科学的作用，认识上尚有很大差距。

研究冶金节能问题，通常可分五个层次进行。最低的层次是设备部件（如烧嘴、换热器等），其上是单体设备（炉子、轧机等），再上面就是生产车间或工序，第四层次是联合企业，最高层次是冶金工业。工序以上的较高层次的节能问题，就是软科学研究的范畴，需要用系统工程的方法、计算机计算和各种数学模型等。

开展较高层次的软科学研究，工作很繁杂，涉及面很广，很需要得到领导的重视和支持。

（5）应重视节能技术人才的培养。这个问题涉及的面很广，这里只提以下几点：1）热能热工人才的培养数量显得不足，如炼铁、炼钢等工艺专业各冶金院校都有，而与节能有关的热能热工专业，长期以来只有东北工学院和北京钢铁学院两个高校招生，数量显然不能满足要求。此外，也可以办一些中专。2）从事冶金节能工作的科技人员，往往对冶金生产过程不够熟悉。3）从事工艺专业的技术人员对热能热工不甚了解。

现在要推行全行业、全工序、全过程的节能降耗，就需要负责工艺的应关心节能，而从事节能工作的技术人员应了解全部工艺过程。节能工作者不仅要注意能源的节约与管理，而且还应将视野扩大到能源以外的原材料和其他物资消耗。这里当然涉及体制问题，如何解决值得研究。

（6）要有一个合理的考核定额。冶金节能的考核标准，已有了加热炉的18条，以后又有烧结等14个工序的节能规定。但这些都是从能源消耗一个方面考核的。现在贯彻节能降耗方针，就需要从节能和降耗两个方面，制订出新的考核标准，在考核企业晋升等级时，不但考核其能源消耗，而且还要考核其物料消耗。如一个轧钢厂，除了考核煤、油、煤气和电等能耗外，还要考核钢坯、轧辊和耐火材料等物料消耗。只有这样，才能使各企业都来贯彻全工序和全过程的节能降耗，从而达到全行业能源消耗的下降。

总之，钢铁工业在"七五"期间直到2000年的节能任务是艰巨的。展望未来，我们坚信只要贯彻全行业、全工序、全过程的节能降耗方针，不断提高对节能和降耗方针的认识，注意技术上的"软""硬"兼施，对能源和非能源的齐抓共管，加上有一个合理的考核定额，到1990年增产所需能源一半靠节约的目标是可以达到的。

参 考 文 献

[1] 周传典. 一定要把节能这个战略重点抓好（摘要）[J]. 冶金能源, 1985 (6): 1-6.
[2] 陆钟武. 工业节能的若干问题 [J]. 东北工学院学报, 1984 (3): 105-118.

［3］苗天杰，汪邦成．节约原材料是节约能源提高经济效益的重要途径［J］.能源，1985（4）：13-16.

［4］邵玉良．鞍钢能源投入产出模型的研究和应用［J］.冶金能源，1986（1）：4-12.

［5］陆钟武．冶金能源（特集），1983：100-102.

［6］李健天．如何提高地方骨干钢铁企业能源经济效益［J］.冶金能源，1984（3）：6-9.

［7］李春元．鞍钢轧钢产品能耗分析及合理产品结构的研究［J］.冶金能源，1986（1）：45~50，66.

［8］陆钟武．冶金工业的能源利用［M］.北京：冶金工业出版社，1986.

系统节能决策模型及其应用[*]

基于大系统优化理论，文中提出了冶金生产过程系统节能决策模型。详细地介绍了该模型的基本结构、建模方法、算法和微机应用软件。以炼铁系统节能为例，拟定了炼铁生产合理用能方案，讨论了该方案的节能效果。

1 前言

冶金工业从单体设备节能发展到工序、企业乃至整个冶金工业节能阶段以后，对能源问题的决策，不能再停留在凭个人经验和意志办事的传统方法和水平上，而必须采取科学的方法，按照科学的程序进行。生产过程系统节能决策模型是实现企业节能决策科学化的重要手段。本文将以炼铁过程系统节能为例，论述冶金企业在耗能设备、生产工序、生产系统三个层次上开展系统节能的决策方法。

2 节能决策模型的基本结构

建立实用的节能决策模型，必须充分估计到钢铁生产的复杂性。只有这样，才能综合考虑与能耗有关的各种因素。随之而来，模型中设置的变量一定很多，由变量和参量组成的约束条件式会更多，甚至难以用微型机求解。解决上述问题的方法是将生产系统划分为几个独立的子系统，同时通过子系统之间的关联，建立多层次的具有整体优化功能的节能决策模型。图 1 是炼铁过程系统节能决策模型的结构框图。它由四个子模型：能源多级投入产出模型、采矿—选矿—烧结过程用能优化模型、高炉冶炼过程节能最佳操作模型和炼焦过程能源转换模型组成。

其中，能源多级投入产出模型是节能决策模型的基础模型，它客观地反映了各生产工序之间在能源和非能源两个方面的平衡关系，以及目前的生产水平。其他三个子模型（采选烧模型、高炉模型、焦化模型）组成炼铁过程系统节能分解协调模型。该模型矩阵表述可简化为：

目标函数

$$\min(z_1^0, z_2^0) = \left(\sum_i c_i \chi_i + \sum_i \widetilde{c_i} \cdot \chi_i \right) \tag{1}$$

系统约束条件

$$A_1 \chi_1 + A_2 \chi_2 + A_3 \chi_3 \gtreqless R_0 \tag{2}$$

过程约束条件

$$\begin{aligned} B_1 \chi_1 &= R_1 \\ B_2 \chi_2 &= R_2 \\ B_3 \chi_3 &= R_3 \end{aligned} \tag{3}$$

$$\chi_1 \geq 0, \ \chi_2 \geq 0, \ \chi_3 \geq 0$$

* 本文合作者：蔡九菊。原发表于《信息和控制》，1987。

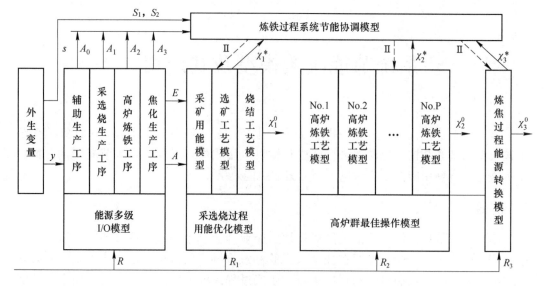

图 1　炼铁过程系统节能决策模型结构框图

S_1—原材料供应向量；A—直接消耗系数矩阵；χ_1^0, χ_2^0, χ_3^0—模型决策变量；

S_2—能源物资供应向量；E—能源和非能源产品能值向量；

χ_1^*, χ_2^*, χ_3^*—炼铁过程系统合理用能方案及生产方案；

y—产品需求向量；Ⅱ—载能体边际能值向量；R_1, R_2, R_3—反馈信息

256

其中的系统约束条件，是组成炼铁生产系统的各个生产工序通过变量建立的必要联系；过程约束条件，则是每个生产工序本身对变量取值的各种限制。

3　节能决策模型的协调过程

在生产过程系统分解协调模型中，系统约束条件和过程约束条件分别与目标函数组合，形成一个主规划和多个子规划。主规划和子规划是两类不同级别的节能决策。前者属于公司决策，后者属于部门级决策。协调这两级决策行为的物理量，是置于系统约束条件中企业所消耗的各种能源、非能源，以及企业生产的各种产品的边际能值（marginal energy values）。某种能源、非能源或产品的边际能值，不等于它们的实际能值，而是生产系统对它们的消耗量或产品产量每增加一个单位时，企业总能耗的改变量。当然，如果孤立地考察某种原料（或产品），其消耗量（或产量）的增加，无疑地要引起企业总能耗的增加。可是，如果把它置于生产系统并综合地加以考究，其结论会大不相同。一般地说，企业中设备的生产能力是一定的，企业外购的能源和非能源总量也是有限的。当某生产系统对某种能源和非能源的消耗量增加时，或增加某种产品产量时，必将引起该生产系统对其他种能源和非能源物资的消耗量，或产品产量的变化。这种变化也要影响到其他生产系统能耗水平的变化。最终效果必将引起企业总能耗发生改变，其改变量可能是正值、负值，也可能是零。由此得出：能源、非能源和产品的边际能值有大于零、小于零、等于零三种可能。在能源、非能源供应能力和设备生产能力一定的条件下，边际能值的大小随生产系统用能方案而异。为了节能，企业内部各生产系统要尽可能地减少具有正边际能值的各种原料消耗量和产品产量；相反，要尽可能地增加具有负边际能值的各种原料消耗量和产品产量。由此看出，通

过边际能值能够协调若干生产部门的节能活动，求得企业最优用能方案。图2是炼铁过程系统节能决策的信息传递简图。图中标明：各生产部门上报给公司的信息是部门节能建议方案 χ_i^0；公司下达给各生产部门的是各种能源、非能源物资和产品的边际能值 II_1，以及每个部门组合方案的企业总能耗增量 II_0。

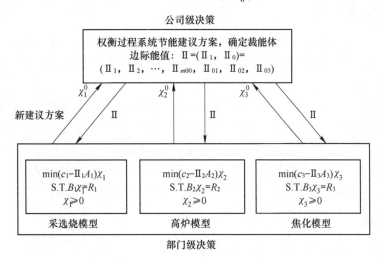

图2　节能决策过程中的信息传递

首先，每个过程系统完成子规划，即求下述线性规划（或非线性规划）的最优解

$$\min z_i = c_i \chi_i$$
$$\text{S. T. } B_i \chi_i = R_i$$
$$\chi_i \geqslant 0, \ i = 1, 2, 3 \tag{4}$$

公司决策者从整体利益出发，在用能建议方案 χ_i^0 中挑选出整体节能效益大的方案作为公司备选方案，同时确定出该方案的权数，以及各种能源、非能源和产品的边际能值（II_1^e，II_1^{ne}，II_1^{pr}）。然后，以边际能值为协调量，指令各生产部门重新完成子规划。

$$\min z_i = (c_i - \text{II}_1 A_i) \chi_i$$
$$\text{S. T. } B_i \chi_i = R_i$$
$$\chi_i \geqslant 0, \ i = 1, 2, 3 \tag{5}$$

式中，c_i 为能源物资的标准煤折算系数向量；$\text{II}_1 = (\text{II}_1^e, \ \text{II}_1^{ne}, \ \text{II}_1^{pr})$，上角标 e、ne、pr 分别代表能源、非能源和产品。

如果将目标函数写成下面的形式

$$z_i = (c_i - \text{II}_1^e A_i^e)\chi_i^e + (0 - \text{II}_1^{ne} A_i^{ne})\chi_i^{ne} + (0 - \text{II}_1^{pr} A_i^{pr})\chi_i^{pr} \tag{6}$$

式中，第一项为直接能耗增量；第二项为间接能耗增量；第三项为产品载能量增量。不难看出，三者的代数和为部门 i 所确定的节能方案对企业总能耗的影响量，即部门 i 的总能耗增量。

〔总能耗增量〕＝〔直接能耗增量〕＋〔间接能耗增量〕＋〔产品载能量增量〕

各生产部门以总能耗增量最小为目标函数重新求解子规划，并将新的节能建议方案再次上报给公司决策者。公司决策者通过主规划重复上述过程。如果新方案的总能耗增量与前几次得到的加权组合方案的总能耗增量相比，有

$$\min_i(z_i - \mathrm{II}_{0i}) \geqslant 0 \tag{7}$$

说明到目前为止各生产部门求得的用能方案和生产方案 χ_1^*、χ_2^*、χ_3^* 对整个企业来说是最优的。否则，过程继续进行。

4 节能决策模型的建立

系统节能决策模型是以大型钢铁联合企业的炼铁系统为对象研制的。决策模型由两个分模型组成：能源多级投入产出模型和炼铁系统节能分解协调模型。这里只介绍后者的建模过程。

在炼铁系统节能决策模型中设置两类变量：能流变量和物流变量。它们分别与工艺、设备、产品对应，均以绝对量表示。模型中还设置部分参量，如焦炭灰分、烧结矿品位、烧结料层厚度、铁水含硅量等影响系统总能耗的生产因素。参量的最优值分别由每个生产过程系统的工艺模型确定。工艺模型中的变量以相对量表示。整个模型共设置 342 个变量，283 组约束方程，在 IBM—PC/XT 微机上实现。

4.1 目标函数

总能耗目标函数

$$\min z_1^0 = \begin{cases} \sum_i c_i \chi_i & \text{在分解协调模型中} \\ \sum_i c_i \chi_i + \sum_i c_i(u) \cdot \chi_i & \text{在工艺模型中} \end{cases} \tag{8}$$

总费用目标函数

$$\min z_1^0 = \begin{cases} \sum_i \widetilde{c_i} \cdot \chi_i & \text{在分解协调模型中} \\ \sum_i \widetilde{c_i} \cdot \chi_i + \sum_i \widetilde{c_i}(u) \cdot \chi_i & \text{在工艺模型中} \end{cases} \tag{9}$$

式中, χ 为决策变量; u 为状态变量（或参量）; $c_i(u)$, $\widetilde{c_i}(u)$ 分别为与状态变量 u 有关的能值函数和费用函数; c_i、$\widetilde{c_i}$ 分别为能源或非能源物资的能值和价格。从系统中回收的余热和余能取负值。

4.2 系统约束条件

系统约束条件由物料及能源约束条件组成。

4.2.1 物料约束

物料（主要指金属料）是将采矿、选矿、烧结、高炉冶炼等工序紧密联系在一起的媒介。物料约束的基本关系式有以下两种。

对生产系统而言

〔消耗量〕≤〔购入量〕+〔自产量〕-〔外调量〕±〔库存变化量〕

对上下工序而言

$$\chi_{i-1}F_{i-1} + \chi_{i-1}^{\tau}F_{i-1}^{\tau} \geqslant \chi_i F_i / \eta_i \tag{10}$$

式中, χ_{i-1}、χ_{i-1}^{τ}、χ_i 分别为工序 i 消耗上道工序 $i-1$ 产品的数量，消耗外购物料数量，以及本工序的产品产量; F_i 为产品 i 的金属含量; η_i 为工序 i 的金属利用率。

4.2.2　能源约束

这里所指的能源，是各生产工序共享的能量资源，分外购和自产能源两种。能源约束是公司对所有生产工序所消耗的各种能源总量的限制。

对于购入能源：

$$〔消耗量〕\leqslant 〔购入量〕- 〔外调量〕\pm 〔库存变化量〕$$

对于自产能源（或称二次能源）：

$$〔消耗量〕\leqslant 〔自产量〕- 〔外调量〕\pm 〔库存变化量〕$$

4.3　过程约束条件

过程约束包括以下七组。

（1）投入产出平衡约束。这类约束反映了炼铁生产各过程系统投入与产出间的平衡关系。其中包括金属平衡，碳素平衡，H_2、O_2、N_2 素平衡，能量平衡等。这些基本关系式可表示为

$$\alpha_i \sum_{i \in I} \chi_i - \sum_{j \in J} \chi_j = 0 \tag{11}$$

式中，α_i 为第 i 过程系统对投入物料和能源的利用率。

对于能量平衡关系式的确立，要依据具体耗能设备而定。对于高炉，以高炉 900℃ 以上发生直接还原反应的高温区为研究对象，分析计算各种能量的收支情况。同时，以高炉操作线图[1]为工具，把高炉操作线上的热平衡点作为高炉热平衡的状态点。对于烧结过程的能量平衡，可以采用理论计算法，也可以应用统计分析法。本文选用后者，即用 n 元线性回归方法确定各烧结厂的固体燃料消耗（以公斤碳素表示）与烧结原料组成间的数学关系式。对采矿、焙烧、选矿等生产过程，则以单耗指标描述生产对能量的消耗。

（2）操作条件约束。这组约束包括两部分。一部分反映了操作变量与各生产过程主要能耗指标之间的数量关系。例如，高炉模型中的煤粉喷吹量、氧气用量、鼓风温度、石灰石用量等与高炉焦比间的关系式；烧结模型中的料层厚度、点火热负荷与烧结过程固体燃料消耗量之间的关系式；选矿模型中的铁精矿品位与电力消耗、钢球消耗之间的关系式等。

另一部分操作约束则表示操作变量之间的相互制约与影响。例如，高炉风口区域理论燃烧温度约束，高炉操作线方程等。

（3）原燃料条件约束。这组约束反映了原燃料质量因素对生产过程能耗指标的影响。例如，烧结矿品位对高炉焦比的影响[2]。

$$\frac{\partial K}{\partial T} = \frac{-1200 N_E}{c_k(1 - \chi_p) - 0.083 \chi_p \cdot w_k} \left\{ \frac{\frac{3.8571 T_0}{FeO} - 1}{t_0 \left(\frac{3.8571 T}{FeO} - 1 \right)^2} + \right.$$

$$\left[SiO_2 + Al_2O_3 + CaO + MgO + 1.291(1 - \eta_{Mn}) \cdot \right.$$

$$Mn + 0.5S + 1.4286 T_0 - (2.14[Si] + 0.5[S]) \cdot$$

$$\left. \frac{Mn \cdot \eta_{Mn} + p \cdot \eta_P}{100 - [C] - [Si] - [S]} \right] \cdot \left. \frac{6.91 \chi_p \cdot G_0 \cdot T_0}{N_E \cdot T^2} \right\} \tag{12}$$

式中，$\dfrac{\partial K}{\partial T}$ 为入炉综合品位（T）变化 1% 时，高炉焦比的改变量，kg。

原燃料条件约束也可以用经验建立。例如，利用焦化生产数据经统计回归可得到全焦率 y_1 与洗精煤灰分 X_1，水分 X_2，挥发分 X_3 之间的关系式为

$$y_1 = 0.8585 + 1.2324X_1 - 0.6423X_2 - 0.6007X_3$$

此外，还有下述约束：

（4）资源条件约束。

（5）工艺约束。

（6）需求约束。

（7）设备能力约束。

5 节能决策模型的算法及应用软件的开发

为了使节能决策模型在大中型钢铁企业中推广，并对企业的能源、经济问题实行计算机辅助决策，我们在 IBM—PC/XT 微机上研制了企业节能决策应用软件。不言而喻，在微型计算机上开发具有一定通用性的应用软件，除了研究节能决策模型的算法以外，还要考虑很多计算中的技巧问题，就主要问题概述如下：

节能决策模型的算法由三部分组成。

（1）能源多级投入产出分块算法；

（2）系统节能分解协调算法；

（3）多目标约束算法。

这三部分算法都是根据能源模型的特点和微型计算机的特定条件研制出来的。一般地说，企业能源问题的求解要在大中型或小型计算机上完成。这无疑地会给企业对能源问题实行计算机辅助决策带来困难。所以，在微型机上开发节能决策软件至关重要。

节能决策模型在微型机上得以实现的关键有两条。第一，它把企业能源投入产出总体模型分解为若干子模型。第二，把生产系统分解为子规划和主规划两部分。先求解子规划的最优解，然后通过主规划的反复协调，最终达到生产系统的整体最优化。

分解协调模型中子系统的划分原则与投入产出模型的分块方法是一致的。两类模型相辅相成。由分解协调模型求得的最优用能方案返回到投入产出子模型，即可计算出该系统的直接能耗、间接能耗、产品能值等重要信息。相反，投入产出系数的变更，也会迅速地在分解协调模型中得到响应。同时计算出各工序的直接节能量和间接节能量。

多目标约束算法，实质上是一种非劣解集"估计"算法[3]。计算过程对决策者有明确地询问，因此，它可以根据决策者的意图有针对性地求得主要目标和次要目标间的折衷关系。

总之，系统节能决策模型及应用软件对拟定生产过程系统合理用能方案，评价节能技术和多目标分析是适用的。受微机内存容量的限制，它的计算速度与大型机相比要低得多。但是，它在服务内容和软件功能等方面，要比单纯的数学规划软件[4]广泛得多。特别是将投入产出分块算法、分解协调算法[5]和多目标约束算法三者结合在一起，并在微机上实现，这在国内外的文献中还未见报道。

6 模型应用

本文以实际生产数据为基础，就炼铁生产过程的合理用能问题进行了研究。

6.1 烧结矿的合理品位

根据节能决策模型的计算结果绘制的烧结矿品位对炼铁生产能耗指标的影响，如图 3 所示。图中说明，当烧结矿品位增加时，烧结矿的能值升高，铁水能值下降。从省能的观点评价，提高烧结矿品位对节能有利。从费用的观点评价，该企业目前生产条件下铁水最低费用所对应的烧结矿品位（平均值）为 53.5%。

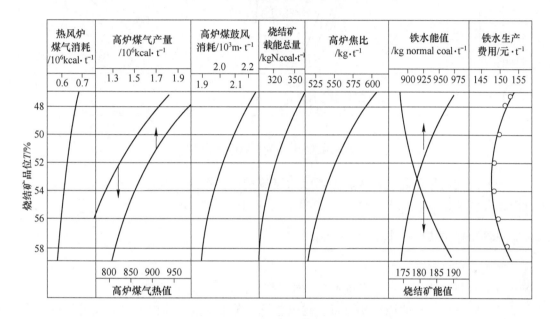

图 3　烧结矿品位对铁水总能耗和总费用的影响

6.2 高炉热风的合理风温

假定热风炉的热工制度、供风制度、高炉的工作特性不变，热风温度的提高只是以增加供给热风炉的焦/高炉气比例为手段。在这种条件下，由模型计算结果绘制的某高炉热风温度变化对高炉能耗指标的影响，如图 4 所示。图中曲线的计算条件为曲线①高炉煤粉喷吹量不超过 45kg/t；曲线②煤粉喷吹量无限制，其值由模型确定；曲线③煤粉喷吹量无限制，且富氧含量 1%。

由图 4 得到以下结论：

（1）如果高炉煤粉喷吹量的上限不变，热风温度在 1050～1150℃ 范围内变化时，热风温度对铁水能值的影响很小。

（2）当热风温度低于 1050℃ 时，提高热风温度对节能有利。

（3）热风温度高于 1150℃ 时，继续提高热风温度会使铁水能值升高（图 4 中 A 图曲线①）。

（4）如果在提高热风温度的同时，相应地增加煤粉喷吹量（取最优值），合理风温区域将上移到 1150～1200℃（图 4 中 A 图曲线②）。

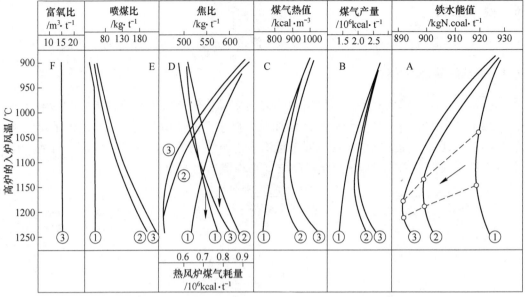

富氧比 /m³·t⁻¹	喷煤比 /kg·t⁻¹	焦比 /kg·t⁻¹	煤气热值 /kcal·m⁻³	煤气产量 /10⁶kcal·t⁻¹	铁水能值 /kgN.coal·t⁻¹

图 4　热风温度变化对高炉能耗指标的影响

（5）若同时采用富氧和增加煤粉喷吹量等措施，提高风温的节能效果愈加明显。此时，合理风温区域上升到1180~1220℃（图4中A图曲线③）。

6.3　高炉的合理炉料结构和操作指标

模型计算的前提条件：

（1）保持炼铁厂铁水总产量不变，外供煤气总量不低于企业需求量。

（2）炼铁厂消耗的烧结矿总量、能源总量、煤粉总量、碎铁量、氧气量不高于炼铁厂实际消耗量。

经模型计算求出炼铁厂以总能耗最低为目标的炼铁生产方案。其中，包括每座高炉的铁水产量、入炉焦比、煤比、碎铁用量、氧气用量、煤气热值、煤气发生量、入炉风量和风温，以及高炉炉料组成等。计算结果说明：为了降低炼铁厂总能耗，每座高炉的炉料结构和操作指标的确定要因炉而异。有的高炉要以节焦为主，有的高炉要多产些高炉煤气，……。不区分高炉的生产条件和工作特性，普遍追求低焦比和平均分配各种资源的生产模式，不利于系统节能，更有害于全企业的煤气平衡。模型计算的最优值与实际生产指标相比（均为全厂平均值），高炉利用系数增加0.131t/（d·m³），焦比降低3.6kg/t，煤气产量增加0.12×10⁵kcal/t，煤气热值增加4.6kcal/m³，烧结矿和石灰石单耗分别降低8kg/t和3kg/t。

此外，利用该模型还拟定了1986年和1990年某钢铁联合企业合理用能方案和生产方案，都有显著的节能效果。

参 考 文 献

[1] RIST A, MEYSSONN. Control and Automation of the Blast Furnace［M］. Rev Met, 1965, 62：623-634.

[2] 东北工学院，鞍山钢铁公司，冶金部鞍山热能研究所．冶金企业系统节能技术研究报告［R］.

1985: 5.

[3] COHON J L. Multiobjective programming and planning [J]. New York Son Francisco London, Academic Press, 1978: 243-281.

[4] FELExC-512 Computer: Directions for Use of PROGEN Software.

[5] LASDON L S. Optimization theory for large systems [J]. The Macmillan Company. New York; Collier Macmillan Ltd., London, 1970.

系
统
节
能

冶金企业的系统节能技术 *

　　冶金企业的系统节能技术是最近几年新形成的节能领域，它是把能源、非能源、系统优化和工艺优化都包括在内的、以科学管理和现代化技术为核心的节能技术。在单体设备能源利用率不断提高，工序能耗不断下降和节能工作难度越来越大的今天，为深挖企业节能潜力，把冶金企业的系统节能技术作为冶金工厂节能重要手段加以推广和应用，必将对我国进一步降低冶金工业能耗起到很大的作用。本文分 6 个方面论述了冶金企业系统节能技术的概貌。

1　前言

　　冶金工业的节能问题十分重要。中央明确规定，从 1980 年起到 21 世纪末，我国钢铁工业在产量和能耗两方面的总目标是：在不大量增加能耗总量的条件下，钢产量翻一番。钢的增产，一半以下靠增加能源供应，一半以上靠节约能源。这些年来，大家都在为此而努力研究节能技术，采取节能措施，其中包括加强能源管理、改进设备、改进工艺等，使冶金工业的节能工作取得了丰硕成果。从 1976 年到 1986 年的十年间，重点企业的吨钢综合能耗从 2.33t 降到 1.257t 标煤，可比能耗从 1.72t 降到 1.040t 标煤。

　　但是，必须指出：（1）我国的吨钢能耗指标与国外先进水平相比仍有较大差距；（2）近几年来钢铁工业的年节能率正在逐渐下降：1979 年为 10%，1984 年下降为 3%，1985 年只有 2.08%。这两点分别说明：（1）节能还有较大潜力；（2）仅仅沿用过去的办法抓节能工作，已不足以更有效地达到节能的目的。

　　这种情况要求我们更深入地、追根究底地去研究节能问题，开辟新的节能途径，以获得更大节能效果。

　　节能工作除炉窑节能以外，还包括许多内容，问题很复杂。经过反复思考，在 1980 年前后我们逐步形成了两个概念：一个是载能体，一个是系统。沿着这些思路，从 1982 年起先后在鞍钢、杭钢、本钢，与有关单位协作开展了实际的研究工作，初步形成了名叫"系统节能技术"的一套新的节能技术。

　　系统节能技术是与单体节能技术相对而言的。单体节能技术，以单体设备或单个工艺的节能问题为研究对象；系统节能则以更高层次上的节能问题为研究对象。如图 1 所示，在单体设备以上，依次有生产车间（厂）、联合企业、冶金工业等层次。系统节能技术是以研究上述这几个高层次上的节能问题为主的。当然在研究过程中，要充分考虑到在单体设备中进行的工艺和热工过程。

　　为什么要研究单体设备以上各层次上的问题呢？因为从矿石到金属产品，要经过多道生产工序；每道工序又包括多台设备。各道工序之间，各台设备之间都在物料、能源等方面彼此联系，彼此制约。这样才构成冶金生产的全过程。所以研究节能问题，

---

　　* 本文原发表于《冶金能源》，1988。

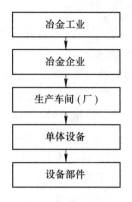

图 1　冶金生产层次

不仅要研究单体设备，而且还要研究由若干台单体设备组成的生产车间或厂（生产工序），以及由若干个生产车间或厂组成的联合企业（全流程）等。要使各台设备之间，以及各生产车间或厂之间互相协调，互相配合，以达到最优的节能效果。

2　产品能耗和载能体

2.1　产品能耗

冶金、化工、建材等工业都是以天然资源为初始原料的制造工业。所用的天然资源，主要的无非是各种天然矿物（包括矿物燃料）、水和空气等。从原料到最终产品要经过多道生产工序。每道工序的产品又都是下道工序的主要原料（最后一道工序的产品例外）。各道工序除主要原料外，还消耗能源和其他各种非能源物资（如辅助原材料和零部件等）。这些能源和非能源物资本身也是以天然资源为初始原料，经过若干道工序，花费若干能源和非能源才制造出来的。而这些能源和非能源物资的制备过程也同样如此……

图 2 是产品能耗的概念图。最下边的波浪线代表各种天然资源，最上面的实心圆代表产品。它的生产过程包括若干道工序。图中央的垂线穿过中间产品 1、2、3、…，最后到达产品。每一道工序都消耗能源（空心圆）和非能源物资（实心圆），而它们又都是以某种天然资源为基本原料制成的。所以，图中示意地在每一个圆与波线之间

265

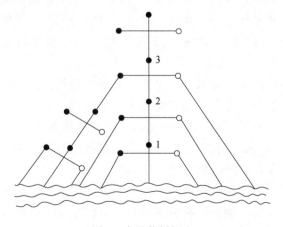

图 2　产品能耗概念

画了一根连线。照理每一根连线还应穿过若干中间产品才能达到代表这些物资的空心圆或实心圆；连线上还得标明每一道工序所消耗的能源和非能源物资。而这些物资本身又是以某些天然资源为原料制造出来的。这样，追根究底将形成一幅很复杂的图形。为了简明起见，只在图左侧的一根斜线上稍稍作了些表示。

以钢材的能耗（简述）为例（见图3），首先，钢材由钢坯轧成。在轧钢车间不仅消耗燃料和动力，而且还消耗轧辊、轧机零部件及筑炉材料等非能源物资。图中用"能源"和"其他"两个名词分别表示这两类消耗。其次，钢坯由钢锭轧成或由钢水连铸而成。为了简明起见，图中把钢坯的基本原料归结为"钢"。从钢到钢坯，无论是初轧或连铸，都得消耗能源和非能源物资。再其次，钢的主要原料是生铁。炼钢过程中所消耗的辅助原材料有铁合金、耐火材料等。与此同时，还消耗能源……

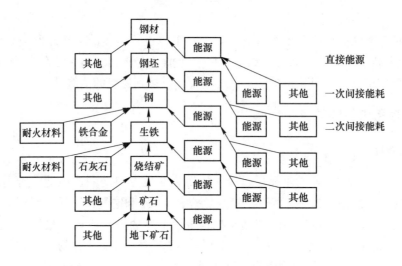

图 3　钢材的能耗

这样逐次追溯下去，一直到尽头——天然资源，将形成很复杂的图形。

（1）直接能耗。在生产某种产品的工序中，直接消耗的能源叫做该产品的直接能耗。例如，钢材是轧钢工序的产品。故在轧钢工序中生产钢材所直接消耗的能源量，就叫做钢材这种产品的直接能耗（见图3右侧）。

（2）间接能耗。在任何一种产品的生产过程中，除消耗能源（直接能耗）外，还需要消耗各种原材料和其他非能源物资；而这些物资的生产也需要消耗能源（一次间接能耗）和各种非能源物资；这些物资的生产也无例外地要消耗能源（二次间接能耗）。这样可以无穷无尽地追溯下去。

另外，直接消耗的能源本身也有一个生产制备的过程。这个生产过程需要消耗能源和其他物资；这些物资在生产过程中也要消耗能源和其他物资。这样也可以无穷尽地追溯下去。图3中标明了它的一次间接能耗和二次间接能耗。

（3）完全能耗。它是产品的直接能耗和各次间接能耗的总和。因此，它就是产品在生产过程中全社会所花费的能源总量。

这样看来，能源与非能源物资之间只有一个差别，那就是能源是能产生能量的资源，而非能源物资是花费了能源所制成的物资。也就是说，能源所包含的是"活"的能量，而非能源物资所包含的是"物化"了的能量。

2.2 载能体

凡是在制备过程中消耗了能量的物体以及本身能产生能量的物体都是载能体。企业购入的能源，如煤、重油、天然气和电等都是载能体。企业的自产能源，如各种煤气、水、压缩空气、蒸汽和氧等也是载能体。企业的各种原材料、中间产品、产品、辅助原材料、零部件以及其他许多消耗品，同样是载能体，因为在它们的制备过程中都消耗了能量。

地下未开采的天然矿物的载能量等于零。散在的"废料"，如废钢（废钢载能量取为零的问题，国内外均有争论）、废铁、氧化铁皮、瓦斯泥等的载能量，一般也取为零。单位重量（体积）物体的载能量，叫做该物体的能值。

生产过程中的载能体可划分为两类：

第一类载能体包括各种原材料、辅助原材料、中间产品、零部件、其他消耗品，以及水、蒸汽、压缩空气、氧、电等（或简称动力）。这类载能体的能值，等于它们在制备过程中所消耗的各种原材料、动力和燃料的总载能量，它等于这类物资的完全能耗。

第二类载能体是各种燃料（固态、液态、气态）。燃料的能值，取决于它的发热值和它在开采、人工精制或改制过程中所花费的能量。

表1是我国某钢铁公司部分主要产品的能值。表2~表4是国外资料中介绍的钢铁厂常用的各种原材料和燃料的能值数据。不同国家，不同作者提供的数据是不同的，因为物体的能值是随生产条件和技术水平而变化的。以下各表中的数据仅作参考。

表1　某钢铁公司部分主要产品的能值

产　品	能值/kJ·t^{-1}
铁矿石	435522
铁精矿	1579411
烧结矿	4192418
生铁	21927730
平炉钢锭	27542570
转炉钢连铸坯	26911806
初轧钢	35725473
重轨	42452564
大型材	41926455
中厚板	35549448
热轧薄板	43652722
冷轧厚板	52683960
取向硅钢板	104808264
无取向硅钢板	91319503

产　品	能值/kJ·t⁻¹
钢锭模	34550758
耐火材料	8299227
石灰石	719571
活性石灰	9028370

表 2　钢铁生产原材料的能值[1]

品　名	能　值
铁矿/kJ·t⁻¹	754143
球团矿/kJ·t⁻¹	2762514
烧结矿/kJ·t⁻¹	2605223
石灰石（101.6mm 以下）/kJ·t⁻¹	25313904
石灰（炼钢用）/kJ·t⁻¹	5748366
高炉铁水/kJ·t⁻¹	24385728
废钢/kJ·t⁻¹	0
萤石/kJ·kg⁻¹	1674
锰铁/kJ·kg⁻¹	52737
硅铁（75%）/kJ·kg⁻¹	129733
铝/kJ·kg⁻¹	263938
耐火材料/kJ·kg⁻¹	29047
石墨电极/kJ·kg⁻¹	186
硝酸铵（炸药）/kJ·kg⁻¹	70
盐酸	9756
电/kJ·(kW·h)⁻¹	11284
蒸汽（余热锅炉）/kJ·kg⁻¹	2327
蒸汽（0.6895MPa）/kJ·kg⁻¹	3256

表 3　一些燃料的能值[1]

品　名	能　值
无烟煤/kJ·kg⁻¹	26787
烟煤/kJ·kg⁻¹	26369
焦煤/kJ·kg⁻¹	27415

品 名	能 值
冶金焦/kJ·kg⁻¹	29006
焦粉/kJ·kg⁻¹	22141
焦油和沥青/kJ·kg⁻¹	44576
汽油/kJ·kg⁻¹	34823
柴油/kJ·kg⁻¹	38716
残渣油/kJ·kg⁻¹	41813
天然气/kJ·m⁻³	37243
焦炉煤气/kJ·m⁻³	18626
高炉煤气/kJ·m⁻³	3537

表 4 钢铁工业主副原材料和成品的能值[2]

品 名	能值/kJ·t⁻¹
铁水	18.20×10⁶
铁水温度（±10℃）	±8371×10⁶
沸腾钢	19.17×10⁶
半镇静钢	19.40×10⁶
镇静钢	21.46×10⁶
连铸坯	17.33×10⁶
废钢	0
氧化铁皮	0
转炉灰尘	0
铝	236.480×10⁶
高碳锰铁	33.903×10⁶
中碳锰铁	43.529×10⁶
Si-Mn	49.389×10⁶
Fe-Si	133.099×10⁶
高碳铬铁	61.945×10⁶
低碳铬铁	97.104×10⁶

　　由表可见，在各种原材料中，铁水、石灰、耐火材料、石墨电极、铝、锰铁、硅铁的能值很高；球团矿、烧结矿的能值也比铁矿石高得多。

2.3 产品能值的计算

2.3.1 累加法

首先以天然资源为起点，计算第一道工序产品（即中间产品1，见图2）的能值。为此，只须把这道工序单位产品所消耗的辅助原材料和燃料、动力的载能量总加起来即可。这道工序的主要原料是天然资源，它的载能量等于零。然后再计算第二道工序，产品（即中间产品2）的能值，它等于第二道工序单位产品所耗辅助原材料、燃料和动力的载能量加上这道工序主要原料的载能量。然后，用同样的方法计算第三道工序。以此类推，直到算得最后产品的能值为止。

2.3.2 逆矩阵法

假设某联合企业（见图4）有 k 个车间（1、2、3、…、k），每个车间只有一种产品。各车间都用外购能源及原材料，它们的编号是 $k+1$，$k+2$，…，n，它们的能值分别为 q_{k+1}，q_{k+2}，…，q_n，均为已知数。

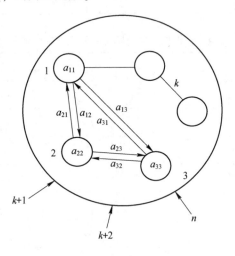

图4　有 k 个车间的联合企业

各车间使用外购能源及原材料的单位消耗量也是已知的。例如，第1车间的单耗为 $a_{k+1,1}$，$a_{k+2,1}$，…，$a_{n,1}$

此外，各车间都使用本车间的和其他车间的产品作为原材料或能源，单耗也是已知的。即：

第1车间单位产品消耗本车间的产品量为 a_{11}，消耗第2车间产品量为 a_{21}…（各车间如有副产煤气供全企业使用，则作为负消耗处理）。

第2车间单位产品消耗第1车间产品量为 a_{12}，消耗本车间产品量为 a_{22}，消耗第3车间产品量为 a_{32}，…。

求上述已知条件下各车间产品的能值：

$$E_1，E_2，E_3，\cdots，E_k$$

为此，分别列出各车间产品能值的方程：

$$E_1 = a_{11}E_1 + a_{21}E_2 + \cdots + a_{k1}E_k + a_{k+1,1}q_{k+1} + a_{k+2,1}q_{k+2} + \cdots + a_{n,1}q_n$$

$$E_2 = a_{12}E_1 + a_{22}E_2 + \cdots + a_{k2}E_k + a_{k+1,2}q_{k+1} + a_{k+2,2}q_{k+2} + \cdots + a_{n,2}q_n$$

$$\vdots$$

$$E_k = a_{1k}E_1 + a_{2k}E_2 + \cdots + a_{kk}E_k + a_{k+1,k}q_{k+1} + a_{k+2,k}q_{k+2} + \cdots + a_{n,k}q_n$$

共 k 个线性方程。

写成矩阵时，把它切成两个子阵，即

$$\begin{bmatrix} E_1 \\ E_2 \\ \vdots \\ E_k \end{bmatrix} = \begin{bmatrix} a_{11} & a_{21} & \cdots & a_{k1} \\ a_{12} & a_{22} & \cdots & a_{k2} \\ \vdots & \vdots & \ddots & \vdots \\ a_{1k} & a_{2k} & \cdots & a_{kk} \end{bmatrix} \begin{bmatrix} E_1 \\ E_2 \\ \vdots \\ E_k \end{bmatrix} + \begin{bmatrix} a_{k+1,1} & \cdots & a_{n,1} \\ a_{k+1,2} & \cdots & a_{n,2} \\ \vdots & \ddots & \vdots \\ a_{k+1,k} & \cdots & a_{n,k} \end{bmatrix} \begin{bmatrix} q_{k+1} \\ q_{k+2} \\ \vdots \\ q_n \end{bmatrix}$$

或写成

$$E = A_1 E + A_2 Q$$

整理后得

$$(I - A_1)E = A_2 Q$$

故

$$E = (I - A_1)^{-1} A_2 Q \tag{1}$$

按此式即可求得各车间产品的能值 E_1，E_2，E_3，$\cdots$，E_k。

计算过程中包括了逆矩阵，故称为逆矩阵法。

3　系统和系统工程

系统的定义：由相互作用和相互依赖的若干组成部分结合成的具有特定功能的有机整体叫做系统。

一座工厂、一个车间、一台设备，都可以看成是一个系统。在系统内部还可按其组成部分划分为若干子系统。如在钢铁厂这个系统内部，可以把选矿、烧结、焦化、炼铁、炼钢、轧钢等车间看成是厂内的子系统。同样道理，任何系统又是它所从属的一个更大系统的组成部分。如一座钢铁厂是整个冶金工业这个更大系统的组成部分。

系统与其周围的环境之间，一般都在物质、质量和信息等方面互相联系、互相沟通。如在钢铁厂各车间之间就存在着很复杂的相互关系。

每个系统都有它特定的功能，钢铁厂的特定的功能是：以矿石为主要原料，生产合格的金属材料；在生产过程中要尽可能节约能源和原材料，减少污染，提高经济效益。钢铁厂内的各个子系统都要服从于和服务于这个特定的功能。

系统工程是处理系统问题的工程技术。它的作用是协调系统内部，提高系统的整体效益。按照研究系统的类别，系统工程可划分为许多分支，如军事系统工程、行政系统工程、经济系统工程、工程系统工程等。我们是运用系统工程处理冶金能源问题，所以它是"冶金能源系统工程"。

系统工程的基础是运筹学。运筹学的具体内容包括线性规划、非线性规划、库存论、排队论等。系统工程还需要强有力的计算工具——电子计算机。

总之，研究冶金企业的节能问题，要树立"系统"的概念，熟悉系统工程的基本原理和方法，还需运用计量经济学中的个别原理和方法，如投入—产出法等。

4　系统节能技术的研究方法

系统节能技术的研究方法有定性和定量两大类。定性地研究问题只需要在熟悉生产的基础上具有载能体和系统两个概念就可以；而定量地研究问题时必须掌握运筹学等知识。

4.1 定性的研究

例1 节能方向。

由载能体的概念可知，冶金工业的节能方向有3个，即：（1）降低各生产环节中第一类载能体的单耗及其载能量；（2）降低各生产环节中第二类载能体的单耗及其载能量；（3）回收各生产环节散失的载能体和各种能量。只有沿着这3个方向去考虑各方面的节能潜力，才能做到全面节能，收到明显的效果。

以往比较容易产生的片面性是：在节能工作中只抓能源，不抓非能源。一般抓节能工作时，只考核单位产品生产过程中用了多少煤、油、气、电，而不考核或不像考核能源消耗那样去考核生产过程中用了多少原材料、辅助材料、零部件和其他各种消耗品。其结果是非能源单耗很高，废品率很高。各厂的能源单耗可能都很低，但全国的万元产值能耗仍很高。

这种抓能源的办法，充其量只能说是抓了一半，丢了一半，而且丢掉的可能是一大半。节能的效果不会很好。因此，节能工作要两手一起抓：一手抓能源，一手抓非能源。能源有定额，非能源物资也要有定额。

例2 节能途径与措施。

沿着上述节能方向，分析与能耗有关的各生产因素，就可找到节能的途径和措施，分析节能潜力。一般情况下，与能耗有关的生产因素可大致归纳为以下11个方面，即：（1）生产布局；（2）外部条件；（3）原燃材料条件；（4）工艺流程；（5）工艺设备；（6）辅助设备；（7）工艺操作；（8）热工操作；（9）产品结构；（10）副产品；（11）废弃品及废能的处理。从这11个方面去考虑降低第一、二类载能体的单耗及其载能量，回收散失的载能体及各种能量，就能弄清节能的各种途径。

为了便于进行这种分析工作，可制定节能途径分析表（见表5）。该表纵向分3列，（Ⅰ、Ⅱ、Ⅲ）各代表一个节能方向；横向分为11行（1、2、3、…、11），各代表一组生产因素。表中共3×11＝33个方格，每一方格均按其所在的行和列进行编号，如（Ⅰ、3），（Ⅱ、5）等。方格中填写节能途径。每一个节能途径既属于某一节能方向，同时又属于某一组生产因素。例如方格（Ⅰ、3）中填写的"提高炼钢废钢比"，是在炼钢生产的原料条件方面设法降低第一类载能体单耗及其载能量的一个节能途径。又例如，方格（Ⅱ、8）中填写的"改进热工制度与操作"和"提高燃烧技术"两项，都是在炉子热工操作方面设法降低第二类载能体单耗的节能途径。这种分析方法的运用范围较宽，大到整个钢铁工业，小到一个生产车间均可试用。

表5 节能途径分析表

节能途径	降低第一类载能体单耗及其载能量（Ⅰ）	降低第二类载能体单耗及其载能量（Ⅱ）	回收散失的载能体及废能（Ⅲ）
1. 生产布局	（Ⅰ、1）	（1）解决铁、钢、材不配套的问题； （2）联合企业内部合理布局（Ⅱ、1）	（Ⅲ、1）

272

节能途径	降低第一类载能体单耗及其载能量（Ⅰ）	降低第二类载能体单耗及其载能量（Ⅱ）	回收散失的载能体及废能（Ⅲ）
2. 外部条件	（1）降低空载系数； （2）降低发电、供水能耗； （3）降低供电能耗 （Ⅰ、2）	降低运输燃耗 （Ⅱ、2）	（Ⅲ、2）
3. 原燃材料条件	（1）提高炼钢废钢比； （2）提高高炉熟料比； （3）采用合成渣料； （4）采用活性石灰石； （5）提高铁合金质量 （Ⅰ、3）	（1）提高和稳定燃料质量； （2）提高入炉铁水温度； （3）多用散状耐火材料 （Ⅱ、3）	（Ⅲ、3）
4. 工艺流程	（1）提高电炉钢比例（在电力、废钢充足条件下）； （2）提高连铸、连轧收得率 （Ⅰ、4）	（1）提高转炉钢比例； （2）提高连铸比； （3）以球团代烧结矿； （4）直接还原 （Ⅱ、4）	（Ⅲ、4）
5. 工艺设备	（1）逢修必改，挖潜改进； （2）更新换代，引用新设备，设备大型化 （Ⅰ、5）	（1）延长寿命，合理检修，提高作业率； （2）生产配套，解决"大马拉小车"等问题； （3）采用蓄热、换热等方法，提高风温； （4）加强炉体绝热和密封，减少水冷件； （5）改进燃烧器 （Ⅱ、5）	（Ⅲ、5）
6. 辅助设备	（1）用高效机电设备（风机、泵等）； （2）动力设备能力配套； （3）液力偶合器等节电部件及技术 （Ⅰ、6）	（1）延长寿命，合理检修，杜绝事故； （2）指示、控制仪表齐全，正常运转 （Ⅱ、6）	（Ⅲ、6）
7. 工艺操作	（1）提高成品率、合格率、收得率； （2）降低原材料、辅助材料、工具和动力单耗 （Ⅰ、7）	提高成品率、合格率、收得率 （Ⅱ、7）	（Ⅲ、7）

系统节能

节能途径	降低第一类载能体单耗及其载能量（Ⅰ）	降低第二类载能体单耗及其载能量（Ⅱ）	回收散失的载能体及废能（Ⅲ）
8. 热工操作	延长炉窑寿命，降低耐火材料及炉子部件消耗（Ⅰ、8）	（1）改进热工制度与操作（热负荷、空燃比等）； （2）提高燃烧技术（Ⅱ、8）	（Ⅲ、8）
9. 产品结构	（1）降低铁钢比，以钢代铁； （2）提高耗能少产品的比例； （3）产品与工艺流程、设备对路（Ⅰ、9）	（1）企业内的均衡生产； （2）冷热轧产品比例（Ⅱ、9）	（Ⅲ、9）
10. 副产品	（Ⅰ、10）	（Ⅱ、10）	回收焦炉、高炉、转炉煤气并综合利用（Ⅲ、10）
11. 废弃品及废能	（Ⅰ、11）	（Ⅱ、11）	（1）废弃品（渣、砖、边角料）的回收、综合利用； （2）废气、氮、稀有气体的回收、综合利用； （3）废能（如高炉余压）的利用，蒸汽多级使用； （4）减少煤气、动力漏损、放散（Ⅲ、11）

例 3 鞍山钢铁公司抓系统节能的经验。

1987 年 9 月，在第五次全国钢铁企业节能工作会议上，鞍山钢铁公司介绍了"抓系统节能促能耗下降"的经验。内容共分 4 段，它们的标题是：增强系统观念，确定系统节能思想；完善节能管理体制，搞好系统节能的控制管理；开展系统分析，注重整体效应；坚持系统观点，开展节能改造。

在第 3 段中，着重介绍的经验有：正确处理上道工序节能与下道工序节能的关系，开展联合降焦比攻关；正确处理动力厂，保障生产与经济供能的关系，鼓励动力厂供能又管节能，正确处理辅助厂节能与主体厂节能的关系；注意抓工序间的协作关系；注意抓增产与合理开停设备的关系；正确处理设备检修和节能的关系。

4.2 定量研究

必须掌握以系统工程为主的方法，其中包括计量经济学中的某些方法。这些方法的主要内容是建立数学模型，然后进行优化。

从工作程序看有以下几个步骤：（1）调查研究有关问题的情况，收集数据；（2）按实际需要建立数学模型；（3）进行计算机运算及分析；（4）提出决策方案及对比分析，供领导人参考。最后决策是领导人的任务，这是研究人员所不能代替的。

在系统节能技术中常用的数学模型有：

（1）投入产出数学模型。这是研究各部门、各地区、各企业的内部以及它们相互之间的经济联系，进行经济分析的一种重要方法。

表6是虚构的简化了的某一国家的投入产出表。为了便于理解，假设国民经济由农业、工业和其他三个部门组成。横双线的上方是一张水平方向的表，它说明各物质生产部门所生产的产品的去向。这些产品除了以中间产品的形式供给本部门及其他部门外，还以最终产品的形式满足消费与积累的需要。

表6 价值形态的投入产出表 （亿元）

类　型		中间产品				最终产品			总产品
		农业	工业	其他	合计	积累	消费	合计	
		I				II			
物质消耗	1. 农业	60	190	30	280	40	280	320	600
	2. 工业	90	1520	180	1790	500	1510	2010	3800
	3. 其他	30	95	60	185	75	340	415	600
	合计	180	1805	270	2255	615	2130	2745	5000
		III				IV			
活劳动消耗	劳动报酬	320	1200	180	1700				
	社会纯收入	100	795	150	1045				
	合计	420	1995	330	2745				
总投入		600	3800	600	5000				

以第一行为例，它表示：农业部门年产出总值为600亿元，按实际用途分配如下：60亿元是农业本身的生产需要（如饲料、种子等），190亿元供给工业部门，30亿元供给其他部门。这些中间性消耗的农产品总计280亿元，剩下的320亿元的最终产品的形式，用在积累方面40亿元，用在消费方面280亿元。生产性消耗与最终产品的总和，恰好等于农产品的年生产总量。因此该表的第一行就是以价值形态表现的农产品实物运动的一个平衡表，只是其中省略了储备的变化量和进出日等情况。其他各行读者可自行理解。

再看竖线左边，这是一张垂直方向的表。以第一列为例，它表示农业部门的消耗构成：为了生产600亿元的年生产总值，需要消耗（投入）180亿元的物资，其中60亿元来自农业内部，90亿元来自工业，30亿元来自其他部门。此外，还要投入劳动报酬320亿元，其余100亿元为社会纯收入（包含利润和税金）。物资消耗（180亿元）加上活劳动消耗（420亿元），等于农业部门的年生产总值（600亿元）。其他各列，以此类推。

以上是为了一般性地说明什么是投入产出而举的一个简化了的例子，实际工作中遇到的问题要复杂得多。以投入产出表为基础，利用一些数学方法和电子计算机，可以对复杂的实际问题进行定量的分析研究。例如，在系统节能工作中可以从中计算出各产品直接能耗和完全能耗等。

（2）线性规划模型。设某车间生产 A、B 两种产品，每种产品有两道工序，分别由两台机器完成这两道工序，其工时列于表 7。若每台机器每周至多工作 40h，而产品 A 的单价为 200 元，产品 B 为的单价为 500 元，问每周 A、B 产品应各生产多少件，可使总产值最高。

表 7　机器完成各道工序的工时

产　品	第一道工序/h	第二道工序/h
A	1.5	2
B	5	4

设该车间每周应生产产品 A、B 分别为 x_1、x_2 件，则有约束条件为

$$1.5x_1 + 5x_2 \leqslant 40$$

$$2x_1 + 4x_2 \leqslant 40$$

而且

$$x_1 \geqslant 0, \ x_2 \geqslant 0 \tag{2}$$

要求该车间每周的总产值为最大，写成目标函数则为

$$S = 200x_1 + 500x_2 = \max \tag{3}$$

这个生产规划问题就是要求出 x_1、x_2 的最优解，使之既能满足约束条件，又能使目标函数为最大。因为目标函数和约束条件都是线性函数，所以称为线性规划。这种简单的线性规划问题可利用图解法求解。求解过程请参阅有关书籍。本例的最后解为

$$x_1 = 10, \ x_2 = 5, \ S = 4500 \tag{4}$$

即该车间每周生产 A 产品 10 件和 B 产品 5 件，这样可使每周获得最大产值为 4500 元。

（3）统计模型。在生产过程的机理比较复杂，各参数之间的关系不甚清楚的情况下，往往把该过程看成是"黑箱"，收集生产数据后建立统计模型。例如，对某些类型的火焰炉而言，其热负荷与生产率之间有下述关系存在：

$$Q = Q_0 e^{KP} \tag{5}$$

式中，Q 为热负荷；Q_0 为系数；K 为常数；P 为 生产率；e 为自然对数的底。这就是一个统计模型。

又例如某烧结厂烧结过程固体燃料消耗（以公斤碳素表示）与配料组成关系式如下：

$$Y = 31.16x_1 + 48.21x_2 + 46.01x_3 + 59.13x_4 + 58.46x_5 + 34.32x_6 +$$

$$36.47x_7 + 43.21x_8 + 30.63x_9 + 15.92x_{10} + 28.95x_{11} + 44.95x_{12} +$$

$$3.65x_{13} + 9.28x_{14} + 46.62x_{15} + 25.91x_{16} + 33.91x_{17} + 44.01x_{18}$$

式中，x_1，x_2，…，x_{18}分别为配料组成中各含铁料的百分比。

（4）单元生产过程模型。这是针对单一的生产过程建立的工艺模型。它的基础是冶金工艺和热工方面的基本理论，其中包括物质不灭定律、能量不灭定律、化学反应热力学和动力学定律等。

（5）网络模型。网络模型主要用于分析燃料动力系统，表 8 是它的一个例子。它是根据生产过程中能源（或非能源）的流向绘制而成，由线段和节点两部分组成。线段表示能源的流向和途径，节点表示生产过程和设备。在每个节点上都要满足收支平衡的关系，与此同时还要考虑能源转换系数和使用效率。

表8　冶金企业能源

能源供应		能源转换	能源分配	矿石焙烧 1	隧道窑 2	烧结 3	球团 4	焦炉 5	高炉 6	热风炉 7	普通平炉 8	顶吹平炉 9
供应能力	能源需求											
S_1 洗精煤 Q_1 （1）		焦炉 （13）（14）	焦炉煤气 1 D_1			$x_{1,3}$ $b_{1,3}$		$x_{1,5}$ $b_{1,5}$		$x_{1,7}$ $b_{1,7}$		
			焦炭 2 D_2	$x_{2,1}$ $b_{2,1}$		$x_{2,3}$ $b_{2,3}$	$x_{2,4}$ $b_{2,4}$		$x_{2,6}$ $b_{2,6}$			
S_2 动力煤 Q_2 （2）		煤气发生炉 （15）	发生炉煤气 3 D_9									
S_3 煤粉 Q_3 （5）（6）		高炉 （16）（2.6）	高炉煤气 4 D_3									
			地料煤 5 D_4							$x_{4,7}$ $b_{4,7}$		
		发电厂 （17）（18）（1.17）（4.17）（3）（4）	电力 6 D_5			$x_{5,3}$ $b_{5,3}$			$x_{5,6}$ $b_{5,6}$			
S_4 外购电 Q_4 （7）（8）（9）		氧气厂 （19）（20）	氧气 7 D_7									
			压缩空气 8 D_8									
		锅炉 （21）	蒸汽 9 D_9									
		给水厂 （22）	工业水 10 D_{10}									
S_5 重置 Q_5 （10）（11）			重油 11 D_{11}									
S_6 天然气 （12） Q_6			天然气 12 D_{12}							$x_{11,8}$ $b_{11,8}$		
			余热 13 D_{13}									
						$b_{13,3}$			$b_{13,6}$			

(6) 排队论模型。在冶金生产中有不少排队现象，如热钢锭在进入均热炉前的排队现象等。排队论主要研究排队系统的概率规律性（队长、等待时间等）以及排队系统的最优设计和最优运营。排队系统如图 5 所示。

图 5　排队过程

5　教学和科研工作概况

近几年来，东北工学院热能工程系在系统节能方面开展的工作，包括本科生教学、研究生培养、学术活动和科学研究等几个侧面。从 1982 年起给本科生开设了一门新的选修课——冶金工业的能源利用，目的是让学生把视野扩大到整个企业甚至整个工业部门，并在系统节能问题上建立起一些基本概念，获得一些基本知识。1986 年春，冶金工业出版社正式出版了这本教材，书名与课程名称相同。1982 年以来，有少数本科生的毕业论文是围绕这方面工作开展的。

几年来，部分研究生的论文工作是在这个领域里展开的，至今已完成 8 篇硕士论文和 1 篇博士论文。博士论文的作者是蔡九菊同志，题目是：钢铁企业系统节能决策模型的研究及其应用，1987 年 9 月通过了论文答辩。这个领域工作的师生，在国内外刊物上发表论文多篇，在各种学术会议上多次宣读论文。在国外的大学里也曾作过概要的介绍。

现已完成上级下达的两项科研课题：

(1) 鞍钢能源模型的研究及节能技术的评价。这是国家经济委员会、冶金工业部下达的科研课题，由东北工学院、鞍山钢铁公司、鞍山热能研究所三个单位协作进行。工作从 1982 年 4 季度开始，到 1984 年底结束，历时 2 年，在此期间，收集、整理了鞍钢矿山、选矿、烧结、炼铁、焦化、炼钢、轧钢等几十个厂矿的大量数据。建模过程中，进行了大量的调研工作，建模后作了大量的电算工作，1985 年 10 月通过鉴定。

(2) 本钢用能优化模型及节能软件的研究和应用。这是冶金工业部下达的科研课题，由东北工学院、本溪钢铁公司和鞍山热能研究所三个单位协作进行。由于有了在鞍钢工作的基础，而且开发了必要的软件（节能决策软件 DMEC），所以课题进展的比较顺利，实际工作是 1987 年 3 月开始，同年 12 月基本完成。

到目前为止，我们已用系统节能技术探讨过以下几个方面的问题。

(1) 讨论用能参数之间的相互关系以及参数变化对系统特性的影响。

1) 高炉入炉风温的变化对高炉能耗指标的影响。如果以增加热风炉燃气中焦炉煤气配比的方式获取较高的热风温度。同时考虑热风炉和高炉的能量消耗，高炉风温并非越高越好，而是一个合理的风温区间。

2) 高炉入炉矿品位变化对高炉焦比的影响。高炉炼铁的传统经验是：烧结矿品位提高 1%，高炉焦比降低 2%。可是随着高炉操作水平的提高和高炉原料条件的逐渐改善，它们之间的线性关系不能不发生变化。我们运用高炉炼铁过程数学模型，确定的烧结矿品位变化与高炉焦比变化量之间的关系为非线性函数关系。计算结果表明，烧结矿品位提高 1%的节焦效果，不仅与高炉的生产状态、原料条件有关，而且还决定于烧结矿的品位水平。

（2）提供挖掘企业节能潜力和增加经济效益的新途径。

1）应用系统节能观点分析影响炼铁系统（包括烧结、球团、焦化和高炉 4 个车间）综合能耗的因素及相互关系，提出炼铁系统用能方案（包括增加球团矿比例、提高热风温度、适当增加碎杂铁用量）。

2）以并行作业的高炉为研究对象，在铁水总产量和高炉煤气总需求量一定的情况下，综合地研究焦比、喷煤比、富氧率和炼铁系统总能耗的关系，合理确定每座高炉的炉料结构、焦比、喷煤比、氧气用量、碎铁用能量和铁水产量，可使高炉利用系数增加，焦比降低，煤气发生量增加，烧结矿单耗降低。

3）同时考虑烧结矿品位变化对采矿、选矿、烧结和高炉能耗指标的影响，得到烧结矿品位增加时，吨铁综合能耗曲线为单调下降曲线。从省能的观点考虑，提高烧结矿品位可降低炼铁过程的能源消耗。但是必须看到当烧结矿品位过高时，继续提高烧结矿品位的节能效果很小。从降低生产费用角度考虑，随烧结矿品位升高，吨铁生产费用曲线为下凹曲线。

4）以初轧厂均热炉群为研究对象，应用随机服务系统理论（即排队理论）和随机仿真技术，提出适当减少均热炉开炉座数和增加单炉装钢量的生产方案，该方案可使均热炉单耗（平均值）降低。

5）以轧钢系统为研究对象，制定合理产品结构方案，得出的方案可使利润提高。

（3）制定钢铁企业合理用能生产计划方案，其中包括：获取最大利润的轧钢产品的产量计划方案（包括自销钢材的排产计划）和钢铁产量计划，与最佳产品结构方案相适应的合理能源结构方案，以及炼铁、炼钢生产系统合理生产方案及最佳用能参数。

6　现状的估计

（1）在领导的支持和关怀下，通过大家的努力，已初步形成了一个新的节能领域。这个领域是冶金热能工程学科的重要组成部分，它补充了传统节能技术的不足。就学科而言，它综合运用了冶金工程、热能工程和管理工程方面的知识，处于这些学科的交界处。在处理问题的方法上，它以系统工程为主要借鉴。前面已经提到，我们是运用系统工程处理冶金系统的节能问题，所以实际上它是"冶金能源系统工程"。它与研究国家（或地区）的能源模型的一般能源系统工程不同，因为它是与生产工艺结为一体的，属于"工艺能源模型"的范畴。这种把能源、非能源都包括在内，把系统优化和工艺优化都包括在内的研究工作，国内外文献中未见有报道。

现在看来，在钢铁联合企业中，企业系统节能技术主要研究下述问题：

1）确定单元生产过程的操作指标、工艺参数，以及参数之间的相互关系；

2）合理分配并行作业设备群的生产负荷；

3）研究燃料和动力在若干台设备上的合理分配和有效利用问题；

4）确定产品种类和产品结构方案，特别是企业自销产品的生产方案；

5）确定能耗、利润、费用等多目标之间的相互关系，编制企业年度、季度和月份生产计划；

6）制定企业中长期发展规划，预测能源需求，讨论能源结构变化对企业总能耗的影响；

7）评价节能技术和技术改造项目。

（2）系统节能的基本观点，在冶金工业的节能工作者中已得到了比较广泛的普及。冶金工业部领导对系统节能技术的发展很关心，很重视。

1987年9月，冶金工业部总工程师周传典同志在全国钢铁企业第5次节能工作会议上指出：系统节能是深挖企业节能潜力的新途径[2]。他在分析了"六五"以来我国节能工作经历的三个阶段后指出："随着单体设备能源利用率的提高和工序能耗不断下降，节能工作难度越来越大。因此，目前的节能工作要在抓好着眼于降低单体设备能耗的传统节能技术的基础上，广泛地运用以科学管理和现代化技术为核心的系统节能技术。"

他说："节能潜力存在于整个生产经营活动中。节能工作要从系统观念出发，研究由若干单体设备组成的生产车间或厂（生产工序）以及由若干生产车间或厂组成的联合企业等，正确处理好企业内部节能与其他生产活动的相互关系，企业局部与整体节能的相互关系，实现最优化能源管理。"

他强调："目前节能工作必须实现三个转变：节能着眼点从注重单体设备节能扩展到系统节能；节能管理工作从传统经验管理转向科学管理和现代化管理；组织形式由能源部门单一的纵向管理发展到各职能处（科）参加的纵横结合的管理体系。"

（3）少数几家工厂已经用定量的或定性的方法进行了系统节能的初步工作，取得了较好的结果。部分科研成果已初步纳入到学校的教学内容中。

（4）现在存在的主要问题有：

1）系统节能技术属于软科学，不大容易被人们承认，对其重要性和实际价值的估计往往不足。

2）有些工厂在生产管理方面基础较差，生产数据不全，给定量的研究工作造成困难。

3）掌握系统节能技术定量研究方法的工程技术人员不足。这类人员既要熟悉现场情况，又要具有多方面的知识。当然这类人员不必很多，但目前的问题是人数太少。

7 展望

系统节能技术不仅将成为各冶金厂节能的重要手段，而且由于它把能源和非能源、系统优化和工艺优化、成本和利润都包括进去，所以将来它还可能成为一些工厂生产经营决策的重要辅助手段。

参 考 文 献

[1] FROST P D, HALE R W, MCLEER T J. Energy consumption in the primary production of metals [J]. Iron and Steel Engineer, 1979, 56 (4)：50-56.

[2] 藤井隆，等. 炼钢过程的节能，钢铁工业节能译文集 [M]. 北京：冶金工业出版社，1981.

[3] 冶金报，1987年10月8日.

系统节能技术基础（一）*

1 概述

能源问题是我国"四化"建设的重要问题，1986年我国原煤产量已达8.94亿吨，居世界第二位，原油产量为1.31亿吨，居世界第五位，但是我国的能源供应一直十分紧张，预计到2000年，即使一次能源产量达到14亿吨标煤，供应紧张的情况不会有很大改变，因此，我国的能源形势是十分严峻的。

与此同时，我国的工业产品的单位能耗很高，能源利用率低，浪费现象严重，西方国家的1000美元产值能耗，1978年即达到1.0t标煤；而我国1986年还要1.7t标煤。

根据上述的能源供应形势和能源利用现状，国家提出了"开发和节约并重，近期要把节能放在优先地位"的能源方针。

冶金工业是全国工业生产部门的耗能大户，冶金规划提出，从1980年到20世纪末，钢铁工业在产量和能耗两个方面的总目标是：在不大量增加能源总量的条件下，使钢的产量翻一番，今后钢铁工业增产所需的能源，一半以上要靠节约。可见，钢铁生产的节能任务是很艰巨的。

这些年来，冶金工业的节能工作取得了丰硕的成果。从1976年到1986年的十年间，重点钢铁企业的吨钢综合能耗，已由2.33t下降到1.257t标煤，可比能耗也从1.72t降低到1.040t标煤（见表1）。

表1 我国历年吨钢能耗 (t标煤)

能 耗	1976年	1977年	1978年	1979年	1980年	1981年	1982年	1983年	1984年	1985年	1986年
吨钢综合能耗（全国）	3.11	2.87	2.51	2.28	2.04	1.93	1.906	1.85	1.78	1.746	1.705
吨钢综合能耗（重点企业）	2.33	2.16	1.85	1.57	1.47	1.395	1.400	1.37	1.33	1.295	1.257
吨钢可比能耗（重点企业）	1.72	1.59	1.40	1.29	1.20	1.184	1.154	1.127	1.106	1.06	1.040

但是，必须指出：（1）吨钢能耗指标与国外先进水平比，仍有很大差距；（2）近几年来，钢铁工业的年节能率正在迅速下降，如1979年为10%，1984年降为3%，1985年只有2.08%。这说明：（1）节能尚有较大潜力；（2）仅仅沿用过去的办法去抓节能工作已不能有效地达到节能的目的。

* 本文合作者：池桂兴、蔡九菊、邵玉良。原发表于《江西冶金》，1989。

这种情况要求我们，一方面要从节能的技术改造上下功夫；另一方面应更深入地、追根究底地去研究节能问题、开辟新的节能途径，以获得更大的节能效果。从 1982 年起，鞍钢、杭钢、本钢等企业，先后与有关单位合作，开展实际的研究工作，经过几年的努力，已初步形成了一套新的节能技术——系统节能技术，它弥补了传统节能技术的不足。

传统节能技术，也称单体（或单元）节能技术，它主要着眼于降低单位设备的能源消耗，在冶金企业，如高炉的焦比、加热炉燃耗、轧机的电耗等。单体节能是节能工作的基础，今后无疑仍是节能工作的重要内容，不过，仅局限于单体设备的节能，满足不了节能形势发展的要求。

系统节能技术是与单体设备节能技术相对而言的。它以单体设备更高层次上的节能问题为主要研究对象（见图 1）。

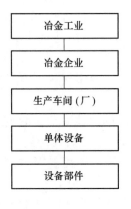

图 1　节能层次

2　系统节能技术的形成过程

近些年来，节能型工艺、设备和产品不断涌现，如果将这些看作是节能技术向纵向发展的结果，那么系统节能技术就是各专业理论互相渗透、横向发展的产物。对冶金企业的系统节能技术来讲，它的专业基础是冶金工艺学和冶金热工理论，其技术基础是运筹学（operational research）和计算应用技术。

在我国，就冶金节能技术，大体经历三个发展阶段。

2.1　生产单元过程节能阶段

一般地说，单元生产过程是由单体设备和设备部件组成的，如烧结、高炉炼铁、转炉炼钢、钢坯加热、钢坯轧制等。

以钢坯加热过程为例，改变工艺、结构和热工操作因素，综合地研究这三类因素对能耗指标、生产指标之间的相互关系，就可为单元生产过程的节能指出方向。火焰炉热负荷与生产率之间的数学关系式为

$$Q = Q_0 \cdot e^{kp} \tag{1}$$

式中，Q 为炉子热负荷；p 为炉子生产率；Q_0 和 k 为常数。

由此即可找出炉子单位燃料消耗与热负荷、产量间的关系。

这些单元生产过程节能，是我国早期节能工作的中心内容，它是以生产过程中的耗能设备为研究对象，以设备节能为目的，以改造设备、改进工艺和热工过程、完善操作制度为手段而进行的。

但是，单元生产过程的节能有以下问题：

（1）只注意能源物资的节约，忽视非能源物资的节约。

（2）只着眼于单体设备节能，忽视设备与设备之间的协调匹配。

（3）重视节能硬技术的研究，忽视节能软科学的开发和应用。

2.2　生产工序节能

生产工序节能，是在生产车间（或厂）这个层次上进行的。对钢铁生产而言，可以将联合企业划分为采矿、选矿、烧结、焦化、炼铁、炼钢、初轧和轧钢八个生产工序。

我国从加热炉和轧钢机作为轧钢工序，研究其节能问题，曾得到一些有益的启示，例如，在轧钢工序中，综合考虑加热炉燃耗、轧机电耗和金属烧损三者的关系，就可以得到钢坯综合能耗最低时所对应的最佳生产率区间（见图2），它与单纯考核炉子单耗最低的经济点 p 是不一致的。显然将炉子和轧机作为一个工序考虑其节能问题，要比单体设备节能更加全面。

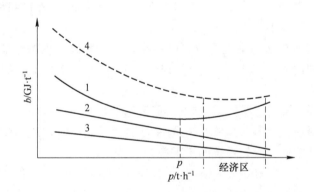

图2　轧钢工序生产率与能耗的关系

1—炉子单位热耗；2—单位电耗；3—氧化烧损；4—综合能耗

工序节能范畴的研究工作，多数围绕着与直接能耗有关因素展开的，而对间接能耗考虑较少，从完全能耗的观点，还是不全面的，有时不能得到正确的结论。例如，以直接能耗评价三种炼钢方法，转炉能耗最低，电炉最高，平炉次之；如从完全能耗的观点，考虑到铁水能值，则是转炉能耗最高，电炉最低。

与单元过程节能相比，工序节能的视野是扩大了，但仍有局限性，因为无论哪一道生产工序，采用某种节能技术，往往伴随着该工序能源和非能源消耗指标的变化，而这种变化不可避免地要影响到其他工序的能源消耗。也就是有得有失，我们的目的是要得到的多，失去的少。所以，在研究工序节能时，应注意与其相关的工序，节能不能只局限于工序，还要向更高的层次发展。

2.3　企业系统节能

企业系统节能，是继生产工序节能之后，人们在理解节能概念上的一次飞跃。

企业系统节能的研究对象是整个企业，它是以企业总能耗最低为主要目标的；以强化工序间的协调、配合，优化用能参数，调整产品结构和生产负荷为手段进行的。

企业系统节能研究工作，是以企业内部各生产子系统节能为内容逐渐展开的，其特点是：

（1）强调了研究对象的整体性和各生产因素间的相关性。在各生产系统内部，单元生产过程、生产工序（厂或车间），以及它们与系统外部各生产部门之间，在能源和非能源方面都是相互联系的，为了节能必须树立全面的观点，把各生产环节恰当地组合，将生产指标控制在合理的范围内。

（2）从能源和非能源两个方面，全面研究各生产系统的能源节约。因联结钢铁生产过程中的媒介，如各种原材料、辅助原材料、中间产品，以及各种燃料、动力等，由于在生产它们的过程中都要消耗能源，或者它们本身就能产生能源，所以都可以把它们看作是载能体。钢铁生产系统的一个重要特点是：它在消耗能源和非能源的同时，还生产可供其他部门使用的能源和非能源，所以，在研究这类生产系统的节能问题时，必须以该系统的净节能量（或称企业节能量）最大为目标，来确定该系统的最优工作状态。

关于企业系统节能的研究，国内外应用综合能耗分析法、模型工厂对比法、模型化方法等已作了一些研究工作，不过，这些研究都还仅限于燃料和动力方面的节约，至于非能源物资尚涉及很少。

（1）综合能耗分析法。钢铁企业的能耗指标，一般以吨钢综合能耗表示，它等于企业自耗能源与同期钢产量之比。分析与吨钢综合能耗有关的生产因素，是研究企业系统节能的方法之一。

吨钢综合能耗主要受三个因素影响，即高炉燃料比、铁钢比和生产负荷。

降低高炉燃料比，可显著地降低吨钢综合能耗，但同时加剧高炉和焦炉煤气的短缺程度，结果导致钢铁厂煤气系统的不平衡。

铁钢比对吨钢综合能耗的影响最大，据日本的资料统计，一般情况下，废钢比变化±1%，吨钢综合能耗变化∓6~7kg标煤。我国前几年的生产也充分说明这一点，如1981年的铁钢比只比1980年降低0.055（从0.961下降为0.906），就收到了节约147万吨标煤的效果。在我国的生产条件下，钢铁工业所包括的生产范围广，大部分原料是自己生产的，所以铁水能值很高，一般是西方国家铁水能值的1~1.5倍。因此，提高炼铁工序的废钢比，其节能意义就更为重要。

生产负荷也是影响吨钢综合能耗的重要因素。

除上述三个影响吨钢综合能耗的因素以外，还可以有其他的因素，如烧结矿比、连铸比、轧钢产品结构及工艺流程等。

以吨钢综合能耗来研究和比较企业节能时，应将轧钢产品限定在相同的范围内，否则，会出现钢材加工深度越大，吨钢综合能耗越高的情况。另外，随着环境保护要求的提高，钢铁厂污染源的治理，将对吨钢综合能耗有影响。

（2）模型工厂对比方法。假设不同工艺流程组成的"模型工厂"，对可供选择的方案进行全面的能耗评价。近几年来，国外已有专门的研究报告，其中，最典型的是国际钢铁协会（IISI）在1974~1976年对三个理想模型工厂的生产规模和工艺流程进行的综合评价，三个模型工厂的规模和生产流程分别为：

A厂：800万吨钢铁联合企业；工艺流程为高炉→转炉→铸锭及连铸→轧钢。

B_1厂：100万吨小型钢铁厂；工艺流程是全部废钢，电弧炉冶炼→连铸→轧钢。

B_2厂：100万吨小型钢铁厂；工艺流程是直接还原→电弧炉冶炼→连铸→轧钢。

对三个模型工厂吨钢综合能耗的计算结果为：

A厂：$20.679\times GJ$（706kg标煤）。

B_1厂：$8.029\times GJ$（285kg标煤）。

B_2厂：$22.973\times GJ$（784kg标煤）。

显然，B_1厂的吨钢综合能耗最低。

（3）企业节能的模型化方法。近年来，国外应用模型化方法研究企业节能的文献陆续增多，如美国内陆钢铁公司印地安那哈伯（Indiana Harbar）钢铁厂的能源模型就是一例。

哈伯钢铁厂的能源模型，是以企业内部的能源转换装置和用能设备为对象建立起来的。模型中有能源供应与使用之间的能量平衡方程，焦炉能源转换方程，设备用能种类限制方程，锅炉的能源需求方程等，这些方程都是对能源生产、转换和使用过程的数学描述。因此，它只能用于解决能源分配问题。

与哈伯厂类似的能源模型，还有日本君津钢铁厂研制的能源最优分配模型，在这个模型中，反映钢铁厂用能和生产状态的数学描述有以下三类：

1）金属平衡关系式；

2）能源平衡关系式；

3）高炉转炉各操作因素间的制约关系。

君津厂将1）和3）类关系式引入模型，在一定程度上增加了模型的实用性，该模型在对钢铁厂物流的数学描述中，除了金属平衡外，没有列出各种辅助原材料、零部件以及各种消耗品的生产和消耗方程。将操作因素对企业总能耗的影响，只限于炼铁和炼钢两个工序，还是不全面的。至于能源和非能源之间的相互影响、设备间配合、上下工序的协调等，模型中均未涉及。这说明对钢铁企业能源模型的研究，还待完善。

国内有人曾就钢铁厂平炉、电炉、转炉产量的确定，以及能源的合理分配问题，作过优化计算，尽管对象是虚构的，但从中可以看到模型在研究冶金能源节约中的作用。

3　系统节能技术的研究内容

企业系统节能技术的研究对象，是由设备部件、单体设备、生产工序和联合企业组成的开放系统，其主要任务是全面地研究冶金企业的能源利用理论和技术。对冶金工业来讲，在现阶段，要为推行"全行业、全工序、全过程的节能降耗"方针服务，将来，随着科学技术的发展，要使冶金工业的能源利用率达到更高水平。

在钢铁企业中，企业系统节能技术主要研究以下问题：

（1）生产设备之间、生产工序之间的协调配合问题；

（2）确定单元生产过程的操作指标、工艺参数以及各参数之间的相互关系；

（3）合理分配平行作业群的生产负荷问题；

（4）研究燃料和动力在若干台设备上的合理分配和有效利用问题；

（5）确定产品种类和产品结构方案，尤其是企业自销产品的生产方案；

（6）确定能耗、利润、费用等多目标间的相互关系，编制企业的年度、季度和月份的生产计划，逐步实现企业系统节能与生产经营的计算机辅助决策；

（7）制订企业中、长期发展规划，预测能源需求，讨论能源变化对企业总能耗的影响；

（8）评价节能技的技术造项目，指明投资方向。

4 应用与展望

4.1 系统节能技术的应用

自 1982 年以来，东北工学院、北京科技大学、鞍山热能研究所等单位与有关钢铁企业合作，先后开展了企业系统节能技术的研究工作，并已取得了可喜的成果，例如：

（1）鞍钢能源模型的研究及节能技术评价，已于 1985 年 10 月通过技术鉴定，运用研究成果，在 1985 年 10 月制订了鞍钢 1986 年合理用能生产计划方案，经 1986 年生产实践表明，多数生产指标与模型提供的计划数据基本相符。

（2）本钢用能优化模型及系统节能应用软件的研究，研究结果正在实际生产中应用。

（3）鞍钢等单位以系统节能的思想，开展了系统节能的工作，取得了明显的经济效益，他们的经验，已受到国家计划委员会的重视，并作了有关批示。

4.2 展望

系统节能的基本观点，已在冶金节能工作者中开始得到普及，并得到领导部门重视，第五次钢铁工业节能工作会议指出：系统节能是深挖企业节能潜力的新途径。

在冶金系统，现已初步形成一个新的节能领域——系统节能技术。它运用系统工程的原理，综合应用了冶金工程、热能工程和管理工程等方面的知识，研究和处理冶金系统的能源节约问题，并已取得成果。

当前存在的问题是：

（1）系统节能技术主要属于软科学的范畴，还不大容易为人们所认识，对其重要性和实际价值的估计，往往不足。

（2）有的企业，在管理方面的基础较差，生产统计数据不全，这就给定量研究工作造成一定的困难。

（3）掌握系统节能技术定量研究的工程技术人员不足。

展望未来，系统节能技术不仅将成为各企业节约能源的重要手段，而且由于它把能源和非能源、系统优化和工艺过程优化、成本和利润都包括在一起，所以将来完全可能成为企业生产经营决策的重要辅助手段。未来企业系统节能技术的主要发展方向是：

（1）以冶金单元过程理论为基础，建立选矿、烧结、炼铁、炼钢、加热和轧制过程的工艺模型，确定设备结构、生产工艺和热工操作等诸因素与生产指标之间的数学关系式，为企业系统节能技术中的定性研究提供科学依据，为定量研究提供模型基础；

（2）发展冶金生产过程的计算机模拟和控制技术，借助企业能源管理中心，实现生产过程的计算机辅助调度；

（3）应用能源数据库、人工智能和信息处理技术，建立相应的企业生产计划决策支持系统，实现企业生产经营计划的计算机辅助决策。

系统节能技术基础（二）[*]

1 模型的概念

企业能源模型，是以数学形式对企业的能源供应、转换、分配和使用过程与行为的描述，以揭示企业在有效利用能源方面的功能和作用。企业能源模型主要用于定量地研究企业的系统节能问题，确定企业有效转换和合理利用能源的能源结构、产品结构、操作参数和能耗指标等，并以此指导企业的规划、设计（改造）和生产，实现以节能求发展，以节能增效益的目的。

在企业范围内，以节能为目标的数学模型，还有耗能设备或局部生产过程的控制模型，其控制的方式，一般是将某台设备的操作参数、热工过程参数和能耗指标等控制在某一期望的数值。实践表明，这对降低单位设备和局部生产工序的能源消耗是有效的，但是，从系统节能角度，控制这些参数给企业带来的综合节能效果可能并不理想，所以，还要以企业为研究对象，在节约能源和非能源两个方面编制企业能源模型，通过强化设备与设备之间、工序与工序之间的协调配合，确定把哪一台设备和哪一道生产工序设计成或控制在哪一种状态。一般地说，企业能源模型属于静态优化模型，它的输出结果规定了企业的运行状态和具体的节能方向。

比企业能源模型更高层次的还有行业能源模型和地区能源模型等，如冶金、煤炭、化工、建材等行业能源模型。这些能源模型只用于更大系统的能源规划和预测等。

由此可见，企业能源模型在概念和方法方面不同于过程控制模型和行业能源模型。它是近些年来，基于大系统优化理论并紧密结合工艺过程而开发的能源模型。

企业能源模型应具备以下要点：

（1）准确性——模型要确切反映企业现实，并满足一定精度的要求。精度往往与研制模型的时间和费用成正比。超越了一定的经济和时间限度，过高地追求精度是没有必要的。

（2）简化性——节能是企业能源模型的主要目标。将模型中与节能关系较小的因素去除后，并不影响模型的真实性，从而使复杂的能源问题得到简化。简化性和准确性是矛盾的。繁琐的模型可借助计算机去求解，但这样的模型往往会冲淡本质因素，不能突出重点，反而影响了模型的效能。

（3）适应性——企业是在极其复杂的环境下运行的。资源供应、市场需求和国家计划性指令又随时间、空间而变化，这些必然影响到企业的系统行为。如果企业不能适应外界环境的变化，企业的生命将受到威胁。所以，企业能源模型对环境要有一定的适应能力。适应能力表现在两方面：即模型具有自动调节的能力，还具有适应企业改造、扩充和发展需要的能力。前者，要在模型中设置代表环境变化因素的变量，只要这一变量的输入发生变化，模型的输出结果立即得到反映；后者，要在模型中设置

---

* 本文合作者：池桂兴、蔡九菊、邵玉良。原发表于《江西冶金》，1990。

反映变量之间关系的参量，参量值随环境条件、生产工艺和设备结构变化而异。

在以上三方面中准确性是首要的。如果模型建立得不确切，企业的能源系统分析和优化就失去了基础，系统的评价结果也会出现失误。

建立企业能源模型一般经过以下步骤：

（1）首先明确企业的目的要求，即系统重点要解决什么问题，是能源的转换和分配问题，还是使用问题。系统的目的不明确，模型的概念也就建立不起来。建立模型不是目的，它仅是一种手段和工具，用它去实现能源系统工程所要达到的目的。

（2）划分企业与环境的边界条件。根据系统的目的和要求，确定系统的功能。功能是保证完成系统目标而工作的。系统的功能产生目标函数，环境和工艺要求产生约束条件，只有系统与环境的边界条件十分清楚时，目标函数和约束条件才能建立起来。

（3）从整体出发将企业分成若干子系统。系统的总目标往往需要子系统去保证完成，也就是系统的总目标要落实到每个子系统中，将总目标分解为每个子系统的目标，每个子系统的目标完成了，系统的总目标就达到了。

（4）根据企业的现实条件进行分析。在占有大量历史和现实生产数据的基础上分析，要完成每个子系统的目标会涉及哪些要素，这些要素哪些是主要的，它们之间又有什么关系，影响程度如何？这些主要要素就是模型中的变量和参量。

（5）建立初步模型。先建立起子系统的初步模型，再把子系统之间的内在联系也用数学模型表达出来，便形成了总体模型。分隔总系统为若干子系统，并建立子系统模型，称为系统分解；许多子系统模型建立后再加以联合成总体模型，称为系统的综合。

（6）模型检验。如果模型不能反映企业的实际情况，或者原来假设的边界条件误差较大时，要进行必要的调整。检验的方法是通过仿真试验，求得结果并与生产实际进行对比，找出产生误差的原因，是模型计算不准确，还是参数和假设条件与实际情况不符？要针对出现的问题进行反复修改，直至把误差控制在允许范围为止。

2　模型的结构

如果对所研究的企业具有广泛深入的了解和丰富的专业知识，同时对外部环境的影响及内部要素之间的联系比较熟悉，再加上系统节能工作者的想象力和创造性，就能建立起所需要的模型。由于每个人对事物了解的深度不同，观察和分析问题的角度也不一样，故对同一问题所建立的模型也不尽相同。下面以钢铁联合企业为例，说明企业能源模型的基本结构，以供参考。

钢铁企业能源模型由基础模型和组合模型组成。基础模型包括工艺模型和能耗统计模型；组合模型包括企业多级投入产出模型、生产主流程用能优化模型和燃料动力系统优化分配模型。

其中，工艺模型是基于冶金工艺和热工理论，通过能量、质量守恒定律以及化学反应定律建立的。运用工艺模型能够分析单体设备或生产过程中有关参数之间的关系，以及这些参数变化对企业系统行为的影响。工艺模型是联结单体设备节能和企业系统优化的纽带，是企业系统节能技术赖以发展的基础。

能耗统计模型是工艺模型的补充，是通过现场生产数据的统计分析得到的。这些经验模型的适用面虽窄，但很实用。

根据我国计算机的普及情况和企业的生产特点（连续性、层次性），组合模型均采用分解形式的模型结构。它由企业多级投入产出模型、生产主流程用能优化模型和燃料动力系统优化分配模型组成（见图1）。这种多层次的具有整体优化功能的模型结构，可以灵活地研究设备、工序和企业三个层次上的节能问题。

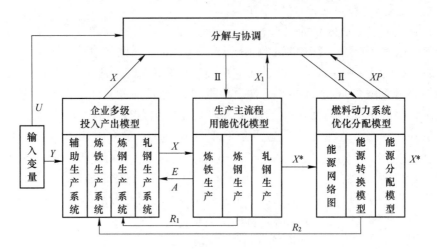

图1　钢铁企业能源结构框图

2.1　企业多级投入产出模型

企业多级投入产出（M—I/O）模型，是指企业投入产出表具有多级结构。这种模型结构，不仅缩短了编表周期，而且提高了投入产出表的准确性和实用性，为投入产出模型的大型化和在微型计算机上的实现创造了条件。

钢铁企业 M—I/O 模型划分为四级：辅助生产系统以及炼铁、炼钢和轧钢生产系统。每个生产系统单独编制投入产出表。表1是辅助生产系统的 I/O 表，该表将为主流程生产系统提供企业自产的能源产品和辅助原材料的能值，以及生产成本等信息。表2是主流程生产系统 I/O 表，它由炼铁（$j=1$）、炼钢（$j=2$）和轧钢（$j=3$）三个生产系统的 I/O 表组成。每相邻生产系统的 I/O 表用关联矩阵 L_{ij} 衔接。L_{ij} 是第 j 生产系统消耗第 i 生产系统的产品的直接消耗系数矩阵。一般情况下矩阵 L 的行数很少。所以，当模型的总规模相等时，M—I/O 模型的计算量只有普通 I/O 模型的 1/4。表1、表2中的负消耗产品是各生产系统回收并利用的能源副产品，它的产出量（对单位主产品而言）以负消耗系数表示。

表1　辅助生产系统 I/O

		O	辅助生产系统						
			非能源产品	能源产品	能值	发热量	总产量	最终产量	中间产量
I			$1, 2, \cdots, k_o$	$k_o+1,$ $k_o+2, \cdots, n_o$					
自产能源	能源	$1, 2, \cdots, k_o$	C_o		E_{C_o}	$\dfrac{E_{C_o}}{0}$	X_o	Y_o	Z_o
	非能源	$k_o+1, k_o+2, \cdots, n_o$							

0 / I		辅助生产系统		能值	发热量	总产量	最终产量	中间产量
		非能源产品	能源产品					
		$1, 2, \cdots, k_o$	$k_o+1,$ $k_o+2, \cdots, n_o$					
负消耗产品		$1, 2, \cdots, r_o$			E_{ro}	Q_{ro}	R_o	R_o
外购能源	能源	$1, 2, \cdots, l_o$	D_o			Q_{do}	U_o	V_o
	非能源	$l_o+1, l_o+2, \cdots, m_o$			0	0		

表 2　主流程生产系统 I/O

0 / I		第 j 生产系统		能值	发热量	总产量	最终产品	中间产品	
		非能源产品	能源产品						
		$1, 2, \cdots, \alpha_j$	$\alpha_j+1,$ $\alpha_j+2, \cdots, \beta_j$						
第 $j-1$ 生产系统	关联产品	$1, 2, \cdots, w_j$	$L_j\text{-}\mathrm{I}, j$		E_1	Q_1			
本系统	非能源	$1, 2, \cdots, \alpha_j$	A_j		E_a	0	X_j	Y_j	W_j
	能源	$\alpha_j+1, \cdots, \beta_j$				Q_a			
辅助生产系统	能源	$1, 2, \cdots, k_j$	C_j		E_c	Q_0	Z_j		第 $j+1$ 生产系统
	非能源	$k_j+1, \cdots, n_j$				0			
负消耗产品		$1, 2, \cdots, r_j$				Q_c			
外购能源	能源	$1, 2, \cdots, l_j$	D_j			Q_c	U_j		
	非能源	$l_j+1,$ $l_j+2, \cdots, m_j$			0	0			

注：$j=1, 2, 3$。

根据各级 I/O 表的平衡关系及其相互联系，推导的主要数学关系式有：

（1）产品总产量（X）计算式。

$$\begin{cases} X_1 = (I-A_1)^{-1}\begin{pmatrix} L_{12} \\ 0 \end{pmatrix}X_2 \\ X_2 = (I-A_2)^{-1}\begin{pmatrix} L_{23} \\ 0 \end{pmatrix}X_3 \\ X_3 = (I-A_1)^{-1}Y_3 \\ X_0 = (I-C_0)^{-1}(C_1X_1 + C_2X_2 + C_3X_3 + Y_0) \end{cases} \tag{1}$$

（2）能源需求（$\overline{U_0}$）和非能源需求量（$\widetilde{U_0}$）计算式。

$$\begin{pmatrix} \overline{U_0} \\ \widetilde{U_0} \end{pmatrix} = \begin{pmatrix} \overline{V} \\ \widetilde{V} \end{pmatrix} + D_0 X_0 + D_1 X_1 + D_2 X_2 + D_3 X_3 \tag{2}$$

（3）产品能值（E_j）递推计算式。

$$E_j = (I - A_j')^{-1} \left[L_{j-1,\,j}' E_{j-1} + (C_j',\ \overline{D_j'})(E_C - E_d)' \right] \tag{3}$$

（4）技术的节能量（ΔS）计算式。

$$\Delta S = \sum_{k=1}^{K} (Q_i',\ Q_o,\ Q_C,\ Q_d') \begin{pmatrix} \overline{L_k} - \overline{L_{ko}} \\ \overline{A_k} - \overline{A_{ko}} \\ \overline{C_k} - \overline{C_{ko}} \\ \overline{D_k} - \overline{D_{ko}} \end{pmatrix} X_k +$$

$$\sum_{k=1}^{K} (E_o - Q)' \begin{pmatrix} L_k - L_{ko} \\ A_k - A_{ko} \\ C_k - C_{ko} \end{pmatrix} X_k \tag{4}$$

公式（4）用于企业优化用能方案的节能效果分析和节能技术的评价工作。ΔS 为企业获得的节能总量，它是 K 道生产工序的直接节能量（式（4）中第一项）和间接节能量（式（4）中第二项）两部分的代数和。矩阵 L、A、C、D 为各生产系统的直接消耗系数矩阵；Q 为能源产品的发热值列向量；E 为产品能值列向量；X_k 为第 k 生产工序的产品产量列向量（见表 2）。下角标"o"标记统计初期（或实施某项节能技术以前）的消耗水平；上标"—"标记消耗系数矩阵中的能源消耗系数子阵。

2.2 主流程生产系统用能优化模型

该模型由炼铁、炼钢和轧钢生产系统的工艺模型以及各系统的优化模型组成。模型中设置能源变量和非能源变量以及参量。首先，由工艺模型提供参量的序列值，然后经过总体协调以后，确定参量的最优值。

（1）目标函数。

1）总能耗目标函数。

$$\min S_1 = \sum_i C_i X_i \tag{5}$$

2）总费用目标函数。

$$\min S_1 = \sum_i \widetilde{C_i} X_i \tag{6}$$

3）总利润目标函数。

$$\max S_3 = \sum_i P_i'' X_i'' + \sum_i P_i^0 X_i^0 \tag{7}$$

式中，C_i、$\widetilde{C_i}$ 分别为目标函数系数向量；P_i''、P_i^0 分别为企业计划产品 X_i'' 和企业自销产品 X_i^0 的单位销售利润。企业的最终产品 X_i 为

$$X_i = X_i'' + X_i^0$$

（2）约束条件。模型的约束条件由系统约束和过程约束条件组成。前者是通过载能体建立的各生产系统之间的相互联系，它反映了载能体在生产过程中的运动规律；

后者则是每个生产系统在工艺等方面对变量取值的各种限制，其中包括：投入产出平衡约束，设备的热工操作约束，原燃料的条件约束，产品和产量的需求约束，生产工艺约束、设备的生产能力约束，以及资源供应约束等。这些约束条件均以线性等式或不等式表示

$$
\begin{cases}
A_1X_1 + A_2X_2 + A_3X_3 = R_0 \\
B_1X_1 = R_1 \\
B_2X_2 = R_2 \\
B_3X_3 = R_3 \\
X_1 \geqslant 0, \ X_2 \geqslant 0, \ X_3 \geqslant 0
\end{cases}
\tag{8}
$$

为方便起见，式（8）中仅以等式描述。

2.3 燃料动力系统优化分配模型

该模型由企业的能源系统网络图、能源转换和优化分配模型组成。某台设备的单位产品能耗与能源种类、操作条件、生产负荷等因素有关（假定设备结构不变），其值由各台设备的能耗统计模型和工艺模型确定。

假设企业有 m 种能源，有 n 台设备。其中 n_0 个用户（或耗能设备）可以选择使用不同热值的高炉和焦炉混合煤气；n_1 个用户只能使用一种主要能源；n_k 个用户可以选择使用 k 种主要能源（暂令 $k = 3$）。则目标函数为：

$$
\min S = \sum_{i}^{m} \sum_{j}^{n} \eta_i X_{ij}
\tag{9}
$$

主要约束条件有：

（1）能源平衡约束。

$$
\sum_{n=1}^{n_0} X_{ij} + \sum_{j=n_0+1}^{n_1} X_{ij} + \sum_{j=n_1+1}^{n_2} X_{ij} + \sum_{j=n_2+1}^{n_3} X_{ij} = G_i \quad (i = 1, \ 2, \ \cdots, \ m)
\tag{10}
$$

（2）能源需求约束。

$$
\frac{X_{1j}}{b_{1j}} + \frac{X_{2j}}{b_{2j}} \geqslant Z_j \quad (j \in n_0)
\tag{11}
$$

$$
\frac{X_{1j}}{b_{1j}} \geqslant Z_j \quad (j \in n_1)
\tag{12}
$$

$$
\frac{X_{\alpha_1 j}}{b_{\alpha_1 j}} + \frac{X_{\alpha_2 j}}{b_{\alpha_2 j}} \geqslant Z_j \quad (j \in n_2)
\tag{13}
$$

$$
\frac{X_{\beta_1 j}}{b_{\beta_1 j}} + \frac{X_{\beta_2 j}}{b_{\beta_2 j}} + \frac{X_{\beta_3 j}}{b_{\beta_3 j}} \geqslant Z_j \quad (j \in n_3)
\tag{14}
$$

式中，X_{ij} 表示第 j 用户消耗第 i 种能源的数量；η_i 是第 i 种能源的标准煤折算系数；b_{ij} 是第 j 用户使用第 i 种能源时产品单位能耗；Z_j 是用户 j 的产品产量，其值由主流程生产系统的用能优化模型给出；G_i 是第 i 种能源的最大供应量或生产量。

3 模型的协调

根据凸规划的一般理论，生产主流程用能优化模型（也可包括燃料动力系统）可

分为一个主规划和多个子规划模型。主规划相当于公司级决策，子规划相当于部门级（或厂级）决策。载能体的边际能值，是协调上下级之间决策活动的物理量。

某种能源（或非能源或产品）的边际能值，是指企业对这种能源或非能源的消耗量或产品的生产量每增加一个单位时，企业总能耗的改变量。改变量可能是正值、负值，也可能是零。也就是说，能源、非能源物资和产品的边际能值有大于、小于和等于零三种可能。企业在能源和非能源的供应能力以及设备的生产能力一定的条件下，载能体边际能值的大小随生产系统的消耗状况和生产水平而异。为了降低整个企业的能源消耗，各道生产工序之间和各台设备之间要协调配合，要在公司总目标的指导下完成各自的任务，不能另立目标。

图 2 是企业在节能决策过程中的信息传递简图。图中标明，各生产部门上报给公司的信息是每个部门拟定的节能建议方案 X_n^j，公司下达给各生产部门的指令，是若干种能源、非能源和产品的边际能值 Π_1（向量），以及每个生产部门确定的生产方案（n 种方案的加权和）的净能耗总量 Π_0（向量）。

294

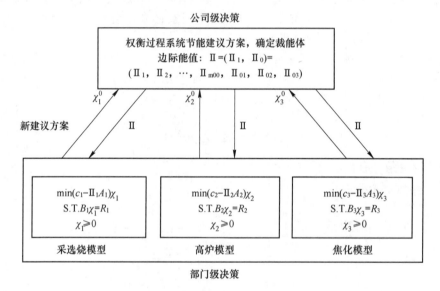

图 2　企业能源模型的协调过程

以求企业总能耗最小为例，企业能源模型的协调过程如下：

（1）首先，炼铁、炼钢和轧钢生产系统从本部门利益出发，通过求解子规划问题，拟定各自的用能建议方案 χ_k^0，并将这些方案上报给公司。

（2）公司从整体利益出发，求解主规划决定这些建议方案的取舍。若某方案完全被公司采纳，取该方案的权值 $\lambda = 1$，否则 $\lambda = 0$；若方案中的部分内容被公司采用，取 $0 < \lambda < 1$。与此同时，将载能体的边际能值下达给各生产部门，指令各部门重新修定子规划的目标函数系数，再将新的建议方案上报公司。

（3）假设部门 k 经第 j 次协调后拟定的建议方案为 χ_k^j，该方案的净能耗为 S_k^j，该部门的最终方案的净能耗为 π_o^k。如果有下式成立：

$$S_k^j - \pi_o^j < 0 \tag{15}$$

则方案 χ_k^j 将作为公司的一个备选方案。否则，公司再也不能规划出能够进一步降低企业总能耗的其他生产方案。于是，协调过程结束。

4　模型的求解

为了使企业能源模型在企业的系统节能工作中推广使用，并对企业的生产经营进行计算机辅助决策，我们在微型计算机（IBM—PC/XT）上研制了求解企业能源模型并编制企业合理用能生产计划的应用软件，简称 DMEC 软件。

4.1　软件的算法

DMEC 软件的算法由三部分组成：投入产出分解算法，大系统分解协调算法和多目标决策约束算法。这些算法都是根据企业能源模型的特点和微机的使用条件研制的。算法能够在微型计算机上实现的关键是：投入产出模型采用多级结构；主流程生产系统用能优化模型分解为主规划和子规划两部分；采用一系列节省计算机存贮容量、提高计算效率和减少舍入误差的计算技巧。

图 3 是 DMEC 软件的算法框图。由于在协调模型中子系统的划分原则和投入产出模型的分块方法是一致的，使得这两类模型相互对应。根据协调模型求得的合理用能生产方案，返回到 M—I/O 模型，可以计算出各生产系统的直接能耗、间接能耗和产品

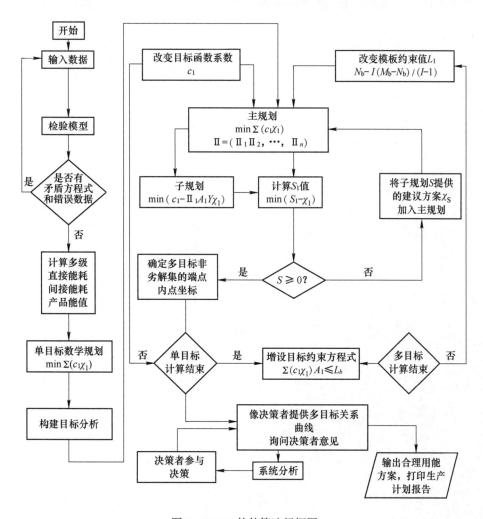

图 3　DMEC 软件算法粗框图

能值等。相反，M—I/O 系数的变化，也能迅速地在协调模型中及其各子模型中得到响应，并通过公式（4）计算各生产系统的直接、间接节能量和企业节能总量，进而评价优化用能生产方案的节能效果和节能技术的优劣。

多目标约束算法，是一种求解非劣解集的估计算法。多目标非劣解集将为决策者展示出主要目标和次要目标之间的相互关系。由于 DMEC 软件在运行过程中对决策者有明确的询问，所以决策者可根据总能耗和总利润目标的折衷关系曲线选择满意的生产方案。

4.2　软件的结构

DMEC 软件由模型建立软件、模型计算软件和报告生成软件组成。模型建立软件用于模型的生成与修改；模型计算软件用 FORTRAN 语言编写，它由模型检验程序、运算求解程序和结果文件生成程序三部分组成；报告生成软件包括报告库的转换、报表库和企业生产计划报告文本的生成，以及格式化打印等部分。报告采用 dBASE 数据库结构。从模型计算结果到报告文本的生成和打印均自动进行。以上三部分软件既相互独立又相互关联，彼此之间通过数据文件传递信息。使用 DMEC 软件时，只要对主控模块赋予不同的参数，即可调用各种软件，并在主菜单的引导下完成各种计算。

系统节能技术基础（三）*

1 方法举例

下面以小型轧钢车间为例，说明该车间在设备、工艺和原料条件都不改变的情况下，如何应用系统节能技术，降低生产系统的能源消耗。

例 某企业的轧钢车间有两道连续的生产工序。前一道工序生产的产品可以作为后一道工序的原料，进一步深加工为企业的最终产品，也可以直接作为企业的最终产品。工序Ⅰ和工序Ⅱ生产单位产品消耗重油（用于加热炉和热处理炉）分别为 30kg/t 和 70kg/t；消耗电力（用于轧钢机）分别为 20kW·h/t 和 80kW·h/t，两道工序的成材率分别为 80% 和 40%，两种最终产品的单位销售利润分别为 200 元/t 和 600 元/t。企业规定：在计划期内供给该车间原料坯的最大能力为 15 万吨，车间的耗电量不得超过 300×10⁴kW·h，产品的销售利润不得少于 24×10⁶ 元。试分析该车间应如何组织生产，才能使整个车间的能源消耗最低？

1.1 建模

以车间的总能耗最低为目标，建立线性规划模型。令工序Ⅰ的最终产品产量为 x_1（万吨），工序Ⅱ的最终产品产量为 x_2（万吨），为运算方便，取重油的折算系数为 1.4，电力为 0.4，则工序Ⅰ的单位产品能耗为 50kg/t（标煤）（即 30×1.4+20×0.4），工序Ⅱ的单位产品能耗为 130kg/t（标煤）。车间总能耗目标函数为：

$$\min Z = 50x_1 + 130x_2 \quad (10^4 \text{kg 标煤}) \qquad (1)$$

约束条件：

$$\begin{cases} 20x_1 + 80x_2 \leqslant 300 & \text{（电力供应约束，} 10^4 \text{kW·h）} \\ 2x_1 + 6x_2 \geqslant 24 & \text{（利润指标约束，} 10^6 \text{元）} \\ 1.25x_1 + 2.5x_2 \leqslant 15 & \text{（原料供应约束，} 10^4 \text{t）} \\ x_1, \ x_2 \geqslant 0 & \text{（非负约束，} 10^4 \text{t）} \end{cases} \qquad (2)$$

1.2 求解

用图解法求解模型，如图 1 所示。

图 1 表明，同时满足所有约束条件的一切可行的生产方案均在 ABC 围成的区域内。其中 A 点的坐标 x_1 和 x_2 的值，是电力供应约束方程 $20x_1 + 80x_2 = 300$ 和利润指标约束方程 $2x_1 + 6x_2 = 24$ 的交点。它给出了该车间的最优生产方案：工序Ⅰ生产最终产品 3 万吨，工序Ⅱ生产最终产品 3 万吨，两道工序共消耗能源 5400t 标煤。

---

* 本文合作者：池桂兴、蔡九菊、邵玉良。原发表于《江西冶金》，1990。

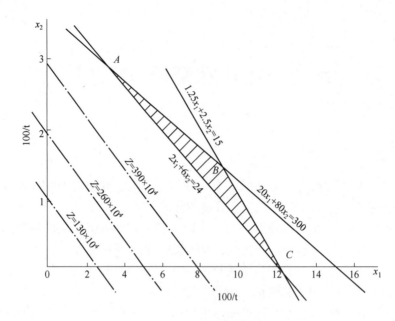

图 1　模型求解图

1.3　系统分析

　　系统分析是指处于最优状态的生产系统其内部要素和外部条件发生变化时，对系统行为的综合性分析。本文重点分析外部条件变化对车间总能耗的影响。

　　(1) 电力供应能力增加 $1 \times 10^4 \text{kW} \cdot \text{h}$（其他条件不变），对车间总能耗的影响。车间实施最优生产方案，将消耗能源 5400t 标煤，获取利润 24×10^6 元，节约原料坯 3.75 万吨，消耗电力 $300 \times 10^4 \text{kW} \cdot \text{h}$（全部用尽）。如果企业供给该车间的电力再增加 $1 \times 10^4 \text{kW} \cdot \text{h}$，则最优生产方案将变为下述方程组：

$$\begin{cases} 20x_1 + 80x_2 = 301 \\ 2x_1 + 6x_2 = 24 \end{cases} \tag{3}$$

的解，即

$$\begin{cases} x_1 = 2.85(\text{万吨}) \\ x_2 = 3.05(\text{万吨}) \\ Z = 5390(\text{t 标煤}) \end{cases}$$

　　它与原生产方案相比，车间总能耗将降低 10t 标煤。根据载能体边际能值的定义，电力的边际能值为 $-1\text{kg}/(\text{kW} \cdot \text{h})$（标煤）。显然，电力的边际能在数值上不等于电的实际能值（$0.404\text{kg}/(\text{kW} \cdot \text{h})$（标煤））。

　　(2) 利润指标提高 1×10^6 元，对车间总能耗的影响。如果企业下达给车间的利润指标再增加 1×10^6 元（其他条件不变），则最优生产方案又将是下述方程组：

$$\begin{cases} 20x_1 + 80x_2 = 300 \\ 2x_1 + 60x_2 = 25 \end{cases} \tag{4}$$

的解，即

$$\begin{cases} x_1 = 5(万吨) \\ x_2 = 2.5(万吨) \\ Z = 5750(t 标煤) \end{cases}$$

它与原生产方案相比，车间总能耗将增加 350t 标煤。所以，万元利润的边际能值为 3.5t/万元（标煤）。

由于重油和原料坯的供应量再增加一个单位时，原生产方案和车间总能耗都不发生变化（即目标函数的变化量为零），所以，重油和原料坯的边际能值均为零。

上述分析说明：该车间的产品电耗高和供电能力不足的矛盾，是制约车间生产能力和影响能耗水平的重要因素。所以，降低轧机电耗应当作为该车间节能的重点。在保证重油供应的前提下，可以适当提高被加热钢坯的出炉温度，以降低轧钢机电耗。从系统的观点看，这对提高车间的经济效益、降低能源消耗都是有利的。

（3）评价新产品（或新工艺）的节能效果。为了提高产品质量和降低能源消耗，该车间拟定在工序 II 采用新的深加工工艺，生产新产品（x_3）。设计指标规定：新产品的单位油耗为 10kg/t，电耗为 90kW·h/t，单位产品的销售利润为 780 元/t。试分析这种产品投产以后，对车间的节能是否有利？

评价一项技术的优劣，至少要考虑能源和利润两个方面。载能体边际能值的概念为两者的结合并综合评价"节能技术"提供了有效的方法。评价准则如下：

若生产新产品（x_3）所需要的：

〔投入能源的总量〕−〔投入载能体的边际载能总量〕 < 0

则这种产品为节能型产品，否则为不节能产品。根据上述准则，计算〔投入能源的总量〕为：

$$〔(30 \times 2 + 10) \times 1.4 + (20 \times 2 + 90) \times 0.4〕 = 150kg/t(标煤)$$

〔投入载能体的边际载能总量〕为：

$$〔(20 \times 2 + 90) \times (-1) + 0.078 \times 3500〕 = 143kg/t(标煤)$$

所以，新产品（x_3）投入生产以后（车间的利润指标仍为 24×10^6 元），将导致车间总能耗的增加，它不是节能型产品。

（4）讨论新产品（x_3）为节能型产品应具备的条件。

1）设产品的单位能耗不变，确定新产品的单位销售利润（外部条件）。令新产品的单位销售利润为 y（万元/t），则

$$〔150〕 - 〔(20 \times 2 + 90) \times (-1) + y \times 3500〕 < 0$$
$$y > 0.08$$

即新产品的单位销售利润超过 800 元/t 时，它对车间的节能才是有利的。

2）假设新产品的单位销售利润不变，确定在工序 II 生产单位产品的电耗（内部条件）。令新产品在工序 II 的单位电耗为 3kW·h/t，则

$$〔(30 \times 2 + 10) \times 1.4 + (20 \times 2 + 3) \times 0.4〕 -$$
$$〔(20 \times 2 + 3) \times (-1) + 0.078 \times 3500〕 < 0$$
$$3 < 85$$

即只要新产品的单位电耗低于 85kW·h/t 时，它对车间的节能就是有利的。

2 定性研究举例

下面以鞍钢"运用系统节能规律实现'55018'攻关目标"为例,说明系统节能定性研究方法的应用效果。

1986年,鞍钢在全面分析能耗状况的基础上,决定把鞍钢炼铁系统的节能作为全公司节能的重点,提出炼铁系统一年内实现"55018"攻关目标。即高炉利用系数达到 1.8t/(m³·d) 以上,高炉综合焦比降低到 550kg/t 以下。在组织联合攻关中,自觉地运用系统节能的规律,着重解决了工序节能与系统节能、局部效益与整体效益之间的矛盾,进一步发挥了炼铁生产系统的整体功能,收到了明显的节能效果。具体做法如下:

(1) 抓主要矛盾,把炼铁系统作为鞍钢节能的重点。鞍钢炼铁系统是矿山、焦化、烧结、炼铁等工序的总称。这个系统直接消耗的能源,占钢铁生产总能耗的60%以上。因此,炼铁系统工作的好坏,对鞍钢的能耗有重要影响。如果高炉炼铁能耗降不下来,就不可能大幅度地降低鞍钢的吨钢综合能耗。所以炼铁系统是鞍钢节能的重点。这是鞍钢在全面地进行能耗系统分析以后得出的结论。为了降低炼铁系统的能源消耗,制订了节能途径分析表。从高炉结构与操作、焦炭灰分与强度、烧结矿品位与成分、管理体制与政策等四个方面考虑如何降低第一、二类载能体的单耗及其载能量,如何回收散失的载能体和各种能量。通过仔细研究每个生产因素对铁水能值的影响,以及不同生产因素之间的联系,一致认为目前影响鞍钢炼铁水平的主要矛盾不是高炉设备本身,而是其原料和燃料的条件不能满足大高炉的要求。近些年来,高炉容积扩大了。可是,原燃料条件并未得到相应改善,大高炉不能发挥应有的效益。致使鞍钢的铁水产量和能耗指标停滞不前。于是,以炼铁系统节能为重点,以高炉节能为中心,全公司范围内的"55018"攻关开始了。

"55018"这个目标反映在高炉,实际上是矿山、烧结、焦化和高炉四个工序协调配合的集中体现。不开展系统节能,"55018"目标是很难实现的。

(2) 使用经济手段,鼓励矿山提高精矿品位。鞍钢红矿多,品位低,选矿难度大。长期以来因价格不合理,精矿品位难以提高,"六五"期间,鞍钢铁精矿品位只有63%左右。攻关开始后,公司给予矿山优质优价待遇,品位每提高1%,加价5元/t。矿山不惜适当增加能耗和成本,使精矿品位在短期内提高到64%,高炉的入炉矿品位也相应由52.67%提高到54%。

(3) 调整烧结工序能耗定额,提高烧结质量。为了提高烧结质量,公司对烧结厂提出了烧结矿强度、粉末率、成分稳定率等项的分目标,同时合理地调整了烧结生产的用能定额。烧结能耗的增加量,由炼铁厂从增产节焦效益中以优质优价形式给予补贴。烧结厂不断进行工艺和操作方面的改革,积极消化增能因素,结果在提高产品质量的同时,反而使烧结工序能耗有所下降,为公司"55018"攻关目标的实现做出了贡献。

(4) 改进炼焦操作,提高焦炭质量。鞍钢化工总厂改进焦炉的热工制度,将焦饼温度由 (1000±50)℃ 提高到 (1050±50)℃,提高了焦炭的质量。公司还为化工总厂重新制订了煤气单耗定额。虽然焦化厂的生产费用升高了,但却保证了高炉对焦炭强度的要求,两年使高炉全铁工序能耗吨铁降低11kg标煤。

(5) 用系统节能观点,指导高炉炼铁生产。鞍钢现有高炉10座:1500m³ 以上高炉 3 座，800~1500m³ 高炉 6 座，800m³ 以下高炉 1 座。长期以来，对并行作业的 10 座高炉不区分生产条件、高炉大小和工作特性，简单地实行原燃料好坏搭配，"一碗水端平"的不科学的生产组织方法。攻关期间，鞍钢在东北工学院关于高炉群能源模型研究结果的启发下，针对不同高炉的生产情况和原燃材条件的好坏程度，实行"分灶吃饭"使 10 座高炉在增产、节能两方面取得整体最佳的效果。具体做法有：将优质原燃料优先供给大高炉，使大高炉的利用系数由 1.4t/（m³·d）提高到 1.5~1.9t/（m³·d），综合焦比降到 550kg/t 以下；给最大高炉喷吹少量焦油；增加热风炉混合煤气中焦炉煤气比例，使大高炉的热风温度由 1020~1030℃提高到 1070~1080℃；采用高氧技术，大量喷吹煤粉，降低综合焦比；精心操作，提高高炉内的煤气热能利用率等。

总之，以高炉增产节焦为目的的攻关活动，理顺了各有关工序之间的关系，树立了局部服从全局，分目标服从总目标的整体观念，使炼铁产量增加，总能耗下降。两年累计增加生铁 93 万吨，全铁工序能耗降低 33kg/t（标煤），攻关前后能耗等有关指标见表 1。

表 1　攻关前后炼铁系统能耗等指标的变化

年　份	炼焦工序能耗（标煤）/kg·t⁻¹	吨铁耗焦炭/t·t⁻¹	烧结工序能耗（标煤）/kg·t⁻¹	吨铁耗烧结矿/t	炼铁工序能耗（标煤）/kg·t⁻¹
攻关前 1985 年	234	0.5400	82	1.8030	495
攻关后 1986 年	232	0.5296	79	1.7593	488
1986 年	220	0.5247	79	1.7564	482

3　定量研究应用举例

我国冶金工业自 1985 年开展系统节能工作以来，应用定量研究方法主要探讨以下几方面问题。

（1）加强设备之间、生产工序之间的协调配合。轧钢工序由加热炉和轧机组成。依据完全能耗的观点，这个工序直接和间接消耗的能源主要包括加热炉燃耗、轧机电耗和金属氧化烧损的载能量三部分。对这三项消耗进行综合分析，将得出轧钢工序综合能耗为最低的生产率区间。在不采取其他技术措施的情况下，只要炉子和轧机协调配合，即生产率维持在最佳区域内，就可以降低整个企业的能源消耗。

沈阳线材厂有初、中、精轧机 21 架，有三段式连续加热炉一座。统计该厂大量生产数据，得到加热炉单位热耗、轧机单位电耗与生产率之间的关系分别为

$$b_1 = 4802.3 - 158.3P + 1.830P^2 \tag{5}$$
$$b_2 = 1800.3 - 11.6P \tag{6}$$

取原料坯的能值为 31.4GJ/t，再将金属的氧化烧损量折算成能量，得轧钢工序的单位氧化量（包括炉内氧化和轧制过程中的氧化）与生产率之间的关系为

$$b_3 = 552.7 + 1779.4P^{-0.5} \tag{7}$$

式（5）~式（7）中，b_1 为加热炉单位热耗，MJ/t；b_2 为轧机单位电耗，MJ/t；b_3 为轧钢工序单位氧化量，MJ/t；P 为生产率，t/h。

将式（5）~式（7）叠加，得轧钢工序综合能耗（$b_1 + b_2 + b_3$）与生产率之间的关系为

$$b = 7155.3 - 169.9P + 1779.4P^{-0.5} + 1.830P^2 \qquad (8)$$

比较式（5）和式（8）：就加热炉而言，当生产率 $P_{1j} = 43.2t/h$ 时，炉子的单位热耗最小，此点称为加热炉的"经济点"；就轧钢工序而言，当生产率 $P_j = 47.5t/h$ 时，轧钢工序的综合能耗最小，此点称之为轧钢工序的"经济点"（见图2）。目前，我国多数轧钢厂的炉子和轧机不能协调配合，产量忽高忽低，不能保持在 P_j 点附近工作，是造成轧钢生产能耗较高的重要原因。分析轧钢工序综合能耗的组成：加热炉燃耗占38.8%，轧机电耗占36.4%，氧化烧损占24.8%，说明节约燃料、节电和降低氧化烧损具有同等的重要性。迄今为止，人们对炉子与轧机的协调配合还不够重视，对氧化所造成的损失更不重视。实践将证明：提高生产率，使轧钢工序始终维持在其经济点（P_j）附近工作，是企业节能、降耗的一条有效途径。

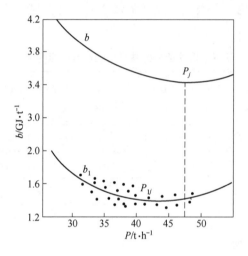

图2　炉子燃耗、综合能耗与生产率的关系

（2）确定生产过程的操作指标、工艺参数以及参数之间的相互关系。热风温度是高炉操作的重要参数。如果以增加热风炉煤气中焦炉煤气配比的方式获取较高的热风温度，同时考虑热风炉和高炉的能量消耗，高炉风温并非越高越好，而是有一个合理的风温区间。根据鞍钢的生产情况，由热风炉和高炉能源模型计算，绘制出9℃高炉热风温度变化对高炉能耗（包括热风炉能耗）指标的影响，如图3所示。

图中曲线的计算条件：曲线①高炉喷吹煤粉最大量不超过45kg/t；曲线②喷吹煤粉量不受限制，其最优值由模型确定；曲线③喷吹煤粉量不限，且高炉富氧1%。由图3可得出以下结论：

1）如果高炉喷吹煤粉量的上限不变，热风温度在1050~1150℃范围内变化时，热风温度对铁水能值的影响很小。当现有热风温度低于1050℃时，提高热风温度对节能有利。当现有热风温度高于1050℃，继续提高热风温度会使铁水能值升高（图3中A图曲线①）。

2）如果在提高热风温度的同时，相应地增加煤粉喷吹量（取最优值），合理风温区将上移到1150~1200℃（图3中A图曲线②）。

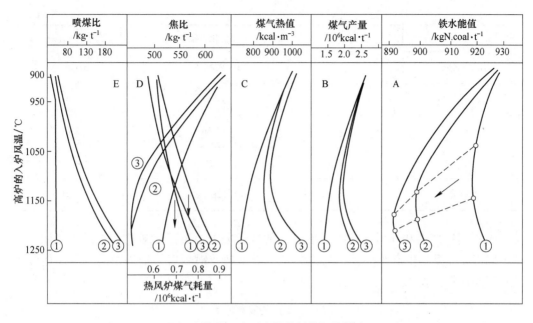

图 3　热风温度对高炉能耗指标的影响

3）若同时采用高炉富氧和增加煤粉喷吹量两项措施，提高风温的节能效果愈加明显。此时，合理风温区域上升到1180~1220℃，且合理风温区域变窄（图3中A图曲线③）。

（3）合理分配平行作业设备群的生产负荷。企业中的某些环节只有一种产品，但有若干台设备平行作业。例如，均热炉群、加热炉群、电炉群、转炉群、高炉群等。这些设备的容量和工作特性（效率与生产率的关系）各不相同。这种情况下，怎样分配生产负荷才能使设备群的总能耗最小？

例如，某动力厂有4台容量不同、性能不同的锅炉平行作业，向外供应相同参数的蒸汽，总供汽量为113400kg/h。这4台锅炉的特性曲线分别为：

$$\eta_1 = 86 + 3.821 \times 10^{-5}P_1 - 1.758 \times 10^{-9}P_1^2$$

$$\eta_2 = 85 + 20.254 \times 10^{-5}P_2 - 1.777 \times 10^{-9}P_2^2$$

$$\eta_3 = 85 + 20.117 \times 10^{-5}P_3 - 3.956 \times 10^{-9}P_3^2$$

$$\eta_4 = 84 + 20.944 \times 10^{-5}P_4 - 2.916 \times 10^{-9}P_4^2$$

式中，η 为锅炉热效率，%；P 为锅炉产汽量，kg/h。

4台锅炉负荷分配的优化结果列于表2。由表可见，与平均分配蒸汽的生产方案相比，优化方案可节约燃料费21.9元/h。一年按350个工作日计算，每年可节约开支18.4万元。

表 2　锅炉群负荷优化方案

炉　号	单位	优化方案	平均分配方案
No. 1 锅炉	kg/h	23450. 3	28350

炉　号	单位	优化方案	平均分配方案
No. 2 锅炉	kg/h	9745.9	28350
No. 3 锅炉	kg/h	34347.6	28350
No. 4 锅炉	kg/h	45856.2	28350
总供汽量	kg/h	113400	113400
燃料费	元/h	2883.01	2904.91

（4）研究燃料和动力在若干台设备上的合理分配。某厂有炼焦、烧结、球团、炼铁、炼钢、轧钢等生产车间，以及鼓风站、供水站、锅炉房等辅助车间。所用能源种类和消耗现状见表 3。

表 3　工厂的能耗现状

车间	无烟煤 /t	动力煤 /t	燃料油 /t	焦炭 /t	焦炉气 /m³	高炉气 /m³	电 /kW·h	蒸汽 /t	费用 /元
炼焦					89377×10³		9268.65×10³	64753	415.64×10⁴
烧结	14784			20402	5774×10³		17791.16×10³	2265	358.90×10⁴
球团						45103×10³	7479.64×10³	1256	69.38×10⁴
炼铁				254703	2888×10³	355640×10³	5609.25×10³	4657	2256.76×10⁴
炼钢					24432×10³	1406×10³	6122.6×10³	37238	158.77×10⁴
轧钢			15050		1459×10³	2315×10³	7369.97×10³	15988	179.9×10⁴
鼓风站							12838.2×10³	107606	197.47×10⁴
供水站							21632×10³		151.42×10⁴
锅炉		3481			43168×10³	289478×10³	1800.02×10³		262.43×10⁴
氧气站							34485.80×10³	20377	261.78×10⁴
小计	14784	3481	15050	275105	167098×10³	693942×10³	124394.3×10³	295640	4312.66×10⁴

在规定的范围内，各种设备使用的能源种类可替换的情况下，用线性规划的方法、以全厂的能源费用最低为目标对能源分配进行优化，得能源分配优化方案见表 4。全厂的能源费用原方案为 4312.66 万元，优化方案为 3761.21 万元，降低 12.78%，节省了 551.25 万元。

表4 能源分配优化方案

车间	无烟煤 /t	动力煤 /t	燃料油 /t	焦炭 /t	焦炉气 /m³	高炉气 /m³	电 /kW·h	蒸汽 /t	费用 /元
炼焦					446883×10³		9268.65×10³	64753	286.04×10⁴
烧结		42188			5774×10³		17797.16×10³	2265	271.30×10⁴
球团					9020×10³		7496.64×10³	1256	82.46×10⁴
炼铁	102725			181568	21098×10³	264590×10³	560925×10³	46157	2048.38×10⁴
炼钢					24432×10³	1046×10³	6122.6×10³	37238	158.77×10⁴
轧钢			15050		1921×10³		7369.97×10³	15988	174.63×10⁴
鼓风站								108147	108.15×10⁴
供水站							21632×10³		151.42×10⁴
锅炉		76502				72847×10³	1800.02×10³		266.07×10⁴
氧气站							27780×10³	19834	214.29×10⁴
小计	102725	128690	15050	181568	62245×10³	785726×10³	104875×10³	295638	3761.21×10⁴

（5）制定企业合理用能生产计划方案。东北工学院与有关单位合作，应用企业系统节能决策模型，分别编制鞍钢的年度、季度的合理用能生产计划方案。例如，1985年10月曾制定了鞍钢1986年合理用能生产计划方案。该方案包括：

1）获取最大利润的202种轧钢产品的生产方案，其中包括国家计划产品和企业自销产品；

2）确定与合理产品结构方案相适应的能源结构方案；

3）炼铁、炼钢生产系统的合理生产方案及最佳用能参数。

上述生产方案曾作为鞍钢制定1986年生产计划的重要参考。到1986年底，鞍钢的生产实践表明：除生铁产量不同以外，其他生产指标与模型提供的优化方案基本相符。表5是鞍钢1986年自销钢材的优化方案和实际产量的对照表，两者的自销钢材总量只差1.57万吨。

表5 鞍钢1986年自销钢材产量对照表 （t）

产品名称	生产厂（车间）	优化方案	实际产量	差值
螺纹钢	小型厂一车间	26.46×10⁴	25.56×10⁴	0.90×10⁴
元钢	小型厂二车间	26.47×10⁴	27.94×10⁴	−1.47×10⁴
普通薄板	第一薄板厂	3.74×10⁴	3.71×10⁴	0.03×10⁴

产品名称	生产厂（车间）	优化方案	实际产量	差　值
普通薄板	第二薄板厂	4.72×10^4	5.08×10^4	-0.36×10^4
大角钢	焊管厂轧钢车间	19.79×10^4	18.56×10^4	1.20×10^4
小角钢	轧钢车间	1.36×10^4	1.35×10^4	0.01×10^4
镀锌管	镀锌车间	8.00×10^4	9.73×10^4	-1.73×10^4
电焊管	焊管车间	3.00×10^4	2.90×10^4	0.10×10^4
电焊管	金属制品	1.80×10^4	2.05×10^4	-0.52×10^4
合计		95.34×10^4	96.91×10^4	-1.57×10^4

我国钢铁工业吨钢综合能耗的剖析 *

1 概述

从 20 世纪 70 年代末开始，我国钢铁工业就把节能工作放在重要地位，千方百计节约能源，取得了显著成绩。1980~1989 年的十年间，我国钢铁工业的吨钢综合能耗从 2.039t 降为 1.636t 标煤，下降率为 19.76%（见图 1）。由于能源的降低，改变了以往单纯依靠增加能源供应发展钢铁生产的旧格局，实现了节能增产，保证了钢铁生产的持续发展。此外，在钢铁工业的能源结构、生产结构和企业管理素质等方面也有改进。然而，我国钢铁工业的吨钢能耗水平同发达国家平均水平相比，仍有较大差距。而且近几年来，我国钢铁工业的年节能率逐年明显下降，如图 1 所示，1981 年环比节能率为 5.2%，而 1989 年已降到 0.67%。

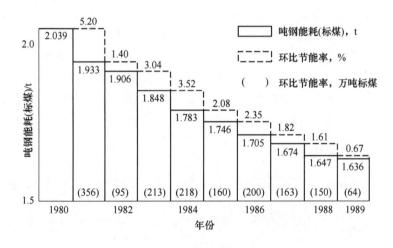

图 1　钢铁工业的节能量与节能率

钢铁工业的吨钢综合能耗是指钢铁工业内部县以上国营企业在统计期内消耗的能源总量，除以同期内的合格钢产量。全国每年统计一次，企业每月统计一次。这个指标虽然还不够完善，但它仍是讨论钢铁工业节能问题的主要着眼点。计算式如下：

$$[\text{吨钢综合能耗}] = \frac{\text{统计期内的能源消耗总量（吨标煤）}}{\text{统计期内的合格钢锭 + 连铸坯（吨钢）}} \qquad (1)$$

在钢产量一定的情况下，吨钢综合能耗越低，钢铁工业的能源消耗量越低。吨钢综合能耗包含的具体内容，可从其计算式的展开看出：

---

　　*　本文原发表于《冶金能源》，1992。

$$\text{〔吨钢综合能耗〕} = \frac{P_1 e_1 + P_2 e_2 + \cdots + P_n e_n}{\text{〔统计期内的合格钢锭 + 连铸坯〕}} \tag{2}$$

式中，P_1、P_2、$\cdots$、P_n 分别为统计期内采矿、烧结、焦化、炼铁、炼钢、连铸、模锻及初轧、轧钢、耐火、铁合金等工序的实物产量，单位是 t；e_1、e_2、$\cdots$、e_n 分别为相应上述各工序的平均工序能耗，单位是 t 标煤/t 产品。有

$$\text{〔吨钢综合能耗〕} = p_1 e_1 + p_2 e_2 + \cdots + p_n e_n \tag{3}$$

式中，p_1、p_2、$\cdots$、p_n 为统计期内各工序实物产量与钢产量之比，分别称作矿钢比、烧结钢比、焦钢比、铁钢比、钢钢比、连铸比、模铸比、材钢比、耐钢比、铁合金钢比等。例如

$$\text{铁钢比} = \frac{\text{统计期内生铁产量}}{\text{统计期内钢产量}} \quad \text{t/t} \tag{4}$$

由此可见，影响吨钢综合能耗的直接因素有两大类：

第一类：对应于每吨钢产量的各工序实物产量，简称各工序的钢比系数，即 p_1、p_2、$\cdots$、p_n。

第二类：各工序生产每吨实物的能耗，简称工序能耗，即 e_1、e_2、$\cdots$、e_n。

为了降低吨钢综合能耗，一要降低各工序的钢比系数（个别例外），二要降低各工序能耗，缺一不可。联系起来看，为了钢铁工业的节能考虑，每道工序不仅要注意节能，而且要注意降耗。"节能"是指节约本工序所消耗的能源，"降耗"是指降低本工序所消耗的各种原材料；前者是直接降低本工序产品的能耗，后者是间接降低本工序产品的能耗。直接能耗与间接能耗之和，才是全部能耗。因此，只有节能降耗双管齐下，才能收到良好的节能效果，否则是办不到的。

2 各工序能耗的变化及说明

工序能耗是指钢铁工业各工序生产 1t 合格产品直接消耗的能源量。计算式如下：

$$\text{〔工序能耗〕} = \frac{\text{〔工艺过程及辅助生产能耗量 - 回收并外供的能量〕}}{\text{〔合格产品的产量〕}} \tag{5}$$

在计算过程中，矿、油、气、电等各种能源的消耗量均按规定折算成标煤重量。

钢铁企业一般都按月统计，制成报表。本文中所用各工序能耗的数据，是在各企业报表的基础上汇总的。由于数据来源上的困难，所收集到的能源数据，仅限于全国重点企业和地方骨干企业，但已有足够的代表性（见表 1）。

表 1 各类企业能耗比例

企业类别	重点企业	地方骨干	地方小钢铁	独立矿山 独立焦化	铁合金、耐火、炭素厂	丝绳制品等
能耗比例/%	54.45	22.27	11.43	4.90	6.20	0.75

1980~1989 年间，全国重点企业及地方骨干企业各工序的平均工序能耗见表 2 及表 3。

表 2　重点企业各工序吨产品能耗的平均值　　　　　（kg 标煤）

工序	年　份										10 年下降率 /%
	1980	1981	1982	1983	1984	1985	1986	1987	1988	1989	
烧结	99	95	91	91	89	85	82	78	76	77	18.9
焦化	196	196	201	188	189	183	185	183	184	182	7.14
炼铁	531	529	527	527	521	514	511	498	503	505	4.9
转炉钢①	54.8	53.2	47.5	44.2	42.8	44.6	38.4	32.2	28.7	26.1	52.37
平炉钢	200	202	195	186	174	156	143	136	129	125	37.5
电炉钢	381	379	358	339	328	325	313	301	299	301	21
初轧	86	86	81	79	68	66	67	67	63	62	27.9
轧钢	157	166	161	152	152	152	137	—	—	135	14.0
耐火②	—	—	—	—	—	—	313	320	327	334	
铁合金②	—	—	—	—	—	2330	2580	2470	2524	2396	
炭素制品②	—	—	—	—	—	7250	4320	4250	4460	4580	

①为十大联合企业；
②为标准产品综合能耗。

表 3　地方骨干企业各工序吨产品能耗的平均值　　　　　（kg 标煤）

工序	年　份										10 年下降率 /%
	1980	1981	1982	1983	1984	1985	1986	1987	1988	1989	
烧结	120	114	113	107	102	106	103	96	91	90	25
球团	74	78	70	70	66	63	58	61	60	51	
焦化	267	226	223	206	212	196	190	188	181	182	31.84
炼铁	613	597	596	579	590	585	573	570	558	557	9.1
电炉钢	367	359	355	345	337	325	337	313	327	327	10.9
转炉钢	88	107	97	89	86	71	72	64	63	59	33
初轧	149	139	133	124	115	112	113	110	111	111	25.5
轧钢	209	194	173	163	146	138	130	123	123	119	43.1

　　可见，我国钢铁工业各工序的能耗已有较大幅度的下降。但如前述与发达国家相比，仍有较大差距。我国 125 个大中型企业各工序能耗 1989 年的平均水平，与发达国家 80 年代初的水平比较，见表 4。

表 4　我国钢铁工业各工序吨产品能耗与国外先进水平的差距　　　　（kg 标煤）

工序	焦化	烧结	炼铁	平炉钢	转炉钢	电炉钢	初轧	轧钢
数值	17	10	69	10	16	76	10	41

　　由此可见，大力降低各工序能耗仍是我国钢铁工业的重要任务。

3 各工序钢比系数的变化及说明

各工序的钢比系数对吨钢综合能耗有直接影响。一般地，在其他条件一定的情况下，各工序的钢比系数越小，吨钢综合能耗越低。然而，有两个工序要特别加以说明，那就是炼钢和轧钢。

炼钢工序的钢比系数是"钢钢比"，它必等于1，所以不必研究它对于吨钢综合能耗的影响问题。但是，炼钢工序内部平、转、电三种炼钢方法的比例，对于吨钢综合能耗是有影响的。此外，钢水成型的两种方法（连铸与模铸）之间的比例更是一个十分重要的问题，它既影响能耗，又影响产量，更须引起重视。

轧钢工序的钢比系数对吨钢综合能耗的影响，虽然在方向上同其他工序一致，但是绝不能单从节能观点出发希望它降下来。相反，提高轧钢工序的钢比系数（材钢比）才是努力的方向。

此外，由于与炼铁工序直接关联的铁前工序较多（采矿、烧结、炼焦），对这些工序，本文中引入了"铁比系数"的概念。

$$〔工序的铁比系数〕= \frac{〔工序的实物产量〕t}{〔生铁产量〕t} \tag{6}$$

某工序的"铁比系数"与"铁钢比"的乘积，等于该工序的钢比系数，因为：

$$〔工序的铁比系数〕×〔铁钢比〕= \frac{工序的实物产量}{生铁产量} × \frac{生铁产量}{钢产量}$$

$$= \frac{工序的实物产量}{钢产量} = 〔工序的钢比系数〕$$

在研究各工序钢（铁）比系数的过程中，所用的数据（全国年度钢产量，各工序年度实物产量等）是从《中国钢铁工业年鉴》中摘录的，其中包括了大中小各类钢铁企业的产量。因此，本节中所用的钢比系数与上节中所用的工序能耗之间并不是配套的，前者是全国数据，后者是重点企业和地方骨干企业数据。但是，这并不影响对于吨钢综合能耗问题的宏观分析。

表5中列出了1980~1989年间钢铁工业各工序的钢比（铁比）系数值。

表5　各工序钢比（铁比）系数　　　　（t产品/t钢(t铁)）

工　序	年　份									
	1980	1981	1982	1983	1984	1985	1986	1987	1988	1989
矿铁比	2.96	3.06	3.02	3.03	3.17	3.13	2.95	2.93	2.94	2.95
人造矿铁比	1.58	1.61	1.64	1.63	1.73	1.62	1.51	1.52	1.54	1.56
焦铁比	0.94	0.93	0.93	0.92	0.90	0.87	1.04	1.05	1.07	1.14
铁钢比	1.02	0.96	0.96	0.93	0.92	0.94	0.97	0.98	0.96	0.94
平炉钢比	32.0	31.4	31.4	29.8	27.9	26.3	23.7	22.7	21.9	21.3

工 序	年 份									
	1980	1981	1982	1983	1984	1985	1986	1987	1988	1989
转炉钢比	48.7	50.1	50.1	49.8	51.2	52.1	56.0	56.8	57.6	57.8
电炉钢比	19.2	18.4	18.5	20.3	20.8	21.6	20.2	20.4	20.3	20.7
连铸比	6.2	7.1	7.4	0.90	10.6	10.8	11.9	12.9	14.7	16.3
材钢比	0.77	0.78	0.87	0.82	0.78	0.79	0.78	0.78	0.79	0.83
耐火砖（钢比）	0.103	0.108	0.103	0.103	0.108	0.117	0.104	0.108	0.118	0.116
铁合金钢比	0.027	0.023	0.024	0.027	0.029	0.032	0.031	0.032	0.035	0.039
炭素制品钢比	0.012	0.012	0.012	0.013	0.013	0.010	0.007	0.011	0.013	0.014

人造富矿（烧结+球团）工序的铁比系数，这些年来有波动，1986年以来有回升趋势。当然，在分析这个工序的铁比系数时，要注意到它与高炉焦比之间的关系。有些情况下（高炉装料中天然矿含铁量较低），这个铁比系数的上升反而有利于降低焦比。焦化工序的铁比系数1986年以来迅速回升，1989年已上升到1.14。

炼铁工序的钢比系数（铁钢比），1980~1989年间在0.92~1.02之间波动（见图2）。1989年为0.945，发达国家的铁钢比约为0.7（日本0.8，苏联0.75，美国0.6左右），比我国低0.24。

311

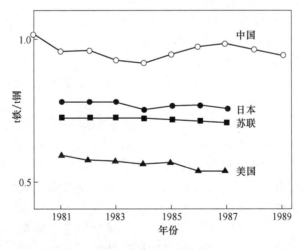

图2 铁钢比变化曲线

平炉、转炉、电炉炼钢工序的钢比系数，实际上就是三种炼钢方法各自所占的比重。目前，我国约为21：59：20。这个比例与一些发达国家相比有较大差别，如日本平、转、电的比例为0：70：30。

连铸工序的钢比系数（即连铸比），近些年来逐年上升，1989年已达到16.3%，对节能增产很有利，但与发达国家相比，连铸比的差距仍甚远（见表6）。

表6　中、日、美三国连铸比对比　　　　　　（%）

国　家	年　份							
	1982	1983	1984	1985	1986	1987	1988	1989
中国	7.4	9.0	10.6	10.8	11.9	12.9	14.7	16.3
日本	78.7	86.3	89.1	91.1	92.7	93.7	94.2	
美国	29.0	32.1	39.6	44.4	55.2	58.9	60.5	

耐火工序的钢比系数，1989年已高达0.12，与发达国家相比约高0.07，即每吨钢高出70kg。

铁合金工序的钢比系数1989年已上升为0.039，即每吨钢需39kg铁合金，与国外相比，约高出14kg。

炭素工序的钢比系数，亦呈上升趋势。1989年炭素钢比0.0144，即每吨钢需14.4kg炭素制品，比发达国家高出约6kg。

可见，除连铸比的上升有利于节能工作外，其他各钢（铁）比系数的变化几乎都不利于吨钢综合能耗的降低。

4　对80年代节能工作的总体看法及今后节能方向

我国钢铁工业在1980~1989年的十年间，在降低工序能耗方面取得了显著成绩。吨钢综合能耗之所以有较大幅度的下降，主要是降低了工序能耗，有些工序能耗的下降率甚至超过了吨钢综合能耗的下降率。这是经过艰苦努力取得的成绩，十分可贵。

但是，我国钢铁工业许多工序的钢比系数却远大于国外的平均水平。在1980~1989年十年间，各工序的钢比系数并未下降，有些反而逐年上升，甚至大幅度上升。这种状况对于钢铁工业的节能工作，对于降低吨钢综合能耗的工作，是背道而驰的，是极其不利的。最近几年，连铸比上升较快，即模铸比下降较快，对钢铁工业节能增产起了重要作用。但连铸比提高所取得的节能效果，可能还抵消不了其他各工序钢比系数上升所带来的反效果。

众多中小型企业的能源浪费最为严重。这也是我国吨钢综合能耗过高的重要原因。

吨钢综合能耗的剖析清楚地表明，我国钢铁工业节能的最大活力是在各工序的钢比系数方面，虽然工序能耗方面的潜力亦不可忽视。因此，"八五"期间，乃至今后十年，降低我国吨钢综合能耗的主要方向是降低有关工序的钢比系数，提高连铸比。此外，降低各工序能耗也很重要。

为了节能，各工序都要既节能，又降耗。"节能"与"降耗"二者叠加的效果，才是降低钢铁工业能耗的效果。吨钢综合能耗的高低，在很大程度上反映了钢铁工业各工序能源和原材料两方面消耗水平的高低。因此，在其他条件（如最终产品的品种）相同的情况下，只要钢铁工业是节能型的，它就必定也是效益型的。节能工作与企业经济效益之间联系不大的看法，是错误的。

改变钢铁工业各工序的钢比系数，是钢铁工业内部的结构调整。为了调整结构的顺利进行，首先要在钢铁界以及经济计划部门，广泛宣传上述各主要观点和事实，并形成广泛共识。

在结构调整过程中，必然涉及某些工序的生产规模问题。从某个工序本身看，似乎没有必要进行调整，但是从整个钢铁工业全局看，不调整就形成不了节能的高效益型的钢铁工业。因此各工序各部门都要树立钢铁工业的全局观点，否则，结构调整就无法进行。

　　以改变工序钢比系数为内容的结构调整，是以技术进步为基础的。在技术和装备上，达不到一定水平，这种结构调整是实现不了的。因此，推进技术进步是关键的一环。

313

我国钢铁工业节能方向的研究*

摘　要　以 1980~1992 年我国钢铁工业生产和能源消耗的统计数据为依据，用吨钢能耗的 *e-p* 分析方法剖析了我国钢铁能耗状况，得出我国钢铁工业钢比系数高，特别是铁钢比高是限制我国钢铁工业节能工作深入进行的重要因素，而钢铁工业结构优化是降低铁钢比，进而降低吨钢能耗的主要方法和根本途径。

关键词　吨钢综合能耗　工序钢比系数　工序能耗　铁钢比　节能降耗

1　前言

近十几年来我国钢铁工业发展迅速，特别是进入 20 世纪 90 年代后，我国钢产量连续跨过 7000 万吨和 8000 万吨两个产量台阶，目前已跃居世界第二位。与此同时，钢铁工业能耗连年下降，1992 年比 1980 年下降 23%，实现了节能增产，为保证我国钢铁工业的持续稳定发展提供了必要条件。但是随着钢铁工业节能工作的深入，难度逐渐加大，年节能率出现明显的下降趋势[1]。"六五""七五"期间和"八五"前三年的钢产量平均增长率分别为 6.1%、7.2% 和 9.5%，平均年节能率分别为 3.06%、1.60% 和 1.07%，可见，钢产量增长加快和节能率降低的矛盾日益突出。这个矛盾不解决，势必要制约我国钢铁工业的发展。

本文作者陆钟武 1991 年 11 月曾代表中国金属学会冶金能源分会作过题为"我国钢铁工业吨钢综合能耗的分析"报告[1]，用 *e-p* 分析法剖析了我国钢铁工业吨钢综合能耗的变化过程，指出 1980 年以来吨钢综合能耗下降主要是抓工序能耗的结果，而钢比系数并未下降，或有上升。我国吨钢综合能耗久降不下，问题是钢比系数高。报告一般地指出了铁钢产量比要调整这个重要的节能方向，涉及了结构优化这一很深刻的问题。

本文作者陆钟武、周大刚早在 1980 年就提出"我国每吨钢的铁水耗量过大，整个钢铁工业铁钢比过大"的问题[2]，但是一直未能引起有关方面重视。近来关于钢铁工业结构优化的讨论正在广泛进行[3-4]，为此本文将从钢铁工业能源消耗角度出发讨论结构问题，用吨钢能耗的 *e-p* 分析法剖析 1980~1992 年我国钢铁工业的能耗状况，找出节能的主要方向和途径。

2　吨钢能耗的 *e-p* 分析方法

钢铁工业吨钢综合能耗是指钢铁工业内部县以上国营企业统计期内消耗的能源总量除以同期合格钢产量，即

$$吨钢综合能耗 = 统计期内能源消耗总量/(统计期内合格钢锭 + 连铸坯量)　t/t 钢(标煤)$$

$$(1)$$

＊　本文合作者：谢安国、周大刚。原发表于《冶金能源》，1994。

按吨钢综合能耗定义，式（1）可写成：

$$E = \frac{1}{P_6} \sum_{k=1}^{14} P_k \cdot e_k \tag{2}$$

式中，E 为吨钢综合能耗，t/t 钢（标煤）；P_k 为 k 工序实物产量，t 实物；e_k 为 k 工序平均工序能耗，t/t 实物（标煤）；P_6 为粗钢产量，t。

若令式（2）中 P_k 与 P_6 之比为 p_k，并称作 k 工序的钢比系数，则式（2）为：

$$E = \sum_{k=1}^{14} p_k \cdot e_k \quad \text{t/t 钢（标煤）} \tag{3}$$

式中，p_k 排序有 p_1 为矿钢比；p_2 为精矿钢比；p_3 为人造富矿钢比；p_4 为焦钢比；p_5 为铁钢比；p_6 为钢钢比；p_7 为初轧坯钢比；p_8 为材钢比；p_9 为耐钢比；p_{10} 为铁合金钢比；p_{11} 为炭素钢比；p_{12} 为机修钢比；p_{13} 为运输钢比；p_{14} 为其他钢比。

由此可见，影响吨钢综合能耗的直接因素有两大类：第一类，对应于吨钢产量的各工序实物产量，即各工序钢比系数 p_k；第二类，各工序的工序能耗 e_k。

在分析钢铁工业能耗时，同时分析上述两类因素的方法可定义为 e-p 分析法。

为了降低钢铁工业吨钢综合能耗，我们既要节能（降低各工序能耗），又要降耗（降低各工序钢比系数），只有这样才能达到好的节能效果。提到节能，往往只注重降低工序能耗，而忽视各工序钢比系数，这是片面的。在这个问题上计划部门和领导机关最为关键，因为钢比系数在很大程度上取决于年度计划，此时是否考虑到钢比系数对能耗影响是大不一样的。

3 1980~1992 年我国钢铁工业吨钢能耗 e-p 分析结果

3.1 各工序能耗的变化及分析

由于数据来源困难，所用数据仅限于全国重点企业和地方骨干企业。好在重点企业和地方骨干企业能耗在钢铁工业中占较大比重（约为80%），用它讨论问题有足够代表性。表1、表2列出 1980~1992 年全国重点钢铁企业和地方骨干企业各主要工序平均工序能耗的统计数据[5]，表3是工序能耗的变化与差距分析。

表 1 我国钢铁重点企业主要工序能耗平均值　（kg/t 实物(标煤)）

工序	年份												
	1980	1981	1982	1983	1984	1985	1986	1987	1988	1989	1990	1991	1992
烧结	99	95	91	91	89	85	82	78	76	77	77	78	78
焦化	196	196	201	188	189	183	185	183	184	182	184	184	179
炼铁	531	529	527	521	521	514	511	498	503	505	509	509	497
平炉	200	202	195	174	174	156	143	136	129	120	123	123	115
转炉	55	53	48	44	43	50	38	32	29	26	28	24	23
电炉	381	379	358	339	328	325	313	301	299	301	296	299	307
初轧	86	86	81	79	68	66	67	67	63	62	63	64	65
轧材	157	166	161	152	152	164			135				

工序	年 份												
	1980	1981	1982	1983	1984	1985	1986	1987	1988	1989	1990	1991	1992
耐火							313	320	327	334	354	358	366
铁合金						2330	2580	2470	2524	2396	2466	2435	2374
炭素						4250	4320	4250	4460	4580	4777	4574	4943

表2 我国地方骨干企业主要工序能耗平均值 （kg/t 实物(标煤)）

工序	年 份												
	1980	1981	1982	1983	1984	1985	1986	1987	1988	1989	1990	1991	1992
烧结	120	114	113	107	102	106	103	96	91	90	86	87	85
焦化	267	226	223	206	212	196	190	188	181	182	188	184	183
炼铁	613	597	596	579	590	585	573	570	558	557	557	542	437
转炉	88	107	97	89	86	71	72	64	63	59	58	54	53
电炉	367	359	355	345	337	325	337	313	327	327	317	312	306
初轧	149	139	133	124	115	112	113	110	111	111	110	105	101
轧材	209	194	173	146	138	130	132	123	119				

表3 1980~1992年主要工序能耗变化与差距 （kg/t 实物(标煤)）

工序	国家重点企业					地方重点企业					重点与骨干企业最好水平差	1989年重点企业与发达国家水平差
	13年变化值	13年变化率/%	年平均变化率/%	13年中最大差值	变化率/%	13年变化值	13年变化率/%	年平均变化率/%	13年中最大差值	变化率/%		
烧结	-21	-21	-2.0	-21	-21	-35	-29	-2.8	-35	-29	-7	+17
焦化	-17	-8.7	-0.8	-22	-11	-84	-32	-3.1	-86	-32	-4	+10
炼铁	-34	-6.4	-0.5	-34	-6.4	-76	-12	-1.1	-76	-12	-40	+69
转炉	-32	-58	-7.0	-32	-58	-35	-40	-4.1	-54	-51	-30	-16
电炉	-74	-19	-1.8	-85	-22	-61	-17	-1.5	-61	-17	+1	+76
初轧	-21	-24	-2.3	-24	-28	-48	-32	-3.2	-48	-32	-36	+10
轧材①	-31	-20	-1.7	-31	-20	-90	-43	-6.1	-90	-43	+16	+41
耐火②	+53	+17	+2.6	+53	+17							
铁合金③	+44	+1.8	+0.8	+250	+9.7							
炭素③	+693	+16	+2.2	+693	+16							

①为 1980~1989 年数据；

②为 1985~1992 年数据；

③为 1986~1992 年数据。

分析可见，我国钢铁工业各工序能耗已有较大幅度下降，在重点企业中，炼钢工序能耗下降最大。转炉炼钢工序吨钢能耗下降 32kg 标煤，年平均下降 7.0%；平炉炼钢工序吨钢能耗下降 85kg 标煤，年平均下降 4.5%。其他工序的下降率排列分别为初轧、烧结、轧材、焦化和炼铁工序。在地方骨干企业中，轧材工序下降幅度最大，1980~1989 年吨钢能耗下降 90kg 标煤，年平均降低 6.1%；其次为转炉工序吨钢能耗下降 35kg 标煤，年平均下降率达 4.1%。其他工序按下降率排列依次为初轧、焦化、烧结、电炉炼钢和炼铁，目前五个工序年平均下降率都在 2% 以上。

虽然我国钢铁工业在降低工序能耗方面取得可靠成绩，但与发达国家相比仍有较大差距。重点企业和地方骨干企业相比，同类企业之间相比还有不小差距。因此，大力降低各工序能耗仍是发展我国钢铁工业的一项重要任务。

3.2 各工序钢比系数变化及分析

表 4 列出我国钢铁工业 1980~1992 年各主要工序钢比系数的数据[4]。由表 4 可见，炭素钢比和耐钢比变化不大，铁合金比略有增加。矿铁比、人造富矿铁比 1984 年达到高峰值，近几年又回落至 80 年代初水平。焦铁比上升较快，1990 年达到 1.17，比1980 年上升 19.7%，年平均上升率为 2.21%。

表 4 1980~1992 年我国钢铁工业各主要工序钢（铁）比系数

工序	年 份												
	1980	1981	1982	1983	1984	1985	1986	1987	1988	1989	1990	1991	1992
矿铁比	2.95	3.06	3.02	3.03	3.17	3.13	2.95	2.93	2.94	2.95	2.88	2.82	2.75
人造矿铁比	1.58	1.61	1.64	1.63	1.73	1.62	1.51	1.52	1.54	1.56	1.54	1.58	1.56
焦铁比	0.94	0.93	0.93	0.92	0.94	0.97	1.04	1.05	1.07	1.14	1.17	1.09	1.05
铁钢比	1.02	0.96	0.96	0.93	0.92	0.94	0.97	0.98	0.96	0.94	0.94	0.95	0.94
平炉钢比	0.321	0.314	0.314	0.298	0.279	0.263	0.237	0.227	0.219	0.213	0.198	0.184	0.173
转炉钢比	0.487	0.501	0.501	0.498	0.512	0.521	0.560	0.568	0.576	0.578	0.589	0.603	0.607
电炉钢比	0.192	0.184	0.185	0.203	0.208	0.216	0.202	0.204	0.203	0.207	0.211	0.211	0.220
材钢比	0.77	0.78	0.87	0.82	0.78	0.79	0.78	0.78	0.79	0.83	0.78	0.79	0.82
耐钢比	0.103	0.108	0.103	0.103	0.108	0.117	0.104	0.108	0.118	0.115	0.102	0.094	0.109
铁合金钢比	0.027	0.023	0.024	0.027	0.029	0.032	0.031	0.032	0.035	0.039	0.036	0.035	0.033
炭素钢比	0.012	0.012	0.012	0.013	0.013	0.010	0.007	0.011	0.013	0.014	0.014	0.014	0.020

铁钢比 1980~1992 年波动在 1.02~0.92 之间，比西方发达国家高 0.3 左右，这是我国吨钢综合能耗高于西方发达国家的一个主要原因。

总之，我国钢铁工业在钢比系数方面存在许多问题，值得深思。

3.3 工序能耗和钢比系数的变化对吨钢综合能耗的影响

由前述分析可知：吨钢综合能耗是 e 和 p 的函数，$E=f\,(p_1,\ p_2,\ \cdots,\ p_{14},\ e_1,\ e_2,\ \cdots,\ e_{14})$。吨钢综合能耗全微分形式可写成：

$$\mathrm{d}E = \frac{\partial E}{\partial p_1}\mathrm{d}p_1 + \cdots + \frac{\partial E}{\partial p_{14}}\mathrm{d}p_{14} + \frac{\partial E}{\partial e_1}\mathrm{d}e_1 + \cdots + \frac{\partial E}{\partial e_{14}}\mathrm{d}e_{14}$$

$$= \sum_{k=1}^{14}\left(\frac{\partial E}{\partial p_k}\mathrm{d}p_k + \frac{\partial E}{\partial e_k}\mathrm{d}e_k\right) \tag{4}$$

将式（3）全微分后又能写为

$$\mathrm{d}E = \sum_{k=1}^{14}(e_k\,dp_k + p_k\,de_k) \tag{5}$$

比较式（4）和式（5），不难看出：

$$\frac{\partial E}{\partial p_k} = e_k \qquad \frac{\partial E}{\partial e_k} = p_k \tag{6}$$

式（6）中，$\partial E/\partial p_k = e_k$ 表明吨钢综合能耗随 k 工序钢比系数变化率等于 k 工序能耗值；$\partial E/\partial e_k = p_k$ 表明吨钢综合能耗随 k 工序能耗变化率等于 k 工序钢比系数值。

如果我们定义 $\mathrm{Sort}\{x_k\}$ 为 x_k 数组按值从大到小排队，吨钢综合能耗随工序钢比系数和工序能耗变化率排队分别为：

$$\mathrm{Sort}\left\{\frac{\partial E}{\partial p_k}\right\} = \mathrm{Sort}\{e_k\} \tag{7}$$

$$\mathrm{Sort}\left\{\frac{\partial E}{\partial e_k}\right\} = \mathrm{Sort}\{p_k\}$$

由式（7）对比表 1、表 2 和表 4 可见，对工序能耗和钢比系数排队，列前三位的分别为 e_{11}、e_{10}、e_5 和 p_1、p_2、p_3。也就是说，吨钢综合能耗随炭素钢比、铁合金钢比、铁钢比的变化率和随采矿、选矿、人造富矿工序能耗的变化率比较大。因此，这些参数变化对吨钢能耗的影响比较敏感。

综合钢比系数和工序能耗两个方面因素，我们可分工序从数量上进行比较：

$$\mathrm{Sort}\{E_k\} = \mathrm{Sort}\{p_k e_k\} \tag{8}$$

$$(1 \leqslant k \leqslant 14,\ k\ \text{为整数})$$

对比表 1、表 2、表 4，将得炼铁工序综合能耗（E_k）最大，约占吨钢综合能耗 30%~40%，因此努力降低铁钢比和炼铁工序能耗对降低吨钢综合能耗有明显作用。我国钢铁工业在过去十多年中，虽然在降低炼铁工序能耗方面取得较好成绩，但对铁钢比的重要性认识不足，这是节能工作难以深入进行的根本所在。

4 我国钢铁工业节能主要方向

用 e-p 分析法对我国吨钢综合能耗进行剖析的结果表明，我国钢铁工业节能的最大潜力在钢比系数方面。因此，"八五"期间乃至今后十年降低我国吨钢综合能耗主要方向是降低有关工序的钢比系数，重点是铁钢比。尽管炭素钢比和铁合金钢比的变化对吨钢综合能耗影响最为敏感，但它们毕竟是辅助材料钢比系数，其值很小，对吨钢能耗影响不占主导地位。铁钢比变化对吨钢能耗影响非常大。

与世界主要产钢国相比，我国铁钢比差距甚大（见图1），且近年有扩大趋势（见表5）。1992年我国铁钢比之高列世界17个产钢超过1000万吨国家的第二位（仅次于巴西），比世界平均铁钢比高出0.31。"六五"期间我国平均铁钢比为0.94，"七五"期间增至0.957，1991年为0.95，1992年为0.94，1993年前三个月的统计达0.982，为1981年以来的最高值。

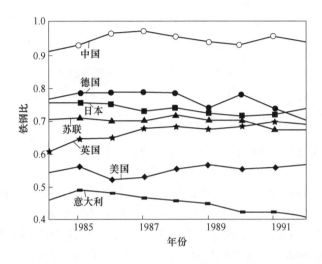

图1　我国与世界主要产钢国铁钢比变化情况[1]

表5　我国与部分产钢国铁钢比差距及变化

年份	与下列国家相差								
	美国	日本	德国	法国	英国	意大利	苏联	加拿大	世界平均
1985年	0.172	0.366	0.158	0.136	0.277	0.432	0.226	0.276	0.242
1992年	0.202	0.385	0.229	0.220	0.240	0.527	0.286[①]	0.328	0.310
差距变化	+0.030	+0.019	+0.071	+0.084	-0.037	+0.095	+0.060	+0.052	+0.068

①为苏联1991年数据。

另外，我国连铸比低也是吨钢能耗高的一个重要原因。其实提高连铸比是降低初轧坯钢比的有效方法。西方主要产钢国非常重视提高连铸比，如美国1980年连铸比只有20%，到1992年提高到79%，12年上升近60个百分点；日本1980年连铸比为59.5%，5年后提高到91.1%，平均每年上升6.32个百分点。我国连铸比比发达国家低得多，比世界平均水平低36个百分点（见图2）。可喜的是现在我国的连铸发展得到了充分重视，这项重大的工艺结构节能一定会给我国钢铁工业带来巨大效益。

总之，我国钢铁工业应着重将降低铁钢比放在节能首位，辅以提高连铸-连轧装备技术水平及进一步降低各工序能耗，这是我国钢铁工业上规模经济和综合经济效益新台阶的必要保证，也是钢铁工业的主要节能方向。

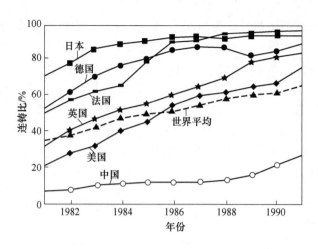

图2 我国和西方国家及世界平均连铸比情况[6,8]

5 我国钢铁工业节能根本途径

要改变我国吨钢能耗高的状况，必须要降低铁钢比。其根本途径是调整工艺结构，这是关系到我国钢铁工业能否登上新台阶的关键。

（1）调整工艺流程结构，降低吨钢能耗。评价工艺流程的经济效益性、技术先进性和结构合理性，能耗是一个非常重要的方面。国际钢铁协会在 1974~1976 年组织专门队伍研究生产流程和能耗关系的结果表明[9]：在三个不同流程的"模型工厂"中，以废钢为原料的电炉流程的吨钢能耗最低（见表6），其主要原因是原料全是废钢，铁钢比为零。这个流程炼钢工序电耗虽高，但吨钢能耗比高炉—转炉流程小得多。可见，工艺流程结构节能的关键是原料条件。

表6 不同流程模型工厂吨钢能耗[9]

项　目	模　型　工　厂		
	A①	B₁②	B₂③
吨铁能耗（标煤）/t	0.6047	0	0.5326
铁钢比/t·t⁻¹	0.8416	0	0.8810
铁前吨钢能耗（标煤）/t	0.5089	0	0.4692
炼钢工序吨钢能耗（标煤）/t	0.0160	0.1957	0.2160
铁前工序吨钢能耗（标煤）/t	0.5249	0.1957	0.6852
其他工序吨钢能耗（标煤）/t	0.1808	0.0987	0.0987
吨钢总能耗（标煤）/t	0.7057	0.2944	0.7839

①高炉—转炉—连铸+模铸—轧钢流程；
②（废钢）—电炉—连铸—轧钢流程；
③直接还原炉—电炉—连铸—轧钢流程。

表7是美国和我国三种不同炼钢方法吨钢能耗的比较，尽管存在某些不可比因素，但最终结果均表示出转炉炼钢方法在吨钢能耗方面大约是电炉方法的二倍这一相同结果。因此增加以废钢为主要原料，容量大和热效率高的电炉炼钢比例，确实可有效地

降低铁钢比，这在节能方面的优越性很明显。据测算，电炉钢比每升高 1%，吨钢能耗可降低 5kg 标煤。若我国电炉钢比升至 30%，吨钢可降低能耗 40kg 标煤。近年各国已开始重视电炉钢生产流程的发展（见图 3）。在世界粗钢产量由 1970 年到 1990 年增产的 1.70 亿吨钢中，电炉钢占 75%[10]，其重要原因之一就是节能。因此，发展短流程电炉钢是当前我国钢铁工业调整结构的必然选择。

表 7　美国和我国三种不同炼钢方法指标的比较

项　目	美国 1975 年全国平均			中国 1980 年重点企业			中国 1991 年重点企业		
	平炉	转炉	电炉	平炉	转炉	电炉	平炉	转炉	电炉
铁钢比/t·t⁻¹	0.620	0.778	0	0.773	1.050	0.128	0.850	1.012	0.118
废钢吨钢单耗/t	0.505	0.314	1.100	0.306	0.102	0.914	0.294	0.106	0.902
铁水吨钢能耗（标煤）/t	0.833	0.833	0.833	0.800	0.800	0.800	0.7355	0.7355	0.7355
铁前工序吨钢能耗（标煤）/t	0.516	0.648	0	0.618	0.840	0.102	0.625	0.744	0.087
炼钢工序吨钢能耗（标煤）/t	0.130	0.032	0.246	0.200	0.055	0.318	0.123	0.024	0.299
钢前工序吨钢能耗（标煤）/t	0.646	0.680	0.246	0.818	0.895	0.483	0.748	0.768	0.386

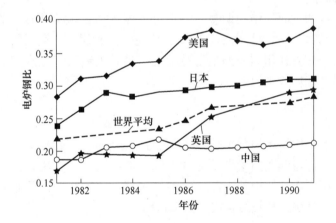

图 3　我国与美、日、英等国电炉钢比的变化[6,8]

（2）调整高炉—转炉流程的原料和生产结构，降低吨钢能耗。由于受到炼钢原料的限制，高炉—转炉流程仍是当前世界钢铁工业采用的主要流程。降低该流程的能耗，必须降低这个流程的铁钢比。设转炉吨钢钢铁料消耗量为 m_1，废钢比为 φ_1，则转炉炼钢的铁钢比 p_{s1} 为：

$$p_{s1} = m_1(1 - \varphi_1) \tag{9}$$

由式（9）可见，降低转炉炼钢铁钢比主要考虑两方面因素，即降低钢铁料消耗和提高废钢比。我国钢铁料消耗从 1980 年以来有较大幅度下降，1992 年吨钢钢铁料消耗比 1981 年吨钢钢铁料消耗下降 35kg，但与西方发达国家（1988 年吨钢钢铁料消耗平均为 1100kg）相比还有差距。我国转炉炼钢的废钢比也很低，大约为 10%，最低时（1984 年全国重点企业顶吹转炉平均值）只有 3.7%。这对降低我国铁钢比整体水平，以至降低吨钢能耗极为不利。若以 1992 年全国重点企业的统计数据为基准[6]，将转炉吨钢钢铁料消耗降至 1100kg，废钢比升至 0.15，则转炉铁钢比可从 1.013 降至 0.935，按转炉钢比 61% 计算，吨钢节能可达 35kg 标煤。

（3）调整铸造生铁比，降低吨钢能耗。我国铸造生铁比太高，一般在 20% 左右，铸造生铁不仅在冶炼时耗能高，而且大部分不用于炼钢。我国实际用于铸造的生铁高达 14%[11]，这在世界产钢大国中是极为罕见的。铸造生铁比例大，对我国铁钢比高有直接影响。设 p'_s 为用于炼钢的铁钢比，γ 为实际铸造生铁比，则

$$p_s = p'_s \div (1 - \gamma) \tag{10}$$

从式（10）明显可见，当 p'_s 一定时，实际铸造生铁比 γ 越高，铁钢比 p_s 越大，吨钢综合能耗也就越高。若将实际铸造生铁比从目前的 14% 降至 10%，我国铁钢比可从 0.94 降至 0.90，吨钢节能 30kg 标煤。

（4）提高连铸比，降低吨钢能耗。发展短流程电炉配连铸技术装备是当前电炉流程发展趋势，也是世界钢铁工业发展的优化结构模型。连铸-连轧的节能效果显而易见，它缩短流程，减少工序，成材率高，降低能源消耗。以连铸为例，设成坯率为 ρ，连铸比为 β，则初轧坯钢比 p_7 为：

$$p_7 = \rho(1 - \beta) \tag{11}$$

从式（11）可见，当成坯率一定时，连铸比越高，初轧坯钢比越小。若将 1992 年连铸比 30% 提高到 20 世纪末规划目标 80%[4]，我国初轧坯钢比可降至 0.45，吨钢能耗可降至 52kg 标煤。

综上所述，四个方面的结构调整，吨钢可节能 130kg 标煤以上，完全可以达到我国在 20 世纪末吨钢能耗的规划水平。因此在考虑余热利用、热量回收、降低工序能耗等措施的情况下，充分利用结构调整进行节能，是我国钢铁工业改变能耗高状况，缩小与世界发达国家能耗差距的根本途径。

6 结论

用 *e-p* 方法分析表明，我国钢铁工业节能的主要方向是降低铁钢比。优化工艺结构是降低铁钢比，进而降低我国钢铁工业吨钢综合能耗的主要方法和根本途径。只有坚持这个方向，坚决走优化结构的道路，才能使我国钢铁工业真正跃上综合经济效益新台阶，为我国发展经济，增强综合实力拓宽道路。

参 考 文 献

[1] 陆钟武. 我国钢铁工业吨钢综合能耗剖析 [J]. 冶金能源，1992，11（1）：14.

[2] 陆钟武，周大刚. 钢铁工业节能的方向和途径 [J]. 钢铁，1981，16（10）：63.

[3] 殷瑞钰. 钢铁工业结构优化综论 [J]. 冶金经济研究，1993（21）：12-14.

[4] 刘淇. 结构优化是钢铁工业上新台阶的中心环节 [N]. 中国冶金报，1993-12-04.

[5] 冶金工业部内部资料，1993.

[6] 中国钢铁年鉴编辑委员会. 中国钢铁年鉴（1980~1993 年）[M]. 北京：冶金工业出版社.

[7] 冶金经济研究，1993（14，16）.

[8] 赵志浩. 重钢铁矿源的合理选择 [J]. 四川冶金，1993（2）：23-25，45.

[9] 陆钟武，蔡九菊. 系统节能基础 [M]. 北京：科学出版社，1993.

[10] 殷瑞钰. 当代电炉流程的工程进展评价 [J]. 特殊钢，1994（6）：1-20.

[11] 李桂田，蒋汉华. 冶金能耗差距与对策 [C] //全国高新技术产业化形势、经验及对策研讨会，1994.

我国钢铁工业能耗预测 *

摘 要 为了科学预测我国钢铁工业未来的能源消耗，确定吨钢综合能耗与其影响因素的关系，建立了预测模型，设定了 2000 年及 2010 年这些影响因素的目标值。预测结果表明我国钢铁工业（系统内）2000 年和 2010 年吨钢综合能耗分别为 1273kg 和 1030kg。在分析研究的基础上，确定了影响因素在节能方面重要性的排序。

关键词 钢铁工业 能耗 预测

我国钢铁企业的外购能源费用，已占钢铁产品成本的 25% ~ 40%，如果将来能源价格继续上涨，能源费用将对钢铁企业形成更大的压力。必须强调，钢铁产品中的可控部分主要是能源消耗。所以，为了降低成本，提高企业的经济效益，增强企业的市场竞争能力，必须努力做好与降低能源消耗有关的各项工作。

在这方面，当前迫切需要完成的重要工作之一，是科学地预测我国钢铁工业未来一些年份的吨钢综合能耗值。在预测工作中，既要确定预测的结果，又要弄清实现该结果的各主要环节。

本文将按照以下步骤进行我国钢铁工业 2000 年及 2010 年吨钢综合能耗的预测工作。

（1）确定吨钢综合能耗与其各影响因素（以直接影响因素为主）之间的关系式，从而建立预测模型。

（2）确定 2000 年及 2010 年这些影响因素的目标值。

（3）将各影响因素的目标值代入预测模型，推算吨钢综合能耗的预测值。

（4）进行各影响因素重要性的排序。

1 钢铁工业能耗预测方法

关于中、长期能耗预测，原则上有两类方法可供选用，即时间序列外推法及因果分析法[1]。前者以历史资料为依据，设定能耗弹性系数或年节能率等数值，外推未来的能耗值。后者以能耗影响因素的分析为依据，设定各影响因素若干年后可能达到的数值，然后推算能耗值。由于我国钢铁工业正在进行结构调整和技术改造，时间序列外推法不太适用。本文选用的是一种因果分析的方法，即吨钢综合能耗的 $e\text{-}p$ 分析法[2]，这种方法思路清晰、方法简便，需要收集的数据相对少些。现将这种分析法概括介绍如下。

钢铁工业的吨钢综合能耗是指钢铁工业系统内（以下简称系统内）县以上国营企业在统计期内消耗的能源总量除以同期的合格钢产量。

吨钢综合能耗 = 统计期内的能源消耗总量/(统计期内的合格钢锭 + 连铸坯) (1)

按吨钢综合能耗包含的内容，可将式 (1) 展开成

---

* 本文合作者：翟庆国、谢安国、蔡九菊、孟庆生。原发表于《钢铁》，1997。

$$E = p_1e_1 + p_2e_2 + \cdots + p_{13}e_{13} \tag{2}$$

式中，E 为吨钢综合能耗，kg；e_1、e_2、$\cdots$、e_{13} 依次为系统内烧结、球团、焦化、炼铁、平炉炼钢、转炉炼钢、电炉炼钢、初轧、轧材、铁合金、炭素、耐火以及其他工序的平均工序能耗，kg/t；p_1、p_2、$\cdots$、p_{13} 依次为系统内上述各工序的钢比系数，即统计期内各工序的实物产量与钢产量之比。

上述"其他工序"是以下各工序和工种的总称，即采矿、选矿、机修、运输、焦化精制、施工企业、化肥厂、其他非冶金产品生产单位（如石灰、高炉渣水泥生产）、金属制品厂、生活设施及能源损失等。在能源统计中，一向没有这些工序和工种能耗的准确资料，因此，笔者仔细地研究了这部分能耗在吨钢综合能耗中所占的比重，并用 ω 表示此比值。

这样，式（2）改写为

$$E = p_1e_1 + p_2e_2 + \cdots + p_{12}e_{12} + \omega E \tag{3}$$

移项后，整理得

$$E = (p_1e_1 + p_2e_2 + \cdots + p_{12}e_{12})/(1 - \omega) \tag{4}$$

式（4）是本文在预测吨钢能耗时所用的基本因果关系式；各项 e、p、ω 是"因"，E 是"果"。

其次，在钢比系数的计算方面，还分别展开了烧结钢比、球团钢比、焦钢比、铁钢比、初轧钢比、材钢比等六个钢比系数与其影响因素之间的关系式。例如，在铁钢比方面，展开的关系式为

$$p_4 = \left[p_5 \times k_1 \times (1 - k_4) + p_6 \times k_2 \times (1 - k_5) + p_7 \times k_3 \times (1 - k_6)\right]/(1 - k_7) \tag{5}$$

式中，p_5、p_6、p_7 分别为平炉、转炉和电炉钢比；k_1、k_2、k_3 分别为平炉、转炉和电炉钢铁料消耗；k_4、k_5、k_6 分别为平炉、转炉和电炉中的废钢比；k_7 为实际铸铁比。

在烧结钢比、球团钢比、材钢比的展开式中，个别系数是在统计以往若干年的数据基础上确定的。

最后，为了定量地分析各工序能耗及钢比系数的变化对吨钢综合能耗的影响，还采用了以下两式。

$$\Delta E_{e_i} = p_{2i}\Delta e_i \tag{6}$$

$$\Delta E_{p_i} = \Delta E_i - \Delta E_{e_i} \tag{7}$$

式中，ΔE_i 为第 i 工序的总节能量；ΔE_{e_i} 为第 i 工序单位能耗降低所产生的节能量；ΔE_{p_i} 为第 i 工序钢比系数降低所产生的节能量；p_{2i} 为第 i 工序现在的钢比系数；Δe_i 为第 i 工序平均工序能耗降低值。

计算 ΔE_{e_i} 和 ΔE_{p_i} 的目的是从众多影响因素中找出影响吨钢综合能耗的主要因素，以便明确节能工作的重点和方向，实现对重点因素的重点控制。

2 2000 年及 2010 年与吨钢综合能耗相关因素目标值的设定

选定 1992 年为基准年份。为进行钢铁工业能耗预测、分析，所需数据包括系统内基准年份各类企业各工序的总能耗、各工序总产量；系统内预测年份各钢比系数影响因素、钢产量、耐火等原材料产量及各工序能耗的目标值。

2.1 钢比系数影响因素目标值的设定

在设定钢比系数影响因素的目标值时，需要说明：（1）产品产量的统计只限于系统内的钢铁企业，因为能耗统计就是限定在这一范围的；（2）在设定各工序的钢比系数影响因素值时，主要的依据是1989~1993年的历史统计数据及其变化趋势；钢铁工业工业生产技术水平，生产结构、原料结构、产品结构的变化趋势；钢铁工业系统外生产的耐火材料等原材料供应对系统内产量的影响。

1992年各钢比系数影响因素的统计值及2000年和2010年的目标设定值，见表1。

表1 各钢比系数的影响因素

因素名称	1992 年	2000 年	2010 年
球团矿占人造富矿比例	0.098	0.100	0.100
烧结矿品位	0.520	0.550	0.570
焦化铁比	0.622	0.622	0.622
平炉钢比	0.177	0.080	0.000
转炉钢比	0.638	0.640	0.680
电炉钢比	0.185	0.280	0.320
平炉钢铁料消耗/$t \cdot t^{-1}$	1.147	1.110	0.000
转炉钢铁料消耗/$t \cdot t^{-1}$	1.139	1.116	1.100
电炉钢铁料消耗/$t \cdot t^{-1}$	1.090	1.034	1.019
平炉废钢比	0.237	0.250	0.000
转炉废钢比	0.088	0.113	0.150
电炉废钢比	0.917	0.900	0.900
实际铸铁比	0.129	0.130	0.100
连铸比	0.319	0.700	0.900
轧机开坯钢比	—	0.100	0.100
耐火钢比	0.041	0.033	0.027
铁合金钢比	0.027	0.022	0.018
炭素钢比	0.005	0.004	0.003

注：生铁铁含量、氧化球团铁含量、开坯成坯率估计值分别取0.95、0.65、0.9。

从1989~1993年的统计数据看，球团矿占人造富矿比例稍有上升，1993年上升到10.22%，2000年及2010年的目标值设定为10%；烧结矿品位在52%左右，今后烧结矿品位将不断提高，2000年及2010年的目标值分别设定为55%和57%。

焦铁比一直在下降，1993年降到了0.593t/t，今后随炼铁焦比的降低及化铁炼钢量的减少，焦铁比会进一步降低，考虑到目前消耗了一部分系统外焦炭，今后焦铁比仍然取1992年的水平。

根据我国钢铁工业结构调整的要求，设定 2000 年平炉、转炉、电炉钢比分别为 0.08、0.64 和 0.28，连铸比达到 70 %；2010 年取消平炉，转炉、电炉钢比分别达到 0.68 和 0.32，连铸比达到 90%。

系统内实际铸铁比，几年来都在 13% 左右，设定系统内 2000 年及 2010 年实际铸铁比分别为 13% 和 10%。

2.2　钢产量及辅助工序产量的目标值

1992 年全国钢产量为 8093 万吨，系统内 7601 万吨；2000 年全国钢产量目标值为 10000 万吨，系统内 9500 万吨；2010 年全国钢产量目标值为 12000 万吨，系统内 11200 万吨。

1992 年，全国耐火材料、铁合金、炭素的产量分别为 881 万吨、265 万吨和 163 万吨；系统内三种产品的产量分别为 310 万吨、208 万吨和 40 万吨。设定 2000 年及 2010 年这三种产品产量都保持 1992 年的水平不变。随着钢产量的增加，可以通过降低吨钢耐火材料、铁合金、炭素消耗，减少系统内铁合金出口，从系统外购买这三种产品等途径来解决对这三种产品需求量的增加。从近年来的统计数据看，虽然系统内的钢产量在增加，但耐火材料、铁合金、炭素的产量基本没有增加。

3　工序能耗目标值的设定

在设定各工序能耗的目标值时，主要的依据是 1992 年的重点及地方骨干企业工序能耗水平，同时参考整个钢铁工业的情况和近几年的变化及将来可能发生的变化。

1992 年，各工序的平均工序能耗是按重点企业、地方骨干企业、其他地方中小企业各工序实物产量的比例进行加权平均计算的。重点和地方骨干企业有较完整的工序能耗数据，而其他地方中小企业的数据无法收集，为此假定其他地方中小企业的焦化和炼铁工序能耗比骨干企业分别高出 100kg 标煤，其他各工序的工序能耗则比骨干企业高出 10%。

由统计结果得知，1992 年系统内"其他工序"耗能占总耗能量的 27.8%（即 $\omega = 0.278$）。今后随着电炉钢比上升，铁钢比将下降，采矿、选矿、机修、运输、焦化精制等耗能比例将下降，同时随着钢铁工业发展多种经营，其他非冶金产品耗能比例将上升，所以 ω 值不至发生大的变化。设 2000 年及 2010 年的 ω 值都等于 0.280。耐火、铁合金、炭素的工序能耗 2000 年和 2010 年的目标值都设定比 1992 年下降 5%。1992 年各工序能耗统计数据以及 2000 年和 2010 年的各工序能耗的目标值见表 2。

表 2　各工序能耗　　　　　　　　　　（kg）

工序	1992 年			2000 年			2010 年
	重点	骨干	系统	重点	骨干	系统	系统
烧结	78	85	80.9	—	—	75	65
球团	—	53	53	—	—	53	53
焦化	179	183	197.5	—	—	180	175
炼铁	497	537	522.9	490	510	496	470

工 序	1992 年			2000 年			2010 年
	重点	骨干	系统	重点	骨干	系统	系统
平炉	115	—	115	100	—	100	—
转炉	23	53	32.5	20	25	22	10
电炉	307	306	316.4	—	—	300	270
初轧	65	101	80.2	—	—	60	—
轧材	138	140	142.2	—	—	130	90
耐火	—	—	366	—	—	345	345
铁合金	—	—	2374	—	—	2255	2255
炭素	—	—	4943	—	—	4695	4695
其他	—	—	419.7	—	—	—	—
其他占总量比例/%			27.8			28	28

4 钢铁工业能耗预测结果及分析

将上述钢比系数影响因素及工序能耗的目标值代入预测模型，得到 2000 年及 2010 年能耗预测结果，见表 3 和表 4。由表可见，2000 年和 2010 年我国钢铁工业吨钢综合能耗的预测结果分别为 1273.3kg 和 1030.4kg。

表 3　2000 年钢铁工业能耗预测

工序	产品产量 /万吨	钢比系数 /t·t^{-1}	工序总能耗 (标煤)/万吨	工序能耗 /kg·t^{-1}	吨钢工序能耗/kg	工序耗能比率/%
烧结	11077	1.166	830.775	75.0	87.5	6.9
球团	1235	0.130	65.455	53.0	6.9	0.5
焦化	4949.5	0.521	890.910	180.0	93.8	7.4
炼铁	7961	0.838	3948.656	496.0	415.6	32.6
钢	9500	1.000				
平炉	760	0.080	76.000	100.0	8.0	0.6
转炉	6080	0.640	133.760	22.0	14.1	1.1
电炉	2660	0.280	798.000	300.0	84.0	6.6
初轧	1710	0.180	102.600	60.0	10.8	0.8
轧材	8502.5	0.895	1105.325	130.0	116.4	9.1
耐火	313.5	0.033	108.158	345.0	11.4	0.9

工序	产品产量/万吨	钢比系数/t·t^{-1}	工序总能耗（标煤）/万吨	工序能耗/kg·t^{-1}	吨钢工序能耗/kg	工序耗能比率/%
铁合金	209	0.022	471.295	2255.0	49.6	3.9
炭素	38	0.004	178.410	4695.0	18.8	1.5
其他			3386.967		365.5	28.0
合计			12096.31		1273.3	100.0

表4 2010年钢铁工业能耗预测

工序	产品产量/万吨	钢比系数/t·t^{-1}	工序总能耗（标煤）/万吨	工序能耗/kg·t^{-1}	吨钢工序能耗/kg	工序耗能比率/%
烧结	11211.2	1.001	728.728	65.00	65.1	6.3
球团	1243.2	0.111	65.890	53.00	5.9	0.6
焦化	5174.4	0.462	905.520	175.00	80.9	7.8
炼铁	8321.6	0.7433	911.152	470.00	349.2	33.9
钢	11200.0	1.000				
平炉	0.0	0.000	0.000		0.0	0.0
转炉	7616.0	0.680	76.160	10.00	6.8	0.7
电炉	3584.0	0.320	967.680	270.00	86.4	8.4
初轧	0.0	0.000	0.000		0.0	0.0
轧材	10416.0	0.930	937.440	90.00	83.7	8.1
耐火	302.4	0.027	104.328	345.00	9.3	0.9
铁合金	201.6	0.018	454.608	2255.00	40.6	3.9
炭素	33.6	0.003	157.752	4695.00	14.1	1.4
其他			3231.378		288.5	28.0
合计			11540.640		1030.4	100.0

2000年及2010年能耗预测结果与1992年统计值的对比分析结果，见表5和表6。由表5可见，2000年与1992年相比，降低工序能耗的节能量、降低钢比系数的节能量及其他工序的节能量分别为71.4kg/t、100kg/t和63.2kg/t，分别占总节能量的30.44%、42.62%和26.94%。由表6可见，2010年与1992年相比，上述三项节能量分别为149.2kg/t、197.1kg/t和131.2kg/t，分别占总节能量的31.26%、41.26%和27.48%。

表5　1992年与2000年能耗比较分析结果

工序	工序能耗降低 /kg·t⁻¹	工序钢比系数 降低/t·t⁻¹	降低工序能耗 节能量/kg·t⁻¹	降低钢比系数 节能量/kg·t⁻¹	综合节能量 /kg·t⁻¹	工序节能率 /%
烧结	5.9	0.223	6.9	18.0	24.9	10.6
球团	0.0	0.007	0.0	0.4	0.4	0.1
焦化	17.5	0.065	9.1	12.8	21.9	9.3
炼铁	26.9	0.104	22.4	54.4	76.8	32.8
钢						
平炉	15.0	0.096	1.2	11.0	12.2	5.2
转炉	10.5	−0.002	6.7	−0.1	6.6	2.8
电炉	16.4	−0.094	4.6	−29.7	−25.1	−10.7
初轧	20.2	0.304	3.6	24.4	28.0	11.9
轧材	12.2	−0.077	10.9	−10.9	0.0	0.0
耐火	21.0	0.008	0.6	2.9	3.5	1.5
铁合金	119.0	0.005	3.5	11.9	15.4	6.6
炭素	248.0	0.001	1.9	4.9	6.8	2.9
其他	63.2	0.000	63.2	0.0	63.2	27.0
合计			134.6	100.0	234.6	100.0

表6　1992年与2010年能耗比较分析结果

工序	工序能耗降低 /kg·t⁻¹	工序钢比系数 降低/t·t⁻¹	降低工序能耗 节能量/kg·t⁻¹	降低钢比系数 节能量/kg·t⁻¹	综合节能量 /kg·t⁻¹	工序节能率 /%
烧结	15.9	0.388	15.9	31.4	47.3	9.9
球团	0.0	0.026	0.0	1.4	1.4	0.3
焦化	22.5	0.124	10.3	24.5	34.8	7.3
炼铁	52.9	0.199	39.1	104.1	143.2	30.0
钢						
平炉	—	0.176	—	20.2	20.2	4.2
转炉	22.5	−0.042	15.3	−1.4	13.9	2.9
电炉	46.4	−0.134	14.9	−42.4	−27.5	−5.8
初轧	—	0.484	—	38.8	38.8	8.1
轧材	52.2	−0.122	48.6	−15.9	32.7	6.8

工序	工序能耗降低 /kg·t⁻¹	工序钢比系数降低/t·t⁻¹	降低工序能耗节能量/kg·t⁻¹	降低钢比系数节能量/kg·t⁻¹	综合节能量 /kg·t⁻¹	工序节能率 /%
耐火	21.0	0.014	0.5	5.1	5.6	1.2
铁合金	119.0	0.009	3.0	21.4	24.4	5.1
炭素	248.0	0.002	1.6	9.9	11.5	2.4
其他		0.000	131.2	0.0	131.2	27.5
合计			280.4	197.1	477.5	100.0

这里"其他工序"的节能量无非也是通过降低其工序能耗及钢比系数这两条途径取得的。因此，从上述比例来看，今后节能工作应当是降低工序能耗与钢比系数并重。

就节能效果而论，各工序能耗及钢比系数按其重要性的排序为：2000 年（1）铁钢比、（2）初轧钢比、（3）炼铁工序能耗、（4）烧结钢比、（5）焦化钢比、（6）铁合金钢比、（7）平炉钢比、（8）轧材工序能耗；2010 年（1）铁钢比、（2）轧材工序能耗、（3）炼铁工序能耗、（4）初轧钢比、（5）烧结钢比、（6）焦化钢比、（7）铁合金钢比、（8）平炉钢比。

5 讨论

330

（1）我国钢铁工业 1992 年的吨钢综合能耗为 1574kg/t。假定 2010 的能耗达到预测值 1030kg/t，则从 1992 年到 2010 年的 18 年间，吨钢综合能耗共降低 544kg/t，平均年节能率为 2.33%。而我国钢铁工业从 1984 年到 1994 年 10 年间，吨钢综合能耗从 1783kg/t 降到 1519kg/t，平均年节能率只有 1.59%，这远低于预测中的平均节能率。可见，只有在现有基础上加倍努力，才能实现预测目标。

此外，以 1992 年吨钢综合能耗为基准，按上述年节能率 2.10% 推算，2000 年的吨钢综合能耗应是 1273kg/t，而不是更高的数字。否则，钢铁工业节能工作在 10 年间将形成前松后紧的局面，不利于 2010 年预测值的实现。

（2）实现预测目标后，将大大降低钢铁工业能耗成本，按 2010 年的能耗达到预测值 1030kg/t（系统内钢产量按 11200 万吨计算），系统内总能耗为 11536 万吨标煤，与 1992 年水平相比，节能 5354 万吨标煤，每吨标煤按 500 元计算，相当于节省 267.7 亿元。

（3）为了达到预测目标，必须把工序能耗和钢比系数并重起来，既要努力降低各工序能耗，又要努力降低有关工序的钢比系数。只在工序能耗上动脑筋，是无论如何也不可能实现预测目标的。在宏观管理方面，为了考核节能工作的进程，不仅要随时注视各工序能耗的变化，而且要随时注视钢比系数及其影响因素的变化。计划部门及业务主管部门在制订生产计划时，要十分关注生产计划对能耗指标的影响。如果钢比系数都很高（尤其是铁钢比），吨钢综合能耗就不可能低。

（4）今后节能工作的重点是：1）适度提高电炉钢比，提高炼钢废钢比，降低铸铁比，降低炼钢钢铁料消耗，从而降低铁钢比。按本文预测，系统内铁钢比 2000 年降为 0.838，2010 年降为 0.743。十几年后，我国的铁钢比大体上与世界主要产钢国持平。

2）提高连铸比。3）降低轧材工序能耗。4）降低炼铁工序能耗。5）淘汰平炉、降低铁合金钢比、降低烧结、转炉、电炉能耗等。

6 结论

（1）我国钢铁工业（系统内）吨钢综合能耗的预测值是：2000 年为 1273kg/t；2010 年为 1030kg/t。

（2）实现预测值的前提是，与吨钢综合能耗相关的各影响因素按时分别达到各自的目标值。在实现预测值的过程中，领导部门要对此进行宏观监控。

（3）实现预测值的关键是将节能工作与流程选择、技术改造、生产计划、资源利用等工作紧密结合起来，切忌相互脱节。

参 考 文 献

[1] 易丹辉 . 统计预测方法与应用 [M]. 北京：中国人民大学出版社，1990.
[2] 陆钟武 . 我国钢铁工业吨钢综合能耗的剖析 [J]. 冶金能源，1992（1）.
[3] 中国钢铁年鉴编辑委员会 . 中国钢铁工业年鉴（1990～1994 年）[M]. 北京：冶金工业出版社，1995.
[4] 冶金工业部生产司 . 钢铁生产统计资料汇编 [M]. 北京：冶金工业出版社，1992.

过去 20 年及今后 5 年中我国钢铁工业节能与能耗剖析*

摘　要　总结了 20 世纪最后 20 年我国钢铁工业节能降耗的显著成绩。我国钢铁工业的节能成就，其中一半靠直接节能，一半靠间接节能；我国吨钢能耗与发达国家的主要差距是矿钢比和铁钢比高、电炉和轧钢工序能耗高；钢铁工业结构优化是降低钢比系数，进而降低吨钢能耗的根本途径。预测 2005 年我大中型钢铁企业吨钢能耗将达到国际先进水平。

关键词　吨钢能耗　工序能耗　钢比系数　*e-p* 分析法

1　钢铁工业节能降耗取得显著成绩

1.1　综合性能耗指标大幅度下降

　　1980~1999 年的 20 年间，我国钢铁工业三项综合性能耗指标的变化，如图 1 所示。其中，钢铁工业的吨钢综合能耗（全行业平均）从 2.040 降为 1.240，下降率为 39.22%[1-2]；大中型钢铁生产企业的吨钢综合能耗，从 1.646 降到 0.958，下降率为 41.80%（1995 年以前数据，取原重点企业和地方骨干企业吨钢综合能耗的加权值）；大中型钢铁生产企业的吨钢可比能耗，从 1.285 降到 0.833，下降率为 35.18%。

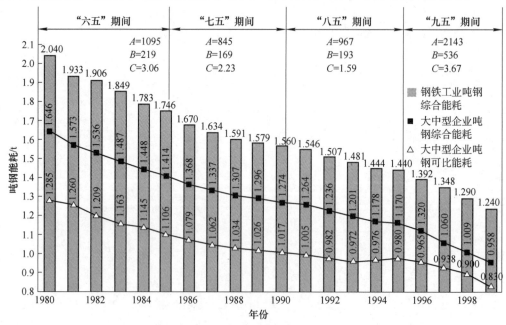

图 1　钢铁工业综合性能耗指标的变化

A—累计节能量，万吨/年；*B*—年均节能量，万吨/年；*C*—年均节能率，%

*　本文合作者：蔡九菊、赫冀成、李桂田、王维兴、孔令航。原发表于《钢铁》，2002。

1.2 主要工序的能耗指标普遍下降

1980~1999 年间我国钢铁工业各工序能耗数据列于表1。

表1 1980~1999 年我国钢铁工业各生产工序平均工序能耗的变化

(kg/t(产品))

时间/年	焦化	烧结	球团	炼铁	平炉	转炉	电炉	初轧	轧钢[①]
1980	217	105	74	556	200	67	378	101	266
1981	213	101	78	549	202	66	374	99	248
1982	208	98	70	548	295	60	357	93	234
1983	193	96	70	543	186	55	340	90	329
1984	196	93	66	542	174	55	331	81	219
1985	187	91	63	535	156	48	325	79	211
1986	187	88	58	530	143	45	320	80	196
1987	185	83	61	520	136	41	304	79	202
1988	183	81	80	514	129	37	309	76	183
1989	182	81	61	521	125	36	308	76	183
1990	185	80	63	526	123	38	303	78	187
1991	184	81	84	521	123	34	303	77	193
1992	180	81	53	511	115	33	307	77	184
1993	180	79	53	508	112	33	312	77	185
1994	179	79	55	507	114	32	310	78	180
1995	180	81	52	509	111	31	319	78	177
1996	176	78	52	502	115	31	314	79	173
1997	175	76	53	496	113	31	304	77	167
1998	173	76	51	483	127	30	292	79	160
1999	163	72	48	469	119	28	280	80	155
1980 年比 1999 年降低/%	24.88	31.43	35.14	15.65	10.50	58.21	25.93	20.79	41.73

①为概算值，用轧钢系统总能耗除以钢材产量。

1.3 钢铁工业内部几个重要比例关系明显改善

我国钢铁工业结构性重要比例关系变化曲线如图2所示。

由图2可见，1980 年以来，尤其是进入"九五"以后，随着钢铁工业的结构调整，

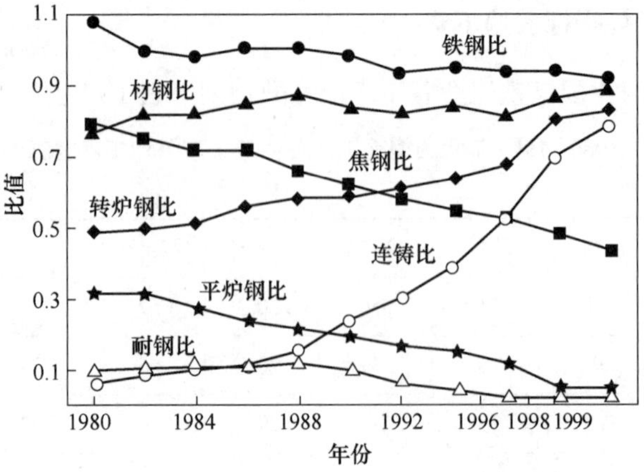

图2 我国钢铁工业结构性重要比例关系变化曲线

焦钢比下降最快,由 0.793 降到 0.435,下降率为 45.15%。平炉钢比由 0.320 降低为 0.015,下降率为 95.31%,2000 年平炉炼钢几乎被淘汰。铁钢比变化缓慢,由 1.082 降为 0.921,下降率为 14.88%。连铸比上升最快,由 0.062 升为 0.774,2000 年达到 81.12%。其次是转炉钢比,从 0.488 升高到 0.827。材钢比,即成材率缓缓上升,从 0.765 升到 0.888。20 年间,耐火材料与钢产量之比有升有降,20 世纪 90 年代末降到每吨钢 27kg。

2 我国钢铁工业节能效果分析

2.1 1980~1999 年各个时期的节能效果分析

我国钢铁工业平均工序能耗和钢比系数列于表 2。表中的"其他"是吨钢综合能耗去掉表内所列工序能耗后的剩余部分,包括企业能源亏损和放散、厂内运输和燃气加工,以及矿山和辅助原材料的能源消耗等(以下简称"其他"能耗)。

表 2 1980~1999 年代表性工序能耗和钢比系数

工序	1980 年		1985 年		1990 年		1995 年		1999 年	
	钢比系数	工序能耗 /kg·t^{-1}	钢比系数	工序能耗 /kg·t^{-1}	钢比系数	工序能耗 /kg·t^{-1}	钢比系数	工序能耗 /kg·t^{-1}	钢比系数	工序能耗 /kg·t^{-1}
烧结	1.657	105	1.574	91	1.459	80	1.512	81	1.421	72
球团	0.070	74	0.064	63	0.143	63	0.205	52	0.123	48
焦化	0.793	217	0.706	187	0.632	185	0.559	180	0.435	163
炼铁	1.082	556	0.951	535	0.990	526	0.972	509	0.921	469
平炉	0.320	200	0.263	156	0.198	123	0.137	111	0.015	179
转炉	0.488	67	0.521	48	0.589	38	0.667	31	0.827	28
电炉	0.192	378	0.216	325	0.211	303	0.190	319	0.157	280

工序	1980 年		1985 年		1990 年		1995 年		1999 年	
	钢比系数	工序能耗 /kg·t⁻¹	钢比系数	工序能耗 /kg·t⁻¹	钢比系数	工序能耗 /kg·t⁻¹	钢比系数	工序能耗 /kg·t⁻¹	钢比系数	工序能耗 /kg·t⁻¹
初轧	0.818	101	0.789	79	0.693	78	0.482	78	0.208	80
轧钢	0.765	266	0.829	211	0.853	187	0.812	177	0.888	155
其他		631.7		584.4		472.4		433.8		404.9

将我国钢铁工业 20 年的节能进程分为 4 个时期。在每个时期内，应用吨钢综合能耗 e-p 计算式[3]算出每个时期吨钢综合能耗的改变量，以及那个时期钢比系数或工序能耗变化对吨钢综合能耗的影响量，见表 3 中最后两行。

表 3 1980~1999 年我国钢铁工业各时期吨钢能耗的下降值及其比较

项　目	"六五" (1981~1985 年)	"七五" (1986~1990 年)	"八五" (1991~1995 年)	"九五" (1996~2000 年)	吨钢节能量合计及比例 (1980~1999 年)
吨钢综合能耗下降值/kg	294	186	120	200	800
吨钢综合能耗比例/%	36.75	23.25	15.0	25.0	100
因钢比系数变化	−62.0	−12.7	−80.1	−173.2	−328.0 (比例 41%)
因工序能耗变化	−232.0	−173.3	−39.9	−26.8	−472.0 (比例 59%)

由表 3 可见，我国钢铁工业吨钢综合能耗 20 年共下降 800kg。其中，因各工序钢比系数变化引起吨钢综合能耗降低 328kg（占 41%），因各工序能耗变化引起吨钢能耗降低 472kg（占 59%）。我国钢铁工业吨钢综合能耗的下降，总体上是一半靠直接节能，一半靠间接节能。

2.2 1980~1999 年各道工序的节能效果分析

将 1980~1999 年间的节能量分解给六个工序，每个工序的节能效果列于表 4。

表 4 1980~1999 年我国钢铁工业各工序吨钢能耗的下降值及其比较

项　目	烧结球团	焦化	炼铁	炼钢	轧钢	其他	节能量合计及比例
节能量/kg·t⁻¹	−71.0	−101.2	−169.7	−99.5	−131.8	−226.8	锅炉群负荷优化方案
节能比例/%	8.9	12.7	21.2	12.4	16.5	28.3	锅炉群负荷优化方案
因钢比系数变化	−20.9	−77.7	−89.5	−51.5	−29.0	−115.4	−384.0（比例为 48%）①
因工序能耗变化	−50.1	−23.5	−80.2	−48.0	−102.8	−111.4	−416.0（比例为 52%）

①由于计算时选取的年份不同，所以钢比系数及工序能耗的变化对吨钢能耗的影响量与表 5 略有差异。

系统节能

与 1980 年相比，1990 年因各工序钢比系数变化引起吨钢能耗下降 384kg，占 48%，因各工序能耗变化引起吨钢能耗下降 416kg，占 52%。在六个工序中，节能量最大的是"其他"工序，其次是炼铁工序、轧钢工序、焦化工序和炼钢工序。

3 钢铁工业节能降耗的差距和潜力

3.1 我国大中型钢铁企业吨钢能耗与世界主要产钢国的差距

表 5 列出了我国大中型钢铁企业可比能耗与英国、日本、德国、法国、美国等主要产钢国吨钢能耗[5]的差距：1980 年相差 509.8kg，1999 年缩小到 191.0kg。

表 5　我国大中型钢铁企业吨钢可比能耗与世界主要产钢国的比较　　　（kg）

国　家	1980 年	1990 年	1994 年	1999 年
英国	783	670	663	663[①]
日本	653	592	620	620[①]
德国	752	656	602	602[①]
法国	820	687	683	683[①]
美国	868	673	—	—
外国平均	775.2	655.6	642.0	642.0
中国	1285.0	1017.0	976.0	833.0
差距	509.8	361.4	334.0	191.0

①1994 年数据且不含焦化工序能耗。

3.2 我国大中型钢铁企业工序能耗与世界主要产钢国的差距

我国大中型钢铁企业 1999 年主要工序的平均能耗与世界主要产钢国差距见表 6，差距最大的工序是电炉工序，比发达国家高出 81.4kg/t(钢)，原因是：单台设备容量小，高功率、超高功率电炉比例小，节能技术普及推广程度低等。其次是轧钢工序（含初轧）高出 21.5kg/t(材)，原因是：连续化水平低，热装热送比例小及热装温度低等。还存在部分多火成材的生产流程等。燃气加工、能源亏损、放散及厂内运输等高出 17.0kg /t(钢)。烧结、炼铁和转炉工序的能耗水平与发达国家平均水平相差不多。

表 6　1999 年我国大中型钢铁企业主要工序平均能耗与主要产钢国的比较

（kg/t（产品））

工　序	国外（1994 年）					中国	差值
	英国	日本	德国	法国	平均		
烧结/球团	62.0	54.4	50.8	60.6	57.0	70.1	13.1
炼铁	508.8	426.0	451.8	470.7	464.3	469.0	4.7
转炉	23.2	—	13.5	17.0	17.9	28.0	10.1

工序	国外（1994 年）					中国	差值
	英国	日本	德国	法国	平均		
电炉	194.9	—	188.8	212.1	198.6	280.0	81.4
轧钢	175.8	136.0	137.6	159.2	152.2	173.7[①]	21.5
燃气加工能源亏损及运输等	44.7	64.1	54.1	43.3	51.8	68.8	17.0

①含初轧工序能耗为 173.7kg/t(材)，不含初轧工序能耗为 155kg/t(材)。

3.3 钢比系数与世界产钢国的差距

如表 7 可见，1999 年我国钢铁工业主要工序的平均钢比系数，除电炉钢比外，均高于发达国家平均水平。其中，烧结矿钢比高出 0.504，铁钢比高出 0.19，材钢比高出 0.035（比发达国家 1998 年平均值低 0.049）。材钢比当然是越高越好。

表 7 1999 年我国主要工序的平均钢比系数与主要产钢国平均钢比系数的比较

工序	国外（1994 年）					中国	差值
	英国	日本	德国	法国	平均		
烧结/(球团) 矿钢比	0.879	1.000	1.002	1.279	1.040	1.544	0.504
铁钢比	0.691	0.751	0.733	0.757	0.731	0.921	0.190
转炉钢比	0.746		0.785	0.729	0.749	0.827	0.078
电炉钢比	0.247		0.218	0.273	0.242	0.157	−0.085
材钢比	0.835	0.905	0.829	0.849	0.853	0.888	0.035

我国大中型钢铁企业吨钢可比能耗平均高出国外 191kg，其中：由于主要工序的钢比系数高，影响吨钢能耗高出 111.5kg，占 58%；由于各工序的工序能耗偏高，影响吨钢能耗高出 79.5kg，占 42%。具体原因列于表 8。

表 8 1999 年我国吨钢可比能耗、吨钢工序能耗与主要产钢国的比较 （kg）

工序	因工序能耗不同	因钢比系数不同	合计
烧结（球团）	+13.6	+35.3	+48.9
炼铁	+3.2	+81.1	+92.3
转炉	+7.6	+2.2	+9.8
电炉	+19.7	−23.8	−4.1
平炉	—	+2.6	+2.6
轧钢	+18.4	+6.1	+24.5
亏损放散等	+17.0	—	+17.0
合计	+79.5	+111.5	+191.0

4 "十五"节能降耗目标、方向和途径

4.1 "十五"节能目标

"十五"期间,我国钢铁工业主要工序的工序能耗和钢比系数目标值列于表9。到2005年,预计我国钢铁工业吨钢综合能耗为1000kg,比1999年下降240kg,下降率为19.35%,年均节能率为3.52%。其中,"其他"能耗将从1999年的404.9kg降到232.5kg。去掉不可比因素(矿山、焦化、辅助原材料能耗),我国大中型钢铁企业的吨钢能耗预计达到750kg以内。

表9 2005年我国钢铁工业吨钢综合能耗指标预测值 （kg）

工 序	钢比系数	工序能耗	吨钢工序能耗	比例/%
烧结	1.300	67	87.1	8.71
球团	0.145	45	6.5	0.65
焦化	0.400	155	62.0	6.20
炼铁	0.900	455	409.5	40.95
转炉	0.827	20	16.5	1.65
电炉	0.173	250	43.3	4.33
轧钢	0.920	155[①]	142.6	14.26
其他			232.5	23.25
吨钢综合能耗			1000.0	100.0

①含初轧工序能耗。

1980~2005年,我国钢铁工业即将走过5个五年计划时期,连同"十五"预测值,将每个时期吨钢能耗的变化(含吨钢节能量、吨钢直接和间接节能量、年均节能率等)绘成图3。由图3可见,就各个时期而言,因节能任务、指导思想和实施方法不同,直接和间接节能的比例会有很大差别。"六五"是我国钢铁工业节能的初期,所以那个时期的节能量很大,其中的直接节能已占80%。进入"七五",人们照搬"六五"的节能方法,只注意能源,不大注意非能源,所以年节能率逐年下降。从80年代末开始,冶金工业部把"系统节能"[3]作为节能工作的指导方针,提出既要节约能源又要节约非能源,所以"八五"时期的节能量尽管继续下跌,但是间接节能所占比例增大,超过了60%。"九五"时期,我国钢铁工业加大间接节能力度,通过实施结构调整,使钢铁工业节能走出了"低谷",年节能率上升,吨钢节能量增大,间接节能比例超过了85%[4]。

4.2 "十五"钢铁工业节能降耗的主要方向

(1) 降低有关工序的钢比系数[5]。降低有关工序的钢比系数,重点是铁钢比、烧结矿钢比和铁合金钢比等。其中,降低铁钢比是重中之重。"六五"期间我国钢铁工业

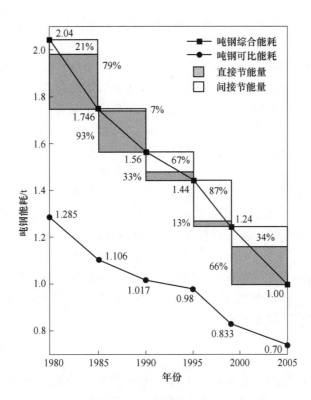

图 3 1980~2005 年我国钢铁工业吨钢能耗变化

（不是全国）平均铁钢比为 0.987，"七五"期间增至 1.020，"八五"期间为 0.952，1999 年降到 0.921。目前，仍比西方国家高 0.2 左右。

（2）降低各工序的工序能耗[6]。虽然我国钢铁工业在降低工序能耗方面取得可喜成绩，但与发达国家相比仍有较大差距。重点企业和地方骨干企业之间，同类企业之间，还有不小差距。因此，降低各工序能耗仍然是钢铁工业节能的主要方向。目前，在降低工序能耗方面，重点是电炉炼钢工序（高 81.4kg/t（钢）），轧钢工序（高 21.5kg/t（材）），烧结工序（高 13.1kg/t（矿））。

（3）降低吨钢"其他"能耗。我国在"其他"方面的吨钢能耗太高，一般在 250~350kg/t（钢）。根本原因有：1）我国计入吨钢能耗的统计范围太大，与国外相比，不该统计的计入了；2）"其他"环节的能耗太高，钢铁企业内部能源亏损和放散严重；3）不同类型企业的能耗水平参差不齐，一些企业还在拖钢铁工业节能的后腿。所以，降低"其他"能耗是我国钢铁工业节能的一项艰巨任务，必须引起足够重视。

4.3　"十五"钢铁工业节能降耗途径

（1）调整生产工艺流程结构[4]。生产流程对能耗、物耗的影响极大。这些年来，钢铁生产流程的变革主要表现在平炉改转炉、模铸改连铸、多火成材改为一火成材。现在突出的问题是全国发展不平衡，一大批落后的、吨位很小的冶金设备仍在使用之中。这些设备亟需淘汰，否则我国钢铁工业的整体水平不可能提高，吨钢综合能耗也不可能大幅度地降下来。今后，要继续发展连铸，特别是高效连铸和近终形连铸。通过提高连铸比，向上游带动钢水精炼、铁水预处理、炼钢炉的功能优化；向下游带动各类轧机的发展，铸坯的热送和热装，甚至直接轧制等。最终实现主产流程的简单化、紧凑化和连续化。

（2）调整资源结构[7]。钢铁工业所需的铁矿石、废钢、淡水等资源，对能耗的影响很大。我国以贫矿为主，所以带来一系列不利于节能降耗和环保的问题。因此，我国钢铁工业必须从全球考虑矿石资源的稳定供应和优化配置问题，认真研究铁精矿和高炉炉料的经济品位，以及国产贫矿量和进口富矿量的合理比例等问题。

废钢铁是钢铁工业的主要原料。按照载能体的观点，废钢的载能量等于零。所以，要尽可能地回收折旧废钢，并使它回到钢铁工业中来，作为原料重新使用。这样，才能用较少的能源，生产较多的钢材，才符合可持续发展的原则[8]。

（3）推进节能技术进步。以改变各工序钢比系数为内容的结构调整，以降低各工序能耗为内容的直接节能，都是以技术进步为基础的。在技术和设备上达不到一定水平，钢铁生产的结构调整是实现不了的，能源消耗也降不下来。因此，推进技术进步是节能的关键。具体节能技术有干法熄焦、高炉顶压发电、高温蓄热燃烧、集中区域供氧减少氧气放散、合理利用煤气资源减少煤气放散、分级循环用水减少新水消耗、设置能源中心、建设节能清洁型工厂等。

5 结论

（1）1980~1999年间，我国钢铁工业节能取得巨大成绩，其中一半靠直接节能，一半靠间接节能。"六五"和"七五"期间，主要是降低各工序的工序能耗，直接节能占80%~90%；"八五"和"九五"期间，主要是调整各工序的钢比系数，间接节能占70%~90%。

（2）在可比条件下，我国钢铁工业的吨钢能耗与主要产钢国家相比，仍有较大差距，约为200kg。主要原因是我国的矿钢比高、铁钢比高、电炉钢比低，电炉和轧钢工序能耗高。

（3）"十五"期间，钢铁工业的节能方向是，继续降低有关工序的钢比系数，降低各工序能耗，降低吨钢"其他"能耗，近期要把降低吨钢"其他"能耗放在重要位置，各级领导和节能工作者不可等闲视之。

（4）经过努力，2005年我国钢铁工业的吨钢综合能耗将突破1000kg，我国大中型钢铁企业的吨钢可比能耗将实现750kg，达到国际先进水平。

参 考 文 献

[1] 国家冶金局规划发展司. 中国钢铁统计, 2000.

[2] 吴溪淳, 孟庆生. 我国钢铁工业节能进展及今后展望 [J]. 冶金能源, 1991, 10 (2)：1-9.

[3] 陆钟武, 蔡九菊. 系统节能基础 [M]. 北京：科学出版社, 1993.

[4] 殷瑞钰. 关于钢铁工业的节能问题 [J]. 冶金能源, 1997, 16 (3)：3-17.

[5] 冶金部能源办公室. 国外钢铁工业能源统计资料. 1998.

[6] 陆钟武. 再论我国钢铁工业的节能方向和途径 [J]. 钢铁, 1996, 31 (2)：54-58.

[7] 行业规划司. 冶金工业"十五"规划. 1999.

[8] 陆钟武. 关于钢铁工业废钢资源的基础研究 [J]. 金属学报, 2000, 36 (7)：728-734.

工业生态学

关于钢铁工业废钢资源的基础研究 *

摘　要　强调了钢铁工业多用废钢、少用铁矿石的重要意义。构思了一张有时间概念的钢铁产品生命周期铁流图。提出了衡量钢铁工业废钢资源充足程度的指标——废钢指数 (S)，并研究了它与钢铁产品产量变化等因素之间的关系。提出了衡量钢铁工业对铁矿石依赖程度的指标——矿石指数 (R)，并研究了它与钢铁产品产量变化等因素之间的关系。利用本文提出的研究思路和方法，可以具体地分析各国各地区的钢铁工业废钢资源问题。

关键词　生命周期　铁流图　废钢指数　矿石指数

铁矿石和废钢是钢铁工业的两种主要原料。铁矿石是从地下开采出来的，而废钢属于回收的再生资源。

钢铁工业尽可能少用铁矿石，多用废钢，不仅有利于保存自然资源，而且还有利于节约能源，减少污染。在钢铁联合企业，提高转炉炉料的废钢比，是少用铁矿石的重要措施。电炉钢厂，以废钢为主要原料，在这方面更具优势。而且，电炉钢厂占地面积小，投资低，很具有吸引力。

但是，提高转炉炉料的废钢比和发展电炉钢厂，有一个前提条件，那就是要有充足的废钢资源。否则，在废钢短缺、价格昂贵的情况下，要钢铁工业多用废钢，只能是一个良好的愿望。

长期以来，我国正是由于废钢资源相对不足，价格较高，所以一些钢厂在转炉多吃废钢的问题上只好裹足不前。与此同时，我国的电炉钢比一直徘徊在较低水平上，致使全国的铁钢比居高不下[1-3]。而西方某些主要产钢国，电炉钢比已高达 40% ~ 50%[3]，铁钢比自然很低。总之，我国钢铁工业的发展和提高，尤其是在电炉钢比和铁钢比两个方面，受到废钢资源的严重制约。

为什么有些国家废钢资源比较短缺，而有些国家废钢资源比较充足或非常充足呢？对于这个问题，虽然也有一些议论，但比较笼统，似是而非。因此，必须追根究底，找到更为明确的答案。否则，不可能客观地面对与此有关的各种问题。

我国以往对废钢问题的重视程度不够，所以研究工作和实际工作都做得不够。其结果，一方面容易做出错误的判断和决策，一方面直接影响废钢的回收、加工和利用工作。今后应该对废钢问题特别重视起来，做好与此有关的各种工作，以利于我国钢铁工业的发展和提高。如果说钢铁工业是一个庞大的产业，那么，废钢产业也同样是一个庞大的产业。为了把这个产业建设好，投入必要的资金和人力，是完全值得的。

本文属于钢铁工业废钢资源问题的基础性研究工作，其内容主要包括：（1）一张

343

　　* 本文原发表于《金属学报》，2000。

工业生态学

有时间概念的钢铁产品生命周期的铁流图；（2）"废钢指数"的定义式，以及钢产量变化等因素与废钢指数之间的关系；（3）"矿石指数"的定义式，以及钢产量变化等因素与矿石指数之间的关系；（4）几点结论性的意见。

1　钢铁产品的生命周期及其铁流图

钢铁产品生命周期的第一阶段是钢铁生产流程。铁矿石和废钢等含铁物料经钢铁生产流程后，成为钢铁产品（钢材等）。在此过程中，含铁物料由上游工序流向下游工序，一步步地变成钢铁产品。与此同时，生产过程中产生的含铁废料，其中包括废钢，呈逆向流动，返回上游工序去重新处理。此外，还有些含铁废料，如粉尘、残渣等，作为损失，散失于环境之中。

生命周期的第二阶段是制造加工工业。钢铁产品经此阶段后，成为各种钢铁制品，或含有钢铁的制品。在此过程中，又有废钢产生，如切下的边角料和车屑等。这些废钢，经回收后返回钢铁工业，进行重新处理。

生命周期的第三阶段是钢铁制品的使用阶段。各种钢铁制品，或经使用一定年限后报废，成为废钢，或长久埋在地下设施和建筑物中，或散失于环境中。这部分废钢经回收后，作为原料重新进入钢铁生产流程。这个循环，就是钢铁产品的生命周期。

可见，在钢铁产品的生命周期中，可产生3种不同来源的废钢：

（1）钢铁工业的自产废钢。这是在钢铁生产过程中钢厂内部产生的废钢。这些废钢，通常只在钢厂内部循环利用，不进入钢铁生产流程以外的大循环中去。因此，在下文的讨论中，我们将不涉及这部分废钢。

（2）加工废钢。这是制造加工工业在对钢铁产品进行机械加工时产生的废钢。一般情况下，这部分废钢产生的时间，是在钢铁产品生产出来以后不久。也就是说，对于钢铁工业来说，这种废钢是不久前它生产出来的钢铁产品演变而成的。所以，有的文献把这种废钢叫做"短期废钢"[4]。

（3）折旧废钢。这是各种钢铁制品（机器设备、汽车、飞机轮船等耐用品、建筑物、容器以及民用物品等）使用一定年限后报废形成的废钢。这些钢铁制品的使用寿命都较长，一般在10年以上，只有少数制品如饮料罐等例外。也就是说，对于钢铁工业来说，今年购入的这种废钢，是若干年前它生产出来的钢铁产品逐渐演变而成的。同样的，今年生产出来的钢铁产品，要经过若干年后才会变成这种废钢。所以，有的文献把这种废钢叫做"长期废钢"[4]。

在研究钢铁工业的废钢资源时，必须注意上述（2）、（3）两种废钢在时间上的差别。

在数量上，长期废钢量一般远大于短期废钢量。所以，研究废钢问题的重点应放在长期废钢上。

图1是钢铁产品生命周期的铁流图。

同文献上常见的产品生命周期图[5-6]相比，图1有以下两点不同：

（1）图中各股物流的流量，都按它们各自的成分换算成为铁的流量；

（2）图中清楚地反映时间概念。其中，用 τ 表示任意的一个年份；用 $\Delta\tau$ 表示从钢铁产品生产出来的年份起，到它们形成的钢铁制品报废为止的平均年数，简称"钢铁产品的平均使用寿命"，单位为年。

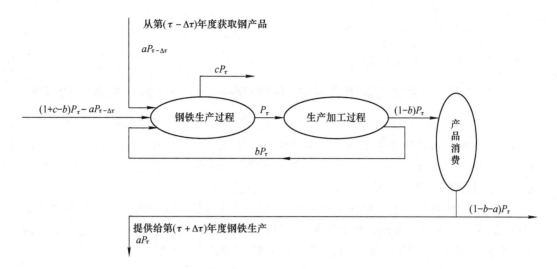

图 1　钢铁产品生命周期的铁流程图

如图 1 所示，设第 τ 年度生产的钢铁产品含铁量为 P_τ（单位为吨，写作 t，下同）。进入制造业后，形成的钢铁制品含铁 $(1-b)P_\tau$ t 和加工废钢含铁 bP_τ t（其中 b 为加工废钢实得率，t/t）。而且假定：加工废钢是在钢铁产品生产出来的同一年就全部返回钢铁工业重新处理。

钢铁制品经使用 $\Delta\tau$ 年后报废，形成的废钢含铁 aP_τ t（其中 a 为折旧废钢实得率，t/t）。这些废钢作为原料进入第（$\tau+\Delta\tau$）年的钢铁生产过程中去。而且假定：第 τ 年生产出来的全部钢铁产品都是在第（$\tau+\Delta\tau$）年报废；报废后形成的折旧废钢都是当年就返回钢铁工业重新处理。与此同时，$(1-b-a)P_\tau$ t 铁未能形成可利用的废钢，散失于环境中。

同理，进入第 τ 年钢铁生产中的折旧废钢，是从第（$\tau-\Delta\tau$）年的钢铁产品 $P_{\tau-\Delta\tau}$ 中演变过来的。假定此时的折旧废钢实得率仍等于 a，则这部分废钢含铁 $aP_{\tau-\Delta\tau}$ t。

第 τ 年钢铁生产过程中的各种排放物含铁 cP_τ t（其中 c 为生产过程的铁损失率，t/t）。按铁元素平衡可知，第 τ 年钢铁生产还须从铁矿石中得到 $[(1-b+c)P_\tau-aP_{\tau-\Delta\tau}]$ t 铁。这样，与第 τ 年钢铁生产直接有关的铁流量，除 P_τ 之外，尚有以下几项：

返回该年度钢铁生产的折旧废钢中含铁量

$$A_\tau = aP_{\tau-\Delta\tau} \tag{1a}$$

返回该年度钢铁生产的加工废钢中含铁量

$$B_\tau = bP_\tau \tag{2a}$$

该年度钢铁生产的铁损失量

$$C_\tau = cP_\tau \tag{3a}$$

该年度钢铁生产所需铁矿石的含铁量

$$D_\tau = (1 + c - b)P_\tau - aP_{\tau-\Delta\tau} \tag{4}$$

式（1a）~式（3a）可分别写作

$$a = \frac{A_\tau}{P_{\tau-\Delta\tau}} \tag{1b}$$

$$b = \frac{B_\tau}{P_\tau} \tag{2b}$$

$$c = \frac{C_\tau}{P_\tau} \tag{3b}$$

以上三式分别为 a、b、c 的定义式。

2 钢铁产品产量变化与废钢资源之间的关系——关于"废钢指数"的研究

一个国家、一个地区的废钢资源是否充足，是相对于这个国家或地区的钢铁产量而言的。在钢产量很少的情况下，只要有少量的废钢就显得很充足，反过来也是同样的道理。而一个国家或地区的钢产量又不是始终保持不变的。因此，研究废钢资源问题，一定要把它同钢产量联系起来，否则不可能把问题弄清楚。

为此，将统计期内进入钢铁工业的废钢含铁量与同期内生产的钢铁产品的含铁量之比 S，定义为钢铁工业的"废钢指数"，用这个指标可衡量一个国家（或地区）钢铁工业废钢资源的充足程度。按图 1，第 τ 年钢铁工业的废钢指数

$$S = \frac{A_\tau + B_\tau}{P_\tau} = \frac{aP_{\tau-\Delta\tau} + bP_\tau}{P_\tau}$$

化简后

$$S = a\frac{P_{\tau-\Delta\tau}}{P_\tau} + b \tag{5}$$

这是废钢指数的定义式。

式（5）表明：当 $P_\tau = P_{\tau-\Delta\tau}$ 时，$S=a+b$；当 $P_\tau > P_{\tau-\Delta\tau}$ 时，$S<a+b$；当 $P_\tau < P_{\tau-\Delta\tau}$ 时，$S>a+b$。

这就是关于钢铁产品产量变化与废钢资源之间的基本关系。

在对这一基本关系做进一步的分析过程中，将 P_τ 和 $P_{\tau-\Delta\tau}$ 直接称作第 τ 年和第 $(\tau-\Delta\tau)$ 年的钢铁产品产量，虽省略"含铁"二字，但仍旧是指其中的铁含量。废钢量和铁矿石量等一般亦作同样的简化称谓。

在分析过程中，只考虑以当地钢铁工业为源头的废钢资源，不考虑废钢的其他来源，如钢铁产品、钢铁制品及废钢的进出口贸易等。

由于讨论问题涉及的时间跨度较大，所以假设 $\Delta\tau$ 值和 a、b、c 等值均不随时间变化。此外，还假设在 $\tau=0$ 年以前，钢产量等于零。

2.1 钢铁产品产量保持不变

在 $P_\tau = P_0$ 情况下，废钢量的变化如图 2 所示。

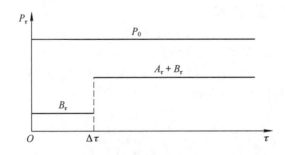

图 2 $P_\tau = P_0$ 情况下的 $A_\tau + B_\tau$

设从 $\tau = 0$ 到 $\tau = \tau$ 的各年钢铁产品产量都等于 P_0，即 $P_\tau = P_0$。

这样，在 $\tau = 0$ 到 $\tau = \Delta\tau$ 期间，由于生产出来的钢铁产品都还没有到报废年限，所以在此期间，折旧废钢量等于零。但每年都有加工废钢返回钢铁工业，其数量为 bP_0。

第 $\Delta\tau$ 年以后，不仅每年有加工废钢，而且还有折旧废钢 $A_\tau = aP_0$。所以第 $\Delta\tau$ 年以后，每年的废钢总量等于

$$A_\tau + B_\tau = aP_0 + bP_0 \quad \text{t/a}$$

废钢总量与钢产量之比，即废钢指数

$$S = \frac{(a+b)P_0}{P_0}$$

$$S = a + b \tag{6}$$

可见，在钢铁产品产量保持不变的情况下，废钢指数 S 恒等于 $a+b$，也就是说，在产量长期保持不变的情况下，钢铁产品的平均使用寿命 $\Delta\tau$ 对 S 值无任何影响。

2.2 钢铁产品产量按直线方程增长

钢铁产品产量按直线方程增长可用下式描述

$$P_\tau = P_0(1 + \mu\tau) \tag{7}$$

式中，P_0 为第一年的钢铁产品产量；μ 为系数。

相应的图形示于图 3。

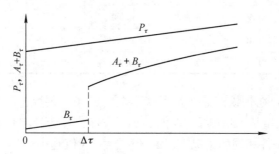

图 3 $P_\tau = P_0(1 + \mu\tau)$ 情况下的 $A_\tau + B_\tau$

在 $\tau = 0$ 到 $\tau = \Delta\tau$ 期间，折旧废钢量等于零。但每年都有加工废钢返回钢铁工业，其数量为

$$B_\tau = bP_\tau = bP_0(1 + \mu\tau)$$

第 $\Delta\tau$ 年以后，不仅每年有返回钢铁工业的加工废钢，而且还有折旧废钢，其数量为

$$A_\tau = aP_{\tau - \Delta\tau} = aP_0[1 + \mu(\tau - \Delta\tau)]$$

故第 $\Delta\tau$ 年后，每年返回钢铁工业的废钢总量为

$$A_\tau + B_\tau = aP_0[1 + \mu(\tau - \Delta\tau)] + bP_0(1 + \mu\tau)$$

故废钢指数

$$S = \frac{aP_0[1 + \mu(\tau - \Delta\tau)] + bP_0(1 + \mu\tau)}{P_0(1 + \mu\tau)}$$

化简后

$$S = a\frac{1 + \mu(\tau - \Delta\tau)}{1 + \mu\tau} + b \tag{8}$$

由式（8）可见，在钢铁产品产量按直接方程增长时，在 $\tau \geqslant \Delta\tau$ 后，废钢指数是 a、b、τ、$\Delta\tau$ 及 μ 的函数；当 $\tau = \Delta\tau$ 时，$S = \dfrac{a}{1 + \mu\Delta\tau} + b$，此时 S 必小于 $a+b$。在 $\tau > \Delta\tau$ 以后，S 值随 τ 增大，逐渐逼近 $a+b$。

表1是在几种条件下，按式（8）计算所得的第30年的 S 值。给定条件列于表左侧的三栏中，例如第一行的给定条件是 $a = 0.5$，$b = 0.1$，$\Delta\tau = 10$。每行中的其他数字，都是与各 μ 值相对应的 S 值。

表1 $S = a\dfrac{1 + \mu(\tau - \Delta\tau)}{1 + \mu\tau} + b$ 的计算值 $(\tau = 30)$

a	b	$\Delta\tau$	μ					
			0.00	0.02	0.04	0.06	0.08	0.10
0.5	0.1	10	0.60	0.5375	0.5091	0.4929	0.4824	0.4750
		12	0.60	0.5250	0.4909	0.4714	0.4588	0.4500
		14	0.60	0.5125	0.4727	0.4500	0.4353	0.4250
0.4	0.1	10	0.50	0.4500	0.4293	0.4143	0.4059	0.4000
		12	0.50	0.4400	0.4127	0.3971	0.3871	0.3800
		14	0.50	0.4300	0.3982	0.3800	0.3682	0.3600
0.3	0.1	10	0.40	0.3625	0.3455	0.3357	0.3294	0.3250
		12	0.40	0.3550	0.3345	0.3229	0.3153	0.3100
		14	0.40	0.3475	0.3236	0.3100	0.3012	0.2950

由表可见：（1）在钢铁产品产量保持不变（$\mu = 0$）情况下，S 恒等于 $a+b$；（2）在钢铁产品产量持续增长的情况下，S 值必小于 $a+b$，且产量增长越快（μ 越大）S 值越低；（3）在其他条件相同的情况下，$\Delta\tau$ 值越大，S 值越小；（4）在其他条件相同的情况下，a 值越大，S 值越大。

2.3 钢铁产品产量按指数方程增长

钢铁产品产量按指数方程增长可用下式描述

$$P_\tau = P_0(1 + q)^\tau \tag{9}$$

式中，P_0 为第一年的钢铁产品产量；q 为系数。

相应的图形如图4所示。

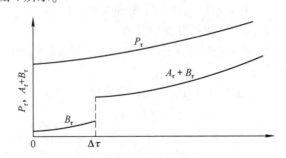

图4 $P_\tau = P_0(1 + q)^\tau$ 情况下的 $A_\tau + B_\tau$

在 $\tau = 0$ 到 $\tau = \Delta\tau$ 期间，折旧废钢量 $A_\tau = 0$，每年的加工废钢量等于

$$B_\tau = bP_0(1 + q)^\tau$$

第 $\Delta\tau$ 年后，不仅每年有加工废钢，而且还有折旧废钢，其数量为

$$A_\tau = aP_0(1 + q)^{\tau - \Delta\tau}$$

所以，第 $\Delta\tau$ 年后，每年返回钢铁工业的废钢总量为

$$A_\tau + B_\tau = aP_0(1 + q)^{\tau - \Delta\tau} + bP_0(1 + q)^\tau$$

故废钢指数等于

$$S = \frac{aP_0(1 + q)^{\tau - \Delta\tau} + bP_0(1 + q)^\tau}{P_0(1 + q)^\tau}$$

化简后

$$S = \frac{a}{(1 + q)^{\Delta\tau}} + b \qquad (10)$$

因 $(1 + q)^{\Delta\tau} > 1$，所以 S 必小于 $a + b$。

由式（10）可见，在钢铁产品产量按指数方程增长时，S 值仅为 a、b、$\Delta\tau$ 和 q 四个变量的函数，其中并不包括 τ，亦即 S 不随 τ 而变。

表 2 是在几种条件下，按式（10）计算的 S 值。与表 1 相比，表 2 中废钢指数 S 的降低幅度大得多。例如，在 $q = 0.10$（即产量每年递增 10%）的情况下，S 值从 0.60 降到 0.2316（见表中第 3 行）；从 0.50 降到 0.2053（见表中第 6 行）；从 0.40 降到 0.1790（见表中第 9 行）。降低幅度令人吃惊。

表 2 $S = \dfrac{a}{(1 + q)^{\Delta\tau}} + b$ 的计算值

a	b	$\Delta\tau$	q					
			0.00	0.02	0.04	0.06	0.08	0.10
0.5	0.1	10	0.60	0.5162	0.4381	0.3792	0.3317	0.2928
		12	0.60	0.4943	0.4125	0.3483	0.2986	0.2592
		14	0.60	0.4794	0.3890	0.3211	0.2764	0.2316
0.4	0.1	10	0.50	0.4281	0.3705	0.3233	0.2854	0.2542
		12	0.50	0.4155	0.3500	0.2986	0.2589	0.2274
		14	0.50	0.4035	0.3312	0.2769	0.2363	0.2053
0.3	0.1	10	0.40	0.3461	0.3028	0.2675	0.2390	0.2157
		12	0.40	0.3366	0.2875	0.2490	0.2192	0.1955
		14	0.40	0.3276	0.2734	0.2327	0.2022	0.1790

由此可见，在钢产量持续高速增长的情况下，钢铁工业的废钢资源不可能不短缺，在这种情况下，依靠本国或本地区的废钢资源，不可能大量发展电炉钢厂，不可能实现转炉多吃废钢的愿望。

此外，由表 2 还可见，千方百计提高 a 值，是十分重要的，因为这样可以使废钢不足的局面得到一定程度的缓解。各种钢铁制品是否按规定的年限报废，也是个重要

问题。在分析钢铁工业废钢资源时，对于钢铁产品平均使用寿命（$\Delta\tau$）的实际情况，必须详加考察。

2.4 钢铁产品产量下降

在这方面，比较常见的情况是：由于工业的调整或其他原因，钢产量较快地从一个水平下跌到另一个水平，然后产量又保持相对平稳。下面将对这种情况进行分析。

设在 $\tau=0$ 到 $\tau=2\Delta\tau$ 期间，钢铁产品产量 P_0 保持不变，然后突然下降为 nP_0（其中 $n<1$），随后产量保持 nP_0 不变，如图5所示。

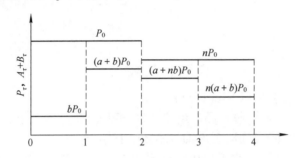

图5　从 P_0 降为 nP_0 情况下的 $A_\tau+B_\tau$

由图可见：

（1）在 $\tau=0$ 到 $\tau=\Delta\tau$ 期间，没有折旧废钢，只有加工废钢，其量 $B_\tau=bP_0$。

（2）在 $\tau=\Delta\tau$ 到 $\tau=2\Delta\tau$ 期间，折旧废钢量和加工废钢量之和等于 $(a+b)P_0$。

废钢指数

$$S=a+b \tag{11a}$$

这种情况与图2所示相同。

（3）在 $\tau=2\Delta\tau$ 到 $\tau=3\Delta\tau$ 期间，折旧废钢量仍为

$$A_\tau=aP_0$$

但因钢铁产品产量已降至 nP_0，故加工废钢量随之降为

$$B_\tau=nbP_0$$

废钢总量等于

$$A_\tau+B_\tau=aP_0+nbP_0$$

所以，废钢指数

$$S=\frac{aP_0+nbP_0}{nP_0}$$

化简后

$$S=\frac{a}{n}+b \tag{11b}$$

因 $n<1$，故此时的废钢指数必大于 $a+b$。

（4）在 $\tau=3\Delta\tau$ 到 $\tau=4\Delta\tau$ 期间，折旧废钢量和加工废钢量分别为

$$A_\tau=naP_0$$

$$B_\tau=nbP_0$$

废钢总量为

$$A_\tau + B_\tau = n(a + b)P_0$$

所以，废钢指数等于

$$S = \frac{n(a + b)P_0}{nP_0}$$

化简后又回到式（11a），即

$$S = a + b$$

可见，钢产量突然下降后，S 值增大的情况，只能维持 $\Delta\tau$ 年。其后，S 又恢复到 $a+b$。故有必要进一步分析从 $\tau = 2\Delta\tau$ 到 $\tau = 3\Delta\tau$ 期间的情况。表3是在几种条件下，按式（11b）计算的这段时间内的 S 值。

表3 $S = \dfrac{a}{n} + b$ 的计算值

a	b	n					
		1.0	0.9	0.8	0.7	0.6	0.5
0.5	0.1	0.60	0.6556	0.7250	0.8143	0.9333	1.1000
0.4	0.1	0.50	0.5444	0.6000	0.6714	0.7667	0.9000
0.3	0.1	0.40	0.4333	0.4750	0.5286	0.6000	0.7000

由表可见，在钢铁产品产量下降后的 $\Delta\tau$ 年内，废钢指数 S 明显变大。例如，在 $n = 0.7$（即产量下降30%）的情况下，S 值从 $n = 1.0$ 时的 0.60 增至 0.8143（见表3第1行）；从 0.50 增至 0.6714（见表3第2行）；从 0.40 增至 0.5286（见表3第3行），增加的幅度很大。如产量下降更多，S 值的增幅还会更大。

由此可见，在钢产量降低（尤其是大幅度降低）后，钢铁工业的废钢资源必然十分充足，废钢价格亦必然降低。这当然是转炉多吃废钢的有利条件，也是电炉钢厂大发展的良好时机。但是，必须注意，这种废钢资源十分充足的局面，只能维持约 $\Delta\tau$ 年，在那以后，S 值会有所下降。这个变化过程已见于上述讨论中。

由此可见，对钢铁工业的废钢资源，不仅要作近期分析，而且要作中、长期预测。否则，在钢铁工业的一些全局性问题上，可能发生决策失误。

3 钢铁产品产量变化与铁矿石需求量之间的关系——关于"矿石指数"的研究

作为第1、2两节的延伸和补充，本节将研究钢铁产品产量变化与铁矿石需求量之间的关系。

为此，将统计期内钢铁工业所需铁矿石的含铁量与同期内生产的钢铁产品含铁量之比，定义为钢铁工业的"矿石指数"。用这个指标，可衡量钢铁工业对铁矿石资源的依赖程度。

按式（4），钢铁工业第 τ 年所需铁矿石含铁量等于

$$D_\tau = (1 + c - b)P_\tau - aP_{\tau - \Delta\tau}$$

故该年的矿石指数等于

$$R = \frac{1}{P_\tau}\left[(1 + c - b)P_\tau - aP_{\tau - \Delta\tau}\right]$$

考虑到式（5），上式可化简为

$$R = 1 + c - S \qquad (12)$$

式（12）是钢铁工业矿石指数 R 与废钢指数 S 之间的关系式。

钢铁产品产量变化对 R 的影响，有以下几种情况：

（1）在产量保持不变的情况下，因 $S = a + b$，所以

$$R = 1 + c - (a + b) \qquad (13a)$$

（2）在产量持续增长的情况下，因 $S < a + b$，所以

$$R > 1 + c - (a + b) \qquad (13b)$$

（3）在产量下降的情况下，因 $S > a + b$，所以

$$R < 1 + c - (a + b) \qquad (13c)$$

这就是关于钢铁产品产量变化与钢铁工业对铁矿石资源依赖程度之间关系问题的基本规律。

结合第 2 节中对 S 的讨论，读者定能对这个基本规律得到全面的理解。

现仅举两个计算例题作为补充说明。

例 1 已知：钢铁产品产量按指数方程增长 $q = 0.08$，且 $a = 0.4$，$b = 0.1$，$c = 0.05$，$\Delta\tau = 12$。求钢铁工业的 S 值和 R 值，并与产量保持不变情况下的 S 值和 R 值进行对比。

解： 在产量按指数方程增长的情况下

按式（10）有

$$S = \frac{a}{(1 + q)^{\Delta\tau}} + b = \frac{0.4}{(1 + 0.08)^{12}} + 0.1 = 0.2590$$

按式（12）有

$$R = 1 + c - S = 1 + 0.05 - 0.2590 = 0.791$$

在产量保持不变的情况下：

按式（6）有

$$S = a + b = 0.4 + 0.1 = 0.5$$

按式（12）有

$$R = 1 + c - S = 1 + 0.05 - 0.5 = 0.55$$

可见，与产量保持不变的情况相比，S 值下降了几乎一半，R 值上升了几乎一半。

由此可见，在产量持续高速增长的情况下，钢铁工业只能以铁矿石为主要原料。增产过程中一般只能选择高炉—转炉流程。电炉钢比不可能太高；在本例条件下，电炉钢比不可能高于 15% ~ 20%。

例 2 已知：钢铁产品产量在较长时间内保持稳定后，下降 40%（即 $n = 0.6$），且 $a = 0.4$，$b = 0.1$，$c = 0.05$。求产量下降后钢铁工业的 S 值和 R 值，并与产量保持不变情况下的 S 值和 R 值进行对比。

解： 在产量下降 40% 的情况下

按式（11b）有

$$S = \frac{a}{n} + b = \frac{0.4}{0.6} + 0.1 = 0.7667$$

按式（12）有

$$R = 1 + c - S = 1 + 0.05 - 0.7667 = 0.2833$$

在产量保持不变的情况下，按式（6）及式（12），求得 $S = 0.5$，$R = 0.55$。

可见，与产量保持不变的情况相比，S 值上升了几乎一半，R 值下降了几乎一半。

由此可见，产量大幅度下降后，钢铁工业对铁矿石的依赖程度大幅度下降，原有的部分铁矿可暂时关闭。电炉钢厂将部分地取代高炉—转炉钢厂。在本例条件下，单就废钢资源而言，可使电炉钢比高达 60% 左右。

4 结论

（1）有时间概念的钢铁产品生命周期铁流图，是分析钢铁工业废钢资源问题的基础。

（2）废钢指数 S，是衡量钢铁工业废钢资源充足程度的指标。把它与钢铁产品产量的变化联系起来，研究钢铁工业废钢资源问题，是本文的基本思路。

（3）在钢铁产品产量持续增长的情况下，钢铁工业的废钢资源必然相对短缺，而且产量增长越快，越是如此。

（4）在钢铁产品产量下降后的 $\Delta\tau$ 年内，钢铁工业的废钢资源必然相对充足，而且产量下降幅度越大，越是如此。

（5）在产量长期保持不变的情况下，钢铁工业的废钢资源的充足程度介于以上两种情况之间。

（6）钢铁产品的平均使用寿命（$\Delta\tau$）和折旧废钢实得率（a）对折旧废钢量有重要影响。

（7）矿石指数（R）是衡量钢铁工业对铁矿石资源依赖程度的指标。把它与钢铁产品产量的变化联系起来，研究钢铁工业对铁矿石的需求，是对废钢指数研究的重要补充。

（8）参照本文的思路和方法，可具体地研究各个国家或地区钢铁工业的废钢资源问题。但是，为此必须对所研究的国家或地区进行必要的了解，收集必要的数据。

353

参 考 文 献

［1］周传典，陶晋. 应该重视废钢铁产业和海绵铁产业的建设［J］. 钢铁，1997，32（增刊）：253-256.

［2］陆钟武，谢安国，蔡九菊，等. 关于我国钢铁工业能耗预测及节能对策的探讨［J］. 钢铁，1997，32（增刊）：1-3.

［3］Steel Statistical Yearbook 1998. International Iron and Steel Institute, Committee on Economic Studies, Brussels, December, 1998：55.

［4］KAVANAGH L. Steel Industry Technology Roadmap. American Iron and Steel Institute, 1998：52.

［5］GRAEDEL T E, ALLENBY B R. Industrial Ecology. Prentice Hall, Englewood Cliffs, 1995：114.

［6］AELION V, CASTELLS F, VEROUTIS A. Life cycle inventory analysis of chemical processes ［J］. Environmental Progress, 1995, 14（3）：193-195.

钢铁工业与可持续发展 *

可持续发展是我国的战略决策。各行各业都必须在可持续发展战略的指导下来考虑各自的发展方向。钢铁工业当然也不例外。按照这个思路，提出一些初步的看法。

1 自然生态系统与工业经济系统

在研究可持续发展问题时，最好先看一下自然界的生态系统（见图1），因为这是可持续发展最好的天然范例。自然界经过若干亿年的演变和进化，形成了一种十分完美的生态系统，只要太阳系不发生大的变迁，这个生态系统就可以长期生存发展下去。在自然生态系统中，各组成部分之间相互依存、相互作用，形成了物质的闭路循环。整个系统并不从自然界索取任何资源，也不向自然界排出任何废物，靠太阳能持续运转。

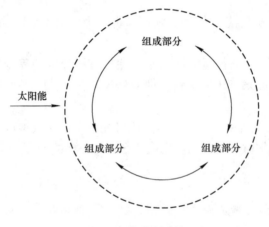

图1 自然生态系统

任何人工系统，如果能做到像生态系统那样，形成物质的闭路循环，就无疑是可持续运转的。

然而，工业经济系统是不可能做到这一点的。充其量只能做到：尽可能少从自然界索取资源，尽可能少向自然界排出废物（见图2）。按照物质不灭定律，进入系统的物质量，必等于排出系统的物质量。在系统内部，依靠物质的循环，尽可能多地生产产品，尽可能多地创造财富。系统内部的物质流远大于系统外部的物质流。

工业系统对环境的破坏主要是它消耗大量资源、能源造成的。因为人们从自然界索取的资源、能源都会最终（或早或晚）变成废弃物或污染物，进入环境之中。所以，如果从自然界索取的资源、能源少了，那么对环境的破坏作用当然也变小了。应该说，这是从根上考虑问题，得到的很重要的观点。少从自然界索取资源（含能源），依靠系统内部的物质循环，多生产产品，多创造财富，是提高资源利用效率，减轻环境负荷

---

* 本文原发表于《中国冶金学报》，2000。

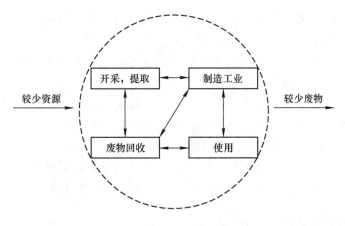

图 2　工业经济系统最佳模式

的根本途径。国际上的 10 名人俱乐部（F-10 club），于 1997 年发表了卡诺勒斯宣言（Carnoules），其中的主要思想就在于此。宣言呼吁"在一代人的时间内，将我们利用能源、资源和其他物质的效率提高十倍"，形成新的经济模式。

新的经济模式与传统经济模式的区别如图 3 所示。

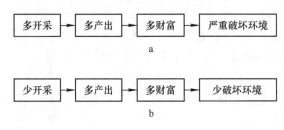

图 3　两种经济模式对比
a—传统经济模式；b—新的经济模式

（1）传统经济模式。大量开采资源，大量生产产品，大量创造财富；与此同时，大量排放废物和污染物，对资源和环境造成严重破坏。在这种情况下，为了符合环保要求，大量采用末端治理，这样既增大投资，又提高产品成本，绝对不是良策。这种经济模式不符合可持续发展的原则。

（2）新的经济模式。少开采资源，少排放废物和污染物；依靠物质的循环，大量生产产品以满足社会的需求。必要情况下，并不排斥末端治理。这种经济模式是符合可持续发展原则的。

建立在物质循环利用基础上的经济模式，可称为循环经济（cycle economy）。有些经济学家预言，21 世纪将是循环经济的时代。

在研究钢铁工业的发展方向时，应高度重视新经济模式的特点。在研究钢铁工业的资源问题时，不仅要注意铁矿石，而且要注意到废钢。前者是自然资源，而后者是循环回来的再生资源。

2　提高资源、能源效率的途径

2.1　企业内部的物质循环

这是指各工序产生的废料返回流程重新处理。也就是说，不让各道工序产生的废物作为污染物排到外界去，而是作为其他工序的原料，重新回到生产流程中来。这样可提高资源利用效率，减轻环境污染。

在这方面，我国钢铁工业的有些问题已较好地解决了。如内部废钢、焦炉煤气、工业水等。但还有不少问题有待解决，如高炉、转炉的烟尘和污泥、氧化铁皮、轧钢污泥、粉尘、润滑油、高炉煤气、转炉煤气等。欧美等国的钢铁工业界对这类问题很注意，在他们各自的技术开发指南中均详加论述，值得我们学习。钢铁企业是低利润企业，每个百分点的物质和能量损失都是重要的。

当然，最好是少产生各种废料，因为它们的回收和重新处理，都将使能源消耗增大，成本上升。但是，这些废料一旦产生了，就要设法重新利用。

2.2 企业外部的物质循环

企业外部的物质循环主要是关于外部废钢（或称社会废钢）的循环问题，其中包括折旧废钢和加工废钢。要尽可能多地回收社会废钢，并使其回到钢铁工业中来，作为原料，重新处理。这样，才能用较少的矿石，生产较多的钢材，才能较好地符合可持续发展的原则。一般情况下，折旧废钢量远大于加工废钢量，所以要特别重视折旧废钢。

我国长期以来，钢铁工业的废钢资源严重短缺，其主要原因是钢产量持续高速增长。在钢产量持续高速增长的情况下，钢铁工业的废钢资源肯定是短缺的。因为，钢铁工业今年得到的折旧废钢实际上是十多年前或更长时间以前生产出来的钢材演变过来的，而在产量持续高速增长的情况下，十多年前或更长时间以前的钢产量还较低，所以演变成的折旧废钢量也有限，它同今年的钢产量相比只占较小的百分比。这就是我国废钢长期不足的主要原因。

如果今后我国的钢产量仍持续增长，那么废钢短缺现象还将长期存在。如果今后产量保持不变，那么情况会慢慢好转，但真正好转，要在产量稳定十多年甚至更长的时间以后，这是客观规律，任何人都改变不了的。

俄罗斯、美国等国废钢充足，是因为他们的钢产量从较高的水平降下来了，而且降低的百分数不小。高产时的钢材折旧后的废钢，拿到现在来用，当然显得很多。不过这种十分充足的状况，只能维持十多年。在那以后会差些，但也比我们现在好得多。

我国废钢不足的另一个原因，是领导重视不够，工作比较落后，没有健全的机构和机制，没有形成产业，研究工作做得也不够。这就使我国废钢短缺的局面更是雪上加霜。如果各方面的工作（如回收、贸易等）做得好些，那么废钢短缺的状况可能在一定程度上得到缓解。如果说钢铁工业是个庞大的产业，那么废钢产业也是一个庞大的产业。花些钱，花些人力，把它建设好是非常值得的，比建矿山便宜得多，比花钱治理污染也便宜。

废钢是否充足是影响钢铁工业整体结构的重大问题，到了非重视不可的时候了。

2.3 物质的减量化

物质的减量化即"少用料，多出活"，主要是指生产有同样功能的产品，所使用的物质量越少越好。

这是一个很广泛的课题，如改变产品的设计、提高材料的性能等。甚至采用纳米技术（nanotechnology）生产一些很小的东西也在内。

就钢铁工业而言，最主要的是要调整产品结构和研究开发新一代的钢铁材料。此外，生产流程的改进，也很重要。

产品结构的现状是大路货太多，平均价格低。生产更多的高档产品，以产顶进，是产品结构调整的主要课题。

研究开发新一代材料，例如超级钢等，使 1t 钢顶 1t 多钢用，当然就达到了物质减量化的要求。

2.4 碳的减量化

碳的减量化也就是降低 CO_2 排放量。这是降低矿物燃料开采量，减少大气中 CO_2 含量的重大问题。有以下三个层次的涵义：

（1）节能。大幅度降低单位产品的能耗，即吨钢能耗。能耗降低了，CO_2 排放量当然就少了。我国钢铁工业这方面的潜力还很大，应该抓紧进行工作。例如，1999 年下半年，研究唐钢节能问题，年底出来的研究报告，提出了吨钢能耗下降 200t 标煤左右的方案。即使是宝钢，也是有潜力的。去年研究了一年，提出的报告认为可以在现有基础上，下降 80kg 左右。

总的研究思路是系统节能。即以全公司为对象，既注意能源，也注意非能源，既注意单体设备，又注意整体节能。事实表明是有效的。

（2）燃料种类的变更。用 C/H 比低的燃料代替 C/H 比高的燃料。这样，可降低 CO_2 排放量。例如，用天然气代替煤。但这对冶金工业意义不大。

（3）用可再生能源及氢气，达到无污染的目的。

3　建立生态工业园

像农业生态园一样，几家工厂在资源、能源上相互依存，这样可以使资源、能源效率大幅度提高（见图 4）。在国外，对工业生态很重视。1993 年，美国总统的可持续发展委员会（president's council on sustainable development，PCSD）组建了一个生态工业园的特别小组，经两年工作后提出了 15 个左右生态工业园的规划，现正在实施中。

丹麦有个小城，叫卡伦堡，有一个逐渐形成的生态工业园。我国有的工厂也是这个思路，如糖厂＋造纸厂，很赚钱。

钢厂与哪些厂共同组成园区需研究。可能的方案是：钢厂＋水泥厂＋热电厂＋化肥厂。各厂的地理位置越近越好，但也不一定都挨着。

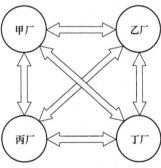

图 4　生态工业园

4　产品生命周期的评价

产品生命周期的评价（life cycle assessment，LCA）是工业系统环境评价的重要方法。

用这种方法，可以评价一种产品，在它的生产、加工、使用、废弃、回收等整个生命周期中对环境造成多大危害。这种方法也可用于某种工艺的环境评价。

2～3 年前这种方法已逐步形成国际标准，见 ISO 14040（1997）、ISO 14041（1998）等。

看来工作量较大的部分是：要定量地弄清楚生命周期中每一个环节上的物流、能流和排放物的数量。也就是要弄一张清单出来，然后在此基础上分析讨论改进的方向。

例如，大家买东西用两种口袋，一种是纸的，另一种是塑料的，这两种口袋，从环境负荷的角度看，哪一种比较好呢？这就要用 LCA 方法。

美国钢铁界是 1994 年开始注意此问题的。先组织了培训，开讨论会，然后还同一家 LCA 公司合作。最后，由全世界 40 家钢厂提供数据，共研究了 14 种钢材的环境评价，评价的内容并不是全生命周期，而是从原料到钢材（半生命周期）。

此项工作在我国刚刚开始，在殷瑞钰院士的领导下，同我们合作，正准备着手进行。

5　建议

建议在冶金工业局领导下，成立一个专门小组，其任务是在我国可持续发展战略决策的指导下，研究与钢铁工业有关的各方面的重大问题，陆续提出报告，供领导决策参考。

参 考 文 献

［1］GRAEDEL T E, ALLENBY B R. Industrial Ecology ［J］. Prentice Hall, 1995.

［2］苏伦·埃尔克曼. 工业生态学 ［M］. 徐兴元, 译. 北京：经济日报出版社, 1999.

［3］中国科学院可持续发展研究组 . 2000 年中国可持续发展战略报告 ［M］. 北京：科学出版社, 2000.

［4］L. 卡瓦纳 . 钢铁工业技术开发指南 ［M］. 北京：科学出版社, 1999.

［5］DAVID F. Ciambrone, Environmental Life Cycle Analysis ［M］. Lewis Publishers, New York, 1997.

［6］CHUBBS S T, STEINER B A. Life cycle assessment in the steel industry ［J］. Environmental Progress, 1998 （2）: 92-95.

钢铁生产流程中物流对能耗影响的计算方法 *

摘 要 从"基准物流图"的概念入手，分析了含铁物料在实际钢铁生产流程各工序中可能发生的流动情况，给出了偏离"基准物流图"的各股物流对能耗影响的计算公式及其计算步骤。

关键词 基准物流图 能耗

系统节能理论强调节能工作既要考虑节约能源，又要考虑节约非能源（即物料）。而且为了强调非能源的重要性，特意提出了"钢比系数"的概念，并运用 *e-p* 分析法成功地剖析了我国钢铁工业的能耗状况，预测了我国未来年份的能耗值[1-2]。但是，*e-p* 分析法不能用来进一步分析构成各工序"钢比系数"的内在因素以及各因素对能耗的影响。而这一点对于指导钢铁企业如何降低各工序"钢比系数"、降低能耗却是至关重要的。因此，如何定量地计算各工序物料消耗以及它们与能耗的关系具有重要的现实意义。

文献［3］从含铁物料平衡入手，将实际钢铁生产流程抽象为符合如下两个条件"全封闭单行道"式的钢铁生产流程：（1）全流程中含铁物料的唯一流向是从上游工序流向下游工序；（2）在流程的中途，没有含铁物料的输入、输出，并将能同时满足以上两个条件，且以 1t 钢材为最终产品的物流图，定义为钢铁生产流程的"基准物流图"。在此基础上，分析了实际生产流程中含铁物料的流向、流量和流动距离等对吨材能耗和吨钢能耗的影响，推导出了各种典型情况下物流对能耗影响的计算公式，给出了某钢铁厂的计算实例。为进一步分析物流对能耗的影响提供了重要的理论依据。本文以文献［3］为基础，详细介绍了含铁物料流对能耗影响的计算方法。

1 钢铁生产流程中的实际物流状况

在实际钢铁生产流程中，含铁物料的流动情况十分复杂，任何一道生产工序均可能发生如图 1 所示情况。

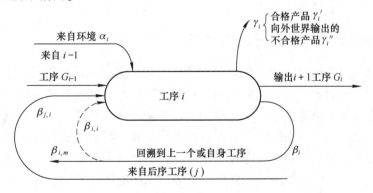

图 1 含铁物料在工序中的流动情况

---

* 本文合作者：于庆波、蔡九菊。原发表于《金属学报》，2000。

（1）第 $i-1$ 道工序产品作为原料加入第 i 道工序，其铁元素重量为 G_{i-1} t/t 材（或 t/t 钢）。

（2）作为原料从外界向第 i 道工序加入的物料，其铁元素重量为 α_i t/t 材（或 t/t 钢）。

（3）第 i 道工序向外界输出的物料（包括损失和外卖），其铁元素重量为 γ_i（$\gamma_i = \gamma_i' + \gamma_i''$）t/t 材（或 t/t 钢）。其中，$\gamma_i'$ 为外卖的第 i 道工序合格产品所含铁元素重量，γ_i'' 为向外界输出的不合格品（如外卖废品、生产损失等）所含铁元素重量。

（4）第 i 道工序生产的不合格产品或废品，又作为原料返回到本道工序或上游工序，其铁元素重量为 β_i（$\beta_i = \beta_{i,i} + \beta_{i,m}$，$m = 1, 2, \cdots, i-1$）t/t 材（或 t/t 钢）。其中，$\beta_{i,i}$ 为返回到本工序的物料（如烧结返矿）所含铁元素重量，$\beta_{i,m}$ 为由本工序返回到上游第 m 道工序的物料（如轧钢工序返回到炼钢工序的废钢）所含铁元素重量。

（5）下游第 j 道工序生产的不合格品或废品，作为原料返回到第 i 道工序，其铁元素重量为 $\beta_{j,i}$（$j = i+1, i+2, \cdots, n$）t/t 材（或 t/t 钢）。

（6）第 i 道工序供给第 $i+1$ 道工序的合格产品，其铁元素重量为 G_i。

根据铁元素平衡有

$$G_{i-1} + \alpha_i + \beta_{i,i} + \beta_{j,i} = G_i + \gamma_i + \beta_{i,i} + \beta_{i,m} \tag{1}$$

总的来说，在钢铁生产流程中，有一股从第一道工序一直贯穿到最后一道工序的主物流。很明显，在各相邻两工序之间这股主物流的流量并不相同。

在主物流之外，还有三种不同类型的物流。第一类物流（或称 α 物流），包括各道工序从流程以外输入的各种含铁物料的各股物流；第二类物流（或称 β 物流），包括从各道工序输出后又返回本工序重新处理的物流、由各道工序输出后返回它们上游重新处理的物流，以及由下游返回到各工序去的各股物流；第三类物流（或称 γ 物流），包括各道工序向外界输出后不再返回本流程来的各股物流。

主物流与 α、β、γ 三类物流之间，在数量上密切相关。所以，为了正确地绘制流程的实际物流图，不仅要分析弄清楚每一股 α、β、γ 物流，而且要弄清楚它们与主物流之间的相互关系。对每道工序而言，铁元素重量的收支平衡，是必须遵守的原则。

虽然以往人们也认识到物流对能耗的影响，但由于没有一个比较基准，无法进行定量分析，以至于这方面的研究工作长期以来停留在定性分析阶段。"基准物流图"的概念，为定量分析物流对能耗的影响提供了一个参照基准，其重要性不亚于系统节能理论创立之初的"载能体"概念。

2　根据实际生产流程构筑基准物流图

在进行物流对能耗影响的分析时，重要的工作是确定实际流程的基准物流图。有了基准物流图，才能把它同实际物流图进行对比，从而确定各个物流因素对能耗的影响量。基准物流图是根据实际生产流程构筑出来的。不同的生产流程，其相应的基准物流图不同。基准物流图中的生产流程、各工序每吨物料的含铁量与实际生产是一样的。而各工序的材比系数和工序能耗是根据实际生产流程的消耗指标计算出的。假设某实际生产流程有 n 道生产工序，各生产工序的工序能耗（简称实际工序能耗）和实物产品的含铁量分别为 e_i（kg/t 工序产品（标煤））和 C_i（t 铁/t 合格产品），各工序含铁物料的输入和输出情况如图 1 所示，则其相应的基准物流图中也有 n 道生产工序，各工序的基准材比系数和基准工序能耗分别为

$$p_{0i} = \frac{C_n}{C_i} \quad (i = 1, 2, 3, \cdots, n) \tag{2}$$

$$e_{0i} = \frac{p_{pi}}{(p_{pi} + \gamma_i''/C_i + \beta_i/C_i)} \times e_i \quad (i = 1, 2, 3, \cdots, n) \tag{3}$$

式中，p_{0i} 为基准物流图中第 i 道工序的材比系数（简称基准材比系数）；C_i 为第 i 道工序生产的合格产品的含铁量；e_{0i} 为基准物流图中第 i 道工序的工序能耗（简称基准工序能耗）；p_{pi} 为实际流程第 i 道工序的材比系数（简称实际材比系数），$p_{pi} = G_i/C_i + \gamma_i'/C_i$。

从式（3）可以看出，基准工序能耗实质上是将工序的总能耗分摊到该工序生产的所有物料（合格品和各种非合格品）上。而实际工序能耗却将工序的总能耗全部摊到了该工序生产的合格产品上，即认为废品不耗能。

3 实际生产流程物流对吨材能耗影响的计算

吨材能耗是指生产 1t 合格钢材（流程的最终产品）全流程所消耗的能源。

3.1 实际生产流程材比系数的剖析

假设某流程有 n 道生产工序，每道工序可能发生的物流情况已在图 1 中给出。则在实际生产中，各工序材比系数的表达式为

$$p_{pi} = \frac{C_n}{C_i} - \sum_{j=i+1}^{n} \frac{\partial_j}{C_i} + \sum_{j=i+1}^{n} \frac{\gamma_j}{C_i} + \sum_{j=i+1}^{n} \sum_{m=1}^{i} \frac{\beta_{j,m}}{C_i} \quad (i = 1, 2, \cdots, n-1) \tag{4}$$

式（4）等号右侧第一项是第 i 道工序的基准材比系数，第二项是下游各工序（j）输入第 i 道工序的含铁物料对第 i 道工序材比系数的影响，第三项是下游各工序（j）向外界输出的含铁物料对第 i 道工序材比系数的影响，第四项是第 i 道工序下游各工序（j）产生的废品返回到其上游各工序（m）重新处理对第 i 道工序材比系数的影响。因此，式（4）可以写为

$$p_{pi} = p_{0i} + \Delta p_{pi} \quad (i = 1, 2, \cdots, n) \tag{5}$$

式中，Δp_{pi} 为偏离基准物流图情况下，物流对各工序材比系数的影响量。

比较式（4）和式（5）可知

$$p_{0i} = \frac{C_n}{C_i}, \quad p_{0n} = 1 \tag{6}$$

$$\Delta p_{pi} = -\sum_{j=i+1}^{n} \frac{\alpha_j}{C_i} + \sum_{j=i+1}^{n} \frac{\gamma_j}{C_i} + \sum_{j=i+1}^{n} \sum_{m=1}^{i} \frac{\beta_{j,m}}{C_i}, \quad \Delta p_{pn} = 0 \tag{7}$$

由式（4）~式（7）可以看出，实际生产流程各工序的材比系数不但与工序产品的含铁量有关，而且还与其下游各工序的物流状况有关。

3.2 实际生产流程物流对吨材能耗的影响

实际生产流程吨材能耗的计算式为

$$E_p = e_1 p_{p1} + e_2 p_{p2} + e_3 p_{p3} + \cdots + e_i p_{pi} + \cdots + e_n p_{pn} = \sum_{i=1}^{n} e_i p_{pi} \tag{8}$$

基准物流情况下吨材能耗的计算式为

$$E_{0p} = e_{01} p_{p1} + e_{02} p_{p2} + e_{03} p_{p3} + \cdots + e_{0i} p_{pi} + \cdots + e_{0n} p_{pn} = \sum_{i=1}^{n} e_i p_{pi} \tag{9}$$

用式（8）减去式（9）可得实际吨材能耗与基准吨材能耗的差为

$$\Delta E_p = E_p - E_{p0} = \sum_{i=1}^{n} (e_{0i}p_{pi} - e_{0i}p_{0i}) \tag{10}$$

将式（7）代入式（10），整理可得

$$\Delta E_p = \sum_{i=1}^{n} \left[\frac{e_{0i}}{C_i} \left(-\sum_{j=i+1}^{n} \alpha_j + \sum_{j=i+1}^{n} \gamma_j + \sum_{j=i+1}^{n} \sum_{m=1}^{i} \beta_{j,m} + \gamma_i'' + \beta_i \right) \right] \tag{11}$$

式（11）就是实际生产流程物流对吨材能耗影响的计算式。

分析式（3）、式（4）和式（11）可以看出，ΔE_p 是由两方面原因造成的，一是由于下游工序的物流改变了上游工序的材比系数，二是由于本道工序的物流改变了工序能耗，这二者最终都会影响工序的能源总耗，进而影响吨材能耗。

将式（11）展开就可得到各工序的各股物流对吨材能耗的影响量。例如，某实际生产流程有 8 道生产工序，在第 7 道工序加入了一部分由流程外购入的含铁物料作为生产原料，其含铁量为 $C_{\alpha\gamma}$（t 铁/t 物料），加入的铁元素重量为 α_7（t 铁/t 工序 8 的合格产品）。则该股物流对吨材能耗的影响量为

$$\Delta e_{p\alpha7} = -\alpha_7 \sum_{i=1}^{i} \frac{e_{0i}}{C_i} \quad (i = 1, 2, \cdots, 6) \tag{12}$$

用 $\Delta E_{p\alpha7}$ 除以加入的该股物料的总重量，就可以得到每增加 1kg 该股物流对吨材能耗的影响量，即

$$\Delta e_{p\alpha7} = -\frac{C_{\alpha7}}{1000} \sum_{i=1}^{i} \frac{e_{0i}}{C_i} \quad (i = 1, 2, \cdots, 6) \tag{13}$$

4 实际生产流程物流对吨铜能耗影响的计算

吨钢能耗是现行通用的一个能耗评价指标。它是指生产 1t 合格连铸坯（或钢锭）全流程所消耗的能源。

4.1 实际生产流程钢比系数的剖析

假设某流程有 n 道生产工序，其中第 k 道工序为连铸（或铸锭）工序，第 $k-1$ 道工序为炼钢工序，含铁物料在工序中的流动仍如图 1 所示，则实际生产流程中各工序钢比系数的计算公式为

（1）连铸工序前。

$$p_{si} = \frac{C_k}{C_i} - \sum_{j=i+1}^{k} \frac{\alpha_j}{C_i} + \sum_{j=i+1}^{k} \frac{\gamma_j}{C_i} + \sum_{j=i+1}^{k} \sum_{m=1}^{i} \frac{\beta_{j,m}}{C_i} -$$

$$\sum_{j=k+1}^{n} \sum_{m=i+1}^{k} \frac{\beta_{j,m}}{C_i} \quad (i = 1, 2, \cdots, k-1) \tag{14}$$

式（14）等号右侧的第一项是第 i 道工序的基准钢比系数，第二项至第四项是第 i 道工序下游到连铸以前各工序的物流对第 i 道工序钢比系数的影响，第五项是连铸后各工序产生的废品返回到连铸以前第 i 道工序以后的各工序重新处理对第 i 道工序钢比系数的影响。

（2）连铸工序后。

$$p_{s(k+1)} = \frac{C_k}{C_{k+1}} + \frac{\alpha_{k+1}}{C_{k+1}} - \frac{\gamma_{k+1}''}{C_{k+1}} - \frac{\beta_{k+1}}{C_{k+1}} \tag{15}$$

$$p_{si} = \frac{C_k}{C_i} + \sum_{j=i+1}^{i-1} \frac{\alpha_j}{C_i} - \sum_{j=k+1}^{i-1} \frac{\gamma_j}{C_i} - \sum_{j=k+1}^{i-1} \sum_{m=1}^{j-1} \frac{\beta_{j,m}}{C_i} + \frac{\alpha_i}{C_i} - \frac{\gamma_i''}{C_i} - \frac{\beta_i}{C_i} \quad (i = k+2, \ k+3, \ \cdots, \ n)$$

$$(16)$$

同理,可将实际生产流程的钢比系数写为

$$p_{si} = p_{0i} + \Delta p_{si} \quad (i \neq k)$$
$$p_{sk} = p_{0k} = 1 \quad (\Delta p_{sk} = 0)$$

$$(17)$$

4.2 实际生产流程物流对吨钢能耗的影响

在进行实际生产流程的吨钢能耗分析时,仍以基准物流图为参照基准,得出实际吨钢能耗与基准吨钢能耗的差为

$$\Delta E_s = E_s - E_{0s} = \sum_{i=1}^{n} (e_i p_{si} - e_{0i} p_{0i}) \tag{18}$$

将式(3)中的材比系数 p_{pi} 换为钢比系数 p_{si},并将式(14)~式(16)代入式(18),整理后可得

$$\Delta E_s = \Delta e_{s1} + \Delta e_{sk} + \Delta e_{s(k+1)} + \Delta e_{s2} \tag{19}$$

式中, Δe_{s1} 和 Δe_{sk} 分别为连铸前各工序及连铸(或铸锭)工序物流引起的吨钢能耗的变化; $\Delta e_{s(k+1)}$ 和 Δe_{s2} 分别为连铸后第一道工序及连铸后各工序物流引起的吨钢能耗的变化。

$$\Delta e_{s1} = \sum_{i=1}^{k-1} \left[\frac{e_{0i}}{C_i} \left(- \sum_{j=i+1}^{k} \alpha_j + \sum_{j=i+1}^{k} \gamma_j + \sum_{j=i+1}^{k} \sum_{m=1}^{i} \beta_{j,m} - \right. \right.$$
$$\left. \left. \sum_{j=k+1}^{n} \sum_{m=i+1}^{k} \beta_{j,m} + \gamma_i'' + \beta_i \right) \right] \tag{20}$$

$$\Delta e_{sk} = \frac{e_{0k}}{C_k} (\gamma_k'' + \beta_k) \tag{21}$$

$$\Delta e_{s(k+1)} = e_{0(k+1)} \frac{\alpha_{k+1}}{C_{k+1}} \tag{22}$$

$$\Delta e_{s2} = \sum_{i=k+2}^{n} \left[\frac{e_{0i}}{C_i} \left(\sum_{j=k+1}^{i-1} \alpha_j - \sum_{j=k+1}^{i-1} \gamma_j - \sum_{j=k=1}^{i-1} \sum_{m=1}^{j-1} \beta_{j,m} + \alpha_i \right) \right] \tag{23}$$

分析式(20)~式(23)可以看出,物流对吨钢能耗的影响,在连铸工序前和连铸工序后是不一样的。连铸前各工序的钢比系数受其下游各工序物流的影响(改变 p_{si}),本道工序的物流只影响本道工序的工序能耗(改变 e_{0i}),最终它们共同影响吨钢能耗;连铸后各工序的钢比系数受其上游各工序物流的影响,本道工序的物流既影响本道工序的钢比系数又影响本道工序的工序能耗,最终本道工序生产的废品对吨钢能耗没有任何影响。这也正是吨钢能耗这一评价指标的缺陷所在。

根据式(20)~式(23),参照式(12)和式(13)可以很方便地得出各股物流及其增减 1kg 对吨钢能耗影响量的计算公式,在此不再赘述。

5 物流对能耗影响分析的计算步骤及说明事项

5.1 计算步骤

(1)收集实际生产流程的相关数据,弄清各股物流的来龙去脉。

（2）将各流程各股物流的实物量乘以相应的铁含量，转换成为铁元素重量。

（3）对各生产工序数据进行铁元素重量平衡校正，方法是用进入工序的铁元素重量减去离开工序的铁元素重量。不足部分记为生产损失项，它作为工序向外界输出物（γ_i''）的一部分参与物流对能耗影响的分析；盈余部分可以记录下来，但它不参与物流对能耗影响的分析。

（4）以吨材为基准构筑实际生产流程的物流图，图中各股物流的数值等于各工序各股物流的铁元素重量除以最终工序合格产品的铁元素重量。

（5）以吨钢为基准构筑实际生产流程的物流图，图中各股物流的数值等于各工序各股物流的铁元素重量除以连铸（或铸锭）工序合格连铸坯（或钢锭）的铁元素重量。

（6）根据实际生产流程的物流图构筑基准物流图。

（7）按照第 3 节和第 4 节给出的公式，计算物流对吨材能耗和吨钢能耗的影响。

5.2 说明事项

（1）如果一个企业有多条生产流程或多种产品，那么需要按每一种产品的产量回摊该产品在各流程中每一道生产工序上的物料消耗量。

（2）本文所给出的计算公式中，没有包括焦化、耐材及其他非含铁物料生产工序，但这并不影响本计算方法的正确性。实际计算时，可以通过含铁物料生产工序与这些工序之间的联系，把它们考虑进来。比如，焦化工序消耗情况就可以通过炼铁工序的焦比系数把它考虑进来。

（3）对一个多流程的企业来说，用本方法计算出来的某流程各种物流对吨钢能耗和吨材能耗的影响，其数值量等于该股物流对企业吨钢能耗和吨材能耗的影响量；该数值在企业吨钢综合能耗和吨材能耗中所占的份额取决于计算流程中的钢产量和产品产量在企业钢产量和该种产品产量中所占的份额。

6 结论

（1）从基准物流图的概念入手，给出了实际生产流程中含铁物料流对吨材能耗和吨钢能耗影响的计算公式。

（2）各生产企业应在有条件的情况下，尽可能分析几种主要产品的吨材能耗，以找出生产中存在的问题，为进一步节能、降耗，降低成本指明途径。

参 考 文 献

[1] 谢安国，陆钟武 . 降低铁钢比的途径和节能效果分析 [J]. 冶金能源，1996（1）：11-13，31.
[2] 陆钟武，翟庆国，谢安国，等 . 我国钢铁工业能耗预测 [J]. 钢铁，1997，32（5）：69-74.
[3] LU Z W, CAI J J, YU Q B, et al. In: Report of the Analysis and Integration on Steel Manufacturing Process, 1999: 51.（陆钟武，蔡九菊，于庆波，等 . 钢铁制造流程的解析与集成报告摘要与汇编 . 1999：51.）

钢铁生产流程的物流对能耗的影响 *

摘 要 提出了钢铁生产流程基准物流图的概念，分析了偏离基准物流图的各股物流对吨材能耗和吨钢能耗的影响。以某钢厂生产数据为例，分析了生产流程的物流对能耗的影响。

关键词 基准物流图　吨材能耗　吨钢能耗

在钢铁生产中，矿石等原料要经过一系列物理和化学变化，方能成为最终产品。对生产流程而言，不但物料的物理化学变化很重要，而且物料的流动也很重要。尤其从工程角度看问题，后者的重要性更为明显。

钢铁生产流程中物料的流动情况很复杂，某些钢铁联合企业里庞大的货运系统，至少从一个侧面反映了这一问题的复杂性。仅就流动本身而言，就包括流向、流量、流速、流动距离等多个参数。何况在研究物流时，还必须注意到物料的物理、化学参数。所有这些参数对生产流程的技术经济指标均有直接的影响。

系统节能理论以"载能体"和"系统"这两个概念为基础[1-2]，十分强调非能源的重要性，提出了 e-p 分析法[3-4]。但是，对于钢铁流程中的物流状况仍然缺乏深入的研究。

本文的研究内容为：（1）构思了钢铁生产流程的基准物流图；（2）讨论了钢铁生产流程偏离基准物流图对吨材能耗的影响；（3）讨论了钢铁生产流程偏离基准物流图对吨钢能耗的影响；（4）以工厂实例说明钢铁生产的物流对能耗的影响。

1　钢铁生产流程的基准流程图

为了便于分析钢铁生产流程的物流对能耗的影响，构思了"全封闭单行道"式的钢铁生产流程物流图：（1）全流程中含 Fe 物料的唯一流向是从上游工序流向下游工序；（2）在流程的中途，无含 Fe 物料的输入、输出。本文把能同时满足以上两个条件，并以 1t 钢材为最终产品的物流图，定义为钢铁生产流程的基准物流图。

1.1　高炉—转炉流程

图 1 是高炉—转炉流程的基准物流图。图中每个圆圈代表一道工序，圈内的号码（1，2，3，…，8）是工序的序号，箭头表示含 Fe 物料的流向。在各箭头的下方，标明了每吨物料中 Fe 元素的重量（C_1，C_2，C_3，C_4，tFe 元素/t 物料）；第 5 道工序产出的是钢水，设 $C_5 = 1$；其后各道工序的物料成分不变，故亦设 $C_6 = C_7 = C_8 = 1$。

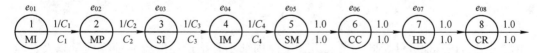

图 1　高炉—转炉流程的基准物流图

---

* 本文合作者：蔡九菊、于庆波、谢安国。原发表于《金属学报》，2000。

在以上诸道工序的实物产量中，Fe 元素的重量都是 1t，因为 $C_1 \times 1/C_1 = 1$，$C_2 \times 1/C_2 = 1$，$C_3 \times 1/C_3 = 1$，$C_4 \times 1/C_4 = 1$。图中每个圆圈上面所标的 e_{01}，e_{02}，$\cdots$，e_{08} 分别是各道工序的工序能耗，kg/t（标煤）合格实物产品。基于这张基准物流图，可求得全流程的吨材能耗（简称基准吨材能耗）。

$$E_0 = \frac{e_{01}}{C_1} + \frac{e_{02}}{C_2} + \frac{e_{03}}{C_3} + \frac{e_{04}}{C_4} + e_{05} + e_{06} + e_{07} + e_{08} \tag{1}$$

式（1）是同各种物流状况下高炉—转炉流程的能耗值进行对比的基准式。

此外，由图 1 可见，钢产量等于钢材产量，均为 1t，所以 E_0 也是基准物流情况下全流程的吨钢能耗（简称基准吨钢能耗）。

1.2 电炉流程

假定电炉流程采用全废钢冶炼工艺。这样，去掉图 1 中的前 4 道工序，便是电炉流程的基准物流图。当然，第 5 道工序（电炉炼钢）的工序能耗值不同于图 1 中的 e_{05} 值，令其为 e_{05}'。这样，基于电炉流程的基准物流图，可求得该流程的基准吨材能耗。

$$E_0' = e_{05}' + e_{06} + e_{07} + e_{08} \tag{2}$$

式（2）是同各种物流状况下电炉流程的实际能耗值进行对比的基准式。很明显，E_0' 也是电炉流程的基准吨钢能耗。

2 钢铁生产流程偏离基准物流图对于吨材能耗的影响

钢铁生产流程的物流不可能满足上节提到的两个假设条件，偏离基准物流图的情况是普遍存在的。本节以图 1 为基础，举几个最典型的例子加以分析说明。

2.1 例 1：不合格产品或者废品在工序内部返回，重新处理

以图 1 中的工序 3 为例说明这种情况下的物流及其对能耗的影响。这道工序合格的实物产量仍应保持原来的数量，即 $1/C_3$ t，但与此同时，产出了一些不合格品或废品，其数量为原产量的 β 倍（$\beta < 1$）。因此，总的实物产量增至 $(1+\beta)/C_3$ t。其中，β/C_3 t 不合格产品或废品返回到本工序入口端，重新处理，如图 2 所示。如上节所见，原来这道工序产出 $1/C_3$ t 实物时总能耗为 e_{03}/C_3 kg 标煤。现因实物产量（合格与不合格产品均在内）增加到了 $(1+\beta)/C_3$ t，因此使这道工序总的能耗增至 $(1+\beta)e_{03}/C_3$ kg 标煤。这样，在其他各道工序的物流和能耗都不变的情况下，仅因工序 3 的上述变化，就使吨材能耗变为

$$E_1 = \frac{e_{01}}{C_1} + \frac{e_{02}}{C_2} + \frac{(1+\beta)e_{03}}{C_3} + \frac{e_{04}}{C_4} + e_{05} + e_{06} + e_{07} + e_{08} \tag{3}$$

与基准吨材能耗 E_0 相比，其增量为

$$E_1 - E_0 = \beta \frac{e_{03}}{C_3} \tag{4}$$

由此可见，在其他条件相同的情况下，工序内部不合格产品或废品的返回量越大，吨材能耗的增量越大。为了降低能耗，必须努力降低 β 值。此外，补充说明这种情况下对工序能耗的理解和计算方法如下：按规定，工序能耗 = 工序总能耗/工序合格实物产品量。所以，在有返料的情况下，工序 3 的工序能耗

$$e_3 = \frac{(1+\beta)e_{03}/C_3}{1/C_3} = e_{03}(1+\beta) \qquad (5)$$

该工序的工序能耗计算式已在图2中标明。

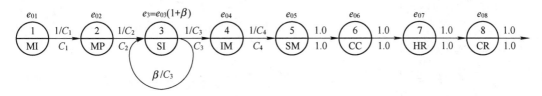

图2　例1的物流图

2.2　例2：下游工序的不合格产品或废品返回上游工序，重新处理

以图1中的工序7为例，说明这种情况下的物流及其对能耗的影响，如图3所示。由图可见，工序7的不合格产品及废品返回到工序5重新处理。工序7的合格产品仍应保持原来的数量，即1t，但与此同时，有不合格产品或废品，其数量为原产量的 β 倍（$\beta<1$）。因此，总的实物产量将增至（$1+\beta$）t，其中 β t 不合格产品或废品返回工序5重新处理。则第5、第6两道工序的实物产量都将增至（$1+\beta$）t。

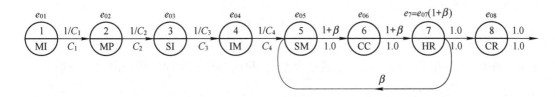

图3　例2的物流图

由前面的讨论可知，工序7的工序能耗由原来的 e_{07} 变为 e_7，即

$$e_7 = e_{07}(1+\beta)$$

此外，第5和第6两道工序各自的总能耗，分别增至 $e_{05}(1+\beta)$ 和 $e_{06}(1+\beta)$。这样，吨材能耗变为

$$E_2 = \frac{e_{01}}{C_1} + \frac{e_{02}}{C_2} + \frac{e_{03}}{C_3} + \frac{e_{04}}{C_4} + (1+\beta)(e_{05}+e_{06}+e_{07}) + e_{08} \qquad (6)$$

与基准吨材能耗 E_0 相比，其增量为

$$E_2 - E_0 = \beta(e_{05}+e_{06}+e_{07}) \qquad (7)$$

可见，在其他条件相同的情况下，向上游工序的返料量越大，则吨材能耗的增量越大。为了降低能耗，必须降低返料量。此外还可以看出，不合格产品或废品返回的距离（按进出两工序的序号差值计）越大，则吨材能耗的增量越大。

2.3　例3：下游工序含 Fe 副产品返回上游工序重新进入生产流程

以工序7为例，说明这种情况下的物流及其对能耗的影响（见图4）。由图可见，工序7产生的含 Fe 副产品（如氧化铁皮）返回工序3，重新进入生产流程。设对应于1t工序7的合格产品，有 β t（$\beta<1$）Fe 元素变为含 Fe 副产品（含 Fe 副产品的重量等

于 β/C t，其中，C 为 1t 副产品中 Fe 元素的重量），返回到上游工序去。这样不仅第 5、第 6 道工序的实物产量将增至 $(1+\beta)$ t，而且第 3、第 4 两道工序的实物产量也相应增大。按 Fe 元素平衡计算，这两道工序实物产量的增量分别为 β/C_3 t 和 β/C_4 t。与此同时，工序 7 的工序能耗增至

$$e_7 = e_{07}(1 + \beta)$$

这样，全流程的吨材能耗

$$E_3 = \frac{e_{01}}{C_1} + \frac{e_{02}}{C_2} + (1 + \beta)\left(\frac{e_{03}}{C_3} + \frac{e_{04}}{C_4} + e_{05} + e_{06} + e_{07}\right) + e_{08} \qquad (8)$$

与基准吨材能耗 E_0 相比，增量为

$$E_3 - E_0 = \beta\left(\frac{e_{03}}{C_3} + \frac{e_{04}}{C_4} + e_{05} + e_{06} + e_{07}\right) \qquad (9)$$

可见，在其他条件相同的情况下，向上游工序返回的含 Fe 物料量越大，吨材能耗的增量越大。为了降低能耗，必须减少各工序含铁副产品的生成量。

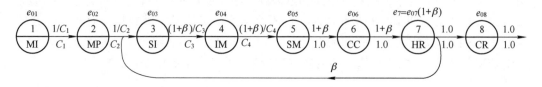

图 4　例 3 的物流图

2.4　例 4：不合格产品或废品，或其他含 Fe 物料从某道工序向外界输出（不回收）

以工序 8 为例，说明这种情况下的物流及其对能耗的影响，如图 5 所示。由图可见，γ t（$\gamma<1$）不合格产品、废品或其他含 Fe 物料，由工序 8 直接向外界输出，例如向市场出售或散失于环境中。工序 8 的合格产品仍为 1t，而总的产出物为 $(1+\gamma)$ t。上游各道工序的实物产量都将增至 $(1+\gamma)$ 倍。在这种情况下，吨材能耗

$$E_4 = (1 + \gamma)E_0 \qquad (10)$$

与基准吨材能耗 E_0 相比，其增量

$$E_4 - E_0 = \gamma E_0 \qquad (11)$$

由此可见，为了降低吨材能耗，必须努力降低各道工序直接向外界输出的不合格产品、废品或其他含 Fe 物料。此外，不难理解，在其他条件相同的情况下，发生上述情况的工序序号越大，吨材能耗的增量越大。

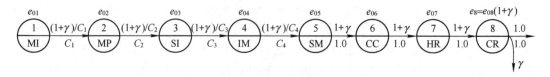

图 5　例 4 的物流图

2.5　例 5：含 Fe 物料从外界输入流程的某中间工序

以工序 5 为例，说明这种情况下的物流及其对能耗的影响，如图 6 所示。

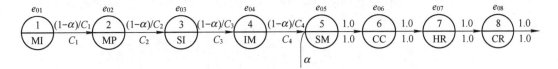

图 6 例 5 的物流图

工序 5 的实物产量仍为 1t。但与此同时，有 α t（$\alpha<1$）废钢从外界输入，按含 Fe 量计算，它相当于 α/C_4 t 工序 5 所用的原料。因此，从工序 4 进入工序 5 的物料量可由 $1/C_4$ t 减为（$1/C_4 - \alpha/C_4$）t。上游各工序之间的物流量也相应减少。这样，全流程的吨材能耗

$$E_5 = (1 - \alpha)\left(\frac{e_{01}}{C_1} + \frac{e_{02}}{C_2} + \frac{e_{03}}{C_3} + \frac{e_{04}}{C_4}\right) + e_{05} + e_{06} + e_{07} + e_{08} \tag{12}$$

与基准吨材能耗 E_0 相比，其增量等于

$$E_5 - E_0 = (-\alpha)\left(\frac{e_{01}}{C_1} + \frac{e_{02}}{C_2} + \frac{e_{03}}{C_3} + \frac{e_{04}}{C_4}\right) \tag{13}$$

由此可见，吨材能耗降低了。工序 5 吃进较多的外购废钢是节能的重要措施。

3　钢铁生产流程偏离基准物流图对于吨钢能耗的影响

前一节的讨论都是以吨材为基准的：流程的最终产品是 1t 钢材；吨材能耗是指生产 1t 钢材全流程的能耗。而吨钢能耗是以吨钢为基准的：吨钢能耗为炼钢工序的产品为 1t 合格钢坯（或钢锭）时全流程的能耗；流程的最终产品（钢材）一般不到 1t。

吨钢能耗是钢铁工业通用的能耗指标。本节讨论钢铁生产流程偏离基准物流图对吨钢能耗的影响。

3.1　例 6：同例 2，但以吨钢为基准

这种情况下的物流如图 7 所示。图中第 5、第 6 两道工序的实物量都是 1t，但到工序 7 时，因为有 β t（$\beta<1$）废品产生，如切头切尾等，所以这道工序的合格产品仅为（$1-\beta$）t。β t 废品返回到工序 5 重新处理。这些返回料可部分地取代该工序所需的原料。按 Fe 元素平衡计算，β t 返回料相当于 β/C_4 t 工序 5 的原料。即第 4 道工序的实物产量可减为（$1/C_4 - \beta/C_4$）t。同理，第 1、2、3 道工序的实物产量也可相应减少。全流程各道工序的实物产量如图 7 中各箭头上所标。

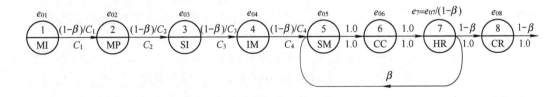

图 7 例 6 的物流图

这样，与图 7 对应的吨钢能耗 E_6 等于

$$E_6 = (1 - \beta)\left(\frac{e_{01}}{C_1} + \frac{e_{02}}{C_2} + \frac{e_{03}}{C_3} + \frac{e_{04}}{C_4}\right) + e_{05} + e_{06} + e_{07} + (1 - \beta)e_{08} \tag{14}$$

工序7的总能耗＝工序能耗×合格实物量＝$e_{07}(1-\beta)/(1-\beta)=e_{07}$。与基准吨钢（或吨材）能耗相比较，其增量为

$$E_6 - E_0 = (-\beta)\left(\frac{e_{01}}{C_1} + \frac{e_{02}}{C_2} + \frac{e_{03}}{C_3} + \frac{e_{04}}{C_4} + e_{08}\right) \tag{15}$$

式（15）表明，与不产生废品的情况相比，在有废品产生的情况下，全流程的吨钢能耗反而降低了。且废品越多，吨钢能耗越低。这是吨钢能耗指标本身的一个弊端。

3.2 例7：同例4，但以吨钢为基准

这种情况下的物流如图8所示。图中第5、6、7道工序的实物产量都是1t。但工序8有 γ t(γ<1) 不合格产品或废品产生，而且不回收，直接向外界输出。工序8的合格产品减至 $(1-\gamma)$ t，同时工序能耗上升为 $e_{08}/(1-\gamma)$。而工序8的总能耗仍为 e_{08}，因为$(1-\gamma)e_{08}/(1-\gamma)=e_{08}$。

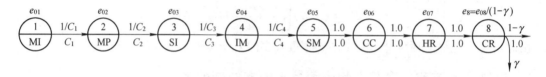

图8　例7的物流图

图中第1~4道工序的实物产量仍分别为 $1/C_1$、$1/C_2$、$1/C_3$、$1/C_4$，没有发生变化。这样，本例情况下的吨钢能耗为

$$E_7 = \frac{e_{01}}{C_1} + \frac{e_{02}}{C_2} + \frac{e_{03}}{C_3} + \frac{e_{04}}{C_4} + e_{05} + e_{06} + e_{07} + e_{08} \tag{16}$$

式（16）等号右侧各项与式（1）完全相同。亦即虽然工序8向外输出 γ t不合格产品或废品，但在吨钢能耗的数值上，一点也没有反映出来。这当然是不妥的。但必须指出，吨钢能耗这个指标仍应继续使用，因为钢材的品种、规格很多，实际工作中不可能以钢材为基准去计算能耗值。当然，对主要品种进行必要的计算也是未尝不可的。

4 钢铁生产流程的实际物流图及其能耗分析

钢铁生产流程偏离基准物流图的情况，绝不像以上所举各个典型例子那么简单。实际上各道工序都可能发生偏离基准物流图的现象，而且在同一道工序中还可能存在若干这种现象，甚至同一种现象亦包括几股不同的物流。因此，钢铁生产流程的实际物流图十分复杂。不过，以上各典型例子已足以用来分析钢铁生产流程的实际物流图，以及它与能耗之间的关系。

运用实际物流图进行能耗分析工作，大致可按以下三步进行：

（1）选定钢厂的某一流程，收集统计期内有关物流和能耗数据，弄清各股物流的来龙去脉，绘制出该流程的两张实际物流图，一张以吨材为计算基准，另一张以吨钢为计算基准。

（2）以这张实际物流图为依据，绘制基准物流图。

（3）对照基准物流图，分析实际物流对能耗的影响，其中包括吨材能耗和吨钢能耗。

以吨材为计算基准的实际物流图中，各股物流的流量等于统计期内这些股实物流量分别除以钢材产量；以吨钢为计算基准的实际物流图中，各股物流的流量等于统计

期内这些股实物流量分别除以钢产量。

以实际物流图为依据，绘制基准物流图时，需标出各工序的实物产量，以及各工序能耗。在基准物流图上，很容易标出各工序的实物产量。因为炼钢以后各工序（炼钢、轧钢等）的实物产量都是 1t；铁前各工序的实物产量也只决定于各工序产品的实际含 Fe 量，即采矿、选矿、烧结和炼铁各工序的实物产量分别等于 $1/C_1$ t、$1/C_2$ t、$1/C_3$ t 及 $1/C_4$ t。

基准物流图上的各工序能耗（以下简称"基准工序能耗"），要按实际物流图的工序能耗（以下简称"实际工序能耗"）反算求得。例如，在上述例 2 中，工序 7 有 β t 不合格产品及废品返回上游工序去重新处理，所以，该工序能耗由原来的 e_{07}（基准工序能耗）增至 $e_7 = e_{07}(1+\beta)$，其中 e_7 是该情况下的实际工序能耗。所以，该工序的基准工序能耗等于

$$e_{07} = \frac{e_7}{1+\beta} \tag{17}$$

式（17）表明了从实际工序能耗反算基准工序能耗的基本方法。有多股物流影响工序能耗时，反算方法不变，只是要把多股物流的影响叠加起来，比较复杂。

此外，还可按第 2 和第 3 节所述的单因素分析法计算每股物流的单位变化量（即每增减 1kg），对于流程能耗的影响。这样可以对比每股物流对于能耗影响的重要性。

最后，不仅要分析各股物流对吨钢能耗的影响，而且还要有重点地分析对吨材能耗的影响。这样可以在研究节能对策工作中避免计算结果对决策可能产生的误导。

5 工厂实例

基于以上原理，现以某厂为对象，具体分析钢铁生产流程中物流对能耗的影响。该厂的主要生产流程由烧结、炼铁、炼钢、初轧和轧材等五道工序组成。

5.1 物流图

按该厂某年度的平均生产数据绘制生产流程的物流图。图 9 是以 1t 材为计算基准的实际物流图。图中每个箭头上标明了各股物流的实物量，并在括号中标明了与之对应的 Fe 元素重量。这五道工序的编号分别为 3、4、5、6、7。

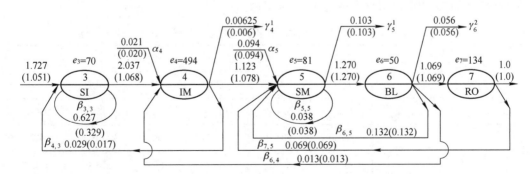

图 9　某厂生产流程的实际物流图（以 1t 材为基准）

图 10 是以 1t 钢为计算基准的实际物流图。图 11 是根据图 9 或图 10 绘出的与之相对应的基准物流图。

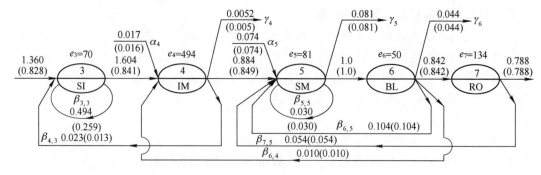

图 10　某厂生产流程的实际物流图（以 1t 钢为基准）

图 11　某厂生产流程的基准物流图

5.2　能耗计算和分析

5.2.1　基准吨材能耗与实际吨材能耗的计算和对比

按图 9 可求得该流程的实际吨材能耗

$$E_r = 70 \times 2.037 + 494 \times 1.123 + 81 \times 1.270 + 50 \times (1.069 + 0.056) + 134 \times 1$$
$$= 142.5 + 554.8 + 102.9 + 56.3 + 134.0$$
$$= 990.5 \tag{18}$$

按图 11 可求得该流程的基准吨材能耗

$$E_0 = 53.5 \times 1.907 + 483.7 \times 1.042 + 72.9 \times 1 + 44.3 \times 1 + 125.4 \times 1$$
$$= 102.0 + 504.0 + 72.9 + 44.3 + 125.4$$
$$= 848.6 \tag{19}$$

表 1 中列出了上述计算结果。根据以上两算式等号右侧各工序能耗及材比系数的差值，不难求得它们各自对能耗的影响量（见表 1 的最后两行）。工序的"材比系数"是指该工序的实物产量与材产量之比。

表 1　某厂实际吨材能耗和基准吨材能耗的对比　　（kg 标煤/t 钢材）

名　称	工　序					合计
	烧结	炼铁	炼钢	初轧	轧材	
E_r	142.5	554.8	102.9	56.3	134.0	990.5
E_0	102.0	504.0	72.9	44.3	125.4	848.6
$E_r - E_0$	40.5	50.8	30.0	12.0	8.6	141.9
（因工序能耗）	(33.5)	(11.6)	(10.3)	(6.4)	(8.6)	(70.4)
（因材比系数）	(7.0)	(39.2)	(19.7)	(5.6)	(0.0)	(71.5)

由表 1 可见，该厂的实际吨材能耗比基准吨材能耗高出 141.9kg 标煤。其中，因实际

工序能耗高于基准工序能耗而引起的能耗增量为 70.4kg 标煤，且增量最大的工序是烧结工序；因材比系数的差值而引起的能耗增量为 71.5kg 标煤，增量最大的工序是炼铁工序。

5.2.2 基准吨钢能耗与实际吨钢能耗的计算和对比

基准吨钢能耗与基准吨材能耗的数值相等，即 848.6kg 标煤。

按图 10 可求得该流程的实际吨钢能耗

$$
\begin{aligned}
E_s &= 70 \times 1.604 + 494 \times 0.884 + 81 \times 1.0 + 50 \times (0.842 + 0.044) + 134 \times 0.778 \\
&= 112.3 + 436.7 + 81.0 + 44.3 + 105.6 \\
&= 779.9
\end{aligned}
\tag{20}
$$

表 2 中既列出了上述计算结果，也列出了因各工序能耗以及钢比系数的不同引起的能耗升降值。工序的"钢比系数"是指该工序的实物产量与钢产量之比。

表 2　某厂实际吨钢能耗和基准吨钢能耗的对比　　（kg 标煤/t 粗钢）

名　称	工序					合计
	烧结	炼铁	炼钢	初轧	轧材	
E_s	112.3	436.7	81.0	44.3	105.6	779.9
E_0	102.0	504.0	72.9	44.3	125.4	848.6
$E_s - E_0$	10.3	−67.3	8.1	0.0	−19.8	−68.7
（因工序能耗）	(26.4)	(9.0)	(8.1)	(5.1)	(6.8)	(55.4)
（因材比系数）	(−16.1)	(−76.3)	(0.0)	(−5.1)	(−26.6)	(−124.1)

由表 2 可见，实际吨钢能耗比基准吨材能耗低 68.7kg 标煤。其中，因工序能耗上升引起的能耗增量为 55.4kg 标煤，且增量最大的工序仍然是烧结工序；因钢比系数不同使吨钢能耗低 124.1kg 标煤，降低幅度最大的工序是炼铁工序。

5.2.3 每股物流对工序能耗和材比系数的影响

影响各工序的工序能耗和材比系数的物流共有 11 股。这些股物流，有的只影响工序能耗，有的只影响材比系数，有的既影响工序能耗又影响材比系数。

这些股物流对材比系数的影响见表 3。

表 3　各股物流对材比系数的影响　　（t 生产过程/t 钢材）

因子	烧结	炼铁	炼钢	初轧	轧材
再生烧结矿 $\beta_{3,3}$	0.000				
购买高炉用废铁（BF）α_4	−0.037	0.000			
高炉瓦斯灰 $\beta_{4,3}$	0.033	0.000			
高炉铁流失 γ_4	0.011	0.000			
购买转炉用废钢 α_5	−0.180	−0.98	0.000		
转炉用再生钢 $\beta_{5,3}$	0.000	0.000	0.000		
转炉铁损 γ_5	0.196	0.1073	0.000		

因　子	烧结	炼铁	炼钢	初轧	轧材
高炉用初轧废钢 $\beta_{6,4}$		0.0134	0.014	0.000	
转炉用初轧废钢 $\beta_{6,3}$			0.132	0.000	
外卖钢坯 γ_6	0.107	0.0583	0.056	0.055	
转炉用轧机废钢 $\beta_{7,3}$			0.068	0.070	0.000
合计	0.130	0.081	0.270	0.125	0.000
基准材比系数	1.907	1.042	1.000	1.000	1.000
实际材比系数	2.037	1.123	1.270	1.125	1.000

该表横向分为14行，前11行是影响材比系数的各股物流；纵向分为5列，各代表1道生产工序。在表中列出各股物流对工序材比系数的影响量（t/t 材）。表中的第12行是各股物流对材比系数影响量的合计值，第13行填写基准材比系数。基准材比系数加上各股物流对材比系数的影响总量，正好等于实际材比系数（第14行）。

各股物流对工序能耗的影响列于表4。表中第12行是各股物流对工序能耗影响量的合计值，第13行是基准工序能耗，它与12行的数字相加，正好等于实际物流图中的实际工序能耗。

表4　各股物流对工序能耗的影响　（kg 标煤/t 过程产品）

因　子	烧结	炼铁	炼钢	初轧	轧材
再生烧结矿 $\beta_{3,3}$	16.5				
购买高炉用废铁（BF） α_4		0.0			
高炉瓦斯灰 $\beta_{4,3}$		7.6			
高炉铁流失 γ_4		2.7			
购买转炉用废钢 α_5			0.0		
转炉用再生钢 $\beta_{5,3}$			2.2		
转炉铁损 γ_5			5.9		
高炉用粗轧废钢 $\beta_{6,4}$				0.5	
转炉用初轧废钢 $\beta_{6,3}$				5.2	
外卖钢坯 γ_6				0.0	
转炉用轧机废钢 $\beta_{7,3}$					8.6
合计	16.5	10.3	8.1	5.7	8.6
基准材比系数	53.5	483.7	72.9	44.3	125.4
实际材比系数	70.0	494.0	81.0	50.0	134.0

5.2.4 各股物流的单位增减量对能耗的影响

各股物流每增减 1kg 对吨材能耗的影响列于表 5。

表 5　各股物流的单位增减量对吨材能耗的影响

影响因素（每增减 1kg 物流/t 材）	钢材能耗的变化 （kg 标煤/t 材）
购买高炉用废铁（BF）	−0.1020
外购废钢	−0.6060
再生烧结矿	0.0535
高炉瓦斯灰	0.3514
转炉用再生钢	0.0729
自产废钢	0.1172
轧钢铁皮	0.5940
烧结矿损失	0.0535
外卖生铁	0.5322
转炉钢损	0.6788
外卖钢坯	0.7232
轧制钢损	0.8486

由表 5 可见，就吨材能耗而言，转炉多吃 1kg 外购废钢与多吃 1kg 自产废钢，二者对能耗的影响完全不同。前者可降低吨材能耗 0.6060kg 标煤，而后者反而使之上升 0.1172kg 标煤。各股含 Fe 物料返回上游工序加以利用，虽然没有浪费这些物料，但要付出增加能耗的代价。每增加 1kg 返回利用的高炉瓦斯灰、轧钢铁皮，分别使吨材能耗上升 0.3514kg 标煤和 0.5940kg 标煤。此外，表 5 还说明，外卖中间产品，是使吨材能耗上升的重要因素。例如，外卖钢坯每增加 1kg，吨材能耗则上升 0.7232kg 标煤。

至于各股物流的单位增减量对吨钢能耗的影响，也可用同样方法给出，在此不再重复。

6　结论

（1）物流问题是钢铁生产流程中的一个关键问题，对钢铁企业乃至钢铁工业的能源消耗影响极大，必须引起充分重视。

（2）基准物流图是定量分析钢铁生产流程中复杂物流问题的基础。把它与实际物流图进行全面、定量的比较，可以将物流对能耗的影响分析得十分清楚。

（3）在钢铁生产过程中，凡是由外界向某中间工序输入含 Fe 物料，必有利于节能，且越是后部工序，节能越显著；凡是由某工序向外界输出或返回上游工序重新处理含 Fe 物料，必增大该工序能耗及上游工序的实物产量，从而增大吨材能耗，且越是后部工序，耗能越多；凡在工序内部循环使用含 Fe 物料，必使本工序能耗增大。

（4）正确评价钢铁生产流程的能耗指标应是最终产品能耗，即吨材能耗，而不是吨钢（综合）能耗。在继续沿用吨钢能耗这一指标的前提下，各企业有重点地针对个别流程进行吨材能耗分析，对于决策者必有裨益。

参 考 文 献

［1］ LU Z W. Utilization of Energy in Metallurgical Industry ［M］. Beijing：Metallurgical Industry Press，1986：24.（陆钟武. 冶金工业的能源利用 ［M］. 北京：冶金工业出版社，1986：24.）

［2］ LU Z W, CAI J J. Introduction to Systems Energy Conversation ［M］. Beijing：Science Press，1993：14.（陆钟武，蔡九菊. 系统节能基础 ［M］. 北京：科学出版社，1993：14.）

［3］ 陆钟武. 我国钢铁工业吨钢综合能耗的剖析 ［J］. 冶金能源，1992，11（1）：14-20.

［4］ 陆钟武，翟庆国，谢安国，等. 我国钢铁工业能耗预测 ［J］. 钢铁，1997，32（5）：69-74.

钢铁生产流程的物流对能耗影响的表格分析法 *

摘　要　在钢铁生产流程中，物流对能耗具有重要的影响。从基准物流图的概念入手，分析了含铁物料在实际钢铁生产流程各工序中可能发生的流动情况，说明了根据实际生产流程构筑基准物流图的方法，构造了计算偏离基准物流图的各股物流对能耗影响的分析表，并给出了计算公式及其计算步骤。

关键词　基准物流图　能耗　材比系数　钢比系数

在钢铁生产流程中，物流对能耗、成本及环境等各项技术指标都有重要的影响，已引起了人们的广泛重视[1-4]。文献 [4] 从含铁物料平衡入手，将实际钢铁生产流程抽象为符合如下两个条件"全封闭单行道"式的钢铁生产流程：（1）全流程中含铁物料的唯一流向是从上游流向下游工序；（2）在流程的中途，没有含铁物料的输入、输出；并将能同时满足以上两个条件，且以 1t 钢材为最终产品的物流图，定义为钢铁生产流程的"基准物流图"。在此基础上分析了实际生产流程中含铁物料的流向、流量和流动距离等对吨材能耗和吨钢能耗的影响，推导出了各种典型情况下物流对能耗影响的计算公式，给出了某钢铁厂的计算实例。它为进一步分析物流对能耗的影响提供了重要的理论依据。本文以文献 [4] 为基础，详细介绍含铁物料流对能耗影响的表格分析法。

1　钢铁生产流程中的实际物流状况

在实际钢铁生产流程中，对任何一个生产工序 i 来说，它的物料流动都可能会有如图 1 所示的几种情况发生。

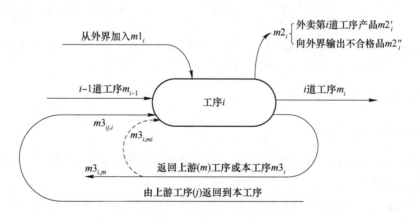

图 1　含铁物料在工序的流动情况

（1）第 $i-1$ 道工序产品作为原料加入第 i 道工序，m_{i-1} 为 1t 钢材或钢中铁元素质量。

（2）作为原料从外界向第 i 道工序加入的物料，$m1_i$ 为 1t 钢材或钢中铁元素质量。

---

*　本文合作者：于庆波、蔡九菊。原发表于《东北大学学报》，2001。

（3）第 i 道工序向外界输出的物料（包括损失和外卖），$m2_i$（$m2_i = m2_i' + m2_i''$）为 1t 钢材或钢中铁元素质量，其中，$m2_i'$ 为外卖的第 i 道工序合格产品所含铁元素质量，$m2_i''$ 为向外界输出的不合格品所含铁元素质量。

（4）第 i 道工序生产的不合格产品或废品，又作为原料返回到本道工序或上游工序，$m3_i$（$m3_i = m3_{i,i} + m3_{i,m}$，$m = 1，2，\cdots，i-1$）为 1t 钢材或钢中铁元素质量，其中，$m3_{i,i}$ 为返回到本工序的物料所含铁元素质量，$m3_{i,m}$ 为由本工序返回到上游第 m 道工序的物料所含铁元素质量。

（5）下游第 j 道工序生产的不合格品或废品，作为原料返回到第 i 道工序，$m3_{j,i}$（$j = i+1，i+2，\cdots，n$）为 1t 钢材或钢中铁元素质量。

（6）第 i 道工序供给第 $i+1$ 道工序的合格产品，其铁元素质量为 m_i。根据铁元素平衡有：

$$m_{i-1} + m1_i + m3_{i,i} + m3_{j,i} = m_i + m2_i + m3_{i,i} + m3_{i,m} \tag{1}$$

2 根据实际生产流程构筑基准物流图

在进行物流对能耗影响的分析时，首先要确定实际流程的基准物流图。有了基准物流图，才能把它同实际物流图进行对比，从而确定各物流因素对能耗的影响量。基准物流图是根据实际生产流程构筑出来的。不同的生产流程，其相应的基准物流图不一样。基准物流图中的生产工序、各工序物料含铁量与实际生产一样，而各工序的材比系数和工序能耗则需根据实际生产流程的消耗指标计算。设某实际生产流程有 n 道工序，各工序的工序能耗和产品含铁量和分别为 e_i 和 C_i，各工序含铁物料的输入和输出情况如图 1 所示，则其相应的基准物流图中也有 n 道生产工序，各工序材比系数和工序能耗分别为

$$p_{0i} = \frac{C_n}{C_i} \quad (i = 1，2，3，\cdots，n) \quad \text{t 工序产品 /t 钢材} \tag{2}$$

$$e_{0i} = \frac{e_i p_{pi}}{p_{pi} + m2_i''/C_i + m3_i/C_i} \quad (i = 1，2，\cdots，n) \quad \text{kg/t 工序产品(标煤)} \tag{3}$$

式中，p_{0i} 和 e_{0i} 分别为基准物流图第 i 道工序的材比系数和工序能耗；p_{pi} 为实际流程第 i 道工序的材比系数，$p_{pi} = (m_i + m2_i')/C_i$。

3 物流对能耗影响分析表

3.1 物流对吨材能耗的影响

物流对吨材能耗影响有两张分析表，一张是材比系数构成因素表，另一张是物流对吨材能耗影响分析表。

表 1 是各工序材比系数构成因素表。表中纵、横各有 n 道生产工序。表格上半部分（双线条以上）各单元格中的数据根据实际生产流程的物流按格式填写，其中，$m1$、$m2$、$m3$ 是指生产 1t 合格钢材各工序偏离基准物流图的各股物流的铁元素质量。表中各单元格的数据表示纵向各工序物流对横向各工序材比系数的影响量。横向各工序对应列，除黑线框以外各单元格的数据，表示各生产工序物流对该工序材比系数的影响量，其和记为 Δp_{pi}；黑线框所围单元格中的数据是该工序生产的不合格品的数量，其和记为 $\Delta p_{pi}'$。

表1 各工序材比系数构成因素表

项目	工序名称 实际工序能耗 /kg·t^{-1}工序产品（标煤）	工序1 e_1	工序2 e_2	⋯	工序i e_i	⋯	工序n e_n
工序n	从外界加入 $m1_n$	$-m1_n/C_1$	$-m1_n/C_2$	⋯	$-m1_n/C_i$	⋯	
	向外界输出 $m2''_n$	$m2''_n/C_1$	$m2''_n/C_2$	⋯	$m2''_n/C_i$	⋯	$m2''_n/C_n$
	工序内循环 $m3_{n,n}$						$m3_{n,n}/C_n$
	流程内回流 $m3_{n,i}$				$m3_{n,i}/C_i$	⋯	$m3_{n,i}/C_n$
⋮	⋮	⋮	⋮		⋮		⋮
工序i	从外界加入 $m1_i$	$-m1_i/C_1$	$-m1_i/C_2$	⋯			
	外卖中间产品 $m2'_i$	$m2'_i/C_1$	$m2'_i/C_2$	⋯	$m2'_i/C_i$		
	向外界输出 $m2''_i$	$m2''_i/C_1$	$m2''_i/C_2$	⋯	$m2''_i/C_i$		
	工序内循环 $m3_{i,i}$				$m3_{i,i}/C_i$		
	流程内回流 $m3_{i,m}$			⋯	$m3_{i,m}/C_i$		
⋮	⋮	⋮	⋮		⋮		⋮
工序1	外卖中间产品 $m2'_1$	$m2'_1/C_1$					
	向外界输出 $m2''_1$	$m2''_1/C_1$					
	工序内循环 $m3_{1,1}$	$m3_{1,1}/C_1$					
实际物流图	材比系数（p_{pi}） /t工序产品·t^{-1}材	$p_{01}+\Delta_{p1}$	$p_{02}+\Delta_{p2}$	⋯	$p_{0i}+\Delta_{pi}$	⋯	$1+0$
	实物产量（p_{pi}） /t工序实物·t^{-1}材	$p_{p1}+\Delta p'_1$	$p_{p2}+\Delta p'_2$	⋯	$p_{pi}+\Delta p'_i$	⋯	$1+\Delta p'_{pn}$
	吨材能耗（E_p）kg 标煤	$E_p=e_1p_{p1}+e_2p_{p2}+\cdots+e_ip_{pi}+\cdots+e_nP_{pn}$					
基准物流图	材比系数（p_{0i}） /t工序产品·t^{-1}材	C_n/C_1	C_n/C_2	⋯	C_n/C_i	⋯	1
	工序能耗（e_{0i}） /kg·t^{-1}工序产品（标煤）	e_1p_{p1}/p'_{p1}	e_2p_{p2}/p'_{p2}	⋯	e_ip_{pi}/p'_{pi}	⋯	e_n/p'_{pn}
	吨材能耗（E_{0p}）/kg 标煤	$E_{0p}=e_{01}p_{01}+e_{02}p_{02}+\cdots+e_{0i}p_{0i}+\cdots+e_{0n}p_{0n}$					
因物流变化引起的吨材能耗变化量		$\Delta E_p=E_p-E_{0p}$					

表2是物流对吨材能耗影响分析表。表格左半部分（双线条左边）各单元格中的数据等于表1上半部分各单元格中的数据乘以其纵向对应各工序的基准工序能耗，表示物流在各工序对吨材能耗的影响量。纵向各列单元格和填写在表格的最后一行各单元格中的数据，表示各生产工序的物流在该工序对吨材能耗的总影响量。横向各行单元格和填写在表格右半部分第一列各单元格中的数据，表示该股物流对吨材能耗的总影响量；表格右半部分第二列各单元格中的数据等于各股物流对吨材能耗的总影响量除以该股物流的实物总量。

表 2　物流对吨材能耗影响分析表　　　　　　（kg 标煤）

项目	工序名称 基准工序能耗	工序 1 e_{01}	工序 2 e_{02}	…	工序 i e_{0i}	…	工序 n e_{0n}	各股物流对吨材能耗的影响	各股物流增减 1kg 对吨材能耗的影响（×1000）
	⋮	⋮	⋮	⋮	⋮	⋮	⋮	⋮	⋮
	$m1_i$	$-e_{01}m1_i/C_1$	$-e_{02}m1_i/C_2$	…				Δe_{m1i}	$C_{m1i}\Delta e_{m1i}/m1_i$
	$m2'_i$	$e_{01}m2'_i/C_1$	$-e_{02}m2'_i/C_2$	…	$e_{0i}m2'_i/C_i$			$\Delta e_{m2'i}$	$C_{m2'i}\Delta e_{m2'i}/m2'_i$
工序 i	$m2''_i$	$e_{01}m2''_i/C_1$	$-e_{02}m2''_i/C_2$	…	$e_{0i}m2''_i/C_i$			$\Delta e_{m2''i}$	$C_{m2''i}\Delta e_{m2''i}/m2''_i$
	$m3_{i,i}$				$e_{0i}m3_{i,i}/C_i$			Δe_{m3ii}	$C_{m3ii}\Delta e_{m3ii}/m3_{i,i}$
	$m3_{i,m}$			…	$e_{0i}m3_{i,m}/C_i$			Δe_{m3im}	$C_{m3im}\Delta e_{m3im}/m3_{i,m}$
	⋮	⋮	⋮	⋮	⋮	⋮	⋮	⋮	⋮
工序物流变化对吨材能耗的影响		ΔE_{p1}	ΔE_{p2}	…	ΔE_{pi}	…	ΔE_{pm}	$\sum \Delta E_{pi}$	—

从表 1 和表 2 可以看出，物流对吨材能耗的影响来自两方面，一方面由于下游工序的物流改变了上游工序的材比系数，另一方面由于本道工序的物流改变了工序能耗。这二者最终都影响了工序的能源总耗，进而影响吨材能耗。

3.2　物流对吨钢能耗的影响

物流对吨钢能耗影响也有两张分析表，一张是钢比系数构成因素表，另一张是物流对吨钢能耗影响分析表。

表 3 是各工序钢比系数构成因素表。表 4 是物流对吨钢能耗影响分析表。表中各项 $m1$、$m2$、$m3$ 是指生产 1t 合格钢坯（或钢锭）各工序偏离基准物流图的各股物流的铁元素质量。需要说明的是物流对吨钢能耗的影响，在连铸工序前与物流对吨材能耗的影响是一样的，即下游工序的物流影响上游工序的钢比系数，本道工序的物流只影响本道工序的能耗，最终它们共同影响吨钢能耗；而在连铸后各工序则是上游工序的物流影响下游工序的钢比系数，进而影响吨钢能耗，本道工序的物流既影响钢比系数又影响工序能耗，最终本道工序生产的废品对吨钢能耗没有任何影响。这也正是吨钢能耗这一评价指标的缺陷所在。其余问题参照对表 1、表 2 的说明是很容易理解的，这里就不再赘述。

表 3　各工序钢比系数构成因素表

项目	工序名称 实际工序能耗 /kg·t^{-1}工序产品（标煤）	工序 1 e_1	…	工序 k （连铸）e_k	工序 k1 $(k1=k+1)$ e_{k1}	…	工序 n e_n
	⋮	⋮	⋮	⋮	⋮	⋮	⋮
	外卖中间产品 $m2'_{k1}$				$-m2'_{k1}/C_{k1}$	…	$-m2'_{k1}/C_n$
	从外界加入 $m1_{k1}$				$m1_{k1}/C_{k1}$	…	$m1_{k1}/C_n$
工序 k+1	向外界输出 $m2''_{k1}$				$m2''_{k1}/C_{k1}$	…	$m2''_{k1}/C_n$
	工序内循环 $m3_{k1,k1}$				$m3_{k1,k1}/C_{k1}$		
	流程内回流 $m3_{k1,m}$（$m<k$）	$-m3_{k1,m}/C_1$	…		$m3_{k1,m}/C_{k1}$	…	$-m3_{k1,m}/C_n$

项目	工序名称 实际工序能耗 /kg·t⁻¹工序产品（标煤）	工序1 e_1	...	工序k（连铸）e_k	工序k1 $(k1=k+1)$ e_{k1}	...	工序n e_n
工序k	外卖中间产品 $m2'_k$			γ'_k/C_k	$-\gamma'_k/C_{k+1}$	...	$-\gamma'_k/C_n$
	从外界加入 $m1_k$				α_k/C_{k+1}	...	α_k/C_n
	向外界输出 $m2''_k$	$m2''_k/C_1$	...	$m2''_k1/C_k$			
	工序内循环 $m3_{k,k}$			$m3_{k,k}/C_k$			
	流程内回流 $m3_{k,m}$	$-m3_{k,m}/C_1$	...	$m3_{k,m}/C_k$			
	⋮	⋮		⋮	⋮		⋮
实际物流图	钢比系数（p_{si}）/t工序产品·t⁻¹钢	$p_{01}+\Delta p_{s1}$	...	$1+0$	$p'_{k1}-\Delta p'_{k1}$	...	$p'_{sn}-\Delta p'_{sn}$
	实物产量（p_{si}）/t工序产品·t⁻¹钢	$p_{s1}+\Delta p'_{s1}$	...	$1+\Delta p'_{sk}$	$p_{0k1}+\Delta p_{sk1}$	...	$p_{0n}+\Delta p_{sn}$
	吨材能耗（E_s）/kg标煤	$E_s=e_1p_{s1}+\cdots+e_kp_{sk}+e_{k1}p_{sk1}+\cdots+e_np_{sn}$					
基准物流图	钢比系数（p_{0i}）/t工序产品·t⁻¹钢	C_k/C_1	...	1	C_k/C_{k1}	...	C_k/C_n
	工序能耗（e_{0i}）/t工序产品·t⁻¹钢	e_1p_{s1}/p'_{s1}	...	e_kp_{sk}/p'_{sk}	$e_{k1}p_{sk1}/p'_{sk1}$	...	e_np_{sn}/p'_{sn}
	吨材能耗（E_{0s}）/kg标煤	$E_{0s}=e_{01}p_{01}+\cdots+e_{0k}p_{0k}+e_{0k1}p_{0k1}+\cdots+e_{0n}p_{0n}$					
因物流变化而引起的吨钢能耗变化量		$\Delta E_s=E_s-E_{0s}$					

表4　物流对吨钢能耗影响分析表　　（kg标煤）

项目	工序名称 基准工序能耗	工序1 e_{01}	...	工序k（连铸）e_{0k}	工序k1 e_{0k1}	...	工序n e_{0n}	各股物流对吨材能耗的影响	各股物流增减1kg对吨钢能耗的影响（×1000）
	⋮	⋮		⋮	⋮		⋮	⋮	⋮
工序k1	$m2'_{k1}$					...	$-e_{0n}m2'_{k1}/C_n$	$\Delta e_{m2'k1}$	$C_{m2'k1}\Delta e_{m2'k1}/m2'_{k1}$
	$m1_{k1}$					...	$e_{0n}m1_{k1}/C_n$	Δe_{m1k1}	$C_{m1k1}\Delta e_{m1k1}/m1_{k1}$
	$m2''_{k1}$					...	$-e_{0n}m2''_{k1}/C_n$	$\Delta e_{m2''k1}$	$C_{m2''k1}\Delta e_{m2''k1}/m2''_{k1}$
	$m3_{k1,k1}$				$e_{0k1}m3_{k1,k1}/C_{k1}$			Δe_{m3k1}	$C_{m3k1}\Delta e_{m3k1}/m3_{k1}$
	$m3_{k1,m}(m<k)$	$-e_{01}m3_{k1,m}/C_1$				...	$-e_{0n}m3_{k1,m}/C_n$	Δe_{m3k1m}	$C_{m3k1m}\Delta e_{m3k1m}/m3_{k1,m}$
工序k	$m2'_k$				$-e_{0k}m2'_k/C_{k1}$	...	$-e_{0n}m2'_k/C_n$	$\Delta e_{m2'k}$	$C_{m2'k}\Delta e_{m2'k}/m2'_k$
	$m1_k$				$e_{0k_1}m1_k/C_{k1}$	...	$-e_{0n}m1'_k/G$	Δe_{m1k1}	$C_{m1k}\Delta e_{m1k}/m1_k$
	$m2''_k$	$e_{0n}m2''_k/C_1$	...	$e_{01}m2''_k/C_k$				$\Delta e_{m2''k}$	$C_{m2''k}\Delta e_{m2''k}/m2''_k$
	$m3_{k,k}$			$e_{0k}m3_{k,k}/C_k$				Δe_{m3kk}	$C_{m3kk}\Delta e_{m3kk}/m3_{k,k}$
	$m3_{k,m}$	$-e_{01}m3_{k,m}/C_1$		$e_{0k}m3_{k,m}/C_k$				Δe_{m3km}	$C_{m3km}\Delta e_{m3km}/m3_{k,m}$

工业生态学

项目	工序名称基准工序能耗	工序 1 e_{01}	…	工序 k（连铸）e_{0k}	工序 $k1$ e_{0k1}	…	工序 n e_{0n}	各股物流对吨材能耗的影响	各股物流增减 1kg 对吨钢能耗的影响（×1000）
⋮	⋮	⋮	⋮	⋮	⋮	⋮	⋮	⋮	⋮
工序物流变化对吨钢能耗的影响		ΔE_{s1}	…	ΔE_{sk}	ΔE_{sk1}	…	ΔE_{sn}	$\sum \Delta E_{si}$	—

4 物流对能耗影响分析的填表步骤

（1）收集实际生产流程的相关数据，弄清各股物流的来龙去脉。

（2）将各流程各股物流的实物量乘以相应的含铁量，转换成为铁元素质量。

（3）对各生产工序数据进行铁元素质量平衡校正。用进入工序的铁元素质量减去的一部分参与物流对能耗影响的分析，盈余部分可以记录下来，但它不参与物流对能耗影响的分析。

（4）将数据按要求填入表 1、表 2 中，进行吨材能耗分析。

（5）将数据按要求填入表 3、表 4 中，进行吨钢能耗分析。

5 结论

（1）分析说明了含铁物料流在钢铁生产流程中的流动情况。

（2）给出了实际生产流程中含铁物料流对吨材能耗和吨钢能耗影响的分析计算表。

（3）各生产企业应在有条件的情况下，尽可能分析几种主要产品的吨材能耗，以找出生产中存在的问题，为进一步节能、降耗，降低成本指明途径。

参 考 文 献

［1］ FLICK A, SCHWAHA K L. Das control-verfahren zur flexiblen and qualitats-orientierten warmbanderzeugung ［J］. Stahl and Eisen, 1993, 113 (9)：66-70.

［2］ 殷瑞钰. 钢铁制造过程的多维物流控制系统 ［J］. 金属学报, 1997, 33 (1)：29-38. （YIN R Y. The Multi-dimensional mass-flow control system of steel plant process ［J］. ACTA Metallurgical Sinica, 1997, 33 (1)：29-38.）

［3］ 殷瑞钰. 关于薄板坯连铸-连轧流程的工程分析 ［J］. 钢铁, 1998, 33 (1)：1-9. （YIN R Y. The engineering analysis of thin slab continuous casting and rolling process ［J］. Steel and Iron, 1998, 33 (1)：1-9.）

［4］ LU Z W, CAI J J, YU Q B, et al. The influences of materials flows in steel manufacturing process on its energy intensity ［J］. Jian Song, Rui Yuyin. Proceedings of International Conference on Engineering and Technological Sciences 2000 ［C］// Beijing：New World Press, 2000：1141-1146.

论钢铁工业的废钢资源 *

摘　要　说明了废钢指数（S）是衡量钢铁工业废钢资源充足程度的判据。简明地分析了钢产量变化与 S 值之间的关系。根据统计资料，估算了 1988~1997 年间中国、日本、美国三国的 S 值。在此基础上，讨论了这三国钢铁工业的流程结构及今后可能发生的变化。

关键词　废钢指数

1　前言

钢铁工业的主要铁源有两个：一是铁矿石，二是废钢。前者是自然资源，而后者是回收的再生资源。钢铁工业应尽可能少用铁矿石，多用废钢，这样不仅有利于保存资源，而且还有利于节约能源，减少污染。

在钢铁联合企业，提高转炉炉料的废钢比，是少用铁矿石的重要途径。电炉钢厂以废钢为主要原料，在这方面更具优势。而且电炉钢厂占地面积小、投资低，很具有吸引力。但是，提高转炉炉料的废钢比和发展电炉钢厂的前提条件是要有充足的废钢资源。否则，在废钢短缺、价格昂贵的情况下，要钢铁工业多用废钢，只能是一个良好的愿望。

世界各国、各地区，废钢资源的实际情况差别很大。有的国家（地区）废钢资源较充足，价格较低。在这种情况下，当然可以多建些电炉钢厂；转炉也可以多吃出些废钢。例如，美国就属于这种情况，其电炉钢比高达 45% 以上[1]。而有的国家（地区）废钢资源不足，价格较高。在这种情况下，不可能发展电炉钢厂，转炉也不可能多吃废钢，例如，中国就属于这种情况，其电炉钢比徘徊在 15% 上下[2]。

由此可见，废钢资源状况，是决定一个国家（地区）钢铁工业总体结构，尤其是流程结构的一个主要因素。当然，电价问题也是一个重要因素。如果电价很高，电炉钢的发展必然会受到影响。

现在，要研究的问题是：（1）为什么有些国家的废钢资源比较充足，而有些国家的废钢资源相对短缺？（2）废钢资源充足的国家，会不会永远充足？什么时候会发生变化？（3）废钢资源短缺的国家，会不会永远短缺？什么时候会发生变化？

本文试图清晰地回答上面提出的几个问题，供钢铁界同仁和有关领导参考。

2　分析

与作者以前发表的两篇论文[3-4]相比，本文将用更为简单明了的方法，分析钢铁工业的废钢资源量问题。

2.1　几种不同来源的废钢

对于一个国家来说，其钢铁工业的废钢资源，按其来源划分，有以下几种：

---

*　本文原发表于《钢铁》，2002。

（1）自产废钢——来自钢铁企业内部炼钢、轧钢等工序的切头、切尾、残钢、轧废等。这些废钢叫作自产废钢，又称"内部废钢"。

自产废钢通常只是在本企业内部循环利用，不进入市场流通。

（2）加工废钢——来自国内制造加工工业的废钢（即加工铁屑），叫作加工废钢。

加工废钢通常在较短的时间内就能返回钢铁工业，所以又称"短期废钢"。

（3）折旧废钢——国内的各种钢铁制品（如机器设备、车辆、容器、家用电器等），在使用寿命终了，并报废后形成的废钢，叫作折旧废钢。

从钢铁工业生产出来的钢，最后变成折旧废钢，一般要经过一段较长的时间（十年以上）。所以，折旧废钢又称"长期废钢"。

从钢演变成折旧废钢，要经过一段较长的时间，也就是说，这中间有一个"时间差"。这虽然是极普通的常识，但是，这是一个很重要的概念。在研究钢铁工业的废钢资源时，只有引入这个"时间差"概念，才能把问题弄清楚。否则，研究工作将毫无收获。

在数量上，折旧废钢量远大于加工废钢量。前者往往是后者的好几倍。所以，在研究废钢资源问题时，要特别注重折旧废钢。

（4）进口废钢——这是从国外进口的废钢。

以上四种不同来源的废钢，主要供钢铁工业的炼钢厂使用。如有剩余，可向国外出口。

2.2 废钢指数

如前所述，在以上四种不同来源的废钢中，自产废钢通常只在钢铁企业内部循环利用，不进入流通市场，所以不能把它看作是国内市场上废钢资源的一部分。进口废钢来自国外，更不能看作是进口国的废钢资源。因此，在国内的废钢资源中，只能计入加工废钢和折旧废钢两种废钢。这两种废钢量之和，就是一个国家的废钢资源量。

但是，废钢资源量的绝对值，仍不足以说明钢铁工业废钢资源的充足程度。这是因为：一个国家废钢资源是否充足，是相对于这个国家的钢产量而言的。在钢产量很小的情况下，只要有少量的废钢就显得很充足，反过来也是同样的道理。

为此，将下列比值定义为一个国家的废钢指数，代表符号为 S：

$$S = \frac{统计期内国内回收的折旧废钢量与加工废钢量之和}{统计期内该国的钢产量}$$

废钢指数 S 是衡量钢铁工业废钢资源充足程度的判据。S 值越大，钢铁工业的废钢资源越充足，S 值越小，废钢越不充足。

2.3 钢产量变化与废钢指数之间的关系

一个国家（地区），在一个历史时期内，钢产量随时间的变化，在总体上可划分为以下三种情况，即：（1）保持不变；（2）持续增长；（3）逐渐下降或突然下降。本节将分别研究这三种情况下的废钢指数。

为此，将在完全相同的假设条件下，针对产量变化的三种情况，各举一个例题。读者将从计算结果中清楚地见到产量变化对废钢指数的影响。

三个例题共同的假设条件是：

（1）在钢材生产出来的当年就被制成钢铁制品。在其制造加工过程中，每吨钢产生 0.05t 加工废钢，随即返回钢铁工业，作为炼钢原料，重新处理。

（2）钢铁制品使用 15 年报废，报废后每吨钢形成 0.4t 折旧废钢，随即返回钢铁工业，作为炼钢原料，重新处理（在废钢指数的严格定义中，废钢量及钢产量均应按其所含的铁元素（Fe）量计算，详见文献［3-4］）。

（3）不考虑钢铁制品及钢材的进、出口。

2.3.1 钢产量保持不变

例1 已知某国钢产量一直是 $1 \times 10^8 t/a$，到 2000 年底，已稳定 15 年以上，如图 1 所示。求 2000 年该国的废钢指数 S 值。

解： 2000 年钢铁工业可得废钢量为：

加工废钢量　$1 \times 10^8 \times 0.05 = 0.05 \times 10^8 t/a$

折旧废钢量　$1 \times 10^8 \times 0.4 = 0.4 \times 10^8 t/a$

故废钢指数为：

$$S = \frac{(0.4 + 0.05) \times 10^8}{1 \times 10^8} = 0.45$$

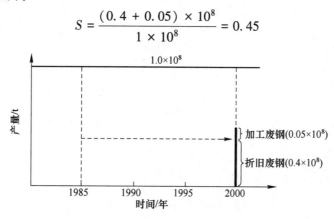

图 1　钢产量保持不变

2.3.2 钢产量持续增长

例2 已知某国钢产量持续增长，1985 年钢产量为 $0.4 \times 10^8 t$，15 年后（2000 年）钢产量为 $1.2 \times 10^8 t$，如图 2 所示。求 2000 年该国的废钢指数 S 值。

解： 2000 年钢铁工业可得废钢量为：

加工废钢量　$1.2 \times 10^8 \times 0.05 = 0.06 \times 10^8 t/a$

折旧废钢量　$0.4 \times 10^8 \times 0.4 = 0.16 \times 10^8 t/a$

故废钢指数为：

$$S = \frac{(0.16 + 0.06) \times 10^8}{1.2 \times 10^8} = 0.18$$

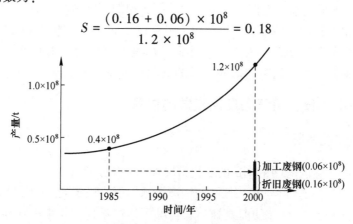

图 2　钢产量持续增长情况下的废钢量

2.3.3 钢产量下降

例3 已知某国钢产量曾大幅度下降，1975 年钢产量为 $1.3 \times 10^8 t$，而 1990 年钢产量为 $0.8 \times 10^8 t$，如图 3 所示。求 1990 年该国的废钢指数 S 值。

解：1990 年钢铁工业可得废钢量为：

加工废钢量　$0.8 \times 10^8 \times 0.05 = 0.04 \times 10^8 t/a$

折旧废钢量　$1.3 \times 10^8 \times 0.4 = 0.52 \times 10^8 t/a$

故废钢指数为：

$$S = \frac{(0.52 + 0.04) \times 10^8}{0.8 \times 10^8} = 0.70$$

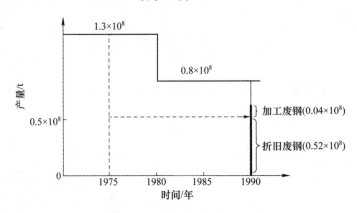

图 3　钢产量下降情况下的废钢量

2.3.4 小结

以上三个例题的计算结果是：

(1) 例 1：$S = 0.45$；

(2) 例 2：$S = 0.18$；

(3) 例 3：$S = 0.70$。

在三个例题的计算结果之间，为什么会有这么大的差别呢？原因只有一个，那就是钢产量变化情况不同。在例 2 中，钢产量持续增长，所以 S 值较低；而且不难理解，产量增长越快，S 值越低。在例 3 中，钢产量曾下降，所以 S 值较高；而且不难理解，产量跌幅越大，S 值越高。而例 1 的情况介乎例 2 和例 3 之间。

当然，如果在折旧废钢形成的过程中，不存在 2.1 节所说的"时间差"，那么钢产量的变化对 S 值的影响也就不存在了。然而，那是不可能的。由此可见，在研究钢铁工业的废钢资源时，引入这个"时间差"的概念，有多么重要！

3　实例——中、日、美三国废钢指数的估算

3.1　钢产量的变化情况

中国、日本、美国等国钢产量的变化情况如图 4 所示[6]。

由图可见：(1) 近 30 年来，日本的钢产量基本上是稳定的。(2) 中国的钢产量一直在增长，尤其是近 20 年来更是高速增长；韩国钢产量这些年来也在高速增长。(3) 美国的钢产量在 20 世纪 70 年代末大幅度下降。

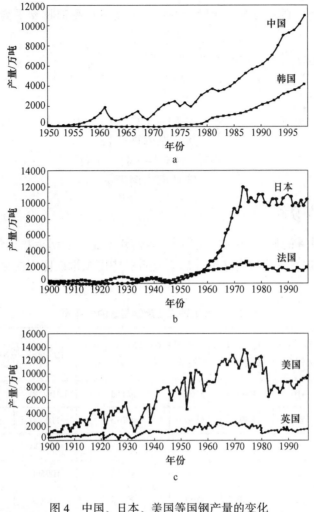

图 4 中国、日本、美国等国钢产量的变化

a—中国与韩国历年钢产量的变化；b—日本与法国历年钢产量的变化；c—美国与英国历年钢产量的变化

3.2 废钢指数的估算方法

钢铁工业废钢指数可按下述方法进行估算。

一个国家废钢资源的收支平衡关系见表 1。

表 1 国家废钢资源的收支平衡关系

代　号	收入项名称	代　号	支出项名称
（1）	折旧废钢	（5）	出口废钢
（2）	加工废钢	（6）	废钢消耗
（3）	内部废钢（钢厂自产）		
（4）	进口废钢		

在统计期内，若废钢收支平衡，则

$$(1) + (2) + (3) + (4) = (5) + (6)$$

若收支不平衡，则废钢库存量发生变化。本文将在废钢收支平衡情况下推算钢铁工业的废钢指数。

按上式，采购废钢量（折旧废钢+加工废钢）等于

$$(1) + (2) = (5) + (6) - (4) - (3)$$

故废钢指数等于

$$S = \frac{(1) + (2)}{\text{统计期内钢产量}}$$

或

$$S = \frac{(6) + (5) - (4) - (3)}{\text{统计期内钢产量}}$$

3.3 废钢指数的估算值

按上述方法计算的日本、中国、美国三国钢铁工业的废钢指数，分别见于表2～表4。表中的废钢数据，主要取自文献［5］。此外，中国废钢铁应用协会还提供了中国废钢的一些数据。

表2 日本钢铁工业废钢指数的估算表

年份	(6) 废钢消耗/kt	(5) 出口废钢/kt	(4) 进口废钢/kt	(3) 内部废钢/kt	(6)+(5)-(4)-(3) /kt	钢产量/kt	$S = \frac{(6)+(5)-(4)-(3)}{\text{钢产量}}$
1988	42976	416	1549	5160	36683	108000	0.3400
1989	45836	586	889	5520	40013	110000	0.3638
1990	48254	395	1048	5760	41841	110300	0.3793
1991	47438	363	821	5700	41280	109600	0.3766
1992	42748	1725	328	5100	39045	98100	0.3980
1993	43126	1178	913	5160	38231	99600	0.3838
1994	43121	969	1069	5160	37861	98300	0.3852
1995	43807	912	1209	5280	38230	101600	0.3763
1996	43936	1993	375	5280	39193	98800	0.3967
1997	46933	2313	415	5640	43191	104500	0.4133

注：各年份的内部废钢量是按废钢消耗量的12%估算的，即 (3) = (6)×0.12。

表3 中国钢铁工业废钢指数的估算表

年份	(6) 废钢消耗/kt	(4) 进口废钢/kt	(3) 内部废钢/kt	(6)-(4)-(3) /kt	钢产量/kt	$S = \frac{(6)-(4)-(3)}{\text{钢产量}}$
1988	20550	96	9638	10816	59430	0.1820
1989	22000	49	9662	12289	61580	0.1996
1990	23780	155	10110	13525	66340	0.2039

年份	(6) 废钢消耗/kt	(4) 进口废钢/kt	(3) 内部废钢/kt	(6)-(4)-(3)/kt	钢产量/kt	$S=\dfrac{(6)-(4)-(3)}{钢产量}$
1991	24750	134	10589	14027	71000	0.1976
1992	28260	1498	11193	15569	80930	0.1924
1993	31760	3130	11660	16970	89530	0.1895
1994	36000	2200	16000	17800	92610	0.1922
1995	28950	1350	17300	10300	95360	0.1080
1996	27900	1280	16800	9820	101230	0.0970
1997	28000	1819	17200	8981	108910	0.0830

注：1. 各年份的内部废钢量取自中国废钢铁应用协会提供的资料。出口废钢量很小，故未计入。

2. 1995 年以来 S 值降至 0.10~0.11 之间，原因待查。

表 4　美国钢铁工业废钢指数的估算表

年份	(6) 废钢消耗/kt	(5) 出口废钢/kt	(4) 进口废钢/kt	(3) 内部废钢/kt	(6)+(5)-(4)-(3)/kt	钢产量/kt	$S=\dfrac{(6)+(5)-(4)-(3)}{钢产量}$
1988	69692	9160	941	9757	68154	90700	0.7514
1989	65507	12070	1016	9171	67390	88900	0.7580
1990	64656	11580	1292	9052	65892	89700	0.7346
1991	62884	9345	1073	8804	62352	79700	0.7823
1992	63228	9203	1279	8852	62300	84300	0.7390
1993	67472	9869	1545	9446	66350	88800	0.7472
1994	69300	8839	1877	9700	66560	91200	0.7298
1995	60300	10439	2119	8442	60178	95200	0.6321
1996	55700	8443	2604	7798	53741	95500	0.5627
1997	59000	8932	2866	8260	56806	98500	0.5767

注：各年份的内部废钢量是按废钢消耗量的 14% 估算的[4]，即 (3)=(6)×0.14。

3.4　小结

1988~1997 年十年间，中国、日本、美国三国废钢指数的估算值波动在以下范围内：

日本：$S=0.35~0.40$；

中国：$S=0.18~0.20$；

美国：$S=0.60~0.75$。

三国废钢指数的估算值之间，差别这么大，主要原因是这三个国家钢产量变化的情况差别很大：日本的钢产量基本保持稳定；中国钢产量持续高速增长；而美国钢产量曾大幅下降。

4　讨论

4.1　中国

（1）在钢产量持续高速增长的情况下，中国钢铁工业的废钢指数仅为 0.18~0.20，废钢资源十分短缺，价格亦较高。在这种情况下，钢铁工业对铁矿石的依赖程度极高，只能以高炉—转炉流程为主，电炉钢比不可能高，转炉多吃废钢的愿望不可能成为现实。

（2）如仅仅依靠国内废钢资源，电炉钢比不可能超过百分之十几。如每年进口废钢 500 万吨，可使电炉钢比上升 4 个百分点左右；进口 1000 万吨，可上升 8 个百分点左右。当然，在大量进口废钢的情况下，国际市场上废钢价格的走势如何变化，应慎重考虑。而且，必须解决电价高的问题，否则电炉钢的市场竞争力会受到影响。

（3）可以预料，将来当我国钢产量进入缓慢增长期，或进入稳定期后，废钢不足的局面，将逐步好转。钢产量长期（十年以上）稳定后，废钢指数将上升到 0.35 左右，废钢资源将变得比较充足（接近日本现在的水平）。到那时，电炉钢比将有一定程度的增长；转炉多吃一些废钢的问题将成为现实。

4.2　美国

（1）美国钢产量在 20 世纪 70 年代末 80 年代初大幅度下降后，废钢指数很高，1988 年为 0.7514。钢铁工业对铁矿石的依赖程度大幅度下降，原有的部分铁矿暂时关闭；在废钢充足、电价较低的情况下，电炉钢厂得到很大发展，部分取代了高炉——转炉流程。

（2）20 世纪 90 年代以来，钢产量有所回升，废钢指数逐步下降，1997 年为 0.5767，但废钢资源仍是充足的，多余的废钢仍在出口国外。

（3）可以预料，如果美国钢产量继续增长，那么它的 S 值将进一步降低。降低的幅度，决定于钢产量的增长幅度。即使产量保持现有水平，经过若干年后，它的 S 值也将下跌到相当于日本现在的水平（0.35~0.40），废钢十分充足的局面将不复存在。到那时，仅依靠本国废钢资源，能否支撑已经发展起来的全部电炉钢厂，可能成为问题。

由此可见，对钢铁工业进行决策时，只考虑当前情况是不够的，一定要将短期计划与中长期预测结合起来，否则容易发生决策上的偏差。

4.3　日本

S 值介于中国、美国两国之间，且波动较小；电炉钢比亦如此。如钢产量继续保持稳定，那么 S 值仍将波动在 0.35~0.40 之间。

5　结论

（1）废钢资源状况是决定一个国家（地区）钢铁工业总体结构，尤其是流程结构的主要因素之一。在对钢铁工业进行决策时，要把废钢资源的当前状况与中长期预测结合起来，否则可能出现偏差。

（2）废钢指数（S），是衡量钢铁工业废钢资源充足程度的判据。把它与钢产量的变化联系起来，并且注意到折旧废钢形成的"时间差"问题，是研究钢铁工业废钢资源问题的基本思路。

（3）在钢产量持续增长的情况下，钢铁工业的废钢资源必然相对短缺，而且产量增长越快，越是如此。我国钢铁工业废钢资源严重不足，是钢产量高速增长的必然结果。

（4）在钢产量下降后的一段时间内，钢铁工业的废钢资源必然相对充足，而且产量下降幅度越大，越是如此。美国废钢资源十分充足，是钢产量曾大幅度下降的必然结果。在进入 20 世纪 90 年代后，钢产量有所回升，所以废钢资源充足的程度已在逐年下降中。

（5）在产量长期保持不变的情况下，钢铁工业的废钢资源的充足程度介于以上两种情况之间。日本国钢产量，近 30 年来一直波动在 1 亿吨左右，其废钢充足程度介于中国和美国之间。

参 考 文 献

[1] 周传典，陶晋. 应该重视废钢铁产业和海绵铁产业的建设 [J]. 钢铁，1997（增刊）：253-256.

[2] 陆钟武，翟庆国，孟庆生，等. 关于我国钢铁工业能源预测及节能对策的探讨 [J]. 钢铁，1997（增刊）：1-7.

[3] 陆钟武. 关于钢铁工业废钢资源的基础研究 [J]. 金属学报，2000，36（7）：728-734.

[4] 陆钟武. 关于钢铁工业废钢资源量的一般分析 [M]. 2001 中国钢铁年会论文集（上卷），北京：冶金工业出版社，2001：70-80.

[5] Steel Statistical Yearbook 1998, IISI Committee on Economics Studies, Brussels, 1998.

[6] 张寿荣. 进入 21 世纪我国需要多少钢，中国钢铁工业技术进步与结构调整方向战略 [M]. 北京：冶金工业出版社，2000.

钢铁产品生命周期的铁流分析 *

摘　要　阐明了有时间概念的钢铁产品生命周期铁流图与铁流详图之间的异同。构思了钢铁产品生命周期的基准铁流图，并把它作为评价各实际铁流图的标准。分别定义了钢铁产品生命周期末端铁的排放指数 Q，以及按源头数据确定的铁流排放量源头指数 Y。在钢铁产品产量按不同规律变化时，研究了钢铁产品生命周期源头上天然资源的消耗量与其末端铁排放量之间的关系。在铁资源消耗量与铁排放量两个方面，提出了对钢铁产品生命周期铁流图进行评分的方法。

关键词　生命周期　铁流图　排放指数　源头指数

钢铁产品的生命周期，包括钢铁生产、钢铁制品的加工及使用，以及制品使用寿命终了后的回收/抛弃等几个阶段，是一个漫长而复杂的过程。在这一过程中，有各种物质和能量的输入、输出；含铁物料本身则经历一系列物理化学变化。过程延续的时间一般较长，所涉及的地域通常也较宽广。所以，对钢铁产品生命周期进行全面深入的研究，是很不容易的。

然而，不难看出，有一种物质是贯穿钢铁产品生命周期全过程的，这种物质就是铁。铁是把钢铁产品生命周期各阶段串在一起的纽带。铁流是全过程的中心；其他各种物质和能量都是围绕这个中心，按照一定规律输入或输出的。所以，最重要的是要把钢铁产品生命周期中的铁流分析清楚。只有这样，才能抓住中心，化繁为简，把与生命周期有关的一些问题弄清楚。而且在分析过程中，一定要把钢铁产品产量随时间变化的规律这个因素考虑进去，因为它对于产品生命周期中的各股铁流量有重要影响。本书作者曾按照这个思路，对钢铁工业的废钢资源问题进行过定量的分析[1]。

本文仍将本着这个思路，侧重研究在钢铁产品生命周期的源头上消耗的含铁资源量与末端排放量之间的关系。其目的是在这一具体问题上，弄清楚资源和环境之间的关系。应该说，资源和环境的关系，是一个具有重要意义的研究课题。说到底，人类大量消耗资源是环境遭到严重破坏的根源。文献［2］已提出了建立立足于源头数据的环境指数的必要性。然而，迄今为止，还很少见到这方面比较具体的研究工作报道。

本文是关于资源和环境问题的基础性研究工作。文中将以钢铁产品生命周期的铁流图为依据。提出铁排放量的源头指标（或称指数）的定义式、计算方法及必要的分析；提出一张钢铁产品生命周期的基准铁流图，并把它作为对钢铁产品生命周期进行资源和环境评价的基准；此外，还提出了钢铁产品生命周期铁流图的评分方法。

1　钢铁产品生命周期的铁流图

文献［1］中的那张钢铁产品生命周期的铁流图是比较简明、实用的。其中虽有所简化和省略，但并不影响以它为基础，讨论本文所提出的问题。为了具体地说明这一

＊　本文原发表于《金属学报》，2002。

点，在本文的附录 A 中又给出了一张钢铁产品生命周期的铁流详图。以这张铁流详图为依据的铁平衡计算表明，与钢铁产品生命周期起点和终点有关的各股铁流量，同文献［1］中的那张简明实用的铁流图上所标明的完全一样。因此，本文仍以图 1 所示的钢铁产品生命周期铁流图为依据，讨论本文标题中提出的问题。图中Ⅰ、Ⅱ、Ⅲ分别代表钢铁生产、制品加工和制品使用三个阶段。

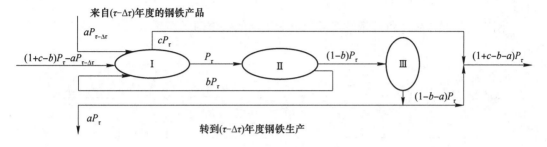

图 1　钢铁产品生命周期的铁流图

图中，τ 为任意的一个年份；$\Delta\tau$ 为从钢铁产品生产出来的年份起，到它形成的钢铁制品报废为止的平均年数，简称"钢铁产品的平均使用寿命"，单位为年；P_τ 和 $P_{\tau-\Delta\tau}$ 分别为第 τ 年度和第（$\tau-\Delta\tau$）年度的钢铁产品的含铁量，t；a 为折旧废钢实得率，t/t；假定 a 值不随时间而变，则 aP_τ 是从第 τ 年的钢铁产品 P_τ 中演变过来的折旧废钢含铁量，t；而 $aP_{\tau-\Delta\tau}$ 是从第（$\tau-\Delta\tau$）年的钢铁产品 $P_{\tau-\Delta\tau}$ 中演变过来的折旧废钢含铁量，t；b 为加工废钢实得率，t/t；而 bP_τ 则是 P_τ t 钢铁产品在制品加工过程中产生的加工废钢含铁量，t；c 为钢铁生产过程中的铁排放率，t/t；而 cP_τ 则是生产 P_τ t 钢铁产品过程中的铁排放量，t。

关于废钢的形成和返回钢铁工业的时间问题，有两点假设：（1）第（$\tau-\Delta\tau$）年生产出来的全部钢铁产品，都是在第 τ 年报废；而报废后形成的折旧废钢，都是在报废当年就返回钢铁工业进行重新处理的。不过，这个假设的必要前提是：第（$\tau-\Delta\tau$）年的钢铁产品所形成的折旧废钢量，不超过第 τ 年钢铁产品产量，或不超过该年度钢铁工业所能接受的废钢量。否则，这个假设不成立（详见本文第 6 节）。（2）加工废钢是在钢铁产品生产出来的同一年就返回钢铁工业重新处理。

按铁平衡计算可知：第 τ 年投入钢铁工业的铁矿石中含铁（$1+c-b$）$P_\tau-aP_{\tau-\Delta\tau}$，t；在 P_τ t 钢铁产品的生命周期中，各种排放物的含铁总量为（$1+c-b-a$）P_τ，t。

由此可见，钢铁产品生命周期与其外部环境之间，共有四股铁流：

（1）第 τ 年度钢铁生产所耗铁矿石的含铁量——（$1+c-b$）$P_\tau-aP_{\tau-\Delta\tau}$，t；

（2）第（$\tau-\Delta\tau$）年度的钢铁产品演变成的折旧废钢含铁量——$aP_{\tau-\Delta\tau}$，t；

（3）第 τ 年度的钢铁产品演变成的折旧废钢含铁量——$aP_{\tau-\Delta\tau}$，t；

（4）P_τ t 钢铁产品在其生命周期中向外部环境排放的铁量——（$1+c-b-a$）P_τ，t。

以上各项分别除以 P_τ，则得

$$R = 1 + c - b - a(P_{\tau-\Delta\tau}/P_\tau) \tag{1a}$$

$$A_1 = a(P_{\tau-\Delta\tau}/P_\tau) \tag{1b}$$

$$A_2 = a \tag{1c}$$

$$Q = 1 + c - b - a \tag{1d}$$

式中，R 为第 τ 年生产每吨钢铁产品所耗铁矿石的含铁量，即矿石指数[1]，t/t；A_1 和

A_2 分别为从第（$\tau-\Delta\tau$）年和第 τ 年生产的每吨钢铁产品演变成的、并返回钢铁工业的折旧废钢含铁量，t/t；Q 为第 τ 年生产的每吨钢铁产品在其生命周期中向外界环境排放的铁量，称作铁的排放指数（下文中简称为"排放指数"），t/t。

由式（1）可见，A_2 恒等于 a，与其他变量无关；Q 仅仅为 a、b、c 三个变量的函数，恒等于 $1+c-b-a$，也与其他变量无关；而 R 和 A_1 则与钢铁产品的产量变化情况有关。

图 2 是第 τ 年生产每吨钢铁产品的生命周期的铁流图。

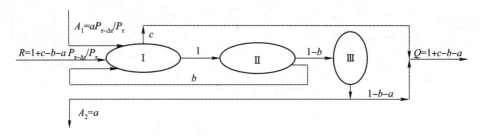

图 2　吨钢铁产品的生命周期铁流图

很明显

$$R + A_1 = Q + A_2 \tag{2}$$

或写作

$$R + (A_1 - A_2) = Q \tag{3}$$

式（3）等号左侧 $R+(A_1-A_2)$ 可称作排放指数 Q 的源头指标，并用 Y 作为它的代表符号，即

$$Y = R + (A_1 - A_2) \tag{4}$$

式（4）是钢铁产品生命周期中铁排放量的源头指标定义式。式中，A_1-A_2 是折旧废钢的净投入量，t/t。所以，源头指标 Y 就是矿石指数 R 与折旧废钢净投入量 A_1-A_2 之和。

2　钢铁产品生命周期的基准铁流图

为了定量地评价各种情况下的钢铁产品生命周期在资源和环境方面的优劣程度，本文作者构思了一张钢铁产品生命周期的基准铁流图，其中：（1）在钢铁生产阶段，没有铁的损失，即 $c=0$；（2）在制品加工阶段，没有加工废钢产生，即 $b=0$；（3）在产品生命周期中，铁元素全部得到循环利用，即 $a=1$。

将 $a=1$、$b=0$、$c=0$ 代入式（1），则得

$$R_0 = 1 - P_{\tau-\Delta\tau}/P_\tau \tag{5a}$$

$$A_{01} = P_{\tau-\Delta\tau}/P_\tau \tag{5b}$$

$$A_{02} = 1 \tag{5c}$$

$$Q_0 = 0 \tag{5d}$$

由式（5）可见，A_{02} 恒等于 1，Q_0 恒等于 0，而 R_0 和 A_{01} 则与钢铁产品产量的变化情况有关。

按式（4）

$$Y_0 = R_0 + (A_{01} - A_{02})$$

将式（5）代入上式，得

$$Y_0 = Q_0 = 0 \tag{6}$$

图 3 是在 $a=1$、$b=0$、$c=0$ 的情况下，吨钢铁产品生命周期的铁流图，即基准铁流图。

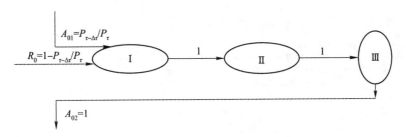

图 3　吨钢铁产品生命周期的基准铁流图

基准铁流图，是理论上最佳状况的铁流图。在基准铁流图情况下，铁元素得到完全的循环利用，铁的排放量等于零；与非基准铁流图相比，吨钢铁产品消耗的自然铁资源量最少。基准铁流图可作为定量地评价各种情况下非基准铁流图的标准。

以下将具体分析钢铁产品产量按几种不同规律变化时，产品生命周期的铁流图及其与基准铁流图之间的差距。

由于本文所讨论的问题涉及的时间跨度较大，故假设 $\Delta\tau$ 值和 a、b、c 等值均不随时间变化；在讨论过程中，只考虑以当地钢铁工业为源头的废钢资源，不考虑废钢的其他来源，如钢铁产品、钢铁制品以及废钢的进出口贸易等；为了行文方便，在以下的讨论中，把 P_τ 和 $P_{\tau-\Delta\tau}$ 直接称作第 τ 年和第 $(\tau-\Delta\tau)$ 年的钢铁产品产量，虽省略"含铁"二字，但仍旧是指其中的含铁量。废钢量等一般也作同样的简化称呼。

3　钢铁产品产量保持不变情况下的铁流图

在钢铁产品产量保持不变的情况下，$P_{\tau-\Delta\tau}/P_\tau=1$，所以式（1）可改写为

$$R = 1 + c - b - a \tag{7a}$$
$$A_1 = a \tag{7b}$$
$$A_2 = a \tag{7c}$$
$$Q = 1 + c - b - a \tag{7d}$$

将式（7）与式（1）相比，可见式（7c）与式（1c）同，式（7d）与式（1d）同。因为式（7）中 $A_1=A_2$，所以式（4）变为

$$Y = R \tag{8}$$

即矿石指数 R 就是铁排放量的源头指数 Y。比较式（7a）和式（7d），亦可得到同样的结论。

图 4a 是在这种情况下，第 τ 年生产每吨钢铁产品的生命周期铁流图。

在基准铁流图的情况下，因 $a=1$、$b=0$、$c=0$，故式（7）可改写为

$$R_0 = 0 \tag{9a}$$
$$A_{01} = 1 \tag{9b}$$
$$A_{02} = 1 \tag{9c}$$
$$Q_0 = 0 \tag{9d}$$

式（9）说明，在钢铁产品产量保持不变的情况下，如 $a=1$、$b=0$、$c=0$，则钢铁生

产所用的含铁原料中全部是废钢（$A_{01}=1$），根本不用铁矿石（$R_0=0$）；铁元素全部得到循环利用（$A_{02}=1$），生命周期中毫无铁的排放（$Q_0=0$）。

图4b是在钢铁产品产量保持不变的情况下的基准铁流图，它可用来与图4a进行对比。

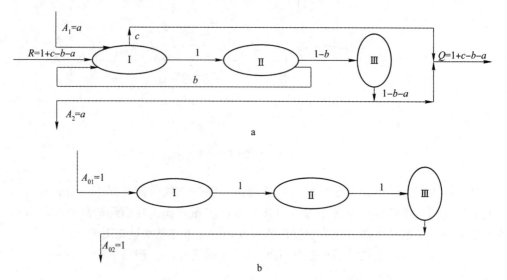

图4　$P_{\tau-\Delta\tau}/P_{\tau}=1$情况下，吨钢铁产品生命周期的铁流图

a—非基准铁流图；b—基准铁流图

例1　已知某地钢产量长期保持不变；铁矿石平均品位为35%，吨钢的铁矿石耗量为1.50 t；$b=0.10$，$c=0.10$。（1）计算R，A_1，A_2，Q，Y值；（2）绘出吨钢生命周期铁流图；（3）与基准铁流图进行对比。

解：（1）计算R，A_1，A_2，Q，Y值。

1）按已知矿石品位及吨钢矿石耗量，求得

$$R = 1.50 \times 0.35 = 0.525 t/t$$

2）由式（7a）知，$a=1+c-b-R$。代入b、c的已知值及R值，求得

$$a = 1 + 0.10 - 0.10 - 0.525 = 0.475$$

3）将a、b、c的值代入式（7b）~式（7d）求得

$$A_1 = 0.475, \quad A_2 = 0.475, \quad Q = 0.525$$

4）由式（8）知，

$$Y = R = 0.525 t/t$$

（2）计算结果如图5所示。

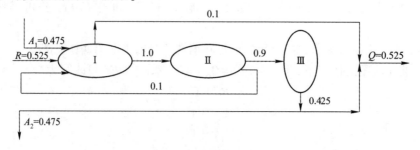

图5　例1的计算结果

（3）与基准铁流图作对比。

因为
$$R_0 = 0, \ A_{01} = 1, \ A_{02} = 1, \ Q_0 = 0, \ Y_0 = 0$$

所以
$$R - R_0 = Q - Q_0 = Y - Y_0 = 0.525$$
$$A_1 - A_{01} = A_2 - A_{02} = -0.525$$

即与基准铁流图相比，铁矿石中含铁量多 0.525t/t；排放物中含铁多 0.525t/t；而铁的循环量少了 0.525t/t。

4　钢铁产品产量按线性方程增长情况下的铁流图

如钢铁产品产量按线性方程增长，则产量的变化可用下式描述
$$P_\tau = P_0(1 + \mu\tau) \tag{10a}$$

例如，第（$\tau-\Delta\tau$）年度的产量
$$P_{\tau-\Delta\tau} = P_0[1 + \mu(\tau - \Delta\tau)] \tag{10b}$$

式中，P_0 为基准年度的钢铁产品产量，t；μ 为系数，$\mu<1$。

将式（10a）、式（10b）代入式（1），得
$$R = 1 + c - b - a\frac{1 + \mu(\tau - \Delta\tau)}{1 + \mu\tau} \tag{11a}$$

$$A_1 = a\frac{1 + \mu(\tau - \Delta\tau)}{1 + \mu\tau} \tag{11b}$$

$$A_2 = a \tag{11c}$$

$$Q = 1 + c - b - a \tag{11d}$$

将式（11）与式（1）相比，可见式（11c）与式（1c）同，式（11d）与式（1d）同。不难看出，以上四股铁流中，$Q<R$，$A_1<A_2$。

且
$$Q - R = A_1 - A_2 = a\left[\frac{1 + \mu(\tau - \Delta\tau)}{1 + \mu\tau} - 1\right] \tag{12}$$

按式（12）计算的结果见附录 B 中表 B1。

源头指标 Y 应按式（4）计算，即 $Y=R+(A_1-A_2)$。

图 6a 是钢铁产品产量按线性方程增长情况下，吨钢铁产品生命周期的铁流图。

在基准铁流图的情况下，因 $a=1$、$b=0$、$c=0$，故式（11）变为
$$R_0 = 1 - \frac{1 + \mu(\tau - \Delta\tau)}{1 + \mu\tau} \tag{13a}$$

$$A_{01} = \frac{1 + \mu(\tau - \Delta\tau)}{1 + \mu\tau} \tag{13b}$$

$$A_{02} = 1 \tag{13c}$$

$$Q_0 = 0 \tag{13d}$$

式（13）说明，在钢铁产品产量按线性方程增长情况下，虽然在基准铁流图上铁元素全部得到循环利用，而且毫无铁的排放，但是在钢铁生产阶段所用的原料中，铁矿石仍占一定比例。这是因为在产量增长的情况下，A_{01} 必小于 A_{02}。

图 6b 是这种情况下的基准铁流图，它可用来与图 6a 进行对比。

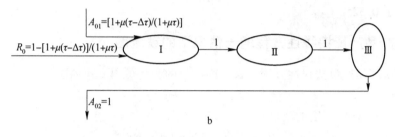

图6 $P_\tau = P_0(1 + \mu\tau)$ 情况下，吨钢铁产品生命周期的铁流图

a—非基准铁流图；b—基准铁流图

例2 已知某地钢产量按线性方程增长，$\mu = 0.05$；铁矿石平均品位为35%，吨钢的铁矿石耗量为2.0 t；$\Delta\tau = 14$，$b = 0.10$，$c = 0.10$。（1）计算第20年钢铁产品的 R，A_1，A_2，Q，Y 值；（2）绘出吨钢生命周期的铁流图；（3）与基准铁流图进行对比。

解：（1）计算第20年钢铁产品的 R，A_1，A_2，Q 以及 Y 值。

1）按已知矿石品位及吨钢的矿石耗量，求得

$$R = 2.0 \times 0.35 = 0.70 \text{t/t}$$

2）由式（11a）知

$$a = (1 + c - b - R) \frac{1 + \mu\tau}{1 + \mu(\tau - \Delta\tau)}$$

代入有关数据，求得

$$a = (1 + 0.10 - 0.10 - 0.70) \frac{1 + 0.05 \times 20}{1 + 0.05 \times (20 - 14)} = 0.46$$

3）将有关数据代入式（11b）~式（11d）中，求得 $A_1 = 0.30$，$A_2 = 0.46$，$Q = 0.54$。

4）源头指标

$$Y = 0.70 + 0.30 - 0.46 = 0.54$$

（2）计算结果如图7所示。

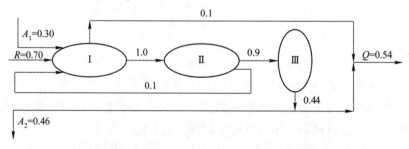

图7 例2的计算结果

（3）与基准铁流图进行对比。

经计算
$$R_0 = 0.35, \quad A_{01} = 0.65, \quad A_{02} = 1.0, \quad Q_0 = 0$$

所以
$$R - R_0 = 0.35, \quad Q - Q_0 = Y - Y_0 = 0.54,$$
$$A_1 - A_{01} = -0.35, \quad A_2 - A_{02} = -0.54$$

即与基准铁流图相比，铁矿石含铁量多 0.35t/t；排放物含铁量多 0.54t/t；计算年份钢铁产品的生命周期中，铁的循环量少 0.54t/t；$\Delta\tau = 14$ 年前生产的钢铁产品的生命周期中，按第 τ 年钢铁产品的产量计，铁的循环量少 0.35t/t。

5 钢铁产品产量按指数方程增长情况下的铁流图

如钢铁产品产量按指数方程增长，则产量变化可用下式描述
$$P_\tau = P_0(1 + q)^\tau \tag{14a}$$

例如，第 $(\tau - \Delta\tau)$ 年度的产量
$$P_{\tau - \Delta\tau} = P_0(1 + q)^{\tau - \Delta\tau} \tag{14b}$$

式中，P_0 为基准年度的钢铁产品产量，t；q 为系数。

将式（14a）及式（14b）代入式（1），得
$$R = 1 + c - b - a[(1 + q)^{\Delta\tau}]^{-1} \tag{15a}$$
$$A_1 = a[(1 + q)^{\Delta\tau}]^{-1} \tag{15b}$$
$$A_2 = a \tag{15c}$$
$$Q = 1 + c - b - a \tag{15d}$$

将式（15）与式（1）对比可知，式（15c）与式（1c）同，式（15d）与式（1d）同。这 4 股铁流中，$Q < R$，$A_1 < A_2$，而且
$$Q - R = A_1 - A_2 = a\{[(1 + q)^{\Delta\tau}]^{-1} - 1\} \tag{16}$$

式（16）计算的结果见附录 B 中表 B2。

源头指标 Y 仍按式（4）计算。

图 8a 是钢铁产品产量按指数方程增长情况下，吨钢铁产品生命周期的铁流图。

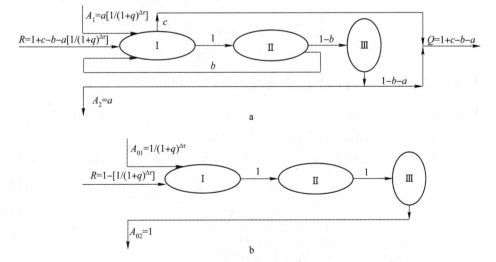

图 8　$P_\tau = P_0(1 + q)^{\Delta\tau}$ 情况下，吨钢铁产品生命周期的铁流图

a—非基准铁流图；b—基准铁流图

在基准铁流图的情况下，因 $a=1$、$b=0$、$c=0$，故式（15）变为

$$R_0 = 1 - \left[(1 + q)^{\Delta \tau} \right]^{-1} \tag{17a}$$

$$A_{01} = \left[(1 + q)^{\Delta \tau} \right]^{-1} \tag{17b}$$

$$A_{02} = 1 \tag{17c}$$

$$Q_0 = 0 \tag{17d}$$

式（17）说明，在基准铁流图中，虽然铁元素全部得到循环利用，而且毫无铁的排放，但是在钢铁生产阶段所用的原料中，铁矿石仍占一定比例。如前所述，这是因为在产量增长的情况下，A_{01} 必小于 A_{02}。

图 8b 是这种情况下的基准铁流图，它可用来与图 8a 进行对比。

例 3 已知某地钢产量按指数方程增长 $q=0.06$；铁矿石平均品位为 35%，吨钢的铁矿石耗量为 2.3t；$\Delta \tau = 14$，$b=0.10$，$c=0.10$。（1）计算 R，A_1，A_2，Q，Y 值；（2）绘出吨钢生命周期的铁流图；（3）与基准铁流图进行对比。

解：（1）求解方法与例 2 相同，所得结果如下：

$$R = 0.81,\ A_1 = 0.19,\ A_2 = 0.43,\ Q = 0.57,\ Y = 0.57$$

（2）计算结果如图 9 所示。

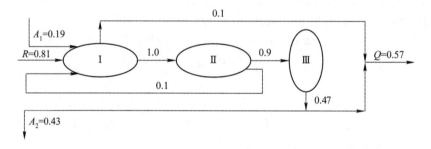

图 9　例 3 的计算结果

（3）在基准铁流图中。

$$R_0 = 0.558,\ A_{01} = 0.442,\ A_{02} = 1.0,\ Q_0 = 0,\ Y_0 = 0$$

故

$$R - R_0 = 0.252,\ Q - Q_0 = Y - Y_0 = 0.57$$

$$A_1 - A_{01} = -0.252,\ A_2 - A_{02} = -0.57$$

6　钢铁产品产量下降情况下的铁流图

设原来的钢铁产品产量 $P_{\tau - \Delta \tau} = P_0$，且已在此产量水平上保持了较长的时间，然后突然下降到 $P_\tau = nP_0$（其中 $n<1$），随后产量又保持不变。

在钢铁产品产量下降后的 $\Delta \tau$ 年内，因 $P_{\tau - \Delta \tau} / P_\tau = P_0 / nP_0 = 1/n$，故式（1）变为

$$R = 1 + c - b - a/n \tag{18a}$$

$$A_1 = a/n \tag{18b}$$

$$A_2 = a \tag{18c}$$

$$Q = 1 + c - b - a \tag{18d}$$

将式（18）与式（1）相比，可见式（18c）与式（1c）同，式（18d）与式（1d）

同。由式（18）可见，$Q>R$，$A_1>A_2$，这与产量增长时的情况正好相反。

且

$$Q - R = A_1 - A_2 = a(1/n - 1) \tag{19}$$

式（19）的计算结果必为正值，见附录 B 中表 B3。

图 10a 是钢铁产品产量下降以后的 $\Delta\tau$ 年以内的铁流图。

至于钢铁产品产量下降 $\Delta\tau$ 年以后的情况，本节将不加讨论。不过，如果那时的产量仍继续稳定在 nP_0 水平上，那么情况就与本文第 3 节讨论的相同。

在产量下降的情况下，假设 $a=1$、$b=0$、$c=0$，则出现下列特殊情况：

因 $P_{\tau-\Delta\tau}>P_\tau$，且 $a=1$，故 $aP_{\tau-\Delta\tau}>P_\tau$，即：产量下降前每年生产的钢铁产品，在其使用寿命终了后，演变成的折旧废钢量将超过产量下降后钢铁产品的年产量。所以，在产量下降后，每年都有一部分折旧废钢不可能作为原料进入钢铁工业。这部分剩余的废钢将流入社会。因此，图 1、图 2 所示的铁平衡关系，在此已不完全适用。

在这种情况下的铁平衡关系是：（1）每年进入钢铁工业的折旧废钢，充其量只能与该年度的钢铁产品产量相等，即 $A_{01}=1$；（2）钢铁工业的主原料中全是废钢，不用矿石，即 $R_0=0$。

因此，在钢铁产品产量下降后的基准铁流图上将标出以下四股铁流

$$R_0 = 0 \tag{20a}$$
$$A_{01} = 1 \tag{20b}$$
$$A_{02} = 1 \tag{20c}$$
$$Q_0 = 0 \tag{20d}$$

式（20）与式（9）完全相同。

图 10b 是这种情况下的基准铁流图，它可用来与图 10a 进行对比。

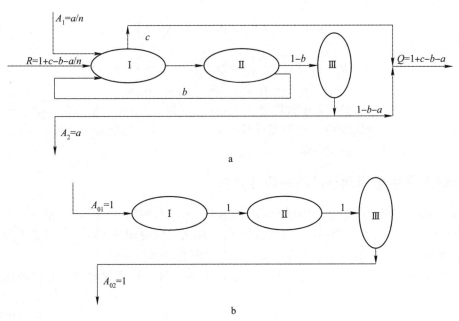

a

b

图 10 $P_\tau = nP_0$ 情况下，吨钢铁产品生命周期的铁流图

a—非基准铁流图；b—基准铁流图

例 4 已知某地钢产量曾长期保持不变，后来突然下降 30%（即 $n = 0.70$）；铁矿石品位为 40%，吨钢的铁矿石耗量为 1.0 t；$b = 0.1$，$c = 0.1$。（1）计算产量下降后的 R，A_1，A_2，Q，Y 值；（2）绘出吨钢生命周期的铁流图；（3）与基准铁流图进行对比。

解：（1）计算 R，A_1，A_2，Q 以及 Y 值。

1）$R = 1.0 \times 0.40 = 0.40$

2）由式（18a）知，$a = n(1 + c - n - R)$

代入各已知值后，则

$$a = 0.7(1 + 0.10 - 0.10 - 0.40) = 0.42$$

3）将 a、b、c、n 值代入式（18b）~式（18d），得

$$A_1 = 0.60, \quad A_2 = 0.42, \quad Q = 0.58$$

4）$Y = R + (A_1 - A_2) = 0.40 + (0.60 - 0.42) = 0.58$

（2）计算结果如图 11 所示。

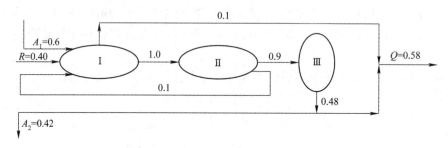

图 11 例 4 的计算结果

（3）与基准铁流图对比。

由式（20）可知

$$R_0 = 0, \quad A_{01} = 1, \quad A_{02} = 1, \quad Q_0 = 0$$

故

$$R - R_0 = 0.40, \quad Q - Q_0 = Y - Y_0 = 0.58$$
$$A_1 - A_{01} = -0.40, \quad A_2 - A_{02} = -0.58$$

即与基准铁流图相比，铁矿石中含铁量多 0.40t/t；排放物中含铁量多 0.58t/t；产量下降后的钢铁产品生命周期中，铁的循环量少 0.58t/t；高产时钢铁产品的生命周期中，按低产时的产量计，铁的循环量少 0.40t/t。

7 钢铁产品生命周期铁流图的评分方法

如前所述，钢铁产品生命周期的基准铁流图，在铁的排放（环境）和铁资源消耗（资源）两个方面都是最理想的。如果讲评分，那么它应得满分 100 分。对于各种情况下的非基准铁流图，均可以此为准，分别在以上两个方面进行评分。

（1）在铁排放量方面：可采用铁排放量的源头指标，按下式对非基准铁流图进行评分

$$(1 - Y)(1 - Y_0)^{-1} \times 100 \qquad (21)$$

式中，Y_0 为在基准铁流图上，铁排放量的源头指标，其值恒等于零；Y 为在非基准铁流图上，铁排放量的源头指标。

按式（21）所得的计算值，就是该铁流图在这方面的得分。得分越高，吨钢铁产品在其生命周期中铁的排放量越低。

这样，以上四个例题中的铁流图，在这方面的得分情况见表1。

表1　例1~例4的 $(1-Y)(1-Y_0)^{-1} \times 100$ 的值

案　例	输　入　值		$\dfrac{1-Y}{1-Y_0} \times 100$
	Y_0	Y	分数
例1	0	0.525	47.5
例2	0	0.540	46.0
例3	0	0.570	43.0
例4	0	0.580	42.0

按得分高低，各例依次排序如下：例1→例2→例3→例4。

（2）在铁资源消耗方面：可采用矿石指数，按下式对非基准铁流图进行评分

$$(1-R)(1-R_0)^{-1} \times 100 \qquad (22)$$

式中，R_0 为基准铁流图上的矿石指数，钢铁产品产量按几种不同规律变化时的 R_0 值已见于本文以上各节；R 为非基准铁流图上的矿石指数。

按式（22）所得的计算值，就是该铁流图在这方面的得分。得分越高，吨钢铁产品的铁资源（指铁矿石中的铁资源）消耗量越低。

这样，以上四个例题中的铁流图在这方面的得分情况见表2。

表2　例1~例4的 $(1-R)(1-R_0)^{-1} \times 100$ 的值

案　例	输　入　值		$\dfrac{1-R}{1-R_0} \times 100$
	R_0	R	分数
例1	0.000	0.525	47.5
例2	0.350	0.700	46.2
例3	0.558	0.810	43.0
例4	0.000	0.400	60.0

按得分高低，各例依次排序如下：例4→例1→例2→例3。

四个例题情况各异，所以它们各自的排名序位在以上两表中并不相同。

8　结论

（1）有时间概念的钢铁产品生命周期铁流图，是研究与钢铁产品有关的资源和环境问题的基础。

（2）钢铁产品生命周期的基准铁流图，是定量评价各种情况下的钢铁产品生命周期在资源和环境方面优劣程度的基准。

（3）铁排放量的源头指标 Y，是仅由若干源头变量组成的指标，在数值上与排放指数 Q 相等。

（4）在钢铁产品产量保持不变的情况下，铁排放量的源头指标 Y，在数值上与矿石指数 R 相等。

（5）在钢铁产品产量增长的情况下，铁排放量的源头指标 Y 值必小于矿石指数 R。

（6）在钢铁产品产量下降的情况下，铁排放量的源头指标 Y 值必大于矿石指数 R。

（7）提出了在铁的排放量和铁资源消耗量两个方面，对钢铁产品生命周期铁流图进行评分的方法。

（8）本文所提供的思路和方法，在研究其他材料的资源、环境问题时，可能有参考价值。

参 考 文 献

［1］陆钟武 . 关于钢铁工业废钢资源的基础研究［J］. 金属学报，2000，36：728.

［2］Research Group of Sustainable Development of Chinese Academy of Science. Strategy Report on Sustainable Development in China，2000［M］. Beijing：Science Press，2000：149.（中国科学院可持续发展研究组 . 2000 年中国可持续发展战略报告［M］. 北京：科学出版社，2000：149.）

附录 A

钢铁产品生命周期的铁流详图如图 A1 所示。

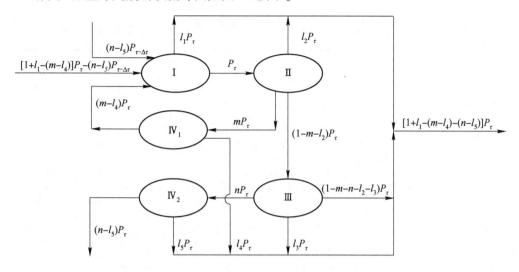

图 A1 钢铁产品生命周期的铁流详图

图中将钢铁产品生命周期划分为四个阶段。即：Ⅰ—钢铁生产；Ⅱ—钢铁制品的加工制造；Ⅲ—钢铁制品的使用。Ⅳ₁ 和 Ⅳ₂ 分别为加工废钢和折旧废钢的回收。

图中各符号分别定义如下：P_τ 和 $P_{\tau-\Delta\tau}$ 分别为第 τ 年度和第（$\tau-\Delta\tau$）年度钢铁产品的含铁量，t；l_1、l_2、l_3、l_4、l_5 分别为第 Ⅰ、Ⅱ、Ⅲ、Ⅳ₁、Ⅳ₂ 阶段中铁的排放率，t/t；m 和 n 分别为第 Ⅱ 和第 Ⅲ 阶段中加工废钢和折旧废钢的产生率，t/t。

各阶段的铁平衡计算是从第 Ⅱ 阶段开始，按 Ⅱ→Ⅲ→Ⅳ₁→Ⅳ₂ 阶段的顺序逐个进行的。最后，设第 τ 年度钢铁生产实得的折旧废钢含铁量为 $(n-l_5)P_{\tau-\Delta\tau}$，从而求得这一年度所需铁矿石含铁量为 $[1+l_1-(m-l_4)]P_\tau-(n-l_5)P_{\tau-\Delta\tau}$，t。

铁平衡计算的各项结果，均如图中所标。

若设 $l_1=c$、$m-l_4=b$、$n-l_5=a$，则

（1）第 τ 年度钢铁工业所耗铁矿含铁量为 $(1+c-b)P_\tau-aP_{\tau-\Delta\tau}$，t；

（2）第（$\tau-\Delta\tau$）年度钢铁产品 $P_{\tau-\Delta\tau}$ 演变成的折旧废钢含铁量为 $aP_{\tau-\Delta\tau}$，t；

（3）第 τ 年度钢铁产品 P_τ 演变成的折旧废钢含铁量为 aP_τ，t；

（4）P_τ t 钢铁产品在其生命周期中向外界环境排放的铁量为 $(1+c-b-a)P_\tau$，t；

以上四股铁流量，与本文图 1 标出的完全相同，这四股铁流量分别除以 P_τ，则得

$$R = 1 + c - b - a(P_{\tau-\Delta\tau}/P_\tau)$$
$$A_1 = a(P_{\tau-\Delta\tau}/P_\tau)$$
$$A_2 = a$$
$$Q = 1 + c - b - a$$

与本文式（1）完全相同。

附录 B

表 B1 是在 $\tau=20$ 时的几种给定条件下，按式（12）计算所得的 $Q-R=A_1-A_2$ 值。

表 B1 $\tau=20$ 时，$Q-R=A_1-A_2=a\left[\dfrac{1+\mu(\tau-\Delta\tau)}{1+\mu\tau}-1\right]$（式（12））的计算值

μ	$\Delta\tau$	$a/t \cdot t^{-1}$				
		0.3	0.4	0.5	0.6	0.7
0.04	10	−0.0667	−0.0889	−0.1111	−0.1333	−0.1556
	12	−0.0800	−0.1067	−0.1333	−0.1600	−0.1867
	14	−0.0933	−0.1244	−0.1556	−0.1807	−0.2178
0.06	10	−0.0818	−0.1091	−0.1364	−0.1636	−0.1909
	12	−0.0982	−0.1309	−0.1636	−0.1964	−0.2290
	14	−0.1307	−0.1745	−0.2182	−0.2618	−0.3055
0.10	10	−0.1000	−0.1333	−0.1667	−0.2000	−0.2333
	12	−0.1200	−0.1600	−0.2000	−0.2400	−0.2800
	14	−0.1400	−0.1867	−0.2333	−0.2800	−0.3267

表 B2 是在几种给定条件下，按式（16）计算所得值。

表 B2 $Q-R=A_1-A_2=a\left[\dfrac{1}{(1+q)^{\Delta\tau}}-1\right]$（式（16））的计算值

q	$\Delta\tau$	$a/t \cdot t^{-1}$				
		0.3	0.4	0.5	0.6	0.7
0.04	10	−0.0972	−0.1295	−0.1619	−0.1943	−0.2267
	12	−0.1125	−0.1500	−0.1875	−0.2250	−0.2625
	14	−0.1266	−0.1688	−0.2011	−0.2530	−0.2954
0.06	10	−0.1325	−0.1767	−0.2221	−0.2650	−0.3092
	12	−0.1510	−0.2014	−0.2517	−0.3021	−0.3524
	14	−0.1673	−0.2231	−0.2789	−0.3346	−0.3904
0.10	10	−0.1610	−0.2146	−0.2683	−0.3220	−0.3756
	12	−0.1808	−0.2411	−0.3014	−0.3616	−0.4220
	14	−0.1978	−0.2637	−0.3296	−0.3956	−0.4615

表 B3 是在产量下降后的 $\Delta\tau$ 年内，几种给定情况下，按式（19）计算所得的 $Q-R=A_1-A_2$ 值。

表 B3 $Q - R = A_1 - A_2 = a(1/n - 1)$ （式(19)）的计算值

n	$a/t \cdot t^{-1}$				
	0.3	0.4	0.5	0.6	0.7
0.8	0.0750	0.1000	0.1250	0.1500	0.1750
0.7	0.1286	0.1714	0.2143	0.2571	0.3000
0.6	0.2000	0.2667	0.3333	0.4000	0.4667

钢铁生产流程的物流对大气环境负荷的影响*

摘 要 应用基准物流图，建立了钢铁生产流程的物流对大气环境负荷影响的分析方法。以某企业的典型流程为例，分析了生产中的各股物流对吨钢或吨材大气环境负荷的影响，指出了影响吨钢或吨材环境负荷的两类因素及减轻环境负荷应采取的措施。

关键词 钢铁生产流程 物流 大气环境负荷 影响分析

1 引言

钢铁工业是典型的流程工业。从矿石等含铁原料到钢铁产品的生产，一般有一种或几种流程可供选择。就每一种生产流程而言，不但物料的物理化学变化很重要，而且物料的流动（即物流）也很重要，它既影响企业吨钢能耗指标，又影响吨钢环境负荷。因此，正确地认识和分析钢铁生产流程中物料的性质、状态、流向、流量和流速等生产参数，对企业节能和环保都有实际意义。

文献［1］在深刻认识钢铁企业物流问题的基础上，提出了基准物流图分析法，并应用该方法详细讨论了钢铁生产流程的物流对企业能耗的影响。本文用同样的方法讨论钢铁生产流程的物流对大气环境负荷的影响。

2 钢铁生产流程的物流

2.1 基准物流图

钢铁生产流程的基准物流图[1]定义为：

（1）流程中含铁物料的唯一流向是从上游工序流向下游工序；

（2）在流程的中途，没有含铁物料的输入、输出。

以 1t 钢材为最终产品，同时满足以上两个条件的流程图，如图 1 所示。

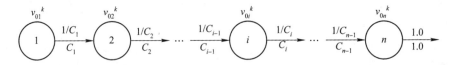

图 1 基准物流图

图中，i 为生产流程中生产工序的序号，$i = 1$，2，$\cdots$，n；C_i 为第 i 道工序产品中的铁素含量，t 铁素/t 工序产品（令钢水、钢坯、钢材的含铁量为 100%）；$1/C_i$ 为生产 1t 最终产品需要第 i 道工序的产品数量（即第 i 道工序基准材比系数 p_{0i}），t 工序产

---

* 本文合作者：杜涛、蔡九菊、戴坚、邢跃、周庆安。原发表于《钢铁》，2002。

品；v_{0i}^k 为第 i 道工序第 k 种污染物的大气环境负荷基准值，由实际工序的环境负荷 v_i^k 反推得到，t 排放量/t 工序产品。

定义：

$$v_0^k = \sum_{i=1}^{n} v_{0i}^k \cdot \frac{1}{C_i} \qquad (1)$$

式中，v_0^k 为基准流程中第 k 种污染物的大气环境负荷，t 排放量/t 钢材。

2.2 实际工序的物流图

显然，基准物流图是为研究问题方便而抽象出来的，实际生产流程中的物流绝不像图 1 那么简单。就每个工序而言，可能存在几种不同的物流，如图 2 所示。

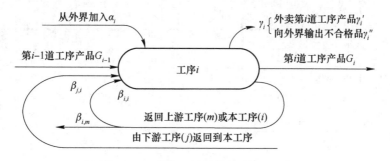

图 2 实际工序中的含铁物流

图中，α_i 为由外界向本工序输入的含铁物料，t 铁素/t 材（钢）；γ_i 为本工序向外界输出的工序合格产品（γ_i'）或不合格产品（γ_i''），t 铁素/t 材（钢）；β 为由本工序返回到本工序（$\beta_{i,i}$）或上游工序（$\beta_{i,m}$）、由下游工序返回到本工序（$\beta_{j,i}$）的含铁物料，t 铁素/t 材（钢）；G_i 为本工序供给下道工序的含铁原料，t 铁素/t 材（钢）；G_{i-1} 为上道工序供给本工序的含铁原料，t 铁素/t 材（钢）；v_i^k 为本工序产生的第 k 种污染物的大气环境负荷，t 排放量/t 工序产品。

对整个生产流程，定义：

$$V^k = \sum_{i=1}^{n} v_i^k \cdot p_i \qquad (2)$$

式中，V^k 为实际流程中第 k 种污染物的大气环境负荷，t 排放量/t 钢（材）；p_i 为第 i 道工序的材（钢）比系数，t 工序产品/t 材（钢）。

由式（2）可知，影响吨材或吨钢环境负荷（V^k）的直接因素有两类：

第一类，各生产工序的材（钢）比系数（p_i）；

第二类，各生产工序的工序环境负荷（v_i^k）。

在分析钢铁生产流程环境负荷时，同时分析钢比系数和工序环境负荷这两类因素的方法，称作 v-p 分析法。用 v-p 分析方法，可求出生产流程因 v_i^k 和 p_i 变化分别引起的吨材（钢）环境负荷改变量。计算公式为：

$$\Delta V^k = V^k - V_0^k = \sum_{i=1}^{n} v_i^k \cdot p_i - \sum_{i=1}^{n} v_{0i}^k \cdot p_{0i} = \sum_{i=1}^{n} p_i(v_i^k - v_{0i}^k) + \sum_{i=1}^{n} v_{0i}^k(p_i - p_{0i}) \qquad (3)$$

式（3）右端第一项是工序环境负荷变化对吨（材）钢环境负荷的影响量；第二项是材（钢）比系数变化对吨材（钢）环境负荷的影响量。

3 物流对大气环境负荷的影响

3.1 物流对吨钢大气环境负荷的影响

以某企业的一条高炉—转炉流程，即烧结→炼铁→炼钢→连铸→热轧→冷轧生产流程的实际物流数据为基础，绘出以吨钢为基准的生产流程实际物流图，如图 3 所示。为叙述问题方便，实际流程的大气环境负荷以 CO_2 的排放量为例。

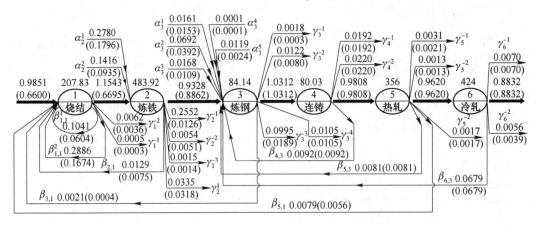

图 3　某厂生产流程的实际物流图（以 1t 钢为基准）

图中各符号及含义同图 1 和图 2。各箭头上方数字为各股物流的实物量，括号中数字为与之相对应的铁元素质量。各工序 CO_2 的排放量标在对应工序上方，kg/t 工序产品。

则由公式（2）和图 3 得到该流程的吨钢 CO_2 排放量（实际值 V_S）为：

$$V_S = 207.83 \times 1.1543 + 483.92 \times (0.9328 + 0.0335) + 84.14 \times 1.0312 +$$
$$80.03 \times (0.9808 + 0.0192) + 356 \times 0.9620 + 424 \times 0.8832$$
$$= 1591.26 \text{kg}$$

由图 3 反推得到该流程基准物流图，如图 4 所示。

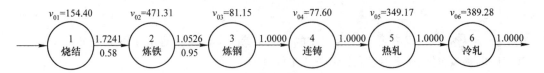

图 4　某厂生产流程的基准物流图

则由公式（1）和图 4 得到该流程的吨钢 CO_2 排放量（基准值 V_0）为：

$$V_0 = 154.40 \times 1.7241 + 471.31 \times 1.0526 + 81.15 \times 1.0 + 77.6 \times 1.0 +$$
$$349.17 \times 1.0 + 389.28 \times 1.0$$
$$= 1659.5 \text{kg}$$

吨钢 CO_2 排放量的实际值和基准值之差（ΔV_S）为：

$$\Delta V_S = V_S - V_0 = 1591.26 - 1659.5 = -68.24 \text{kg}$$

根据 V_S、V_0 两算式中各工序 CO_2 排放量及钢比系数的差值，由公式（3）可得到这两类因素各自对吨钢 CO_2 排放量的影响量，计算结果列于表 1。

表1 吨钢 CO_2 排放量实际值（V_S）和基准值（V_0）的对比 （kg）

项 目	工 序 名 称						合计
	烧结	炼铁	炼钢	连铸	热轧	冷轧	
吨钢 CO_2 排放量实际值 V_S	239.9	467.61	86.77	80.03	342.47	374.48	1591.26
吨钢 CO_2 排放量基准值 V_0	266.2	496.1	81.15	77.6	349.17	389.28	1659.5
$\Delta V_S = V_S - V_0$	−26.3	−28.49	5.62	2.43	−6.7	−14.8	−68.24
因工序 CO_2 排放量不同引起的增量	61.67	12.19	3.08	2.43	6.57	30.66	116.6
因钢比系数不同引起的增量	−87.98	−40.68	2.54	0	−13.27	−45.57	−184.84

由表1可见，该流程吨钢 CO_2 排放量实际值比基准值低 68.24kg。其中，因工序 CO_2 排放量不同引起的增量为 116.6kg，且增量最大的工序是烧结工序，为 61.67kg，占总增量的 52.89%；因钢比系数不同引起的增量为 −184.84kg，且降低幅度最大的工序也是烧结工序，为 −87.98kg，占降低总量的 47.60%，其次是冷轧和炼铁工序。从总体上看，变化量最大的工序是炼铁工序，其次是烧结工序、冷轧工序和热轧工序，它们都是负增量；炼钢和连铸工序是正增量。

3.2 物流对吨材大气环境负荷的影响

以吨材为基准的生产流程实际物流图如图5所示，实际物流的大气环境负荷仍以 CO_2 的排放量为例。

则由公式（2）和图5得到该流程的吨材 CO_2 排放量（实际值 V_P）为：

$$V_P = 207.83 \times 1.3069 + 483.92 \times (1.0561 + 0.0379) + 84.14 \times 1.1676 +$$
$$80.03 \times (1.1105 + 0.0217) + 356 \times 1.0892 + 424 \times 1.0$$
$$= 1801.63kg$$

显然，由图5反推得到该流程的基准物流图与图4是一样的，因为基准物流图中钢与材的产量是相等的。

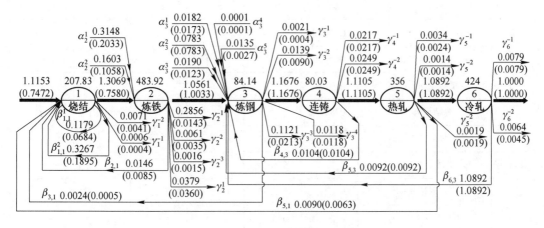

图5 某厂生产流程的实际物流图（以1t材为基准）

所以，吨材 CO_2 排放量的基准值也为：

411

$$V_0 = 1659.5 \text{kg}$$

吨材 CO_2 排放量的实际值与基准值之差（ΔV_P）为：

$$\Delta V_p = V_p - V_0 = 1801.63 - 1659.5 = 142.13 \text{kg}$$

采用与吨钢基准同样的分析计算方法，结果列于表 2。

表 2　吨材 CO_2 排放量实际值（V_S）和基准值（V_0）的对比　　　　（kg）

项　目	工　序　名　称						合计
	烧结	炼铁	炼钢	连铸	热轧	冷轧	
吨材 CO_2 排放量实际值 V_p	271.61	529.41	98.24	90.61	387.76	424	1801.63
吨材 CO_2 排放量基准值 V_0	266.2	496.1	81.15	77.6	349.17	389.28	1659.5
$\Delta V_P = V_P - V_0$	5.41	33.31	17.09	13.01	38.59	34.72	142.13
因工序 CO_2 排放量不同引起的增量	69.83	13.8	3.49	2.75	7.44	34.72	132.03
因材比系数不同引起的增量	-64.42	19.51	13.6	10.26	31.15	0	10.10

由表 2 可见，该流程实际吨材 CO_2 排放量比基准吨材 CO_2 排放量高 142.13kg。其中，因工序 CO_2 排放量不同引起的增量为 132.03kg，且增量最大的工序是烧结工序，为 69.83kg，占总增量的 52.89%；因材比系数不同引起的增量为 10.10kg，且变化量最大的工序是烧结工序，其负增量远大于其他工序的正增量。从总体上看，增量最大的工序是热轧工序，其次是冷轧工序和炼铁工序，烧结工序增量最小。

3.3　各股物流对工序大气环境负荷的影响

由前面分析可知，各股物流对整个流程的大气环境负荷都将产生影响，但对每个工序的大气环境负荷的影响明显不同。仍以 CO_2 排放量为例，分析各股物流对每个工序 CO_2 排放量的影响程度，见表 3。

表 3　各股物流对工序 CO_2 排放量的影响　　　　（kg/t 工序产品）

序号	影响因素	烧结	炼铁	炼钢	连铸	热轧	冷轧
1	烧结冷返矿 $\beta_{1,1}^1$	13.9289					
2	烧结热返矿 $\beta_{1,1}^2$	38.5970					
3	烧结除尘粉回收 $\gamma_1''^1$	0.0709					
4	烧结损失 $\gamma_1'''^1$	0.8388					
5	高炉灰返供烧结 $\beta_{2,1}$		3.8342				
6	高炉水渣回收 $\gamma_2''^1$		6.4622				
7	高炉灰回收 $\gamma_2''^2$		1.5940				
8	高炉冶炼损失 γ_2^3		0.6893				
9	转炉钢渣返供烧结 $\beta_{3,1}$			0.0348			
10	转炉钢渣回收 $\gamma_3''^1$			0.0209			

序号	影响因素	烧结	炼铁	炼钢	连铸	热轧	冷轧
11	转炉 OG 泥回收 $\gamma_3''^2$			0.6255			
12	转炉钢渣不回收 $\gamma_3''^3$			1.4873			
13	转炉吹损 $\gamma_3''^4$			0.8201			
14	连铸废钢返供转炉 $\beta_{4,3}$				0.7128		
15	连铸废钢损失 γ_4''				1.7135		
16	热轧废钢返供转炉 $\beta_{5,3}$					2.9493	
17	热轧氧化铁皮返供烧结 $\beta_{5,1}$					2.0196	
18	热轧外供氧化铁皮 $\gamma_5''^1$					0.7694	
19	热轧次品材回收 $\gamma_5''^2$					0.4488	
20	热轧废钢损失 $\gamma_5''^3$					0.6091	
21	冷轧废钢返供转炉 $\beta_{6,3}$						29.8967
22	冷轧次品材回收 $\gamma_6''^1$						3.0753
23	冷轧氧化铁粉回收 $\gamma_6''^2$						1.7518
24	各股物流影响总量	53.43	12.61	2.99	2.43	6.83	34.72
25	基准工序 CO_2 排放量	154.40	471.31	81.15	77.60	349.17	389.28
26	实际工序 CO_2 排放量	207.83	483.92	84.14	80.03	356.00	424.00

413

表 3 中纵向分为 26 行，前 23 行各代表每股物流；横向分为 6 列，各代表一道生产工序。表中的数据是物流对某工序 CO_2 排放量的影响量。第 24 行中数据是各股物流对各工序 CO_2 排放量影响量的合计值，第 25 行是各工序 CO_2 排放量的基准值。24 和 25 两行数据相加，恰好等于实际物流图中对应的各工序 CO_2 排放量的实际值，计入第 26 行。

由表 3 还可清楚地看出，影响某工序大气环境负荷的物流有该工序的内部循环物流、返回上游工序的物流，以及向外界输出不合格产品；外界输入物流和外卖合格产品不影响工序大气环境负荷。

3.4 各股物流单位增减量对流程大气环境负荷的影响

为了评价不同物流变化对环境负荷的影响量，下面分析各股物流单位增减量对流程大气环境负荷的影响，即各股物流每增减 1kg 对整个流程大气环境负荷的影响。

仍以 CO_2 排放量为例，部分计算结果见表 4。

表 4　物流的单位增减量对吨材（钢）CO_2 排放量的影响

吨材 1kg 实物物流增减量	吨材 CO_2 的变化量/kg	吨钢 CO_2 的变化量/kg
烧结冷返矿 $\beta_{1,1}^1$	0.1544	0.1544

吨材 1kg 实物物流增减量	吨材 CO_2 的变化量/kg	吨钢 CO_2 的变化量/kg
高炉落地生铁 γ_2'	0.7241	0.7236
转炉外购废钢 α_3^2	−0.7623	−0.7623
连铸坯外卖 γ_4'	0.9211	−0.7385
连铸废钢返供转炉 $\beta_{4,3}$	0.1588	0.1588
热轧废钢返供转炉 $\beta_{5,3}$	0.5079	−1.1516
热轧次品材回收 $\gamma_5''^2$	1.2702	−0.3893
热轧废钢损失 $\gamma_5''^3$	1.2702	−0.3893
冷轧废钢返供转炉 $\beta_{6,3}$	0.8972	−0.7623
冷轧次品材回收 $\gamma_6''^1$	1.6595	0.0000
冷轧氧化铁粉回收 $\gamma_6''^2$	1.1669	0.0000

由表 4 可见，转炉多吃 1kg 外购废钢与多吃 1kg 自产废钢，二者对生产流程的 CO_2 排放量的影响截然不同。前者可降低吨材 CO_2 排放量 0.7623kg，而后者却使吨材 CO_2 排放量增加。各种含铁物料返回上游工序重新利用，将增加吨材 CO_2 排放量，且废钢的来源不同，其增量也不同：如连铸废钢返供转炉，使吨材 CO_2 排放量增加 0.1588kg，而冷轧废钢返供转炉，则使吨材 CO_2 排放量增加 0.8972kg；热轧次品率每增加千分之一，可使吨材 CO_2 排放量增加 1.2702kg。这说明钢铁生产过程向环境排放废物和废弃品，或将含铁物料返回上游工序重新加以利用，虽然没有浪费这些物料，但是却要增加能源消耗，同时也就加重了由此产生的环境负荷。因此，企业在实际生产过程中一定要注意减少废品的产生，一旦产生，要尽量回收处理。此外，外卖中间产品，也是使吨材 CO_2 排放量增加的重要因素。例如，外卖落地生铁每增加 1kg，吨材 CO_2 排放量就上升 0.7241kg。

由表 4 中数据还可发现，物流 $\beta_{6,3}$ 对吨钢和吨材 CO_2 排放量的影响趋势是截然相反的。在吨钢基准下，热轧废钢增加使吨钢 CO_2 排放量降低 0.3893kg，冷轧废钢返供转炉使吨钢 CO_2 排放量降低 0.7623kg；相反，冷轧次品材回收和氧化铁皮回收却对吨钢 CO_2 排放量无影响。这显然是不妥的，说明以吨钢为基准的评价指标是有缺陷的。在物流分析中，应注意这种现象，尽量采用以吨材为基准的评价指标，以免造成不必要的决策失误。

4 结论

（1）钢铁生产流程的物流不仅直接影响企业能耗和成本，而且对企业的大气环境负荷也有重要影响。

（2）应用基准物流图法，通过实际物流图与基准物流图的比较，可以清楚地分析出，各股物流变化对吨钢（材）大气环境负荷的影响，进而找出影响环境负荷的关键环节和主要因素，提出相应的改进措施。

（3）在钢铁生产流程中，由外界向流程中某工序输入含铁物料，有利于大气环境负荷的降低，越是后部工序，降低幅度越大；由某工序向外界输出或返回上游工序重新处理含铁物料，将增大该工序的大气环境负荷，越是后部工序，增量越大；工序内部循环使用的含铁物料，将使本工序的大气环境负荷增加。

（4）为降低钢铁生产流程的环境负荷，企业必须努力降低 β 值，减少返料量；尽量减少各工序废品和含铁副产品的生成量，特别要避免后部工序发生不合格品或废品；必须减少各工序向外界直接输出中间产品、不合格品、废品或其他含铁物料量，尤其是后部工序；转炉吃进较多的外购废钢也是企业降低环境负荷的重要措施之一。

参 考 文 献

［1］陆钟武，蔡九菊，于庆波，等 . 钢铁生产流程的物流对能耗的影响［J］. 金属学报，2000，36（4）：370-378.

［2］殷瑞钰，蔡九菊 . 钢厂生产流程与大气排放［J］. 钢铁，1999，34（5）：61-65.

［3］殷瑞钰 . 钢铁制造流程结构解析及其若干工程效应问题［J］. 钢铁，2000，35（10）：1-7.

［4］殷瑞钰 . 钢铁制造流程的解析和集成［J］. 金属学报，2000，36（10）：1077-1084.

［5］陆钟武 . 关于钢铁工业废钢资源的基础研究［J］. 金属学报，2000，36（7）：728-734.

工业生态学

烧结法生产氧化铝流程中物流对能耗的影响 *

摘　要　根据氧化铝生产流程基准物流图的概念，构筑烧结法生产 Al_2O_3 流程的基准物流图。以某烧结法氧化铝厂生产数据为依据，用基准物流图法定量分析物流对能耗的影响。结果表明，在烧结法生产氧化铝的流程中，由外界向某中间工序输入含 Al_2O_3 物料，有利于节能，由某中间工序向外界输出或返回上游工序处理含 Al_2O_3 物料，增加能耗，而且越是后部工序，影响越大。

关键词　冶金技术　氧化铝　物流图　综合能耗　烧结法

在氧化铝生产流程中，物流对能耗、成本、投资及环境等各项生产技术经济指标都有很重要的影响，已引起广泛重视。但由于没有一个比较基准，无法进行定量分析，所以长期以来对这个问题的认识还一直停留在定性分析的阶段。

文献［1-2］中提出了 Al_2O_3 生产流程的"基准物流图"研究法，分别定量分析了拜尔法和混联法 Al_2O_3 生产流程中物流对能耗的影响。烧结法 Al_2O_3 生产流程与拜尔法和混联法有所不同，用"基准物流图"研究法定量分析烧结法氧化铝生产流程中物流对能耗的影响具有实际意义。

1　烧结法氧化铝生产流程的基准物流图

文献［1-2］从 Al_2O_3 物料平衡入手，设计了符合下面两个条件的"全封闭单行道"式 Al_2O_3 生产流程物流图。（1）全流程中含 Al_2O_3 物料的唯一流向是从上游工序流向下游工序；（2）在流程的中途，没有含 Al_2O_3 物料的输入、输出。能同时满足以上两个条件，并以 1 t Al_2O_3 为最终产品的物流图，叫作氧化铝生产流程的基准物流图。根据定义，可绘出烧结法生产氧化铝流程的基准物流图，如图 1 所示。

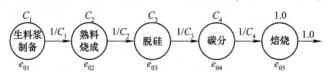

图 1　烧结法流程的基准物流图

图中每个圆圈代表一道工序，圆圈上方所标的 C_1、C_2、C_3、C_4 是各工序产品中 Al_2O_3 的含量（对固体物料是百分含量，对液体物料是 kg/m^3），第 5 道工序产出的是 Al_2O_3，设 $C_5 = 1$。圆圈下方所标的 $e_{01} \sim e_{05}$ 是各工序的基准工序能耗，kg/t［或 m^3］（标煤）合格工序产品。在每个箭头上方所标的 $1/C_1$，$1/C_2$，$1/C_3$，$1/C_4$ 是各工序的实物产量与 Al_2O_3 产量之比，称其为基准折合比，并记作 P_{01}，P_{02}，P_{03}，P_{04}（固体物料为 $t/t\text{-}Al_2O_3$，液体物料为 $m^3/t\text{-}Al_2O_3$）。根据基准物流图，可由式（1）求得烧结法流程的基准 Al_2O_3 能耗 E_0。

　　＊　本文合作者：刘丽孺、于庆波、姜玉敬。原发表于《有色金属》，2003。

$$E_0 = \frac{1}{C_1}e_{01} + \frac{1}{C_2}e_{02} + \frac{1}{C_3}e_{03} + \frac{1}{C_4}e_{04} + e_{05}$$
$$= P_{01}e_{01} + P_{02}e_{02} + P_{03}e_{03} + P_{04}e_{04} + e_{05} \quad \text{kg/t} - \text{Al}_2\text{O}_3(\text{标煤}) \qquad (1)$$

2 实际氧化铝生产流程的物流情况

实际氧化铝生产流程的物流情况十分复杂，对任何一个生产工序 i 来说，都可能会发生如图 2 所示的情况。（1）第 $i-1$ 道工序产品作为原料加入第 i 道工序，其 Al_2O_3 质量为 G_{i-1}，t/t-Al_2O_3；（2）从外界向第 i 道工序加入的含 Al_2O_3 物料（如生料煤、熟料烧成煤），其 Al_2O_3 质量为 a_i；（3）第 i 道工序向外界输出的含 Al_2O_3 物料（如外排的赤泥），其 Al_2O_3 质量为 γ_i；（4）第 i 道工序生产的含 Al_2O_3 物料副产品，返回到其他工序（如返回配料的循环母液），其 Al_2O_3 质量为 $\beta_{i,m}(m\neq i)$；（5）其他第 j 道工序生产的含 Al_2O_3 物料的产品，返回到第 i 道工序，其 Al_2O_3 质量为 $\beta_{j,i}(j\neq i)$；（6）第 i 道工序供给第 $i+1$ 道工序的合格产品，其 Al_2O_3 质量为 G_i。式（2）为 Al_2O_3 平衡式。

$$G_{i-1} + \alpha_i + \beta_{j,i} = G_i + \gamma_i + \beta_{i,m} \qquad (2)$$

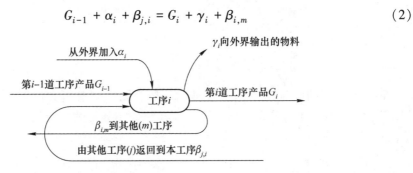

图 2 物料在工序中的流动情况

3 根据实际生产流程构筑基准物流图

基准物流图根据实际生产流程构筑。基准物流图中的生产流程、各工序单位产品 Al_2O_3 含量与实际生产相同，各工序的折合比和工序能耗根据实际生产流程消耗指标计算。假设某烧结法 Al_2O_3 生产流程共有 n 道生产工序，各工序的工序能耗和实物产品的 Al_2O_3 含量分别为 e_i 和 C_i，各工序含 Al_2O_3 物料的输入和输出情况如图 2 所示。则其相应的基准物流图中也有 n 道生产工序，各工序的基准折合比 p_{0i} 和基准工序能耗 e_{0i}，分别由式（3）和式（4）计算。

$$p_{0i} = 1/C_i \quad (i = 1, 2, \cdots, n) \quad \text{t(或 m}^3\text{)} \text{工序产品} /\text{t} - \text{Al}_2\text{O}_3 \qquad (3)$$
$$e_{0i} = p_{pi}e_i/(p_{pi} + \gamma_i/C_i + \beta_{im}/C_i) \quad (i = 1, 2, \cdots, n) \quad \text{kg/t[或 m}^3\text{](标煤)} \text{工序产品} \qquad (4)$$

式中，C_i 为第 i 道工序产品 Al_2O_3 含量；e_i 为实际流程第 i 道工序的工序能耗；p_{pi} 为实际流程第 i 道工序的折合比，$p_{pi}=G_i/C_i$。

对照基准物流图，分析物流对能耗的影响，就是要定量地确定偏离基准物流图的各股物流对折合比、工序能耗和最终产品能耗的影响，具体计算方法可参考文献 [3-6]。

4 物流对 Al_2O_3 能耗影响的分析实例

以某工厂为对象，具体分析烧结法生产 Al_2O_3 流程的物流对能耗的影响。该厂的生产流程由石灰煅烧、料浆制备、熟料烧成、脱硅、碳分、焙烧和蒸发等 7 道工序。

4.1 物流图

图 3 是以 1t Al_2O_3 产品计算，按该厂某年度的平均生产数据绘制出的实际物流图。图中在圆圈上方标明了各道工序的工序能耗，在每个箭头上下标明了各股物流的折合比（括号外的数据），并在括号中注明了与之相当的 Al_2O_3 质量。

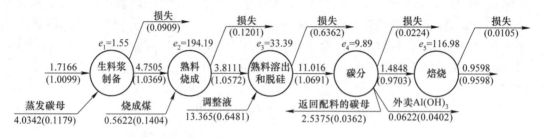

图 3 某厂生产流程的实际物流图（以 1t Al_2O_3 为基准）

图 4 是根据图 3 构筑出来的基准物流图，图中箭头下方注明的是各工序产品的 Al_2O_3 含量，对固体物料为百分含量，并换算成小数形式，对液体物料为 t/m^3，其他标注与图 3 相同。

图 4 某厂生产流程的基准物流图

4.2 能耗计算和分析

4.2.1 Al_2O_3 基准能耗与实际能耗的计算和对比

根据图 3 和图 4 可分别求得该流程 Al_2O_3 生产实际能耗 E_s 和基准能耗 E_0（不包括石灰煅烧和蒸发两道辅助工序），计算结果见表 1。根据各工序能耗和折合比的差值，不难求得它们各自对能耗的影响，见表 1 的最后两行。

表 1 某厂 Al_2O_3 基准能耗与实际能耗的对比　　　　　（kg/t（标煤））

项　目	工 序 名 称					合计
	料浆制备	熟料烧成	脱硅	碳分	焙烧	
基准能耗 E_0	6.53	628.62	215.69	14.30	115.71	980.6
实际能耗 E_s	7.36	740.08	367.82	15.29	112.27	1242.83
$E_s - E_0$	0.83	111.45	152.13	0.99	-3.44	261.97

项 目	工 序 名 称					合计
	料浆制备	熟料烧成	脱硅	碳分	焙烧	
因工序差引起的能耗增量	0.59	75.50	127.22	0.84	1.21	215.37
因折合比差引起的能耗增量	0.24	35.96	14.91	0.15	-4.66	46.60

由表 1 可见，实际 Al_2O_3 能耗比基准 Al_2O_3 能耗高出 261.97kg/t（标煤），其中，因实际工序能耗高于基准工序能耗而引起的能耗增量为 215.37kg/t-Al_2O_3（标煤），占增量的 82.21%，且增量最大的工序是脱硅工序，占增量的 52.38%，其次是熟料烧成工序，占增量的 28.82%。因折合比的差值而引起的能耗增量为 46.60kg/t-Al_2O_3（标煤），占增量的 17.79%，增量最大的工序是熟料烧成工序，占增量的 13.73 %，其次是脱硅工序，占增量的 5.69%。由于外卖一部分 $Al(OH)_3$，使焙烧工序的折合比降低，从而降低能耗 1.78%。

4.2.2 每股物流对工序能耗和折合比的影响

影响各工序的工序能耗和折合比的物流共有 9 股，这些股物流对折合比和工序能耗的影响见表 2。表中倒数第三行分别是各股物流对折合比和工序能耗影响量的合计值，基准折合比加上各股物流对折合比的影响总量，正好等于实际折合比，工序能耗也满足这样的关系。

表 2　各股物流对折合比和工序能耗的影响

项 目	生料浆制备		熟料烧成		脱硅		碳分		焙烧	
	折合比	工序能耗	折合比	工序能耗	折合比	工序能耗	折合比	工序能耗	折合比	工序能耗
焙烧损失	0.0481		0.0379		0.1082		0.0161			1.27
外卖 Al(OH)₃	—	—	—	—	—	—	—	—	-0.0402	—
碳分损失	0.1026	—	0.0807	—	0.2308	—	—	0.21	—	—
返回配料的碳分母液	0.1658	—	0.1305	—	0.3730	—	—	0.33	—	—
脱硅损失	2.9147	—	2.2934	—	—	12.46	—	—	—	—
调整液	-2.9693	—	-2.3363	—						
烧成损失	0.5502	—	—	19.81						
烧成煤	-0.6432									
制备损失	—	0.12								
合计	0.1691	0.12	0.2062	19.81	0.7120	12.46	0.0161	0.54	-0.0402	1.27
基准值	4.5815	1.43	3.6049	174.38	10.3040	20.93	1.5302	9.35	1	115.71
实际值	4.7505	1.55	3.8111	194.19	11.0160	33.39	1.5463	9.89	0.9598	116.98

注：折合比的单位对固体为 t/t-Al_2O_3，液体为 m^3/t-Al_2O_3；工序能耗的单位对固体为 kg/t（标煤），液体为 kg/m^3 工序产品（标煤）。

表2表明，有些物流只影响工序能耗，如制备损失只增加该道工序的工序能耗，有的只影响折合比，如外卖$Al(OH)_3$只降低焙烧工序的折合比，有的既影响工序能耗又影响折合比，如焙烧损失，既增加了焙烧工序的工序能耗又增加了其前面各道工序的折合比。

4.2.3 各股物流的单位增减量对能耗的影响

各股物流的单位增减量对能耗的影响见表3。

表3 各股物流的单位增减量对氧化铝能耗的影响

项 目	焙烧	销售	碳分	碳分母液	溶出脱硅	调整液	烧成	烧成煤	制备
能耗变化 /kg·(t Al$_2$O$_3$)$^{-1}$（标煤）	0.981	−0.005	0.565	0.123	0.300	−0.308	0.176	−0.002	0.014

注：各股物流的单位增减量对液体为 $0.01m^3$，对固体为 $1kg$。

表3数据显示，各道工序的损失均增加 Al_2O_3 能耗，且越是后部工序，影响越大。原料制备损失和碳分损失，主要是机械损失，应加强管理以降低该项损失。烧成损失和焙烧损失，主要是熟料窑和焙烧窑窑尾的烟尘，应选择高效除尘设备对物料加以回收。进入碳分母液的 Al_2O_3 和溶出、脱硅损失，主要是化学损失[7-8]，应注重推进技术进步，提高溶出率、脱硅效率、分解率，以减少进入赤泥、硅渣和循环母液的 Al_2O_3量。各种化学损失，归根结底是由于原料中 SiO_2 的含量过高，所以还应注意采用合适的选矿方法来提高矿石的品位。由外界加入的烧成煤，每增加 $1kg$，可降低能耗 $0.002kg/t$-Al_2O_3（标煤），所以，加入的煤应尽可能是高铝、低硅且灰分少的煤。

结果表明，运用物流图分析方法，可定量地分析烧结法生产 Al_2O_3 流程中物流对能耗的影响。

5 结论

基准物流图与实际物流图结合可定量分析 Al_2O_3 生产流程中物流对能耗的影响。在 Al_2O_3 生产流程中，凡是由外界向某中间工序输入含 Al_2O_3 物料，必有利于节能，而由某工序向外界输出或返回上游工序处理含 Al_2O_3 物料，必增大该工序及上游工序的折合比，增加能耗，而且越是后部工序，能耗增加得越多。

参 考 文 献

[1] 刘丽孺，陆钟武，于庆波，等. 拜耳法生产氧化铝流程的物流对能耗的影响 [J]. 中国有色金属学报，2003，13（1）：265-270.

[2] 刘丽孺，于庆波，陆钟武，等. 混联法生产氧化铝流程的物流对能耗的影响 [J]. 东北大学学报（自然科学版），2002，23（10）：944-947.

[3] 陆钟武，蔡九菊，于庆波，等. 钢铁生产流程的物流对能耗的影响 [J]. 金属学报，2000，36（4）：370-378.

[4] 于庆波，陆钟武，蔡九菊. 钢铁生产流程中物流对能耗影响的计算方法 [J]. 金属学报，2000，36（4）：379-382.

[5] 于庆波，陆钟武，蔡九菊. 钢铁生产流程的物流对能耗影响的表格分析法 [J]. 东北大学学报（自然科学版），2001，22（1）：71-74.

[6] LU Z W, CAI J J, YU Q B, et al. The influence of materials flow in steel manufacturing process on its

energy intensity [A]//SONG J, YIN R Y. Proceedings of International Conference on Engineering and Technological Science 2000 [C]//Beijing: New World Press, 2000: 1141.

[7] 杨重愚. 氧化铝生产工艺学 [M]. 北京: 冶金工业出版社, 1993.

[8] CHEN X Q, FANG C Y, ZHANG X Y. Simultaneous determination of NaOH, Na_2CO_3 and Al_2O_3 in sodium aluminate solutions by flow injection titration [J]. Trans Nonferrous Met Soc China, 2001, 11 (4): 599-602.

工业生态学

穿越"环境高山"*

——论经济增长过程中环境负荷的上升和下降

摘　要　把描绘发达国家经济增长过程中的环境负荷曲线比喻成"环境高山"。强调了发展中国家，尤其是中国，发展经济的正确之路是：从"环境高山"的半山腰穿过去，走新型工业化道路。推导了环境负荷与 GDP 之间的关系式，其中 GDP 年增长率 g 和单位 GDP 环境负荷年下降率 t 是两个关键变量。以一些国家和中国的一些省份为实例，分析了经济增长与能源消费量之间的关系。在不同的假设条件下，计算了 2005 年、2010 年、2020 年中国的环境负荷，以能源消耗为例，作了进一步的说明。

关键词　"环境高山"　环境负荷　GDP 年增长率　单位 GDP 环境负荷　单位 GDP 环境负荷的年下降率

1　前言

新中国成立以来，尤其是改革开放以来，我国经济持续高速增长。目前的经济总量已相当可观。与此同时，随之而来的环境负荷总量也相当巨大，环境形势相当严峻。

近些年来，我国在环境保护方面，采取了一系列重大措施，做了大量工作，取得了比较显著的效果。"全国环境状况正在由环境质量总体恶化、局部好转，向环境污染加剧趋势得到基本控制、部分城市和地区环境质量有所改善转变"[1]。

但是，应该看到，我国还处在工业化的进程中，为了最终完成工业化的全过程，还有很长一段路要走。这条路究竟怎样走才能实现经济和环境"双赢"，是现在就必须做出选择的重大问题。这是因为：（1）经济高速增长的势头可能还将延续多年，今后只有走对了路，才能避免环境负荷的快速上升；否则，不出几年，我国的环境问题就可能非常严重。（2）我国是最大的发展中国家，经济和环境负荷总量，在世界上都已占有一定份额，将来还会越来越大。环境负荷总量若得不到有效控制，不仅我国自身承受不了，而且对于世界都会有较大影响。

党的十六大指出，我国必须走出一条经济效益好、资源消耗低、环境污染少、人力资源得到充分发挥的新型工业化路子来[2]。这是高瞻远瞩的宏伟战略目标，它给全国人民指明了方向，意义十分重大。环保和经济工作者的任务，是把这条新型工业化道路进一步具体化，并把它落到实处。

环境和发展，二者必须联系起来，才能看清问题的本质。这个观点，是从 20 世纪 80 年代起人们才逐渐认识到的。近来国内外出版了一些有分量的专著[3-6]，很有参考价值。例如文献［4］利用模型运算的结果，展示了今后几十年内世界人口、资源和环境变化的各种情景预测。

本文将在参考国内外文献的基础上，论述在我国工业化的后半段时间内，避免出

---

　　*　本文合作者：毛建素。原发表于《中国工程科学》，2003。

现严重环境问题的原则思路；对经济增长过程中环境负荷的上升和下降问题进行必要的理论分析；以能源消耗量为例，分析一些国家和我国一些省份在经济增长过程中环境负荷的变化情况；并对我国未来的环境负荷进行预测。

2 基本思想

一二百年来，西方各发达国家的经济增长与环境负荷的升降过程以及未来的趋势，如图1a所示[7]。图中横坐标是"发展状况"，它比经济状况的涵义更广泛些；纵坐标是"资源消耗"，强调的是环境负荷的源头方面。由图可见，在经济增长的过程中，环境负荷的升降分为三个阶段。（1）工业化阶段：环境负荷不断上升；（2）大力补救阶段：环境负荷以较慢的速度上升，达到顶点后，逐步下降；（3）远景阶段（尚未完全实现）：环境负荷继续下降，直到很低的程度。在前两个阶段的一部分时间里，有些国家的环境问题曾经十分严重。今后的任务是不断地降低环境负荷，沿着图中的虚线往前走。

发展中国家的经济增长起步较晚，至今仍在工业化的征途中。这些国家应以发达国家的历史为鉴，认真吸取其经验教训，不去重复它们的错误。也就是说，不要等到工业化的后期，才采取补救措施，而要当机立断，从现在起就采取有力措施，争取早日进入第二和第三阶段，如图1b所示[8]。这样，就可以在工业化进程的后半段时间内，避免出现十分严重的环境问题。

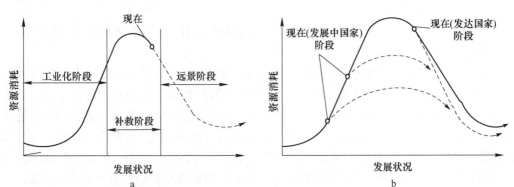

图1 资源消耗与发展状况的关系

a—发达国家的经济增长与环境负荷曲线；b—发展中国家"穿山"的设想

如果把图1中描绘发达国家环境负荷的曲线看成是一座高山，那么发展经济就是一次翻山活动。发达国家已经基本上翻过了这座"环境高山"，经济大幅度发展了，但是也曾付出过沉重的环境代价。所以，发展中国家最好不要再走发达国家从山顶上翻过去的老路，而需另走一条新路，那就是在半山腰上开凿一条隧道，从其中穿过去。这样，翻山活动变成了穿山活动，付出的代价（环境负荷）较低，而前进的水平距离（经济增长）却没变。

如果我国今后继续走传统的工业化老路，往山顶上爬，那么可以预料，未来的环境问题必将十分严重。所以，这条路是走不得的，也是走不通的。我国唯一的正确选择是下决心在"环境高山"的半山腰穿过去，走出一条新型工业化的道路，避开环境问题最严重的阶段。而且这个决心下得越早越好。这是属于"机不可失，时不再来"的一种选择。如果错过当前的时机，等若干年后再下决心，就可能为时已晚。

3 理论分析

环境负荷的控制方程可写成如下形式[9-10]：

$$I = P \times A \times T \tag{1}$$

式中，I 为环境负荷，含资源、能源消耗及废弃物排放等；P 为人口；A 为人均国内生产总值；T 为单位国内生产总值的环境负荷。

若令 $P \times A = G$，则式（1）变为

$$I = G \times T \tag{2}$$

式中，G 为国内生产总值。

式（2）是环境负荷与国内生产总值之间的基本关系式。

在式（1）两侧同除以 P，则得

$$\frac{I}{P} = A \times T$$

或写作

$$E = A \times T \tag{3}$$

式中，E 为人均环境负荷，$E = \frac{I}{P}$。

式（3）是人均环境负荷与人均国内生产总值之间的基本关系式，其中各参数之间的关系与式（2）相同。

下文中将从式（2）出发展开分析，其结果同样适用于人均环境负荷与人均国内生产总值之间的关系。

国内生产总值 GDP 是经济发展的主要指标，以下将用 GDP 表示经济发展程度。

由式（2）可见，如果单位 GDP 的环境负荷 T 值在 GDP 变化过程中保持不变，那么环境负荷 I 与 GDP 之间的关系很简单，即二者同步变化。好比 GDP 翻一番，那么环境负荷也跟着翻一番。但是，如果在 GDP 上升或下降的过程中，T 值也变化，而且二者又都是按各自不同的规律在变化，那么经济增长与环境负荷之间的关系，就比较复杂了。为了简明起见，本文仅分析 GDP 呈指数增长，而单位 GDP 环境负荷呈指数下降的情况。

设基准年份的 GDP 和单位 GDP 环境负荷分别为 G_0 和 T_0；GDP 的年均增长率和单位 GDP 环境负荷的年降低率分别为 g 和 t。

第 n 年的 GDP 等于

$$G_n = G_0(1 + g)^n \tag{4}$$

第 n 年单位 GDP 的环境负荷等于

$$T_n = T_0(1 - t)^n \tag{5}$$

第 n 年的环境负荷等于

$$I_n = G_n T_n$$

将式（4）、式（5）代入上式

$$I_n = G_0 T_0 (1 + g)^n (1 - t)^n$$

化简后，得到

$$I_n = G_0 T_0 (1 + g - t - gt)^n \tag{6}$$

式（6）是在 GDP 呈指数增长，而 T 呈指数下降的条件下，在 GDP 增长过程中第 n 年环境负荷的计算式。

由式（6）可见，当 GDP 呈指数增长，而单位 GDP 的环境负荷呈指数下降时，在 GDP 增长过程中，环境负荷的变化可能出现逐年上升、保持不变，以及逐年下降三种情况。其条件分别是：

（1）环境负荷 I_n 逐年上升：

$$g - t > gt \tag{7a}$$

（2）环境负荷 I_n 保持原值不变：

$$g - t = gt \tag{7b}$$

（3）环境负荷 I_n 逐年下降：

$$g - t < gt \tag{7c}$$

其中，式（7b）是临界条件，从中可求得单位 GDP 环境负荷年降低率的临界值为

$$t_k = g/(1 + g) \tag{8}$$

如实际的 t 值大于 t_k 值，环境负荷必逐年下降，环境状况逐年好转；反之，环境状况必逐年恶化。在规划工作中，式（7）是判断环境负荷将来会上升还是下降的依据。

请注意，t_k 值与 g 值之间并不相等。由式（8）可见，t_k 略小于 g，见表 1。

表 1　$t_k = g/(1 + g)$ 的计算值

g	0.01	0.02	0.03	0.04	0.05	0.06	0.07	0.08	0.09	0.10	0.11	0.12	0.13	0.14	0.15
t_k	0.0099	0.0196	0.0291	0.0385	0.0476	0.0566	0.0654	0.0741	0.0826	0.0909	0.0991	0.1071	0.1150	0.1228	0.1304

4　实例及其分析

以能源消耗量为例，分析一些国家和我国一些省份经济增长过程中环境负荷的升降实况。

4.1　国家级实例及分析

在 1980~1999 年间，一些国家人均 GNP 增长过程中人均年能源消耗量变化的实况，如图 2 所示[11]。图中的每根折线代表一个国家，每根折线上的三个点分别是 1980 年、1990 年、1999 年该国的坐标点。每根折线第三个点上的箭头表明线的走向。

图 2 的整个画面，好像是一幅群山图，"环境高山"的轮廓显现的比较清楚。图中加拿大、挪威、瑞典、荷兰四国，人均能源消耗量 1990 年开始下降；其他发达国家则在 1980~1999 年间基本保持稳定，或稍有上升；发展中各国，就完全是另一种情况，它们的箭头全都直指上方。对各国的数据进行必要的计算后，可得到以下看法：

（1）在 20 世纪 90 年代，加拿大、挪威、瑞典、荷兰的共同点是：$t > t_k$，所以人均能源消费量 E 值下降。例如，挪威 $g = 4\%$，$t_k = 3.85\%$，而 $t = 8\%$，所以，E 值（标准石油）从 9083kg/a 降为 5965kg/a；又例如，加拿大 $g = 1\%$，$t_k = 0.99\%$，而 $t = 3\%$，所以，E 值（标准石油）从 10009kg/a 降为 7929kg/a。

（2）其他发达国家的 t 值比较接近或等于它们各自的 t_k 值，所以，人均年能源消费量稍有上升或基本不变。

（3）发展中各国的情况是：单位 GNP 能源消费量的下降，远远跟不上人均 GNP 的速度增长，所以人均能源消费量大幅度上升。例如，韩国在 1980~1990 年间，单位 GNP 能源消费量以每年 7% 的速度下降，但人均 GNP 以每年 14% 的速度上升，前者比

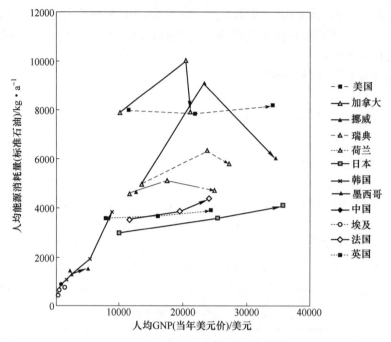

图2 几个国家的人均能源负荷和人均 GNP 变化曲线

后者低得多，所以人均能源消费量（标准石油）从 1087kg/a 上升为 1898kg/a。

（4）从一些国家单位 GNP 能源消费量的比较（表2）可见，各国之间的差异相当大。能源利用的最好的国家是日本，利用很差的是中国。

表 2　一些国家的美元能源消费量（以标准石油计）　　　　（g/美元）

年份	日本	挪威	荷兰	美国	加拿大	墨西哥	韩国	中国
1980	300	363.6	400.5	698	774.4	711	715	1452
1990	140	392.8	295.8	359	489.0	522	351	1616
1999	114	127.7	187.7	239	357.3	304	434.5	1033

图 3 是中国、美国、日本三国在过去的半个世纪里，经济增长与能源消耗的实

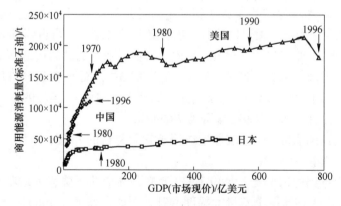

图 3　中国、美国、日本三国商用能源消耗量和 GDP 关系曲线

况[12]。由图可见，近30年来，美国和日本的年能源消耗量都已基本稳定。中国则不然，能源消耗量与GDP同步增长，只是近几年来能源消耗量上升的速度才慢下来。中国、美国两国的曲线连起来看，中国还正在往"环境高山"上爬。日本的情况很不一样，能源消耗量从来就不曾上升到很高的数量。可以认为，在能源消耗问题上，日本所走的路子就是穿越"环境高山"。

4.2 省级实例及分析

1980~1999年间，我国一些省、自治区和直辖市人均GDP增长过程中人均年能源消耗量变化的实况，如图4所示。作图的数据取自文献[13]，图中的每一根折线代表一个省、自治区、直辖市，每根折线上的三个点分别是1980年、1990年、2000年该省或市的坐标点。经必要计算后，可以看到以下几点。

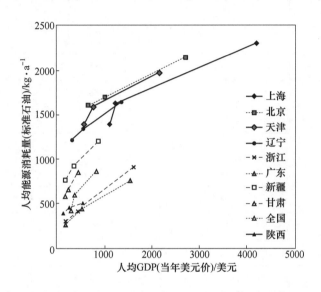

图4　中国几个省、市的人均能源消耗量和人均GDP变化曲线

（1）各省、自治区和直辖市的共同特点是：$t<t_k$，人均能源消耗量随人均GDP的增长而上升。浙江省最突出，1990~2000年间，单位GDP能源消耗量每年递减约5%，但人均GDP每年递增约14%，所以人均年能源消耗量（以标准石油计）从411kg上升到907kg。经济发展较快的其他省、市，如广东省、上海市，也大致如此。

（2）各省、自治区和直辖市单位GDP能源消费量的差别较大，见表3。以2000年为例，广东省单位GDP能源消费量为491g/美元，而甘肃省高达1866g/美元，二者的比值为1:3.8。各省、市情况不同，但相互交流经验看来十分重要。

表3　中国几个省、自治区、市的单位GDP能源消费量（以标准石油计）　　（g/美元）

年份	广东	上海	浙江	辽宁	新疆	甘肃
1980	1364	1257	1529	3655	4533	3760
1990	825	1311	926	2369	2452	2843
2000	491	550	557	1203	1337	1866

5 中国环境负荷的预测

中国 2001 年 GDP 增长率为 7.3%[14]；在下面的预测中，假设今后 20 年内 GDP 按 $g = 0.07$ 递增。

为了便于讨论问题，设中国 2001 年的 GDP 为 G_0，环境负荷为 I_0，单位 GDP 环境负荷为 T_0；单位 GDP 环境负荷的年下降率（t 值）按 $t = 0.00$、$t = 0.04$、$t = t_k = 0.0654$ 三种情况考虑。在上述条件下，按式（4）、式（5）、式（6）计算 2005 年、2010 年、2020 年的 G，I 及 T 值，计算结果见表 4。

表 4 中国 2005 年、2010 年、2020 年 G、I 及 T 的计算值

年份	GDP（G）	环境负荷（I）	单位 GDP 环境负荷（T）
2001	G_0	I_0	T_0
$g = 0.07$，$t = 0.00$			
2005	1.311 G_0	1.311 I_0	T_0
2010	1.838 G_0	1.838 I_0	T_0
2020	3.617 G_0	3.617 I_0	T_0
$g = 0.07$，$t = 0.04$			
2005	1.311 G_0	1.113 I_0	0.849 T_0
2010	1.838 G_0	1.273 I_0	0.693 T_0
2020	3.617 G_0	1.665 I_0	0.460 T_0
$g = 0.07$，$t = t_k = 0.0654$			
2005	1.311 G_0	I_0	0.763 T_0
2010	1.838 G_0	I_0	0.544 T_0
2020	3.617 G_0	I_0	0.277 T_0

表 4 可用于中国各种环境负荷的 2005 年、2010 年、2020 年的预测。

以能源消耗为例，2001 年能源消耗量（以标煤计）为 $I_0 = 13.2 \times 10^8 t$[15]，GDP 为 $G_0 = 95933.3$ 亿元人民币（当年价）[16]，由此算得单位 GDP 的环境负荷为 $T_0 = 1.376 \times 10^4 t$/亿元人民币。

将以上 G_0、I_0、T_0 值代入表 4 后得表 5。

表 5 中国 2005 年、2010 年、2020 年 GDP、能耗、单位 GDP 能耗的计算值（以标煤计）

年份	GDP/亿元人民币	能耗/t	单位 GDP 能耗/t·亿元人民币$^{-1}$
2001	95933.3	132000×10^4	1.376×10^4
$g = 0.07$，$t = 0.00$			
2005	125749.0	173025.1×10^4	1.376×10^4

年份	GDP/亿元人民币	能耗/t	单位 GDP 能耗/t·亿元人民币$^{-1}$
2010	176369.5	242676.6×10⁴	1.376×10⁴
2020	346945.4	477381.6×10⁴	1.376×10⁴
$g=0.07$，$t=0.04$			
2005	125749.0	146958.3×10⁴	1.169×10⁴
2010	176369.5	168061.8×10⁴	0.953×10⁴
2020	346945.4	219795.7×10⁴	0.634×10⁴
$g=0.07$，$t=t_k=0.0654$			
2005	125749.0	132000×10⁴	1.050×10⁴
2010	176369.5	132000×10⁴	0.749×10⁴
2020	346945.4	132000×10⁴	0.381×10⁴

由表 5 可见，在 GDP 年递增率 0.07 的情况下，如不采取措施降低单位 GDP 能源消耗量，即 $t=0.00$，总能源消耗量将与 GDP 同步增长，2005 年、2010 年和 2020 年将分别达到 $17.3×10^8$ t 标煤、$24.3×10^8$ t 标煤和 $47.7×10^8$ t 标煤。如此巨大的能源消耗量，不仅供应困难，而且环境也承受不了。

当 $t=0.04$ 时，因 $t<t_k$，总能源消耗量将逐年上升，2005 年、2010 年和 2020 年将分别达到 $14.7×10^8$ t 标煤、$16.8×10^8$ t 标煤和 $22.0×10^8$ t 标煤，年递增率为 2%~3%。这对于能源供应和环境状况的压力仍不小。

若将 t 值提高到临界值 0.0654，则能源消耗量将一直保持 2001 年的水平。为此单位 GDP 能源消耗量在 2005 年、2010 年和 2020 年必须分别达到 10500t 标煤/亿元人民币、7490t 标煤/亿元人民币、3810t 标煤/亿元人民币 GDP，分别相当于 2001 年的 0.763、0.544、0.277 倍。只要努力，那么中国将顺利地穿过"能源高山"，走出一条经济增长和能源节约的新路。

6 结论

（1）穿越"环境高山"，虽然是个比喻，但它能很形象地说明新型工业化道路在环境与发展二者关系方面的基本特征。

（2）要当机立断，下决心走穿越"环境高山"之路，否则，未来十分严重的资源和环境问题是无论如何也避免不了的。

（3）要千方百计使万元 GDP 环境负荷的年下降率 t 值接近、等于甚至大于 GDP 的年增长率 g 值；要随时监控万元 GDP 的环境负荷 T 值和环境负荷总量 I 值。

（4）要因地制宜，从实际情况出发，制定环境与发展规划，科学地确定各阶段的 g、t、T、I 等指标的目标值。

参 考 文 献

［1］国家环境保护总局等部委. 国家环境保护"十五"计划［M］. 北京：中国环境科学出版社，2001.

［2］江泽民．全面建设小康社会，开创中国特色社会主义事业新局面——在中国共产党第十六次全国代表大会上的报告［N］.人民日报，2002-11-18（1-4）.

［3］莱斯特 R. 布朗．生态经济——有利于地球的经济构想［M］.林自新，等译．北京：东方出版社，2002.

［4］唐奈勒·H·梅多斯，丹尼斯·L·梅多斯，约恩·兰德斯．超越极限——正视全球性崩溃，展望可持续的未来［M］.赵旭，等译．上海：上海译文出版社，2001.

［5］中国科学院可持续发展战略研究组．中国现代化进程战略构想［M］.北京：科学出版社，2002.

［6］国际环境研究院．绿色发展，必选之路（中国人类之发展报告 2002）［M］.北京：中国财政经济出版社，2002.

［7］GRAEDEL T E，ALLENBY B R. Industrial Ecology［M］. New Jersey. Prentice Hall，1995：7.

［8］GRAEDEL T E，ALLENBY B R. Industrial Ecology［M］. New Jersey. Prentice Hall，1995：31.

［9］RAO P K. Sustainable Development：Economics and Policy［M］. New Jersey. Blackwell，2000：97-100.

［10］GRAEDEL T E，ALLENBY B R. Industrial Ecology［M］. 2nd edition. New Jersey. Prentice Hall，2002：5-7.

［11］中国现代化战略研究课题组，中国科学院中国现代化研究中心．2003 中国现代化报告——现代化理论、进展与展望［M］.北京：北京大学出版社，2003：193-194.

［12］世界银行．99 世行发展指标［EB/OL］.（1999-6-24）. http：// www. gse. pku. edu. cn/dateset/cei/worlddate/wdbxaw. htm.

［13］中国现代化战略研究课题组，中国科学院中国现代化研究中心．2003 中国现代化报告——现代化理论、进展与展望［M］.北京：北京大学出版社，2003：253-254.

［14］世界经济年鉴编辑委员会．世界经济年鉴 2002—2003［M］.北京：经济科学出版社，2002.

［15］中华人民共和国国家统计局．中国统计年鉴 2002［M］.北京：中国统计出版社，2002：249.

［16］中华人民共和国国家统计局．中国统计年鉴 2002［M］.北京：中国统计出版社，2002：53.

关于循环经济几个问题的分析研究[*]

摘　要　粗略地估算了我国单位 GDP 的环境负荷，在 21 世纪中叶以前，需要降低的倍数。讨论了工业物质在三个不同层面上的循环（即大、中、小三种循环），以及对于这三种循环需要给予同样关注的问题。说明了在大循环问题上，工业物质的分类。分析了经济高速增长情况下，依靠大循环提高资源效率的有限性。说明了生态工业园（属于中循环）要向大循环方面拓展的看法。提出了深入研究企业内部物质循环（小循环）的必要性和可行性。

关键词　控制方程　工业物质的循环　三个不同层面上的循环　资源效率

2001 年 12 月印发的我国《国家环境保护"十五"计划》，提出了"要结合产业结构调整，提倡循环经济发展模式……"新的工作思路。随后，辽宁省被列为全国发展循环经济试点省。省人民政府编制了《辽宁省发展循环经济试点方案》。有些省、市也在这方面做了不少工作。循环经济，在我国开始起步了。

循环经济的核心是物质的循环。发展循环经济，就是要使各种物质循环利用起来，以提高资源效率和环境效率。因此，搞清楚这方面的基本规律，是至关重要的。如果在这方面的认识比较清楚，对我国的国情比较了解，那么就可以避免一些盲目性，少走一些弯路。

1　发展循环经济的目的

发展循环经济的直接目的，是提高资源效率，即：提高用单位天然资源所能生产出来的产品量（或产值、或服务量）。资源效率提高了，环境就可得到改善，因为环境的严重破坏，从根本上讲，是过量消耗资源造成的。换言之，资源效率提高了，环境效率就会得到相应的提高。

然而，要在现有基础上提高到什么程度才能满足可持续发展的要求呢？较为公认的提法是：要"在一代人的时间内，把资源、能源和其他物质的效率提高十倍。"（1997 年，国际十倍因子俱乐部向世界各国政府和产业界领袖发表的卡诺勒斯 Carnoules 宣言）。

"控制方程"是资源和环境方面的一个总体方程。它把环境负荷（含资源和环境两个方面）分解为与人类活动有关的三个因素，即：人口、人均 GDP、单位 GDP 的环境负荷[1]：

$$环境负荷 = 人口 \times 人均 GDP \times 单位 GDP 的环境负荷$$

现设我国人口 20 世纪末为 12 亿，21 世纪中叶将增至 16 亿；人均 GDP 将从 800 美元/人增至 4000 美元/人。若要使环境负荷保持 20 世纪末的水平，则按上式可算得：单位 GDP 的环境负荷，到 21 世纪中叶必须降为 20 世纪末的 1/6.67，即降低 6.67 倍。然

───────────
*　本文原发表于《环境科学研究》，2003。

431

工业生态学

而，应该说，我国当前的环境和资源状况，并不符合可持续发展的要求。所以，到 21 世纪中叶，单位 GDP 的环境负荷，应在现有基础上降低更多，例如降低 8～10 倍，才能满足可持续发展的需要。毫无疑问，这是巨大的挑战！

当然，发展循环经济，并不是提高资源效率、降低单位 GDP 环境负荷的唯一途径。除此之外，调整产业结构、调整产品结构、提高技术水平、节约能源、开发利用可再生能源、改变企业经营模式、改变消费观念等，都是有效途径。但无论如何，发展循环经济是重要途径之一。

为此，我们在发展循环经济的历史进程中，要从可持续发展的角度，并结合国情，逐步明确循环经济应分担的任务，其中包括阶段目标和长远目标。

2 三个层面上的物质循环

在工业经济系统中，有以下三种循环，或称三个层面上的循环：

（1）小循环——企业内部的物质循环。例如，下游工序的废物，返回上游工序，作为原料，重新利用；水在企业内的循环；以及其他消耗品、副产品等在企业内的循环。

（2）中循环——企业之间的物质循环。例如，某下游工业的废物，返回上游工业，作为原料，重新利用；或者，扩而大之，某一工业的废物、余能，送往其他工业去加以利用。

（3）大循环——工业产品经使用报废后，其中部分物质返回原工业部门，作为原料，重新利用。

发展循环经济，对以上三种循环，都要重视。然而，比较起来，一般更加重视的是大循环，甚至在有些文献中说物质循环，主要就是指大循环。这是因为：在经济规模基本稳定的情况下，大循环在提高资源效率方面的作用很大。然而，由于中国经济正处在高速增长期，情况比较特殊（详见后），对以上三种循环持同等重视的态度，可能是较为正确的。

在发展循环经济时，要注意"减量化、再使用、循环"（3R）三原则之间的优先排序问题。在企业内部和企业之间，首先应考虑的是"减量化"，也就是先要考虑尽可能减少各工序和整个企业的废物产生量，以及天然资源的消耗量，然后才是这些废物的循环问题。在产品的使用和报废问题上，首先应考虑"再使用"，也就是先要考虑尽可能延长产品的使用寿命，减少一次性使用的产品，然后才是产品报废后的循环问题。这些原则及其优先排序问题，在我国显得格外重要，因为有不少企业在"减量化"、清洁生产方面水平还较低，不少产品在"再使用"、延长使用寿命方面考虑得还不够。

3 工业物质进入大循环的可能性

有些工业物质是适宜于大循环的，另一些是不适宜或根本不可能进入大循环的。在这方面，工业物质划分为以下三类[2]。

第一类：这类物质的大循环，在技术上是可行的，在经济上也是合算的。例如，各种金属（以金属结构材料为主）、玻璃、纸张、催化剂、水以及塑料。

第二类：这类物质的大循环，在技术上是可行的，但在经济上不一定合算。其中包括一些建筑材料、包装材料、溶剂等。

第三类：这些物质几乎是无法进入大循环的。如表面涂层、油漆、杀虫剂、除草剂、防腐剂、防冻剂、炸药、燃料、洗涤剂等化工产品。

发展循环经济过程中，对于以上三类物质应采取不同的对策：（1）要使第一类物质得到尽可能充分的循环；（2）要研究第二类物质的循环技术，使之适宜于循环；（3）要研究第三类物质的代用品，或替代方法。例如，用生物法杀虫，替代杀虫剂等。

4 大循环与资源效率

工业物质的大循环，有利于提高资源效率，而且循环率越高，资源效率越高。但是，一个国家、一个地区工业经济规模随时间的变化状况，对工业物质的大循环规律，有很大影响。工业产品的产量随时间的变化，可大体划分为三种不同的情况：（1）保持基本稳定；（2）持续增长；（3）下降或突然下降。在这三种情况下，资源效率与循环率之间的关系，有很大差别。这里所说的循环率，是指工业物质参与大循环过程中的循环率。

我们以产品生命周期为依据，按照物质守恒定律，针对产品中所含的某一元素，或某一稳定化合物，研究了这方面的基本规律。图1示意地表达出了部分研究结果。

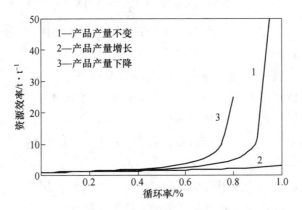

图1 资源效率与循环率之间的关系

图中横坐标是循环率，纵坐标是资源效率。图中三根曲线，分别表示产品产量变化的三种情况。由图可见：提高循环率，是提高资源效率的有效途径；尤其是在产品产量保持基本稳定和产量下降的情况下，资源效率有可能达到非常高的水平。但是，在产量持续增长的情况下，循环率对资源效率的影响小得多，即使循环率达到1.0，资源效率也很有限。

如果对号入座，那么，图中曲线2正适合当代的中国。这就是前面提到的中国经济高速增长所形成的比较特殊的情况。在发展循环经济过程中，在如何掌握三种循环（大、中、小）的分寸问题上，不能不注意到这个基本规律。

对于某些发达国家，至少是这些国家的某些工业部门，产品产量是稳定的，或基本上是稳定的。在这种情况下，提高循环率，确实可以大幅度提高资源效率。

图2是瑞典铅酸电池中铅的生命周期物流图。这张图是根据文献［3］的数据，改制而成的。

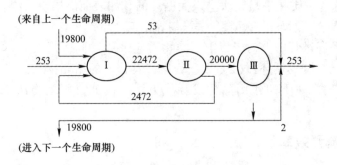

图 2　瑞典铅酸电池中铅的生命周期物流图

Ⅰ—采矿、提炼、重熔、渣处理；Ⅱ—电池制造；Ⅲ—电池使用

由图 2 可见：

$$铅的循环率 = \frac{19800}{22472} = 0.8811$$

$$铅的资源效率 = \frac{22472}{253} = 88.8$$

$$铅的环境效率 = \frac{22472}{253} = 88.8$$

即，用 1t 铅矿中的铅可生产铅 88.8t；在铅的一个生命周期中向环境排放 1t 铅的同时，铅的产量高达 88.8t。

初步调查表明，我国铅酸电池中铅的资源效率极低，铅的排放量很大，与上面提到的瑞典的例子形成鲜明对照。需要说明的是，这种情况不仅是我国铅产量高速增长造成的，而且还与采、选、冶、加工制造、回收等各环节上的落后状况密切相关。为此，必须加大整治力度，尽快改变面貌，否则，不仅浪费大量资源，而且铅（有毒物质）污染将造成严重危害。

以钢铁产品生命周期物流图为基础，完成的废钢资源问题的研究工作，同样表明：一个国家或地区钢产量随时间的变化，是影响铁资源效率的重要因素[4-7]。该研究工作中衡量废钢资源充足程度的指标是废钢指数。

$$废钢指数 = \frac{统计期内国内回收的折旧废钢与加工废钢量之和}{统计期内该国的钢产量}$$

不难理解，在其他条件相同的情况下，废钢指数越高，钢铁工业的废钢资源越充足，吨钢消耗的铁矿石量越少，也就是铁的资源效率越高。

研究结果表明：凡是钢产量持续增长的国家，其废钢指数值必然较低；凡是钢产量持续下降，或突然下降后的国家，其废钢指数值必然较高；钢产量长期保持稳定的国家，废钢指数值居中。

表 1 中列出了 1988~1997 年间日本、中国、美国三国废钢指数的统计值。从中可见美国的废钢指数最高（0.57~0.75），日本居中（0.34~0.41），中国最低（0.1~0.18）。以上三国废钢指数这么大的差别，主要是因为三国钢产量的变化情况不同：美国在 70 年代末 80 年代初钢产量曾大幅下降；中国钢产量自 80 年代初以来持续高速增长；而日本近 30 年来钢产量比较平稳。

表1　日本、中国、美国废钢指数统计估算

年份	日本	中国	美国
1988	0.3400	0.1820	0.7514
1989	0.3638	0.1996	0.7580
1990	0.3793	0.2039	0.7346
1991	0.3766	0.1976	0.7823
1992	0.3980	0.1924	0.7390
1993	0.3838	0.1895	0.7472
1994	0.3852	0.1922	0.7298
1995	0.3763	0.1080	0.6321
1996	0.3967	0.0970	0.5627
1997	0.4133	0.0830	0.5767

　　总之，我国发展循环经济，一定要注意到本国的特点，否则，在决策上非出现偏差不可！

5　中循环和生态工业园

　　这是指下游工业的废物，重返上游工业，重新处理，例如，机械工业的切屑返回冶金工业，重新进行熔炼（见图3）。这样可以提高资源效率和环境效率。我国在这方面的潜力可能还不小，今后可更多地加以关注。

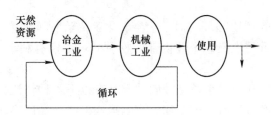

图3　中循环示意图

　　扩而大之，工厂的废物、余能，不是送往上游工业，而是送往其他工业去加以利用。这也是企业之间的物质流动，属于本文所说的中循环范畴。其实，这就是"生态工业园"的基本思想，即：各企业之间在资源和能源方面形成互补的格局。

　　关于生态工业园，本文要说明以下三点：

　　（1）如果园中各企业生产的都是不可能进入大循环的产品，如油漆、炸药、燃料等，那么，在各企业之间，在资源、能源方面形成互补就可以了。如图4所示，图中A、B、C三家企业，生产的产品在使用后都是无法回收的，而在这三家企业之间已经形成了资源、能源的互补格局。这就是由A、B、C三家企业形成的生态工业园。

（2）如果在生态工业园中有些企业生产的产品是可以进入大循环的，那么还应有相应的考虑，那就是在园中还应有把这些使用以后的产品进行回收、加工和处理的企业。这样，在生态工业园中，既有中、小循环，又有大循环，如图 5 所示，企业 A′、B′、C′ 分别承担企业 A、B、C 的产品使用报废后的回收、加工和处理。这样才能使工业物质循环更接近于闭路循环。

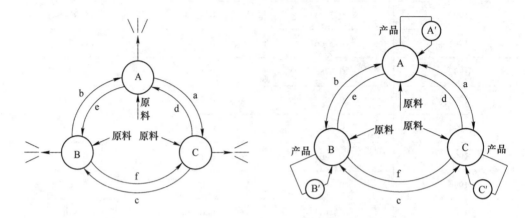

图 4　没有大循环的工业生态园示意图　　　　图 5　具有大循环的工业生态园示意图

（3）不仅对于各企业的主产品要作上述考虑，而且对于各种可以回收使用的消耗品和副产品也应作类似考虑。同时，还应考虑生态工业园中的部分企业如何消纳社会上的垃圾、废物和污染物的问题。

文献 [8]，虽然篇幅不大，但在拓展生态工业园的思路方面是很有见地的，值得我们参考。

6　小循环与企业生产流程

这是指企业内部的物质循环。对于冶金、化工等流程工业来说，搞好企业内部各类物质的循环，具有重要意义。企业内部的物质循环不仅有利于节约资源，也有利于改善环境。

企业内部的物质流动情况很复杂，归纳起来有以下 4 种物流：（1）以流程的第一道工序为起点，依次经过下游各道工序，直到形成最终产品的主物流；（2）由外界到达流程中途某工序的物流；（3）由流程中途某工序流向外界的物流；（4）由下游工序返回上游工序的物流，或由某工序末端返回该工序始端的物流（即循环物流）。以上 4 种物流是相互联系、相互影响的。所以，为了把循环物流对资源效率、环境效率的影响研究清楚，必须综合地研究企业内部的上述 4 种物流。笔者曾按照这种思路，研究了冶金工业生产流程的物流对能耗的影响[9-10]。以某厂生产流程的实际物流图（以 1t 钢材为基准）为例，如图 6 所示[9]。在图 6 中，可以清楚地见到上述 4 种物流，按照上文中的序号，它们是：（1）贯穿各工序的主物流；（2）由流程以外分别到达炼铁和炼钢工序的 2 股物流；（3）分别由炼铁、炼钢和轧钢工序出发，指向外界的 3 股物流；（4）图 6 下方的 6 股循环物流。图 6 中每个箭头线上标明了各股物流的实物量，并在括号中标明了与之相当的 Fe 元素质量。代表每个工序的圆圈的上方，标明了该工序的工序能耗 e_i 值（以每千克标煤计，全文同）。

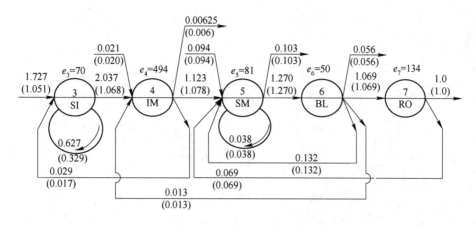

图6 某厂生产流程的实际物流图（以 1t 材为基准）

由图可见，钢铁生产流程的实际物流图是很复杂的。但是，采用必要的方法是可以把各股物流对能耗的影响分析得很清楚的。如表 2 所示，以 1t 钢材为计算基础，烧结矿循环量每增加 1kg，能耗将上升 0.0535kg；返回转炉的废料每增加 1kg，吨材能耗将上升 0.0729kg。

表2 各股物流的单位增量对 1t 钢材能耗的影响　　　　　　　　　　（kg）

影 响 因 素	能耗变化值
投入高炉的外购生铁量	−0.1020
投入转炉的外购废钢量	−0.6060
烧结矿循环量	0.0535
返回烧结工序的高炉灰量	0.3514
转炉钢的循环量	0.0729
返回转炉的初轧废钢量	0.1172
返回烧结工序的轧钢氧化铁皮量	0.5940
烧结矿损失量	0.0535
外卖生铁量	0.5322
转炉工序的钢损失量	0.6788
外卖钢坯	0.7232
轧钢工序的钢损失量	0.8486

今后，需要把各股物流对资源和环境效率的影响，也研究清楚。因为只有这样，才能对企业内部的物质循环工作，起指导作用。

水的循环，非常重要。尤其对于我国广大的北方地区更是如此。提高水的循环率，是降低新水用量的主要途径。图7表明了我国长江一带各钢厂，水资源效率与水循环率之间的关系。由此可见，为了大幅度降低吨钢新水用量，必须将循环率提到 95% 左右，或更高。

437

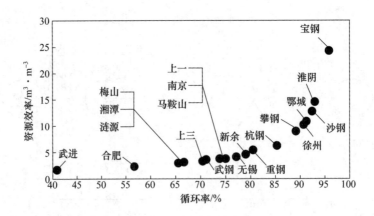

图 7　长江流域各钢厂水资源效率与水循环率之间的关系

7　结论

建立循环经济，是一项十分艰巨的长期任务，涉及的问题很多，只有各行各业、社会各阶层、政府各部门共同努力，方能完成。在当前起步阶段，尤其要强调调查研究和理论工作，并在此基础上加强宣传、教育，以达成广泛的共识。只有这样，发展循环经济的目的和目标才能更加清晰，工作思路和工作步骤才能更加明确，大家的看法才能更加一致，循环经济才能健康地发展。

参 考 文 献

[1] GRAEDEL T E，ALLENBY B R. Industrial Ecology ［M］. New Jersey，Prentice Hall，1995：5.

[2] AYRES R U. Industrial Metabolism：Theory and Policy，The Greening of Industrial Ecosystems ［M］. America：National Academy Press，2001：23-37.

[3] KARLSSON S. Closing the Technospheric Flows of Toxic Metals—Modeling lead losses from a lead—acid battery system for Sweden ［J］. Journal of Industrial Ecology，1999，3（1）：23-40.

[4] 陆钟武. 关于钢铁工业废钢资源的基础研究 ［J］. 金属学报，2000，36（7）：728-734.

[5] 陆钟武. 关于钢铁工业废钢资源的一般分析 ［C］//2001 金属学会年会论文集，上卷：70-80.

[6] 陆钟武. 论钢铁工业的废钢资源 ［J］. 钢铁，2002，37（4）：66-70.

[7] 陆钟武. 钢铁产品生命周期的铁流分析——关于铁排放量源头指标等问题的基础研究 ［J］. 金属学报，2002，38（1）：58-68.

[8] CÔTÉ R P. Exploring the Analogy Further ［J］. Journal of Industrial Ecology，1999，3（2/3）：11-12.

[9] 陆钟武，蔡九菊，于庆波，等. 钢铁生产流程的物流对能耗的影响 ［J］. 金属学报，2000（4）：370-378.

[10] 刘丽孺，陆钟武，于庆波，等. 烧结法氧化铝生产流程中物流对能耗的影响 ［J］. 东北大学学报（自然科学版），2002，23（10）：944-947.

以控制资源消耗量为突破口
做好环境保护规划[*]

摘　要　提出了稳态、非稳态社会经济系统在环境方面的基本关系式。着重说明了资源消耗量是源头上的"因"，而环境质量是最终的"果"。提出了以控制资源消耗量为重点，进一步完善末端治理，提高环境自净能力，标本兼治的环境保护工作思路。介绍了编制环保规划要掌握的两个基本公式。强调了单位 GDP 环境负荷及其年下降率的重要性。穿越"环境高山"，应成为制定规划的目标。按计划管理模式，编制环境保护规划，在我国可能是完全必要的。

关键词　环境保护规划　控制资源消耗量　IPAT 方程　每万元 GDP 的环境负荷　穿越"环境高山"

1　基本概念

人类社会经济系统与自然界之间的物质交换如图 1 所示[1]。

图 1　社会经济系统与自然界之间的物质交换

人类社会经济系统，从自然界所索取的是生物资源、非生物资源、水和空气等四类资源，向自然界排放的是废水、废气和固体废物等三类废物（或称为污染物）。系统内部是复杂的物质代谢过程。

社会经济系统可划分为稳态和非稳态两类。凡是系统内的物质量不随时间变化的，都是稳态系统，否则是非稳态系统。

1.1　稳态社会经济系统

因为稳态社会经济系统内的物质量，不随时间变化，所以，根据质量守恒定律，在单位时间内（例如在一年内），向稳态社会经济系统输入的物质量，等于它向自然界输出的物质量，即

生物资源量 + 非生物资源量 + 水量 + 空气量 = 废水量 + 废气量 + 固体废物量

或

$$\sum 资源消耗量 = \sum 废物排放量 \tag{1}$$

439

---

* 本文原发表于《环境科学研究》，2005。

工业生态学

式（1）表明：稳态社会经济系统各类资源消耗量之和与各类废物排放量之和，二者始终是相等的。要想降低废物排放量，就得减少资源消耗量。

由于废物排放量的大小，对环境质量的好坏，具有决定性影响，所以我们将式（1）进一步扩展成如下形式：

$$\sum 资源消耗量 = \sum 废物排放量 \Longrightarrow 环境质量 \qquad (2)$$

生物资源量	废气量	大气质量指标
非生物资源量	废水量	地表水体质量指标
水量	固体废物量	地下水质量指标
空气量		土地污染状况
		其他指标
（Ⅰ）	（Ⅱ）	（Ⅲ）

式（2）是稳态社会经济系统在环境方面的基本关系式。式中，环境质量是各项环境指标的统称，其中包括大气质量、地表水质量、地下水质量、土地污染程度等；符号 $\Longrightarrow$ 表示各类废物排放量之和对环境质量"具有决定性影响"。

式（2）中的全部变量被划分为三类：第Ⅰ类为各种资源消耗量；第Ⅱ类为各种废物排放量；第Ⅲ类为各项环境质量指标。这三类变量之间的关系是：（1）第Ⅰ类变量的总和决定了第Ⅱ类变量的总和；（2）第Ⅱ类变量对第Ⅲ类变量具有决定性影响。在因果关系上，第Ⅰ类变量是源头上的"因"，而第Ⅲ类变量是最终的"果"。可见，在环保工作中，要特别关注资源消耗量与环境质量之间的关系。

1.2 非稳态社会经济系统

因为非稳态社会经济系统内的物质量是变化的，所以，根据质量守恒定律，单位时间内（例如在一年内），向非稳态社会经济系统输入的物质量，等于它向自然界输出的物质量，加上系统内物质的净增量，即

$$\sum 资源消耗量 = \sum 废物排放量 + \sum 系统内物质的净增量 \qquad (3)$$

式中，"$\sum$ 系统内物质的净增量"一项，主要是指新增的建筑物、基础设施以及各种耐用品（如机器、车辆等）的总和。在系统内的物质增多时，它的净增量为正值；反之则为负值。

若用符号 Δ 代表"$\sum$ 系统内物质的净增量"一项，并将其移到式（3）等号左侧，得

$$\sum 资源消耗量 - \Delta = \sum 废物排放量 \qquad (4)$$

式（3）、式（4）表明，在非稳态社会经济系统中，各类资源消耗量之和，与各类废物排放量之和，二者之间的差值是 Δ 值。在 Δ 值为定值的情况下，资源消耗量越大，废物排放量就越大；要想降低废物排放量，就得减少资源消耗量。

同理，可将式（4）扩展成如下形式：

$$\sum 资源消耗量 - \Delta = \sum 废物排放量 \Longrightarrow 环境质量 \qquad (5)$$

$$（Ⅰ） \qquad\qquad （Ⅱ） \qquad\qquad （Ⅲ）$$

式（5）是非稳态社会经济系统在环境方面的基本关系式。式（5）中三类变量

的划分以及三类变量之间的关系与式（2）中相同。第Ⅰ类变量是"因"，第Ⅲ类变量是"果"。

此外，由于系统内物质的净增量是由资源转变而成的，所以，提高这个转变效率，延长这些物质的使用寿命，是降低资源消耗量，从而降低废物排放量，改善环境的一个重要途径。

2 环保工作的思路

在上节基础上，得出的环保工作思路如图 2 所示。

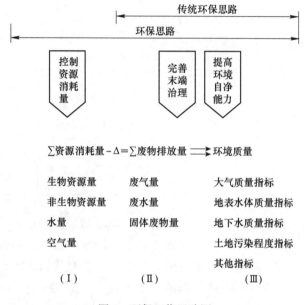

图 2 环保工作思路图

由图 2 可见，环境保护包括三个方面的工作，即：控制资源消耗量，完善末端治理和提高环境的自净能力。现分别概述如下：

（1）控制资源消耗量：这是从源头上提高环境质量的治本之策，是环保工作的重点。为此，需要做好以下各项工作：调整产业结构和产品结构、发展循环经济、提升技术和管理水平、调整能源结构、改变消费观念、改变企业经营观念和策略等（见表1）。归结到一点，就是要降低资源消耗量；反映在产品上，是单位产品的资源消耗量；反映在国民经济上，是万元 GDP 的资源消耗量。大量数据表明，我国正是在这些指标上相当落后，所以环境形势才相当严峻。今后，要努力扭转这种局面，才能使我国的环境状况整体上得到好转。

表 1 环境保护的主要工作和内容

名 称	主 要 内 容
调整产业结构	发展第三产业、发展环保产业、发展"静脉"产业、淘汰落后产业
调整产品结构	发展高附加值产品、开发环境友好材料、开发环境友好产品
发展循环经济	推进清洁生产、推进大、中、小循环及开发链接技术、加强资源综合利用、开发再制造技术、进行物质流分析工作、进行总物流分析工作

名　称	主　要　内　容
提升技术水平	开发推广节能降耗技术、推广产品的环境设计、提升传统产业
提升管理水平	向集约型经济转变、加强环境管理、加紧进行企业的（ISO14000）认证、开展"产品生命周期分析"工作
调整能源结构	加强核电、水电建设，加大天然气比重，发展可再生能源的利用：太阳能、风能、生物质能、地热能、潮汐能
改变消费观念	提倡勤俭节约、反对铺张浪费
改变经营观念、策略	发展产品租赁
生态环境的保护、修复、改善	治理河道、植树造林、退耕还林、还草、限牧禁渔
完善末端治理	增设和完善废气、废水、固废的治理装置
加强宣传教育	媒体宣传、科普教育、大、中、小学教育
制定法律、法规	制定新法律、法规，修改、补充现有法律、法规
制定政策	制定新的政策，修改、补充现有的政策（技术、价格、税收、金融等）

（2）完善末端治理：在不少情况下，这是提高环境质量的必要措施，因为它能削减排入环境中的废物量。在我国不少地方和企业，废水、废气、固体废弃物的处理设施，还很不齐全。今后，需进一步配备和完善起来。要在进行末端治理的同时，实现对废物的再资源化，这样对于降低资源消耗量才会有一定贡献，才能避免二次污染的发生。必须说明，末端治理并不是到处都适用的，在有些情况下（例如农田的面污染问题等），它是完全无能为力的。

（3）提高环境自净（及自修复）能力：这是借助自然界的力量改善环境的重要措施。但是，为此必须人工地保护、修复和改善自然生态环境，例如治理河道、植树造林、退耕还林、退耕还草、限牧禁渔等都是重要工作。在这方面，我国今后的任务也是十分繁重的。

在表1中，不仅归总了上述各项主要工作，而且还列出了加强宣传教育、制定法律法规和制定政策等项工作。

总之，以控制资源消耗量为重点，进一步完善末端治理，提高环境自净能力，标本兼治，是环境保护工作的基本思路。按照这个思路，加强各方面的工作，定能有效地提高环境质量。

如图2所示，传统的环保思路，并没有把资源消耗量的控制包括在内，所以它不够全面。

早先的环境保护规划，是按照传统的思路编制的。近几年来，环保思路在逐步更新，尤其是中央提出新型工业化道路、循环经济和科学发展观以来，观念更新的步伐更快了，各种规划也做得更全面、更好了，这是十分可喜的。我们希望，今后能在原有基础上，以控制资源消耗量为突破口，把各级政府和各行各业的环保规划做得更好！

3 IPAT 方程

以控制资源消耗量为突破口，编制环境保护规划，一定要掌握著名的 IPAT 方程[2-3]：

$$I = P \times A \times T \tag{6}$$

式中，I 为环境负荷；P 为人口；A 为人均 GDP；T 为单位 GDP 的环境负荷。式中的环境负荷可以特指各种资源消耗量或废物产生量。以能耗为例，式（6）可写作

$$能源消耗量 = 人口 \times \frac{GDP}{人口} \times \frac{能源消耗}{GDP}$$

以 SO_2 为例，式（6）可写作

$$SO_2 \ 产生量 = 人口 \times \frac{GDP}{人口} \times \frac{SO_2 \ 产生量}{GDP}$$

请注意，这里用的是废物产生量，而不是它的排放量，因为末端治理的效果并没有考虑在内。如果末端治理的效果很好，有些废物的产生量与排放量之间会有很大差别。

这个公式虽然很简单，但是很有用。它是西方学者在 20 世纪 70~80 年代，经过反复讨论才确定下来的[4]，是经过验证的，可以用来做定量计算。

IPAT 方程还可写成其他形式，例如

$$I = G \times T \tag{7}$$

式中，$G=P \times A$，也就是 GDP。式（7）可称作 IGT 方程。

在编制"十一五"环保规划时，只要按照 IPAT 方程，或从它派生出来的其他方程，并且考虑到末端治理的效果，通过反复推敲，就可以把规划期内包括资源消耗量在内的与环境有关的指标确定下来。

现举两个例题说明这两个方程在规划中的一般用法。

例 1 设我国 20 世纪末，人口为 $P_0 = 12 \times 10^8$ 人，人均 GDP 为 $A_0 = 800$ 美元；2010 年人口为 $P = 13.4 \times 10^8$ 人，人均 GDP 为 $A = 2000$ 美元。（1）如在此期间不允许环境负荷上升，问万美元 GDP 环境负荷应降低多少；（2）如允许环境负荷上升 30%，问万美元 GDP 环境负荷应降低多少。

解：（1）不允许环境负荷上升：

设 20 世纪末，环境负荷为 I_0，万美元 GDP 环境负荷为 T_0，则按式（6）得

$$I_0 = 12 \times 10^8 \times 0.08 \times T_0 \tag{a}$$

设 2010 年环境负荷为 I，万美元 GDP 环境负荷为 T，则按式（6）得

$$I = 13.4 \times 10^8 \times 0.2 \times T \tag{b}$$

按题意知

$$I = I_0 \tag{c}$$

故 $\qquad 12 \times 10^8 \times 0.08 \times T_0 = 13.4 \times 10^8 \times 0.2 \times T$

解得

$$\frac{T}{T_0} = \frac{12 \times 10^8 \times 0.08}{13.4 \times 10^8 \times 0.2} = \frac{1}{2.79}$$

即在此期间，万美元 GDP 环境负荷应降低 2.79 倍。

（2）允许环境负荷上升 30%：

按题意，本例题中的式（c）改为

$$I = (1 + 0.3)I_0$$

将式（a）、式（b）代入上式得

$$1.3 \times 12 \times 10^8 \times 0.08 \times T_0 = 13.4 \times 10^8 \times 0.2 \times T$$

解得

$$\frac{T}{T_0} = \frac{1.3 \times 12 \times 10^8 \times 0.08}{13.4 \times 10^8 \times 0.2} = \frac{1}{2.15}$$

即在此期间，万美元 GDP 环境负荷应降低 2.15 倍。

例 2 已知某市 2000 年 GDP 为 $G_0 = 1500 \times 10^8$ 元，新水耗量为 $I_0 = 18 \times 10^8 m^3$；2010 年 GDP 增至 $G = 4500 \times 10^8$ 元。如新水耗量只允许增加 20%，问 2010 年万元 GDP 新水耗量应为多少，并与 2000 年作对比。

解：（1）计算 2000 年万元 GDP 新水耗量 T_0：

按式（7）

$$T_0 = \frac{I_0}{G_0} = \frac{18 \times 10^8}{1500 \times 10^8} \times 10^4 = 120 m^3$$

（2）计算 2010 年新水耗量 I：

按题意

$$I = (1 + 0.2) \times 18 \times 10^8 = 21.6 \times 10^8 m^3$$

（3）计算 2010 年万元 GDP 新水耗量 T：

$$T = \frac{I}{G} = \frac{21.6 \times 10^8}{4500 \times 10^8} \times 10^4 = 48 m^3$$

即在此期间，万元 GDP 新水耗量应从 120m^3 降至 48m^3，即应降低为原值的 1/2.5。

在确定"十一五"环保规划中单位 GDP 环境负荷的规划值时，以上两例可作参考。

顺便提一下，单位 GDP 资源消耗量的倒数，就是"资源效率"。这个名词也是大家经常使用的。好比，例 2 中的某市，在 10 年间万元 GDP 新水耗量应从 120m^3 降为 48m^3，降低至 1/2.5；换一个说法是，该市在 10 年间"水资源效率"应从 1/120 提高到 1/48 万元 GDP/m^3 新水，提高 2.5 倍。对万元 GDP 新水耗量来说是降低至 1/2.5，而对"水资源效率"来说是提高 2.5 倍，因为它们二者互为倒数。

同理，单位 GDP 废物排放量的倒数，就是"环境效率"。对它的理解，和"资源效率"完全相同，不必再加解释。

请注意，"倍数（factor）"问题，在中、长期规划中是最重要的，丝毫马虎不得。只要在"倍数"的确定问题上有失误，编制出来的规划就不可能是很成功的。

4 $t_k \sim g$ 方程

单位 GDP 环境负荷的年下降率，应成为"十一五"环保规划中的重要指标，也是制订年度计划的重要依据。但是，在以往的有些规划中，只能见到 GDP 的年增长率，却很少见到单位 GDP 环境负荷的年下降率。这说明，对于前者重视有余，而对于后者的重要性仍认识不足。

大量事实说明，资源之所以短缺，环境之所以恶化，其根本原因就在于这两个指标之间不成比例，失去了平衡。为此，本节将概要说明应如何掌握这两个指标之间的匹配关系，才能适应资源、环境方面的规划要求。

本文用 g 代表 GDP 的年增长率，t 代表单位 GDP 环境负荷的年下降率。研究表明[5]，只有当 t 值等于下列 $t_k \sim g$ 方程中的 t_k 值时，环境负荷才会与 GDP "脱钩"，即无论 GDP 怎样增长，环境负荷也不会上升。

$$t_k = \frac{g}{1+g} \qquad (8)$$

式中，t_k 为单位 GDP 环境负荷年下降率的临界值。

若 $t = t_k$，环境负荷与经济增长 "脱钩"。

若 $t < t_k$，环境负荷必随 GDP 的增长而逐年上升，且 t 与 t_k 之间的差值越大，环境负荷上升得越快。

若 $t > t_k$，环境负荷必在 GDP 增长过程中逐年下降，且 t 与 t_k 之间的差值越大，环境负荷下降得越快。

按式（8）计算的 t_k 值，如表 2 所示。

表 2　t_k 的计算值

g	0.01	0.03	0.05	0.07	0.09	0.11	0.13	0.15
t_k	0.009	0.029	0.0476	0.0654	0.0824	0.0991	0.115	0.1304

由表可见，g 值越大，t_k 值亦越大。也就是说，GDP 增长越快，越不易实现环境负荷与 GDP 之间的 "脱钩"。

在 21 世纪头 10 年中，我国经济将翻一番。这大致相当于 $g = 0.07$，即 7%。由表 2 可知，与之相对应的 t_k 值为 0.0654，即单位 GDP 的环境负荷每年必须降低 6.54%，才能使环境负荷与经济增长 "脱钩"。如果达不到这个要求，环境负荷必将逐年上升。如何针对各种资源和污染物，合理地确定它们各自的 t 值以及与之相对应的措施，无疑是规划的重点和难点。

有些地方提出 10 年内 GDP 翻一番以上（g 值大于 0.07，甚至高达 0.11）。在这种情况下，合理地确定各种资源和污染物的 t 值，就更得思索了，因为如果把 t 值定得比 t_k 值小很多，虽然规划实施起来比较容易，但是将来一定会出现严重的资源、环境问题。反过来，如果把 t 值定得很高，使之接近 t_k 值，虽然在资源、环境方面的情况会好得多，但是将来这个 t 值是否能真正落实，也是问题。只有认真对待，反复磋商，才有可能按可持续发展的要求，合理地把这个关键性的指标定下来，否则后果是严重的。

总之，在 "十一五" 环保规划中，单位 GDP 环境负荷年下降率（t 值）的选取十分重要，必须权衡利弊，慎重抉择。

5　目标是穿越 "环境高山"

一二百年来，发达国家的经济增长与环境负荷的升降过程以及未来的走势，如图 3a 所示[6]。图中横坐标是 "发展状况"，它比经济增长的含义更广泛些；纵坐标是 "资源消耗量"，强调的是环境负荷的源头方面。在经济增长过程中，环境负荷的升降分为三个阶段。工业化阶段：环境负荷不断上升；大力补救阶段：环境负荷以较慢速度上升，达到顶点后，逐步下降；远景阶段（尚未完全实现）：环境负荷不断下降，直到很低的程度。

如果把图中的曲线比喻成一座"环境高山"，那么这些国家发展经济，就好比是一次翻山活动。大家都知道，在翻山前两个阶段的一部分时间里，有些国家的环境问题，曾经十分严重，付出过沉重的代价。

发展中国家的经济增长，起步较晚，至今仍在工业化的征途中。这些国家应以发达国家的历史为鉴，吸取它们的教训，不要再去走它们从山顶上翻过"环境高山"的老路，而要改从它半山腰的一条隧道中穿过去，变"翻山"为"穿山"，如图3b所示[6]。这样在工业化过程中付出的代价（环境负荷）较低，而前进的水平距离（经济增长）却没变。毫无疑问，这是发展中国家工业化进程的最佳选择。

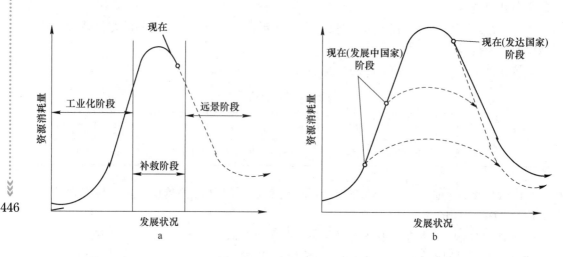

图3　资源消耗与发展状况的关系

a—发达国家的经济增长与环境负荷曲线；b—发展中国家"穿山"的设想

穿越"环境高山"的思想，对我国尤其重要，因为它是世界上经济发展最快的国家。如果今后继续走传统的老路，往山顶上爬，那么可以预料，用不了几年，就会发生非常严重的资源、环境问题。老路是走不得的，也是走不通的。唯一正确的选择是下决心在"环境高山"的半山腰穿过去，走出一条新型工业化的路来。这个决心下得越早越好，而且，这是属于"机不可失，时不再来"的一种选择。如果错过当前的时机，等若干年后再下决心，就可能为时已晚，后悔莫及！

穿越"环境高山"，应成为制定规划的指导思想。而且，要把这个思想落实到规划的各个方面。提出的各项目标、指标、措施等都要服从"穿山"的要求；而不能满足于某些指标稍有改善等无足轻重的成绩。

"穿山"的关键点，是恰当地控制全国的环境负荷总量。但是，各种资源消耗量、各种废物排放量，究竟要分别控制到什么程度，才算"恰当"，绝不是轻而易举就能确定下来的，大量的调查研究工作是必不可少的。

关于这个问题，我们的想法是要区别对待。我国有些资源已十分匮乏（如土地、水等），有些废物排放量（如SO_2，工业废水等）已十分大。对于这些资源和废物，要提出严格的要求，甚至提出零增长、负增长的要求。

按$I=G×T$方程理解，为了达到"脱钩"的要求，就要做到GDP（即式中的G）增长的倍数，等于万元 GDP 环境负荷（即 T）降低的倍数。

对于其他种类的环境负荷，要求可以稍放松一些。以能源为例，如果在 21 世纪头 20 年内，我国计划用翻一番的能源，实现 GDP 翻两番，那么，在头十年内，GDP 翻一番的同时，能源最多也只能增加 42%。按照 $I = G \times T$ 方程理解：G 值翻一番，T 值必须降低 29% 以上。

我们的更长远目标，是在经济增长的同时，环境负荷逐年下降，一直降到很低的程度。为此，必须使单位 GDP 环境负荷的年下降率（t 值）大于按式（8）计算的 t_k 值。相信，将来这是完全可以做到的。事实上，有些发达国家，从 20 世纪 90 年代起，有的环境负荷已开始不断下降了[3,7]。

6 环境保护规划的编制办法

在全国范围内，编制各级政府和各行各业相互配套的"十一五"环境保护规划，是件十分复杂的工作。为此，要事先建立一套切实可行的工作程序。

笔者的初步设想是先要在调查研究的基础上，经过反复协商，确定各种主要资源和废物的全国控制额度。然后把这些额度，按各地、各行业的具体情况，分配下去，作为各地、各行业制定规划的依据。由于情况各不同，有的地区和行业的某些种类的资源消耗量和废物排放量必须实现"负增长"，才能给其他地区和行业留出"正增长"的余地。

此外，还要按照远期的限额，确定年度工作的目标，也就是说要确定单位 GDP 各种资源消耗量和废物排放量的年下降率（平均的），并提出相应的措施。只有每年都完成目标任务，最终才有可能实现远期目标。

凡是要求"脱钩"的各种资源和废物，它们的 t 值的确定方法可参照式（8）。在有些情况下，加强末端治理是十分必要的。其他种类的资源和废物的 t 值，虽可比 t_k 值小些，但在 GDP 十年内翻一番的过程中，资源消耗量和废物排放量的增长也不允许超过一定限度。这些都是保证穿越"环境高山"的必要条件。

以上所说的做法，是"自上而下设置天花板"的做法。

这种做法，实际上是在资源、环境方面实行计划管理，有一定的强制性。它对于经济高速增长的中国，可能是完全必要的[8]。

参 考 文 献

[1] 陶在朴. 生态包袱与生态足迹 [M]. 北京：经济科学出版社，2003：32-61. （Tao Zaipu. Eco-Rucksack and Eco-Footprint [M]. Beijing：Economic Science Press，2003：32-61.）

[2] RAO P K. Sustainable development：economics and policy [M]. New Jersey，Blackwell，2000：97-100.

[3] GRAEDEL T E，ALLENBY B R. Industrial Ecology [M]. 2nd edition. New Jersey，Prentice Hall，2002：5-7.

[4] CHERTOW M R. The IPAT equation and its variants Changing views of technology and environmental impact [J]. Journal of Industrial Ecology，2001，4（4）：13-30.

[5] 陆钟武，毛建素. 穿越"环境高山"——论经济增长过程中环境负荷的上升与下降 [J]. 中国工程科学，2003，5（12）：36-42.（LU Z W，MAO J S. Crossing "Environmental Mountain" —On the Increase and Decrease of Environment Load in the Process of Economic Growth [J]. China Engineering Science，2003，5（12）：36-42.）

[6] GRAEDEL T E, ALLENBY B R. Industrial Ecology [M]. New Jersey, Prentice Hall, 1995: 31.

[7] 中国现代化战略研究课题组，中国科学院中国现代化研究中心 . 2003 中国现代化报告——现代化理论、进展与展望 [M]. 北京：北京大学出版社，2003：193-194. (China Modernization Strategy Research Group, The Academy of Science. China Modernization Report 2003—Theory, Process and Prospect [M]. Beijing: Beijing University Press, 2003: 193-194.)

[8] 莱斯特·R·布朗 . B 模式——拯救地球 延续文明 [M]. 北京：东方出版社，2003：185-207. (Brown L R. B Mode—Rescuing a Planet under Stress and a Civilization in Trouble [M]. Beijing: Orient Press, 2003: 185-207.)

陆钟武

文

集

关于进一步做好循环经济规划的几点看法 *

摘　要　近几年来，从中央到地方，都在努力推动循环经济的发展，做了大量工作。在此期间，我本人参加过一些规划的讨论、评审，参加过一些与循环经济有关的会议。感到有些看法还需要提出来，目的是希望今后的规划能做得更好。本文将提出以下几点看法：(1) IPAT 方程很有用；(2) 单位 GDP 环境负荷的年下降率很重要；(3) 要认清我国二次资源严重短缺问题；(4) 要下决心穿越"环境高山"。

关键词　IPAT 方程　二次资源　环境负荷　环境高山

1　IPAT 方程的用途

式（1）是著名的 IPAT 方程式[1-2]

$$I = P \times A \times T \tag{1}$$

式中，I 为环境负荷；P 为人口；A 为人均 GDP；T 为单位 GDP 的环境负荷。式中的环境负荷可以特指各种资源消耗量或污染物产生量。以能耗为例，式（1）可写作

$$能源消耗量 = 人口 \times \frac{GDP}{人口} \times \frac{能源消耗}{GDP}$$

以 CO_2 产生量为例，式（1）可写作

$$CO_2 \text{ 产生量} = 人口 \times \frac{GDP}{人口} \times \frac{CO_2 \text{ 产生量}}{GDP}$$

这个公式虽然很简单，但是很有用。它是西方学者在 20 世纪 70~80 年代，经过反复讨论才确定下来的[3]，是经过验证的，可以用来做定量计算。

IPAT 方程还可写成其他形式，例如

$$I = G \times T \tag{2}$$

式中，$G = P \times A$，也就是 GDP。式（2）可称作 IGT 方程。

在编制中、长期规划时，只要按照 IPAT 方程，或从它派生出来的其他方程，通过反复推敲，就可以把规划期内环境方面的有关指标确定下来，把未来的环境状况说清楚。

但是，在有些规划中，环境方面的指标，往往残缺不全，从中无法了解未来的资源、环境状况究竟会怎样。甚至会发现，如按规划稿中的有关数据推算，若干年后的环境负荷会高得惊人，当地肯定无法承受。

其实，只要考虑周全些，把式（1）、式（2）用上去，这些问题是很好解决的。现举两个例题说明这两个方程在规划中的一般用法。

例 1　设我国 20 世纪末，人口为 $P_0 = 12 \times 10^8$ 人，人均 GDP 为 $A_0 = 800$ 美元；21 世纪中叶，人口为 $P = 16 \times 10^8$ 人，人均 GDP 为 $A = 4000$ 美元。(1) 如在此期间不允许环

---
* 　本文原发表于《环境科学研究》，2005。

境负荷上升，问万美元 GDP 环境负荷应降低多少；（2）如允许环境负荷上升 30%，问万美元 GDP 环境负荷应降低多少。

解：（1）不允许环境负荷上升：

设 20 世纪末，环境负荷为 I_0，万美元 GDP 环境负荷为 T_0，则按式（1）得

$$I_0 = 12 \times 10^8 \times 0.08 \times T_0 \tag{a}$$

设 21 世纪中叶，环境负荷为 I，万美元 GDP 环境负荷为 T，则按式（1）得

$$I = 16 \times 10^8 \times 0.4 \times T \tag{b}$$

按题意知

$$I = I_0 \tag{c}$$

故

$$12 \times 10^8 \times 0.08 \times T_0 = 16 \times 10^8 \times 0.4 \times T$$

解得

$$\frac{T}{T_0} = \frac{12 \times 10^8 \times 0.08}{16 \times 10^8 \times 0.4} = \frac{1}{6.67}$$

即在此期间，万美元 GDP 环境负荷应降低 6.67 倍。

（2）允许环境负荷上升 30%：

按题意，本例题中的式（c）改为

$$I = (1 + 0.3) I_0$$

将式（a）、式（b）代入上式得

$$1.3 \times 12 \times 10^8 \times 0.08 \times T_0 = 16 \times 10^8 \times 0.4 \times T$$

解得

$$\frac{T}{T_0} = \frac{1.3 \times 12 \times 10^8 \times 0.08}{16 \times 10^8 \times 0.4} = \frac{1}{5.13}$$

即在此期间，万美元 GDP 环境负荷应降低 5.13 倍。

例 2 已知某市 2000 年 GDP 为 $G_0 = 1500 \times 10^8$ 元，新水耗量为 $I_0 = 18 \times 10^8 m^3$；2020 年 GDP 增至 $G = 7000 \times 10^8$ 元。如新水耗量只允许增加 20%，问 2020 年万元 GDP 新水耗量应为多少，并与 2000 年作对比。

解：（1）计算 2000 年万元 GDP 新水耗量 T_0：

按式（2）

$$T_0 = \frac{I_0}{G_0} = \frac{18 \times 10^8}{1500 \times 10^8} \times 10^4 = 120 m^3$$

（2）计算 2020 年新水耗量 I：

按题意

$$I = (1 + 0.2) \times 18 \times 10^8 = 21.6 \times 10^8 m^3$$

（3）计算 2020 年万元 GDP 新水耗量 T：

$$T = \frac{I}{G} = \frac{21.6 \times 10^8}{7000 \times 10^8} \times 10^4 = 31 m^3$$

即在此期间，万元 GDP 新水耗量应从 $120 m^3$ 降至 $31 m^3$，即应降低为原值的约 1/4。

在确定中、长期规划中的单位 GDP 环境负荷的规划值时，以上两例可作参考。

如单位 GDP 资源消耗量的倒数，就是"资源效率"。这个名词也是大家经常使用的。例 2 中的某市，在 20 年间万元 GDP 新水耗量应从 $120 m^3$ 降为 $31 m^3$，降低约 4 倍；

换一个说法是，该市在 20 年间"水资源效率"应从 1/120 万元 GDP/m³ 提高到 1/31 万元 GDP/m³ 新水，提高约 4 倍。对万元 GDP 新水耗量来说是降低约 1/4，而对"水资源效率"来说是提高约 4 倍，因为它们二者互为倒数。

同理，单位 GDP 污染物排放量的倒数，就是"环境效率"。对它的理解，和"资源效率"完全相同，不必再加解释。

值得注意的是，"倍数（factor）"问题，在中、长期规划中是最重要的，丝毫马虎不得。只要在"倍数"的确定问题上有失误，编制出来的规划就不可能是很成功的。

2 单位 GDP 环境负荷的年下降率的重要性

单位 GDP 环境负荷的年下降率，是中、长期环境规划中的重要指标，也是制订年度计划的重要依据。但是，在有些规划中，只能见到 GDP 的年增长率，却很少见到单位 GDP 环境负荷的年下降率。这说明，对于前者重视有余，而对于后者的重要性仍认识不足。

大量事实说明，资源之所以短缺，环境之所以恶化，其根本原因就在于这两个指标之间不成比例，失去了平衡。为此，本节将概要说明应如何掌握这两个指标之间的匹配关系，才能适应资源、环境方面的规划要求。

在下文中，用 g 代表 GDP 的年增长率，t 代表单位 GDP 环境负荷的年下降率。研究表明[4]，只有当 t 值等于下式中的 t_k 值时，环境负荷才会与 GDP "脱钩"，即无论 GDP 怎样增长，环境负荷也不会上升。这个公式是

$$t_k = \frac{g}{1 + g} \tag{3}$$

式中，t_k 为单位 GDP 环境负荷年下降率的临界值。

若 $t = t_k$，环境负荷与经济增长"脱钩"。

若 $t < t_k$，环境负荷必随 GDP 的增长而逐年上升，且 t 与 t_k 之间的差值越大，环境负荷上升得越快。

若 $t > t_k$，环境负荷必在 GDP 增长过程中逐年下降，且 t 与 t_k 之间的差值越大，环境负荷下降得越快。

按式（3）计算的 t_k 值，如表 1 所示。

表 1　t_k 的计算值

g	0.01	0.03	0.05	0.07	0.09	0.11	0.13	0.15
t_k	0.009	0.029	0.0476	0.0654	0.0824	0.0991	0.115	0.1304

由表可见，g 值越大，t_k 值亦越大。也就是说，GDP 增长越快，越不易实现环境负荷与 GDP 之间的"脱钩"。

在 21 世纪头 20 年中，我国经济将翻两番。这大致相当于 $g = 0.07$，即 7%。由表 1 可知，与之相对应的 t_k 值为 0.0654，即单位 GDP 的环境负荷每年必须降低 6.54%，才能使环境负荷与经济增长"脱钩"。如果达不到这个要求，环境负荷必将逐年上升。如何针对各种资源和污染物，合理地确定它们各自的 t 值以及与之相对应的措施，无疑是规划的重点和难点。

有些地方提出 20 年内 GDP 翻两番以上，甚至翻三番的要求（g 值大于 0.07，甚至

高达 0.11）。在这种情况下，合理地确定各种资源和污染物的 t 值，就更费思索了，因为如果把 t 值定得比 t_k 值小很多，虽然规划实施起来比较容易，但是将来一定会出现严重的资源、环境问题。反过来，如果把 t 值定得很高，使之接近 t_k 值，虽然在资源、环境方面的情况会好得多，但是将来这个 t 值是否能真正落实，也是问题。只有认真对待，反复磋商，才有可能按可持续发展的要求，合理地把这个关键性的指标定下来，否则后果是严重的。

总之，在中、长期规划中，单位 GDP 环境负荷年下降率（t 值）的选取十分重要，必须权衡利弊，慎重抉择。

3 要认清我国二次资源严重短缺问题

这里所说的二次资源，是指各种产品报废后回收的资源，如各种废金属、废玻璃、废纸等。

在生产上，用二次资源顶替天然资源，有不少好处，其中包括提高资源利用效率、节省能源、减少污染物排放等。但是，长期以来，我国的二次资源严重不足，因此在资源和环境问题上，处于不利地位。而且，这种状况，可能短期内不会好转。这就更加大了我们走新型工业化道路的难度。

在二次资源严重短缺的情况下，大力发展循环经济，尤其是产品报废后的资源循环利用（即"大循环"），更显得重要。实际情况是：有些二次资源并没有得到回收，或多或少地流失掉了。所以，做好回收工作，提高实得率，就可以在一定程度上减轻二次资源不足的压力。以前我们提出大、中、小三种循环并重的主张[5]，而且似乎也得到了大家的认同。但是，从近几年的情况看，对大循环的重视程度，与中、小循环相比，还有待提高，工作力度还有待加大。在今后制订规划和实际工作过程中，还得更多注意才好。

为了进一步强调二次资源问题，本文将以钢铁工业的废钢资源为例，做如下说明和分析。

我国钢铁工业的废钢资源，从 20 世纪 80 年代以来，一直严重不足。所以，铁矿石一直是钢铁工业的主要原料，废钢只占很小的比例。反映在生产流程上，以铁矿石为主要原料的高炉—转炉流程生产的钢占 85% 以上，而以废钢为主要原料的电炉流程只占 15% 以下。与废钢资源充足的国家相比，差距很大。例如，美国用上述两种流程生产的钢几乎各占一半。

两种流程相比，电炉流程的优点较多：如流程短、占地少、投资低，天然资源（铁矿）和能源消耗少、污染物排放少、经济效益好等。例如，电炉流程的吨钢能耗仅为高炉—转炉流程的 30% 左右。所以，凡是废钢资源不足的钢铁工业在不少方面都处于劣势。

研究工作表明，钢铁工业废钢资源的充足程度，是与钢产量的变化紧密相关的。凡是钢产量逐年增长的国家，其废钢资源一定不很充足，且钢产量增长越快，越不充足。相反，钢产量下降的国家，其废钢资源一定比较充足，且下降越快，越充足。

我国钢产量，从 20 世纪 80 年代以来，持续高速增长，其必然结果是钢铁工业的废钢资源严重短缺。关于这个问题的研究工作，请详见文献 [6]，本文只概略地介绍如下。钢铁产品的使用寿命一般长达十年以上，所以钢铁工业现在所使用的废钢，绝大部分是十多年前生产出来的钢演变过来的。而当时，我国的钢产量比现在低得多，仅仅是现在的 1/4～1/3。所以，即使这些钢全部能变成废钢，充其量也只能是现在钢铁工业所用含铁原料的一小部分。何况，还有相当大的一部分钢在使用过程中散失、锈蚀或埋在地下设施之中，不可能收集起来成为有用的废钢。这样，在钢铁工业所使用的含铁原料中，废钢所占的比例就更小了，约占1/6～1/5。而且，年复一年，都是这样。这就造成了我国钢铁工业废钢资源长期严重不足的局面。相反，美国的钢产量，在20世纪80年代初曾大幅度下降，所以在随后的许多年内，钢铁工业的废钢资源一直十分充足，不仅满足国内的需求，而且大量出口。俄罗斯的钢产量在20世纪90年代初也曾大幅度下降，所以直到现在废钢仍十分充足。

总之，在其他条件大致相同的情况下，钢产量的变化，决定了废钢的充足程度，也决定了电炉钢在钢产量中所占的比例。这方面的情况，在国与国之间有很大差别，绝不可盲目攀比，更不宜进行简单的数字上的对比。

以上就是关于钢铁工业废钢资源状况的简要分析和说明。其他工业的情况也大同小异。

只有把该回收的二次资源尽可能都回收回来，加以利用，在一定程度上缓解二次资源短缺问题。在产品产量继续高速增长的情况下，从根本上扭转二次资源短缺的局面，是不可能的。物质循环的客观规律，是不会改变的。

不过，可以预料，将来当钢产量进入缓慢增长期，或进入稳定期后，这种局面将逐步好转。到那时，电炉流程的比例将会上升，转炉多吃些废钢的愿望，也将成为现实。

4　下决心穿越"环境高山"[4]

数百年来，发达国家的经济增长与环境负荷的升降过程以及未来的走势，如图1a所示[4]。图中横坐标是"发展状况"，它比经济增长的含义更广泛些；纵坐标是"资源消耗"，强调的是环境负荷的源头方面。在经济增长过程中，环境负荷的升降分为三个阶段。工业化阶段：环境负荷不断上升；大力补救阶段：环境负荷以较慢速度上升，达到顶点后，逐步下降；远景阶段（尚未完全实现）：环境负荷不断下降，直到很低的程度。

如果把图中的曲线比喻成一座"环境高山"，那么这些国家发展经济，就好比是一次翻山活动。大家都知道，在翻山前两个阶段的一部分时间里，有些国家的环境问题，曾经十分严重，付出过沉重的代价。

发展中国家的经济增长，起步较晚，至今仍在工业化的征途中。这些国家应以发达国家的历史为鉴，吸取它们的教训，不要再去走它们从山顶上翻过"环境高山"的老路，而要改从它半山腰的一条隧道中穿过去，变"翻山"为"穿山"，如图1b所示[4]。这样在工业化过程中付出的代价（环境负荷）较低，而前进的水平距离（经济增长）却没变。毫无疑问，这是发展中国家工业化进程的最佳选择。

穿越"环境高山"的思想，对我国尤其重要，因为中国是世界上经济发展最快的国家。如果今后继续走传统的老路，往山顶上爬，那么可以预料，用不了几年，就会发生非常严重的资源、环境问题。老路是走不得的，也是走不通的。唯一正确的选择是下决心在"环境高山"的半山腰穿过去，走出一条新型工业化的路来。这个决心下得越早越好，而且，这是属于"机不可失，时不再来"的一种选择。如果错过当前的时机，等若干年后再下决心，就可能为时已晚，后悔莫及！

穿越"环境高山"，应成为制订规划的指导思想。而且，要把这个思想落实到规划的各个方面。提出的各项目标、指标、措施等都要服从"穿山"的要求；而不能满足于某些指标稍有改善等无足轻重的成绩。

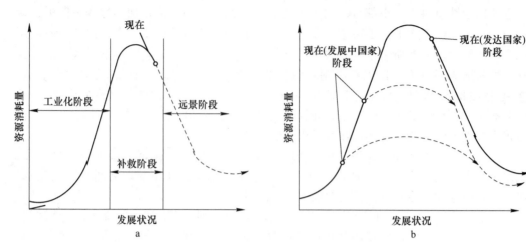

图 1　资源消耗与发展状况的关系

a—发达国家的经济增长与环境负荷曲线；b—发展中国家"穿山"的设想

"穿山"的关键点，是控制住全国的环境负荷总量。我国有些资源已十分匮乏（如土地、水等），有些污染物排放量（如 SO_2、工业废水等）已十分大。对于这些资源和污染物，要提出严格的要求，甚至提出零增长，即"脱钩"的要求。

按 $I=G\times T$ 方程理解，为了达到"脱钩"的要求，就要做到 GDP（即式中的 G）增长的倍数，等于万元 GDP 环境负荷（即 T）降低的倍数。例如，G 翻两番，T 就必须降低 4 倍。

对于其他种类的环境负荷，要求可以稍放松一些，但在经济翻两番的同时，它们最多也只能翻一番。按照 $I=G\times T$ 方程理解：G 值翻两番，T 值必须降低 2 倍以上。

在工作程序上，先要按以上要求确定各种资源（含能源）和污染物的全国控制额度。然后把这些额度，按各地具体情况，分配下去，作为各地制定规划的依据。由于各地情况不同，有的地区的某些种类的环境负荷必须实现"负增长"，才能给不发达地区留出"正增长"的余地。

此外，还要按照远期的限额，确定年度工作的目标，也就是说要确定单位 GDP 各种环境负荷的平均年下降率，即第 2 节所说的 t 值。只有每年都完成目标任务，最终才有可能实现远期目标。

凡是要求"脱钩"的各种资源和污染物，它们的 t 值必须达到式（3）中的 t_k 值，参见表 1。其他种类的环境负荷的 t 值，虽可比 t_k 值小些，但在 GDP 翻两番的过程中，单位 GDP 环境负荷也不允许超过两倍的增长。这些都是保证穿越"环境高山"的必要条件。

以上所说的做法，是"自上而下设置天花板"的做法，可能会比较有效。

我们的更长远目标，是在经济增长的同时，环境负荷（总量）逐年下降，一直降到很低的程度。为此，必须使单位 GDP 环境负荷的年下降率（t 值）大于按式（3）计算的 t_k 值。相信，将来这是完全可以做到的。事实上，有些发达国家，从 20 世纪 90 年代起，有的环境负荷已开始不断下降了[6]。

参 考 文 献

[1] RAO P K. Sustainable Development: Economics and Policy [M]. New Jersey, Blackwell, 2000: 97-100.

[2] GRAEDEL T E, ALLENBY B R. Industrial Ecology [M]. 2nd edition. New Jersey, Prentice Hall, 2002: 5-7.

[3] CHERTOW M R. The IPAT Equation and its Variants Changing Views of Technology and Environmental Impact [J]. Journal of Industrial Ecology, 2001, 4 (4): 13-30.

[4] 陆钟武, 毛建素. 穿越 "环境高山" ——论经济增长过程中环境负荷的上升与下降 [J]. 中国工程科学, 2003, 5 (12): 36-42.

[5] 陆钟武. 关于循环经济几个问题的分析研究 [J]. 环境科学研究, 2003, 16 (5): 1-5.

[6] 中国现代化战略研究课题组, 中国科学院中国现代化研究中心. 2003 中国现代化报告——现代化理论、进展与展望 [M]. 北京: 北京大学出版社, 2003: 193-194.

455

钢铁生产流程中物流对能耗和铁耗的影响*

摘　要　提出了钢铁生产流程的基准物流图，分析了偏离基准物流图的各股物流对吨材能耗和吨材铁耗的影响。以某钢厂年均生产数据为例，分析了钢铁生产流程的物流对能耗和铁耗的影响。凡是向中间工序输入废钢，可同时使吨材能耗和吨材铁耗降低；凡是流程中途向外界输出含铁物料，可同时使吨材能耗和吨材铁耗上升；凡是含铁物料在某一工序内部循环，或在工序之间循环，不影响吨材铁耗，但会使吨材能耗上升。

关键词　基准物流图　物流　吨材能耗　吨材铁耗

钢铁生产流程中物料的流动情况很复杂。一些钢铁联合企业里庞大的货运系统，至少从一个侧面反映了这一问题的复杂性。仅就流动本身而言，就包括流向、流量、流速、流动距离等多个参数。何况在研究物流时，还必须注意到物料的物理、化学参数。所有这些参数对钢铁生产流程的吨材能耗和吨材铁耗均有直接影响。因此，正确认识和分析钢铁生产流程中的物流问题，必将对钢铁生产的节能降耗工作产生深远的影响。

钢铁生产流程中物流对能耗影响的研究成果[1-3]，曾先后应用于宝山钢铁公司[4]、唐山钢铁公司、酒泉钢铁公司，以及长城铝业公司的氧化铝生产流程[5-7]，而且都取得了很好的效果。

至于钢铁生产流程中物流对铁耗的影响问题，我们的研究工作还在起步阶段[8]。研究的宗旨是提出其中主要的定量关系，寻求降低钢铁工业铁矿石等天然铁资源消耗的有效途径。

本文的研究内容为：（1）钢铁生产流程中物流对能耗的影响；（2）钢铁生产流程中物流对铁耗的影响；（3）结论。

1　钢铁生产流程中物流对能耗的影响

1.1　钢铁生产流程的能耗基准物流图

为便于分析钢铁生产流程中物流对能耗和铁耗的影响，构思了一张"全封闭单行道"式的钢铁生产流程物流图：（1）全流程中含 Fe 物料的唯一流向是从上游工序流向下游工序；（2）在流程的中途，无含 Fe 物料的输入、输出。本文把同时满足以上两个条件，并以 1t 钢材为最终产品的物流图，定义为钢铁生产流程的基准物流图。

图 1 是高炉—转炉流程的能耗基准物流图。图中每个圆圈代表一道工序，圆圈内的号码 1、2、3、4、5 分别是选矿、烧结、炼铁、炼钢、轧钢工序的序号，箭头表示含 Fe 物料的流向。在箭头的上下方分别标明各工序的实物产量和每吨物料中 Fe 元素的重量（C_1，C_2，C_3，吨 Fe 元素/吨物料）；第 4 道工序产出的是钢坯，设 $C_4 = 1.0$；同理，其后轧钢工序 $C_5 = 1.0$。在上述各道工序的实物产出量中，Fe 元素的质量均为

---

　　*　本文合作者：戴铁军。原发表于《钢铁》，2005。

1t。因为，$C_1 \times 1/C_1 = 1$，$C_2 \times 1/C_2 = 1$，$C_3 \times 1/C_3 = 1$。图中每个圆圈上面所标的 e_{01}，e_{02}，…，e_{05} 分别是各道工序的基准工序能耗，kg/t（标煤）合格实物产品。基于这张基准物流图，可求得流程的吨材能耗（简称基准吨材能耗）

$$E_0 = \frac{e_{01}}{C_1} + \frac{e_{02}}{C_2} + \frac{e_{03}}{C_3} + e_{04} + e_{05} \tag{1}$$

式（1）是同各种物流状况下高炉—转炉流程的能耗值进行对比的基准式。

钢铁生产流程的物流不可能满足上面提到的基准物流图的条件，偏离基准物流图的情况是普遍存在的。下面举几个典型的例子，分析钢铁生产流程偏离基准物流图对于吨材能耗的影响。

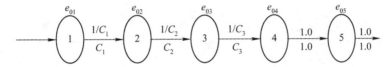

图1 高炉—转炉流程的能耗基准物流图

1.2 钢铁生产流程偏离基准物流图对于吨材能耗的影响

1.2.1 不合格产品或者废品在工序内部返回，重新处理

以图1中的工序2为例，说明这种情况下的物流及其对能耗的影响，见图2。

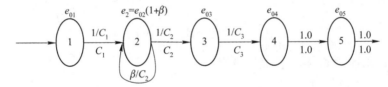

图2 钢铁生产流程偏离基准物流图

由图2可见，这道工序合格的实物产量仍应保持原来的数量，即 $1/C_2$ t，但与此同时，产出了一些不合格产品或废品，其数量为原产量的 β 倍（$\beta<1$）。因此，总的实物产量增至 $(\beta+1)/C_2$ t。其中，β/C_2 t 不合格产品或废品返回到本工序入口端，重新处理。如上节所见，原来这道工序产出 $1/C_2$ t 实物时总能耗为 e_{02}/C_2 kg 标煤。现因实物产量（合格与不合格产品均在内）增加到了 $(1+\beta)/C_2$ t，因此使这道工序总的能耗增至 $(1+\beta)e_{02}/C_2$ kg 标煤。这样，在其他各道工序的物流和能耗都不变的情况下，仅因工序2的上述变化，就使吨材能耗变为

$$E = \frac{e_{01}}{C_1} + \frac{(1+\beta)e_{02}}{C_2} + \frac{e_{03}}{C_3} + e_{04} + e_{05}$$

与基准吨材能耗 E_0 相比，其增量为

$$E - E_{01} = \beta \frac{e_{02}}{C_2}$$

由此可见，在其他条件相同的情况下，工序内部不合格产品或废品的返回量越大，吨材能耗的增量越大。此外，补充说明这种情况下对工序能耗的理解和计算方法如下：按规定，工序能耗＝工序总能耗/工序合格实物产品产量。所以，在有返料的情况下，工序2的工序能耗

$$e_2 = \frac{(1+\beta)e_{02}/C_2}{1/C_2} = e_{02}(1+\beta)$$

该工序的工序能耗计算式已在图2中标明。

1.2.2 下游工序的不合格产品或废品返回上游工序，重新处理

以图1中的工序5为例，说明这种情况下的物流及其对能耗的影响，见图3。由图3可见，工序5的不合格产品及废品返回到工序3重新处理。工序5的合格产品仍应保持原来的数量，即1t，但与此同时，有不合格产品或废品，其数量为原产量的 β 倍（$\beta<1$）。因此，总的实物产量将增至 $(1+\beta)$ t，其中 β t 不合格产品或废品返回工序3重新处理。则第3，第4两道工序的实物产量将增至 $(1+\beta)/C_3$ t 和 $(1+\beta)$ t。

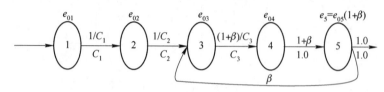

图3 下游工序的不合格产品或废品返回上游工序的物流图

由前面的讨论可知，工序5的工序能耗由原来的 e_{05} 变为 e_5，即

$$e_5 = e_{05}(1+\beta)$$

此外，第3和第4两道工序各自的总能耗，分别增至 $e_{03}(1+\beta)/C_3$ 和 $e_{04}(1+\beta)$。这样，吨材能耗变为

$$E = \frac{e_{01}}{C_1} + \frac{e_{02}}{C_2} + (1+\beta)\left(\frac{e_{03}}{C_3} + e_{04} + e_{05}\right)$$

与基准吨材能耗 E_0 相比，其增量为

$$E - E_0 = \beta\left(\frac{e_{03}}{C_3} + e_{04} + e_{05}\right)$$

可见，在其他条件相同的情况下，向上游工序的返料量越大，吨材能耗的增量越大。此外还可以看出，不合格产品或废品返回的距离（按进出两工序的序号差值计）越大，吨材能耗的增量越大。

1.2.3 不合格产品、废品或其他含Fe物料从某道工序向外界输出（不回收）

以图1中的工序5为例，说明这种情况下的物流及其对能耗的影响，见图4。

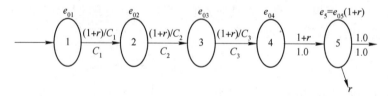

图4 不合格产品、废品或其他含Fe物料从某道工序向外界输出的物流图

由图4可见，r t（$r<1$）不合格产品、废品或其他含Fe物料，由工序5直接向外界输出，例如向市场出售或散失于环境中。工序5的合格产品仍为1t，而总的产出物为 $(1+r)$ t。上游各道工序的实物产量都将增至 $(1+r)$ 倍。在这种情况下，吨材能耗

$$E = (1+r)E_0$$

与基准吨材能耗 E_0 相比，其增量

$$E - E_0 = rE_0$$

不难理解，在其他条件相同的情况下，发生上述情况的工序序号越大，吨材能耗的增量越大。

1.2.4　含 Fe 物料从外界输入流程的某中间工序

以图 1 中的工序 4 为例，说明这种情况下的物流及其对能耗的影响，见图 5。

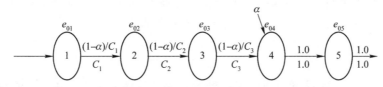

图 5　含 Fe 物料从外界输入流程的某中间工序的物流图

工序 4 的实物产量仍为 1t。但与此同时，有 α t（$\alpha < 1$）废钢从外界输入，按含 Fe 量计算，它相当于 α/C_3 t 工序 4 所用的原料。因此，从工序 3 进入工序 4 的物料量可由 $1/C_3$ t 减为（$1/C_3 - \alpha/C_3$）t。上游各工序之间的物流量也相应减少。这样，流程的吨材能耗

$$E = (1 - \alpha)\left(\frac{e_{01}}{C_1} + \frac{e_{02}}{C_2} + \frac{e_{03}}{C_3}\right) + e_{04} + e_{05}$$

与基准吨材能耗 E_0 相比，其增量等于

$$E - E_0 = -\alpha\left(\frac{e_{01}}{C_1} + \frac{e_{02}}{C_2} + \frac{e_{03}}{C_3}\right)$$

由此可见，吨材能耗降低了。

1.3　钢铁生产流程的实际物流图

钢铁生产流程偏离基准物流图的情况，绝不像以上所举各个典型例子那么简单。实际上任何一道工序都可能发生偏离基准物流图的现象，且在同一道工序中还可能存在若干这种现象，甚至同一种现象亦包括几股不同的物流。因此，钢铁生产流程的实际物流图十分复杂。不过，以上各典型例子已足以用来分析钢铁生产流程的实际物流图，以及它与能耗之间的关系。

运用实际物流图进行能耗分析工作，大致可按以下三步进行：

（1）选定钢厂的某一流程，收集统计期内有关物流和能耗数据，弄清各股物流的来龙去脉，绘制出该流程的实际物流图。在绘制以吨材为计算基准的实际物流图中，各股物流的流量等于统计期内这些股实物流量分别除以钢材产量。

（2）以这张实际物流图为依据，绘制基准物流图。

（3）对照基准物流图，分析实际物流对能耗的影响。

以实际物流图为依据，绘制基准物流图时，需标出各工序的实物产量，以及各工序能耗。在基准物流图上，很容易标出各工序的实物产量。因为炼钢以后各工序（炼钢、轧钢等）的实物产量都是 1t；铁前各工序的实物产量也只决定于各工序产品的实际 Fe 量，即选矿、烧结和炼铁各工序的实物产量分别等于 $1/C_1$ t，$1/C_2$ t 和 $1/C_3$ t。

基准物流图上的各工序能耗（以下简称"基准工序能耗"），要按实际物流图的工

序能耗（以下简称"实际工序能耗"）反算求得。例如，在上述 1.2.2 节中，工序 5 有 β t 不合格产品及废品返回上游工序去重新处理，所以，该工序能耗由原来的 e_{05}（基准工序能耗）增至 $e_5 = e_{05}(1 + \beta)$，其中 e_5 是该情况下的实际工序能耗。所以，该工序的基准工序能耗等于

$$e_{05} = \frac{e_5}{1 + \beta} \tag{2}$$

式（2）表明了从实际工序能耗反算基准工序能耗的基本方法。有多股物流影响工序能耗时，反算方法不变，只是要把多股物流的影响叠加起来，比较复杂。

1.4 钢厂实例

基于以上原理，现以唐钢一生产流程为对象，具体分析钢铁生产流程中物流对能耗的影响。该厂的主要生产流程由选矿、烧结、炼铁、炼钢和轧钢五道工序组成。

1.4.1 物流图

按该钢厂 2002 年的平均生产数据绘制该生产流程的物流图。图 6 是以 1t 钢材为计算基准的实际物流图。图中每个箭头上标明了各股物流的实物量，并在括号中标明了与之对应的 Fe 元素质量。这五道工序的编号分别为 1、2、3、4、5。

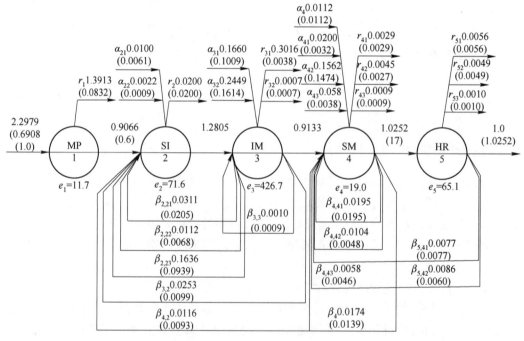

图 6 该钢厂实际物流图

MP—选矿；SI—烧结；IM—炼铁；SM—炼钢；HR—轧钢

图 7 是根据图 6 绘出的与之对应的基准物流图。

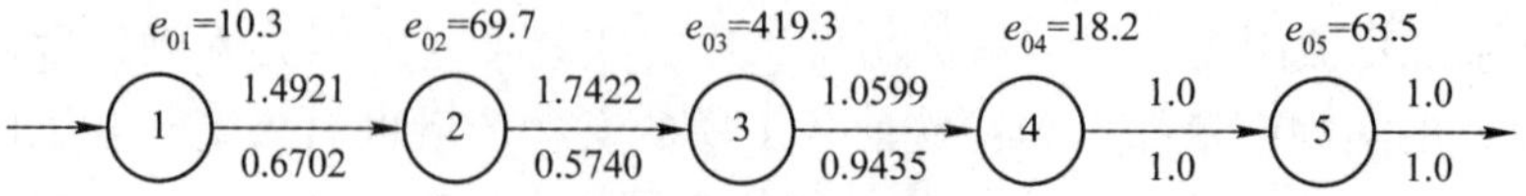

$$
\begin{array}{ccccc}
e_{01}=10.3 & e_{02}=69.7 & e_{03}=419.3 & e_{04}=18.2 & e_{05}=63.5
\end{array}
$$

①$\xrightarrow[0.6702]{1.4921}$②$\xrightarrow[0.5740]{1.7422}$③$\xrightarrow[0.9435]{1.0599}$④$\xrightarrow[1.0]{1.0}$⑤$\xrightarrow[1.0]{1.0}$

图 7 钢厂的基准物流图

1.4.2 实际吨材能耗与基准吨材能耗的计算和分析

按图 6 可求得该流程的实际吨材能耗

$E = 11.7 \times 0.9066 + 71.6 \times 1.2805 + 426.7 \times 0.9133 + 19 \times 1.0252 + 65.1 \times 1$

$= 10.6 + 91.7 + 389.7 + 19.5 + 65.1$

$= 576.6 \text{kg 标煤}$

按图 7 可求得该流程的基准吨材能耗

$E_0 = 10.3 \times 1.4921 + 69.7 \times 1.7422 + 419.3 \times 1.0599 + 18.2 \times 1 + 63.5 \times 1$

$= 15.4 + 121.4 + 444.4 + 18.2 + 63.5$

$= 662.9 \text{kg 标煤}$

表 1 列出了上述计算结果。根据以上两算式等号右侧各工序能耗及材比系数的差值，不难求得它们各自对能耗的影响量（见表 1 的最后两行）。工序的"材比系数"是指该工序的实物产量与材产量之比。

表 1 该钢厂实际吨材能耗和基准吨材能耗的对比

项 目	工 序					总计 /kg 标煤
	选矿 /kg 标煤	烧结 /kg 标煤	炼铁 /kg 标煤	炼钢 /kg 标煤	轧钢 /kg 标煤	
实际吨材能耗	10.6	91.7	389.7	19.5	65.1	576.6
基准吨材能耗	15.4	121.4	444.4	18.2	63.5	662.9
实际吨材能耗与基准吨材能耗的差	-4.8	-29.7	-54.7	1.5	1.6	-86.3
工序能耗变化引起的吨材能耗变化	1.2	2.4	6.8	0.8	1.6	12.8
材比系数变化引起的吨材能耗变化	-6	-32.1	-61.5	0.5	0	-99.1

由表 1 可见，该钢厂的实际吨材能耗比基准吨材能耗降低了 86.3kg 标煤。其中，因实际工序能耗高于基准工序能耗而引起的能耗增量为 12.8kg 标煤，且增量最大的工序是炼铁工序；因材比系数的差值而引起的能耗降低量为 99.1kg 标煤，降低量最大的工序也是炼铁工序。

1.4.3 各股物流的单位增减量对于吨材能耗的影响

利用 1.2 节的单因素分析法，可计算各股物流每增减 1kg 对于吨材能耗的影响（详细计算可参见文献 [1]）。由计算结果可知，转炉多吃 1kg 外购废钢与多吃 1kg 轧钢废钢，二者对能耗的影响完全不同，前者可降低吨材能耗 0.5812kg 标煤，而后者反而使之上升 0.0817kg 标煤；转炉每增加 1kg 返回利用的废钢坯和轧钢废钢，分别使吨材能耗上升 0.0182kg 标煤和 0.0817kg 标煤。

2 钢铁生产流程中物流对铁耗的影响

2.1 钢铁生产流程的铁耗

吨材铁耗是衡量钢铁生产过程中铁矿石等天然铁资源节约程度的重要指标。它等于钢铁生产流程在统计期内所消耗的铁矿石等天然资源铁量除以最终合格钢材铁量，即

$$R = \frac{P_0}{P} \tag{3}$$

式中，R 为流程吨材铁耗，t/t；P 为合格钢材铁量，t；P_0 为生产 P t 合格钢材所消耗的铁矿石等天然资源铁量，t。

对于流程内各工序来讲，工序单位铁耗等于统计期内该工序所消耗的铁量除以合格产品铁量。这里，工序所消耗的"铁量"是指铁矿石等天然资源或由其加工所得的产品量；废钢等回收的二次资源量不计其内。这时，工序单位铁耗

$$R_i = \frac{P_{i-1}}{P_i} \tag{4}$$

式中，R_i 为第 i 道工序单位铁耗，t/t；P_i 为第 i 道工序生产的合格产品铁量，t；P_{i-1} 为第 i 道工序为生产 P_i t 合格产品所消耗的铁量，t。其中包括由上道工序和由流程外输入该工序的铁量；但不包括流程外输入的废钢、工序内部或工序之间的循环铁量。

为行文方便，在以下铁耗问题讨论中，各种物料量均指物料的"铁量"。

2.2 钢铁生产流程的铁耗基准物流图

同样，铁耗基准物流图也要满足 1.1 节基准物流图的两个基本条件。不过，它比能耗基准物流图还简单，如图 8 所示。此时输入生产流程的铁资源量和生产的合格钢材量均为 1t，故该流程的吨材铁耗（简称基准吨材铁耗）为 1.0t/t，该值是同其他各种物流状况下高炉—转炉流程的吨材铁耗进行对比的基值。

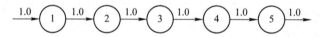

图 8　高炉—转炉流程的铁耗基准物流图

顺便指出，图 1 中工序 1 左侧箭头上未标注任何数字，而图 8 却标注了数字。这是因为能耗计算只与输出工序的实物量有关；而铁耗计算不仅与输出工序的产品铁量有关，而且还与输入工序的铁资源量有关。

2.3 钢铁生产流程偏离基准物流图对于吨材铁耗的影响

2.3.1 不合格产品或废品在工序内部返回，重新处理

以图 8 中的工序 3 为例，说明这种情况下的物流及其对吨材铁耗的影响，见图 9。由图 9 可见，工序 3 的不合格产品或废品 β t（$\beta < 1$），返回到本工序入口端，重新处理。工序 3 的产量仍应保持原来的数量 1t，同时，生产流程内其他各道工序的产量仍为 1t。

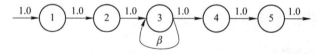

图 9　不合格产品或废品在工序内部返回情况下的物流图

这样，从流程外输入的铁量及最终合格钢材铁量都仍为 1t，故该流程的吨材铁耗为 1.0t/t。由此可见，工序内部不合格产品或废品的返回量多少，对吨材铁耗没有影响。

各工序单位铁耗相乘，得

$$R_1 \cdot R_2 \cdot R_3 \cdot R_4 \cdot R_5 = \frac{1.0}{1.0} \times \frac{1.0}{1.0} \times \frac{1.0}{1.0} \times \frac{1.0}{1.0} \times \frac{1.0}{1.0} = 1.0$$

可见，当不合格产品或废品在工序内部返回，重新处理时，流程吨材铁耗等于各工序单位铁耗的乘积。

2.3.2 下游工序的不合格产品或废品返回上游工序，重新处理

以图8中的工序4为例，说明这种情况下的物流及其对吨材铁耗的影响，见图10。由图可见，工序4的不合格产品或废品返回到上游工序2，重新处理。

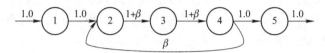

图10 下游工序的不合格产品或废品返回上游工序情况下的物流图

工序4的产量仍保持原来的数量1t；但与此同时，工序4的不合格产品或废品量为βt（$\beta<1$），它返回工序2重新处理。工序2、3的产量将增至（$1+\beta$）t。工序1的输入量和输出量仍为1t。这样，吨材铁耗等于1.0t/t。可见，下游工序的不合格产品或废品返回上游工序时，对流程的吨材铁耗没有影响。

各工序单位铁耗相乘，得

$$R_1 \cdot R_2 \cdot R_3 \cdot R_4 \cdot R_5 = \frac{1.0}{1.0} \times \frac{1.0}{1+\beta} \times \frac{1+\beta}{1+\beta} \times \frac{1+\beta}{1.0} \times \frac{1.0}{1.0} = 1.0$$

可见，不合格产品或废品由下游工序返回上游工序，重新处理，只对相关工序单位铁耗产生影响，而对流程的吨材铁耗没有影响，流程吨材铁耗仍等于各工序单位铁耗的乘积。对于工序之间有多股物流返回，重新处理时，上述结论同样适用。

2.3.3 不合格产品、废品或其他含Fe物料从某道工序向外界输出（不回收）

以图8中的工序3为例，说明这种情况下的物流及其对吨材铁耗的影响，见图11。

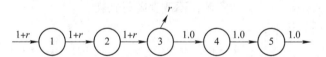

图11 不合格产品、废品或其他含Fe物料从某道工序向外界输出情况下的物流图

由图11可见，$r t$（$r<1$）不合格产品、废品或其他含Fe物料，由工序3直接向外界输出，不回收。工序3的产量仍为1t，而上游各道工序的产量都将增至（$1+r$）t。此时，输入流程的铁资源量变为（$1+r$）t，故吨材铁耗变为（$1+r$）t/t。可见，不合格产品、废品或其他含Fe物料从某道工序向外界输出，将提高吨材铁耗；输出量越大，吨材铁耗越大。

各工序单位铁耗相乘，得

$$R_1 \cdot R_2 \cdot R_3 \cdot R_4 \cdot R_5 = \frac{1+r}{1+r} \times \frac{1+r}{1+r} \times \frac{1+r}{1.0} \times \frac{1.0}{1.0} \times \frac{1.0}{1.0} = 1 + r$$

可见，当不合格产品、废品或其他含Fe物料从某道工序向外界输出时，流程吨材铁耗仍等于各工序单位铁耗的乘积。

2.3.4 废钢从外界输入流程中某道工序

以图8中的工序4为例，说明这种情况下的物流及其对吨材铁耗的影响，见图12。

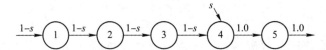

图 12   废钢从外界输入流程中某道工序情况下的物流图

由图 12 可见，向工序 4 输入废钢 s t （$s<1$），工序 4 的产量仍为 1t。因此，工序 3 进入工序 4 的原料量由 1t 减为（$1-s$）t。上游各工序之间的物流量也相应减少。因废钢不属于天然资源，所以，在计算铁耗时，不必计入；输入该流程的铁资源量仅为（$1-s$）t。可见，从外界向流程中某工序输入废钢 s t，可降低流程吨材铁耗 s t/t；废钢输入量越大，吨材铁耗越低。

各工序单位铁耗相乘，得

$$R_1 \cdot R_2 \cdot R_3 \cdot R_4 \cdot R_5 = \frac{1-s}{1-s} \times \frac{1-s}{1-s} \times \frac{1-s}{1-s} \times \frac{1-s}{1.0} \times \frac{1.0}{1.0} = 1-s$$

可见，从外界向流程中某工序输入废钢时，流程吨材铁耗仍等于各工序单位铁耗的乘积。

2.3.5   铁矿石等天然资源从外界输入流程中某道工序

以图 8 中的工序 4 为例，说明这种情况下的物流及其对吨材铁耗的影响，见图 13。

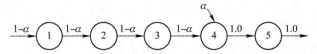

图 13   铁矿石等天然资源从外界输入流程中某道工序情况下的物流图

由图 13 可见，向工序 4 输入铁矿石等天然资源 α t （$\alpha<1$），工序 4 的产量仍为 1t。同理，上游各工序之间的输入量也相应减少。但此时，输入流程的铁矿石等天然资源总量为（$1-\alpha$）+ α，即 1t，故吨材铁耗不变，其值仍为 1.0t/t。不难理解，从外界向流程中某工序输入铁矿石等天然资源，不改变吨材铁耗。

各工序单位铁耗相乘，得

$$R_1 \cdot R_2 \cdot R_3 \cdot R_4 \cdot R_5 = \frac{1-\alpha}{1-\alpha} \times \frac{1-\alpha}{1-\alpha} \times \frac{1-\alpha}{1-\alpha} \times \frac{(1-\alpha)+\alpha}{1.0} \times \frac{1.0}{1.0} = 1.0$$

可见，铁矿石等天然资源从外界输入流程中某工序时，流程吨材铁耗仍等于各工序单位铁耗的乘积。

综上所述，流程吨材铁耗等于各工序单位铁耗的乘积。

同样，可按本节所述的单因素分析方法计算各股物流的单位变化量（即每增减 1kg），对于流程铁耗的影响。这样可以比较各股物流对于铁耗影响的重要性。

2.4   钢厂实例

基于上述分析，以 1.4 节的钢厂实例为对象，计算该厂吨材铁耗和工序单位铁耗，并讨论它们之间的关系。

2.4.1   铁耗计算和分析

按图 6 可求得该流程生产 1t 合格钢材所需的铁资源量

$P_0 = 0.6908 + 0.0061 + 0.0009 + 0.1009 + 0.1614 + 0.0032 + 0.1474 + 0.0038$

$= 1.1145$t

把上式代入式（3），可求得该流程的吨材铁耗

$$R = \frac{1.1145}{1.0} = 1.11 \text{t/t} \tag{5}$$

同样，以图6数据为基础，利用式（4）可求得各工序单位铁耗

$$R_1 = \frac{0.6908}{0.6076} = 1.1369 \text{t/t}$$

$$R_2 = \frac{0.6076 + 0.0061 + 0.0009}{0.7350} = 0.8362 \text{t/t}$$

$$R_3 = \frac{0.7350 + 0.1009 + 0.1614}{0.8617} = 1.1574 \text{t/t}$$

$$R_4 = \frac{0.8617 + 0.0032 + 0.1474 + 0.0038}{1.0252} = 0.991 \text{t/t}$$

$$R_5 = \frac{1.0252}{1.0} = 1.0252 \text{t/t}$$

将各工序单位铁耗相乘，可得

$R_1 \cdot R_2 \cdot R_3 \cdot R_4 \cdot R_5 = 1.1369 \times 0.8362 \times 1.1574 \times 0.9911 \times 1.0252 = 1.11 \text{t/t}$

$$\tag{6}$$

比较式（5）和式（6）可见，流程吨材铁耗值等于各工序单位铁耗的乘积，此计算结果与2.3节的分析相符。

3 结论

（1）钢铁生产流程中物流对能耗和铁耗影响的分析工作，离不开基准物流图；基准物流图是基础。

（2）本文定量地说明了以下几种情况下物流对能耗和铁耗的影响。

1）向中间工序输入废钢，可同时降低吨材的能源消耗（吨材能耗）和铁资源消耗（吨材铁耗）；

2）在流程中途向外界输出含铁物料，会同时使吨材能耗和铁耗上升；

3）含铁物料在某工序内部循环，或在上、下游工序之间循环，并不影响吨材铁耗，但会使吨材能耗上升；

4）向中间工序输入铁矿石等铁资源，并不影响吨材铁耗，但可使吨材能耗下降。

（3）基准物流图法，不仅适用于钢铁工业，而且对于其他流程工业也是适用的。所以，这种方法具有广阔的应用前景。

参 考 文 献

[1] 陆钟武，蔡九菊，于庆波，等．钢铁生产流程的物流对能耗的影响［J］．金属学报，2000，36（4）：370-378．（LU Z W, CAI J J, YU Q B, et al. The influence of material flow in steel manufacturing progress on its energy intensity ［J］. Acta Metallurgica Sinica, 2000, 36（4）：370-378.）

[2] 于庆波，陆钟武，蔡九菊．钢铁生产流程中物流对能耗影响的计算方法［J］．金属学报．2000，36（4）：379-382．（YU Q B, LU Z W, CAI J J. Study on the method for calculating influence of mass flow on energy consumption in steel manufacturing process ［J］. Acta Metallurgica Sinica, 2000, 36（4）：379-382.）

工业生态学

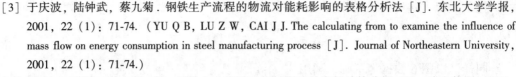

［3］于庆波，陆钟武，蔡九菊．钢铁生产流程的物流对能耗影响的表格分析法［J］．东北大学学报，2001，22（1）：71-74.（YU Q B, LU Z W, CAI J J. The calculating from to examine the influence of mass flow on energy consumption in steel manufacturing process［J］. Journal of Northeastern University, 2001, 22（1）：71-74.）

［4］陈光，于庆波，蔡九菊，等．钢铁企业物流对能耗影响的实例计算分析［J］．冶金能源，2001，20（5）：3-8.（CHEN G, YU Q B, CAI J J, et al. The example calculation of influences of materials flows in iron and steel corporation on its energy consumption［J］. Metallurgy and Energy, 2001, 20（5）：3-8.）

［5］刘丽孺，于庆波，陆钟武，等．混联法生产氧化铝流程的物流对能耗的影响［J］．东北大学学报，2002，23（10）：944-947.（LIU L R, YU Q B, LU Z W, et al. Influence of material flow in alumina manufacturing process with bayer-sinter combination method on its energy intensity［J］. Journal of Northeastern University, 2002, 23（10）：944-947.）

［6］刘丽孺，陆钟武，于庆波，等．拜耳法生产氧化铝流程的物流对能耗的影响［J］．中国有色金属学报，2003，13（1）：265-270.（LIU L R, LU Z W, YU Q B, et al. Influence of material flow in alumina manufacturing process with bayer method on its energy intensity［J］. The Chinese Journal of Nonferrous Metals, 2003, 13（1）：265-270.）

［7］刘丽孺，于庆波，陆钟武，等．烧结法生产氧化铝流程中物流对能耗的影响［J］．有色金属，2003，55（2）：51-54.（LIU L R, YU Q B, LU Z W, et al. Influence of material flow in alumina production with sintering process on energy consumption［J］. Nonferrous Metals, 2003, 55（2）：51-54）.

［8］戴铁军，陆钟武．钢铁生产流程的铁流对铁资源效率的影响［J］．金属学报，2004；40（11）：1127-1132.（DAI T J, LU Z W. The influence of iron-flow in steel production process on its iron resource efficiency［J］. Acta Metallurgica Sinica, 2004, 40（11）：1127-1132.）

谈企业发展循环经济*

　　不同产业中的企业，其业务活动的内容差别很大，资源消耗量和废物排放量的差别也很大。所以，有些企业承受的环境压力大些，而另一些企业的压力小一些。但是，所有的企业都在消耗资源，排放废物，所以无论如何，它们毫无例外地都要承担环境责任。

　　毫无疑问，如果企业能自觉地把环境责任承担起来，那么它就一定能主动地做好环境保护工作，其中包括循环经济。否则，被动地去搞循环经济，是搞不好的。由此可见，环境责任感，是企业搞好循环经济的先决条件。

　　早先，世界各国环境保护的做法大同小异，都是政府制定法律、法规，提出若干指标和奖惩办法，督促企业执行。在指标方面，侧重的是废气、废水和固体废物的数量和几种污染物的含量。企业为了"达标"，采取的措施主要是对废气、废水和废物进行治理（即所谓末端治理）。如果治理不到位而"超标"，就得按规定缴纳罚款，或称排污费。通常情况下，企业将这笔费用列入一般管理费的支出项中。这笔费用，对于企业的正常运转，一般不至于造成大的影响。因此，环境保护工作并不涉及企业的主要业务，也不能引起企业决策层的应有关注。

　　这些年来，对环境保护的认识加深了。人们逐渐认识到要想有效地保护环境，必须把注意力从"末端治理"扩展到"源头"，从企业内扩展到企业之外。出现了一系列新观点、新理论，扩大了环境保护工作的内涵，其中包括清洁生产、循环经济、采用二次资源、采用可再生能源、环境设计、生产者责任的延伸以及产品的环境标识等。目的是实现物质消耗的减量化、碳排放的减量化，提高环境质量。此外，还开发了物流分析、产品生命周期分析等方法，作为评价环保工作的工具。

　　因此，现在的环保工作，已经变得越来越不像当初的环保工作了；倒反而越来越像是产品设计、生产工艺、原料选择、财务、企业战略等方面的工作了。正因为如此，所以现在的环保工作，已经从一般性管理工作，变为企业核心业务和战略决策的一部分了。

　　现在的问题是，我国的企业家能否敏锐地察觉到这种深刻的变化，把环境问题纳入他本人的重要议事日程之中。

1　企业与物质循环的三个层次

　　循环经济的核心内容，是在 3R（减量化、再使用和循环利用）原则的指导下的物质循环。以工业为例，有以下三个层面上的物质循环。小循环——企业内部的物质循环。例如，下游工序的废物返回上游工序，作为原料，重新处理，以及其他消耗品在企业内的循环；中循环——企业与企业之间的物质循环。例如，下游工业的废物返回上游工业，作为原料，重新处理，或者扩而大之，某一工业企业的废物、余能送往其

---

　　* 本文原发表于《企业管理》，2006。

他工业企业，加以利用；大循环——企业与社会之间的物质循环。这主要是指工业产品经使用报废后，其中部分物质返回原工业部门，作为原料，重新利用。

很清楚，以上三个层面上的物质循环，都是以企业为主的。农牧业、服务业的情形，虽然与工业不同，但是其中的企业同样是各种物质（包括废物）的集散地，这些企业同样是发展循环经济的主体。

1.1 企业内部的物质循环（小循环）

做好企业内部的物质循环，是企业发展循环经济和清洁生产的首要任务。在具体工作中，关键的一步是：根据物质和能量守恒定律，仔细研究每一道工序、每一个环节输入、输出的各种物质、能源的名称、数量、化学成分、物理参数，以及它们的来龙去脉（从何处来，到何处去）。在每一道工序、每一环节的收支表上，要做到每一种元素的收支平衡。以各工序、各环节的物流图表为基础，把它们都串起来，就能把企业的图表编制出来。

这一步完成以后，就可以研究哪些被抛弃的废物和余能有可能在本企业范围内加以回收利用，哪些本企业无法利用，但可出售给其他企业，作为原料、重新利用。

做这种工作，贵在认真，不要漏掉任何一种物质和能源。否则，有些宝贵的财富就会从你的眼皮底下溜掉，既是损失，又污染环境。在理论上，如果没有哪一千克物质（或一千卡（1kcal＝4.1868kJ）热量）从你的眼皮底下溜掉，而且全部物质和能量都得到了充分利用，那么就没有什么东西排放到环境中去了，也就不存在什么环境问题了。在实际工作中，只要朝这个方向努力，就能提高资源利用效率，改善环境，企业也能从中获利。

1.2 企业与企业之间的物质循环（中循环）

中循环最典型的例子，是机械工业与冶金工业之间的金属循环。在金属加工过程中，或多或少会产生一些金属切屑，把它运回冶金工业，重新冶炼成金属材料以后，再运回去供机械工业使用。这就是典型的中循环。

扩而大之，某一工业的废物、余能，送往其他工业去加以利用，也属于中循环的范畴。其实，这就是"生态工业园"的基本思路。生态工业园中的各企业之间，在资源和能源方面，是互补的关系。

卡伦堡生态工业园，是最早形成的一个生态工业园。它在节约资源和增加企业利润方面都取得了很好的成绩。近几年来，我国已建成多个生态工业园。广西贵港生态工业园就是其中的一个例子。关于企业之间的物质循环，要说明以下两点：

（1）生态工业园是工业共生现象的一种形式。生态工业园中的各个企业都是"邻居"，相距很近，企业之间货物的运送比较方便，费用较低。这是它的优势所在。

然而，工业共生现象并不一定要求相关的企业都集中在一个"园"内，它们可以分散在一个地区（城市或城市群）内，相互之间都有一段距离，不过，货物运费仍在生产成本可以承受的限度以内。在一个地区内，企业比较多，所以比较容易找到"共生"现象。这是这种工业共生形式的优势。但是，为了建立这样的工业共生关系，需要掌握地区内各企业的有关信息，否则是不可能形成共生关系的。

（2）生态工业园内各企业之间的关系，与传统产业链上各企业之间的关系，是完全不同的两回事。

生态工业园内各企业之间的关系，是相互利用废物和余能。而传统产业链上各企业之间的关系，是上游企业的主产品作为下游企业的主要原材料。所以，用传统的延长产业链的概念，是规划不出来名副其实的生态工业园的。在做生态工业园规划时，一定要注意到这一点。

1.3　企业与社会之间的物质循环（大循环）

有些工业物质是适宜大循环的，而另一些物质是不适宜或根本不可能进入大循环的。在这方面，工业物质划分为三类。

第一类：这类物质的大循环，在技术上是可行的，在经济上也是合算的。例如，各种金属（以金属结构材料为主）、玻璃、纸张、催化剂、水以及塑料等。

第二类：这类物质的大循环，在技术上是可行的，但在经济上不一定合算。一些建筑材料和包装材料以及溶剂等就是如此。

第三类：这类物质几乎是无法进入大循环的。如表面涂料、油漆、杀虫剂、除草剂、防腐剂、防冻剂、炸药、燃料、洗涤剂等化工产品。

发展循环经济，对于以上三类物质应采取不同的对策：（1）要使第一类物质得到尽可能充分的循环；（2）要研究第二类物质的循环技术，使之适宜于循环；（3）要研究第三类物质的代用品，或替代方法。例如，用生物法杀虫，替代杀虫剂等。工业物质的大循环，是企业必须关注的大问题。企业不仅要生产产品，而且要负责回收报废的产品，回收其中有用的材料和零部件。这种责任，按照通用的说法，叫做"生产者责任延伸"。为了使企业与社会之间的物质循环得以顺利进行，必须建立相应的废旧物资回收机制。例如，为了顺利地回收铅酸电池中的铅，发达国家的做法是：批发商在向电池生产厂购买铅酸电池的同时，必须足额交回从废电池中回收的废铅。然后，生产厂再委托指定的冶炼厂，把废铅重熔成铅锭，作为新电池的制造原料。这种做法，使铅的循环十分顺畅。在铅酸电池产量稳定的情况下，甚至可以做到主要的铅原料来自废电池。

我国企业如果想在这方面有所作为，那么也必须建立本企业的废旧物资回收机制。

一个国家、一个地区工业经济规模随时间的变化状况，对工业物质的大循环规律，有很大影响。我国经济持续高速增长，对这个问题尤其要有清楚的认识。

以钢铁工业为例，研究表明，钢铁工业废钢资源的充足程度，是与钢产量的变化紧密相关的。凡是钢产量逐年增长的国家，其废钢资源一定不太充足，且钢产量增长越快，越不充足。相反，钢产量下降的国家，其废钢资源一定比较充足，且下降越快，越充足。

我国钢产量，从 20 世纪 80 年代以来，一直持续高速增长，其必然结果是钢铁工业的废钢资源严重短缺。这是什么原因呢？正如大家所知道的，钢铁产品的使用寿命一般长达十年以上，所以钢铁工业现在所使用的废钢，绝大部分是十多年前生产出来的钢演变过来的。而当时，我国的钢产量比现在低很多，仅仅是现在的 1/4 ~ 1/3。所以，即使这些废钢全部回收利用，充其量也只能是现在钢铁工业所用含铁原料的一小部分。何况，还有相当大的一部分钢在使用过程中散失、锈蚀或埋在地下设施之中，不可能收集起来，成为有用的废钢。这样，在钢铁工业所使用的含铁原料中，废钢所占的比例就更小了，约占 1/6 ~ 1/5。而且，年复一年，都是这样。这就造成了我国钢铁工业废钢资源长期不足的局面。长期以来，我国钢铁工业只能以铁矿石为主要原料，就是这个道理。相反，美国的钢产量，在 20 世纪 80 年代初，曾大幅下降，所以在随后的许多年内，钢铁工业的废钢资源一直十分充足，不仅满足国内的需求，而且大量出口。俄罗斯的钢产量，在 20 世纪 90 年代初也曾大幅下降，所以直到现在废钢仍十分充足。

总之，在其他条件大致相同的情况下，钢产量的变化，决定了废钢的充足程度，也决定了电炉钢（以废钢为主要原料）在钢产量中所占的比例。这方面的情况，在国与国之间有很大差别，绝不可盲目攀比，更不宜进行简单的数字上的对比。钢铁工业如此，其他工业的情况也大同小异。

我们努力的方向，只能是把该回收的废旧物资尽可能都回收回来，加以利用。在产品产量持续高速增长的情况下，根本扭转二次资源短缺的局面，是不可能的。物质循环的客观规律，是不会改变的。

实现循环经济的源头工作是环境设计。以上提出的三个循环的任务，是在产品及其生产过程都维持现状的情况下，就可以完成的。只要努力改进企业内部管理，加强与外界的联系，就能搞好企业的循环经济，达到节约资源、改善环境和企业增收的目的。下面提出环境设计问题，这是在企业发展循环经济，搞好环保工作方面，今后需要开展的一项重要工作。

传统的设计工作，有一套规范，一套标准，积累了丰富的经验。环境设计，是在传统设计的基础上增加了环境方面的要求，其中包括在物质循环方面的要求。环境设计，涉及产品的设计、原材料的选取、生产过程、产品包装、运输、使用等环节的设计，以及产品报废后抛弃和回收的设计。也就是说，涉及产品生命周期每一个环节的设计。环境设计要遵循的原则是：物质的减量化、碳的减量化、无毒、无害化。

1.3.1 物质的减量化

物质减量化的意思，很接近人们常说的"少用料，多出活"，也就是说，为了生产同样功能的产品，要尽可能降低原材料消耗，降低天然资源的消耗。例如，产品设计，既要减轻其重量，又要使它便于报废后的拆解、回收和循环利用；产品包装，既要降低原材料消耗，又要注意回收再利用的可能性。原材料选择，既要多用可再生资源替代不可再生资源，又要尽可能采用便于循环利用的原材料。

水是一种宝贵的资源，对它的减量化问题，要十分重视。在环境设计中，要充分考虑节水和水资源的循环利用，降低单位产品的耗水量。

此外，在企业的经营策略上，要考虑由"出售产品"向"出售服务"转变。生产者出租产品，并负责维修、更新，这样可大幅度延长产品的使用寿命，达到物质减量化的目的。一台复印机出售后，大致只能使用十来年，但是用上面所说的办法出租后，可能用几十年。

1.3.2 碳的减量化

降低含碳燃料的消耗，减少二氧化碳等温室气体的排放。

在环境设计中，要注意产品生命周期各环节的碳减量化问题。例如，在产品设计阶段，就要特别注意产品使用过程中的能耗，而且要尽可能使用可再生能源。在生产环节，要注意能源的合理利用和梯级利用，以降低单位产品的能耗。

1.3.3 无毒、无害化

在环境设计中，要使产品生命周期的各个环节，对人和动植物无毒，对自然界无害。以上原则，对于其他行业，包括服务业，都是适用的。各行各业只要遵循这些原则，对企业活动的每一个环节进行仔细的研究，就能达到节约资源、改善环境和企业增收的目的。

不进行环境设计，有些情况下会造成严重后果。例如，荷兰壳牌公司，在北海上有一个储油平台，是20世纪60年代设计的。设计时未考虑报废后的拆解和材料的回收问题。1995年该平台的使用寿命到期后，该公司决定将其沉入海底。这个决定遭到绿色和平组织的坚决反对，公众也不赞成，一时间酿成风波，甚至影响公司的销售量。最后，该公司被迫改变原决定，不得不花重金将这个平台运到岸上拆解，处理残油，并回收金属材料，使之循环利用。这就是由于缺少环境设计这一环而付出沉重代价的典型案例。

2 顺应循环经济的内部管理变革

从以上论述，可以清楚地看到，环保工作已经从企业的一般管理工作转变为企业核心业务的一部分，上升到企业的战略决策层面。在这种情况下，企业内部的管理工作就需要进行相应的实质性的变革。变革的主要内容，是环保工作要从个别部门负责，转变为公司决策者领导下各部门齐抓共管、各司其职的管理模式。这里所说的环保工作，包括清洁生产、循环经济、产品的环境标识、环境设计等多个方面，它涉及包括财务、设计、生产、供销、研究等多个职能部门。此外，大公司上游的供销商和下游的经销商，也都包括在内。为了实现上述变革，重要的准备工作是对各部门的人员进行环境知识的普及和培训。目的是使他们能够把各自的专长和经验与环保工作结合起来，发挥各自的优势。

471

定量评价生态工业园区的两项指标[*]

摘　要　针对目前在生态工业园的规划和建设工作中存在的问题，以自然生态系统的概念和理论为基础，提出定量评价生态工业园的两项指标——园区企业间生态关联度和园区副产品、废品资源化率，以衡量生态工业园内企业间相互连接关系以及生态工业园副产品、废品资源化的程度。结合实例进行园区企业间生态关联度和园区副产品、废品资源化率的计算与分析，并提出相应的措施。

关键词　生态工业园　生物群落关联度　园区企业间生态关联度　园区副产品、废品资源化率

在生态工业园的规划和建设过程中，大部分只侧重于企业间物质循环、能量流动和投资效益分析等。缺少对园区企业间相互连接关系和园区副产品、废品资源化程度的定量分析和评价。针对这一问题，笔者以自然生态系统的概念和理论为基础，通过分析生态工业园内企业间相互连接关系及其对园区副产品、废品资源化率的影响，提出定量评价生态工业园的两项指标：园区企业间生态关联度与园区副产品、废品资源化率，以衡量生态工业园内企业间相互连接关系以及生态工业园副产品、废品资源化的程度。以卡伦堡、贵港等生态工业园以及衢州沈家、韩城龙门工业园（指经济技术开发区和高新技术开发区）为例，进行园区企业间生态关联度和园区副产品、废品资源化率的计算与分析，并提出相应的措施。

1　自然生态系统与工业生态系统

在自然生态系统中，生物之间最本质的联系是通过食物链来实现的[1]，各种食物链相互交错连接形成食物网。生态系统中的物质循环和能量流动正是沿着食物链（网）渠道进行的。

与自然生态系统相似，工业生态系统是由生产者、消费者、分解者和环境 4 种成分组成，也是通过营养关系连接起来的，即工业食物链。工业食物链可分为 3 类：产品食物链；副产品、废品食物链；能量食物链。由于工业食物链中某些工业具有"多食性"特征，形成了工业食物网。在工业生态系统中，物质循环和能量流动也是沿着食物链（网）渠道进行的，并通过这种食物营养关系，把工业生态系统中各企业有机地连接成一个整体。工业生态系统与自然生态系统两者有相同的地方，也有不同之处。

2　生物群落关联度

生物群落关联度[2-4]是指对一生物群落内物种间关联性大小的量度。由文献［5］可知，生物群落关联度等于群落食物网中实际观察到的食物链数除以最大可能的食物

　＊　本文合作者：戴铁军。原发表于《中国环境科学》，2006。

链数，即

$$C = \frac{L}{S(S-1)/2} \tag{1}$$

式中，C 为生物群落关联度；S 为物种丰富度，表示食物网中所包含的物种数量；L 为实际观察到的食物链数。

图 1 是一个群落食物网，其中共有 a、b、c、d、e 5 个物种，即 $S=5$。图 1a 中的虚线表示该食物网中最大可能的食物链数，即 $S(S-1)/2 = 5 \times (5-1)/2 = 10$；图 1b 中的实线表示该食物网中实际存在的食物链数，即 $L=6$。把 S 和 L 代入式（1）可得该生物群落关联度：

$$C = \frac{6}{5 \times (5-1)/2} = 0.6$$

但当群落内物种多，或者关系复杂时，则食物网难以用图形象表示。

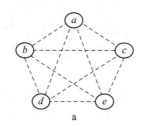 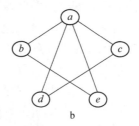

图 1　具有三个营养级的食物网

a—最大可能食物链数；b—实际食物链数

针对此问题，Cohen 提出了用群落矩阵[6]表示食物网，从而将矩阵与食物网建立起一一对应关系，为进行食物网数据处理及研究各种数量关系提供了有效途径。仍以图 1 为例，图 2 是一个 5×5 的矩阵，该矩阵上方表示捕食物种，左边表示被食物种。群落矩阵的物种丰富度仍为群落的物种数量，即 $S=5$。矩阵中数字"1"表示一个捕食者从一个特定的被食者获得资源（营养）；如果两者之间没有资源交换发生，则记为"0"。那么，群落矩阵中非零元素的个数就为该群落的食物链数，即 $L=6$。

$A\quad e\quad d\quad c\quad b\quad a$
$e\quad -\quad 0\quad 0\quad 1\quad 1$
$d\quad 0\quad -\quad 1\quad 0\quad 1$
$e\quad 0\quad 0\quad -\quad 0\quad 1$
$b\quad 0\quad 0\quad 0\quad -\quad 1$
$a\quad 0\quad 0\quad 0\quad 0\quad -$

图 2　群落矩阵

3　园区企业间关联度

3.1　园区企业间关联度的计算方法

生态工业园内各企业之间的关系，是相互利用副产品、废品，形成的是生态工业链。在进行园区企业间关联度计算时，将分成两种情况：一种情况是同时考虑园区内生态工业链（L_e）和产品链（L_p），即总食物链数 $L_t = L_e + L_p$；另一种情况是只考虑园区内生态工业链。与上述两种情况对应的关联度分别称为园区企业间总关联度（C_t）和园区企业间生态关联度（C_e）。计算公式如下：

园区企业间生态关联度

$$C_e = \frac{L_e}{S(S-1)/2} \qquad (2)$$

园区企业间总关联度

$$C_t = \frac{L_t}{S(S-1)/2} \qquad (3)$$

式中，S 为生态工业园（或工业园）内企业数量。这里企业是指从事生产、运输、铁路、贸易等经济活动的部门，如工厂、矿山、公司等；而车间、工序和操作单元为企业内部的生产部门。

本研究以园区企业间生态关联度作为衡量生态工业园内企业间相互连接关系及其密切程度的重要指标。可见，园区企业间生态关联度越高，生态工业园内企业间相互利用副产品、废品的连接关系就越多，企业间关系就越密切。文中所述的副产品、废品也包括副产能源和中水等二次资源和能源。

图 3 是 1975 年卡伦堡生态工业园的食物网[7]。由图可见，该食物网的物种丰富度 $S = 7$，生态工业链（燃气和海水链）数 $L_e = 2$，产品链（水和民用燃料油链）数 $L_p = 5$，总食物链数 $L_t = L_e + L_p = 7$。把 S 和 L_e 代入式（2），可得该时期卡伦堡生态工业园的园区企业间生态关联度 $C_e = 0.095$。

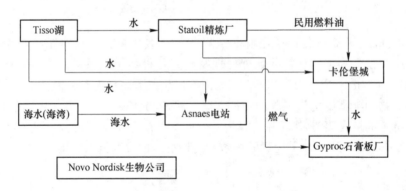

图 3 1975 年卡伦堡生态工业园的食物网

把 S 和 L_t 代入式（3），可得该时期卡伦堡生态工业园的园区企业间总关联度 $C_t = 0.333$。贵港、南海等生态工业园和衢州沈家、韩城龙门工业园的食物网可参见文献 [8-11]。可计算出这些生态工业园和工业园的园区企业间生态关联度和园区企业间总关联度，结果见表 1。

表 1 园区企业间生态关联度和园区企业间总关联度

国家	园 区	S	L_e	C_e	L_t	C_t
丹麦	1975 年卡伦堡生态工业园	7	2	0.095	7	0.333
	1985 年卡伦堡生态工业园	10	8	0.178	12	0.267
	1995 年卡伦堡生态工业园	11	13	0.236	17	0.309

474

国家	园区		S	L_e	C_e	L_t	C_t
中国	生态工业园	贵港生态工业园	15	20	0.190	22	0.210
		南海生态工业园	21	25	0.119	35	0.167
		鲁北生态工业园	12	20	0.303	31	0.470
		石河子生态工业园	6	6	0.400	7	0.467
		沱牌酿酒生态工业园	7	9	0.429	10	0.476
		沈阳铁西生态工业园	25	25	0.083	34	0.113
		抚顺矿业生态工业园	14	12	0.132	19	0.209
		通化张家生态工业园	13	22	0.282	24	0.308
		平均值	—	—	0.242	—	0.303
	工业园	衢州沈家工业园	54	8	0.006	—	—
		韩城龙门工业园	50	8	0.007	—	—

3.2 分析

3.2.1 生态工业园和工业园的对比分析

由表1可见，衢州沈家和韩城龙门工业园的园区企业间生态关联度很低，仅为0.006~0.007，约是我国贵港、南海等生态工业园的园区企业间生态关联度平均值（0.242）的1/40~1/35。主要原因在于，工业园属于一定区域内建立起来的劳动密集型和技术密集型的经济技术开发区或高新技术开发区，它们只侧重于经济发展"量"的扩张和"质"的提高，淡化企业间物质和能量的流动关系，缺少构建企业间利用副产品、废品生态工业链的意识。虽然有些企业积极实施末端治理，但治理后的污染物大量堆积，对周围环境产生不同程度影响。

以丹麦卡伦堡生态工业园为例，在20多年的发展历程中，它充分发挥区域资源优势和工业优势，构建企业间相互利用副产品、废品的生态工业链，把污染物消灭在生产过程中，实现了区域内污染物排放的最小化和资源利用的最大化。通过构建企业间相互利用副产品、废品的生态工业链，提高生态工业园的园区企业间生态关联度，给卡伦堡生态工业园带来了巨大的环境效益和经济效益。

因此，实施传统工业向生态工业的转变，以及工业园向生态工业园的转变非常必要。

3.2.2 生态工业园的食物网结构与 C_e 的关系

由表1可见，沈阳铁西生态工业园的 C_e 最低。通过对该园区食物网结构进行关联性分析（即分析园区内工业企业间在空间上的相互连接关系）可以发现，相对于沈阳铁西生态工业园内众多的企业（25家）来讲，企业间副产品、废品再利用的食物链较少（25条），副产品、废品资源化率较低（如热电厂蒸汽未用），企业间物质输入和输出不匹配，致使该园区企业间生态关联度较低。因此，为提高沈阳铁西生态工业园的 C_e，提出如下建议：

（1）通过技术改造或引进新技术、新设备，来提高企业间相互利用副产品、废品的能力，扩大企业间的连接。

（2）增建"纽带"型企业，利用上游企业的副产品、废品，加工出适合下游企业使用的原料，从而扩大企业间相互利用副产品、废品的连接关系，降低污染物的排放，提高资源效率。

4 园区副产品、废品资源化率

假设一个生态工业园内有 S 家企业，如果该园区企业间相互利用副产品、废品的生态工业链为 L_e 条，且企业间副产品、废品的资源化率（通常企业间副产品、废品的资源化率是指一个企业的副产品、废品被作为原料供下游企业使用的百分比。以下把"企业间副产品、废品的资源化率"简称为"企业资源化率"）为 $u_i(0<u_i\leqslant100\%$，$i=1，2，\cdots，L_e)$。那么，该园区的企业资源化率之和为 $u_1+u_2+\cdots+u_{L_e}$，即 $\sum\limits_{i=1}^{L_e}u_i$；如果该园区企业间相互利用副产品、废品的生态工业链为 $S(S-1)/2$ 条，且企业资源化率均为 100%，那么该园区最大可能的企业资源化率之和为 $S(S-1)/2$ 与 $\sum\limits_{i=1}^{S(S-1)/2}u_{mi}$，其中企业资源化率 $u_{mi}=100\%$，此时该园区内副产品、废品全部被作为原料供下游企业使用。可见，在生态工业园中，$\sum\limits_{i=1}^{L_e}u_i$ 与 $S(S-1)/2$ 的比值，说明了该园区内企业资源化率之和的变化。所以，可以用它作为生态工业园内副产品、废品资源化程度的判据。故令

$$C_R=\frac{\sum\limits_{i=1}^{L_e}u_i}{S(S-1)/2}\times100\% \tag{4}$$

式中，C_R 为园区副产品、废品资源化率，%，$0<C_R\leqslant100\%$；L_e 为生态工业链的数量；u_i 为企业资源化率，$0<u_i\leqslant100\%$，$i=1，2，\cdots，L_e$；S 为生态工业园内的企业数量。

对式（4）进行数学变换，可得

$$C_R=\frac{L_e}{S(S-1)/2}\cdot\frac{\sum\limits_{i=1}^{L_e}u_i}{L_e}\times100\%$$

令 $r_L=\sum\limits_{i=1}^{L_e}u_i/L_e\times100\%$。由于园区企业间生态关联度 $C_e=\dfrac{L_e}{S(S-1)/2}$，这样对上式进行化简整理，可得园区副产品、废品资源化率与园区企业间生态关联度之间的关系式

$$C_R=C_e\cdot r_L \tag{5}$$

式中，r_L 为园区内企业资源化率的平均值，%，$0<r_L\leqslant100\%$。

由式（5）可见，园区副产品、废品资源化率的大小与园区企业间生态关联度和企业资源化率平均值的大小有关。当企业资源化率的平均值一定时，园区副产品、废品资源化率随园区企业间生态关联度的增加而提高；当园区企业间生态关联度一定时，园区副产品、废品资源化率随企业资源化率平均值的增加而提高。

在第 3 节所讨论的 9 个生态工业园中，除南海生态工业园的规划中给出企业资源化率外，余下大部分未给出或部分给出企业资源化率。因此，在讨论这 9 个生态工业

园的园区企业间生态关联度和企业资源化率的变化对园区副产品、废品资源化率的影响时，假设企业资源化率的平均值分别为 20%、40%、60%、80% 和 100%。把各园区企业间生态关联度和企业资源化率的平均值分别代入式（5），可计算出各生态工业园的园区副产品、废品资源化率。计算结果见表 2。

表 2　园区副产品、废品资源化率

国家	园　区	C_e	r_L				
			20%	40%	60%	80%	100%
丹麦	1975 年卡伦堡生态工业园	0.095	1.9	3.8	5.7	7.6	9.5
	1985 年卡伦堡生态工业园	0.178	3.6	7.1	10.7	14.2	17.8
	1995 年卡伦堡生态工业园	0.236	4.7	9.5	14.2	18.9	23.6
中国	贵港生态工业园	0.190	3.8	7.6	11.4	15.2	19.0
	南海生态工业园	0.119	2.4	4.8	7.1	9.5	11.9
	鲁北生态工业园	0.303	6.1	12.1	18.2	24.2	30.3
	石河子生态工业园	0.400	8.0	16.0	24.0	32.0	40.0
	沱牌酿酒生态工业园	0.429	8.6	17.1	25.7	34.3	42.9
	沈阳铁西生态工业园	0.083	1.7	3.3	5.0	6.7	8.3
	抚顺矿业生态工业园	0.132	2.6	5.3	7.9	10.5	13.2
	通化张家生态工业园	0.282	5.6	11.3	16.9	22.6	28.2
	平均值	0.242	4.9	9.7	14.5	19.4	24.2

由表 2 可见，当园区企业间生态关联度为一定值时，园区副产品、废品资源化率随企业资源化率平均值的增加而提高，并且当企业资源化率平均值达到 100% 时，园区副产品、废品资源化率达到最大值，它等于园区企业间生态关联度的值。因此，要想提高园区副产品、废品资源化率，只有大幅度地提高园区企业间生态关联度。在运输成本允许的条件下，扩大副产品、废品的交换范围，提高副产品、废品资源化的范围，进而提高园区副产品、废品资源化率。

由上分析可见，园区企业间生态关联度和园区副产品、废品资源化率两项指标相互联系，密不可分。前者反映了园区内企业间相互连接关系的程度；后者反映了园区内副产品、废品的资源化程度。可见，在生态工业园的规划和建设工作中，园区企业间生态关联度和园区副产品、废品资源化率两项指标缺一不可。

5　结论

（1）利用自然生态系统的一些概念和规律，分析工业系统中企业的运行规律，使它们的活动更趋于自然生态系统的活动方式，促进企业与自然的和谐发展。

（2）定义了园区企业间生态关联度指标，给出了园区企业间生态关联度的计算公式。园区企业间生态关联度是衡量生态工业园内企业间相互连接关系及其密切程度的重要指标。若园区企业间生态关联度越高，则园区内企业间相互利用副产品、废品的连接关系也越多。

（3）定义了园区副产品、废品资源化率指标，给出了园区副产品、废品资源化率的计算公式，以及园区副产品、废品资源化率与园区企业间生态关联度的关系式。

园区副产品、废品资源化率是衡量生态工业园内副产品、废品资源化量多少的重要指标。

参 考 文 献

[1] 阎传海, 张海荣. 宏观生态学 [M]. 北京: 科学出版社, 2003.

[2] WILLIAMS R J, MARTINE N D. Simple rules yield complex food webs [J]. Nature, 2000, 404: 180-183.

[3] PIMM S L, LAWTON J H, COHEN J E. Food web patterns and their consequences [J]. Nature, 1991, 350: 669-674.

[4] WARREN P H. Variation in food-web structure: the determinants of connectance [J]. The American Naturalist, 1990, 136 (5): 689-700.

[5] PAINE R T. Food webs: Road maps of interactions or grist for theoretical development? [J]. Ecology, 1988, 69 (6): 1648-1654.

[6] COHEN J E. Food webs and niche space [M]. Princeton University Press, Princeton, New Jersey, USA, 1978.

[7] ERNEST A L. Eco-industrial park handbook for Asian developing countries [EB/OL]. www.indigodev.com.

[8] 于秀娟. 工业与生态 [M]. 北京: 化学工业出版社, 2003: 4.

[9] 罗宏, 孟伟, 冉圣宏. 生态工业园区——理论与实证 [M]. 北京: 化学工业出版社, 2004.

[10] 鲁成秀. 生态工业园区规划建设理论与方法研究 [D]. 长春: 东北师范大学, 2003.

[11] 郑东晖. 生态工业园区的产品体系规划与物质集成 [D]. 北京: 清华大学, 2002.

物质流分析的两种方法及其应用实例[*]

1 导言

物质流分析（substance flow analysis，SFA）是在一个国家或一个地区范围内，对特定的某种物质（如铝、铜等）进行工业代谢研究的有效手段。物质流分析的任务是弄清楚与这些物质变化有关的各股物流的状况，以及它们之间的相互关系。其目的是从中找到节省天然资源，改善环境的途径，以推动工业系统向可持续发展方向转化。

西方发达国家这些年来在物质流方面做了大量工作。在一些重大问题上，以分析工作为基础，给国家和有关行业提出了不少有益的建议。不久前，我们在研究钢铁工业废钢资源等问题时，提出了一种有别于文献中所见到的物质流分析方法。后来，用这种方法又研究了中国的铅流状况。这种方法我们使用起来感到比较顺手，可能会有较广阔的应用前景。本文将着重阐明这种方法。因为只讨论物质流分析，所以，一般用"物流分析"代替"物质流分析"，除非有特殊说明。

2 物流的研究方法

物料的流动与流体的流动有相同的基本特征，那就是流动。因此，回顾一下关于流体流动的研究方法，对于进一步理解物料流动的研究方法，有所裨益。

研究流体的流动，有两种方法。第一种方法是欧拉法。这种方法的要领是在连续流动的流体中，选定一个空间点，作为观察点。然后，观察各瞬间流过这个空间点的流体的物理量，以获得这个点上有关数据随时间的变化。为了了解流体流动的全貌，可依次改变观察点，从一个空间点转向另一个空间点。

第二种方法是拉格朗日法。这种方法的要领是在连续流动的流体中，选定流体的一个质点，作为观察对象。然后，跟踪这个质点，观察它在空间移动过程中各物理量的变化，以获取这个质点在流动过程中的有关数据。为了了解流体流动的全貌，可依次改变观察对象，从一个质点转到另一个质点。

与研究流体流动的两种方法相对应，研究物料流动，也同样会有两种方法。当然，物料流动终究有别于流体流动，所以在研究物料流动时，必须注意到它本身所具有的特点，其中较为主要的有以下几点：（1）物料是沿着产品生命周期的轨迹流动的，一个生命周期是一个明显的段落。所以，物流状况是呈周期性变化。（2）产品的一个生命周期，通常长达几年、十几年，甚至更长。所以，为了获得较全面的信息，需要观察的时间跨度是较大的。（3）在流动过程中，物料的物态、形状、化学成分、物理性质等都在不断变化。所以，只有针对其中的某一种物质（元素或稳定化合物）进行观察，才是可行的。（4）通常都是进行比较宏观的物流分析，物流量较大。所以选定的观察对象的总量也较大。

---

* 本文合作者：岳强。原发表于《理论探讨》，2006。

基于以上考虑，将研究物料流动的两种方法，分别概述如下：

第一种方法，为了研究某种产品生命周期中的物流状况，选定物流中的一个区间，作为观察区。然后，观察这一区间内物流的变化。对这一区间内生命周期各阶段流入和流出的有关物质量，都要弄清楚。

如果把物料的流动比喻成一条河流（见图1），那么用这种方法研究物流，就好比是站在一座桥上，进行定点观察。这座桥的位置一般都选在某一年度的产品生命周期的始端，因为，从这里能观察到上一个生命周期的回收阶段和本生命周期的生产、制造阶段以及部分使用阶段。

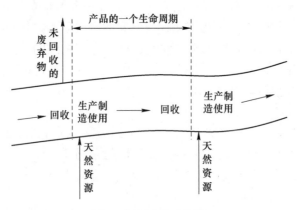

图1　用河流比喻物流

这种方法的要点是定点观察，所以可称之为"物流的定点观察法"。在这种情况下，物流的来龙去脉，可参见图2。

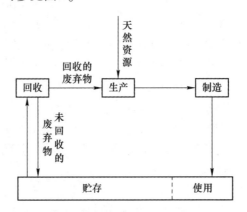

图2　定点观察的物流示意图

在这张图上，要做些说明的是"贮存、使用"这个环节。这是社会上的一个"物质库"（reservoir），而且是一种物质一个库，例如铜有铜库，铅有铅库。库中存有：（1）仍在使用中的历年生产的产品；（2）已报废但并未进行解体处理的产品；（3）未能回收的废弃物质。所以，这个库的存量很大，难以准确计算。在物流分析工作中，一般并不涉及库存总量，而只是根据物料的进、出量，计算其净增值。

第二种方法，为了研究某种产品生命周期中的物流状况，选定一定数量的该种产品，作为观察对象。然后，沿着这些产品生命周期的轨迹，对它进行观察。生命周期中各阶段流入和流出的有关物质量，都要弄清楚。

如果仍用河流作比喻（见图1），那么用这种方法研究物流，就好比是坐在一条船上，顺流而下，对选定的那些物料对象，进行跟踪观察。跟踪的行程，至少要从某一个生命周期的起点，一直到它的终点，途中经过产品的生产、制品的制造、使用和产品报废后的回收四个阶段（见图1中所标）。这样，了解的情况和收集的数据才比较完整，才便于做进一步的分析。必要时，甚至要连续观察一个以上的生命周期。

如图1所示，在跟踪观察每一个生命周期的航程中，会看到两条支流：一条在它的始端，是向生产阶段输入天然资源的；另一条在它的末端，是向周围环境输出未回收的废弃物的。

这种方法的要点是跟踪观察，所以可称之为"物流的跟踪观察法"。

在这条物流的长河中，截取一个生命周期，得到的物流示意图，如图3所示。它是建立物流跟踪模型的基础。

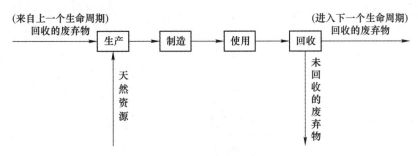

图 3　跟踪观察的物流示意图

3　物流的两种模型

定点观察法，建立的物流模型是"物流的定点模型"；而跟踪观察法建立的是"物流的跟踪模型"。关于前者，在文献中的报道较多，其中包括本文导言中已经提到的那些文章，但关于后者却几乎未见报道。因此，本节侧重于物流的跟踪模型的介绍。

说明一下，行文过程中"金属"一词指代铁、铜、铅等任意一种金属。

3.1　物流的定点模型

图4是一张典型的物流定点模型。用于研究一个国家或地区在一段时间内金属的贮存及其流动状况。

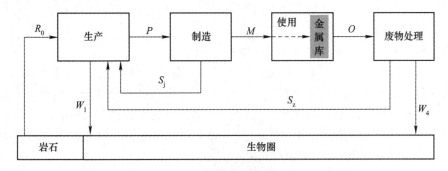

图 4　物流的定点模型

图4中使用阶段存在金属库，研究时间段内制造的金属制品进入其中，同时，金

属库中的一部分报废金属制品回收后进入废物处理阶段。

图4中所标出的各股物流的流量，都不是实物流量，而是按各种实物的金属含量分别折算成的金属流量。R_0 为金属生产使用的自产矿石量；P 和 M 分别为研究时间段内该区域的金属产品产量和制品产量；O 为报废的金属制品量；S_j 和 S_z 分别为加工废金属量和折旧废金属量，t；W_1 和 W_4 分别为生产阶段和废物处理阶段向环境（土壤、大气及水等）排放的金属量。

3.2 物流的跟踪模型

图5是一张典型的物流跟踪模型。选定的观察对象是一个国家或地区在某一年（第 τ 年）内生产的全部某种金属产品。同样，图中所标出的各股物流的流量，都不是实物流量，而是按各种实物的金属含量分别折算成的金属流量。所以，这张图也就是某种金属产品生命周期的金属流图。

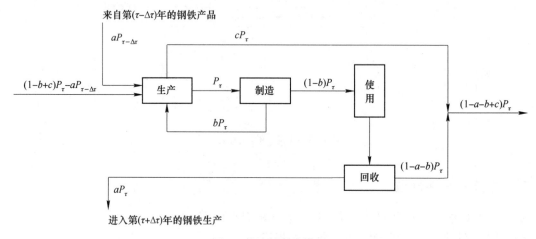

图 5　物流的跟踪模型

（以 P_τ t 金属产品为观察对象）

图5中，第 τ 年的金属产品产量为 P_τ t，经制造阶段后，形成的金属制品量为 $(1-b)P_\tau$ t，同时产生加工废金属 bP_τ t。这些加工废金属全部返回生产阶段，重新处理。金属产品经使用 $\Delta\tau$ 年后报废，形成折旧废金属 aP_τ t。这些折旧废金属作为原料进入第 $(\tau+\Delta\tau)$ 年的金属生产过程。与此同时，$(1-a-b)P_\tau$ 废弃物未被回收，而进入环境之中。

同理，进入第 τ 年金属生产中去的折旧废金属 $aP_{\tau-\Delta\tau}$ t，是从第 $(\tau-\Delta\tau)$ 年的金属产品中演变过来的。

第 τ 年金属生产过程中的各种排放物为 cP_τ t。

按金属元素平衡可知，第 τ 年金属生产还需矿石 $(1-b+c)P_\tau - aP_{\tau-\Delta\tau}$ t。

请注意，图5中有以下几点假设：（1）加工废金属是在金属产品生产出来的同一年就全部返回生产阶段去重新处理的；（2）金属产品的寿命都是 $\Delta\tau$ 年；（3）回收的折旧废金属是在产品报废的当年，即第 $(\tau+\Delta\tau)$ 年，就返回金属生产中去的；（4）折旧废金属的回收率 a 值不随时间而变。

现就 a、b、c 三个参数的定义和计算式，作如下说明。

为此，令第 τ 年的金属产品经 $\Delta\tau$ 年后，演变成的折旧废金属量为

$$A = aP_\tau$$

第 τ 年金属制品制造过程中产生的加工废金属量为

$$B = bP_\tau$$

第 τ 年金属生产过程中的金属损失量为

$$C = cP_\tau$$

以上三式可分别改写为

$$a = \frac{A}{P_\tau} \qquad\qquad (1a)$$

$$b = \frac{B}{P_\tau} \qquad\qquad (1b)$$

$$c = \frac{C}{P_\tau} \qquad\qquad (1c)$$

式（1a）~式（1c）分别是 a、b、c 三个系数的定义式。

现对系数 a 做进一步说明。系数 a 是金属的循环率，因为它说明的是在 P_τ t 金属产品中，得到循环利用的那一部分废金属所占的比例，其值恒小于 1。必须提醒读者，在不同的文献中，物质循环率的定义很不相同，不可混淆。

也许有人要问，为什么在图 5 上只能见到加工废金属的循环路线，而见不到折旧废金属的循环路线呢？这是因为在图上只画了一个生命周期（从第 τ 年到第（$\tau + \Delta\tau$）年），并没有把它上游和下游的生命周期全都画出来。如果把一个接着一个的生命周期都画出来，那就能一目了然了！

物质流分析的跟踪观察法[*]

摘 要 流动，是物质（如铜、铝等）流动和流体流动二者所具有的基本特征，这是本文提出的基本论点。基于这个论点，简要地回顾了流体力学中研究流体流动的两种方法，即拉格朗日法和欧拉法；相应地提出了物质流分析的两种方法，即"跟踪观察法"和"定点观察法"。由于前者在文献中未见报道，因此对它进行了重点说明。强调了物质流的跟踪观察法既适用于稳态物质流（产品产量不变），也适用于非稳态物质流（产品产量增长或下降）。以钢铁产品生命周期的铁流图为例，说明了物质流的跟踪模型。在引入了物质流的非稳度后，提出了物质流各项指标的计算式，以及它们之间的相互关系。以瑞典铅酸电池系统为对象，计算了其中铅流的各项指标，并进行了必要的分析。

关键词 物质流的研究方法 物质流的跟踪观察法 物质流的基本公式 物质流的非稳度

1 导言

物质流分析（substance flow analysis，SFA）是在一个国家或一个地区范围内，对特定的某种物质（如铝、铜等）进行工业代谢研究的有效手段。所谓工业代谢是指将原料和能源转变成最终产品和废物的过程中，一系列相互关联的物质变化的总称[1]。所以，物质流分析的任务是弄清楚与这些物质变化有关的各股物流的状况，以及它们之间的相互关系。其目的是从中找到节省天然资源，改善环境的途径，以推动工业系统向可持续发展方向转化。做好物质流分析，才有可能在资源和环境方面，有理有据地提出供决策者参考的建议。

西方发达国家，这些年来在物质流方面做了大量工作。在一些重大问题上，以分析工作为基础，给国家和有关行业提出了不少有益的建议。发表的文章较多，在本文的参考文献目录中，列出了其中的一小部分：其中，文献［2-4］是钢铁方面的；文献［5-9］是铜、铅、锌、铝方面的；文献［10-11］是 PVC 和纸张方面的。此外，还有一些专著和总体论述的文章[1,12-15]。从发表的文章和专著可见，西方发达国家在物质流分析方面已形成了一套成熟的方法，积累了不少经验。

不久前，我们在研究钢铁工业废钢资源等问题时[16-17]，提出了一种有别于文献中所见到的物质流分析方法。这种方法，我们使用起来感到比较顺手，可能会有较广阔的应用前景。因此，本文将着重阐明这种物质流分析方法。因本文只讨论物质流分析，所以在下文中，一般用"物流分析"一词代替"物质流分析"，除非有特殊说明。

2 物流的研究方法

物料的流动与流体的流动有相同的基本特征，那就是流动。因此，回顾一下关于流体流动的研究方法，对于进一步理解物料流动的研究方法，是有所裨益的。

大家都知道，研究流体的流动，有两种方法[18]。第一种方法是拉格朗日法。这种

---

[*] 本文原发表于《中国工程科学》，2006。

方法的要领是在连续流动的流体中，选定流体的一个质点，作为观察对象。然后，跟踪这个质点，观察它在空间移动过程中各物理量的变化，以获取这个质点在流动过程中的有关数据。为了了解流体流动的全貌，可依次改变观察对象，从一个质点转到另一个质点。

第二种方法是欧拉法。这种方法的要领是在连续流动的流体中，选定一个空间点，作为观察点。然后，观察各瞬间流过这个空间点的流体的物理量，以获得这个点上有关数据随时间的变化。为了了解流体流动的全貌，可依次改变观察点，从一个空间点转向另一个空间点。

与研究流体流动的两种方法相对应，研究物料流动，也同样会有两种方法。当然，物料流动终究有别于流体流动，所以在研究物料流动时，必须注意到它本身所具有的特点，其中较为主要的有以下几点：（1）物料是沿着产品生命周期的轨迹流动的，一个生命周期是一个明显的段落，所以，物流状况是呈周期性变化；（2）产品的一个生命周期，通常长达几年、十几年，甚至更长，所以，为了获得较全面的信息，需要观察的时间跨度是较大的；（3）在流动过程中，物料的物态、形状、化学成分、物理性质等都在不断变化，所以，只有针对其中的某一种物质（元素或稳定化合物）进行观察，才是可行的；（4）通常都是进行比较宏观的物流分析，物流量较大，所以选定的观察对象的总量也较大。

基于以上考虑，将研究物料流动的两种方法，分别概述如下：

第一种方法，为了研究某种产品生命周期中的物流状况，选定一定数量的该种产品，作为观察对象。然后，沿着这些产品生命周期的轨迹，对它进行观察。生命周期中各阶段流入和流出的有关物质量，都要弄清楚。

如果把物料的流动比喻成一条河流（见图1），那么用这种方法研究物流，就好比是坐在一条船上，顺流而下，对选定的那些物料对象，进行跟踪观察。跟踪的行程，至少要从某一个生命周期的起点，一直到它的终点，途中经过产品的生产、制品的制造、使用和产品报废后的回收四个阶段。这样，了解的情况和收集的数据，才比较完整，才便于做进一步的分析。必要时，甚至要连续观察一个以上的生命周期。

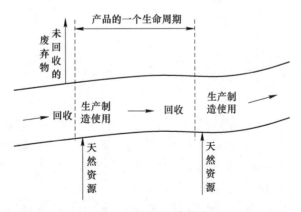

图1 用河流比喻物流

如图1所示，在跟踪观察每一个生命周期的航程中，会看到两条支流：一条在它的始端，是向生产阶段输入天然资源的；另一条在它的末端，是向周围环境输出未回收的废弃物的。

这种方法的要点是跟踪观察，所以可称之为"物流的跟踪观察法"。

在这条物流的长河中，截取一个生命周期，得到的物流示意图，如图2所示。它是建立物流跟踪模型的基础。

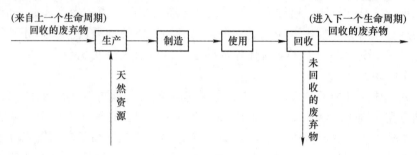

图2　跟踪观察的物流示意图

第二种方法，为了研究某种产品生命周期中的物流状况，选定物流中的一个区间，作为观察区。然后，观察这一区间内物流的变化。对这一区间内生命周期各阶段流入和流出的有关物质量，都要弄清楚。

如果仍用河流作比喻，那么用这种方法研究物流，就好比是站在一座桥上，进行定点观察。这座桥的位置一般都选在某一年度的产品生命周期的始端，因为，从这里能观察到上一个生命周期的回收阶段和本生命周期的生产、制造阶段以及部分使用阶段。

这种方法的要点是定点观察，所以可称之为"物流的定点观察法"。在这种情况下，物流的来龙去脉，可参见图3。

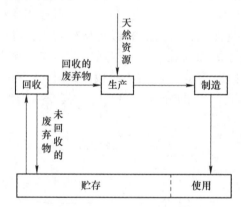

图3　定点观察的物流示意图

在图3中，要做些说明的是"贮存、使用"这个环节。这是社会上的一个"物质库"（reservoir），而且是一种物质一个库，例如铜有铜库，铅有铅库。库中存有：（1）仍在使用中的以往历年生产的产品；（2）已报废但并未进行解体处理的产品；（3）未能回收的废弃物质。所以，这个库的存量很大，难以准确计算。在物流分析工作中，一般并不涉及库存总量，而只是根据物料的进、出量，计算其净增值。

3　物流的跟踪模型

用跟踪观察法，建立的物流模型是"物流的跟踪模型"；而用定点观察法建立的是

"物流的定点模型"。关于后者，在文献中的报道较多，其中包括本文导言中已经提到的那些文章，但关于前者却几乎未见报道。因此，本节将专门对物流的跟踪模型作必要的介绍。

图4是一张典型的物流跟踪模型。选定的观察对象是一个国家或地区在某一年（第τ年）内生产的全部钢铁产品。图中所标出的各股物流的流量，都不是实物流量，而是按各种实物的铁含量分别折算成的铁流量。所以，这张图也就是钢铁产品生命周期的铁流图。

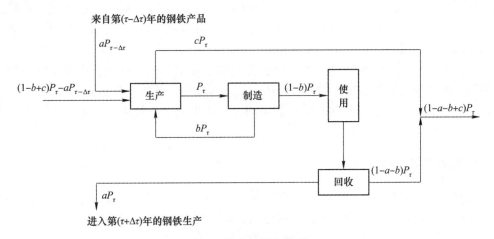

图4　物流的跟踪模型
（以 P_τ t 钢铁产品为观察对象）

图4中，第τ年的钢铁产品产量为 P_τ t，经制造阶段后，形成的钢铁制品量为 $(1-b)P_\tau$ t，同时产生加工废钢 bP_τ t。这些加工废钢全部返回生产阶段，重新处理。钢铁产品经使用 $\Delta\tau$ 年后报废，形成折旧废钢 aP_τ t。这些折旧废钢作为原料进入第 $(\tau+\Delta\tau)$ 年的钢铁生产过程。与此同时，$(1-a-b)P_\tau$ t 废弃物未被回收，而进入环境之中。

同理，进入第τ年钢铁生产中去的折旧废钢 $aP_{\tau-\Delta\tau}$ t，是从第 $(\tau-\Delta\tau)$ 年的钢铁产品中演变过来的。

第τ年钢铁生产的各种排放物为 cP_τ t。

按铁元素平衡可知，第τ年钢铁生产还需铁矿石 $(1-b+c)P_\tau - aP_{\tau-\Delta\tau}$ t。

请注意，图4中有以下几点假设：（1）加工废钢是在钢铁产品生产出来的同一年就全部返回生产阶段去重新处理的；（2）钢铁产品的寿命都是 $\Delta\tau$ 年；（3）回收的折旧废钢是在产品报废的当年，即第 $(\tau+\Delta\tau)$ 年，就返回钢铁生产中去的；（4）折旧废钢的回收率 a 值不随时间而变。

现就 a、b、c 三个参数的定义和计算式，作如下说明。

为此，令第τ年的钢铁产品经 $\Delta\tau$ 年后，演变成的折旧废钢量为

$$A = aP_\tau$$

第τ年钢铁制品制造过程中产生的加工废钢量为

$$B = bP_\tau$$

第τ年钢铁生产过程中的铁损失量为

$$C = cP_\tau$$

以上三式可分别改写为

487

$$a = \frac{A}{P_\tau} \tag{1a}$$

$$b = \frac{B}{P_\tau} \tag{1b}$$

$$c = \frac{C}{P_\tau} \tag{1c}$$

式（1a）~式（1c）分别是 a、b、c 三个系数的定义式。

现对系数 a 做进一步说明。系数 a 是铁的循环率，因为它说明的是在 P_τ t 钢铁产品中，得到循环利用的那一部分废钢所占的比例，其值恒小于1。必须提醒读者，在不同的文献中，物质循环率的定义很不相同，不可混淆。

也许有人要问，为什么在图4上只能见到加工废钢的循环路线，而见不到折旧废钢的循环路线呢？这是因为在图上只画了一个生命周期（从第 τ 年到第 $(\tau+\Delta\tau)$ 年），并没有把它上游和下游的生命周期全都画出来。如果把一个接着一个的生命周期都画出来，那就能一目了然了！

4　物流的基本公式

在物流跟踪模型中，$P_{\tau-\Delta\tau}$ 与 P_τ 的比值，说明了在一个生命周期中产品产量的变化。所以，可以用它作为物流非稳态程度的判据。故令

$$p = \frac{P_{\tau-\Delta\tau}}{P_\tau} \tag{2}$$

并称之为物流的非稳度。稳态物流的 $p=1$；非稳态物流的 $p\neq1$；产量增长的物流 $p<1$；产量下降的物流 $p>1$。

将图4中各股物流量均除以 P_τ，并考虑式（2），则得图5。

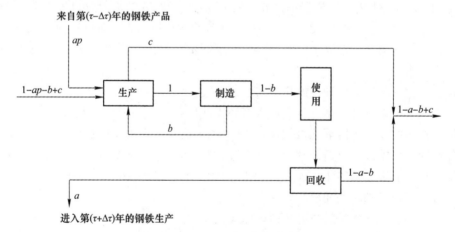

图5　单位产品的物流跟踪模型
(以 1t 钢铁产品为观察对象)

按图5，可直接写出与该物流有关的各工作指标计算式，并导出它们之间的关系式。现将其中主要的几个罗列如下。

单位钢铁产品的铁矿石投入量

$$R = 1 - ap - b + c \tag{3}$$

488

我们把 R 称作"铁矿石指数"。

单位钢铁产品的铁损失量

$$Q = 1 - a - b + c \qquad (4)$$

我们把 Q 称作"铁损失指数"。

由式（4）可见，Q 值仅决定于 a、b、c 三个系数，与 p 值无关。

不难看出，R 和 Q 二者之间的关系，如下式所示：

$$Q = R + a(p - 1) \qquad (5)$$

顺便提一下，从式（5）可以得出一个重要的结论。那就是：若 $p=1$ 或 $a=0$，则 Q 必等于 R，亦即在稳态流情况下，或报废物质不循环的情况下，投入的铁矿石中的铁，最终将在钢铁产品的一个生命周期中，全部转为废弃物和污染物中的铁，进入环境之中。

单位钢铁产品的废钢用量

$$S = ap + b \qquad (6)$$

我们把 S 称作"废钢指数"。

不难看出，R 与 S 之间的关系，如下式所示：

$$R = 1 - S + c \qquad (7)$$

式（7）也是一个重要的关系式，因为它说明了钢铁生产中铁的两个来源，即铁矿石和废钢的数量关系。

以上是从图 5 中直接写出的三项指标的计算式，以及它们之间的部分关系。考虑到资源效率和环境效率是两个重要概念，所以，我们将式（3）和式（4）改写一下，得到以下两式：

铁的资源效率，是指投入单位铁矿石所能生产出来的钢铁产品量。所以，事实上，R 的倒数就是铁的资源效率 r。

$$r = \frac{1}{R}$$

将式（3）代入上式，得

$$r = \frac{1}{1 - ap - b + c} \qquad (8)$$

同理，Q 的倒数就是铁的环境效率 q。

$$q = \frac{1}{Q}$$

将式（4）代入上式，得

$$q = \frac{1}{1 - a - b + c} \qquad (9)$$

式（3）~式（9）是物流的一些基本方程式。其中式（3）、式（4）、式（6）、式（8）、式（9）分别说明了物流的某一项工作指标与物流变量之间的关系，而式（5）、式（7）分别说明了某两项工作指标之间的关系。

对以上公式不必逐个详加解释，现仅以式（8）和式（6）为例，稍加说明。

式（8）是铁的资源效率 r 与 p、a、b、c 四个变量之间的关系式。为了更清楚地了解该式所描述的主要规律，设 $b=c$，则式（8）化简为

$$r = \frac{1}{1 - ap} \qquad (8')$$

按式（8'）作图，得图 6，该图横坐标为铁的循环率 a，纵坐标为铁的资源效率 r，图中每一条曲线对应一个 p 值。

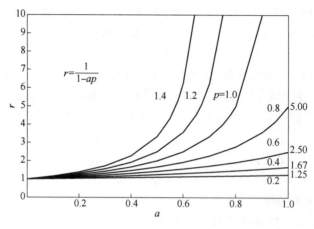

图 6　资源效率 r 图

由 $p<1.0$ 的各条曲线可见，提高 a 值可使 r 值上升，但上升幅度较小。即使 $a=1.0$，在 $p=0.2$、0.4、0.6、0.8 四种情况下，r 也只能分别达到 1.25、1.67、2.50、5.00。

由 $p=1.0$ 曲线可见，在提高 a 值的过程中，r 值上升较快，而且越来越快。式（8'）表明，在极端情况下，$a=1$ 而 r 为 ∞。

由 $p>1.0$ 的两条曲线可见，在提高 a 值的过程中，r 值的上升比 $p=1.0$ 时更快。在 p 为 1.2、1.4 两种情况下，按式（8'）计算，当 a 值分别达到 0.833 和 0.714 时，r 值已趋近 ∞。

此外，必须指出，图 6 是在假设 $c=b$ 的条件下画出来的，所以 r 值都在 1 以上，然而，在 $c>b$，而且 a 值较低时，很可能出现 $r<1$ 的情况。

总之，在研究物流的资源效率时，不仅要考虑物流内部的 a、b、c 等变量，而且还要把物流的非稳度 p 这个受制于外部条件的因素考虑在内。在物流内部条件相同的情况下，资源效率最低的是产量增长的物流，而且产量增长得越快，越是如此；资源效率最高的是产量下降（或不久前曾下降）的物流，而且下降得越快（或下降幅度越大），越是如此；居中的是产量保持不变的物流。这条规律，在考察各国资源效率的高低时，是不可不特殊关注的；否则可能会得出不客观的结论。

式（6）是废钢指数 S 与 p、a、b 三个变量之间的关系式。不难理解，废钢指数 S 是在不考虑对外贸易的情况下，衡量一个国家钢铁工业废钢资源充足程度的判据：S 值越高，废钢越充足，反之亦然。为了更清楚地了解该式所描述的主要规律，设 $b=0.05$，则式（6）化简为

$$S = ap + 0.05 \qquad (6')$$

按式（6'）作图，得图 7。该图横坐标为铁的循环率 a，纵坐标为废钢指数 S；图中每一条直线对应一个 p 值。

由 $p<1.0$ 的四条直线可见，提高 a 值，可使 S 值上升，但上升幅度较小。在极端情况下，即使 $a=1.0$，废钢指数 S 值也只能分别达到 0.25、0.45、0.65 和 0.85。

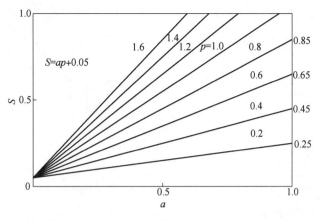

图 7　废钢指数 S 图

$p = 1.0$ 时，直线的斜率较大，当 a 值提高到 0.95 时，S 值就等于 1.0。

$p = 1.2$、1.4、1.6 三条曲线的斜率更大，按式（6′）计算，这三条线与 $S = 1.0$ 横线相交处的 a 值分别为 0.79、0.68、0.59。

总之，在研究废钢指数时，不仅要考虑 a、b 等变量，而且还要把 p 这个重要因素考虑在内。在其他条件相同时，废钢指数最低的是钢铁产品产量增长的物流，而且产量增长越快，越是如此；废钢指数最高的是产量下降的物流，而且下降得越快，越是如此；居中的是产量保持不变的物流。这条规律，在考察各国钢铁工业废钢资源的充足程度时，是不可不特别关注的。否则，不可能正确地理解为什么有些国家钢铁工业的废钢资源充足，或者很充足，而另一些国家则废钢短缺，或严重短缺。我们以前的工作[16-17]完全说明了这一点。

最后，必须指出，式（3）~式（9）不仅适用于以钢铁产品为对象的物流，而且也适用于针对其他产品的物流。

5　实例分析

要想用跟踪模型，进行物流分析，物流的非稳度 p 值必须是已知的。本文选用了文献［9］所描述的瑞典铅酸电池模拟系统中的稳态铅流，作为分析的对象；它的非稳度 $p = 1$。该系统中的各组成部分都有详细的介绍，其中包括开采、冶炼、电池制造、使用以及废电池中铅的回收、重熔等，而且数据详实。

图 8 是根据这些数据，按图 4 的模式，绘制的铅产品生命周期中的稳态铅流图，其中表明了每股铅流的年流量，铅产品的年产量为 22472t，它的使用寿命为 5 年。图中用"生产"阶段概括了原生铅和再生铅两个生产环节，这样做是为了使画面更为简明易读。

按图中所标数据，可知在这个物流中铅的资源效率 r 为

$$r = \frac{22472}{253} = 88.82$$

铅的环境效率 q 为

$$q = \frac{22472}{253} = 88.82$$

可见，这个物流的工作水平是很高的。

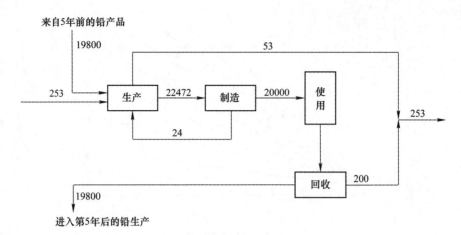

图 8　铅流跟踪模型（单位：t/a）

（瑞典铅酸电池模拟系统）

此外，由图 8 可见，铅矿石的投入量（以铅量计）与整个生命周期中铅的损失量是相等的，都等于 253t。这是上文中提到的稳态流的一个特点，请参见式（4）及其说明。

若将图 8 中各股铅流量均除以铅的年产量，即 22472t/a，则可得到单位铅产品的铅流图，如图 9 所示。

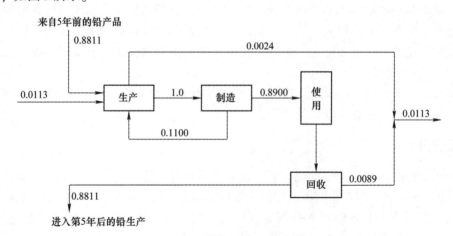

图 9　单位铅产品的铅流跟踪模型

（瑞典铅酸电池模拟系统）

对比图 9 与图 5，可直接写出

$$a = 0.8811$$
$$b = 0.1100$$
$$c = 0.0024$$

这样，就可对该物流作如下的外延性分析了。在分析工作中，设 $b = 0.1100$ 及 $c = 0.0024$ 均为定值。

（1）在稳态流情况下（$p=1$），按式（8）计算各 a 值下的 r 值，然后作图，可得图 10 中的曲线 1。线上的 "＊" 点是该铅酸电池模拟系统的 "工作点"。由图 10 可见，如果能将 a 值在现有基础上再稍微提高一点，那么 r 值还能上升很多。相反，a 值的微小下降，就可能引起 r 值的大幅下降。

（2）如果瑞典铅酸电池模拟系统中的铅流是非稳态的，那么情况就会不大相同。例如，图 10 中曲线 2 是非稳度 $p=0.6$ 时 r 与 a 之间的关系曲线。在这种情况下，即使铅的循环率维持在原有的 $a=0.8811$ 高水平上，铅的资源效率也会从 88.82 降为 2.75（见曲线 2 上的圆点）。这个差别是多么悬殊啊！

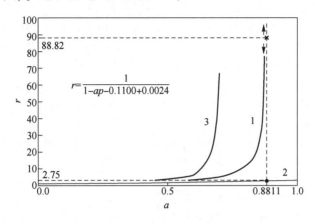

图 10　瑞典铅酸电池模拟系统 r 与 a 之间的关系
1—$p=1$；2—$p=0.6$；3—$p=1.25$

曲线 3 是非稳度 $p=1.25$ 时 r 与 a 之间的关系曲线。按式（8）计算，在 $a=0.71$ 时，r 值就已接近 ∞。也就是说，如果铅的循环率仍维持原有的 $a=0.8811$，那么，不仅铅的生产有可能全部使用回收的废铅作为原料（如冶金技术允许如此），而且还有较多剩余的废铅可供出口或储备。

同理，对于铅流的其他工作指标以及它们之间的关系，也可做类似的分析，在此不再赘述！

总之，用物流的跟踪模型和由此导出的若干基本方程式，对非稳度不同的各种物流，进行其工作指标及相关问题的分析，都是比较方便的。

6　结束语

以流体流动的两种研究方法，即拉格朗日法和欧拉法为起点，经过对比分析，提出了物质流分析的另一种方法，并对它作了必要的说明。这种方法的核心是物质流的跟踪模型。在此之前，我们曾按照这个思路，研究了个别实际问题，但从来没有像本文这样对这种方法本身做过原原本本的说明。

现在看来，这种方法有以下几个值得提到的特点：

（1）物质流跟踪模型，比较直观易懂，因为它是产品生命周期中物质流的如实写照；

（2）从这种模型可以导出用于物质流分析的一组方程式，而且它们都很简单；

（3）用这种模型，既可以对稳态的，也可以对非稳态的物质流进行分析，而且所用的方程式和方法都完全相同。

我们相信，物质流分析的这种方法，会有较好的应用前景。但无论如何，它还在发展的初期，需要逐步完善和提高，在实际中反复检验。这方面的工作，我们一直在进行。我们十分希望与大家共同协作，把这方面的工作做得好些。

参 考 文 献

［1］ AYRES R U. Industrial metabolism: Theory and policy ［M］. Washington, DC: National Academy Press, 1994.

［2］ MICHAEL D F. Iron and steel recycling in the United State in 1998 ［R］. Open file report 01-224. U. S. Geological survey. U. S. Department of the Interior, 1999.

［3］ MICHAELIS P, JACKSON T. Material and energy flow through the UK iron and steel sector. Part1: 1954—1994 ［J］. Resources, Conservation and Recycling, 2000 (29): 131-156.

［4］ MICHAELIS P, JACKSON T. Material and energy flow through the UK iron and steel sector. Part2: 1994—2019 ［J］. Resources, Conservation and Recycling, 2000 (29): 209-230.

［5］ KAPUR A, BERTRAM M, SPATARI S, et al. The contemporary copper cycle of Asia ［J］. J Mater Cycles Waste Manag, 2003 (5): 143-156.

［6］ MELO M T. Statistical analysis of metal scrap generation: The Case of aluminum in Germany ［J］. Resources, Conservation and Recycling, 1999 (26): 91-113.

［7］ SPATARI S, BERTRAM M, FUSE K, et al. The contemporary European copper cycle: 1 year stocks and flows ［J］. Ecological Economics, 2002, 42 (1/2): 27-42.

［8］ SPATARI S, BERTRAM M, FUSE K, et al. The contemporary European Zinc cycle: 1 year stocks and flows ［J］. Resources, Conservation and Recycling, 2003, 39 (2): 137-160.

［9］ KARLSSON S. Closing the technospheric flow of toxic metals: Modeling lead losses from a lead-acid battery system for Sweden ［J］. Journal of Industrial Ecology, 1999, 3 (1): 23-40.

［10］ KLEIJN R, HUELER, VOET E. Dynamic substance flow analysis: The delaying mechanism of stocks, with the case of PVC in Sweden ［J］. Ecological Economics, 2000, 32 (2): 241-254.

［11］ SUNDIN E, SVENSSON N, MCLAREN J, et al. Materials and energy flow analysis of paper consumption in the United Kingdom, 1987—2010 ［J］. Journal of Industrial Ecology, 2001, 5 (3): 89-105.

［12］ AYRES R U. Metals recycling: Economic and environmental implications ［J］. Resources, Conservation and Recycling, 1997 (21): 145-173.

［13］ GRAEDEL T E, ALLENBY B R. Industrial ecology ［M］. Upper Saddle River, NJ: prentice Hall, 2003.

［14］ HANSEN E, LASSEN C. Experience with the use of substance flow analysis in Denmark ［J］. Journal of Industrial Ecology, 2002, 6 (3/4): 201-219.

［15］ KLEIJN R. In = Out: the trivial central paradigm of MFA ［J］. Journal of Industrial Ecology, 2000, 3 (2/3): 8-10.

［16］ 陆钟武. 关于钢铁工业废钢资源的基础研究 ［J］. 金属学报, 2000, 36 (7): 728-734.

［17］ 陆钟武. 论钢铁工业的废钢资源 ［J］. 钢铁, 2002, 37 (4): 66-70.

［18］ 许唯德. 流体力学 ［M］. 北京: 国防工业出版社, 1979: 31-34.

中国 2004 年锌循环分析及政策建议[*]

摘　要　本文研究了 2004 年中国锌循环的状况和存在的主要问题。锌生产阶段、加工制造阶段的原料自给率分别为 88.6%、93.6%，使用再生锌的比例分别为 1.6%、12.8%，矿石指数为 1.275t/t，再生锌指数为 0.126t/t。存在的主要问题是原料对外依存度、再生锌指数很低，同时矿石指数较高。讨论了中国锌工业的产业政策现状及存在问题，其中，存在的主要问题是尚未建立完整的锌工业可持续发展政策体系、再生增值税政策不合理、经济适用的技术创新及推广支持力度不够、锌矿资源的开发和合理使用政策相对滞后等。最后，提出了改善中国锌循环的若干政策建议，主要包括，建立完整的推进锌循环的政策体系，实施锌工业原料结构的战略调整，加快重点技术研发及推广，制定科学合理的经济政策，严格执行法律规章，促进产业重组。

关键词　锌循环　问题　政策　现状　建议

我国的锌产量已经连续 12 年居世界第一位，锌的消费量已经连续 6 年居世界第一位，按照目前生产、消费速度，我国锌储量动态开采的保证年限仅为 7 年[1-2]。为尽量缓解并解决这个矿产资源危机问题，必须着力采取两个方面措施，一方面要有序节约地使用锌矿资源，推广先进的选矿、冶炼、加工制造等技术，减少锌的损失；另一方面要大力调整锌工业的原料结构，积极使用再生锌资源，发展循环经济。目前，在我国规模小、装备差的小型锌矿山过度、无序开发，技术落后的竖罐法、平罐法等火法炼锌仍有相当比例，折旧镀锌制品、锌电池等没有得到有效回收，这些导致在我国有大量的金属锌存在于锌尾矿、废渣、折旧锌制品等锌废料中。同时，我国鼓励锌循环的产业政策缺少系统性，再生锌工业发展水平较低，专业的再生锌厂仅 100 户左右，生产规模一般都不大，年产万吨以上的仅有两户[3]，而且大都工艺落后，再生锌产量仅占再生锌资源量的 20.8%[4]，大量的再生锌资源中的金属锌没有得到循环利用（即回收和再生）。

目前国内外开展的锌循环研究较多[5-8]，但多数研究的是欧洲、美洲等国外的锌循环状况，完整、定量地分析近年我国锌循环的研究基本没有开展。本文采用跟踪观察法，系统地分析了 2004 年我国锌循环状况及存在的问题，并讨论了目前的经济、技术政策现状及存在的问题，提出了改善我国锌循环的政策建议，以期能为政府决策部门提供参考。

1　中国锌循环分析

物质流分析是在一个国家或者一个地区范围内，对特定的某种物质进行工业代谢研究的有效手段。物质流分析又可以分为"定点观察法"和"跟踪观察法"[9]。为更清楚地分析锌制品生命周期中各股锌流随时间的流动情况以及各股锌流量之间的关系，本文采用跟踪观察法考察锌制品的整个流动过程，包括锌精矿和锌锭的生产、锌制品的加工制造、锌制品的使用以及报废后经回收重新返回到锌工业系统中的锌制品的整个生命周期。

495

　＊　本文合作者：张江徽。原发表于《资源科学》，2007。

工业生态学

1.1 锌循环的跟踪观察模型

锌循环的跟踪观察模型如图1，图中τ是任意一个年份；$\Delta\tau_i$是第i种锌制品的平均使用寿命。

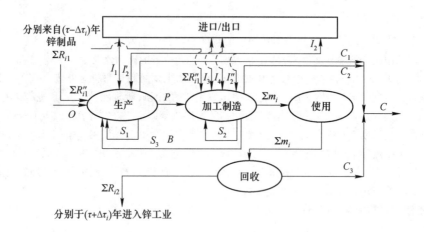

图1 锌循环的跟踪观察模型

进入生产阶段的物料包括：自产锌矿含锌量O；间接利用来自第（$\tau-\Delta\tau_i$）年的经使用报废的各种锌制品的含锌量$\sum R''_{i1}$；进（出）口锌精矿含锌量I_1；间接利用进（出）口锌废料含锌量I'_2；本阶段产生的锌废料含锌量S_1；加工制造阶段产生的锌废料含锌量S_3。

进入加工制造阶段的物料包括：生产阶段的锌初级制品P；直接利用来自第（$\tau-\Delta\tau_i$）年的经使用报废的各种锌制品的含锌量$\sum R''_{i1}$；直接利用进（出）口锌废料含锌量I''_2；进（出）口各种锌初级制品含锌量I_3；进（出）口各种锌最终制品含锌量I_4；本阶段产生的锌废料含锌量S_2。

进入使用阶段的物料是最终消费的各种锌制品的锌量$\sum M_i$。

进入回收阶段的物料是使用报废的各种锌制品的锌量$\sum M_i$。

进入（$\tau+\Delta\tau_i$）年锌工业系统的物料是回收的第τ年生产的经使用报废的锌制品的含锌量$\sum R_{i2}$。

排放至环境的物料C分别包括：生产阶段、加工制造阶段、回收第τ年生产的经使用报废的锌制品时排放的锌量C_1、C_2、C_3。

根据上述描述，进（出）口锌废料含锌量$I_2 = I'_2 + I''_2$；来自第$\tau-\Delta\tau_i$年的经使用报废的各种锌制品的含锌量$\sum R_{i1} = \sum R'_{i1} + \sum R''_{i1}$。

在上述物料中，加工再生锌资源，即锌制品在生产、加工制造阶段产生的各种锌废料，包括S_1、S_2、S_3，其中"内部再生锌资源"，即企业产生并在企业内部循环使用的锌废料，在本模型中没有标出。折旧再生锌资源，即各种锌制品在使用报废后的锌废料，包括$\sum R_{i1}$（$\sum R'_{i1}$、$\sum R''_{i1}$）、$\sum R_{i2}$。

1.2 中国 2004 年锌流图

1.2.1 生产阶段

根据资料[4,10]，2004 年我国锌精矿产量为 239×10^4t，锌精矿进出口净值 30.8×10^4t，锌工业生产各阶段的计算数据列于表 1。我国 2004 年锌采矿、选矿平均损失率分别为 5.4%、13.9%，冶炼平均回收率为 92.9%[11]。2004 年采矿消耗的锌矿资源及产量折算金属量分别为 293.43×10^4t、277.58×10^4t。内部再生锌为 36.7×10^4t。经调查，我国再生锌资源很少返回生产阶段间接利用（本文假设 10%），我国回收后的再生锌资源加工利用率平均为 80%[4]。由表 1 计算，经回收进入生产阶段的再生锌资源量分别为：锌废料进口净值（I'_2）0.44×10^4t；加工再生锌（S_3）3.07×10^4t；折旧再生锌（$\sum R'_{i1}$）0.94×10^4t，即来自 1974 年的黄铜、1993 年的锌合金压铸、1992 年的锌材制品的再生锌[12]。于是，生产阶段的锌产量为 254.2×10^4t，其中锌精矿产锌 250.64×10^4t，再生锌 3.56×10^4t。锌的排放量（C_1）为再生锌资源量与再生锌产量之差 66.2×10^4t。图 2 是我国 2004 年生产阶段的锌流图。由质量平衡计算得 8.28×10^4t 的平衡增量，这是统计和计算参数的准确度带来的误差造成的，误差率为 3.3%（8.28/254.2 = 0.033）。

表 1　中国 2004 年各阶段再生锌资源量及再生锌产量　　　　（万吨）

项　　目	生产阶段	加工制造阶段（加工再生锌）	回收阶段（折旧再生锌）	进出口	合计
再生锌资源量	66.20	41.28	59.18	4.40	171.06
再生锌产量	0.00	24.57	7.53	3.52	35.62
内部再生锌产量	36.70	32.04	0.00	0.00	68.74

注：上述数字均指锌的金属量；再生锌资源量和产量均不含内部再生锌产量。

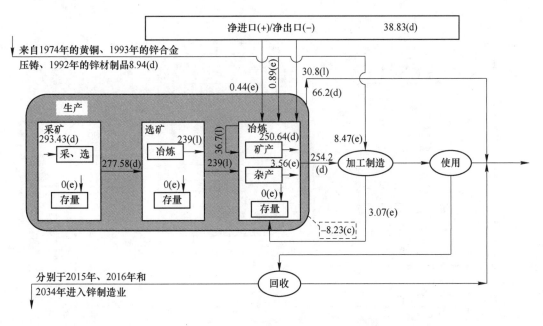

图 2　中国 2004 年锌的生产阶段的锌流图

（数字后的括号中的字母反映了数据的来源：(1) 根据文献；(d) 计算；
(e) 估计；(c) 质量平衡得到。以下各图未特别注明时与此类同）

1.2.2 加工制造阶段

根据资料[4,10]，将 2004 年我国锌工业加工制造阶段的其余计算数据列于表 2。同样，根据表 1 计算，经回收进入加工制造阶段的再生锌资源量分别为：锌废料进口净值（I_2''）3.96×10⁴t；加工再生锌（S_2）27.64×10⁴t；折旧再生锌（$\sum R_{i1}''$）8.45×10⁴t；内部再生锌 32.04×10⁴t，根据资料[4]计算，其中非合金再生锌 12.3×10⁴t，合金再生锌 19.7×10⁴t，锌排放量（C_2）为 16.71×10⁴t。结合表 2、表 3 形成我国 2004 年加工制造阶段的锌流图（见图 3）。由质量平衡计算得 7.34×10⁴t 的平衡增量，这是统计准确度带来的误差造成的，误差率为 3%（7.34/243.12＝0.03）。

表 2　中国 2004 年锌制品进出口量　　　　　（万吨）

锌初级制品进出口净值			锌最终制品进出口净值
氧化锌	合金锌	非合金锌	
-3.73	18.09	1.53	-12.26

注：上述数字均指锌的金属量；进出口数据，正值为净进口，负值为净出口；锌最终制品指镀锌板、黄铜制品、锌合金压铸制品、锌电池等。

表 3　中国 2004 年各种锌制品的初级消费量、最终消费量　　　　　（万吨）

项　　目	镀锌	电池	锌氧化物	铜材	压铸合金	锌材	合计
初级消费量	114.90	38.20	33.10	44.10	49.00	4.40	283.76
最终消费量	107.00	15.30	29.50	52.10	29.40	9.90	243.12

注：消费量均指锌的金属量。

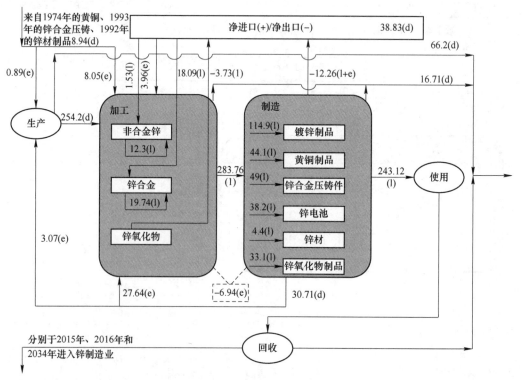

图 3　中国 2004 年锌制品的加工制造阶段锌流图

（数字后的括号中的字母反映了数据的来源：(l) 根据文献；(d) 计算；(e) 估计

1.2.3　使用阶段

2004 年我国锌制品使用阶段的锌流图参见图 4。

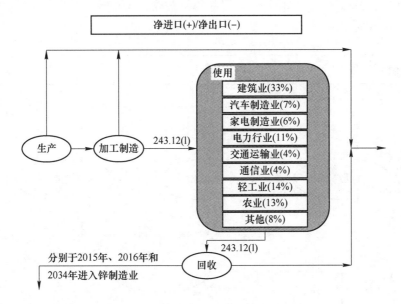

图 4　中国 2004 年锌制品使用阶段的锌流图（单位：万吨）

（数字后的括号中的字母反映了数据的来源：(1) 根据文献，锌制品的用途比例根据文献 [10] 获得）

1.2.4　报废锌制品的回收阶段

假设 2004 年投入社会的锌制品经使用报废后能够回收的锌制品种类仍为黄铜、锌合金压铸及锌材，回收比例仍与回收进入到 2004 年锌工业的折旧锌制品相同，即 70%。则根据表 3 经回收进入锌工业的锌量（$\sum R_{i2}$）为 63.96×10^{4}t，其中，黄铜、锌合金压铸、锌材制品分别于 2034 年、2015 年、2016 年进入锌工业。锌排放量（C_3）为 179.16×10^{4}t。2004 年我国锌制品回收阶段的锌流图参见图 5。

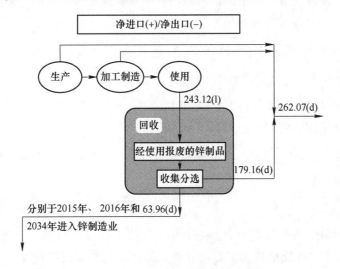

图 5　中国 2004 年锌制品回收阶段的锌流图（单位：万吨）

（数字后的括号中的字母反映了数据的来源：(1) 根据文献；(d) 计算）

这样，在 2004 年生产的锌制品的一个完整的生命周期内，向环境排放的锌量 C 合计为 $262.05×10^4$ t。

综上所述，按照图 1，根据每个阶段的锌量的输入＝输出[13]，可得我国 2004 年的锌流图，如图 6 所示。

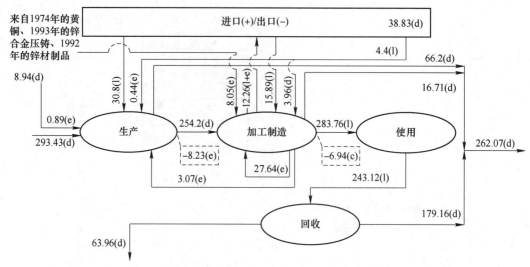

图 6　中国 2004 年锌制品生命周期的锌流图（单位：万吨）

（数字后的括号中的字母反映了数据的来源：(1) 根据文献；(d) 计算；(e) 估计；

(c) 质量平衡得到）

1.3　中国锌循环状况分析

1.3.1　主要指标计算

（1）锌生产阶段、加工制造阶段的原料自给率和使用再生锌的比例。

2004 年锌生产阶段的原料自给率：

$$P_Z = (O + S_3 + \sum R'_{i1})/(O + S_3 + \sum R'_{i1} + I_1 + I'_2) \times 100\% = 88.6\%$$

使用再生锌比例：

$$P_S = (I'_2 + S_3 + \sum R'_{i1})/(O + S_3 + \sum R'_{i1} + I_1 + I'_2) \times 100\% = 1.6\%$$

2004 年锌加工制造阶段的原料自给率：

$$M_Z = (P + S_2 + \sum R''_{i1})/(P + S_2 + \sum R''_{i1} + I''_2 + I_3) \times 100\% = 93.6\%$$

使用再生锌比例：

$$M_S = (S_2 + \sum R''_{i1} + I''_2)/(P + S_2 + \sum R''_{i1} + I''_2 + I_3) \times 100\% = 12.8\%$$

（2）矿石指数。将统计期内一个国家锌工业的矿石（含锌精矿）的含锌量与统计期内生产阶段锌产量的比值称为矿石指数 R。2004 年锌的矿石指数 R 为 1.275t/t。

（3）再生锌指数。将统计期内一个国家再生锌产量与统计期内锌初级消费量的比值称为再生锌指数 S。2004 年再生锌指数 S 为 0.126t/t。

1.3.2 中国锌循环存在的问题

（1）我国锌工业的原料对外依存度很低。我国2004年锌生产阶段原料自给率高达88.6%，按照目前锌的生产、消费速度，我国锌储量动态开采保证年限仅为7年，矿山产锌的不足严重制约了我国锌工业的可持续发展。

（2）我国锌工业的再生锌指数很低。2004年再生锌指数仅为0.126t/t，再生锌产量中大部分为加工再生锌，折旧再生锌和进口再生锌产量较小。其中，折旧再生锌资源量为 $59.18 \times 10^4 t$，再生锌产量为 $7.53 \times 10^4 t$，再生率仅为12.7%，主要原因是报废锌电池、镀锌制品、氧化锌制品中的锌没有得到再生[4]。

（3）我国锌工业的矿石指数较高。2004年矿石指数高达1.275t/t，进一步加剧了本已十分紧张的锌矿资源的供求矛盾。矿石指数高的主要原因，一方面是再生锌产量较少，间接再生锌产量更少；另一方面是选矿尾矿等再生锌资源没有得到再生使用。目前，我国大型铅锌矿山的技术装备水平大部分只相当于发达国家20世纪60~70年代的水平，而小矿山个数占总数的97.9%[14]，其采矿、选矿的工艺落后，锌回收率不高，使生产环节的锌的平均回收率仅为75.6%（94.6%×86.1%×92.9%=75.6%），约有 $66.2 \times 10^4 t$ 的金属锌量在生产阶段被排放到环境。

2 改善中国锌循环的政策建议

2.1 现阶段中国锌工业的产业政策状况[15-17]

经过多年的发展，我国已经初步建立了引导锌工业快速发展，技术不断进步的政策体系。主要包括以下两个方面。

（1）锌工业的产业技术政策。主要有：鼓励矿山接替资源勘探及关键勘探技术开发；鼓励大中型矿山建设；鼓励矿山尾矿以及冶炼炉渣的综合回收和利用；限制单系列 $10 \times 10^4 t/a$ 规模以下的锌冶炼项目；淘汰采用马弗炉、马槽炉、横罐、小竖罐等进行焙烧、简单冷凝设施进行收尘等落后方式炼锌或者生产氧化锌制品等。

（2）锌工业的经济政策。主要有：废旧物质回收经营单位销售其收购的废旧物质免征增值税；生产企业购入废旧物质回收经营单位销售的废旧物质，按照10%计算抵扣进项增值税；锌矿山、冶炼企业综合利用自产锌废料资源部分，免征五年所得税；利用其他企业锌废料而新办企业，可免征或减征一年所得税等。

2.2 中国发展锌循环面临的主要产业政策问题

2.2.1 尚未建立完整的锌工业可持续发展政策体系

目前我国锌工业（甚至西方发达国家）没有建立起完整的有机的政策体系，各个政策之间相互独立，甚至不少在某个领域（环节或者层面）内部相对有益的政策却在阻碍着整体锌循环的实现。

例如，在废干电池回收阶段，目前的政策引导方向是大力回收废旧干电池，然后集中处理，而不鼓励再生，从表面上看有利于减轻废旧电池带来的环境污染，但却是以消耗更多的锌矿资源作为代价；在锌冶炼环节，现行政策的引导方向是推广冶炼新技术、冶炼规模化，这样的结果是，一方面提高锌的冶炼技术水平，的确能提高锌的资源利用效率，但另一方面由于没有解决原料结构调整问题，锌冶炼效率的提高却加剧了锌矿的消耗；在企业层面，经济政策驱使锌的加工制造企业尽可能循环利用自己产生的锌废料，但是大部分制造企业在进行产品设计时，并不考虑自己生产的产品使用报废后，是否有利于再生和如何进行再生，导致产品报废后无法再生或者再生难度很大等。

2.2.2 再生增值税政策不合理

根据经济学产品供需理论[18]，在市场经济条件下，当产出条件和供应条件确定时，某种产品的供需情况决定了该产品的产量。产品的供应量和需求量取决于该产品的价格，价格越高，供应量越大，需求量越小，当供应量等于需求量时，价格和产量就是处于平衡状态的该种产品的价格和产量。

如果把锌废料作为分析对象，那么，根据供需理论可以做出其供需曲线图（见图7）。供应曲线 SS 就是指经过废品收购公司收集到的锌废料量；需求曲线 DD 就是指各再生锌生产企业所需要的锌废料量；M_{max} 是锌废料资源量，即锌废料资源量全部回收的情况，M_{min} 为零，即废锌资源量没有回收的情况；点 Q 对应的 M 和 P 就是废锌的实际回收利用量和锌废料价格。当改变生产、需求影响因素，需求和供应曲线就会上、下移动，从而两曲线的交点发生移动，对应的产量也发生变化。

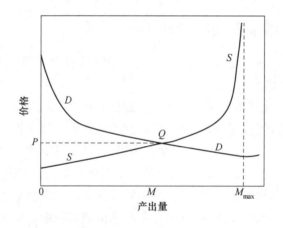

图 7　锌再生供需关系曲线

目前废旧有色金属的回收企业全部免缴增值税，再生生产企业的增值税抵扣进项税率由 17% 降低为 10%。如图 8 所示，回收企业全部免缴增值税，降低了企业回收锌废料的成本，使供应曲线 SS 下移到 $S'S'$ 的位置，与需求曲线 DD 的交点从 Q 移到 Q' 位置，从而使锌废料回收利用量从 M 提高到 M'，有利于推动锌废料的回收和利用。但是由于再生企业的增值税抵扣进项税率由 17% 降低为 10%，却增加了税负，增加了锌废料再生的成本，使需求曲线 DD 向下平移到 $D'D'$ 的位置，与需求曲线 $S'S'$ 的交点由 Q' 移动到 Q''，从而使锌废料回收利用量从 M' 回落到 M''。就是说，实际上造成锌废料收购环节少缴或未缴的税款，转移到生产企业去缴纳，割断了生产企业与回收企业的正常经济交往，使锌废料再生企业在竞争中处于劣势，从而不利于锌的再生，这已成为我国有色金属回收和再生领域反应极其强烈且久拖不决的突出问题。

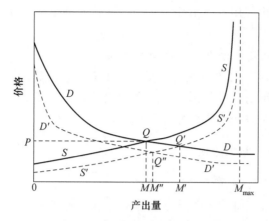

图 8　锌增值税税收问题的分析

根据资料[4]将 2004 年我国再生锌资源及产量按照再生条件分类,形成表 4。由表 4 可见,我国 2004 年回收及再生技术可行,但由于缺乏经济效益而没有得到利用的再生锌资源量为 78.88×10⁴t,占资源总量的 46%。

表 4　中国 2004 年再生锌资源及产量按照再生条件分类

再生条件分类	再生锌资源种类	再生锌资源量/万吨	各类资源占比/%	再生锌产量/万吨	各产量占比/%	再生利用率/%
经济、技术可行	镀锌渣、灰,黄铜边角料,黄铜废品,合金,压铸撇渣,压铸熔渣,压铸废品废料,电池熔铸熔渣,电池废品及边角料,锌材熔铸熔渣,废锌材制品及边角料,折旧锌材废料,折旧黄铜废料,折旧锌合金压铸废料,中浸渣,进口锌废料	56.020	0.330	620	1.000	0.635
技术可行、经济不可行	镀锌钢材废料,折旧镀锌钢材废料,竖罐渣,散矿石,尾矿	78.888	0.460	0	0	0
经济、技术都不可行	废旧锌电池,锌的氧化物制品废料	36.160	0.210	0	0	0
合　计		171.060	1.000	35.620	1.000	0.208

注:上述数字均指锌的金属量;再生锌资源量和产量均不含内部再生锌产量。

可以判断,如果适当调整税收优惠政策,可以使这部分资源量得到一定程度的再生利用。

2.2.3　经济适用的技术创新及推广支持力度不够

我国铅锌业是有色金属工业技术进步较慢的行业。目前,我国火法锌冶炼产量仍占全部锌产量的 30%,而且土法炼锌仍在不少地区存在,复杂难选、低品位矿石的选矿技术、废电池的无害再生技术等,创新及推广速度不快,由表 4 可见,2004 年我国由于技术及经济条件不可行而无法利用的再生锌资源量为 36.16×10⁴t,占资源总量的 21%;由于回收及再生技术水平的限制,经济、技术条件都可行的再生锌资源的再生利

503

用率仅为 63.5%，再生使用效率不高。这些都与技术研发投入不足、技术进步及推广步伐较慢有很大关系。

2.2.4 锌矿资源的开发和合理使用政策相对滞后

近 10 年来，我国铅锌冶炼能力和产量大幅上升，矿山建设总体上发展滞后，矿产品产量已满足不了冶炼对原料的需求，锌矿战略储量严重不足；与此同时，资源开采无序，技术落后，资源浪费、环境污染严重。

2.3 推动我国锌循环的政策建议

2.3.1 建立完整的推进锌循环的政策体系

建议国家有色金属工业协会铅锌分会建立完整的推进锌循环政策体系，参见图 9。政策体系的工作机理是：（1）从资源及环境体系出发，研究为推动锌循环，实现锌工业可持续发展的锌工业原料结构调整方向、技术发展方向。（2）从技术体系出发，研究原料结构调整的具体实现途径，以及研发具体关键技术。（3）从政策及法律体系出发，研究支持技术研发、原料结构调整所必要的经济政策、行政法规、法律等。（4）比较分析支撑锌循环所投入的成本是否科学合理，现行社会的价值观与锌循环的实践是否和谐，自然资源的中长期使用是否可持续，并以此调整资源及环境体系、技术体系制定的目标，以及社会价值观取向，从而重新修正相对应的各项政策。这样逐渐调整，实现动态平衡。（5）依靠获得的政策体系，指导锌工业的生产、加工制造、使用及回收阶段的发展。

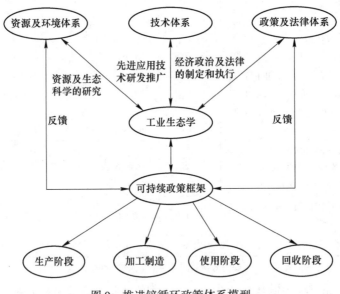

图 9 推进锌循环政策体系模型

2.3.2 实施锌工业原料结构的战略调整

（1）鼓励国内锌冶炼及矿山企业积极购买国外锌矿资源。引导大型锌冶炼企业在大量使用国外锌精矿的同时，积极购并国外矿山，并适时向国外地区转移冶炼生产能力，努力降低原料自给率，节约国内锌矿资源，也有利于缓解目前矿山与冶炼的利益不平衡关系[19]；有实力的矿山企业也应加入购并国外锌矿。目前，中国有色矿业集团公司、株洲冶炼集团公司正在积极购并国外锌矿。

（2）引导锌冶炼及加工制造企业积极使用锌废料作为原料。实际上，株冶火炬金属股份公司的浸出渣威尔兹窑挥发处理系统、韶关冶炼厂 ISP 冶炼系统，只要稍做工艺设备的改造，即可处理电弧炉烟尘等含锌废料。

（3）完善锌矿资源科学的开发使用制度。要以公益性投资等政策为引导，增加战略储备。资源开发重点放在西部地区和已开发的老矿区，力求储量的增加、升级，延长现有矿山的生产寿命。对于交通、能源、水源等外部环境条件较差，矿床赋存和采选技术条件不佳的矿区，应采取措施加以保护，待条件具备时开采。同时，资源开发要实施总量控制。

2.3.3 加快重点技术研发及推广重点技术

（1）无污染高效锌矿采、选、冶技术，如残矿和低品位矿的选矿技术。

（2）锌制品设计的循环技术标准，如锌制品制造的模块化标准，锌制品制造企业的产品回收技术标准。

（3）金属锌废料的预处理技术，包括废杂锌金属机械拆解、分选分类技术、表面洁净化处理技术，如锌锰电池的拆解分离技术。

（4）提高金属熔炼回收率方面的技术，如电弧炉钢铁烟尘的收集处理技术。

（5）再生锌产品的开发技术，废锌锰电池无害化处理技术。

（6）无法再生锌废料的替代技术，重点是氧化锌制品的替代技术等。

2.3.4 制定科学合理的经济政策

（1）修改、完善废旧物质回收及再生税收优惠政策。建议继续沿用对废旧物质回收企业免征增值税政策，同时，将再生锌列入给予免征增值税优惠政策的资源综合利用目录中，对取得生产许可证企业生产的再生锌产品免征增值税。在未实行生产许可证制度之前，可先行制定再生锌生产企业的有关经济技术标准，只有达到该标准的，才可享受优惠政策。

（2）建立包括铜、铝、铅、锌等有色金属的循环再生技术研发基金，通过拨款方式支持重点技术的研发，通过中长期贷款贴息方式支持重点技术的示范和推广。

（3）建立包括铅、锌等资源危机最严峻的有色金属原料结构战略调整基金，通过投资补贴、中长期贷款贴息、直接投资等恰当的方式，鼓励国内大型锌冶炼企业购并国外矿山，改造工艺使用再生锌资源，以及鼓励国内锌矿企业的基础勘探工作，增加矿产资源的战略储备等。

2.3.5 严格执行法律规章，促进产业重组

各级政府要严格执行已经实施的各种法律规章，例如，坚决淘汰采用马弗炉、马槽炉、横罐等落后方式炼锌企业，杜绝企业以浪费环境和资源的代价获得效益的行为，有利于形成企业公平合理竞争的环境，从而激发大企业从事再生锌生产的积极性。同时扶植在国内外市场上有一定优势的企业进行横向重组，提高我国锌工业集约化程度，有利于资源集中使用，降低锌资源损失。

参 考 文 献

[1] 安会珍．锌冶炼投资亟待降温［EB/OL］．http：//www.cnmn.com.cn/server/zhoubao/001.doc，2006-10-12.［AN H Z. The Temperature of Zinc Smelts Investment Needs to be Dropped Urgently［EB/OL］. http：//www.cnmn.com.cn/server/zhoubao/001.doc, 2006-10-12.］

[2] 赵翠青．当前中国锌工业的发展形势与思考［J］．中国金属通报，2005（23）：4-5.［ZHAO C

Q. Developing trend and thinking of present zinc industry in China [J]. China Metal Aviso, 2005 (23): 4-5.]

[3] 中国有色金属工业协会. 加快有色循环经济的发展 [EB/OL]. http://www.cbcsd.org.cn/activities/nj/2432.shtml, 2006-10-12. [China Nonferrous Metals Industry Association. To Fasten the Development of Recycle Economy of Nonferrous Metals Industry [EB/OL]. http://www.cbcsd.org.cn/activities/nj/2432.shtml, 2006-10-12.]

[4] 张江徽, 陆钟武. 锌再生资源与回收途径及中国再生锌现状 [J]. 资源科学, 2007, 29 (3): 86-93. [ZHANG J H, LU Z W. Status and approach of recycle of zinc resources in China [J]. Resources Science, 2007, 29 (3): 86-93.]

[5] GRAEDEL T E, BEERS D V, BERTRAM M, et al. The multilevel cycle of anthropogeni czinc [J]. Journal of Industrial Ecology, 2005, 9 (3): 67-90.

[6] HARPER E M, BERTRAM M, GRAEDEL T E. The contemporary Latin America and the Caribbean zinc cycle: One year stocks and flows [J]. Resources Conservation & Recycling, 2006, 47: 82-100.

[7] SPATARI S, BERTRAM M, FUSE K, et al. The contemporary European zinc cycle: 1-year stocks and flows [J]. Resources Conservation & Recycling, 2003, 39: 137-160.

[8] GORDON R B, GRAEDEL T E, BERTRAM M, et al. The characterization of technological zinc cycles [J]. Resources Conservation & Recycling, 2003, 39 (2): 107-135.

[9] 岳强, 陆钟武. 物质流分析、生态足迹分析及其应用 [D]. 沈阳: 东北大学, 2006. [YUE Q, LU Z W. Substance Flow Analysis, Ecological Footprint Analysis and Their Application [D]. Shenyang: Northeastern University, 2006.]

[10] 中国铅锌锡锑编辑部. 2004 年 12 月中国铅锌铋镉进出口情况 [J]. 中国铅锌锡锑, 2006 (2): 62-64. [Editorial department of China Lead Zinc Stannum Antimony. Imports and exports situation of the plumbous, zinc, bismuth, cadmium in China in December of 2004 [J]. China Lead Zinc Stannum Antimony, 2006 (2): 62-64.]

[11] 金汇期货编辑. 我国锌冶炼业的基本状况 [EB/OL]. http://www.szjhqh.com/jinhui2/article.php?articleId=20716&sortId=138, 2006-10-12. [Editorial Department of Jin Hui Futures. Basic State of Zinc Smelts Industry of China [EB/OL]. http://www.szjhqh.com/jinhui2/article.php?articleId=20716&sortId=138, 2006-10-12.]

[12] 张江徽, 陆钟武. 中国锌制品平均使用寿命 [J]. 东北大学报 (自然科学版), 2007, 28 (9): 1309-1312. [ZHANG J H, LU Z W. Average servi ce life of zincproducts in China [J]. Journal of Northeastern University (Natural Science), 2007, 28 (9): 1309-1312.]

[13] KLEIJN R. In=Out: the trivial central paradigm of MFA [J]. Journal of Industrial Ecology, 2000, 3 (2/3): 8-10.

[14] 柳正. 我国铅锌供需状况及政策建议 [EB/OL]. http://www.calre.net.cn/zys/lwj/lw03/17.htm, 2006-10-12. [LIU Z. The State of Supply and Demand and Policy Recommendations of Plumbous and Zinc Industry in China [EB/OL]. http://www.calre.net.cn/zys/lwj/lw03/17.htm, 2006-10-12.]

[15] 国家发改委. 国家对企业开展资源综合利用实行税收优惠政策 [EB/OL]. http://hzs.ndrc.gov.cn/newzhly/t20050912_42115.htm, 2006-10-12. [National Development and Reform Commission. The Country Implements the Preferential Policy of the Tax Revenue to the Enterprises Launching Comprehensive Resource Utilization [EB/OL]. http://hzs.ndrc.gov.cn/newzhly/t20050912_42115.htm, 2006-10-12.]

[16] 国家发改委, 财政部, 税务总局. 关于印发《资源综合利用目录 (2003 年修订)》的通知 [EB/OL]. http://www.jzgy.net/qgb/zcfg/fg115.htm-12k, 2006-10-12. [National Development and Reform Commission, National Finance Ministry, State Administration of Taxation. Notice About Printing

and Distributing《Comprehensive resource utilization catalogue（Revised in 2003）》［EB/OL］. http：//www. jzgy. net/qgb/zcfg/fg115. htm-12k，2006-10-12. ］

［17］国家发改委．关于控制部分高耗能、高污染、资源性产品出口有关措施的通知［EB/OL］. http：//www. ndrc. gov. cn/zcfb/zcfbtz/zcfbtz2005/t20051214＿53372. htm-16k，2006-10-12. ［National Development and Reform Commission. Notice About the Measure of Controlling Export of High Energy-Consuming，High Polluting and Resource Products［EB/OL］. http：//www. ndrc. gov. cn/zcfb/zcfbtzzcfbtz2005 /t20051214_53372. htm-16k，2006-10-12. ］

［18］保罗·A·萨缪尔森，威廉·D·诺德豪斯．西方经济学（第12版）［M］. 北京：中国出版社，1992. ［SAMUELSON P A，NORDHAUS W D. Western Economics（12th Edition）［M］. Beijing：China Press，1992. ］

［19］杨景．锌业采矿与冶炼间的利益分配［J］. 中国有色金属，2006（7）：50-51. ［YANG J. Distribution of interests between mining and smelting in the zinc industry［J］. China Nonferrous Metals，2006（7）：50-51. ］

工业生态学

经济增长与环境负荷之间的定量关系[*]

2005 年，胡总书记在中共中央关于制定国民经济和社会发展第十一个五年规划的建议（下称"中共中央建议"）中，明确指出，要"加快建设资源节约型、环境友好型社会，促进经济发展与人口、资源、环境相协调。"这是中共中央在提出科学发展观的基础上，提出的又一个重要战略思想。经济发展与人口、资源、环境相协调，最重要的正是他们之间在数量上的协调，在经济高速发展的情况下更是如此。

1 IPAT 方程

建设资源节约型、环境友好型社会，要依靠著名的 IPAT 方程：

$$I = P \times A \times T \tag{1}$$

式中，I 为环境负荷；P 为人口；A 为人均 GDP；T 为单位 GDP 的环境负荷。式（1）中的环境负荷 I 可以特指各种资源消耗量或废物产生量。

以能耗为例，式（1）可写作：

$$能源消耗量 = 人口 \times \frac{GDP}{人口} \times \frac{能源消耗}{GDP}$$

以 SO_2 为例，式（1）可写作

$$SO_2\,产生量 = 人口 \times \frac{GDP}{人口} \times \frac{SO_2\,产生量}{GDP}$$

请注意，这里用的是废物产生量，而不是它的排放量，因为末端治理的效果并未被考虑在内。如果末端治理的效果很好，有些废物的产生量与排放量之间会有很大差别。

IPAT 方程简单而实用。它是西方学者在 20 世纪 70~80 年代，经过反复讨论才确定下来的，是经过验证的，可以用来做定量计算。

IPAT 方程还可写成其他形式，如：

$$I = G \times T \tag{2}$$

式中，$G = P \times A$，G 也就是 GDP。式（2）可称作 IGT 方程。

在编制经济与社会发展规划时，只要按照 IPAT 方程，或从它派生出来的其他方程，并且考虑到末端治理的效果，通过反复推敲，就可以把规划期内包括资源消耗量在内的与环境有关的指标确定下来。

现举 3 个例题说明式（1）、式（2）的一般用法。

例 1 设 2005 年我国人口为 $P_0 = 13.07 \times 10^8$ 人，人均 GDP 为 $A_0 = 1.39 \times 10^4$ 元，万元 GDP 能源消耗为 $T_0 = 1.22t/$万元 GDP（标煤）；2010 年人口为 $P = 13.4 \times 10^8$ 人，人均 GDP 为 $A = 1.95 \times 10^4$ 元，万元 GDP 能源消耗比 2005 年降低 20%。求 2010 年全国的 GDP、能源消耗量，并与 2005 年进行对比。

---

[*] 本文原发表于《环境保护》，2007。

解：计算 2005 年 GDP 值 G_0：

$$G_0 = P_0 \times A_0$$
$$= 13.07 \times 10^8 \times 1.39 \times 10^4$$
$$= 18.17 \times 10^{12} \text{ 元}$$

计算 2010 年 GDP 值 G：

$$G = P \times A$$
$$= 13.4 \times 10^8 \times 1.95 \times 10^4$$
$$= 26.13 \times 10^{12} \text{ 元}$$

与 2005 年相比：

$$\frac{G}{G_0} = \frac{26.13 \times 10^{12}}{18.17 \times 10^{12}} = 1.438$$

2010 年 GDP 比 2005 年增长 43.8%。

计算 2005 年能源消耗量 I_0：

$$I = P_0 \times A_0 \times T_0$$
$$= 13.07 \times 10^8 \times 1.39 \times 10^4 \times 1.22 \times 10^{-4}$$
$$= 22.16 \times 10^8 \text{t 标煤}$$

计算 2010 年能源消耗量 I：

$$I = P \times A \times T$$
$$= 13.4 \times 10^8 \times 1.95 \times 10^4 \times 1.22 \times (1 - 0.2) \times 10^{-4}$$
$$= 25.5 \times 10^8 \text{t 标煤}$$

与 2005 年相比

$$\frac{I}{I_0} = \frac{25.5 \times 10^8}{22.2 \times 10^8} = 1.15$$

2010 年全国能源消耗总量比 2005 年增加 15%。

例 2　设某地 2005 年 GDP 为 $G_0 = 2500 \times 10^8$ 元，能源消耗量为 $I_0 = 3500 \times 10^4$t 标煤；按计划 2010 年万元 GDP 能源消耗比 2005 年降低 20%。（1）若 2010 年 GDP 增至 3400×10^8 元，求该年能源消耗量；（2）若 2010 年 GDP 增至 5000×10^8 元，求该年能源消耗量。

解：（1）2010 年 GDP 增至 3400×10^8 元：

计算 2005 年单位 GDP 能源消耗 T_0

$$T_0 = \frac{3500 \times 10^4}{2500 \times 10^8} = 1.4 \times 10^{-4} \text{t 标煤 / 元 GDP}$$

即 $T_0 = 1.4$t 标煤/万元 GDP。

计算 2010 年万元 GDP 能源消耗 T

$$T = T_0 \times (1 - 0.2) = 1.4 \times (1 - 0.2) = 1.12 \text{t 标煤 / 万元 GDP}$$

计算 2010 年能源消耗量 I

$$I = G \times T = 3400 \times 10^8 \times 1.12 \times 10^{-4} = 3808 \times 10^4 \text{t 标煤}$$

故

$$\frac{I}{I_0} = \frac{3808 \times 10^4}{3500 \times 10^4} = 1.088$$

即 2010 年该地能源消耗比 2005 年增加 8.8%。

（2）2010 年 GDP 增至 5000×10^8 元：

在本例 2（1）中，已求得 2005 年万元 GDP 能源消耗 $T_0 = 1.4t$ 标煤/万元 GDP，而 2010 年为 $T = 1.12t$ 标煤/万元 GDP。

故 2010 年能源消耗量 I 等于

$$I = G \times T = 5000 \times 10^8 \times 1.12 \times 10^{-4} = 5600 \times 10^4 t \text{ 标煤}$$

而

$$\frac{I}{I_0} = \frac{5600 \times 10^4}{3500 \times 10^4} = 1.6$$

即 2010 年该地能源消耗将为 $5600 \times 10^4 t$ 标煤，比 2005 年增加 60%。

例 3 已知某市 2000 年 GDP 为 $G_0 = 1500 \times 10^8$ 元，新水耗量为 $I_0 = 18 \times 10^8$ m^3；2010 年 GDP 增至 $G = 4500 \times 10^8$ 元。问：如新水耗量只允许增加 20%，2010 年万元 GDP 新水耗量应为多少，并与 2000 年作对比。

解：（1）按式（2）计算 2000 年万元 GDP 新水耗量 T_0

$$T_0 = \frac{I_0}{G_0} = \frac{18 \times 10^8}{1500 \times 10^8} \times 10^4 = 120 m^3 / \text{万元 GDP}$$

（2）计算 2010 年新水耗量 I，按题意

$$I = (1 + 0.2) \times 18 \times 10^8 = 21.6 \times 10^8 m^3$$

（3）计算 2010 年万元 GDP 新水耗量 T

$$T = \frac{I}{G} = \frac{21.6 \times 10^8}{4500 \times 10^8} \times 10^4 = 48 m^3 / \text{万元 GDP}$$

即在此期间，万元 GDP 新水耗量应从 120 降至 $48 m^3$/万元 GDP，即应降低为原值的 1/2.5。

2 IPAT 方程的另一种形式

按 IPAT 方程，基准年的环境负荷 I_0 等于

$$I_0 = P_0 \times A_0 \times T_0 \tag{1a}$$

式中，P_0、A_0、T_0 分别为基准年的人口、人均 GDP 和单位 GDP 的环境负荷。

基准年以后第 n 年的环境负荷 I_n 等于

$$I_n = P_n \times A_n \times T_n \tag{1b}$$

式中，P_n、A_n、T_n 分别为第 n 年的人口、人均 GDP 和单位 GDP 的环境负荷。

因

$$P_n = P_0(1 + p)^n$$

式中，p 为从基准年到第 n 年人口的年增长率。

$$A_n = A_0(1 + a)^n$$

式中，a 为从基准年到第 n 年人均 GDP 的年增长率。

$$T_n = T_0(1 - t)^n$$

式中，t 为从基准年到第 n 年单位 GDP 环境负荷的年下降率。

将以上三式代入式（1b），得

$$I_n = P_0 \times A_0 \times T_0 \times (1 + p)^n \times (1 + a)^n \times (1 - t)^n \tag{3}$$

或

$$I_n = I_0 \times (1 + p)^n \times (1 + a)^n \times (1 - t)^n \tag{3'}$$

式（3）和式（3'）是 IPAT 方程的另一种形式。若已知基准年的 P_0、A_0、T_0 值（或 I_0 值）及 p、a、t 值，即可按式（3）和式（3'）计算第 n 年的环境负荷 I_n 值。

同样地，按 IGT 方程，基准年的环境负荷 I_0 等于

$$I_0 = G_0 \times T_0 \tag{2a}$$

式中，G_0、T_0 分别为基准年的 GDP 和单位 GDP 的环境负荷。

基准年以后第 n 年的环境负荷 I_n 等于

$$I_n = G_n \times T_n \tag{2b}$$

式中，G_n、T_n 分别为第 n 年的 GDP 和单位 GDP 的环境负荷。

因

$$G_n = G_0(1 + g)^n$$

式中，g 为从基准年到第 n 年 GDP 的年增长率。

$$T_n = T_0(1 - t)^n$$

式中，t 为从基准年到第 n 年单位 GDP 环境负荷的年下降率。

将以上两式代入式（2b），得

$$I_n = G_0 \times T_0 \times (1 + g)^n \times (1 - t)^n \tag{4}$$

或

$$I_n = I_0 \times (1 + g)^n \times (1 - t)^n \tag{4'}$$

式（4）和式（4'）是 IGT 方程的另一种形式。若已知基准年的 G_0、T_0 值（或 I_0 值）及 g、t 值，即可按式（4）和式（4'）计算第 n 年的环境负荷 I_n 值。

为了便于计算，在表 1、表 2 中分别列出了 $(1+g)^n$ 和 $(1-t)^n$ 的计算值。这两张表的使用方法很简单。例如，若已知 $g = 0.07$，$n = 5$，则可在表 1 中查得 $(1+0.07)^5 = 1.403$。又例如，若已知 $t = 0.04$，$n = 5$，则可在表 2 中查得 $(1-0.04)^5 = 0.815$。

表 1　$(1 + g)^n$ 的计算值

n \ g	0.01	0.02	0.03	0.04	0.05	0.06	0.07	0.08	0.09	0.10	0.11	0.12	0.13	0.14	0.15	0.16	0.17	0.18	0.19	0.20
1	1.010	1.020	1.031	1.041	1.052	1.063	1.075	1.086	1.098	1.110	1.123	1.136	1.149	1.162	1.176	1.191	1.206	1.221	1.237	1.253
2	1.020	1.040	1.061	1.082	1.103	1.124	1.145	1.166	1.188	1.210	1.232	1.254	1.277	1.300	1.323	1.346	1.369	1.392	1.416	1.440
3	1.030	1.061	1.093	1.125	1.158	1.191	1.225	1.260	1.295	1.331	1.368	1.405	1.443	1.482	1.521	1.561	1.602	1.643	1.685	1.728
4	1.041	1.082	1.126	1.170	1.215	1.262	1.311	1.360	1.412	1.464	1.518	1.574	1.630	1.689	1.749	1.811	1.874	1.939	2.005	2.074
5	1.051	1.104	1.159	1.217	1.276	1.338	1.403	1.469	1.539	1.611	1.685	1.762	1.842	1.925	2.011	2.100	2.192	2.288	2.386	2.488
6	1.062	1.126	1.194	1.265	1.340	1.419	1.501	1.587	1.677	1.772	1.870	1.974	2.082	2.195	2.313	2.436	2.565	2.700	2.840	2.986
7	1.072	1.149	1.230	1.316	1.407	1.504	1.606	1.714	1.828	1.949	2.076	2.211	2.353	2.502	2.660	2.826	3.001	3.185	3.380	3.583
8	1.083	1.172	1.267	1.369	1.477	1.594	1.718	1.851	1.993	2.144	2.305	2.476	2.658	2.853	3.059	3.278	3.511	3.759	4.021	4.300
9	1.094	1.195	1.305	1.423	1.551	1.689	1.838	1.999	2.172	2.358	2.558	2.773	3.004	3.252	3.518	3.803	4.108	4.435	4.785	5.160
10	1.105	1.219	1.344	1.480	1.629	1.791	1.967	2.159	2.367	2.594	2.839	3.106	3.395	3.707	4.046	4.411	4.807	5.234	5.695	6.192

表 2　$(1 - t)^n$ 的计算值

n \ t	0.01	0.02	0.03	0.04	0.05	0.06	0.07	0.08	0.09	0.10	0.11	0.12	0.13	0.14	0.15	0.16	0.17	0.18	0.19	0.20
1	0.990	0.980	0.971	0.961	0.952	0.943	0.934	0.925	0.916	0.908	0.900	0.891	0.883	0.875	0.867	0.860	0.852	0.844	0.837	0.830
2	0.980	0.960	0.941	0.922	0.903	0.884	0.865	0.846	0.828	0.810	0.792	0.774	0.757	0.740	0.723	0.706	0.689	0.672	0.656	0.640
3	0.970	0.941	0.913	0.885	0.857	0.831	0.804	0.779	0.754	0.729	0.705	0.681	0.659	0.636	0.614	0.593	0.572	0.551	0.531	0.512

t \ n	0.01	0.02	0.03	0.04	0.05	0.06	0.07	0.08	0.09	0.10	0.11	0.12	0.13	0.14	0.15	0.16	0.17	0.18	0.19	0.20
4	0.961	0.922	0.885	0.849	0.815	0.781	0.748	0.716	0.686	0.656	0.627	0.600	0.573	0.547	0.522	0.498	0.475	0.452	0.430	0.410
5	0.951	0.904	0.859	0.815	0.774	0.734	0.696	0.659	0.624	0.590	0.558	0.528	0.498	0.470	0.444	0.418	0.394	0.371	0.349	0.328
6	0.941	0.886	0.833	0.783	0.735	0.690	0.647	0.606	0.568	0.531	0.497	0.464	0.434	0.405	0.377	0.351	0.327	0.304	0.282	0.262
7	0.932	0.868	0.808	0.751	0.698	0.648	0.602	0.558	0.517	0.478	0.442	0.409	0.377	0.348	0.321	0.295	0.271	0.249	0.229	0.210
8	0.923	0.851	0.784	0.721	0.663	0.610	0.560	0.513	0.470	0.430	0.394	0.360	0.328	0.299	0.272	0.248	0.225	0.204	0.185	0.168
9	0.914	0.834	0.760	0.693	0.630	0.573	0.520	0.472	0.428	0.387	0.350	0.316	0.286	0.257	0.232	0.208	0.187	0.168	0.150	0.134
10	0.904	0.817	0.737	0.665	0.599	0.539	0.484	0.434	0.389	0.349	0.312	0.279	0.248	0.221	0.197	0.175	0.155	0.137	0.122	0.107

现举 2 个例题，说明式（4）和式（4′）的一般用法。

例 4 设某地在 2005~2010 年期间 GDP 年增长率为 $g = 0.07$，单位 GDP 能源消耗量年下降率为 $t = 0.04$。问该地 2010 年能源消耗比 2005 年增加百分之几？

解：因 $I_0 = I_0 \times (1+g)^n \times (1-t)^n$，故

$$\frac{I_n}{I_0} = (1+g)^n \times (1-t)^n$$

将 $n = 5$，$g = 0.07$，$t = 0.04$ 代入上式，得

$$\frac{I_5}{I_0} = (1+0.07)^5 \times (1-0.04)^5$$

查表 1、表 2，将查得的 $(1+0.07)^5$ 和 $(1-0.04)^5$ 的值代入上式，得

$$\frac{I_5}{I_0} = 1.403 \times 0.815 = 1.143$$

即 2010 年能源消耗量比 2005 年增加 14.3%。

例 5 若将例 4 中的 g 值提高为 0.09，0.11，0.13，0.15，0.17，问在这 5 种情况下该地 2010 年的能源消耗比 2005 年分别增加百分之几？

解：计算方法同例 4。计算结果列于下表中。

t	g	I_5/I_0	能耗增加的百分数/%
0.04	0.09	$(1+0.09)^5(1-0.04)^5 = 1.254$	25.4
	0.11	$(1+0.11)^5(1-0.04)^5 = 1.373$	37.3
	0.13	$(1+0.13)^5(1-0.04)^5 = 1.501$	50.1
	0.15	$(1+0.15)^5(1-0.04)^5 = 1.639$	63.9
	0.17	$(1+0.17)^5(1-0.04)^5 = 1.786$	78.6

由表可见，各种情况下的能源消耗量与 GDP 年增长率密切相关。

3 单位 GDP 环境负荷年下降率的临界值

由式（4）可导出单位 GDP 环境负荷年下降率（t）的临界值（t_k）。

将式（4）化简后，得

$$I_n = G_0 \times T_0 \times (1+g-t-gt)^n \tag{5}$$

由式（5）可见，在 GDP 增长过程中，环境负荷的变化可能出现逐年上升、保持不变，以及逐步下降三种情况。其条件分别是：

（1）环境负荷 I_n 逐年上升。

$$g - t > gt \tag{6a}$$

（2）环境负荷 I_n 保持不变。

$$g - t = gt \tag{6b}$$

（3）环境负荷 I_n 逐年下降。

$$g - t < gt \tag{6c}$$

式（6b）是在经济增长过程中，环境负荷保持原值不变的临界条件。从中可求得 t 的临界值 t_k：

$$t_k = \frac{g}{1 + g} \tag{7}$$

式中，t_k 为单位 GDP 环境负荷年下降率的临界值。

因此，以 t_k 为判据，环境负荷在经济增长过程中的变化，有以下 3 种可能：

若 $t<t_k$，则环境负荷逐年上升；

若 $t=t_k$，则环境负荷保持原值不变，即与经济增长"脱钩"；

若 $t>t_k$，则环境负荷逐年下降。

由此可见，式（7）虽然很简单，但对于建设资源节约型、环境友好型社会，具有十分重要的意义。

由式（7）可见，t_k 值略小于 g 值，见表 3。

表 3 $t_k=g/(1 + g)$ 的计算值

g	0.01	0.02	0.03	0.04	0.05	0.06	0.07	0.08	0.09	0.10	0.11	0.12	0.13	0.14	0.15
t_k	0.0099	0.0196	0.0291	0.0385	0.0476	0.0566	0.0654	0.0741	0.0826	0.0909	0.0991	0.1071	0.1150	0.1228	0.1304

由表 3 可见，g 值越大，t_k 值就越大。也就是说，GDP 增长越快，越不容易实现经济增长与环境负荷"脱钩"。目前，中国的情况正是如此。这就是建设资源节约型、环境友好型社会的难点所在。

例 6 设某地 2005 年能源消耗量为 $I_0 = 3000 \times 10^4$ t 标煤，按计划 GDP 年增长率为 $g = 0.07$。求以下 3 种情况下该地 2010 年的能源消耗量。

（1）$t = t_k$；（2）$t = 0.04$；（3）$t = 0.07$。

解：（1）$t = t_k$。计算 $g = 0.07$ 时的 t_k 值：

$$t_k = \frac{g}{1 + g} = \frac{0.07}{1 + 0.07} = 0.06542$$

计算该地 2010 年能源消耗量 I_n。按式（4'）

$$I_n = I_0(1 + g)^n(1 - t_k)^n = I_0(1 + g - t_k - gt_k)^n$$

方法 1：将 $t_k = g/(1 + g)$，$n = 5$ 代入上式得 $I_5 = I_0 \times 1^5$，故 $I_5 = I_0$。

方法 2：将 $g = 0.07$，$t_k = 0.06542$，$n = 5$，$I_0 = 3000 \times 10^4$ t 标煤代入上式，得

$$I_5 = 3000 \times 10^4 \times (1 + 0.07 - 0.06542 - 0.07 \times 0.06542)^5$$

$$= 3000 \times 10^4 \times 1.0^5$$

$$= 3000 \times 10^4 \text{t 标煤}$$

用以上两种方法均可，结果是相同的，即该地 2010 年能源消耗量与 2005 年持平，仍为 3000×10^4 t 标煤。

（2）$t = 0.04$。该地 2010 年的能源消耗量 I_5 等于

$$I_5 = 3000 \times 10^4 \times (1 + 0.07) \times (1 - 0.04)^5$$
$$= 3000 \times 10^4 \times 1.403 \times 0.815$$
$$= 3430 \times 10^4 t \text{ 标煤}$$

可见，该地 2010 年能源消耗比 2005 年增加 $430 \times 10^4 t$ 标煤。

（3）$t = 0.07$。该地 2010 年的能源消耗量 I_5 等于

$$I_5 = 3000 \times 10^4 \times (1 + 0.07)^5 \times (1 - 0.07)^5$$
$$= 3000 \times 10^4 \times 1.403 \times 0.696$$
$$= 2930 \times 10^4 t \text{ 标煤}$$

即，该地 2010 年能源消耗比 2005 年减少 $70 \times 10^4 t$ 标煤。

以上三种情况的计算结果汇总如下：

（1）$t = t_k = 0.06542$：2010 年能源消耗量与 2005 年持平；

（2）$t = 0.04$：2010 年能源消耗比 2005 年增加 430 万吨标煤；

（3）$t = 0.07$：2010 年能源消耗比 2005 年减少 70 万吨标煤。

4 对"十一五"规划建议中两个具体目标值的理解

在"十一五"规划建议中，提出了两个具体目标值：（1）实现 2010 年人均国内生产总值比 2000 年翻一番；（2）单位国内生产总值能源消耗比"十五"期末降低 20%左右。现将对这两个目标值的理解阐述如下。

如设 2000 年到 2010 年的十年间 GDP 翻一番，则相当于 $g \approx 0.07$；从 2005 年到 2010 年的五年间单位 GDP 能源消耗量降低 20%，则相当于 $t \approx 0.04$。现按 $g = 0.07$，$t = 0.04$ 计算，结果如下：

2010 年 GDP 比 2005 年增长 40.3%；2010 年能源消耗量比 2005 年增加 14.3%。

即 GDP 大幅增长，而能源消耗量增加不多。在 g 和 t 两个关键变量之间，匹配得很是恰当。

然而，有些地方的规划在这方面或多或少有些偏颇。主要是 g 值偏高，拉大了 g 和 t 之间的差值。但我们相信，在科学发展观的指导下，经过权衡轻重和反复推敲，大家都会逐步把这两个变量匹配得更加恰如其分的。

5 结论

在数量上使经济发展与人口、资源、环境相互协调，是建设资源节约型、环境友好型社会的必要条件。

IPAT 方程以及由它派生出来的公式，在建设资源节约型、环境友好型社会的过程中有很大的实用价值。

单位 GDP 环境负荷年下降率（t）与 GDP 年增长率（g）二者的合理匹配，是建设资源节约型、环境友好型社会的关键。"十一五"规划建议提出的两个指标的具体目标值，对各地制定规划有重要指导意义。

I_eGTX 方程与 I_eGT_e 方程：我国经济增长过程 SO_2 和 COD 排放分析[*]

摘　要　通过在 IGT 方程中引入废物排放率（X），建立了定量分析经济增长与废物排放量之间关系的 I_eGTX 方程与 I_eGT_e 方程；并给出了分别对应于 I_eGTX 方程与 I_eGT_e 方程的废物排放率年下降率的临界值（x_k）和单位 GDP 废物排放量年下降率的临界值（t_{ek}）；运用 I_eGTX 方程与 I_eGT_e 方程分别对工业部门及全国的 SO_2 和 COD 排放量（港、澳、台除外）进行了分析。结果表明：我国 2000~2006 年工业 SO_2 和 COD 排放率基本上逐步降低，1997~2008 年单位 GDP 的 SO_2 和 COD 排放量分别降低了 61.72% 和 71.89%。

关键词　I_eGTX 方程　I_eGT_e 方程　经济增长　废物排放量　废物排放率　单位 GDP 废物排放量

经济增长与环境负荷之间关系密切[1-3]。一般情况下，经济增长越快，环境负荷增长也越快。如何在保持经济增长的同时，适度降低环境负荷，是一个非常重要的问题，这对于经济快速增长的我国更显得尤为重要。

环境负荷不仅指各种资源（含能源）的消耗量，而且也可指各种废物产生量（或排放量)[1-3]。由于未将废物的末端治理和资源化等手段考虑在内，因此，废物产生量并不等同废物排放量。如果末端治理的效果好，那么有些废物的产生量与排放量之间会有显著差别。

为对经济增长过程中废物排放量变化进行研究，在 IPAT 方程基础上，笔者提出了 I_eGTX 方程和 I_eGT_e 方程，并用这 2 个方程分析了我国经济增长过程中 SO_2 和 COD 的排放（港、澳、台除外，全文同），以期为建设资源节约型、环境友好型社会提供理论依据。

1　I_eGTX 方程

IPAT 方程也被称为控制方程或主方程[1-12]，它是西方学者在 20 世纪 70~80 年代经过反复讨论才确定下来的，并经过验证的，可准确反映研究经济增长与环境复核之间的定量关系[13]：

$$I = P \times A \times T \tag{1}$$

式中，I 为环境负荷；P 为人口；A 为人均 GDP；T 为单位 GDP 的环境负荷。

式（1）中的环境负荷（I）可以特指各种资源消耗量或废物产生量。以能耗消耗量和 SO_2 排放量为例，式（1）可写作：

$$能源消耗量 = 人口 \times \frac{GDP}{人口} \times \frac{能源消耗}{GDP}$$

$$SO_2\ 产生量 = 人口 \times \frac{GDP}{人口} \times \frac{SO_2\ 产生量}{GDP}$$

---

[*]　本文合作者：岳强。原发表于《环境科学研究》，2010。

IPAT 方程还可写成其他形式，如：

$$I = G \times T \tag{2}$$

式中，$G = P \times 4$，G 为 GDP。式（2）为 IGT 方程。

为研究经济增长过程中废物排放量的变化，需要对 IGT 方程作必要的修改：

$$I_e = G \times T \times X \tag{3}$$

式中，I_e 为废物排放量；T 为单位 GDP 废物产生量；X 为废物排放率，其值为废物排放量/废物产生量，$0 < X \leqslant 1$。

式（3）可称为 I_e GTX 方程，可用于计算各种废物排放量，以 SO_2 排放量为例，式（3）可写作：

$$SO_2 \text{ 排放量} = GDP \times \frac{SO_2 \text{ 产生量}}{GDP} \times \frac{SO_2 \text{ 排放量}}{SO_2 \text{ 产生量}}$$

1.1 I_e GTX 方程的另一种形式

按照 I_e GTX 方程，基准年的废物排放量（I_{e0}）为：

$$I_{e0} = G_0 \times T_0 \times X_0 \tag{3a}$$

式中，G_0、T_0、X_0 分别为基准年的 GDP、单位 GDP 废物产生量和废物排放率。

基准年以后第 n 年的废物排放量（I_{en}）为

$$I_{en} = G_n \times T_n \times X_n \tag{3b}$$

式中，G_n、T_n、X_n 分别为第 n 年的 GDP、单位 GDP 废物产生量和废物排放率。其中，$G_n = G_0(1 + g)^n$；$T_n = T_0(1 - t)^n$；$X_n = X_0(1 - x)^n$。其中，g 为从基准年后第 $1 \sim n$ 年 GDP 的年增长率；t 为同期单位 GDP 废物产生量的年下降率；x 为同期废物排放率的年下降率。

将 G_n、T_n、X_n 3 个计算公式代入式（3b）中：

$$I_{en} = G_0 \times T_0 \times X_0 \times (1 + g)^n \times (1 - t)^n \times (1 - x)^n \tag{4a}$$

或

$$I_{en} = I_{e0} \times (1 + g)^n \times (1 - t)^n \times 1 - x)^n \tag{4b}$$

若已知基准年的 G_0、T_0、X_0 值（或 I_{e0} 值）及 g、t、x 值，即可按式（4a）、式（4b）计算第 n 年的废物排放量（I_{en}）值。

1.2 废物排放率年下降率的临界值

由式（4b）可导出废物排放率年下降率（x）的临界值（x_k）。式（4b）可改为如下形式：

$$I_{en} = I_{e0} \times [(1 + g) \times (1 - t) \times (1 - x)]^n \tag{5}$$

由式（5）可见，I_{en} 与 I_{e0} 之间可能出现 3 种情况。

（1）废物排放量（I_{en}）逐年上升：

$$(1 + g)(1 - t)(1 - x) > 1 \tag{6a}$$

（2）废物排放量（I_{en}）保持不变：

$$(1 + g)(1 - t)(1 - x) = 1 \tag{6b}$$

（3）废物排放量（I_{en}）逐年下降：

$$(1 + g)(1 - t)(1 - x) < 1 \tag{6c}$$

式（6b）为废物排放量保持不变的临界条件，从中可求得 x 的临界值（x_k）：

$$x_k = 1 - \frac{1}{(1+g)(1-t)} \tag{7}$$

式中，x_k 为废物排放率年下降率的临界值。

以 x_k 为判据，在经济增长过程中废物排放量的变化有 3 种可能：若 $x<x_k$，则废物排放量逐年上升；若 $x=x_k$，则废物排放量保持不变；若 $x>x_k$，则废物排放量逐年下降。

为了说明 GDP 增速对 SO_2 排放量的影响，举例如下：以 2005 年为基准年，在其后的 5 年内某地单位 GDP 的 SO_2 产生量年下降率（t）为 0.04，SO_2 排放率年下降率（x）为 0.05。则在 GDP 年增长率（g）为 0.07、0.09、0.11、0.13、0.15、0.17 的情况下，该地 2010 年的 SO_2 排放量比 2005 年增减情况见表 1。

表 1　GDP 增速对 SO_2 排放量的影响

t	x	g	I_5/I_0	SO_2 排放量的增减/%
0.04	0.05	0.07	$(1+0.07)^5(1-0.04)^5(1-0.05)^5 = 0.885$	−11.5
		0.09	$(1+0.09)^5(1-0.04)^5(1-0.05)^5 = 0.971$	−2.9
		0.11	$(1+0.11)^5(1-0.04)^5(1-0.05)^5 = 1.063$	6.3
		0.13	$(1+0.13)^5(1-0.04)^5(1-0.05)^5 = 1.162$	16.2
		0.15	$(1+0.15)^5(1-0.04)^5(1-0.05)^5 = 1.268$	26.8
		0.17	$(1+0.17)^5(1-0.04)^5(1-0.05)^5 = 1.383$	38.3

我国"国民经济和社会发展的第十一个五年规划"（以下称为"十一五"规划），2010 年主要污染物（SO_2 和 COD）排放总量分别比 2005 年减少 10%[14]。由表 1 可知，按该指标衡量，只有 $g=0.07$、$t=0.04$、$x=0.05$ 才符合要求；其他 5 种情况均不可取。在这些情况下，减少 SO_2 排放量，需调高 t 和 x 值，而调得过高又不可行。因此，实际工作的要点是在"十一五"规划的指导下，从实际出发，统筹兼顾，将 g、t、x 这三个参数匹配好。

1.3　工业部门 SO_2 和 COD 排放量的分析

1.3.1　2000~2006 年工业部门 SO_2 排放量

文献［15］中给出了我国 2000~2006 年工业 SO_2 产生量、去除量和排放量数据，结合该阶段我国的工业增加值[16-17]，可由公式（3）及其所引申出的一系列公式分析出同期工业部门对应的 T、X 及 t、x 的变化（见表 2）。

表 2　我国 2000~2006 年工业部门 SO_2 相关数据

项　目	2000 年	2001 年	2002 年	2003 年	2004 年	2005 年	2006 年
工业 SO_2 产生量/万吨	2187.6	2131.3	2259.7	2540.8	2781.6	3258.8	3673.8
工业 SO_2 去除量/万吨	575.1	564.7	697.7	749.2	890.2	1090.4	1439.0
工业 SO_2 排放量/万吨	1612.5	1566.6	1562.0	1791.4	1891.4	2168.4	2234.8
工业增加值①/亿美元	4835.5	5159.3	5582.3	6301.6	6994.2	7965.8	9015.5
万美元工业增加值的 SO_2 产生量（T）/t·万美元$^{-1}$	0.4524	0.4131	0.4048	0.4032	0.3977	0.4091	0.4075

项 目	2000 年	2001 年	2002 年	2003 年	2004 年	2005 年	2006 年
工业 SO_2 排放率 (X)/%	73.71	73.50	69.12	70.51	68.00	66.54	60.83
工业增加值的年增长率 (g)/%	9.90	6.67	8.20	12.89	11.01	13.89	13.16
万美元工业增加值的 SO_2 产生量的年下降率 (t)/%	—	8.67	2.01	0.41	1.37	-2.87	0.37
工业 SO_2 排放率的年下降率 (x)/%	—	0.28	5.96	-2.01	3.57	2.14	8.58
工业 SO_2 排放率年下降率的临界值 (x_k)/%	—	-2.64	5.68	11.06	8.66	14.64	11.30
($x - x_k$)/%		2.92	0.28	-13.06	-5.10	-12.50	-2.72

①工业增加值指工业企业在报告期内以货币形式表现的工业生产活动的最终成果,是工业企业全部生产活动总成果扣除生产过程中消耗或转移的物质产品和劳务价值后的余额,是工业企业生产过程中新增加的价值。按 2000 年不变价计算。

由表 1 可知,由于我国 2001~2002 年时间段内 $x>x_k$,故实现了工业 SO_2 排放量的下降;而在其他时间段内,均为 $x<x_k$,致使工业 SO_2 的排放量有所上升。

1.3.2 2000~2006 年工业部门 COD 排放量

文献 [15] 中给出了 2000~2006 年工业 COD 产生量、去除量和排放量数据(见表 3),结合该阶段内我国的工业增加值[16-17],我国工业部门对应的 T、X 及 t、x 的变化如表 3 所示。

表 3 我国 2000~2006 年工业部门 COD 相关数据

项 目	2000 年	2001 年	2002 年	2003 年	2004 年	2005 年	2006 年
工业 COD 产生量/万吨	1524.3	1653.3	2233.9	1519.9	1553.6	1643.1	1640.8
工业 COD 去除量/万吨	819.8	1045.8	1649.9	1008.0	1043.9	1088.3	1099.3
工业 COD 排放量/万吨	704.5	607.5	584.0	511.9	509.7	554.8	541.5
万美元工业增加值① 的 COD 产生量 (T)/t·万美元$^{-1}$	0.3152	0.3205	0.4002	0.2412	0.2221	0.2063	0.1820
工业 COD 排放率 (X)/%	46.22	36.74	26.14	33.68	32.81	33.77	33.00
工业增加值的年增长率 (g)/%	9.90	6.67	8.20	12.89	11.01	13.89	13.16
万美元工业增加值的 COD 产生量的年下降率 (t)/%	—	-1.68	-24.87	39.73	7.92	7.14	11.75
工业 COD 排放率的年下降率 (x)/%	—	20.50	28.85	-28.83	2.59	-2.92	2.26
工业 COD 排放率年下降率的临界值 (x_k)/%	—	7.80	25.99	-46.98	2.17	5.45	-0.14
($x - x_k$)/%	—	12.69	2.86	18.15	0.42	-8.37	2.40

①按照 2000 年不变价。

由表 3 可知,在 2000~2006 年,除 2005 年外均实现了 $x>x_k$,且 $x - x_k$ 差值越大,工业 COD 的排放量下降得越快。

2 $I_e GT_e$ 方程

若令 $T_e = T \times X$，则式（3）可写为：

$$I_e = G \times T_e \tag{8}$$

式中，T_e 为单位 GDP 废物排放量。

式（8）为 $I_e GT_e$ 方程。以 SO_2 排放量为例，式（8）可写作：

$$SO_2 \text{ 排放量} = GDP \times \frac{SO_2 \text{ 排放量}}{GDP}$$

在编制经济与社会发展规划时，按照 $I_e GTX$ 方程或 $I_e GT_e$ 方程，方程及它们派生出来的其他公式，反复推敲，可确定规划期内各种废物排放量。

2.1 $I_e GT_e$ 方程的另一种形式

因 $T_{e0} = T_0 \times X_0$，$T_{en} = T_n \times X_n$，所以式（3a）、式（3b）可分别写为：

$$I_{e0} = G_0 \times T_{e0} \tag{9a}$$

$$I_{en} = G_n \times T_{en} \tag{9b}$$

式中，T_{e0} 为基准年单位 GDP 废物排放量；T_{en} 为第 n 年单位 GDP 废物排放量。其中 $G_n = G_0(1+g)^n$，$T_{en} = T_{e0}(1-t_e)^n$（t_e 为在此期间单位 GDP 废物排放量的年下降率），代入式（9b）中，则有：

$$I_{en} = G_0 \times T_{e0} \times (1+g)^n \times (1-t_e)^n \tag{10a}$$

或

$$I_{en} = I_{e0} \times (1+g)^n \times (1-t_e)^n \tag{10b}$$

若已知基准年的 G_0、T_{e0} 值（或 I_{e0}）及 g、t_e 值，即可按式（10a）和式（10b）计算第 n 年的废物排放量（I_{en}）。

2.2   单位 GDP 废物排放量年下降率（t_e）的临界值

由式（10b）可导出单位 GDP 废物排放量年下降率（t_e）的临界值（t_{ek}）。将式（10b）写成如下形式：

$$I_{en} = I_{e0} \times [(1+g) \times (1-t_e)]^n \tag{11}$$

由式（11）可见，I_{en} 与 I_{e0} 之间可能出现 3 种情况：

（1）废物排放量（I_{en}）逐年上升：

$$(1+g)(1-t_e) > 1 \tag{12a}$$

（2）废物排放量（I_{en}）保持不变：

$$(1+g)(1-t_e) = 1 \tag{12b}$$

（3）废物排放量（I_{en}）逐年下降：

$$(1+g)(1-t_e) < 1 \tag{12c}$$

式（12b）是废物排放量保持不变的临界条件，从中可求得 t_e 的临界值（t_{ek}）：

$$t_{ek} = 1 - \frac{1}{1+g} = \frac{g}{1+g} \tag{13}$$

式中，t_{ek} 为单位 GDP 废物排放量年下降率的临界值。

以 t_{ek} 为判据，在经济增长过程中废物排放量的变化有 3 种可能：（1）$t_e < t_{ek}$，废物排放量逐年上升；（2）$t_e = t_{ek}$，废物排放量保持不变；（3）$t_e > t_{ek}$，废物排放量逐年下降。

由此可见，式（7）和式（13）虽然很简单，但对于环境治理具有十分重要的意义。

2.3 我国经济增长过程中 SO_2 和 COD 排放量的分析

关于我国经济增长过程中 SO_2 和 COD 排放量的分析，是围绕公式（8）及其所引申出的一系列公式进行的，并未涉及式（3）中废物排放率（X）。原因在于现有的统计资料上并没有我国总的 SO_2 和 COD 的去除量和排放量数据，所以无法分析出相应的 T、X 及 t、x。

2.3.1 1997～2008 年 SO_2 排放量分析

我国 1997～2008 年 SO_2 排放量（I_e）、工业 SO_2 和生活 SO_2 排放量的变化见表 4[15,18-20]。表 4 中同时给出了我国在该阶段的 GDP[16-17]。由图 1 可知，我国经济增长过程中 SO_2 排放量与工业 SO_2 排放量变化规律相似。

表 4 我国 1997～2008 年 SO_2 排放量相关数据

项目	1997 年	1998 年	1999 年	2000 年	2001 年	2002 年	2003 年	2004 年	2005 年	2006 年	2007 年	2008 年
SO_2 排放量（I_e）/10^4t	2266.0	2091.4	1857.5	1995.1	1947.8	1926.6	2158.7	2254.9	2549.3	2588.8	2468.1	232
工业 SO_2 排放量/10^4t	1772.0	1594.4	1460.1	1612.5	1566.6	1562.0	1791.4	1891.4	2168.4	2234.8	2140.0	1991.3
生活 SO_2 排放量/10^4t	494.0	497.0	397.4	382.6	381.2	364.6	367.3	363.5	380.9	354.0	328.1	39
GDP[①]/10^8美元	9532	10275	11056	11985	12980	14161	15577	17150	18899	20922	23411	25518

①按 2000 年不变价计算。

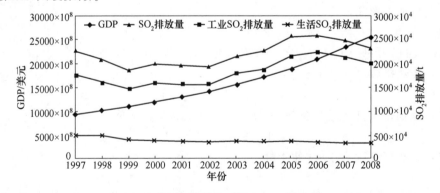

图 1 我国经济增长过程中 SO_2 排放量
（GDP 按 2000 年不变价计算）

我国 1997～2008 年万美元 GDP 的 SO_2 排放量（T_e）的变化见表 5。由表 5 可知，我国万美元 GDP 的 SO_2 排放量逐步下降，1997～2008 年降低了 61.72%。我国 1997～2008 年 GDP 的年增长率（g）和万美元 GDP 的 SO_2 排放量的年下降率（t_e）见表 6。

表5 我国1997~2008年万美元GDP的 SO_2 排放量　　　　　　　　　　　　（t）

项目	1997年	1998年	1999年	2000年	2001年	2002年	2003年	2004年	2005年	2006年	2007年	2008年
SO_2 排放量	0.2377	0.2035	0.1680	0.1665	0.1501	0.1360	0.1386	0.1315	0.1349	0.1237	0.1054	0.0910

表6 我国1997~2008年GDP的年增长率和万美元GDP的 SO_2 排放量的年下降率

（%）

项目	1997年	1998年	1999年	2000年	2001年	2002年	2003年	2004年	2005年	2006年	2007年	2008年
g	9.30	7.79	7.60	8.40	8.30	9.10	10.00	10.10	10.20	10.70	11.90	9.00
t_e	0.25①	14.38	17.46	0.92	9.85	9.34	-1.86	5.12	-2.58	8.26	14.80	13.72
t_{ek}	8.51	7.23	7.06	7.75	7.66	8.34	9.09	9.17	9.26	9.67	10.63	8.26
$t_e - t_{ek}$	-8.26	+7.15	+10.40	-6.83	+2.19	+1.00	-10.95	-4.05	-11.84	-1.41	+4.17	+5.46

①我国1996年 SO_2 排放量为 $2078.4×10^4$ t，GDP为 $8721×10^8$ 美元（2000年不变价）。

由表6可知，我国1998~1999年，2001~2002年和2007~2008年3个时间段内 $t_e >$ t_{ek} ，实现了 SO_2 排放量的下降，且 $t_e - t_{ek}$ 值越大， SO_2 的排放量下降得越快；其中在1998~1999年，GDP增速相对较慢，而同期 t_e 较大，实现了 SO_2 排放量的大幅下降；而在其他时间段，均为 $t_e < t_{ek}$ ， SO_2 排放量有所上升，且 $t_e - t_{ek}$ 值越小， SO_2 的排放量上升得越快。

2.3.2 1997~2008年COD排放量分析

我国1997~2008年COD排放量见表7[15,18-20]。

表7 我国1997~2008年COD排放量相关数据　　　　　（万吨）

项　目		1997年	1998年	1999年	2000年	2001年	2002年	2003年	2004年	2005年	2006年	2007年	2008年
COD 排放量	工业	1073	800.6	691.7	704.5	607.5	584.0	511.9	509.7	554.8	541.5	511.1	457.6
	生活	684	695.0	697.2	740.5	797.3	782.9	821.7	829.5	859.4	886.7	870.7	863.1
	总计	1757	1495.6	1388.9	1445.0	1404.8	1366.9	1333.6	1339.2	1414.2	1428.2	1381.8	1320.7

图2反映了我国经济增长过程中COD，工业COD和生活COD排放量的变化。由图2可知，我国COD与工业COD排放量的变化规律相似；生活COD排放量基本呈缓慢上升的趋势，只在2007年和2008年有所降低。

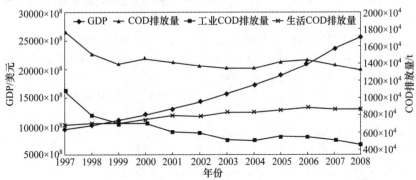

图2 我国经济增长过程中COD的排放量

（GDP按2000年不变价计算）

我国 1997~2008 年万美元 GDP 的 COD 排放量（T_e）的变化见表 8。由表 8 可知，T_e 逐步降低，1997~2008 年间降低了 71.89%。我国 1997~2008 年间 GDP 的年增长率（g）和万美元 GDP 的 COD 排放量的年下降率（t_e）见表 9。我国在 1997~2008 年，2000 年和 2004~2006 年 3 个时间段内均有 $t_e < t_{ek}$，故 COD 的排放量有所上升；但在其他时间段内均有 $t_e > t_{ek}$，实现了 COD 排放量的下降。其中 1998~1999 年，GDP 增速相对较慢，而该时间段的 t_e 较大，实现了 COD 排放量的大幅下降。

表 8　我国 1997~2008 年万美元 GDP 的 COD 排放量　　　　　　　　　　　（t）

项目	1997年	1998年	1999年	2000年	2001年	2002年	2003年	2004年	2005年	2006年	2007年	2008年
COD排放量	0.1843	0.1456	0.1256	0.1206	0.1082	0.0965	0.0856	0.0781	0.0748	0.0683	0.0590	0.0518

表 9　我国 1997~2008 年 GDP 的年增长率和万美元 GDP 的 COD 排放量的年下降率

（%）

项目	1997年	1998年	1999年	2000年	2001年	2002年	2003年	2004年	2005年	2006年	2007年	2008年
g	9.30	7.79	7.60	8.40	8.30	9.10	10.00	10.10	10.20	10.70	11.90	9.00
t_e	—	21.03	13.69	4.03	10.23	10.81	11.31	8.79	4.17	8.78	13.54	12.31
t_{ek}	8.51	7.23	7.06	7.75	7.66	8.34	9.09	9.17	9.26	9.67	10.63	8.26
$t_e - t_{ek}$	—	+13.24	+6.09	-4.38	+1.93	+1.71	+1.31	-1.31	-6.03	-1.93	+1.64	+3.31

3　结论

（1）通过在 IGT 方程中引入废物排放率（X），进而在经济增长与废物排放量之间建立起了定量关系；给出了分别对应于 I_eGTX 方程和 I_eGT_e 方程的废物排放率和单位 GDP 废物排放量年下降率的临界值；I_eGTX 方程或 I_eGT_e 方程及从它们派生出来的其他公式，在建设资源节约型、环境友好型社会的过程中，将极具实用价值。

（2）我国 2000~2006 年工业 SO_2 和 COD 排放率逐步降低；1997~2008 年，万美元 GDP 的 SO_2 排放量降低了 61.72%，单位 GDP 的 COD 排放量降低了 71.89%。

参 考 文 献

[1] 陆钟武. 经济增长与环境负荷之间的定量关系 [J]. 环境保护, 2007 (7): 13-18.

[2] 陆钟武, 毛建素. 穿越"环境高山"——论经济增长过程中环境负荷的上升与下降 [J]. 中国工程科学, 2003, 5 (12): 36-42.

[3] 陆钟武. 关于进一步做好循环经济规划的几点看法 [J]. 环境保护, 2005 (1): 14-17.

[4] CHERTOW M R. The IPAT equation and its variants: Changing views of technology and environmental impact [J]. Journal of Industrial Ecology, 2001, 4 (4): 13-29.

[5] RAO P K. Sustainable Development: Economics and Policy [M]. New Jersey, Blackwell, 2000: 97-100.

[6] GRAEDEL T E, ALLENBY B R. Industrial Ecology [M]. 2nd edition. New Jersey, Prentice Hall, 2002: 5-7.

[7] ROCA J. The IPAT formula and its limitations [J]. Ecological Economics, 2002, 42 (1/2): 1-2.

[8] SCHULZE P C. I=PBAT [J]. Ecological Economics, 2002, 40 (2): 149-150.

[9] 陆钟武. 关于循环经济几个问题的分析研究 [J]. 环境科学研究, 2003, 16 (5): 1-5, 10.

［10］ ALLENBY B R. Industrial Ecology：Policy Framework and Implementation ［M］. 翁端，译．北京：清华大学出版社，2005：23-33.

［11］ FENG K S, HUBACEK K, GUAN D B. Lifestyles, technology and CO_2 emissions in China：a regional comparative analysis ［J］. Ecological Economics，2009，69（1）：145-154.

［12］ GUAN D B, HUBACEK K, WEBER C L, et al. The drivers of Chinese CO_2 emissions from 1980 to 2030 ［J］. Global Environmental Change，2008，18（4）：626-634.

［13］ 陆钟武. 以控制资源消耗量为突破口做好环境保护规划 ［J］. 环境科学研究，2005，18（6）：1-6.

［14］ 中共中央关于制定国民经济和社会发展第十一个五年规划的建议 ［EB/OL］. ［2005-10-19］. http：//www. gmw. cn/01gmrb/2005-10/19/content_319048. htm.

［15］ 国家统计局，国家环境保护部. 中国环境统计年报：2005，2007 ［M］. 北京：中国统计出版社，2005，2007.

［16］ 国家统计局. 中国统计年鉴：1991—2009 ［Z］. 北京：中国统计出版社，1991-2009.

［17］ 国家统计局. 中华人民共和国年度统计数据 ［EB/OL］. ［2010-05-05］. http：//www. stats. gov. cn/english/statisticaldata/yearlydata.

［18］ 国家环境保护总局. 中国环境统计年报：2003—2007 ［M］. 北京：中国环境科学出版社，2004-2008.

［19］ 中国环境年鉴编辑委员会. 中国环境年鉴：1992—2008 ［Z］. 北京：中国环境年鉴社，1993-2009.

［20］ 国家环境保护部. 中国环境状况公报（1989—2006）［EB/OL］. ［2009-08-15］. http：//www. china. com. cn/zhuanti2005/node_6075041. htm.

中国 2003~2007 年铝循环分析[*]

摘　要　本文给出了铝的物质循环流图，铝循环的整个过程包含 4 个阶段：氧化铝和电解铝的生产阶段，铝制品的加工制造阶段，铝制品的使用阶段和报废铝制品的回收阶段。采用此物质循环流图分析了我国 2007 年的铝循环状况，得出了以下指标：氧化铝生产阶段、原铝生产阶段和整个铝工业的原料自给率分别为 55.50%、79.25% 和 49.01%；整个铝工业自产废杂铝和进口废杂铝的使用比例分别为 5.93% 和 9.35%。给出了我国 2003~2007 年铝工业的物流指标，得出了此阶段原料自给率和废杂铝使用比例的变化。分析了我国 2003~2007 年间各种含铝物质的净进口量、铝循环中各种含铝物质损失量和铝社会蓄积量净增量的变化。并给出了我国今后铝工业进出口政策的重点和减少铝损失的工作重点。

关键词　铝　铝循环　废杂铝　使用比例　自给率　中国

1　引言

1990~2008 年间，我国原铝产量和消费量快速增长（见表 1），原铝产量的年递增率达到了 16.42%，原铝消费量的年递增率达到了 15.83%[1]。随着铝工业投资升温和铝矿开发利用规模扩大，我国铝土矿开采只能维持几年的时间，到 2015 年我国铝土矿资源将开采殆尽[2]。可见，开展铝循环的分析，从中找到节省铝土矿等天然资源、降低铝产品生命周期中含铝物质损失的途径和措施，是很必要的。

表 1　1990~2008 年我国原铝产量和消费量的变化

项目	1990 年	1991 年	1992 年	1993 年	1994 年	1995 年	1996 年	1997 年	1998 年	1999 年
原铝产量/万吨	85.43	96.25	109.60	125.45	149.84	186.97	190.07	217.86	243.53	280.89
原铝消费量/万吨	83.68	98.50	132.80	135.00	153.70	168.50	175.00	211.50	242.54	292.59
项目	2000 年	2001 年	2002 年	2003 年	2004 年	2005 年	2006 年	2007 年	2008 年	年递增率
原铝产量/万吨	298.92	357.58	451.11	596.20	668.88	780.60	940	1228.40	1317.60	16.42%
原铝消费量/万吨	353.27	354.54	415.20	517.76	619.09	711.86	838.00	1197.90	1179.21	15.83%

国际上，已有学者开展了铝循环或铝循环过程中某一阶段的研究。Melo M. T. 采用 3 种模型预测了德国折旧废铝的产生量[3]；Martchek K. J. 采用一种比较简化的模型分析了全球 2003 年的铝循环状况[4]；Hatayama H. 等人计算了不同部门的折旧废铝产生量[5]；Plunkert P. A. 采用铝流框架分析了美国 2000 年铝循环的状况[6]；Dahlström K. 等人采用物质流与价值流结合的框架分析了英国 2001 年铝流及其相应的价值流状

---

　　* 本文合作者：岳强、王鹤鸣。原发表于《资源科学》，2010。

况[7]。国内陈伟强等人采用铝物质循环流图分析了我国 2005 年的铝循环状况[8]。

本文从铝循环的整个流程的角度，采用铝的物质循环流图分析了我国 2003~2007 年铝的循环状况，计算了此阶段内铝工业的原料自给率、原料进口率和废杂铝的使用比例等指标，并分析了此阶段内各种含铝物质的净进口量、各种含铝物质的损失量以及铝社会蓄积量净增量的变化。在上述分析的基础上，提出了我国铝工业今后发展的建议。

2 铝物质循环流程

图 1 是铝的物质循环流图，表征了铝的循环过程。虚线框为界定的系统边界，可以是一个洲，一个国家或一个地区等，它与外界之间有含铝物质的输入和输出。这个铝的物质循环流图通常用于考察一段时间内（通常是一年）系统中铝的流动及铝的存量变化情况。图中铝循环的整个过程包括铝的生产、铝制品的加工制造、铝制品的使用和废杂铝的回收等 4 个阶段[5-8]。其中：

（1）铝的生产阶段。主要包含 3 个工序：1）采、选矿，产品为铝土矿；2）氧化铝生产，产品为氧化铝；3）电解，产品为原铝。

（2）铝制品的加工制造阶段。包括铝半成品的加工、铝合金半成品的加工，以及最终制品的制造。

（3）铝制品的使用阶段。加工制造出的铝制品广泛地应用于国民经济各个部门，其中主要应用于建筑、交通工具、耐用消费品、电力电子、包装、机械设备等行业中。使用阶段的铝制品进入到社会存量中，可以形象地把社会存量比喻成一个"仓库"。

（4）废杂铝的回收阶段。各种铝制品，在使用寿命终了，并报废后形成的废铝，称之为"折旧废铝"。报废的铝制品经收集分选等工序后，可以返回铝工业重新利用。收集分选过程中产生的部分废物可直接填埋，部分废物须经过燃烧变为灰（燃烧后的残余物）后进入到土壤等环境中。

525

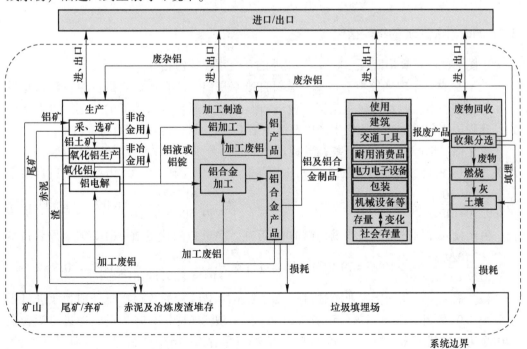

图 1　铝物质循环流

3 我国 2003~2007 年的铝循环

3.1 2007 年的铝流

由图 1 所示的铝循环物质流图，查阅《中国有色金属工业年鉴》和相关文献等资料[3,4,9]，得到我国 2007 年的铝流，如图 2 所示。

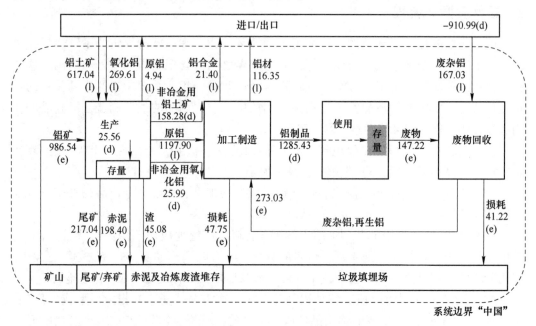

图 2 2007 年我国的铝流程（单位：万吨-Al/年）
（数字后的括号中的字母反映了数据的来源：(1) 根据文献；(d) 计算；(e) 估计）

3.2 2007 年铝工业的物流指标

由图 2 能够计算出我国 2007 年铝工业的几个重要物流指标。

（1）原料自给率和原料进口率。原料自给率是铝工业自产原料量占原料投入总量的比例；相应地，原料进口率是铝工业进口原料量占原料投入总量的比例。以下将分别计算我国氧化铝生产、原铝生产以及整个铝工业的原料自给率和原料进口率。

氧化铝：生产投入原料（均指含铝量，下同）分别为开采铝矿 986.54 万吨，产生尾矿 217.04 万吨，故自产铝土矿 769.50 万吨，进口铝土矿 617.04 万吨。原料自给率为 $\frac{769.50}{769.50+617.04}\times100\%=55.50\%$ ；原料进口率为 $\frac{617.04}{769.50+617.04}\times100\%=44.50\%$ ；原铝：生产投入原料分别为自产氧化铝 1086 万吨，净进口氧化铝 269.61 万吨。原料自给率为 $\frac{1029.86}{1029.86+269.61}\times100\%=79.25\%$ ；原料进口率为 $\frac{269.61}{1029.86+269.61}\times100\%=20.75\%$ 。

整个铝工业：我国铝工业净进口（负号表示净出口）的含铝物质分别为净进口铝土矿 617.04 万吨，净进口氧化铝 269.61 万吨，净进口原铝-4.94 万吨，净进口铝合金-40 万吨，净进口铝材-116.35 万吨，净进口废杂铝 167.03 万吨，合计为 910.99 万吨。

自产的含铝物质包括：自产铝土矿 769.50 万吨，自产废杂铝 106.00 万吨。原料自给率为

$$\frac{769.50 + 106.00}{769.50 + 106.00 + 910.99} \times 100\% = 49.01\%$$

原料进口率为

$$\frac{910.99}{769.50 + 106.00 + 910.99} \times 100\% = 50.99\%$$

（2）废杂铝使用比例。废杂铝使用比例是铝工业的废杂铝投入数量占原料投入总量的比例。以下将分别计算我国整个铝工业的自产废杂铝使用比例、进口废杂铝使用比例以及总的废杂铝使用比例。自产废杂铝使用比例为

$$\frac{106.00}{769.50 + 106.00 + 910.99} \times 100\% = 5.93\%$$

进口废杂铝使用比例为

$$\frac{167.03}{769.50 + 106.00 + 910.99} \times 100\% = 9.35\%$$

总的废杂铝使用比例为

$$\frac{106.00 + 167.03}{769.50 + 106.00 + 910.99} \times 100\% = 15.28\%$$

3.3 2003~2007 年铝工业物流指标汇总

运用图 1 所示的铝物质循环流图，对我国 2003~2006 年的铝循环进行了分析[3,4,9]，得到与图 2 类似的我国 2003~2006 年的铝流图，限于篇幅所限，这里不再列出。同于 3.2 节的分析，对 2003~2006 年铝工业的物流指标也进行分析，得到表 2。

表 2 2003~2007 年我国铝工业物流指标 （%）

项　　目		2003 年	2004 年	2005 年	2006 年	2007 年
原料自给率和进口率	氧化铝生产的原料自给率	95.42	94.58	90.78	72.78	55.50
	氧化铝生产的原料进口率	4.58	5.42	9.22	27.18	44.50
	原铝生产的原料自给率	52.45	55.32	54.97	65.82	79.25
	原铝生产的原料进口率	47.55	44.68	45.03	34.18	20.75
	整个铝工业的原料自给率	54.98	56.91	56.10	56.11	49.01
	整个铝工业的原料进口率	45.02	43.09	43.90	43.89	50.99
整个铝工业废杂铝使用比例	自产废杂铝的使用比例	12.05	7.90	5.32	6.73	5.93
	进口废杂铝的使用比例	6.61	10.76	12.14	10.13	9.35
	总的废杂铝的使用比例	18.67	18.66	17.46	16.86	15.28

由表 2 可见，2003~2007 年间：氧化铝生产的原料自给率逐年下降。随着我国氧化铝产量的快速增加，自产铝土矿显得越来越不足，氧化铝生产所需的原料在一定程度上依赖于进口的铝土矿；原铝生产的原料自给率基本上逐年提高。随着国内氧化铝产量的增加，原铝生产所需氧化铝的自给率越来越高，进口氧化铝的数量并未随原铝产量的大幅提高而快速增加，基本维持稳定，甚至有小幅下降；整个铝工业的原料自给率比较稳定，基本维持不变，只是 2007 年有较大幅度降低，这与当年氧化铝和原铝

产量增速过快密切相关，进口了大量的各类含铝物质，尤其是铝土矿。

在此期间，自产废杂铝的使用比例基本上逐年下降，主要原因在于铝的平均使用寿命较长，约为15年[3]，也就是现在铝工业所使用的废杂铝是大约15年前投入使用的铝制品产生的。随着我国铝产量的快速增长，铝生产所需投入的各种原料也快速增加，20世纪90年代我国铝的消费量与现在相比小得多，故回收回来的废杂铝在铝生产原料中所占的比重很小，并且自产废杂铝的使用比例总体趋势上逐步下降；进口废杂铝的使用比例大于自产废杂铝，这与我国近几年大量进口废杂铝密切相关；由于进口废杂铝使用比例相对来说较稳定，在一定程度上弥补了自产废杂铝使用比例的下降，所以总的废杂铝使用比例虽然逐步下降，但下降幅度并不大。

4 分析与讨论

根据我国2003～2007年铝循环分析结果，讨论在此期间各种含铝物质净进口量、铝循环中各种含铝物质损失量和铝社会蓄积量净增量的变化。

（1）我国2003～2007年各种含铝物质净进口量的变化。由图3可见，在此期间，我国净进口铝土矿、废杂铝的数量逐年递增，尤其是铝土矿，净进口量增长很快，这与我国2007年氧化铝产量大幅提高密切相关。原铝一直处于净出口的状况，铝合金及铝材2006年和2007年均处于净出口的状况。2003～2007年间，净进口的各种含铝物质总量逐年递增。

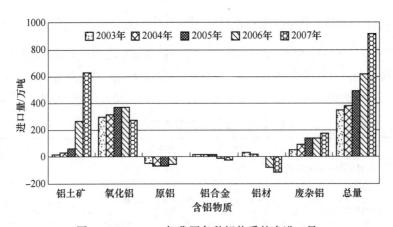

图3 2003～2007年我国各种铝物质的净进口量

（2）我国2003～2007年铝循环中各种含铝物质损失量的变化。由图4可见，在此期间，我国尾矿、赤泥、渣、加工环节等铝损失量逐年递增，尤其是赤泥中铝损失量增长很快，这与我国近年来采用拜耳法生产氧化铝产能逐步提高密切相关。2003～2007年间，铝循环中各种含铝物质的损失总量逐年递增。

（3）我国2003～2007年铝社会蓄积量净增量的变化。由图5可见，在此期间，我国进入社会蓄积量中的铝制品逐年递增，从社会蓄积量中产出的报废铝制品量变化不大。2003～2007年间，铝社会蓄积量的净增量逐年递增。

以上分析可见：2003～2007年间我国是铝的净进口国且净进口量不断增长，尤其是铝土矿、铝废料等原材料。我国未来铝工业进出口政策的重点是：继续鼓励进口铝土矿、铝废料等国内短缺的原材料，同时国家应支持我国企业到国外购买铝矿山，建立全球性的铝废料回收与运输网络等。

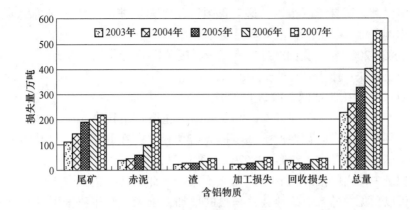

图 4 2003~2007年我国铝循环中各种含铝物质的损失量

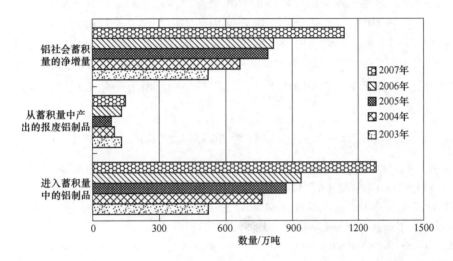

图 5 2003~2007年我国铝社会蓄积量净增长量的变化

2003~2007年间我国铝循环中各种含铝物质的损失总量逐年递增,尤其是尾矿和赤泥等损失量。我国未来减少铝损失的工作重点应包括:限制私营铝土矿山企业的数量,严格禁止乱采滥挖;合理控制拜耳法在氧化铝冶炼产能中的比重;淘汰落后的电解槽,提高电解铝企业的管理水平和操作水平;建立较集中、具有一定规模的报废产品与铝废料拆解预处理基地等。

2003~2007年间我国铝社会蓄积量的净增量逐年递增,可以预见,随着我国铝的社会蓄积量的增加,未来一些年我国可供回收的废杂铝资源将会越来越多。

5 结论

(1) 2007年,我国氧化铝生产阶段、原铝生产阶段和整个铝工业的原料自给率分别为55.50%、79.25%和49.01%;整个铝工业自产废杂铝和进口废杂铝的使用比例分别为5.93%和9.35%。

(2) 2003~2007年,我国氧化生产的原料自给率逐年下降;原铝生产的原料自给率基本上逐年提高;整个铝工业的原料自给率比较稳定,基本维持不变,只是2007年有较大幅度降低。在此期间,我国自产废杂铝的使用比例基本上逐年下降;进口废杂铝的使用比例大于自产废杂铝，这与我国近几年大量进口废杂铝密切相关；总的废杂铝使用比例虽然逐步下降，但下降幅度并不大。

（3）2003～2007年，我国净进口铝土矿、废杂铝的数量逐年递增，尤其是铝土矿，净进口量增长很快；原铝一直处于净出口的状况，铝合金及铝材2006年和2007年均处于净出口的状况；在此期间，净进口的各种含铝物质总量逐年递增。2003～2007年，我国尾矿、赤泥、渣、加工环节等铝损失量逐年递增，尤其是赤泥中铝损失量增长很快这与我国拜耳法生产氧化铝产能逐步提高密切相关；在此期间，铝循环中各种含铝物质的损失总量逐年递增。2003～2007年，我国进入社会蓄积量中的铝制品逐年递增，从社会蓄积量中产出的报废铝制品量变化不大。在此期间，铝社会蓄积量的净增量逐年递增。可以预见，随着铝的社会蓄积量的增加，未来一些年我国可供回收的废杂铝资源将越来越多。

（4）我国未来铝工业进出口政策的重点是继续鼓励进口铝土矿、铝废料等国内短缺的原材料，同时国家应支持企业到国外购买铝矿山，建立全球性的铝废料回收与运输网络等。我国未来减少铝损失的工作重点应包括限制私营铝土矿山企业的数量，严格禁止乱采滥挖；合理控制拜耳法在氧化铝冶炼产能中的比重；淘汰落后的电解槽，提高电解铝企业的管理水平和操作水平；建立较集中、具有一定规模的报废产品与铝废料拆解预处理基地等。

参 考 文 献

[1] IAI. Statistics [EB/OL]. [2009-08-10]. http：//www. world-aluminium. org/Statistics.

[2] 中国铝土矿10年将告罄 [N]. 科学时报，2007-11-19（1）.

[3] MELO M T. Statistical analysis of metal scrap generation：The case of aluminum in Germany [J]. Resources, Conservation and Recycling, 1999, 26（2）：91-113.

[4] MARTCHEK K J. Modelling more sustainable aluminium [J]. International Journal of Life Cycle Assessment, 2006, 11（1）：34-37.

[5] HATAYAMA H, YAMADA H, DAIGO I, et al. Dynamic substance flow analysis of aluminum and its alloying elements [J]. Nippon Kinzoku Gakkaishi/Journal of the Japan Institute of Metals, 2006, 70（12）：975-980.

[6] PLUNKERT P A. Aluminum Recycling in the United States in 2000 [EB/OL]. [2009-08-10]. http：//pubs. usgs. gov/circ/c1196w/c1196w. pdf.

[7] DAHLSTRÖM K, EKINS P. Combining economic and environmental dimensions：Value chain analysis of UK aluminium flows [J]. Resources, Conservation and Recycling, 2007, 51（3）：541-560.

[8] 陈伟强，石磊，钱易. 2005年中国国家尺度的铝物质流分析 [J]. 资源科学，2008, 30（9）：1320-1326.

[9] USGS. 2007 Minerals Yearbook, China [EB/OL]. [2009-08-10]. http：//minerals. usgs. gov/minerals/pubs/country/2007/myb3-2007-ch. pdf.

钢产量增长机制的解析及 2000～2007 年我国产量增长过快原因的探索*

摘　要　分两步解析了钢产量的增长机制：首先是在若干假设条件下提出了钢产量增长的基准模式，其主要特点是钢产量与 GDP 同步增长，分析了基准模式下的钢产量、在役钢量、GDP 以及它们的年增长率；然后是讨论了偏离基准模式的各种可能性，及其对钢产量增速的影响。在此基础上得到了钢产量年增长率的基本计算式。分析了偏离基准模式对单位 GDP 钢产量的影响。在对钢产量增长机制进行解析的基础上，广泛联系全社会发生的各种现象，提出使我国钢产量增速远远超过 GDP 增速的 16 种现象，提出了在宏观调控工作中，要区别对待这些现象。从中国、日本、美国三国单位 GDP 钢产量数据对比可见，我国降低单位 GDP 钢产量的空间很大。文章为我国钢铁行业的宏观调控提供了新思路。

关键词　钢产量　在役钢量　GDP　年增长率　机制　基准模式

1　前言

机制，泛指一个工作系统中各组成部分之间相互作用的过程和方式。

钢产量增长机制，特指一个国家或地区内与钢产量增长有关的各种经济社会活动相互作用的过程和方式。

研究钢产量增长机制很重要，因为只要把机制研究清楚了，就不愁搞不清其中的问题何在，不愁提不出解决问题的办法。我国钢产量增长很快、很难驾驭，所以研究钢产量增长机制，显得更为重要。

进入 21 世纪以后，我国出现了钢产量增长过快问题。2000～2007 年间，钢产量年均增长率高达 21.1%，比 GDP 年均增长率高出十个百分点以上[1-2]。其结果是，在 GDP 翻一番的同时，钢产量翻了近两番。

钢产量增长过快，带来的问题很多，主要是钢铁行业的能耗、物耗、污染物排放量以及投资等都随之增长过快；在其他条件一定的情况下，更是同步增长。这些问题，对于资源节约型、环境友好型社会的建设，极其不利。

那么，为什么我国的钢产量在那段时间里增长得那么快？主要原因是哪些？对于这个问题，似乎至今还没有明确的答案。然而，这是一个必须回答的重大问题。我们的看法是，为了明确地回答这个问题，一定要从理论上搞清楚钢产量与各种经济社会活动之间的相互关系和相互作用。这就是我们为什么研究钢产量增长机制的缘由。

本文的主要任务，是对钢产量增长机制进行必要的解析和说明，并在此基础上探讨 2000～2007 年我国钢产量增长过快的原因，为今后钢产量的宏观调控提供理论依据。

2　钢产量增长机制的解析

本节将分两步对钢产量增长机制进行必要的解析。第一步是对基准模式下钢产量

531

＊　本文合作者：岳强。原发表于《中国工程科学》，2010。

工业生态学

增长机制进行解析。所谓基准模式，是在若干简化条件下构思出来的一种经济运行模式。这种模式的特点是钢产量与GDP同步增长。第二步是研究偏离基准模式对钢产量及其年增长率的影响，对单位GDP钢产量的影响。

2.1 基准模式下钢产量增长机制的解析

基准模式符合下列6个简化条件：

（1）钢产量呈指数增长，且其年增长率不随时间变化。

（2）钢铁工业每年生产的钢，都在这一年就全部进入各种钢产品中，成为在役钢；这里所说的钢产品，泛指各种含有钢的工业产品，其中包括基础设施、固定资产和消费品等。

（3）钢产品的平均寿命较长，且没有提前退役的。

（4）不考虑进、出口贸易。

（5）不考虑与经济增长关联较小的其他方面的发展。

（6）不考虑经济结构调整和技术进步。

以下各小节将对基准模式下的几个主要参数分别进行解析和讨论。这些参数是：钢产量、在役钢量、GDP和它们各自的年增长率，以及单位GDP钢产量和单位GDP在役钢量。

2.1.1 基准模式下的钢产量及其年增长率

钢产量是指单位时间内的粗钢产量，其中包括连铸坯、钢锭和钢铸件等。

在基准模式下，钢产量呈指数增长，且其年增长率不随时间而变。因此下式适用于钢产量增长过程中任何相邻的两年。

$$P_\tau \times (1 + p) = P_{\tau+1} \tag{1}$$

式中，P_τ、$P_{\tau+1}$分别为第τ年和第（$\tau+1$）年的钢产量；p为钢产量年增长率，它长期保持不变。

2.1.2 基准模式下的在役钢量及其年增长率

在役钢量是指正在服役中的各种钢产品所含钢量之和。

假设钢产品寿命为20年，那么，在基准模式下，第τ年的在役钢量必等于从第（$\tau-19$）年到第τ年的20年间钢产量之和：

即
$$S_\tau = P_\tau + P_{\tau-1} + P_{\tau-2} + \cdots + P_{\tau-19}$$

式中，S_τ为第τ年的在役钢量；P_τ，$P_{\tau-1}$，$P_{\tau-2}$，$\cdots$，$P_{\tau-19}$分别为第τ年、第（$\tau-1$）年、第（$\tau-2$）年、$\cdots$、第（$\tau-19$）年的钢产量。

再设第（$\tau-20$）年的钢产量为P_0，则上式可改写为

$$S_\tau = P_0 \times \left[(1 + p)^{20} + (1 + p)^{19} + (1 + p)^{18} + \cdots + (1 + p)^1 \right] \tag{2}$$

式中，P_0为第（$\tau-20$）年的钢产量；p为钢产量的年增长率。式（2）是在基准模式下第τ年在役钢量的定义式。

图1是第τ年在役钢量与各年钢产量之间的关系图。图中横坐标是钢的生产年份，纵坐标是钢产量；$ABCD$四边形面积代表第τ年的在役钢量。

若在式等号两侧同乘以（$1+p$），则得

$$S_\tau \times (1 + p) = P_0 \times \left[(1 + p)^{21} + (1 + p)^{20} + (1 + p)^{19} + \cdots + (1 + p)^2 \right]$$

因为上式等号右侧就是第（$\tau+1$）年的在役钢量，所以

$$S_\tau \times (1 + p) = S_{\tau+1} \qquad (3)$$

式（3）适用于钢产量增长过程中任何相邻的两年。

由此可见，在基准模式下，在役钢年增长率与钢产量年增长率相等。

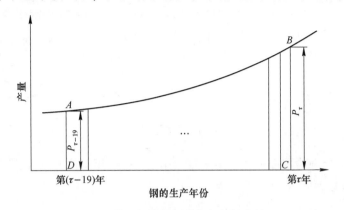

图 1　第 τ 年在役钢量与各年钢产量

2.1.3　基准模式下的 GDP 值及其年增长率

根据上述基准模式的第（4）、（5）、（6）三个假设条件，可认为单位在役钢量产生的 GDP 值保持不变。

第 τ 年的 GDP 值等于

$$G_\tau = S_\tau \times H \qquad (4)$$

式中，G_τ 为第 τ 年的 GDP 值；H 为单位在役钢量产生的 GDP 值。

此外，在式等号两侧同乘以 H，则得

$$S_\tau \times H \times (1 + p) = S_{\tau+1} \times H$$

又因 $S_\tau \times H = G_\tau$；$S_{\tau+1} \times H = G_{\tau+1}$

$$G_\tau \times (1 + p) = G_{\tau+1} \qquad (5)$$

式（5）适用于钢产量增长过程中任何相邻的两年。

由此可见，在基准模式下，GDP 年增长率与钢产量年增长率相等。

综上所述，因式（1）、式（3）、式（5）三式同时成立，故钢产量、在役钢量和 GDP 三者同步（同速）增长。例如，设钢产量年增长率为 9%，则在役钢量、GDP 的年增长率都是 9%。这是基准模式的一个重要特点。

2.1.4　基准模式下的单位 GDP 钢产量和单位 GDP 在役钢量

单位 GDP 钢产量，是指钢产量与 GDP 的比值。式（6a）、式（6b）分别是基准模式下第 τ 年、第（τ+1）年单位 GDP 钢产量的定义式：

$$T_\tau = \frac{P_\tau}{G_\tau} \qquad (6a)$$

$$T_{\tau+1} = \frac{P_{\tau+1}}{G_{\tau+1}} \qquad (6b)$$

式中，T_τ、$T_{\tau+1}$ 分别为基准模式下第 τ 年、第（τ+1）年单位 GDP 钢产量。

联立式（1）与式（5），得

$$\frac{P_\tau}{G_\tau} = \frac{P_{\tau+1}}{G_{\tau+1}}$$

533

考虑到式（6a）、式（6b），上式可改写为

$$T_\tau = T_{\tau+1} \tag{7}$$

式（7）适用于钢产量增长过程中任何相邻的两年。

由此可见，在基准模式下，在钢产量增长过程中，单位 GDP 钢产量保持不变。

单位 GDP 在役钢量，是指在役钢量与 GDP 的比值。式（8a）、式（8b）分别是基准模式下第 τ 年、第（τ+1）年单位 GDP 在役钢量的定义式：

$$Q_\tau = \frac{S_\tau}{G_\tau} \tag{8a}$$

$$Q_{\tau+1} = \frac{S_{\tau+1}}{G_{\tau+1}} \tag{8b}$$

式中，Q_τ、$Q_{\tau+1}$ 分别为基准模式下第 τ 年、第（τ+1）年单位 GDP 在役钢量。

联立式（3）与式（5），得

$$\frac{S_\tau}{G_\tau} = \frac{S_{\tau+1}}{G_{\tau+1}}$$

考虑到式（8a）、式（8b），上式可改写为

$$Q_\tau = Q_{\tau+1} \tag{9}$$

式（9）适用于钢产量增长过程中任何相邻的两年。

由此可见，在基准模式下，在钢产量增长过程中，单位 GDP 在役钢量保持不变。

综上所述，在基准模式下，在钢产量增长过程中，单位 GDP 钢产量、单位 GDP 在役钢量均分别保持不变，虽然它们二者在数值上大不相同。这是基准模式的另一个重要特点。

2.2 偏离基准模式对钢产量及其年增长率的影响

本小节将提出偏离基准模式的各种可能，说明它们对钢产量及其年增长率有何影响。

2.2.1 钢产品平均寿命偏低

图 2 是以图 1 为基础的，其中 *ABCD* 这块面积代表基准模式下第 τ 年在役钢量。在钢产品寿命偏低，不到 20 年，好比只有 18 年的情况下，为了使第 τ 年在役钢量保持原值不变，就必须把钢产量年增长率由 p 提高到 p'，钢产量由 P_τ 提高到 P'_τ。

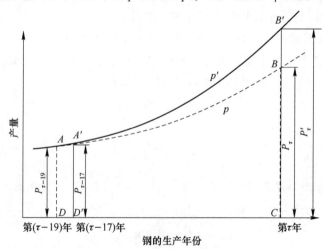

图 2　钢产品寿命不到 20 年

在这种情况下，代表第 τ 年在役钢的是 $A'B'CD'$ 四边形面积，而不是原来的 $ABCD$ 那块面积了，但这两块面积必相等，因为这是保证 GDP 年增长率不变的物质基础。可见，为了弥补钢产品寿命偏低，付出的代价是钢产量上升，钢产量年增长率高于 GDP 年增长率。

2.2.2 部分在役钢提前退役

图 3 的基础仍是图 1，但是第 τ 年的部分在役钢提前退役（见图中小方块）。为此必须提高这一年的钢产量，以补足缺失的在役钢量（见图中箭头），以保证这一年的 GDP 值。这样，钢产量由 P_τ 增至 P'_τ，而且 $(P'_\tau - P_\tau)$ 必与提前退役的在役钢量相等。这样，第 τ 年的在役钢量才能保持原值不变。

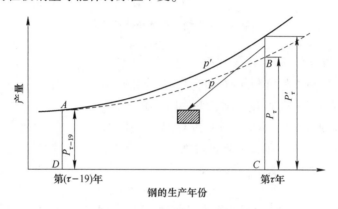

图 3　部分在役钢提前退役

如果每年都有类似现象发生，而且提前退役钢量与钢产量之比保持不变，那么钢产量及其年增长率都将相应地提高。

2.2.3 在役钢中有一部分是无效的

无效的在役钢，是指这些钢虽然在役，但对 GDP 的产生或社会发展不起任何作用。如果每年的钢产量中都有一部分成为无效在役钢，那么为了保证 GDP 的增长和社会发展，就只能每年多生产一些钢作为替补。结果是钢产量增大，钢产量的增速等均相应增大。

2.2.4 进出口贸易对钢产量的影响

进口的钢材、钢坯和钢产品，是国内在役钢的组成部分。而出口钢则不同，它只对国内钢产量有影响，而与在役钢量无关。因此，出口钢量的逐年增加，只会加大钢产量的增速，而对在役钢量并无补益。

2.2.5 兴办与经济增长关联较少的其他事业对钢产量的影响

民生工程、生态环境保护工程、科教文卫事业以及军队现代化建设等事业，与 GDP 的增长并无直接关联，但却十分重要。这些年来，这方面的工作步伐加快了，所以钢产量也随之加大。

2.2.6 调整经济结构、提高技术水平对钢产量的影响

调整经济结构、提高技术水平，能增大单位钢产品的 GDP 产生量，从而降低对钢的需求量。因此，如果在基准模式的基础上，把这两个因素考虑进来，那么第 τ 年的钢产量将从 P_τ 降为 P'_τ，钢产量年增长率也将从 p 降为 p'。在役钢量将从图上的 $ABCD$ 缩小为 $AB'CD$，见图 4。

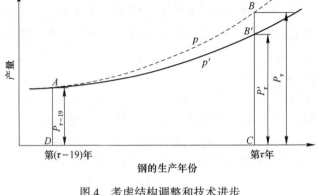

图 4　考虑结构调整和技术进步

2.2.7　钢产量增速的综述

由以上对钢产量增长机制的解析可见，钢产量年增长率决定于以下三方面的因素：

（1）基准模式下的钢产量年增长率，即 GDP 年增长率；

（2）偏离基准模式的第 1~5 种现象对钢产量年增长率上升的影响；

（3）偏离基准模式的第 6 种现象对钢产量年增长率下降的影响。

钢产量年增长率的计算式可写成如下形式：

$$p' = g + (\Delta p_1 - \Delta p_2) \tag{10}$$

式中，p' 为偏离基准模式情况下的钢产量年增长率；g 为 GDP 年增长率；Δp_1 为偏离基准模式的第 1~5 种现象使钢产量年增长率上升的百分数；Δp_2 为偏离基准模式的第 6 种现象使钢产量年增长率下降的百分数。

式（10）是钢产量年增长率的基本计算式。

例如，设某年 GDP 年增长率为 10%，偏离基准模式第 1~5 种现象使钢产量年增长率上升 5 个百分点，而经济结构、技术进步使之下降 1 个百分点，则该年钢产量增长率

$$P' = 0.10 + 0.05 - 0.01 = 0.14$$

当然，如果还有其他因素需要考虑，那么对此计算结果还可作进一步修正。

2.3　偏离基准模式对单位 GDP 钢产量的影响

在偏离基准模式情况下，式（6a）、式（6b）改写为

$$T'_\tau = \frac{P'_\tau}{G_\tau} \tag{11a}$$

$$T'_{\tau+1} = \frac{P'_{\tau+1}}{G_{\tau+1}} \tag{11b}$$

式中，T'_τ、$T'_{\tau+1}$ 分别为在偏离基准模式情况下第 τ 年、第（$\tau+1$）年单位 GDP 钢产量。

上两式中仍用 G_τ 和 $G_{\tau+1}$ 分别代表第 τ 年、第（$\tau+1$）年的 GDP 值，是因为偏离基准模式并不影响各年度的 GDP 值。

因　　　　　　　　　$$P'_{\tau+1} = P'_\tau \times (1 + p') \tag{12a}$$

$$G_{\tau+1} = G_\tau \times (1 + g) \tag{12b}$$

式中，p' 为偏离基准模式情况下钢产量年增长率。

536

式（12b）中仍用 g 代表 GDP 年增长率，是因为偏离基准模式并不影响 g 值。

将式（12a），式（12b）代入式（11b），并考虑到式（11a），得

$$T'_{\tau+1} = T'_\tau \times \frac{1+p'}{1+g}$$

再将式（10）代入上式，化简后得

$$T'_{\tau+1} = T'_\tau \times \left(1 + \frac{\Delta p_1 - \Delta p_2}{1+g}\right) \quad (13)$$

式（13）是偏离基准模式情况下单位 GDP 钢产量的计算式。可见，T'_τ 与 $T'_{\tau+1}$ 之间的关系，有以下三种可能：

（1）若 $\Delta p_1 = \Delta p_2$，则 $T'_{\tau+1} = T'_\tau$，即 T 值保持不变；

（2）若 $\Delta p_1 > \Delta p_2$，则 $T'_{\tau+1} > T'_\tau$，即 T 值逐年上升；

（3）若 $\Delta p_1 < \Delta p_2$，则 $T'_{\tau+1} < T'_\tau$，即 T 值逐年下降。

2.4 讨论

假设某国 GDP 年增长率长期以来一直是 9%，某年的 GDP 为 5 万亿元，钢产量为 4000 万吨。按以下两种情况：（1）基准模式；（2）偏离基准模式使钢产量年增长率比 9% 高出两个百分点。则 20 年后该国的 GDP、钢产量和单位 GDP 钢产量的计算结果如下：

（1）基准模式：20 年后 GDP 为 28.02 万亿元，钢产量为 2.24 亿吨，单位 GDP 钢产量为 80kg/万元。

（2）偏离基准模式：20 年后的 GDP 与情况（1）相同，即 28.02 万亿元，钢产量 3.22 亿吨，单位 GDP 钢产量为 114kg/万元。

以上各项结果见表 1，钢产量变化曲线见图 5。

表 1　计算结果

情　况	第 20 年数据		
	GDP/万亿元	钢产量/亿吨	单位 GDP 钢产量/kg·万元$^{-1}$
基准模式	28.02	2.24	80
偏离基准模式	28.02	3.22	114

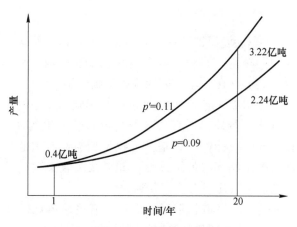

图 5　钢产量计算结果

总之，两种情况下，钢产量年增长率虽然只相差两个百分点，但 20 年后钢产量却相差约 1 亿吨。这就是指数增长的奇妙之处——一个数字增长率的微小差别，会演变成大得出乎意料的数字差别。

3　2000～2007 年我国钢产量增长过快的原因

2000～2007 年，我国钢产量年均增长率（21.1%）比 GDP 年均增长率（10.04%）高出十个百分点以上。在 7 年间，钢产量翻了近两番。这种情况实属罕见。本节将对其中的原因进行探索。

其实，按照钢产量增长机制，利用式（10），比较容易说清楚这个问题。2000～2007 年，我国钢产量增长过快的主要原因，一是式（10）等号右侧的 g 值较大，二是（$\Delta p_1 - \Delta p_2$）值也较大，二者相加，使等号左侧的 p 值就更大。这就是钢产量增长过快原因的两个方面。

照理，对于这两方面的原因都有必要进行深入讨论，然而本文将集中讨论影响 Δp_1 值的各主要因素，因为这方面值得讨论的问题最多。

纵观与钢产量增长有关的各种经济社会活动，我们认为，下列 16 种现象对 Δp_1 值的影响最为显著：

（1）拆迁房屋；

（2）豆腐渣工程；

（3）烂尾工程；

（4）废置的违规建设项目；

（5）事故损毁的固定资产；

（6）天灾损毁的固定资产；

（7）淘汰落后产能；

（8）形象工程；

（9）政绩工程；

（10）过剩产能；

（11）空置房；

（12）超标建筑；

（13）部分钢制品寿命偏短；

（14）重化工业；

（15）出口钢；

（16）民生工程、生态环境保护工程、科教文卫事业以及军队现代化建设等。

其中，第（1）～（7）项是"在役钢提前退役"现象；第（8）～（12）项是"无效在役钢"的来源；第（13）～（16）项的内涵都很清晰，不必解释。

需要说明，我们虽然初步认定上列 16 种现象是影响 Δp_1 值的主要因素，但是，在现有条件下，完全不可能定量地说明其中各种现象每年发生的体量（规模）有多大。一方面，这是因为在公开的统计资料里基本上找不到与此有关的数据。另一方面，是因为这些现象几乎涉及国民经济的各个领域；如果从头收集数据，那无异于是一次规模很大的普查工作，绝非少数几个人就能办到的。

但是，我们从一些公开的报道和零星的信息，清楚地感觉到这些现象绝非"小打小闹"、无关大局，对于这些现象是绝对不可以视而不见的。现举例如下。

（1）拆迁房屋。以沈阳市为例，2000～2008 年拆迁面积如表 2 所示[3]。

表 2　沈阳市拆迁面积　　　　　　　　　　（万平方米）

项　　目	2000 年	2001 年	2002 年	2003 年	2004 年	2005 年	2006 年	2007 年	2008 年
住宅拆迁	122.5	59.4	66.5	135.5	80.2	163.8	146	259.3	50.7
非住宅拆迁	43.6	38.8	62.1	69.4	73.4	123.7	113.5	236.3	51.6

数据来源：沈阳市城市房屋拆迁管理办公室内部资料；国家统计局. 沈阳统计年鉴 [M]. 北京：中国统计出版社，2001～2009.

即 2000～2008 年，住宅和非住宅累计拆迁面积分别为 1080 万平方米和 812 万平方米，分别占同期建成的住宅和非住宅面积（分别为 7615 万平方米和 8950 万平方米）的 11% 和 9%。

（2）商品房空置率。截至 2009 年 1 月，全国城镇商品房累计空置量约为 4 亿平方米，占累计施工面积 25 亿平方米的 16%[4]。

（3）过剩生产力。截至 2008 年年底，我国粗钢产能达到 6.6 亿吨，超出实际需求约 1 亿吨，即 17.9%[5]。

（4）钢材进出口量，见表 3。

表 3　中国钢材进出口量[6]　　　　　　　　　（万吨）

项　　目	2000 年	2001 年	2002 年	2003 年	2004 年	2005 年	2006	2007 年
进口量	1596	1722	2449	3717	2930	2582	1581	1687
出口量	621	474	546	696	1423	2025	4301	6265
净出口量	-976	-1248	-1903	-3021	-1507	-530	2720	4578

即 2007 年钢材出口量是 2000 年的 10 倍，占钢产量的 12% 以上。

（5）淘汰落后生产力（"十一五"时期）[7]。电力：5000 万千瓦；水泥：25000 万吨；炼铁：10000 万吨；玻璃：3000 万箱；炼钢：5500 万吨；造纸：650 万吨；电解铝：65 万吨；酒精：160 万吨；铁合金：400 万吨；味精：20 万吨；电石：200 万吨；柠檬酸：8 万吨；焦炭：8000 万吨。

在以上数据，虽然只是星星点点，但足以说明这些现象的体量是相当巨大的，必须给予足够的重视。如果把它们的影响叠加起来，那么它们的"合力"就更非同小可。

今后的研究工作中，最重要的是系统地、全面收集数据，而且要把收集到的所有数据都折算成钢量。例如，若每平方米商品房平均用钢 50kg，则前述 4 亿平方米空置房应折算成 2000 万吨钢；若一座百万吨钢厂用钢 8 万吨，则前述 1 亿吨过剩粗钢产能应折算成 800 万吨钢，等等。

4　讨论

4.1　上节中列出的偏离基准模式的 16 种现象，虽然都是使钢产量过快增长的重要原因，但情况各异，要区别对待

豆腐渣工程、烂尾工程、形象工程、政绩工程、违章建设项目以及超标建筑等，

必须坚决杜绝。对此，中央早已三令五申，态度十分坚决。

近些年来，房屋拆迁之风很盛，而且越演越烈。许多可以继续安全使用的房屋，已经或将要被拆除。这种无序状态，必须迅速扭转。

天灾造成财产损失，难于完全避免；事故则不同，多数情况是有可能避免的。我们的努力方向应是，减少天灾造成的损失和降低事故的发生率。

淘汰落后产能，是在还历史旧账，是提升工业部门水平的重要措施，是中央的既定方针，正在大力推进。这虽然对钢产量的增速有影响，但必须下决心把这项工作进行到底。

有些工业产品寿命偏低，假冒伪劣产品寿命更短，甚至无法使用。这种情况，要逐步扭转。

少量的空置房、过剩产能是难免的，但现在的问题是它们的体量巨大，必须给予重视，使它们逐步降低。

重化工业的步伐加快，是工业化过程中的必由之路。但钢铁制造等重工业也不可增长过快。前不久公布的"钢铁产业调整和振兴规划"[5]等文件已提出了明确规定。

关于出口钢量问题，我们的看法是：我国钢铁产品的进出口保持基本平衡，少量出口，是合理的选择。

民生工程、生态环保工程、科教文卫事业以及军队现代化建设等，对国家建设和科学发展有重要意义，非但不可削弱，反而要适当加快步伐。

4.2 力争缩小钢产量增速与 GDP 增速之间的差值

在工业化时期，尤其是重化工业时期，钢产量年均增长率比 GDP 年均增长率稍高一些，是正常的，是普遍规律。例如，美国、日本在经济高速增长期，钢产量年均增长率只比 GDP 年均增长率高出 1.5%~2.5%，如图 6 和图 7 所示[2,8-10]。

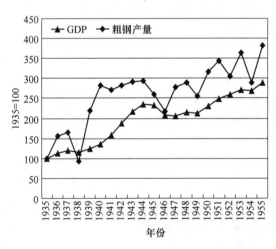

图 6　美国 1935~1955 年 GDP 和钢产量的变化曲线

现假设 2000~2007 年间，我国 $g = 0.10$，$\Delta p_1 - \Delta p_2 = 0.03$，则 2007 年的钢产量 P_{2007} 为

$$P_{2007} = P_{2000} \times (1 + p')^7$$

式中，P_{2007}、P_{2000} 分别为 2007 年和 2000 年我国的钢产量，亿吨；p' 为 2000~2007 年间

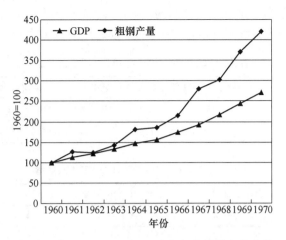

图 7 日本 1960~1970 年 GDP 和钢产量的变化曲线

钢产量年均增长率。

将式（10）代入上式，得

$$P_{2007} = P_{2000} \times [1 + g + (\Delta p_1 - \Delta p_2)]^7$$

若 $g = 0.10$，$\Delta p_1 - \Delta p_2 = 0.03$，$P_{2000} = 1.29 \times 10^8$，则

$$P_{2007} = 1.29 \times 10^8 \times (1 + 0.10 + 0.03)^7$$

$$= 129 \times 10^8 \times (1 + 0.13)^7 = 3.04 \times 10^8 \text{ 亿吨}$$

即 2007 年的钢产量为 3.04 亿吨，与该年我国实际钢产量（4.9 亿吨）相比，降低 1.86 亿吨，即降低 38%。如果真是这样，那么在其他条件相同的情况下，钢铁行业的资源、能源消耗和污染物排放量，都会随之降低 38%，而我国 GDP 的增长值基本上仍保持不变。无疑，此乃钢铁行业节能、降耗、减排之良策也。

但是，为此必须使（$\Delta p_1 - \Delta p_2$）值从十个百分点以上降低为三个百分点。也就是说，必须按本文 4.1 节所说的"区别对待"等原则，在原有基础上，大幅度缩减对 Δp_1 值有影响的各种现象的体量，同时加大经济结构调整和技术进步的力度。

以上计算和讨论，虽然是针对已经过去的 2000~2007 年，是"马后炮"，但是，可从中吸取经验教训，把今后的钢产量调控工作做得更好。

4.3 力争大幅度降低我国单位 GDP 钢产量

单位 GDP 钢产量（T 值），是在国民经济发展过程中，进行宏观调控的一个重要指标。

2000~2007 年间，随着钢产量超常快速增长，我国单位 GDP 钢产量一路快速攀升，7 年间从 15kg/万元升至 254.4kg/万元[1-2]。这种情况很不正常，已经引起各方面的关注。例如，国内外媒体时有报道，说我国 GDP 只占世界的百分之几，而钢产量却占世界的百分之三十左右等。这种情况必须逐步扭转。今后的任务是力争大幅度降低单位 GDP 钢产量。

（1）关于降低单位 GDP 钢产量的可能性问题。表 4~表 6 分别是中国、日本、美国，在钢产量高速增长时期，单位 GDP 钢产量的历史数据，其中以美元计的 GDP 值是按 2000 年不变价折算的[1-2,8-10]。

相比之下，我国单位 GDP 钢产量是当年日本、美国的 3~4 倍，即使按"购买力平

价"计算，我国的数据也是日本、美国的1.5~2倍。从中可见，我国降低单位GDP钢产量的空间有多大。大幅度降低单位GDP钢产量是完全可能的。

表4 中国2000~2007年单位GDP钢产量

年　份	2000年	2001年	2002年	2003年	2004年	2005年	2006	2007年
单位GDP/kg·万元⁻¹	130.5	142.2	156.8	173.8	200.8	227.1	242.6	254.4
钢产量/kg·万美元⁻¹	1072.2	1168.2	1287.9	1427.4	1649.6	1869.1	2003.4	2090

表5 日本1960~1970年单位GDP钢产量　（kg/万美元）

年　份	1960年	1962年	1964年	1966年	1968年	1970年
单位GDP钢产量	331.4	338	403.1	413.4	461.5	517

表6 美国1935~1955年单位GDP钢产量　（kg/万美元）

年　份	1935年	1940年（二战期）	1945年	1950年	1955年
单位GDP钢产量	361.2	754.3	404.8	494	479

（2）关于降低单位GDP钢产量的途径问题。在GDP增速一定的条件下，降低单位GDP钢产量的主要途径，一要降低式（10）等号右侧的 Δp_1 值，二要增大 Δp_2 值，详细内容见本文第3节。

（3）关于钢产量与GDP"脱钩"问题。我们的研究工作表明，钢产量与GDP"脱钩"的条件是[11-12]：

$$t = t_k = \frac{g}{1+g} \tag{14}$$

式中，g 为GDP年增长率；t 为单位GDP钢产量年下降率，t_k 是其临界值。

即，在经济增长过程中，若 $t=t_k$，则钢产量保持原值不变，即与GDP"脱钩"；若 $t<t_k$，则钢产量逐年上升；若 $t>t_k$，则钢产量逐年下降。

若我国今后的一段时间内 $g=0.08$，则按式计算可知 $t_k=0.0741$，即7.41%；若 $g=0.09$，则 $t_k=0.0826$，即8.26%。这就是说，今后若干年内，如果我国GDP每年增长8%~9%，那么要使我国钢产量基本稳定，就必须使单位GDP钢产量每年下降8%左右。如果达不到这个百分数，钢产量仍将上升。

若干年后，我国单位GDP钢产量应降为100kg/万元左右。

（4）关于后工业化时期的单位GDP钢产量问题。西方发达国家已处于后工业化时期，单位GDP钢产量已降到100~200kg/万美元[2,8-10]。由此可见，我国今后更长远的目标是把单位GDP钢产量降到很低的程度，例如降到50kg/万元以下。

5　结束语

本文按整体论思想，对钢产量增长机制进行了必要的解析，对我国2000~2007年钢产量增长过快的原因进行了初步探索，并就相关的几个问题做了简略的讨论。希望本文对我国今后钢产量的调控工作和钢铁产业节能、降耗、减排工作的进一步开展能有所裨益。

文中不妥之处和错误在所难免，望各位领导、专家不吝赐教，多提宝贵意见。

参 考 文 献

[1] 国家统计局. 中国统计年鉴 [Z]. 北京：中国统计出版社, 1996-2008.

[2] http：//data. un. org.

[3] 国家统计局. 沈阳统计年鉴 [Z]. 北京：中国统计出版社, 2001-2009.

[4] 武建东. 启动绿色建筑, 再造增长大潮 [N]. 科学时报, 2009-02-26.

[5] 钢铁产业调整和振兴规划 [EB/OL]. (2009-03-20). http：//www. gov. cn/zwgk/2009-03/20/content_1264318. htm.

[6] 国家统计局. 中国钢铁工业年鉴 [Z]. 北京：中国统计出版社, 2001-2008.

[7] 新华社 "十一五" 时期淘汰落后生产能力一览表 [EB/OL]. (2007-06-03). http：//www. gov. cn/govweb/jvzg/2007-06/03/content_634704. htm.

[8] http：//www. stat. go. jp/data/chouki/zuhyou/08-09-a. xls.

[9] http：//minerals. usgs. gov/minerals/pubs/mcs/.

[10] http：//www. bea. gov/national/xls/gdplev. xls.

[11] 陆钟武, 毛建素. 穿越 "环境高山" ——论经济增长过程中环境负荷的上升和下降 [J]. 中国工程科学, 2003, 5 (12)：36-42.

[12] 陆钟武. 经济增长与环境负荷之间的定量关系 [J]. 环境保护, 2007 (7)：13-18.

543

脱钩指数：资源消耗、废物排放
与经济增长的定量表达*

摘　要　本文从资源消耗及废物排放与经济增长的定量关系表达式——IGT 方程和 I_eGTX 方程出发，分别导出了资源脱钩指数和排放脱钩指数。根据脱钩指数值，将资源消耗及废物排放与 GDP 的脱钩程度分为 3 个等级：绝对脱钩、相对脱钩和未脱钩；在 GDP 增长和降低两种情况下，脱钩指数与脱钩程度的关系正好相反。由于资源脱钩指数和排放脱钩指数的数学结构相同，只需一个脱钩曲线图就可以判断一个国家或地区某年某种资源消耗或废物排放与 GDP 的脱钩情况。以中美两国 2000~2007 年间的能源消耗和 SO_2 排放为例，阐述了脱钩曲线图的使用方法。在此期间，中美两国的 SO_2 排放脱钩指数略高于各自的能源脱钩指数；中国的能源脱钩指数和 SO_2 排放脱钩指数均低于美国，主要原因是经济增长较快的发展中国家，相对于经济增长较慢的发达国家更难获得较高的脱钩指数。在比较各国间的脱钩程度时，应注意区别对待处于不同发展阶段的国家。

关键词　脱钩　资源脱钩指数　排放脱钩指数　脱钩曲线图　理论研究　国家级实例

1　引言

　　一般情况下，资源消耗量和废物排放量总是与经济总量"挂钩"的，甚至，前者与后者是同步增长的。人们努力的方向是尽可能让它们二者"脱钩"，哪怕是部分地脱钩，也比同步增长好，因为只有这样才能把资源节约和环境保护工作做得更好。因此，近些年来，脱钩问题就成了实施可持续发展战略方面的一个热点话题[1-2]。

　　研究脱钩问题的先行者当属德国 Wuppertal 研究所的 Weizsäcker 和 Schmidt-Bleek，他们在 20 世纪末就分别针对全球和发达国家提出了脱钩目标——"四倍数革命"[3] 和"十倍数革命"[4]，即将全球和发达国家的资源利用效率在 50 年内分别提高 4 倍和 10 倍，以实现资源消耗与经济增长的脱钩。为了衡量并跟踪脱钩目标的实现程度，需要建立科学可行的脱钩评价指标。目前主要有两种脱钩评价指标：一是 OECD 组织提出的脱钩因子[5]：

$$D_f = 1 - \frac{(EP/DF)_{末端年}}{(EP/DF)_{始端年}} \tag{1}$$

式中，D_f 为脱钩因子（decoupling factor）；EP 为环境压力（environmental pressure），可以用资源消耗量或废物排放量来表示；DF 为驱动力（driving force），一般用 GDP 来表示。由于其形式简单，便于计算，自 2002 年以来，该脱钩因子得到较广泛的应用[6-8]。二是 Tapio 针对交通容量与 GDP 的脱钩问题提出的弹性系数[9]：

$$E = \frac{\Delta VOL}{\Delta GDP} \tag{2}$$

式中，E 为弹性系数（elasticity）；ΔVOL 为交通容量的变化率，%；ΔGDP 为 GDP 的变

---

　　* 本文合作者：王鹤鸣、岳强。原发表于《资源科学》，2011。

化率,%。根据弹性系数值,Tapio 将脱钩状态进行了详细分类,这样就可以较为深入地评价一段时间内的脱钩情况,近年来该方法在国内外的交通运输、土地和能源利用领域得到了较多的应用[10-13]。

无论是 OECD 组织提出的脱钩因子,还是 Tapio 提出的弹性系数,都可以作为脱钩的判据,对各地区的环境政策进行评估,并提出建议。但是,从本质上讲,脱钩问题是环境负荷与经济增长之间的定量关系问题,要建立更加科学合理的脱钩评价指数,需要对二者的定量关系进行深入的理论分析。遗憾的是,目前还没有基于二者定量关系的脱钩理论研究。本文将尝试从环境负荷与经济增长之间的定量关系表达式——IGT 方程[14-18]和 I_eGTX 方程[18-19]出发,分别推导资源脱钩指数和排放脱钩指数,并在此基础上提出脱钩曲线图,对中美两国的能源消耗和 SO_2 排放与 GDP 的脱钩情况进行实例分析。

2 资源脱钩指数的研究——IGT 方程及其推演

2.1 IGT 方程

IGT 方程源于 IPAT 方程[20],IPAT 方程为:
$$I = P \times A \times T \tag{3}$$
式中,I 为环境负荷;P 为人口;A 为人均 GDP;T 为单位 GDP 的环境负荷。

公式(3)中的环境负荷 I 可特指各种资源消耗量或废物产生量。

以能源为例:
$$能源消耗量 = 人口 \times \frac{GDP}{人口} \times \frac{能源消耗量}{GDP}$$

以 SO_2 为例:
$$SO_2 产生量 = 人口 \times \frac{GDP}{人口} \times \frac{SO_2 产生量}{GDP}$$

要注意,废物产生量和废物排放量不是一回事,不能混为一谈。在废物的末端治理比较得力的情况下,它们二者在数量上会有很大的差别。

因 $G = P \times A$,所以公式(3)可写为 IGT 方程[14-18]:
$$I = G \times T \tag{4}$$
式中,G 为 GDP;T 仍为单位 GDP 的环境负荷。

2.2 IGT 方程的推演

为了研究 GDP 增长或降低过程中环境负荷的变化,必须对公式(4)进行必要的推演。

现设基准年的环境负荷 I_0 为:
$$I_0 = G_0 \times T_0 \tag{5a}$$
式中,G_0、T_0 分别为基准年的 GDP 和单位 GDP 的环境负荷。

基准年后第 n 年的环境负荷 I_n 为:
$$I_n = G_n \times T_n \tag{5b}$$
因
$$G_n = G_0 \times (1 + g)^n, \quad T_n = T_0 \times (1 - t)^n$$

式中，g 为从基准年到其后第 n 年 GDP 的年均增长率（增长时，g 为正值；下降时，g 为负值）；t 为同期内单位 GDP 环境负荷的年均下降率（下降时 t 为正值；升高时，t 为负值），故将以上二式代入式（5b），可得：

$$I_n = G_0 \times T_0 \times [(1 + g) \times (1 - t)]^n \tag{6a}$$

若 $n=1$，则式（6a）简化为：

$$I_1 = G_0 \times T_0 \times (1 + g) \times (1 - t) \tag{6b}$$

式（6a）、式（6b）分别是在已知 G_0、T_0 及 g、t、n 等参数的情况下，计算基准年后第 n 年、第 1 年环境负荷的计算式。

又因环境负荷的年增长量为 $(I_1 - I_0)$，而其年增长率 (k_r) 为：

$$k_r = \frac{I_1 - I_0}{I_0} = \frac{I_1}{I_0} - 1$$

将式（5a）及式（6b）同时代入上式：

$$k_r = \frac{G_0 \times T_0 \times (1 + g) \times (1 - t)}{G_0 \times T_0} - 1$$

化简后：

$$k_r = (1 + g) \times (1 - t) - 1 \tag{7}$$

式（7）是在已知 g、t 两个参数的情况下，计算环境负荷年增长率的计算式。由式（6a）、式（6b）可见：

（1）若

$$(1 + g) \times (1 - t) > 1 \tag{8a}$$

则环境负荷必逐年上升；

（2）若

$$(1 + g) \times (1 - t) = 1 \tag{8b}$$

则环境负荷必保持不变，与基准年持平；

（3）若

$$(1 + g) \times (1 - t) < 1 \tag{8c}$$

则环境负荷必逐年下降。

公式（8b）是在经济增长或下降过程中，环境负荷保持不变的临界条件。从中可得 t 的临界值 t_k[14-18]：

$$t_k = \frac{g}{1 + g} \tag{9}$$

式中，t_k 为单位 GDP 环境负荷年下降率 t 的临界值，即 t_k 是衡量环境负荷上升、不变或下降的判据。若 $t < t_k$，则环境负荷必逐年上升；若 $t = t_k$，则环境负荷必保持不变；若 $t > t_k$，则环境负荷必逐年下降。

由公式（9）可见，在 g 为正值时，t_k 值略小于 g 值；在 g 为负值时，$|t_k|$ 值略大于 $|g|$ 值（见表1）。

公式（9）是研究资源消耗量与 GDP 脱钩问题的重要基础。

表 1　$t_k = g/(1 + g)$ 的计算式[14-18]

g	−0.10	−0.08	−0.06	−0.04	−0.02	0.00	0.02	0.04	0.06	0.08	0.10
t_k	−0.1111	−0.0870	−0.0638	−0.0417	−0.0204	0.0000	0.0196	0.0385	0.0566	0.0741	0.0909

2.3 资源脱钩指数及脱钩程度

本文第 2.2 节已说明,在 GDP 增长或降低的过程中,资源消耗量保持不变的条件是 $t=t_k$;若 $t<t_k$,则资源消耗量逐年增大,反之则逐年减少。可见,t/t_k 是研究资源消耗量与 GDP 脱钩问题的关键变量。

因此,把它定义为资源脱钩指数(D_r):

$$D_r = \frac{t}{t_k} \tag{10}$$

式中,D_r 为资源脱钩指数。

将式(9)代入式(10):

$$D_r = \frac{t}{g} \times (1+g) \tag{11}$$

式(11)是资源脱钩指数的最终表达式。

按 D_r 值的大小,可将资源消耗与 GDP 的脱钩程度分为 3 个等级:绝对脱钩、相对脱钩和未脱钩,见表 2。

表 2　不同脱钩状态下的 D_r 值

类　别	经济增长情况下	经济下降情况下
绝对脱钩	$D_r \geq 1$	$D_r \leq 0$
相对脱钩	$0<D_r<1$	$0<D_r<1$
未脱钩	$D_r \leq 0$	$D_r \geq 1$

现以式(7)、式(9)和式(10)为依据对资源脱钩程度进一步说明如下。

(1) GDP 增长情况下。

1)在 $D_r \geq 1$ 区间。当 $D_r=1$ 时,$t=t_k$,$k_r=0$,资源消耗与基准年持平,这时,资源已开始与 GDP 脱钩了;当 $D_r>1$ 时,$t>t_k$,$k_r<0$,资源消耗比基准年少,而且 D_r 值越大,资源消耗越少。因此,这是资源与 GDP 绝对脱钩区。

2)在 $0<D_r<1$ 区间。在此区间,$0<t<t_k$,$0<k_r<g$,资源消耗比基准年大,而且 D_r 值越小,资源消耗的增速越大,但它的增长率不会超过 GDP 的增长率。可见,在这个区间,资源消耗与 GDP 并未完全脱钩。因此,这是资源与 GDP 相对脱钩区。

3)在 $D_r \leq 0$ 区间。当 $D_r=0$ 时,$t=0$,$k_r=g$,资源消耗与 GDP 同步增长;当 $D_r<0$ 时,$t<0$,$k_r>g$,资源消耗比 GDP 增长得更快。在这种情况下,脱钩问题无从谈起。因此,这是资源与 GDP 未脱钩区。

(2) GDP 降低情况下。用上述同样的方法,可以得到如下结论:

1)在 $D_r \geq 1$ 区间是未脱钩区;

2)在 $0<D_r<1$ 区间是相对脱钩区;

3)在 $D_r \leq 0$ 区间是绝对脱钩区。

可见,在 GDP 降低情况下,资源脱钩程度的划分与 GDP 增长情况正好相反。

3　排放脱钩指数的研究——I_eGTX 方程及其推演

3.1　I_eGTX 方程

为了研究废物排放量与 GDP 脱钩问题,必须将 IGT 方程修改为 I_eGTX 方程[18-19]:

$$I_e = G \times T \times X \tag{12}$$

式中，I_e 为废物排放量；G 为 GDP；T 为单位 GDP 废物产生量；X 为废物排放率，它等于：

$$废物排放率 = \frac{废物排放量}{废物生产量}$$

其值在 0~1 之间。式（12）可用于计算各种废物排放量，例如：

$$SO_2 排放量 = GDP \times \frac{SO_2 产生量}{GDP} \times \frac{SO_2 排放量}{SO_2 生产量}$$

3.2 I_e GTX 方程的推演

现设基准年的废物排放量 I_{e0} 为：

$$I_{e0} = G_0 \times T_0 \times X_0 \tag{13a}$$

式中，X_0 为基准年的废物排放率。

基准年后第 n 年的废物排放量 I_{en} 为：

$$I_{en} = G_n \times T_n \times X_n \tag{13b}$$

但因

$$G_n = G_0 \times (1+g)^n, \quad T_n = T_0 \times (1-t)^n, \quad X_n = X_0 \times (1-x)^n$$

式中，t 在此处特指单位 GDP 废物产生量的年均下降率；X 为从基准年到其后第 n 年废物排放率的年均下降率。将以上三式代入式（13b），则得：

$$I_{en} = G_0 \times T_0 \times X_0 \times [(1+g) \times (1-t) \times (1-x)]^n \tag{14a}$$

若 $n=1$，则上式变为：

$$I_{e1} = G_0 \times T_0 \times X_0 \times (1+g) \times (1-t) \times (1-x) \tag{14b}$$

再令

$$(1-t) \times (1-x) = 1 - t_e$$

即

$$t_e = 1 - (1-t) \times (1-x) \quad 或 \quad t_e = x + t + xt \tag{15}$$

式中，t_e 为单位 GDP 废物排放量的年均下降率（下降时 t_e 为正值，上升时 t_e 为负值）。在末端治理较为完善的情况下，t_e 值会比 t 值大得多。

将式（15）分别代入式（14a）和式（14b）：

$$I_{en} = G_0 \times T_0 \times X_0 \times [(1+g) \times (1-t_e)]^n \tag{16a}$$

$$I_{e1} = G_0 \times T_0 \times X_0 \times (1+g) \times (1-t_e) \tag{16b}$$

式（16a）、式（16b）分别是在已知 G_0、T_0、X_0 及 g、t_e、n 等参数的情况下，计算基准年后第 n 年、第 1 年废物排放量的计算式。

又因废物排放量的年增长量为 $(I_{e1}-I_{e0})$，故其年增长率 k_e 为：

$$k_e = \frac{I_{e1} - I_{e0}}{I_{e0}} = \frac{I_{e1}}{I_{e0}} - 1$$

将式（13a）及式（16b）同时代入上式：

$$k_e = \frac{G_0 \times T_0 \times X_0 \times (1+g) \times (1-t_e)}{G_0 \times T_0 \times X_0} - 1$$

化简后：

$$k_e = (1+g) \times (1-t_e) - 1 \tag{17}$$

式（17）是已知 g、t_e 两个参数的情况下，计算废物排放量年增长率的计算式。

更重要的是，由式（16a）、式（16b）可见：

（1）若

$$(1 + g) \times (1 - t_e) > 1 \qquad (18a)$$

则废物排放量必逐年上升；

（2）若

$$(1 + g) \times (1 - t_e) = 1 \qquad (18b)$$

则废物排放量必保持不变，与基准年持平；

（3）若

$$(1 + g) \times (1 - t_e) < 1 \qquad (18c)$$

则废物排放量必逐年下降。

式（18b）是在经济增长或下降过程中，废物排放量保持不变的临界条件。从中可导得 t_e 的临界值 t_{ek}[18-19]：

$$t_{ek} = \frac{g}{1 + g} \qquad (19)$$

式中，t_{ek} 为单位 GDP 废物排放量年下降率 t_e 的临界值。换言之，t_{ek} 是判定废物排放量上升、不变或下降的判据。若 $t_e < t_{ek}$，则废物排放量必逐年上升；若 $t_e = t_{ek}$，则废物排放量必保持不变；若 $t_e > t_{ek}$，则废物排放量必逐年下降。

由式（19）可见，t_{ek} 的计算式与 t_k 的计算式即式（9）完全相同。因此，表 1 也适用于 t_{ek}。式（19）是研究废物排放量与 GDP 脱钩问题的重要基础。

3.3 排放脱钩指数及脱钩程度

本文第 3.2 节已说明，在 GDP 增长或降低的过程中，废物排放量保持不变的条件是 $t_e = t_{ek}$；若 $t_e < t_{ek}$，则废物排放量逐年增大，反之逐年减少。可见，t_e / t_{ek} 是研究废物排放量与 GDP 脱钩问题的关键变量。因此，把它定义为排放脱钩指数：

$$D_e = \frac{t_e}{t_{ek}} \qquad (20)$$

式中，D_e 为排放脱钩指数。

将式（19）代入式（20）：

$$D_e = \frac{t_e}{g} \times (1 + g) \qquad (21)$$

式（21）是排放脱钩指数的最终表达式。

由于式（11）和式（21）的形式完全相同，只需把式（11）中的 t 改为 t_e 即可。所以，根据 D_e 值对排放脱钩程度的分析结果与根据 D_r 值对资源脱钩程度的分析结果完全相同。

4 脱钩曲线图

4.1 资源脱钩曲线图

图 1 是一张简化的资源脱钩曲线图，其中纵坐标是 D_r 值，原点以上为正，以下为负；横坐标是 g 值，原点右侧为正，左侧为负。图中各条曲线是按公式（11）的计算

值（即 D_r 值）绘制出来的。每一条曲线上都标明了 t 值；单位 GDP 资源消耗量逐年下降时 t 值为正，反之为负。

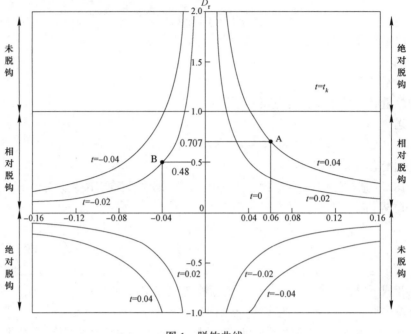

图 1　脱钩曲线

在横坐标的各点上，都是 $t=0$（参见式（11）），即资源消耗量与 GDP 同步增大或减少。此外，在 $D_r=1$ 水平线的各点上，都是 $t=t_k$，即资源消耗量与基准年持平。根据表 2 可知，在图的右半部分，即第一、第四象限内，$D_r \geq 1$ 的区域为绝对脱钩区，$0 < D_r < 1$ 的区域为相对脱钩区，$D_r \leq 0$ 的区域为未脱钩区，图的左半部分则正好相反。

一个国家或地区，某年某种资源与 GDP 脱钩的状况，在这张曲线图上是一个点，通过该点所在的位置可以判断资源脱钩情况。例如，与图上的 A 点对应的参数有：$D_r=0.707$，$g=0.06$，及 $t=0.04$；而与 B 点对应的有：$D_r=0.48$，$g=-0.04$，及 $t=-0.02$，两点均处于相对脱钩区。

4.2　排放脱钩曲线图

由于式（11）与式（21）的数学结构完全相同，因此图 1 可以一图两用；只要把图 1 纵坐标上的 D_r 改为 D_e，各条曲线上的 t 改为 t_e，它就是一张排放脱钩曲线图了。

5　两国实例

本节以中国和美国 2000~2007 年间的能源消耗和 SO_2 排放为例，说明脱钩曲线图的使用方法，以及这两个国家在这方面的情况及对比。

5.1　数据收集

本文采用的基础数据为中国和美国在 2000~2007 年间的 GDP、能源消耗量和 SO_2 排放量的数据，见表 3。

表 3　中国、美国 2000~2007 年的 GDP、能源消耗和 SO₂ 排放

年　份	GDP/×10⁸美元 (2000 年不变价)		能源消耗量 /×10⁸t 油当量		SO₂ 排放量 /×10⁴t	
	中国[21]	美国[21]	中国[22]	美国[22]	中国[23]	美国[24]
2000	11985	97648	967	2310	1995	1635
2001	12980	98389	1001	2255	1948	1593
2002	14161	99976	1058	2289	1927	1477
2003	15577	102498	1229	2297	2159	1480
2004	17150	106239	1429	2342	2255	1482
2005	18934	109367	1572	2343	2549	1484
2006	21130	112406	1723	2323	2589	1366
2007	23877	114680	1863	2360	2468	1301

5.2　中美两国的能源消耗和 SO₂ 排放脱钩情况

根据表 3 中的 GDP 数据和能源消耗量数据，计算中美两国 2000~2007 年间各年份的 g 值和 t 值，然后在能源脱钩曲线图上确定中美两国各年的坐标位置（见图 2）所示。如中国 2001 年的 $g=0.083$，$t=0.045$，在脱钩曲线图上的坐标点是点 1。最终就找到与此坐标点对应的脱钩指数为 $D_r=0.585$。在图 2 上 2001~2007 年中美两国的能源消耗与 GDP 脱钩情况一目了然。在这 7 年期间，中国于 2003 年和 2004 两年处于未脱钩区，其余 5 年处于相对脱钩区；美国在 2001 年和 2006 两年处于绝对脱钩区，其余 5 年均处于相对脱钩区。

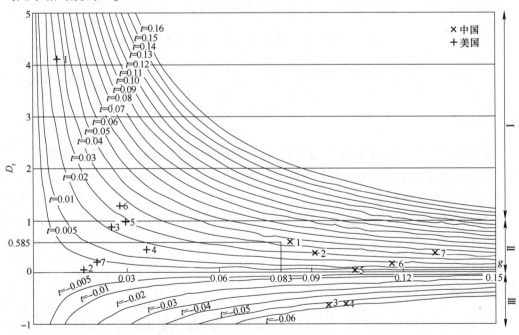

图 2　中国、美国 2001~2007 年的能源消耗与 GDP 脱钩曲线

（（1）区域 I：绝对脱钩区；区域 II：相对脱钩区；区域 III：未脱钩区；（2）数字 1~7 依次代表
年份 2001、2002、2003、2004、2005、2006、2007）

此外，根据表3中的GDP数据和SO_2排放量数据，计算中美两国2000~2007年间各年份的g值和t_e值，然后按照上述方法，在排放脱钩曲线图上确定中国和美国各年的坐标点，如图3所示。由图3可见，中国在2001年、2002年和2007年处于绝对脱钩区，在2004年和2006年处于相对脱钩区，在2003年和2005年处于未脱钩区；美国在2001~2002和2006~2007年处于绝对脱钩区，2003~2005年处于相对脱钩区。

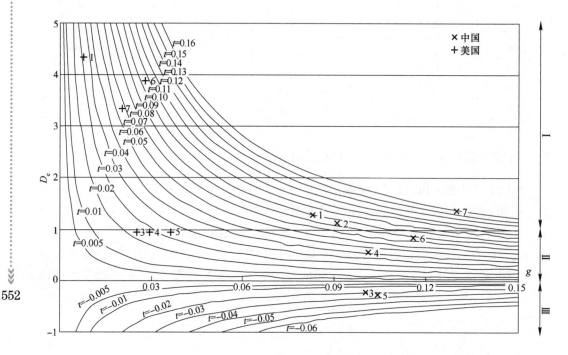

图3 中国、美国2001~2007年的SO_2排放与GDP脱钩曲线

（（1）区域Ⅰ：绝对脱钩区，区域Ⅱ：相对脱钩区，区域Ⅲ：未脱钩区；（2）数字1~7依次代表年份2001、2002、2003、2004、2005、2006、2007；（3）由于图中空间所限，美国2002年的坐标点（0.016，5.51）没能标出）

5.3 讨论

总体来看，中国的能源脱钩指数和SO_2排放脱钩指数均低于美国，主要原因是中国正处于工业化时期，GDP的年增长率很高，$g>0.08$，而美国是后工业化，近年来的GDP年增长率较低，$g<0.04$。g值越大，t（k或t_{ek}）值越大，即越不容易使资源消耗和废物排放与GDP脱钩。一般而言，经济快速增长的国家，是很难达到较高的脱钩指数的。总之，在比较和评价各国的脱钩指数时，一定要与经济增长速度联系起来考虑。

6 结束语

本文以IPAT方程为起点，导出了资源脱钩指数和排放脱钩指数，绘制了资源脱钩曲线图和排放脱钩曲线图，成功地用于国家级实例分析，相信对于脱钩问题的研究会有所帮助，也希望能够得到同行的关注。

参 考 文 献

[1] UNEP. Exploring Elements for a Workplan (2008～2010): Background papers for the meeting of the international panel for sustainable resource management [R]. Budapest, Hungary, Hungarian Ministry of Environment & Water Building, 2007.

[2] VAN der V E, VAN O L, MOLL S, et al. Policy review on decoupling: Development of indicators to assess decoupling of economic development and environmental pressure in the EU-25 and AC-3 countries [R]. CML report 166, Leiden: Institute of Environmental Sciences (CML), Leiden: Leiden University, Department Industrial Ecology, 2005.

[3] FRIEDRICH S B, RAINER K. Wieviel Umwelt Braucht Der Mensch? MIPS, Das Mass Fuer Oekologisches Wirtschaften [M]. Basel, Boston: Berlin, 1993.

[4] WEIZSÄCKER E U V, LOVINS A B, LOVINS L H. Factor Four. Doubling Wealth - Halving Resource Use [M]. London: Earthscan, 1997.

[5] OECD. Indicators to measure decoupling of environmental pressure from economic growth [R]. Paris: OECD, 2002.

[6] WEI J, ZHOU J, TIAN J, et al. Decoupling soil erosion and human activities on the Chinese Loess Plateau in the 20th century [J]. Catena, 2006, 68 (1): 10-15.

[7] KOVANDA J, HAK T. What are the possibilities for graphical presentation of decoupling? An example of economy-wide material flow indicators in the Czech Republic [J]. Ecological Indicators, 2007, 7 (1): 123-132.

[8] TACHIBANA J, HIROTA K, GOTO N, et al. A method for regional-scale material flow and decoupling analysis: A demonstration case study of Aichi prefecture, Japan [J]. Resources, Conservation and Recycling, 2008, 52 (12): 1382-1390.

[9] TAPIO P. Towards a theory of decoupling: Degrees of decoupling in the EU and the case of road traffic in Finland between 1970 and 2001 [J]. Transport Policy, 2005, 12 (2): 137-151.

[10] TAPIO P, BANISTER D, LUUKKANEN J, et al. Energy and transport in comparison: Immaterialisation, dematerialisation and decarbonisation in the EU15 between 1970 and 2000 [J]. Energy Policy, 2007, 35 (1): 433-451.

[11] 赵一平, 孙启宏, 段宁. 中国经济发展与能源消费响应关系研究 ——基于相对脱钩与"复钩"理论的实证研究 [J]. 科研管理, 2006, 27 (3): 128-133.

[12] 陈百明, 杜红亮. 试论耕地占用与 GDP 增长的脱钩研究 [J]. 资源科学, 2006, 28 (5): 36-42.

[13] 杨克, 陈百明, 宋伟. 河北省耕地占用与 GDP 增长的脱钩分析 [J]. 资源科学, 2009, 31 (11): 1940-1946.

[14] 陆钟武, 毛建素. 穿越 "环境高山"——论经济增长过程中环境负荷的上升和下降 [J]. 中国工程科学, 2003, 5 (12): 36-42.

[15] 陆钟武. 以控制资源消耗量为突破口做好环境保护规划 [J]. 环境科学研究, 2005, 18 (6): 1-6.

[16] 陆钟武. 经济增长与环境负荷之间的定量关系 [J]. 环境保护, 2007 (7): 13-18.

[17] 陆钟武. 穿越 "环境高山"——工业生态学研究 [M]. 北京: 科学出版社, 2008.

[18] 陆钟武. 工业生态学基础 [M]. 北京: 科学出版社, 2009.

[19] 陆钟武, 岳强. I_eGTX 方程与 I_eGT_e 方程: 我国经济增长过程中 SO_2 和 COD 排放分析 [J]. 环境科学研究, 2010, 23 (9): 1101-1107.

[20] COMMONER B. The environmental cost of economic growth [A]//In: R. G. Ridker (Edited). Population, Resources and the Environment [C]//Washington DC: U. S. Government Printing

Office, 1972.

[21] World Bank. World Development Indicators 2010 [EB/OL]. (2010-08-31). http：//data. worldbank. org/data- catalog.

[22] BP. Statistical Review of World Energy [EB/OL]. (2010-08-31). http：//www. bp. com/statisticalreview.

[23] 国家统计局. 中国统计年鉴 2009 [M]. 北京：中国统计出版社，2009.

[24] U. S. Environmental Protection Agency. National Emissions Inventory (NEI), Air Pollution Emissions Trends Data [EB/OL]. (2009-06-09)/(2010-08-31). http：// www. epa. gov/ttnchie1/trends/.

附录1 关于 OECD 的脱钩因子 (D_f) 的讨论

1 脱钩因子 (D_f) 的含义

（1）在研究资源脱钩问题时，D_f 的含义与本文中的单位 GDP 资源消耗量的年下降率 t 相同。因为：

$$t = \frac{T_0 - T_n}{T_0} \tag{1'}$$

式中，T_0、T_n 分别为基础年和其后第 n 年的单位 GDP 资源消耗量，它们分别等于：

$$T_0 = \frac{I_0}{G_0} \tag{2a'}$$

$$T_n = \frac{I_n}{G_n} \tag{2b'}$$

式中，I_0、I_n 分别为基础年和其后第 n 年的资源消耗量；G_0、G_n 分别为基础年和其后第 n 年的 GDP。

将式（2a'）、式（2b'）代入式（1'），化简后

得：

$$t = 1 - \frac{I_n/G_n}{I_0/G_0} \tag{3'}$$

如果把 I_0、I_n 分别解读为始端年和末端年的环境压力（environmental pressure），而把 G_0、G_n 分别解读为这两年的驱动力（driving force），那么 t（见式（3'））与 D_f（见式（1））二者的含义就完全相同了，因此有：

$$D_f = t \tag{4'}$$

（2）在研究废物排放脱钩问题时，D_f 的含义与本文中的单位 GDP 废物排放量的年下降率 t_e 相同。这是因为用上述同样的方法可导出：

$$t_e = 1 - \frac{I_{en}/G_n}{I_{e0}/G_0} \tag{5'}$$

式中，t_e 为单位 GDP 废物排放量的年均下降率；I_{e0}、I_{en} 分别为基础年和其后第 n 年的废物排放量。

如果把 I_{e0}、I_{en} 分别解读为始端年和末端年的环境压力，把 G_0、G_n 分别解读为这

554

两年的驱动力，那么 t_e（见式（5′））与 D_f（见式（1））二者的含义就完全相同了，即：

$$D_f = t_e \qquad (6')$$

2 D_f 与本文中的脱钩指数之间的关系

（1）D_f 与资源脱钩指数 D_r 之间的关系。本文中的资源脱钩指数 $D_r = \dfrac{t}{g} \times (1 + g)$，见式（11），但因 $D_f = t$（见式（4′））。

所以

$$D_r = \frac{t_f}{g} \times (1 + g) \qquad (7')$$

式（7′）是脱钩因子 D_f 与资源脱钩指数 D_r 之间的关系式。

此时，在 D_f 的计算式中的 $(EP/DF)_{始端年}$ 和 $(EP/DF)_{末端年}$ 分别是始端年和末端年的资源消耗量与 GDP 之比。

（2）D_f 与排放脱钩指数 D_e 之间的关系。同理，在研究排放脱钩问题时，D_f 与文中的排放脱钩指数 D_e 之间的关系式为：

$$D_e = \frac{t_f}{g} \times (1 + g) \qquad (8')$$

此时，在 D_f 的计算式中的 $(EP/DF)_{始端年}$ 和 $(EP/DF)_{末端年}$ 分别是这两年的废物排放量与 GDP 之比。

附录 2 关于 Tapio 的弹性系数 (E) 的讨论

1 资源弹性系数

资源弹性系数是指资源消耗的年增长率与 GDP 年增长率之比。

因此，参照式（7），资源弹性系数 (E) 等于：

$$E = \frac{(1 + g) \times (1 - t) - 1}{g} \qquad (9')$$

化简后得：

$$E = 1 - \frac{t}{g} \times (1 + g) \qquad (10')$$

移项后得：

$$1 - E = \frac{t}{g} \times (1 + g) \qquad (11')$$

因上式中等号右侧就是本文中资源脱钩指数的表达式，见式（11），故：

$$1 - E = D_r \qquad (12')$$

此时，弹性系数计算式中的分子是资源消耗量年增长率，分母是 GDP 年增长率。

式（12′）是资源弹性系数 E 与本文中资源脱钩指数 D_r 之间的关系式。

2 排放弹性系数

排放弹性系数是指废物排放量的年增长率与 GDP 年增长率之比。

同理排放弹性系数 E 与排放脱钩指数 D_e 之间的关系式为：

$$1 - E = D_e \qquad\qquad (13')$$

不过，此时的弹性系数计算式中的分子是废物排放量年增长率，而分母仍是 GDP 年增长率。

中国 1998~2008 年资源消耗与经济增长的脱钩分析*

摘　要　摆脱经济增长对资源消耗的拉动，使资源消耗与经济增长"脱钩"，是从源头上提高环境质量的治本之策。本文采用总物流分析方法对中国 1998~2008 年间的生物质、金属矿物质、非金属矿物质和化石燃料资源的国内消耗量指标进行核算，并应用资源脱钩指数（D_r）和脱钩曲线图对我国资源消耗与经济增长的脱钩情况进行分析。研究结果表明：在此期间，我国只在 2000 年实现了资源消耗总量与 GDP 的绝对脱钩，在 2003 年和 2006 年未能实现二者的脱钩，在其他 7 个年份则实现了二者的相对脱钩；在这四类资源中，生物质资源的脱钩指数一直处于较高水平，而金属矿物质、非金属矿物质和化石燃料资源的脱钩指数则处于较低水平。主要原因是我国正处在工业化进程中，基础设施建设和重工业的大力发展对这三类资源的消耗较大。所以，在制定脱钩政策时，应该将重心放在这三类资源上。在制定经济和环境规划时，应注意参照脱钩指数（D_r）的表达式将 GDP 年增长率指标和单位 GDP 资源消耗量的年下降率指标进行合理匹配，以控制资源消耗的过快增长。

关键词　脱钩分析　资源脱钩指数　脱钩曲线图　资源消耗　经济增长　GDP

1　引言

改革开放以来，我国经济持续高速增长，取得了举世瞩目的成就，仅在 1998~2008 年的 10 年间，我国的 GDP 就从 8.5 万亿元增长到了 3 万亿元（2000 年价格），年均增长率超过 10%[1]；与此同时，资源和能源消耗也跟随 GDP 快速增长，例如，能源消耗从 1998 年的 14 亿吨（实物量）增长到了 2008 年的 33 亿吨，年均增长近 9%[2]。不难看出，我国经济的高速增长并没有摆脱对资源消耗的依赖，而这些被消耗的资源终将以废物的形式返还到自然环境中，影响环境的质量。所以要从根本上提高环境质量，应该重点控制资源消耗的过快增长[3]，使其与经济增长"脱钩"，即打破经济增长与资源消耗之间的联系[4]。"十二五"时期是我国转变经济发展方式的关键时期，在国家《"十二五"规划纲要》中已经将建设资源节约型、环境友好型社会列为加快转变经济发展方式的重要着力点[5]。因此，在现阶段急需对我国过去的资源消耗与经济增长的脱钩情况进行全面盘点，为我国制定有关的资源和环境政策提供借鉴和参考。

近年来，资源消耗与经济增长的脱钩问题引起了国内外学者越来越多的关注。早在 20 世纪 90 年代，德国 Wuppertal 研究所的 Weizsaecker 就对全球提出了资源消耗与经济增长的脱钩目标——"四倍数革命"[6]，即要在 2050 年前用当前一半的资源消耗创造出双倍的财富，这里的"四倍数"含义就是使资源生产率提高四倍；Schmidt-Bleek 则针对西方发达国家提出了更高的脱钩目标——"十倍数革命"[7]，即在 2050 年前将发达国家的资源生产率提高 10 倍，以大幅降低其资源消耗量，使其与经济脱钩。进入 21 世纪，资源消耗与经济增长的脱钩问题开始成为大家关注的热点，其中，Kovanda

---

　　* 本文合作者：王鹤鸣、岳强。原发表于《资源科学》，2011。

等对欧盟主要国家 1990~2002 年的资源消耗与 GDP 的脱钩情况进行了分析和对比[8]，Tachibana 等对日本爱知县 1981~2002 年的资源消耗与 GDP 的脱钩情况进行实例研究[9]。最近几年，国内学者分别从国家层面和地方层面对我国资源与经济的脱钩问题展开了广泛的研究，在国家层面，主要包括经济增长与耕地占用[10]、能源消费[11-12]、二氧化碳排放[12-13]和二氧化硫排放[14]的脱钩分析；在地方层面的脱钩分析主要包括河北省的耕地占用[15]、山东省菏泽市的工业用水量以及工业废水排放量[16]、吉林省的资源直接投入量和废物排放量[17]与经济增长间脱钩分析。

　　本研究历时 2 年，将经济系统的总物流分析方法与脱钩分析方法相结合，对我国总体资源消耗与经济增长的脱钩问题展开研究。首先，应用经济系统的总物流分析方法对我国 1998~2008 年间的上千种物质的国内开采和进出口数据进行整合，得到中国四大类资源（生物质、金属、非金属和化石燃料）的国内消耗量（DMC）指标；然后，采用陆钟武教授提出的资源脱钩指数[14]和脱钩曲线图[14]对我国资源消耗与经济增长的脱钩情况进行分析和讨论，为基于脱钩理论制定我国资源和环境政策提供参考。

2　研究方法

2.1　总物流分析方法

　　在宏观层面上，总物流分析工作的主要内容，是在统计资料的基础上，全面盘点一个国家（或地区）某一年内各种资源的投入量和它们在各方面的支出量[18]。通过总物流分析，可摸清一个国家资源消耗和废物排放情况，为决策者制定相关的资源和环境政策提供参考。目前，日本和欧盟的主要国家都制定了关于总物流分析的相关规范和指南[19-21]，并且每年都官方公布其总物流数据，方便各国间进行对比研究；中国虽然对总物流分析研究较早[22-24]，但由于统计资料不全以及缺乏统一规范的统计方法，尚未在政府部门开展总物流分析工作，并公布中国的总物流数据。

　　图 1 是一个国家的总物流分析模型[18]。模型的左侧是投入到社会经济系统的资源量，包括：进口资源量、国内资源量和再生资源使用量；模型的右侧是社会经济系统的产出项，包括：出口资源量、国内消费排放、国内库存净增量、污染物排放量和再生资源回收量。通过图 1 所示的总物流模型，就可以盘点一个国家的物质投入和产出情况。

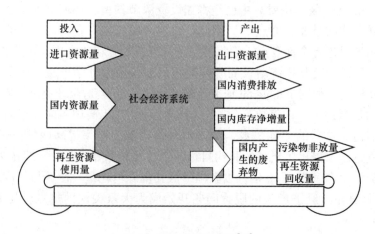

图 1　总物流分析模型[18]

由于本研究只分析中国的资源消耗量与经济增长的脱钩情况，所以只需针对我国的国内消耗量（domestic material consumption，DMC）指标进行数据收集工作。

$$国内消耗量 = 国内资源量 + 进口资源量 - 出口资源量 \tag{1}$$

公式（1）是国内消耗量（DMC）的计算公式，要得到 DMC，必须先获得国内资源量、进口资源量和出口资源量的数据。

2.2 脱钩理论及其评价方法

2.2.1 脱钩的定义和分类

脱钩，即打破经济增长与环境负荷之间的联系[4]，当涉及资源消耗问题时，脱钩即为打破经济增长与资源消耗之间的联系。可以将脱钩情况分为三类：绝对脱钩，相对脱钩和未脱钩。需要注意的是，在经济增长和经济下降两种情况下，三类脱钩的定义并不相同。如图 2 所示，在经济增长情况下，当资源消耗保持不变或下降时称之为"绝对脱钩"；当资源消耗也跟随 GDP 一起增长，但增速低于 GDP 的增速时称之为"相对脱钩"；当资源消耗的增速与 GDP 保持一致或超过 GDP 的增速时称之为"未脱钩"。在经济下降情况下，当资源消耗也跟随 GDP 一起下降，并且其降速等于或高于 GDP 的降速时称之为"绝对脱钩"；当资源消耗的降速低于 GDP 的降速时称之为"相对脱钩"；当资源消耗增长或保持不变时称之为"未脱钩"。

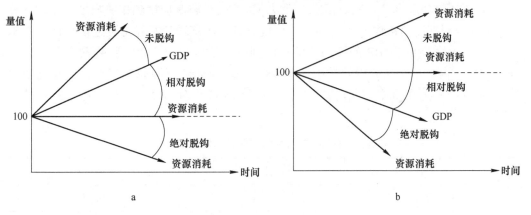

图 2　资源消耗与经济增长的脱钩类别

a—经济增长情况下；b—经济下降情况下

2.2.2 脱钩指数

在明确脱钩的定义和类别后，要准确评价一个国家或地区的脱钩情况，还需要确立科学可行的脱钩评价指标或脱钩指数。目前已有的脱钩指数主要有三类，第一类是 OECD 组织提出的脱钩因子[4]，即：

$$D_{\mathrm{f}} = 1 - \frac{(EP/DF)_{末端年}}{(EP/DF)_{始端年}} \tag{2}$$

式中，D_{f} 为脱钩因子（decoupling factor）；EP 为环境压力指标（environmental pressure），可以用资源消耗量或废物排放量来表示；DF 为驱动力指标（driving force），可以用 GDP 来表示。该指标自 2002 年被提出以来，已经得到较广泛的应用[8-9,25]，但根据最新的研究发现，OECD 组织所提出的脱钩因子的真正含义是"单位 GDP 环境负荷（资源消耗或废物排放量）的年下降率"，并不能根据这一指标来准确判定脱钩的程度和类别[14]。第二类脱钩指数是 Tapio 针对交通容量与 GDP 的脱钩问题提出的弹性系数[26]，即：

$$E = \frac{\Delta VOL}{\Delta GDP} \tag{3}$$

式中，E 为弹性系数（coefficient of elasticity）；ΔVOL 为交通容量的变化率，%；ΔGDP 为 GDP 的变化率，%。

根据弹性系数值，可以将脱钩状态进行更为详细的分类，近年来该方法在国内的土地、能源和碳排放领域得到了较多的应用[10-11,13]，但由于该方法对于脱钩类别的划分过于精细，反而可能导致混乱[27]。第三类脱钩指数，即本研究采用的脱钩指数，是陆钟武教授从 IPAT 方程出发，基于资源消耗与经济增长之间的定量关系表达式——IGT 方程[18,28-29]最新提出的资源脱钩指数（decoupling indicators for resource consumption，D_r）[14]，表达式为：

$$D_r = \frac{t}{g} \times (1 + g) \tag{4}$$

式中，g 为一定时期内 GDP 的年增长率（增长时，g 为正值；下降时，g 为负值）；t 为同期内单位 GDP 资源消耗的年下降率（下降时 t 为正值；升高时，t 为负值）。

由于该脱钩指数表达式与国家和地方规划中常用的指标（GDP 年增长率指标和单位 GDP 资源消耗量指标）密切相连，所以可以方便地将其应用到相关规划指标的计算中；此外，根据脱钩指数（D_r）的大小可以分别从经济增长和经济衰退两种情况准确适当地对资源消耗与 GDP 的脱钩程度加以划分：绝对脱钩、相对脱钩和未脱钩，如表 1 所示。由于本研究分析的是中国 1998～2008 年间的资源脱钩情况，而在此期间中国的 GDP 一直处于快速增长状态，所以下面只针对 GDP 增长情况对表 1 进行说明。

表 1　D_r 值与不同脱钩类别的对应关系[14]

类　别	经济增长情况下	经济下降情况下
绝对脱钩	$D_r \geq 1$	$D_r \leq 0$
相对脱钩	$0 < D_r < 1$	$0 < D_r < 1$
未脱钩	$D_r \leq 0$	$D_r \geq 1$

在 $D_r \geq 1$ 区间。当 $D_r = 1$ 时，资源消耗保持不变，并开始与 GDP 脱钩；当 $D_r > 1$ 时，资源消耗相对于基准年开始下降，而且 D_r 值越大，同等条件下资源消耗下降的速度越快。根据脱钩的定义和分类标准，可以判定这是资源与 GDP 的绝对脱钩区。

在 $0 < D_r < 1$ 区间。在此区间，资源消耗相对于基准年有所增加，而且 D_r 值越小，同等条件下资源消耗的增速越大，但它的增速不会超过 GDP 的增速。可见，在这个区间，资源消耗与 GDP 并未完全脱钩，根据脱钩的定义和分类标准，可以判定这是资源与 GDP 的相对脱钩区。

在 $D_r \leq 0$ 区间。当 $D_r = 0$ 时，资源消耗与 GDP 同步增长；当 $D_r < 0$ 时，资源消耗比 GDP 增长得更快。在这种情况下，脱钩问题无从谈起。根据脱钩的定义和分类标准，这是资源与 GDP 的未脱钩区。

2.2.3 脱钩曲线图

图 3 为文献［14］中给出的资源脱钩曲线图，其中纵坐标是 D_r 值，横坐标是 g 值。图中各条曲线是按式（4）的计算值（即 D_r 值）绘制出来的，并且在每一条曲线上都标明了 t 值。在横坐标上的各点，$t=0$，代表资源消耗量与 GDP 同步增大或减小；在 $D_r=1$ 水平线上的各点，代表资源消耗量与基准年持平。根据表 1 可知，在图的右半部分（经济增长区），即第一、四象限内，$D_r \geqslant 1$ 的区域为绝对脱钩区，$0 < D_r < 1$ 的区域为相对脱钩区，$D_r \leqslant 0$ 的区域为未脱钩区，图的左半部分（经济下降区）则正好相反。

可以用脱钩曲线图上的一个点或多个点来代表某段时间内一个或多个国家（或地区）的资源与 GDP 的脱钩状况，进而通过该点所在的位置判断脱钩的类别，还可以分析该点所代表的脱钩指数、GDP 年增长率指标和单位 GDP 资源消耗年下降率指标。例如，图 3 中点 A 对应的参数为：脱钩指数（D_r）= 0.707，GDP 年增长率（g）= 0.06 及单位 GDP 资源消耗年下降率（t）= 0.04，进而可以判定该点处于相对脱钩区。

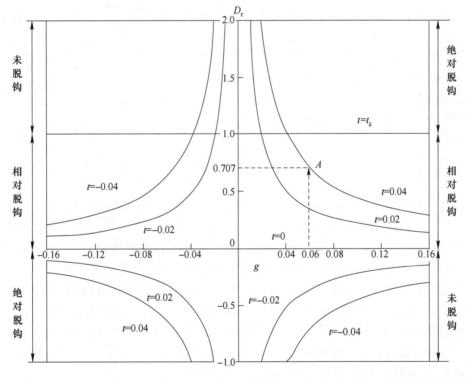

图 3　资源脱钩曲线[14]

（g 为一定时期内 GDP 的年增长率；t 为同期内单位 GDP 资源消耗的年下降率，t_k 为当资源消耗刚好保持不变时单位 GDP 资源消耗年下降率 t 的临界值）

3　结果与分析

首先采用总物流分析方法对我国 1998~2008 年的资源消耗数据进行收集和整理，然后结合这一阶段的 GDP 数据应用资源脱钩指数（D_r）和脱钩曲线图对我国 1998~2008 年的资源消耗与经济增长的脱钩情况进行分析。

3.1 数据收集与说明

本研究严格按照欧盟统计局最新发布的物质流账户指导手册[21]，对我国的生物质、金属矿物质、非金属矿物质和化石燃料等四大类上千种物质和产品的数据进行收集和整理，最后汇总得到了我国 1998~2008 年间的 GDP 和国内消耗量（DMC）指标，如表 2 所示。

表 2　中国 1998~2008 年的 GDP 与资源消耗情况

年份	GDP/万亿元（2000 不变价）	资源消耗/亿吨				
		生物质	金属	非金属	化石燃料	DMC
1998	8.5	24.6	3.7	68.0	14.3	110.7
1999	9.1	24.7	4.0	72.6	14.9	116.1
2000	9.9	24.3	4.0	71.7	15.1	115.1
2001	10.7	24.4	4.4	79.8	15.5	124.0
2002	11.7	23.88	4.9	80.0	16.7	125.9
2003	12.9	25.0	5.7	96.2	19.5	145.7
2004	14.2	25.0	6.8	96.9	22.9	151.6
2005	15.8	25.3	8.5	104.7	26.8	165.2
2006	17.8	25.4	10.8	121.5	29.1	186.8
2007	20.3	25.5	12.6	139.8	31.3	209.3
2008	22.3	26.6	14.6	145.0	32.7	219.0

表 2 中数据的来源和说明如下：国内开采的生物质主要包括初级农产品（如谷物、豆类等）、农作物的残余（如秸秆等）、木材以及捕捞的野生鱼类，数据来源为联合国粮食及农业组织（food and agriculture organization，FAO）的数据库[30]。金属矿物质数据主要包括铁矿、有色金属矿，其中铁矿数据来自《中国钢铁工业年鉴》[31]，有色金属矿数据来自《中国有色金属工业年鉴》[32]。非金属矿物质主要包括工业用非金属矿和建筑用非金属矿，其中工业用非金属矿的数据来源为《中国国土资源统计年鉴》[33]，建筑用非金属矿数据是按照欧盟统计局最新发布的物质流账户指导手册[21]给出的估算方法，结合我国的水泥消耗数据[1,34]、砖瓦产量[35]和新增的基础设施估算得到。国内开采的化石燃料主要包括煤炭、液体和气体燃料，数据来源为《中国能源统计年鉴》[2]。进出口数据来自联合国国际贸易数据库（UN Comtrade）[34]。GDP 数据采用的是 2000 年不变价，数据来源为《中国统计年鉴》[1]。

3.2　资源消耗总量与 GDP 的脱钩分析

根据表 2 中我国 1998~2008 年的 GDP 数据和国内消耗量（DMC）数据，可以计算出我国 1999~2008 年间各年份的 GDP 年增长率 g 和单位 GDP 资源消耗的年下降率 t，然后代入公式（4），就可以得到各年份的资源脱钩指数（D_r）。根据这些指标，可以确定我国 1999~2008 年间的资源消耗总量与 GDP 的脱钩情况，如图 4 所示。

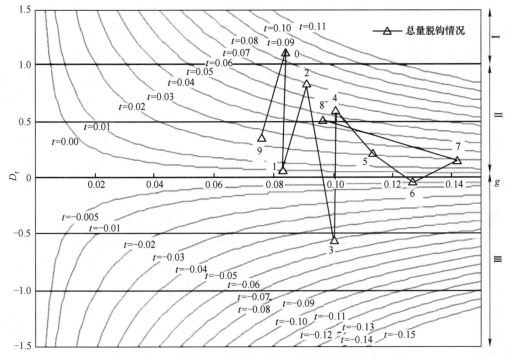

图 4　中国 1999～2008 年资源消耗总量与 GDP 的脱钩曲线

（（1）区域Ⅰ：绝对脱钩区；区域Ⅱ：相对脱钩区；区域Ⅲ：未脱钩区；

（2）数字 0～9 依次代表年份 2000～2008 年和 1999 年；

（3）D_r 为资源脱钩指数，g 和 t 分别为各年度的 GDP 增长率和单位 GDP 资源消耗量的下降率）

在图 4 上，1999～2008 年间我国的资源消耗总量与 GDP 的脱钩情况一目了然。在这 10 年间，我国在 2000 年的脱钩指数最大，达到了 1.1，处于图中的区域Ⅰ，根据表 1 可以判断在该年度我国实现了资源消耗总量与 GDP 的绝对脱钩；在 2003 年和 2006 年我国的脱钩指数较低，处于图中的区域Ⅲ，其中在 2003 年达到了 10 年来的最低值 -0.6，在这两年我国均未能实现资源消耗总量与 GDP 的脱钩；在其他 7 个年份，我国的脱钩指数介于 0～1 之间，处于图中的区域Ⅱ，实现了二者的相对脱钩。总体来看，我国在"九五"的后两年，也就是 1999 年和 2000 年的脱钩指数处于较高水平，究其原因主要是这两年我国受到亚洲金融危机的滞后影响，国民经济增速有所放缓，仅为 7.6% 和 8.4%，低于这 10 年的平均水平 10.1%；此外，在这两年我国的资源消耗强度明显下降，尤其在 2000 年的 t 值达到了 8.4%。进入"十五"期间，国际经济形势好转，我国的 GDP 年均增长率也回复到 9.8% 的高位，主要得益于国家实施了"西部大开发"和"振兴东北老工业基地"战略[36]，但在经济增速快速反弹的同时，大批高能耗、高物耗的基础设施项目和工程集中上位，导致了资源消耗的快速增长。所以，在"十五"期间，我国在经济增速提高的同时，资源消耗强度并没有明显下降，尤其在 2003 年，资源消耗强度一度出现了上升的势头，导致我国在此期间的脱钩指数开始下降，在 2003 年达到了这 10 年间的最低值，没能实现资源消耗与 GDP 的脱钩；在"十五"收官阶段，我国实行了稳健的财政政策，在推进"西部大开发"和"振兴东北老工业基地"战略的同时，采取了一系列节约能源和资源的调控措施[36]，从图 4 可以发现 2004 年和 2005 年的资源消耗强度得到了一定程度的下降，脱钩指数也得到了回升。

在"十一五"的前两年，我国经济持续快速增长，在2007年的GDP年增长率达到了这10年间的最高值14.2%，虽然国家加大了产业结构调整、资源节约和环境保护力度，也采取一系列的"节能减排"措施[36]，但由于受到经济增长和基础设施建设的拉动，我国的资源消耗强度并没有明显下降，尤其在2006年出现了上升势头，t值仅为-0.004，使得这两年的资源消耗总量仍然保持快速增长的势头，所以在"十一五"前期，我国的资源脱钩指数仍处于较低水平，其中在2006年的脱钩指数仅为-0.03，没能实现脱钩；在2008年，我国受到了世界金融危机的影响，经济增速出现了大幅下滑，进出口贸易严重受挫，降低了资源消耗的增速，于是资源脱钩指数开始反弹，达到了0.5，实现了相对脱钩。

3.3 各类资源消耗与GDP的脱钩分析

如图5所示，在1999~2008年间，我国生物质资源的脱钩指数波动很小，基本保持在0.5~1.3之间，其中在2000年、2001年和2003年我国生物质资源的脱钩指数相对较高，分别为1.2、1.0和1.3，均处于图中的区域Ⅰ，实现了绝对脱钩；其他年份的脱钩指数在0.5~1.0之间，处于图中的区域Ⅱ，实现了相对脱钩。从图5可以看出，在这10年间，虽然我国的GDP年增长率一直保持在较高水平，但单位GDP生物质资源消耗的年下降率也一直处于较高水平，在4%~12%之间波动，所以，根据公式（4）可知我国生物质资源的脱钩指数也会处于较高水平，在这10年间生物质资源的年均脱钩指数达到了0.9。由此可见，生物质资源与经济增长的联系并不紧密，我们应该将脱钩政策的重心放在其他类资源上。

564

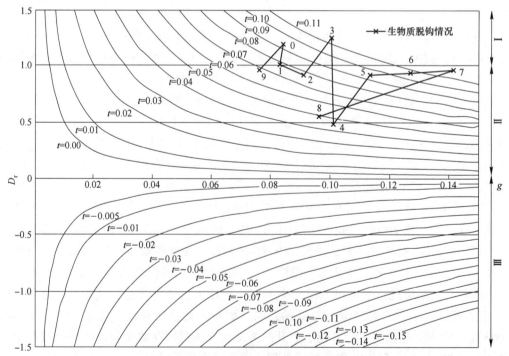

图5 中国1999~2008年生物质消耗与GDP的脱钩曲线

（（1）区域Ⅰ：绝对脱钩区；区域Ⅱ：相对脱钩区；区域Ⅲ：未脱钩区；（2）数字0~9依次代表年份2000~2008年和1999年；（3）D_r为资源脱钩指数，g和t分别为各年度的GDP增长率和单位GDP资源消耗量的下降率）

图 6 是我国 1999~2008 年金属矿物质消耗与 GDP 的脱钩情况。在这十年间，我国金属资源的脱钩指数波动较大，总体处于较低水平，仅 1999~2001 年的脱钩指数为正值，处于图中的区域 Ⅱ，实现了金属矿物质消耗与 GDP 的相对脱钩，其他年份的脱钩指数为负值，均处于图中的区域 Ⅲ，未能实现脱钩。分阶段来看，我国在"九五"后两年的金属脱钩指数相对较高，尤其在 2000 年达到了 0.71，接近于绝对脱钩的水平，主要原因是这两年我国受到亚洲金融危机的滞后影响，GDP 年增长率较低，同时金属制品的需求也受到了一定影响。进入"十五"阶段，我国的金属脱钩指数逐年下降，从 2001 年的 0.09 迅速下降到 2005 年的−1.19，达到了这 10 年间的最低值；究其原因，主要是这五年我国鼓励内需，实施了"西部大开发"和"振兴东北老工业基地"战略，投资兴建了大量基础设施，使得这五年的金属需求大大增加，例如，仅在 2000~2005 年间，我国的铁矿石消耗量就从 3.2 亿吨急速增长到了 7.4 亿吨[31]，年均增长率达到了 18%，远远大于 GDP 的增速，导致金属消耗强度逐年上升，脱钩自然无从谈起。到了"十一五"阶段，国家虽然放缓了基础设施建设步伐，但由于金属行业产能的不断扩大，金属矿物质消耗的增幅依然较大，金属消耗强度的年下降率仍为负值，所以"十一五"期间的金属脱钩指数仅仅略有回升，但仍然为负值；如图 6 所示，在 2006~2008 年的金属脱钩指数分别为−1.2、−0.2 和−0.6，没能实现二者的脱钩。

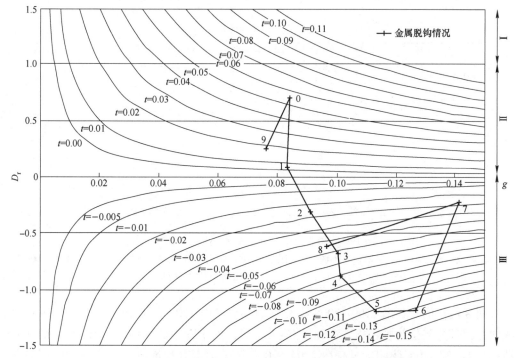

图 6　中国 1999~2008 年金属矿物质消耗与 GDP 的脱钩曲线

((1) 区域Ⅰ：绝对脱钩区；区域Ⅱ：相对脱钩区；区域Ⅲ：未脱钩区；(2) 数字 0~9 依次代表年份 2000~2008 年和 1999 年；(3) D_r 为资源脱钩指数，g 和 t 分别为各年度的 GDP 增长率和单位 GDP 资源消耗量的下降率)

如图 7 所示，我国在 1999~2008 年间，非金属矿物质的脱钩指数波动剧烈，总体上处于较低水平，但好于金属矿物质的脱钩情况，尤其是在 2000 年的脱钩指数达到了 1.1，实现了绝对脱钩；在 1999 年、2002 年、2004 年、2005 年和 2008 年的脱钩指数均介于 0~1 之间，位于图中的区域 Ⅱ，实现了相对脱钩，其他年份则未能实现脱钩。

分阶段来看，由于1999~2000年的GDP增速较低，非金属矿物质的脱钩指数相对较高。进入"十五"阶段，我国大力发展基础设施建设，以新建成的高速公路里程为例，在2001年，我国新建成高速公路3100km，在2005年新建成的高速公路达到6700km[1]，短短5年时间就翻了一番多，所以，这期间的非金属脱钩指数较低，在2003年达到了这10年的最低值-1.1。到了"十一五"期间，"节能减排"等相关政策和措施开始发挥作用，基础设施建设的步伐也逐渐放缓，例如2008年竣工的高速公路里程仅为6400km[1]，低于2005年，所以2006~2008年的非金属脱钩指数逐渐上升，但在2006~2007年仍然处于较低水平，直到2008年金融危机的到来才使得脱钩指数达到0.6，实现了相对脱钩。

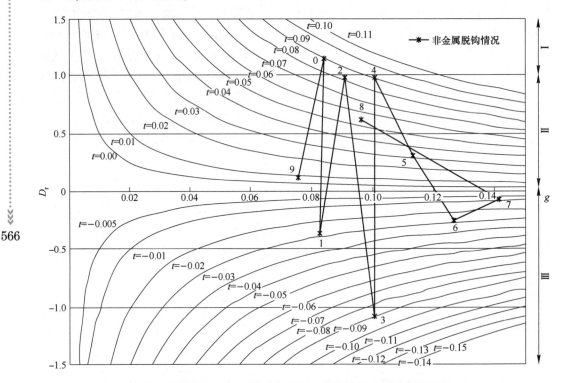

图7　中国1999~2008年非金属矿物质消耗与GDP的脱钩曲线

((1) 区域I：绝对脱钩区；区域II：相对脱钩区；区域III：未脱钩区；(2) 数字0~9依次代表年份2000~2008年和1999年；(3) D_r 为资源脱钩指数，g 和 t 分别为各年度的GDP增长率和单位GDP资源消耗量的下降率)

图8展示的是我国1999~2008年化石燃料消耗与GDP的脱钩情况。由图8可见，我国在大部分年份的脱钩指数都处于0~1之间，处于图中的区域II，实现了化石燃料消耗与GDP的相对脱钩，只有在2003~2005年脱钩指数为负值，处于图中的区域III，没能实现二者的脱钩。与金属和非金属矿质的脱钩情况类似，由于受到亚洲金融危机的影响，我国在"九五"末期（1999~2000年）的化石燃料脱钩指数较高；进入"十五"以后，经济开始提速，国家大力发展基础设施建设，增加了对于高耗能的金属材料和非金属材料的需求，所以这期间的化石燃料脱钩指数急速下滑，在2003年和2004年达到了最低值-0.7；到了"十一五"阶段，国家将"单位GDP能耗五年下降20%"的目标写入了国家和地方的《"十一五"规划》，并采取了一系列"节能减排"和"淘汰落后产能"的措施，使得我国2006~2008年的化石燃料脱钩指数逐步上升，实现了

相对脱钩。

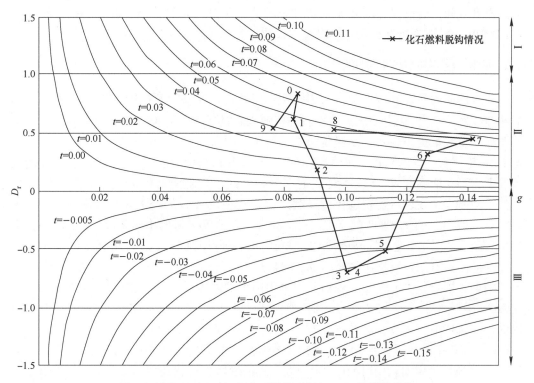

图 8　中国 1999~2008 年化石燃料消耗与 GDP 的脱钩曲线

((1) 区域Ⅰ：绝对脱钩区；区域Ⅱ：相对脱钩区；区域Ⅲ：未脱钩区；(2) 数字 0~9 依次代表年份 2000~2008 年和 1999 年；(3) D_r 为资源脱钩指数，g 和 t 分别为各年度的 GDP 增长率和单位 GDP 资源消耗量的下降率)

4　讨论

4.1　关于各类资源脱钩情况的讨论

从前面的分析来看，我国 1998~2008 年间生物质资源的脱钩指数远高于其他三类资源的脱钩指数，主要原因是我国在这十年间的人口增幅很小，对于生物质资源尤其是粮食的消耗基本处于稳定状态，脱钩指数自然较高；因此，在制定脱钩政策时，应该将重心放在其他三类资源上：金属矿物质、非金属矿物质和化石燃料资源。

反观金属、非金属和化石燃料资源，它们都与经济密切相关，尤其是我国正处于工业化进程中，经济的快速发展需要基础设施和重工业的支撑，进而需要金属、非金属和化石燃料资源的大量消耗，这是 1998~2008 年间这三类资源的脱钩指数较低的主要原因。从前面的分析还可以发现，通过国家的宏观调控，我们是可以转变经济增长方式，控制资源和能源消耗的。例如，在"十一五"期间，国家对于能源消耗的调控力度大大增加，尤其是将"单位 GDP 能耗指标"写入国家和地方的《"十一五"规划》中，使得 2006~2008 年间的化石燃料脱钩指数得到了提高（参见图 8）。但是，单独限制能源消耗本身并不能最大化地实现单位 GDP 能耗下降指标，还应该对高耗能、高污染的基础原材料消耗进行调控，因为这些原材料，如钢铁、有色金属、水泥等，在生产过程中消耗了大量的能源，也排放了大量的污染物。例如，光是钢铁冶金行业2008 年就消耗了全国约 18% 的能源，同时也产生了全国约 18% 的工业固废[1]。值得注意的是在 2006~2008 年间的金属和非金属矿物质的脱钩指数仍然处于较低水平，有很大的提升空间，若能对金属和非金属资源的消耗量进行限制，则会进一步提升我国的单位 GDP 能耗下降指标和化石燃料脱钩指数。

4.2　脱钩分析在宏观调控中的作用

通过前面的实证分析可知，应用脱钩分析方法，尤其是资源脱钩指数（D_r）[14] 和脱钩曲线图[14]，可以对我国经济增长与资源消耗的关系进行监测，进而为制定我国的资源和环境政策提供参考。从脱钩指数（D_r）的表达式（参见公式（4）来看，D_r 值与 GDP 年增长率 g 和单位 GDP 资源消耗年下降率 t 这两个指标直接相关。在经济增长情况下，当 g 值不变时，t 值越大 D_r 值就越大；而当 t 值不变且 $t>0$ 时，g 值越大 D_r 值就越小。所以，在进行宏观调控以及制定国家（或地方）的经济和环境规划时，一定要注意 g 值和 t 值的合理匹配，尤其对于经济增长速度较快的中国来说，g 值较高，更应该参照公式（4）适当提高单位 GDP 资源消耗的年下降率 t，防止脱钩指数（D_r）偏低，这样才能有效控制资源消耗的过快增长。

例如，国家《"十一五"规划》中提出两个硬性指标：（1）实现 2010 年人均 GDP 比 2000 年翻一番[37]；（2）单位 GDP 能耗比"十五"末期降低 20% 左右[37]。假设我国的人口保持不变，按照这两个指标，"十一五"期间的单位 GDP 能耗年下降率 $t=$ 0.044，GDP 年增长率 $g=0.072$，根据公式（4）计算可得 $D_r=0.66$。可见，按照国家的《"十一五"规划》，我国在"十一五"期间经济保持快速增长的情况下，虽然未能实现能源消耗与经济增长的绝对脱钩，但 D_r 值保持在一个相对较高的水平，每年的能源消耗预期涨幅仅为 2.5%，远低于规划中 GDP 的 7.2% 的涨幅。因此，国家《"十一五"规划》对 g 和 t 这两个关键指标匹配得很是恰当，为今后进行宏观调控以及制定各地方的经济和环境规划树立了榜样。但是，很多地方规划中，在提高了 GDP 年增长率指标的同时并没有相应提高万元 GDP 能耗年下降率指标，所以根据地方《"十一五"规划》得到的能源脱钩指数普遍低于国家《"十一五"规划》中的脱钩指数。以河北省为例，其《"十一五"规划》中的万元 GDP 能耗年下降率为 4.4%[38]，与国家《"十一五"规划》中万元 GDP 能耗五年下降 20% 的目标一致，但其《"十一五"规划》中的 GDP 年增长率指标却高达 11%[38]，这样得到的每年的能源脱钩指数仅为 0.44，相当于国家《"十一五"规划》中的能源脱钩指数的 2/3。所以，为了更好地贯彻国家规划的精神，我们要特别注意在地方的规划中将 g 值和 t 值进行合理匹配。

5　结论

本文采用总物流分析方法对中国 1998~2008 年间的生物质资源、金属矿物质、非金属矿物质和化石燃料资源的国内消耗量（DMC）指标进行了核算，然后应用陆钟武等提出的资源脱钩指数（D_r）和脱钩曲线图对我国资源消耗与经济增长的脱钩情况进行了分析。

（1）在此期间，我国只在 2000 年实现了资源消耗总量与 GDP 的绝对脱钩，在 2003 年和 2006 年的资源消耗总量与 GDP 处于未脱钩状态，在其他 7 个年份则实现了二者的相对脱钩；在四大类资源中，生物质资源的脱钩指数一直处于较高水平，有 3 年实现了绝对脱钩，年均脱钩指数达到了 0.9；金属矿物质、非金属矿物质和化石燃料资源的脱钩指数均处于较低水平，尤其是金属矿物质的脱钩水平最低，只在 1999~

2001 三年实现了相对脱钩，其他年份均未能实现脱钩，主要原因是我国正处在工业化进程中，基础设施建设和重工业的大力发展对这三类资源的消耗较大。

（2）由于生物质资源与经济增长的联系并不密切，在制定脱钩政策时，应该将重心放在其他三类资源上。不仅要对能源消耗进行监控，还应该应用脱钩分析方法，尤其是脱钩指数（D_r）和脱钩曲线图对能耗较高的基础原材料消耗进行监控。需要注意的是，在国家和地方宏观调控，尤其是制定经济和环境规划时，应该将 GDP 年增长率 g 值和单位 GDP 资源消耗量的年下降率 t 值进行合理匹配，以控制资源消耗的过快增长。

参 考 文 献

[1] 国家统计局. 中国统计年鉴 [M]. 北京：中国统计出版社, 2009.

[2] 国家统计局. 中国能源统计年鉴 [M]. 北京：中国统计出版社, 2009.

[3] 陆钟武. 以控制资源消耗量为突破口做好环境保护规划 [J]. 环境科学研究, 2005, 18 (6)：1-6.

[4] OECD. Indicators to measure decoupling of environmental pressure from economic growth [R]. Paris：OECD, 2002.

[5] 中华人民共和国国民经济和社会发展第十二个五年规划纲要 [EB/OL]. (2011-03-16) [2011-04-22]. http：//www. gov. cn/2011lh/content_1825838. htm.

[6] WEIZSÄCKER E U V, LOVINS A B, LOVINS L H. Factor Four. Doubling Wealth - Halving Resource Use [M]. London：Earthscan, 1997.

[7] FRIEDRICH S B, RAINER K. Wieviel Umwelt Braucht Der Mensch? MIPS, Das Mass Fuer Oekologisches Wirtschaften [M]. Basel, Boston, Berlin：Birkhäuser Verlag AG, 1993.

[8] JAN K, TOMAS H. What are the possibilities for graphical presentation of decoupling? An example of economy-wide material flfl ow indicators in the Czech Republic [J]. Ecological Indicators, 2007, 7 (1)：123-132.

[9] TACHIBANA J, HIROTA K, GOTO N, et al. A method for regional-scale material flow and decoupling analysis：A demonstration case study of Aichi prefecture, Japan [J]. Resources, Conservation and Recycling, 2008, 52 (12)：1382-1390.

[10] 陈百明, 杜红亮. 试论耕地占用与 GDP 增长的脱钩研究 [J]. 资源科学, 2006, 28 (5)：36-42.

[11] 赵一平, 孙启宏, 段宁. 中国经济发展与能源消费响应关系研究——基于相对脱钩与"复钩"理论的实证研究 [J]. 科研管理, 2006, 27 (3)：128-133.

[12] 王虹, 王建强, 赵涛. 我国经济发展与能源环境的脱钩复钩轨迹研究 [J]. 统计与决策, 2009, (11)：113-115.

[13] 彭佳雯, 黄贤金, 钟太洋, 等. 中国经济增长与能源碳排放的脱钩研究 [J]. 资源科学, 2011, 33 (4)：626-633.

[14] 陆钟武, 王鹤鸣, 岳强. 脱钩指数：资源消耗、废物排放与经济增长的定量表达 [J]. 资源科学, 2011, 33 (1)：2-9.

[15] 杨克, 陈百明, 宋伟. 河北省耕地占用与 GDP 增长的脱钩分析 [J]. 资源科学, 2009, 31 (11)：1940-1946.

[16] 于法稳. 经济发展与资源环境之间脱钩关系的实证研究 [J]. 内蒙古财经学院学报, 2009, (3)：29-34.

[17] 李名升, 佟连军. 基于能值和物质流的吉林省生态效率研究 [J]. 生态学报, 2009, 29 (11)：6239-6246.

[18] 陆钟武. 工业生态学基础 [M]. 北京：科学出版社, 2009.

[19] HASHIMOTO S. A junkan-gata society：Concept and progress in material flow analysis in Japan ［J］. Journal of Industrial Ecology, 13 (5)：655-657.

[20] EUROSTAT. Economy-wide material flow accounts and derived indicators：A methodological guide ［R］. Luxembourg：Office for Official Publications of the European Communities, 2001.

[21] EUROSTAT. Economy Wide Material Flow Accounts：Compilation Guidelines for reporting to the 2009 Eurostat questionnaire ［R］. Luxembourg：Eurostat, 2009.

[22] 陈效逑, 乔立佳. 中国经济—环境系统的物质流分析 ［J］. 自然资源学报, 2000, 15 (1)：17-23.

[23] 王青, 刘敬智, 顾晓薇, 等. 中国经济系统的物质消耗分析 ［J］. 资源科学, 2005, 27 (5)：2-7.

[24] XU M, ZHANG T. Materials flow and economic growth in developing China ［J］. Journal of Industrial Ecology, 2007, 11 (1)：121-140.

[25] WEI J, ZHOU J, TIAN J, et al. Decoupling soil erosion and human activities on the Chinese Loess Plateau in the 20th century ［J］. Catena, 2006, 68 (1)：10-15.

[26] TAPIO P. Towards a theory of decoupling：Degrees of decoupling inthe EU and the case of road traffic in Finland between 1970 and 2001 ［J］. Transport Policy, 2005, 12 (2)：137-151.

[27] 钟太洋, 黄贤金, 韩立, 等. 资源环境领域脱钩分析研究进展 ［J］. 自然资源学报, 2010, 25 (8)：1400-1412.

[28] 陆钟武, 毛建素. 穿越"环境高山"——论经济增长过程中环境负荷的上升与下降 ［J］. 中国工程科学, 2003, 5 (12)：36-42.

[29] 陆钟武. 经济增长与环境负荷之间的定量关系 ［J］. 环境保护, 2007 (7)：13-18.

[30] FAOSTAT. Statistical Databases of the Food and Agiculture Organisation of the United Nations ［EB/OL］. (2011-04-22). http：//faostat. fao. org/.

[31] 中国钢铁工业年鉴编辑委员会. 中国钢铁工业年鉴 ［M］. 北京：中国钢铁工业年鉴出版社, 1999-2009.

[32] 中国有色金属年鉴编辑部. 中国有色金属工业年鉴 ［M］. 北京：中国印刷总公司, 1999-2009.

[33] 中国国土资源部. 中国国土资源统计年鉴 ［M］. 北京：地质出版社, 1999-2009.

[34] United Nations. UN Commodity Trade Statistics Database ［EB/OL］. (2011-04-22). http：//comtrade. un. org/db/.

[35] 中国建筑材料工业协会. 中国建筑材料工业年鉴 ［M］. 北京：中国建筑材料工业协会, 2009.

[36] 中国国务院政府工作报告 1999—2009 ［EB/OL］. [2011-04-22]. www. gov. cn.

[37] 中华人民共和国国民经济和社会发展第十一个五年计划纲要 ［EB/OL］. (2006-03-14) ［2011-04-22］. http：//www. gov. cn/gongbao/content/2006/content_268766. htm.

[38] 河北省国民经济和社会发展第十一个五年计划纲要 ［EB/OL］. (2006-04-11) ［2011-04-22］. http：//www. china. com. cn/chinese/zhuanti/06hxhb/1180969. htm.

论单位生产总值钢产量及钢产量、钢铁行业的能耗、物耗和排放[*]

摘　要　单位生产总值钢产量指标对于调控钢产量，开展钢铁行业的节能、降耗和减排工作具有重要意义。本文首先给出了单位生产总值钢产量定义式，引入了"在役钢量"概念及其计算式；然后对单位 GDP 钢产量的定义式进行了两次变换，导出具有分析功能的新定义式；并以新定义式和钢产量计算式、钢铁行业能耗、物耗和排放计算式为依据，对钢产量及钢铁行业的能耗、物耗和排放进行了分析；最后，进行了与钢铁行业相关各参数的分类，并提出全面推进钢铁行业节能、降耗、减排工作的总体看法。

关键词　单位生产总值钢产量　钢产量　在役钢　单位在役钢 GDP　能耗

1　前言

某时间段内某地的单位生产总值钢产量，是指该时间段内该地的钢产量与生产总值之比。其中时间可长可短：一年、一季或一月等均可；地域可大可小：一个洲，一个国家，一个省、市等均可。

单位生产总值钢产量的定义式是：

$$T = \frac{P}{G} \qquad (1)$$

571

式中，P、G、T 分别是同一时间段内，同一地域的钢产量、生产总值和单位生产总值钢产量。

例如，某年某国的单位生产总值钢产量是指该年该国的钢产量与国内生产总值之比。在文献中，国内生产总值一词，常用 GDP 三个英文字母表示，它是 Gross Domestic Product 的缩写。这样，单位国内生产总值钢产量一词，就经常被"单位 GDP 钢产量"替代了。

式（1）也适用于各省、市、区等，不过其中的 P、G、T 分别是同一时间段内这个省、市、区等的钢产量、生产总值和单位生产总值钢产量。省、市、区等的单位生产总值钢产量，也可称为该省、市、区等地"单位 GDP 钢产量"。

为了强调单位 GDP 钢产量的重要性，先说明以下三点：

第一点：将式（1）改写成如下形式：

$$P = G \times T \qquad (2)$$

从中可更清楚地看到：在 GDP（G 值）为常数的条件下，钢产量（P 值）与单位 GDP 钢产量（T 值）二者成正比，即 T 值越大，P 值就越大，反之亦然。

第二点：在式（2）等号两侧同乘以钢铁行业的吨钢平均能耗、或吨钢平均物耗、或吨钢平均排放，得到以下三式：

＊　本文合作者：岳强、高成康。原发表于《中国工程科学》，2013。

$$E = P \times e = G \times T \times e \tag{3a}$$

$$M = P \times m = G \times T \times m \tag{3b}$$

$$W = P \times w = G \times T \times w \tag{3c}$$

式中，e、m、w 分别为钢铁行业的吨钢平均能耗、吨钢平均物耗和吨钢平均排放；E、M、W 分别为钢铁行业的能耗、物耗和排放。

由式（3a）~式（3c）可见，在 G、e、m、w 等值均为常数的条件下，钢铁行业的能耗、物耗、排放与单位 GDP 钢产量二者成正比，即 T 值越大，E、M、W 值越大，反之亦然。

第三点：通常，随之而来的另一个问题是一个国家（省、市）的单位 GDP 钢产量越大，则在全国（省、市）的能耗、物耗和排放中，钢铁行业所占的比重越大。

以上三点表明，单位 GDP 钢产量是一个十分关键的参数；无论在钢产量问题上，还是在钢铁行业能耗、物耗、排放问题上以及它们三者在全国所占的比重问题上，都是如此。这个参数理应成为人们关注的焦点。

然而，实际情况并非如此。长期以来，人们对于这个参数一直关注不够，研究工作更是几乎空白。文献［1-6］对钢产量问题有所论述，但关于单位 GDP 钢产量指标鲜有文献加以论述。这种情况对于调控钢产量，开展钢铁行业的节能、降耗、减排工作，对于全面实施可持续发展战略，都是极其不利的。我们希望这种情况能得到及早扭转。

在这样的认识基础上，近年来我们开展了单位 GDP 钢产量的研究工作。本文是其中基础性研究成果的一部分。

本文的基本思路是：先引入"在役钢量"概念及其计算式；然后对单位 GDP 钢产量的定义式［即式（1）］进行参数变换，导出具有分析功能的新定义式，并以新定义式和式（2）、式（3）为依据，对钢产量及钢铁行业的能耗、物耗、排放，进行分析。最后，进行参数的分类，并提出全面推进钢铁行业节能、降耗、减排工作的总体看法。

2 在役钢量的概念和计算式

为了对单位 GDP 钢产量定义式［即式（1）］进行参数变换，必须引入"在役钢量"的概念及其计算式。

在役钢量，是指某时间段内、某地域内处于使用过程中的全部钢制品中所含的钢量。其中，时间段可长可短：一年、一季或一月等均可；地域可大可小：一个洲、一个国家、一个省、市等均可。所谓钢制品，是指各种人造的含钢制品，包括房屋建筑、基础设施、机器设备、交通工具、各类容器、生活用品等。

由于各种钢制品的使用寿命都是有限的，因此，凡是已报废或不再使用的钢制品中所含的钢量，均不再计入在役钢量之内。

如图 1 所示，设第 τ 年某国各种钢制品的平均使用寿命为 $\Delta\tau$ 年，则在不考虑进出口贸易和库存量变化的前提下，第 τ 年该国的在役钢量 S_τ 等于

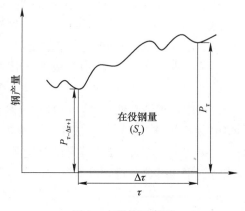

图 1　在役钢示意图

$$S_\tau = P_\tau + P_{\tau-1} + P_{\tau-2} + \cdots + P_{\tau-\Delta\tau+1} \tag{4}$$

式中，S_τ 为第 τ 年该国的在役钢量，t/a；P_τ，$P_{\tau-1}$，$P_{\tau-2}$，$\cdots$，$P_{\tau-\Delta\tau+1}$ 分别为第 τ 年、第 $(\tau-1)$ 年、第 $(\tau-2)$ 年、$\cdots$、第 $(\tau-\Delta\tau+1)$ 年该国的钢产量，t/a。

式（4）是第 τ 年该国在役钢量的计算式；如果时间不是按年算、地域不是一个国家，那么式中各参数的量纲必须与之相符。

由式（4）可知，在其他条件相同的情况下，延长钢制品的平均使用寿命（$\Delta\tau$ 值），是增大在役钢量的唯一途径。在国民经济运行过程中，提高 $\Delta\tau$ 值更是杜绝浪费、建设资源节约型、环境友好型社会的重要抓手。

3 单位 GDP 钢产量定义式的一次变换

由式（1）知，第 τ 年某国单位 GDP 钢产量的定义式为

$$T_\tau = \frac{P_\tau}{G_\tau} \tag{5}$$

式中，T_τ 为第 τ 年该国的单位 GDP 钢产量；P_τ 为第 τ 年该国的钢产量；G_τ 为第 τ 年该国的 GDP。

本节将对式（5）进行一次变换。

在变换过程中，先将式（5）等号右侧的分子和分母都除以第 τ 年该国的在役钢量，即除以 $(P_\tau + P_{\tau-1} + P_{\tau-2} + \cdots + P_{\tau-\Delta\tau+1})$，这样得到下式：

$$T_\tau = \frac{P_\tau}{P_\tau + P_{\tau-1} + P_{\tau-2} + \cdots + P_{\tau-\Delta\tau+1}} \bigg/ \frac{G_\tau}{P_\tau + P_{\tau-1} + P_{\tau-2} + \cdots + P_{\tau-\Delta\tau+1}} \tag{6}$$

再令

$$\Phi_\tau = \frac{P_\tau}{P_\tau + P_{\tau-1} + P_{\tau-2} + \cdots + P_{\tau-\Delta\tau+1}} \tag{7}$$

$$H_\tau = \frac{G_\tau}{P_\tau + P_{\tau-1} + P_{\tau-2} + \cdots + P_{\tau-\Delta\tau+1}} \tag{8}$$

则式（7）变为

$$T_\tau = \frac{\Phi_\tau}{H_\tau} \tag{9}$$

式中，Φ_τ 是第 τ 年该国钢产量与在役钢量之比，它是影响 T_τ 值的"钢产量因子"；H_τ 是第 τ 年该国 GDP 与在役钢量之比，它是影响 T_τ 值的"GDP 因子"。

式（9）是第 τ 年该国单位 GDP 钢产量（T 值）定义式的一次变换式。

由式（9）可见：在不考虑进出口贸易和库存量变化的条件下，影响 T_τ 值的因素只有两个，一是 Φ_τ 值，二是 H_τ 值。在 H_τ 值为常数的条件下，T_τ 值与 Φ_τ 值成正比，即 Φ_τ 值越大，T_τ 值越大，反之亦然。在 Φ_τ 值为常数的条件下，T_τ 值与 H_τ 值成反比，即 H_τ 值越大，T_τ 值越小，反之亦然。

必须指出，H_τ 是宏观经济方面的一个指标。H_τ 值的大小，取决于产业结构、产品结构、技术水平、管理水平等。提高 H_τ 值的途径是调整产业、产品结构，提高技术和管理水平。

此外还必须指出，式（6）和式（9）的适用范围较宽：在第 τ 年与第 $(\tau-\Delta\tau+1)$ 年之间，钢产量无论怎样变化，这两个公式都是适用的，因为在上述变换过程中，从未在钢产量的变化情况方面提出过任何约束条件。因此，式（6）和式（9）是进一步

4　单位 GDP 钢产量定义式的二次变换

单位 GDP 钢产量定义式的二次变换，是在一次变换的基础上进行的。本节将在以下三种特定条件（参见图 2）下阐明该定义式的二次变换。

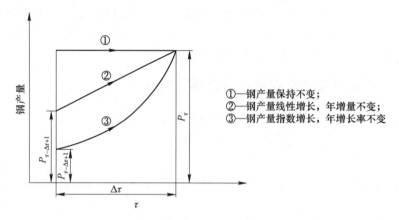

①—钢产量保持不变；
②—钢产量线性增长，年增量不变；
③—钢产量指数增长，年增长率不变

图 2　钢产量变化的 3 种特定条件

第一种特定条件：在第 τ 年与第 $(\tau-\Delta\tau+1)$ 年之间，钢产量保持不变；

第二种特定条件：在第 τ 年与第 $(\tau-\Delta\tau+1)$ 年之间，钢产量呈线性增长，且年增量不变；

第三种特定条件：在第 τ 年与第 $(\tau-\Delta\tau+1)$ 年之间，钢产量呈指数增长，且年增长率不变。

4.1　第一种特定条件下，单位 GDP 钢产量定义式的二次变换

在这种特定条件下，钢产量保持不变，即

$$P_\tau = P_{\tau-1} = \cdots = P_{\tau-\Delta\tau+1}$$

将上式代入式（4），得

$$S_\tau = \Delta\tau \times P_\tau \tag{10}$$

再将式（10）代入式（6），则得

$$T_\tau = \frac{P_\tau}{H_\tau \times \Delta\tau \times P_\tau}$$

化简后得

$$T_\tau = \frac{1}{H_\tau \times \Delta\tau} \tag{11}$$

式（11）中，T_τ 为第 τ 年某国的单位 GDP 钢产量，t/元；H_τ 为第 τ 年某国的单位在役钢量 GDP，元/(t·a)；$\Delta\tau$ 为第 τ 年某国钢制品平均使用寿命，a。

式（11）是在第 τ 年与第 $(\tau-\Delta\tau+1)$ 年之间钢产量保持不变情况下单位 GDP 钢产量定义式的二次变换式。

式（11）可改写成如下形式：

$$T_\tau = \frac{\Phi_\tau}{H_\tau} \tag{12}$$

式（12）中，$\Phi_\tau = \dfrac{1}{\Delta\tau}$，是钢产量不变情况下的钢产量因子。式（12）是式（11）的最终表达式。

总之，在钢产量保持不变的情况下，对单位 GDP 钢产量定义式进行二次变换后，得到的结论是：影响 T_τ 值的因素只有两个，一是 $\Delta\tau$ 值，二是 H_τ 值。在 H_τ 值为常数的条件下，T_τ 值与 $\Delta\tau$ 值成反比，即 $\Delta\tau$ 值越大，T_τ 值就越小，反之亦然。延长钢制品的平均使用寿命（$\Delta\tau$ 值），提高单位在役钢 GDP（H_τ 值），是降低 T_τ 值的两个重要抓手。

4.2 第二种特定条件下，单位 GDP 钢产量定义式的二次变换

在这种特定条件下，钢产量呈线性增长，且年增量（设为 k）不变。

设第一年的钢产量（$P_{\tau-\Delta\tau+1}$）为 P_1，即

$$P_{\tau-\Delta\tau+1} = P_1$$

则

$$P_{\tau-\Delta\tau+2} = P_1 + k$$

$$\vdots$$

$$P_{\tau-1} = P_1 + (\Delta\tau - 2)k$$

$$P_\tau = P_1 + (\Delta\tau - 1)k$$

将 P_τ，$P_{\tau-1}$，$P_{\tau-2}$，$\cdots$，$P_{\tau-\Delta\tau+1}$ 代入式（4），得

$$S_\tau = \Delta\tau \times \left[P_1 + \frac{1}{2}(\Delta\tau - 1) \times k \right] \tag{13}$$

再将式（13）代入式（6），则得

$$T_\tau = \frac{P_1 + (\Delta\tau - 1)k}{H_\tau \times \Delta\tau \times \left[P_1 + \dfrac{1}{2}(\Delta\tau - 1) \times k \right]} \tag{14}$$

式（14）是在第 τ 年与第（$\tau-\Delta\tau+1$）年之间钢产量呈线性增长，且年增量不变情况下单位 GDP 钢产量定义式的二次变换式。

式（14）可改写成如下形式：

$$T_\tau = \frac{\Phi_\tau}{H_\tau} \tag{15}$$

式（15）中，$\phi_\tau = \dfrac{P_1 + (\Delta\tau - 1)k}{\Delta\tau \times \left[P_1 + \dfrac{1}{2}(\Delta\tau - 1) \times k \right]}$，是钢产量呈线性增长，且年增量不变情况下的钢产量因子。

式（15）是式（14）的最终表达式。

总之，在钢产量呈线性增长，且年增量不变的情况下，对单位 GDP 钢产量定义式进行二次变换后，得到的结论是：影响 T_τ 值的因素有三个，一是 $\Delta\tau$ 值，二是 H_τ 值，三是 k 值。延长钢制品的平均使用寿命（$\Delta\tau$ 值），提高单位在役钢 GDP（H_τ 值），降低钢产量的年增量（k 值），是降低 T_τ 值的重要抓手。

4.3 第三种特定条件下，单位 GDP 钢产量定义式的二次变换

在这种特定条件下，钢产量呈指数增长，且年增长率（设为 p）不变。

设第一年的钢产量（$P_{\tau-\Delta\tau+1}$）为 P_1，即

$$P_{\tau-\Delta\tau+1} = P_1$$

则

$$P_{\tau-\Delta\tau+2} = P_1(1+p)$$

$$\vdots$$

$$P_{\tau-1} = P_1(1+p)^{\Delta\tau-2}$$

$$P_\tau = P_1(1+p)^{\Delta\tau-1}$$

将 P_τ，$P_{\tau-1}$，$P_{\tau-2}$，$\cdots$，$P_{\tau-\Delta\tau+1}$ 代入式(4)，得

$$S_\tau = \frac{P_1 \times [(1+p)^{\Delta\tau} - 1]}{p} \tag{16}$$

再将式（16）代入式（6），则得

$$T_\tau = \frac{P_1(1+p)^{\Delta\tau-1}}{H_\tau \times \dfrac{P_1 \times [(1+p)^{\Delta\tau} - 1]}{p}}$$

化简后得

$$T_\tau = \frac{p(1+p)^{\Delta\tau-1}}{H_\tau \times [(1+p)^{\Delta\tau} - 1]} \tag{17}$$

式（17）是在第 τ 年与第（$\tau-\Delta\tau+1$）年之间钢产量呈指数增长，且年增长率不变情况下单位 GDP 钢产量定义式的二次变换式。

式（17）可改写成如下形式：

$$T_\tau = \frac{\Phi_\tau}{H_\tau} \tag{18}$$

式（18）中，$\Phi_\tau = \dfrac{p(1+p)^{\Delta\tau-1}}{(1+p)^{\Delta\tau} - 1}$，是钢产量呈指数增长，且年增长率不变情况下的钢产量因子。

式（18）是式（17）的最终表达式。

总之，在钢产量呈指数增长，且年增长率不变的情况下，对单位 GDP 钢产量定义式进行二次变换后，得到的结论是：影响 T_τ 值的因素有三个，一是 $\Delta\tau$ 值，二是 H_τ 值，三是 p 值。延长钢制品的平均使用寿命（$\Delta\tau$ 值），提高单位在役钢 GDP（H_τ 值），降低钢产量的年增长率（p 值），是降低 T_τ 值的重要抓手。

图 3 所示为钢产量呈指数增长，且年增长率不变情况下的钢产量因子（Φ）与钢产量的年增长率（p）和钢铁制品的平均使用寿命（$\Delta\tau$）间的关系曲线。图中横坐标为钢产量的年增长率 p，纵坐标为钢产量因子 Φ，每条曲线对应不同的钢制品平均使用寿命 $\Delta\tau$。由图 3 可见，随着钢产量年增长率的提高，对应的钢产量因子是逐步上升的。由图 3 还可见，在同样的钢产量年增长率情况下，$\Delta\tau$ 值越小，对应的钢产量因子越大，反之亦然。

5 钢产量及钢铁行业能耗、物耗和排放的分析

5.1 钢产量的分析

先将式（1）改写成如下形式：

$$P_\tau = G_\tau \times T_\tau \tag{19}$$

式（19）中，P_τ 为第 τ 年某国的钢产量；G_τ 为第 τ 年该国的 GDP 值；T_τ 为第 τ 年该国的单位 GDP 钢产量。

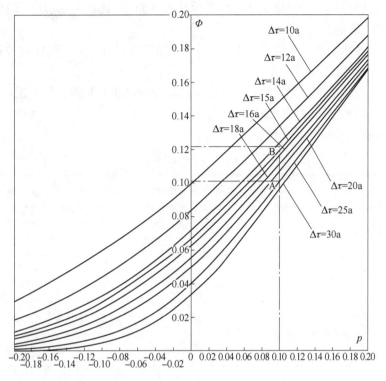

图 3　$\Phi = f(p, \Delta\tau)$ 图

式（19）是分析钢产量问题的基本方程。从中可清楚地看到：在 GDP（G_τ 值）为常数的条件下，钢产量（P_τ 值）与单位 GDP 钢产量（T_τ 值）成正比，即 T_τ 值越大，P_τ 值就越大。

5.2　钢铁行业能耗、物耗和排放的分析

钢铁行业的能耗、物耗和排放三者的分析方法是相同的。本节将以能耗为例，说明这种方法。

为此，将式（3a）改写成如下形式：

$$E_\tau = P_\tau \times e_\tau \tag{20}$$

式（20）中，E_τ 为第 τ 年某国钢铁行业的能耗；e_τ 为第 τ 年该国的吨钢平均能耗；$P_\tau = G_\tau \times T_\tau$ 为第 τ 年该国的钢产量。

式（20）是分析钢铁行业能耗的基本方程式。

由前面的分析，以下将设定几种情景，探讨钢产量的增长模式、钢制品的平均使用寿命、单位在役钢量 GDP、吨钢平均能耗等因素对单位 GDP 钢产量、钢铁行业能耗等指标的影响。

情景Ⅰ：已知第 τ 年 a、b 两国的单位在役钢 GDP 值相同，都等于 H_τ，钢制品平均使用寿命相同，都等于 25 年；但在第 τ 年与第（$\tau - \Delta\tau + 1$）年之间，a 国钢产量一直保持不变，而 b 国的钢产量呈指数增长，年增长率为 10%。问该年 b 国单位 GDP 钢产量值是 a 国的几倍？

情景Ⅱ：同情景Ⅰ，但第 τ 年 b 国的钢制品平均使用寿命为 15 年。问该年 b 国的单位 GDP 钢产量是 a 国的几倍？

情景Ⅲ：同情景Ⅱ，但第 τ 年 b 国的单位在役钢量 GDP 为 $0.6H_\tau$。问该年 b 国的单位 GDP 钢产量是 a 国的几倍？

情景Ⅳ：同情景Ⅲ，但设第 τ 年这两个国家的 GDP 值相等。问在这种情况下，该年 a、b 两国钢产量之比等于几？

情景Ⅴ：同情景Ⅳ，但设第 τ 年 b 国钢铁行业的吨钢平均能耗比 a 国高 30%❶。问第 τ 年这两个国家钢铁行业的能耗之比等于几？

以上 5 种情景的具体分析结果见表 1。

表 1　情景分析结果

情　景	a、b 两国对比指标	数　值
情景Ⅰ	单位 GDP 钢产量	1：2.5
情景Ⅱ	单位 GDP 钢产量	1：3
情景Ⅲ	单位 GDP 钢产量	1：5
情景Ⅳ	钢产量	1：5
情景Ⅴ	钢铁行业能耗	1：6.5

6　参数的分类及从中得到的启示

6.1　参数的分类

本文在对钢产量和钢铁行业的能耗、物耗、排放进行分析的过程中，涉及了不少参数。本文将对这些参数进行分类，并阐明各类参数之间的关系。

以钢产量呈指数增长这一种情况为例，参数的分类如图 4 所示。图中将所涉及的全部参数划分为三类，即

第（1）类：基础参数；第（2）类：中间参数；第（3）类：工作指标。

基础参数（p，$\Delta\tau$，H_τ，G_τ，e_τ，m_τ，w_τ），会影响到中间参数值（Φ_τ，T_τ），而中间参数又会影响钢铁行业的工作指标（P_τ，E_τ，M_τ，W_τ）。人们的目的是改善工作指标，但人们所能直接规定和掌控的因素，既不是中间参数，也不是工作指标，而是基础参数。所以，重要的是要在深入研究中间参数的基础上，弄清（1）（3）两类变量之间的关系。这正是本文重点研究单位 GDP 钢产量（T 值）的原因所在。

还要说明，基础参数包括钢铁行业外部的参数和内部的参数两个部分。其中，外部参数（p，$\Delta\tau$，H_τ，G_τ）与整个经济社会运行状况有关[1]，而内部参数（e_τ，m_τ，w_τ）基本上只与钢铁行业本身有关。

---

❶　在第 τ 年与第（$\tau-\Delta\tau+1$）年之间，由于 a 国钢产量保持不变，第 τ 年的废钢资源必较充足，而 b 国钢产量高速增长，废钢资源必较短缺，故设 b 国钢铁行业的吨钢平均能耗比 a 国高 30%。详见参考文献［7］。

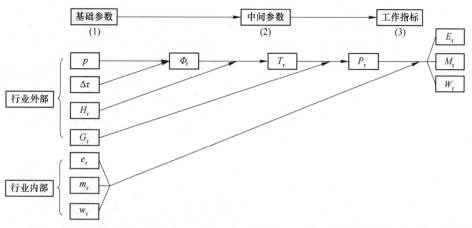

其中：p—第τ年与第$(\tau-\Delta\tau+1)$年间保持不变的钢产量年增长率； Φ_τ—第τ年的钢产量因子； P_τ—第τ年钢产量；
      $\Delta\tau$—第τ年在役钢的平均使用寿命； T_τ—第τ年单位GDP钢产量。 E_τ—第τ年钢铁行业的能耗；
      H_τ—第τ年单位在役钢GDP值； M_τ—第τ年钢铁行业的物耗；
      G_τ—第τ年GDP值； W_τ—第τ年钢铁行业的排放。
      e_τ—第τ年吨钢能耗（平均值）；
      m_τ—第τ年吨钢物耗（平均值）；
      w_τ—第τ年吨钢排放（平均值）。

图 4　参数分类图

6.2　从参数分类中得到的启示

从上述参数的分类中得到的重要启示是：钢铁行业的节能、降耗、减排工作，要两手一起抓，一手抓钢铁行业内部的各项基础参数（e_τ，m_τ，w_τ），一手抓钢铁行业外部的各项基础参数（p，$\Delta\tau$，H_τ，G_τ）。前几项参数由钢铁行业自己抓，后几项参数由钢铁行业以外的有关部门抓。行业内部的各项基础参数要有限额，行业外部的各项参数也要有限额。

钢铁行业以外的有关部门要随时监控各中间参数，尤其是 T_τ 值；要千方百计逐步使 T_τ 值降下来。只有这样，才有可能收到良好的效果。

现在容易产生的片面性，是只抓钢铁行业内部的各项参数，而置外部的各项参数于不顾。这种抓节能降耗减排的办法，充其量只能说抓了一半，丢了一半，而且丢掉的可是一大半，效果不会很好！

总之，我国钢铁行业的高能耗、高物耗、高排放问题，是行业内部和外部两方面的原因造成的。为了解决这个问题，必须从内、外两方面着手，而且，相比之下，从外部着手更为重要！

7　结语

本文对单位 GDP 钢产量的定义式进行了两次参数变换；对钢产量、钢铁行业的能耗、物耗、排放进行了必要的分析；对所涉及的参数进行了分类；提出了钢铁行业节能、降耗、减排工作要内、外两手一起抓的总体思路。希望本文对科学发展观的贯彻和落实能有所裨益。

参 考 文 献

[1] 陆钟武，岳强. 钢产量增长机制的解析及 2000—2007 年我国钢产量增长过快原因的探索 ［J］.

中国工程科学，2010，12（6）：4-11，17.

［2］郭利杰．钢铁工业发展周期及中国钢产量饱和点预测［J］.科技和产业，2011，11（3）：5-8.

［3］徐向春，王玉刚．中国钢铁消费峰值的探讨［J］.冶金经济与管理，2007（1）：35-39.

［4］李凯，代丽华，韩爽．产业生命周期与中国钢铁产业极值点［J］.产业经济研究，2005（4）：39-43.

［5］王彦佳．中国钢铁行业产业生命周期及钢产量预测［J］.预测，1994（5）：16-19.

［6］中国选矿技术网．我国钢铁及铁矿石需求预测［EB/OL］.［2012-10-05］.http：//www. mining120. com/html/1101/20110104_22381. asp.

［7］陆钟武．论钢铁工业的废钢资源［J］.钢铁，2002，37（4）：66-70，6.

论钢铁行业能耗、物耗、排放的宏观调控[*]

摘 要 强调了对钢铁行业能耗、物耗和排放进行深入、透彻研究的重要性，说明了本研究工作的指导思想、思维方式和理论基础，构思了一张钢铁行业宏观调控网络图，推导了一组多比值计算式；它们都是进行精准、有效的宏观调控所必备的理论工具。回顾过去，确定了我国钢铁行业能耗高、物耗高、排放高的主要原因；展望未来，提出了今后调控工作的原则、方向和长远目标。本文初次阐明了钢铁行业宏观调控的理论和方法。

关键词 钢铁行业 钢产量 能耗、物耗、排放 宏观调控网络图 宏观调控计算式

1 前言

近些年来，我国钢铁行业的能耗高、物耗高、排放高是个大问题，全国上下都很关注，报刊杂志上发表了不少评论[1-3]；但是，大家的看法很不一致，甚至有些看法是针锋相对。这种情况对于解决我国钢铁行业的这个大问题十分不利。因此，对这个问题进行认真的研究显得十分重要和紧迫。笔者的基本观点是必须对我国钢铁行业进行宏观调控，才能从根本上治愈它能耗高、物耗高、排放高的痼疾。

研究工作的指导思想是贯彻落实党的十八大和十八届三中全会精神，进行全面深化改革，建设资源节约型、环境友好型社会[4-5]。研究工作所采用的思维方式是分析思维（还原论）和综合思维（整体论）二者的结合。分析思维的特点是抓住一个东西，特别是物质的东西进行分析，直至分析到极其细微的程度，可是往往忽略了整体联系。综合思维的特点是有整体观念，讲普遍联系，而不是只注意个别枝节或局部。研究工作的理论基础，是在"工业生态学"研究工作中长期积累起来的有关理论成果，主要是一系列概念、公式和图表等[6-9]。

2 扩大视野

全面深入研究钢铁行业的能耗、物耗、排放问题的关键是扩大视野。在研究工作中，既要关注钢铁行业内部的各主要参数，又要关注外部的各主要参数。钢铁行业不是一个独立的系统，而是社会经济系统中的一个子系统。

现将钢铁行业内部、外部必须关注的各主要参数分别列举并说明如下。

（1）钢铁行业内部的参数：1）钢铁行业的能耗（E），t/a（标煤）；2）钢铁行业的物耗（M），t/a（实物）；3）钢铁行业的排放（W），t/a（废物）；4）钢铁行业的废物产生量（W'），t/a（废物）；5）钢产量（P），t/a；6）原生钢产量（P_1），t/a；7）再生钢产量（P_2），t/a。以上各参数，虽然属于钢铁行业内部的参数，但它们的数值大小，仍与钢铁行业的外部条件有关。

* 本文合作者：蔡九菊、杜涛、岳强、高成康、王鹤鸣。原发表于《中国工程科学》，2015。

（2）钢铁行业外部的参数：1）在役钢量（S），t/a；2）实际完成的 GDP 值（G），元/年；3）国家规划的 GDP 值（G'），元/年；4）人口数量（C），人；5）投资量（Z），元/年。这些参数，虽然属于钢铁行业外部的参数，看似与钢铁行业无关，但它们却可能会对整个钢铁行业产生重要的影响。

（3）七个关键参数的简要说明。

1）原生钢产量（P_1）：是指某年某国从铁矿石中提炼出来的钢产量。

2）再生钢产量（P_2）：是指某年某国从废钢中提炼出来的钢产量。

3）在役钢量（S）：是指某年某国处于使用过程中的全部钢制品所含的钢量。所谓钢制品，是指各种人造含钢制品，包括房屋建筑、基础设施、机器设备、交通工具、各类容器、生活用品等。由于各种钢制品的使用寿命是有限的，因此，凡是已报废或不再使用的钢制品中所含的钢量，均不再计入在役钢量之内。

例如，2010 年某国的在役钢量如图 1 所示。图 1 中，设该年钢制品平均寿命为 20 年，故该年该国的在役钢量（若不考虑进出口贸易及库存量的变化）为 $S_{2010} = P_{2010} + P_{2009} + \cdots + P_{1992} + P_{1991}$。某年某国的在役钢量是支撑该年该国 GDP 的物质基础之一。为了把钢产量问题研究清楚，在役钢量的概念是不可或缺的。

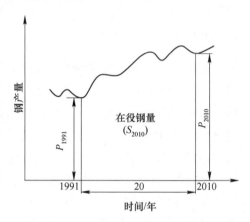

图 1 某年某国在役钢量示意图[9]

4）实际完成的 GDP 值（G）：是指某年某国实际完成的 GDP 统计值。

5）国家规划的 GDP 值（G'）：是指按国家正式发布的中长期计划规定的 GDP 增速，计算出来某年某国的 GDP 值（近十多年来，我国五年计划均规定"人均 GDP 十年翻一番"）。

6）人口数量（C）：是指某年某国人口的数量。

7）投资量（Z）：是指某年某国中央、地方及社会投入国民经济的资金量。在投资量中，一部分是投向兴建固定资产的，所以对钢产量的需求量有直接影响。

3 绘制网络图

3.1 钢铁行业宏观调控网络图

按照钢铁行业内部、外部各主要参数相互之间的关联情况，绘制了一张"钢铁行业宏观调控网络图"，其中标明了各主要参数在图中的位置以及各相邻参数之间的比值式，见图 2。

3.2 相邻参数之间的比值

在网络图上，各对相邻参数之间的比值，如表 1 所列。因钢铁行业内部和外部的主要参数共有 12 个，故相邻参数之间的"比值"有 11 个。

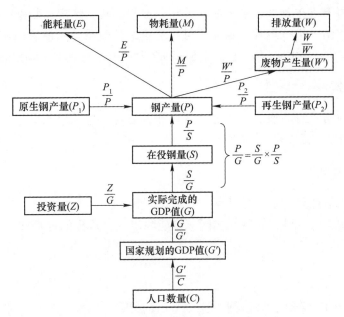

图 2 钢铁行业宏观调控网络图

表 1 网络图中各对相邻参数之间的比值表

比值	内容	名称	单位
E/P	钢铁行业能耗量/钢产量	吨钢能耗	t/t（标煤）
M/P	钢铁行业物耗量/钢产量	吨钢物耗	t/t（实物）
W'/P	钢铁行业废物产生量/钢产量	吨钢废物产生量	t/t（废物）
W/W'	钢铁行业废物排放量/钢铁行业废物产生量	废物排放率	t/t
P₁/P	原生钢产量/钢产量	原生钢比	t/t
P₂/P	再生钢产量/钢产量	再生钢比	t/t
P/S	钢产量/在役钢量	单位在役钢的钢产量	t/t
S/G	在役钢量/GDP 值	单位 GDP 的在役钢量	吨/万元
G/G'	实际完成的 GDP 值/国家规划的 GDP 值	GDP 完成率	万元/万元
G'/C	国家规划的 GDP 值/人口数量	人均 GDP（国家规划值）	万元/人
Z/G	投资量/实际完成的 GDP 值	投资比	万元/万元

3.3 关于网络图的补充说明

关于网络图的补充说明如下：

（1）网络图很重要，因为它追根溯源，统揽全局；这张图很好懂，因为它层次分明，经纬清晰；这张图很实用，因为图中的每一个比值都能使钢铁行业的 E、M、W 发生变化。钢铁行业外部的各项比值，直接影响的是钢产量，通过钢产量的变化再去影响 E、M、W。

（2）网络图有两种读法：一是由上向下读，即由网络图顶层的"能耗量、物耗量、排放量"一直读到"人口数量"为止。这是"由近及远""由果到因"的读法。二是反过来，"由远及近""由因到果"的读法。

583

工业生态学

（3）在钢铁行业宏观调控的实际工作中，要根据具体情况，找准少数几个主要参数和参数间的比值，进行调控。这样，可收到更好的效果。所谓宏观调控，有点像中医的点"穴"。在这个意义上，这张图亦可称之为"钢铁行业宏观调控的经络图"。

4 推导计算式

本节将在网络图的基础上，导出一系列计算公式，为科学地进行钢铁行业宏观调控提供必需的计算工具。

4.1 单比值计算式

在每个单比值计算式中，都只有一个比值。

在网络图中，每一对相邻参数之间，都能写出一个这样的计算式。11 个单比值计算式如下所示。

$$E = P \times \frac{E}{P} \tag{1}$$

式（1）中，E 为该年该国钢铁行业能耗，t/a（标煤）；P 为该年该国钢产量，t/a。

$$M = P \times \frac{M}{P} \tag{2}$$

式（2）中，M 为该年该国钢铁行业物耗，t/a（实物）。

$$W = W' \times \frac{W}{W'} \tag{3}$$

式（3）中，W 为该年该国钢铁行业废物排放量，t/a（废物）。

$$W' = P \times \frac{W'}{P} \tag{4}$$

式（4）中，W' 为该年该国钢铁行业废物产生量，t/a（废物）。

$$P_1 = P \times \frac{P_1}{P} \tag{5}$$

式（5）中，P_1 为该年该国原生钢产量，t/a。

$$P_2 = P \times \frac{P_2}{P} \tag{6}$$

式（6）中，P_2 为该年该国再生钢产量，t/a。

$$P = S \times \frac{P}{S} \tag{7}$$

式（7）中，S 为该年该国在役钢量，t/a。

$$S = G \times \frac{S}{G} \tag{8}$$

式（8）中，G 为该年该国实际完成的 GDP 值，元/年。

$$G = G' \times \frac{G}{G'} \tag{9}$$

式（9）中，G' 为该年该国规划的 GDP 值，元/年。

$$G' = C \times \frac{G'}{C} \tag{10}$$

式（10）中，C 为该年该国的人口数，人。

$$Z = G \times \frac{Z}{G} \tag{11}$$

式（11）中，Z 为该年该国的投资量，元/年。

以上各式虽然看似都很简单，但都很重要。例如，式（1）告诉我们，研究钢铁行业能耗问题，一定要特别关注钢产量（P），因为它是影响全行业能耗、物耗、排放的重要因素。

4.2　多比值计算式

多比值计算式如下：

（1）钢铁行业能耗、物耗、排放的多比值计算式。联立式（1）及式（7）~式（10），得

$$E = C \times \frac{G'}{C} \times \frac{G}{G'} \times \frac{S}{G} \times \frac{P}{S} \times \frac{E}{P} \tag{12}$$

式（12）是依据某年某国钢铁行业能耗量（最顶层参数）与该国人口数量（最底层参数）的关联程度建立起来的多比值计算式。由于这两个参数在网络图上相隔 5 个层次（见图 2），所以公式中含有 5 个比值。

同理，联立式（2）及式（7）~式（10），得

$$M = C \times \frac{G'}{C} \times \frac{G}{G'} \times \frac{S}{G} \times \frac{P}{S} \times \frac{M}{P} \tag{13}$$

式（13）是在钢铁行业物耗量（M）与人口数量（C）之间建立起来的多比值计算式，其中也含 5 个比值。联立式（3）、式（4）及式（7）~式（10）得

$$W = C \times \frac{G'}{C} \times \frac{G}{G'} \times \frac{S}{G} \times \frac{P}{S} \times \frac{W'}{P} \times \frac{W}{W'} \tag{14}$$

式（14）是在钢铁行业排放量（W）与人口数量（C）之间建立起来的多比值计算式，其中含有 6 个比值。

如图 2 可见，式（12）、式（13）、式（14）将最顶层的参数与最底层的参数相关联，都是自上而下、"一竿子插到底"的计算式。这些计算式可用来对钢铁行业宏观调控的各项措施和效果，进行综合定量评价。

（2）钢产量的多比值计算式。联立式（7）~式（10），得

$$P = C \times \frac{G'}{C} \times \frac{G}{G'} \times \frac{S}{G} \times \frac{P}{S} \tag{15}$$

式（15）是在钢产量（P）与人口数量（C）之间（相隔 4 个层次）建立起来的多比值计算式，式中含有 4 个比值，每个比值对钢产量都有调控作用。式（15）可用来就 4 个比值对钢产量宏观调控的具体效果进行综合定量评价。

（3）人均钢产量的多比值计算式。在式（15）等号两侧同除以人口数量（C），得

式（17）是某年某国人均钢产量（P/C）的多比值计算式，其中含 4 个比值。该式表明：某年某国人均钢产量取决于两个因素，一是人均 GDP，即 $\frac{P}{G} = \frac{S}{G} \times \frac{P}{S}$；二是单位 GDP 钢产量，即 $\frac{G}{C} = \frac{G'}{C} \times \frac{G}{G'}$。

4.3 两点说明

对以上各式作如下两点说明：

（1）前面已经说过，多比值计算式中的每一个比值都对 E、M、W 等值有影响。现在要强调的是：这些比值的乘积，才是影响 E、M、W 值的综合的、最终的因子。即使每一个比值的变化都不大，但是它们的乘积就会有较大的变化。例如，式（12）中有 5 个比值，其中每个比值只升高 1%，它们的乘积就会升高 5.1%。因此，在宏观调控工作中，对每个比值和它们的乘积这两方面都要关注。

（2）前述各个多比值计算式都是静态的计算式，而经济运行过程是动态的，式中的各个比值每年都在变化。因此，在实际工作中，这是必须考虑的问题。这方面具体的说明可参见 5.1 节。

5 回顾过去

回顾过去，得出的判断和主要看法是：G/G'、Z/G、S/G、P/S、P_1/P 及 W/W' 6 个比值均过大，致使我国钢铁行业的能耗量、物耗量、排放量均过大，资源能源约束矛盾突出，环境污染严重。若继续下去，资源能源将难以为继，环境将不堪重负。若不采取拯救措施，可能会出现严重后果。

5.1 G/G' 比值过大

近 20 年来，国家规划的 GDP 增速是"人均 GDP 十年翻一番"，即 GDP 年均增速约为 7.2%。但是，在"唯 GDP 论"思想的误导下，各级政府互相攀比、层层加码。省级政府把它提高到 9%~11%，市级政府进一步提高到 11%~13%，个别市甚至提高到 20% 以上。而且，各级政府似乎都有权执行他们自己制定的规划，而置国家的规划于不顾。这样执行的结果是：全国 GDP 年均增速高达 10%，而不是 7.2%，二者的差别，虽然只有 2.8 个百分点，但是在指数增长的模式下，若干年后，G 值就会比 G' 值高得多（见图 3）。G/G' 的比值过大，是钢产量过大，钢铁行业能耗量、物耗量、排放量都过大的重要原因之一。

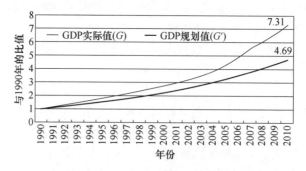

图 3　中国 1990~2010 年期间 GDP 实际值和规划值

（注：以 1990 年作为基点；数据来源于中国统计年鉴 2014、国民经济和社会发展第 9~12 个五年规划纲要[10-11]）

5.2 Z/G 比值过大

国民经济运行过程中，每年都需要有新的投资。这是正常现象。但投资率过高，主要靠投资拉动经济是不正常的，是不可持久的。与此同时，投资率过高也是我国近些年来，钢产量过高的重要原因之一。因为在国民经济中，钢作为基础和结构材料几乎是无处不在的；每年的投资项目中，哪怕只有很少一部分用到钢材，对钢产量的拉动作用也是不小的。近些年来，我国投资率一路飙升，1990 年为 24.35%，2000 年为 36.82%，2010 年上升到 69.27%，2013 年竟高达 78.59%[10]，实属罕见。投资率过高的问题，是我国宏观调控中的一个大问题，也是钢产量过高的重要原因之一。

5.3 S/G 比值过大

在役钢量与 GDP 的比值（S/G）是宏观经济方面的一个指标。一般而言，这个比值的大小，取决于产业结构、产品结构、技术水平和管理水平等。由式（12）~ 式（14）可见，这个比值越大，越不利于钢铁行业的节能、降耗、减排。我国进入 21 世纪以来，这个比值逐步增大。2000 年为 1.289，2007 年上升到 1.556，2012 年高达 1.786（内部计算结果）。那些年我国正处在重化工业时期，在此期间 S/G 稍高一些是需要的，但这个比值过大，是不正常的。S/G 的比值过大，很重要的原因是一些不正常现象很多，其中包括：形象工程、政绩工程、楼堂馆所、超标建筑、空置房屋以及经济结构不合理，经济社会效益低下等，浪费、糟蹋了大量钢材。

5.4 P/S 比值过大

同样的道理，钢产量与在役钢量之比，即单位在役钢的钢产量过大，也不利于钢铁行业的节能、降耗和减排。2000 ~ 2007 年，我国的这个比值从 0.1005 猛增至 0.1547；2008 年后因世界金融危机，此比值回落到 0.1266（内部计算结果）。影响 P/S 值的因素有二：一是钢产量升降情况；二是钢制品平均使用寿命。下面将就这两个因素对 P/S 值的影响进行分析。

（1）钢产量升降对 P/S 值的影响。为简明起见，设 2010 年某国钢产量为 $P_{2010} = 1.0$ 亿吨/年，钢制品平均寿命 $\Delta\tau = 20$ 年。在不考虑进出口贸易和库存量变化的情况下，说明以下三种情况下的 P/S 值。

若在 1990~2010 年的 20 年内，该国钢产量保持 1.0 亿吨/年不变（见图 4 中曲线①），则 2010 年该国在役钢量等于 20×1.0 = 20 亿吨。故 2010 年该国的 $P/S = 1.0/20 = 0.05$。

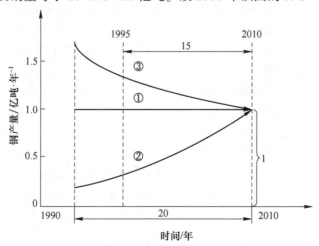

图 4　钢产量升降对 P/S 值的影响

若在 1990~2010 年，该国钢产量持续上升（见曲线②），则 2010 年该国的 P/S 值必大于 0.05，且钢产量增长越快，此比值越大。

若在 1990~2010 年，该国钢产量逐年下降（见曲线③），则 2010 年该国的 P/S 值必小于 0.05，且钢产量下降越快，此比值越小。

（2）钢制品平均寿命对 P/S 值的影响。假设钢制品平均寿命为 15 年（其他假设同上节），现说明以下三种情况。若在 1995~2010 年，该国钢产量保持 1.0 亿吨/年不变，则 2010 年该国在役钢量等于 $15 \times 1.0 = 15$ 亿吨。故 2010 年该国的 P/S 值约为 0.0667，大于上节的 0.05。

若在 1995~2010 年，该国钢产量持续上升，则 2010 年该国在役钢量必小于 15 亿吨/年，故 P/S 值大于 0.0667。若在 1995~2010 年该国钢产量逐年下降，则 2010 年该国在役钢量必大于 15 亿吨/年，故 P/S 值小于 0.0667。

总之，2000~2007 年，我国 P/S 比值猛增的原因：一是钢产量增长过快；二是钢制品寿命大幅缩短。那么，为什么钢制品寿命会缩短呢？我们认为以下 7 种现象的影响最为显著，即：拆迁房屋、豆腐渣工程、烂尾工程、废弃的违规建设项目、淘汰落后产能、天灾损毁的固定资产、事故损毁的固定资产。必须说明，以上各现象，虽然都是使 P/S 值上升的重要原因，但情况各异，如何处理，要区别对待。

5.5 P_1/P 比值过大

钢铁工业的铁源只有两个：一是铁矿石，二是废钢。直接从铁矿石炼出来的叫作原生钢，从废钢炼出来的叫作再生钢。某年某国的钢产量（P）等于原生钢产量（P_1）与再生钢产量（P_2）之和，即 $P = P_1 + P_2$；或 $P_1/P + P_2/P = 1$。

长期以来，我国因废钢资源一直较为短缺，所以 P_1/P 的比值一直过大，而 P_2/P 的比值过小。近些年来，这种情况更为严重，P_1/P 值竟高达 0.9 左右。

原生钢生产过程的弊端是：吨钢的能源、资源消耗量和废物产生量都比再生钢多得多。例如，吨原生钢的能耗约为再生钢的三倍。因此，原生钢比（P_1/P）过大，是我国钢铁行业长期以来高能耗、高物耗、高污染的一个重要原因。

但是，为什么我国废钢资源会如此短缺呢？研究工作已阐明：（1）某年某国废钢资源的充足程度是相对于该年该国的钢产量而言的，主要指标是废钢资源量与钢产量之比；（2）这个比值的大小与该国前些年的钢产量随时间的变化密切相关[12-13]。现就这方面的三种典型情况说明如下：在钢产量逐年增长的情况下，国内的废钢资源必比较短缺。而且，钢产量增长越快，废钢资源越短缺；在钢产量逐年下降（或突然下降）的情况下，国内的废钢资源必比较充足。而且，钢产量下降越快，废钢资源越充足；在钢产量稳定的情况下，国内废钢资源的充足程度介于以上两种情况之间。

我国属于上述第一种情况：钢产量持续高速增长，尤其是近些年来，钢产量超高速增长，废钢资源当然会短缺或严重短缺。

不过，可以预料，当我国钢产量进入稳定期、下降期后，废钢资源必将逐渐充足起来，甚至达到十分充足的程度。届时，P_1/P 的比值必将逐年下降，P_2/P 的比值必将逐年上升。这种变化，对钢铁行业节能、降耗、减排必将发挥积极作用。

5.6 W/W' 比值过大

钢铁行业的废物排放量（W）与其废物产生量（W'）之比，是钢铁行业内部的一个比值。主要是指脱硫、除尘等末端治理方面做得不够好，在我国不少地方和企业，废水、废气、固体废弃物的处理以及资源化等设施，还很不齐全。今后，需进一步配备和完善起来，降低这个比值。

6　展望未来

钢铁行业的宏观调控，实际上是我国社会经济系统进行全面深化改革的重要组成部分。调控工作的原则是：协调配套、循序渐进。绝不能只是"硬压"钢产量（或产能），而不进行全面改革。否则钢产量是会"反弹"的。今后，改革的主要方向如下。

（1）坚决贯彻落实中央指示，即一定要彻底转变观念，就是再也不能以国内生产总值增长率来论英雄了，一定要把生态效率放在经济社会发展评价体系的突出位置[14]。

（2）各级地方政府制定的五年计划，必须经上一级政府审查批准后执行，再也不能允许"层层加码"。各级地方政府制定的 2015 年计划，必须按中央指示精神进行修改，并报上级政府审批。

（3）要逐步扭转"靠投资拉动增长"的局面，使投资率逐步回归到正常的区间（约为 20% ~ 30%）。

（4）要进行全面深化改革，使单位 GDP 钢产量（T 值）逐步降低。改革的主要方向是提高钢制品寿命，提高每吨在役钢的经济产出。那么该如何实施？建议更多地引入监督主体，参与、监督乃至避免诸如形象工程、政绩工程、超标建筑、拆迁房屋、豆腐渣工程等事件的发生。

（5）要加大对废钢加工、使用以及电炉钢生产流程的重视程度。我国的钢产量进入稳定期、下降期后，再生钢比（P_2/P）必将逐年较快上升，要未雨绸缪，做好各项有关准备工作。

（6）更长远的目标，是把单位 GDP 钢产量降到很低的程度，使之逐步与发达国家取齐。

7　结语

（1）本文提出了钢铁行业宏观调控的网络图和计算式，基本上形成了一套自成体系的理论和方法。从初步试用的情况看，这套理论和方法较为实用，用起来也很方便，可作为我国钢铁行业宏观调控的重要参考。

（2）本文涉及的学科领域较多，而笔者的知识面有限，所以希望有关各学科的专家、学者不吝赐教、批评指正。

致谢

本文在撰写过程中，得到徐匡迪院士、殷瑞钰院士、张寿荣院士和李明俊教授等专家学者的支持和帮助，特此感谢。

参 考 文 献

[1] 鲍丹. 钢铁业：如何迈过生死线？［N］. 人民日报，2013-05-06（19 版）.

[2] 张占斌，冯俏彬. 化解产能过剩，推动经济转型［N］. 光明日报，2014-04-30（15 版）.

589

工业生态学

［3］郭小燕．钢铁行业的最大问题是过于分散［EB/OL］．［2015-04-20］．http：//www.csteelnews.com/special/1196/1198/201503/t20150307_2757html.2015-03-13.

［4］胡锦涛．坚定不移沿着中国特色社会主义道路前进为全面建成小康社会而奋斗——在中国共产党第十八次全国代表大会上的报告［EB/OL］．［2015-04-20］．http：//www.xj.xinhuanet.com/2012-11/19/c_113722546.htm.

［5］中国共产党第十八届中央委员会．中共中央关于全面深化改革若干重大问题的决定［EB/OL］．［2015-04-20］．http：//www.sn.xinhuanet.com/2013-11/16/c_118166672.htm.

［6］陆钟武．穿越"环境高山"——工业生态学研究［M］．北京：科学出版社，2008.

［7］陆钟武．工业生态学基础［M］．北京：科学出版社，2009.

［8］陆钟武，岳强．钢产量增长机制的解析及2000—2007年我国钢产量增长过快原因的探索［J］．中国工程科学，2010，12（6）：4-11，17.

［9］陆钟武，岳强，高成康．论单位生产总值钢产量及钢产量、钢铁行业的能耗、物耗和排放［J］．中国工程科学，2013，15（4）：23-29.

［10］国家统计局．中国统计年鉴［M］．北京：中国统计出版社，2014.

［11］国务院．国民经济和社会发展第9—12个五年规划纲要［EB/OL］．［2015-04-20］．http：//www.gov.cn/.

［12］陆钟武．关于钢铁工业废钢资源的基础研究［J］．金属学报，2000，36（7）：728-734.

［13］陆钟武．论钢铁工业的废钢资源［J］．钢铁，2002，37（4）：66-70.

［14］中共中央文献研究室．习近平关于全面深化改革论述摘编［M］．北京：中央文献出版社，2014.

An Analysis of Copper Recycling in China [*]

Abstract Copper consumption increased very quickly in China in recent years, which could not be met by inland copper industry. In order to achieve a sustainable development of copper industry, an analysis of copper recycling in China was necessary. For the life cycle of copper products, a copper-flow diagram with time factor was worked out and the contemporary copper recycling in China was analyzed, from which the following data were obtained. The average life cycle of copper products was 30 years. From 1998 to 2002, the use ratio of copper scraps in copper production, the use ratio of copper scraps in copper manufacture, the materials self-support ratio in copper production, and the materials self-support ratio in copper manufacture were 26.50%, 15.49%, 48.05% and 59.41%, respectively. The materials self-support ratios in copper production and manufacture declined year by year in recent years on the whole, and the latter dropped more quickly. The average index of copper ore and copper scrap from 1998 to 2002 were 0.8475t/t and 0.0736t/t, respectively; and copper resource efficiency was 1.1855t/t. Some efforts should be paid to reduce copper ores consumption and promote copper scraps regeneration. Copper scraps were mostly imported from foreign countries because of shortage in recent years in China. Here the reasons related to copper scraps deficiency were also demonstrated. But we can forecast: when copper production was in a slow rise or in a steady state in China, the deficiency of copper scraps may be mitigated; when copper production was in a steady state for a very long time, copper scraps may become relatively abundant. According to the status of copper industry in China, the raw materials of copper production and manufacture have to depend on oversea markets heavily in recent years, and at the same time, the copper scraps using proportion and efficiency in copper industry should be improved.

Key words copper scrap, copper recycling, copper-flow diagram of the life cycle of copper products, self-support ratio, copper ore index, copper scrap index, copper resource efficiency

591

1 Introduction

1.1 Background

Copper is an important basic material and it is widely used in national economy. It has been used in many fields, such as electricity, light industry, industrial machinery, electron, transportation, communication and national defense, etc. The demand for copper increased quickly in China in recent years with the rapid development of economy (Table 1). China has become the largest country in copper consumption since 2002. Along with the rapid increment

---

[*] Coauthor: Yue Qiang. Reprinted from *The Chinese Journal of Process Engineering*, 2006.

of consumption, copper production in China can't meet the demand, and the gap has to be supplied by oversea markets.

Table 1　Production and consumption of refined copper in China in 1995-2002

Year	1995	1996	1997	1998	1999	2000	2001	2002	Increasing Rate
Production (t)	107.97 $\times 10^4$	111.91 $\times 10^4$	117.94 $\times 10^4$	121.13 $\times 10^4$	117.42 $\times 10^4$	137.11 $\times 10^4$	152.33 $\times 10^4$	163.25 $\times 10^4$	6.08%
Consumption (t)	114.70 $\times 10^4$	119.27 $\times 10^4$	126.97 $\times 10^4$	140.22 $\times 10^4$	148.42 $\times 10^4$	192.81 $\times 10^4$	230.73 $\times 10^4$	268.44 $\times 10^4$	12.92%

Data source: China Nonferrous Metals Industry Yearbook (1996-2003).

The reserves of copper ores in China are proved to in the fourth place throughout the world. The status quo of copper ore resources is as follows: reserves are relatively abundant, but mostly in low grade; copper ores are difficult for mining and milling; the average reserve per capita is deficient[1]. As a developing country, consumption of copper ores increased more quickly than those in developed countries. Compared with the demand, the supply of copper ores was severely in shortage and the self-support ratio of copper ores was only about 50%. In the early stage of the 21st century, the condition of copper ore is austere. So the regeneration of copper scraps has an important meaning for the copper industry in China: first, using of copper scraps can reduce the consumption of nonrenewable resources—copper ores; second, it can reduce consumption of energy and decrease environmental pollution.

An analysis of contemporary copper recycling of China is very useful in finding the recycling status quo of copper scraps in copper industry in China, which can help to attain the savings of Cu-containing resources and achieve a sustainable development in the copper industry.

1.2　The investigative status quo of copper recycling in China and abroad

The method of substance flow analysis is used in analyzing copper recycling in the present work. Substance flow analysis (SFA) is an effective tool for studying the industrial metabolism of specific substances (e.g. copper, aluminum) on a certain spatial scale, for example, in the scale of a nation, a region or a firm. Industrial metabolism means the whole integrated collection of physical processes that convert raw materials and energy, plus labor, into finished products and wastes[2]. Therefore, the subject of SFA is to identify and quantify the material flows related to those physical processes and the relationship among them. The purpose of SFA is looking for the potentials and measures of resource conservation and environmental protection, and encouraging industrial system to meet the requirement of sustainable development. Thus, the proposals offered in SFA can be of assistance to decision makers.

In developed countries, a lot of work on copper flow analysis has been done in recent years, and valuable proposals have been raised to decision makers at national or regional levels. Many papers have been published. Some of them can be found in the list of references cited in this paper: the paper of Kapur et al. on Asian copper cycle[3], Spatari et al. on European copper cycle[4], Van Beers et al. on African copper cycle[5], etc. Most of these are the components of the Stocks and Flows (STAF) Project of the Center for Industrial Ecology at Yale University that seek a comprehensive accounting of the anthropogenic mobilization of copper and other metals in the industry economy; and works of Ayres[2,6], Graedel and Allenby[7], Kleijn[8], Hansen and Lassen[9] on theory and practice in general. It is clear that in developed countries the method of SFA has been shaped, and a wealth of experience has been accumulated.

Copper flow analysis in China was lacking and few papers were published on it. There are only some papers on copper scraps use state in China[10-13]. But these studies mainly focused on the quantities of copper scraps, scarcely use the method of substance flow analysis.

For the life cycle of copper products, a copper-flow diagram with time factor has been worked out and the contemporary copper recycling in China has been analyzed in this paper.

2 Copper-flow diagram for copper products life cycle

Substance flow analysis with time factor of products life cycle[14-15] is used in this paper. The copper-flow diagram for the copper products life cycle is given in Figure 1.

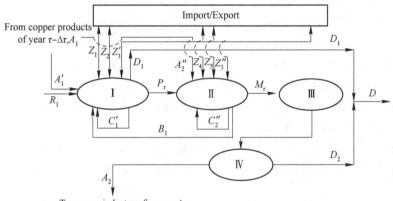

Stage I: Copper production (mining, concentration, smelting and refining)
Stage II: Copper fabrication and manufacture
Stage III: Final copper products use
Stage IV: Retrieve from obsolete copper products

Figure 1   The copper-flow diagram for the copper products life cycle

In Figure 1, τ is the reference year for study; A_1 and A_2 are the self-produced old copper scraps recycled in the year τ and $\tau + \Delta\tau$, respectively; here, "t" represent "ton", "a" represent "year", but in order to avoid prolixity, we can delete them in fact; $\Delta\tau$ is the average life cycle of copper products; A_1' and A_1'' are the amounts of indirect and direct use of old copper scraps, respectively; R_1 is the self-produced copper ores used in copper production; P_τ is the outputs of refined copper production in the year τ; M_τ is the outputs of final copper products in the year τ; B_1 is the indirect using amounts of new copper scraps originated from copper manufacture; C_1' is the using amounts of interior copper scraps in copper production originated from the same stage; C_1'' is the using amounts of new copper scraps in copper manufacture originated from the same stage; D_1 is the dissipating amounts of copper during refined copper production; D_2 is the dissipating amounts of copper during retrieve of obsolete

工业生态学

copper products in the year $\tau+\Delta\tau$; $D=D_1+D_2$, the overall dissipating amounts of copper to the environment in the life cycle of copper products, which is equal to the sum of dissipating amounts in copper production and retrieve of obsolete copper products; I_1, I_2, I_3, I_4 and I_5 are the net imported amounts of copper concentrated ore, crude copper, copper scraps, refined copper and copper products, respectively; I_3', I_3'' are the amounts of indirect and direct use of the net imported copper scraps, respectively.

The entire life cycle of copper products comprises four stages. Some explanations for the four stages are as follows:

(1) The production of primary and secondary refined copper have been treated as a single process, and are expressed by stage I . Interior copper scraps are produced in copper production, such as the tailings, slag, etc., and some of them (C_1') are recycled in the same stage. The dissipating amount of copper during this stage is expressed by D_1. The output of refined copper in reference year τ was P_τ.

(2) The stage II is the fabrication and manufacture stage. The copper flows within this stage include the fabrication of copper semis and copper alloy semis, and the manufacture of intermediate commodities and finished products. New copper scraps are originated in copper fabrication and manufacture, such as copper bits and scraps, etc., which are recycled in copper production (B_1) and manufacture (C_1'') in a short time. The output of copper products in reference year τ was M_τ.

(3) Copper products leave the manufacture stage in the form of finished products or embedded into assembled products (e. g. automobiles). When the copper products are produced, they are widely used in national economy, primarily used in electricity and light industry. The consumption structure of copper products in China in recent years is listed in Table 2.

Table 2   Copper consumption structure in China in recent years   (%)

Industry	Electricity	Light industry	Industrial machinery	Electron	Transportation	Communication and others
Proportion	39. 2~43	20~20.6	7. 5~7. 8	8. 9~10	4. 5~7. 0	14. 4~17. 8

(4) The retrieve of obsolete copper products is the fourth stage in copper products life cycle. Some of obsolete copper products are retrieved after their life cycle (A_1); some permanently stored in terrestrial establishments and constructions; some dissipate into the environment during their life cycle.

Two explanations should be mentioned here.

(1) All the flow rates indicated in Figure 1 are not that of materials in kind, instead, they are the flow rates of Cu contained in flowing materials. In fact, it is a Cu-flow diagram for a life cycle of copper products;

(2) The time concept is clearly shown in Figure 1, τ is the reference year for study; $\Delta\tau$ is the average life cycle of copper products, the unit is a.

Three circular flows can be clearly seen from Figure 1:

(1) Big recycling. When copper products are abandoned after their life cycle, some of them

can be retrieved as materials in copper production and manufacture. For instance, the flows of A_1 and A_2 shown in Figure 1.

(2) Moderate recycling. The copper scraps brought forth during copper manufacture, and used as materials that are recycled in copper production, as the flow B_1 shown in Figure 1.

(3) Small recycling. The copper scraps brought forth that are recycled in the same stage. Mainly represented, as the copper scraps produced in backward position are recycled in frontward position, like the flows of C_1' and C_1'' shown in Figure 1.

3 Analysis of copper recycling for China in 2002

First of all, the average copper products life cycle must be confirmed. The average life cycle of copper products $\Delta\tau$ can be calculated by the weighted averages method, which is expressed as follow:

$$\Delta\tau = \sum_{i=1}^{n} f(x_i) \times \Delta\tau_i \qquad (1)$$

where, i is the use category of copper products, ($i = 1, 2, 3, \cdots, n$); $f(x_i)$ is the percentage of the use category i of copper products; $\Delta\tau_i$ is the life cycle of the use category i of copper products.

The use categories that offer the best basis for defining the factors needed in a copper cycle analysis appear to be the seventeen classes Cu-containing products made in 1990 in US, Western Europe, and Japan, as defined by the Market Analysis Company of Birmingham, England[16]. These uses, as shown in Table 3, account for 79% of the worldwide consumption of copper. They are useful guides to the relative use magnitudes, but it is obvious that these data will differ somewhat for different epochs or stages of technological development[17].

595

Table 3 Principal uses of copper in the 1990 in the US, Western Europe, and Japan

No.	Category	Use (%)	RT[1] (a)	No.	Category	Use (%)	RT[1] (a)
1	Building wire	14	45	10	Motor vehicle wire	4	10
2	Tube	12	60	11	Appliance wire	4	20
3	Alloy rod	11	20	12	Bare wire	3	10
4	Magnet wire	9	15	13	Copper red	2	40
5	Telecommunication wire	8	50	14	Alloy tube	2	35
6	Power cable	8	40	15	Wire (other)	1	5
7	Copper sheet and strip	8	50	16	Alloy wire	1	5
8	Alloy sheet and strip	7	25	17	Chemical and powder	<1	1
9	Casting alloys	6	30				

[1]RT: Residence time of copper in each use.

The calculating result of average life cycle of copper products is 34 years based on Table 3. According to Table 3 and integrating with the copper products consumption structure in China in recent years (Table 2), we set the average copper products life cycle in China is 30 years.

So for the materials used in copper production in China in 2002, a portion copper scraps come from the obsolete copper products that were produced in 1972. The copper products in

工业生态学

1972 in China was 24.12×10^4t and recycling rate α_r of obsolete copper products was 70%[18-19] in 2002, from these we can obtain the self-produced old copper scraps recycled in copper production and manufacture were 16.88×10^4t (A_1).

The trade date of copper concentrated ore, crude copper and copper scraps in China in 2002 is listed in Table 4. Compared with the imported quantities of copper concentrated ore and copper scraps, the exported quantities were very small and are omitted in consideration. The imported copper concentrated ore (Cu-containing in weight was 25%), net imported crude copper (Cu-containing in weight was 98%) and copper scraps (Cu-containing in weight was 25%) were 51.64×10^4t (I_1), 10.00×10^4t (I_2) and 77.00×10^4t (I_3), respectively.

Table 4   The trade of copper concentrated ore, crude copper and copper scraps in China in 2002

Item	Export volume (t)	Import volume (t)
Copper concentrated ore	35781	2065395
Crude copper	3411	105449
Copper scraps	7775	3080096

Data source: China Nonferrous Metals Industry Yearbook (2003).

3.1   A copper-flow diagram for copper products life cycle for China in 2002

In the copper system, copper will flow through every stage of the life cycle of copper products, and the "Conservation Law" (in which inputs equal outputs) will be obeyed[8]. A Cu-flow diagram can be drawn to reflect the directions of Cu-flow and the distribution of copper based on the application of the "Conservation Law" at every stage. Some data have been obtained above, here we illustrate the sources of else data, and all of them are described in Table 5.

Table 5   The quantitative relations and data sources of the copper-flow diagram for China in 2002

Item	Value (t)	Quantitative Relations	Data sources
A_1	16.88×10^4	$A_1 = \alpha_{2002} M^1_{1972}$	$\alpha_{2002} = 0.70t/t$[18-19]; $M_{1972} = 24.12$[23]
A'_1	8.44×10^4	$A'_1 = l_1 A_1^2$	$l_1 = 0.5t/t$[20]
A''_1	8.44×10^4	$A''_1 = l_2 A_1^2$	$l_2 = 0.5t/t$[20]
R_1	65.89×10^4	$R_1 = O_j + O_w^3$	$O_j = 56.81$[23]; O_w was calculated based on the model documented by Gordon in [21], $O_w = 9.08$
$P_{\tau(2002)}$	163.25×10^4	$P_{\tau(2002)} = A'_1 + R_1 + B_1 + I_1 + I_2 + I'_3 - D_1$	$P_{\tau(2002)}$ was obtained from [23]
D_1	16.82×10^4	$D_1 = A'_1 + R_1 + B_1 + I_1 + I_2 + I'_3 - P_\tau$	D_1 was calculated based on mass balance P_r was calculated based on the major technical
C'_1	1.71×10^4	$C'_1 = P_r - D_1^4$	economic targets in [23], $P_r = 18.53$
B_1	5.60×10^4	$B_1 = m_1 B^2$	$m_1 = 0.20t/t$[3]; a was calculated based on [18-19], $B = 28.00$
C''_1	22.40×10^4	$C''_1 = m_2 B^2$	$m_2 = 0.80t/t$[3]
$M_{\tau(2002)}$	376.66×10^4	$M_{\tau(2002)} = P_\tau + A''_1 + I'_3 + I_4 + I_5 - B_1$	$M_{\tau(2002)}$ was calculated based on mass balance

Item	Value (t)	Quantitative Relations	Data sources
A_2	263.66×10^4	$A_2 = \alpha_{2032}M_{2002}$	$\alpha_{2032} = 0.70t/t$ [18-19]; $M_{2002} = 376.66$
D_2	113.00×10^4	$D_2 = (1 - \alpha_{2032})M_{2002}$	$\alpha_{2032} = 0.70t/t$ [18-19]; $M_{2002} = 376.66$
D	129.82×10^4	$D = D_1 + D_2$	$D_1 = 16.82$; $D_2 = 113.00$
I_3'	38.50×10^4	$I_3' = n_1 I_3^2$	$n_1 = 0.50t/t$ [20]; $I_3 = 77.00$ [13, 23]
I_3'	38.50×10^4	$I_3'' = n_2 I_3^2$	$n_2 = 0.50t/t$ [20]; $I_3 = 77.00$ [13, 23]
$I_1, I_2, I_3,$ I_4, I_5	—	$I_1 = 51.64$; $I_2 = 10.00$; $I_3 = 77.00$; $I_4 = 113.88$; $I_5 = 58.19$	I_1, I_2, I_3, I_4, I_5 were obtained from [23]

Note: 1. α_{2002} is the recycling rate of obsolete copper products in 2002, see glossary.

    2. l_1, m_1 and n_1 are the copper scraps indirect use ratio; l_2, m_2 and n_2 are the copper scraps direct use ratio, see glossary.

    3. O_j and O_w are the self-produced copper concentrated ores and tailings in mining and milling process, respectively.

    4. P_r is the residues in refined copper production stages.

The materials inputted in copper production in China in 2002 were (Cu-containing in weight): the self-produced copper ore R_1; the self-produced old copper scraps A_1'; the imported copper concentrated ore I_1; the net imported crude copper I_2; the imported copper scraps I_3'; the new scraps recycled in copper production B_1.

The materials inputted in copper manufacture were (Cu-containing in weight): the self-produced refined copper P_τ; the self-produced old copper scraps A_1''; the net imported refined copper I_4; the net imported copper products I_5; the net imported copper scraps I_3''.

So, the copper scraps (not including the interior copper scraps) use ratio in copper production m was

$$m = \frac{A_1' + I_3' + B_1}{R_1 + I_1 + I_2 + A_1' + I_3' + B_1} \times 100\% = 29.18\%$$

Equally, the copper scraps use ratio in copper manufacture n was

$$n = \frac{A_1'' + I_3'' + C_1''}{P_\tau + I_4 + I_5 + A_1'' + I_3''} \times 100\% = 18.14\%$$

The materials self-support ratio in copper production u was

$$u = \frac{R_1 + A_1' + B_1}{R_1 + I_1 + I_2 + A_1' + I_3' + B_1} \times 100\% = 44.39\%$$

Equally, the materials self-support ratio in copper manufacture v was

$$v = \frac{P_\tau + A_1'' + C_1''}{P_\tau + I_4 + I_5 + A_1'' + I_3''} \times 100\% = 50.77\%$$

3.2 The copper ore index, copper resource efficiency and copper scrap index of copper industry for China in 2002

3.2.1 The copper ore index and copper resource efficiency of copper industry for China in 2002

The "copper ore index" is defined as the copper concentrated ore and crude copper inputted

工业生态学

per unit output of refined copper. This index can be used to weigh the degree of the copper industry depending on copper ore and crude copper.

For this, the "copper ore index" is defined as the following:

$$K = \frac{\text{the inputs of copper concentrated ore and crude copper in statistical period}}{\text{the outputs of refined copper production in statistical period}} \tag{2}$$

where, K is the "copper ore index", t/t.

Using the characters in Figure 1, the Equation (2) can be expressed as Equation (2'):

$$K = \frac{R_1 + I_1 + I_2}{P_\tau} \tag{2'}$$

So that the "copper ore index" K for China in 2002 was

$$K = \frac{R_1 + I_1 + I_2}{P_\tau} = 0.7812 \text{ t/t}$$

This can be comprehended as, there were 0.7812t copper concentrated ore and crude copper inputted per ton refined copper production.

The "copper resource efficiency" can be defined as the outputs of refined copper per unit of copper concentrated ore and crude copper inputted. This index can be used to assess the natural copper resource utilization efficiency.

For this, the "copper resource efficiency" is defined as thefollowing:

$$r = \frac{\text{the outputs of refined copper production in statistical period}}{\text{the inputs of copper concentrat ore and crude copper in statistical period}} \tag{3}$$

where, r is the "copper resource efficiency", t/t.

Using the characters in Figure 1, the Equation (3) can be expressed as Equation (3'):

$$r = \frac{P_\tau}{R_1 + I_1 + I_2} \tag{3'}$$

Therefore, we found that the reciprocal of K is just the copper resource efficiency r, i. e.

$$r = \frac{1}{K} \tag{4}$$

Corresponding, the copper resource efficiency for China in 2002 was 1.2801t/t. This can be comprehended as, there were 1.2801t outputs of refined copper per ton copper concentrated ore and crude copper inputted.

3.2.2 The copper scrap index of copper industry for China in 2002

For those four different categories of copper scraps, as are defined in the Glossary. Among them, the interior copper scraps are recycled inside the enterprise and are not brought to the markets, so they can't be looked upon as the domestic copper scraps resource; the imported scraps are imported from overseas markets, still can't be looked upon as the domestic copper scraps resource. Thereby, the domestic copper scraps resource, we merely count the old copper scraps and new copper scraps, the sum is a national total copper scrap resources.

Here an important viewpoint should be stated that the amounts of copper scraps alone can't illuminate if they are sufficient or not for a national copper industry, if we are wanting to know the quantities of copper scraps are sufficient or not, we must consider the outputs of a national refined copper production simultaneously.

Here, the "copper scrap index" is defined as the following:

$$S = \frac{\text{the recycled old scraps and new scraps used in refined copper production in sttistical period}}{\text{the outputs of refined copper production in statistical period}}$$

(5)

where, S is the "copper scrap index", t/t.

Using the characters in Figure 1, the Equation (5) can be expressed as Equation (5'):

$$S = \frac{A_1' + B_1}{P_\tau}$$

(5')

The "copper scrap index" is used to weigh the copper scraps sufficient or not for a national copper industry. The bigger S is, the more sufficient of the copper scraps are; the smaller S is, the less sufficient of the copper scraps are.

So that the "copper scrap index" S for China in 2002 was

$$S = \frac{A_1' + B_1}{P_\tau} = 0.0860 t/t$$

4 Results and discussion

The status quo of copper recycling for China in recent years has been studied in this paper and is listed in Table 6.

Table 6 Some indexes for copper production and manufacture in China in recent years

Item		Year						
		1998	1999	2000	2001	2002	Average	Change interval
Refined copper production	Materials self-support ratio u (%)	55.17	51.06	46.80	42.84	44.39	48.05	42.84~55.17
	Copper scraps use ratio m (%)	28.73	21.62	24.30	28.69	29.18	26.50	21.62~29.18
	Copper ore index K (t/t)	0.7773	0.8854	0.9193	0.8745	0.7812	0.8475	0.7773~0.9193
	Copper scrap index S (t/t) [1]	—	0.0630	0.0670	0.0782	0.0860	0.0736	0.0630~0.0860
	Copper resource efficiency r (t/t)	1.2865	1.1294	1.0878	1.1435	1.2801	1.1855	1.0878~1.2865
Copper products manufacture	Materials self-support ratio v (%)	73.55	61.74	57.06	53.94	50.77	59.41	50.77~73.55
	Copper scraps use ratio n (%)	2.52	17.38	18.95	20.46	18.14	15.49	2.52~20.46

Data source: The original data are from China Nonferrous Metals Industry Yearbook (1999-2003).

[1] The Copper scrap index in 1998 is not listed because the indirect and direct using ratios (90% and 10%, respectively) of copper scraps which are different from the other years in China (based on China Nonferrous Metals Industry Yearbook, 1999).

The average values of the above indexes in European countries in 1994 were $m = 34.53\%$, $n = 25.00\%$, $u = 68.66\%$, and $v = 83.40\%$, respectively[4]. Furthermore, the refined copper production and consumption were in a steady state or in a slow rise in European countries in recent years. Compared with European countries, copper scraps utilization ratio and materials self-support ratio in China were all much less than the average values of European countries, and this can be interpreted as China's economy is in a fast increasing period, the copper production and consumption increase very quickly, so the self-produced copper concentrated ore and copper scraps appear to be insufficient, much Cu-containing resources have to be imported from overseas market.

The average copper ore index in European Countries in 1994 was $0.5087t/t$[4]; correspondingly, the copper resource efficiency was $1.9658t/t$. Compared with European countries, the copper industry in China severely relies on copper concentrated ore and crude copper. The permitted mining copper ore reserves in China was only $1.670 \times 10^7 t$, calculating in a static state, the permitting mining period was only 8 years[22]. The insufficient outputs of copper ore have severely restricted the healthy development of copper industry in China.

The average copper scrap index in European Countries in 1994 was $0.2396t/t$[4]. Compared with European countries, the copper scrap index in China was much smaller. This illustrates that the self-produced copper scraps in copper production is much less in China, this is due to the life cycle of copper products is long and the copper production in China is in a fast increment. The copper scraps which we use today, were originated from the copper products produced about 30 years ago, and the outputs of copper products in China in the 1970s were only $1/10 \sim 1/7$ of her contemporary copper products, even though all the copper products may be changed into copper scraps, they should merely provide a small amount of the materials required. The rather that, there are some Cu-containing substances dissipate, rust, or bury in the underground establishments during the use stage of their life cycle, which are impossible to gather them and turn them into copper scraps, so the self-produced old copper scraps use ratio in copper production is smaller, which is about $1/15 \sim 1/10$. The same status quo persists one year after another and the long-term deficiency of copper scraps is formed. What we can do is try our best to retrieve the obsolete copper products and regenerate them, solving the shortage of copper scraps to a certain extent. The situation of the copper scraps lacking state can't be settled in the case of fast increment of copper production, it's the basic rule of substance flow. But we can forecast: when copper production was in a slow rise or in a steady state in China, the deficiency of copper scraps may be mitigated; when copper production was in a steady state for a very long time, copper scraps may become relatively abundant.

The materials self-support ratios in copper production and manufacture in China declined year by year in recent years on the whole, and the latter dropped more quickly. China is in her early stage of industrialization, i.e. economy is in a fast increment and society is in a accumulative state, the copper resources requirement is quite large. This requirement can't be met by inland copper production, quite a lot of copper concentrated ore, refined copper and copper scraps, etc. were imported to satisfy the domestic demand. The imported copper resources increases year by year in recent years, and this trend may continue for a relatively long period of time: the quantities of copper scraps can't increase quickly as the rule of substance flow, and copper concentrated ores are also difficult to rise in China. According to the status of copper industry in China, the materials of copper production and manufacture have to depend on overseas market heavily in recent years, in the meantime, the domestic copper ore must be made best use of and the copper scraps using proportion and efficiency in copper industry should be improved.

5 Conclusions

The contemporary copper cycle for China centered on the beginning of the 21st century period has been presented, utilizing the substance flow analysis (SFA) with time factor of products life cycle as the basis for building a copper-flow diagram for the copper products life cycle. From which we get:

(1) Substance flow analysis with time factor of products life cycle, is an effective way in analyzing the contemporary copper recycling for China.

(2) The Cu-containing resources are deficient in China in recent years. As the copper consumption increases quickly in China in recent years, the way to solve the lacking of materials is to import the copper concentrated ore, refined copper and copper scraps, etc.

(3) From 1998 to 2002, the use ratio of copper scraps in copper production and manufacture were 26.50% and 15.49%, respectively; the materials self-support ratio in copper production and manufacture were 48.05% and 59.41%, respectively. The materials self-support ratios in copper production and manufacture declined year by year in recent years on the whole, and the latter dropped more quickly. This is due to China's economy is in a fast increasing period, the copper production and consumption increase very quickly, so the self-produced copper concentrated ore and copper scraps appear to be very insufficient, much Cu-containing resources have to be imported from overseas market.

(4) The "copper ore index" can be used to weigh the degree of copper industry depending on copper ore and crude copper. The copper resource efficiency can be used to assess the natural copper resource utilization efficiency. They are reciprocal mutually. The average copper ore index from 1998 to 2002 for China was 0.8475t/t, and the copper resource efficiency was 1.1855t/t. The insufficient outputs of copper ore have severely restricted the healthy development of copper industry in China. Domestic copper ore resources should be made best use of and the copper scraps utilization ratio and skill should be raised simultaneously.

(5) The "copper scrap index" is used to weigh the copper scraps sufficient or not for a national copper industry. The average copper scrap index from 1998 to 2002 for China was 0.0736t/t. This illustrates that the self-produced copper scraps in copper production are insufficient in China, and the deficient state of copper scraps can't be solved in a short time. What we can do is try our best to retrieve the obsolete copper products and recycle them, solving the shortage of copper scraps to a certain extent. The lacking situation of the copper scraps can't be settled in the case of fast increment of copper production.

(6) The quantities of obsolete copper products in China that can be reclaimed today are relatively small. Along with the fast increment of copper production and consumption, the copper scraps are severely deficient and much copper scraps are imported. But we can forecast: when copper production was in a slow rise or in a steady state in China, the deficiency of

copper scraps may be mitigated; when copper production was in a steady state for a very long time, copper scraps may become relatively abundant.

Glossary

Interior copper scraps

Produced in copper production, such as the tailings, slag, etc., which are recycled inside the enterprise and are not brought to the markets.

New copper scraps

Also called "prompt scraps". Originated in copper manufacture, such as copper bits and scraps, etc., which are recycled in copper production and manufactured in a short time. In this paper, we assume that the new copper scraps are recycled in copper industry in the same year as they are brought forth.

Old copper scraps

Also called "post-use scraps". Originated from the discarded copper products, such as obsolete copper wire, copper cable, transformer, automobile, electricity, etc., which are abandoned in domestic. In general, it's a long time (about three decades) for copper products to become into obsolete copper products. In this paper, we assume that recovered post-use scraps go to production and manufacture in the year $\tau + \Delta\tau$, i. e. in the same year of the end of copper goods use.

Imported copper scraps

Copper scraps which are imported from overseas market.

Recycling rate

Defined as the ratio of the self-produced old copper scraps recycled in copper production and manufacture in year τ to the total copper products $\Delta\tau$ years ago.

Copper scraps indirect uses

Copper scraps indirect uses are used in refined copper production.

Copper scraps direct uses

Copper scraps direct uses are used in semi production, such as copper semis, wire rods, etc.

References

[1] CAO Y S, LI Y Y. Strenuous exploration and making use of international market to meet need of copper raw materials in Chinese mainland [J]. World Nonferrous Metals, 2003 (2): 6-9. (in Chinese)

[2] AYRES R U. Industrial metabolism: Theory and policy. In The greening of industrial ecosystems [M]. Edited by Allenby, B. R and Richards, D. J. Washington, DC: National Academy Press, 1994.

[3] KAPUR A, BERTRAM M, SPATARI S, et al. The contemporary copper cycle of Asia [J]. Journal of Materials Cycles &Waste Management, 2003 (5): 143-156.

[4] SPATARI S, BERTRAM M, FUSE K, et al. The contemporary European copper cycle: 1 year stocks and flows [J]. Journal of Ecological Economics, 2002 (42): 27-42.

[5] VAN B D, BERTRAM M, FUSE K, et al. The contemporary African copper cycle: One year stocks and flows [J]. The South African Institute of Mining and Metallurgy, 2003 (4): 1-16.

[6] AYRES R U. Metals recycling: Economic and environmental implications [J]. Journal of Resources,

Conservation and Recycling, 1997 (21): 145-173.

[7] GRAEDEL T E, ALLENBY B R. Industrial ecology [M]. Upper Saddle River, NJ: Prentice Hall, 2003.

[8] KLEIJN R. In = Out: the trivial central paradigm of MFA [J]. Journal of Industrial Ecology, 2000, 3 (2/3): 8-10.

[9] HANSEN E, LASSEN C. Experience with the use of substance flow analysis in Denmark [J]. Journal of Industrial Ecology, 2002, 6 (3/4): 201-219.

[10] JIANG K X. Copper recycling in China [C]//World conference on copper recycling, 1997.

[11] Beijing General Research Institute of Mining and Metallurgy. Six regular meeting of the environmental and economics committee. Copper scrap recovery in China [C]//Beijing: 1999.

[12] MENG G S, YIN J H. The statue quo of reclaim and regeneration of copper scrap in China [J]. China Resources Comprehensive Utilization, 2000 (7): 5-7. (in Chinese)

[13] QIU D F, WANG C Y, WANG C. Recycling of copper scraps in China [J]. Nonferrous Metal, 2003, 55 (4): 94-97. (in Chinese)

[14] LU Z W. A study on the steel scrap resources for steel industry [J]. Acta Metallurgica Sinica, 2000, 36 (7): 728-734. (in Chinese)

[15] LU Z W. Iron-flow analysis for the life cycle of steel products: A study onthe source index for iron emission [J]. Acta Metallurgica Sinica, 2002, 38 (1): 58-68. (in Chinese)

[16] JOSEPH G. Copper, its trade, manufacture, use, and environmental status. ASM International, Materials Park, OH. 1999.

[17] GRAEDEL T E, BERTRAM M, FUSE K, et al. The contemporary European copper cycle: the characterization of technological copper cycles [J]. Journal of Ecological Economics, 2002 (42): 9-26.

[18] XU C H. The status quo and foreground of China's regenerated nonferrous metal production [J]. World Nonferrous Metal, 2004 (4): 9-11. (in Chinese)

[19] ZHANG X Z. The status quo and foreground of regenerated copper industry in China [J]. Nonferrous Metals Regeneration and Use, 2003 (4): 11-13. (in Chinese)

[20] WU J L. The flourishing development of copper scraps industry in China [J]. Nonferrous Metals Regeneration and Use, 2003 (4): 21-24. (in Chinese)

[21] GORDON R. Production residues in technological copper cycles [J]. Journal of Resources, Conservation and Recycling, 2002 (36): 87-106.

[22] WEI J H. The status quo and proposal of China's regenerated nonferrous metals using [J]. World Nonferrous Metal, 2004 (4): 17. (in Chinese)

[23] Editorial Board of China Nonferrous Metals Industry Yearbook. China Nonferrous Metals Industry Yearbook [M]. Beijing: China General Print Company, 2003. (in Chinese)

The Eco-efficiency of Lead in China's Lead-acid Battery System[*]

Abstract Improving eco-efficiency can contribute to sustainable development. This article defines the societal services and environmental impacts of the lead-acid battery (LAB) system and offers definitions of eco-efficiency, resource efficiency, and environmental efficiency in the context of LAB systems. Based on the actual lead-flow in the LAB system, we develop a model that considers changes in production, the time interval between production and disposal, direct linkages between the final product and the societal service it provides, and the fiscal year as the statistical period. From this model, equations for eco-efficiency are derived and changes in eco-efficiency are predicted.

The results show, not surprisingly, that increased lead recycling and reduced lead emissions will both improve eco-efficiency. The resource and environmental efficiencies for LAB in China are 119 and 131 kilowatt-hour-years per metric tonne (kW · h · a/t), respectively, versus a value for both of 15800 kW · h · a/t in Sweden. The difference results from a lower lead recycling rate (only 0. 312t/t, which means that nearly 70% of the old lead scrap is not recycled based on official statistics) and higher lead emissions (0. 324t/t, which means that nearly 33% of the lead inputs used in the LAB system were lost into the environment) in China. Further analysis shows that these problems result from inefficient management of lead scrap, poor quality lead ore, and an abundance of small-scale lead-related plants. Ways to improve eco-efficiency are proposed.

Key words element flow analysis, environmental impact, environmental impact, lead emissions, lead recycling, societal services, substance flow analysis

1　Introduction

The consumption of resources and the environmental crisis that has developed in recent decades have led to a global focus on how to achieve sustainable development. To address this situation, the Factor 10 Club[1] has proposed a tenfold leap in the utilization efficiency of energy and other resources within one generation. Because human economic systems are huge, complex systems, reaching such a goal would require action in every industrial field.

Lead (Pb) has been used in many industrial fields, such as mechanical, electrical, and chemical engineering, to take advantage of its properties, such as high density and tenacity, low rigidity and melting point, ease of machining and smelting in a foundry, sound resistance, and radiation attenuation[2]. About 6. 4 million metric tonnes 1[●] of metallic lead was consumed annually around the world in the last years of the twentieth century, and 60% to 70% of this total was used to manufacture lead-acid batteries[3]. In addition, both total lead consumption

---

[*]　Coauthors: Mao Jiansu, Yang Zhifeng. Reprinted from *Journal of Industrial Ecology*, 2006.

[●]　1: Tonne (t) indicates metric ton. One tonne = 1 megagram (Mg, SI) ≈ 1. 1 short tons.

and the proportion of lead consumed in LABs have been increasing in recent years. Because lead is produced from mineral ore, it is a nonrenewable resource. Moreover, the lead emissions from lead mining, smelting, the manufacture of LABs, and other production processes are harmful or poisonous to the ecosystem and particularly to humans. Thus, lead-related industries have obvious impacts on the lead mineral resource, on human health, and on the environment.

In China, the conflict between rapid economic development and environmental deterioration caused by lead-using industries has become quite serious in recent years. On the one hand, annual production of both metallic lead and LABs has increased rapidly (Table 1). On the other hand, both the consumption of lead ore and the resulting anthropogenic lead flows have gone far beyond the environmental carrying capacity, as suggested by the increasing proportion of lead ore that is imported and the magnitude of the anthropogenic lead flow, which is about 13 times the estimated natural flow. Therefore, studying the LAB system and using lead as the representative material for this system, we can study the eco-efficiency (defined below) of lead as a means of protecting both lead ore resources and the environment.

Table 1 Annual production of lead-acid batteries and refined lead in China

Item	1990	1991	1992	1993	1994	1995	1996	1997	1998	1999	2000
Batteries (GW · h)[①]	6.980	5.146	6.837	7.773	—	7.080	9.487	—	—	10.394	11.881
Lead (kt)[②]	296.5	319.7	366	411.9	467.9	607.9	706.2	707.5	756.9	918.4	1099.9

Note: The quantification of batteries in GW · h represents the total energy available from one charging-recharging cycle.

① China Machinery industries Yearbook, China Power and Electrical Equipment Yearbook China Foreign Trade Yearbook. ;

②China Nonferrous Metals Industry Yearbook (1990-2001).

Studies of lead ore consumption in the Swedish LAB system[4] have revealed that the recovery rate of discarded batteries is the most important factor in determining the consumption of lead ore in the system. The higher the recovery rate, the lower the lead ore consumption. But this conclusion was based on a steady-state model using constant annual production of LABs and the advanced technology that was characteristic of Sweden in the mid-1990s. In many developing countries such as China, the annual production of LABs is increasing rapidly whereas technology is lagging behind. Under these conditions, this model does not adequately describe the true situation. Thus a more general approach is needed for the LAB system and a theoretical study of the eco-efficiency of lead in the LAB system is necessary. In addition, studying the present status of China's LAB system and analyzing existing problems in the LAB system would suggest ways of improving the eco-efficiency of lead in LAB systems everywhere. This study would thus have very significant implications for the protection of lead ore resources and the environment.

In this article, the LAB system was chosen for study, with an emphasis on lead flow within the system, by means of life-cycle assessment. Lead mining, concentration, smelting, and refining, as well as the manufacturing of LABs and their use and recovery, are the main

工业生态学

components of the LAB system.

"Eco-efficiency" is generally defined as the social service provided per unit of environmental impact❶[5]. In the present study, the societal service provided by the concerned system and the environmental impacts are defined somewhat differently.

Because the main function of LABs is to store and deliver electrical energy[6], we have defined the societal service provided by LABs as the total estimated electrical energy delivered by the LABs produced in a single fiscal year[7]. We have assumed that:

(1) The capacity of a LAB in one charge-discharge cycle is expressed as E_i, where E represents the energy in kilowatt-hours (kW · h), and the subscript i represents a specific LAB. The total capacity of all LABs produced in a given year represents the annual output of the LAB systems in energy units; that is, $E = \sum E_i$, with units of kilowatt-hours per year (kW · h/a).

(2) The amount of energy delivered depends on the movement of electrons between the two electrodes of a LAB, and lead is the main material in both electrodes. The greater the lead content in a LAB, the more energy can be delivered. Thus, the energy delivered capacity should be directly proportional to the lead content of the LAB. In practice, the ratio of the total output of LABs in energy units (i. e., E) to the total output of LAB in lead content [expressed as P, with units of tonnes per year (t/a)] is defined as the average specific energy of the LABs, which is represented by F [i. e., $F = E/P$, with units of kilowatt-hours per tonne (kW · h/t)].

(3) A LAB usually has a life span of several years, and this life span is represented by $\Delta\tau$, with units of years. A LAB can be reused for hundreds of charge-discharge cycles during its life span. In the present study, the total estimated electrical energy delivered by the LABs produced in one year is represented by the annual output of the LABs in energy units multiplied by their life span [i. e., $S = E \cdot \Delta\tau$, with units of kilowatt-hours (kW · h)].

To express the relationship between S and P more clearly, we can use the equation:

$$S = F \cdot P \cdot \Delta\tau \tag{1}$$

where, $\Delta\tau$ is the life span of the LAB, is represented by an average value to simplify the data collection and calculations.

In the present study, the environmental impacts have been defined as the impacts of the LAB system on the lead ore resource and the impact of lead emissions on the environment. These two parameters are called the "lead ore resource load" and the "lead emission load", respectively. The former is defined as the annual lead ore consumption by the LAB system, and is represented by R; the latter is defined as the annual lead emissions into the environment, and is represented by Q. Both kinds of load have units of tonnes of lead content per year (t/a).

Based on these two kinds of environmental impact, the eco-efficiency of lead in the LAB system can be divided into a resource efficiency (RE) and environmental efficiency (EE). RE is represented by r and is expressed as:

---

❶ Editor's note: For further discussion of eco-efficiency, see the special issue (Volume 9, Issue 4) of the Journal of Industrial Ecology devoted to the topic.

$$r = \frac{S}{R} \qquad (2)$$

EE is represented by q and is expressed as:

$$q = \frac{S}{Q} \qquad (3)$$

Both RE and EE use kilowatt-hour-years per tonne ($kW \cdot h \cdot a/t$) as their units.

From Equation (2) and Equation (3), it can be deduced that a higher eco-efficiency means reduced consumption of lead ore or reduced lead emissions for the same level of social service provided by the LAB system. Alternatively, these equations can be interpreted as providing more societal services with the same environmental impacts.

Our study is composed of two parts: discussion of the theory and its application. In the theoretical study, we have emphasized the analysis of lead flow in the LAB system. Based on that analysis, we derive a quantitative relationship between the societal service provided by the LAB system and the corresponding environmental impacts. To conclude the theoretical discussion, we discuss the changing factors that determine the ecoefficiency of lead. In the application section, we will study the present status of the LAB system in China based on statistical data. Problems that exist within the system will be analyzed, and ways to improve the situation will be proposed.

2　Methoology: the lead-flow diagram in the LAB system

In the LAB system, lead will flow through every stage of the life cycle of a battery, and the law of conservation of mass (in which inputs equal outputs) will be obeyed[8]. A lead-flow diagram can be drawn to reflect the directions of lead flow and the distribution of lead based on the application of the conservation law at every stage.

We assume that:

(1) The time spent in various production processes can be ignored, because it usually lasts only a few weeks and is thus very short compared to the years of a LAB's life span.

(2) The average life span of a LAB remains constant during the study period.

(3) Each LAB becomes obsolete $\Delta \tau$ years after its production, and some of the LAB will become old lead scrap that can be recycled as a secondary source of lead.

(4) The trade in LABs can be ignored since the few kilotons (kt) of net import of lead scraps (Table 2) remains small compared with the hundreds of kilotons of lead that are consumed (351kt in 1999) and the lead content (323kt in 1999) in LABs.

Table 2　The trade in lead scraps in China

Item	1990	1991	1992	1993	1994	1995	1996	1997	1998	1999	2000	average
Exports (kt)	6.13	5.25	1.500	0.621	1.51	0.589	0.152	0.061	1.75	1.060	0.037	
Imports (kt)	1.69	0.14	5.71	7.32	5.79	5.69	0.820	0.204	0.007	—	0.050	
Net imports (kt)	−4.44	−5.11	4.21	6.7	4.28	5.10	0.668	0.143	−1.74	—	0.013	0.983

Data source: China Foreign Trade Yearbook.

Based on these assumption, the lead-flow diagram for an LAB's life cycle in reference year τ

工业生态学

陆
钟
武
文
集

is illustrated in Figure 1, in which the production of LABs in reference year τ is represented by P_τ.

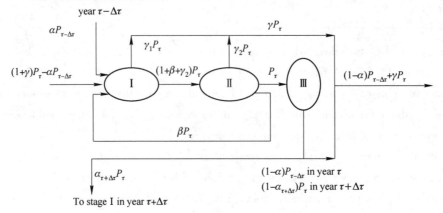

Figure 1   The lead-flow diagram for the lead-acid battery life cycle
(Stage I is lead mining, concentrating, smelting, and refining.
Stage II is battery manufacturing and Stage III is battery use)

Some explanations for Figure 1 are as follows:

(1) The production of primary and secondary lead has been treated as a single process, and is expressed by Stage I.

(2) The annual production of LABs changes yearly, and the production in year $\tau - \Delta\tau$ is $P_{\tau - \Delta\tau}$.

(3) The average life span of a LAB is $\Delta\tau$. The LABs manufactured in year τ will become obsolete in year $\tau + \Delta\tau$, and the old lead scraps that become production inputs in year τ come from the batteries produced in year $\tau - \Delta\tau$.

(4) The recycling rate, represented by α (with unit t/t), has been defined as the ratio of the old lead scraps reused in lead production in year τ to the total LAB production $\Delta\tau$ years ago. Under these conditions, $\alpha_{\tau + \Delta\tau}P_\tau$ of old lead scraps will become inputs for lead production in year $\tau + \Delta\tau$ and $\alpha_\tau P_{\tau - \Delta\tau}$ would become inputs in year τ. The subscript τ for the recycling rate in year τ has been omitted in Figure 1 for simplicity.

(5) The moderate recycling rate, represented by β (with units of t/t) has been defined as the ratio of the lead scraps produced in LAB manufacturing that become inputs for lead production to the total production of batteries in the same year.

(6) The lead emission ratios in Stages I and II, represented by γ_1 and γ_2 (with units of t/t), have been defined as the ratio of the lead emissions in the corresponding stage to the lead content of batteries production in the same year. The sum of the two ratios is defined as the "overall lead emission ratio" and is represented by γ (i.e., $\gamma = \gamma_1 + \gamma_2$).

Figure 1 shows that the lead ore resource load in year τ can be expressed mathematically as:
$$R = (1 + \gamma)P_\tau - \alpha P_{\tau - \Delta\tau} \tag{4}$$
and the lead emission load in year τ as:
$$Q = \gamma P_\tau + (1 - \alpha)P_{\tau - \Delta\tau} \tag{5}$$

This method has been called element flow analysis (EFA), and is a subset of substance flow analysis[8], a methodology that is used to analyze the relationships between an industrial system and its environment[9]. Some characteristics of EFA are as follows:

(1) Only one element in the product being studied (lead in the present study) is traced and used to represent the overall product;

(2) The time interval between manufacturing and disposal of the products (LAB in the present study) is considered;

(3) Changes in the annual production of the product (LAB) are permitted.

Lu[10] first proposed adapting this method by incorporating the time difference between production and disposal and changes in production. The method had been successfully used to study steel scraps[10] and iron emissions[11]. The method was improved by emphasizing the final product to create a more convenient link with the societal service provided by the product and by taking the fiscal year as the statistical period to facilitate data gathering[7].

3 Results and discussion

3.1 Resource efficiency

Based on the definition of resource efficiency given earlier, we can substitute Equation (1) and Equation (4) into Equation (2), with the following result (resource efficiency will be abbreviated by RE in the text represented by γ in equations):

$$r = \frac{F \cdot \Delta\tau}{1 + \gamma - \alpha p} \tag{6a}$$

where, p represents the ratio between the level of production one life span prior to the current year and the level of production in the current year and is expressed as $p = P_{\tau-\Delta\tau}/P_{\tau}$. This value is always positive.

If we assume that the production of LABs increases linearly with time at an annual growth rate ρ,

$$\frac{P_{\tau-\Delta\tau}}{P_{\tau}} = 1 - \rho\Delta\tau \tag{7}$$

where, $1 - \rho\Delta\tau \geqslant 0$ when p is positive.

If we substitute Equation (7) into Equation (6a), we get:

$$r = \frac{F \cdot \Delta\tau}{1 + \gamma - \alpha + \alpha\rho\Delta\tau} \tag{6b}$$

Equation (6b) shows that the RE of lead in the LAB system is a function of the recycling rate (α), the lead emission rate (γ), the annual growth rate (ρ), the LAB life span ($\Delta\tau$), and the specific energy (F). Discussion of some qualitative details for the influences of the above factors on RE follows:

(1) The influence of recycling rate (α) on RE (r): r will increase with increasing α independently of how the other factors change. This rule can be treated as the foundation for changes in RE along with changes in other factors.

(2) The influence of annual growth rate (ρ) on the relationship r and α: in general, ρ

affects both the rate of change in r with changing α and the maximum value of r. RE increases more slowly and reaches a smaller maximum value with increasing production of LABs than with constant production. The faster the production increases the more obvious the effect. The opposite situation occurs with decreasing production of LABs, which suggests that it is easier to obtain a high RE with decreasing production.

(3) The influence of lead emission rate (γ) on the relationship r and α: γ affects the rate of change r with changing α and the maximum and minimum values of r. The lower the value of γ, the faster r increases and the higher the maximum and minimum values that it attains. With higher values of γ, the opposite occurs, which suggests that high RE can be more easily attained at a low value of γ.

(4) The influence of LAB life-span ($\Delta\tau$) on the relationship r and α: $\Delta\tau$ only affects the value of r, but do not affects the rate of change r with changing α. The longer the life span, the greater the value of r. With shorter life spans, the opposite is true.

(5) RE will increase linearly with increasing specific energy of LAB (F), which can easily be concluded from Equation (6a) and Equation (6b).

3.2   Environmental efficiency

If we substitute Equations (1) and (5) into Equation (3), we get the following equation for environmental efficiency:

$$q = \frac{F \cdot \Delta\tau}{\gamma + (1 - \alpha)p} \tag{8a}$$

If we assume that the production of LABs increases linearly with time, we can substitute Equation (7) into Equation (8a) to get:

$$q = \frac{F \cdot \Delta\tau}{\gamma + (1 - \alpha)(1 - \rho\Delta\tau)} \tag{8b}$$

Equation (8b) shows that the environmental efficiency (EE) of lead in the LAB system is a function of the recycling rate (α), the lead emission rate (γ), the annual growth rate (ρ), the LAB life-span ($\Delta\tau$), and the LAB specific energy (F). This reveals certain inevitable relationships between EE and RE. Combining Equation (6a) and Equation (8a) provides

$$\frac{1}{q} = \frac{1}{r} - \frac{1 - p}{F \cdot \Delta\tau} \tag{9a}$$

If we assume that the production of LABs increases linearly with time, substituting Equation (7) into Equation (9a) produces

$$q = \left(\frac{1}{r} - \frac{\rho}{F}\right)^{-1} \tag{9b}$$

Equation (9b) shows that EE will always increase with increasing RE. This is the basic relationship between EE and RE. Further analysis can show that the annual growth rate (ρ) and the specific energy (F) will affect the rate of change EE with respect to RE. In brief, the value of r/q will equal 1 with constant production of LABs, whereas values of this ratio (i. e. , r/q) will be less than and greater than 1, respectively, with increasing and decreasing production of LAB. The influence of F on the rate of change of EE with respect to RE is thus related to changes in production trends. With increasing production, higher values of F lead to slow increase of EE with respect to RE, and lower values of EE for a given value of RE. Conversely, with decreasing production of LABs, higher values of F lead to faster increase in EE with respect to RE, and higher values of EE for a given value of RE.

Given the influence of specific energy (F) on RE, we can speculate that increasing specific energy while decreasing the production of LABs will increase EE more effectively than that other solution.

4　A case study: the eco-efficiency of lead in China's LAB system

4.1　Brief description of lead flow in the LAB system

The case study described in this section has been carried out based on statistical data for those portions of China's lead-using industry that were related to the LAB system in 1999.

It is known that about 351kt of metallic lead were used in the manufacturing of LABs in 1999[12]. Of these lead inputs, 92% entered the LAB system as lead content of batteries, 3.56% was recycled as new lead scraps, and the remaining 4.44% was released into the environment as lead wastes or lead emissions[7]. The average life span of a LAB was estimated to be 3 yrs[13].

Based on the quantities and sources of the lead scrap recycled in 1999[14], about 90.9kt of lead in obsolete LABs and 12.5kt of lead in new scrap were estimated as the lead input into lead production; the overall recovery rate in secondary lead smelting and refining was estimated at between 80% and 88%, and a value of 86.4% was used for the calculations in this case study (based on a lead flow balance sheet for a secondary refinery). Thus; 89.3kt of secondary refined lead was obtained in total. The other lead input into the manufacture of LABs would be primary refined lead, which was estimated as 261kt.

During the production of primary lead, many processes are involved, including lead mining, concentration, smelting, and refining. The recovery rate in lead mining and concentration was 83.8% in 1999, versus 92.8% for lead smelting and refining. Therefore, to obtain 264kt of primary refined lead would require the consumption of ore containing 336kt of lead.

For a LAB life span of 3yrs, obsolete LABs recycled in 1999 would have been manufactured in 1996. Using the data in Table 1, which represents about 77% of actual 1996 production and about 78% of actual 1999 production, the production of LABs in 1996 can be estimated at 292 kt of lead content, assuming that both the LAB life span and the LAB specific energy remained constant.

Based on this analysis, the lead-flow diagram for the life cycle of LABs in China in 1999 is illustrated in Figure 2 (with units of kt).

4.2　Data sources

The sources of the data related to lead flows in China's LAB system in 1999 are listed in Table 3.

611

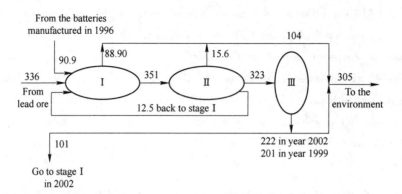

Figure 2 The lead-flow diagram for the LAB life cycle for China, 1999

Table 3 Sources of data for the case study

Data type or name	Data source	Agency responsible for compiling the data
Recovery rate in lead mining	China Investigation Report on the Exploitation and Utilization of Lead-zinc Mineral Resource 2000	Beijing General Research Institute of Mining and Metallurgy
Recovery rate in lead mining, concentration, smelting, and refining	China Nonferrous Metals Industry Yearbook (1990-2001)	Editorial staff of the yearbook of the nonferrous metals industry
Data related to lead scraps and lead recycling	Published literature or actual manufacturing data	Partly provided by the China association for metals recycling
Data related to battery manufacturing	Report on the environmental impacts for some lead-acid battery companies	Research Institute of Environment Science
Battery performance and its profile	China Statistic Report on Lead-acid Batteries	Shenyang Research Institute of Storage Battery
Annual production of lead-acid batteries	China Machinery industries Yearbook China Power and Electrical Equipment Yearbook	Editorial staff of the yearbook of machinery industries Editorial staff of the yearbook of nonferrous metals industry, power, and electrical equipment
Export of LAB and lead scraps	China Foreign Trade Yearbook	Editorial staff of China Foreign Trade Yearbook

4.3 Results and discussion

Based on Figure 2, and using the previously defined symbols from the theoretical discussion, the production of LABs in 1999 can be expressed as $P = 323$kt/a, and the resource and environmental loads can be expressed as $R = 336$kt/a, $Q = 305$kt/a, respectively. Based on the data in Table 1 and the assumptions described earlier, the expected societal service value provided by the LAB produced in 1999 would be $S = 40$ gigawatt-hours (GW · h). Thereby, the RE and EE of lead in China's LAB system in 1999 can be expressed as $r = 119$kW · h · a/t and $q = 131$kW · h · a/t, respectively. The specific energy of the LABs can be expressed as $F = 41.3$ kW · h/t based on Equation (1). The values of the other factors that influence eco-efficiency can be expressed as follows: α = 0.312t/t, β = 0.039t/t, γ = 0.324t/t, ρ = 0.032, and p = 0.904t/t based on Figure 2 and the previous calculations.

Similarly, we can estimate the RE, the EE, and the values of the factors that influence lead flow in Sweden's LAB system based on the data provided by Karlsson[4]. To simplify this comparison, the values of the two eco-efficiencies and their underlying factors for China and Sweden are summarized in Table 4. For this comparison, the specific energy of LABs in Sweden was taken as 40kW · h/t. The results in Table 4 show that both the RE and the EE of lead in Sweden's LAB system had reached 15.8MW · h · a/t, which represents 133 and 121 times the corresponding values for China. The main reasons for this difference are as follows:

(1) The lead recycling rate for Sweden has reached 0.99t/t which means that nearly all of the obsolete LABs were recycled. In contrast, the corresponding rate for China is only 0.312t/t, which means that nearly 70% of the old lead scraps are not recycled.

(2) The lead emission rate for Sweden's LAB system is only 0.00266t/t, which means that almost no lead is emitted from the system. In contrast, China's emission rate is 0.324t/t, which means that nearly 33% of the lead inputs used in the LAB system were lost into the environment.

(3) The production of LABs in Sweden has remained constant for at least 5 years, whereas production in China has increased rapidly during the same period.

(4) The life span of LABs in Sweden is about 5 years, versus only 3 years for China.

It is easy to see that to improve the ecoefficiency of lead in China's LAB system, attention should focus on increasing the lead recycling rate and reducing the lead emission rate. Because the production of LABs is likely to continue to increase in the long term and the LAB life span will change only slowly in the short term, further discussion of the reasons for China's low recycling rate and high emission rate is necessary. This discussion will help identify potential countermeasures that will help improve the eco-efficiency of lead in China's LAB system.

613

Table 4 Comparison of eco-efficiency and relevant parameters between China and Sweden

Item	Resource efficiency (kW · h · a/t)	Environmental efficiency (kW · h · a/t)	Recycling rate (t/t)	Modrate recycling rate (t/t)	Lead emission rate (t/t)	Annual growth rate (t/t)	Life-span (a)
China	118.90	130.98	0.312	0.039	0.324	0.032	3
Sweden	15804.00	15804.00	0.990	0.1236	0.002655	0	5
Sweden/China	132.92	120.66	3.173	3.169	0.0082	0	1.667

4.4 Reasons for the low recycling rate

The recycling rate relates mainly to domestic consumption of LABs, collection of obsolete LABs, trade in lead scrap, the integrity of the data gathered, and so on[15].

The annual production and domestic consumption of LABs for a recent 10 years period is summarized in Table 5. In general, about 7.6% of the obsolete LABs cannot be recycled back into China's LAB system because of the export of LABs.

Table 5 The production and domestic consumption of lead-acid batteries in China

Item	1986	1987	1988	1989	1990	1991	1992	1993	1994	1995	1996	Average
Production (GW · h)[1]	3. 220	5. 072	4. 550	—	6. 980	5. 146	6. 837	7. 773	—	7. 080	9. 487	
Export (GW · h)[2]	0. 158	0. 477	0. 007	—	0	1. 968	0. 020	0. 014	0. 022	0. 011	0	7. 62
Export/ production (%)	4. 91	9. 40	0. 15	—	0	38. 24	0. 29	0. 18	—	0. 16	0	

[1]The data for production is from China Machinery industries Yearbook;

[2]The data for export is from China Foreign Trade Yearbook.

Table 2 shows that the trade in lead scrap is nearly balanced during this period compared with the lead consumption in the LAB system and lead content in LABs. Because lead scrap exports nearly equal lead imports for the LAB system, we have ignored the trade in LABs in this study.

Ma[3] and Yang et al. [14] have reported that there were about 300 secondary lead refineries in China in 1999 and that most of these facilities were privately owned and operated on a small scale. About half of the obsolete LABs are collected and recovered by these private refineries and these data may not be counted in the statistics. This situation results in a potential understatement of the recycling rate equivalent by 0. 312t/t.

Consequently, we can estimate that about 29.9% of the obsolete LABs in 1999 were not recovered and were thus lost into the environment.

Here we need to mention that if we consider a reasonable actual value of lead recycling rate, that is, if both the official statistics and the private estimated values were considered, the lead recycling rate would be 0. 624t/t. In this case, the RE and EE would become $r = 163\text{kW} \cdot \text{h} \cdot \text{a}/\text{t}$ and $q = 180\text{kW} \cdot \text{h} \cdot \text{a}/\text{t}$, respectively. But, such a result is uncertain because it was calculated based on estimated data.

4. 5 Reasons for the high emission rate

We conducted further study of the lead loss in various production-related processes in China's LAB system in 1999. The results are summarized in Table 6, which shows that most of the lead loss occurred during lead concentration, followed by refining, then manufacturing.

Table 6 Lead losses during the production processes of the China's lead-acid battery system

Item	Lead concentration	Primary lead refining	Secondary lead refining	Manufacturing of LAB	Total
Lead loss (kt)	54. 5	20. 3	14. 1	15. 6	104
Percentage of total (%)	52. 1	19. 5	13. 5	14. 9	100

The recovery rate during lead concentration was only 81% to 86%, which is 5% to 15% lower than recovery levels in other countries[16]. This results mainly from the poor quality of the lead ore resources in China, which have a low lead-to-zinc ratio (1 : 2. 6 in the lead-containing material) and contain more than 50 kinds of metals (e. g. , copper, silver, gold) in a complex ore that makes the concentration process unusually difficult[16].

In the smelting and refining processes, Ma et al. [17] and Yang et al. [14] have reported that about half of the lead (including both primary and secondary lead) was smelted and refined by small-scale enterprises using outdated technology. Most of these enterprises still utilize a traditional sintering and blast-furnace approach that resembles the process used in more developed countries during the 1980s and that has since been replaced by more advanced processes.

4.6 Possible measures to improve eco-efficiency

To improve the lead recycling rate, several measures should be adopted[15,18]:

(1) Learn from the management experience of more developed countries. Implement laws, regulations, and mechanisms for lead recycling that would encourage more effective lead recycling paths[19].

(2) Extend the responsibility of LAB companies so that they must sell "services" instead of only "products", thereby facilitating the recycling of LABs[20-21].

(3) Enhance public awareness of environmental protection and develop an attitude that wastes are also resources[22]. Levy a tax upon the consumers of LABs and charge a tax for lead emissions to the environment[23]. These steps would greatly improve the recycling of lead scrap.

To reduce lead emissions, the following tasks must be accomplished:

(1) Implement a special license for companies involved in lead production that strictly stipulates the production scale, technology used, and measures required for environmental protection. Without exception, close companies with unacceptably inefficient operations in lead mining, concentration, smelting, and refining, and ban the creation of such companies in the future.

(2) Develop new technologies for lead recovery. Eliminate the use of outdated technology by small-scale companies and promote the spread of clean production technologies for lead. Establish a favorable economic policy that encourages the application of new advanced technologies.

(3) Improve public awareness of the harm caused by lead emissions and teach methods to prevent harm to humans. Teach good habits that can reduce lead emissions and encourage people to devote their best efforts to this project.

We also suggest that the statistical work should be improved so that the official statistics can better represent the actual status.

4.7 Forecasts for China's LAB system

Ma[24] reported that a technical policy for the prevention of pollution by obsolete lead-acid batteries has been promulgated. The situation for China's LAB system is thus expected to improve in the coming years.

If the eco-efficiency of lead in China's LAB system can be improved to 50 times the value in

1999, producing the same quantity of LABs as in 1999 would only require 6. 72 kt of lead in ore, and lead emissions into the environment would be reduced to about 6. 10 kt. The status of China's lead ore resources and environment would improve greatly. Given the fact that Sweden's eco-efficiency for lead is more than 100 times the value in China, an increase of only 50 times is a feasible goal.

5 Conclusions

(1) The concept of societal service for the LAB system was defined quantitatively. This represents a very significant insight for the transition to a service-oriented society.

(2) The concept of eco-efficiency was applied to the LAB system. Based on the lead-flow diagram for the life cycle of LABs, the principal factors underlying the resource efficiency and environmental efficiency of lead in the LAB system were obtained. This improved understanding of the system provides a robust theoretical basis for improving lead flows within China's LAB system and thus reducing its environmental impact.

(3) The current status of the eco-efficiency of lead in China's LAB system in 1999 was studied. The results shows that the resource efficiency and the environmental efficiency are only 119kW · h · a/t and 131kW · h · a/t, respectively, which are less than 1% of the levels achieved by Sweden. The main reasons for this difference were China's lower lead recycling rate, higher lead emissions, increasing production of LABs, and shorter LAB life span.

(4) The primary reasons for the low ecoefficiency of lead in China's LAB system are the inefficient management of lead scrap, poor-quality lead ore, and abundance of inefficient small-scale lead-related plants. Several measures to improve this situation were proposed.

Acknowledgement

The authors thank several people for explaining and contributing data on specific industrial processes: Chuanyao SUN, Ling YANG, Juncong FENG, and Hongfei YAO. We also thank Edward Gordon at the JIE for careful and patient editing. We gratefully acknowledge the economic support provided by China's National Funds for Key Problems.

Reference

[1] BLEEK F S. A report by the Factor 10 club. Factor 10 Institute [EB/OL]. (1999) [2002-10]. http://www.Factor10.org/.

[2] DONG J G. The manual of application materials [Z]. Beijing: China Machine Industry Press 2000. (in Chinese)

[3] MA Y G. The present state of lead emissions, reasons and countermeasures [J]. China Resources Comprehensive Utilization, 2000 (2): 26-27. (in Chinese)

[4] KARLSSON S. Closing the technospheric flows of toxic metals—Modeling lead losses from a LAB system for Sweden [J]. Journal of Industrial Ecology, 1999, 3 (1): 23-40.

[5] OECD (Organisation for Economic Cooperation and Development). Eco-efficiency [R]. Paris: OECD, 1998.

[6] SHI X L. Lead acid storage batteries [M]. Beijing: People' Mail & Telecommunication Press, 1983. (in Chinese)

[7] MAO J S, LU Z W. Resource-service efficiency of lead in lead-acid battery [J]. Journal of Northeastern University (Nature Science) , 2003, 24 (12) : 1173-1176. (in Chinese)

[8] KLEIJN R. In = Out: the trivial central paradigm of MFA [J]. Journal of Industrial Ecology, 2000, 3 (2/3) : 8-10.

[9] HANSEN E, LASSEN C, 2003, Experience with the use of substance flow analysis in Denmark [J]. Journal of Industrial Ecology, 2003, 6 (3/4) : 201-219.

[10] LU Z W. A study on the steel scrap resources for steel industry [J]. Acta Metallurgica Sinica, 2000, 36 (7) : 728-734. (in Chinese)

[11] LU Z W. Iron-flow analysis for the life cycle of steel products: A study on the source index for iron emission [J]. Acta Metallurgica Sinica, 2000, 38 (1) : 58-68. (in Chinese)

[12] LI F Y, LI S S, WANG J. The present production status of recycled lead and its future in domestic and oversea [J]. World Nonferrous Metals, 1999 (5) : 26-30. (in Chinese)

[13] LAN X H, YIN J H. The lead-recycling industry in developing [J]. China Resources Comprehensive Utilization, 2000 (8) : 19-21. (in Chinese)

[14] YANG C M, MA Y G. Thesis collection for the 7th national annual meeting on lead-acid batteries: The recovery and recycling of discarded lead-acid batteries in China [J]. Guangdong Nanhai: Shenyang storage Battery Institute, 2000. (in Chinese)

[15] MAO J S, LU Z W. A study on causes of low recovery of scrap lead [J]. World Nonferrous Metals, 2003, 11: 24-32. (in Chinese)

[16] BGRIMM (Beijing General Research Institute of Mining and Metallurgy). China Investigation Report on the Exploitation and Utilization of Lead-zinc Mineral Resource (in Chinese) [R]. Beijing: BGRIMM, 2000.

[17] MA Y G, YANG H Y. The recovery of the obsolete lead-acid battery and the secondary lead refining [J]. Environmental Herald, 2001 (1) : 52-53. (in Chinese)

[18] MAO J S, LU Z W. Study on resource efficiency of lead for China [J]. Research of Environmental Science, 2003, 17 (3) : 78-80. (in Chinese)

[19] SAKURAGI Y. A new partnership model for Japan: Promoting a circular flow society [J]. Corporate Environmental Strategy, 2002, 9 (3) : 292-296.

[20] STAHEL W R. The greening of industrial ecosystems: The utilization-focused service economy: Resource efficiency and product life extension [M]. Washington, DC: National Academy Press, 1994.

[21] STAHEL W R. The industrial green game: The functional economy: Cultural and organizational change [M]. Washington, DC: National Academy Press, 1997.

[22] DAVID T A, NASRIN B. The greening of industrial ecosystems. Wastes as Raw Materials [M]. Washington, DC: National Academy Press, 1994.

[23] TURNER R K, SALMONS R, POWELL J, et al. Green taxes, waste management and political economy [J]. Journal of Environmental Management, 1998, 53 (2) : 121-136.

[24] MA Y G. The promulgation of the technical policy for the prevention of pollution by obsolete lead-acid batteries [J]. Chinese Journal of Power Sources, 2004, 28 (2) : 100. (in Chinese)

工业生态学

Two Approaches of Substance Flow Analysis— An Inspiration from Fluid Mechanics*

Abstract　That flow is the common feature of substance flow and fluid flow is the viewpoint emphasized in the paper. Some notes on fluid mechanics, including the two approaches of fluid flow description, were given. The concepts of the chain and the chain group of product life cycles, which are essential for understanding the specific features of substance flow, were advanced. Taking the specific feature of substance flow into consideration, on the analogy of the two approaches in fluid mechanics, two approaches of substance flow analysis, i. e. L method and E model, were formulated. Illustrative models of steady and unsteady substance flow were sketched by both methods, and comparison between them was made in general.

Key words　Lagrangian and Eulerian approaches of fluid flow description, the chain of product life cycles, the chain group of product life cycles, the L approach of substance flow analysis, the E approach of substance flow analysis, steady and unsteady substance flow

1　Introduction

618

Substance flow analysis (SFA) is an effective tool for studying the industrial metabolism of specific substances (e. g. aluminum, copper) on a certain spatial scale, for example, on the scale of a nation, a region or a firm. Industrial metabolism means the whole integrated collection of physical processes that convert raw materials and energy, plus labor, into finished products and wastes[1]. Therefore, the subject of SFA is to identify and quantify the material flows related to those physical processes and the relationship among them. The purpose of SFA is looking for the potentials and measures of resource conservation and environmental protection, and encouraging industrial system to meet the requirement of sustainable development.

It seems as if SFA has nothing to do with fluid mechanics. However, it should be mentioned that flow is the common feature of substance flow and fluid flow. Therefore, there should be something in fluid mechanics which is referential and useful for SFA.

In this paper, two approaches of SFA are formulated on the analogy of two approaches in fluid mechanics, taking the specific feature of substance flow into consideration.

In addition, as fluid mechanics is a well-established discipline, a close connection to it should be helpful for the development of SFA as a whole.

For this reason, some notes on fluid mechanics will be given in this paper. The references used for the notes are books of Bober and Kenyon[2], Daugherty and Franzini[3], Munson et al. [4], and Resnick and Halliday[5].

---

* Reprinted from *Engineering Sciences*, 2008.

2 Some notes on fluid mechanics

Fluid mechanics is the science of the mechanics of liquids and gases. It may be divided into three branches: fluid statics is the study of the mechanics of fluid at rest; fluid kinematics deals with velocities and streamlines without considering forces or energy; and fluid dynamics is concerned with the relations between velocities and accelerations and forces exerted by or upon fluids in motion.

In fluid mechanics, fluid is considered to be made up of fluid particles that interact with each other and with their surroundings. Each particle contains numerous molecules. The flow of a fluid is described in terms of the motion of fluid particles rather than individual molecules.

Fluid may be steady or unsteady with respect to time. A steady flow is one in which all conditions (velocity, density, etc.) at any point in a stream remain constant with respect to time. However, the conditions may be different at different points. In reality, almost all flows are unsteady in some sense. That is, the conditions do vary with time. Unsteady flows are usually more difficult to analyze and to investigate experimentally than steady flows. Hence, considerable simplicity often results if one can make the assumption of steady flow without compromising the usefulness of the results. Whether or not unsteadiness of a fluid must be included in an analysis is not always immediately obvious.

There are two approaches to analyzing fluid mechanics problems. One of them, developed by Joseph Louis Lagrange (1736-1813), is called the Lagrangian method. It involves following individual fluid particles as they move about and determining how the fluid parameters associated with these particles change as a function of time. That is, the fluid particles are "tagged" or identified, and their parameters are determined as they move.

Another method, developed by Leonhard Euler (1707-1783), is called the Eulerian method. In it, we give up the attempt to specify the history of each fluid particle and instead the fluid motion is given by completely prescribing the necessary parameters as function of space and time. From this method, we obtain the information about the flow in terms of what happens at fixed points in space as the fluid flows past those points.

The difference between the two methods of flow description can be seen in the following biological example[4] . Each year thousands of birds migrate between summer and winter habitats. Ornithologists study these migrations to obtain various types of important information. One type of information is obtained by "tagging" certain birds with radio transmitters and following their motion along the migration route. This corresponds to a Lagrangian description— "position" of a given particle as a function of time. Another type of information obtained is the rate at which birds pass a certain location on their migration route (birds per hour). This corresponds to an Eulerian description— "flow rate" at a given location as a function of time. Individual birds need not be followed to obtain this information.

If enough information in Eulerian form is available, Lagrangian information can be derived from Eulerian data and vice versa.

In fluid mechanics, it is usually easier to use the Eulerian method to describe a flow. There are, however, certain instances in which the Lagrangian method is more convenient. For example, some numerical fluid mechanics calculations are based on determining the motion of individual particles. Similarly, in some experiments, individual fluid particles are "tagged" and are followed throughout their motion, providing Lagrangian description. Oceanographic measurements obtained from devices that flow with ocean currents provide this information. And, by using X-ray opaque dyes it is possible to trace blood flow in arteries and to obtain a Lagrangian description of the fluid motion.

3 Specific feature of substance flow

Generally speaking, the specific feature of substance flow, in comparison with fluid flow, is that the track of flowing substance is its product life cycle (PLC).

PLC is the consecutive and interlinked stages of a product system, from raw material acquisition or generation of natural resources to the final disposal[6]. A PLC usually consists of four stages, i. e. production, manufacture, use, and waste recovery, see Figure 1, in which substance flows are indicated by arrows.

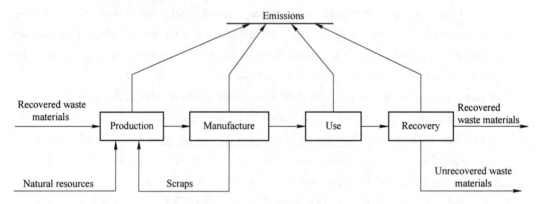

Figure 1　Scheme of a product life cycle

Usually, a PLC lasts several years, or even longer. Therefore, in order to obtain enough information on the flow, the time-span of observation is fairly large.

In addition, the state, chemical composition, and physical properties of flowing materials change from time to time in the period of a PLC. So, substance flow analysis will be feasible, only if it is aimed at a specific substance (element or stable chemical compound). All the flow rates appeared in SFA are not that of materials in kind, instead, they are the flow rates of the specific substance.

In the following text, more detail exposition of the specific feature of substance flow will be given on the basis of PLC. The concepts of "the chain of PLCs" and "the chain group of PLCs" will be advanced for the exposition. In order to explain them clearly and simply, we assume that each PLC lasts 5 years, in which the 1st year is the stage of production and manufacture, the 2nd, 3rd, and 4th years is the stage of use, and 5th year is the stage of waste recovery.

3.1　The chain of product life cycles

At the end of a PLC, it is the stage of waste recovery, from which recovered waste substance goes to next PLC. Thus, from a long-term point of view, a number of PLCs of a specific substance will stand in a row, which we refer to as the chain of PLCs.

Figure 2 shows the diagram of a chain of PLCs under the assumption that each life cycle lasts 5 years, as just mentioned (note 1). The chain could be much longer, if it is traced back to many years ago. In Figure 2, only two successive complete life cycles with the ordinal numbers of n and $(n+1)$ are shown.

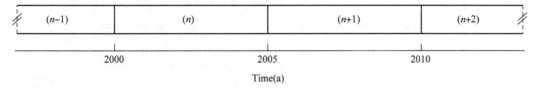

Figure 2   Conceptual diagram of the chain of product life cycles

There is no doubt that the information of substance flow which can be obtained on a chain of PLCs is much more than on a single PLC. But please note, the information on a single chain of PLCs is still limited. For example, on the chain shown in Figure 2, information is limited to the products, which are produced every 5 years, including the products produced in the years 2000 and 2005. It has nothing to do with the substance flows related to the products of other intermediate years, say the years 2001-2004.

3.2   The chain group of product life cycles

A chain group of PLCs is the integration of all chains of PLCs of a specific substance; it describes the flow of the substance completely in a certain area.

Figure 3 is the conceptual diagram of the chain group of PLCs under the assumptions stated in Figure 2. It consists of five chains. Each life cycle within the chain group is numbered, e. g. the ordinal number of the nth life cycle on the 3rd chain is (3, n).

On the top of Figure 3, the chain No. 1 is the one which has been shown in Figure 2, on which the stage of production and manufacture of life cycle No. (1, n) is in the year 2000. And on the chain No. 2, the same stage of life cycle No. (2, n) is in the year 2001. It may be deduced by analogy for the rest. Thus, product made in each year in the period of 2000-2004 has its own chain, along which the substance flows. For the rest of the year, say 2005-2010, the state of affairs is the same.

It should be noticed that the maximum number of the chains in Figure 3 is five, because we assumed that the time-span of a life cycle is 5 years. If the 6th chain were drawn, it would be the duplication of the chain No. 1.

In general, the number of chains in a chain group is equal to the number of years in which a life cycle lasts (note 2).

The diagram of the chain group of PLCs can be read horizontally or vertically. When we read it horizontally, the product made in each year and its PLC can be found on one of the chains. When we read it vertically, one of the stages of the PLC associated with the product made in each year can be found on one of the chains.

The concept of the chain group of PLCs is essential for the exposition of the main topic of this paper, i. e. the two approaches of SFA.

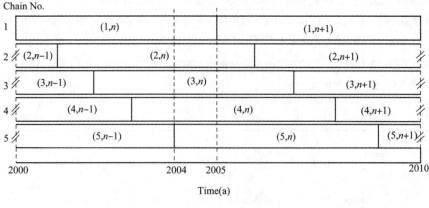

Figure 3　Conceptual diagram of the chain group of product life cycles

4　The L approach of substance flow analysis

The L method of SFA is on the analogy of the Lagrangian method in fluid mechanics. It involves following the annual output of products of a specific substance, produced in a nation or a region, as they move along the chain of its PLCs, and determining how the substance flows change as a function of time.

That is, the products are "tagged" or identified and their changes, including the changes of substance flows associated with them are to be specified as they move.

As Figure 3 indicates, if the "tagged" products are made in the year 2000 or 2005, they will be followed along the chain No. 1 for at least 5 years. In short, the L method of SFA is to be carried out along the horizontal lines in Figure 3.

The model corresponding to L method is the L model of substance flow. The exposition of the L models of unsteady and steady substance flow (note 3) will be given below.

4. 1　The L model of unsteady substance flow

Taking the life cycle No. $(5, n)$ in Figure 3 as an example, and assuming that there are no emissions and trades of the substance in any stage of the PLC, an illustrative example of the L model of unsteady substance flow (note 4) is given in Figure 4.

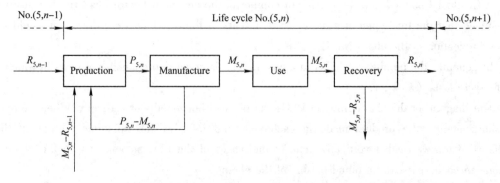

Figure 4　The L model of unsteady substance flow

(illustrative example)

In Figure 4, the annual output of products in the stages of production and manufacture are $P_{5,n}$ t/a and $M_{5,n}$ t/a, respectively.

The flow rate of waste materials from the stage of manufacture back to the stage of production is $(P_{5,n} - M_{5,n})$ t/a. In the stage of use, it is assumed that there are no losses of substance. In the stage of recovery, $R_{5,n}$ t/a of recovered materials will go to the next life cycle as secondary resource, and the rest $(M_{5,n} - R_{5,n})$ t/a is not recovered.

The stage of production in life cycle No. (5, n) receives $R_{5,n-1}$ t/a of recovered materials from life cycle No. (5, $n-1$).

According to mass balance calculation, $(M_{5,n} - R_{5,n-1})$ t/a of the substance is needed from natural resources for production in life cycle No. (5, n).

Please note, $R_{5,n-1} \neq R_{5,n}$ in unsteady substance flow. In case of increasing annual output of products, $R_{5,n-1} < R_{5,n}$; and in case of decreasing output, $R_{5,n-1} > R_{5,n}$. And, the bigger the variation of output, the larger is the difference between them.

4. 2　The L model of steady substance flow

From the L model of unsteady substance flow, the L model of steady substance flow can be obtained simply by assuming $R_{5,n} = R_{5,n-1}$, $P_{5,n} = P_{5,n-1}$ and $M_{5,n} = M_{5,n-1}$. That is, in case of steady flow no suffixes are needed for all flow rates in the model. Figure 5a shows the L model of steady substance flow.

Sometimes, Figure 5a is transformed into a circular form, as Figure 5b shows. It should be all right, nonetheless do not forget that R does not come from the same life cycle of production stage, instead, it comes from the previous one.

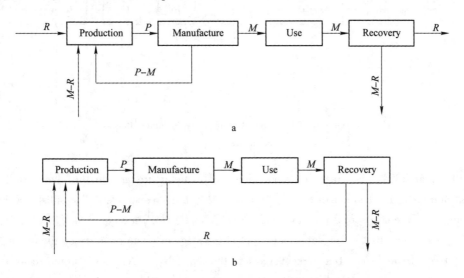

Figure 5　The L model of steady substance flow
(illustrative example)
a—original model; b—circular model

5　The E approach of substance flow analysis

The E method of SFA is on the analogy of the Eulerian method in fluid mechanics. In this method, we give up the attempt to specify the history of a certain amount of products and instead specify the substance flows at each point in space and each instant of time. From this method we obtain the information about the substance flow in terms of flow rate at each stage of the PLC in a nation or a region as a function of time.

For example, in order to specify the substance flows in the year 2004, we should deal with those segments on five chains between the two dotted vertical lines in Figure 3. The stages of production and manufacture is on the chain No. 5, the stage of use is on the chain No. 4, No. 3, No. 2, and the stage of recovery is on the chain No. 1. By the way, please note that the products in use stage were made in the years 2001-2003, and the retired products in the recovery stage were made in the year 2000.

In short, the E method of SFA is to be carried out along the vertical lines in Figure 3.

The model corresponding to E method is the E model of substance flow. The exposition of the E model of unsteady and steady substance flow will be given below.

5.1 The E model of unsteady substance flow

Taking the year 2004 in Figure 3 as an example, and assuming that there are no emissions and trades of the substance in any stage of each PLC, the E model of unsteady substance flow is given in Figure 6.

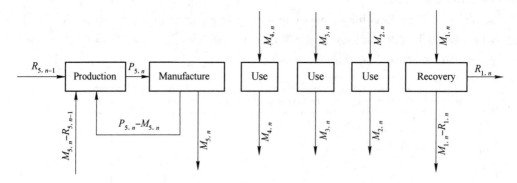

Figure 6   The E model of unsteady substance flow
(illustrative example)

In the year 2004, the stages of production and manufacture are on the chain No. 5. The annual outputs of the two stages are $P_{5,n}$ t/a and $M_{5,n}$ t/a, respectively. The substance inputs and outputs of the stages of use on the chain No. 4, No. 3, No. 2 are equal to $M_{4,n}$ t/a, $M_{3,n}$ t/a, $M_{2,n}$ t/a, respectively. The substance input of the stage of waste recovery on the chain No. 1 is $M_{1,n}$ t/a, of which $R_{1,n}$ t/a is recovered and the rest $(M_{1,n} - R_{1,n})$ t/a is not recovered.

The stage of production in life cycle No. $(5, n)$ receives $R_{5,n-1}$ t/a of recovered materials from life cycle No. $(5, n-1)$.

According to mass balance calculation, $(M_{5,n} - R_{5,n-1})$ t/a of the substance is needed from natural resources for production stage in life cycle No. $(5, n)$.

It is a pity that the model in Figure 6 is divided into five isolated parts. So this model is not applicable. However, if the concept of substance "reservoir" [7-9] is introduced, the model can be restructured into a practical form, as Figure 7 shows (note 4).

Reservoir is a conceptual storehouse, and each substance, which is able to be recycled, has its own reservoir; for instance, copper is in the reservoir of copper. The reserved substance in it consists of three parts: (1) products in use; (2) retired products not yet dismantled; (3) unrecovered waste materials. The stock magnitude of a specific substance in its reservoir is large and difficult to estimate. Usually, only the net increase of the substance stock is calculated in a SFA.

The E model in Figure 7 will be used for explaining the calculation of the net increase of substance stock in its reservoir in the year 2004. In this year, $M_{5,n}$ t/a substance flows into the reservoir along the chain No. 5, and $M_{1,n}$ t/a flows out of it along the chain No. 1 to the stage of waste recovery, from which $R_{1,n}$ t/a is recovered, and the rest $(M_{1,n} - R_{1,n})$ t/a returns to the reservoir. So the net increase of the substance stock in this year is equal to $(M_{5,n} - M_{1,n})$ + $(M_{1,n} - R_{1,n})$ = $M_{5,n} - R_{1,n}$ t/a.

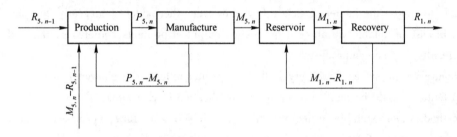

Figure 7   Practical E model of unsteady substance flow
(illustrative example)

Please note that $R_{5,n-1} \neq R_{1,n}$ in unsteady substance flow. In case of increasing annual output of products $R_{5,n-1} < R_{1,n}$; in case of decreasing output of products $R_{5,n-1} > R_{1,n}$. And, the bigger the output variation, the larger is the difference between them.

Besides, it should be supplemented that $M_{4,n}$, $M_{3,n}$ and $M_{2,n}$ are a part of the stock in the reservoir, as they are the products in use in the year 2004.

5.2   The E model of steady substance flow

As stated earlier, in case of steady substance flow, no suffixes are needed for all flow rates in the model. The E model of steady substance flow can be obtained by eliminating them all from the E model of unsteady substance flow. Figure 8 shows the E model of steady substance flow.

Sometimes, Figure 8 is to be transformed into circular form, as it is shown in Figure 5b, but it is rather grudgingly, as mentioned above.

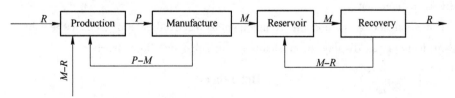

Figure 8   The E model of steady substance flow
(illustrative example)

工业生态学

6 Discussion

The two methods of SFA are complementary each other, and each of them has its own features.

(1) If complete and accurate SFA is carried out each year in a rather long period of time for a nation or a region according to E method, all the data needed for L method will definitely be found in the database obtained during the analysis and vice versa.

Taking Figure 3 as an example, if complete and accurate SFA is carried out each year in the period of 2000-2009 according to E method, the data obtained will cover all the flows of substance on the five chains without any omission. The L model can be derived from the data obtained by E method and vice versa.

(2) The distinction between steady and unsteady flow is the problem to which attention should be paid in prior. If the annual output of products in concern is basically stable, it will be allowable to choose the model of steady flow. However, the model of unsteady flow should be chosen in case of notable variation of the annual output of products, otherwise, the usefulness of the results may be compromised.

In Figure 7, the stage of recovery is the link which reflects the characteristics of unsteady flow. Attention should be paid to it during the application of E model.

L method is more suitable in dealing with unsteady substance flow, because it is carried out on a single chain of PLC, the history of the substance flow is clear. The fundamental characteristics of unsteady substance flow, e. g. the influence of product output on the availability of secondary resources for production stage, can be identified by L method[10,11].

(3) L model needs more historical data, which is more or less difficult to obtain, particularly when statistical function is not healthy enough. On the contrary, E model needs only the data of one year, which is comparatively easy to collect.

7 Conclusion

(1) Flow is the common feature of substance flow and fluid flow. The two approaches of substance flow analysis, mentioned in this paper, are formulated on the analogy of the two approaches in fluid mechanics, taking the specific feature of substance flow into consideration.

(2) The chain group of product life cycles is the essential concept for understanding the intention of substance flow and structuring the L model and E model of substance flow.

(3) In comparison with the models of unsteady substance flow, the models of steady flow are simple; however, it can be used only if the annual output of products in concern keeps or basically keeps constant.

(4) L method and E method are complementary each other and each of them has its own features. L method can display the unsteadiness of substance flow clearly.

References

[1] AYRES R U. Industrial Metabolism: Theory and Policy [M]. In The greening of industrial ecosystems, edited by Allenby, B. R and Richards, D. J. Washington, DC: National Academy Press, 1994.

[2] BOBER W, KENYON R A. Fluid Mechanics [M]. New York: John Wiley & Sons, 1980: 123-124.

[3] DAUGHERTY R L, FRANZINI J B. Fluid Mechanics, with Engineering Application [M]. New York: Mc-Graw-Hill Book Company, 1977: 1-62.

[4] MUNSON B R, ROTHMATER A P, OKIISHI T H, et al. Fundamentals of Fluid Mechanics [M]. New York: John Wiley & Sons, 1990: 3-12.

[5] RESNICK R, HALLIDAY D. Physics, Partone, third Edition [M]. New York: John Wiley & Sons, 1997: 335-336.

[6] International Organization for Standardization. ISO14041: 1997(E) [M]. Switzerland.

[7] FENTON M. D. Iron and steel recycling in the United States in 1998 [R]. U. S. Geological survey. U. S. Department of the Interior, 1999.

[8] SPATARI S, BERTRAM M, FUSE K, et al. The contemporary European copper cycle: 1 year stocks and flows [J]. Ecological Economics, 2002, 42 (1/2): 27-42.

[9] SPATARI S, BERTRAM M, FUSE K, et al. The contemporary European Zinc cycle: 1 year stocks and flows [J]. Resources, Conservation and Recycling, 2003, 39 (2): 137-160.

[10] LU Z W. A study on the steel scrap resources for steel industry [J]. Acta Metallurgical Sinica, 2000, 36 (7): 728-734. (In Chinese)

[11] LU Z W. On steel scraps for steel industry [J]. Iron and Steel, 2002, 37 (4): 66-70. (In Chinese)

Notes

1. If each life cycle lasts $\Delta\tau$ years, the diagram of the chain of PLCs will take the form as Figure N1 shows.

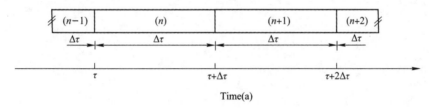

Time(a)

Figure N1   Conceptual diagram of the chain of product life

2. If each life cycle lasts $\Delta\tau$ years, the diagram of the chain group of PLCs will take the form as Figure N2 shows. That is, the number of chains will be $\Delta\tau$; the starting point of each PLC will be staggered behind the upper one for one year. Thus, the starting point of the chain No. $\Delta\tau$ will be staggered behind the chain No. 1 for $(\Delta\tau-1)$ years.

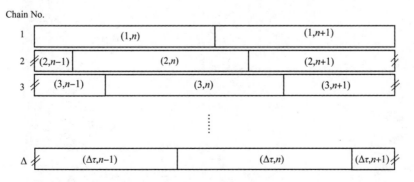

Figure N2   Conceptual diagram of the chain group of product life cycles

3. Silimar to fluid flow, substance flow may be steady or unsteady with respect to time. As to

the difference between them, please refer to the paragraph "Some notes on fluid mechanics" of this paper.

4. If each life cycle lasts $\Delta\tau$ years, both the L model and the practical E model of unsteady substance flow will be obtained only by using the number $\Delta\tau$ instead of the number 5 in the suffixes of each flow rate concerned; the rest of both models remain unchanged.

The Study of Metal Cycles in China[*]

Abstract A model of Fe-flow in the life cycle of steel product was put forward and analyzed. Three important resource and environmental indicators for Fe-flow analysis, that is, steel scrap index, iron ore index, and iron loss index were derived from this model. Illustrative examples, demonstrating the influence of the variation of steel output on steel scrap index and iron ore index, were given. Case studies for estimating the values of steel scrap index of Japan, China, and the USA in the period of 1988-1997 were carried out. It was clarified that the main reason of severe deficiency in steel scraps for China's steel industry was its continued rapid growth. The study of iron, copper, zinc and lead cycles in China was carried out successfully according to this model.

Key words model of Fe-flow in the life cycle of steel product, steel scrap index, iron ore index, iron loss index, variation of steel output, metal cycles

1 Introduction

At the end of 1999, we began to think over the problem: "Why has China's steel industry been severely deficient in scrap resources for a long time, while in other countries the situation has been better or much better?" We felt that it is a problem of substance flow analysis (SFA). The key for solving the problem was the exploration of a model and the formulation of some indicators, which are suitable for the analysis. Thus, we conceived a model of Fe-flow in the life cycle of steel product, and formulated resource and environmental indicators for the flow analysis[1-2]. Based on the model and indicators, theoretical study and practical verification were carried out. We found that the main reason of severe deficiency in scrap resources for steel industry in China is its continued rapid growth of steel output[3-4].

After that, we began to study lead, iron, copper, and zinc cycles in China by using both the model we conceived and the model widely used in existing literature. These studies have been carried out in the period of 2002-2005[5-8].

In this periodof time, we were interested in studying the methodological problem of SFA[9], and the study is still continuing now.

2 Exploration of the model and indicators for Fe-flow analysis[1-2]

It was the first stage in the course of our study on metal cycles in China.

2.1 The model of Fe-flow in the life cycle of steel product

Figure 1 shows the model of Fe-flow in the life cycle of steel product in a nation, which we explored for studying the scrap resource problem of steel industry.

629

---

* Coauthor: Yue Qiang. Reprinted from *Engineering Sciences*, 2010.

工业生态学

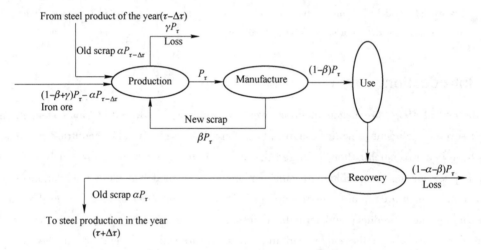 in margin left: 陆钟武文集

The year of interest is designated as the year τ, during which the annual output of steel of the nation is P_τ t/a. The span of a product life cycle is assumed to be $\Delta\tau$ years. In the year $(\tau - \Delta\tau)$, the annual output of steel of the nation is $P_{\tau-\Delta\tau}$ t/a. The import and export of steel scraps, products and goods are not taken into consideration in the model.

Each product life cycle consists of four stages, i. e. production, manufacture, use and recovery. All the flow rates indicated in Figure 1 are not that of materials in kind, instead, they are the flow rates of Fe contained in flowing materials. As just mentioned, the output of steel in the year τ is P_τ t/a. When it flows through manufacture stage, it split into two parts: βP_τ t/a of new scraps and $(1 - \beta)P_\tau$ t/a of steel goods. The new scraps are recycled to production stage, while the steel goods flow to use stage. In recovery stage, αP_τ t/a of old scraps are recovered from retired steel goods. Old scraps will go to the production stage in the year $(\tau + \Delta\tau)$. The unrecovered $(1 - \alpha - \beta)P_\tau$ t/a steel wastes and γP_τ t/a of iron losses in production stage are dissipated into environment.

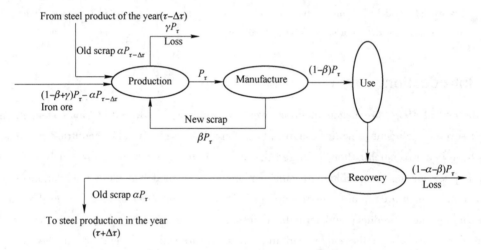

630 in margin

Figure 1   Modeling of Fe-flow in the life cycle of steel product (unit: t/a)

Similarly, the old scraps $\alpha P_{\tau-\Delta\tau}$ t/a fed to the production stage in the year τ comes from the steel produced in the year $(\tau - \Delta\tau)$.

According to mass balance calculation, $(1 - \beta + \gamma)P_\tau - \alpha P_{\tau-\Delta\tau}$ t/a of Fe is needed from iron ore input for steel production in the year τ.

Please note that there are some additional assumptions for Figure 1, i. e. (1) New scraps go back to production stage in the same year of their generation; (2) All recovered old scraps go to production stage in the same year of their generation, i. e. the year $(\tau + \Delta\tau)$.

Now, the definition of variables α, β and γ will be given below.

Let the annual input of recovered old scraps to the production stage in the year τ is equal to $A = \alpha P_{\tau-\Delta\tau}$; The quantity of new scraps generated in the manufacture stage in the year τ is equal to $B = \beta P_\tau$; The quantity of iron losses in the production stage in the year τ is equal to $C = \gamma P_\tau$.

Therefore

$$\alpha = \frac{A}{P_{\tau-\Delta\tau}} \tag{1a}$$

$$\beta = \frac{B}{P_\tau} \tag{1b}$$

$$\gamma = \frac{C}{P_\tau} \tag{1c}$$

Equation (1a), Equation (1b) and Equation (1c) are the definition equations of variables α, β and γ.

2. 2　Resource and environmental indicators for Fe-flow analysis

In Figure 1, each flow rate in the product life cycle is expressed as a formula, which consists of, in maximum, five variables, i. e. P_τ, $P_{\tau-\Delta\tau}$, α, β and γ. Thus, it is able to derive formulas of resource and environmental indicators for Fe-flow analysis.

2. 2. 1　Steel scrap index

Steel scrap index in the year τ, S_τ, is equal to the sum of the input of old scraps and new scraps to the production stage in the year τ, $\alpha P_{\tau-\Delta\tau} + \beta P_\tau$, divided by the output of steel in the same year, P_τ. That is

$$S_\tau = \frac{\alpha P_{\tau-\Delta\tau} + \beta P_\tau}{P_\tau} \tag{2a}$$

Or
$$S_\tau = \alpha \frac{P_{\tau-\Delta\tau}}{P_\tau} + \beta \tag{2b}$$

Steel scrap index defined by Equation (2a) and Equation (2b) is the criterion of the richness of steel industry in scrap resources in the year τ. The higher the value of S_τ, the richer is the steel industry in scrap resources, and vice versa.

631

It is essential to point out that the variation of annual output of steel of a nation has significant influence on the value of S_τ of that nation. Equation (2a) or Equation (2b) tells us that

(1) if the output of steel keeps constant, i. e. $P_\tau = P_{\tau-\Delta\tau}$, the value of S_τ will be equal to $\alpha+\beta$;

(2) if the output of steel increases, i. e. $P_\tau > P_{\tau-\Delta\tau}$, the value of S_τ will be smaller than $\alpha+\beta$;

(3) if the output of steel decreases, i. e. $P_\tau < P_{\tau-\Delta\tau}$, the value of S_τ will be higher than $\alpha+\beta$.

In addition, Equation (2a) and Equation (2b) tells us that if $\alpha = 0$, the value of $\dfrac{P_{\tau-\Delta\tau}}{P_\tau}$ will have no influence on the value of S_τ. In any case, it is equal to β. On the contrary, if $\alpha = 1$, $\dfrac{P_{\tau-\Delta\tau}}{P_\tau}$ will have the greatest influence on the value of S_τ, which is equal to $\dfrac{P_{\tau-\Delta\tau}}{P_\tau} + \beta$.

These are important and useful concepts in studying resource issues.

2. 2. 2　Iron ore index

Iron ore index in the year τ, R_τ, is equal to the quantity of iron ore used by steel industry in the year τ, $(1 - \beta + \gamma)P_\tau - \alpha P_{\tau-\Delta\tau}$, divided by the output of steel in the same year, P_τ.

That is

$$R_\tau = \frac{(1 - \beta + \gamma)P_\tau - \alpha P_{\tau-\Delta\tau}}{P_\tau} \tag{3a}$$

Or

$$R_\tau = 1 - \alpha \frac{P_{\tau-\Delta\tau}}{P_\tau} - \beta + \gamma \tag{3b}$$

Iron ore index defined by Equation (3a) and Equation (3b) is the criterion of the dependence of steel industry on iron ore. The higher the value of R_τ, the higher is the dependence of steel industry on iron ore.

Substituting Equation (2b) into Equation (3b), the relationship between R_τ and S_τ can be obtained:

$$R_\tau = 1 + \gamma - S_\tau \tag{4}$$

It is evident from Equation (4) that the higher the value of S_τ, the lower is the value of R_τ under the condition of constant γ. It is also essential to point out that the variation of annual output of steel of a nation has significant influence on the value of R_τ of that nation. Equation (3a) or Equation (3b) tells us that

(1) if the output of steel keeps constant, i. e. $P_\tau = P_{\tau-\Delta\tau}$, the value of R_τ will be equal to $1-\alpha-\beta+\gamma$;

(2) if the output of steel increases, i. e. $P_\tau > P_{\tau-\Delta\tau}$, the value of R_τ will be higher than $1-\alpha-\beta+\gamma$;

(3) if the output of steel decreases, i. e. $P_\tau < P_{\tau-\Delta\tau}$, the value of R_τ will be lower than $1-\alpha-\beta+\gamma$.

In addition, Equation (3a) and Equation (3b) tells us that if $\alpha=0$, the value of $\frac{P_{\tau-\Delta\tau}}{P_\tau}$ will have no influence on the value of R_τ. In any case, it is equal to $1-\beta+\gamma$. On the contrary, if $\alpha=1$, $\frac{P_{\tau-\Delta\tau}}{P_\tau}$ will have the greatest influence on the value of R_τ, which is equal to $1 - \frac{P_{\tau-\Delta\tau}}{P_\tau} - \beta + \gamma$.

These are important and useful concepts in studying resource issues.

2.2.3 Iron loss index

Iron loss index, Q, is equal to the quantity of iron losses in a life cycle of steel product, $(1 - a - \beta)P_\tau + \gamma P_\tau$, divided by the output of steel in the year τ, P_τ. That is

$$Q = \frac{(1 - \alpha - \beta)P_\tau + \gamma P_\tau}{P_\tau} \tag{5a}$$

Or

$$Q = 1 - \alpha - \beta + \gamma \tag{5b}$$

It is evident from Equation (5b) that Q is a function of α, β and γ. The higher the value of γ and the lower the values of α and β, the higher is the value of Q.

From Equation (3b) and Equation (5b), it is easy to find the relationship between Q and R_τ:

$$Q = R_\tau + \alpha\left(\frac{P_{\tau-\Delta\tau}}{P_\tau} - 1\right) \tag{6}$$

Equation (6) tells us that if $P_{\tau-\Delta\tau} = P$ or $\alpha = 0$, Q will be equal to R_r. That is to say that if the output of steel keeps constant or there is no recycling of old scraps, the Fe in iron ore input will totally transfer into losses or pollutants in the period of a life cycle of steel product.

These are also important and useful concepts in studying environmental issues.

3　Study of scrap resources for steel industry[3-4]

It was the second stage in the course of our study on metal cycles in China.

3.1　Theoretical study

For the sake of simplicity, only illustrative examples will be given in this paper.

Referring to the model shown in Figure 1, three illustrative examples will be given below with the following identical assumptions:

$$\Delta\tau = 20 \text{ years}, \quad \alpha = 0.40, \quad \beta = 0.05 \text{ and } \gamma = 0.10$$

These examples differ from each other only in the variation of annual output of steel.

3.1.1　Illustrative example No. 1

The annual steel output of a nation has been keeping constant at $1 \times 10^8 \text{t/a}$ for more than 20 years till the end of the year 2000. Draw its Fe-flow diagram in the life cycle of steel product of the year 2000 and calculate its steel scrap index and iron ore index of the same year.

Solution: The year 2000 is designated as the year τ. The year $(\tau - \Delta\tau)$ should be the year 1980, as $\Delta\tau = 20$ years. Both the annual outputs of steel in 2000 and 1980 are equal to $1 \times 10^8 \text{t/a}$, as it has been keeping constant more than 20 years till the end of the year 2000. That is, $P_{2000} = P_{1980} = 1 \times 10^8 \text{t/a}$.

Substituting all known variables, including α, β and γ, into the formulas of flow rates in Figure 1, we get Figure 2.

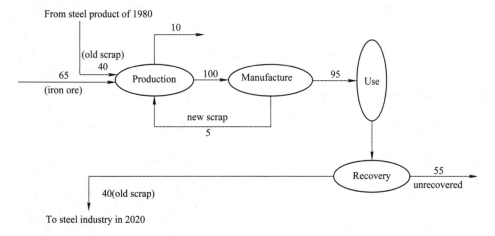

Figure 2　For illustrative example No. 1 (unit: $\times 10^6 \text{t/a}$)

Figure 2 is the Fe-flow diagram in the life cycle of steel product of the year 2000. In 2000, the steel industry consumed $65 \times 10^6 \text{t/a}$ iron ore, $40 \times 10^6 \text{t/a}$ old scraps, which are evolved from the steel produced in 1980, and $5 \times 10^6 \text{t/a}$ new scraps generated in manufacture stage.

Similarly, from the steel produced in 2000, 40×10^6t/a old scraps will evolve and go to steel industry in 2020.

According to Equation (2), the steel scrap index in 2000 is equal to

$$S_{2000} = \frac{(40 + 5) \times 10^6}{100 \times 10^6} = 0.45$$

And according to Equation (3), the iron ore index in 2000 is equal to

$$R_{2000} = \frac{65 \times 10^6}{100 \times 10^6} = 0.65$$

3.1.2　Illustrative example No. 2

The annual steel output of a nation has been increasing rapidly. It was 40×10^6t/a in 1980 and 120×10^6t/a in 2000. Draw its Fe-flow diagram in the life cycle of steel product of the year 2000 and calculate its steel scrap index and iron ore index of the same year.

Solution: In addition to the known values of α, β, γ as given above, we know that

$$P_{2000} = 120 \times 10^6 \text{t/a and } P_{1980} = 40 \times 10^6 \text{t/a}$$

Thus, the Fe-flow diagram in the life cycle of steel product of the year 2000 can be drawn (Figure 3).

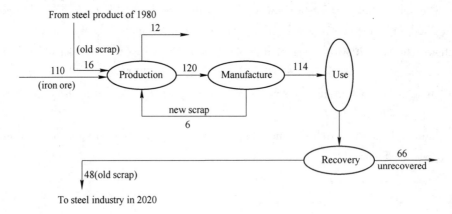

Figure 3　For illustrative example No. 2 (unit: $\times10^6$t/a)

According to Equation (2), the steel scrap index in 2000 is equal to

$$R_{2000} = \frac{(16 + 6) \times 10^6}{120 \times 10^6} = 0.18$$

And according to Equation (3), the iron ore index in 2000 is equal to

$$R_{2000} = \frac{110 \times 10^6}{120 \times 10^6} = 0.92$$

3.1.3　Illustrative example No. 3

The annual steel output of a nation has dropped a lot. It was 130×10^6t/a in 1975 and 90×10^6 t/a in 1995. Draw its Fe-flow diagram in the life cycle of steel product of the year 1995 and calculate its steel scrap index and iron ore index of the same year.

Solution: In addition to the known values of α, β, γ as given above, we know that

$$P_{1995} = 90 \times 10^6 \text{t/a and } P_{1975} = 130 \times 10^6 \text{t/a}$$

Thus, the Fe-flow diagram in the life cycle of steel product of the year 1995 can be drawn (Figure 4).

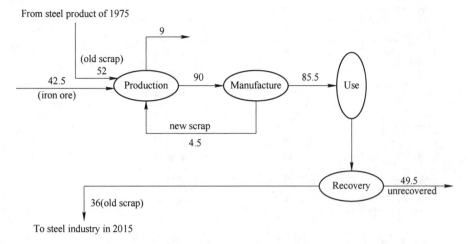

Figure 4   For illustrative example No. 3 (unit: ×10⁶t/a)

According to Equation (2), the steel scrap index in 1995 is equal to

$$S_{1995} = \frac{(52 + 4.5) \times 10^6}{90 \times 10^6} = 0.63$$

And according to Equation (3), the iron ore index in 1995 is equal to

$$R_{1995} = \frac{42.5 \times 10^6}{90 \times 10^6} = 0.47$$

The calculated results in above 3 illustrative examples are listed in Table 1.

Table 1   Calculated results of illustrative examples No. 1, No. 2 and No. 3

Ordinal No. of example	Steel scrap index S_τ	Iron ore index R_τ
No. 1	0.45	0.65
No. 2	0.18	0.92
No. 3	0.63	0.47

What is the reason of great disparities among the calculated results in illustrative examples? The unique reason is the variation of annual output of steel.

In example No. 2, the annual output of steel increased rapidly, so that the value of S_τ is low, and the value of R_τ is high. In example No. 3, on the contrary, the annual output of steel has dropped down, so that the value of S_τ is high, and the value of R_τ is low. The situation of example No. 1 is between example No. 2 and No. 3.

3. 2   Estimation of steel scrap index for Japan, China and the USA

The history of steel output variation in the above illustrative examples No. 1, No. 2 and No. 3 are similar to that of Japan, China and the USA, respectively. In order to check the calculation results in illustrative examples, the steel scrap indexes for Japan, China and the USA were estimated on the basis of statistical data. The results of estimation are listed in Table 2.

工业生态学

Table 2　Estimated values of steel scrap indexes for Japan, China and the USA

Year	Japan	China	USA
1988	0.3400	0.1820	0.7514
1989	0.3638	0.1996	0.7580
1990	0.3793	0.2039	0.7346
1991	0.3766	0.1976	0.7823
1992	0.3980	0.1924	0.7390
1993	0.3838	0.1895	0.7472
1994	0.3852	0.1922	0.7298
1995	0.3763	0.1080	0.6321
1996	0.3967	0.0970	0.5627
1997	0.4133	0.0830	0.5767

Table 2 shows that the steel scrap indexes for Japan are in the range of 0.34 ~ 0.41, for China 0.10 ~ 0.18 and for the USA 0.57 ~ 0.75. They coincide with the calculation results in illustrative examples pretty well.

3.3　Brief summary

(1) In case of increasing steel production, the scrap resources for steel industry is relatively deficient, and the more rapid the increase, the more is the deficiency. In case of decreasing steel production, the scrap resources for steel industry is relatively rich, and the more rapid the decrease, the more is the richness. The case of constant steel production is situated between the above two cases.

(2) The continued rapid growth of China's steel output is the main reason of severe deficiency in scrap resources for its steel industry. It is inadvisable and unfeasible for China to lay stress on scrap-based steelmaking process, so long as its steel production is increasing rapidly.

4　Study of copper cycles in China[7]

It was the third stage in the course of our study on metal cycles in China.

The successful study of scrap resource problem by using the model described in this paper gave us confidence of its application to metal flow analysis. Thus, my Ph. D. students, Ms. Mao Jiansu, Mr. Bu Qingcai and Mr. Yue Qiang began to study the lead, iron, copper and zinc cycles in China, respectively. They used not only the model described in this paper, but also the model widely used in existing literature.

The result of copper cycle based on the model described in this paper will be given below. Figure 5 shows the copper cycle in China in 2005.

The average life span of copper products is 30 years.

The outputs of copper in China in 2005 were 260.04×10^4t. The output of copper goods (486.10×10^4t) was much more than the output of copper because large amounts of Cu-bearing resources were imported. From manufacture stage, new scraps (7.40×10^4t) were recycled to

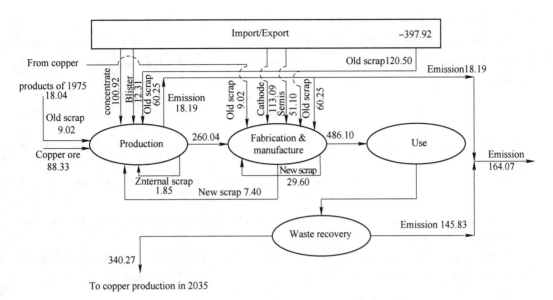

Figure 5　The iron cycle in China in 2001 （unit：×10⁴t）

production stage, while the copper goods （486. 10×10⁴t） flowed to use stage. In recovery stage, 340. 27×10⁴t （70% of copper goods produce in 2005） of old scraps will go to the production stage in 2035. The unrecovered copper wastes （145. 83×10⁴t） and copper losses in production stage （18. 19×10⁴t） were dissipated into environment.

Similarly, 18. 04×10⁴t of domestic old scraps fed to the production and manufacture stage in 2005 came from the copper production in 1975 （Besides, 120×10⁴t of old scraps were imported for copper production and manufacture in 2005）. In addition, 88. 33×10⁴t of Cu from imported concentrated copper ore input was needed for the production.

It also can be seen from Figure 5 that large amount of copper-bearing resources （397. 92×10⁴t） was imported from overseas market.

The calculated values of copper ore index R and copper scrap index S were 0. 775t/t and 0. 295t/t （including 60. 25×10⁴t of imported copper scraps） in China in 2005, respectively. It means that the dependence of copper industry on copper ore was very high. It is the consequence of continued rapid growth of copper output. China's copper industry was obliged to operate mainly on copper ore. In addition, the value of copper loss index Q was high （0. 631t/t）, which was closely related to the high dependence of copper industry on copper ore.

The problems and challenges in iron, lead and zinc cycles were similar to that in copper cycle as just mentioned.

5　Concluding remarks

（1）Continued rapid growth of metal production has been one of the most important characteristics of China's metal industry, to which attention should be paid in studying the resource and environmental issues of China's metal industry and metal system.

（2）The model of Fe-flow in the life cycle of steel product （Figure 1） clearly shows the variation of steel output with time. Therefore, the scrap resource issues for steel industry were studied successfully by using the model.

(3) The study of iron, copper, zinc and lead cycles in China was carried out according to the model shown in Figure 1. Thus, an alternative method of SFA was put forward and formulated.

References

[1] LU Z W. A study on the steel scrap resources for steel industry [J]. Acta Metallurgical Sinica, 2000, 36 (7): 728-734. (in Chinese)

[2] LU Z W. Iron-flow analysis for the life cycle of steel products—A study on the source index for iron emission [J]. Acta Metallurgica Sinica, 2002, 38 (1): 58-68. (in Chinese)

[3] LU Z W. A general discussion on scrap resources for steel industry. Symposium of China's 2001 conference of iron and steel [C]//2001, 1: 70-80. (in Chinese)

[4] Lu Z W. On steel scraps for steel industry [J]. Iron and Steel, 2002, 37 (4): 66-70. (in Chinese)

[5] MAO J S, LU Z W, YANG Z F. The eco-efficiency of lead in China's Lead-Acid Battery system [J]. Journal of Industrial Ecology, 2006, 10 (1/2): 185-197.

[6] BU Q C, LU Z W. Substance flow analysis and its application in steel industry [D]. Shenyang: Northeastern University, 2005. (in Chinese)

[7] YUE Q, LU Z W. Entropy analysis of copper products life cycle in China [J]. Resource Science, 2008, 30 (1): 140-146. (in Chinese)

[8] ZHANG J H, LU Z W. Studying on zinc cycle and regeneration index of depreciated zinc products in China [D]. Shenyang: Northeastern University, 2007. (in Chinese)

[9] LU Z W. The following-observing method for substance flow analysis [J]. China Engineering Science, 2006, 8 (1): 18-25. (in Chinese)

Quantitative Estimation of the Social Stock for Metal Al and Cu in China[*]

Abstract　Social stock for metal determines secondary or recoverable resources to a certain extent. Top-down analysis method for the studying of metal in social stock was given. Influences of metal consumption under three circumstances, that is keeping constant, varying in a linear trend and in an exponential trend, on one kind of metal's social stock, recyclable ratio and average age were analyzed. Al-contents and Cu-contents in social stock for China during the period 2006-2009 were calculated. The results reveal that Al-contents and Cu-contents in social stock kept increasing and reached 88. 9 million tons and 51. 4 million tons in 2009, respectively, their average recyclable ratios are 1. 45% and 0. 30%, and the average ages are 4. 65 years and 6. 89 years, respectively. The recyclable ratios and average ages of Al-contents and Cu-contents in social stock will rise in future along with the decline of the increasing rate of aluminum consumption and copper consumption.

Key words　social stock, secondary resource, average use life, recyclable ratio, average age

1　Introduction

Production and consumption of iron and steel, aluminum, copper, zinc and lead, etc., have increased quickly in China since the 1990s[1]. Scrap of these metals was severely insufficient to meet the needs. The heavy dependence on imports for iron ore, bauxite, and copper concentrate, etc., has made great pressure on China's resources strategy[2-6]. At the same time, metal products continued entering social stock, such as building and construction, transportation, mechanical engineering, electrical engineering, packaging, household, and office equipment, et al. However, with the growing of the inputted metal to the social stock, the output of secondary resources from the social stock is very limited in recent years[2-6]. It can be expected that the amount of secondary resources produced from the social stock should increase some years later. The amount of a country or a region's secondary resources available for recycling was determined by the volume of social stock and its composition, which includes the historical change in consumption, but relevant information on the social stock and secondary resources in China is difficult to grasp. Since the amount of China's secondary resources of steel scrap available for recycling had not been analyzed, electric steel plants broadly developed in the 1990s resulted in a huge waste of investment. Therefore, the analysis on the metals social stock and its composition obtained the variation of the potential recyclable secondary resources. Analysis of metal flows and stocks can provide some basis for the decision making of resources strategy, and industrial and environmental policy of China's metal

639

---
　*　Coauthors: Yue Qiang, Wang Heming. Reprinted from *Transactions of Nonferrous Metals Society of China*, 2012.

工业生态学

industry.

Studies on metal flows and stocks have been carried out broadly out of China. SPATARI et al.[7-8] took copper and zinc as examples to analyze the net change of the whole European social stock in 1994, using substance flow analysis of the "Stocks and Flows" model; GRAEDEL et al.[9] adopted similar "Stocks and Flows" model to analyze the net change of the social stock of copper in 1994 for 56 countries, nine regions and the whole world; MELO[10] presented the distribution of the aluminum-containing materials in the final products, then analyzed and predicted the amount of waste generation of the aluminum industry in Germany from 1986 to 2012 according to different probability distribution functions; ELSHKAKI et al.[11] analyzed the changes of lead in the social stock of Netherlands, which brought about the environmental and economic influence on lead industry in the future; BLINDER et al.[12] studied the changes of per capita social stock of copper and zinc in certain areas and countries; ROSTKOWSKI et al.[13] used survey research and statistical analysis methods to calculate the social stock of nickel in New Haven city Connecticut, of the U. S. , based on the nickel-containing substances in the distribution of final products; DAIGO et al.[14] developed the calculating formulas of the inflow and outflow of copper-containing materials from the copper social stock, and analyzed Japan's social stock of copper in 2005.

A few studies on social stock of metals have been carried out in China: YUE and LU[15] used "Stocks and Flows" model to analyze the net increase of social copper stock per capita in China in the period between 1998-2002; LOU and SHI[16] used survey research and statistical analysis to calculate the social stock of steel and aluminum of Handan City in 2005, based on the use volume and intensity of steel and aluminum in the final products; MAO[17] et al. used "Stocks and Flows" model to analyze the net changes of 52 national, 8 regional and global social stocks of lead in 2000; GUO et al.[18] used "Stocks and Flows" model to analyze the net increase of zinc in the social stock in China in 2006.

In this work, the analysis method is given for the study of metal in social stock, and the Top-down method is to analyze the social stock of metallic substance. Then, characteristics of social stock under different variations of metal consumption are discussed. Finally, social stock for aluminum and copper in China is calculated.

2   Analysis method of social stock for metallic substance

2.1   Framework

Stock and recoverability of metallic substance are shown in Figure 1. From Figure 1, we can see that social stock (SS) of metallic substance has the highest recoverability for secondary resources, tailing stock and landfilled stock come next, and dissipated stock has the lowest recoverability. So, it can be said that SS of metallic substance determines the quantities of recyclable old scrap to a certain extent.

2.2   Analysis method

Top-down method is used here to study the social stock of metal, which calculates the

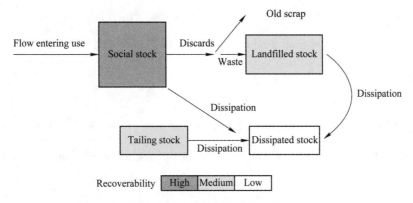

Figure 1 Stock and recoverability of metallic substance

difference by metal in final products which are flowed into SS and flowed out of SS in a period of time $(t_0 \sim t)$ [19]. And SS of metallic substance in the time t_0 should be known (see Figure 2). Generally, metal flowed into SS as final products in-use and metal flowed out of SS as discarded products can be got by functions of time. SS of metallic substance at a random time t $m_{ss}(t)$ can be calculated by:

$$m_{ss}(t) = \int_{t_0}^{t} m_{in}(\tau) \, \mathrm{d}\tau - \int_{t_0}^{t} m_{out}(\tau) \, \mathrm{d}\tau + m_{ss}(t_0) \tag{1}$$

where, $m_{in}(\tau)$ is metal mass in final products flow into SS; $m_{out}(\tau)$ is metal mass in discarded products flowed out of SS; $m_{ss}(t_0)$ is metal mass in SS at initial time t_0.

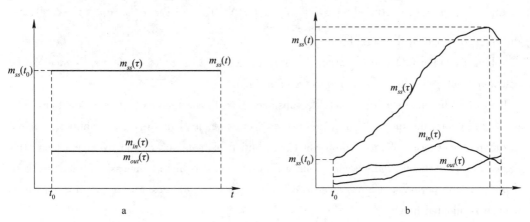

Figure 2 Variation of social stocks of metals in steady and non-steady systems

a—Steady system; b—Non-steady system

Socioeconomic system can be separated as steady system and non-steady system according to the variation of metal substance in SS: when metal contents don't change with time, we can regard it as a steady system and when metal contents change with time, that is a non-steady system. These two systems are described in Figure 2a and Figure 2b, respectively.

Metal in social stock doesn't change for steady system, that is $m_{ss}(t)$ equals to $m_{ss}(t_0)$. In fact, as Equation (1) shows, if $\int_{t_0}^{t} m_{in}(\tau) \, \mathrm{d}\tau$ equals $\int_{t_0}^{t} m_{out}(\tau) \, \mathrm{d}\tau$, this system is a steady system.

工业生态学

The quantities of metal flows into SS in a period of time $(t_0 \sim t)$ are $m_{in} = \int_{t_0}^t m_{in}(\tau)\,\mathrm{d}\tau$. If one metal has i categories of final products, we can get

$$m_{in} = m_{1,in} + m_{2,in} + \cdots + m_{i,in} = \int_{t_0}^t m_{1,in}(\tau)\,\mathrm{d}\tau + \int_{t_0}^t m_{2,in}(\tau)\,\mathrm{d}\tau + \cdots + \int_{t_0}^t m_{i,in}(\tau)\,\mathrm{d}\tau \tag{2}$$

The quantities of metal flows out of SS in a period of time $(t_0 \sim t)$ can be expressed as $m_{out} = \int_{t_0}^t m_{out}(\tau)\,\mathrm{d}\tau$. If we assume the average use life for the first category of metal products is $\Delta\tau_1$ years, the second is $\Delta\tau_2$ years, $\cdots$, the ith is $\Delta\tau_i$ years.

$$m_{out} = m_{1,out} + m_{2,out} + \cdots + m_{i,\,out} = (\alpha_{i,r} + \alpha_{i,l}) \int_{t_0}^t m_{1,in}(\tau - \Delta\tau_1)\,\mathrm{d}\tau +$$

$$(\alpha_{2,r} + \alpha_{2,l}) \int_{t_0}^t m_{2,in}(\tau - \Delta\tau_2)\,\mathrm{d}\tau + \cdots + (\alpha_{i,r} + \alpha_{i,l}) \int_{t_0}^t m_{i,in}(\tau - \Delta\tau_i)\,\mathrm{d}\tau \tag{3}$$

where, $\alpha_{1,r}$, $\alpha_{2,r}$, $\cdots$, $\alpha_{i,r}$ are recycling rates of the first, second, $\cdots$, i^{th} category of discarded metal products; $\alpha_{1,l}$, $\alpha_{2,l}$, $\cdots$, $\alpha_{i,l}$ are landfilling rates of the first, second, $\cdots$, i^{th} category of discarded metal products.

In Equation (3),

$$\alpha_{1,r} + \alpha_{1,l} = \alpha_{2,r} + \alpha_{2,l} = \cdots = \alpha_{i,r} + \alpha_{i,l} = 1$$

And $\alpha_{1,r} \int_{t_0}^t m_{1,in}(\tau - \Delta\tau_1)\,\mathrm{d}\tau + \alpha_{2,r} \int_{t_0}^t m_{2,in}(\tau - \Delta\tau_2)\,\mathrm{d}\tau + \cdots + \alpha_{i,r} \int_{t_0}^t m_{i,in}(\tau - \Delta\tau_i)\,\mathrm{d}\tau$ is the scrap recycled in the period $(t_0 \sim t)$.

Taking Equation (2) and Equation (3) into Equation (1), SS of metallic substance can be calculated out under the known parameter of $m_{ss}(t_0)$.

If we want to calculate SS of metallic substance based on Equation (2) and Equation (3), we should obtain the information on the use categories of metal products, distribution of metal in different categories of metal products (constitution of metal use) and average use life for each category of metal products for a long period of time. It is almost impossible to obtain these data for a long period in China because of insufficient data sources. So, a simplified analysis method is adopted here.

Metal consumption of a country (or a region) can be calculated by the following formula under the situation that metal stockpile doesn't change so much.

$$m_{cons}(\tau) = m_{prod}(\tau) + m_{impo}(\tau) - m_{expo}(\tau) \tag{4}$$

where, $m_{cons}(\tau)$, $m_{prod}(\tau)$, $m_{impo}(\tau)$, $m_{expo}(\tau)$ are consumption, production quantites, imported quantities and exported quantities for one kind of metal in the year τ, respectively.

It is easy to understand that quantities of metal consumption m_{cons} are the same with metal flows into SS (m_{in}). Based on Equation (1), SS of metallic substance at a random time t can be calculated by the following formula:

$$m_{ss}(\tau) = \int_{t_0}^t m_{cons}(\tau)\,\mathrm{d}\tau - \int_{t_0}^t m_{cons}(\tau - \Delta\tau)\,\mathrm{d}\tau + m_{ss}(t_0) \tag{5}$$

where, $\Delta\tau$ is the weighted average use life for different categories of metal products in Equation (3).

Metal products have an average use life $\Delta\tau$, the average use life of copper products is about 30 years[4, 20], the average use life of aluminum products is about 16 years[21], and the average use life of zinc products is about 17 years[22]. Metal products will be discarded and reclaimed as secondary resources after their use life. Constitution of social stock of metallic substance in the year τ can be described as Figure 3, where, we assume the average use life of metal products is $\Delta\tau$.

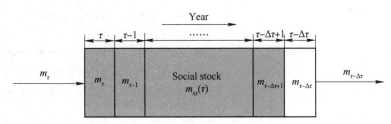

Figure 3   Sketch map of metal in social stock of the year τ

In Figure 3, m_τ, $m_{\tau-1}$, $\cdots$, $m_{\tau-\Delta\tau+1}$, and $m_{\tau-\Delta\tau}$ are metal contents in final products in the year τ, $(\tau-1)$, $\cdots$, $(\tau-\Delta\tau+1)$, and $(\tau-\Delta\tau)$. SS of metallic substance in the year τ can be calculated as

$$m_{ss}(\tau) = m_\tau, \quad m_{\tau-1}, \quad \cdots, \quad m_{\tau-\Delta\tau+1} \qquad (6)$$

where, $m_{ss}(\tau)$ is the SS of metallic substance in the year τ.

Metal products in the year $(\tau-\Delta\tau)$ (which is expressed by $m_{\tau-\Delta\tau}$) will be discarded from social stock and reclaimed as secondary resources to the metal production, fabrication and manufacture stage.

3   Social stock of metallic substance under different variation of metal consumption

3.1   Function types of metal consumption

According to the data on metal (iron and steel, aluminum and copper, etc) consumption of the USA, the UK, and Japan in the past one hundred years and China after the year 1949, metal consumption functions can be divided into four types: (1) linear increase or keep constant; (2) linear decrease; (3) nonlinear increase; (4) nonlinear decrease. Based on the actual circumstances of metal consumption in some countries, there are four combined characteristics of metal consumption functions: (1) linear increase or keep constant + nonlinear increase (Figure 4a); (2) nonlinear increase + linear increase or keep constant (Figure 4b); (3) nonlinear decrease + linear increase or keep constant (Figure 4c); (4) nonlinear increase + nonlinear decrease (Figure 4d)[22-23].

3.2   Variation of metal consumption on social stock of metallic substance

Metal consumption of a country (or a region) in a period of time can be divided into three

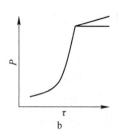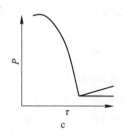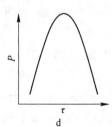

| a | b | c | d |

Figure 4   Combined characteristics of metal consumption functions

a—linear increase or keep constant + nonlinear increase; b—nonlinear increase + linear increase or keep constant;

c—nonlinear decrease + linear increase or keep constant; d—nonlinear increase + nonlinear decrease

circumstances: (1) keep constant; (2) linear variation; (3) exponential variation. In the following part of this section, we will discuss SS of metallic substance in the above three circumstances according to Section 2.2. The average use life of metal products is assumed to be $\Delta\tau$ years, and metal consumption in the initial year is m_0.

(1) Constant metal consumption. Metal consumption keeps constant, which is $m_\tau = m_0$. SS of metallic substance at a random t will be equal to that at the initial time t_0 under this circumstance according to Equation (5), that is

$$m_{ss}(t) = m_{ss}(t_0) \qquad (7)$$

(2) Linear variation of metal consumption. Variation trend of metal consumption is assumed to be $m_\tau = m_0 + km_0\tau$. According to Equation (5), SS of metallic substance at a random t can be calculated by the following formula under linear variation of metal consumption:

$$m_{ss}(t) - m_{ss}(t_0) = m_0\int_{t_0}^{t}(1 + k\tau)\,\mathrm{d}\tau - m_0\int_{t_0}^{t}[1 + k(\tau - \Delta\tau)]\,\mathrm{d}\tau = m_0 k\Delta\tau(t - t_0)\ (8)$$

SS of metallic substance will increase gradually under linear increase of metal consumption (that is $k>0$); SS of metallic substance will decrease gradually under linear decrease of metal consumption (that is $k<0$). In addition, the average use life of metal products ($\Delta\tau$) and metal consumption at the initial time (m_0) also have great influences on the SS of metallic substance. The bigger $\Delta\tau$ and m_0 are, the larger of SS of metallic substance's change is in this period ($t_0 \sim t$).

(3) Exponential variation of metal consumption. Variation trend of metal consumption is assumed to be $m_\tau = m_0(1 + q)^\tau$. According to Equation (5), SS of metallic substance at a random t can be calculated by the following formula under exponential variation of metal consumption:

$$m_{ss}(\tau) - m_{ss}(t_0) = m_0\int_{t_0}^{t}(1 + q)^\tau\,\mathrm{d}\tau - m_0\int_{t_0}^{t}(1 + q)^{\tau-\Delta\tau}\,\mathrm{d}\tau$$

$$= \frac{m_0[(1 + q)^t - (1 + q)^{t_0}][(1 + q)^{\Delta\tau} - 1]}{\ln(1 + q)(1 + q)^{\Delta\tau}} \qquad (9)$$

SS of metallic substance will increase gradually under exponential increase of metal consumption (that is $q>0$); SS of metallic substance will decrease gradually under exponential decrease of metal consumption (that is $q<0$). In addition, metal consumption at the initial time (m_0) also has great effects on the SS of metallic substance. The bigger of m_0 is, the larger of SS of metallic substance's change is in this period $t_0 \sim t$.

3.3 Quantities, recyclable ratio and average age for SS of metallic substance in the year τ

3.3.1 Quantities for SS of metallic substance in the year τ

Taking the average use life of aluminum products in China, which is 16 years as an example[21], we will discuss quantities, recyclable ratio and average age for SS of metallic substance in the year τ according to Section 2.2.

(1) Constant metal consumption. According to Figure 3 and Equation (6), SS of metallic substance in the year τ can be calculated by the following formula when metal consumption keeps constant:

$$m_{ss}(\tau) = m_0 + m_0 + \cdots + m_0 = 16m_0 \tag{10a}$$

(2) Linear variation of metal consumption. Variation trend of metal consumption is assumed to be $m_\tau = m_0 + km_0\tau$. According to Figure 3 and Equation (6), SS of metallic substance in the year τ can be calculated by the following formula under linear variation of metal consumption:

$$m_{ss}(\tau) = m_0 + 16km_0 + m_0 + 15km_0 + \cdots + m_0 + km_0 = m_0(16 + 136k) \tag{10b}$$

(3) Exponential variation of metal consumption. Variation trend of metal consumption is assumed to be $m_\tau = m_0(1 + q)^\tau$. According to Figure 3 and Equation (6), SS of metallic substance in the year τ can be calculated by the following formula under exponential variation of metal consumption:

$$m_{ss}(\tau) = m_0(1 + q)^{16} + m_0(1 + q)^{15} + \cdots + m_0(1 + q) = \frac{m_0[(1 + q)^{17} - (1 + q)]}{q} \tag{10c}$$

If taking the average use life of copper products in China, which is 30 years as an example[4, 20], the formulas Equation (10a) ~ Equation (10c) can be expressed as

(1) Constant metal consumption

$$m_{ss}(\tau) = m_0 + m_0 + \cdots + m_0 = 30m_0 \tag{11a}$$

(2) Linear variation of metal consumption

$$m_{ss}(\tau) = m_0 + 30km_0 + m_0 + 29km_0 + \cdots + m_0 + km_0 = m_0(30 + 465k) \tag{11b}$$

(3) Exponential variation of metal consumption

$$m_{ss}(\tau) = m_0(1 + q)^{30} + m_0(1 + q)^{29} + \cdots + m_0(1 + q) = \frac{m_0[(1 + q)^{31} - (1 + q)]}{q} \tag{11c}$$

3.3.2 Recyclable ratio for SS of metallic substance in the year τ

Old scrap in the year τ can be calculated by the following formula:

$$Z(\tau) = R(\tau) \times m_{ss}(\tau) \tag{12}$$

where, $Z(\tau)$ is recyclable old scrap, t/a; $R(\tau)$ is recyclable ratio for SS of metallic substance, %; $m_{ss}(\tau)$ is SS of metallic substance, t/a.

Taking the average use life of aluminum products in China, which is 16 years, as an example, the variations of metal consumption on the recyclable ratio for SS of metallic substance will be discussed below according to 3. 3. 1.

(1) Constant metal consumption. We assume that old scrap resource in the year τ is m_0. The recyclable ratio for SS of metallic substance, that is $R(\tau)$, can be expressed by the following formula according to Equation (12).

$$R(\tau) = Z(\tau)/m_{ss}(\tau) = m_0/16m_0 \times 100\% = 6.25\% \qquad (13a)$$

(2) Linear variation of metal consumption. As the same reason, old scrap resource in the year τ is m_0. The recyclable ratio for SS of metallic substance, that is $R(\tau)$, can be expressed by the following formula according to Equation (12).

$$R(\tau) = Z(\tau)/m_{ss}(\tau) = m_0/[m_0(16 + 136k)] \times 100\% = 1/(16 + 136k) \times 100\%$$
$$(13b)$$

(3) Exponential variation of metal consumption. As the same reason, old scrap resource in the year τ is m_0. The recyclable ratio for SS of metallic substance, that is $R(\tau)$, can be expressed by the following formula according to Equation (12).

$$R(\tau) = Z(\tau)/m_{ss}(\tau) = m_0 \times q/m_0[(1 + q)^{17} - 1 + q)] \times 100\%$$
$$= q/[(1 + q)^{17} - (1 + q)] \times 100\% \qquad (13c)$$

If taking the average use life of copper products in China, which is 30 years as an example, the formulas Equation (13a) ~ Equation (13c) can be expressed as

(1) Constant metal consumption

$$R(\tau) = Z(\tau)/m_{ss}(\tau) = m_0/30m_0 \times 100\% = 3.33\% \qquad (14a)$$

(2) Linear variation of metal consumption

$$R(\tau) = Z(\tau)/m_{ss}(\tau) = m_0/[m_0(30 + 465k)] \times 100\% = 1/(30 + 465k) \times 100\%$$
$$(14b)$$

(3) Exponential variation of metal consumption

$$R(\tau) = Z(\tau)/m_{ss}(\tau) = m_0 \times q/m_0[(1 + q)^{31} - (1 + q)] \times 100\%$$
$$= q/[(1 + q)^{31} - (1 + q)] \times 100\% \qquad (14c)$$

The influences of linear increase and exponential increase of metal consumption on the recyclable ratio for SS of metallic substance can be obtained by Equations (13b) and (13c) and Equations (14b) and (14c). Of course, influences of linear decrease and exponential decrease of metal consumption can also be analyzed by Equations (13b) and (13c) and Equations (14b) and (14c).

As shown in Table 1, the recyclable ratios for SS of metallic substance under metal consumption in a linear increase or in an exponential increase is smaller than that of metal consumption keeping constant. The faster metal consumption increases (the bigger the k and q are), the smaller the recyclable ratio for SS of metallic substance is. We can also find that if $k = q$, the recyclable ratio for SS of metallic substance under metal consumption in an exponential increase is smaller than that in a linear increase. Under the same k or q, recyclable ratios for $\Delta\tau$ equals 30 years are smaller than those for the $\Delta\tau$ equals 16 years.

Table 1   Influence of metal consumption's variation on the recyclable ratio of metal in social stock

	Linear increase of metal consumption						Exponential increase of metal consumption				
k	$R(\tau)$ (%) ($\Delta\tau=16$)	$R(\tau)$ (%) ($\Delta\tau=30$)	k	$R(\tau)$ (%) ($\Delta\tau=16$)	$R(\tau)$ (%) ($\Delta\tau=30$)	q	$R(\tau)$ (%) ($\Delta\tau=16$)	$R(\tau)$ (%) ($\Delta\tau=30$)	q	$R(\tau)$ (%) ($\Delta\tau=16$)	$R(\tau)$ (%) ($\Delta\tau=30$)
0.01	5.76	2.89	0.11	3.23	1.23	0.01	5.74	2.85	0.11	2.30	0.45
0.02	5.34	2.54	0.12	3.09	1.17	0.02	5.26	2.42	0.12	2.09	0.37
0.03	4.98	2.28	0.13	2.97	1.11	0.03	4.82	2.04	0.13	1.90	0.30
0.04	4.66	2.06	0.14	2.85	1.05	0.04	4.41	1.71	0.14	1.72	0.25
0.05	4.39	1.88	0.15	2.75	1.00	0.05	4.03	1.43	0.15	1.56	0.20
0.06	4.14	1.73	0.16	2.65	0.96	0.06	3.67	1.19	0.16	1.41	0.16
0.07	3.92	1.60	0.17	2.56	0.92	0.07	3.35	0.99	0.17	1.28	0.13
0.08	3.72	1.49	0.18	2.47	0.88	0.08	3.05	0.82	0.18	1.16	0.11
0.09	3.54	1.39	0.19	2.39	0.84	0.09	2.78	0.67	0.19	1.05	0.09
0.10	3.38	1.31	0.20	2.31	0.81	0.10	2.53	0.55	0.20	0.95	0.07

3.3.3   Average age for SS of metallic substance in the year τ

SS in the year τ is made of metal flows into SS in the same year τ and a certain number of years before the year τ, so here we can define the concept of average age for metal products in the SS. The average age of metal products in the SS can be expressed by the following formula:

$$y(\overline{\tau}) = \frac{\sum_{i=\tau-\Delta\tau+1}^{\tau} m_i \times \sum_{j=1}^{\Delta\tau} (\Delta\tau - j)}{m_{ss}(\tau)} \tag{15}$$

where, $y(\overline{\tau})$ is average age of metal products in the SS, years; m_i is metal flows into SS in the year i, t. For a definite SS, the older the average age is, the larger the reclaimed secondary resources in the short period are; the younger the average age, the smaller the reclaimed secondary resources are.

Taking the average use life of aluminum products in China, which is 16 years as an example, variations of metal consumption on the average age for SS in the year τ will be discussed below according to 3.3.1.

(1) Constant metal consumption. The average age for SS of metallic substance $y(\overline{\tau})$, can be expressed by the following formula according to Equation (15).

$$y(\overline{\tau}) = \frac{m_0 \times 15 + m_0 \times 14 + \cdots + m_0 \times 0}{16m_0} = 7.5a \tag{16a}$$

(2) Linear variation of metal consumption. The average age for SS of metallic substance $y(\overline{\tau})$, can be expressed by the following formula according to Equation (15).

$$y(\bar{\tau}) = \frac{(m_0 + km_0) \times 15 + (m_0 + 2km_0) \times 14 + \cdots + (m_0 + 16km_0) \times 0}{m_0(16 + 136k)} = \frac{15 + 85k}{2 + 17k}$$

$$(16b)$$

(3) Exponential variation of metal consumption. The average age for *SS* of metallic substance $y(\bar{\tau})$, can be expressed by the following formula according to Equation (15).

$$y(\bar{\tau}) = \frac{m_0(1 + q) \times 15 + m_0(1 + q)^2 \times 4 + \cdots + m_0(1 + q)^{16} \times 0}{\dfrac{m_0[(1 + q)^{17} - (1 + q)]}{q}}$$

$$= \frac{q[15 + 14(1 + q) + \cdots + (1 + q)^{14}]}{(1 + q)^{16} - 1} \qquad (16c)$$

Taking the average use life of copper products in China, which is 30 years as an example, the formulas Equation (16a) ~ Equation (16c) can be expressed as

(1) Constant metal consumption:

$$y(\bar{\tau}) = \frac{m_0 \times 29 + m_0 \times 28 + \cdots + m_0 \times 0}{30m_0} = 14.5a \qquad (17a)$$

(2) Linear variation of metal consumption:

$$y(\bar{\tau}) = \frac{(m_0 + km_0) \times 29 + (m_0 + 2km_0) \times 28 + \cdots + (m_0 + 30km_0) \times 0}{m_0(30 + 465k)}$$

$$= \frac{435 + 4495k}{30 + 465k} \qquad (17b)$$

(3) Exponential variation of metal consumption:

$$y(\bar{\tau}) = \frac{m_0(1 + q) \times 29 + m_0(1 + q)^2 \times 28 + \cdots + m_0(1 + q)^{30} \times 0}{\dfrac{m_0[(1 + q)^{31} - (1 + q)]}{q}}$$

$$(17c)$$

$$= \frac{q[29 + 28(1 + q) + \cdots + (1 + q)^{28}]}{(1 + q)^{30} - 1}$$

The influences of linear increase and exponential increase of metal consumption on the average age for *SS* of metallic substance are obtained by the Equations (16b) and (16c) and Equations (17b) and (17c). Similarly, influences of linear decrease and exponential decrease of metal consumption can also be analyzed by the Equations (16b) and (16c) and Equations (17b) and (17c).

From Table 2, we can see that the average age for *SS* of metallic substance under metal consumption in a linear increase or in an exponential increase is smaller than that of metal consumption keeping constant. The faster metal consumption increases (the bigger the k and q are), the younger the average age for *SS* of metallic substance is. We also find that if $k = q$, the average age for *SS* of metallic substance under metal consumption in an exponential increase is younger than that in a linear increase.

Table 2 Influence of metal consumption's variation on the average age of metal in social stock

	Linear increase of metal consumption						Exponential increase of metal consumption				
k	$y(\tau)$ (years) ($\Delta\tau=16$)	$y(\tau)$ (years) ($\Delta\tau=30$)	k	$y(\bar\tau)$ (years) ($\Delta\tau=16$)	$y(\bar\tau)$ (years) ($\Delta\tau=30$)	q	$y(\bar\tau)$ (years) ($\Delta\tau=16$)	$y(\bar\tau)$ (years) ($\Delta\tau=30$)	q	$y(\bar\tau)$ (years) ($\Delta\tau=16$)	$y(\bar\tau)$ (years) ($\Delta\tau=30$)
0.01	7.30	13.85	0.11	6.29	11.45	0.01	7.29	13.76	0.11	5.38	7.72
0.02	7.14	13.36	0.12	6.24	11.36	0.02	7.08	13.03	0.12	5.21	7.30
0.03	6.99	12.97	0.13	6.19	11.27	0.03	6.87	12.31	0.13	5.06	6.91
0.04	6.87	12.65	0.14	6.14	11.19	0.04	6.67	11.63	0.14	4.90	6.54
0.05	6.75	12.39	0.15	6.10	11.12	0.05	6.47	10.97	0.15	4.75	6.21
0.06	6.66	12.17	0.16	6.06	11.06	0.06	6.28	10.34	0.16	4.61	5.90
0.07	6.57	11.98	0.17	6.02	11.00	0.07	6.09	9.75	0.17	4.47	5.61
0.08	6.49	11.82	0.18	5.99	10.94	0.08	5.90	9.19	0.18	4.34	5.34
0.09	6.42	11.68	0.19	5.96	10.89	0.09	5.72	8.67	0.19	4.21	5.10
0.10	6.35	11.56	0.20	5.93	10.85	0.10	5.55	8.18	0.20	4.09	4.87

4 Social stock for aluminum and copper in China

4.1 Social stock for aluminum in China

The variation of aluminum consumption for China in the period 1990-2009 is shown in Figure 5[1]. Changes of consumption in this period are close to exponential growth and can be fitted into the following formula:

$$M_\tau \approx M_0(1 + 0.1574)^\tau$$

The variations of Al-contents in SS in China during the period 2006-2009 were calculated in the range $54.2\times10^6 \sim 88.9\times10^6$ t (Table 3), based on the average use life of aluminum products was about 16 a in China[21].

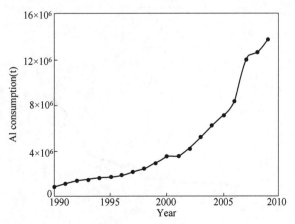

Figure 5 Variation of aluminum consumption in China in 1990-2009

Table 3 Quantities of Al-contents in social stock in China during the period 2006-2009

Year	$S_\tau(t)$
2006	54.2×10^6
2007	65.2×10^6
2008	76.5×10^6
2009	88.9×10^6

The Al-contents in social stock increased quickly in the period 2006-2009, and finally reached 88.9×10^6 t in the year 2009.

The average recyclable ratio for *SS* of aluminum substance was calculated to be 1.45% in the studied period according to Equation (13c). We find when q is in the range 0.15~0.16, the recyclable ratio is in the range 1.41%~1.56%. But along with the descending of aluminum consumption in the future in China, the recyclable ratio for *SS* of aluminum substance will increase gradually.

The average age for *SS* of aluminum substance was calculated to be 4.65 years in this period according to Equation (16c). We find when q is in the range 0.15~0.16, the average age is in the range 4.61 ~ 4.75 a. But along with the descending of aluminum consumption in the future in China, the average age for *SS* of aluminum substance will increase gradually.

4.2 Social stock for copper in China

The variation of copper consumption for China in the period 1976-2009 is shown in Figure 6[1]. Changes of consumption in this period are close to linear growth (in the period 1976-1990) and exponential growth (in the period 1990-2009) respectively, and can be fitted into the following two formulas:

$$M_\tau \approx M_0(1 + 0.097)^\tau \quad \text{(In the period 1976-1990)}$$
$$M_\tau \approx M_0(1 + 0.1305)^\tau \quad \text{(In the period 1990-2009)}$$

The variations of Cu-contents in *SS* in China during the period 2006-2009 were calculated in the range 8×10^6~51.4×10^6 t (Table 4), based on the average use life of copper products was about 30 a in China[4, 20].

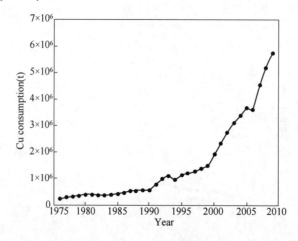

Figure 6 Variation of copper consumption in China in 1976-2009

Table 4　Quantities of Cu-contents in social stock in China during the period 2006-2009

Year	$S_\tau(t)$
2006	8×10^6
2007	41.1×10^6
2008	46.0×10^6
2009	51.4×10^6

The Cu-contents in social stock increased quickly in the period 2006-2009, and finally reached 51.4×10^6 t in the year 2009.

The average recyclable ratio for SS of copper substance was calculated to be 0.30% in the studied period according to Equation (14c). We find when q is in the range $0.13 \sim 0.14$, the recyclable ratio is in the range $0.25\% \sim 0.30\%$. But along with the descending of copper consumption in the future in China, the recyclable ratio for SS of copper substance will increase gradually.

The average age for SS of copper substance was calculated to be 6.89 years in this period according to Equation (17c). We find when q is in the range $0.13 \sim 0.14$, the average age is in the range $6.54 \sim 6.91$ a. But along with the descending of copper consumption in the future in China, the average age for SS of copper substance will increase gradually.

4.3　Discussion

From the above analysis, we found that Al-contents and Cu-contents in SS have increased quickly in recent years. Though the quantities of Al and Cu flow into SS are large, the products containing them are young and they will stay in SS for a long period of time. Correspondingly, the recyclable ratios and average ages are low at present. But we can forecast that along with the descending of the increasing rate for aluminum and copper consumption in the future in China, the recyclable ratios and average ages for SS of aluminum and copper will rise.

5　Conclusions

(1) Social stock of metallic substance determines the quantities of old scrap that can be reclaimed. Based on the analysis of metals social stock and composition, we can obtain the variation of potential secondary resources. Analysis of metal flows and stocks can provide some basis for the decision making of China's metal industry's resources strategy, industrial policy and environmental policy, and achieve a sustainable development of metal industry.

(2) The recyclable ratio and average age for SS of metallic substance under metal consumption in a linear increase or in an exponential increase are smaller than that of metal consumption keeping constant. The faster metal consumption increases, the smaller the recyclable ratio and average age for SS of metallic substance is. For the same increasing rate of metal consumption, the recyclable ratio and average age for SS of metallic substance under metal consumption in an exponential increase is smaller than that in a linear increase.

(3) Al-contents and Cu-contents in social stock increased quickly in the period 2006-2009,

651

工业生态学

and reached 88.9×10^6t and 51.4×10^6t in the year 2009, respectively. In this period, the average recyclable ratios for *SS* of aluminum and copper were 1.45% and 0.30%, and the average ages for *SS* of aluminum and copper were 4.65 years and 6.89 years, respectively. Along with the descending of the increasing rate for aluminum and copper consumption in the future in China, the recyclable ratios and average ages for *SS* of aluminum and copper will increase gradually.

References

[1] Editorial Board of China Nonferrous Metals Industry Yearbook, China Nonferrous Metals Industry Yearbook 1991-2009, Beijing: China General Print Company, 1991-2009. (in Chinese)

[2] LU Z W. On steel scrap resources for steel industry [J]. Iron and Steel, 2002, 37 (4): 66-70, 6. (in Chinese)

[3] YUE Q, WANG H M, LU Z W. Analysis of contemporary aluminum cycle in China [C]//Proceedings of 2010 International Conference on Information Technology and Industrial Engineering, 2010, 6: 324-327.

[4] YUE Q, LU Z W. Analysis of contemporary copper recycling in China [J]. The Chinese Journal of Process Engineering, 2006, 6 (4): 683-690.

[5] ZHANG J H, LU Z W. Status and approach of recycle of zinc resources in China [J]. Resources Science, 2007, 29 (3): 86-93. (in Chinese)

[6] MAO J S, YANG Z F, LU Z W. Industrial flow of lead in China [J]. Transactions of Nonferrous Metals Society of China, 2007, 17: 400-411.

[7] SPATARI S, BERTRAM M, FUSE K, et al. The contemporary European copper cycle: 1 year stocks and flows [J]. Ecological Economics, 2002, 42: 27-42.

[8] SPATARI S, BERTRAM M, FUSE K, et al. The contemporary European zinc cycle: 1 year stocks and flows [J]. Resources, Conservation and Recycling, 2003, 39: 137-160.

[9] GRAEDEL T E, VAN Beers D, BERTRAM M, et al. Multilevel cycle of anthropogenic copper [J]. Environmental Science & Technology, 2004, 38 (4): 1242-1252.

[10] MELO M T. Statistical analysis of metal scrap generation: the case of aluminum in Germany [J]. Resources, Conservation and Recycling, 1999, 26: 91-113.

[11] ELSHKAKI A, VAN DER VOET E, VAN HOLDERBEKE M, et al. The environmental and economic consequences of the development of lead stocks in the Dutch economics system [J]. Resources, Conservation and Recycling, 2004, 42: 133-154.

[12] BLINDER C, GRAEDEL TE, RECK B. Explanatory variables for per capita stocks and flows of copper and zinc [J]. Journal of Industrial Ecology, 2006, 10 (1/2): 111-132.

[13] ROSTKOWSKI K, RAUCH J, DRAKONAKIS K, et al. "Bottom-up" study of in-use nickel stocks in New Haven, CT [J]. Resources, Conservation and Recycling, 2007, 50: 58-70.

[14] DAIGO I, HASHIMOTO S, MATSUNO Y, et al. Material stocks and flows accounting for copper and copper-based alloys in Japan [J]. Resources, Conservation and Recycling, 2009, 53: 208-217.

[15] YUE Q, LU Z W. Analysis of contemporary copper cycle in China— "STAF" method [J]. China Resources comprehensive Utilization, 2005 (4): 6-12. (in Chinese)

[16] LOU Y, SHI L. Analyzing iron and aluminum stocks in Handan city in 2005 [J]. Resources science, 2008, 30 (1): 147-152. (in Chinese)

[17] MAO J S, JAIMEE D, GRAEDEL TE. The multilevel cycle of anthropogenic lead II. Results and discussion [J]. Resources, Conservation and Recycling, 2008, 52: 1050-1057.

[18] GUO X Y, ZHONG J Y, SONG Y. Substance flow analysis of zinc in China [J]. Resources,

Conservation and Recycling, 2010, 54 (3): 171-177.

[19] BRUNNER P H, RECHBERGER H. Practical handbook of material flow analysis [M]. Boca Raton: Lewis Publishers, 2004: 62-63.

[20] YUE Q, LU Z W, ZHI S K. Copper cycle in China and its entropy analysis [J]. Resources, Conservation and Recycling, 2009, 53 (12): 680-687.

[21] YUE Q, WANG H M, LU Z W. Aluminum flow analysis based on average service life of aluminum products in China [J]. Journal of Northeastern University (Natural Science), 2010, 31 (9): 1304-1308. (in Chinese)

[22] ZHANG J H. Studying on zinc cycle and regeneration index of depreciated zinc products in China [D]. Shenyang: Northeastern University, 2007. (in Chinese)

[23] KLEIJN R, HUELE R, VOET E. Dynamic substance flow analysis: the delaying mechanism of stocks, with the case of PVC in Sweden [J]. Ecological economics, 2000, 32: 241-254.

653

Resource Use in Growing China: Past Trends, Influence Factors and Future Demand*

Abstract   Natural resources provide the basis for our life on Earth. This report presents the accounts of China's direct material input (DMI) during 1998-2008. Using decomposition, we examine factors that have influenced changes in recent resource use in China. China's resource demand in 2011-2015 is prospected, based on China's 12th Five-Year Plan. Finally, effective policies to restrain China's resource demand are discussed. Conclusions are the following. (1) During 1998-2008, China's DMI doubled, from 11Gt❶ to 22Gt. Metallic minerals had the strongest growth, quadrupling; non-metallic minerals and fossil fuels more than doubled, but biomass remained stable. In relative terms, non-metallic minerals dominated the total amount of DMI by more than 60%. (2) Factors of affluence (A) and material-use intensity (T), respectively contributed the most to the increase and decrease of DMI, but the overall decrease effect is much smaller. Factors of population (P) and recycling (R) only slightly affected changes in China's DMI. (3) During 2008-2015, China's DMI is expected to increase by 27% ~ 38%, from 22 Gt to 28 ~ 31Gt. The average annual increase rate of DMI would drop to 3% ~ 5% from 7% during 1998-2008. (4) Designing new products and infrastructure that use less energy and materials and changing consumption patterns into more sustainable ones are crucial to the future resource strategy of China. More policies are expected to improve China's material-use intensity and recycling levels.

Key words   economic growth, industrial ecology, material flow analysis (MFA), material-use intensity, recycling, resource use

1   Introduction

Natural resources such as biomass, minerals, and fossil fuels provide the basis for our life on Earth. At the same time, these resources bring pressure on the environment associated with resource extraction and subsequent material flows and stocks, which eventually end up as waste and emissions[1]. Consequently, reducing resource input is an effective means to improve environmental quality at root[2]. Unfortunately, our planet has experienced a continuous increase in resource extraction for more than a century. After WW Ⅱ, this increase has been much sharper as a result of population growth and economic expansion[3].

China, the most populous country on the planet and an emerging economic powerhouse, has enjoyed double-digit economic growth for around 30 years. Chinese people have benefited from such long-term economic growth, but increasingly resources have been consumed. It is

654

---

* Coauthor: Wang Heming, Hashimoto Seiji, Moriguchi Yuichi, Yue Qiang. Reprinted from *Journal of Industrial Ecology*, 2012.

❶ All tons described in this article are metric. 1Gt = 10^9 tons = 10^{12} kilograms (kg, SI) $\approx$ 1.102 × 10^9 short tons.

recognized by the Chinese government that China must develop sustainably to lighten the burdens of resource consumption. In 2006, China published its 11th Five-Year Plan for National Economic and Social Development (simplified as China's 11th FYP, see the review by the Financial and Economic Committee of the National People's Congress [2008]), which was regarded as a landmark in the history of reconciling environment and economy[4]. In the plan, China set three pivotal and mandatory targets related to resource use and emissions: a 20% reduction of energy consumption per unit of GDP and a 10% drop in SO_2 emissions and COD discharge by 2010 (from 2005 levels). During the same period, the promotion of a circular economy was regarded as an important strategy for national economic and social development. Consequently, the Circular Economy Promotion Law of the People's Republic of China[●] was passed in 2008, and entered into force as of January 1, 2009. This law was intended to raise resource-use efficiency, protect the environment and realize sustained development. Although no specific indicators for China's resource strategy are put forth in the Circular Economy law, it is the first time for China to introduce a special law for resource recycling and utilization. In 2011, China published its 12th Five-Year Plan for National Economic and Social Development[❷] (simplified as China's 12th FYP), in which additional mandatory indicators were introduced, such as a 17% reduction of CO_2 emissions per unit of GDP and a 10% drop in ammonia nitrogen and NO_x emissions by 2015 (from 2010 levels). Additionally, this plan concluded the performance of China's 11th FYP: by the end of 2010, the energy consumption per unit of GDP had decreased by 1%, and SO_2 emissions and COD discharge had dropped respectively by 14.3% and 12.5%. China is increasingly devoting attention to its resource use strategy. Notable progress has been forthcoming.

655

Material flow analysis (MFA) refers to analysis of the throughput of process chains comprising extraction or harvest, chemical transformation, manufacturing, consumption, recycling, and disposal of materials[5]. Since early MFA studies done for Austria[6], Germany[7], and Japan[8], MFA has emerged as an important approach to quantifying and monitoring human use of natural resources. Case studies of MFA have been conducted not only at the national level (e. g. Adriaanse et al.[9]; Matthews et al.[10]; Moriguchi[11]; Giljum[12]; Weisz et al.[13]; Kovanda et al.[14]), but also at the regional and global levels (e. g. Bringezu et al.[1]; Schandl et al.[15]; Giljum et al.[16]; Schandl et al.[17]). Because the Asia−Pacific region has emerged as the main driver of global resource use over the last two decades[18], several MFA studies have been conducted for countries in this region, such as for Japan[19], for Australia[20], for the Philippines[21], and for China[16-17,22-27]. For methodological harmonization, Eurostat published a series of compilation guidelines for MFA[28-30]. In the first methodological guidelines of Eurostat (2001)[28], the concept of

---

❶ The Circular Economy Promotion Law of the People's Republic of China was passed in the fourth meeting of the Standing Committee of the 11th National People's Congress of the People's Republic of China on Aug. 29, 2008. It entered into force on January. 1, 2009.

❷ China's 12th Five-Year Plan for National Economic and Social Development was passed in the fourth meeting of the Standing Committee of the 11th National People's Congress of the People's Republic of China on March 14, 2011. <http: // news. xinhuanet. com/politics/2011-03/16/c_121193916. htm>. Accessed April 2011.

material flow accounting and the design of material flow indicators are specified, but not enough information related to compilation of material flow accounts is provided. The guidelines of Eurostat (2007)[29] document methodological standards and provide practical step-by-step procedures for the compilation of material flow accounts. As a revised version of Eurostat (2007), the guidelines of Eurostat (2009)[30] improve the practicability of estimation procedures for domestic extraction of grazed biomass, limestone, sand and gravel, etc. Most previous studies of MFA for the Chinese economy are based on the MFA guidelines of Eurostat (2001). Furthermore, results of material flow indicators are not harmonious because of the lack of standard estimation procedures. Therefore, it is of practical importance to compile China's material flow accounts according to the newly published MFA guidelines of Eurostat (2009).

Although the results of previous MFA studies of the Chinese economy are not harmonious, a common characteristic can be summarized that the amounts of China's resource use have been growing quickly since the 1990s. Because China is increasingly playing an important role in global resource strategy, it is interesting and meaningful to determine what factors have caused such a continuous increase of its resource use and what quantities of resources will be necessary for China in the near future. The goals of this article are the following: (1) to quantify the resource use indicator, DMI, for the Chinese economy under the newly published guidelines of Eurostat (2009); (2) to elucidate factors that have changed recent resource use in China; (3) to estimate the quantities of resources that will be necessary for China in the next five years (2011-2015) based on decomposition analysis of DMI and projected indicators in China's 12th FYP, and (4) to explore effective policies in restraining China's resource demand. The analyses described herein covered data for four major material groups: biomass, metallic minerals, non-metallic minerals, and fossil fuels. This study, a new MFA study for the Chinese economy following the latest guidelines of Eurostat (2009), provides the basis for international comparison and policy-making for China's resource strategy.

2 China's resource use: 1998-2008

2.1 Material flow analysis method and data

According to the newly released MFA compilation guidelines of Eurostat (2009), we accounted for the domestic extraction used (DEU) and imports of all types of biomass, metallic minerals, non-metallic minerals, as well as fossil fuels of China during 1998-2008. Subsequently, we quantified a broadly analyzed indicator, DMI, which equals DEU plus imports. Resources that were extracted but not used, for example, overburden in mining and excavated soil, were not accounted for in this study.

With regard to data collection, we used Chinese national data to account for DEU of fossil fuels, and metallic and non-metallic minerals. To account for DEU of biomass and international trade flows, we used datasets of FAO (2011)[31] and UN Comtrade (United Nations 2010[32]), which are more comprehensive than Chinese national statistical yearbooks. Detailed sources and explanations of data for the compilation of China's DMI in the period 1998-2008 are presented in Appendix A (see Appendix A in Supplementary Material S1).

According to MFA conventions, DEU of biomass is expected to include all biomass of vegetable origin extracted by humans and their livestock, fish capture, and hunted animals[30]. Because no data is available for hunted animals for the Chinese economy, the total biomass extraction in this study includes the amount of harvested primary crops (up to 190 items), used crop residues (10 items), harvest of fodder crops and grazed biomass (5 items), wood extraction (7 items), and fish capture (2 items). The DEU of metallic minerals distinguishes data of iron ores and non-ferrous metal ores (8 items). In this study, domestic extraction of minerals refers to the run-of-mine production, which means that the total amount of extracted crude minerals that is submitted to the first processing step is counted[30]. Material flow accounts for non-metallic minerals comprise two categories: non-metallic minerals for stone and industrial use (17 items) and bulk materials used primarily for construction (3 items: limestone, gravel and sand, and clays and kaolin). The accounts of fossil fuels distinguish solid energy resources, and liquid and gaseous petroleum resources.

International trade material flows and monetary flows between China and its partners are well recorded in the United Nations Commodity Trade Statistics Database (UN Comtrade, see United Nations [2010][32]). At the most differentiated product level, we collected around 32500 records of China's imported goods (about 3000 items for each year) during 1998-2008. Contrary to the monetary values, physical data of imported goods is incomplete in the UN Comtrade. Therefore, an appropriate estimation procedure is necessary to cover the missing physical values. In this study, we estimated the physical flows of imported goods for China, based on the calculation of the average global annual price per kilogram for each commodity group[33]. Using this method, we calculated the physical values of more than 2800 items of imported goods for China. The sum of these estimated physical values accounts for around 5% of the total weight of imported goods of China in the studied period.

Finishing the procedures described above related to data collection and estimation, we compiled the accounts for China's DMI for 1998-2008. In the next section, we will present the indicator of DMI for Chinese economy, with a subsequent general comparison with results from previous studies.

2.2 China's direct material input and its comparison with previous studies

Figure 1 shows China's DMI for 1998-2008 in a broken-down by four major material types. A continuous increase of DMI from 1998 to 2008 is apparent, except for a slight slump in 2000. During this period, China's DMI doubled, rising from 11Gt to 22Gt. The average annual growth rate is higher than 7%. The strongest growth is observed for metallic minerals, which quadrupled, from 0.4Gt to 1.6Gt. The average annual growth rate is as high as 14.6%. Both the input of non-metallic minerals and fossil fuels more than doubled, from 6.8Gt and 1.5Gt in 1998 to 14.6Gt and 3.4Gt in 2008, respectively. Both of these two material groups' average annual growth rates are around 8%. For biomass, we find that its use is more related to population than being related to GDP. During 1998-2008, DMI of biomass only increased by 9%, from 2.5Gt to 2.7Gt, and its average annual growth rate is 0.9%, close to 0.6% of China's population.

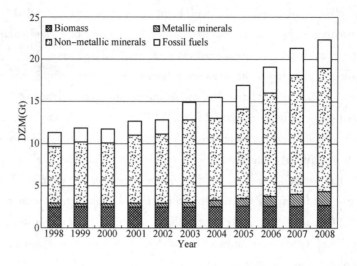

Figure 1   Trends of Direct Material Input (DMI) by material type in China during 1998-2008

The respective shares of material types to the total amount of DMI are shown in Figure 2. We can observe an apparent shift from biomass to the other three material groups. During 1998-2008, the share of biomass decreased markedly, from 1% to 12. 1%. During that period, the DMI of metallic minerals increased substantially, nearly doubling their share from 3. 7% to 7. 3%. It is noteworthy that the share of metallic minerals did not increase until 2002. Non-metallic minerals dominate China's DMI, and their share increased from 60. 8% to 65. 5%. The share of fossil fuels increased from 13. 5% to 15. 1%, and reached its peak value (16. 6%) in 2005; after 2005, their share began to decrease. It reached 15. 1% in 2008, mainly because China added the reduction target of energy consumption per unit of GDP into its 11th FYP, and implemented effective policies to achieve this target, such as accelerating the elimination of low-efficiency industrial boilers and encouraging construction of energy conservation projects.

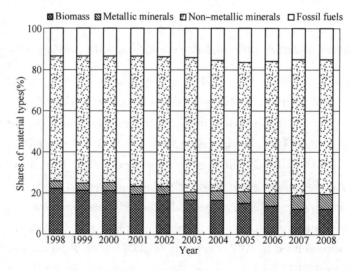

Figure 2   Shares of material types in the total amount of DMI for China during 1998-2008

Because we followed new guidelines (Eurostat 2009) to compile the material flow accounts for China's DMI, it is interesting to compare our results with those of previous studies. As introduced above, a series of MFA studies have been conducted for China[17,22-27]. Chen et al.[22] presented the first MFA study for China in 2000. Xu et al.[25] published the most comprehensive MFA study for China in the Journal of Industrial Ecology. The latest MFA study for China is referred to Schandl and West[17], in which the resource use and resource efficiency of countries in the Asia-Pacific region during 1970-2005 are analyzed. These studies cover a longer time period and have enriched our knowledge of Chinese material flows.

Indicators of resource use DMI and DMC derived for the Chinese economy between our work and previous studies are presented in Figure 3. It seems readily apparent that the amounts of the DMI in our work and the DMC of Schandl and West[17] are more harmonious, and much larger than the others. The main reason is that these two studies share similar MFA guidelines: Eurostat (2009) for this work and Eurostat (2007) for Schandl and West. Both guidelines provide much more detailed and standard estimation procedures for used crop residues and construction materials. According to previous studies, the used crop residues were usually ignored and the construction materials were usually underestimated. For example, according to Zhu[27], the amount of China's domestically extracted construction materials in 2005 was around 1 Gt, which is less than one-eighth of the result in this study. Because construction materials have accounted for a large proportion of DMI for most MFA studies, the difference between amounts of construction materials is expected to exert a significant influence on the total amount of China's resource use. In addition, for imports, we estimated the missing physical values, which had also been ignored in most previous studies. In Figure 3, a 659

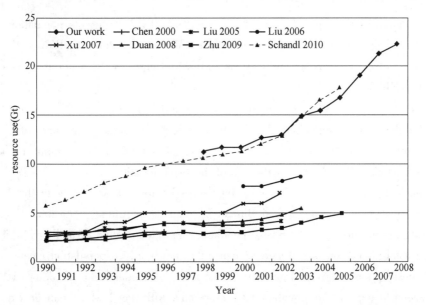

Figure 3　Comparison of indicators of China's resource use: this work and previous studies
(Source: Data of Chen 2000, Liu 2005, Liu 2006, Xu 2007, Duan 2008, Zhu 2009, and Schandl 2010 is from references of Chen and Qiao (2000), Liu and colleagues (2005), Liu colleagues (2006), Xu and Zhang (2007), Duan and colleagues (2008), Zhu (2009), and Schandl and West (2010))

considerable difference in DMI between previous studies is also observed because, before 2007, no standard guidelines existed for estimations of missing data. A harmonious methodology of MFA with standard estimation procedures of missing data is expected to be important for helping policy-makers to design resource-use plans and environmental plans based on derived material flow indicators, and for improving the validity of comparisons of MFA indicators between China and other countries.

3 Decomposition analysis of China's direct material input

Decomposition analysis has been used since the 1970s, mainly in the field of energy consumption[34]. Since the end of the last century, this technique has been applied to material flow analyses[19,35-37]. In this section, we elucidate factors that have changed recent resource use in China using the decomposition analysis method. Particularly, the analysis emphasizes decomposition of China's DMI into the factors shown below.

3.1 Decomposition equation and method

This study undertook decomposition analysis of China's DMI using the following decomposition equation.

$$
\begin{aligned}
\mathrm{DMI} &= \sum_k \mathrm{POP} \times \frac{\mathrm{GDP}}{\mathrm{POP}} \times \frac{\mathrm{DMI}_k + \mathrm{RMI}_k}{\mathrm{GDP}_k} \times \frac{\mathrm{DMI}_k}{\mathrm{AMI}_k} \\
&= \sum_k \mathrm{POP} \times \frac{\mathrm{GDP}}{\mathrm{POP}} \times \frac{\mathrm{AMI}_k}{\mathrm{GDP}_k} \times \frac{\mathrm{DMI}_k}{\mathrm{AMI}_k} \\
&= \sum_k P \times A \times T_k \times R_k
\end{aligned}
\tag{1}
$$

where, k represents the type of material (four types); POP represents population; GDP is given in U. S dollars of the price of 2000; DMI_k is DMI (t) of material k; RMI_k is the recycled material input (t) of material k; and AMI_k is all material input (t) of material k, which equals DMI_k plus RMI_k.

Equation (1) was developed from the well-known IPAT identity[38-40], which has been regarded as the "master equation" in industrial ecology[41]. Because the amount of recycled materials influences DMI, we added the indicator of natural resource input proportion of material k (equals $\mathrm{DMI}_k/\mathrm{AMI}_k$) at the end of the IPAT identity.

The first factor (P) in Equation (1) represents Population. According to the 1999-2009 China Statistical Yearbooks (National Bureau of Statistics of China 1999-2009[42]), during 1998-2008, the net increase of Chinese population was greater than 80 million, which nearly equals the total population of Germany. Because that newly added population means additional material consumption, we regard population as a main influential factor of China's DMI.

The second factor (A) in Equation (1) represents Affluence, which can be expressed as GDP per capita. On the one hand, with the increase of Chinese people's income, more products are demanded. On the other hand, China is industrializing: the share of industrial output to that of China's entire economy is at a high level: 48.6% in 2008 (in terms of GDP, and National Bureau of Statistics of China 1999-2009). Therefore, the contribution of industry to increasing

GDP is expected to demand more resources. The factor of Affluence is regarded as a key driving force for increasing China's DMI.

The third factor (T_k) in Equation (1) represents all material input of material k (AMI_k) per unit of GDP. The amount of all material input of material k (AMI_k) in the numerator is the total amount of domestically exploited resources and imported goods of material k (DMI_k) plus the amount of domestically recycled material (RM_k). This factor is called Material-use intensity for the purposes of this study (resource-use intensity encompasses only primary materials, whereas material-use intensity refers to both primary and secondary materials). In Equation (1), factor T is the residual, which represents everything that affects DMI that is not population, affluence, and recycling. Therefore, the indirectly influential factors associated with T, such as economic structure and consumption pattern, must also be considered.

The fourth factor (R_k) in Equation (1) represents the proportion of the amount of domestically extracted resources and imported goods (DMI_k) to all material input of material k (AMI_k), which equals $DMI_k + RMI_k$. Accordingly, a decrease in DMI can be achieved when domestically extracted resources or imported goods are substituted with domestically recycled materials. Therefore, this factor is called Recycling for the purposes of this study. Because this factor can also be expressed as $1 - RMI_k/(DMI_k + RMI_k)$, where $RMI_k/(DMI_k + RMI_k)$ represents the cyclical use rate of material k, increasing cyclical use rate is effective to reduce DMI. The real meaning of Recycling in this study is natural resource input proportion of material k (equals DMI_k/AMI_k), rather than the cyclical use rate. If the factor of cyclical use rate increases, the factor of Recycling decreases.

If changes in the four factors described above can explain the variations of DMI, then this can be expressed via the following equation. For this study, we use the additive form for this explanation[34,43]

$$\Delta DMI = P_{effect} + A_{effect} + T_{effect} + R_{effect} \tag{2}$$

where, P_{effect}, A_{effect}, T_{effect}, and R_{effect} are respective effects of factors P, A, T, and R on changes in DMI. Effects of each factor were calculated with a complete decomposition model[44] (see Appendix B in Supplementary Material S2).

3.2 Decomposition analysis

The introduction of data used for the four analyzed factors in Equation (1) is presented in Appendix C (see Appendix C in Supplementary Material S3).

Contributions by the four factors to the changes in China's DMI are summarized as shown in Figure 4. During 1998-2008, the Affluence (A) raising from 820 $/capita in 1998 to 1960 $/capita in 2008 (constant price of 2000) made the largest contribution to increasing China's DMI by more than 14Gt; at the same time, the slight increase of Population (P) from 1.25 billion in 1998 to 1.33 billion in 2008 contributed more than 1Gt of DMI. Conversely, the slight decrease in Material-use intensity (T) from 11.3t/1000 $ in 1998 to 9.1t/1000 $ in 2008 and Recycling (R) from 0.9692 in 1998 to 0.9439 in 2008 lessened the increase in DMI. The respective effects of T and R are −3.9Gt and −0.4Gt. Consequently, with the effects of these four factors on China's DMI, the total resource input increased by around 11Gt.

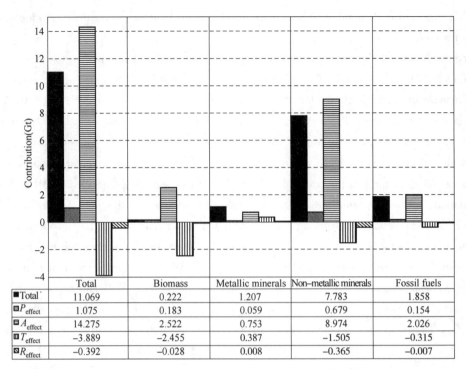

	Total	Biomass	Metallic minerals	Non–metallic minerals	Fossil fuels
■ Total	11.069	0.222	1.207	7.783	1.858
▣ P_{effect}	1.075	0.183	0.059	0.679	0.154
▤ A_{effect}	14.275	2.522	0.753	8.974	2.026
▥ T_{effect}	−3.889	−2.455	0.387	−1.505	−0.315
▧ R_{effect}	−0.392	−0.028	0.008	−0.365	−0.007

Figure 4   Changes in China's DMI and contributions of respective factors during 1998-2008
(P_{effect} , A_{effect} , T_{effect} , and R_{effect} represent the respective effects of factor P (Population) , A (Affluence) ,
T (Material-use intensity) , and R (Recycling) on changes in China's DMI)

With respect to material groups, from 1998 to 2008, the DMI of non-metallic minerals increased by 7. 783Gt, accounting for about 70% of the total increase of China's DMI. Fossil fuels, metallic minerals, and biomass increased by 1. 858Gt, 1. 207Gt, and 0. 222Gt, accounting respectively for 17%, 11%, and 2% of the total increase of DMI. For all these four material groups, the effect of factor A accounted for the largest proportion of the increased amount of DMI. Factors P and R had little effect on changes in DMI because there had only been a small growth rate in population, and the factor of recycling for each material group showed only slight improvement during 1998-2008. From Figure 4, it can also be observed that the effect of factor T accounted for the largest proportion of the decrease amount for all material groups, except for metallic minerals, whose intensity increased from 0. 4t/1000 $ in 1998 to 0. 6t/1000 $ in 2008. Regarding metallic minerals, the effect of T is negative for the decrease of DMI.

Furthermore, we examine the trends of the effects for respective factors during 1998-2008 on an annual basis. As shown in Figure 5, during 1998-2008, the effect of Affluence (A) increased gradually and reached its peak value during 2006-2007, subsequently, it decreased slightly during 2007-2008. This trend is nearly identical to that of China's GDP growth. A stable trend is found for the effect of Population (P), which is 0. 08 ~ 0. 11Gt. The main reason is that the Chinese government effectively controlled population during this period. A certain fluctuation is observed for the effects of Material-use intensity (T) and Recycling (R), which might need to be addressed by more effective policies.

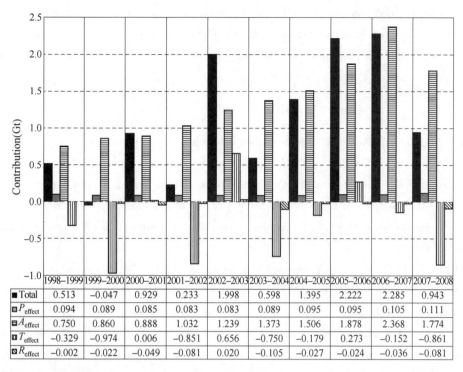

	1998–1999	1999–2000	2000–2001	2001–2002	2002–2003	2003–2004	2004–2005	2005–2006	2006–2007	2007–2008
■ Total	0.513	−0.047	0.929	0.233	1.998	0.598	1.395	2.222	2.285	0.943
▨ P_{effect}	0.094	0.089	0.085	0.083	0.083	0.089	0.095	0.095	0.105	0.111
▤ A_{effect}	0.750	0.860	0.888	1.032	1.239	1.373	1.506	1.878	2.368	1.774
▥ T_{effect}	−0.329	−0.974	0.006	−0.851	0.656	−0.750	−0.179	0.273	−0.152	−0.861
▧ R_{effect}	−0.002	−0.022	−0.049	−0.081	0.020	−0.105	−0.027	−0.024	−0.036	−0.081

Figure 5 Changes in DMI and contributions of respective factors for each year during 1998-2008
(P_{effect}, A_{effect}, T_{effect}, and R_{effect} represent the respective effects of factor P (Population), A (Affluence), T (Material-use intensity), and R (Recycling) on changes in China's DMI)

4 Prospect of China's future resource demand

In this section, China's future resource demand is estimated based on decomposition analysis of DMI and related indicators in China's 12th FYP. The base year is 2008. The objective year is 2015.

4.1 Estimation method and indicators

Table 1 presents related indicators in China's 12th FYP. During 2011-2015, China's GDP is slated to increase by 7% annually. The indicator of material productivity (the inverse of material-use intensity) is expected to increase by 15%. The comprehensive utilization rate of industrial solid waste is projected to increase to 72% by 2015, and the indicator of energy consumption per unit of GDP is planned to decrease by 16% during 2010-2015.

Table 1 Objectives of related indicators in China's 12th FYP

Projected years	Population in 2015 (10^9)	Annual average growth of GDP (%)	Increase of material productivity (%)	Comprehensive utilization of industrial solid wastes in 2015 (%)	Reduction of energy consumption per unit of GDP (%)
2011-2015	1.39	7	15	72	16

Note: Comprehensive utilization rate of industrial solid waste = Industrial Solid Wastes Used / (Industrial Solid Waste Produced + Stocks of Previous Years Used) ×100%. Stocks of Previous Years refer to the volume of industrial solid wastes placed in special facilities or special sites for purposes of utilization or disposal.

The decomposition equation of DMI (see Equation (1)) was used to estimate China's future resource demand. For convenience, we used $1-RMI_k/AMI_k$ instead of DMI_k/AMI_k for Equation (1). Here, RMI_k/AMI_k is the cyclical use rate of material k, and DMI_k/AMI_k is the factor of Recycling of material k. Then, we derived the following equation for estimating DMI.

$$DMI = \sum_k POP \times \frac{GDP}{POP} \times \frac{AMI_k}{GDP} \times \left(1 - \frac{RMI_k}{AMI_k}\right) \tag{3}$$

According to Equation (3), four factors determine DMI: population, GDP per capita, material-use intensity (AMI_k/GDP), and the cyclical use rate (RMI_k/AMI_k). Here, population and GDP per capita are the factors related to society and economy, material-use intensity is mainly affected by technological development and economic structure. The cyclical use rate depends not only upon the recycled amount of materials, but also on the total input amount of materials.

In China's 12th FYP, China's population is limited to 1.39 billion before 2015. With respect to GDP, its average annual growth rate is projected to be 7% for 2011-2015. Additionally, according to the 2009-2010 Statistic Bulletin of National Economic and Social Development of China (National Bureau of Statistics of China 2010-2011[45]), in 2009 and 2010, China's population was 1.33 billion and 1.34 billion, GDP growth was 8.7% and 10.3%, respectively. Accordingly, we derived that the respective average annual growth rate for China's population and GDP per capita as 0.72% and 6.2% from 2011 to 2015, based on China's 12th FYP.

For biomass, no specific projected indicator was found. Therefore, we assumed that China's DMI of biomass during 2009-2015 would increase with the same average annual increasing rate as during 1998-2008. As described above, during 1998-2008, China's DMI of biomass increased from 2.5Gt to 2.7Gt. Its average annual rate of increase was 0.9%, which was used to estimate the biomass demand in 2009-2015. With respect to metallic minerals, non-metallic minerals, and fossil fuels, their material-use intensities can be projected based on China's 12th FYP. As shown in Table 1, the reduction target of energy consumption per unit of GDP is 16%. Therefore, we assumed that the material-use intensity for fossil fuels would decrease by 3.4% annually during 2011-2015. In addition, according to the 2009-2010 Statistic Bulletin of National Economic and Social Development of China (National Bureau of Statistics of China 2010-2011), in 2009 and 2010 China's respective energy consumption per unit of GDP decreased by 2.2% and 4.0%, based on which we assumed the material-use intensity of fossil fuels in 2009 and 2010 decreased respectively by 2.2% and 4.0%. In China's 12th FYP, the increase rate of material productivity❶ is planned to be 15% from 2010 to 2015. Accordingly, we assumed the annual rate of decrease of material-use intensities for metallic and non-metallic minerals would be 2.8% during 2009-2015.

---

❶ China's 12th FYP includes no detailed explanation of the indicator of material productivity, for example, what kind of material is concerned, where the material comes from (domestic, imported, or recycled). For this study, we assume that this indicator refers to the material productivity (GDP/AMI) of metallic and non-metallic minerals. Here, AMI is all material input, which equals direct material input (DMI) plus recycled material input (RMI).

With respect to recycling, China's 12th FYP has only one related indicator, the comprehensive utilization rate of industrial solid wastes, which is planned to increase to 72% in 2015. For 2008, this rate is 62. 8% (National Bureau of Statistics of China 1999-2009[42]). Consequently, during 2008-2015, the comprehensive utilization rate of industrial solid wastes is expected to increase by about 2% annually. This annual increase rate was applied to the cyclical use rate for each material group during 2009-2015, except for biomass.

If DMI is explicable by the above four factors in Equation (3), then China's resource demand during 2009-2015 can be prospected, but it is difficult to foresee the extent to which the targets of China's 12th FYP will actually be met. Therefore, we assume that the targets of population, GDP per capita, material-use intensity (AMI_k/GDP), and cyclical use rate (RMI_k/AMI_k) presented above would fluctuate between -10% and 10% during 2011-2015. This assumption is applied to the estimation of DMI for fossil fuels and metallic and non-metallic minerals, rather than biomass. Thereby, we can obtain three scenarios for China's resource use: Scenario 1 for resource use as planned, Scenario 2 for high resource use, and Scenario 3 for low resource use.

4. 2 Results

The results obtained from Scenarios 1~3 are presented in Figure 6. During 2008-2015, China's DMI is expected to increase by 32. 0%, 37. 5%, and 7%, from 3Gt to 5Gt, 7Gt, and 28. 3Gt, respectively. The average annual increase rate of DMI is expected to drop to 4. 1%, 4. 7%, and 3. 4% during 2009-2015, from 7. 1% during 1998-2008. Regarding material groups, the three scenarios share the same assumption as that of biomass use, which would increase by 6. 1%. DMI of metallic minerals, non-metallic minerals, and fossil fuels are expected to have much larger increase rates: 37. 2%, 43. 4%, and 31. 2% for metallic minerals, 1%, 42. 3%, and 1% for non-metallic minerals, and 32. 7%, 39. 1%, and 5% for fossil fuels. Compared with 1998-2008, these three material groups are expected to have relative lower average annual increase rates: 4. 6%, 5. 3%, and 4. 0% for metallic minerals, 4. 5%, 5. 2%, and 3. 8% for non-metallic minerals, and 4. 1%, 4. 8%, and 3. 4% for fossil fuels.

Regarding shares of DMI, non-metallic minerals in Scenarios 1 ~ 3 still dominate the total amount of DMI, with their respective shares of 67. 5%, 67. 8%, and 67. 2% in 2015, compared with 65. 5% in 2008. Accordingly, the respective shares of metallic minerals, non-metallic minerals, and fossil fuels are expected to show a slight increase, whereas biomass is expected to have a definite drop in its proportion.

5 Discussion

As stated above, China's DMI increased rapidly during 1998-2008. Decomposition of China's DMI into factors of Population (P), Affluence (A), Material-use intensity (T), and Recycling (R), revealed that Affluence (GDP per capita) contributed the most to the increase of DMI. Concomitantly with the increasing Chinese people's income, ever more households, new infrastructure, buildings and vehicles have been demanded. Consequently, more natural

665

工业生态学

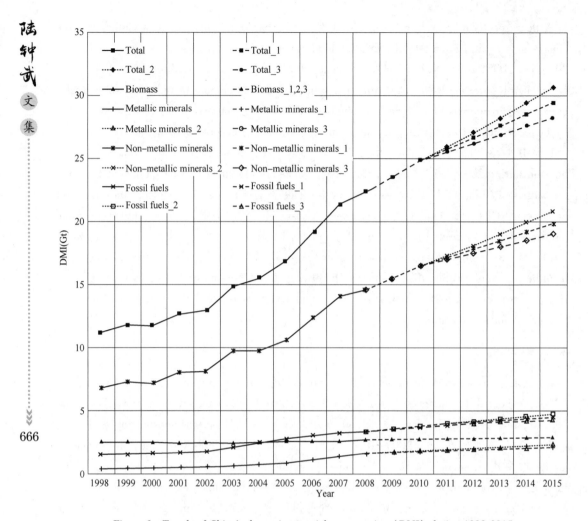

Figure 6   Trends of China's domestic material consumption (DMI) during 1998-2015

(Total, biomass, metallic minerals, nonmetallic minerals, and fossil fuels represent the respective DMI in
1998-2008. Total_1, 2, 3; Biomass_1, 2, 3; Metallic minerals_1, 2, 3; Nonmetallic minerals_1, 2, 3;
and Fossil fuels_1, 2, 3 represent the respective projected DMI in Scenarios 1 (average), 2 (high), and
3 (low) during 2009-2015 for total materials, biomass, metallic minerals, nonmetallic minerals, and fossil
fuels)

resources have been put into Chinese economy. More importantly, China's GDP per capita
remains at a lower level than those of developed countries. During the coming decades, the
prospective growth of income for Chinese people will serve as a powerful driving engine of
consumption. Therefore, considering China's large population, designing new products and
infrastructure that use less energy and materials and changing consumption patterns into more
sustainable ones are crucial components of the resource strategy being pursued in China and the
world.

The Material-use intensity (T) and Recycling (R) are expected to be two moderating factors
allowing for reductions in resource use, but this study found a very limited effect of them. In
Equation (1), factor T is the residual, which represents not only the development of
technology itself, but also other influences excluding Population, Affluence, and

Recycling. For example, during 1998-2008, China experienced the pre-heavy chemical industry stage and the heavy chemical industry stage[4]. During these two stages, the fastest growing sectors were those of energy and raw materials. The output of the heavy chemical industry began to overtake that of the light industry, becoming the major engine for growth. This industrial transformation can be regarded as the main reason that factor T did not contribute greatly to decreasing DMI because, when this transformation took place, some existing technologies from light industry were replaced with new technologies from the heavy chemical industry that require much higher resource inputs per unit of output. However, appropriate policies might moderate the effect of this industrial transformation. As introduced above, in China's 11th FYP, the target of a 20% reduction of energy consumption per unit of GDP was set and effective policies were implemented to achieve this target, for example, accelerating the elimination of outdated production capacity with low energy efficiency. Therefore, during 2005-2010, China's energy intensity was reduced by 19.1%. For that reason, designing similar indicators and related policies for other materials with high growth rates, such as steel, aluminum and cement, is also expected.

Compared with Material-use intensity (T), the factor of Recycling (R) had even less effect on decreasing China's DMI. The direct reason is that China had a lower cyclical use rate. For example, in 2005, the cyclical use rate of China was only 5%, which was less than one-half of Japan's 12.2%[46]. This gap is explained partially by the different levels of recycling technology between these two countries, but for industrializing and growing countries with a high GDP growth rate, it takes many years before sufficient secondary resources from used products can be accumulated[47-48]. In addition, Japan's high cyclical use rate benefits greatly from its Fundamental Plan for Establishing a Sound Material-Cycle Society[49], based on which many related policies have been implemented to achieve set targets. By contrast, China's Circular Economy Promotion Law was just passed in 2008. No specific target of recycling has been set up, except for the comprehensive utilization rate of industrial solid waste in China's 11th FYP and 12th FYP. Therefore, setting up specific recycling indicators and designing related targets and encouraging policies are expected to be helpful to raise China's recycling levels.

Regarding the prospect of China's future resource demand, it is concluded that during 2011-2015 China is expected to have a lower growth rate for its DMI, under the conditions that the objectives in China's 12th FYP are achieved for GDP, Material-use intensity, and Recycling. This might rest on an underestimation of China's GDP growth because, during 1998-2010, China's average annual GDP growth rate was 9.7%, much higher than the 7% projected in China's 12th FYP. It also must be considered that the GDP growth rate is usually assigned a higher value in the economic plans of the local governments. Accordingly, a higher objective of improvement for Material-use intensity and Recycling is suggested as being designed corresponding to a higher GDP growth rate.

6 Conclusion

This article has presented accounts of China's DMI during 1998-2008, which were compiled

工业生态学

under the guidelines of Eurostat (2009). The analysis examines influential factors that have changed recent resource use in China, using decomposition of DMI into factors of population (P), affluence (A), material use intensity (T), and recycling (R). Then China's resource demand in 2009-2015 is estimated based on the decomposition equation of DMI and related indicators in China's 12th FYP. Finally, effective policies to restrain China's resource demand are discussed. Conclusions drawn from the analyses described above are the following:

(1) During 1998-2008, China's DMI doubled, from 11Gt to 22Gt. Metallic minerals quadrupled, showing the strongest growth, and nonmetallic minerals and fossil fuels more than doubled, whereas biomass remained stable. In relative terms, nonmetallic minerals dominated the total amount of DMI, with a more than 60% share. A shift from biomass to minerals and fossil fuels is apparent.

(2) Factors of affluence (A) and material use intensity (T), respectively, contributed the most to the increase and decrease of DMI, but the overall decrease effect is much smaller than the increase effect. Factors of population (P) and recycling (R) had little effect on changes in China's DMI.

(3) As we anticipated, during 2008-2015, China's DMI is expected to increase by 27% to 38%, from 22Gt to 28~31Gt. The average annual rate of increase of DMI is expected to drop to 3%~5% (from 7% during 1998-2008). Nonmetallic minerals will still dominate DMI. Shares of minerals and fossil fuels are expected to increase, whereas biomass is expected to decrease its share.

(4) Designing new products and infrastructure that use less energy and materials and changing consumption patterns to be more sustainable are crucial to the future resource strategy of China. More policies are expected to improve China's material use intensity and recycling.

Acknowledgements

This research was supported by the National Natural Science Foundation of China (71003018), the Fundamental Research Funds for the Central Universities (N090402018), China Scholarship Council (CSC), and the Environment Research and Technology Development Fund (S-6-4) of the Ministry of the Environment, Japan. This support is greatly appreciated. Additionally, we thank Dr. Bringezu and Dr. Schutz at the Wuppertal Institute for data comparison and helpful discussion. We offer our thanks as well to Dr. Dittrich for helpful discussions related to the estimation of trade flows. We also appreciate the efforts of Dr. Marina Fischer-Kowalski, Associate Editor of the Journal of Industrial Ecology, and anonymous reviewers.

References

[1] BRINGEZU S, SCHUTZ H, STEGER S, et al. International comparison of resource use and its relation to economic growth: the development of total material requirement, direct material inputs and hidden flows and the structure of TMR [J]. Ecological Economics, 2004, 51 (4): 97-124.

[2] LU Z. Striving for Better Environmental Protection Plan by Controlling Resource Use as Its Breach [J]. Research of Environmental Sciences, 2005, 18 (6): 1-6.

668

[3] KRAUSMANN F, GINGRICH S, EISENMENGER N, et al. Growth in global materials use, GDP and population during the 20th century [J]. Ecological Economics, 2009, 68 (10): 2696-2705.

[4] UNEP. 2011. Decoupling natural resource use and environmental impacts from economic growth, A Report of the Working Group on Decoupling to the International Resource Panel.

[5] BRINGEZU S, MORIGUCHI Y. Material flow analysis. In A Handbook of Industrial Ecology [M]. UK: Edward Elgar Publishers, 2002.

[6] STEURER A. Stoffstrombianz Osterreich 1988 [R]. Schriftenreihe Soziale Ökologie, Band 26, IFF, Wien.

[7] SCHUTZ H, BRINGEZU S. Major Material Flows in Germany [J]. Fresenius Environmental Bulletin, 1993, 2: 443-448.

[8] Ministry of the Environment Japan. Quality of the Environment in Japan 1992 [R/OL]. [2010-5]. www. env. go. jp/en/wpaper/1992/index. html.

[9] ADRIAANSE A, BRINGEZU S, HAMMOND A, et al. Resource Flows: The Material Base of Industrial Economics [R]. Washington, DC: World Resource Institute, 1997.

[10] MATTHEWS E, BRINGEZU S, FISCHER-KOWALSKI M, et al. The weight of nations: Material Outflows from Industrial Economies [R]. Washington, D. C.: World Resources Institute, 2000.

[11] MORIGUCHI Y. Material flow analysis and industrial ecology studies in Japan. In A Handbook of industrial ecology [M]. UK: Edward Elgar Publishers, 2002.

[12] GILJUM S. Trade, material flows and economic development in the South: The example of Chile [J]. Journal of Industrial Ecology, 2004, 8 (1/2): 241-261.

[13] WEISZ H, KRAUSMANN F, AMANN C, et al. The physical economy of the European Union: Crosscountry comparison and determinants of material consumption [J]. Ecological Economics, 2006, 58 (4): 676-698.

[14] KOVANDA J, HAK T, WEINZETTEL J. Material flow indicators in the Czech Republic in light of the Accession to the European Union [J]. Journal of Industrial Ecology, 2010, 14 (4): 650-665.

[15] SCHANDL H, EISENMENGER N. Regional patterns in global resource extraction [J]. Journal of Industrial Ecology, 2006, 10 (4): 133-147.

[16] GILJUM S, LUTTER S, POLZIN C, et al. Resource use and resource efficiency in Asia. < http://www. worldresourcesforum. org/files/Resource%20efficiency%20in%20Asia_final_0. pdf >. Accessed August 2011.

[17] SCHANDL H, WEST J. Resource use and resource efficiency in the Asia-Pacific region [J]. Global Environmental Change, 2010, 20 (4): 636-647.

[18] SCHANDL H, RANKINE H, FOTIOU S, et al. Sustainable Resource Use in the Asia-Pacific Region [J]. Journal of Industrial Ecology, 2010, 14 (4): 533-536.

[19] HASHIMOTO S, MATSUI S, MATSUNO Y, et al. What factors have changed Japanese resource productivity? A decomposition analysis for 1995—2002 [J]. Journal of Industrial Ecology, 2008, 12 (5/6): 657-668.

[20] SCHANDL H, TURNER M. The dematerialization potential of the Australian economy [J] Journal of Industrial Ecology, 2009, 13 (6): 863-880.

[21] RAPERA C L. Linking the trends in material flows with poverty in The Philippines [J]. International Journal of Global Environmental Issues, 2005, 5 (3/4): 181-193.

[22] CHEN X, QIAO L. Material flow analysis of Chinese economic-environmental system [J]. Journal of Natural Resources, 2000, 15 (1): 17-23.

[23] LIU J, WANG Q, GU X, et al. Direct material input and dematerialization analysis of China's economy [J]. Resources Science, 2005, 27 (1): 46-51.

工业生态学

[24] LIU B, XIANG H, LIANG S. Key index for assessment of circular economy development in China based on the material flow analysis [J]. China Population, Resources and Environment, 2006, 16 (4): 65-68.

[25] XU M, ZHANG T, Material flows and economic growth in developing China [J]. Journal of Industrial Ecology, 2007, 11 (1): 121-140.

[26] DUAN N, LI Y, SUN Q, et al. An analysis for trends of material flow in China's economy system and for reasons causing the trends [J]. China Environmental Science, 2008, 28 (1): 68-72.

[27] ZHU Y. Enlarge as well as lighten GDP: Increase China's resource productivity [M]. Shanghai: Tongji University Press, 2009.

[28] Eurostat. Economy-wide material flow accounts and derived indicators: A methodological guide [M]. Luxembourg: Eurostat, 2001.

[29] Eurostat. Economy-wide material flow accounting: A Compilation Guide [M]. Luxembourg: European Statistical Office, 2007.

[30] Eurostat. Economy-wide material flow accounts: Compilation guidelines for reporting to the 2009 Eurostat questionnaire (Version 01, June 2009) [M]. Luxembourg: European Statistical Office, 2009.

[31] FAO. FAO Statistical Databases [P/OL]. [2011-1]. http: //faostat. fao. org.

[32] United Nations. United Nations Commodity Trade Statistics Database [P/OL]. [2010-11]. http: // comtrade. un. org/.

[33] DITTRICH M, BRINGEZU S. The physical dimension of international trade. Part 1: Direct global flows between 1962 and 2005 [J]. Ecological Economics, 2010, 69 (9): 1838-1847.

[34] ANG B W, ZHANG F Q. A survey of index decomposition analysis in energy and environmental studies [J]. Energy, 2000, 25 (12): 1149-1176.

[35] ROBERTS M C. What caused the slack demand for metals after 1974? [J]. Resources Policy, 1988, 14: 231-246.

[36] ROBERTS M C. Predicting metal consumption: The case of US steel [J]. Resources Policy, 1990, 16: 56-73.

[37] WAGGONER P E, AUSUBEL J H, WERNICK I K. Lightening the tread of population on the land: American examples [J]. Population and Development Review, 1996, 22 (3): 531-545.

[38] COMMONER B. The environmental cost of economic growth. In Population, Resources, Environment [M]. Washington DC: U. S. Government Printing Office, 1972: 339-363.

[39] EHRLICH P, HOLDREN J. A bulletin dialogue on the 'Closing Circle': Critique: One-dimensional ecology [J]. Bulletin of the Atomic Scientists, 1972, 28 (5): 16-27.

[40] CHERTOW M R. The IPAT Equation and Its Variants. Changing Views of Technology and Environmental Impact [J]. Journal of Industrial Ecology, 2000, 4 (4): 13-23.

[41] GRAEDEL T, ALLENBY B. Industrial Ecology [M]. NJ: Prentice Hall, 1995.

[42] National Bureau of Statistics of China. China Statistical Yearbook 1999-2009 [M]. Beijing: China Statistics Press, 2009.

[43] HOEKSTRA R, BERGHA J C J M J v der. Comparing structural and index decomposition analysis [J]. Energy Economics, 2003, 25 (1): 39-64.

[44] SUN J W. Changes in energy consumption and energy intensity: A complete decomposition model [J]. Energy Economics, 1998, 20 (1): 85-100.

[45] National Bureau of Statistics of China. Statistical Bulletin of National Economic and Social Development of China 2009~2010 [R/OL]. [2011-4]. http: //www. stats. gov. cn/tjgb/.

[46] TAKIGUCHI H, TAKEMOTO K. Japanese 3R policies based on material flow analysis [J]. Journal of

Industrial Ecology, 2008, 12 (5): 792-798.

[47] LU Z. A study on the steel scrap resources for steel industry [J]. Acta Metallurgica Sinica, 2000, 36 (7): 728-734.

[48] MORIGUCHI Y. Material flow indicators to measure progress toward a sound material-cycle society [J]. Journal of Material Cycles and Waste Management, 2007, 9 (2): 112-120.

[49] Ministry of the Environment Government of Japan. Fundamental Plan for Establishing A Sound Material-Cycle Society [R/OL]. (2003) [2010-5]. http: //www. env. go. jp/en/recycle/smcs/f_plan2. pdf.

671

Decoupling Analysis of Four Selected Countries: China, Russia, Japan and the USA during 2000-2007 *

Abstract   We examine decoupling conditions of domestic extraction of materials, energy use, and sulfur dioxide (SO_2) emissions from Gross Domestic Product (GDP) for two BRICs countries (China and Russia) and two OECD countries (Japan and the USA) during 2000-2007, using a pair of decoupling indicators for resource use (D_r) and waste emissions (D_e) and the decoupling chart, which can distinguish between absolute decoupling, relative decoupling, and non-decoupling. We find that (1) During 2000-2007, decoupling between environmental indicators and GDP was higher in the two OECD countries compared with the two countries of the BRICs. The key reason is that these countries were in different development stages with different economic growth rates. (2) Change in environmental policies can significantly influence the degree of decoupling in a country. (3) China, Japan, and the USA were more successful in decoupling SO_2 emissions from GDP than in decoupling material and energy use from GDP. The main reason is that different from resource use, waste emissions (e.g. SO_2 emissions) can be reduced by effective end-of-pipe treatment. (4) The decoupling indicator is different from the changing rate of resource use and waste emissions. If two countries have different GDP growth rates, even though they may have similar values using the decoupling indicator, they may show different rates of change for resource use and waste emissions.

Key words   economic growth, energy use, gross domestic product (GDP), industrial ecology, resource extraction, sulfur dioxide (SO_2)

1   Introduction

Resource use and waste emissions are usually "coupled" with GDP, particularly in developing countries [1-2]. It is agreed that resource use and waste emissions should be "decoupled" from GDP, at least relatively decoupled. To date, decoupling has been defined by several organizations and research groups. For example, OECD simply defines decoupling as breaking the link between "environmental bads" and "economic goods" [2]; according to the decoupling study by the European Union (EU) [3], decoupling refers to "the reduction of the negative environmental impacts generated by the use of natural resources in a growing economy"; in the first decoupling report of UNEP (2011) [4], decoupling is defined as "reducing the amount of resources such as water or fossil fuels used to produce economic growth and delinking economic development from environmental deterioration". Consequently, decoupling is preferred for use in a growing economy, and through this study we seek to examine the conditions of economic expansion specifically.

---

  * Coauthors: Wang Heming, Hashimoto Seiji, Yue Qiang, Moriguchi Yuichi. Reprinted from *Journal of Industrial Ecology*, 2013.

In recent years, decoupling resource use and waste emissions from economic growth has been a top topic related to sustainable development. For example, decoupling has been regarded as a main objective of the OECD Environment Strategy for the first decade of the 21st century[2]. For the EU, decoupling was at one time regarded as the overall goal of environmental governance and the core objective of the Resource Strategy[5-7]; the concept of "double decoupling", which means decoupling resource use from economic growth, and decoupling environmental impacts from resource use, is the basis of the EU's Resource Strategy[3]; one important objective for the Europe 2020 Strategy is greening the economy, which entails reducing environmental harm through more efficient use of resources and innovation, and thus contributing to the economic growth[8]. On a global level, in 2007, the UNEP established the International Resource Panel (IRP), which included decoupling as a key topic[9]; in its first decoupling report, which provides a solid foundation for the decoupling concept, decoupling is regarded as the heart of the IRP mandate[4].

The calls of Factor 4[10] and Factor 10[11] are early studies of decoupling, which set absolute decoupling goals at the end of the last century. A direct method for tracking and presenting progress on decoupling goals is plotting two time-series indices on the same graph (e. g., GDP and CO_2 emissions), from which one can ascertain whether the economic driving force is growing or shrinking, whether decoupling is occurring, when it started, and when it ended[2]. This method is widely used to present one or several countries decoupling performance in a certain period[4,12-13]. However, the decoupling degrees are difficult to quantify precisely using the graph, rather than a quantitative indicator. Moreover, without a quantitative indicator, it is difficult to design further decoupling targets based on empirical studies.

To date, several studies have been conducted to examine scientific indicators of decoupling. Mainly there are two kinds of decoupling indicators for quantifying the degrees of decoupling. One is the decoupling factor introduced by OECD (2002).

$$D_f = 1 - \frac{(EP/DF)_{\text{end of period}}}{(EP/DF)_{\text{start of period}}} \tag{1}$$

where, D_f is the decoupling factor; EP is the environmental pressures and DF is the driving force. Normally, the resource use and waste emissions are used to represent the environmental pressures, and GDP to present the driving force. Because of its simple form and convenience of calculating, D_f has been widely used to measure the degrees of decoupling for different countries[14-16].

The second indicator is elasticity, which is known in economics as the ratio of the percent change in one variable to the percent change in another variable. In empirical studies, a series of elasticity indicators have been used to analyze the correlations between environmental impacts and their anthropogenic driving forces, for example, "ecological elasticity" in York et al. [17], "price elasticity" in van der Voet et al. [7], and "income elasticity" in Steinberger et al. [18-19]. Except for use in regression analysis, the elasticity indicator can also be defined as a decoupling indicator. For example, Tapio[20] introduced the GDP elasticity of transport to measure the decoupling of transport volume growth from economic growth:

673

工业生态学

$$E = \frac{\Delta \text{VOL}}{\Delta \text{GDP}} \qquad (2)$$

where, E represents the GDP elasticity of transport; ΔVOL is the percentage change of transport volume, %; ΔGDP is the percentage change of GDP, %. This indicator has been used successfully in decoupling analysis for European transport, Chinese energy consumption, fresh water consumption, and waste emissions[4,20-21].

In fact, decoupling analysis deals with the relation between the environmental pressures or impacts and their key anthropogenic driving forces, which easily reminds us of the well-known IPAT identity[22-23], which has been regarded as the "master equation" in industrial ecology[24]. Although there have been many critiques on the IPAT identity, we should admit that IPAT is a "simple, systematic, and robust" model[25] with its main strength of "parsimonious specification"[17], which precisely identifies the relation between environmental impacts and their driving forces. Therefore, the IPAT framework has set up a good theoretical foundation for the study of decoupling indicators. Based on the IPAT identity and a series of published papers and a book written in the Chinese language by Zhongwu Lu and his colleagues[26-29], Lu et al. [30] developed a new pair of decoupling indicators for resource use (D_r) and waste emissions (D_e) and designed a decoupling chart with a clear division between three regions: absolute decoupling, relative decoupling, and non-decoupling regions under conditions both of economic expansion and contraction.

In this article, we examine the decoupling conditions of Domestic Extraction Used (DEU), energy use, and SO_2 emissions from GDP growth in two BRICs countries❶ (China and Russia) and two OECD countries❷ (Japan and the USA) during 2000-2007, using the decoupling indicators and the decoupling chart developed by Lu et al. [30]. Furthermore, we discuss the different decoupling conditions of these four countries and demonstrate the relationship between decoupling indicators and the changing rate of resource use and waste emissions. At last, we close by summarizing the main findings.

2 Methods and data

To examine the decoupling of resource use and emissions in four selected countries, we developed a set of decoupling indicators and a decoupling chart based on previous research by Lu et al. [30].

2.1 Decoupling indicator for resource use

For a clear understanding of the decoupling indicator for resource use, we translate and present the details of its deduction from Lu et al. [30] in Appendix A (see Appendix A in Supplementary Material S1 available on the Journal's Web site).

The decoupling indicator for resource use was derived from the well-known IPAT

---

❶ BRICs are Brazil, Russia, India, and China, which share a similar stage of economic development and rapid GDP growth.

❷ OECD refers to the Organization for Economic Co-operation and Development. Most OECD members are economies that produce high per-capita income.

equation[22-23]:

$$I = P \times A \times T \tag{3}$$

where, I is environmental impacts; P is population; A is affluence (GDP/person); T is technology (impacts /unit of GDP).

As $P \times A = G$, Equation (3) can be written as the IGT equation[26-28], that is

$$I = G \times T \tag{4}$$

where, G is GDP; I is resource use; T is resource use /unit of GDP.

The essence of further deduction of the IGT equation is as follows.

(1) For studying the variation of resource use during GDP growth, two variables are introduced into the IGT equation. One of them is the GDP growth rate (g), and the other is the decreasing rate of resource use per unit of GDP (t, it is positive when the resource use per unit of GDP declines and vice versa).

(2) By defining the condition of resource use remaining constant during GDP growth as the critical condition, the formula expressing the relationship between t and g under such a critical condition has been derived[26-28,30], that is

$$t_k = \frac{g}{1 + g} \tag{5}$$

where, t_k is the critical value of t; g is the GDP growth rate.

It is concluded that there are three possible cases in terms of the variation of resource use under GDP growth.

(1) If $t = t_k$, the resource use will remain constant;

(2) If $t < t_k$, the resource use will increase;

(3) If $t > t_k$, the resource use will decrease.

Thus, the ratio t/t_k is the key variable for studying decoupling between resource use and GDP. Lu et al. [30] defined it as the decoupling indicator for resource use:

$$D_r = \frac{t}{t_k} \tag{6}$$

where, D_r is the decoupling indicator for resource use.

Substituting Equation (5) into Equation (6), the final formula of the decoupling indicator for resource use[30] has been obtained:

$$D_r = \frac{t}{g} \times (1 + g) \tag{7}$$

According to the values of D_r, the decoupling degrees between resource use and GDP are divisible into three grades: absolute decoupling ($D_r \geq 1$), relative decoupling ($0 < D_r < 1$), and non-decoupling ($D_r \leq 0$) (see Table 1).

Table 1　Division of decoupling degrees based on the values of D_r

Decoupling degrees	Decoupling indicator
Absolute decoupling	$D_r \geq 1$
Relative decoupling	$0 < D_r < 1$
Non-decoupling	$D_r \leq 0$

工业生态学

When $D_r = 1$, from Equation (6) we know that $t = t_k$. Therefore, the resource use will remain constant and begin to be absolutely decoupled from GDP. When $D_r > 1$, from Equation (6) we know that $t > t_k$. Therefore, the resource use will decrease. This is the absolute decoupling area between resource use and GDP.

When $0 < D_r < 1$, from Equation (6) we know that $0 < t < t_k$. Therefore, the resource use will increase, but its increasing rate will be lower than g. Therefore, this is the relative decoupling area between the resource use and GDP.

When $D_r = 0$, from Equation (6) we know that $t = 0$. Then, the resource use will increase with the same speed as GDP. When $D_r < 0$, from Equation (6) we know that $t < 0$, and the resource use will increase more quickly than GDP will. This is the non-decoupling area between the resource use and GDP.

2.2 Decoupling indicator for waste emissions

For a clear understanding of the decoupling indicator for waste emissions, we translate and present the details of its deduction from Lu et al. [30] in Appendix B (see Appendix B in Supplementary Material S2).

The decoupling indicator for waste emissions was derived from the I_eGTX equation [28-29], which is expressed as

$$I_e = G \times T \times X \tag{8}$$

where, I_e is waste emissions; G is GDP; T is waste generation per unit of GDP; X is the ratio of waste emissions, which is equal to

$$\text{Ratio of waste emissions} = \frac{\text{Quantities of waste emissions}}{\text{Quantities of waste generation}}$$

The value of X is in the span of $0 \sim 1$. Equation (8) can be used to calculate all kinds of waste emissions, such as

$$SO_2 \text{ emissions} = GDP \times \frac{SO_2 \text{ generation}}{GDP} \times \frac{SO_2 \text{ emissions}}{SO_2 \text{ generation}}$$

Please note that waste generation and waste emissions are not the same things and they should not be confused, because their amounts may be quite different if the end-of-pipe treatment is effective.

The essence of further deduction of the I_eGTX equation is as follows.

(1) For studying the variation of waste emissions during GDP growth, three variables are introduced into the I_eGTX equation. The first one is the decreasing rate of waste generation per unit of GDP (t_g, it is positive when the waste generation per unit of GDP declines and vice versa); the second one is the decreasing rate of waste emissions per unit of GDP (t_e, it is positive when the waste emissions per unit of GDP declines and vice versa); the last one is the decreasing rate of the ratio of waste emissions (x, it is positive when the ratio of waste emissions declines and vice versa).

(2) By defining the condition of waste emissions remaining constant during GDP growth as the critical condition, the formula expressing the relationship between t_e and the GDP growth rate (g) under such a critical condition has been derived [29-30], that is

$$t_{ek} = \frac{g}{1 + g} \qquad (9)$$

where, t_{ek} is the critical value of t_e. Here, t_e can be determined by x and t_g:

$$t_e = x + t_g - xt \qquad (10)$$

In fact, the t_e value would be much larger than t_g under the condition of an effective end-of-pipe treatment.

It is concluded that there are three possible cases in terms of the variation of waste emissions under GDP growth.

(1) If $t_e = t_{ek}$, the waste emissions will remain constant;

(2) If $t_e < t_{ek}$, the waste emissions will increase;

(3) If $t_e > t_{ek}$, the waste emissions will decrease.

Thus, the ratio t_e/t_{ek} is the key variable for studying decoupling between waste emissions and GDP. Lu et al. [30] defined it as the decoupling indicator for waste emissions:

$$D_e = \frac{t_e}{t_{ek}} \qquad (11)$$

where, D_e is the decoupling indicator for waste emissions.

Substituting Equation (9) into Equation (11), the final formula of the decoupling indicator for waste emissions has been obtained:

$$D_e = \frac{t_e}{g} \times (1 + g) \qquad (12)$$

Because the calculating formula of t_{ek} (see Equation (9)) is completely the same as that of t_k (see Equation (5)), the analytic results of decoupling degrees for resource use are also suitable to waste emissions.

The decoupling indicators for resource use and waste emissions (D_r and D_e) can serve as an effective tool in decoupling analysis, and their respective relation with the decoupling factor (D_f) and the GDP elasticity of transport (E) are presented in Appendix C (see supporting information S3 on the Web) and Appendix D (see supporting information S4 on the Web).

2. 3　Decoupling chart

A sketch of the decoupling chart is portrayed in Figure 1[30], in which the decoupling indicator for resource use (D_r) is on the y-axis, g is on the x-axis, and t is on each curve. When it is above the origin, D_r is positive; otherwise D_r is negative. Every curve in Figure 1 is drawn according to the values of D_r, as calculated using Equation (7).

On the y-axis, $t = 0$ means that the resource use increases or decreases synchronously with GDP. On the horizontal line where $D_r = 1$, $t = t_k$, the resource use remains constant, irrespective of the variation of GDP. According to Table 1, the region of $D_r \geqslant 1$ (Region I) is absolute decoupling, the region of $0 < D_r < 1$ (Region II) is relative decoupling, and the region of $D_r \leqslant 0$ (Region III) is non-decoupling.

The decoupling condition of resource use from GDP in a country or a region can be presented by one point in the chart. For example, point A in Figure 1 shows that $D_r = 0.7$, $g = 0.06$, and $t = 0.04$; we can judge that point A is in the relative decoupling region.

As the mathematical structures of Equation (7) and Equation (12) are identical, Figure 1 can also be used for the study of waste emissions, when D_r and t are replaced by D_e and t_e, respectively.

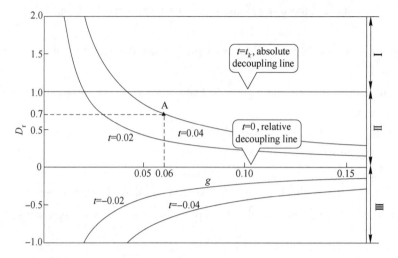

Figure 1   Sketch of the decoupling chart

(Note: Region I—absolute decoupling; Region II—relative decoupling; Region III—non-decoupling; D_r—decoupling indicator for resource use; g—GDP growth rate in certain period; t—decreasing rate of resource use per unit of GDP in the same period)

2.4   Data collection

Considering the ranking of GDP and feasibility of data collection, we choose China and Russia as two of the representative countries of the BRICs and Japan and the USA as two of the representative OECD countries in this study. As the concept of decoupling is preferred for use in a growing economy, and during 2000-2007 all of these four countries enjoyed continued economic growth, the period of 2000-2007 is selected for the comparison of these four countries.

To examine the decoupling conditions of the four selected countries, we collected data on GDP, DEU❶, energy use, and SO_2 emissions for China, Russia, Japan, and the USA in the period 2000-2007 as shown in Table 2.

Table 2   GDP, DEU, energy use, and SO_2 emissions for China, Russia, Japan, and the USA

Year		2000	2001	2002	2003	2004	2005	2006	2007
GDP (10⁹ US $, 2000 price)	China	1,198	1,298	1,416	1,558	1,715	1,893	2,113	2,388
	Russia	260	273	286	307	329	350	377	407
	Japan	4,667	4,676	4,688	4,755	4,885	4,980	5,081	5,203
	USA	9,765	9,839	9,998	10,250	10,624	10,937	11,241	11,468

---

❶   Although Domestic Material Consumption (DMC) is a more appropriate indicator to present the total material use for a country, not enough DMC data for Russia and the USA during 2000-2007 could be got in the open datasets. So, DEU is chosen as such an indicator to represent the material use of an economy. For China, Russia, and the USA the impact of using DEU (rather than DMC) should be marginal as their share of trade in overall flows is small. For Japan, whose DEU is 50% ~ 70% of DMC, the overall trends of DEU and DMC are quite similar during 2000-2007, and thus this impact can also be neglected.

Year		2000	2001	2002	2003	2004	2005	2006	2007
DEU (10^6 tonnes❶)	China	11,417	12,313	12,474	14,386	14,852	16,158	18,278	20,432
	Russia	1,920	2,008	2,067	2,170	2,260	2,312	2,377	2,432
	Japan	1,125	1,169	1,087	966	890	831	778	733
	USA	9,649	9,694	9,592	9,605	9,836	9,891	10,018	9,923
Energy use (10^6 tonnes, oil equivalent)	China	967	1,001	1,058	1,229	1,429	1,572	1,723	1,863
	Russia	625	621	635	640	647	643	676	680
	Japan	510	509	506	506	517	520	520	516
	USA	2,310	2,255	2,289	2,297	2,342	2,343	2,323	2,360
SO_2 emissions (10^6 tonnes)	China	19.95	19.48	19.27	21.59	22.55	25.49	25.89	24.68
	Russia	0.52	0.53	0.55	0.57	0.59	0.6	0.62	0.63
	Japan	0.92	0.92	0.92	0.9	0.87	0.85	0.83	0.81
	USA	14.83	14.45	13.4	13.42	13.44	13.47	12.39	11.8

Data on GDP for these four studied countries was collected from the World Development Indicators 2010[31] as US dollars in constant prices and exchange rates of 2000. Data for energy use (primary energy consumption) was collected from the Statistical Review of World Energy[32]. Data on SO_2 emissions for China comes from the 2001-2008 China Statistical Yearbooks[33]; that for the other three countries comes from the United Nations Statistics Division (UNSD) Environmental Indicators[34]. Domestic Extraction (DE) refers to the purposeful extraction or movement of natural materials by humans or human-controlled means of technology[35-37]. DE distinguishes between used and unused extraction, and DE used (DEU) refers to "input for use in any economy". In this study, DEU covers data for four major material groups: biomass, metallic minerals, non-metallic minerals (including construction materials), and fossil fuels. Japan has published its annual material flows since 1992; we collected data on DEU for Japan from the Ministry of the Environment of Japan (2003-2010)[38]. Data on DEU for China is from Wang and colleagues[39], in which the Material Flow Analysis (MFA) is conducted following the latest MFA guideline of Eurostat (2009)[37]. For the USA and Russia, we collected data on DEU from material flow datasets of SERI[40], which is conducted following the MFA guideline of Eurostat (2007)[36]. Although these DEU data come from different sources, their basic guideline is the economy-wide material flow accounting methodology (EW-MFA). So, the DEU data of these four countries are considered to be comparable in this study.

679

3 Results

In this section, the results of the decoupling of DEU, energy use, and SO_2 emissions from GDP growth in two BRICs countries (China and Russia) and two OECD countries (the USA

---

❶ All tonnes described in this article are metric. 1 tonne = 10^3 kilograms (kg, SI) $\approx$ 1.102 short tons.

and Japan) in the periods of 2000-2001, 2001-2002, 2002-2003, 2003-2004, 2004-2005, 2005-2006, and 2006-2007 are presented.

3.1 Decoupling of DEU

Based on the GDP and DEU data of China, Russia, the USA, and Japan, we calculated the respective values of g and t for them. Then, their decoupling indicators (D_r) in each time period are calculated by Equation (7). Please note that the decoupling indicators for DEU can also be calculated for the whole period 2000-2007, but in this study we would like to break down the whole period into years in order to show the time variations in the decoupling.

As depicted in Figure 2, for China, during 2000-2007 non-decoupling of DEU happened in 2002-2003 and 2005-2006, and relative decoupling was achieved in the other five periods. For Russia, they achieved relative decoupling of DEU in each studied period. For the two OECD countries, the USA and Japan had higher decoupling indicators than either China or Russia. During the studied period, the USA achieved absolute decoupling in 2001-2002 and

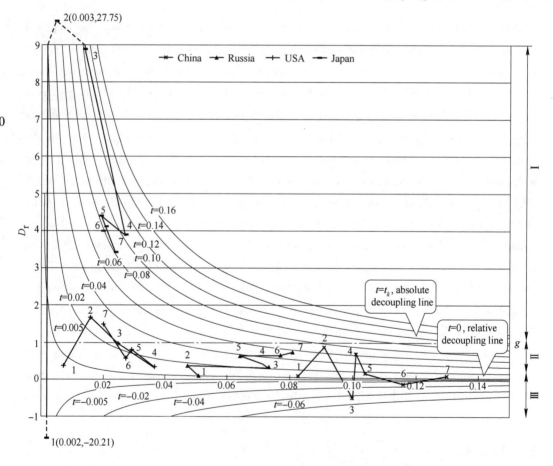

Figure 2   Decoupling chart of DEU for China, Russia, the USA, and Japan for 2000-2007

(Note: (1) Region I —absolute decoupling; Region II —relative decoupling; Region III—non-decoupling; D_r—decoupling indicator for DEU; g—GDP growth rate in certain period; t—decreasing rate of DEU per unit of GDP in the same period.

(2) Numbers represent periods: 1—2000-2001; 2—2001-2002; 3—2002-2003; 4—2003-2004; 5—2004-2005; 6—2005-2006; 7—2006-2007)

2006-2007, and relative decoupling in the other five periods. For Japan, non-decoupling occurred in 2000-2001, but absolute decoupling was achieved in the other six periods. In Figure 2, two points of (0.002, −20.21) and (0.003, 27.75) for Japan in 2000-2001 and 2001-2002 are beyond the figure area. This phenomenon will be discussed in next section.

3.2 Decoupling of energy use

Similarly, based on the GDP and energy use data for China, Russia, the USA, and Japan, we can also fix the position of the points which stand for these countries' decoupling conditions of energy use from GDP growth. As shown in Figure 3, for China two decoupling points of 2002-2003 and 2003-2004 are in the non-decoupling area. The other five points are in the relative decoupling area. For Russia, the decoupling condition is slightly better: two points of 2000-2001 and 2004-2005 are in the absolute decoupling area, and the other five points are in the relative decoupling area. For the USA, there are two points of 2000-2001 and 2005-2006 in the absolute decoupling area. The other five points are in the relative decoupling area. Compared with the other three countries, Japan had higher decoupling indicators for energy use. Three points of 2000-2001, 2001-2002, and 2006-2007 are in the absolute decoupling area, and the other four points are in the relative decoupling area.

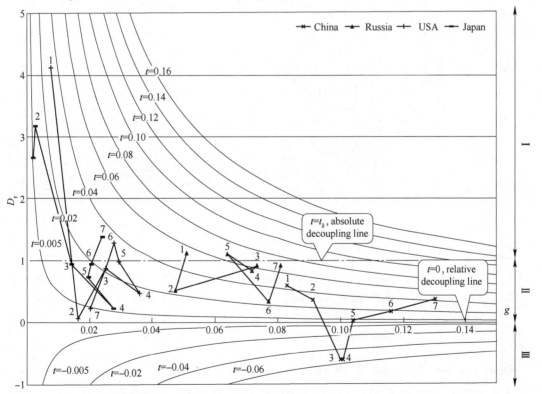

Figure 3   Decoupling chart of energy use for China, Russia, the USA, and Japan for 2000-2007
(Note: (1) Region I —absolute decoupling; Region II —relative decoupling; Region III—non-decoupling; D_r—decoupling indicator for energy use; g—GDP growth rate in certain period; t—decreasing rate of energy use per unit of GDP in the same period. (2) Numbers represent periods: 1—2000-2001; 2—2001-2002; 3—2002-2003; 4—2003-2004; 5—2004-2005; 6—2005-2006; 7—2006-2007)

3.3 Decoupling of SO₂ emissions

With respect to the decoupling condition of SO₂ emissions (Figure 4), China achieved absolute decoupling in 2000-2001, 2001-2002, and 2006-2007, relative decoupling in 2003-2004 and 2005-2006, and non-decoupling occurred in 2002-2003 and 2004-2005. Russia achieved relative decoupling for all these seven periods. The two studied OECD countries had much better decoupling performance. Japan achieved absolute decoupling in all studied periods. The USA achieved absolute decoupling in 2000-2001, 2001-2002, 2005-2006, and 2006-2007, and relative decoupling in the other three periods.

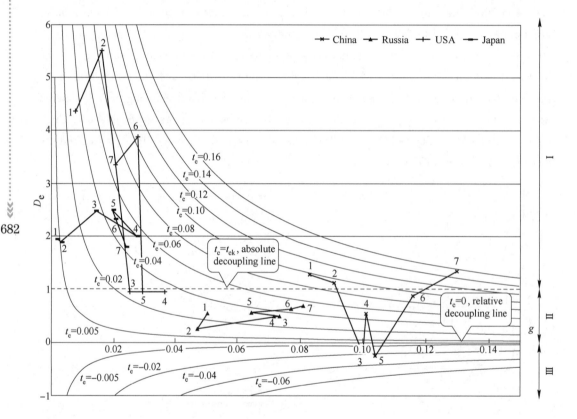

Figure 4   Decoupling chart of SO₂ emissions for China, Russia, the USA, and Japan for 2000-2007

(Note: (1) Region I —absolute decoupling; Region II —relative decoupling; Region III —non-decoupling; D_e —decoupling indicator for SO₂ emissions; g —GDP growth rate in certain period; t_e —decreasing rate of SO₂ emissions per unit of GDP in the same period. (2) Numbers represent periods: 1—2000-2001; 2—2001-2002; 3—2002-2003; 4—2003-2004; 5—2004-2005; 6—2005-2006; 7—2006-2007)

Overall, during the period 2000-2007, more absolute decoupling can be found in the two OECD countries compared with the two countries of the BRICs, not only for DEU and energy use, but also for SO₂ emissions. China, Japan, and the USA had better decoupling performance of SO₂ emissions than that of DEU and energy use, whereas Russia differs. Furthermore, when the decoupling points are near the D_r-axis and D_e-axis, the absolute values of the decoupling indicators are much higher than the others.

4　Discussion

4. 1　Discussion on the different decoupling conditions of these four countries

From the above case studies (see Figure 2 ~ Figure 4), we can find higher decoupling indicators in the two OECD countries, i. e. greater decoupling of resource use and emissions from GDP, compared with the two countries of the BRICs. The main reason for those differences in decoupling is the development stage of those four countries: the two OECD countries are mature industrial economies and had much lower GDP growth rates (g) than the two BRIC countries that are currently in a process of rapid industrialization. According to Equation (7) and Equation (12), it is easy to have a large absolute value of decoupling indicators under conditions of low GDP growth. This conclusion is supported not only by our cases, but also by the empirical studies of European countries[3].

The extreme examples can be found for the points near the D_r-axis or D_e-axis. For instance, for the points of (0. 002, −20. 21) and (0. 003, 27. 75) of Japan's decoupling condition of DEU in 2000-2001 and 2001-2002 in Figure 2, their absolute values of the decoupling indicator are much higher than the others. The key reason is their extremely low GDP growth rates: 0. 002 and 0. 003. One should be more careful when analyzing decoupling under conditions of low GDP growth.

From the above case studies, we can also find that one single country may have quite different decoupling indicators in different periods. Changes in environmental policies that favor resource efficiency may also contribute to decoupling as the example of China shows. China's decoupling indicators for energy use and SO_2 emissions declined quickly during 2000-2005, but increased steadily during 2005-2007 (see Figure 3 and Figure 4). The key reason is that during 2000-2005 (China's 10th Five-Year), no mandatory targets and related policies for energy use and SO_2 emissions were designed in China's 10th Five-Year Plan for National Economic and Social Development (see the review by the Financial and Economic Committee of the National People's Congress [2008][41]). However, in China's 11th Five-Year Plan for National Economic and Social Development (see the review by the Financial and Economic Committee of the National People's Congress [2008][41]), China added two mandatory targets: a 20% reduction of energy consumption per unit of GDP and a 10% drop in SO_2 emissions and Chemical Oxygen Demand (COD) discharge by 2010 (from 2005 levels). Accompanying these two targets, effective policies were implemented, such as accelerating the elimination of low-efficiency industrial boilers and encouraging adding end-of-pipe equipment. Influenced by these newly added environmental policies, China's decoupling conditions of energy use and SO_2 emissions were turned around from 2005.

According to the decoupling cases, China, Japan, and the USA had better decoupling performance of SO_2 emissions than that of DEU and energy use. One of the main reasons is that different from resource use, waste emissions (e. g. SO_2 emissions) can be cut down by effective end-of-pipe treatment. This conclusion can be supported by Equation (10), in which the decreasing rate of the ratio of waste emissions (x) stands for the improvement of end-of-pipe treatment: a larger value of x represents a bigger improvement of end-of-pipe treatment. For example, as shown in Table 3, if we do not consider the effect of end-of-pipe treatment, we would get quite different decoupling results. During 2000-2007, China's SO_2 emissions ratio (X) decreased by 28%, from 0.776 in 2000 to 0.560 in 2007. Consequently, this sound improvement has created considerable differences between the decoupling indicator for SO_2 generation (D_g) and the decoupling indicator for SO_2 emissions (D_e). The greatest difference was for 2005-2006: the value of D_e is about 10 times that of D_g.

Table 3   China's decoupling condition of SO_2 emissions and generation during 2001-2007

Year	SO_2 emission (10^6 tonnes)	SO_2 reduction (10^6 tonnes)	X	x	t_g	t_e	D_g	D_e
2000	20.0	5.8	0.776	—	—	—	—	—
2001	19.5	5.6	0.775	0.001	0.097	0.099	1.270	1.286
2002	19.3	7.0	0.734	0.053	0.043	0.093	0.511	1.120
2003	21.6	7.5	0.742	−0.011	−0.007	−0.019	−0.080	−0.204
2004	22.5	8.9	0.717	0.034	0.018	0.051	0.192	0.558
2005	25.5	10.9	0.700	0.023	−0.048	−0.024	−0.512	−0.256
2006	25.9	14.4	0.643	0.082	0.008	0.090	0.081	0.867
2007	24.7	19.4	0.560	0.129	0.031	0.156	0.269	1.359

Sources: Data of SO_2 emissions and reduction were collected from the National Bureau of Statistics of China (2001-2008)[33].

Note: 1. X—ratio of SO_2 emissions; x—decreasing rate of SO_2 emissions ratio; t_g—decreasing rate of SO_2 generation per unit of GDP; t_e—decreasing rate of SO_2 emissions per unit of GDP; D_g—decoupling indicator for SO_2 generation; D_e—decoupling indicator for SO_2 emissions.

2. Data for SO_2 reduction are insufficient for the other three countries.

It is notable that there are some important factors influencing the variables g, t, and t_e, thus influencing the decoupling indicators for resource use (D_r) and waste emissions (D_e), such as international trade, economic structure, consumption structure, recycling, and so on. For example, the latest decoupling report of UNEP (2011)[4] shows that Japan and Germany had a better decoupling performance of domestic resource consumption, and one of the main reasons is that they produced many goods in foreign countries and used considerable amount of energy, water, and minerals there. From this point, international trade could influence decoupling significantly. Therefore, more aspects should be taken into account when making decoupling policies.

4.2   Distinguishing decoupling indicator from the changing rate of resource use and waste emissions

When conducting decoupling analysis, it would be easy to confuse the decoupling indicator and the changing rate of resource use or waste emissions. One should keep in mind that the aim of any decoupling indicator is to show whether the link between economic development and resource use or waste emissions has been broken, whereas the changing rate of resource use or waste emissions is useful for assessing environmental performance.

For example, as shown in Figure 3, for 2006-2007, China's decoupling indicator for energy use was 0. 37, whereas the USA's decoupling indicator for energy use was 0. 22. It is readily apparent that China had a higher decoupling indicator than the USA. However, the increasing rate of the USA's energy use (1. 6%) was much lower than that of China (8. 1%).

To distinguish the decoupling indicator from changing rate of resource use and waste emissions theoretically, we derive the equation of the relationship between them in the following.

Taking resource use as an example, the increasing rate of resource use can be determined by the GDP growth rate (g) and the decreasing rate of resource use per unit of GDP (t), that is

$$k_r = (1 + g) \times (1 - t) - 1 \tag{13}$$

where, k_r is the increasing rate of resource use; g is the GDP growth rate; t is the decreasing rate of resource use per unit of GDP.

Substituting Equation (7) into Equation (13), we obtain the equation of the relationship between the decoupling indicator for resource use and the increasing rate of resource use as follows.

$$k_r = g \times (1 - D_r) \tag{14}$$

where, g is the GDP growth rate; D_r is the decoupling indicator for resource use; k_r is the increasing rate of resource use.

The relationship between k_r and D_r can also be shown in Figure 5, in which k_r is on the y-axis, D_r is on the x-axis, and g is on each line. Every line in Figure 5 is drawn according to the values of k_r, as calculated using Equation (14).

According to Equation (14) and Figure 5, we conclude the following.

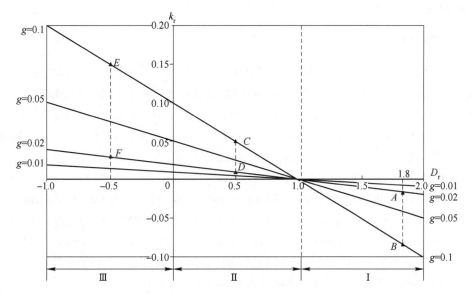

Figure 5   Relationship between k_r and D_r

(Note: (1) Region I—absolute decoupling; Region II—relative decoupling; Region III—non-decoupling. (2) D_r—decoupling indicator for resource use; g—GDP growth rate in certain period; k_r—the increasing rate of resource use in the same period)

When $D_r = 1$, we can find that $k_r = 0$, and the resource use will remain constant. When $D_r >$

1, we can find that $k_r<0$, and the value of k_r is decided by g and D_r. If two countries enjoy the same decoupling indicator, the country with a higher GDP growth rate (g) would have a lower value of k_r. For example, when D_r is 1.8, the value of k_r for point B in the line of $g=0.1$ is much lower than that of point A in the line of $g=0.02$.

When $0<D_r<1$, we can find that $k_r>0$, the resource use will increase, and the increasing rate is decided by g and D_r. At this time, if two countries enjoy the same decoupling indicator, the country with a higher GDP growth rate (g) would have a higher value of k_r. For example, when D_r is 0.5, the value of k_r for point C in the line of $g=0.1$ is much higher than that of point D in the line of $g=0.02$.

When $D_r=0$, we can find that $k_r=g$, and the resource use will increase with the same speed as GDP. When $D_r<0$, we can find that $k_r>g$, and the resource use will increase more quickly than GDP will. Similarly, if two countries enjoy the same decoupling indicator, the country with a higher GDP growth rate (g) would have a higher value of k_r. For example, when D_r is −0.5, the value of k_r for point E in the line of $g=0.1$ is much higher than that of point F in the line of $g=0.02$.

Therefore, if two countries have different GDP growth rates, even though they have the same decoupling indicator, they would have quite different changing rates of resource use. In addition, according to Figure 5, absolute decoupling is always better than relative decoupling and non-decoupling with respect to the change in resource use, regardless of the value of g.

As the mathematical structures of Equation (7) and Equation (12) are identical, Equation (14), Figure 5 and related conclusions can also be used for the study of the relationship between the decoupling indicator for waste emissions and the increasing rate of waste emissions.

5 Conclusions

In this article, we examined the decoupling conditions of DEU, energy use, and SO_2 emissions from GDP growth for two BRICs countries (China and Russia) and two OECD countries (Japan and the USA) during 2000-2007, using the decoupling indicators for resource use (D_r) and waste emissions (D_e) and the decoupling chart developed by Lu and colleagues (2011)[30]. Conclusions drawn from these empirical studies and related discussions are explained below.

(1) During 2000-2007, higher decoupling indicators can be found in the two OECD countries compared with two countries of the BRICs, not only for DEU and energy use, but also for SO_2 emissions. The key reason is that these countries were in different development stages: the two OECD countries, which are from the industrialized world with lower GDP growth rates, are easier to have a large absolute value of decoupling indicators.

(2) One country's decoupling condition could be influenced significantly by the change in its environmental policies. This phenomenon can be strongly supported by the case of China's decoupling conditions of energy use and SO_2 emissions.

(3) China, Japan, and the USA had better decoupling performance of SO_2 emissions than that of DEU and energy use. One of the main reasons is that different from resource use, waste

emissions (e. g. SO_2 emissions) can be cut down by effective end-of-pipe treatment.

(4) The decoupling indicator is different from the changing rate of resource use and waste emissions. If two countries have different GDP growth rates, even though they have the same decoupling indicator, they would have quite different changing rates of resource use and waste emissions.

Acknowledgements

This research was supported by the National Natural Science Foundation of China (71003018), the Fundamental Research Funds for the Central Universities (N110402003), the China Scholarship Council (CSC), and the Environment Research and Technology Development Fund (S-6-4) of the Ministry of the Environment, Japan. This support is greatly appreciated. We also appreciate the valuable suggestions and wonderful editing work from Prof. Heinz Schandl, Editor of the Journal of Industrial Ecology, and valuable comments from anonymous reviewers.

References

[1] AZAR C, HOLMBERG J, KARLSSON S. Decoupling-past trends and prospects for the future. Göteborg: Physical Resource Theory: Chalmers University of Technology and Göteborg University, 2002.

[2] OECD. Indicators to measure decoupling of environmental pressure from economic growth. Paris: OECD Publishing Office, 2002.

[3] MUDGAL S, FISCHER K M, KRAUSMANN F, et al. Preparatory study for the review of the thematic strategy on the sustainable use of natural resources. Contract 07. 0307/2009/545482/ETU/G2. Paris, France: European Commission (DG Environment).

[4] UNEP. 2011. Decoupling natural resource use and environmental impacts from economic growth, A Report of the Working Group on Decoupling to the International Resource Panel. Paris: International Resource Panel of UNEP. < http: //www. unep. org/resourcepanel/Publications/Decoupling/tabid/56048/ Default. aspx > Accessed November 2011.

[5] European Commission. 2003. Towards a Thematic Strategy on the Sustainable use of Natural Resources, No. COM (2003) 572 [R]. Brussels: European Commission.

[6] GILJUM S, HAK T, HINTERBERGER F, et al. Environmental governance in the European Union: strategies and instruments for absolute decoupling [J]. International Journal of Sustainable Development, 2005, 8 (1/2): 31-46.

[7] VAN DER VOET E, VAN OERS L, MOLL S, et al. Policy review on decoupling: Development of indicators to assess decoupling of economic development and environmental pressure in the EU-25 and AC-3 countries [R]. CML report 166, Leiden: Institute of environmental sciences (CML), Leiden: Leiden University, Department Industrial Ecology. < http: //www. leidenuniv. nl/cml/ssp/>. Accessed November 2009.

[8] European Commission. 2011. Management Plan 2011: DG Environment [R]. <http: //ec. europa. eu/ dgs/environment/pdf/management_plan_2011. pdf>. Accessed January 2012.

[9] UNEP. 2007. Exploring Elements for a Workplan (2008~2010): Background papers for the meeting of the international panel for sustainable resource management [R]. Budapest, Hungary: UNEP.

[10] WEIZSÄCKER E U, LOVINS A B, LOVINS L H. Factor Four . Doubling Wealth-Halving Resource Use [M]. Earthscan, London: Routledge.

工业生态学

[11] SCHMIDT B F. Wieviel Umwelt Braucht Der Mensch? MIPS, Das Mass Fuer Oekologisches Wirtschaften [R]. Berlin, Germany: Birkhauser.

[12] SCASNY M, KOVANDA J, HAK T. Material flow accounts, balances and derived indicators for the Czech Republic during the 1990s: results and recommendations for methodological improvement [J]. Ecological Economics, 2003, 45 (1): 41-57.

[13] BEHRENS A, GILJUM S, KOVANDA J, et al. The material basis of the global economy: World-wide patterns in natural resource extraction and their implications for sustainable resource use policies [J]. Ecological Economics, 2007, 64 (2): 444-453.

[14] WEI J, ZHOU J, TIAN J L, et al. Decoupling soil erosion and human activities on the Chinese Loess Plateau in the 20th century [J]. Catena, 2006, 68 (1): 10-15.

[15] KOVANDA J, HAK T. What are the possibilities for graphical presentation of decoupling? An example of economy-wide material flow indicators in the Czech Republic [J]. Ecological Indicators, 2007, 7 (1): 123-132.

[16] TACHIBANA J, HIROTA K, GOTO N, et al. A method for regional-scale material flow and decoupling analysis: A demonstration case study of Aichi prefecture, Japan [J]. Resources, Conservation and Recycling, 2008, 52 (12): 1382-1390.

[17] YORK R, ROSA E A, DIETZ T. STIRPAT, IPAT and ImPACT: analytic tools for unpacking the driving forces of environmental impacts [J]. Ecological Economics, 2003, 46 (3): 351-365.

[18] STEINBERGER J K, KRAUSMANN F, EISENMENGER N. Global patterns of materials use: a socioeconomic and geophysical analysis [J]. Ecological Economics, 2010, 69 (5): 1148-1158.

[19] STEINBERGER J K, KRAUSMANN F. Material and Energy Productivity [J]. Environmental Science and Technology, 2011, 45 (4): 1169-1176.

[20] TAPIO P. Towards a theory of decoupling: degrees of decoupling in the EU and the case of road traffic in Finland between 1970 and 2001 [J]. Transport Policy, 2005, 12 (2): 137-151.

[21] ZHAO Y P, SUN Q H, DUAN N. Responsive relationship between economic development and energy consumption in China: A Practical Research Based on Comparative De-link and Re-link Theory [J]. Science Research Management, 2006, 27 (3): 128-134.

[22] COMMONER B. The environmental cost of economic growth. Population, Resources and the Environment [M]. Washington DC: U. S. Government Printing Office: 339-363.

[23] EHRLICH P, HOLDREN J. A bulletin dialogue on the "closing circle" critique: one-dimensional ecology [J]. Bulletin of Atomic Scientists, 1972, 28 (5): 16-27.

[24] GRAEDEL T, ALLENBY B. Industrial ecology [M]. Englewood Cliffs, NJ: Prentice Hall, 1995.

[25] DIETZ T, ROSA E A. Effects of population and affluence on CO_2 emissions [J]. Proceedings of the National Academy of Sciences of the United States of America, 1997, 94 (1): 175-179.

[26] LU Z W, MAO J. Crossing "Environmental Mountain"—On the Increase and Decrease of Environment Load in the Process of Economic Growth [J]. Engineering Sciences, 2003, 5 (12): 36-42. (in Chinese)

[27] LU Z W. Crossing "Environmental Mountain"—Study of Industrial Ecology [M]. Beijing: Science Press, 2008. (in Chinese)

[28] LU Z W. The Foundations of Industrial Ecology [M]. Beijing: Science Press, 2009. (in Chinese)

[29] LU Z W, YUE Q. I_eGTX equation and I_eGT_e equation: Analysis of SO_2 and COD Emissions in the Process of Economy Growth for China [J]. Research of Environmental Sciences, 2010, 23 (9): 1101-1107. (in Chinese)

[30] LU Z W, WANG H, YUE Q. Decoupling indicators: Quantitative relationships between resource use, waste emissions and economic growth [J]. Resource Science, 2011, 33 (1): 2-9. (in Chinese)

[31] World Bank. 2010. World Development Indicators [EB/OL]. [2010-12]. <http://data. worldbank. org/ data-catalog>.

[32] BP. 2010. Statistical Review of World Energy [EB/OL]. [2010-12]. < http://www. bp. com/ statisticalreview>.

[33] National Bureau of Statistics of China. 2001—2008. China Statistical Yearbook 2001—2008 [M]. Beijing: China Statistics Press.

[34] United Nations, 2010, Database of UNSD Environmental Indicators [R]. <http://unstats. un. org/ unsd/environment/Time%20series. htm#AirPollution> Accessed July 2011.

[35] EUROSTAT. 2001. Economy-wide material flow accounts and derived indicators: A methodological guide [R]. Luxembourg: Office for Official Publications of the European Communities.

[36] EUROSTAT. 2007. Economy-wide material flow accounting: A Compilation Guide [R]. European Statistical Office, Luxembourg: Office for Official Publications of the European Communities.

[37] EUROSTAT. 2009. Economy-wide material flow accounts: Compilation guidelines for reporting to the 2009 Eurostat questionnaire (Version 01, June 2009) [R]. Luxembourg: Office for Official Publications of the European Communities.

[38] Ministry of the Environment of Japan. 2003—2010. Quality of the Environment in Japan [EB/OL]. [2011-6]. <http://www. env. go. jp/policy/hakusyo/index. html>. Accessed June 2011.

[39] WANG H, HASHIMOTO S, MORIGUCHI Y, et al. Resource use in growing China: past trends, influence factors and future demand [J]. Journal of Industrial Ecology, 2012, 16 (4): 481-492.

[40] SERI 2011. Material flow datasets [EB/OL]. [2011-6]. < http://www. materialflows. net/ >.

[41] Financial and Economic Committee of the National People's Congress. 2008. Review of China's Five-Year Plans for National Economic and Social Development [EB/OL]. Beijing: China Democracy and Rule of Law Publishing House.

工业生态学

Exploring China's Materialization Process with Economic Transition: Analysis of Raw Material Consumption and Its Socioeconomic Drivers [*]

Abstract   China's rapidly growing economy is accelerating its materialization process and thereby creating serious environmental problems at both local and global levels. Understanding the key drivers behind China's mass consumption of raw materials is thus crucial for developing sustainable resource management and providing valuable insights into how other emerging economies may be aiming to accomplish a low resource-dependent future. Our results show that China's raw material consumption rose dramatically from 11. 9 billion tons in 1997 to 20. 4 billion tons in 2007, at an average annual growth rate at 5. 5% . In particular, nonferrous metal minerals and iron ores increased at the highest rate, while nonmetallic minerals showed the greatest proportion (over 60%). We find that China's accelerating materialization process is closely related to its levels of urbanization and industrialization, notably demand for raw materials in the construction, services, and heavy manufacturing sectors. The growing domestic final demand level is the strongest contributor of China's growth in RMC, whereas changes in final demand composition are the largest contributors to reducing it. However, the expected offsetting effect from changes in production pattern and production-related technology level, which should be the focus of future dematerialization in China, could not be found.

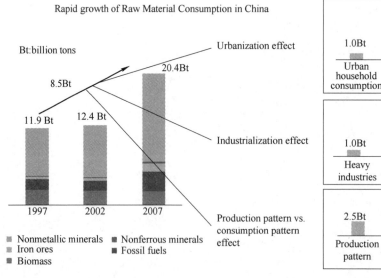

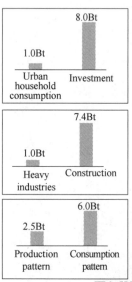

  * Coauthors: Wang Heming, Tian Xin, Tanikawa Hiroki, Chang Miao, Hashimoto Seiji, Moriguchi Yuichi. Reprinted from *Environmental Science & Technology*, 2014.

690

1 Introduction

The remarkable economic and population growth witnessed during the 20th century was closely coupled to substantial increments in the extraction of natural resources[1], leading to an increasing impact on the environment[2]. The case of China provides a timely example of the relationship between economic growth and resource consumption during its economic transition process. Resource consumption in China has risen dramatically over the past decade, with its domestic material consumption (DMC hereafter) covering approximately one-third of global extraction in 2008[1,3]. China's rapid increase of resource consumption has exerted environmental pressure at both the national[3-5] and the regional level[6-8]. Hence, exploring this spectacular materialization process is crucial for mitigating resource consumption as well as reducing environmental impacts in the country and shaping global policy.

Understanding the accelerating rate of resource consumption in China faces two great challenges, however. The first challenge is derived from the comprehensive and dramatic economic transition in China, which significantly influences the domestic materialization process. China's economic transition is manifested as, firstly, industrialization towards heavy industry with resource-intensive sectors[9]. Secondly, the country's unprecedented urbanization rate, with large-scale population migration and continuous rises in the income levels of city dwellers, has led to great demand for all types of urban services[10-11]. This increased demand for dwellings, transportation networks, and commercial as well as public services has accelerated building and infrastructure construction and further swallowed up significant resources[12-13]. As shown by the levels of economic development in developed countries over the past 150 years, both industrialization and urbanization in China will continue for the foreseeable future[14]. Hence, exploring how this long-term economic transition influences resource consumption is crucial for formulating effective and efficient policy on saving natural resources.

The second challenge lies in selecting an appropriate method for calculating resource consumption in China, as different methods target different issues and lead to diversified policy direction. DMC, calculated as the sum of the domestic extraction of raw materials and total physical imports minus total physical exports[15], is a widely accepted indicator in both developed and developing countries[3-4,16-23]. By generating highly aggregated information, the use of this indicator allows us to easily and directly examine resource consumption conditions[24]. However, the DMC method has been criticized for including two incoherent parts, namely the domestic extraction of raw materials/biomass and physical imports/exports, which present a mixture of raw materials and manufactured products[25]. Consequently, a decrease in DMC can be simply achieved by substituting domestically manufactured products with imported products, because the total weight of raw materials needed to produce manufactured products is usually much greater than the weight of the products themselves. In addition, DMC only indicates the apparent consumption of resources and materials rather than total materials embodied in products.

In order to overcome these disadvantages, another indicator has been developed, termed raw

691

工业生态学

material equivalents (RME)[15,26]. The RME of a product comprises the sum of all extractions of raw materials that are consumed through the product's entire production chain[27]. With regard to imports and exports, RME quantifies all the raw materials needed to produce imported/exported commodities. Hence, another indicator that is similar to DMC, raw material consumption (RMC), has been introduced. RMC, which equals the domestic extraction of raw materials plus the RME of imports minus the RME of exports, measures the raw materials induced by the final domestic consumption of products[27].

While DMC accounting methods have been standardized by Eurostat[15,28-29], the calculation of RME and RMC differs by research studies. Input-output (IO) models are the most common method of estimating RME and RMC. Of these, multi-region IO (MRIO) models have been used for estimating the RME of imports based on the actual technology levels of producing countries[30-32]. However, MRIO models require the large-scale manipulation of data and offer relatively aggregated sectoral information compared with single region IO (SRIO) models[30]. On the contrary, SRIO tables provide more information on sectoral transactions, but the RME of imports is estimated under the domestic technology assumption[25]. To overcome this shortcoming, a hybrid lifecycle assessment method is adopted to calculate the RME of imports for certain materials and commodities for which production technology cannot be properly represented in the studied economy. However, given the shortage of lifecycle inventory data, this method has only been applied to very few materials in previous studies[25,27,33]. Hence, the use of IO models largely depends on the specific research objectives of the study in question.

Against the background of industrialization and urbanization in China, because we aim to understand the intersectoral influence of industrial structure changes on RMC, a single (i. e., national) IO table that has more sectoral information is suitable for this analysis. Moreover, given China's status as the world's factory and that most of its imported materials and commodities can be produced domestically, particularly the large import categories of fossil fuels and metal ores, an SRIO model was selected herein to calculate China's RME and RMC. Methodologically, we use structural decomposition analysis (SDA) in order to divide resource consumption into the socioeconomic driving forces needed for policy analysis 34. While early applications of SDA focused on changes in primary energy consumption and CO_2 emissions[35-37], few of these studies applied SDA to material flow and RMC analysis[33,38-39]. Indeed, the present study is the first to apply SDA to China's RMC variations in order to help policymakers understand how the economic transition influences the materialization process.

Another feature of this study is, to our best knowledge, that our derived domestic extraction data, which were calculated following the 2009 Eurostat guidelines[29], cover more than 240 types of resources at the most differentiated level. Further, even though the case study presented herein was carried out in China, our findings on the changing resource consumption patterns in the country may be generalizable to other developing countries whose development paths are likely to be similar.

2　Method and data

2.1　RMC calculation

Under the IO model, sectoral RME can be expressed mathematically as[40]

$$e = F(1 - A)^{-1}y = FLy \qquad (1)$$

where, e stands for the RME of the products included in each vector of y; F is the environmental extension matrix per unit of output[27], and in this study it is regarded as the material intensity of sector i, which equals raw materials extracted domestically by sector i divided by its total output[30]; I is the identity matrix; $A = (a_{ij})$ is the coefficient matrix, in which a_{ij} represents the input demands of sector i to produce one unit of output in sector j; $L = (I - A)^{-1}$ is the Leontief inverse, whose elements (b_{ij}) represent the amount of output generated in sector i per unit of final demand for the output of sector j; and y is the vector of sectoral final demand. y refers to different final demand categories such as rural and urban household consumption, government consumption, investment, exports, and imports, while e refers to the RME of rural and urban household consumption (RME_{hc}), the RME of government consumption (RME_{gc}), the RME of investment (RME_{in}), the RME of export (RME_{ex}), and the RME of import (RME_{im}).

In line with the conception of RMC, sectoral RMC can be calculated by,

$$RMC = FLy_d \qquad (2)$$

where, y_d refers to domestic final demand including consumption, investment, and import, but minus export.

Then, RMC equals

$$RMC = RME_{hc} + RME_{gc} + RME_{in} + RME_{im} - RME_{ex} \qquad (3)$$

When calculating the matrix of F, domestically extracted resources are generally attributed to the individual economic sectors that extracted them. However, for construction minerals (e. g. , sand and gravel, clays and kaolin, and limestone), as their unit prices and sales structures are significantly different from other nonmetallic minerals[25], this distribution method may lead to a much higher RME of imports (see Section S4 in Supporting Information (SI)). Moreover, as construction minerals are rarely consumed by other sectors, we regarded construction minerals as being directly extracted by the construction sector in this study.

2.2　Structural decomposition analysis (SDA)

SDA is a useful approach to quantify the contributions of various driving forces to the variation in physical flows over time. It allows us to not only divide RMC into the components of interest based on actual demand but also describe how sectoral effects influence these driving forces[34-35,41]. In other words, SDA helps policymakers identify the most important factors that increase or reduce RMC as well as formulate effective dematerialization policies.

We can further transform Equation (2) by dividing y_d into y_{dc} and y_{dl}

$$e = FLy_{dc}y_{dl} \qquad (4)$$

where, y_{dc} is the composition of domestic final demand whose elements stand for the relative

693

proportion of sectoral demand to total demand and y_{dl} represents the domestic final demand level.

By considering the changes in each variable over time, the SDA of Equation (4) can be expressed as

$$\Delta e = \Delta FLy_{dc}y_{dl} + F\Delta Ly_{dc}y_{dl} + FL\Delta y_{dc}y_{dl} + FLy_{dc}\Delta y_{dl} \qquad (5)$$

where the first term represents the changes in RMC—Δe—due to aggregated changes in F; the second term represents the contributions of the changes in the production structure, L; the third term represents contributions of the changes in domestic final demand composition, y_{dc}; and the fourth term represents the effects of the changes in domestic final demand level, y_{dl}.

One challenge when performing SDA is that the uniqueness of starting points will lead to diversified possibilities[42-43]. Given that all decomposition alternatives are equally valid, we average all possible decompositions based on approaches taken by previous studies[35-37,42]. For a decomposition with n factors, there are thus n! possible decompositions[42].

2.3　Data preparation

Domestic extraction data provided the basis for the RMC calculation. As noted in the Introduction, we included more than 240 types of resources in China's domestic extraction. For the ease of the presentation of the results and comparison of all indicators, the materials that composed the indicators were aggregated into four broad categories: biomass, metallic minerals, nonmetallic minerals, and fossil fuels. As China's consumption of metallic minerals has increased significantly compared with the other three subcategories since the end of the last century[3,44], and metallic minerals are closely related to industrialization, we further divide this category into iron ores and nonferrous metal minerals (simplified to "nonferrous metals" in the following sections). Detailed information on how to collect resource data is included in Section 1 of SI.

China publishes IO tables every five years[45]. In this study, we used the 1997, 2002, and 2007 tables compiled by the Chinese National Statistical Bureau. As both the numbers and the content of sectors were inconsistent among these tables (124 sectors in 1997, 123 in 2002, and 135 in 2007), we aggregated all sectors into 101 integrated ones (see Section S2 in SI). In order to remove the effect of deflation, we also converted current prices into 2002 constant prices by using the double deflation method[46-47]. The price indexes were derived from the price sections of China's Statistical Yearbooks.

3　Results

3.1　Overview of material flows in China

We found that China's RMC rose by 71.6% from 11.9 billion tons in 1997 to 20.4 billion tons in 2007, which represented an average annual growth rate of 5.5% (Figure 1). Compared with the moderate increment during the 1997-2002 period (0.4 billion tons), a much sharper growth in RMC was observed for the 2002-2007 period (8.1 billion tons).

Of the 8.5 billion tons RMC increment during the 1997-2007 period, approximately 73.6%

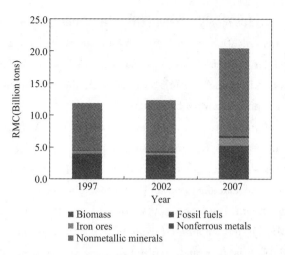

■ Biomass   ■ Fossil fuels
■ Iron ores   ■ Nonferrous metals
■ Nonmetallic minerals

Colour Version 1

Figure 1   RMC development in China, 1997-2007

(6.3 billion tons) of the increase came from nonmetallic minerals, which not only represented a growth factor of 1.8 but also showed a five percentage point increase in its proportion of total RMC (from 62.0% in 1997 to 66.8% in 2007). Fossil fuels, whose proportion of total RMC increased from 13.9% to 15.1% in the given period, contributed to approximately 16.7% of the total rise in RMC at a similar annual growth rate to that of nonmetallic minerals (a factor of 1.8). Iron ores and nonferrous metals contributed 9.1% and 2.7% of the RMC increment, respectively, because of their relatively small proportions in total RMC (5.9% and 1.7% in 2007), but at higher growth rates (factors of 2.8 and 3.3). In contrast to the growth trend for the other three material groups, biomass showed a slight decrease (by 7.7%) in the given period, with a marked decline in its proportion from 19.6% to 10.6%.

Since entering the WTO in 2001, the international trade activities between China and its partners have become more and more significant, and a huge amount of raw materials are embedded in these trade flows. As the main difference between DMC and RMC lies in the accounting of physical trade flows, it is interesting to compare them for China according to their components and aggregated raw material categories (Figure 2). From this comparison, it is

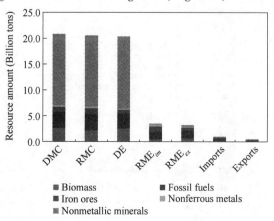

■ Biomass   ■ Fossil fuels
■ Iron ores   ■ Nonferrous metals
■ Nonmetallic minerals

Colour Version 2

Figure 2   Comparison between the RMC and central economic wide-material flow
analysis indicators, China, 2007

695

工业生态学

surprising to find that in 2007 only a relatively small difference existed between RMC and DMC; China's RMC was only 0. 3 billion tons (which accounted for 1% of RMC) less than DMC. The main reason for this similarity was that the RME of imported products (RME_{im}) minus the RME of exported products (RME_{ex}) almost equaled the amount of imported physical products minus that of exported physical products.

Although the total volume of RME_{im} was similar to that of RME_{ex}, these categories have diversified structures in terms of resources. China typically imported a large amount of raw materials (e. g. , iron ores, crude oil) compared with its level of exports, whereas its exports comprised a large amount of manufactured and semi-manufactured commodities, which usually contained different upstream resource inputs compared with imports. Moreover, the gaps between RME_{im} (RME_{ex}) and imported (exported) physical products were clear to see. In 2007, RME_{ex} and RME_{im} is 6. 9 and 3. 6 times the size of their direct physical flows, respectively.

DE refers to the domestic extraction of raw materials used in the economy; Imports and Exports refer to the physical amount of imports and exports, respectively.

3. 2 Sectoral contributions

As shown in Figure 3 , the construction sector dominates total RMC in China. Construction accounted for 87. 2% (7. 4 billion tons) of the total rise in RMC during 1997-2007 and 74. 7% of China's RMC in 2007 (up from 65. 7% in 1997), reflecting the spectacular growth in the consumption of resources by construction activities. By contrast, the impacts of all other sectors were relatively small. Services as a whole contributed 5. 6% (0. 5 billion tons) of the total RMC increment. In particular, its absolute material consumption volume increased rapidly (by a factor of 1. 6) during this decade, while its proportion of total RMC reduced slightly from 6. 5% in 1997 to 6. 1% in 2007. A stronger decreasing trend in the proportion of total RMC was found for agriculture (from 12. 3% to 4. 2%) and food (from 6. 0% to 3. 9%), with the former sector the main driver for the RMC reduction (0. 6 billiontons) in the given period. By

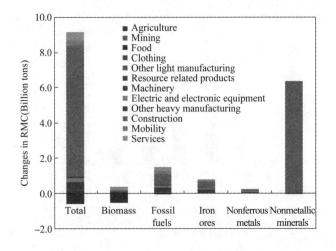

Colour Version 3

Figure 3   Sectoral contributions to changes in RMC in China, 1997-2007

contrast, through industrialization, manufacturing sectors played slightly growing roles in total RMC. Approximately 8.4% of the RMC increase was from resource-related products, machinery, and electric and electronic equipment, while the mobility sector (manufacturing of transport equipment and transport services) contributed another 3.4% of the total RMC increment during the investigated decade.

Sectoral contributions to RMC changes over time varied significantly by material type. For the biomass category, the agriculture and food sectors together contributed 63.0% of the total amount in 2007, but the decline in agriculture (0.5 billion tons) resulted in an overall reduction in biomass consumption in the 1997-2007 period (despite the growing importance of services in this regard). As for the RMC of fossil fuels, construction and services were the top two sectors in 2007 (37.1% and 17.1%, respectively) and these also accounted for 59.9% of consumption growth in this category. Further, although the proportions of resource-related products, machinery, electric and electronic, and mobility were less notable in total fossil fuels consumption, these sectors led to rapid rises in the given period.

With regard to the changes in iron ores and nonferrous metals, construction contributed 49.4% and 28.7% of consumption growth in the 1997-2007 period, respectively. Services and several heavy manufacturing sectors such as machinery, mobility equipment, and electric and electronic equipment also played a notable role, as metals provide the basis for services infrastructure and the production of manufacturing sectors. Moreover, approximately 88.1% and 87.6% of the increment in iron ores and nonferrous metals were concentrated in these sectors. As for the RMC of nonmetallic minerals, the importance of the construction sector was even more apparent, accounting for over 90% in the given period (up to 97.3% in 2007); the services sector was the second largest contributor (3.6% and 1.8% in 1997 and 2007, respectively). One main reason for this phenomenon is that sand and gravel account for more than 97% of China's nonmetallic minerals, and their extraction is directly induced by the construction sector.

3.3 Contributions of final demand categories

Our results highlight the prominent role played by investment activity in China's RMC (Figure 4), which doubled from 8.6 billion tons (72.1%) in 1997 to 16.6 billion tons (81.4%) in 2007. Moreover, approximately 94.4% of the increment in RMC was caused by investment activity. The effect of urban household consumption (12.2% of the RMC increase) also nearly doubled, from 1.3 billion tons (10.5%) to 2.3 billion tons (11.2%) in the 1997-2007 period, in contrast to rural household consumption, which decreased from 1.7 billion tons (13.9%) to 0.9 billion tons (4.5%), reflecting the strong influence of urbanization in China.

Figure 4 also illustrates the RMC trend for each material group by domestic final demand category. For rural and urban household consumption, biomass and fossil fuels are the top two consumed material groups; however, while the proportion of biomass declined rapidly, that of fossil fuels increased slightly during the 1997-2007 period. In addition to fossil fuels, iron ores and nonferrous metals also increased their proportions dramatically because of the huge demand

工业生态学

for private automobiles and household electrical appliances in China. Nonmetallic minerals were the third largest group in terms of the two final demand categories and their proportion declined in rural household consumption but increased in urban household consumption. The structure of RMC for government consumption and investment differed from that for rural and urban household consumption. For the former, fossil fuels, nonmetallic minerals, and biomass were the main contributors. Nonmetallic minerals decreased their proportion markedly from 40. 1% to 22. 2%, whereas biomass and nonferrous metals almost doubled their proportions during 1997-2007. For the latter, nonmetallic minerals increased quickly and dominated the total amount, but their proportion decreased slightly. Fossil fuels, the second largest contributor, increased their proportion from 9. 5% to 11. 2% by doubling their consumption amount in the given period. Iron ores and nonferrous metals more than tripled their consumption amounts and nearly doubled their proportions. On the contrary, biomass halved its proportion with its consumption remaining stable.

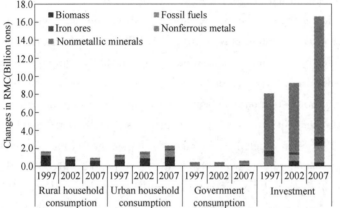

Colour Version 4

Figure 4   RMC by domestic final demand category, China, 1997-2007

3. 4   Contributions by trends in production and consumption pattern

The SDA employed herein allows us to understand the contributions of the four important socioeconomic driving forces identified earlier. Of the four factors, domestic final demand level (y_{dl}) and domestic final demand composition (y_{dc}) are closely related to the consumption pattern, while the material intensity of sectors (F) and production structure (L) together reflect the characteristics of production pattern and the production-related technology level. Hence, we can further understand the effects of changes in both consumption and production patterns owing to the economic transition in China from the RMC variations in these four factors.

During the 1997-2007 period, the great impact of the consumption pattern trend on the RMC variations was clear (Figure 5). The growing y_{dl} was the strongest contributor towards the RMC increment and this resulted in RMC growth of 11. 8 billion tons (138. 1% of the total variation) in the given period. This finding suggests that affluence and the substantial improvement in income levels have played a significant role in accelerating China's RMC. By contrast, the changes in y_{dc} were the largest contributor to reducing China's RMC over the 1997-2007 period (5. 7 billion tons decrease) and these offset approximately half of the increment caused by the growth in the domestic final demand level. This finding suggests that China's material consumption has greatly increased alongside Chinese people's income growth and that this income growth effect can be greatly offset by the optimization of the consumption structure.

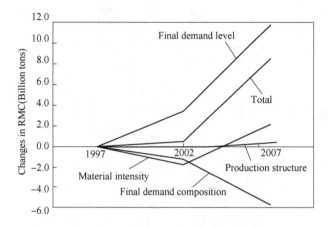

Figure 5   Contributions of the key socioeconomic forces driving changes in RMC in China, 1997-2007

Compared with the significant contribution of consumption pattern trend, the influence of the production pattern trend is negligible. While the improvement in production-related technology level (aggregated changes in F and L) accounted for a considerable proportion of the decrease in RMC (1. 7 billion tons) during the 1997-2002 period, a significant increment (4. 2 billion tons) occurred in 2002-2007, reflecting the overall failure of China's policy on improving the use efficiency of natural resources in the study period.

Figure 6 illustrates the impacts of these four socioeconomic driving forces based on internal changes by sector and material group during 2002-2007, the period of the greatest changes in RMC. Of the studied driving forces, a 3. 9 billion tons increase in RMC was associated with changes in material intensity, with the construction sector playing a dominant role (3. 6 billion tons, 93. 1%) in this rise, notably nonmetallic minerals (3. 4 billion tons).

Moreover, although production structure influenced the consumption of each material group considerably, the total contribution of production structure change was low (0. 3 billion tons increment) because of the offsetting effect among sectors and material groups. For instance, production structure change led to a moderate decline in biomass (0. 2 billion tons) and nonmetallic minerals (0. 2 billion tons) consumption owing to the offsetting effect between construction and services. Moreover, while production structure change in the construction sector reduced biomass consumption by 0. 3 billion tons, that in the services sector increased biomass consumption by 0. 1 billion tons. By contrast, for nonmetallic minerals, production structure change in services reduced nonmetallic minerals consumption by 0. 3 billion tons but increased it by 0. 1 billion tons in the construction sector. The RMC of the other three material groups was increased by production structure change. Services and construction dominated this

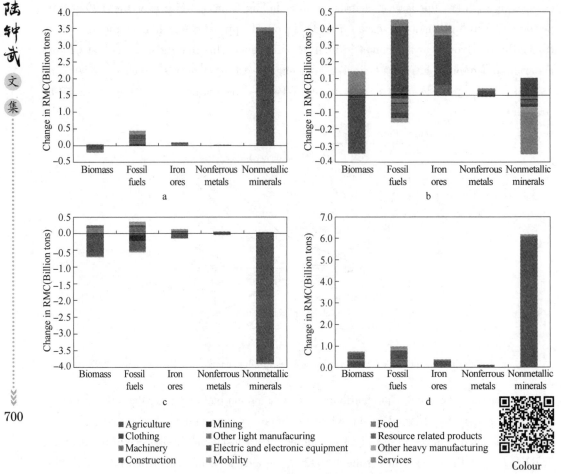

Figure 6　Sectoral contributions to the RMC changes caused by changes in the four
driving forces in China, 2002-2007

a—RMC changes related to material intensity change; b—RMC changes related to production structure change;

c—RMC changes related to domestic final demand composition change;

d—RMC changes related to domestic final demand level change

rise for fossil fuels (148. 2%), iron ores (81. 9%), and nonferrous metals (19%), while that machinery also played an important role for iron ores (11. 1%). In addition, production structure changes in several heavy manufacturing sectors (resource related products, electric and electronic equipment, and transport equipment) together led to a 8% reduction for fossil fuels, indicating the technological advances and organizational improvements in these sectors in terms of fossil fuels.

For the changes in domestic final demand composition, the construction sector, again, played a dominant and positive role in decreasing China's RMC for all material groups (4. 4 billion tons, 98. 0%). In addition, agriculture (0. 6 billion tons), mining (0. 2 billion tons), and services (0. 1 billion tons) decreased China's RMC, while food processing and manufacturing (0. 2 billion tons) increased it. As for changes at the domestic final demand level, all sectors contributed to increasing China's RMC, notably construction (6. 9 billion tons, 82. 4%).

Colour Version 6

4 Discussion

China's economic transition greatly influences its materialization process, especially if we connect this process with the urbanization and industrialization seen in the 2002-2007 period, during which the average annual growth rate of RMC reached 10.6%.

Of these two influencing factors, urbanization is the predominant driving force behind increasing RMC, characterized by the rapid increase in urbanization-related investment, notably in the construction sector (e.g., infrastructure, real estate), and rises in urban household consumption. Of the 16.6 billion tons increase in RMC due to investment, 15.0 billion tons were caused by construction activities in 2007, approximately 0.19 million hectares of farmland were transformed into construction land[48], and 60% of completed construction area was used for real estate in 2007[49]. Furthermore, increasingly investment in urban infrastructure encourages more and more rural people to move to cities. Indeed, over 20 million rural residents did so in 2007[50], placing additional demand on the infrastructure, dwellings, and related services in urban regions. Moreover, the urban : rural population ratio was only 0.47 in China in 1997[50], while that of urban household RMC to rural household RMC was 0.75; however, by 2007, the former had increased to 0.85[50] and the latter to 2.5. This trend is set to continue, with the proportion of urban population predicted to increase to 65.4% (urban : rural population = 1.9) by 2025[51]. Considering its large population and relatively low development stage, urban households in China tend to have much higher incomes and consumption levels and thus higher RMC.

Nonetheless, industrialization, characterized by structural change towards heavy manufacturing sectors[9], has also led to significant RMC growth. Heavy manufacturing sectors such as the production of metals and nonmetallic products and the manufacturing of machinery, automobiles, and electric and electronic equipment were important contributors to China's RMC increment (see Figure 3). Moreover, the rapid development of manufacturing sectors further accelerated the development of construction activities. For instance, approximately 20% of completed constructions were used as factory buildings in 2007[49]. Although this proportion is much smaller than that of real estate buildings, the indirect effect on China's growing RMC is considerable. In the 12th Five-Year Plan (2011-2015) of China[52], manufacturing sectors such as mobility, wind power equipment, and aviation equipment were given high priority, and thus their potential impact on future RMC should be paid more attention.

With regard to dematerialization in the Chinese economy, the presented findings imply that the change in final demand composition played a significant and positive role in decreasing China's RMC, whereas the changes in production pattern and production-related technology level did not during 1997-2007. Further, the comparison of raw material intensity (RMC/GDP) between China (6600t/ $ at 2005 constant prices in 2005) and the EU (600t/ $)[27] highlights that improving material efficiency is an urgent target for lowering RMC (see Section 6 in SI). Considering the overcapacity of the main basic materials production industries (e.g., steel, cement, plate glass), we can expect a transition from these high resource-consuming industries to less resource-consuming alternatives. In addition, the overall technological and

工
业
生
态
学

efficiency level of material use in China is still low relative to that in developed countries, and the Chinese government has set targets and related policies for improving this indicator in its 11th and 12th Five-Year Plans[52], especially the use of fossil fuels. We can thus regard changes in production pattern and production-related technological advances as another focus for future dematerialization.

In this direction, the Chinese government has set the following three policy directions for changing the country's industrial structure towards a dematerialization society: (1) increasing the proportion of services sectors; (2) developing high-tech industries; (3) restructuring resource- and pollution-intensive industries[52]. Further, as noted above, it has targeted a 20% improvement in energy intensity between 2005 and 2010 as well as a mandatory 16% reduction in energy intensity and a voluntary 15% improvement in resource productivity between 2010 and 2015. In 2008, China's Circular Economy Promotion Law was also passed with the main aim of reducing China's material (and mainly energy) intensity[53]. Hence, China has set a good example for other developing countries for ways in which to reduce energy intensity.

As China is moving towards a tertiary economy, services are taken as important solutions for dematerialization. However, our results indicate that services actually cause a considerable rise in RMC through changes in both production pattern when providing services, and final demand level when consuming services. Indeed, while the DMC for services is relatively small, large services-related RMC comes from indirect effects through inter-sectoral and supply chain impacts. However, as the contribution of the tertiary industry to China's economy is expected to grow from its current relatively low level (45. 6% in 2012)[50], it would be greatly important to consider the inter-sectoral impacts and avoid indirect consumption through supply chains when formulating strategies and policies for services development. In particular, improving the standard for the RME embodied in upstream products through lifecycle management as well as the production structure of services sectors might promote dematerialization based on the presented results. This approach might also remind other developing countries to consider inter-sectoral impacts when promoting the rapid development of services sectors as a means of economic development.

Acknowledgements

This work was in part supported by the Environment Research and Technology Development Fund (S-6, K113002) of the Ministry of the Environment, Japan, Chinese Ministry of Education Project of Humanities and Social Sciences (13YJCZH172, 13YJC790106), National Natural Science Foundation of China (71373003, 41301643), and Fundamental Research Funds for the Central Universities (N120302004). In addition, we also appreciate the editing work from Prof. Miriam Diamond, Associate Editor of Environmental Science & Technology, and valuable suggestions from anonymous reviewers.

References

[1] KRAUSMANN F, GINGRICH S, EISENMENGER N, et al. M. Growth in global materials use, GDP and population during the 20th century. Ecol. Econ., 2009, 68 (10): 2696-2705.

［2］ United Nations Environmental Programme (UNDP), Decoupling natural resource use and environmental impacts from economic growth. A Report of the Working Group on Decoupling to the International Resource Panel. http：//www. unep. org/resourcepanel/decoupling/files/pdf/decoupling_report_english. pdf. Paris, 2011.

［3］ WANG H, HASHIMOTO S, MORIGUCHI Y, et al. Resource use in growing China：Past trends, influence factors and future demand ［J］. J. Ind. Ecol., 2012, 16 (4)：481-492.

［4］ XU M, ZHANG T. Material flows and economic growth in developing China ［J］. J. Ind. Ecol., 2007, 11 (1)：121-140.

［5］ LIANG S, LIU Z, CRAWFORD B D, et al. Decoupling Analysis and Socioeconomic Drivers of Environmental Pressure in China ［J］. Environ. Sci. Technol., 2014, 48 (2)：1103-1113.

［6］ TIAN X, CHANG M, SHI F, et al. Regional disparity in CO_2 emissions：Assessing sectoral impacts on the CO_2 emission structure among regions of mainland China ［J］. J. Ind. Ecol., 2012, 16 (4).

［7］ TIAN X, IMURA H, CHANG M, et al. Analysis of driving forces behind diversified carbon dioxide emission patterns in regions of the mainland of China ［J］. Front. Environ. Sci. En., 2011, 5 (3)：445-458.

［8］ GENG Y. Toward safe treatment of municipal solid wastes in China's urban areas ［J］. Environ. Sci. Technol., 2012, 46 (13)：7067-7068.

［9］ TIAN X, CHANG M, SHI F, et al. How does industrial structure change impact carbon dioxide emissions? A comparative analysis focusing on nine provincial regions in China ［J］. Environ. Sci. Policy., 2014, 37：243-254.

［10］ ZHANG K, SONG S. Rural-urban migration and urbanization in China：Evidence from time-series and cross-section analyses ［J］. China Econ. Rev., 2003, 14 (4)：386-400.

［11］ SHEN L, CHENG S, GUNSON A J, et al. Urbanization, sustainability and the utilization of energy and mineral resources in China ［J］. Cities., 2005, 22 (4)：287-302.

［12］ SHI F, HUANG T, TANIKAWA H, et al. Toward a low carbon-dematerialization society ［J］. J. Ind. Ecol., 2012, 16 (4)：493-505.

［13］ HOU W, TIAN X, TANIKAWA H. Greening China's wastewater treatment infrastructure in the face of rapid development：Analysis based on material demand and flows until 2050 ［J］. J. Ind. Ecol., 2014, in press.

［14］ United Nations Development Programme (UNDP). China National Human Development Report 2013 ［R］. Sustainable and Livable Cities：Toward Ecological Civilization. China Translation and Publishing Corporation：Beijing, 2013.

［15］ Eurostat. Economy-wide material flow accounts and derived indicators：A methodological guide. Eurostat：Luxembourg, 2001.

［16］ STEINBERGER J K, KRAUSMANN F, EISENMENGER N. Global patterns of materials use：A socioeconomic and geophysical analysis ［J］. Ecol. Econ., 2010, 69 (5)：1148-1158.

［17］ ADRIAANSE A, BRINGEZU S, HAMMOND A, et al. Resource flows：The material base of industrial economics ［M］. Washington, DC：World Resource Institute, 1997.

［18］ LAYKE C, MATTHEWS E, AMANN C, et al. The weight of nations：Material outflows from industrial economies ［M］. Washington DC：World Resources Institute, 2000.

［19］ MORIGUCHI Y. Material flow analysis and industrial ecology studies in Japan. In：A handbook of industrial ecology ［M］. Cheltenham UK：Edward Elgar Publishers, 2002：301-310.

［20］ BRINGEZU S, SCHUTZ H, STEGER S. International comparison of resource use and its relation to economic growth：The development of total material requirement, direct material inputs and hidden flows and the structure of TMR ［J］. Ecol. Econ., 2004, 51 (4)：97-124.

703

工业生态学

[21] HASHIMOTO S, MATSUI S, MATSUNO Y, et al. What factors have changed Japanese resource productivity? A decomposition analysis for 1995-2002 [J]. J. Ind. Ecol., 2008, 12 (5/6): 657-668.

[22] SCHANDL H, WEST J. Resource use and resource efficiency in the Asia-Pacific region [J]. Global Environ. Chang., 2010, 20 (4): 636-647.

[23] BRINGEZU S, SCHUETZ H, MOLL S. Rationale for and interpretation of economy-wide materials flow analysis and derived indicators [J]. J. Ind. Ecol., 2003, 7 (2): 43-64.

[24] FISCHER K M, KRAUSMANN F, GILJUM S, et al. Methodology and indicators of economy-wide material flow accounting [J]. J. Ind. Ecol., 2011, 15 (6): 855-876.

[25] KOVANDA J, WEINZETTEL J. The importance of raw material equivalents in economy-wide material flow accounting and its policy dimension [J]. Environ. Sci. Policy., 2013, 29: 71-80.

[26] WEISZ H. Combining social metabolism and input-output analysis to account for ecologically unequal trade. In: Rethinking environmental history: World-system history and global environmental change [M]. Plymouth: Altamira Press, 2007: 427-444.

[27] SCHOER K, WEINZETTEL J, KOVANDA J, et al. Raw material consumption of the European Union-concept, calculation method, and results [J]. Environ. Sci. Technol., 2012, 46 (16): 8903-8909.

[28] EUROSTAT. Economy-wide material flow accounting: A Compilation Guide. European Statistical Office: Luxembourg, 2007.

[29] EUROSTAT. Economy-wide material flow accounts: Compilation guidelines for reporting to the 2009 Eurostat questionnaire (Version 01, June 2009). European Statistical Office: Luxembourg, 2009.

[30] WIEDMANN T, SCHANDL H, LENZEN M, et al. The material footprint of nations [J]. PNAS. 2013.

[31] BRUCKNER M, GILJUM S, LUTZ C, et al. Materials embodied in international trade-Global material extraction and consumption between 1995 and 2005 [J]. Global Environ. Change., 2012, 22 (3): 568-576.

[32] WIEBE C, BRUCKNER M, GILJUM S, et al. Carbon and materials embodied in the international trade of emerging economies: A multi-regional input-output assessment of trends between 1995 and 2005 [J]. J. Ind. Ecol., 2012, 16 (4): 636-646.

[33] WEINZETTEL J, KOVANDA J. Structural decomposition analysis of raw material consumption [J]. J. Ind. Ecol., 2011, 15: 893-907.

[34] HOEKSTRA R, VAN DER BERGH J C J M. Structural decomposition analysis of physical flows in the economy [J]. Environ. Resour. Econ., 2002, 23 (3): 357-378.

[35] TIAN X, CHANG M, TANIKAWA H, et al. Structural decomposition analysis of the carbonization process in Beijing: A regional explanation of rapid increasing carbon dioxide emission in China [J]. Energy Pol., 2013, 53: 279-286.

[36] TIAN X, CHANG M, LIN C, et al. China's carbon footprint: A regional perspective on the effect of transitions in consumption and production patterns [J]. Appl. Energ., 2014, 123: 19-28.

[37] PETERS G P, WEBER C L, GUAN D, et al. China's growing CO_2 emissions—A race between increasing consumption and efficiency gains [J]. Environ. Sci. Technol., 2007, 41 (17): 5939-5944.

[38] MUNOZ P, HUBACEK K. Material implication of Chile's economic growth: Combining material flow accounting (MFA) and structural decomposition analysis (SDA) [J]. Ecol. Econ., 2008, 65 (1): 136-144.

[39] WOOD R, LENZEN M, FORAN B. A material history of Australia [J]. J. Ind. Ecol., 2009, 13 (6): 847-862.

[40] HERTWICH E G. Life cycle approaches to sustainable consumption: A critical review [J]. Environ. Sci., Technol. 2005, 39 (13): 4673-4684.

[41] YAMAKAWA A, PETERS G P. Structural decomposition analysis of greenhouse gas emissions in

Norway 1990-2002 [J]. Econ. Syst. Res., 2011, 23 (3): 303-318.

[42] DIETZENBACHER E, LOS B. Structural decomposition techniques: Sense and sensitivity [J]. Econ. Syst. Res., 1998, 10 (4): 307-323.

[43] HOEKSTRA R, VAN DEN BERGH J C J M. Comparing structural and index decomposition analysis [J]. Energ. Econ., 2003, 25 (1): 39-64.

[44] WANG H, YUE Q, HASHIMOTO S, et al. Decoupling analysis of four selected countries: China, Russia, Japan and the USA during 2000—2007 [J]. J. Ind. Ecol., 2013, 17 (4): 618-629.

[45] GU H, LIU Q, HUANG D. Review: The application of input-output analysis in China: Achievements, problems and strategies [J]. Econ. Syst. Res., 1991, 3 (4): 430-432.

[46] United Nations Department for Economic and Social Affairs Statistics Division (UNDESASD). Handbook of Input-Output Table Compilation and Analysis. United Nations: New York, 1999.

[47] LIU Q Y, PENG Z L. China's constant price input-output table and relative analysis 1992—2005 [M]. Beijing: China Statistics Press, 2010.

[48] Ministry of Land and Resources of China. China Land and Resources Statistical Yearbook 2011 [Z]. Beijing: China Geology Press, 2011.

[49] Department of Investment and Construction Statistics of National Bureau of Statistics of China. China Statistical Yearbook on Construction 2008 [Z]. Beijing: China Statistics Press, 2008.

[50] National Bureau of Statistics of China. China Statistical Yearbook 2013 [Z]. Beijing: China Statistics Press, 2013.

[51] HEILIG G K. World Urbanization Prospects: The 2011 Revision. http: //esa. un. org/wpp/ppt/CSIS/WUP_2011_CSIS_4. pdf . United Nations: Washington DC, 2012.

[52] State Council of the People's Republic of China (SCPRC). The 12th Five-Year Guidelines for National Economy and Social Development. http: //www. gov. cn/2011lh/content_1825838 . htm (accessed 10. 08. 13). Beijing, 2012. (in Chinese)

[53] GENG Y, SARKIS J, ULGIATI S, et al. Measuring China's circular economy [J]. Science., 2013, 339 (6127): 1526-1527.

工业生态学

Analysis of Anthropogenic Aluminum Cycle in China [*]

Abstract　Anthropogenic aluminum cycle of China was analyzed by the aluminum flow diagram based on the life cycle of aluminum products. The whole anthropogenic aluminum cycle consists of four stages: alumina and aluminum production, fabrication and manufacture, use, and reclamation. Based on the investigation of the 2003-2007 aluminum cycles in China, a number of changes can be found, for instance, resources self-support ratio (RSR) in alumina production dropped from 95.42% to 55.50%, while RSR in the aluminum production increased from 52.45% to 79.25%. However, RSR in the Chinese aluminum industry leveled off at 50% in the period of 2003-2007. The respective use ratios of domestic and imported aluminum scrap in the aluminum industry of 2007 were 5.38% and 9.40%. In contrast, both the net imported Al-containing resources and the lost quantities of Al-containing materials in aluminum cycle increased during the same period, as well as the net increased quantities of Al-containing materials in social stock and Al-scrap recycled. Proposals for promoting aluminum cycle were put forward. The emphasis on import/export policy and reducing the loss of Al-containing materials for the aluminum industry in China in the future were discussed.

Key words　Anthropogenic, Aluminum cycle in China, SFA, Weighted average method, Average use life

1　Introduction

Element flow is composed of anthropogenic flow and natural flow. Anthropogenic flow contains three forms, including fossil fuels combustion, minerals mining and processing, and biomass fuels combustion, while natural flow contains the soil erosion, seawater splash, and net primary production[1-2].

In this work, the aim is mainly focused on bauxite mining and processing, which can be called anthropogenic aluminum cycle[1]. That is because it is a human intensively industrial activity, in which primary aluminum production is an energy-intensive process. The recovery and reuse of aluminum scrap have the potential to provide an additional source for aluminum production, and the use of scrap in aluminum production can not only reduce the consumption of bauxite, but also reduce energy input and emissions output. As China's energy consumption and CO_2 emissions have increased quickly in recent years and its energy gap has been in the expansion, the recovery and reuse of aluminum scrap should be paid more attention.

From 1991 to 2007, aluminum production and consumption in China have grown sharply with the rapid development of Chinese economy at 17.25% and 16.90% respectively, which

---

　＊　Coauthors: Yue Qiang , Wang Heming, Zhi Shengke. Reprinted from *Transactions of Nonferrous Metals Society of China*, 2014.

are much higher than those of the global level at 4. 22% and 4. 39%, as shown in Table 1[3-5]. Aluminum production mainly depends on two kinds of resources: bauxite and scrap. As a developing country, China is lack of scrap in recent years[6-7] so that the bauxite consumption increases more quickly than that in developed countries. Compared with the demand, bauxite is severely in shortage and can only be used for several years in the future[8]. Analysis of anthropogenic aluminum cycle is very useful in finding the recycling status quo of aluminum scrap in Chinese aluminum industry so that it is able to attain saving of Al-containing resources, energy consumption, and reducing of waste emissions.

Table 1   Variations of aluminum production and consumption in China and the Globe in 1991-2007

Year	Production amount (kt)		Consumption amount (kt)	
	China	Globe	China	Globe
1991	962. 5	19652. 6	985. 0	18743. 4
1992	1096. 0	19459. 2	1328. 0	18557. 6
1993	1254. 5	19714. 6	1350. 0	18113. 6
1994	1498. 4	191181. 8	1537. 0	19715. 3
1995	1869. 7	19663. 6	1685. 0	20551. 7
1996	1900. 7	20846. 3	1750. 0	20683. 8
1997	2178. 6	21798. 1	2115. 0	21869. 8
1998	2435. 3	22653. 9	2425. 4	21889. 3
1999	2808. 9	23707. 1	2925. 9	23355. 5
2000	2989. 2	24418. 1	3532. 7	25059. 1
2001	3575. 8	24436. 0	3545. 4	23721. 5
2002	4511. 1	26076. 0	4152. 0	25372. 3
2003	5962. 0	28000. 6	5177. 6	27606. 5
2004	6688. 8	29921. 7	6190. 9	29960. 6
2005	7806. 0	32020. 8	7118. 6	31709. 3
2006	9264. 0	33965. 1	8380. 8	33994. 6
2007	12284. 0	38087. 3	11979. 0	37246. 4
Increasing rate	17. 25%	4. 22%	16. 90%	4. 39%

The studies of aluminum cycle or a certain stage in the process of aluminum cycle have already been carried out in recent years. Melo used three different kinds of models to predict the amount of aluminum old scrap in the waste management stage in Germany[9]. Boin and Bertram carried out mass balance analysis in the aluminum recycling industry for the EU-15 in 2002[10]. Martchek used a simplified model to analyze the global aluminum cycle in 2003[11]. Plunkert adopted aluminum flow framework to analyze the aluminum cycle in the United States in 2000[12]. Hatayama and his colleagues calculated the output of aluminum old scrap produced from different sectors[13]. Dahlström and Ekins analyzed aluminum flow in the United Kingdom in 2001 combining substance flow analysis and value chain analysis together[14]. In China, Chen and his colleagues used aluminum flow diagram to analyze aluminum cycle of

China in 2005[15] and they explored the production, consumption, import and export, losses and changes of stocks of aluminum in China for 2001, 2004, and 2007[16]. However, most of these studies were snapshots of bauxite mining and processing in one year period. They don't consider how long the use life of aluminum products is and primarily care about aluminum flows in one year period. In fact, it is better to combine the analysis of anthropogenic aluminum cycle with the average life span of aluminum products life cycle. Then, it can show us the whole picture of anthropogenic aluminum cycle, which is useful in knowing the fundamental characteristics of aluminum flow, e. g. the influence of aluminum products output on the availability of secondary resources for aluminum industry.

This work is based on the theory of metal's industrial metabolism[17-18], and combined the analysis of aluminum cycle with the average use life span of aluminum products. Firstly, we give the anthropogenic aluminum flow diagram based on the aluminum products life cycle; secondly, the average use life of aluminum products life cycle was analyzed by the weighted average method; then substance flow analysis with time factor of the products life cycle[7,19-20] was adopted to analyze anthropogenic aluminum cycle in China in 2007; next, aluminum flow indices of China's aluminum industry during the period of 2003-2007 were calculated; last but certainly not least, proposals for future development of Chinese aluminum industry were discussed.

2　Methodology

2.1　Anthropogenic aluminum flow diagram based on the life cycle of aluminum products

708

The entire anthropogenic aluminum cycle comprises four stages, as shown in Figure 1[7, 19-24].

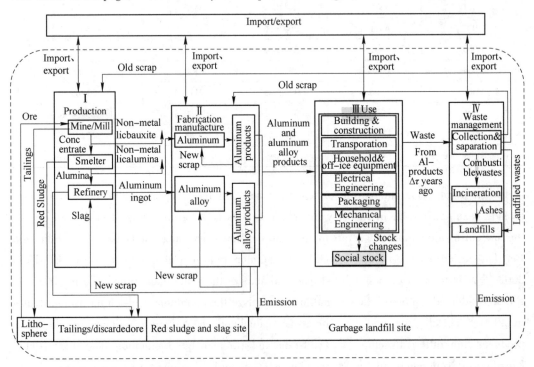

Figure 1　Anthropogenic aluminum flow diagram

Some explanations for the four stages are as follows[13-15]:

(1) Production: Bauxite mining/milling, the production of alumina and aluminum has been treated as a separate process, and is shown at stage I. The dissipating amount of Al-containing materials during this stage contains tailing, red sludge and slag.

(2) Fabrication and manufacture: The stage II is the fabrication and manufacture stage of the aluminum products. Aluminum flows within this stage include the fabrication of aluminum semis and aluminum alloy semis, and the manufacture of intermediate commodities and finished products.

(3) Use: Aluminum products leave the manufacture stage in the form of finished products or being embedded into assembled products (e. g. automobiles). When the aluminum products are produced, they are widely used in national economy, such as constructions and vehicles and so on.

(4) Waste Management: The retrieve of obsolete aluminum products is the fourth stage in aluminum cycle. Some of obsolete aluminum products are retrieved after their life cycle $\Delta\tau$, while some are permanently stored in terrestrial establishments and constructions, otherwise, they will be dissipated into environment during their life cycle. Aluminum products usually enter their use period after being produced, while the scraps are often recycled in the same year as they are retrieved from obsolete aluminum products. Therefore, the average life span of aluminum products life cycle usually depends on both the distribution of different use categories of Al-containing products and their use lives.

Two notes for Figure 2 are stated below:

(1) All the flow rates indicated in Figure 2 are not that of materials in kind, actually, they are the flow rates of Al contained in flowing materials, which represents an Al-flow diagram for a life cycle of aluminum products;

(2) The time concept is clearly shown in Figure 2, $\Delta\tau$ is the average use life of aluminum products.

2. 2 Implementation of aluminum flow analysis based on the life cycle of aluminum products

2. 2. 1 Data preparation

According to the method described in Figure 2, data collected for this study could be grouped into four categories: (1) data on production of bauxite, alumina and aluminum, fabrication and manufacture of aluminum products; (2) data on the use categories and amounts of aluminum final products; (3) data on the import and export of Al-containing materials; (4) data on the use lives of the different use categories of aluminum final products.

Data on production of bauxite, alumina and aluminum, fabrication of aluminum were well compiled annually by China Nonferrous Metals Industry Yearbook, etc.[3, 25] and therefore easily can be collected. Manufacture of aluminum final products and loss rates of aluminum during the aluminum products life cycle were calculated according to the major technical economic targets in[3, 11, 15]. Data on the consumption structure and quantities of aluminum by end-uses can be acquired from CEInet Statistics Database and CICC Research Department. Data on the import and export are available from China Nonferrous Metals Industry Yearbook and SMM Statistics Database distributed by the General Administration of Customs of China. The use lives of the different use categories of aluminum final products were drawn lessons from[9].

2. 2. 2 Average use life of aluminum products

The crucial element in modeling aluminum products in use and end life of aluminum products depends on the analysis of the average use life of aluminum products, which can be calculated by the weighted average method.

Average use life of aluminum products $\Delta\tau$ can be calculated by the following equation[19].

$$\Delta\tau = \sum_{i=1}^{n} f(x_i) \times \Delta\tau_i \tag{1}$$

where, i is the use category of aluminum products ($i = 1, 2, 3, \cdots, n$); $f(x_i)$ is the percentage of the use category i of aluminum products; $\Delta\tau_i$ is the life span of the use category i of aluminum products.

Consumption structure of Chinese aluminum products in 2003-2007 by end uses is shown in Table 2. Aluminum products were widely used in the following fields: transportation, mechanical engineering, electrical engineering, building and construction, packaging, household and office equipment, and others. The main consumption areas are building & construction, transportation and electrical engineering.

710

Table 2   Consumption structure of aluminum products in China in 2003-2007 by end uses

Use categories	Consumption (%)				
	2003	2004	2005	2006	2007①
Transportation	16. 2	15. 0	15. 0	17. 0	24. 0
Mechanical engineering	7. 4	11. 6	9. 4	5. 8	10. 0
Electrical engineering	18. 0	15. 0	15. 0	18. 0	15. 0
Building and construction	37. 2	30. 0	36. 0	33. 0	33. 0
Packaging	8. 3	8. 1	8. 1	16. 0	8. 0
Household and office equipment	5. 4	8. 5	6. 9	4. 3	5. 0
Other	7. 5	11. 8	9. 6	5. 9	5. 0

Source: CEInet Statistics Database.

①CICC Research Department, http://www.okokok.com.cn/Htmls/GenCharts/081029/12793.html.

Based on the calculation by the Equation (1) using distribution patterns of the average life span of aluminum products[9] and consumption structure of Chinese aluminum products (Table 2), the average life span of aluminum products can be derived, as described in Table 3.

Table 3　Average use life of aluminum products in 2003-2007 in China

Probability distribution	Use life（a）					
	2003	2004	2005	2006	2007	Range
Normality	19. 38	17. 80	18. 98	17. 65	18. 64	[17. 65～19. 38]
Weibull（Average life expectancy）	17. 78	16. 27	17. 40	16. 20	17. 14	[16. 20～17. 78]
Beta（Average life expectancy）	17. 80	16. 18	17. 39	16. 21	17. 13	[16. 18～17. 80]
Weibull（Most likely life expectancy）	16. 89	15. 43	16. 53	15. 39	16. 31	[15. 39～16. 89]
Beta（Most likely life expectancy）	17. 29	15. 59	16. 86	15. 73	16. 59	[15. 59～17. 29]

3　Results and discussions

3. 1　Anthropogenic aluminum cycle in China in 2007

According to the four stages in anthropogenic aluminum cycle（Figure 1）and some references, such as "China nonferrous metals industry yearbook", etc.[3, 9, 11, 25], the aluminum flow diagram for the anthropogenic aluminum cycle in China of 2007 was given in Figure 3. Corresponding data of aluminum flow described in Figure 2 are shown in Table 4. We set the average aluminum products life cycle of 2007 in China as 16 years according to Table 3.

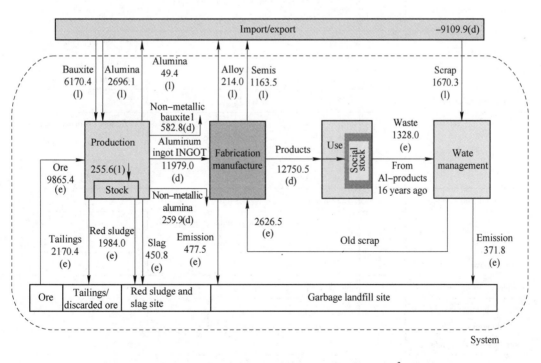

Figure 2　Aluminum flow diagram in China in 2007（unit：10^3t-Al/a）

（Letter in the bracket follow the data shows the origin of the data：

（l）references；（d）calculation；（e）estimate）

工业生态学

Table 4　Explanations on the data described in Figure 3

Item	Indicated by	Values (10^3t)	Quantitative relations	Data sources
Ore mined	O_k	9865. 4		O_k was estimated based on the major technical economic targets in [3] and [15]
Tailing	O_w	2170. 4		O_w was estimated based on the major technical economic targets in [3] and [15]
Self-produced bauxite	O_z	7695. 0	$O_z = O_k - O_w$	
Net imported bauxite	I_1	6170. 4	$I_1 =$ (imported bauxite-exported bauxite)	[3]
Bauxite used in alumina production	O_A	12282. 6		O_A was calculated based on the major technical economic targets in [3]
Non-metallic bauxite	K_f	1582. 8	$K_f = O_z + I_1 - O_A$	
Red sludge	R_w	1984. 0		R_w was estimated based on the major technical economic targets in [3] and [15]
Self-produced alumina	Y_z	10298. 6		[3]
Net imported alumina	I_2	2696. 1	$I_2 =$ (imported alumina-exported alumina)	[3]
Alumina used in aluminum production	Y_A	12734. 8		Y_A was calculated based on the major technical economic targets in [3]
Non-metallic alumina	Y_f	259. 9	$Y_f = Y_z + I_2 - Y_A$	
Slag	T_w	450. 8		T_w was estimated based on the major technical economic targets in [3] and [15]
Self-produced aluminum	P_τ	12284. 0		[3]
Net imported aluminum	I_3	−49. 4	$I_3 =$ (imported aluminum-exported aluminum)	[3]
Net increase of Al-stock	S_n	255. 6		[3]
Al-loss during production	D_1	4605. 2	$D_1 = O_w + R_w + T_w$	
Aluminum used in aluminum products fabrication and manufacture	P_A	11979. 0	$P_A = P_\tau + I_3 - S_n$	
Net imported alloy	I_4	−214. 0	$I_4 =$ (imported alloy-exported alloy)	[3]
Net imported semis	I_5	−1163. 5	$I_5 =$ (imported semis-exported semis)	[3]

Item	Indicated by	Values (10^3t)	Quantitative relations	Data sources
Al-loss during fabrication and manufacture	D_2	477.5		D_2 was estimated based on the major technical economic targets in [3] and [15]
Obsolete aluminum product produced in 2007	$M_{\tau-\Delta\tau}$	1328.0		[3]
Self-produced old scrap recycled in 2007	F_z	956.2	$F_z = \alpha \times M_{\tau-\Delta\tau}$	α is the recycling rate of obsolete aluminum products, $\alpha \approx 0.72$[26]
Net imported scrap	I_6	1670.3	$I_6 = $ (imported scrap-exported scrap)	[3]
Aluminum products output	M_τ	12750.5	$M_\tau = P_A + I_4 + I_5 + F_z + I_6 - D_2$	
Al-loss during obsolete aluminum products recycling in 2007	F_s	371.8	$F_s = M_{\tau-\Delta\tau} - F_z$	
Old scrap recycled in 2023	A_2	9180.4	$A_2 = \alpha \times M_\tau$	α is the recycling rate of obsolete aluminum products, $\alpha \approx 0.72$[26]
Al-loss during obsolete aluminum products recycling in 2023	D_4	3570.1	$D_4 = M_\tau - A_2$	
Al-loss during the aluminum products life cycle of 2007	D	8652.8	$D = D_1 + D_2 + D_4$	

Note: All the values are Al-contained.

3.2 Materials flow indices of aluminum industry in China in 2007

Several important materials flow indices of Chinese aluminum industry in 2007 were calculated based on Figure 2. The interpretations and calculations of Chinese aluminum flow indices in 2007 are shown in Table 5.

Table 5 Aluminum flow indices in 2007 for China

	Aluminum flow index	Symbol	Definition	Calculating formulas	Ratio (%)
Resources Self-support Ratio (RSR) and Resources Imported Ratio (RIR)	RSR in alumina production	Z_1	Self-produced bauxite accounted for the overall bauxite consumption in the alumina production	$Z_1 = \dfrac{O_z}{O_z + I_1} \times 100\% = 55.50\%$	55.50
	RIR in alumina production	J_1	Imported bauxite accounted for the overall bauxite consumption in the alumina production	$J_1 = \dfrac{I_1}{O_z + I_1} \times 100\% = 44.50\%$	44.50

	Aluminum flow index	Symbol	Definition	Calculating formulas	Ratio (%)
Resources Self-support Ratio (RSR) and Resources Imported Ratio (RIR)	RSR in aluminum production	Z_2	Self-produced alumina accounted for the overall alumina consumption in the aluminum production	$Z_2 = \dfrac{Y_z}{Y_z + I_2} \times 100\% = 79.25\%$	79.25
	RIR in aluminum production	J_2	Imported alumina accounted for the overall alumina consumption in the aluminum production	$J_2 = \dfrac{I_2}{Y_2 + I_2} \times 100\% = 20.75\%$	20.75
	RSR of aluminum industry	Z_3	Self-produced resources accounted for the overall resources consumption in the aluminum industry	$Z_3 = \dfrac{O_z + F_z}{O_z + F_z + I_1 + I_2 + I_3 + I_4 + I_5 + I_6} \times 100\% = 48.71\%$	48.71
	RIR of aluminum industry	J_3	Imported resources accounted for the overall resources consumption in the aluminum industry	$J_3 = \dfrac{I_1 + I_2 + I_3 + I_4 + I_5 + I_6}{O_z + F_z + I_1 + I_2 + I_3 + I_4 + I_5 + I_6} \times 100\% = 51.29\%$	51.29
Aluminum scrap use ratio of aluminum industry	Self-produced aluminum scrap use ratio	Z_S	Self-produced aluminum scrap accounted for the overall resources consumption in the aluminum industry	$Z_S = \dfrac{F_z}{O_z + F_z + I_1 + I_2 + I_3 + I_4 + I_5 + I_6} \times 100\% = 5.38\%$	5.38
	Imported aluminum scrap use ratio	J_S	Imported aluminum scrap accounted for the overall resources consumption in the aluminum industry	$J_S = \dfrac{I_6}{O_z + F_z + I_1 + I_2 + I_3 + I_4 + I_5 + I_6} \times 100\% = 9.40\%$	9.40
	Overall aluminum scrap use ratio	A_S	Aluminum scrap accounted for the overall resources consumption in the aluminum industry	$A_S = \dfrac{F_z + I_6}{O_z + F_z + I_1 + I_2 + I_3 + I_4 + I_5 + I_6} \times 100\% = 14.78\%$	14.78

714

3.3 Materials flow indices of aluminum industry in China in 2003~2007

Aluminum cycles in China from 2003 to 2006 are also analyzed[3, 25] (not listed here), which is similar to the analysis of aluminum flow in 2007 as shown in Figure 2. Consequently, materials flow indices of aluminum industry in China in the period 2003-2006 are presented in Table 6.

Table 6   Materials flow indices of aluminum industry in China in the period 2003-2007

Year	Z_1 (%)	J_1 (%)	Z_2 (%)	J_2 (%)	Z_3 (%)	J_3 (%)	Z_S (%)	J_S (%)	A_S (%)
2003	95.42	4.58	52.45	47.55	52.41	47.59	7.04	6.61	13.65
2004	94.58	5.42	55.32	44.68	56.14	43.86	6.25	10.76	17.01
2005	90.78	9.22	54.97	45.03	56.20	43.80	5.52	12.14	17.66
2006	72.82	27.18	65.82	34.18	55.37	44.63	5.17	10.13	15.30
2007	55.50	44.50	79.25	20.75	48.71	51.29	5.38	9.40	14.78

Resources self-support ratios (RSR) in China have different changes, for example, that of RSR in alumina production (Z_1) was dropped, but RSR in aluminum production (Z_2) was increased, and RSR of the aluminum industry (Z_3) in China was leveled off in the period 2003-2007, respectively. As the increase of the output of alumina, resources for alumina production gradually depend on the imported bauxite more and more heavily. Resources self-support ratio in the aluminum industry dropped a lot in the year 2007 because of the rapid increase of the output of the alumina and aluminum at the same time.

In recent years, the overall aluminum scrap use ratio (A_S) is in the range of 13%~17%, and the amount of self-produced aluminum scrap is less than that of the imported one. The aluminum scrap used today are originated from the aluminum products produced about 16 years ago, but the output of aluminum products in China in the 1990s was only 1/11~1/9 of Chinese contemporary aluminum products. However, even all the aluminum products are changed into aluminum scrap, they will merely provide a small amount of the total materials required. There are some Al-containing substances dissipated or buried in the underground establishments during the use stage of their life cycle, which are impossible to gather them and turn them into aluminum scrap. Therefore, China's contemporary self-produced old aluminum scrap use ratio (Z_S) in aluminum production is smaller, which is about 1/19~1/14. What we can do is try our best to retrieve the obsolete aluminum products and regenerate them, for solving the shortage of aluminum scrap in a certain extent. The situation of lack of aluminum scrap is hard to change in case of fast increment of aluminum production.

3.4 Net imported, lost quantities, net increase in social stock, Al-scrap recycled and loss in the aluminum products life cycle of Al-containing resources

Based on the analytic results of anthropogenic aluminum cycle of China in 2003-2007, this section will discuss the variation of the following indices.

3.4.1 Net imported Al-containing resources in China in 2003-2007

Quantities of net imported bauxite and scrap increased annually in the period 2003-2007. Aluminum was net exported in this period. Alloy and semis were net exported in the year 2006 and 2007. Net imported Al-containing resources have been increased during this period (see Figure 3).

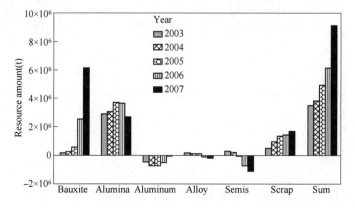

Figure 3   Net imported Al-containing resources in China in period of 2003-2007

3. 4. 2　Lost quantities of Al-containing materials in China in 2003-2007

Aluminum emissions in tailing, red sludge and slag, etc., increased annually, especially for the aluminum emissions in red sludge, as Bayer process was taken more and more widely in recent years in China. The lost quantities of Al-contents increased in the period 2003-2007 (see Figure 4).

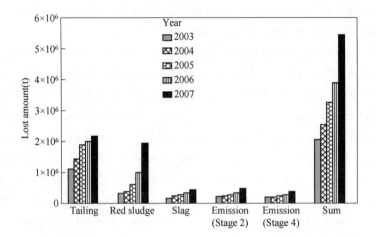

Figure 4　Lost amount of Al-containing materials in China in 2003-2007

3. 4. 3　Net increase of Al-contents in social stock in China in 2003-2007

The amount of Al-products into social stock and obsolete Al-products from social stock increased and maintained almost constant in China in the period 2003-2007, respectively. Hence, the net increase of Al-contents in social stock was enhanced in this period (see Figure 5).

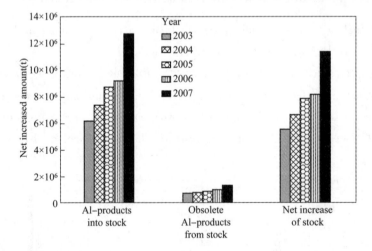

Figure 5　Net increased amount of Al-containing materials in social stock of China in 2003-2007

3. 4. 4　Al-scrap recycled in 2003-2007 and loss in the aluminum products life cycle

Al-scrap recycled in China was increased in the period 2003-2007, and the loss of aluminum in the life cycle will be expanded, especially the life cycle of aluminum products produced in 2007 (see Figure 6).

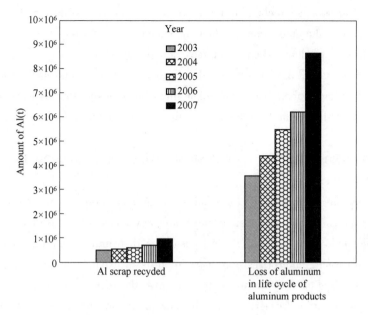

Figure 6　Amount of Al scrap recycled and loss of aluminum in life cycle of aluminum
products in 2003-2007

3. 5　How to promote aluminum cycle

3. 5. 1　Policies status of regenerated aluminum industry in developed countries

（1）Comprehensive laws andregulations. The whole process, which containing callback,
collection, identification, transportation, imbursement and smelting, etc. for regenerated
nonferrous metal, has been made detailed regulations in developed countries. For example,
callback and regeneration of metal scrap in the USA must adhere to "the National
Environmental Policy Act" "Clean Water Act" "Clean Air Act" "Pollutant Prevent Act"
"Resource Conservation and Recycling Act", etc. Related laws and regulations in European
countries also have played important roles in the callback and recycling for regenerated
nonferrous industries.

（2）Sound management and operation mechanism. Regenerated aluminum industry has
sound management and operation mechanism in developed countries. Industrial license
admittance system has been set up for regenerated aluminum industrial enterprises, which must
meet the requirements of large-scale recycling factories, advanced recovery and recycling
technologies and completed environmental protect facilities.

（3）Strict inspection system. In European countries, there are strict regulations for the
production environment of regenerated aluminum recycling factories, such as the emission
standard of the three wastes, the requirement of the surrounding environment of recycling
factories, and the policy of the occupational health and safety. Government would punish those
factories for against environmental protection laws. They could even be forced to close down.

（4）Positive policy for the development of the regenerated aluminum industry. Industrial
policy mainly includes: 1）compulsory recycling policy, which is that aluminum final products

manufacture should consider reclaiming the obsolete products at the design stage. 2) mortgage policy, which is that aluminum final products manufacture should pay a deposit for perceiving recovery the obsolete products when selling any new products.

Economic policy mainly includes financial subsidies, soft loans and special taxes, etc. For instance, the U. S. and Japan both implement financial subsidies for projects of regenerated nonferrous metal, while Iceland implements capital supply policy and Korea provides a long-term loan[27-28].

3.5.2 The main problems of industrial policy for promoting aluminum cycle in China

(1) Unsustainable policy system of the Chinese aluminum industry. In the economic field, a lot of current policies (especially local policy) are only focused on the maximization of GDP growth and economic benefits, but neglect resources distribution and utilization. Nowadays, many mineral processing enterprises only have interests to expand the scale of production and drive sudden huge profits. They do not want to improve the recovery rate of ore milling or save aluminum bauxite resource. In fact, China's bauxite production has been far from meeting the demand of the raw materials required for smelting.

In aluminum smelting process, current policies direct to new smelting technologies and large-scale of smelting, which is able to improve aluminum-smelting technology and enhance the efficiency of resource use in the one hand. However, on the other hand, increasing the consumption of bauxite is due to the failure of tackling challenges of structural adjustment of raw materials.

At the enterprise level, most manufacturing enterprises neglect how to regenerate their obsolete products after the retirement in the product design stage. As a result, it is very difficult to regenerate old scrap.

(2) Unreasonable value added tax for regeneration enterprises. The current policies are that metal scrap retrieving enterprises exempt from value added tax, but recycling enterprises have to pay tax. As a result, it encourages retrieving enterprises, but harms recycling enterprises. In fact, underpaid or unpaid taxes during aluminum scrap purchasing are transferred to the recycling enterprises, which stops normal economic relationships between retrieving enterprises and recycling enterprises[28-29].

3.5.3 Promoting aluminum cycle in China

The promotion of circular economy is suggested to be put in a significant position when designing Chinese aluminum industrial policies. The energy use in aluminum production with second aluminum resources is only about 4% of that with raw materials[30]. Increasing the amount of regenerated aluminum production vigorously could help Chinese aluminum industry ease the resource and energy constraint to a certain degree, and be beneficial for realizing the sustainable development of Chinese aluminum industry. The insufficiency of bauxite and energy resources is the major bottleneck, which has restricted the development of Chinese aluminum industry for a long period of time. Due to the huge population base, China's per capita bauxite and power share is still low, and the aluminum industry faces the challenges of constant supply of raw materials and power. In addition, a huge amount of red sludge is generated in the process of alumina production which causes ecological damage and restricts the development of Chinese aluminum industry. The utilization of recycled aluminum resources can not only reduce the dependence on raw materials and energy, but also reduce the influence on the environment. Therefore, it is one of the effective ways to solve the resource, energy and environment constraints in the industrialization process.

According to the consultation report distributed by the Chinese Academy of Engineering, the proportion of regenerated aluminum production to the output of electrolytic aluminum is expected to reach above 30% in the year 2015 for China. As for the year of 2020, this proportion is expected to be 40%. In addition, the amount of CO_2 emissions per unit industrial added value is aimed to decrease above 25% in 2015, compared with the 2005 level, and this decrease rate is aimed to be 40% for the year of 2020. To achieve these objectives, regenerated aluminum production enterprises with the production scale over 300kt and some large-scale regenerated resources recycling center are planned to be constructed before 2020[31].

The following policy recommendations are proposed to promote aluminum cycle based on the analyses of aluminum cycles in China:

(1) Implementing the strategic adjustment of raw materials utilization structure of aluminum industry, such as 1) encouraging China's smelting and mining companies to go abroad and positively purchase foreign bauxite ore resources; 2) providing preferential policies to guide fabrication and manufactureing companies to actively use aluminum scrap as raw materials; 3) Scientific exploiting and utilizing bauxite ore resources.

(2) Accelerating the research, development and popularization of advanced technology to reduce the loss of Al-containing materials and energy consumption in production of primary aluminum and fabrication and manufacture of aluminum products.

(3) Making scientific and rational economic policies, such as 1) amending and improving preferential policy of revenue for worn-out products retrieving and recycling, such as still exempting the value added tax for the scrap reclaiming companies and increasing the deducting income tax or exempting the value added tax for the regenerative enterprises; 2) supporting major projects in the field of regenerated nonferrous metal industry by using investment or capital grants, discount loans; 3) levying resource tax for using of all bauxite included high alumina clay, which should play some role in promoting aluminum recycling. Besides this, carbon tax also has the same effect; 4) establishing research funds for developing the recycling technologies of aluminum, copper, lead and zinc, etc. [28]

(4) Encouraging aluminum products manufacture enterprises to carry out product design, so as to facilitate the regeneration of obsolete products after their retirements.

(5) Setting up industrial license admittance system andestablishing a more focused discarded products and scrap dismantling pretreatment base with a certain scale.

(6) Improving public awareness to prolong the use life of aluminum products, classifying the garbage to be convenient for aluminum recycling, and encouraging producers and manufacturers initiatively to callback the products and components which can be recycled or reused many times, etc.

4 Conclusions

(1) Resources self-support ratio in alumina production, aluminum production and the aluminum industry of China in 2007 were 55. 50%, 79. 25% and 48. 71%, respectively. Self-produced and imported aluminum scrap use ratios of the aluminum industry were 5. 38% and 9. 40%, respectively.

(2) In China, resources self-support ratios in alumina production, aluminum production and the aluminum industry were dropped, increased and leveled off in the period 2003-2007 respectively. Resources self-support ratio in the aluminum industry dropped dramatically in the year 2007. Self-produced aluminum scrap use ratio dropped from about 7% in 2003 to about 5% in 2007 during this period. At the same time, imported aluminum scrap use ratios were bigger than self-produced aluminum scrap use ratios due to the large scrap imported. The overall scrap use ratio dropped a little during this period. The situation of scrap lacking is unable to change in case of fast increment of aluminum production.

(3) China was a net importer of Al-containing resources and its net imported quantities increased continually in 2003-2007, especially for bauxite and scrap. Lost quantities of Al-containing materials in aluminum cycle increased annually in this period, in particular for tailings and red sludge. Net increased quantities of Al-containing materials in social stock increased annually in 2003-2007. We can forecast that recoverable aluminum scrap shall increase in the future years along with the increment of aluminum social stocks. Al-scrap recycled also increased in this period, and the loss of aluminum in the life cycle of aluminum products produced in this period will be expanded.

(4) Firstly, China's future policy on import/export of aluminum industry should focus on: encouraging imports of bauxite and aluminum scrap that are in shortage, at the same time, supporting Chinese companies go abroad to buy bauxite mine and establishing a global recycling of aluminum scrap and transport networks, etc. secondly, China's future work on reducing the loss of Al-containing materials should include: firstly restricting the number of private bauxite mining enterprises and strictly prohibiting the dissipating bauxite mining; then appropriately controlling the capacity of Bayer process in alumina production; thirdly, eliminating of lagged electrobath and increasing the managerial and operational level of electrolytic aluminum enterprises; and finally establishing of a more focused discarded products and aluminum scrap dismantling pretreatment base with a certain scale should be done. It is essential for the relevant governments to make scientific and rational decision-making and further to lay a theoretical foundation for realizing the targets of sustainable and low-carbon economic development for Chinese aluminum industry.

Glossary

1. Anthropogenic aluminum cycle: It refers to bauxite mining and processing, not including fossil fuels combustion and biomass fuels combustion, because Al-contents in fuels are emitted into the environment and not recovered after combustion. The following four stages, bauxite mining, alumina and aluminum production → fabrication and manufacture of aluminum

products→ use of final aluminum products→ waste management of obsolete aluminum products constitute the anthropogenic aluminum cycle.

2. Average life span of aluminum products life cycle: The average life span (expressed by $\Delta\tau$) for the whole process of aluminum products life cycle, which is bauxite mining, alumina and aluminum production → fabrication and manufacture of aluminum products→ use of final aluminum products→ waste management of obsolete aluminum products.

References

[1] KLEE R J, GRAEDEL T E. Elemental cycles: A status report on human or natural dominance, Annu. Rev [J]. Environ. Resourc, 2004, 29: 69-107.

[2] WEI Y, SHI L. Elemental flow analysis in China: human or natural dominance [J]. Resources science, 2009, 31 (8): 1286-1294. (in Chinese)

[3] Editorial Board of China Nonferrous Metals Industry Yearbook. China Nonferrous Metals Industry Yearbook [Z]. Beijing: China General Print Company, 1991-2008. (in Chinese)

[4] IAI. Statistics [EB/OL]. [2009-8-15]. http://www. world-aluminium. org/Statistics.

[5] World Bureau of Metal Statistics (WBMS). World Metal Statistics Yearbook 2001-2006 [Z]. 2008.

[6] LU Z W. On the steel scrap resources for steel industry [J]. Iron and steel, 2002, 37 (4): 66-70, 6. (in Chinese)

[7] LU Z W, YUE Q. The study of metal cycles in China [J]. Engineering sciences, 2010, 8 (2): 2-8.

[8] LIU D. Bauxite in China will be run out in the coming ten years [J]. Science Times, 2007-11-19, 1. (in Chinese)

[9] MELO M T. Statistical analysis of metal scrap generation: The case of aluminum in Germany [J]. Resources, Conservation and Recycling, 1999, 26 (2): 91-113.

[10] BOIN U M J, BERTRAM M. Melting standardized aluminum scrap: a mass balance model for Europe [J]. JOM, 2005, 57 (8): 26-33.

[11] MARTCHEK K J. Modelling more sustainable aluminium [J]. International Journal of Life Cycle Assessment, 2006, 11 (1): 34-37.

[12] PLUNKERT P A. Aluminum Recycling in the United States in 2000 [EB/OL]. [2007-10-7]. http:// pubs. usgs. gov/circ/c1196w/c1196w. pdf.

[13] HATAYAMA H, YAMADA H, DAIGO I, et al. Dynamic substance flow analysis of aluminum and its alloying elements [J]. Journal of the Japan Institute of Metals, 2006, 70 (12): 975-980.

[14] DAHLSTRÖM K, EKINS P. Combining economic and environmental dimensions: Value chain analysis of UK aluminium flows [J]. Resources, Conservation and Recycling, 2007, 51 (3): 541-560.

[15] CHEN W Q, SHI L, QIAN Y. Aluminium Substance Flow Analysis for Mainland China in 2005 [J]. Resources Science, 2008, 30 (9): 1320-1326. (in Chinese)

[16] CHEN W Q, SHI L, QIAN Y. Substance flow analysis of aluminium inmainland China for 2001, 2004 and 2007: Exploring its initial sources, eventual sinks and the pathways linking them, Resources [J]. Conservation and Recycling, 2010, 54 (9): 557-570.

[17] AYRES R U. Industrial metabolism: Theory and policy, In The greening of industrial ecosystems [M]. edited by Allenby, B. R and Richards, D. J. Washington, DC: National Academy Press, 1994.

[18] BRUNNER P H. RECHBERGER H. Practical handbook of material flow analysis [Z]. Boca Raton: Lewis Publishers, 2004.

[19] YUE Q, LU Z W. Analysis of contemporary copper recycling in China [J]. The Chinese Journal of Process Engineering, 2006, 6 (4): 683-690.

工业生态学

[20] YUE Q, LU Z W, ZHI S K. Copper cycle in China and its entropy analysis [J]. Resources, Conservation and Recycling, 2009, 53 (12): 680-687.

[21] GRAEDEL T E, VAN BEERS D, BERTRAM M, et al. Multilevel cycle of anthropogenic copper [J]. Environmental Science & Technology, 2004, 38 (4): 1242-1252.

[22] MAO J S, JAIMEE Dong, GRAEDEL T E. The multilevel cycle of anthropogenic lead II. Results and discussion [J]. Resources, Conservation and Recycling, 2008, 52: 1050-1057.

[23] SPATARI S, BERTRAM M, FUSE K, et al. The contemporary European copper cycle: 1 year stocks and flows [J]. Ecological Economics, 2002, 42 (1/2): 27-42.

[24] SPATARI S, BERTRAM M, FUSE K, et al. The contemporary European zinc cycle: 1 year stocks and flows [J]. Resources, Conservation and Recycling, 2003, 39 (2): 137-160.

[25] USGS. 2007 Minerals Yearbook [Z]. China. [2009-4-7] http: //minerals. usgs. gov/minerals/pubs/country/2007/myb3-2007-ch. pdf.

[26] XIONG H, ZHU H Q, CHEN Q. Analysis on the import of aluminum scrap in China (II) [J]. Nonferrous metals recycling and utilization, 2005 (10): 19-21. (in Chinese)

[27] GUO T J. The present situation of Japanese nonferrous metal regeneration [J]. Non-ferrous Metals Recycling and Utilization, 2003 (1): 11-14. (in Chinese)

[28] ZHANG J H, LU Z W. Zinc circulation analysis in China in 2004 and policy recommendations [J]. Resources Science, 2007, 29 (5): 81-89. (in Chinese)

[29] DONG F L D. The main five problems for nonferrous metal scrap recycling in the current China nonferrous metal industry [EB/OL]. [2010-4-25]. http: //www. cnitdc. com. (in Chinese)

[30] GUO X Y, TIAN Q H. The resource recycling of nonferrous metal fundamental and approach [D]. Changsha: Central South University Press, 2008. (in Chinese)

[31] Chinese Academy of Engineering. "China science and technology development strategy of engineering in the long term" [R]. Chemical, metallurgy and material engineering technology, 2010. (in Chinese)

Decoupling Analysis of the Environmental Mountain—with Case Studies from China [*]

Abstract   The resource-development trajectory of developed countries after the Industrial Revolution of the eighteenth and nineteenth centuries can be portrayed as an " Environmental Mountain" (EM). It is important for developing countries to decouple their resource use from economic growth and tunnel through the EM. In this study, we embedded the decoupling indicators for resource use and waste emissions into EM curves to quantify China's progress in tunneling through the EM over a specific time period. Five case studies regarding the conditions required for decoupling energy consumption, crude steel production, cement production, CO_2 emissions, and SO_2 emissions from economic growth in China were conducted. The results indicated that during 1985-2010 the trajectories of energy consumption, and CO_2 and SO_2 emissions in China met the requirements for tunneling through the EM, but the trajectories of cement and steel production did not. Based on these results, suggestions regarding China's environmental policies are provided to enable the country to tunnel through the EM.

Key words   decoupling analysis, environmental mountain, decoupling indicator, resource use, sustainable development, China

1   Introduction

723

The typical relationship between development and resource use for nations influenced by the Industrial Revolution of the eighteenth and nineteenth centuries is shown by the curve in Figure 1a. This curve has been widely used, and can be considered to represent an "environmental mountain" (EM). The x-axis can be divided into three segments: (1) the period of the unconstrained Industrial Revolution, with resource use and waste emissions increasing rapidly; (2) the period of immediate remedial action, with egregious examples of excess; and (3) the period of the longer-term vision, in which it can be postulated that resource use and waste emissions will be reduced to a low or even negligible level while a reasonably high quality of life is maintained[1] . This curve indicates that the environmental price of development for developed countries was very high, and the period of the longer-term vision has not yet been established.

The metaphor of the EM can be associated with the well-known environmental Kuznets curve (EKC), which was named after Kuznets[2] by Grossman and Krueger[3] . The EKC hypothesis has subsequently generated an extraordinary level of research enthusiasm and a number of empirical works have provided the evidence to support this hypothesis[4-5] , although some critical surveys have also been undertaken[6-7] . In this study, we did not focus on whether the

---

 *   Coauthors: Wang Heming, Yue Qiang. Reprinted from *Journal of Industrial Ecology*, 2015.

EKC exists, but on how to quantify the progress of decoupling resource use or waste emissions from economic growth.

For developing countries, tunneling through the EM, which means an absolute decoupling or a strong relative decoupling is essential (see dashed arrows in Figure 1b). Only in this way, will developing countries pay a much lower environmental price, while enjoying the same economic growth. It is notable that if the aim is a reduction of resource use, a relative decoupling is not sufficient, because the effect of economic growth would offset the improvements in resource intensity[8].

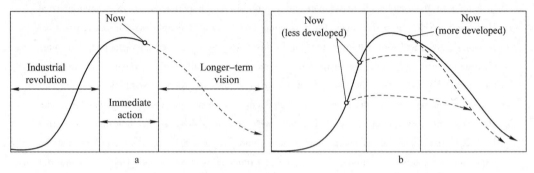

Figure 1   Relationship between resource use and the state of development

(In (a) "Now" stands for the present situation of developed countries; in (b) "Now" on the left side stands for the present situation of less developed countries, whereas "Now" on the right side stands for the situation of more developed countries. Source: Graedel and Allenby[1], printed and electronically reproduced by permission of Pearson Education, Inc., Upper Saddle River, New Jersey)

a—Past trend; b—Future development

Previous studies have shown that during the last two decades developing countries, such as China and India, have experienced a significant increase in resource use[9-14], compared to a relatively steady rate of use in developed countries[15-18]. It is important for developing countries with a high economic growth rate to tunnel through the EM and decouple their resource use from economic growth as much as possible. Therefore, great importance has been attached to the development of appropriate indicators to monitor the degree of decoupling and the process of tunneling through the EM.

In recent years, several methods have been introduced to measure the degree of decoupling. For example, OECD[19] introduced a decoupling factor to assess the degree of decoupling between environmental pressures (e. g., use of natural resources and emissions) and their driving force (e. g., GDP). Tapio[20] used the GDP elasticity of transport to measure the decoupling of transport volumes from economic growth. Lu and colleagues[21] derived a pair of decoupling indicators for resource use and waste emissions from the well-known IPAT identity[22-23]. These methods have been widely used (see OECD)[19]; a case study of China in UNEP[8]; Wang et al.[24]). It can be seen from these studies that the decoupling indicators are suitable for assessing the degree of decoupling for a country over specific time periods, but they cannot be used to quantify the progress of tunneling through the EM for a country in the long term.

In this study, a new framework for a decoupling analysis of the "environmental mountain"

(EM) is introduced to examine the progress of tunneling through the EM for a country. Five case studies (energy consumption, crude steel production, cement production, CO_2 emissions, and SO_2 emissions) for China during 1985-2010 are undertaken. Based on the results of these case studies, we discuss on the importance of lowering resource use and including obligatory targets of decoupling indicators for resource use and waste emissions in the development plans for developing countries.

2 Methods

In this section, we present a new analytical framework for measuring the progress of decoupling. This framework includes the decoupling indicators, derived equations and a diagram to explain the decoupling analysis, and a simplified EM.

2.1 Decoupling indicators

The decoupling indicator for resource use obtained by Lu et al.[21] is given by the following formula:

$$D = \frac{t}{g} \times (1 + g) \tag{1}$$

where, D is the decoupling indicator for resource use, g is the GDP growth rate, and t is the decreasing rate of resource use per unit of GDP (when t is positive, the resource use per unit of GDP declines and vice versa).

The decoupling indicator for waste emissions is obtained using a formula similar to Equation (1). The only difference is that the symbols t and D are substituted by t_e and D_e, respectively. The suffix "e" refers to waste emissions.

According to the values of D, the degree of decoupling between resource use and GDP can be categorized into three grades: absolute decoupling, relative decoupling, and non-decoupling (see Table 1).

725

Table 1   The degree of decoupling based on values of D for economic growth

Degree of decoupling	Decoupling indicator
Absolute decoupling	$D \geqslant 1$
Relative decoupling	$0 < D < 1$
Non-decoupling	$D \leqslant 0$

The decoupling indicators (for resource use and waste emissions) are the basis of decoupling analysis. The use of decoupling indicators provides a clear understanding of the relation between the resource use (and waste emissions) and their key anthropogenic driving forces.

To fully understand the decoupling indicators for resource use and waste emissions, we reviewed their determination in Lu et al.[21] and present the details in Appendix A (see Supplementary Material S1).

2.2 The equation used for resource decoupling analysis

To derive the equation for resource decoupling analysis, four essential steps were undertaken.

工业生态学

(1) The IGT equation for studying the relation between resource use (I), GDP (G), and resource use per unit of GDP (T) is as follows:

$$I = G \times T \tag{2}$$

(2) To determine the variation of resource use during GDP growth, two variables were introduced into the IGT equation. One was the geometric average growth rate of GDP (g), and the other was the geometric average decreasing rate of resource use per unit of GDP (t is positive when the resource use per unit of GDP declines and vice versa). The parameters g and t were calculated from the following equations:

$$g = (G_n/G_0)^{\frac{1}{n}} - 1 \tag{3}$$

$$t = 1 - (T_n/T_0)^{\frac{1}{n}} \tag{4}$$

where, n is the ordinal number of years after the base year; G_0 and T_0 are GDP and resource use per unit of GDP in the base year, respectively; G_n and T_n are GDP and resource use per unit of GDP in the nth year after the base year, respectively.

(3) The relation between resource use in the base year and in the nth year after the base year was determined from the following equation:

$$I_n = I_0 \times (1 + g)^n \times (1 - t)^n \tag{5}$$

where, I_0 and I_n are the resource use in the base year and in the nth year after the base year, respectively.

(4) Substituting the equation of the decoupling indicator for resource use (see Equation (1)) into Equation (5), we obtained:

$$I_n = I_0 \times (1 + g)^n \times [1 - D \times g/(1 + g)]^n$$

which could be simplified as:

$$I_n/I_0 = [1 + g \times (1 - D)]^n \tag{6}$$

Taking the log for both sides of the above equation, we obtained:

$$\log(I_n/I_0) = n \times \log[1 + g \times (1 - D)] \tag{7}$$

Equation (7) was the basic equation used in our resource decoupling analysis.

2.3 A resource decoupling analysis diagram

Figure 2 shows a diagram that can be used for resource decoupling analysis, in which a semi-logarithmic coordinate system was used. The y-axis is $\log(I_n/I_0)$, where I_0 and I_n are the resource use in the base year and the nth year after the base year; time (n, in years) is shown on the x-axis. In the diagram, we assumed that $g = 0.08$ and that it remained constant for 30 years.

In this diagram, a new terminology, isodec, is introduced. An isodec is defined as a line on which the values of decoupling indicators at all points are equal. A group of isodecs originating from the zero point of $n = 0$ and $\log(I_n/I_0) = 0$ was obtained from Equation (7). These isodecs are an indispensable part of the diagram used for the decoupling analysis.

The decoupling condition of a specific resource for a country or a region in a year can be expressed by a point in the diagram. For example, at point A the decoupling condition is $g =$

0. 08, $n = 10$, and $D = 0.6$; therefore we can consider that a relative decoupling occurs at this point. Under this condition, the value of $\log(I_n/I_0)$ is 0. 14 (see Figure 2).

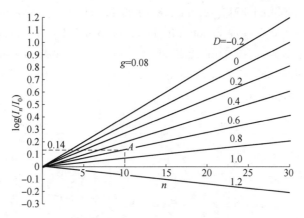

Figure 2　Resource decoupling analysis diagram

(Note: D = decoupling indicator for resource use; g = GDP growth rate over a specific period; I_0 = resource use in the base year, I_n = resource use in the nth year after the base year, A = the decoupling condition of a specific resource for a country or a region in a year)

The direction that the point moves in indicates the track of resource use. There are three possible directions that the point can move in (see Figure 3).

(1) The track coincides with one of the isodecs (e. g. , the dashed line AB). In this case, the values of D at all points on the track will be the same. For example, if the track coincides with the isodec of $D = 0$, from Equation (1) we can get $t = 0$, and thus resource use will increase synchronously with GDP. If the track coincides with the isodec of $D = 1$, the resource use will remain constant (i. e. , $\log(I_n/I_0) = 0$).

(2) The track deviates from the isodec to the left (e. g. , the dashed line AC). In this case, the track will transit continuously from isodecs with high values of D to those with low values.

(3) The track deviates from the isodec to the right (e. g. , the dashed line AE). In this case, the track will transit continuously from isodecs with low values of D to those with high values.

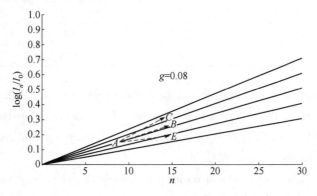

Figure 3　Three possible directions that a point representing the decoupling condition can move in

(Note: Dashed lines AC, AB and AE stand for three possible directions of the tracks of resource use)

2.4 Decoupling analysis of a simplified EM

In this section, a simplified EM (see Figure 4) is introduced to investigate the progress of tunneling through the EM for one country. It should be noted that this simplified EM can also be used for the comparison of decoupling conditions for different resources and emissions among countries, but the absolute values cannot be compared because we use the semi-logarithmic coordinate system in Figure 4.

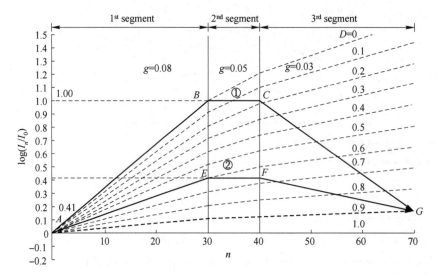

Figure 4　Simplified environmental mountain

(Note: The points (A, B, C, E, F, and G) indicate the decoupling condition of a specific resource for a country
or a region in a year; ① stands for Scheme 1; ② stands for Scheme 2;
the dashed line AG stands for the scheme of isodec with $D = 0.9$)

For ease of understanding, we made two assumptions. First, the x-axis was divided into three segments, of which the values of g remained constant for a certain period. The durations and values of g are listed in Table 2. The second assumption was that resource use in the base year (I_0) remained constant.

Table 2　Durations and GDP growth rate (g) in each segment

Ordinal number of segments	1st	2nd	3rd
duration (years)	30	10	30
GDP growth rate (g)	0.08	0.05	0.03

Because the values of g are different in these three segments, each isodec is shown as a broken line consisting of three parts. From Equation (7), a group of isodecs originating from point A (where $n = 0$, $\log(I_n/I_0) = 0$) was obtained (see Figure 4). The profile of a simplified EM is represented by the curve $ABCG$.

In this simplified EM, two tracks of resource use are analyzed for any one country.

Scheme 1. Tramping over the EM.

In this scheme, the track of resource use is moving along the curve $ABCG$. For the first segment (see line AB), we assumed that the values of D remained constant and were equal to zero. For the second segment (see line BC), we assumed that the values of $\log(I_n/I_0)$ remained constant. For the third segment (see line CG), we assumed that the value of D at point G was equal to 0.90. Consequently, according to Equation (7), the values of D at points A, B, C, and G were 0, 0, 0.18, and 0.90, respectively. The corresponding values of $\log(I_n/I_0)$ at points A, B, C, and G were 0, 1.00, 1.00, and 0.16, representing I_0, 10.1 times I_0, 10.1 times I_0, and 1.5 times I_0, respectively. This can be considered to be a resource wasting scheme.

Scheme 2. Tunneling through the EM.

In this scheme, the track of resource use is moving along the curve $AEFG$. For the first segment (see line AE), we assumed that the values of D remained constant and were equal to 0.60. For the second segment (see line EF), we assumed that the values of $\log(I_n/I_0)$ remained constant. For the third segment (see line FG), we assumed that the value of D at point G was equal to 0.90. Consequently, according to Equation (7), the values of D at points A, E, F, and G were 0.60, 0.60, 0.67, and 0.90, respectively. The corresponding values of $\log(I_n/I_0)$ were 0, 0.41, 0.41, and 0.16, representing I_0, 2.6 times I_0, 2.6 times I_0, and 1.5 times I_0, respectively. In comparison with scheme 1, this scheme conserves a large amount of resources.

We can see from Table 3 that the total amount of resources consumed in Scheme 1 is 2.6 times larger than in Scheme 2. In the Second segment, the amount of resources consumed in Scheme 1 is almost four times larger than in Scheme 2. This clearly shows the significant difference in resource use between "Tramping over" and "Tunneling through" the EM.

Table 3　Resource use for the two schemes

Scheme	Cumulative amounts of resource consumption (in I_0)			Total amount of resources consumed (in I_0)
	1st	2nd	3rd	
No. 1	122.3	100.6	129.5	352.4
No. 2	50.7	25.8	58.4	134.9

Theoretically, a much better approach is to move directly from point A to point G along the isodec of $D = 0.9$. If this is feasible, it will conserve more resources than Scheme 2. The key lies in the transition from isodecs with low values of D to isodecs with constantly high values of D.

The theory underpinning the decoupling analysis of waste and emissions is similar to those stated above. The only difference is that the symbols t, D, and I are substituted by t_e, D_e, and I_e, respectively. The suffix "e" refers to waste and emissions. Because end-of-pipe treatments are an effective and practical means for reducing the amount of waste and emissions, values of D_e are usually higher than values of D for resource use under the same economic and technological conditions.

3　Case studies of China

In this section, a decoupling analysis of energy consumption, crude steel production, cement production, CO_2 emissions, and SO_2 emissions during 1985-2010 is undertaken.

3.1 Data

Data regarding China's GDP, energy consumption, crude steel production, cement production and SO_2 emissions were taken from the 1986-2011 China Statistical Yearbooks[25], and data regarding China's CO_2 emissions were taken from the Statistical Review of World Energy[26]. The detailed data is shown in Table B1 of Appendix B (see Supplementary Material S2).

Based on the data in Table B1 and Equation (3) and Equation (4), we calculated the values of g and t. Substituting them into Equation (1), we obtained the value of the decoupling indicator (D) for each resource or emission. The calculated values of D are shown in Table B2. Based on these data and Equation (1) and Equation (7), the values of $\log(I_n/I_0)$ for each resource and emission could be calculated.

3.2 Results and Analysis

Figure 5 shows the decoupling conditions for energy consumption, and crude steel and cement production during 1985-2010. In the period studied, the value of $\log(I_n/I_0)$ for energy consumption had increased to 0.63 by 2010, indicating that energy consumption had increased by 4.3 times since 1985, and its decoupling indicator for the whole period was 0.40. The increasing rate of $\log(I_n/I_0)$ for energy consumption was significantly lower than the corresponding rate for GDP. A sharp increase of $\log(I_n/I_0)$ was observed in 2002-2005, and the values of D rapidly decreased from 0.53 to 0.40. After 2005, the values of D remained stable.

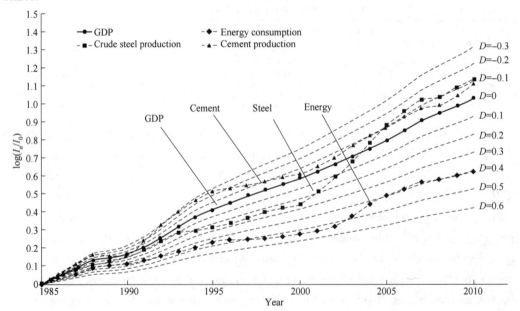

Figure 5　Decoupling analysis of energy consumption, crude steel, and cement production

during 1985-2010

(Note: Gross domestic product (GDP), energy consumption, cement production,

and crude steel production are measured by $\log(I_n/I_0)$)

With respect to cement production, the values of $\log(I_n/I_0)$ were higher than for GDP in the whole period studied, and the average value of D during 1985-2010 was only -0.08. Referring to Figure 5, a sharp increase of $\log(I_n/I_0)$ can be observed in the period 1990-1995, with the average values of D decreasing from 0.04 to -0.28. In addition, a slump was observed in the period 1995-2000, after which the values of D rebounded from -0.28 to -0.04.

For crude steel production, the value of $\log(I_n/I_0)$ increased to 1.13 in 2010, indicating that steel production was 13.5 times higher than in 1985, and the average value of D for the whole period studied was only -0.11, even lower than for cement production. The decoupling indicators for steel production consistently decreased, particularly for the period 2000-2007, when the value suddenly declined from 0.26 to -0.13. The reason for this is that during 2000-2007, the annual average rate of increase in China's crude steel production was as high as 1%[27].

Figure 6 shows China's decoupling conditions for CO_2 and SO_2 emissions during 1985-2010. By the end of this period, the value of $\log(I_n/I_0)$ for CO_2 emissions had increased to 0.64, which represented an increase of 4.4 times the CO_2 emissions of 1985, and the average value of D for the whole period was 0.40. The trajectory observed for CO_2 emissions was similar to that for energy consumption. This suggests that China's CO_2 emissions are strongly correlated with energy consumption. A sharp increase of $\log(I_n/I_0)$ was also observed in the period of 2002-2005 for CO_2 emissions, with D values decreasing rapidly from 0.55 to 0.40.

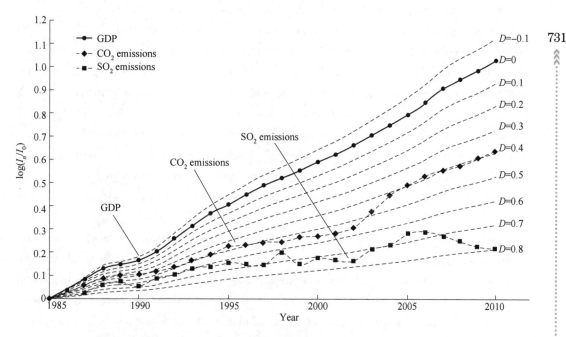

Figure 6   Decoupling analysis of CO_2 and SO_2 emissions during 1985-2010

(Note: GDP, CO_2 emissions, and SO_2 emissions are measured by $\log(I_n/I_0)$. GDP = gross domestic product; CO_2 = carbon dioxide; SO_2 = sulphur dioxide)

Much better decoupling conditions were found for SO_2 emissions during the period studied. The value of $\log(I_n/I_0)$ had only increased to 0. 22 by 2010, which represented an increase of 1. 7 times the SO_2 emissions of 1985, and the value of D was as high as 0. 80. A small increase of $\log(I_n/I_0)$ was observed before 2005, with the value of D fluctuating between 0. 6 and 0. 8. During 2005-2010, the values of $\log(I_n/I_0)$ fell rapidly from 0. 28 to 0. 22, with the decoupling indicators increasing from 0. 65 to 0. 80.

4 Discussion

As shown in the case studies of China, the trajectories of energy consumption, CO_2, and SO_2 emissions met the requirements to tunnel through the EM, but the trajectories of cement and steel production did not. With respect to the EKC hypothesis, only the trajectory of SO_2 emissions could provide us some evidence of an inverted U-shaped relationship between environmental pressures and GDP growth. Therefore, Chinese policy makers should now attach great importance to lowering resource use, particularly for basic materials such as cement and steel with their lower decoupling indicators as shown above. This is also due to the complex relationship between resource use and environmental impacts, and almost any environmental impact (e. g. , global warming and acidification) is linked to the flow of materials through the social-industrial metabolism[28]. Evidence of this was found in the Chinese case studies of energy consumption and CO_2 emissions. In particular, the production of basic materials is usually accompanied by large amounts of energy consumption and waste emissions. For example, in 2010 the steel production industry consumed 17. 7% of all the energy inputted into China's economy and generated 16. 8% of the total industrial solid waste[25].

732

Constantly striving for higher and higher values of D by isodec transitions, as long as it is feasible, is essential not only for tunneling through the EM in developing countries, but also for descending from the top of the EM in developed countries. For developing countries experiencing rapid economic growth, a low value of D would indicate a rapid increase in their resource use (see the comparison between lines AB and AE in Figure 4). For developed countries with a high level of resource use, if no significant transition from the isodecs with low values of D to those with high values is achieved, a highland would be formed in the EM (see line BC in Figure 4). In this highland, resource use would remain at a high level for a long time, which is why it is also important for developed countries to descend from the top of the EM.

To help countries transit from isodecs with low values of D to higher values, a long-term vision incorporating a sustainable resource & waste management system should be established. To ensure sustainable resource management, resource-efficient and recycling-based industries with the characteristics of end-user-oriented companies and sound recycling systems are required[29]. In the short term, an effective solution would be to include obligatory targets for the decoupling indicators for resource use and waste emissions in future development plans. From the case studies described here, there was an immediate effect of implementing environmental policies on the decoupling indicators. A good example is the change in the decoupling condition for China's SO_2 emissions, which declined rapidly during 2000-2005, but experienced a sharp increase during 2005-2010 (see Figure 6). The reason for this is that in its 11th Five-Year Plan (FYP) for National Economic and Social Development[30], China added a mandatory target for SO_2 emissions: a 10% drop from 2005 levels by 2010. To achieve this target China issued a series of effective policies, such as encouraging the addition of end-of-pipe pollution control equipment and eliminating low-efficiency technologies.

In addition, monitoring the values of D regularly might assist the implementation of sustainable development in terms of resource use and waste emissions. This action is crucial for policy makers when designing development plans.

For example, in China's 12th Five-Year Plan for National Economic and Social Development[31], two targets were introduced: a 16% reduction in energy consumption per unit of GDP by 2015 (from 2010 levels) and an annual average GDP growth rate of 7.0% during 2010-2015. By combining these two targets, the energy consumption of China is expected to increase by 3.3% annually, and the decoupling indicator for energy consumption is 0.52. However, in Jilin Province's 12th FYP, the target for energy consumption intensity was the same as in China's 12th FYP, whereas its annual GDP growth rate was planned to be 12%[31], much higher than the 7% target in China's 12th FYP. Consequently, during 2010-2015 Jilin Province's energy consumption is expected to increase by 8.2% annually and its decoupling indicator for energy consumption is only 0.32. If the values of D can be regularly monitored, this large gap between national and regional plans would be avoided.

5   Conclusions

In this study, we developed a new analytical framework to examine the decoupling conditions for one country (or region), and quantify its progress in tunneling through the "environmental mountain" (EM) in a certain period. In this framework, a semi-logarithmic coordinate system was used and the decoupling indicators for resource use and waste emissions were embedded in the curves of the EM. The analysis of this modified EM tells us that the key to tunneling through the EM lies in the consistent transition from isodecs with low values of D to isodecs with higher values.

The results of five case studies (energy consumption, crude steel production, cement production, CO_2 emissions, and SO_2 emissions) for China show that the trajectories of CO_2 and SO_2 emissions, and energy consumption met the requirements for tunneling through the EM, but for cement and steel production they did not. In the period studied, not enough restrictive policies were issued to control the production of cement and steel in China. Great importance should be attached to lowering the resource use, particularly for basic materials such as cement and steel.

Constantly striving for higher values of D by isodec transitions is essential not only for tunneling through the EM in developing countries, but also for descending from the top of the EM in developed countries. To implement sustainable development, it would be useful to include obligatory targets for decoupling indicators for resource use and waste emissions in development plans and to monitor them regularly.

Acknowledgements

This research was funded by the National Natural Science Foundation of China (41401636,

733

工业生态学

71373003, 71403175, 51474067), China Postdoctoral Science Foundation, Key Programs on Social Development of Liaoning Province (2012201011), MOE Project of Humanities and Social Sciences (13YJCZH172, 13YJC790106) and Fundamental Research Funds for the Central Universities (N120302004). This supports are greatly appreciated. In addition, we also appreciate the valuable suggestions from Prof. Thomas E. Graedel at Yale University, Prof. Heinz Schandl, Editor of the Journal of Industrial Ecology, and three anonymous reviewers.

References

[1] GRAEDEL T, ALLENBY B. Industrial ecology [M]. Englewood Cliffs, NJ: Prentice Hall, 1995.

[2] KUZNETS S. Economic growth and income inequality [J]. American Economic Review, 1955, 45 (1): 1-28.

[3] GROSSMAN G M, KRUEGER A B. Environmental impacts of a North American Free Trade Agreement. National Bureau of Economic Research Working Paper 3914, NBER, Cambridge MA.

[4] PANAYOTOU T, PETERSON A, SACHS J. Is the Environmental Kuznets Curve driven by Structural Change? What Extended Time Series May Imply for Developing Countries? [R] CAER II Discussion Paper. No. 80.

[5] NARAYAN P K, NARAYAN S. Carbon dioxide emissions and economic growth: panel data evidence from developing countries [J]. Energy Policy, 2010, 38 (1): 661-666.

[6] DASGUPTA S, LAPLANTE B, WANG H, et al. Confronting the Environmental Kuznets Curve [J]. Journal of Economic Perspectives, 2002, 16 (1): 147-168.

[7] STERN D I. The rise and fall of the Environmental Kuznets Curve [J]. World Development, 2004, 32 (8): 1419-1439.

[8] UNEP. 2011. Decoupling natural resource use and environmental impacts from economic growth, A Report of the Working Group on Decoupling to the International Resource Panel.

[9] GILJUM S. Trade, material flows and economic development in the South: The example of Chile [J]. Journal of Industrial Ecology, 2004, 8 (1/2): 241-261.

[10] KRAUSMANN F, GINGRICH S, EISENMENGER N, et al. Growth in global materials use, GDP and population during the 20th century [J]. Ecological Economics, 2009, 68 (10): 2696-2705.

[11] SCHANDL H, WEST J. Resource use and resource efficiency in the Asia-Pacific region [J]. Global Environmental Change, 2010, 20 (4): 636-647.

[12] HASHIMOTO S, FISCHER-K OWALSKI M, SUH S, et al. Greening Growing Giants: A major challenge of our planet [J]. Journal of Industrial Ecology, 2012, 16 (4): 459-466.

[13] WANG H, HASHIMOTO S, MORIGUCHI Y, et al. Resource use in growing China: past trends, influence factors and future demand [J]. Journal of Industrial Ecology, 2012, 16 (4): 481-492.

[14] WANG H, TIAN X, TANIKAWA H, et al. Exploring China's Materialization Process with Economic Transition: Analysis of Raw Material Consumption and Its Socioeconomic Drivers [J]. Environmental Science & Technology, 2014, 48 (9): 5025-5032.

[15] BRINGEZU S, SCHUTZ H, STEGER S, et al. International comparison of resource use and its relation to economic growth: the development of total material requirement, direct material inputs and hidden flows and the structure of TMR [J]. Ecological Economics, 2004, 51 (4): 97-124.

[16] HASHIMOTO S, MATSUI S, MATSUNO Y, et al. What factors have changed Japanese resource productivity? A decomposition analysis for 1995-2002 [J]. Journal of Industrial Ecology, 2008, 12 (5/6): 657-668.

[17] SCHANDL H, TURNER M. The dematerialization potential of the Australian economy [J]. Journal of Industrial Ecology, 2009, 13 (6): 863-880.

[18] STEINBERGER J K, KRAUSMANN F, EISENMENGER N. Global patterns of materials use: a socioeconomic and geophysical analysis [J]. Ecological Economics, 2010, 69 (5): 1148-1158.

[19] OECD. Indicators to measure decoupling of environmental pressure from economic growth, Paris, 2002.

[20] TAPIO, P. Towards a theory of decoupling: degrees of decoupling in the EU and the case of road traffic in Finland between 1970 and 2001 [J]. Transport Policy, 2005, 12 (2): 137-151.

[21] LU Z, WANG H, YUE Q. Decoupling indicators: Quantitative relationships between resource use, waste emissions and economic growth [J]. Resource Science, 2011, 33 (1): 2-9. (in Chinese)

[22] COMMONER B. The environmental cost of economic growth. Population, Resources and the Environment [M]. Washington DC: U. S. Government Printing Office, 1972: 339-363.

[23] EHRLICH P, HOLDREN J. A bulletin dialogue on the 'closing circle' critique: one-dimensional ecology [J]. Bulletin of Atomic Scientists, 1972, 28 (5): 16-27.

[24] WANG H, HASHIMOTO S, YUE Q, et al. Decoupling analysis of four selected countries: China, Russia, Japan and the USA during 2000-2007 [J]. Journal of Industrial Ecology, 2013, 17 (4): 618-629.

[25] National Bureau of Statistics of China. 1986-2011. China Statistical Yearbook 1986-2011. Beijing: China Statistics Press.

[26] BP (British Petroleum). Statistical Review of World Energy. <http: //www. bp. com/statisticalreview>. Accessed November 2012.

[27] LU Z W, YUE Q. Resolution of the mechanism of steel output growth and study on the reasons of the excessive growth of steel output in China in 2000-2007 [J]. Engineering Science, 2010, 12 (6) : 4-11. (in Chinese)

[28] BRINGEZU S, VAN DE SAND I, SCHULTZ H, et al. Analyzing global resource use of national and regional economies across various levels. In Sustainable Resource Management—Global Trends, Visions and Policies [M]. Sheffield, U. K: Greenleaf Publishing, 2009.

[29] BRINGEZU S. Visions of a sustainable resource use. In Sustainable Resource Management—Global Trends, Visions and Policies [M]. Bleischwitz. Sheffield, U. K: Greenleaf Publishing, 2009.

[30] Financial and Economic Committee of the National People's Congress. 2008. Review of China's Five-Year Plans for National Economic and Social Development. Beijing: China Democracy and Rule of Law Publishing House.

[31] NDRC. China's 12th Five-Year Plans for National and Regional Economic and Social Development. Beijing: People's Publishing House, 2011.

735

工业生态学

Resources Saving and Emissions Reduction of the Aluminum Industry in China[*]

Abstract   Primary aluminum production has increased rapidly in China since the year 2000, gaining a 46.0% share of global production in 2014. Primary aluminum production is a process high in energy and materials consumption that also generates much waste. Investigating resource and energy savings and emission reductions in the Chinese aluminum industry is an important and urgent task. Holistic thinking is applied in deriving and analyzing the equations for energy consumption (E), materials consumption (M), and waste emissions (W). Aluminum production per unit GDP (T) is an important parameter influencing E, M, and W; and the historical value of T (including two decomposition factors of T) in China is reviewed first. Based on the equations obtained, the extent of the factors influencing E, M, and W after the year 2000 is analyzed. Then two scenarios (original scheme and recommended scheme) analysis are presented and their respective indices were forecast. From comparisons with USA and Japan, it is found that the recommended scheme can meet aluminum requirements in China if some progress is made. A macroscopic regulation and control network diagram of the aluminum industry is proposed and some parameters are derived from this diagram. From the equations based on these parameters, several ratios among these parameters are identified as the key points that need to be controlled currently in the aluminum industry. Finally, some suggestions are put forward to provide reference points for policy makers.

Key words   aluminum industry, energy saving, materials decrement, emission reduction, China

1   Introduction

Primary aluminum production has shown rapid growth in China during the period 1974-2014, with China's share of global primary aluminum production rising from 1.6% to 46.0% (see Figure 1). The average annual rate of increase of Chinese aluminum production was 22.80% in the period 2000-2007, which is over 10% higher than the gross domestic product (GDP) growth rate during the same period. As a result, while GDP doubled, aluminum production more than quadrupled in 2000-2007. Over 2000-2014, the average annual rate of increase of aluminum production was 16.17%[1-2]. Under normal circumstances, the metals production growth rate is 2% ~ 3% higher than the GDP growth rate; even in a rapid industrialization process[3], the conditions displayed by the aluminum industry in China are rare. It is well known that it is high energy consumption, high materials consumption, and high pollution industry. Many problems have emerged with the rapid growth rate of primary aluminum production, mainly the huge and rapidly increasing growth in energy and materials consumption

---

   * Coauthors: Yue Qiang, Wang Heming, Gao Chengkang, Du Tao, Liu Liying. Reprinted from *Resources*, *Conservation and Recycling*, 2015.

and waste emissions of the aluminum industry. In the year 2012, China's nonferrous metal industry's energy consumption has accounted for 4.43% of the national total energy consumption, materials consumption and waste emissions also account for considerable proportions, e.g. SO_2 emission of China's nonferrous metal industry has accounted for 5.52% of the national total SO_2 emission. Among it, energy consumption in electrolytic aluminum and alumina production has accounted for nearly 70% of the nonferrous metals industry's energy consumption. But the industrial added value of nonferrous metal industry only accounted for 1.56% of GDP[1]. This situation is highly unfavorable for realizing China's targets for energy consumption and pollutant emission per unit GDP.

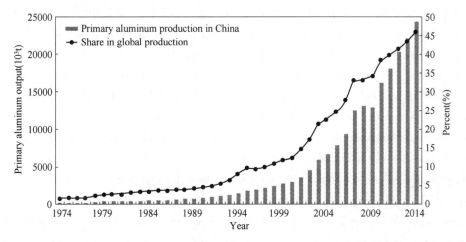

Figure 1   Primary aluminum production in China and its share in global production during 1974-2014

Some studies have been carried out on resources (including energy) saving and environmental improvements in the metals sector. Gielen and Moriguchi[4] studied interactions between technological change, trade patterns, and CO_2 emission reduction for the iron and steel industry by developing a model using a life cycle approach. Norgate et al. [5] used life cycle assessment to investigate the cradle-to-grave environmental effect of some metal production processes practiced either currently or potentially in Australia; and concluded that new process technologies for primary metal production could be expected to reduce the environmental impact of metal production. Enevoldsen et al. [6] studied the impact of energy prices and taxes on energy efficiency and carbon emissions of ten industrial sectors in the three Scandinavian countries. Nordheim and Barrasso [7] committed the aluminum industry to the concept of sustainable development and demonstrated how the industry is progressing, based on a set of relevant indicators. Wang et al. [8] made a Global Scope Assessment of the Chinese aluminum industry and investigated the synthetic benefits of electrolyzed aluminum industry in China and in related countries. Dutta and Mukherjee[9] made a foray into the energy demand for iron, aluminum, and cement industries and explored the potential of any future reduction in their energy consumption. Guo and Fu[10] analyzed the situation of energy consumption in Chinese iron and steel industry and pointed out energy savings can be achieved in the future by optimizing end-use energy utilization. Lin and Zhang[11] used the cointegration method to estimate electricity intensity of Chinese nonferrous metals industry and predicted future

工业生态学

electricity saving potential. Hasanbeigi et al. [12] used a bottom-up electricity conservation supply curve (CSC) model to estimate the cumulative cost-effective electricity savings potential for the Chinese iron and steel industry in 2010-2030. Shao et al. [13] investigated the CO_2 emissions of 12 nonferrous metal industries from 2003 to 2010 based on their life cycle assessments and classified the copper, aluminum, zinc, lead, and magnesium industries as high emission industries. Wen and Li[14] established a technology system within the long-range energy alternative planning system (LEAP) model to estimate energy conservation and CO_2 emissions abatement potentials for China's nonferrous metals industry in 2010-2020. Lin and Xu[15] analyzed the long-term equilibrium relationship among factors underlying the energy consumption of China's electrolytic aluminum industry (CEAI) including output, electricity price, average enterprise scale and forecast energy consumption, and assessed the energy conservation potential of CEAI by the Monte-Carlo simulation.

From the above analyses, it can be seen that findings regarding resources (including energy) saving and environmental improvements in the metal industry have benefited mainly from life cycle assessments and technological improvements. In view of the very large scale and rapid growth of aluminum production in China, and its particular nature, resources saving and emission reduction in this industry should be comprehensively considered. In this study, holistic thinking is applied and combined with the actuality of China's aluminum industry to analyze the causes of the rapid growth of aluminum production and the corresponding huge levels of resource consumption and waste emission. Based on this analysis, the original scenario (continuously increasing scheme) and the recommended scenario (resources saving scheme) will be presented and their corresponding indices analyzed. Some suggestions will be put forward on achieving the recommended scheme, based on the equations obtained and the macroscopic regulation and control network diagram of the aluminum industry in China.

2 Theoretical analysis

For a particular country or region, the basic relationship between aluminum production and gross domestic product (GDP) can be expressed as[16]

$$P_\tau = G_\tau \times T_\tau \tag{1}$$

where, P_τ is the aluminum production of the country or region in the year τ; G_τ is the GDP of the country or region for the year τ; T_τ is the aluminum production per unit GDP of the country or region for the year τ.

Multiplying both sides of Equation (1) by the average value of energy consumption, materials consumption, and waste emission per ton aluminum production, the following three equations can be obtained:

$$E_\tau = P_\tau \times e_\tau = G_\tau \times T_\tau \times e_\tau \tag{2.1}$$

$$M_\tau = P_\tau \times m_\tau = G_\tau \times T_\tau \times m_\tau \tag{2.2}$$

$$W_\tau = P_\tau \times w_\tau = G_\tau \times T_\tau \times w_\tau \tag{2.3}$$

where, E_τ, M_τ, and W_τ are energy consumption, materials consumption, and waste emission of aluminum industry of a country or region in the year τ; e_τ, m_τ, and w_τ are energy consumption, materials consumption, and waste emission per ton aluminum production in the year τ, respectively.

It can be seen from Equation (2) that besides e, m, and w, T is also an important parameter, which has a dominant influence on resources consumption and waste emission. To make correct choices regarding resources saving and environmental improvements, emphasis should be paid both to the indices registering impacts per ton aluminum produced (e, m, w) and to aluminum production per unit GDP (T).

As primary and secondary aluminum production make up the aluminum production, it is essential to assess the role of secondary aluminum production for the aluminum industry. Here an index is defined as follows.

$$SP_\tau = \frac{P_{2\tau}}{P_\tau} \tag{3}$$

where, SP_τ is the secondary aluminum index in the year τ; $P_{2\tau}$ is the secondary aluminum production in the year τ.

Secondary aluminum production can decrease resources consumption and waste generation in comparison with primary aluminum production, thus the values of e, m, and w can be increasingly decreased with the bigger value of SP_τ.

3 Analysis of the aluminum industry in China

3.1 Historical data analysis: 1974-2014

(1) Aluminum production per unit GDP (T).

(2) Aluminum production per unit GDP (T) in China during the period is described in Figure 2[1,17]. T can be clearly divided into two periods.

The low phase period (1974-2000): during this period, the economic growth rate and the rate of increase of aluminum production were both moderate; the value of T is in a long term, low volatility phase.

The rapid increase period (2000-2014): coming into the new century, China experienced a rapid increase of aluminum production. In 2000-2014, the average annual growth rate of aluminum production was 16.17% (although aluminum production in 2008-2009 was

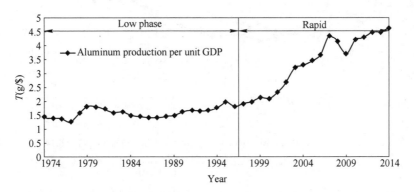

Figure 2   Aluminum production per unit GDP in China in 1974-2014
(Note: GDP at the constant price of 2005, GDP data source: The World Bank 2015)

influenced by the global economic crisis in 2008); the value of T increased from 2. $11\text{kg}/10^3$ $ in 2000 to 4. $67\text{kg}/10^3$ $ in 2014.

(3) Decomposition analysis of T. T can be further expressed in the following form:

$$T_\tau = \frac{P_\tau}{G_\tau} = \frac{P_\tau}{S_\tau} \times \frac{S_\tau}{G_\tau} \qquad (4)$$

where, S_τ is the aluminum social stock in the year τ.

P_τ/S_τ is the ratio of aluminum production in the year τ to aluminum social stock in the year τ for a country or region and can be further expressed as

$$\frac{P_\tau}{S_\tau} = \frac{P_\tau}{M_\tau + M_{\tau-1} + M_{\tau-2} + \cdots + M_{\tau-\Delta\tau+1}} \qquad (5)$$

where, M_τ, $M_{\tau-1}$, $M_{\tau-2}$, $\cdots$, $M_{\tau-\Delta\tau+1}$ represent aluminum consumption in final products of a country or region in the year τ, $\tau-1$, $\tau-2$, $\cdots$, $\tau-\Delta\tau+1$, respectively.

S_τ/G_τ is the ratio of aluminum social stock in the year τ to GDP for the year τ for a country or region and can be further expressed as

$$\frac{S_\tau}{G_\tau} = \frac{M_\tau + M_{\tau-1} + M_{\tau-2} + \cdots + M_{\tau-\Delta\tau+1}}{G_\tau} \qquad (6)$$

S_τ/G_τ is influenced by the country's or region's industrial structure, products structure, scientific and technological development, and management level, among other factors. For a country or region, the value of S_τ/G_τ is usually higher with the larger proportions of secondary industry (especially the proportion of heavy industry is high), the more low-and-medium-grade products and the lower level of technology. In addition, some phenomena, such as vacant houses, excess production capacity, etc will also pull up the value of S_τ/G_τ.

The values of P_τ/S_τ and S_τ/G_τ are depicted in Figure 3 (the data for the S_τ calculation can be seen in Table S1 of supporting information).

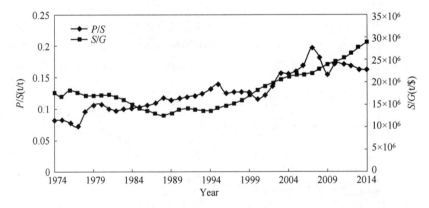

Figure 3　Aluminum production per unit GDP in China in 1974-2014

(Note: GDP at the constant price of 2005, GDP data source: The World Bank 2015)

The value of P_τ/S_τ gradually increased during 1974-2000 and showed a continuous rapid increase during the period 2000-2007. P_τ/S_τ experienced a small decline after the year 2007, but was still in a high phase. This demonstrates that aluminum production growth rates were

陆钟武文集

high during 2000-2014, especially over the period 2000-2007. At the same time, the values of S_τ/G_τ show an increasing trend since the 1990s, which demonstrates that the use efficiencies of aluminum social stock were continually decreasing. This is an important factor underlying the high level of aluminum production per unit GDP in China.

Reasons for the increase of S_τ/G_τ since the 1990s include the substantial growth of aluminum social stock, as well as inefficient industrial and products structures. Over the past years in China, the proportions of secondary industry were high, especially the heavy industry, the excessive proportion of low-and-medium-grade products and low level of technology and management, e. g. vast vacant houses and excess production capacity etc[3,15], correspondingly the value of S_τ/G_τ was high.

(4) Parameters of G, e, m, and w. For the continuous two years $n-1$ and n, as $G_n = G_{n-1} \times (1 + g)$, $T_n = T_{n-1} \times (1 - t)$; $e_n = e_{n-1} \times (1 - f)$, $m_n = m_{n-1} \times (1 - r)$, and $w_n = w_{n-1} \times (1 - d)$, Equation (1) and Equation (2) can be also expressed as the following forms:

$$P_n = G_{n-1} \times T_{n-1} \times (1 + g) \times (1 - t) \qquad (7)$$
$$E_n = G_{n-1} \times T_{n-1} \times e_{n-1} \times (1 + g) \times (1 - t) \times (1 - f) \qquad (8.1)$$
$$M_n = G_{n-1} \times T_{n-1} \times m_{n-1} \times (1 + g) \times (1 - t) \times (1 - r) \qquad (8.2)$$
$$W_n = G_{n-1} \times T_{n-1} \times e_{n-1} \times (1 + g) \times (1 - t) \times (1 - d) \qquad (8.3)$$

where, g, t, f, r, and d are the annual rate of increase of GDP, the annual rate of decrease of aluminum production per unit GDP, and the annual rates of decrease in energy consumption, materials consumption, and waste emission per ton aluminum production, respectively, in the year $(n-1)$.

With regard to the availability of relevant data over the rapidly increasing period of aluminum production in China since 2000, the values of $(1+g)$, $(1-t)$, $(1-f)$, $(1-r)$, $(1-d_1)$, and $(1-d_2)$ in 2000-2012 were analyzed and listed in Table 1 (the original data are shown in Table S2 of the supporting information). At the same time, the values of P, E, M, W_1, and W_2 were also obtained, based on Equation (7) and Equations (8.1) ~ (8.3).

Table 1 The values of $(1+g)$, $(1-t)$, $(1-f)$, $(1-r)$, $(1-d_1)$, $(1-d_2)$, P, E, M, W_1, and W_2 in China in 2000-2012

Items	2000①	2001	2002	2003	2004	2005	2006	2007	2008	2009	2010	2011	2012	2000~2012
$1+g$	1.000	1.083	1.091	1.100	1.101	1.113	1.127	1.142	1.096	1.092	1.104	1.093	1.077	$G_{2012}/G_{2000} = 3.188^2$
$1-t$	1.000	1.105	1.157	1.201	1.019	1.048	1.064	1.178	0.955	0.896	1.141	1.019	1.042	$T_{2012}/T_{2000} = 2.130$
$1-f$	1.000	0.937	0.968	1.011	0.966	0.967	1.016	0.986	0.964	0.987	0.936	1.002	0.982	$e_{2012}/e_{2000} = 0.753$
$1-r$	1.000	1.035	0.926	0.850	1.069	1.102	1.101	0.940	1.011	1.070	0.919	1.114	0.943	$m_{2012}/m_{2000} = 1.038$
$1-d_1$	1.000	0.912	0.996	0.989	1.125	0.953	0.904	0.902	1.301	1.045	0.748	0.999	0.962	$W_{2012}/W_{2000} = 0.770$

Items	2000[①]	2001	2002	2003	2004	2005	2006	2007	2008	2009	2010	2011	2012	2000~2012
$1-d_2$	1.000	0.799	0.992	0.711	1.042	0.883	0.877	0.883	0.882	0.934	0.969	1.163	0.932	$W_{2012}/W_{2000} =$ 0.350
P	100	119.67	151.06	199.57	223.90	261.16	313.16	421.29	440.95	431.44	543.47	605.30	679.29	$P_{2012}/P_{2000} =$ 6.793
E	100	112.13	137.01	183.00	198.33	223.70	272.54	361.51	364.76	352.26	415.33	463.50	511.32	$E_{2012}/E_{2000} =$ 5.113
M	100	123.86	144.78	162.58	194.98	250.63	330.89	418.43	442.78	463.56	536.63	665.81	704.61	$M_{2012}/M_{2000} =$ 7.046
W_1	100	109.10	137.15	179.26	226.26	251.57	272.57	330.65	450.39	460.29	433.49	482.55	520.81	$W_{2012}/W_{2000} =$ 5.208
W_2	100	95.62	119.73	112.46	131.47	135.41	142.40	169.16	156.16	142.71	174.19	225.64	237.66	$W_{2012}/W_{2000} =$ 2.377

Notes: r, d_1, and d_2 are the annual rates of decrease in bauxite consumption, CO_2 emission, and SO_2 emission per ton aluminum production respectively.

①The values in 2000 set the baseline.

The details of the annual variations in GDP (G), aluminum production per unit GDP (T), energy consumption (E), materials consumption (M, the aluminum content in natural bauxite, was selected as the parameter), and waste emission (W_1 and W_2, representing CO_2 and SO_2 emissions, were selected as the parameters) can be clearly found in Table 1. In the period 2000-2012, the growth rate of aluminum production was two times more than the GDP growth rate. As the energy consumption per unit aluminum production decreased in this period, the growth rate of energy consumption was lower than the aluminum production growth rate, but it is still 1.6 times more than GDP growth rate. The level of aluminum scrap is severely deficient compared with the rapid increase of aluminum production, so more aluminum contents in natural bauxite were consumed in this period. The growth rate of CO_2 emission was close to the energy consumption growth rate as the variation of energy structure in aluminum industry was not obvious in general. The annual growth rate of SO_2 emissions is a little better than that of energy and materials consumption at the end-of-pipe treatment, but is still excessive at 7.48% in 2000-2012, although this is a little smaller than the annual GDP growth rate during this period. China has put forward overall SO_2 emission reduction targets in the 10th, 11th, and 12th five-year plans; other industries must achieve more SO_2 reduction to compensate for the enhanced SO_2 emission of the iron and steel, aluminum, and cement basic materials industries.

3.2 Scenario analysis of aluminum production in 2015-2030

The overall aluminum production and its rate of increase have been too high in China since the year 2000 and this industry is not on a healthy development path. As this trend continues, the resources and environmental problems brought about by the high aluminum production cannot be afforded by the human socioeconomic system. Here, two scenario analyses (original scheme and recommended scheme) are given to analyze the aluminum production and the relevant parameters in China in the period 2015-2030, as seen in Table 2.

Table 2　Parameters of the two schemes during the period 2015-2030 for China

Scheme	Parameter	2014	2015	2015-2020	2021-2025	2026-2030
Original scheme: Variation trend keeps the same tendency as the occurrence in 2010-2014	g[①]	0.074	0.074	0.07	0.065	0.06
	P (10^3t)	24382	P growth rate is still as rapid as 2000-2014, and p[②] is always 2.8% higher than g			
	S/G (t/10^6 \$)	28.87	S/G still gradually increases every year			
Recommended scheme: Adjust the relevant parameters in view of the constraints on resources and the environment	g	0.074	0.074	0.07	0.065	0.06
	P (10^3t)	24382	P growth rate gradually reduces first, then the value of P becomes stable and finally decreases continually; P reaches a peak value in 2025[③]			
	S/G (t/10^6 \$)	28.87	S/G has a slight increase at first, then keeps stable, and finally gradually decreases			

① Notes CASS (2012)[18].

② p is annual rate of increase of P.

③ Xu et al. 2013[19].

Under these two schemes, the GDP annual growth rates (g) during the period 2015-2030 are the same. The difference exists in the aluminum production annual growth rate. The estimated aluminum productions for both the original scheme and the recommended scheme are presented in Figure 4. In the original scheme, aluminum production in 2015-2030 is the continuation of the preceding trend over the period 2000-2014 (in 2015-2030, $p = g + 0.028$, as the average annual rate of increase of aluminum production was 2.8 percent higher than the average annual rate of increase of GDP in 2000-2014) and will reach about 100,000 thousand tons in 2030, production of which will require a vast amount of bauxite and other resources and significant energy consumption. It is also reasonable to assume that much more waste (in the form of tailings, red sludge, slag, CO_2, SO_2, waste water, and industrial solid waste, etc.) will be created during the production stage, and that these waste emissions will impose an excessive environmental load that is bound to hamper the sustainable development of the socioeconomic system. In the recommended scheme, the aluminum production will experience a growth rate slightly higher than that of GDP (in 2015, $p = 0.08 > g$), almost equal to the GDP

工业生态学

growth rate (in 2016-2020, $p=0.065\approx g$), one half of the GDP growth rate (in 2021-2025, $p=0.032\approx 0.5g$; the peak value of P is 42,034 thousand tons in 2025), and finally a small absolute decline (in 2026-2030, $p=-0.01$).

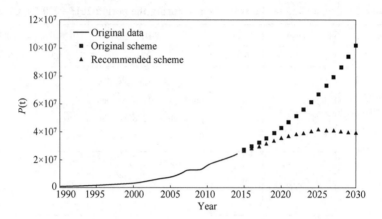

Figure 4　Aluminium production forecasting in original scheme and recommended scheme

Based on the values for P (Figure 4) and g (Table 2) over 2015-2030, T for this period can be obtained, as shown in Figure 5. In the two schemes, the values of T go in two completely different directions; for the original scheme, T will reach $7.09\text{kg}/10^3$ \$, whereas T will decrease to $2.77\text{kg}/10^3$ \$ for the recommended scheme. T is still in the process of increment in the original scheme, which is unfavorable to decrease the E, M, and W according to Equation (2.1) ~ Equation (2.3). While in the recommended scheme, T is in the process of decrement, which is favorable to decrease the E, M, and W according to Equation (2.1) ~ Equation (2.3).

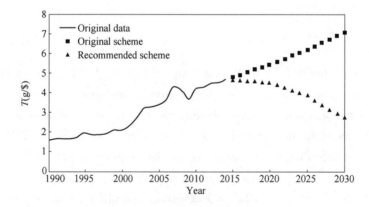

Figure 5　Aluminum production per unit GDP forecasting in original scheme and recommended scheme

Aluminum social stock estimates obtained under the two schemes are shown in Figure 6, these figures being based on an average life cycle of aluminum-containing products of fifteen years in China[20]. For the original scheme, 20% of aluminum production is embodied in various forms of aluminum-containing products and net imported to overseas market, based on the trend of the aluminum final consumption to aluminum production (this ratio is expressed by

F), has been about 80% since the year 2010 in China. For the recommended scheme, F is set as 85% in 2015-2020, 90% in 2021-2025, and 95% in 2026-2030. Aluminum social stock will reach 719,497 thousand tons and 506,855 thousand tons in 2030 under the original scheme and the recommended scheme respectively.

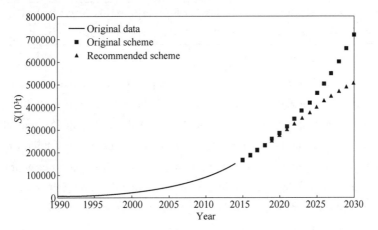

Figure 6   Aluminium social stock forecasting in original scheme and recommended scheme

Correspondingly, the values of $(1+g)$, $(1-t)$, P, G, T, S, P/S, and S/G in 2014-2030 under the two schemes can be calculated from the data in Table 2, Figure 4 ~ Figure 6 and Equation (3) ~ Equation (6), the results being depicted in Table 3. GDP growth rates are the same under these two schemes, whereas the other parameters are different. For the original scheme, T is still in the process of increasing, which will greatly pull up the values of P, E, M, and W and have severely negative effects on the sustainable development of the aluminum industry. For the recommended scheme, T will reduce to some extent, while will have great a positive effect on the haul back of the values of E, M, and W and promote sustainable levels of production in the aluminum industry.

Table 3   The values of $(1+g)$, $(1-t)$, P, G, T, S, P/S, and S/G in China in 2014-2030

Schemes		2014	2015	2016	2018	2020	2022	2024	2025	2026	2028	2030	2014-2030
Original scheme	$1+g$	1.000	1.074	1.070	1.070	1.070	1.065	1.065	1.065	1.060	1.060	1.060	$G_{2030}/G_{2014}=2.762$
	$1-t$	1.000	1.030	1.026	1.026	1.026	1.026	1.026	1.026	1.026	1.026	1.026	$T_{2030}/T_{2014}=1.520$
	P	100	110.6	121.4	146.4	176.5	210.8	251.9	275.3	299.5	354.6	419.7	$P_{2030}/P_{2014}=4.197$
	G	100	107.4	114.9	131.6	150.6	170.9	193.8	206.4	218.8	245.8	276.2	$G_{2030}/G_{2014}=2.762$
	T	100	103.0	105.7	111.3	117.2	123.4	130.0	133.4	136.9	144.2	152.0	$T_{2030}/T_{2014}=1.520$
	S	100	111.7	124.7	154.3	189.8	230.4	277.9	304.9	334.5	399.9	477.1	$S_{2030}/S_{2014}=4.771$
	P/S	1.000	0.990	0.974	0.949	0.930	0.915	0.906	0.903	0.895	0.887	0.880	0.880
	S/G	1.000	1.040	1.085	1.173	1.260	1.349	1.434	1.477	1.529	1.627	1.728	1.728
Recommended scheme	$1+g$	1.000	1.074	1.070	1.070	1.070	1.065	1.065	1.065	1.060	1.060	1.060	$G_{2030}/G_{2014}=2.762$
	$1-t$	1.000	1.005	0.994	0.994	0.994	0.969	0.969	0.969	0.934	0.934	0.934	$T_{2030}/T_{2014}=0.593$
	P	100	107.9	114.8	130.0	147.1	156.7	166.9	172.2	170.5	167.1	163.8	$P_{2030}/P_{2014}=1.638$
	G	100	107.4	114.9	131.6	150.6	170.9	193.8	206.4	218.8	245.8	276.2	$G_{2030}/G_{2014}=2.762$

Schemes		2014	2015	2016	2018	2020	2022	2024	2025	2026	2028	2030	2014-2030
Recommended scheme	T	100	100.5	99.9	98.8	97.7	91.7	86.1	83.5	77.9	68.0	59.3	$T_{2030}/T_{2014}=0.593$
	S	100	112.2	125.3	153.4	184.4	217.8	250.7	267.1	284.1	313.1	336.1	$S_{2030}/S_{2014}=3.361$
	P/S	1.000	0.962	0.916	0.847	0.798	0.720	0.666	0.645	0.600	0.534	0.487	0.487
	S/G	1.000	1.044	1.090	1.166	1.224	1.275	1.294	1.294	1.299	1.274	1.217	1.217

Note: The values in 2014 set the baseline.

The USA, Japan, and several other countries completed the industrialization process in the 20th century and their relevant aluminum industry indices for the year 2000 are depicted in Table 4. The corresponding data for the years 2000, 2014, 2020, 2025, and 2030 for China are also included in this table (under the recommended scheme). China will have almost sufficient aluminum consumption per capita and aluminum social stock per capita in the future under this scheme; however, outstanding problems include the high values of aluminum consumption intensity and of S/G, which should be effectively reduced in the future.

Table 4　Relevant indices of aluminum industry for China, the USA, and Japan

	In the year 2000			
	Aluminum consumption per capita (kg/cap)	Aluminum consumption intensity (kg/10³ $)	Aluminum social stock per capita (kg/cap)	S/G (t/10⁶ $)
USA	21.44	0.462	483[①]	10.40
Japan	17.54	0.486	343[①]	9.51
	5.44	3.154	20	21.55
China	In the year 2014			
	17.83	4.667	110	28.90
	In the year 2020 (recommended scheme)			
	25.50	4.559	198	35.33
	In the year 2025 (recommended scheme)			
	29.13	3.895	279	37.31
	In the year 2030 (recommended scheme)			
	27.03	2.768	343	35.08

①Sources: International Panel for Sustainable Resource Management (2010)[21].

4　Discussion and recommendations

4.1　Discussion

In fact, the main parameters related to aluminum production and the energy consumption, materials consumption, and waste emissions of aluminum industry can be classified into two categories, these being the internal and external parameters respectively. The external parameters are related to the whole operational status of economic society, which are mainly the macro indicators of socioeconomic system that have close relationships with the aluminum industry, while the internal parameters are basically related to the aluminum industry itself. As aluminum industry is not an independent system, but a subsystem of the socioeconomic system. These two categories of parameters should both be investigated; it is unwise to attend to one and ignore the other[22].

(1) Internal parameters of the aluminum industry.

1) Energy consumption of aluminum industry (E), tce (ton of standard coal equivalent)/a.

2) Materials consumption of aluminum industry (M), such as bauxite consumption, water consumption etc, t/a.

3) Waste emission of aluminum industry (W), such as CO_2 emission, SO_2 emission etc, t/a.

4) Waste generation of aluminum industry (W'), such as CO_2 generation, SO_2 generation etc, t/a.

5) Aluminum production (P), including the production of primary aluminum and secondary aluminum, t/a.

6) Primary aluminum production (P_1), t/a.

7) Secondary aluminum production (P_2), t/a.

Though the above parameters belong to the internal parameters of the aluminum industry, their magnitudes are also decided by the general external conditions experienced by the metals sector.

(2) External parameters of the aluminum industry.

1) Aluminum social stock (S), refers to the aluminum contents in the aluminum containing products that are in the use stage, t/a.

2) Actual GDP (G), refers to the actual achieved GDP value, $ (or ¥)/a.

3) Planned GDP (G'), refers to the calculated GDP value according to the official mid-and-long-term plans (e.g. since the year 2000, China's five-year plan about GDP index is "per capita GDP doubled within ten years"), $ (or ¥)/a.

4) Population (C), perons.

5) Investment (Z), refers to the amounts of funds put into the national economy by the central and local government and society in a year. In the investment, part of it is invested in the construction of fixed assets, so investment has a direct impact on the demand for iron and steel, aluminum, cement etc production, $ (or ¥)/a.

Based on these parameters, a macroscopic regulation and control network diagram (Figure 7) for aluminum industry is put forward.

Based on this network diagram, the following equations can be obtained:

$$E = C \times \frac{G'}{C} \times \frac{G}{G'} \times \frac{S}{G} \times \frac{P}{S} \times \frac{E}{P} \tag{9.1}$$

$$M = C \times \frac{G'}{C} \times \frac{G}{G'} \times \frac{S}{G} \times \frac{P}{S} \times \frac{M}{P} \tag{9.2}$$

$$W = C \times \frac{G'}{C} \times \frac{G}{G'} \times \frac{S}{G} \times \frac{P}{S} \times \frac{W'}{P} \times \frac{W}{W'} \tag{9.3}$$

From the above equations, it can be found that several ratios (e. g., $\dfrac{G}{G'}$, $\dfrac{S}{G}$, $\dfrac{P}{S}$, $\dfrac{E}{P}$, $\dfrac{M}{P}$, $\dfrac{W'}{P}$, $\dfrac{W}{W'}$) among these parameters are the key points that currently need to be controlled inside and outside the aluminum industry.

In fact, the values of $\dfrac{P}{S}$, $\dfrac{S}{G}$ and $\dfrac{G}{G'}$, $\dfrac{E}{P}$, $\dfrac{M}{P}$, $\dfrac{W}{P}$, $\left(\dfrac{W}{P}=\dfrac{W'}{P}\times\dfrac{W}{W'}\right)$ over the whole period under consideration in China have been analyzed and depicted in Figure 3 and Table 1 respectively. Among these ratios in 2002-2012, $\dfrac{G}{G'}$ (the value is 1. 388), $\dfrac{P}{S}$ (the value is 1. 463), and $\dfrac{S}{G}$ (the value is 1. 456) have greatly pulled up the values of E, M, and W, although $\dfrac{E}{P}$ (the value is 0. 753) and $\dfrac{W}{P}$ (the value is 0. 350) have exerted some role in decreasing E and W.

From Table 3, it is possible to determine clearly the influences of $\dfrac{P}{S}$ and $\dfrac{S}{G}$ on E, M, and W according to Equation (9. 1)~Equation (9. 3) in 2015-2030. Both schemes, $\dfrac{P}{S}$ has a positive role in decreasing E, M, and W, exerting a more positive role in the recommended scheme. On the contrary, $\dfrac{S}{G}$ has a negative role in both schemes, decreasing the E, M, and W, exerting a more negative role in the original scheme. It is essential that the value of $\dfrac{S}{G}$ should be monitored and controlled from increasing too rapidly over 2015-2026 and needs to decrease from about the year 2027 (see Table 3) so as to control further fast expansion of E, M, and W in China.

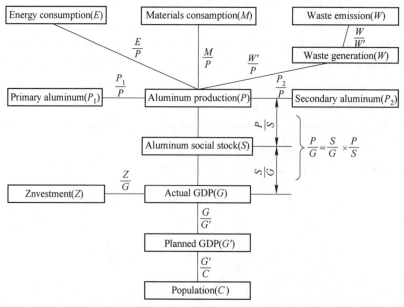

Figure 7   Macroscopic regulation and control network diagram of aluminum industry

4. 2   Recommendations

Based on the historical analysis in 1974-2014 and two scenarios analysis in 2015-2030 of China's aluminum industry, combined with Figure 7 and Equation (9.1) ~ Equation (9.3), some recommendations are put forward for China's aluminum industry.

(1) Control the annual growth rate of GDP and investment. In the past twenty years, the planned GDP annual growth rate in China has been about 7.2% according to the National Economic and Social Development Plan. However, the actual GDP annual growth rate is about 10%[22-23], the result being a much bigger value of $\frac{G}{G'}$, which is one of the main reasons for the rapid increases in E, M, and W. Among the factors for GDP growth, investment has exerted more and more influence; and $\frac{Z}{G}$ increased from 24.35% in 1990 to 78.59% in 2013[23], which is an important factor underlying the fast growth of GDP and E, M, and W.

The rapid increments in investment in developing countries have mostly depended on vast basic materials supply (iron and steel, cement, aluminum, etc.) and energy input; this is accompanied by excessive consumption of natural resources and emission of pollutants. It is time to change the policy of relying on investment to pull up GDP growth and the investment growth rate should gradually return to normal ranges.

(2) Set basic materials (iron and steel, cement, aluminum, etc.) production per unit GDP as an important index to be monitored. Keeping other parameters constant, the bigger T is, the bigger will be E, M, and W. The value of T (in addition to aluminum production per unit GDP, iron and steel, cement, etc., should also be included) has increased significantly since the year 2000 (aluminum production per unit GDP increases from 2.11kg/10³ $ in 2000 to 4.67kg/10³ $ in 2014) and should be monitored to control its further increment, as it is closely related to the fulfillment of the targets for China's energy consumption (greenhouse gas emission) per unit GDP and waste emission (e.g., SO_2) reduction.

It is advisable to introduce building life assessment systems and establish corresponding organizations to supervise demolished houses or infrastructure, as well as the quality of buildings and other constructions, so as to avoid the frequent occurrence of demolition and removal. Over 30% of aluminum was consumed in building and construction in China in recent years[24]; the short life span of buildings and constructions resulted in major new requirements for aluminum, iron and steel, cement etc., whereas the average lifespan of buildings and constructions was 74 years for USA and 132 years for UK[25]. A longer lifespan for aluminum products makes it easier to obtain lower values of $\frac{P}{S}$ and is beneficial in decreasing the values of E, M, and W.

The ratio of the export of low value-added aluminum (such as unwrought aluminum or rolled products, etc.) to overall aluminum production in China is a little high currently and should be controlled to an appropriate level. For China, a moderate amount export of aluminum products is to advocate, but China's export of aluminum products is too large (about 20%

percent of production), and most of them are low value-added aluminum. The export of aluminum products will certainly pull up the value of P/S. Correspondingly, the value of T will increase and have major influences on the resources consumption and waste emissions of aluminum industry according to the Equation (2.1) ~ Equation (2.3) or Equation (9.1) ~ Equation (9.3).

(3) Increasing aluminum use efficiency and pulling down the value of $\dfrac{S}{G}$. The value of $\dfrac{S}{G}$ is too high (in 2014 its value is 28.90t/10^6 \$) and is still in the process of continuously increasing (in 2025 the value will reach 37.31 t/10^6 \$ even in the recommended scheme, and is 3.6 and 3.9 times that of USA and Japan in 2000, see Figure 3 and Table 3 ~ Table 4). The factors that influence aluminum use efficiency and the value of $\dfrac{S}{G}$ include vacant houses, excess production capacity, irrational economic structures, and low economic and social benefits[3]. These inconvenient phenomena should be avoided or modified where possible and the value of $\dfrac{S}{G}$ should be prevented from further rapid increase, which would be beneficial in controlling E, M, and W.

To promote industrial upgrading, the aluminum industry should speed up the downstream extension of high-tech innovations and high value-added processing, such as applications in high-speed rail and aircraft, within more intensive production zones.

750

(4) To better accomplish the retrieval and recycling of aluminum scrap, and to increase $\dfrac{P_2}{P}$ as much as possible. The value of $\dfrac{P_2}{P}$ was in a decrement trend since 2000 (its value decreased from 0.378t/t in 2000 to 0.207t/t in 2012) as the continuous rapid increase of aluminum production. China is short of bauxite resources and depended on importation of bauxite to some extent[24]. The use of aluminum scrap will lessen the consumption of bauxite and greatly decrease the resources consumption and waste emissions per ton aluminum production (e, m, w). Thus it will beneficial to the decrement of resources consumption and waste emissions of aluminum industry according to the Equation (2.1) ~ Equation (2.3) or Equation (9.1) ~ Equation (9.3).

The amount of recoverable aluminum scrap will become larger along with increases in aluminum social stock. The recycling of aluminum scrap should be strengthened (including the import of aluminum scrap) so as to enhance the ratio $\dfrac{P_2}{P}$, which has beneficial effects on E, M, and W.

(5) To establish aluminum production resource and energy management centers (REMC) and strengthen end-of-pipe treatment (EOPT) in enterprises at the same time. Though some progress have been made on energy consumption, CO_2 emission and SO_2 emission per ton aluminum production during the past years in China, there are still a severe burden to decrease in the coming years.

The values of e, m, and w should be further decreased by all means possible in the future, such as the adjustment of energy structure, the creation of REMC, the enhancement of EOPT, attaching great importance to aluminum scrap recycling, and the closure of outdated production facilities, etc.

5 Conclusions

Carrying out research on resources saving and emissions reduction in the Chinese aluminum industry is a very urgent and important task.

A holistic thinking and comprehensive view is applied in analyzing this problem and four equations on P, E, M, W are derived. It can be seen from these equations that besides e, m, and w, T is also an important parameter that has a dominant influence on the resources consumption and waste emission levels in the aluminum industry. The values of T and the decomposition factors P/S and S/G were all increasing during the period 1974-2014, especially after 2000. The extent to which various factors influenced E, M, and W were analyzed from the year 2000, the results showing that $\dfrac{G}{G'}$, $\dfrac{P}{S}$, and $\dfrac{S}{G}$ have greatly pulled up the values of E, M, and W, although $\dfrac{E}{P}$ and $\dfrac{W}{P}$ have exerted some role in decreasing E and W.

The original scheme (continuously increasing scheme) and recommended scheme (resources saving scheme) were presented and their respective indices were analyzed. The latter scheme was found to meet the aluminum requirement in China, based on comparisons with USA and Japan.

A macroscopic regulation and control network diagram of aluminum industry is proposed. Several ratios among these parameters are the key points that need to be controlled. In order to achieve the recommended scheme, some suggestions related to these ratios were put forward.

Managing the aluminum industry is an important part of comprehensive reform in China's socioeconomic system. This study provides references for policy makers to facilitate the implementation of the Scientific Outlook on Development and to further the required reforms.

Acknowledgements

This research was supported by the National Natural Science Foundation of China (71373003 and 41401636) and the Consulting Project of Chinese Academy of Engineering (2015-XY-11).

References

[1] Editorial Board of China Nonferrous Metals Industry Yearbook. China Nonferrous Metals Industry Yearbook 1991—2013. Beijing: China General Print Company; 1992-2014. (in Chinese)

[2] International Aluminium Institute. Global Data for 1973 to 2014: 1,014,127 thousand metric tonnes of aluminum [EB/OL]. [2015-02-20]. http://www.world-aluminium.org/statistics/#data.

[3] LU Z W, YUE Q. Resolution of the mechanism of steel output growth and study on the reasons of the

工业生态学

excessive growth of steel output in China in 2000-2007 [J]. China Engineering Sciences, 2010, 12 (6): 4-11, 17. (in Chinese)

[4] GIELEN D, MORIGUCHI Y. Environmental strategy design for the Japanese iron and steel industry [EB/OL]. Japan National Institute for Environmental Studies, 2001. http: //www. resourcemodels. org/

[5] NORGATE T, JAHANSHAHI S, RANKIN W. Assessing the environmental impact of metal production processes [J]. Journal of Cleaner Production, 2007 (15): 838-848.

[6] ENEVOLDSEN M K, RYELUND A V, ANDERSEN M S. Decoupling of industrial energy consumption and CO_2-emissions in energy-intensive industries in Scandinavia [J]. Energy Economics, 2007, 29 (4): 665-692.

[7] NORDHEIM E, BARRASSO G. Sustainable development indicators of the European aluminum industry [J]. Journal of Cleaner Production, 2007 (15): 275-279.

[8] WANG X W, GAO L R, HUA B. Resources conservation—The alternatives scenarios for Chinese aluminum industry [J]. Resources, Conservation and Recycling, 2008, 52 (10): 1216-1220.

[9] DUTTA M, MUKHERJEE S. An outlook into energy consumption in large scale industries in India: The cases of steel, aluminum and cement [J]. Energy Policy, 2010 (38): 7286-7298.

[10] GUO Z C, FU Z X. Current situation of energy consumption and measures taken for energy saving in the iron and steel industry in China [J]. Energy, 2010, 35 (11): 4356-4360.

[11] LIN B Q, ZHANG G L. Estimates of electricity saving potential in Chinese nonferrous metals industry [J]. Energy Policy, 2013, 60: 558-568.

[12] HASANBEIGI A, WILLIAM M, JAYANT S, et al. A bottom-up model to estimate the energy efficiency improvement and CO_2 emission reduction potentials in the Chinese iron and steel industry [J]. Energy, 2013, 50: 315-325.

[13] SHAO C F, GUAN Y, WAN Z, et al. Performance analysis of CO_2 emissions and energy efficiency of metal industry in China [J]. Journal of Environmental Management, 2014 (134): 30-38.

[14] WEN Z G, LI H F. Analysis of potential energy conservation and CO_2 emissions reduction in China's non-ferrous metals industry from a technology perspective [J]. International Journal of Greenhouse Gas Control, 2014 (28): 45-56.

[15] LIN B Q, XU L. Energy conservation of electrolytic aluminum industry in China [J]. Renewable and Sustainable Energy Reviews, 2015 (43): 676-686.

[16] LU Z W, YUE Q, GAO C K. Study on steel output per unit GDP and steel production, energy consumption, materials consumption & wastes emission of steel industry [J]. China Engineering Sciences, 2013, 15 (4): 23-29. (in Chinese)

[17] The World Bank. GDP (constant 2005 US $). [2015-01-22]. http: //data. worldbank. org/indicator/NY. GDP. MKTP. KD U. S. Geological Survey. The mineral industry of China. http: //minerals. usgs. gov/minerals/pubs/country/asia. html#ch, accessed 2015-01-16.

[18] CASS. Blue book of China's economy [C]//Beijing: Social Sciences Academic Press, 2012. (in Chinese)

[19] XU G D, AO H, SHE Y G. Study on the aluminum consumption rule and consumption forecasting in China [J]. China Management Informationization, 2013, 16 (11): 31-36. (in Chinese)

[20] XIONG H. The forecast of China's scrap supply in the next five years [J]. Resource Recycling, 2009 (9): 23-26. (in Chinese)

[21] International Panel for Sustainable Resource Management. Metal stocks in society-scientific synthesis. United Nations Environment Programme, 2010.

[22] LU Z W, CAI J J, DU T. The macro-control on energy consumption, material consumption & waste emission of steel industry [J]. China Engineering Sciences, 2015, 17 (5): 126-132. (in Chinese)

[23] National Bureau of Statistics of China. China Statistical Yearbook 1991-2014. Beijing: China Statistics Press, 1991-2014. (in Chinese)

[24] YUE Q, WANG H M, LU Z W, et al. Analysis of anthropogenic aluminum cycle in China [J]. Transactions of Nonferrous Metals Society of China, 2014, 24 (4): 1134-1144.

[25] WANG Q. Short-lived buildings create huge waste [N]. China Daily, 2010-04-06.

753

Analysis of Iron In-use Stocks in China [*]

Abstract The continuous rapid increase of steel production and consumption in China since the year 2000 has led to a substantial shift in iron stocks from lithosphere to anthroposphere, making it essential to perform an in-use stock analysis of iron for China. The top-down and bottom-up methods—the most widely used approaches in analyzing in-use metal stocks—are simply introduced. Two other methods, the average use life method and the fixed assets depreciation method, are employed in this study and their results compared. The average use life method is used to analyze Chinese iron in-use stocks and the average age. Some results are obtained: iron in-use stock was 5523. 9 million tons in 2013 and average age was relatively high in the period 1993-2000 (about 8. 2 years) and dropped after the year 2000. The fixed asset depreciation method is applied to analyze depreciated iron in-use stock and gross domestic product (GDP) generated per unit depreciated iron in-use stock for China. The results demonstrated that the use efficiency of iron in-use stock slowly increased during the period 1993-2002, but has continually decreased since the year 2002. Scenario analysis of future iron in-use stock per capita in China is presented and the corresponding average age and GDP generated per unit depreciated iron in-use stock are calculated.

Key words iron, in-use stock, average use life, fixed asset depreciation, average age, China

1 Introduction

The continuous increase in the production of iron and steel over the 1990s (especially after the year 2000) in China has led to a substantial shift in iron stocks from lithosphere to anthroposphere. China's steel production accounted for 48. 5% of global steel production in 2013. This domestic supply was assembled into diverse iron and steel products, mostly for use within the Chinese socioeconomic system. It is essential to investigate iron in-use stocks for China to reveal the status of total and per capita iron in-use stock in China and the relationships between iron in-use stock and GDP, thus providing reference levels for China's iron and steel industry in the future.

Studies on metal in-use stocks have been carried out quite broadly. Spatari et al. [1-2] took copper and zinc as examples to analyze the net change of in-use stock for the whole of Europe in 1994, using the substance flow analysis of the "stocks and flows" model. Graedel et al. [3] adopted the stocks and flows model to analyze the net change in the in-use stock of copper in 1994 for 56 countries, nine regions, and the whole world. Elshkaki et al. [4] analyzed changes in the in-use stock of lead in the Netherlands, bringing environmental and economic influences to bear on the lead industry's future. Yue and Lu[5] used stocks and flows to analyze the net

---

* Coauthors: Yue Qiang, Wang Heming, Gao Chengkang, Du Tao, Li Mingjun. Reprinted from *Resources Policy*, 2016.

increase of in-use copper stock per capita in China between 1998-2002. Binder et al. [6] studied the changes of per capita in-use stock of copper and zinc in certain areas and countries. Rostkowski et al. [7] used survey research and statistical methods to calculate the in-use stock of nickel in New Haven city in Connecticut, United States, based on the nickel-bearing content in the distribution of final products. Van Beers and Graedel[8] have shown in a bottom-up study that relatively fine spatial resolution can be obtained through the utilization of GIS (Geographic Information System) and spatially-explicit stock and population data. Lou and Shi[9] used survey research and statistical analysis to calculate the in-use stock of steel and aluminum of Handan City in 2005, based on the volume and intensity of steel and aluminum use in final products. Mao et al. [10] used stocks and flows model to analyze the net changes of 52 national, 8 regional, and global in-use stocks of lead in 2000. A study by Terakado et al.[11] estimated the spatial distribution of the in-use stock of copper in Japan by utilization of nocturnal light images from satellites. Daigo et al. [12] developed formulas for the inflow and outflow of copper-bearing materials from the copper in-use stock, and analyzed Japan's in-use stock of copper in 2005. Rauch[13] obtained metal in-use stocks for the year 2000 by linear regression between GDP and both in-use stock estimates and the Nighttime Lights of the World dataset. Hirato et al. [14] made an estimation of steel in-use stock in Japan in 2005 using the top-down approach and compared the results of top-down and bottom-up approaches for the automobile industry in Japan and the United States. Guo et al. [15] used the stocks and flows model to analyze the net increase of zinc in the social stock in China in 2006. Wang and Graedel[16] analyzed aluminum in-use stocks in China using a bottom-up approach. Hu et al[17]. analyzed the rural and urban housing systems in China using a dynamic material flow analysis model for the period 1900-2100 for several scenarios assuming different development paths for population, urbanization, housing demand per capita, and building lifetime. Hu et al[18]. expanded the dynamic material flow analysis (MFA) model to specifically analyze iron and steel demand and scrap availability from the housing sector in China. Chen and Graedel[19] conducted a dynamic analysis of anthropogenic aluminum stocks and flows in the United States from 1900 to 2009. Yue et al. [20] used the top-down approach to analyze the social stock, recyclable ratio, and average age for aluminum and copper in China. Zhang et al. [21] quantified the copper in-use stocks of Nanjing using a bottom-up approach. Pauliuk et al. [22] applied three different models of the steel cycle and conducted an uncertainty analysis to obtain stock estimates for the period 1700-2008. Glöser[23] presented an analysis of recycling efficiencies, copper stocks in use, and dissipated and landfill copper using a dynamic model of global copper stocks and flows. Liu and Müller[24] developed a dynamic material flow model to simulate the evolution of global aluminum stocks in geological reserves and anthropogenic reservoirs from 1900 to 2010 at a country level.

Few studies have been carried out on iron in-use stock in China. It is important to investigate this issue, as iron and steel production and consumption have increased quickly in China in recent years. In this paper, methods of in-use stock analysis are presented initially and a basic comparison is made among them. Calculation results of the different methods (average use life method and fixed assets depreciation method) are compared under different steel consumption conditions. The average use life method is then used to analyze Chinese and global iron in-use stocks and their average ages in the period 1993-2013. The fixed assets depreciation method is applied to analyze depreciated iron in-use stock and GDP generated per unit depreciated iron in-use stock for China over the same period. Future iron in-use stock per capita in China is forecast and the corresponding average age and GDP generated per unit depreciated iron in-use stock till the year 2025 are calculated. Finally, some conclusions are drawn based on these analyses.

2 Analysis methods of in-use stock and their comparisons

2.1 Analysis methods of in-use stock

The following four analysis methods for in-use stock will be introduced.

(1) Method I. Top-down method (International Panel for Sustainable Resource Management[25]): top-down estimations take information regarding flows, and infer in-use stocks by computing the cumulative difference between inflow and outflow. Mathematically, if S_τ is in-use stock at time τ, then in discrete time steps

$$S_\tau = \sum_{\tau_0}^{\tau} (\text{Inflow}_\tau - \text{Outflow}_\tau) + S_0 \qquad (1)$$

where, τ_0 is the time of the initial time step, τ is the current time step, and S_0 is the extant stock at the initial time step.

(2) Method II. Bottom-up method (International Panel for Sustainable Resource Management[25]): this takes an opposite strategy to the top-down method, because it gathers information on stock variables to estimate in-use stock and (if desired) infer the behavior of flows. In its simplest form, estimating in-use stock via the bottom-up method is represented by

$$S_\tau = \sum_{i}^{A} N_{i\tau} m_{i\tau} \qquad (2)$$

where, $N_{i\tau}$ is the quantity of final good i in-use at time τ, $m_{i\tau}$ is the iron content of in-use final good i, and A is the number of different types of final goods.

(3) Method III. Average use life method[20,26] : taking iron and steel as an example, the average use life of iron and steel final products in the year τ is set to be $\Delta\tau$ years, regard of the import and export of iron-containing products, iron loss during fabrication and manufacture, and variations of iron inventory. The iron in-use stock (S_τ) in the year τ equals

$$S_\tau = P_\tau + P_{\tau-1} + P_{\tau-2} + \cdots + P_{\tau-\Delta\tau+1} \qquad (3)$$

where, S_τ is iron in-use stock for the year τ for a country or a region; P_τ, $P_{\tau-1}$, $P_{\tau-2}$, $\cdots$, $P_{\tau-\Delta\tau+1}$ are values of steel consumption for the years τ, $(\tau - 1)$, $(\tau - 2)$, $\cdots$, $(\tau - \Delta\tau +1)$ respectively (see Figure 1).

(4) Method IV. Fixed assets depreciation method[27-28] : fixed assets, also known as tangible assets or property, plant, and equipment, is used in accounting for assets and property that cannot easily be converted into cash. This can be compared with current assets such as cash or bank accounts, which are described as liquid assets. In most cases, only tangible assets are referred to as fixed. Depreciation is, simply put, the expense generated by the uses of an asset. It is the wear and tear of an asset or diminution in the historical value owing to

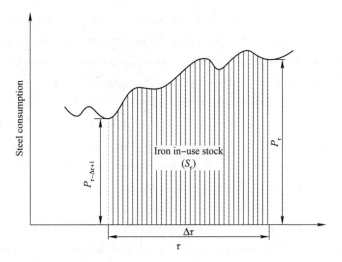

Figure 1   Iron in-use stock diagram for average

usage. As with method Ⅲ, the average use life of iron and steel final products in the year τ is set to $\Delta\tau$ years; the iron and steel products depreciation span should then be $2\Delta\tau$ years under the normal distribution of iron-containing products[29], while the annual average depreciation rate is $1/(2\Delta\tau)$. Regarding the import and export of iron-containing products, iron loss during fabrication and manufacture, and variations of iron inventory, the depreciated iron in-use stock (S_τ^D) in the year τ equals to

$$S_\tau^D = \frac{2\Delta\tau - 1}{2\Delta\tau}P_\tau + \frac{2\Delta\tau - 2}{2\Delta\tau}P_{\tau-1} + \frac{2\Delta\tau - 3}{2\Delta\tau} \times P_{\tau-2} + \cdots + \frac{1}{2\Delta\tau} \times P_{\tau-2\Delta\tau+2} + 0 \times P_{\tau-2\Delta\tau+1}$$

(4)

where, S_τ^D is the depreciated iron in-use stock for the year τ for a country or a region and P_τ, $P_{\tau-1}$, $P_{\tau-2}$, $\cdots$, $P_{\tau-2\Delta\tau+1}$, is the steel consumption for the years τ, $(\tau - 1)$, $(\tau - 2)$, $\cdots$, $(\tau - 2\Delta\tau + 1)$ respectively (see Figure 2).

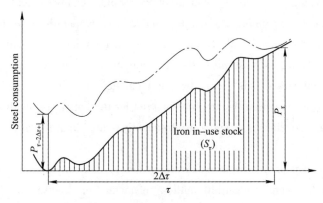

Figure 2   Iron in-use stock diagram for fixed assets depreciation method

2.2   Comparison of methods

2.2.1   Advantages and disadvantages

For method Ⅰ, besides the inflows and outflows of metal in-use stock, the extant stock at the initial time S_0 should also be known if we want to analyze metal in-use stock at time τ. Otherwise, the range from τ_0 to τ needs to be 50 to 100 years, or even longer. This is related to the average use life of most metal products is less than 50 years. This yields the result that S_τ is much larger than S_0, making the contribution of S_0 negligible because of the general increase in anthropogenic stocks over the past several decades, meaning that S_0 can be ignored in practice. That is to say, the initial stock (S_0) can be ignored or should be taken into account depends primarily on the temporal extent chosen. If analyses go far back in time, the initial stock is often considered zero at $\tau = \tau_0$. If the temporal extent is short or starts in the present, initial stock is defined based on available data or the authors' assumptions[30]. This method is completely dependent on inflow data, because historical outflow data are poor to nonexistent[25]. However, it should be pointed out that the outflow data can be calculated based on Equation (5)[30], and subsequently, stock is calculated using Equation (1).

$$\text{outflow}_\tau = \sum_{m=-\infty}^{\infty} \text{inflow}[\tau - m] \cdot f[m] \tag{5}$$

where, $f[m]$ is the probability density of the life time distribution function.

Most studies apply a top-down method that could be used for any material. The required time series of inflow data are often provided by production, trade, or consumption statistics[30].

For method II, if the high spatial resolution and good count data for $N_{i\tau}$ are acquired, precision in determining metal content becomes the limitation. Metal content may vary considerably with the evolution of materials use. Alleviation of this data problem may prove to be difficult, as it requires either a statistically significant regime of sampling of the metal content of in-use stock, or a significant historical investigation of engineering design details for various goods[25]. Only 10% of the studies apply a bottom-up method[30].

For methods III and IV, besides the inflows of metal in-use stock, the average use life of metal products $\Delta\tau$ should also be known if we want to analyze metal in-use stock at time τ. However, the average use life of metal products $\Delta\tau$ may change slightly with variations in metal-bearing products consumption structures and their corresponding use lives[31-33].

For methods I, III, and IV, the appropriate spatial boundary is heavily dependent on the underlying data available; as most inflow data are only collected at the country level, this limits the scope of application. This can be problematic if higher spatial resolution is desired. However, this constraint is often not as strict for the bottom-up method, because stock-relevant data (e.g., for houses or cars) are frequently available at the city/town or even lower levels of aggregation[25].

In China, there is poor access to extensive historical data on the inflows and outflows of metal in-use stock (especially regarding outflows of metal from in-use stock), or the quantity of final goods in-use and their metal content, so we will attempt to use methods III and IV to conduct metal in-use stock analyses for China.

2. 2. 2　Theoretical analysis used by methods III and IV

The average use life of iron and steel final products $\Delta\tau$ is set to 20 years. The difference between these two methods will be discussed under different conditions of steel consumption, disregarding the import and export of iron-containing products and variations of iron inventory.

(1) Steel consumption keeps constant at 100 million tons for an extended time, that is $P = 100$ ($\times 10^6$t).

1) Average use life method: iron in-use stock under this condition is 2000×10^6t, which can be obtained from Figure S1. a in the Supplementary information or derived according to Equation (3).

2) Fixed assets depreciation method: iron in-use stock under this condition (see Figure S1. b) is 1950×10^6t according to Equation (4).

(2) Steel consumption increases linearly as $P_\tau = P_0 + 2\tau$ (10^6t).

1) Average use life method: iron in-use stock under this condition (see Figure S1. c) is 1620×10^6t according to Equation (3).

2) Fixed assets depreciation method: iron in-use stock under this condition (see Figure S1. d) is 1456×10^6t according to Equation (4).

(3) Steel consumption increases exponentially as $P_\tau = P_0(1 + 0.041)^\tau$.

1) Average use life method: iron in-use stock under this condition (see Figure S1. e) is 1400×10^6t according to Equation (3).

2) Fixed assets depreciation method: iron in-use stock under this condition (see Figure S1. f) is 1246×10^6t according to Equation (4).

From the above analysis, we can see that the calculation results are not same for the average use life method and the fixed assets depreciation method. The reason is that the latter considers the persistence of metal products in in-use stock and provides definite depreciation coefficients according to their use time. We can define the stock derived under the fixed assets depreciation method as "**depreciated metal in-use stock**" (mainly used in analyses related to economic indicators such as GDP, as it considers the operational life of metal products and treats them differently according to their years of service), whereas the average use life method can be defined as "**actual metal in-use stock.**"

3 Case studies: China and global iron in-use stocks

3.1 Iron in-use stock in China

(1) Iron in-use stock and its average age. In order to use methods Ⅲ and Ⅳ to calculate the iron in-use stock of China, iron flow into the in-use stock should be known. We can use the following equation to make this calculation:

$$M_\tau = P_\tau - L_\tau - \Delta E_\tau - \Delta R_\tau \tag{6}$$

where, M_τ is iron flow into the in-use stock in the year τ; P_τ is steel apparent consumption in the year τ; L_τ is iron loss during rolled steel fabrication and manufacture of final products in the year τ; ΔE_τ is net iron exports in iron-containing products (including rolled steel and steel products) in the year τ; and ΔR_τ is the net increment of rolled steel inventory in the year τ.

As obtained from Equation (6), iron flows into the in-use iron stock of China during the period 1974-2013 are shown in Figure 3. At the same time, the depreciation of iron is also considered (according to Equation (4) and Figure 2) and described in this figure. It can be seen from the graph that iron flows into in-use stock have increased rapidly since the year

759

工业生态学

2000, especially in the period 2000-2007.

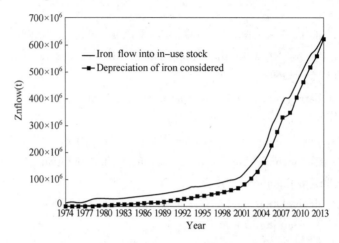

Figure 3　Iron flow into iron in-use stock of China during 1974-2013

(Note: Data of P_τ and are from "China Iron and Steel Industry Yearbook 1996-2013"[34]; Data of L_τ and are from "China Iron and Steel Industry Yearbook 1996-2013"[34], "National Bureau of Statistics of China 1996-2013"[35], "Steel Statistical Yearbook 1978, 1980-2014"[36] and personal communication with experts)

Iron in-use stock in China during the period 1993-2013 (which is depicted in Figure 4) can be calculated according to Equation (3) and the figures for iron flow into in-use stock are shown in Figure 3. The average use life of iron and steel products ($\Delta\tau$) is set to 20 years according to the weighted average method based on steel product consumption structures and their corresponding use lives (Table 1).

Table 1　Details of the average lifespan of steel products from 1980 to 2010

Category	1980(t)	1990(t)	2000(t)	2010(t)	The average lifespan of rolled steel by category(a)
Steel rail	930×10³	1660×10³	1580×10³	5530×10³	14
Ordinary heavy section	690×10³	1050×10³	1640×10³	9770×10³	45
Ordinary medium section	2590×10³	2560×10³	5140×10³	39660×10³	30
Ordinary small profile	7460×10³	12180×10³	33430×10³	207080×10³	18
High quality profile	2600×10³	4570×10³	7610×10³	—	28
Cold formed section	0	250×10³	310×10³	620×10³	30
Wire rod	4430×10³	9990×10³	26340×10³	106210×10³	26
Special thick plate	10×10³	100×10³	760×10³	7080×10³	28
Cut deal	2860×10³	6740×10³	16380×10³	65130×10³	28
Sheet	2420×10³	5520×10³	19450×10³	28540×10³	8
Band steel	510×10³	1690×10³	7930×10³	263590×10³	10
Seamless tube	960×10³	2110×10³	4140×10³	24170×10³	15
Pipe welding	1200×10³	2100×10³	5210×10³	32560×10³	10
Other	390×10³	900×10³	2120×10³	12690×10³	12

760

Category	1980(t)	1990(t)	2000(t)	2010(t)	The average lifespan of rolled steel by category(a)
Total(10^3t)	27050×10^3	51420×10^3	132040×10^3	802630×10^3	
The average lifespan of steel products(a)	21.4×10^3	21×10^3	19.8×10^3	17.4×10^3	20

Source: China Iron and Steel Industry Yearbook 1981-2011.

Iron in-use stocks have increased quickly since the year 2000, reaching 5523.9 million tons in the year 2013.

In comparison, Wang[37] estimated China's in-use iron stock to be 1.9Gt or 1.4t/cap in 2005, while Pauliuk et al.[38] estimated it to be 3.7Gt or 2.8t/cap in 2009; thus both were close to this study, which obtained 2.0Gt (1.5t/cap) in 2005 and 3.5Gt (2.6t/cap) in 2009 respectively.

Iron in-use stock in the year τ is made of iron flows into in-use stock in the same year τ and over a certain number of years before the year τ, so here we can define the concept of average age for iron and steel products in the in-use stock. Average age of iron and steel products in the in-use stock can be expressed by the following equation:

$$y(\tau) = \frac{\sum_{i=\tau-\Delta\tau+1}^{\tau} M_i \times \sum_{j=0}^{\Delta\tau-1} (\Delta\tau - j)}{S_\tau} \tag{7}$$

where, $y(\tau)$ is the average age of iron and steel products in the in-use stock, a; M_i is iron flows into in-use stock in the year i, t/a. For a definite in-use stock, the older the average age, the larger the reclaimed secondary resources in the short term; the younger the average age, the smaller the reclaimed secondary resources.

761

The average age of iron in-use stock is also described in Figure 4. It can be seen that the average age for iron in-use stock was relatively high in the period 1993-2000 (about 8.2 years), and dropped after the year 2000, reflecting the rapid increase of new steel products entering into use. It was relatively constant in the period 2008-2011 (about 6.6 years), with

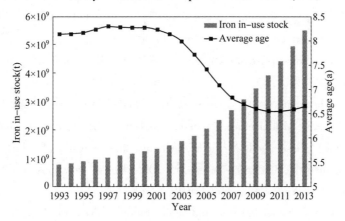

Figure 4 Iron in-use stocks in China and their average age during 1993-2013

small increases in the years 2012 and 2013. Along with the stabilization and descending of steel consumption in the future in China, the average age of iron in-use stock will increase gradually.

(2) Depreciated iron in-use stock and GDP generated per unit depreciated iron in-use stock.

The depreciated iron in-use stock in China during the period 1993-2013 (which is depicted in Figure 5) is also calculated, based on Equation (4), and the data of depreciation of iron considered is shown in Figure 3. The depreciated iron in-use stock has the same trend as the actual iron in-use stock, but it is a little lower than the values of the actual iron in-use stock. GDP generated per unit depreciated iron in-use stock (GDP divided by the depreciated iron in-use stock in the same year) is calculated, which demonstrates that the use efficiency of iron in-use stock increased slowly during the period 1993-2002, but continually decreased after the year 2002, which demonstrates that the growth rate of iron in-use stock is greater than the GDP growth rate during the period 2002-2013.

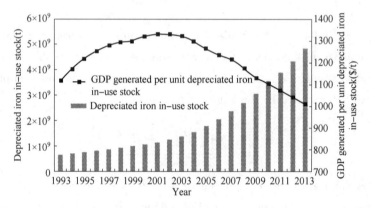

Figure 5   Depreciated iron in-use stock and GDP generated per unit depreciated iron
in-use stock in China during 1993-2013

(Note: GDP is at the constant price of 2005, from http: //data. worldbank. org. cn/indicator/NY. GDP. MKTP. KD)

3.2　Global iron in-use stock

Global iron in-use stock during the period 1993-2013 can be calculated according to Equation (3) and the figures for iron flow into in-use stock[36] are depicted in Figure 6. The average use life of iron and steel products ($\Delta\tau$) is assumed to be 20 years.

In 2013, the global iron in-use stock reached 19725. 1 million tons and iron in-use stock per capita was 2. 8t/cap.

In comparison, Hatayama et al. [39] estimated the global in-use iron stock to be 12. 7Gt or 2. 0t/cap in 2005, while Müller et al. [40] determined the global iron in-use stock to be 17. 9Gt or 2. 7t/cap in 2005, these results being respectively slightly less and a little more than this study, which obtained 14. 3Gt or 2. 2t/cap in 2005; these variations are probably due to differences in the average use life assumptions.

Though it is assumed that global iron and steel products ($\Delta\tau$) are 20 years. In fact, $\Delta\tau$ is difficult to be determined and may be mostly in the range of 15 ~ 25 years. In Figure 6, the

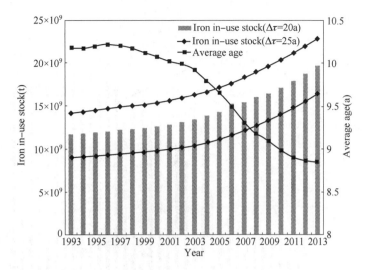

Figure 6　Global iron in-use stock and their average age during 1993-2013

scope of iron in-use stocks for $\Delta\tau$ in the range of $15 \sim 25$ years are given due to the uncertainty of the use life of iron and steel products.

4　Discussion

Quantities of in-use iron stock are a determinant of a country's industrial processes and development level. For the United States, United Kingdom, France, etc. , as developed countries, the industrialization process has been completed and in-use iron quantities have stayed constant[40]. But China, India, etc. , as developing countries, are at a stage of the industrial process at which in-use iron stocks show rapid increases and it will take some years before these reach a relatively constant state.

Evidence from industrialized countries suggests that the iron in-use stock needed to sustain people's lives is around $8 \sim 12$ tons per capita[38,40]. Iron in-use stock per capita in China is described in Figure 7. The relevant data in the period 1993-2013 can be obtained from Figure 4 combined with population figures in China[35]. In the year 2014, steel production was 822. 7 million tons; we assume that steel production in 2015 keeps almost constant from the year 2014 and decreases by two percent annually over the period 2016-2025[41]. Then the variations of iron in-use stock (iron in net exports of steel, rolled steel and steel final products and loss during fabrication and manufacture assumed to be about 16% of steel production, based on Figure 3 and China's historical steel production) can be obtained; when combined with the changes in population numbers (annual population growth rate assumed to be five over one thousand, the same as for the period 2006-2014), we finally obtain the iron in-use stock per capita during the period 2014-2025, as depicted in Figure 7.

In this scenario, iron in-use stock per capita will reach the value of 7. 95t/cap in the year 2025. Given China's large population, iron in-use stock per capita achieving the lower limit of the developed countries (8t/cap) is reasonable.

The import and export of iron-containing products have some influences on the results of iron

工业生态学

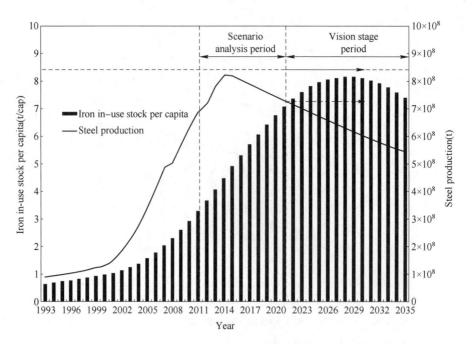

Figure 7   Iron in-use stock per capita in China in the period 1993-2035

in-use stock analysis. The more import of iron-containing products, the more iron in-use stock per capita in China will be achieved; on the contrary, the more export of iron-containing products, the less iron in-use stock per capita will be resulted. China is a net exporter of iron-containing products, and the net exported of iron-containing products has accounted for about 18% of the crude steel production during the period 1974-2013. Otherwise, the iron in-use stock in China should be much larger. It should be pointed out that iron in the net exported of crude steel and rolled steel is considered, but the iron in the final products are not included as the unavailability of the data.

It can be seen from Figure 8 that iron in-use stock per capita will decrease if steel production keeps declining at 2% in 2026-2035; this is not the case we want. However, if steel production can be kept constant at around 650-660 million tons in 2026-2035, then iron in-use stock per capita will level at 7. 8~8. 2t/cap under this condition.

GDP generated per unit depreciated iron in-use stock and the average age of iron in-use stock during the period 2014-2025 (which is depicted in Figure 8) can be obtained from the steel production values shown in Figure 7 and Equation (4) ~ Equation (6). GDP generated per unit depreciated iron in-use stock will level off in the period 2015-2017 and increase from the year 2018. The average age of iron in-use stock has been increasing from the year 2012. The iron and steel industry in China seems set to enter a healthy path.

In the above analysis, iron in-use stock in China is analyzed by the average use life method and fixed assets depreciation method. For these two methods, iron in-use stock analysis is based on the average life-span of iron and steel products and iron flow into the in-use stock during one or two life-spans of iron and steel products. For the fixed assets depreciation method, the depreciation of iron is considered, and it is more suitable and rational to be used in the analysis

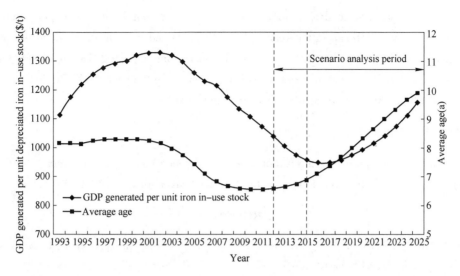

Figure 8   GDP generated per unit deprecaited iron in-use stock and average age of iron
in-use stock in China in the period 1993-2025

related to economic indices.

The top-down method is the most frequently chosen in the existing literatures on the in-use stock analysis of metals because of the better availability of inflow data compared to the stock data needed for bottom-up method[30]. But the outflow data based on the probability density of the life time distribution function and the initial stock are difficult to be determined. It is difficult to apply top-down method or bottom-up method to carry out the iron in-use stock analysis in China, as there is poor access to extensive historical data on the outflows of iron in-use stock, or the quantity of final goods in-use and their iron content.

For the average use life method and fixed assets depreciation method used in this paper, the average use life of metal products $\Delta\tau$ should also be known besides the inflow data if we want to analyze metal in-use stock at time τ. The calculation processes for these two methods are simple, and the results are credible by comparing them with other studies. We are looking forward that these two methods can be obtained more attention and be applied more widely.

5   Conclusions

(1) Iron in-use stocks and their average ages in China in 1993-2013 were analyzed by the average use life method. Stocks increased across the whole period, and particularly quickly since the year 2000, finally reaching 5523. 9 million tons in 2013. The average age was relatively high in the period 1993-2000 (about 8. 2 years) and dropped after the year 2000. It was at a constant level in the period 2008-2011 (about 6. 6 years) and showed small increases in the years 2012 and 2013.

(2) The depreciated iron in-use stock was a little lower than the values of actual iron in-use stock during the period 1993-2013. GDP generated per unit depreciated iron in-use stock demonstrated that the use efficiency of iron in-use stock slowly increased during the period 1993-2002, but has continually decreased since the year 2002.

(3) Given a scenario analysis, under these conditions, iron in-use stock per capita will reach the value of 7. 95t/cap in the year 2025. GDP generated per unit depreciated iron in-use stock will level off in the period 2015-2017 and increase from the year 2018. The average age of iron in-use stock will continue to increase as it has done since the year 2012. The iron and steel industry in China will enter a healthy developmental road.

Acknowledgements

This research was supported by the National Natural Science Foundation of China (71373003) and the Fundamental Research Funds for the Central Universities (N140204007).

References

[1] SPATARI S, BERTRAM M, FUSE K, et al. The contemporary European copper cycle: 1 year stocks and flows [J]. Ecological Economics, 2002, 42 (1/2): 27-42.

[2] SPATARI S, BERTRAM M, FUSE K, et al. The contemporary European zinc cycle: 1 year stocks and flows [J]. Resources, Conservation & Recycling, 2003, 39 (2): 137-160.

[3] GRAEDEL T E, VAN BEERS D, BERTRAM M, et al. Multilevel cycle of anthropogenic copper [J]. Environmental Science & Technology, 2004, 38 (4): 1242-1252.

[4] ELSHKAKI A, VAN DER VOET E, VAN HOLDERBEKE M. The environmental and economic consequences of the development of lead stocks in the Dutch economics system [J]. Resources, Conservation & Recycling, 2004, 42 (2): 133-154.

[5] YUE Q, LU Z W. Analysis of contemporary copper cycle in China— "STAF" method [J]. China Resources comprehensive Utilization, 2005 (4): 6-12, 21.

[6] BINDER C R, GRAEDEL T E, RECK B. Explanatory variables for per capita stocks and flows of copper and zinc [J]. Journal of Industrial Ecology, 2006, 10 (1/2): 111-132.

[7] ROSTKOWSKI K, RAUCH J, DRAKONAKIS K, et al. "Bottom-up" study of in-use nickel stocks in New Haven, CT [J]. Resources, Conservation & Recycling, 2007, 50 (1): 58-70.

[8] VAN BEERS D, GRAEDEL T E. Spatial characterisation of multi-level in-use copper and zinc stocks in Australia [J]. Journal of Cleaner Production, 2007, 15 (8/9): 849-861.

[9] LOU Y, SHI L. Analyzing iron and aluminum stocks in Handan city in 2005 [J]. Resources Science, 2008, 30 (1): 147-152.

[10] MAO J S, JAIMEE D, GRAEDEL T E. The multilevel cycle of anthropogenic lead II. Results and discussion [J]. Resources, Conservation & Recycling, 2008, 52 (8/9): 1050-1057.

[11] TERAKADO R, TAKAHASHI K I, NAKAMURA J, et al. Calculation of in-use stock of copper with nocturnal light image by DMSP/OLS, Abstract 23, Conaccount.

[12] DAIGO I, HASHIMOTO S, MATSUNO Y, et al. Material stocks and flows accounting for copper and copper-based alloys in Japan [J]. Resources, Conservation & Recycling, 2009, 53 (4): 208-217.

[13] RAUCH J N. Global mapping of Al, Cu, Fe, and Zn in-use stocks and in-ground resources [J]. PNAS, 2009, 106 (45): 18920-18925.

[14] HIRATO T, DAIGO I, MATSUNO Y, et al. In-use stock of steel estimated by top-down approach and bottom-up approach [J]. ISIJ International, 2009, 49 (12): 1967-1971.

[15] GUO X Y, ZHONG J Y, SONG Y. Substance flow analysis of zinc in China [J]. Resources, Conservation and Recycling, 2010, 54 (3): 171-177.

[16] WANG J L, GRAEDEL T E. Aluminum in-use stocks in China: a bottom-up study [J]. Journal of Material Cycles and Waste Management, 2010, 12 (1): 66-82.

[17] HU M M, BERGSDAL H, VAN DER E, et al. Dynamics of urban and rural housing stocks in China [J]. Building Research & Information, 2010, 38 (3): 301-317.

[18] HU M M, PAULIUK S, WANG T, et al. Iron and steel in Chinese residential buildings: A dynamic analysis [J]. Resources, Conservation and Recycling, 2010, 54 (9): 591-600.

[19] CHEN W Q, GRAEDEL T E. Dynamic analysis of aluminum stocks and flows in the United States: 1900-2009 [J]. Ecological Economics, 2012, 81 (9): 92-102.

[20] YUE Q, WANG H M, LU Z W. Quantitative estimation of social stock for metals Al and Cu in China [J]. Transactions of Nonferrous Metals Society of China, 2012, 22 (7): 1744-1752.

[21] ZHANG L, YUAN Z W, BI J. Estimation of copper in-use stocks in Nanjing, China [J]. Journal of Industrial Ecology, 2012, 16 (2): 191-202.

[22] PAULIUK S, WANG T, MÜLLER D B. Steel all over the world: Estimating in-use stocks of iron for 200 countries [J]. Resources, Conservation & Recycling, 2013, 71 (2): 22-30.

[23] GLÖSER S, SOULIER M, LUIS A T. ESPINOZA. Dynamic analysis of global copper flows, global stocks, postconsumer material flows, recycling indicators, and uncertainty evaluation [J]. Environmental Science & Technology, 2013, 47 (5): 6564-6572.

[24] LIU G, MÜLLER D B. Centennial evolution of aluminum in-use stocks on our aluminized planet [J]. Environmental Science & Technology, 2013, 47 (3): 4882-4888.

[25] International Panel for Sustainable Resource Management. Metal stocks in society-scientific synthesis. United Nations Environment Programme. 2010.

[26] LU Z W, YUE Q. Resolution of the Mechanism of Steel Output Growth and Study on the Reasons of the Excessive Growth of Steel Output in China in 2000-2007 [J]. China Engineering Sciences, 2010, 12 (6): 4-11, 17.

[27] ALBONICO A, KALYVITIS S, PAPPA E. Capital maintenance and depreciation over the business cycle [J]. Journal of Economic Dynamics & Control, 2014, 39 (1): 273-286.

[28] LIAPIS K J, KANTIANIS D D. Depreciation methods and life-cycle costing (LCC) methodology [J]. Proceida Economics and Finance, 2015, 19: 314-324.

[29] MELO M T. Statistical analysis of metal scrap generation: the case of aluminum in Germany [J]. Resources, Conservation and Recycling, 1999, 26 (2): 91-113.

[30] MÜLLER E, HILTY L M, WIDMER R, et al. Modeling metal stocks and flows: a review of dynamic material flow analysis methods [J]. Environmental Science & Technology, 2014, 48 (4): 2102-2113.

[31] BU Q C. Substance flow analysis and its application in steel industry [D]. Shenyang, China: Northeastern University, 2005.

[32] YUE Q, LU Z W, ZHI S K. Copper cycle in China and its entropy analysis [J]. Resources, Conservation and Recycling, 2009, 53 (12): 680-687.

[33] YUE Q, WANG H M, LU Z W, et al. Analysis of anthropogenic aluminum cycle in China [J]. Transactions of Nonferrous Metals Society of China, 2014, 24 (4): 1134-1144.

[34] Editorial board of China iron and steel industry yearbook. China Iron and Steel Industry Yearbook. Beijing: China Iron and Steel Industry Yearbook Press, 1996-2013.

[35] National Bureau of Statistics of China. China Statistics Yearbook. Beijing: China Statistics Press, 1996-2013.

[36] World Steel Association. 1978, 1980-2014. Steel Statistical Yearbook 1978, 1980-2014. Brussels. http://www.worldsteel.org/statistics/statistics-archive/yearbook-archive.html.

[37] WANG T. Forging the anthropogennic iron cycle [D]. New Haven, USA: Yale University, 2009.

[38] PAULIUK S, WANG T, MÜLLER D B. Moving toward the circular economy: the role of stocks in the Chinese steel cycle [J]. Environmental Science & Technology, 2012, 46 (1): 148-154.

工业生态学

[39] HATAYAMA H, DAIGO I, MATSUNO Y, et al. Outlook of the world steel cycle based on the stock and flow dynamics [J]. Environmental Science & Technology, 2010, 44 (16): 6457-6463.

[40] MÜLLER D B, WANG T, DUVAL B. Patterns of iron use in societal evolution [J]. Environmental Science & Technology, 2011, 45 (1): 182-188.

[41] LU Z W, LI M J, YIN R Y, et al. Strategic study on steel production and energy consumption, materials consumption & wastes emission of steel industry [R]. China: Chinese Academy of Engineering, 2015.

陆钟武

文

集

高等教育

关于"火焰炉热工及构造"教学大纲的总结材料[*]

1 本课程的历史情况

从 1955 年以来，这门课总共上过 56/58/60/61/62/63/64 等七个年级。以前这门课的教学大纲一直没有正式审订过，今年八月在北京教学大纲审订会上进行了第一次审订。审订后的新大纲与最近三年来的教学内容大体上是一致的，但是与以前有不少差别。

1955~1960 年是本课程发展过程中的第一阶段，这一阶段的特点是学习模仿。以苏联专家那扎洛夫（1954~1955 年在我校讲学）的讲稿为蓝本，教师现学现教，保证了教学工作的进行。但是回头来看，我感到当时的教学内容有以下几方面的缺点。

（1）内容不够全面，缺少了这门课程的一些重要方面。例如，教学内容中只包括了炉子温度与炉子生产率之间的联系，而没有包括煤气量（燃料量）对炉子温度的影响，进而对炉子生产率产生的影响。又例如，讲了炉子的热收入与热支出之间的平衡关系（热负荷＝有效热+热损失+炉子废气热），而没有讲热收入改变时，各项热支出随之发生的变化。总之，当时只讲了热工过程的影响，而没有讲热工操作和炉子结构的影响；讲了各项热量之间静态的关系，没有讲动态的关系。

（2）各部分内容之间联系不够。例如，本课程第一篇是理论篇，以后各篇是具体的，当时第一篇与以后各篇之间联系不够，一般的理论不能很好地用到具体生产上去。又例如，炉子的热工过程是传热、气体运动和燃烧等三个过程的综合，但是，当时并没有充分体现这三个过程之间的联系。

（3）内容过于繁琐，包括了部分不必要的细节。例如，在"影响炉膛辐射热交换的因素"的标题下，仅为了使学生懂得传热面积而设的概念，就举了五、六种实例。又例如，在讲管状换热器时，一共讲了五种构造形式，讲针状换热器时，列举了四种规格（苏联的）及它们的有关结构尺寸。需要说明，苏联专家那扎洛夫在讲这门课的时候，仅为 60 节左右，其中一部分时间还是通过翻译讲授的。后来变为 100 学时以后，任课教师增添了内容，其中有些是细节方面的内容。

由于当时课程存在以上一些缺点，所以学生学完这门课以后，感到不满足，不知从何着手去分析讨论炉子热工和构造问题。不少学生反映："入学就听说炉子热工，到毕业也不知道什么是炉子热工。"

产生以上缺点的原因，主要有两个方面：

（1）课程的性质和任务不明确。当时认为，这门课的任务，除了介绍炉型之外，就是结合炉子分析热工过程。关于这一点，只要研究一下当时的教学情况，就不难证明。有些本来应该是先讲的专业基础课解决的问题，也被拉到本课程中来了。例如，课程中包括了"炉膛辐射热交换公式"的推导以及其中各项的确定。这部分内容按其

* 本文原为东北大学内部资料，1963。

771

高等教育

性质而言，本属于有气体存在时两物体之间的传热问题，应在传热学中解决。又例如，课程中包括了蓄热室的传热系数的解释及推导，而这是一个不稳定态传导传热的具体问题，也应在传热学中解决的。正是由于这门课程的任务不明确，当然就免不了产生上述的第一个缺点。

（2）与学科发展的水平有关。那扎洛夫留下的讲稿如理论部分与其本人在 1941 年所著的《工业炉理论基础》一书基本上是一致的。我们把它继承过来以后，没有加以充实，使得数学内容基本上停留在 20 世纪 40 年代的水平上。1950 年以后，国外出版的书籍中这部分内容出现许多发展。其中，有些是学科的根本性问题（如气体运动、燃烧对于传热的影响，操作参数对于炉子生产率及热效率的影响）。因此，1960 年以前，我们就感到原有的教学内容陈旧了。

第二阶段的特点，是在原有的基础上变动教学内容。

这主要表现在补充原来缺少的方面，使教学内容更加全面；删去了一些枝节部分，或者过于繁琐的内容，使课程的主题突出；与其他课程之间做些调整，各篇各章之间作些调整，以更好地符合培养目标对这门课程的要求。

以第一篇为例，新大纲规定 24 学时，现行教学内容为 28 学时。其中，新加的为 13 学时，与原有内容一致的为 15 学时（其中 3 学时与原有内容有出入，例如原来只讲热效率的定义式，现在又加上了热效率的反算式等）。其他多篇的情况与第一篇大体相仿。可见，与第一阶段相比，新大纲做了不少变动。

2 新大纲的制订

2.1 制订新大纲的依据

新大纲是依据本专业的培养目标对本课程的要求制订的。教学计划规定：本专业培养的冶金炉专业工程技术人才，必须"具有比较巩固的冶金炉热工基础理论知识和解决热工操作及结构改进等一般工程技术问题的初步能力"。而教学计划中，其他各门专业理论课（如"燃料及燃烧""冶金炉理论基础"等）只能解决基础性的一般理论问题。如"冶金炉理论基础"课中的传热学部分以讲授传导、对流、辐射三种传热方式的规律为主。因此，结合炉子进行综合的热工分析的任务，应由本课程来负担。本课程应该是在其他各门专业基础课的基础上进行讲解的专业课。它的任务是讲授炉子的热工原理和结构原则，教给学生分析提高炉子生产指标的必要知识和方法。学生学完本课程以后，应该懂得炉子的操作和结构对它的生产指标有何影响。

2.2 新大纲的中心课题

从本课程的性质和任务出发，课程的中心课题应该是通过对炉子热工过程的分析，讲授炉子的操作和结构对于生产指标的影响，用公式表示出来就是：

$$操作参数 \rightarrow 结构参数 \rightarrow 热工过程参数 \rightarrow 生产指标$$
$$(1) \qquad (2) \qquad (3) \qquad (4)$$

操作参数包括供给炉子的煤气量、空气量，换向时间间隔等，这些都是操作人员可以直接调节的参数；结构参数包括传热面积以及其他主要的尺寸、角度等；热工过程包括传热、燃烧和气体运动等三方面，因此，像温度场、速度场、物体的黑度、燃烧速度等都是热工过程参数；生产指标主要有生产率、热效率（单位燃耗）、产品质量、炉子使用寿命等。

新大纲的中心课题，就是上述三类变量之间的主要联系，以及各类变量的各主要方面之间的联系。在讨论这些问题时，应注意与工艺过程及工艺操作之间的联系。前面这一类关系，可以用一个例子来说明。

例如：煤气量的变化→火焰平均温度的变化→生产率、热效率、炉子寿命等的变化。

显然，这是一个十分重要的问题。事实上，煤气量不足时，增大煤气量将使火焰平均温度升高，从而提高炉子的生产率和热效率；但是，煤气量过大时，再增大煤气量（当其他条件不变），生产率的上升是缓慢的，而炉子的热效率反而下降，生产单位质量的产品所消耗的燃料（即单位燃耗）反而增多，炉子寿命亦受到严重影响。这个规律是极普遍的。我国在 1958~1959 年，几乎全国各工厂的单位燃耗均过高，炉体寿命均过低。其主要原因在于供给炉子的煤气量过大。为了提高热负荷，必须采取相应的措施，不使热效率降低，否则效果不好。

上面所说的后一类联系，显然也是重要的。例如在热工过程方面，传热、燃烧和气体运动之间是相互影响的。在讲课中当然应作必要的讲解。

按照这个观点去看第一阶段的教学内容，不难发现，当时几乎只讲了热工过程对于生产率的影响，其他各方面均被忽视。

总之，新大纲中所增加的内容，主要是为了补上原有的缺欠，例如（1）、（3）两类变量之间的联系以及（2）类变量之间各过程的联系。

新大纲中所作的这些变动，曾在教研室会上进行过讨论，全体教师一致认为是正确的。在北京教学大纲审订会上，北京钢铁学院及其他院校的教师也同意这种看法。工厂的个别同志也知道我们的这种想法，他们也认为这样是对的。

大纲变动后，新增的内容均来自国外出版的书籍，只是需要择其成熟的、公认的内容，按照本课程顺序加以整理安排。顺便提到，苏联的情况是，每所学校都按其各自的观点组织教学内容。设立本专业的学校共三所，它们的教学内容各有不同，差别很大。

2.3 执行新大纲的效果

新大纲的贯彻执行，可以达到下述效果。

（1）学生能更好地把所学的专业基础理论运用到实际工作中去。学生从各门专业基础理论课可以学到的是燃烧、传热、气体运动等热工过程的基本规律，它是学生从事实际工作的基础。但是，这些基本规律与工程实际问题之间还有一段距离。按照新大纲的规定，本课程可以起到专业基础理论与工程实际问题之间的桥梁的作用，使学生能更好地把专业基础理论运用到实际工作中去。

这门课程之所以能起到桥梁作用，正是因为它较全面地包括了（1）、（2）、（3）三类变量之间的联系。以热工过程为枢纽沟通了炉子的操作、结构和生产指标两类变量。

（2）学生能更好地了解三大热工过程之间的相互联系。各门专业基础课是分别讲授燃烧、传热、气体运动等三大热工过程的。至于它们三者之间的联系和相互影响，则主要由本课程来解决。新大纲中注意到了这三个问题。例如，在"平均辐射温压"一节中，就包括了燃烧过程的快慢对于平均辐射温压的影响；又例如，在"平炉热工过程"一节中，着重说明了如何从气体运动和燃烧两方面去满足平炉中特殊的传热要求等。

总之，学生学完本课程之后，可以更好地把以前学过的课程与工程实际问题联系起来，把以前学过的各门课程相互联系起来。现在学生学完这门课之后，不再问："什么叫炉子热工"了！

在对新大纲进行总结的过程中，我们曾到学生中（学习成绩在上等、中等、下等的学生各两名）做了了解，并且在事先不通知学生的情况下，进行了全班测验。

从了解的情况来看，学生对于所提的问题一般能够回答出来，但是有的学生回答得不够确切。测验的主要目的是想看看学生对于新增加的内容能否学到手。测验的结果是：88 名学生中，得 90 分以上的 59 人，89~70 分的 17 人，69~60 分的 4 人，59~10 分的 8 人（其中 2 人缺课多）。

这些情况表明，新大纲基本是与学生的接受能力相适应的。在进一步加强教学法的研究和课后的自学指导的条件下，可以使绝大部分学生把基本内容学到手。

3　新大纲在贯彻"少而精"原则方面所注意的问题

在审订新大纲时，注意了"少而精"原则的贯彻，注意了课程广度、深度的确定和支节的删略。

在课程广度方面，制订新大纲时，特别注意了课程范围的确定问题；在深度方面，特别注意了明确每一章节的具体要求和是否引入定量关系的问题。此外，新大纲也注意到存在的内容过于繁琐等问题。

（1）从课程的性质和任务出发制定课程范围。我们认为，要精选内容，必须明确课程范围。新大纲制订时，是从课程的性质和任务出发，划定课程范围的。如前所见，本课程的任务，是讲授炉子的热工原理和结构原则，教给学生分析提高炉子生产指标的必要知识和方法。所以，这门课应该包括的内容便是前述（1）、（2）、（3）三类变量之间的主要联系以及各变量的主要方面之间的联系。这样就可以将一些不属于这一范围的问题从教学大纲中剔除出去，精选内容。与以往的教学内容相比，仅由于划定课程的范围，就删去了十节课的内容（其中包括炉膛热交换公式的推导，公式中每一项的确定，蓄热室中传热系数的推导，热处理方法的介绍）。这些内容现在都移到"冶金炉理论基础"课程中去了。在划定这门课的范围时，必须明确，应该讲这门课本身的理论，而不应该讲作为这门课的基础的各门专业基础课的理论。

（2）从各章节的具体要求出发确定命题的深度、广度。整门课程的深度，决定于各章各节中每一个命题的深度、广度。因此，在教学大纲的说明书中，明确各章节中每一个命题的深度、广度是十分必要的。

例如"燃料变换"这一标题，如果不说明具体要求，那么至少应该讨论燃料变换后炉子的生产率和燃料用量两方面的变化。因为实际情况是燃料改变后生产率和燃料用量都会发生变化。但是在本课程中这一节是作为热量利用系数这一概念的具体运用而引入的，所以没有必要把问题全部展开，而只需在一定条件下讨论。大纲说明书中规定，在一定条件下，导出炉子燃料变换时，燃料用量的变化，就是为了确定命题的深度和广度。

（3）根据必要性和可能性确定是否引入数学式。讨论和分析问题时，运用数学工具，做必要的推导，往往是必需的，其目的在于深化概念并建立量的关系。但是，在具体情况下是否引入数学式，需要慎重考虑，因为它在极大的程度上影响到课程的深度。制订新大纲时，主要是从必要性和可能性两方面来考虑。如果，既有必要，又有可能，那么才引入数学式（及其推导），否则一般应删略。对于某一个具体问题来说，必要性表现在两方面：1）是否必须让学生建立起经过数学推导（或引出推导结果）才能建立起的概念；2）是否必须让学生知道量的关系。可能性也表现在两方面：1）数学推导（或结果）成熟不成熟；2）学生能不能接受。

本课中有一节专门讨论炉子与炉料之间的平均辐射温差的问题，是一节比较重要的内容。但是由于数学推导及其结果都很复杂，不必作为教学内容，学生不知道这个结果并没有太大的影响，所以大纲中并没有规定必须引入这个数学式。

（4）删去过于繁琐的细节。如前所说，本课程曾包括了过于繁琐的内容和不必要的细节，制订新大纲时也注意了这个问题，认为讲课的任务是教给学生最基本的问题，而不是细节。这样节约出来的学时难以准确计算，因为这是贯穿在各个具体问题当中的。此外，由于当时任课教师讲课方法上的原因也使学时有些浪费。

4　新大纲存在的问题

这门课的历史较短，教学实践较少，与新大纲大体上一致的教学实践只有三次（其中一次尚在进行中）。因此，今后的实践，必将提出些修改和补充（如学时分配，个别内容的配搭）的意见。目前看来，新大纲的学时还有些"偏紧"，大纲的说明书未能十分确切地规定全部内容，至于其他环节，经验则更少，例如在实验部分，说明书中说明"目前还缺乏全面的实践经验，……"

我们的意见是，目前可不做进一步的讨论，过些时间（如两年）后再修订。

775

64级冶金炉"冶金炉热工及构造"课程质量分析[*]

1　教学情况纪实

1.1　教学环节安排

教学环节安排如下：

（1）讲课。这次讲课内容基本上是参考1963年8月审订的教学大纲（草案）编排的。现将教学大纲（草案）规定的学时、实际执行学时记录如下（见表1）。

表1　教学大纲课时分配

篇　章	教学大纲（草案）	实际执行	任课教师
绪论及第一篇	26	30	陆钟武
第二篇	22	22	陆钟武
第三篇第1~3章	31	32	杨宗山
第三篇第4章	6	4	陆钟武
第四篇	10	10	陆钟武
第五篇（电炉）		10	张永安

（2）实验。由于准备不足，本课程未开设实验，只带领学生看了一次平炉和各种加热炉模型。按教学大纲（草案）应做16学时实验。

（3）作业。做了一次作业，包括四个计算题。按教学大纲应做四次作业。

（4）测验。在第一篇末了时，进行了一次测验。

（5）答疑。每周由任课教师进行一次答疑，一般均指名出席，答疑与质疑交错进行。

（6）教材。采用《冶金炉热工及构造》（1961年版）及新编的补充讲义（6.5万字）。

（7）考试。笔试（附考题），考前复习时间为五天，考试时间为两个半小时。

总之，本课程讲课内容与新订的教学大纲出入不大，但其他环节残缺不全。

1.2　学生情况

64级学生四个班共94人，其中有两个班是在三年级时由数学专业转过来的。在学习本课程前，学生学完了必须的必修课程，并进行过一次为时四周的生产实习（平炉二周，加热炉二周）。

上课前，我们通过以下方式了解了一些学生的情况：

系办公室提供了学生学前成绩的分类（上、中、下）情况；从学生手里借来了

---

[*]　本文原为东北大学内部资料，1964。

"普通冶金""冶金炉理论基础""燃料及燃烧"三门课的听课笔记各一本；学生实习期间，任课教师去现场随班实习数天，重点了解了一个班的情况。

这个年级学生的情况是：（1）学习质量比62级学生稍高些，但部分学生在气体力学、传热学、燃烧学等方面的基本概念不是十分清楚，个别学生立体概念不清，害怕读装备图；（2）生产实习中收获很大，多数学生对于炉子的构造有较深刻的印象；（3）外文水平普遍不高，每班只有几名（6~8名）学生可以阅读外文书刊；（4）有个别学生学习基础很差；（5）健康状况一般良好，但有几名情况特殊的病号。

总之，这个年级学生的特点是人数多，来源不一，学习成绩尚可，但外文水平低，有些特殊情况（学习上、健康上）的学生。

2　"学到手"情况分析

本课程的教学大纲（草案）并未经过正式审批，也未进行过"三基"划分。任课教师参照大纲（草案），根据自己的体会，在教学过程中大体上分为基本内容和次要内容，并向学生作了必要的解释，因此学生在学习时注意了基本内容的消化。

这次考试共出了五道题，其中75%是基本内容，另外10%（梅尔茨炉头图）是次要内容，15%（三个结构参数对热效率的影响）要求学生灵活运用。考试成绩总平均为82.43分。按四级分制计算各级成绩见表2。

表2　四级分制计算各级成绩分配表

年级	特优	优	良好	及格	不及格
63级		24.6%	39.2%	25.1%	10.1%
64级	3.5%	31.6%	56.3%	7.2%	2.9%

2.1　基本内容大体上学到了

由表2可见，64级"良好"以上学生人数占91.4%，"及格"和"不及格"学生占10.1%。这说明大部分学生把基本内容学到了。这次考题的难易程度与63级的考题相仿，而成绩颇有上升，说明64级的学习质量比63级提高了。

2.2　有一定的独立思考及综合运用的能力

这次考试的第二题的主要内容是要求学生任意举出三个结构参数并说明它们对于炉子热效率的影响。这是需要根据自己的理解回答的问题，结果大部分学生能比较圆满地做出答案（满分为15分，学生实得11.82分），这说明学生尚能独立思考，具有综合运用的能力。不过，应该指出，从平时的答疑和质疑来看，学生在这方面上有较大的欠缺。例如，我们曾出过两道涉及面较广、内容较复杂的思考题。起先，学生只能支离破碎地答出一些，谁也理不出头绪来，曾经在班级中引起了广泛的讨论，最后还是由任课教师给他们总结出来的。

2.3　次要内容掌握得不够好

从考卷中见到，学生对课程的次要内容（上课时未着重讲授的内容）掌握得不好。例如第三题有两部分，一部分是要求学生画出文杜里炉头图，这是课程中着重讲的基本内容，学生答得很好；另一部分是要求画出梅尔茨炉头图，上课时未着重讲，学生一般都答得不好。

2.4 部分学生死记硬背

不少学生反映"内容多，不好记"，在总复习时采取死记硬背的方法。最突出的例子是，某位同学看不懂炉头图而又知道这是重要内容，所以就一条线一条线硬背，据他本人说，一共背了二十多遍。类似的情况比较普遍。

2.5 平时阅读参考书的学生极少

这学期我们没有强调阅读参考书（考虑到该年级课程较多），所以主动找参考书读的人极少。据了解，除配合外文学习之外，只有三五个人读了几篇《炼钢译文选》上的文章。这种情况对于提高专业学习质量是不正常的，以后应逐步扭转。

3 在贯彻"少而精"原则方面的主要进展

这学期教学过程中，对于贯彻"少而精"原则的体会逐步加强了。开学之初，对于"少而精"原则，可以说只有一般认识，没有下定决心，没有具体办法。后来在学习文件和其他课程的经验中，在教学过程中、在总结教学大纲（1963 年 11 月）的过程中，才逐步认清了问题，下定决心并且找到了办法。

这学期中，在贯彻"少而精"原则方面有以下几方面的主要进展。

（1）树立了"学到手"的思想。教学质量的标准是"学到手"，只有学生"学到手"了，才能说教学质量是高的。有了这个思想，"少而精"的原则就好贯彻了。我们在这学期的教学中有过一点教训，促进了这一正确思想的树立。在讲授第一篇时（当时"少而精"思想不够明确），精选内容的决心不大，把某些很深的内容（如炉子热平衡方程式与炉子热交换方程式的联立；换热器热工特性的推导）搬上了讲台，花费了四个学时，但大部分学生不够理解。从那以后，思想上比较明确了，必须从"学到手"的角度去考虑"少而精"的原则。在后来的教学工作中，尽可能地精选了内容。

（2）明确了课程的中心课题。1963 年 11 月在冶金工业部工作组的直接指导下我们进行了本课程教学大纲的总结工作。在这次工作中，明确了本课程的中心课题。这是贯彻"少而精"原则的重要基础，因为只有明确了课程的中心课题，精选内容时才有方向。

从本课程的性质及任务出发，课程的中心课题应该是通过对炉子热工过程的分析，讲授炉子的操作和结构对于生产指标的影响。用公式表示出来，就是

$$操作参数、结构参数 \rightarrow 热工过程参数 \rightarrow 生产指标$$
$$(1) \qquad\qquad (2) \qquad\qquad (3)$$

课程中着重分析的就是上述三类变量之间的主要关系，以及各类变量的各主要方面之间的关系。

有了这个明确的认识，就可以具体地考虑每章节精选内容的途径。

（3）学习了"三基"划线的经验。我们参加了本教研室其他几门专业课的"三基"划线工作，体会到这是精选课程内容的必经之路。本课程"三基"划分工作亟待进行。

4 今后改进教学的具体措施

今后改进教学的具体措施如下：

（1）今年内应完成本课程的"三基"划线工作，65级冶金炉上课结束时应提出教学大纲的修改意见。

（2）给65级冶金炉学生上课时，应进一步精选内容。与64级冶金炉学生相比，应删去或削减以下内容：1）炉子热平衡及热交换方程式的联立；2）换热器的热工特性。

（3）应增添课堂讨论这一教学环节。初步认为在第一、二、三篇的篇末各进行一次有准备的课堂讨论是必要的。每次讨论的题目均应带有综合性。如第一篇末了可讨论"影响炉膛废气温度的因素及其与生产指标之间的关系"，第二篇末了可讨论"影响平炉生产率的因素"。

（4）应进行2~3次平时测验。

（5）应尽一切可能使65级冶金炉学生在今年9~12月内做三个实验：1）火焰炉热平衡；2）火焰炉热工特性；3）空气模型实验。

（6）答疑应增为4次，即：1）热平衡及燃料消耗；2）换热器计算；3）金属加热计算；4）干燥过程静力学计算。

（7）考试方式改为口试。

（8）上课之前任课教师应参加生产实习指导工作，以直接充分地了解学生全面情况。

（9）建议教研室成立专业期刊阅览室，以满足学生广泛地阅览和提高的要求，教师应重点给以指点和帮助。

考题：

（1）说明二段连续加热炉的温度制度的确定。

（2）任举出三个结构参数，说明它们对于炉子热效率的影响。

（3）平炉炉头图（文杜里、麦尔兹）。

（4）热处理炉和燃烧室布置。

（5）燃料变换后燃耗变化推导。

英语入门若干要则[*]

1. 要在逐章逐节学习语法的基础上，提纲挈领地自己理出框架，以便系统地掌握。

2. 要注意单词的拼写，务求能正确拼写每个单词。新的单词，要逐个地写几遍、读几遍（例如：the 读成 t-h-e）。拼写与发音差别很大的单词（如 wednesday, bourgeois 等）要单独提出来给以特殊注意。练习打字，对记单词很有帮助。

3. 要校正基本音节的发音，尽可能做到不受个人原有方言的影响。要记住每个多音节单词的重音位置。

4. 要准备一本较好的字典，养成查字典的习惯，不认得的字，一定要查，不要乱猜。有些多义词，虽然认得，但在文中解释不通时，也要查字典。

5. 要注意英语句子中的词序（word order）。在这方面，中英文之间差别很大，尤其是问句差别更大。问句中有 "do" 字的句型，要仔细体会，熟练掌握。

6. 英语动词的变化以及介词连用比较繁杂，必须多加练习，反复记忆。

7. 要多练习听写（dictation），它既能练听，又能练写。听写后要与原文逐字核对。

8. 要高声朗读。比较常用的精彩的句子，更要多读。有些句子或段落最好能背下来。

9. 要敢于开口用英语对话。不要怕讲错，不要害羞。越不敢讲，就越学不会。

10. 对于教材中听说的事（或物），如以前一无所知，要先对该事（或物）做一般的了解，否则无法理解。

11. 要提高中文语法修辞的水平。它将有助于学好外文。

12. 要读几本比较简单的英语科技教科书或科普书（基础科学和所学专业方面的），以学习科技英语的特点，积累科技词汇。如有可能，阅读面再宽些更好。

13. 要经常写些短文，不求多，但求准确表达。为此，要反复修改、反复推敲。

14. 要利用多种渠道，多种机会学习。例如，从广告、告示中也可学到一些词汇和表达方式。

15. 要循序渐进，不可性急，但要确立信心，持之以恒。不要有不切实际的想法。所学材料应与本人水平相适应，不可过难。

16. 严格训练，严格要求，是打好基础的关键。

以上各点是就打基础而言，未涉及更高的要求，供初学者参考。不当之处，请老师、同学们指正。

---

[*] 本文原发表于《东北工学院生活》，1984。

影响大学生质量的各种因素[*]

影响大学生质量的因素很多，而且这些因素相互关联，甚至互为因果。为了简明起见，我们用一个模型（见图1）来说明这些问题。

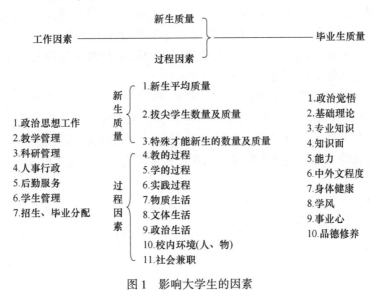

图 1　影响大学生的因素

（1）大学生的质量，要从十个方面去衡量（即政治觉悟、基础理论、专业知识、知识面、能力、中外文程度、身体健康、学风、事业心、品德修养）。

（2）直接影响大学生质量的因素是新生质量和过程因素。新生质量是指入学时新生的质量，其中包括新生的平均质量、拔尖学生的数量和质量及特殊才能（如体育、文艺等）新生的质量和数量。

过程因素是指在校期间的全过程（教的过程、学的过程、实践过程、物质生活、文体生活、政治生活、校内环境、社会兼职等）所包含的各因素。例如，教的过程包含若干影响学生质量的因素：由谁来教？教什么？怎样教？教多少？等等。

（3）工作因素是指学校各级部门的工作中所包括的影响因素。主要是指政治思想工作、教学管理、科研管理、人事行政、后勤服务、学生管理、招生、毕业分配等工作中所包括的影响因素。工作因素并不对学生质量产生直接影响，而是通过新生质量和过程因素这两个环节间接去影响毕业生质量的。例如，政治思想、人事管理、后勤服务等工作的好坏，直接影响教和学的过程，从而影响学生的质量。由此看来，新生质量和过程因素可以称为中间因素。

（4）家庭及社会对学生的影响不可忽视。发扬家庭的积极影响，减少其消极的影响，是学校工作的任务。学生本人也应十分重视这一点。

---

* 本文原发表于《东北工学院生活》，1985。

（5）各因素之间并不是只存在"单方面的影响"关系。除此之外，还应看到两点：第一点是"反方向的因素"，例如，毕业生质量的高低，反过来对每年入学的新生质量会产生影响（毕业生质量高，声誉好，就会使更多优秀的学生报考；反之亦然）；第二点是同类因素之间的相互影响，例如，教影响学，学影响教。又例如，衣、食、住、行等物质生活对学生的学习、文体生活、政治生活都有影响。

由上述模型及说明可见：

（1）每一位教师、干部、职员、工人的工作和言行，都毫无例外地对学生的质量产生影响（在此问题上，勤杂人员也不例外）。我希望全体教师、干部、职员、工人都能清楚地意识到这一点，大家共同努力，最大限度地为提高学生的质量而努力奋斗。

（2）学生是学校的"产品"。但是学生是主观能动性的"产品"，所以学生自身的努力是提高本人质量的极重要因素。我希望每一位同学都树立全面的质量观，并且充分发挥各自的主观能动性，为提高质量而努力奋斗。

（3）办学的指导思想对全校的工作有决定性的影响（模型中未标出，其实它位于模型的最左侧），所以端正指导思想是办好学校，提高毕业生质量的关键一环。学校的领导，包括我个人在内，对此负有特别重要的责任。我相信，通过努力，我院的办学指导思想将得到进一步的端正和明确，从而使我院的工作和毕业生质量有较大的提高。

论大学生的质量[*]

1 要全面衡量大学生的质量

我的看法是，要从以下诸方面去衡量大学生的质量（就理工科学生而言，见表1）。

表1 衡量大学生质量指标

名　称	内　容　说　明	备　　注
政治觉悟 爱国主义 基本路线	（1）坚持社会主义； （2）坚持无产阶级专政； （3）坚持共产党的领导； （4）坚持马克思列宁主义、毛泽东思想	看实质、看基本觉悟，不是看表面和形式
基础理论	数学、物理、化学等基础学科的学习	主要看是否学得扎实
专业知识	所学专业的基本理论、知识、技能	要能跟得上科技的最新发展
知识面	（1）理工科范围内的知识面； （2）理工科以外其他学科的知识面	东北工学院院刊1985年底1038期上有我写的短文——要努力拓宽知识面
能力	（1）自学能力； （2）实践能力； （3）表达能力； （4）创造能力； （5）组织领导能力	东北工学院院刊1985年底1042期上有我写的短文——要注重能力的培养，此外，要注意锻炼社交能力
中外文程度	（1）中文写作质量； （2）外文读、写、听、说能力	
身体健康	（1）健康状况； （2）体育运动； （3）医疗卫生知识	东北工学院院刊1985年底1022期上有我写的短文——要掌握一两项终身受益的运动项目
学风	（1）实事求是； （2）理论联系实际； （3）严格、严肃、严密	
事业心	为国家富强和人民富裕而艰苦奋斗的献身精神	自信、坚毅
品德修养	（1）道德、纪律、法纪； （2）待人接物中的个人修养和作风、文明礼貌	人品、宽厚、大度、正直

虽然提出以上十个方面，但个人情况不同，各有长短，不可一刀切。

无论如何，我希望同学们树立全面的质量观，并用此观点检查自己的过去和现在，从而明确努力方向，立下远大志向。

---

[*] 本文原发表于《辽宁高等教育研究》，1986。

以上看法供各位老师、干部和同学参考。不当之处请批评指正。

下面仅就知识、能力、身体健康三个方面谈点看法。

2　要努力拓宽知识面

我希望我们的学生（大学生和研究生）在专攻一门学科的同时，努力拓宽知识面。

理工科学生，除了要懂得本人专攻的那门理科或工科之外，还要懂得一些其他理工科知识，以及理工科以外其他学科的一些知识，如政治、哲学、经济、法律、管理、文学、历史、地理、体育、卫生等方面的知识。对于专攻的学科，要有深度；对于其他学科，要有广度，知识结构要呈"T"字形。

这是客观上对理工科学生的要求。事实上，从事任何实际工作（如设计、施工、生产、经营、研究、教学、组织管理等），都要用到各方面的知识。何况，现代科学技术发展的重要趋势是学科之间的相互综合、渗透、移植。要想有所发明，有所创造，必须有较宽的知识面。

从根本上讲，"专业"和"知识面"是矛盾统一的双方。他们二者相互依存，相互补充。知识面宽了，才有可能专得深。专业深了，自然要涉及许多方面的知识。只有在专攻一门的同时，注意拓宽知识面，才能收到相辅相成的效果。

然而，一般来说，我们的大学生知识面太窄。在本人专攻的学科之外，知道得太少。有些学生甚至缺乏一些普通的常识，中文写作能力也较低，在这种情况下，大力提倡拓宽知识面，显得更有必要。

在这方面，我提出几点希望：

（1）要热爱专业，学好专攻的学科，但不要被狭隘的专业思想束缚自己的头脑，学习精力要集中，兴趣要广泛。

（2）回顾一下自己中小学时期的学习经历，检查一下自己的知识面状况，如发现有重要缺失，就订个计划，利用暑假或平时闲散时间，把它们尽可能地补上。

（3）院、系学生会，各个学术团体，各班级，有计划地组织一些学术活动，形式要多种多样，规模可大可小。

（4）在力所能及的范围内进行一些实际工作，当前有些学生或去厂矿进行技术服务，或对社会做些调查研究，一方面体会拓宽知识面的重要性，另一方面有意识地多学些知识，这很好，希望有更多的学生这样做。

此外，我院计划今年暑假后部分学科试行复合学分制，届时，少数学生经过批准可攻读双学位，或在主修一科的同时，再辅修一科。在一定意义上，这也是拓宽知识面的途径之一。

3　要注重能力的培养

我们的学生（本科生、研究生）应该具有较强的能力，其中包括：

（1）自学能力：查找和阅读文献资料以及获得知识的能力；

（2）思维能力：分析、综合、判断推理、抽象思维的能力；

（3）表达能力：用语言、文字、曲线、图表、数学公式表达思维的能力；

（4）实践能力：实验、设计、设备操作及调查研究的能力；

（5）创造能力：在现有知识基础上，向未知世界进攻的能力；

（6）组织能力：计划、决策、管理及指导工作的能力。

为什么要强调这些能力？

（1）无论从事什么工作（设计、施工、生产、经营管理、科学研究、教学等）都离不开这几种能力。知识再丰富，如果没有这些能力，任何事情也做不好。要既有知识，又有能力，才有可能做好工作。这里说"有可能"，是因为除了知识和能力二者之外，还有一些必要的条件，例如，工作的积极性就很重要。

（2）只有具备了这些能力，尤其是自学能力，才有可能使我们个人的知识得以不断补充，不断更新，跟上时代前进的步伐。在科学技术迅猛发展的今天，这一点尤为重要。

（3）只有具备了这些能力，才有可能在人类现有知识的基础上向未知世界进攻，开拓新的知识领域，做到有新发现、有新发明、有新创造、有新前进。其中，最重要的是创造能力。

获得各种能力的过程，不同于获得知识的过程。最主要的区别是为了获得各种能力，必须亲自去实践，去干，而不可能靠外界的灌输。比如你想获得自学能力，就必须自己动手去自学：去查阅文献（书籍、论文等），摘录整理，写出笔记。经过长时间的自学实践，才能获得较强的自学能力。当然，接受他人的指导，或互相交流经验，也很有裨益。

正因为在获得各种能力的过程是亲自去实践，去干的过程，所以它是一个艰苦的过程。在这方面，有些品质显得特别重要，那就是肯下功夫，不厌其烦，充满信心，坚韧不拔。凡是不肯这样去干的人，都不可能获得较强的能力。比如有些人不肯在文字表达能力方面下功夫，结果他们写出来的东西，总是思路不清晰，文字不通顺。

为了获得较强的上述各能力，还有些条件是必须具备的，那就是基础扎实、知识面宽、中外文水平高、懂得辩证唯物主义等。反之，如果头脑里空空的，思想方法又不对，那是不可能有较强的上述各种能力的。我国高等学校在教学和学生管理工作中的重要弊端，是把学校看成是单纯传授知识的场所，所以只重视知识的灌输。"满堂灌"的现象较普遍。教师和干部还担心学生自己不会"走路"，所以就"抱着走"，管得很死。这种教学思想、教学方法和管理方法，对于培养学生的能力十分不利，必须大力扭转。古人说："师傅领进门，修行在个人。"讲课应该是提纲挈领（尤其是专业课）把学生"领进门"就可以了，余下的事情，要学生自己去钻研，去实践。给研究生上课更应该着重于指点，绝不要从头讲到尾。考试这一关当然要把住，丝毫放松不得。学生的管理工作应该管而不死，更多地提倡学生自己管自己。

当然，还必须说明，我们虽然强调学生能力的培养，但是不能不加区别地要求每一个人。人与人之间的差别是客观存在，经过同样的培养过程，结果有些人这种能力强些，有些人那种能力强些。这是很自然的。千篇一律的想法是不切实际的。

4 每人都要掌握一两项终身受益的体育项目

我希望我们的学生（本科生、研究生）每人都能熟练地掌握一两项可以终身受益的体育项目，产生兴趣，经常操练，养成习惯，变为嗜好。

凡不受年龄限制，无论是青年、中年或老年都能操练的体育运动，都可列入这类项目。例如：跑步、轻重器械、武术、徒手操、步行、乒乓球、羽毛球、游泳、网球等均是。这些项目所需器材和条件，一般比较简单，独自一人或有一名伙伴即可操练，因而比较灵活，便于普及。

　　为什么要强调"终身受益"？这是因为人的一生始终需要锻炼，尤其是中老年，更需要经常锻炼，即所谓"健康投资"。否则肌肉萎缩，脂肪堆积，机能衰退，抵抗力下降，容易生病，甚至过早地失去劳动力或失去生命。大学毕业后，如果不能精力充沛地为祖国的"四化"建设工作数十年，则不仅是个人之不幸，而且更是国家之损失。

　　知识分子主要从事脑力劳动，工作过程中"静"多"动"少，所以，为了增强体质，长期维持健康，更要强调体育锻炼。有些青年学生不注重体育，致使身体发育不好，肢细、肩窄、背驼腰弯，属于"豆芽菜"型。在校园内外，我常见到这样的学生。我担心在他们漫长的人生道路上能否经得起沉重的学习和工作负担，能否经得起各种环境的考验。我还怀疑他们是否具有远大的志向，爽朗的性格和宽广的视野。我希望这样的青年能认识到问题的严重性，下决心改变现状，认真地进行体育运动（每天一小时），以矫正其体型，强壮其筋骨，焕发其精神，开阔其胸怀。

　　能够终身受益的运动项目，要在青年时代就熟练掌握，并打下基础（技能和身体素质），以后只是反复实践和提高而已。年纪大了手脚不灵，如果到那时才从头学基本动作，从头掌握基本要领，那就困难了。而且，如果不是年轻时训练有素，到中老年才开始锻炼，还可能经常发生运动事故。所以，我强调在学生时代就要熟练地掌握一两项终身受益的体育运动项目。

　　一般来说，掌握一两项上述项目，并不困难，但是要持之以恒，长期坚持是很难的。为了做到这一点，除毅力之外，最好要有浓厚的兴趣。兴趣各人不同，可以选择，但是通过实践见到成效，往往是兴趣之由来。兴趣浓了就一定会长期坚持下去。

　　与此同时，我还希望我们的学生（本科生、研究生）每人都具有人体解剖、生理卫生、中西医学等方面的一般知识。为此，要读几本有关的书籍。当然不必要求过高。这些知识可以帮助人们科学地安排生活，安排体育运动，进行自我调节和简易治疗，从而有利于增强体质。

　　以上是我几十年经历中的点滴体会和阅读有关材料的收获。是否得当，请同志们（特别是体育老师）批评指正。

给大学生的若干提示[*]
——谈利用图书馆问题

关于大学生利用图书馆问题，我想提示以下九点。

1　要从封闭的学习模式转变为开放的学习模式

学习上的封闭模式，是指把学习完全局限在教科书和教室之内，学生只是被动地接受知识，不主动获取知识。典型的情况是：上课记笔记，下课对笔记，考试背笔记。

这种学习模式的弊端是学习死板，思想狭窄，不利于培养头脑灵活、具有分析问题解决问题的能力的人才。所以，不应提倡这种封闭的模式。

显然，凡是按这种模式学习的学生，都不会认识到图书馆的重要性，都不可能去利用图书馆为读者准备的各种便利条件。

学习上的开放模式，是针对封闭模式而言的。这种学习模式，是课内与课外结合，学生不仅被动地接受知识，而且还主动去获取知识：在学好教科书的同时，还尽可能地阅读参考书和其他资料；在继承知识的同时，还有选择性地探讨研究一些问题；在学习理论的同时，还深入到各类实践中去进行调查研究或科学实验。

这种学习模式的好处是学得活、思路广，有利于培养独立工作能力。所以，要提倡这种开放的学习模式。

显然，凡是按这种模式学习的学生，都会感到图书馆很重要，从而成为图书馆的经常读者。

从封闭的学习模式转变为开放的学习模式，是大学生充分利用图书馆的关键。

2　要取"参考书"之长，补"教科书"之短

为了具体确定某一门课程的教科书，一般都有若干本书可供选择。这些书各有所长，各有所短；在观点、深度、广度、风格、编排、文字叙述等方面各有特点。最终选定哪一本作为教科书，完全取决于学校和任课教师。一旦确定了其中某一本作为教科书，其余的就成了参考书。从根本上讲，"教科书"与"参考书"的划分是相对的。由此可见，为了更好地学习一门课程，要取"参考书"之长，补"教科书"之短。

在学习一些主要课程时，最好从图书馆借一两本"参考书"来翻阅。究竟一门课程有哪些参考书，他们各自的特点怎样，最好向任课老师请教，然后再决定借哪几本来参考。

3　要利用图书馆的外文藏书学习科技外语

为了真正地学好外语，不仅要学好基础外语，而且要较全面地阅读外文科技书。

---

* 本文原发表于《东北工学院生活》，1988。

例如理工科学生应该读一些数学、物理、化学、机械、电学、管理等方面以及本人所学专业方面的外文书。也就是说，不仅要读一些本专业的书，而且要读一些非本专业的书。只有这样，将来才能真正做到顺利阅读本专业书刊。大家都知道，在所谓"专业"书刊中有大量"非专业"的内容和词汇。在"非专业"方面下的功夫不够，是不可能顺利阅读"专业"书刊的。

大学生在校期间，读这些书的机会很好，在各门课程的教学过程中可以陆续从图书馆借出这些书来。读这些书的主要目的是学习科技外语，而不是学习科技内容，所以选择篇幅不大、内容较浅的书为好。当然，若有可能，把学外语和学科技二者结合起来更好。

4 要利用文摘查找文献资料

我们的图书馆里有若干学科的文摘，如化学文摘、冶金文摘等，供读者使用。多种文摘都是定期出版，其中较全面地刊登该学科在一段时间内公开发表的文献（专著和论文等）的摘要。这是查找文献资料最方便的工具，学生要广为利用，尤其是在做毕业设计（论文）阶段，用处更大。

查阅文摘时，最好用专门的卡片，把选出的论文（或专著）极简要地记录下来。对于论文，至少应记下作者姓名、论文题目、期刊名称、出版年份、期号、起止页数；对于专著，应记下作者姓名、书名、出版年份、出版社名称，以便按照这些记录进一步找到所需的论文和专著。

5 要利用图书馆培养涉足于新学科的能力

学生毕业以后，在工作岗位上始终固守原有知识领域不向外扩展的可能性是很小的。在科学技术迅速发展的今天，更是如此。往往需要人们去了解从来不曾学过的知识领域。了解的深度，随情况而异，从一般了解到深入掌握。所以，在校期间要培养涉足于新学科的能力。

在这方面图书馆能提供许多方便条件，查阅百科全书、手册和基本参考书，是利用图书馆学习新知识领域的主要途径。

百科全书有综合的和分科的两类，均可查阅。

手册是按学科编写的。它们的内容较详细，既可作为入门的参考，也可作为工作过程中使用的工具书。

选到一本合适的基本参考书，是学习新知识领域的重要一环。在初次接触新领域时，最好先读一本容易读懂的，篇幅不大的参考书。

6 要利用图书馆的藏书拓宽知识面

大学生在专攻一门学科的同时，要时刻注意拓宽知识面。理工科学生，除了要懂得本人专攻的那门理科或工科之外，还要懂得一些其他理工科知识，以及理工科以外其他学科的一些知识，如政治、哲学、经济、法律、管理、文学、历史、地理、体育、卫生等方面的知识。对于专攻的学科，要有深度；对于其他学科，要有广度。知识结构要是"T"字形。

图书馆藏书量大，门类繁多，可任意挑选。学生应广为利用，以求知识之渊博。

7　要了解本校图书馆的情况，掌握文献的检索方法

刚入学的新生对于大学图书馆是陌生的。要想方设法了解本校图书馆的情况，尤其是藏书和文献检索方法。在检索和借阅过程中，如遇到疑难问题，要虚心地向馆内的咨询服务人员请教。

图书馆当然更要随时欢迎或组织学生到馆内参观，向他们具体讲解检索和借阅方法，讲解馆内制定的规章制度。还应编写一些介绍本馆情况的书面材料，发到学生手中。这些材料主要供入学不久的学生参阅。开架借阅，既能方便读者，又能使学生直接了解馆内的藏书情况，是最为理想的。

8　要利用视听资料和各系的图书资料

视听资料，如录音带、录像带等，是图书资料的一个重要组成部分。这种"图书资料"的特点是有声有形，能给读者带来许多方便。

近来，各校的电教设备逐年增加，视听资料越来越丰富多彩。广大学生已受益匪浅。当前，需要更进一步普及视听资料的使用。

各系一般都有自己的资料室。这些资料室的特点是专业性较强，规模较小，查阅文献方便。它们不仅向教师开放，而且也向学生开放。

9　要合理安排学习计划

要想按开放模式进行学习，必须合理安排时间，课内学习和课外学习要很好地搭配起来。

就一个学期而言，开学初，课内学习往往较松，时间比较宽裕，节假日空暇时间更多，可以安排较多的课外学习。

就一周而言，课程的安排并不平衡，课外学习可参照课表做出适当安排。

就一天而言，即使是较忙的一天，利用些时间读点课外书刊，也是一种有益的调剂。

以上是我给大学生的一些提示，供参考。

此外，还想说一句，那就是要养成爱护公物，遵纪守法的美德。在借阅文献资料的过程中也是如此。切忌损坏文献资料，更不应撕页或"开天窗"。要遵守借还书制度，要尊重馆内工作人员的劳动。在条件许可的情况下，更要为图书馆做些力所能及的服务工作。

谈开放办学*

一所大学、一个系、一个教研室、一个课题组，都应看成是一个"系统"。系统以外的事物是该系统的"环境"。系统可以划分为两大类：封闭的和开放的。开放系统的特点是：系统与环境之间有信息、能量和物质的交流。封闭系统则不然，它与环境之间没有沟通。系统理论指出：封闭系统是逐渐衰退、消亡的系统，而开放系统可以成为向上的、发展的系统。

实行开放办学，就是要把大学、系、教研室、课题组都办成开放的系统，使他们与各自的环境之间，在教学经验、学术思想、科技情报、人员和设备仪器、各种物质条件方面，不断地进行相互作用、相互渗透、相互交流。在校内，要提倡跨系、跨室、跨组的学术交流，兼职兼课，互相合作，互通有无；提倡理工结合、文理结合。要反对"小而全"，反对"画地为牢"，反对狭隘思想。在校外，要提倡横向联系，与工厂企业、研究院所、兄弟学校互相联系、互相学习；提倡与国外大学和有关单位进行广泛交往。反对"闭关自守"，反对脱离社会、脱离生产，反对把学校办成"象牙之塔"。

由于开放系统同外部环境之间是相通的，所以一切过程的起点和终点都在系统以外的环境之中，而不在本系统内部。

就大学而言，出人才、出成果这两个主要过程的起点和终点都在校外。大学培养人才的起点在中学。大学要了解中学的教育情况，使大学的教育同中学教育很好地衔接起来；要让中学的领导、教师、学生和学生家长了解大学和各类专业的情况，使每名中学毕业生恰当地选择报考志愿。经过校内教育，学生毕业了，走上工作岗位以后，学校要继续关心他们，同时从他们那里获得关于如何改进教学、办好学校等问题的反馈信息。也就是说，大学培养人才的终点也不在校内。因此，要反对只管校内的一段，关起门来培养学生和学生毕业后送走了事的做法。

科学研究工作的起点也在校外。大学老师要了解社会主义建设的需要，了解本门学科前沿的状况和发展趋势；要宣传自己的学术观点；要凭借自己的学术地位和工作信誉从各方面争取科研项目和必要的资助。研究工作有了结果以后，还要关心如何使它取得社会效益和经济效益。研究成果发挥了作用才是一个循环的终点。在这方面，要反对被动地等待项目，反对以发表论文和通过鉴定作为科研的终点。

开放办学反映在教学工作上，就是开放的教学思想。学校培养出来的学生，不仅要有较高的政治觉悟、良好的品德修养和学风、扎实的基础和专业知识、健康的体魄，而且要具有较强的开拓和创新精神。这方面要特别强调以下两点。

（1）要注重能力的培养，其中包括自学能力、思维能力、表达能力、实践能力、创造能力、组织领导能力等。只有具备了这些能力，才有可能胜任工作，才有可能在人类现有知识的基础上向未知世界进军，开拓新的知识领域，做到有所发现、有所发明、有所创造、有所前进。

---

* 本文原发表于《中国电力教育》，1988。

为了获得各种能力，必须亲自去实践、去干，而不可能靠来自外界的灌输。不能把高等学校看成是单纯传授知识的场所，不能只注重知识的灌输，不能怕学生不会"走路"就"抱着走"。

学生在学校期间就要走向社会，参加实践，到基层去了解我国的实际，以便将来担负起"四化"建设的重任。

（2）要注意引导学生拓宽知识面。理工科学生除了学好本专业的课程外，还要懂得其他学科方面的一些知识。对专攻的学科，钻研要深；对于其他学科的知识要尽可能多掌握些，要形成"T"字形知识结构。

实行开放办学，必然有利于促进校际的互相学习和互相竞赛。在互相学习和竞赛中，各校必能加速改进各自的工作，加速改革的进程。

学校全体人员要有竞赛意识。始终把自己的工作放在同层次的学校行列中进行考察、比较。既要进行纵向的比较（与自己的过去比），又要进行横向的比较（与其他学校比）。

近年来，学校的自主权已在不同程度上有所扩大，这是实行开放办学的有利条件。学校的自主权进一步扩大以后，开放办学的优越性必然得到进一步的发挥。在这种情况下，学校更要端正办学指导思想，明确目标，务求工作中各项决策的正确性，尽量减少改革工作中出现的偏差。

在学校具有足够自主权的情况下，实行开放办学，必能充分挖掘学校的潜力，增强学校的活力，繁荣学术，提高质量，为国家培养更多优秀人才，提供更多优秀的成果。

提升素质，努力成才[*]
——关于大学生质量问题

今天，我很高兴有机会来与管理学院的同学们见面，讨论一些问题。我喜欢与年轻人接触、交谈，一方面可以把我的一些体会、看法告诉你们，另一方面也可以从你们那里获取新的知识和活力。

我今天做个中心发言，仅供大家参考、讨论。有问题、有看法的，可以随时举手发言，我希望这是一次平等的对话。

我讲的题目是"关于大学生的质量问题"，也是关于"大学生的努力方向问题"。这是一个十分重大的问题，原因是：

（1）它关系到每一位大学生，每位大学生只有对此问题有了明确而全面的认识，才能使自己朝着正确的方向得到提高，将来才会成为有用之才，成为国家栋梁。

（2）它关系到国家的前途和命运，因为现在的大学生是将来国家的建设者。现在世界上各国的竞争说到底是人才的竞争。我们国家大学生数量很大，如果质量也很好，那么我们将来就可以稳操胜券。

那么大学生的努力方向是什么呢？应该说我们国家的教育方针历来是规定得很清楚的，那就是要培养德、智、体、美全面发展的人才。在提法上，不同的阶段可能有些变化，但总的精神一直未变，那就是要培养全面发展的人。这几年提倡的素质教育，其实质仍是德、智、体、美全面发展。

我个人理解，一个人的成长，无非是两个方面：一个是智力方面，另一个是非智力方面。大学生应该同时注意这两个方面的发展和提高。只有这样，将来才能做出一番事业，对国家有所贡献。这个理解和党的教育方针是完全一致的。教育方针里也包括这两个方面。智力方面固然重要，但是非智力方面绝不能小看，有些人智力方面很好，但是非智力方面就是有缺陷，或有弱点。如果不能克服，不能纠正，那也是不行的。前几年沈阳闹得最凶的一个案件就是"慕马案件"，在那前后，沈阳市挖出了一些贪官，都受到了处理，判了刑。这几年全国挖出的贪污腐败分子，何止几千，报纸上都登出来了，大家也都看到了。这些人的智力方面一般都没有问题，问题出在非智力方面。所以非智力因素方面绝不能小看。

这样说不是让大家不重视智力因素方面的提高，相反，大家应该尽可能在智力方面不断提高，将来可以多做些贡献。我的意思是你要全面发展，不要只注意业务学习，否则你就走偏了，将来可能更偏，出什么乱子，做什么坏事情都难说。所以我一直在强调，不管你将来做什么——做官、做生意、做学问，都得先要做人。

世界上最著名的心理学家研究这两种因素之间的关系比例时，提出：决定一个人将来是否有贡献的诸多因素中，非智力因素远远比智力因素重要得多。由此可见，非智力因素有多么重要。我听说，有的同学对业务课以外的其他课程，如政治理论课、

---

* 本文为在东北大学经济与管理学院座谈会上的发言，1998。

思想品德课不感兴趣，不去上课，这很不对。这样的同学他们不懂得非智力因素的特殊重要性。我希望他们能重新认识这个至关重要的问题，对于业务课之外的课程要重视起来。

以上所说的智力因素比通常所说的"智商"要宽泛得多，非智力因素比"情商"也宽泛得多。外国人一般用"智商"和"情商"两个词表达智力因素和非智力因素，我不太赞成用"智商"和"情商"的高低作为衡量学生质量的标尺。

下面我要稍微展开一下阐述我的观点。在非智力因素方面，我要讲 5 个内容：（1）基本觉悟；（2）事业心；（3）品德修养；（4）作风、学风；（5）身体健康。在智力因素方面，我要讲 6 个内容：（1）基础理论；（2）专业知识；（3）知识面；（4）能力；（5）中文；（6）外文。共 11 个问题。

1 非智力因素方面

1.1 基本觉悟

我觉得最基本的觉悟还是两个"观"，即人生观和世界观。我今天重点讲人生观。人生观是人们对人生的根本观点和根本看法。那么，什么样的人生观才是正确的呢？很多书上都讲过这个问题。江泽民同志在北京大学 100 周年校庆大会上对青年提出的几点希望讲得很好，其中有一点就是讲的这个问题，他希望青年"要坚持实现自我价值与服务祖国和人民的统一。"这是正确人生观的核心内容。

现在的问题是，大家都想实现自我价值，但是有些人把服务祖国、服务人民给忘了，留了一半，丢了一半，没能把二者统一起来。

有一位年轻校友被请回学校给同学们作报告，他当年是比较用功的学生，出去以后干得也不错。他现身说法，说他当年为什么能比较用功呢，因为他有一个最大的梦想，就是将来一定要买一辆"宝马"车。对这个梦想，同学们怎么看？我看这个梦想是不值得也不应该去效仿的。我知道，现在年轻人很喜欢汽车，我也很喜欢。只是喜欢不成了，因为 70 岁以上不给驾照。我是说他不应该以买"宝马"车这个梦想，作为他的奋斗目标。因为，首先汽车是交通工具，为什么非买"宝马"不可呢？无非是想以此证明他有钱、身份高，用高档汽车来炫耀自己的身份是现在的时尚嘛。其次他只说到了坐"宝马"，为什么不说为国家为人民做点什么呢？再说了，将来他真有了钱，买了"宝马"，再往后他还干什么呢！所以我说，他把这个梦想作为学习的动力，作为人生的追求，是不应该提倡的。同学们要追求更伟大的目标，即为国家、人民做出贡献。同学们，你们知道哈佛大学的教育目标是什么吗？是"为增长智慧走进来，为更好地服务祖国和同胞走出去"，这句话在哈佛大学的校门口就能看见。

另外，我知道现在青年人喜欢搞自我设计，计划几年后可以当处长，几年后可以当局长，再几年后可以当厅长，或者说几年后可以赚到多少钱，有多大的住房、别墅，当然还有"宝马"。但是，我奉劝你们不要搞这种设计。为什么？因为这种设计可能会使你误入歧途。我要提醒大家一句，不管你当什么"长"，赚多少钱，重要的是你准备干什么。如果你当了很大的"长"，做了很高的"官"，你若乱用职权、假公济私、骑在人民头上、作威作福、敲诈勒索，那么做什么"长"也是在犯罪。再说，如果你没有按照你的设计年限完成你的"设计任务"，你会怎么办？你会不会走歪门邪道？如果按照你的设计去做，到时候你会不会照此办理啊！所以，不要搞这种自我设计，要设计也得考虑全面了，搞另一种更全面的设计。人还是要有一个正确的根本观点的。

我想把我们这一代人在这方面的情况介绍给大家。我们年轻的时候，正是抗日战争时期，当时心里最大的一个问号，是为什么小小的日本，能吞掉中国半壁江山？为什么偌大的中国这么无能，任人宰割？我当时在重庆读小学、中学，几乎天天有空袭警报，有时能看到空战。日本飞机飞得也不算太高，可国民党兵的高射炮却打得更低，就是够不上、打不着，所以人家也根本不理你。看到这种现象，再加上历史课老师也讲了很多中国近代历史上割地赔款、不平等条约等情况，耳濡目染，就产生了一种不服输的思想，将来什么时候中国能翻过身来？强大起来？这是当时不少知识分子的一种愿望、一种信念。当时这种不服输的心理在他们身上扎下了根，使得很多人发奋学习，为后来报效祖国打下了坚实的知识基础。新中国成立以后，经过党的教育，这些人发挥了重要的作用。

当时的物质条件是很差的，但培养出了很多杰出的人才，比如说，西南联大培养出了一些杰出的人，其中包括杨振宁和不少两弹一星的元勋。我当时念书的南开中学，也不得了，就在抗战前前后后十年时间里的毕业生中，培养出了许多党和国家级的领导人，出了33位院士，以及其他方面的名人。为什么？我想很重要的一个原因是当时不少人有一股劲，不服输的劲，不能输给日本人、西方人。我个人当然也受到这样一种思想的影响，有这种不服输的劲头。回想起来，这个劲头对我后来的工作、学习起了很大作用。我搞科研，从来不是跟在别人屁股后面搞的。他们搞的不一定都对，我按我的思路搞。

世界观的问题，只准备提一下，不展开了。世界观是人们对客观世界或物质世界的根本观点和看法。它有唯物和唯心之分，有辩证和形而上学之分。辩证唯物主义、历史唯物主义是科学的世界观。没有正确的世界观，是很难正确认识和处理各种问题的，会到处碰壁的。人生观是世界观的一部分。

我希望同学们加强学习，及早树立正确的人生观和世界观，以指导今后漫长的人生道路。

1.2 事业心

有了正确的人生观，就会自觉地投身到振兴中华的伟大事业中去，一方面贡献自己的力量；另一方面实现自己的人生价值。每个人在这个洪流里面，无论做什么工作，都要有强烈的责任感。把自己的本职工作做好，这就是事业心。在工作中吊儿郎当、松松垮垮的人，一般的结论是：这个人事业心不强。在这方面，我想结合当前现实，讲两个重要的问题。

（1）艰苦奋斗问题。一个人要想做番事业，就必须艰苦奋斗，否则什么事也做不好，做不成，天上掉馅饼的事是不可能的。这是早已被历史和现实所证明的。大家都知道历史上和当代的许多名人以及他们取得的伟大成就，但我希望大家更多地了解一下他们艰苦奋斗的精神。然而，近些年来，艰苦奋斗的精神在有些人的思想中淡薄了，认为现在物质条件好了，不用再艰苦奋斗了。这是一个极大的误解。无论条件多好，艰苦奋斗的精神都不会变的，都要发扬光大。我赞成大家享受生活，但同时也要艰苦奋斗，否则我们的社会就不可能继续前进。

20世纪80年代末，就在东北大学，这个问题闹得很严重。以博士生为首的一批学生正式提出"艰苦奋斗口号过时论"，理由就是现在条件好了。不少同学支持这个观点。学校党委开始做工作，指出他们的论点是错误的，但他们不理解。后来在无奈的情况下，学校把几位老革命、省委的老领导李荒等同志请到学校与同学们进行座谈，结果这个座谈会成了一个辩论会。学生一方，老领导一方，争论得非常激烈，老领导说，艰苦奋斗口号永不过时，我们当时是小米加步枪，要艰苦奋斗，你们现在条件好了，也还是要艰苦奋斗……同学们不大听得进去，双方针锋相对。可见，一种错误的思想形成之后，要想扭转过来是多么的不容易呀！但是，现在确实是有些人认为艰苦奋斗过时了。我认为这个思想必须扭转过来。否则，对他本人也不利，对整个社会的发展更是不利。

我回忆自己以前做过的工作，完全同意"艰苦奋斗永不过时"的口号。我认为在学校里，上一门课应该如此，做一项研究工作应该如此，做行政工作也应该这样。记得20世纪50年代末，我在研究高炉气体力学问题的时候，整天除了必要的讲课和会议以外，就是坐在图书馆里面翻书，看杂志，坐了一两个月，下班前还借两本书刊晚上回家再看，一弄就是半夜，最终拿出了一套自己的理论。做实验，到工厂去验证，都证明是正确的，可以用到高炉上。于是，写了一篇很长的文章。但是，你敢不敢把这篇文章拿出来？拿出来就要面对相关专业所有的专家，包括当时我们崇拜的苏联院士。你这个毛头小伙子（那时我30岁）胆子也太大了！所以文章写出来后放在抽屉里一两个月，冷静思考有关问题，反复推敲，苦思冥想，最后还是拿出来了。跟大家一讲，居然有99%的人反对，还给你扣上"理论脱离实际"的帽子！但是，我坚信我的东西是对的。当时的日子是不好过的。直到20世纪70年代后期，西方的杂志进来了，有人看到了人家搞的东西，里面有的公式竟跟我的一模一样，只是他比我晚了整整十年，在那以后我才松了一口气。说实话，那段时间里，我心里的滋味是甜酸苦辣俱全，很不好熬的呀！同学们，你们说是不是教学、科研、行政工作等，都需要艰苦奋斗呀？做事情我是认真的，肯下功夫的。所以，我老伴对我说，"你没有你儿女们聪明，你就是死抠，用功，认真；他们比你聪明，就是不如你用功"我也承认这一点。但是，聪明就可以不用功吗？聪明也得用功，也得艰苦奋斗，大家同意不同意？

（2）浮躁浮夸问题。当前，学术界，尤其是年轻人中间，有一个很不好的倾向就是"浮躁、浮夸、急功近利"，什么事都安不下心来做。就拿学校老师来讲，领导规定几篇论文才能提升，他就急急忙忙写论文，或者把一篇论文拆成几篇来写。你不是要一本书吗？他就拼拼凑凑，给你写一本，甚至往出版社塞一些钱。出多少本？很少的，专为提职称用。科研项目也一样，找点短、平、快的，科研进款多的等。我看有不少人，尤其是年轻人，心里长草，静不下心来，眼睛盯着"名"和"利"。对这种情况，有识之士，常常在报刊上发表评论，说这样下去怎么得了。是啊！这样下去，怎么能拿出来真正有价值的成果呢？很是令人担忧呀！

对这个问题，我们的高层领导也知道，想扭转，所以在2003年的秋天，科学技术部、教育部、中国工程院、中国科学院、国家自然科学基金委员会五部门针对这个问题联合起草了一个原则性的文件，发给各地、各部门，并且指出：各地、各部门要按照这个来落实。进展怎么样？有进展，但不够理想。我是希望这种状况要尽快扭转，否则后果是严重的。我甚至说过，如果不及早扭转过来，那么会耽误一代人的。一代人最少是20年，"文化大革命"耽误一代人，这又耽误一代，你说一共多少年，那还了得。

说一个很小的例子。我有个博士生，原来是学冶金的，念我的博士，方向定为工业生态学，跟他原来的方向不一样，变化很大。他刚入学不久，就来问我，他写篇什么论文为好。我一愣，不知怎么回答，因为他入学不久，谈不上写什么文章，所以我不客气地说："你还没入门呢，你写什么文章啊？你着什么急啊？"后来才弄明白，他是看其他专业的同学们都在写文章，有的已经发表了，甚至有的同学来问他，你发表了几篇文章，问来问去，把他问毛了，实在坐不住了，才来找我的。我就跟他讲，心里不能长草，不能浮躁，要静下来，要宁静致远，否则你什么也学不下去，更不用说写论文了。

现在有的人一个晚上能写一篇论文，一年能发表好多篇论文，我觉得不可思议。我始终认为，这种文章可能是一钱不值的。真正好的东西是要经过千锤百炼的，古人说"十年磨一剑"是有道理的。我很欣赏"宁静致远"这四个字，所以我请人家写了一幅横匾，挂在我的家里，我又自己动手写了一幅"宁静致远"挂在研究所的正厅里，而且署了我的名字。这两年，我总讲这个问题，有的人可能不爱听，我不管，我照讲不误。因为你心里长草，心静不下来，浮躁浮夸，怎么能把事业做好呢。

同学们，浮躁、浮夸再进一步就是腐败，在学术界就会出现剽窃、抄袭等恶劣现象，这几年不是已经揭露出来几起严重的事件吗？！南方一个很有地位的教授、博导，发表的一篇文章，几乎全文是从外国的书籍中抄来的。被揭穿并查处以后，被一撸到底。某大学一位博士生，发表的文章也是抄来的。结果这个同学被开除送回老家，老师也跟着"吃瓜烙"。这是已经被发现的，那么还有多少没被发现的呢？这种情况任其发展，问题将是相当严重的。所以，我奉劝各位同学，不要浮躁，不要浮夸，本科生、硕士生、博士生都一样，老师也一样。

关于事业心问题，我着重讲了以上两个问题，如果这两个问题的位置摆不正，无论什么事情都是做不好，也做不成的。

1.3　品德修养

我们中国人自古以来就讲究个人修养。在"修身、齐家、治国、平天下"这句古训中，头一条就是修身，也就是品德修养。修不了身，就齐不了家，治不了国，更平不了天下。学问再大，才华再高也不管用，可见修身有多么重要。古代如此，现代也是如此，而且丝毫不差。所以，加强品德修养十分重要，同学们一定要下功夫。

品德修养包含的内容很广泛。例如，人是否正直、诚信？是否谦虚谨慎？品行是否端正？能否与人共事？心胸宽不宽？肚量大不大？守不守纪律？是不是遵纪守法？等，多得很，甚至它还包括懂不懂文明礼貌等。高尚品德和良好的个人修养不是自然形成的，而是受教育和自我教育的结果；是按照正确的人生观、价值观，不断学习，不断自我约束、自我规范，经过磨炼的结果。如果你不想听人家的教导，又不进行自我教育，自我约束，任性发展，那是完全没有可能做好品德修养的。关于这个问题，我想讲三点。

（1）淡泊名利。不要把名利看得太重，古人原话是"淡泊明志"，即只有淡泊名利，才能使你立下的志向在头脑中变得更清晰明朗。我很欣赏"淡泊明志"这句话，像欣赏"宁静致远"一样，诸葛亮的原话是"非宁静无以致远，非淡泊无以明志"，说得好。

"名利"这个东西不能过分贪图，因为贪图"名利"是万恶之源。社会上的不法分子，究其根源，很多是由此引起的。这就不必多说了，我们说些身边的事情，比如说职称、职务、工薪、津贴、住房、奖励、先进等，对这些东西都不要太在乎。你要太在乎的话，你这一辈也不会快活，光想着他不比我强，为什么提他当科长，不提我呢？怎么给他涨工资不给我涨，给他的住房是朝南的一间，而给我的住房是朝北的一间呢，等等。而且这个东西是没完没了的，一直到你死为止。既影响精神情绪，又影响身体健康，工作也做不好，人际关系也搞不好，你何苦呢？我长期是双肩挑，所以有些同志有这类问题想不开，就找我谈，我总是劝他们，不要计较这些，我说"风物常宜放眼量"，你把工作做好就是了。

我这个人一向就是大大咧咧。教授、博导我都比人家提得晚，无所谓。"文化大革命"以前，有两次留学机会，一次去苏联，另一次去英国，都是擦肩而过，无所谓，我心平气和，丝毫不受影响。学校提名我报院士，我很感激，但我也平静得很，我自己定了个八字方针"认真填表，别抱希望"。填那本"提名书"，很不容易，我非常认真，花了很大力气，但是交上去以后，我就不闻不问，不去打听，不抱希望，最后通知当选了，评上了，我的心跳速度都没有加快，还是平常心。

（2）自我控制。不能让"七情六欲"恶性膨胀，要有自我控制能力，否则失控了，什么事都可能发生，尤其现在社会外部诱惑是很多、很大的，更要强调自我控制，要不然，可能一下子就栽进去了。"一失足，千古恨"，难道不是吗？

社会上一些人品德败坏、违法乱纪的一个重要原因就是失去自我控制能力。这些人之所以会成为腐败分子一是把名利看得太重，二是失去了自我控制能力。再说我们身边的事情：有的同学本来学习很好，为什么后来成了"网迷"，不上课，不睡觉，一天到晚泡在"网吧"里，学业荒废了，身体搞垮了，被留级或被勒令退学等，多可惜呀！为什么？我看重要的一条就是他没有自我控制能力。最初是好奇，但最终还是因为自己失去控制能力，才越陷越深，最后不能自拔。同学们，一定要有自我控制能力啊！

（3）团队精神。团队精神也很重要，因为一件事往往要一些人共同合作才能完成，所以一定要每个人都有团队精神，互谦互让，同舟共济，否则不会成功的。这方面问题一向都存在，现在独生子女更要注意，因为独生子女在家里最受宠，这种以自我为中心，唯我独尊的倾向与团队精神是不相容的。我希望同学们能更理性一些，一定要培养团队精神，将来才能很好地与人共事。

1.4　作风、学风

我想在这方面讲三个重点：

（1）实事求是。实事求是就是根据实际的情况，找到正确的看法和做法，对事对人对自己都要如此，这是很难做到的。例如，根据我们国家的国情找到适合我们国家发展的正确道路这就很难。一个人也是这样，对自己有个实事求是的估计也很难。对自己没有实事求是的估计，非出毛病不可，我是过来人，看得多了，肯定是这样。

实事求是也包括"知之为知之，不知为不知"，不要强不知为知，也不要强知为不知，更不要做出一些违反纪律的事情来。好比说考试作弊问题，这是个大问题。目前，在有些学校里，学生作弊成风，考试交头接耳，递小纸条，代考，利用手机、BP机等现代化工具传答案等，这是学风不正的典型问题。你现在作弊，将来工作作弊不？你管财务作弊不？我做东北工学院院长时曾下大力气与之作斗争，为此我一意孤行，建了中心考场，就是为了杜绝作弊。事实证明这是一个培养学生学风的必要手段。有一位毕业生回来跟咱们教务处处长讲，他在大学里学的课程中，凡是在大考场考的几门都是学得比较好的。外校也有来参观大考场的，都很称赞，我感到很欣慰。另外，听说同学们在申请助学补助、助学贷款的时候也有作假的，这很不好。我希望大家一定要实事求是，不要编造一些假的理由，甚至说有什么困难，有什么慢性病，没有钱治，企图骗取补助或贷款，这实在是不应该的。如果从小养成这种作风，将来你会怎样啊？附带说一下，听说有的同学贷了款，毕业后不归还，这也很不好，这是一个诚信问题。

（2）理论联系实际。理论联系实际问题，就学习而言就是学风，就工作或待人接物来讲就是作风。同学们一定要有好的学风和好的作风。这里面我想提醒大家一件事情，就是在学习期间不要对实际工作不重视，不感兴趣，我听说不少学生对下厂、下矿不感兴趣，怕脏怕累。还有的同学不重视学校布置的假期社会实践，回家之后也不去调查研究，也不去实践，就写一份报告，敷衍了事。这些都是对实际工作不重视的表现，长此以往，你们会变成没有根基的知识分子，浮在上面，很难做出什么大事。我们年轻的时候是经常去工厂的，有时一去就几个月，了解了不少实际情况，交了不少朋友，上至厂长，下至工人，这非常重要。"文化大革命"期间吨钢能耗高得不得了，究竟是什么原因？我调查了一些工厂，用原来专业的东西去考虑，百思不得其解。后来我为此专门去鞍山住着，找那些老朋友谈话，谈了好几天，最终形成了新的思路，提出系统节能的新思想、新理论。后来系统节能成为冶金工业节能的指导思想（这是冶金工业部副部长 1987 年在一次正式会议上讲的）。不深入实际调查，哪来理论！

（3）"严"字当头。这对你们的学习和将来的工作都很重要。大家要养成这个习惯。我认为对学生一定要严格，否则是培养不出人才来的。现在多数同学是严格要求自己的，但也有些同学松松垮垮，迟到早退，习以为常，不以为然。上课不许迟到，不许早退，这是学校的规矩，是必须遵守的。还有的同学作业、习题、实验报告马马虎虎，没有严字当头。我希望他们能很快改正过来。在这点上我得益于我当年的老师。举个例子，在大学时，我学化工，教我物理化学的老师是张江树教授，十分严格。大家知道：水的热焓变化等于水的重量乘上它的温度变化，再乘上水的比热容，一般情况下水的比热容是1，任何数乘1都还是那个数，但张教授一定要学生写上这个×1。如果不写，答案即使是对的，也要扣去一半分数。有道理没有？有！因为如果不×1，答案的单位（量纲）不对了。重量×温差得不出热量，更何况水的比热容也不是在任何情况下都绝对等于1。所以，不写×1，分数要扣一半。这件事给我的印象极深，虽然已是50多年前的事，但至今不忘！

我向我的老师学习，所以我对学生也是"严"字当头，研究生写的东西，不达到我的要求，是绝不放行的。往往要修改几遍才能放行。而且批语写得很多，很严厉。有时我想，有些学生会不会恨我？但他们告诉我，没有人恨你，反而都感激你的，因为确实把他们的水平逼上了一个台阶。

1.5 身体健康

这是非智力方面的又一个重要因素，也就是教育方针中的"体"字，对大学生，无论男女，都应该是身体很健康，很强壮，精力很充沛，朝气蓬勃的青年。

但是我们现状是怎样呢？我很担心，因为我们有些同学，比较瘦弱，人也不那么挺拔，朝气也不够蓬勃，有点萎靡，也不注意体育锻炼，有点像文弱书生。我曾经进行过"火力侦察"，看同学们的体力如何。开运动会时，我从看台上走下来，到同学中间，去同他们掰手腕，结果一半以上掰不过我，当时我是60多岁，小伙子掰手腕掰不过老头子，怎么说得过去？我捏他们的胳膊，细得很，一把就捏过来了。

我担心有些同学，他们怎么可能有充沛的精力去面对当前艰苦的学习任务？去面对将来繁重的工作？怎么可能有高昂的情绪、广阔的胸怀去面对将来可能遇到的各种情况？所以在我当东北工学院院长的时候，在东工小报上写的一篇文章就是关于身体健康问题，题目是《每人都要掌握一两项终身受益的体育运动项目》，大家不妨读一读，也许会有一些收获。你们现在还出早操不？应该出。课后有什么活动吗？应该有。

我个人是从切身的痛苦经历中逐渐体会到健康的重要性的。小时候正是抗战期间，我随父母逃到重庆，住在半山腰上，因好奇心强，到处乱跑，有一次在悬崖边上的一条小路上摔了下去，直上直下，足有四层楼那么高。两脚着地，当即昏了过去。救上来后，昏迷了三天三夜，内脏破裂，全身的血几乎都跑到腹腔中了，结成两个血饼，小便全是血。为了保心和脑，把手和脚全都吊起来。当时医疗条件很差，可是老天保佑，我居然又活了过来。不久又上学了，不过身体很弱，而且经常发低烧（体内有炎症未消），一烧就是好几天，甚至好几周，面黄肌瘦。这样一共拖了好几年，这中间，我考上了南开中学，这是近代教育家张伯苓先生办的一所学校，十分注重体育。下午上完课，三点半钟以后，全体学生都不许待在教室里面，必须到操场上去打球、玩、运动等。我因为身体不好，什么也不会，只好坐着看。我很羡慕运动员们健壮的身体和熟练的技巧。最后我下定决心要练。怎么练？下晚自习以后，围着操场跑，先跑一圈，再跑两圈、三圈。到单杠上去吊，到双杠上去撑。反正天黑了，出什么洋相也没有人看见。这样坚持了好几年，读完高一后，我的身体强壮了，个子也长高了。就这样，我养成了坚持运动的好习惯，尝到了锻炼身体的甜头。另外，我还学习了一些医学知识。在后来的几十年里，又有过两次健康上大的波折，也是因为有这一套东西才闯了过来。要是没有这一套，我是活不到现在的，更不可能在这里连续作两个小时的报告。

所以，我把我切身的经验、体会告诉你们，希望你们能把它们变成自己的东西，把身体搞好，锻炼好。

非智力方面就讲这些，下面讲智力因素。

2 智力因素方面

2.1 基础知识和专业知识

关于基础知识和专业知识，我只简单地讲两句，一带而过。最重要的是基础课、专业课中的基本理论、基本知识、基本技能，就是所谓"三基"，同学们一定要做到真懂，会用。用人单位在面试时，甚至可能问你基本理论和基本概念的。

2.2 知识面

下面我将重点讲一讲大学生的知识面的问题。

大学生的知识面，越宽越好，不能只懂本专业，还要知道些其他专业的知识。我认为，学理的要学工，学工的要学理；学理工的要学人文，学人文的要学理工；学文的要学武，学武的要学文；要理工结合、文理兼顾、文武双全，而且中西合璧。为什么？这是时代发展的客观要求。事实上，从事任何实际工作，都要用到多方面的知识，何况现代科技的主要趋势是学科之间的交叉、渗透、移植。所以，要想有所发明，有所创造，必须要有很宽的知识面，狭窄的专业思想是不行的。

你自己的本专业知识要学得深，其他方面的知识也要广泛涉猎，要学得宽。一个人的知识面应呈"T"字形。在这方面，当前有些大学生存在很大的弱点，知识面太窄。

举个例子。不久前，我与某大学的一位三年级工科学生交谈，我说：你以前学过地理吧？他说：学过。我说：那我就不客气地考你一个问题好不好？他说：好。我就问他：纽约在美国的东海岸，还是西海岸？他想了一会说：好像是在西海岸！我说：我再问你一个问题，英国是在欧洲的东部，还是西部？他想了一会，想不出来，只好说："不知道"。我又问：你学过历史吧？他说：学过。我说：那好！那我问你一个问题行吧？他说：行。我问他：清朝以前是什么朝代？他想不出来，最后说好像有个孙中山。真让人哭笑不得！我劝他多读些地理、历史方面的书，因为他在这一方面一无所知。

这是不是个别现象呢？不是，20多年前，我教钢冶系学生《新概念英语》，课文里遇到纽约这个地名。我问全班同学，纽约在美国东海岸还是西海岸？知道的请举手！听课的50多人中，只有1个人举手！课下有个学生说他也知道只是没有举手，我说好，那就是2个人知道，其他的人都不知道。

前些年，我也问过学生，我国长城东起何处，西止何处？从上海乘火车到北京要经过哪几个主要大城市？也有基本答不上来的。你说这样的学生悲哀不悲哀？他们是大学生呀！

知识面一定要宽，我建议同学一定要树立拓宽知识面的目标，并随时下功夫！

2.3　能力

有知识是一回事，有能力是另外一回事。能力主要指的是什么？主要指的是：

（1）自学能力——运用文献资料，学习掌握新知识的能力；

（2）表达能力——用语言、文字、图表、公式表达思维的能力；

（3）实践能力——调查研究、试验、设计、操作的能力；

（4）思维能力——分析、综合、抽象思维、形象思维能力；

（5）创新能力——有所发现、发明、创造、前进的能力；

（6）组织能力——管理、社交、计划、决策能力。

对于创新能力和思维能力我想多说几句。一个人如果仅仅有知识，而且很渊博，但是缺乏怀疑、冒险和创新精神，是难以给社会创造出新东西来的。这样的人充其量也只能起到一个继承、传授和普及科学的作用，只能是一个"复制者"，很难说是一个科学家。可见创新能力是很重要的。创新不是凭空而来的，它是在继承基础上的创新。

要想有创造性，必须具备什么样的思维能力呢？

（1）摆脱逻辑思维的束缚，借助直觉，找到研究方向和选择课题；

（2）打破思维定势，诱发灵感，捕捉机遇；

（3）抛弃已有的认识模式，发挥想象，标新立异；

（4）转换思路，进行发散思维，特别是逆向思维；

（5）对事物进行联想和类比；

（6）在极不相同的事物间发现共同点，在极为相似的事物间寻找不同点；

（7）在事物的多样性中寻找高层次的和谐和统一；

（8）综合运用各种方法，有效处理问题。

这些思维方式，同学们要好好体会，可有助于提高创新能力！

另外，创新是有风险的，所以要想创新，一定要经得起人家的反对，毫不动摇，才能成功。邓小平同志说社会主义也能搞市场经济，就是个伟大创新，就是打破了经典著作中的思维定势，风险大得很，当时许多人是半信半疑，或者是反对的，但他坚持了，成功了。

毛泽东同志搞农村包围城市也是伟大创新，当年反对的人很多，而且反对的人比他的地位高，说他是胡来，挨批判，但他仍然坚持、仍然顶住，最后他成功了。

科学史上哥白尼的日心说，当时被认为是造反呀，命都搭上了，但他认准了死不回头。

我回想自己的经历，也没跑出这些规律，提两件事：

一是前面讲过的，20世纪50年代末，研究高炉气体力学。用的思维方式好像是属于第七条——在地下水动力学与高炉气体力学之间找到了共同点，提出了一套新的看法，但当时遭到99%的人反对，反对了十年。

二是20世纪80年代搞了一套系统节能理论和方法，用的好像是发散思维。提出后，又遇到很多人的反对，文章登不出去，到了第七年，日子才好过点。

2.4　学好中文

近些年来，使我非常着急的一件事，就是有不少学生（本科生、硕士生、博士生）的中文写作能力太差，写的东西总是不像样子，写个便条，打个报告都不像样，更不用说写论文或译文了。学生交给我的论文、译文、著作等，有些是要我审阅、修改的，我觉得费劲得很。

记得多年前，好几个人翻译一本专业书，由我来定稿。简直把我难坏了，几乎从头改到尾，改也改不好，因为它"木已成舟"。我把它全译一遍可能更省劲、更好些，但这不行呀，这是大家写的。前些年，对于学生交来的稿子，我还动手改得比较多，当然很费劲。现在我基本不替他改，而是只提意见。这里不通，打个"？"，那里不好画个"×"，有问题画个"——"，在稿纸的反面写一点批语，说上几句。经常写的一条批语是：看来你还得仔细读读吕叔湘著的《语法修辞》等！学生来面谈的时候，我再解释这些"？"和"×"。说实在的，我现在越来越怕审阅学生交来的稿子了。学生也怕，把稿子交给我以前都考虑再三，心里是忐忑不安的，到底交不交，可不交不行呀！因为得不到我的认同，这份稿子是不能放行的。

我发现这样逼他们一下，还是比较有效的。几年前有一名博士生，研究工作做得不错，就是博士论文写不好，逻辑不对，话语不通，词不达意。第一稿我看后退了回去，第二稿还不行，又给退了回去，打了很多"×"和"？"，写了许多批语，大概一共退了三次。后来，他真的下功夫了，居然三个季度没有来找我。到了第四个季度，论文拿出来了，我一看写得很好，一下子过关了，我问他你怎么一下子提高这么多，他笑嘻嘻地说，还不是让您逼的！

由此看来，"逼"一下还是大有好处的。"逼"就是给他一个标杆，你达到不到这个标杆，休想过关。这个标杆很重要。有人很可能想，中国人写中文还不容易吗？顺口就来，何况从小学到大学、念了好多年，写出来肯定差不多。他万万没想到，事情不是那么简单。你不下苦功夫，是写不出来好东西的。顺口就来的东西是过不了关的。因此，我建议同学们无论写什么东西，都要十分认真，逐段、逐句、逐字地推敲，不怕下苦功夫，一遍遍地修改。最后还要把自己当成读者去反复读自己的作品，看还有什么毛病。古人云"语不惊人死不休"就是这个意思。你不逼自己，就等着老师来逼你，我告诉你到了社会上人家就不逼你了！你中文都写不好，人家就不用你了！

我写文章，纸张的利用率是很低的，大约写成一张纸要费掉三四张纸，而且是每张纸都反复改得不能再改为止！

我们都是凡人，不是文豪，不是鲁迅。有个材料上说，鲁迅写文章，先躺在那里，靠在那里，想好以后，端坐提笔，一气呵成。写完以后，看一遍，改几个字就成了一篇不朽之作。这种写文章的方法，鲁迅能用，我们一般人是千万不能用的。

一般人只能是立个标杆，多学习，下苦功，反复推敲。这是学中文写作必须走的路。现在大家注重外语的学习，对中文有些忽视，我看这是误解或误导，中文比外文更重要。把中文学好是最基本的，不要忘了中文是你的母语。

2.5 学好外文

这些年大家在外语学习上，成绩很好，进步很大，但是问题也不小。成绩好是说大家的外语水平提高了，问题不小主要是指学习的方向不明确，不大对头。没有把外语当成交流工具去学，结果是考试通过了，四级、六级通过了，但是用外语交流的能力还较低。

这里所说的交流主要是指以下三方面：

（1）日常会话。

（2）接受本专业范围内的信息。包括读书、读论文、读信、读文件；听讲课、听报告、听提问、听对提问问题的回答等。

（3）发出本专业范围内的信息：包括写信、写论文、写文件、写书、作报告、讲课、提问题、回答问题等。这种深入到专业内容的交流是一般外语系毕业的翻译人员不能代替的，因为他们不懂你这个专业。这种交流只有你自己去解决，所以这是专业人员学习外语的根本理由，根本目的。交流能力低就是指上面这些方面的能力低。最突出的是哑巴英语，学了很多年英语，就是张不开口，一句话都不会说，也不敢说，发不出口头信息。平时学习也是只用眼睛看，不用嘴巴念。同学们要知道，外语是要用嘴巴念的啊，否则你是不可能找到语感的啊！而找不到语感，也就学不好外语，当然开口说话就更谈不上了。

前面讲过，我教过英语，1980年客串教《新概念英语》，教了一年。我的教法是注重每个字的发音、高声朗读、口头回答问题，另外就是听写。在课堂上，叫学生站起来读、说，必须大声读，小声不行，要他重读，直到他能放开嗓子，声音够大才行。随时有小测验，考试也是这一套。我对听写很重视，博士生面试时，必须有听写，我读几句书上的话，一句一句读，每句读三遍，最后一句话读完三分钟后交卷。一共用十来分钟，就把每个人的英语水平的高低探得一清二楚。

另外，学专业的人学外语一定要读几本专业书，查字典，从头读到尾。否则你无论学多少也是没有用的，因为你将来主要是在工作中用外语，如果肚子里没有专业词汇，不知道专业外语的特点，你学的外语就等于零。

再说，学外语也要靠"逼"，不是靠自己"逼"，就是靠别人来"逼"，我的俄语就是"逼"出来的。记忆最深刻的是在学习几个月俄语之后，去当了一次翻译。那是1951年初夏，我的老师马汉尼克教授按教育部的安排要去南京、上海等地访问，作报告，介绍和宣传苏联的办学经验，要我去给他当翻译。我就跟着去了，当然是逼上梁山。每到一地，听报告的全是当地的大学校长、系主任、教授，有的是我当年的老师。那样的场面，我这个20出头的学生，从未见过，一上场心里就有几分紧张。面对这样一批高级人物，我万一要是翻错了或翻不出来，怎么办，更紧张。退路是没有的，只好硬着头皮翻，全神贯注地翻。那时，南方的天已经很热，我又急又热，全身冒汗，不知出了多少身大汗！有风扇对着我后背吹也不管用，这一身的汗完全是"逼"出来的。座谈会上也是这样，很紧张，所有的话都是我来翻译，中文翻译成俄文，俄文翻译成中文，不停地来回翻译，哪敢有一丝疏忽！总之，那次当翻译逼得够呛，但也受益匪浅。后来学好俄语的自觉性当然也就更高了，逼着自己学！

　　后来还有很多这种经历。苏联教授纳扎洛夫的讲课，也是我翻译的。因为外语专业毕业的翻译是翻译不出来的。教授讲一段我翻译一段，他话音一落，我就得开始翻译。有一次我感到他讲得不太对，犹豫了一会儿，他就催我说："陆，翻译啊！"。这样一种情况，是不是一种磨炼，是不是一种"逼"啊！

　　好在年轻时经历不少磨炼，打下了比较好的底子，后来一直没忘！20世纪90年代初的时候，我还同乌克兰教授古宾斯基合写了一本专业书（俄文）。到他们学校去交稿时，还把我写的那部分，给他系里的全体教师、研究生讲了一遍，讨论了一阵，当然全是用俄语！1995年该书在莫斯科出版。

　　好了，以上就是我的一些体会，讲完了，平等对话，供大家参考。谢谢！

谈大学为可持续发展服务[*]

实施可持续发展战略，落实以人为本、全面协调、可持续的发展观，涉及方方面面，其中包括政府和非政府组织、企业和消费者、研究院所和大学等。本文只限于讨论大学这一个侧面，着重说明大学为可持续发展服务这一个问题。

2002 年，我本人在中国环境与发展国际合作委员会（国合会，CCICED）开会期间，曾建议成立一个课题组，专门研究"大学与可持续发展"问题，并得到多位中、外委员的赞同，后因种种原因，课题组未能组成。现在，重提这个话题，谈谈我个人的看法，不当之处，请大家批评指正。

1 关于可持续发展

先简单地介绍一下可持续发展思想的由来和实施情况。

可持续发展，是在人类赖以生存的地球遭到日益严重破坏的情况下，在总结经验教训的基础上提出来的。在经济不断增长的过程中，自然资源日趋枯竭，水资源匮乏，全球气候异常，臭氧层破坏，酸雨、沙尘暴、土地沙化日益严重，耕地面积缩小，物种锐减，垃圾成灾，有毒物质剧增。这种情况，如果任其发展下去，那么人类的未来是很不乐观的。在这种严峻的情况下，可持续发展的思想就应运而生！

可持续发展的定义，在文献中有各种不同的表述。但比较公认的是《我们共同的未来》（1987 年）一书中提出的定义：可持续发展是"既满足当代人的需求，又不危及后代人需求的发展"。这个定义，简单明了，既强调了发展，又强调了公平；为了实现可持续发展，必须做到人与自然的和谐，而不是与自然对抗，更不是"征服"自然。

这些年来，可持续发展观，得到了越来越广泛的共识。各国学术界从不同的角度开展了大量的研究工作，取得了不少成绩。一些国家根据各自的国情，提出了相应的方针、政策和法律法规，从各方面推动社会向可持续发展的方向转变，而且取得了较好的效果。

1994 年 3 月，我国发表了《中国人口、环境与发展的白皮书》，正式确立了可持续发展战略，并提出了相应的对策。在那以后，中央领导又多次强调可持续发展战略对我国的极端重要性。十多年来，从中央到地方采取了一系列落实可持续发展战略的措施，取得了不少成绩，这是十分可喜的。但与此同时，人口、资源、环境工作仍面临着许多问题和挑战。主要是：未来几十年人口数量将继续增长，资源短缺的矛盾日益突出；一些地方乱批、滥占、滥用耕地和乱采、乱挖矿产资源的现象依然存在；生态环境总体恶化的趋势尚未扭转；水资源供需矛盾十分尖锐等。这些问题，都亟待解决。

2 大学的基本任务和价值

大学的基本任务，是培养、教育学生（其中包括在职人员的培训）和进行科学研

---
* 本文原发表于《高等教育研究》，2006。

究工作，也就是我们通常所说的"出人才、出成果"。

大学的价值是通过毕业生的工作和科研成果的传播、转化和实施，对社会的各个方面（文化、科技、经济、军事、政治等）做出有益的贡献实现的。

当前及今后很长一段历史时期内，大学在完成其基本任务的同时，要特别着重在人类社会的可持续发展方面发挥它独特的作用。

1998年世界高等教育大会发表的《21世纪高等教育宣言：展望和行动》第一款写道："我们重申，一定要维护、加强和进一步扩大高等教育的基本任务和价值，特别是要对社会的可持续发展和进步做出贡献"。

我国前教育部部长陈至立率团参加了大会。会后，经国务院批准发表了《2000年中国教育绿皮书：21世纪国际高等教育展望》。其中写道："高等教育要主动参与社会的可持续发展工作……"，而且说明，这是从上述《宣言》中得到的启示之一。

我理解，这是因为：

（1）今天的大学生，是明天的国家栋梁。如果大学生在上学期间，就深刻认识和树立了可持续发展和科学发展观的思想，并且掌握了所学专业范围内如何实现可持续发展和落实科学发展观的知识和本领，那么，走上工作岗位以后，就能成为推动和实施这一伟大事业的重要动力。反过来，如果不是这样，他们就不可能成为动力，有些情况下，甚至可能成为阻力。尤其是走上各级领导岗位以后，更是如此。

（2）大学的学术力量雄厚，学术思想活跃，具有强大的科研能力。大学只需明确其自身的价值取向，找准学术方向，就能做出大量创新性的成果，对于可持续发展思想的实现，是极大的支持。反过来，如果不是这样，那么大学在当今时代的价值就会低得多。甚至，在最坏的情况下，可能与时代背道而驰。

3　大学的现状和今后改进的方向

近些年来，有些大学已经在可持续发展方面做了不少工作。例如，有的增设了资源、环境方面的专业，有的成立了新的学院和系科，有的在本科生教学计划中增设了一门环境保护方面的概论课（必修或选修）。有些大学，在可持续发展方向上的科研成果、发表的论文、出版的书籍逐年增多。但是，给人的总体印象是，高等教育系统在这方面迈出的步子不大。

现在看来，非环保类专业的主要问题是：各门课程（从基础课到专业课）的教学大纲、教学内容、教材，一般来说都变动不大，只是增设了一门学时不多的环保概论课。而且，这门课程的内容可能仍以"末端治理"为主，没有涉及"工业生态学"等新的学术思想体系。在各专业的科研工作中，可持续发展问题似乎尚未占有必要的份量。这样，学生（本科生、硕士生、博士生）在学期间几乎不可能获得可持续发展的全面概念，更不可能获得本专业所必需的有关知识、方法和能力。

传统的环保专业，要进行一番改造，才能符合可持续发展的要求，因为近些年来人们对环境保护的认识加深了。最值得关注的是近些年来形成的新学科，例如工业生态学等。其中包括一系列新思想、新理论和新方法，例如，清洁生产、循环经济、环境设计、生产者责任延伸和产品环境标识等，以及物流分析、产品生命周期分析等资

我希望我国的大学能通过自身工作的改进，在可持续发展问题上，做出更大的贡献，把大学独有的价值充分体现出来。为此，各类专业都需要做许多工作，主要有：

（1）进行教学改革，修改各专业的教学计划、各门课程的教学大纲和教材，使之与可持续发展思想相适应。

（2）调整各学科领域（理、工、农、医、文、法等）的科研方向，通过创新性工作，不断为社会提供可持续发展方面的新思想、新理论、新方法和新技术等。

（3）提倡不同学科之间的交流、交叉、合作，进行综合性的研究工作。

（4）通过各种途径，增强学生的社会责任感，扩大学生的视野，关心社会、经济的发展。

（5）为各级领导，各行各业的从业人员提供一般性的、专业性的可持续发展方面的、长短不一、形式各异的培训。

（6）开展科普工作，普及科学发展观和可持续发展思想和知识。

（7）加强这方面的国际学术交流。

4 思维模式与发展模式

人的思维模式决定着社会的发展模式。人的思维模式有两种：一种是分析的思维模式，又称还原论的思维模式；另一种是综合的思维模式。北京大学季羡林教授在《东学西渐与东化》（光明日报，2004 年 12 月 23 日，第 9 版）一文中，对于这两种思维模式以及它们对于发展模式的影响，讲得十分透彻、十分精彩。现摘录如下：

"简而言之，我认为，东方的思维模式是综合的，它照顾了事物的整体，有整体概念，讲普遍联系，接近唯物辩证法。用一句通俗的话来说就是，既见树木，又见森林，而不是只注意个别枝节。中国天人合一的思想，印度的梵我一体的思想，是典型的东方思想。而西方的思维模式则是分析的，它抓住一个东西，特别是物质的东西，分析下去，分析到极其细微的程度。可是往往忽视了整体联系。两者的不同，十分明确。但是不能否认，世界上没有绝对纯的东西，东西方都是既有综合思维，也有分析思维。然而，从宏观上来看，这两种思维模式还是有地域区别的：东方以综合思维模式为主导，西方则是以分析思维为主导。这个区别表现在各个方面，具体来说，东方哲学中的天人合一思想，就是以综合思维为基础的。西方则是征服自然，对大自然穷追猛打。表面看来，他们在一段时间内是成功的，大自然被迫满足了他们的物质生活需求，日子越过越红火，但是久而久之，却产生了危及人类生存的种种弊端。这是因为，大自然虽既非人格，亦非神格，却是能惩罚、善报复的，诸弊端就是报复与惩罚的结果。"

"具体表现是西方文化产生了一些威胁人类生存的弊端，其荦荦大者，就有生态平衡的破坏、酸雨横行、淡水资源匮乏、臭氧层破坏、森林砍伐、江河湖海污染、动植物种不断灭绝、新疾病出现等，都威胁着人类的发展甚至生存。"

那么，结论是什么呢？季羡林教授写道："西方形而上学的分析已快走到尽头，而东方文化寻求综合的思维方式必将取而代之。以分析为基础的西方文化也将随之衰微，代之而起的必然是以综合为基础的东方文化。这种代之而起，是在过去几百年来西方文化所达到的水平的基础上，用东方的整体着眼和普遍联系的综合思维方式，以东方文化为主导，吸收西方文化中的精华，把人类文化的发展推向一个更高的阶段。这种'取代'，在21世纪可见分晓。所以结论是：21世纪是东方文化的时代，这是不以人们的主观愿望为转移的客观规律。用东方'天人合一'的思想和行动，济西方'征服自然'之穷，就可以称之为'东西方文化互补论'。"

这是多么精辟、多么鼓舞人心的论断啊！

西方有远见的学者，也有类似的观点。例如，《工业生态学：政策框架及其实施》的作者 Allenby 认为："一般来说，西方社会是不懂得怎样去做综合科学的工作的，这并不是过于简单化的一种说法。像中国、日本等亚洲国家，他们具有更为有机的（organic）、整体的（holistic）世界观，能否会更加重视像工业生态学这类综合的学科呢，这是一个很有意思的问题。如果确实是这样，那么工业生态学很可能成为东方有机的整体论（holism）与西方还原论（reductionism）两个伟大文化相互结合的平台之一。"

Allenby 还认为，一定要用东方的综合思维去弥补西方还原论思维的不足。但与此同时，他还认为，这件事在西方国家做起来也并不容易，因为还原论的思维在西方的大学、企业和政府机关都有体现。

现在要回过头来，看看我们自己的情况怎样了。我的看法是，在我国的大学里，占主导地位的也是还原论的思维模式。一方面，这是因为我国大学里的教学内容，基本上都是从西方接受过来的，只有少数专业和课程例外（中文、中医等学科以及政治理论课程等）。另一方面，这是因为我们对于中华传统文化的继承和传播重视不够，师生都忙于具体的业务，没有很好学习传统中华文化。所以，就整体而言，学术体系基本上是西式的，思维模式基本上是还原论的。学生在学习各门课程过程中，逐步形成的是这种思维模式，学生毕业以后（也就是现在各行各业各界的骨干和领导），当然也还保留着在校期间学到的思想方法。在这种情况下，对中央提出的科学发展观（含可持续发展观），接受起来难免有些困难，因为，一个人的思维模式决定着他的发展观。在中央提出的发展观与他本人的发展观不同的时候，他在思想上就可能有抵触；除非他转变思想，否则他不可能主动、积极地去落实。

因此，当前的任务，是多做细致深入的宣传教育工作，使大家（包括大学教师）头脑中的综合思维所占的比重逐步增加起来，把大家的认识逐步统一到中央提出的可持续的科学发展观上来。这是大学走上为可持续发展服务之路的难点和关键。

5 关于修改高等教育法和大学章程的建议

为了使大学更好地步入为可持续发展服务的轨道，有必要研究一下高等教育法和大学章程。

当前，我国各高等学校办学的法律依据，是1998年8月29日第九届全国人民代表大会常务委员会第四次会议通过的《中华人民共和国高等教育法》（以下简称"高等教育法"）。而在这部法律中，并未提到可持续发展问题。

考虑到在这部高等教育法颁布之后，我国实施可持续发展战略任务更加紧迫，而且中央又提出了统揽全局的科学发展观，我建议，对现行的这部法律，进行必要的修改，以确定大学为可持续发展服务的法律依据。

各高校应根据修改后的高等教育法和学校实际情况，相应地修改本校的章程。

我相信，通过高等教育法和高等学校章程的修改，定能有力地推动全国高等教育系统更积极、主动、全面地参与可持续发展战略的实施和科学发展观的落实。

我对学术方向的感悟*

回顾东北大学漫长的发展历程，我感到既有成功的经验，也有失败的教训。认真总结以往的经验教训，是庆祝东北大学 80 华诞期间的一项活动。如果总结得比较全面、客观和深刻，那么无论是经验，还是教训，对于东北大学今后的发展和提高，都会有重要的参考价值。为此，我结合本人所在的热能工程专业（原冶金炉专业）的兴衰过程，以及这个过程同它选定的学术方向之间的联系写了这篇文章，对当年的学校学术发展权做一次回顾。

在 20 世纪 50 年代和 60 年代初，热能工程专业相当"红火"，当时的同学们常说"炉火熊熊"，也就是这个意思。但后来有一段时间，就不那么"红火"了，活力变小了，甚至在 20 世纪 70 年代中后期，这个专业差一点被校领导撤销。那么，究竟毛病出在哪里呢？我认为重要的问题之一是在学术方向上出了偏差。

20 世纪 50 年代末，西方发达国家开始拆平炉、建转炉，钢铁工业进入新一轮大变革时期。但是，1962 年前后，冶金炉教研室确定了"以平炉为主攻方向，以加热炉和电炉为两翼"的学术方向，这显然是个错误的决策（我本人是决策人之一）。我国拆平炉虽比西方各国晚了多年，但最终也几乎全拆光了。接着，在 20 世纪 60 年代末，在教研室里，"以加热炉为主"的主张逐渐占据主要地位。这就更错了，因为它不符合当时西方各国淘汰模铸工艺、改用连铸工艺的前进方向。模铸机不用了，均热炉当然就没有了，加热炉的台数会大幅度减少，钢坯的升温幅度也会明显降低。在这种情况下，还要以加热炉为主攻方向，当然是错误的。我国淘汰模铸机，虽比国外晚了多年，但后来急起直追，还是赶了上去。由此可见，在较长的一段时间里，这个专业的学术方向始终是错误的。这样，走下坡路就是必然的了。事实表明，20 世纪 60 年代和 70 年代的大部分时间，这个专业一直是比较低沉的。需要说明的是，"文化大革命"的影响不可低估，它是在学术方向错误的基础上，雪上加霜，使情况变得更加糟糕。

当然，这并不是说，在那段时间里，这个专业没有做什么事；相反，即使是在那段时间里，这个专业仍做了大量工作，颇有建树。我只是想强调，假如当时能选择更好的学术方向，那么成绩和建树会更多更好。

从 20 世纪 80 年代初开始，这个专业又重新"红火"起来，因为在那之后，逐步拓宽了学术领域，找到了若干新的学科生长点，诸如系统节能、冶金反应工程、电磁流体力学、工业生态学以及在炉窑方面的创新性工作等。

由此我认识到，大学的学术方向，就好像企业的投资方向。一个企业如果在投资方向上出现重大失误，那么这个企业就会被动多年，甚至因此而破产倒闭。同样，一所大学、一个专业如果在学术方向上出现重大偏差，那么这所大学、这个专业也会被动多年，甚至因此而一蹶不振。这两方面的实例很多，不必列举。总之，对企业来说，投资方向，即资金投向，至关重要；对大学和专业来说，学术方向，即智力投向，至

---

* 本文原发表于《东北大学报》，2011。

809

关重要。在这个问题上，不可稍有疏漏，否则后果是严重的。

那么，怎样才能避免学术方向上的失误呢？最重要的，是要始终掌握本专业及相关专业的学术前沿。对于工科专业，还要掌握本专业以及相关专业的工业发展趋势，跟上时代的步伐。请注意，这里不仅提到了本专业，而且还强调了相关专业，我感到这一点很重要。热能工程专业正是因为当年没有充分掌握相关专业的学科前沿和工业动向，才出现了学术方向上的偏差。

以上是我从热能工程专业的回顾中得到的一些启示，也是对学术方向重要性的感悟，不一定全面，希望对今天的学术发展能够引发思考，有所参考。

漫谈创新之路 *
——我的体会和经历

创新，就是提出新想法，闯出新路子。

当年，毛主席提出发动农民建立革命根据地的新想法，闯出了创建新中国的新路子，是伟大的创新。邓小平同志提出解放思想、改革开放的新想法，闯出了振兴中华的新路子，也是伟大的创新。自古以来，各界人士、各行各业的新想法、新路子，更是层出不穷，不计其数，它们是社会进步的推动力。因此，可以说人类社会的进步史，就是一部创新史。

前不久，中央提出要把我国建成创新型国家，这是高瞻远瞩的宏伟目标。我希望大家都能积极响应中央的号召，为实现这个目标而努力奋斗。

大学的主要任务，是培养高素质的创新型人才，是提出高质量的创新研究成果。这些任务能不能完成，关键在教师。如果教师们都善于创新，而且把创新的经验传授给学生，那么，完成这些任务是不成问题的。

我本人在大学任教几十年，对于创新问题多少积累了一些经验，形成了一些看法。我准备就此谈谈我的体会和经验，供大家参考。

下面，准备分两部分讲，第一部分讲创新的要领；第二部分讲与创新有关的我的故事。

811

1 创新的要领

我体会，以下五"要"是创新的要领。

1.1 要有好奇心

好奇是指对自己所不了解的事物觉得新奇而感兴趣，好奇心就是这种好奇的心理状态。有好奇心的人，爱提问题，爱刨根问底：一问"是什么?"，二问"为什么?"，三问"怎么办?"，即三个"W"——What，Why，How。

好奇心是创新的敲门砖，是打开创新之门的钥匙，是创新之路的最重要起点。牛顿因为好奇"苹果为什么掉到地上，而不是飞到天上?"，从而开始研究他的一套力学理论。如果他对苹果掉在地上熟视无睹，就不会在物理学上取得后来的伟大成就。爱因斯坦是在梦中梦见一个物体顺着坡往下滑，他想假设这个坡是无限长的，物体越滑越快，到最后它能达到的速度有没有极限? 这个问题启发了他一辈子的研究领域。邓小平同志在"三上三下"的时候，一直思考着一个大问题——中国该怎么办? 市场经济到底行不行? 如果没有他对这个问题的长期思考，就不会有改革开放思想的诞生。

李政道曾说："要创新，需学问；只学答，非学问；问越透，创越新。"这三句话，

---

* 本文为在东北大学新入职教师培训会的发言，2013。

说得太好了！它说明了好奇心与创新的关系，以及好奇心的重要性。

好奇心从何而来？其实，一个智力正常的人，生来就有好奇心。儿童时期是最有好奇心的。当儿童会说话的时候，就会问爸爸、妈妈及周围的人很多问题，"这是什么?"，"那是什么?"，稍大一点会问，"为什么?"。对儿童来讲什么都是新鲜的，刚生下来什么知识都没有，后来有了视觉、触觉、知觉、感觉，一旦会说话就会问这、问那，这叫童心，童心最可贵之处就是好奇心。

遗憾的是，好多人长大以后，童心就泯灭了。童心泯灭的第一个主要原因就是大人在回答问题的时候，给小孩一个错觉，认为大人们把什么问题都弄清楚了，什么都知道，我只需学会就行了，不需要我再思考什么了。学校中的考试也都是让学生答卷，学生只要把老师讲的，书上写的弄懂了，就可以得 100 分。久而久之，他就不再想问题了，也不会提问题了。第二个主要原因是没有远大的理想，没有"国之兴亡匹夫有责"的观念。在这种情况下，就不可能对世界大事、国家大事、科学技术大事等感兴趣，更谈不上什么远大理想了。没有兴趣，没有责任感，就不可能有好奇心，更不可能提出什么问题来。总之，保持童心、加强信心、加强责任心，是永葆好奇心的关键。

我的看法是：作为学生，要学会问课内、课外的问题，尤其是要问课外的问题。因为课内的都是被前人证明和总结过的系统的知识，你要突破它不易。而课外的问题多得很，只要你用心去观察，就可以随手拈来。况且，谁也不要求你一定要回答你自己提出的问题。作为教师，要改变教学方式，要将填鸭式的教学方式改为启发式的教学方式，把学生往好奇心的路上引领。

1.2 要自由思考

所谓自由思考就是你乐意怎么想就怎么想，有时甚至是"胡思乱想"。没有自由思考就不可能有创新。自由思考的要点是不能迷信权威和书本，不能"人云亦云"，不要受狭隘的本专业的框框和思想的束缚。要把从别的学科学到的知识拿到你这里来用，进行学科交叉，比如工科可以交叉到理科或者管理学科，甚至更广。此外，要有打破砂锅问到底的精神，要从不同的角度看问题，还要学会站到一定高度看问题，这样视野就会更宽，就会发现周围许多与之有关的事物，就有可能得到更全面、更正确的看法。就事论事往往是看不清事物的本质的。

自由思考是需要前提条件的。第一，宽广的知识面和足够的信息量是自由思考的基础。这些年来我一直提倡拓宽学生的知识面。有时候，一个学科里很难的问题，在另一个学科里可能是小菜一碟，你把这碟小菜拿到自己学科一掺和，创新的东西就产生了。我提倡理工科的学生除了要懂得本人专攻的理科或工科之外，还要懂得一些其他理工科的知识（比如学机械的，还要懂电气、自动化、信息、化学等）和理工科以外的知识。对专攻的学科要有深度，对其他学科要有广度，知识结构要成一个"T"字形，就如同堆沙堆，要想堆高，就需要有宽大的底面积，不然就支撑不住了。第二，要有胆识。胆识就是胆量和见识。要敢于自由思考，拿出来新东西，而且要敢于面对这个行业里的所有专家，哪怕是最高级的专家。第三，要有拼搏精神，要有一种刨根问底，不达目的誓不罢休的劲头。

几年前，我把"责任、信心、胆识、拼搏"这八个字写在横幅上，送给我年轻的同事，它现已成为材料与冶金学院的院训，展示在知行楼的大厅里。

1.3　要捕捉灵感和直觉

灵感，是经过千思万想，不得其解的时候突然出现的一种特殊的、有用的、奇妙的感悟。直觉也很奇妙，它是不经过逻辑思考就出现的感觉。

灵感和直觉，在解决问题的过程中，往往能起到非常重要的作用。不过，它们只是解决问题过程中的一个新起点，绝不能把它们看成是这个过程的终点。这是因为，灵感和直觉的真伪，要经过逻辑推理、数学推导、实验验证或调查研究才能验明它们的真伪，补其不足。

什么时候会产生灵感或直觉？据研究，最佳的时间是似睡非睡、似醒非醒、甚至在梦中的时候。因为这个时候右脑的形象思维和左脑的逻辑思维同时"运作"，同一个步调，电波相同，协调作用。

灵感和直觉是稍纵即逝的，所以要在似醒非醒或梦中惊醒的时候赶紧记下来，否则就忘掉了。最好的做法是在床前放个小本子和一支铅笔，半夜有了灵感，就写下来，然后再回去睡觉。

历史上最典型的例子是门捷列夫发现元素周期表。门捷列夫在发表元素周期表之后，给朋友的信中说，他的元素周期表是做梦梦出来的。他说，"我在梦中见到了元素整齐地排列着的一张表，就是元素周期表，于是惊醒，马上拿笔记下来，以后我只修正了一处。"

1.4　要戒急戒躁

科研工作不能急功近利，不能走短平快的路子。急急忙忙凑数量，肯定不会出什么创新的成果。正确的路子是找准方向，静下心来潜心研究，从基础工作做起。要用打破砂锅问到底的精神自由思考，善于捕捉灵感和直觉，扎扎实实地工作，拿出创新的东西。我很喜欢"宁静致远"这四个字，希望年轻人发扬"宁静致远"的精神，多出创新成果。

另外，成果出来以后也不要急于想得到大家的认可。真正的创新成果出来以后，最初反对的人可能是很多的，甚至是绝大多数人反对。这个时候，要有耐心和信心，绝不要放弃你认为正确的东西。

例如，印度的天文学家钱德拉塞卡，于1935年他还很年轻的时候，拿着他的论文从印度出发，坐着轮船去伦敦参加天文学会议。他在会上做完报告后，当时最有名的天文物理学家爱丁顿就走上讲台，把钱德拉塞卡的稿子撕成两半，并斥责他是在胡说八道。会议主席甚至没有让钱德拉塞卡出来辩解。在这种情况下，他别无选择，只好十分委屈地走下讲台。后来，他又做出了很多创新成果，但是他下决心再也不在任何学术会议上宣读论文，而是每搞完一个课题，就把它写成一本书出版。许多年之后，钱德拉塞卡荣获诺贝尔奖，那时他已经是白发苍苍的老人了！

1.5　要把分析思维（还原论）和综合思维（整体论）结合起来

什么是分析思维（还原论）呢？分析思维的特点是，抓住一个东西，特别是物质的东西，分析下去，分析下去，分析到极其细微的程度，可是忽略了整体联系。如果把世界分成两半——西方和东方，那么在西方占主导地位的是分析思维模式。

什么是综合思维（整体论）呢？综合思维（整体论）的特点是有整体观念，讲普遍联系，而不是只注意个别枝节。这种思维模式，在东方占主导地位。

我认为，在西方科学里最大的问题就是，缺乏综合思维（整体论）。整体论的典型代表是中医，中医不是头疼医头，脚疼医脚，而是从整体来看问题。例如，有一个外国人很有钱，就是眼皮抬不起来，在伦敦和纽约都看不好，人家建议他到北京找中医看看。中医一号脉，说他是脾虚，因为脾主肉，脾虚所以眼睛睁不开。中医开了两副药，吃下去眼皮就抬起来了，所以这个外国人对中医佩服得五体投地。

21世纪是中西文化互补的时代。季羡林老先生讲，要用东方的整体论济西方还原论之穷，就是弥补它的不足。他甚至讲，以前是西学东渐，就是西方的学科往东方来，他主张今后要东学西渐，东方要把整体论带到或送到西方去。

我认为，还原论和整体论结合是创新的一个重要途径。我搞工业生态学就全部是在这两个思维结合之下进行研究的，而且联系得很广。

综上所述，要想走上创新之路，就必须抓住以上五个要领：好奇心，自由思考，捕捉灵感和直觉，戒急戒躁，分析加综合两种思维模式并用。

2　与创新有关的我的故事

学生时代，我对于课内的学习，几乎一直是按部就班，与创新无关。下面要讲的故事都发生在课外。我的好奇心之所以能幸存下来，就是靠这些发生在课外的故事。

2.1　儿时的思想游戏

六、七岁时，放学回家后，我经常做一种思想游戏：从身边的一个事物说起，由近及远，越说越远。好比一只兔子要吃萝卜、吃白菜，那么萝卜、白菜是哪来的？萝卜、白菜是农民伯伯种出来的，要种萝卜、白菜得浇水，那么水是哪来的？水是从河里挑上来的……我那时经常做这样的思想游戏，自得其乐。我本以为，我感兴趣，别人也会感兴趣。有一天我母亲到我房间里来了，我就兴致勃勃地跟她说了一个这样的游戏，没想到她给我的评价是："瞎七搭八，乱说一通"，然后转身就走了。我就这样被泼了一盆冷水，也不敢反驳。后来，我就再也不跟父母兄长们讲我的这种游戏了，因为他们都会不以为然的。吃力不讨好，何必呢！我现在认为，当年的这种思想游戏，对我后来思维方式的形成，是有重要影响的。要不然，为什么我会比较容易接受上面提到的综合思维（整体论）呢？

2.2　为好奇差点丢了性命

小时候，我家住在江苏常州，那是平原地带，从来没有见过山。八岁那年抗日战争爆发，全家逃难到重庆，住在嘉陵江边的山脚下。初到山区，感到新鲜。我好奇心强，总想到山后面去看看，弄清楚那里的地形：是高地？平原？还是山？1938年夏天的一个傍晚，我和几个小孩在山上游逛了一阵后，沿着悬崖边缘上一条很窄的小路往回走。一不小心，一只脚踩空了，失去了平衡，从悬崖上垂直地跌了下去。那是当地人长年开山取石形成的悬崖，有三四层楼高。跌下去，就立刻失去了知觉。好不容易我被救上来以后，昏迷了三天三夜，满口胡言乱语，小便赤红。医生说是内脏破裂，腔内大量出血。说也奇怪，当时医疗条件虽极差，但居然死里逃生又活了过来。但大病之后，经常发烧，面黄肌瘦，不能跑，不能跳，小孩子的活力几乎都丧失了！真是为好奇，差点丢了性命。

不过，坏事也能变为好事。在后来的岁月里，我养成了每天坚持锻炼身体的好习惯，还学习了一些中西医学常识，终生受益。长大成人后，人家说我身材魁梧，体魄强壮！

2.3　月亮的阴晴圆缺

我在重庆南开中学读书的时候，日本飞机经常来轰炸。日本飞机来了，我们就躲在防空洞里，等它飞远了，就到外面去躺在地上，仰面朝天，聊天休息。晚上看天上的星星和月亮。

当时，我们还没有上过地理、天文方面的课程，不知道月亮为什么会时圆时缺。有人说，那是地球挡的，我不相信。但这究竟是怎么回事？我很好奇，于是一边看天，一边琢磨。最后，我琢磨明白了，这一定是太阳、月亮和地球（我们所在的地点）三者相对位置的变化造成的。当时，我就把这个看法讲给身边的一位同学听，可是他反应冷淡，只说了一句："这没意思！"，就走开了！

这种兴趣使然的问题，绝不是针对老师课内讲过的问题，而是课外日常生活中遇到的问题，难道不该动动脑筋吗？

2.4　揭秘华罗庚准赢的秘密

我读高二的时候，听说华罗庚到美国留学去的时候身无分文，他靠什么赚点零花钱在美国花呢？他靠玩火柴棍，抓一把火柴棍，两个人对决，按照一定规则，每人抓一次，谁抓最后一根谁输。结果是，华罗庚准赢，准是人家给他钱。那我就好奇了，为什么华罗庚准赢呢？带着这个问题，我走进图书馆去查，查出来这是一个二进位数学问题：一就是一，二就是十，三就是十一，四就是二十……因为他有理论基础，所以他准赢。这样我在高二就懂得了二进位，而二进位是计算机的主要基础理论。

2.5　对汽车拐弯的困惑

我第一次看见汽车，是在逃难去重庆的路上，很觉新奇。那时，汽车还不多，政府高官有，大企业老板有，在老百姓眼里，它还是稀罕物。我有个哥哥，他从小就喜欢做汽车模型，做得很好，一推就能走。我就想，汽车拐弯的时候，前轮没有问题，它是自由转动，后面两个轮子是驱动的，它是怎样使一个轮子转得快些，另一个轮子转得慢些的呢？我对这个问题产生了兴趣，产生了好奇。弄不清楚就到处去查资料，结果查明那里面有个差速齿轮箱。现在看来这是个简单问题，但是对于我那个年纪，而且并没有学过这些知识，我觉得还是很有收获的。

2.6　江轮停靠码头的奥秘

1937 年，抗战爆发，我坐船入川，1946 年，抗战胜利后一年，我坐船出川，其中第一次坐船是逆流而上，第二次是顺流而下。我注意到，在这两次旅途中，每晚行船靠岸的作业差别很大：逆流而上时，直接靠岸抛锚即可，而顺流而下时，船头必须调转 180°才能靠岸抛锚。我的问题是：其中有何奥秘？

经过观察思考，终于弄明白了。主要是船停靠码头，必须船头朝向上游，抛锚后才能保证船身不被水流冲走。一是因为只有这样才能使锚的利爪抠住河底的沙石，二是因为船头是尖的，能降低河水对船的推力。

以上是我现在还能准确无误地记得的上学期间的 6 个故事。它们都发生在课外，而不是课内。这表明，在求学期间，对课外的种种事物抱有好奇心进行自由思考（和学习），是一条保持"童心"（好奇心）不灭的有效途径。

2.7　与苏联教授当面交锋

20 世纪 50 年代，按照中苏友好条约，苏联派了许多教授到我国大学进行讲学和传授办学经验。派到我校来的苏联专家，前后共二十多位。1954 年，著名的冶金炉专家那扎洛夫教授（新西伯利亚大学副校长）来到我校冶金炉教研室，并兼任我校的总顾问。他给该教研室的老师和研究生上课，我当他的口头翻译。

有一次上课时，讲到炉内温度的测定问题，他熟练地在黑板上写了一个公式——用热电偶测量炉内温度的公式。当时我就觉得那个公式有错误，其中忽略了一个重要参数，即"角度系数"，这个公式不可能说明热电偶的插入深度与测温结果之间的关系。于是，下课之后，我就反复思考，广泛查阅文献，终于推导出来一个新的公式，弥补了原来公式的缺欠，并起草了一篇论文的初稿。又过了几天，我居然鼓足勇气，到那扎洛夫教授的办公室去向他汇报，婉转地说明我的观点和那个新的公式，结果遭到他的强烈反对，一遍一遍地大声说："不! 不对!"。这种情况下，我当然不能反驳，只能很礼貌地回应，说："我再考虑考虑!"，茫然地离开了他的办公室。

但是，我并不气馁，仍然继续研究，进而装设备、做实验。结果是：得到的实验数据与理论计算吻合得很好。于是，我再次鼓足勇气去向他汇报。可喜的是，他的态度有了较大转变，小声地说："哦! 哦!"。

1955 年秋，在回国前，他计划召开一次学术报告会，并通知我把前些日子的研究结果整理成一篇论文，准备在会上宣读。在开会那天，当我宣读完毕时，他热烈鼓掌! 我感到极大地欣慰和由衷的感谢!

回想当时，我才 20 多岁，敢于冒着风险与苏联著名教授当面交锋，而且一切进展比较顺利，实属不易。要是没有足够的信心和胆识，那是绝对不可能的。

2.8　用"学科交叉法"创立高炉气体力学

这个故事说的是：我把地下水动力学与高炉炼铁学交叉起来，创立高炉气体力学的来龙去脉。

从 1958 年起，全国大炼钢铁，绝大多数高炉都大幅提高产量，在超负荷状态下运行。因此，在炉内气体和物料的流动方面，出现了许多新现象、新问题。谁也说不清楚到底是怎么回事。我也常常被人问得目瞪口呆，大量查阅中外文献，也无济于事。但是，我确认，前人在这方面的研究工作几乎都很牵强附会。

在千思万想仍不得要领、最为困惑的时候，突然想到：地下水的运动与高炉中气体的运动，二者在基本理论上应该是相通、相同的；借鉴前者的理论，定能解开后者之谜。于是，我从头开始学习地下水动力学的教材，学习"势流"理论。然后，认真地进行理论探索、实验研究和案例分析，终于成功地建立一套高炉气体力学理论，其中包括气体的折射公式。这套理论和公式的提出比德国的 Jeschan 教授早十年。

1960 年夏，在钢铁学界的一次会议上，我全面汇报了以上研究成果，但结果是"和者概寡"。不过，我理解，这是必然的，不足为奇；一种新思想、一个新理论，总是要经过一段较长的时间，才有可能得到广泛认同的。

若干年后，我欣慰地看到，我的研究成果被编入了炼铁学教材，并且有好几位研究生都是在我的研究成果基础上进一步发挥、提高，做出了很好的成绩。

2.9 关于内倾式平炉的争论

20世纪60年代初，西方有的钢厂把传统的平炉改造成内倾式平炉，效果较好，既节约能源，又提高产量。于是，我国的钢厂引进了这项先进技术，把原有的平炉改造成内倾式的。但是，事与愿违，实践结果与国外经验正好相反：能源消耗增大了，产量下降了。怎么办呢？当时意见分歧，议论纷纷，无法决策。

1964年春，我参加冶金工业部组织的全国平炉热工考察团。我趁此机会，仔细考察了各钢厂的内倾式平炉，每到一家钢厂，都先听取工厂技术人员的汇报，翻阅生产记录，查看改造前后的设计图纸，再站在炉前了解炉子的工作状况，以及钻进正在检修或准备检修的炉子里去，进行实地观察。最后，终于彻底搞清了造成上述不良后果的主要原因：炉子改造的设计方案中有重大失误。

在考察团的最终报告中，我起草了有关内倾式平炉的一段文字。冶金工业部下发这份报告后，大家的看法得到了统一，各厂都采取了相应的措施，这才真正实现了既降低能耗，又提高产量。

我看，这个故事的要害，仍是"创新"，难道不是嘛！

2.10 创立系统节能理论

"文化大革命"期间，我国各钢铁企业都受到严重干扰。十年间，平均吨钢能耗（尤其是吨钢综合能耗）上升一倍多。这种情况亟待改变。但是，怎么办呢？大家都心中无数。我本人也一筹莫展，虽然翻阅了不少资料，做了不少调研，还是理不出什么头绪！

为此，1979年夏，我特约鞍山钢铁集团有限公司的一位经验丰富、很有见地的热工工程师周大刚（东工校友）到东山宾馆当面商谈。第一天，由他讲各钢铁企业的情况，他讲了一整天。夜里我无法入睡，一直在思考。天快亮了，才理出了一些思路。关键是扩大视野，节能工作的视野。一是要从炉窑扩大到整个企业，二是要从能源扩大到"载能体"，这是指能源和非能源的统称，其中后者是指在制备过程中消耗了能源的物品。第二天，我讲了这些看法，他表示同意，接着进一步讨论更具体深入的问题，最终形成了一篇论文，在一次全国性会议上宣读，然后在《钢铁》杂志上发表，受到业内人士的极大关注。

不久，系统节能就成为冶金院校热能工程专业的主要研究方向，成为这些专业本科生和研究生的一门必修课，也成为了钢铁工业节约能源的有力工具。

在系统节能理论的发展成长过程中，遇到一些阻力和障碍是必然的，不足为奇。只要有信心，有耐心，它早晚会得到广泛认同的。1987年，冶金工业部正式宣布，"系统节能是冶金工业今后节能的方向……"。接着在全国推广，效果显著，为降低吨钢能耗发挥了重要作用。

2.11 关于工业生态学的"中国化"和"数学化"进程

1997年12月7日，我才得知西方兴起了一门新学科——工业生态学（Industrial Ecology，亦可译作"产业生态学"），因为那天《参考消息》刊登了题为"工业生态学值得赞赏"的一篇短文。从那天起，我就和这门新学科结下了不解之缘。

当时，国内根本没有这门学科的教材和杂志，而我急于想学习它，就托人在美国买了一本主要教材（1995 年出版）寄回来，还请学校图书馆增订这门学科的一种期刊。经过一年多的仔细研读，我确认工业生态学的确是值得赞赏的，值得深入学习和研究的。因为它的学术方向是为可持续发展服务；它的学术思想是人类社会经济系统不是一个独立的系统，而是自然界的一个子系统，人要与自然和谐共处，向自然界学习；它的思维方式是分析思维（还原论）与综合思维（整体论）的结合。我还确认，这门学科对我国实施可持续发展战略，定有大用。从那时起，我就毫不犹豫地走上了研究工业生态学之路，直到今天仍乐此不疲。

我研究工业生态学的目的，是为了解决中国的问题，但是，中国的国情与西方发达国家之间有很大区别（例如，在发展速度、资源状况等方面）。因此，必须改造这门学科，使之符合中国的国情，即"中国化"。此外，当时的这门学科还处在发展成长的初期，定性论述较多，缺乏定量计算。因此，还要把它"数学化"。而且，这两化是互相关联的：在高速增长的中国，什么事都停留在定性分析上是不够的，一不小心就会走过头或不到位，必须有足够的定量分析，才能做到随时都心中有数，不至于"过冲"❶。

这些年来，以工业生态学的"中国化"和"数学化"为目标，坚持基础性研究，取得了很大进展，得到了广泛地认同和应用。因此，我校率先获准增设工业生态学学科，成立工业生态学研究所，以及环境保护部下属的重点实验室（由东北大学牵头，与中国环境科学研究院、清华大学合办），部分专业把工业生态学列为本科生和研究生的必修课或选修课。

从总体上看，这十几年，工业生态学的创新性研究工作是比较顺利的。当然，同往常一样，也有不少尴尬和痛苦的经历，尤其是开头的几年更是如此。不过，那都是过去的事了，不提也罢！重要的是向前看。

今后，我和我的同事们，将为工业生态学的"中国化"和"数学化"继续努力工作。

我讲的就是这些，不妥之处，请大家批评指正！

---

❶ 《增长的极限》一书中提出的概念，指向前冲得过度，而导致严重的后果。

附 录

附录1 陆钟武发表的论文目录

冶金热能工程

题　目	作　者	发表年份	来　源
用热电高温计测量炉内温度及辐射热流的试验研究	陆钟武	1955	《东北工学院学报》
用热电高温计测量炉内温度及辐射热流的计算问题	陆钟武	1956	《东北工学院学报》
竖炉散料层内的气体流动	陆钟武	1959	《冶金炉理论基础附篇》
关于高炉炉身静压的分析	陆钟武	1960	《东北工学院学报》
火焰炉热工的一般分析	陆钟武	1963	《东北工学院学报》
火焰炉热工实验研究（之一）	陆钟武，李成之，李遇时，朱殿刚，方崇堂	1979	《工业炉通讯》
火焰炉热工实验研究（之二）	陆钟武，杨宗山，赵渭国，边华，杨鸿儒	1982	《冶金能源》
加热炉单位燃耗的分析——火焰炉热工特性的应用	陆钟武，杨宗山	1980	《东北工学院学报》
营口中板厂加热炉改造节能经验的分析	陆钟武，杨宗山，赵渭国，范循厚	1982	《钢铁》
多点供热连续式火焰炉热工特性的研究	陆钟武，王景文	1982	《东北工学院学报》
火焰炉炉膛热工作的基本方程式	陆钟武，方崇堂	1983	《钢铁》
中国大百科全书——冶金炉	陆钟武，倪学梓	1984	《中国大百科全书》矿冶卷
中国大百科全书——火焰炉	陆钟武	1984	《中国大百科全书》矿冶卷
我国冶金热能工程学科的任务和研究对象	陆钟武	1985	《钢铁》
火焰炉热工行为的研究	陆钟武	1985	《金属学报》
大气污染及其防治	陆钟武	1990	《冶金热能工程导论》
连续加热炉供热最优控制	陆钟武，杨宗山，赵渭国，蔡九菊，王霁	1992	《冶金能源》

系 统 节 能

题　目	作　者	发表年份	来　源
钢铁工业的节能方向和途径	陆钟武，周大刚	1981	《钢铁》

题 目	作 者	发表年份	来 源
沈阳线材厂轧钢工序能耗分析	李春元，边 华，陆钟武，马守俭	1983	《钢铁》
工业节能的若干问题	陆钟武	1984	《东北工学院学报》
论冶金工业的节能方针——全行业、全工序、全过程的节能降耗	陆钟武，池桂兴，陈 星	1987	《钢铁能源》
系统节能决策模型及其应用	陆钟武，蔡九菊	1987	《信息和控制》
冶金企业的系统节能技术	陆钟武	1988	《冶金能源》
系统节能技术基础（一）	陆钟武，池桂兴，蔡九菊，邵玉良	1989	《江西冶金》
系统节能技术基础（二）	陆钟武，池桂兴，蔡九菊，邵玉良	1990	《江西冶金》
系统节能技术基础（三）	陆钟武，池桂兴，蔡九菊，邵玉良	1990	《江西冶金》
我国钢铁工业吨钢综合能耗的剖析	陆钟武	1992	《冶金能源》
我国钢铁工业节能方向的研究	陆钟武，谢安国，周大刚	1994	《冶金能源》
我国钢铁工业能耗预测	陆钟武，翟庆国，谢安国，蔡九菊，孟庆生	1997	《钢铁》
过去 20 年及今后 5 年中我国钢铁工业节能与能耗剖析	蔡九菊，赫冀成，陆钟武，李桂田，王维兴，孔令航	2002	《钢铁》

工业生态学

中文学术论文

题 目	作 者	发表年份	来 源
关于钢铁工业废钢资源的基础研究	陆钟武	2000	《金属学报》
钢铁工业与可持续发展	陆钟武	2000	《中国冶金学报》
钢铁生产流程中物流对能耗影响的计算方法	于庆波，陆钟武，蔡九菊	2000	《金属学报》
钢铁生产流程的物流对能耗的影响	陆钟武，蔡九菊，于庆波，谢安国	2000	《金属学报》
钢铁生产流程的物流对能耗影响的表格分析法	于庆波，陆钟武，蔡九菊	2001	《东北大学学报》
论钢铁工业的废钢资源	陆钟武	2002	《钢铁》

题　目	作　者	发表年份	来　源
钢铁产品生命周期的铁流分析	陆钟武	2002	《金属学报》
钢铁生产流程的物流对大气环境负荷的影响	杜　涛，蔡九菊，陆钟武，戴　坚，邢　跃，周庆安	2002	《钢铁》
烧结法生产氧化铝流程中物流对能耗的影响	刘丽孺，于庆波，陆钟武，姜玉敬	2003	《有色金属》
穿越"环境高山"——论经济增长过程中环境负荷的上升和下降	陆钟武，毛建素	2003	《中国工程科学》
关于循环经济几个问题的分析研究	陆钟武	2003	《环境科学研究》
以控制资源消耗量为突破口　做好环境保护规划	陆钟武	2005	《环境科学研究》
关于进一步做好循环经济规划的几点看法	陆钟武	2005	《环境科学研究》
钢铁生产流程中物流对能耗和铁耗的影响	陆钟武，戴铁军	2005	《钢铁》
谈企业发展循环经济	陆钟武	2006	《企业管理》
定量评价生态工业园区的两项指标	戴铁军，陆钟武	2006	《中国环境科学》
物质流分析的两种方法及其应用实例	陆钟武，岳　强	2006	《理论探讨》
物质流分析的跟踪观察法	陆钟武	2006	《中国工程科学》
中国 2004 年锌循环分析及政策建议	张江徽，陆钟武	2007	《资源科学》
经济增长与环境负荷之间的定量关系	陆钟武	2007	《环境保护》
I_eGTX 方程与 I_eGT_e 方程：我国经济增长过程 SO_2 和 COD 排放分析	陆钟武，岳　强	2010	《环境科学研究》
中国 2003～2007 年铝循环分析	岳　强，王鹤鸣，陆钟武	2010	《资源科学》
钢产量增长机制的解析及 2000～2007 年我国产量增长过快原因的探索	陆钟武，岳　强	2010	《中国工程科学》
脱钩指数：资源消耗、废物排放与经济增长的定量表达	陆钟武，王鹤鸣，岳　强	2011	《资源科学》
中国 1998～2008 年资源消耗与经济增长的脱钩分析	王鹤鸣，岳　强，陆钟武	2011	《资源科学》
论单位生产总值钢产量及钢产量、钢铁行业的能耗、物耗和排放	陆钟武，岳　强，高成康	2013	《中国工程科学》
论钢铁行业能耗、物耗、排放的宏观调控	陆钟武，蔡九菊，杜　涛，岳　强，高成康，王鹤鸣	2015	《中国工程科学》

英文学术论文

题　目	作　者	发表年份	来　源
An Analysis of Copper Recycling in China	Zhongwu Lu, Qiang Yue	2006	《The Chinese Journal of Process Engineering》

陆钟武
文
集

824

题 目	作 者	发表年份	来 源
The Eco-efficiency of Lead in China's Lead-acid Battery System	Jiansu Mao, Zhongwu Lu, Zhifeng Yang	2006	《Journal of Industrial Ecology》
Two Approaches of Substance Flow Analysis—An Inspiration from Fluid Mechanics	Zhongwu Lu	2008	《Engineering and Science》
The Study of Metal Cycles in China	Zhongwu Lu, Qiang Yue	2010	《Engineering and Science》
Quantitative Estimation of the Social Stock for Metal Al and Cu in China	Qiang Yue, Heming Wang, Zhongwu Lu	2012	《Transactions of Nonferrous Metals Society of China》
Resource Use in Growing China: Past Trends, Influence Factors and Future Demand	Heming Wang, Seiji Hashimoto, Yuichi Moriguchi, Qiang Yue, Zhongwu Lu	2012	《Journal of Industrial Ecology》
Decoupling Analysis of Four Selected Countries: China, Russia, Japan and the USA during 2000~2007	Heming Wang, Seiji Hashimoto, Qiang Yue, Yuichi Moriguchi, Zhongwu Lu	2013	《Journal of Industrial Ecology》
Exploring China's Materialization Process with Economic Transition: Analysis of Raw Material Consumption and Its Socioeconomic Drivers	Heming Wang, Xin Tian, Hiroki Tanikawa, Miao Chang, Seiji Hashimoto, Yuichi Moriguchi, and Zhongwu Lu	2014	《Environmental Science & Technology》
Analysis of Anthropogenic Aluminum Cycle in China	Yue Qiang, Wang Heming, Lu Zhongwu, Zhi Shengke	2014	《Transactions of Nonferrous Metals Society of China》
Decoupling Analysis of the Environmental Mountain—with Case Studies from China	Zhongwu Lu, Heming Wang, Qiang Yue	2015	《Journal of Industrial Ecology》
Resources Saving and Emissions Reduction of the Aluminum Industry in China	Qiang Yue, Heming Wang, Chengkang Gao, Tao Du, Liying Liu, Zhongwu Lu	2015	《Resources, Conservation and Recycling》

题　目	作　者	发表年份	来　源
Analysis of Iron In-use Stocks in China	Qiang Yue, Heming Wang, Chengkang Gao, Tao Du, Mingjun Li, Zhongwu Lu	2016	《Resources Policy》

高 等 教 育

题　目	作　者	发表年份	来　源
关于"火焰炉热工及构造"教学大纲的总结材料	陆钟武	1963	东北大学内部资料
64级冶金炉"冶金炉热工及构造"课程质量分析	陆钟武	1964	东北大学内部资料
英语入门若干要则	陆钟武	1984	《东北工学院生活》
影响大学生质量的各种因素	陆钟武	1985	《东北工学院生活》
论大学生的质量	陆钟武	1986	《辽宁高等教育研究》
给大学生的若干提示——谈利用图书馆问题	陆钟武	1988	《东北工学院生活》
谈开放办学	陆钟武	1988	《中国电力教育》
提升素质，努力成才——关于大学生质量问题	陆钟武	1998	在东北大学经济与管理学院座谈会上的发言
谈大学为可持续发展服务	陆钟武	2006	《高等教育研究》
我对学术方向的感悟	陆钟武	2011	《东北大学报》
漫谈创新之路——我的体会和经历	陆钟武	2014	在东北大学新入职教师培训会的发言

附录 2　陆钟武主要专著目录

著 作 名 称	作 者	出版日期	出 版 单 位
冶金炉理论基础	东北工学院冶金炉教研室	1961	冶金工业出版社
竖炉散料层内气体运动	陆钟武	1961	冶金工业出版社
冶金工业的能源利用	陆钟武	1986	冶金工业出版社
冶金热能工程导论	陆钟武	1991	东北工学院出版社
系统节能基础	陆钟武，蔡九菊	1993	科学出版社
火焰炉	陆钟武	1995	冶金工业出版社
Теория Пламенныхпечей	Губинский, Lu Zhongwu	1995	Moscow
火焰炉理论	古宾斯基（ГГОИНСКИВН），陆钟武	1996	东北大学出版社
穿越"环境高山"工业生态学研究	陆钟武	2008	科学出版社
工业生态学基础	陆钟武	2010	科学出版社
系统节能基础	陆钟武，蔡九菊	2010	东北大学出版社
The Studies of Industrial Ecology	Lu Zhongwu	2015	科学出版社

附录 3 陆钟武获得的奖励

奖 项 名 称	颁发时间	颁 发 单 位
技术鉴定证书：压下炉头式板坯加热炉	1981.10	辽宁省冶金工业局
冶金部二等奖	1982.05	中华人民共和国冶金工业部
沈阳市劳动模范	1983.05	沈阳市人民政府
东北工学院院长聘书	1984.02	中华人民共和国国务院
国家技术进步奖	1985	国家科学技术进步奖评审委员会
节能先进工作者	1985.07	中华人民共和国冶金工业部
从教 30 年祝贺	1985.09	东北工学院
从教 30 年祝贺	1985.09	辽宁省高等教育局
技术鉴定证书：鞍钢、杭钢合理用能最佳方案研究	1985.10	中华人民共和国冶金工业部
技术鉴定证书：高效率线材加热炉与DDC 控制	1985.12	沈阳市计划经济委员会
中国金属学会冶金能流学会首届理事长	1985.12	中国金属学会
常务理事	1986.10	中国金属学会
关西大学名誉博士	1986.11	关西大学
金属学报优秀论文三等奖	1986.11	金属学报李薰奖金基金
沈阳市科技进步奖	1987	沈阳市人民政府
辽宁省科学进步三等奖	1987.11	辽宁省政府科学技术进步奖评审委员会
1987 年度计划经济委员会节能先进工作者	1988.03	沈阳市计划经济委员会
优秀专家建议	1988.06	沈阳市人民政府
科学技术成果鉴定证书	1988.11	冶金工业部
院优秀教材一等奖	1989.01	东北工学院
沈阳市科技管理先进个人	1989.12	沈阳市人民政府
沈阳市节能先进工作者	1990.03	沈阳市计划经济委员会
学生军训先进工作者	1990.05	沈阳市学生军训工作领导小组
辽宁省能源研究会优秀论文一等奖	1990.06	辽宁省能源研究会
先进科技顾问	1990.12	沈阳市人民政府
优秀专家	1990.12	沈阳市人民政府科学技术顾问委员会
辽宁省人民政府咨询委员会委员	1991.02	中共辽宁省委、辽宁省人民政府
优秀咨询建议	1991.02	中辽宁省委办公厅、辽宁省人民政府办公厅
先进工作者	1991.03	沈阳市计划经济委员会、沈阳市能源管理办公室
经济效益证明	1991.05	本溪钢铁公司

奖 项 名 称	颁发时间	颁 发 单 位
学生军训先进工作者	1991.05	辽宁省学生军训领导小组
东北三省第一届能源学术交流会优秀论文二等奖	1991.09	东北三省第一届能源学术交流会
沈阳市科协第四届委员会名誉主席	1991.09	沈阳市科学技术协会
国家计委节能工作奖励证书	1991.10	中华人民共和国国家计划委员会
国务院特殊津贴	1991.10	中华人民共和国国务院
第五届理事会副理事长	1991.11	中国金属学会
冶金部属高等学校先进科技工作者	1991.12	冶金工业部教育司
国务院学位委员会第三届学科评议组成员聘书	1992.04	国务院学位委员会
辽宁省优秀专家证书	1992.04	中国共产党辽宁省委员会、辽宁省人民政府
发明在你身边大奖赛一等奖	1992.10	沈阳市轻工业管理局、沈阳晚报
乌克兰国家冶金大学兼职教授证书	1993	乌克兰国家冶金大学
学会工作荣誉奖	1993.02	中国金属学会
抚顺石油学院名誉教授	1993.09	抚顺石油学院
第三届冶金高教科研优秀论文三等奖	1993.09	冶金工业部、中国冶金高教学会
第二届马钢杯优秀论文二等奖	1993.10	中国金属学会
东北大学优秀教材二等奖	1996.07	东北大学
冶金部专业技术职务任职资格证书	1996.09	中华人民共和国冶金工业部
沈阳市老科学技术工作者协会第六届理事会名誉会长	1996.10	沈阳市老科学技术工作者协会
第六届理事会副理事长	1996.11	中国金属学会
中国工程院院士	1997.11	
系统节能基础证明	1998.04	东北大学材料与冶金学院
东北大学优秀教材一等奖	1998.07	东北大学
乌克兰雅罗斯拉夫智慧奖1	1999	乌克兰教育部
乌克兰雅罗斯拉夫智慧奖2	1999	乌克兰教育部
河北理工学院兼职教授	1999.05	河北理工学院
优秀共产党员	1999.06	中共东北大学委员会
河北省人民政府科技发展顾问	2000.08	河北省人民政府
唐山市科技发展顾问	2000.09	唐山市人民政府
优秀共产党员标兵	2001.06	中共东北大学委员会
全国模范教师	2001.09	中华人民共和国教育部、中华人民共和国人事部
西安高新区新材料产业园顾问	2001.09	西安高新技术产业开发区管委会
第七届理事会常务理事	2001.10	中国金属学会
中国工业生态经济与技术专业委员会副理事长	2001.12	中国生态经济学会
辽宁省优秀专家证书	2002.04	中国共产党辽宁省委员会、辽宁省人民政府
实用新型专利	2002.06	中华人民共和国国家知识产权局

奖 项 名 称	颁发时间	颁 发 单 位
鞍钢技术咨询委员会委员	2002.09	鞍山钢铁集团公司技术咨询委员会、鞍山钢铁集团公司技术咨询委员会主任
优秀共产党员	2003.06	中共沈阳市委教科工作委员会
优秀共产党员	2003.07	中共沈阳市委员会
沈阳市荣誉优秀专家	2003.08	中共沈阳市委员会、沈阳市人民政府
贵阳市人民政府循环经济型生态城市建设顾问	2003.08	贵阳市人民政府
东北大学建校八十周年优秀论文	2003.09	东北大学
沈阳市和平区高级科技顾问	2003.09	中共沈阳市和平区委员会、沈阳市和平区人民政府
沈阳市人民政府科技顾问	2003.09	沈阳市人民政府
第七届理事会学术工作委员会主任委员	2003.10	中国金属学会
2003 年度优秀教师	2003.11	宝钢教育基金理事会
光华工程科技奖	2004	光华工程科技奖理事会
国家中长期科学和技术发展规划战略研究工作重要贡献	2004.07	国家中长期科学和技术发展规划领导小组办公室
中国环境科学学会顾问	2004.09	中国环境科学学会
沈阳市老科学技术工作者协会名誉会长	2004.11	沈阳市老科学技术工作者协会
优秀论文入选《中国当代思想宝库》	2005.11	发现杂志社、中国管理科学研究院
中国物资再生协会专家团专家	2006.01	中国物资再生协会
中国环境科学学会顾问	2006.06	中国环境科学学会
河北省院士特殊贡献奖证书	2006.07	河北省人民政府
优秀学术成果一等奖	2006.07	发现杂志社、中国管理科学研究院
国家环境咨询委员会委员	2006.08	国家环境保护部
2005 年度优秀论文	2006.08	环境科学研究
艾冰优秀科技论文（著作）奖	2006.10	东北大学材料与冶金学院
中国金属学会荣誉会员	2006.10	中国金属学会
中国生态经济与技术专业委员会副理事长聘书	2006.10	中国生态经济学会、工业生态经济与技术专业委员会
沈阳市荣誉优秀专家	2006.11	中共沈阳市委员会、沈阳市人民政府
2006 年学院教学工作	2007.01	东北大学材料与冶金学院
2006 年度校报优秀撰稿人	2007.04	东北大学新闻中心校报编辑部
辽宁省环境咨询委员会委员	2007.04	辽宁省环保局
辽宁省老教授协会第三届理事会顾问	2007.07	辽宁省老教授协会
沈阳市人民政府咨询顾问	2007.09	沈阳市人民政府
2007 年学院教育教学及学科建设工作突出贡献	2007.12	材料与冶金学院
特殊党费	2008.05	中共沈阳市委组织部
捐款感谢状	2008.05	东北大学工会

陆钟武
文集

奖 项 名 称	颁发时间	颁 发 单 位
特殊党费	2008.05	中共中央组织部
防城港钢铁基地项目专家顾问委员会委员	2008.10	武汉钢铁（集团）公司
专家委员会委员聘书	2008.11	广东钢铁集团有限公司
普通高考命题专家指导组成员	2010.04	辽宁省高中等教育招生考试委员会
哈尔滨工业大学捐赠明细	2010.08	哈尔滨工业大学博物馆
编辑委员会高级顾问聘书	2010.12	《工业加热》编辑部
沈阳市战略性新兴产业发展咨询顾问	2011.10	沈阳市人民政府
辽宁省环境科学学会终身名誉理事长	2011.10	辽宁省环境科学学会
沈阳市五一劳动奖章	2012.09	沈阳市总工会
杰出老年人才	2012.09	沈阳市老科学技术工作者协会